Lanthanide Chemistry

希土類の化学

量子論・熱力学・地球科学

Iwao Kawabe
川邊岩夫 ── 著

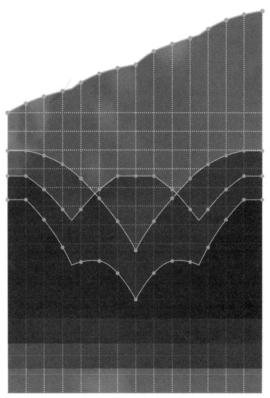

名古屋大学出版会

まえがき

　原子番号 $Z=57$ のランタン（La）から $Z=71$ のルテチウム（Lu）までの 15 個の元素は，希土類元素（rare earth elements, REE）あるいはランタニド（lanthanides, Ln）と総称される[1]．この元素グループの際だった特徴は，[Xe] の閉殻と不完全に充填された $4f$ 副殻にある．Ln(III) イオンの基底電子配置では，$4f$ 電子数の増加が Ln の原子番号の増加に対応する．内殻にある $4f$ 電子は化学結合の影響を受けにくく，Ln(III) イオンは凝縮相にあっても "atomic-like" であることはよく知られている．しかし，真空中のイオン・ガスと凝縮相の間で，Ln(III) イオンの基底電子エネルギーが同一であるわけではない．$4f$ 電子と近接配位子の相互作用は大きくはないとされるが，配位子の種類と配位状態に依存して，基底電子エネルギーに有意な違いがあってもよい．Ln(III) 化合物・錯体の光学スペクトルでは，配位子の種類・配位状態の違いに対応して，Ln(III) の $(4f{\rightarrow}4f)$ 遷移スペクトルがわずかだが系統的に変化することが知られており，電子雲拡大効果（nephelauxetic effect）と呼ばれる．

　この事実からすると，Ln(III) 化合物・錯体が関与する化学反応の平衡定数，錯生成定数，格子エネルギーなどには，Ln(III) イオンの基底電子エネルギーの相対的な違いが反映されていることになる．「四組効果（tetrad effect）」，「Gd での折れ曲がり（Gd break）」などの呼称が与えられて来た Ln(III) 化合物・錯体系列の熱力学量などが示す特異な変化パターンこそ，Ln(III) イオン基底電子エネルギーの差異が反映した結果であると筆者は考える．この論点の究明と解説が本書の主たるテーマである．

　Peppard et al.（1969）は，二種類の Ln(III) 溶媒抽出系の分配係数対数値（$\log K_d$）を求め，La-Ce-Pr-Nd，Pm-Sm-Eu-Gd，Gd-Tb-Dy-Ho，Er-Tm-Yb-Lu の四組元素ごとに $\log K_d$ 値は各々滑らかな曲線が適合することを見出した．これは四組効果（tetrad effect）と呼ばれ，Ln(III) 電子配置と四組効果の関連性が示唆された．四組効果がスペクトル・データの電子雲拡大効果と関連することは，Jørgensen の理論（1962）に基づき，Jørgensen（1970）と Nugent（1970）が独立に指摘した．Jørgensen の理論は，現在では refined spin-pairing energy theory（RSPET）と呼ばれる．筆者が四組効果や RSPET に関心を持ったのは 1980 年代後半で，古生代石灰岩の希土類元素の化学分析を進める中で，その希土類元素存在度パターンに四組効果が認められることを知ったことによる．これは，Masuda and Ikeuchi（1979）が指摘した海水の希土類元素存在度パターンの四組効果に類似する．これを契機に，Ln(III) "イオン半径"，Ln(III) 錯体生成定数，天然物の希土類元素存在度，などに認められる四組効果を RSPET から論じ，また，Ln(II)〜Ln(IV) のイオン化エネルギー，Ln(III) 化合物の格子エネルギー，などの系列変化も再考した．

　RSPET は簡単な理論式に基づくものの，原子分光学の多重項の理論についてのある程度の知

---

[1]「希土類元素」または「希土類」は，本来は，周期表の同族元素 Sc と Y も含めた意味を持つ．Sc と Y を含めない場合は「ランタニド」の方がよい．しかし，本書では「ランタニド」と同じ意味で，「希土類元素」も使う．詳しくは序章を参照．

識なしには，その重要性は理解できない．RSPET が依然として研究者の間に広く理解されていないのは残念だが，その原因の一つは，多重項理論を理解する際のハードルの高さであるように思う．球の半径を頭に描いて，Ln(III) の"イオン半径"を想像するのは容易だが，多重項の理論の理解はそうは行かない．学生・院生に対する教育でも，自らの研究論文を出版する際の査読者とのやり取りの中でも，この現実を強く感じるようになった．電子雲拡大効果を結晶場効果の一種と誤解している研究者も意外と多いことにも気づいた．

筆者は地球化学の専攻で，原子分光学の「専門家」ではなく，その理解には今でも難渋する．しかし，原子分光学の枠組みを了解することで，簡素な RSPET 式が，希土類元素の化学・地球化学の具体的問題を考えるに際し，鋭くかつ強力な武器となることを理解できたように思う．そして，多重項の考え方からすると，RSPET 式のさらなる改良が必要であることも気づいた．個人的には学問的感動を伴う経験となった．この余韻は，RSPET の適用とその限界をめぐる問題として今も脳裏にあり，時として緊張感の高鳴りともなる．このような感動と緊張の思いを少しでも多くの人々と共有できることを願って，浅学を顧みず本書を執筆した次第である．$4f$ 電子の量子論的特徴が，実験室や自然界における希土類元素の化学的挙動にどう結びつくのかを明確にしたい．

序章では，ランタニドにまつわる用語法と周期表の問題について記載した．第 I 部「希土類元素の量子化学」では，RSPET の基礎（Slater-Condon-Racah 理論）について記した．当初は，議論の補足のために，「量子力学の基礎事項」を附録として執筆したが，400 頁を超える記述となったので，別のテキストとして独立させた[2]．第 II 部「Jørgensen 理論の再検討」では，RSPET の改良すべき点を議論し（第 6〜8 章），この関連からランタニド金属の XPS・BIS スペクトル，ランタニド化合物の価数揺動について記した（第 9 章）．第 III 部「Ln_2O_3 と LnF_3 の結晶に見る四組効果」では，"イオン半径"のランタニド収縮と四組効果について議論し，Ln_2O_3 と LnF_3 の熱力学量を例に，電子雲拡大効果について詳述した．第 IV 部「熱力学量が示す系列内構造変化と四組効果」では，Ln(III) 化合物・溶存錯体の Ln 系列内構造変化と熱力学量が示す四組効果を議論し，これらの熱力学データを改良 RSPET 式で解析し，スペクトル・データによる電子雲拡大効果が再現できることを示した（第 13〜16 章）．また，第 17 章では，Ln(III) 化合物・金属の融解と四組効果の関連性を議論した．第 V 部では「地球化学におけるランタニド四組効果」の問題を取り上げた．希土類元素の一つの Pm（$Z=61$）には安定同位体が存在しない．この事実も含め「希土類元素の太陽系存在度」の問題は，核種の安定性と起源につながる問題として重要である．しかし，やや長い記述となったので，本書からは分離し，「基礎事項シリーズ」と同様の電子媒体で公開することにした．

論究が十分ではない稚拙な部分もあろうが，本書の内容が Jørgensen 理論，希土類元素の化学，地球化学の問題解決の一助となり，希土類元素の面白さをより多くの人々，特に若い学生・院生，に理解していただく機会となれば幸いである．また，希土類元素に関連する諸分野の専門

---

[2] 解析力学，電磁気学，統計力学を含めた，これら四つの「基礎事項シリーズ」テキストは，2012 年 3 月から名古屋大学中央図書館レポジトリーに電子媒体で登録・公開しているので参照していただける．「量子力学の基礎事項」では，大学理系初年級の知識を前提に，水素原子の Schrödinger 方程式から始め，多重項理論の基礎となる Slater 積分，Slater-Condon パラメーター，Racah パラメーターの説明から，$d \to d$ 遷移，$f \to f$ 遷移について記している．第 I 部と併せて読んでいただければ幸いである．

家の方々には，筆者の生半可な見解に対する気担のない批判を頂ければと願う次第である．

　本書の執筆に際し，僚友の山本哲生（後に，北海道大学），平原靖大の両氏からは内容に関するご教示や励ましを頂いた．吉田尚弘氏（現，東京工業大学）は早い段階から本書の出版を薦めていただいた．また，大学院生として共に研究を進めて来た太田充恒（現，産業科学総合研究所），田中万也（現，広島大学），高橋貴文（現，新日本製鉄・先端技術研究所），三浦典子，焦　文放，の各氏にはいくつかの研究資料を提供していただいた．これら皆さんの協力に感謝いたします．さらに，名古屋大学出版会の神舘健司氏には編集の労を取っていただいた．あらためて深く感謝する次第です．

2015年5月25日

川邊　岩夫

目　次

まえがき　i

序　章　希土類元素, ランタニド, ランタノイドと周期表 …………… 1
0-1　希土類元素とランタニド　1
0-2　ランタニドとランタノイド　3
0-3　用語法よりも重要な電子配置 [Xe]$4f^q$　4
0-4　渦巻き型周期表とランタニド　4

第 I 部　希土類元素の量子化学

第 1 章　3 価ランタニド・イオンの基底 *LS* 項と *J* レベル …………… 10
1-1　閉殻および開殻の電子配置　10
1-2　全角運動量 ($\hat{L}$) と全スピン角運動量 ($\hat{S}$)：*LS* 項　12
1-3　$(4f)^2$ 配置における *LS* 項の分類　13
1-4　$\hat{L}$ と $\hat{S}$ の合成とスピン・軌道相互作用　16
1-5　*J* レベルの例：$(4f)^2$ 配置における *LS* 項の *J* レベル　18
1-6　Hund の規則と基底 *LS* 項, 基底 *J* レベル　19
1-7　Landé の間隔則　20
1-8　3 価ランタニド・イオンの基底 *LS* 項と基底 *J* レベル　21

第 2 章　開殻電子配置 $(nl)^q$ を持つ原子・イオン系列のイオン化エネルギー ‥ 24
2-1　$(nl)^q \rightarrow (nl)^{q-1}$ に対応するイオン化エネルギー　24
2-2　$(2p)^q$ と $(3p)^q$ 系列におけるイオン化エネルギー　25
2-3　$(3d)^q$ と $(4f)^q$ 系列におけるイオン化エネルギー　26

第 3 章　$(np)^q$ 電子配置における *LS* 多重項のエネルギー準位 …………… 28
3-1　(np) 電子間の電子反発エネルギー　28
3-2　電子反発エネルギーの配置平均値　29
3-3　配置平均エネルギーと *LS* 項エネルギー準位　32
3-4　*LS* 多重項の構造：配置平均エネルギー基準の重要性　34
3-5　Dieke ダイアグラムの意味するもの　36

第4章　多重項理論と $(nl)^q$ 電子配置の原子・イオンのイオン化エネルギー …… 38

- 4-1　$(np)^q$ 配置におけるイオン化エネルギーの場合　38
- 4-2　$(nd)^q$ 配置におけるイオン化エネルギーの場合　40
- 4-3　$(nf)^q$ 配置におけるイオン化エネルギーの場合　42
- 4-4　J レベル分裂の効果と $(4f)^q$ 系列に対する Jørgensen の理論式　46
- 4-5　RSPET と Hund 則の量子力学的解釈　49
- 4-6　化合物や凝縮相における 3 価ランタニド・イオンの電子状態　52
- 4-7　ランタニド(III)化合物・錯体の熱力学量への反映　55
- 4-8　$(3d)^q$ 系列化合物と $(4f)^q$ 系列化合物の類似性　57
- 4-9　$(3d)^q$ 系列化合物の配位子場理論と電荷移動型絶縁体化合物　58

第5章　イオン化エネルギーとランタニド・スペクトル …… 60

- 5-1　ランタニドの基底電子配置とイオン化エネルギー　60
- 5-2　Ln 金属の電子配置と Ln(III) 化合物の標準生成エンタルピー　64
- 5-3　Ln(III) 化合物・錯体間の反応のエンタルピー変化と電子配置　65
- 5-4　ランタニド・スペクトル：$\Delta E(4f \to 5d)$　66
- 5-5　補正した第 3 イオン化エネルギーと第 4，第 5 イオン化エネルギー　68
- 5-6　ランタニドの異常酸化数と第 3，第 4 イオン化エネルギー　69

第 II 部　Jørgensen 理論の再検討

第6章　refined spin-pairing energy theory の問題点 …… 74

- 6-1　Slater-Condon-Racah 理論のパラメーターと有効核電荷の関係　74
- 6-2　$(4f \to 4f)$ スペクトル・データから推定される遮蔽定数　75
- 6-3　X 線スペクトルにおけるスピン 2 重線　77
- 6-4　X 線スペクトル・スピン 2 重線から推定される遮蔽定数　80
- 6-5　イオン化の過程で変化する有効核電荷　82

第7章　ランタニド四組効果と Jørgensen の理論式 …… 85

- 7-1　溶媒抽出系におけるランタニド四組効果　85
- 7-2　溶媒抽出系での Ln(III) の反応と $4f$ 電子配置エネルギー変化　87
- 7-3　配位子交換反応と四組効果　90
- 7-4　四組効果をめぐる有効核電荷と Racah パラメーターの関係　91
- 7-5　Peppard らの四組効果と Nd 化合物での電子雲拡大系列　93

第8章　改良した refined spin-pairing energy theory とその応用 …… 97

- 8-1　$(4f)^{q+1} \to (4f)^q$ に補正した第 3 イオン化エネルギー　97

8-2 補正した第3イオン化エネルギーの解析　99
8-3 ランタニド金属の蒸発熱　101
8-4 イオン化エネルギーの和（$\sum I_i = I_1 + I_2 + I_3$）　103
8-5 $(4f)^q \to (4f)^{q-1}$ の第4イオン化エネルギーとその解析　105

第9章　Ln金属のX線光電子スペクトルと逆光電子スペクトル　110

9-1 X線光電子スペクトルと逆光電子スペクトル　110
9-2 ランタニド金属のXPS・BISスペクトルの解析　115
9-3 ランタニド金属XPS・BISの終状態　117
9-4 RSPETとランタニド金属のXPS・BISをめぐる議論　119
9-5 ランタニド化合物のXPS・BISと価数揺動　121

コラム　RSPETとJ. A. Wilsonの意見　124

第III部　Ln_2O_3 と LnF_3 の結晶に見る四組効果

第10章　ランタニド(III)イオン半径の四組効果　126

10-1 cubic-Ln_2O_3 の格子定数とLn(III)のイオン半径　126
10-2 ランタニド収縮と四組効果　131
10-3 原子半径のランタニド収縮と四組効果との比較　132
10-4 Ln_2O_3 の格子エネルギーとBorn-Haberサイクル　134
10-5 イオン性結晶の点電荷モデルと Ln_2O_3 の格子エネルギー　136
10-6 格子エネルギーの相対値と Ln_2O_3 における多形の問題　137

第11章　LnF_3 系列の結晶構造と格子エネルギー　142

11-1 LnF_3 系列での結晶構造変化　142
11-2 LnF_3 系列の格子エネルギーと $\Delta H_f^0(LnF_3)$　147
11-3 $LnO_{1.5}$, LnF_3, $Ln^{3+}(g)$ の ΔH_f^0 と四組効果の相互関係　151

第12章　$LnO_{1.5}$ と LnF_3 の熱力学量が反映する電子雲拡大効果　154

12-1 LnF_3 と $LnO_{1.5}$ の $\Delta H_{f,298}^0$ の差によるRacahパラメーターの相違　154
12-2 Nd(III)化合物におけるRacahパラメーターの相違：電子雲拡大系列　157
12-3 $LnO_{1.5}$ と LnF_3 の格子エネルギーにおける四組効果の有無　159
12-4 化合物・錯体の構造と電子エネルギーの連関　161
12-5 $4f$ 電子数とLn-O距離：どちらが本質的な説明変数か　163
12-6 非金属固体の電子論とイオン結晶モデル　164
12-7 $f \to f$ 遷移スペクトルの圧力誘起赤色変位と電子雲拡大効果　168
12-8 熱膨張によるRacahパラメーターの増大：$LnO_{1.5}$ 系列の場合　173

コラム　GoldschmidtとBornの確執：1929年と今日　182

第IV部　熱力学量が示す系列内構造変化と四組効果

第13章　Ln(III)化合物・錯体系列の構造変化と四組効果(I) …………… 184

13-1　$Ln(C_2H_5SO_4)_3 \cdot 9H_2O$ の溶解反応：ΔH_s^0, ΔS_s^0, ΔG_s^0　184
13-2　$LnCl_3 \cdot nH_2O$ の溶解反応：ΔH_s^0, ΔS_s^0, ΔG_s^0　186
13-3　$Ln^{3+}(aq)$ 系列での水和状態変化　190
13-4　Ln(III)-(dipic)$_3$, Ln(III)-(diglyc)$_3$ 錯体の生成定数　193
13-5　ΔS_r の四組効果と電子エントロピー　200
13-6　同じ極性を持つ ΔH と ΔS の四組効果と振電相互作用　206
13-7　相関する ΔH と ΔS の四組効果：Debye 特性温度の系列変化　211
13-8　定圧熱容量 C_P でつながる ΔH と ΔS　219
13-9　Ln(III)化合物の極低温 C_P, 磁気相転移, 結晶場分裂準位　228

第14章　Ln(III)化合物・錯体系列の構造変化と四組効果(II) …………… 236

14-1　$LnCl_3$ 系列における構造変化と $LnCl_3$ の熱力学量　236
14-2　$Ln(OH)_3$ 系列に対する ΔH_f^0, S_{298}^0 のデータ　241
14-3　Ln-DTPA(aq) と Ln-EDTA(aq) の錯体生成反応　244
14-4　二種類の Ln(III) 溶存錯体の共存：Ln-EDTA(aq) と Ln^{3+}(aq) の系列　251
14-5　Ln^{3+}(aq) の標準部分モル・エントロピー　265

第15章　Ln^{3+} イオンの水和エンタルピーと水和エントロピー …………… 272

15-1　水和エンタルピー　272
15-2　$\Delta H_{abs.\,hyd}(H^+)$ の値　274
15-3　水和エントロピーと Sackur-Tetrode 式　278
15-4　Ln^{3+} イオンの水和とその熱力学量　280
15-5　最小エネルギー配置の現実物質系と古典論的極限　286

第16章　熱力学量の四組効果から求めた電子雲拡大系列 ………………… 292

16-1　エンタルピー四組効果の RSPET 解析　292
16-2　エントロピー四組効果の RSPET 解析　295
16-3　ΔG_r の四組効果：ΔH_r と ΔS_r で相関する四組効果の問題　298
16-4　Ln(III) 金属の Racah パラメーター(I)：ΔH_f^0 の RSPET 解析　299
16-5　Ln(III) 金属の Racah パラメーター(II)：ΔS_f^0 の RSPET 解析　314
16-6　Ln^{3+}(aq) → Ln(g) の昇位エネルギー $P(M)$　320

第 17 章　Ln(III) 化合物と Ln 金属の融解：その熱力学量の四組効果 …… 324
　　17-1　Ln(III) 化合物・Ln 金属の融解の熱力学量　324
　　17-2　LnF_3 と $LnCl_3$ 系列の融解の熱力学量　325
　　17-3　「下に凸な四組効果」を示す LnF_3 と $LnCl_3$ の融点の系列変化　329
　　17-4　Ln 金属系列の融解の熱力学量と四組効果　331
　　17-5　Ln_2O_3 系列の融解の熱力学量と四組効果　337
　　17-6　改良 RSPET 式と Ln(III) 化合物，Ln(III) 金属系列の融解の熱力学量　343

　コラム　Dirac と Heisenberg の講演会（1929）と長岡半太郎の檄　346

第 V 部　地球化学における四組効果

第 18 章　海洋と海洋性堆積岩における希土類元素 ………………………… 348
　　18-1　海水の REE 存在度パターンが示す四組効果　348
　　18-2　深海マンガン団塊と石灰岩の REE 存在度パターン　351
　　18-3　海水における REE(III) 炭酸錯体　356
　　18-4　Ln(III) 炭酸錯体安定度定数の「Gd での折れ曲がり」とその波紋　360
　　18-5　Fe 水酸化物共沈澱法による Ln(III) 炭酸錯体生成定数　363
　　18-6　$Ln(OH)_3 \cdot nH_2O$ と個別炭酸錯体との分配反応：実験系と現実海水系との比較　373

第 19 章　火成作用における希土類元素と四組効果 ……………………… 382
　　19-1　火成岩マグマにおける希土類元素の分別と四組効果　382
　　19-2　四組効果を示す希土類元素鉱物の REE 存在度と RSPET 式　400

終　章　希土類元素の化学・地球化学の原理 ……………………………… 415
　　終-1　RSPET の新展開と Moeller（1973）の総説　415
　　終-2　RSPET と希土類元素地球化学　418

文献一覧　421
索　引　432

序　章

希土類元素，ランタニド，ランタノイドと周期表

　本書では，原子番号 $Z=57$ の La から $Z=71$ の Lu までの 15 元素の総称として，「ランタニド」(lanthanides, Ln)，あるいは，「希土類元素」(rare earth elements, REE) を使うが，これら元素群の呼称には多少の混乱があることをまず説明する．その原因は長周期型周期表の欠陥につながっており，この混乱を払拭するには，二次元の「渦巻き型」周期表（安達, 1996）が有効である．

0-1　希土類元素とランタニド

　「希土類元素」あるいは「希土類」の術語には，周期表でIII-B族の同族元素であるScとYも含めた17元素の総称として用いられて来た長い歴史がある．III-B族の呼称は米国式の長周期型周期表によるもので，ヨーロッパ式ではIII-A族となる（図0-1）．この「希土類元素」の使用は，少なくとも19世紀の「新元素発見」の時代以前まで遡る（シェリー, 2009；足立, 1999）．もちろん，「希土類元素」は現代でも使われる．たとえば，2010年秋，マスコミでも話題となった「中国産希土類元素原料の日本への輸出」が事実上禁止された問題では，これを報じる新聞やテレビの記事・解説は，ほぼ例外なく，上記の17元素の総称としての「レアアース（希土類）」を用いていた．rare earth elements は rare earths と記されることがあり，これをそのまま記したものが「レアアース（希土類）」である．日本語化した場合，複数形を直接表現できない．

　周期表の同族元素は同一結晶構造の化合物をつくりやすい．自然界にあっても，同族元素は固溶体鉱物として産出しやすい．特に，17個の希土類元素はその傾向が著しい．もちろん，希土類元素以外の元素，たとえば，Ca^{2+} との局所電荷を均衡させた同形置換（$2Ca^{2+}=Na^++R^{3+}$，$Ca^{2+}+Si^{4+}=R^{3+}+Al^{3+}$ など）により，固溶体鉱物をなす場合もある．希土類元素の鉱物原料では，希土類元素はその元素グループや他の元素と固溶体鉱物をなす形で存在するが，個々の希土類元素が単独の鉱物をなしているわけではない．Rを希土類元素とする時，組成が RPO_4 であるリン酸塩の固溶体鉱物モナズ石（単斜晶系）には Ce などの軽希土類元素が濃縮しており，一方，モナズ石と同じく RPO_4 の組成を持つゼノタイム（正方晶系）には，Yや重希土類元素が濃縮している．このように軽希土類と重希土類が相互に分別することはあるものの，希土類の各単元素への分離は天然の鉱物レベルでは実現しない[1]．「混合エントロピーの増大」による安定性の獲得，すなわち $\Delta G=\Delta H-T\Delta S$ の第2項が寄与する結果である．したがって，固溶体鉱物原料に対して，まとめて「レアアース（希土類）」と呼ばれるには根拠がある．

族 (欧州)	IA	IIA	IIIA	IVA	VA	VIA	VIIA	VIIIA			IB	IIB	IIIB	IVB	VB	VIB	VIIB	VIIIB
族 (米国)	IA	IIA	IIIB	IVB	VB	VIB	VIIB	VIIIB			IB	IIB	IIIA	IVA	VA	VIA	VIIA	VIIIA
族 (IUPAC)	1	2	3	4	5	6	7	8	9	10	11	12	13	14	15	16	17	18
周期 1	H																	He
周期 2	Li	Be											B	C	N	O	F	Ne
周期 3	Na	Mg											Al	Si	P	S	Cl	Ar
周期 4	K	Ca	Sc	Ti	V	Cr	Mn	Fe	Co	Ni	Cu	Zn	Ga	Ge	As	Se	Br	Kr
周期 5	Rb	Sr	Y	Zr	Nb	Mo	Tc	Ru	Rh	Pd	Ag	Cd	In	Sn	Sb	Te	I	Xe
周期 6	Cs	Ba	Ln*	Hf	Ta	W	Re	Os	Ir	Pt	Au	Hg	Tl	Pb	Bi	Po	At	Rn
周期 7	Fr	Ra	An*	Rf	Db	Sg	Bh	Hs	Mt	Ds	Rg							

Lanthanides	La	Ce	Pr	Nd	Pm	Sm	En	Gd	Tb	Dy	Ho	Er	Tm	Yb	Lu
Actinides	Ac	Th	Pa	U	Np	Pu	Am	Cm	Bk	Cf	Es	Fm	Md	No	Lr

図 0-1 現行の長周期型周期表．シェリー (2009) に基づく．族の名称は，欧州方式，米国方式，IUPAC の 1988 年勧告方式，の三つで異なる．欧州方式と米国方式では，A と B が入れ替わる箇所があり注意が必要．Ln^* と An^* は，それぞれ Lanthanide 系列と Actinide 系列の元素を意味する．この長周期型周期表では，1) 鎖線の典型元素と分割する形で太い実線の遷移元素の遷移元素が配置し，第 1, 2, 3 周期で 36 個もの空白枠がある．2) Lanthanide 系列と Actinide 系列のそれぞれ 15 元素は，一つの枠に詰め込まれ，個別の表示は欄外に置かれる．これらは長周期型周期表の欠点と筆者は考える．

しかし，周期表の同族元素であっても，ScとYの電子配置は，狭義の希土類元素である15元素とは明らかに系統的に異なる．Sc(III)とY(III)の基底電子配置は[Ar]と[Kr]だが，狭義の希土類元素(III)の基底電子配置は$[Xe]4f^q$ ($q=0$〜14)と表現でき，La(III)は$q=0$でLu(III)は$q=14$である．本書では，元素・イオンの性質と基底電子配置との関連性に注目し，$[Xe]4f^q$ ($q=0$〜14)の電子配置を持つ狭義の希土類元素(III)に焦点を当てる．そのため，ScとYを含めない「狭義の希土類元素」15個を総称するにあたり，「ランタニド（lanthanides, Ln）」を使用する．しかし，本書では特に断らない限り，「ランタニド」も「希土類元素」も同じ意味で使うことにする．

0-2 ランタニドとランタノイド

一方，現実には，「ランタノイド（lanthanoids）」もわが国の化学の教科書で使われている．たとえば，1976年出版のW. L. Jollyの無機化学教科書は，翌年の1977年に日本語訳（ジョリー，1977）が出版されているが，この日本語版で使用されている「ランタノイド」の訳語に対し，訳者は次のような脚注を付している：「（ここではランタノイドと訳したが）原本ではlanthanide，ランタンを含む場合はランタノイド（lanthanoid），アクチニウムを含む場合はアクチノイド（actinoid）という．」初めの括弧は筆者が追加したもので，訳者の注にはないが，原本でのlanthanideの使用は適切ではないことを日本語訳者は述べている．一方，筆者が手元に置いて今でも使っている1979年出版の*American Heritage Dictionary*には，lanthanideとlanthanide seriesの項目はあるものの，lanthanoidの項目はない．断片的だが，これらの事実から次の状況が推定できる．1) 1970年代後半の米国ではランタニド（lanthanide）が使われ，ランタノイド（lanthanoid）は使用されない状況があった．2) ほぼ同時期の日本では，ランタンを含む場合はランタノイド（lanthanoid）を使い，ランタンを含まない場合はランタニドを使うことが適切な用語法とされていた．この状況は，実は，21世紀になった今も変わっていない．この矛盾した状況を理解するには，用語法についてのやや曲折した歴史を知らねばならない．

鈴木（1998）によれば，「ランタニド（lanthanides）」は，元々，La以外の狭義の14個の希土類元素を意味する用語として使用され始めた．しかし，次第にLaも含めた15元素の意味で使用する人たちが増加し，これが広く普及することになった．そのため，元来の「ランタニド」と区別するために，新たに「ランタノン（lanthanons）」を使う化学者も現れた．そこで，用語法の混乱を解消するために，国際純正・応用化学連合（IUPAC）は1970年代に入って，Laも含めた15元素の意味で「ランタノイド（lanthanoides）」の使用を推奨することにした．しかし，これは米国などの化学者には受け入れられなかった．「ランタノイド」には「Laの類似元素」との語感が強く伴うので，これを「Laを含む15元素」の呼称として使用するには，どうしても心理的な抵抗が伴う．一方，lanthanideの-ideの方は，oxide, fluoride, chlorideに通じる語感はあるものの，「Laの類似元素」との語感はない．1970年代末の時点で，IUPACの勧告は，米国ではまったく

---

1) 希土類元素の単元素への人為的な分離と精製は，20世紀の半ば以降に実用化されたイオン交換法や溶媒抽出法を用いて大規模にできるようになった（鈴木，1998；足立，1999）．

無視されており，日本では逆に尊重されているという矛盾した状況を生むことになった．しかし，1990年になって，IUPACも結局は，「ランタニド」を「Laを含む15元素」の意味で使用することを承認した．しかし，IUPACはランタノイドを推奨するとのかつての勧告を2005年に再度行っている．ランタニドとランタノイドをめぐる用語法の混乱は落ち着くことなく，現在に至っている．

本書では，原子番号 $Z=57$ のLaから $Z=71$ のLuまでの15元素に対し，「ランタニド（Ln）」あるいは「希土類元素（REE）」を使う．元々の「ランタニド」の意味，IUPACが「ランタノイド」を推奨した経緯，からすると，わが国では「ランタニド」よりも「ランタノイド」の方が適切であるとの意見もあろう．シェリー（2009）の日本語訳者もジョリー（1977）の日本語訳者と同じ立場を取っている．しかし，上に述べた「ランタノイド」の語感からは，筆者もその使用には否定的にならざるを得ない．本書では，1990年のIUPACの承認を了とし，「ランタニド」を使う．ScとYも含む意味で「希土類元素」を使う場合は，そのことを明示することにする．

0-3　用語法よりも重要な電子配置　$[Xe]4f^q$

La(III)の基底電子配置は[Xe]であり，4f電子の関与はない．これはLaを他の14元素と区別する根拠にすることもできる．元々の「ランタニド」の意味はこの理解に基づく．しかし，4f電子の関与はないことだけに意味があるのではない．基底電子配置が[Xe]であることにも意味がある．後章で詳述するように，3価イオンの電子配置 $[Xe]4f^q$ に共通して[Xe]があり，かつ，4f電子数 q が原子番号順に $q=0$ から14まで1ずつ規則的に増加することが重要と考えるので，Laも含めた15元素を総称することに意義がある．

3価ランタニド（希土類元素）イオンの基底電子配置は $[Xe]4f^q$ と記すのが正式な表現であるが，[Xe]はしばしば省略される．筆者は $[Xe]4f^q$ を $[Xe](4f^q)$ と記す方がわかりやすいと考え，あえて，括弧を挿入した形で電子配置を記す．他の電子配置の表記も同様である．ただし，括弧が多くなる時は $[Xe]4f^q$, $4f^q$ も使用する．あらかじめ了解していただきたい．

希土類元素の発見史や元素名の由来については，足立（1991, 1999），Cotton（2008），松本（2008）の冒頭部分にその記述があるので参照されたい．命名法，用語法，表記法も確かに重要ではあるが，この程度に止める．本当に重要なのは「ランタニド」，「希土類元素」についての我々の理解の中身である．その観点からすると，以下に記すように，周期表におけるランタニドの位置と周期表それ自体についての議論が重要と考える．

0-4　渦巻き型周期表とランタニド

上記の議論では，元素の周期表として，「長周期型周期表」（図0-1）を前提とした．現在の学校教育でも使われている周期表である．メンデレーエフに始まる化学元素周期表は，元々は，「典型元素」と「遷移元素」を合併して，同一族とする「短周期型周期表」であった．最終的には0族の希ガス以外に8族が区別される（たとえば，シェリー（2009）の図1-6）．20世紀になる

と同一族の典型元素と遷移元素を分離した「長周期型周期表」が受け入れられるようになる．しかし，長周期型でも短周期型でも，Laの枠に他の14個のランタニドは詰め込まれており，それら14個の個々のランタニドは欄外で個別表示される．これはアクチニドも同様で，Ac（アクチニウム）の枠に，他の14個のアクチニドが入り，これらの個別表示はランタニドとともに欄外でなされる．最新の周期表とされるシェリー（2009）の図1-4と図1-5では，従来のLaとAcの枠は，それぞれ，LuとLrの枠として表示され，LaとAcは欄外表示最初の元素となり，従来は欄外表示の最後の位置を占めたLuとLrは本表の枠に移っている．図0-1は，シェリー（2009）に示されている現行の長周期型周期表に基づくが，この点は踏襲しないことにした．

　従来の周期表であれ最新のそれであれ，長周期型周期表では，「内遷移元素」とも呼ばれるランタニドとアクチニドが「欄外扱い」される理由は自然な形では理解できない．長周期型周期表では，典型元素の枠の間に，遷移元素が割り込む形で配置されており，そのため，HとHeの間には長い空白列が並ぶ．BeとBの間，MgとAlの間も同様である（図0-1）．s-電子ブロックとp-電子ブロックの分離だから問題はないとも言えるが，この分離によって多くの空白枠が生じる．これは困ったことではないだろうか？　化学元素の周期律を体現する図としては，明解な表示とは思えない．筆者が初めて周期表に接した時に感じたことは，"「何か法則的なこと」を図示する周期表だが，何と空白部分が多いことか！"であった．「欄外扱い」のランタニドとアクチニドの問題も含めて，これらは「化学元素の周期律自体も不明解なもの」との印象を与えてはいないか？　希土類元素，ランタニド，ランタノイドをめぐる用語法の混乱も，この長周期型周期表の問題につながると筆者は考える．

　このような長周期型周期表の問題点を払拭してくれるのが，安達（1996）による「渦巻き型周期表」（図0-2）である．化学元素系での原子の構成原理（Aufbau principle）をほぼ忠実に表現している．ここでは，化学元素は以下の三つのグループに区分される：1) s, p電子の配置が異なる「典型元素」，2) d電子配置が異なる「遷移元素」，3) f電子配置が異なる「内遷移元素」のランタニドとアクチニド，の三グループである．原子番号が順序変数なので，化学元素全体では「渦巻き状」の平面配列となる．三つのグループはそれぞれ「渦巻きの島」を作る．これらは，s-, p-ブロック，d-ブロック，f-ブロックと呼ぶこともできる．ここにおいて，ランタニドとアクチニドは，ようやく，周期表の中で正当な扱いを受けていることを実感できる．

　短周期型周期表から長周期型周期表への移行は，s-, p-ブロックの元素とd-ブロックの元素の区別に対応する．しかし，長周期型の周期表にはf-ブロック元素群の存在意義を明確にする特別の工夫があるようには思えない．シェリー（2009）の図1-7には，ランタニドとアクチニドの15元素を，アルカリ土類と遷移元素の間に挿入した「超長周期型周期表」が紹介されている．ランタニドとアクチニドは正当な対等の席を得ているものの，最後の二つの周期には33元素が横に並ぶ．シェリー（2009）自身も，超長周期型周期表は扱いにくく，簡便な壁掛けの周期表にはなじまないと述べている．これに比べ，安達（1996）の「渦巻き型周期表」は，s-, p-ブロック，d-ブロック，f-ブロックの化学元素群の違いを明示しつつ，これらブロック内と化学元素系全体を貫く周期律も図示し，かつ，壁掛けの周期表としての審美性も備えている．

　この「渦巻き型周期表」に対しては，Mendeleev以来の「同族元素」の考え方を後退させるもので，とても「周期表」とは言えないとの批判はあろう．ScとYはd-ブロックにあり，f-ブロックのランタニドとは分離している．しかし，「渦巻き型周期表」は，化学元素系におけるラ

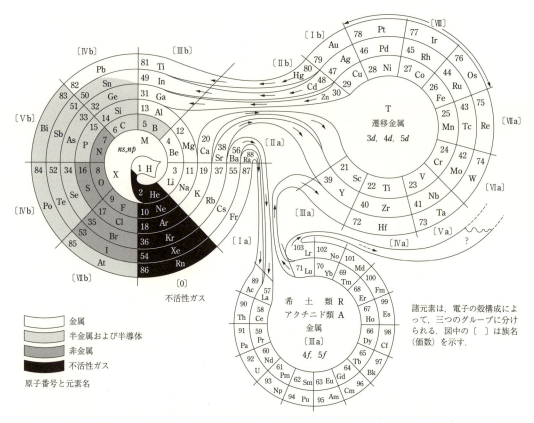

図 0-2 安達（1996）による渦巻き型周期表．

ンタニドとアクチニドの存在意義を明示し，かつ，「化学元素は量子論的実在である」ことを明解に図示する「周期表」だと筆者は考える．電子配置 $[Xe]4f^q$ が重要とする筆者の立場も強固に支持してくれる．ランタニドの化学を考えるに当たってまず想起すべき周期表は「渦巻き型周期表」であるべきで，従来からの「長周期型周期表」はその次に想起すべきものと考える．

「渦巻き型周期表」の提唱者である安達健五は，「化合物磁性」の研究者で，solid state physicist であり chemist ではない．しかし，5f 電子系列のアクチニドが 4f 電子系のランタニドと類似することを指摘した Seaborg などの chemists は，本来は，もっと早い段階でこの種の周期表を提唱すべきであったように思う．周期表は chemists だけの占有物ではない．磁性論でも d-, f-ブロックの磁性元素群が議論の対象になる．長周期型周期表は，s-, p-ブロックと d-ブロックの分離を明確にするがゆえに受け入れられた．それゆえ，f-ブロックの議論にはそれにふさわしい周期表が工夫されるべきである．ランタニドとアクチニドの存在意義が明確になった段階で，長周期型周期表を「渦巻き型周期表」に転換すべきであったと思うのは筆者だけではないだろう．

ところで，ランタニドの 15 の元素の中で，$Z=61$ の Pm（プロメチウム）は特殊で，安定同位体が存在しない．最長寿命を示す ^{145}Pm でも，その半減期は 17.7 年と短く，太陽系形成より以前の元素合成の時代に Pm も作られたとしても，自然界（現在の太陽・地球系）には残存していない．H（$Z=1$）〜Bi（$Z=83$）の諸元素の中で，Pm と同じ状況にあるのは，$Z=43$ の Tc（テクネチウム）である．最も長寿命の ^{98}Tc の半減期は 4.2×10^6 年で，太陽系形成年代の 1/1000 以下の時

間である．サイクロトロンで加速した重水素を Mo にぶつけることで，Tc の放射性同位体が 1937 年に初めて合成された．Pm も，1947 年に原子炉燃料としての U の核分裂生成物から，放射性核種として単離され，これが Pm の発見となった．

　それほど重くはない Pm と Tc に安定同位体がない事実は，現実元素系の構成原理が完全ではないことを意味する．Bi（$Z=83$）を越える Po（$Z=84$）以上の重い元素は放射性元素であり，Tc と Pm のように，全て不安定な原子核からなる．アクチニド（5f 電子系）も同様である．現実の原子は陽子，中性子，電子からなる複合粒子系で，核の中性子を無視した「元素系の構成原理」は完全なものではないことを暗示する．この問題は川邊（2014a）で議論したので参照されたい．

第I部

希土類元素の量子化学

第1章
3価ランタニド・イオンの基底 *LS* 項と *J* レベル

3価ランタニド・イオンの基底電子配置は $[Xe](4f)^q$ ($q=0\sim14$) と表現でき，さらに，4f副殻の内核電子の充填は原子番号順に進む．これがこの元素グループの特質である．そして，3価ランタニド・イオンの電子状態は，1中心多電子系の考え方から理解することができる．ここでは，1中心多電子系と見なすことができる原子・イオンの電子配置，エネルギー準位，について基本的な考え方を簡単に説明する．「量子力学の基礎事項」（川邊，2012，以後「基礎事項」と略記）には，水素様原子・イオン（1中心1電子系）と1中心多電子系に関する量子論の考え方を数式も交えて解説してあるので，適宜，参照してほしい．このような知識を既に得ている読者はこの章を読み飛ばしていただいてよい．

1-1　閉殻および開殻の電子配置

電子は，Pauliの排他原理により，一つの空間軌道に，スピンの向きが反対の二つの電子しか入れない．一つの空間軌道は（主量子数，方位量子数，磁気量子数）の一組で指定されるが，（主量子数，方位量子数）の組が (nl) と指定された時，残るもう一つの磁気量子数 (m) は，

$$m = +l, +(l-1), +(l-2), \cdots, 0, \cdots, -(l-2), -(l-1), -l \tag{1-1}$$

の異なる $(2l+1)$ 個の値を取りうる．さらに，それぞれの m について，スピンの向きが反対の二つの電子が収容できる．従って，(nl) 軌道には，最大限，$2\times(2l+1) = 4l+2$ 個の電子が収容できる．(nl) 軌道の最大収容電子数は，n に依存せず l のみで決まる．(nl) で指定された軌道のことを (nl) 副殻（subshell）と呼んでいる．表1-1に各副殻の最大収容電子数を示す[1]．

原子やイオンにおいて，どの (nl) 副殻にどれだけ電子が収容されているかを明示するのが，電子配置（electron configuration）である．たとえば，Naの原子（中性の原子蒸気）の基底電子配置を，

表 1-1　(nl) 副殻の最大収容電子数．

l	(nl) 軌道	最大収容電子数
0	1s, 2s, 3s……	2
1	2p, 3p, 4p……	6
2	3d, 4d, 5d……	10
3	4f, 5f……	14

---

[1] 1s, 2p, 3d, 4f などの副殻の名称，「一つの空間軌道」，「量子数の組」，「スピン」などについては，「基礎事項」を参照されたい．もちろん，量子力学，量子化学，原子分光学の各種テキストを参照してもらってもよい．そのようなテキストは「基礎事項」の末尾にも紹介してある．

$$\text{Na}:(1s)^2(2s)^2(2p)^6(3s)$$

と書くことができる．$(1s)^2(2s)^2(2p)^6$ は Ne の基底電子配置であるから，Na の原子の基底電子配置は，

$$\text{Na}:[\text{Ne}](3s)$$

と略記できる．$(3s)$ の電子は価電子と呼ばれる．希ガスの基底電子配置をこのように用いると大変便利である．重元素の原子やイオンの場合，たとえば，Ce^{3+} と Pr^{3+} の化合物におけるそれぞれの基底電子配置は

$$\text{Ce}^{3+}:[\text{Xe}](4f), \quad \text{Pr}^{3+}:[\text{Xe}](4f)^2$$

と書ける．希ガスの基底電子配置を使った表記法は，単に便利であるとの理由だけで用いられるわけではない．希ガスの基底電子配置では，それぞれの (nl) 副殻に最大限電子が収容されており，各副殻が閉殻（closed shell）だからである．一方，副殻が完全に電子で満たされていない場合，それを開殻（open shell）と言う．

たとえば，$4f$ 副殻（$l=3$）の場合，この副殻が電子で完全に満たされた状態，すなわち，$(4f)^{14}$ の電子配置は，図 1-1 のように模式的な図に描くことができる．$4f$ 副殻（$l=3$）であるから，m は $+3$ から -3 までの七つの異なる整数値を取る．↑は α スピン（$m_s=+1/2$），↓は β スピン（$m_s=-1/2$）を表す．異なる m の箱に，異なるスピンの電子が 2 個ずつ収容される．閉殻状態では，各電子がどの (m, m_s) の値を持つかは，全体としては，1 通りしか存在しない．したがって，エネルギー状態も一義的に定まる．しかし，開殻である (nl) 副殻の場合，このようにはならない．たとえば，1 個の $4f$ 電子を持つ Ce^{3+} の電子配置は $[\text{Xe}](4f)$ と書けるが，1 個の $4f$ 電子がとりうる異なる状態 (m, m_s) の数は，図 1-1 で，どれか一つの矢印を選ぶ場合の数であるから，全部で 14 通りあることになる．すなわち，"上向き（α）"か"下向き（β）"のスピン状態の電子 1 個が，m が異なる $7(=2\times3+1)$ 個の箱のどれかに入るわけだから，$[\text{Xe}](4f)$ の開殻電子配置には，$2\times7=14$ 通りの異なる状態がある．一般的に，開殻電子配置が，$[希ガス](nl)^x$ と書けて，$1\leq x<2\cdot(2l+1)$ である時，x 個の電子がどのような (m, m_s) の値を取るかは，一義的には決まらない．全体で，$2\cdot(2l+1)=4l+2$ の区別された状態の中から，x 個を選ぶ場合の数は，

$$_{(4l+2)}C_x = \frac{(4l+2)!}{(4l+2-x)!x!} \tag{1-2}$$

である．これらの状態は，当然，そのエネルギーも一般には同じではない．

二つ以上の副殻が開殻である電子配置，たとえば，Gd の原子蒸気の基底電子配置は $[\text{Xe}](4f)^7 5d(6s)^2$ である．ここでは，$4f$ 副殻のみならず $5d$ 副殻も開殻なので，区別される状態の数はさらに多くなる．開殻である (nl) 副殻を含む電子配置が，$[希ガス](nl)^x$ と書けたとしても，エネルギー状態が特定できるわけではない．電子配置を指定するパラメーターに加えて，その電子配置の下での異なる電子状態を区別するパラメーターが必要である．このパラメーターとは，多電子系の全軌道角運動量（$\hat{L}$）と全スピン角運動量（$\hat{S}$）に関する量子数 L と S である．これらは，系全体としての電子の定常的運動状態と対応しているからである．詳しくは，「基礎事項」，特に§11〜§12 で詳しく述べた．

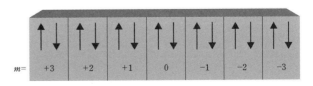

図 1-1 満たされた $4f$ 副殻のすべての (m, m_s)．

1-2　全角運動量 ($\hat{L}$) と全スピン角運動量 ($\hat{S}$)：LS 項

N 個の電子があるとして，電子 i の軌道角運動量 ($\hat{l}_i$) とスピン角運動量 ($\hat{s}_i$) の N 個の和が，系の全軌道角運動量 ($\hat{L}=\Sigma \hat{l}_i$)，全スピン角運動量 ($\hat{S}=\Sigma \hat{s}_i$) と定義される．量子論では，個々の電子の軌道角運動量・スピン角運動量，系全体の全軌道角運動量，全スピン角運動量などの角運動量は一般に演算子なので，これを明示するために，$\hat{l}_i, \hat{s}_i, \hat{L}, \hat{S}$ と表記することが多い．多電子系の状態は，全軌道角運動量の二乗演算子の量子数 (L) と全スピン角運動量の二乗演算子の量子数 (S) で分類される．この種の議論には，角運動量演算子の合成に関する理解が必要であるが，詳しいことは「基礎事項」を参照していただくとして，結果だけを述べれば以下のようになる．

多電子系のハミルトニアン ($\hat{H}$)，全軌道角運動量の二乗演算子 ($\hat{L}^2$)，全軌道角運動量の z 方向成分演算子 ($\hat{L}_z$)，全スピン角運動量の二乗演算子 ($\hat{S}^2$)，全スピン角運動量の z 方向成分演算子 ($\hat{S}_z$) の同時固有関数 $\Psi \equiv \Psi(L, M_L, S, M_S)$ が存在し，次の固有値が同時にえられる．E は系のエネルギー固有値で，(L, M_L, S, M_S) は各々の演算子の固有値を指定する量子数である：

$$\hat{H}\Psi = E(L, S)\Psi$$

$$\hat{L}^2\Psi = L(L+1)\left(\frac{h}{2\pi}\right)^2\Psi \qquad (L = 0, 1, 2, 3, \cdots)$$

$$\hat{L}_z\Psi = M_L\left(\frac{h}{2\pi}\right)\Psi \qquad [M_L = -L, -(L-1), \cdots, (L-1), L] \tag{1-3}$$

$$\hat{S}^2\Psi = S(S+1)\left(\frac{h}{2\pi}\right)^2\Psi \qquad (S = 0, 1/2, 1, 3/2, \cdots)$$

$$\hat{S}_z\Psi = M_S\left(\frac{h}{2\pi}\right)\Psi \qquad [M_S = -S, -(S-1), \cdots, (S-1), S]$$

通常は Planck 定数を 2π で割ったものを $\hbar \equiv (h/2\pi)$ と書くが，ここではそのまま書いている．全軌道角運動量の二乗演算子 ($\hat{L}^2$) の固有値が $L(L+1)(\hbar)^2$ であり，L はこれを指定する量子数で，全軌道角運動量の大きさを表現する．同様に，全スピン角運動量の二乗演算子 ($\hat{S}^2$) の固有値が $S(S+1)(\hbar)^2$ であり，量子数 S はこの固有値を指定し，全スピン角運動量の大きさを表す．全軌道角運動量演算子の z 方向成分演算子 ($\hat{L}_z$) の固有値は $M_L\hbar$，全スピン角運動量演算子の z 方向成分演算子 ($\hat{S}_z$) の固有値は $M_S\hbar$ であり，いずれも，各角運動量の z 軸への射影量を表す．

系のエネルギー固有値 E は (L, S) の量子数で決まる．一方，(L, S) の量子数の組が指定された時，M_L は $(2L+1)$ の異なる値を，M_S は $(2S+1)$ の異なる値を取りうる．この辺の事情は，1中心1電子系の場合に類似している．L を持つ状態は，$(2L+1)$ だけの縮重があり，S を持つ状態は，$(2S+1)$ だけの縮重がある．したがって，一つの量子数の組 (L, S) で指定される多電子系のエネルギー値が E である状態は，(L, S) は共通であるが，(M_L, M_S) が異なる $(2L+1)\times(2S+1)$ 個の電子状態からなる．$(2L+1)\times(2S+1)$ 重のエネルギーの縮重（縮退）がある．

この (L, S) で指定される縮重した多電子系のエネルギー値 E を持つ状態は，

$$^{2S+1}L \tag{1-4}$$

の記号で表現され，^{2S+1}L 項（term）と呼ばれる．$(2S+1)$ はスピン多重度（multiplicity）と呼ばれる．$L \neq 0$ なら，^{2S+1}L 項は現実にはスピン・軌道相互作用で分裂しており，磁場のもとでさらに

分裂するので，多重項（multiplets）とも呼ばれる．L の値に対して，次のようなアルファベットの大文字を用いるのが分光学の慣習である．一電子系の場合は，アルファベットの小文字を用いたことにそのまま対応する[2]．

$$L \text{の値} = 0\ 1\ 2\ 3\ 4\ 5\ 6\ 7\ \cdots$$
$$\text{大文字} = S\ P\ D\ F\ G\ H\ I\ K\ \cdots$$

閉殻の電子配置では，すべて，$L=S=0$ であるから，全軌道角運動量，全スピン角運動量にまったく寄与しない．LS 項としては，^1S のみとなる．開殻である (nl) 副殻を含む電子配置が，[希ガス]$(nl)^x$ であるとき，どのような LS 項がどれだけ生じるかを考える例として，Pr^{3+} の基底電子配置 $[Xe](4f)^2$ の場合についてこれらを次節で求めてみよう[3]．

1-3 $(4f)^2$ 配置における LS 項の分類

この分類には，全軌道角運動量の z 方向成分演算子（$\hat{L}_z$）と全スピン角運動量の z 方向成分演算子（$\hat{S}_z$）の固有値に注目する．(1-3) から抜き書きすれば，

$$\hat{L}_z \Psi = M_L(M_L+1)\left(\frac{h}{2\pi}\right)\Psi \quad [M_L = -L, -(L-1), \cdots, (L-1), L]$$

$$\hat{S}_z \Psi = M_S(M_S+1)\left(\frac{h}{2\pi}\right)\Psi \quad [M_S = -S, -(S-1), \cdots, (S-1), S]$$

である．^{2S+1}L 項の M_L と M_S に着目すると，

$$[M_L = -L, -(L-1), \cdots, (L-1), L]$$
$$[M_S = -S, -(S-1), \cdots, (S-1), S]$$

の縮重が起こっているので，これらは同一の ^{2S+1}L 項に分類される．したがって，M_L が $-L$ から $+L$ まで，M_S が $-S$ から $+S$ まで揃っているものを，一まとめにすれば，それら全体が，^{2S+1}L 項であり，全部で $(2L+1) \times (2S+1)$ 個の状態があるはずである．

電子の軌道磁気量子数を m，スピン磁気量子数を m_s として，二つの $4f$ 電子を 1，2 で区別すれば，全体としての M_L と M_S は，

$$M_L = m_1 + m_2, \quad M_S = m_{s1} + m_{s2} \tag{1-5}$$

である．$4f$ 電子であるから，$l=3$ で $m = -3, -2, \cdots, +2, +3$ となる．ゆえに，

$$-3 \leq m_1, m_2 \leq +3, \quad m_{s1}, m_{s2} = \pm 1/2 \tag{1-6}$$

である．可能な各 (M_L, M_S) の組に対し，いくつの場合が有りうるかを調べればよい．ただし，本当は，Fermi 粒子である二つの $4f$ 電子を 1，2 として区別はできないので，同一副殻の電子である場合は，Pauli の排他原理を満足するように $(m_1, m_2, m_{s1}, m_{s2})$ の組合せを考える．一方，異なる副殻に属する2電子を考える場合，このような制限はないので状況は異なる．異なる副殻 (nl) と $(n'l')$ に属する2個の電子は，$(nl)(n'l')$ とか (l, l') などと表記する．

---

[2] $L=3$ の F 以降は，アルファベット順となるが，J は飛ばされており使用しない．また，F 以降のアルファベットでは，S，P が再び現れることになるが，これらも J と同じように使用しない．

[3] 「基礎事項」では，開殻の2電子系一般について述べてある．以下は，その内容を $(4f)^2$ に則して簡便に述べたものであるので，わかりにくい部分もあるかもしれない．その場合は「基礎事項」の方も読んでいただきたい．

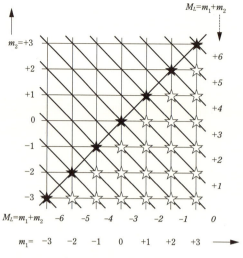

図 1-2 $(4f)^2$ 電子配置における可能な (M_L, M_S).

さて，可能な (M_L, M_S) の組を考えるには，図 1-2 のグラフを利用するとよい．横軸は m_1 の値，縦軸は m_2 の値である．(1-5) の $M_L = m_1 + m_2$ を書き直せば，$m_2 = -m_1 + M_L$ と書けるから，この直線は勾配 -1 の直線で，M_L は $+6$ から -6 までの値をとる．黒の星印の点は，$m_1 = m_2$ であるので，Pauli の排他原理を満足するには，$m_{s1} \neq m_{s2}$ でなければならない．従って，$M_S = 0$ の値しか取れない．スピン磁気量子数 $m_s = +1/2$ を α，$m_s = -1/2$ を β と記す時，白の星印の点は，$m_1 \neq m_2$ であるので，m_{s1} と m_{s2} の組み合わせは任意で，(α, α)，(α, β)，(β, α)，(β, β) の四つの場合がある．$M_S = 1$ は (α, α)，$M_S = 0$ は (α, β)，(β, α)，$M_S = -1$ は (β, β) である．印がない左上の格子点は，4f 電子 1 と 2 を交換したものであり，白の点と重複するので数えてはいけない．

図 1-2 で数え上げた (M_L, M_S) の場合の数は表 1-2 のようになる．

これら場合の数の総計は，$_{14}C_2 = 91$ であり，4f の $2 \cdot (2l+1) = 14$ 個のスピン・軌道関数から 2 つを選ぶ場合の数に確かに一致している．

最大の M_S は 1 だから，$(M_S = 1, 0, -1)$ が現れる $(S = 1, 2S+1 = 3)$ の 3 重項から考えることにすれば，最大の $M_S = 1$ の時，最大の L は 5 であることに留意して，表 1-3 のようになる．

「合計」と記した場合の数は，$M_S = +1, -1$ に現れた初めの合計数と一致している．上から，$L = 5 (H)$，$L = 3 (F)$，$L = 1 (P)$ の 3 重項が区別されたことになる．$M_S = 1, -1$ に関しては，これですべてである．しかし，$M_S = 0$ の場合を考えるために，3 重項の合計を初めの合計から差し引き，残った場合の数を求めねばならない．この引き算の結果は表 1-4 のようになる．

表 1-2

	(M_L, M_S) の場合の数（総計 = 91）												
$M_L =$	6	5	4	3	2	1	0	-1	-2	-3	-4	-5	-6
$M_S = +1$		1	1	2	2	3	3	3	2	2	1	1	
$M_S = 0$	1	2	3	4	5	6	7	6	5	4	3	2	1
$M_S = -1$		1	1	2	2	3	3	3	2	2	1	1	

表 1-3

	(M_L, M_S) の場合の数												
$M_L =$	6	5	4	3	2	1	0	-1	-2	-3	-4	-5	-6
$L = 5$		1	1	1	1	1	1	1	1	1	1		
$L = 3$				1	1	1	1	1	1	1			
$L = 1$						1	1	1					
合　計		1	1	2	2	3	3	3	2	2	1	1	

表 1-4

	(M_L, M_S) の場合の数												
$M_L =$	6	5	4	3	2	1	0	−1	−2	−3	−4	−5	−6
$M_S = 0$	1	1	2	2	3	3	4	3	3	2	2	1	1

表 1-5

	(M_L, M_S) の場合の数												
$M_L =$	6	5	4	3	2	1	0	−1	−2	−3	−4	−5	−6
$L = 6$	1	1	1	1	1	1	1	1	1	1	1	1	1
$L = 4$			1	1	1	1	1	1	1	1	1		
$L = 2$					1	1	1	1	1				
$L = 0$							1						
合 計	1	1	2	2	3	3	4	3	3	2	2	1	1

$M_S = 0$ は $(S = 0, 2S+1 = 1)$ を意味するから,1 重項であり,$M_S = 0$ の場合しかない.残った場合の数は,3 重項の場合のように,次のように分解できることはすぐにわかる.表 1-5 の結果となる.

上から順に,$L = 6 (I)$,$L = 4 (G)$,$L = 2 (D)$,$L = 0 (S)$ の 1 重項を区別したことになる.結局,$(4f)^2$ 配置における LS 項は,

$$^3H, {}^3F, {}^3P, {}^1I, {}^1G, {}^1D, {}^1S$$

の七つに分類できる.

電子が 3 個の場合は,$M_L = (m_1 + m_2) + m_3$,$M_S = (m_{s1} + m_{s2}) + m_{s3}$ として,原理的には,2 個の場合にさらに 1 個を加えればよい.しかし,$(4f)^n$ 配置で $n \geq 3$ となると,場合の数が非常に大きくなり,この方法は事実上使えない.角運動量の合成と合成された角運動量状態を表す波動関数を求めるための数学的手法(Racah の方法)が準備されているので,これが用いられる.

電子配置が [希ガス]$(nl)^x$ であるとき,どのような LS 項がどれだけ生じ,かつ,相互のエネルギー表現式がどのようになるかを考えることは,大変重要である.これなしには,分光学データとの照合が不可能だからである.Nielson and Koster(1963)には,p^n, d^n, f^n の電子配置から生じる LS 項のエネルギー表現式などが集録されており,その結果は既に知られている.表 1-6 に,s^n, p^n, d^n, f^n の電子配置から生じる LS 項をまとめた.Nielson and Koster(1963)に掲げられているエネルギー表現式の導出過程自体を理解するには,原子スペクトル理論の成書(Condon and Odabasi, 1980 ; Cowan, 1981 ; Sobelman, 1992)あるいは原著論文(Racah, 1942a, b, 1943, 1949)に取り組むほかない.s^n, p^n は比較的簡単だが,d^n, f^n 配置の $n \geq 3$ では,複数の同一 LS 項が生じる.特に f^n 配置では多数の同一 LS 項が生ずる(表 1-6).この場合,一般的な取り扱い方は相当に難解なものとなる.

ただし,基底項のみを問題にするのであれば,単一 LS 項なので見かけほど難解ではない.「基礎事項」の §11〜12 で述べた方法で対応できる.分光学の専門家を目指さないのであれば,理論の概略を理解したうえで,Nielson and Koster(1963)の表を利用する立場が賢明であるように思う.本書ではこの立場を取る.

表 1-6 からもわかるように,二つの電子配置 $(nl)^x$ と $(nl)^{4l+2-x}$ では,同一の LS 項が生じる.$4l +$

表 1-6 $(nl)^q$ 配置の LS 項（下段の数字は同一項が複数現れる回数）.

$(s)^q$	s	^2S			
	s^2	^1S			
$(p)^q$	p, p^5	^2P			
	p^2, p^4	$^1S\ D$	^3P		
	p^3	$^2P\ D$	^4S		
$(d)^q$	d, d^9	^2D			
	d^2, d^8	$^1S\ D\ G$	$^3P\ F$		
	d^3, d^7	$^2P\ D\ F\ G\ H$ 　　　2	^4P		
	d^4, d^6	$^1S\ D\ F\ G\ I$ 　　2 2　2	$^3P\ D\ F\ G\ H$ 　　2　　2	^5D	
	d^5	$^2S P D F G\ H\ I$ 　　　3 2 2	$^4P D F G$	^6S	
$(f)^q$	f, f^{13}	^2F			
	f^2, f^{12}	$^1S\ D\ G\ I$	$^3P\ F\ H$		
	f^3, f^{11}	$^2P\ DFGH\ IKL$ 　　2 2 2 2	^4SDFGI		
	f^4, f^{10}	$^1SDFGHIKLN$ 　2 4　　4 2 3　2	$^3PDFGHI\ K\ LM$ 　3 2 4 3 4 2　 2	^5SDFGI	
	f^5, f^9	$^2PDFGH\ I\ KLM\ NO$ 　4 5 7 6 7　5　5 3 2	$^4S\ PDFGH\ I\ K\ LM$ 　　2 3 4 4 3 3 2	$^6P\ F\ H$	
	f^6, f^8	$^1S\ PDFGHIKLMN\ Q$ 　4　 6 4 8 4 7 3 4 2 2	$^3PDFGH\ I\ KLM\ NO$ 　6 5 9 7 9 6　6 3 3	$^5SP\ DFGH\ I\ KL$ 　　3 2 3 2 2	^7F
	f^7	$^2S\ P\ D\ F\ G\ H\ I\ KLMN\ OQ$ 　2 5 7 10 10 9 9　7 5 4 2	$^4S\ P\ DFGHI\ KLMN$ 　　2 2 6 5 7 5 5 3 3	$^6P\ D\ F\ G\ H\ I$	^8S

$2=2\times(2l+1)$ の区別された軌道から，x 個の軌道を選ぶ場合の数と，$(4l+2-x)$ 個を選ぶ場合の数は等しい．$(nl)^{4l+2-x}$ の電子配置では閉殻に比べ x 個の電子が不足している．この状態を，「x 個の電子の孔（hole）がある」と言う．(nl) 副殻に x 個の電子がある状態と，(nl) 副殻に x 個の孔（hole）がある状態は，相互に対応しており，この対応は LS 項のエネルギー表現式にも及ぶ (Condon and Shortley, 1953, 第 8 章；Condon and Odabasi, 1980, 第 5 章)．具体的には，後に述べることとする．

1-4　$\hat{L}$ と $\hat{S}$ の合成とスピン・軌道相互作用

現実の原子やイオンでは，$(2L+1)\cdot(2S+1)$ の縮重は，一部または全部解けており，スペクトルの微細構造として知られている．この原因は $(\hat{L}\cdot\hat{S})$ に結びつくスピン・軌道相互作用である．スピン・軌道相互作用を含むハミルトニアン $(\hat{H})$ は，一般に次の形になる：

$$\hat{H} = \sum_{i=1}^{N}\left\{-\frac{\hbar^2}{2m}\Delta_i + V(r_i)\right\} + \sum_{i>}^{N}\sum_{j}^{N}\frac{e^2}{r_{ij}} + \sum_{i}^{N}\xi(r_i)\,\hat{l}_i\cdot\hat{s}_i \tag{1-7}$$

第 1 項は一電子項，第 2 項は電子反発項，第 3 項がスピン・軌道相互作用 ($\hat{H}_{so}$) で[4]，次の内容を持つ：

$$\xi(r_i) \equiv \frac{1}{2m^2c^2}\left(\frac{1}{r_i}\frac{\partial V}{\partial r_i}\right), \quad \hat{H}_{\text{so}} \equiv \sum_i^N \xi(r_i)\,\hat{l}_i \cdot \hat{s}_i \tag{1-7'}$$

通常，(1-7)の第3項は，第1,2項に比べて十分に小さいものの，このスピン・軌道相互作用まで考えると，全軌道角運動量（$\hat{L}$）と全スピン角運動量（$\hat{S}$）は，全体としての系の定常的運動状態を記述するパラメーターではなくなってしまう．全軌道角運動量（$\hat{L}$）と全スピン角運動量（$\hat{S}$）を合成して得られる全角運動量（$\hat{J}=\hat{L}+\hat{S}$）が，よいパラメーターとなる．具体的には，「基礎事項」§11に述べた[5]．結果だけを記せば，次のようになる．多電子系のハミルトニアン（$\hat{H}$），合成全角運動量演算子（$\hat{J}$）の二乗演算子（$\hat{J}^2$），このz方向成分演算子（$\hat{J}_z$）の同時固有関数 $\Psi \equiv \Psi(J, M)$ が存在し，次の固有値が同時にえられる；

$$\begin{aligned}
\hat{H}\Psi(J,M) &= E(J)\Psi(J,M) \\
\hat{J}^2\Psi(J,M) &= J(J+1)\hbar^2\Psi(J,M) \quad (J=L+S, L+S-1, \cdots, |L-S|) \\
\hat{J}_z\Psi(J,M) &= M\hbar\Psi(J,M) \quad [M=-J, -(J-1), \cdots, (J-1), J]
\end{aligned} \tag{1-8}$$

エネルギーは量子数 J のみによる．J は $\hat{J}^2$ の固有値を定める量子数であり，$L \geq S$ の時，$J = L+S, L+S-1, \cdots, L-S$ の $(2S+1)$ 個の値を取る．$L \leq S$ の時は，$J = S+L, S+L-1, \cdots, S-L$ の $(2L+1)$ 個の値を取る．まとめて，

$$J = L+S, L+S-1, \cdots, |L-S| \tag{1-9}$$

である．

一方，$\hat{J}$ の z 方向への射影を表す演算子（$\hat{J}_z$）の固有値は $M\hbar$ で，量子数 M により与えられる．M は，$M = -J, -(J-1), \cdots, J-1, J$ の $(2J+1)$ 個の値を取りうる．M が異なる $(2J+1)$ 個の (J, M) の状態は，J のみで決まるエネルギー $E(J)$ を持ち，$(2J+1)$ 重に縮重している．

(1-7)で，第3項のスピン・軌道相互作用が第2項の電子反発項に比べ十分に小さければ，LS項エネルギーにスピン・軌道相互作用の摂動が加わった形で取り扱われる．すなわち，LS項エネルギーがスピン・軌道相互作用に起因する小さな分裂を起こす形でエネルギー値が与えられる．これを決めるのは量子数 (L, S, J) であり，次のようなエネルギー値を与える，

$$E(LSJ) = E(LS) + \frac{1}{2}\{J(J+1) - L(L+1) - S(S+1)\} \cdot \varsigma(LS) \tag{1-10}$$

$E(LS)$ は LS 項のエネルギーで，残りの項がスピン・軌道相互作用による付加的な摂動エネルギーである（Condon and Shortley, 1953; Bethe and Jackiw, 1986）．

$(nl)^q$ の配置から生ずる LS 項の場合，最大の S, L の項（基底項）においては，

$$\varsigma(LS) = \pm \frac{1}{2S}\varsigma_{nl} \quad +:(1 \leq q < 2l+1), \quad -:(2l+1 < q \leq 4l+1) \tag{1-11}$$

である．最大 S の LS 項であるから，ς_{nl} はスピン・軌道相互作用パラメーターと呼ばれ，エネルギーの次元をもつ重要な定数である．重い原子では大きな値となる．$q = 2l+1$（半分満たされた配置）の基底項では，$L=0$ であり，$J=S$ となるので付加的な一次の摂動エネルギーはゼロであ

---

4) 1中心1電子系のスピン・軌道相互作用については，「基礎事項」§7で，1中心多電子系のスピン・軌道相互作用は§11-4で説明しておいた．各電子におけるスピン・軌道相互作用の和が1中心多電子系のスピン・軌道相互作用である．

5) 角運動量の合成については，「基礎事項」§10で説明し，その具体例は「基礎事項」§12で議論したので，詳しくはこれらの個所を参照されたい．

る．二次以上の摂動まで考えればゼロではないが，通常，考慮するのは一次の摂動エネルギーに限られる．

相対的には大きくはないものの，スピン・軌道相互作用を考えると，LとSから合成したJを分類の量子数として考えねばならない．Jの数値を，LS項の記号の右下付で

$$^{2S+1}L_J$$

と示す約束となっている．この状態をJレベル（level）とか(LSJ)レベルと呼ぶ．

1-5　Jレベルの例：$(4f)^2$配置におけるLS項のJレベル

$(4f)^2$配置におけるLS項は既に分類されているので，これらのJレベルについて考えてみよう．(1-9)の

$$J = L+S, L+S-1, \cdots, |L-S|$$

を使えばよいだけである．

$$^3H(L=5, S=1)\,;\, J=6, 5, 4 \quad \rightarrow \quad ^3H_{6,\,5,\,4}$$
$$^3F(L=3, S=1)\,;\, J=4, 3, 2 \quad \rightarrow \quad ^3F_{4,\,3,\,2}$$
$$^3P(L=1, S=1)\,;\, J=2, 1, 0 \quad \rightarrow \quad ^3P_{2,\,1,\,0}$$
$$^1I(L=6, S=0)\,;\, J=6 \quad \rightarrow \quad ^1I_6$$
$$^1G(L=4, S=0)\,;\, J=4 \quad \rightarrow \quad ^1G_4$$
$$^1D(L=2, S=0)\,;\, J=2 \quad \rightarrow \quad ^1D_2$$
$$^1S(L=0, S=0)\,;\, J=0 \quad \rightarrow \quad ^1S_0$$

これでJレベルが区分できたことになる．3重項の場合に見られるように，$L \geq S$の時，$J = L+S, L+S-1, \cdots, L-S$の$(2S+1)$個の異なる$J$が現れる．通常は，$L \geq S$であることが多いので，この$(2S+1)$個の$J$レベルは一部分裂しており，磁場のもとでは，すべてが分裂する．この分裂したJレベルの総数は$(2S+1)$であり，特に，多重度（multiplicity）と呼ばれ，項を指定するパラメーターとなっているわけである．

以上のように，系の全軌道角運動量演算子（$\hat{L} = \Sigma \hat{l}_i$）と全スピン角運動量演算子（$\hat{S} = \Sigma \hat{s}_i$）を各々，$\hat{l}_i$は$\hat{l}_i$ごとに，$\hat{s}_i$は$\hat{s}_i$ごとにまず合成して，$\hat{L}$と$\hat{S}$を求め，その後に，$\hat{L}$と$\hat{S}$から$\hat{J}$を求める方法は，$LS$結合（$LS$ coupling），または，提唱者の名前を取って，Russell-Saunders結合と呼ばれる．一方，個々の電子ごとに，$\hat{l}_i$と$\hat{s}_i$から$\hat{j}_i$を合成し，その後で全部の$\hat{j}_i$を合成して$\hat{J}$を求める方法は，jj結合（jj coupling）と呼ばれている．LS結合とjj結合の中間型の結合方法もある．

LS結合は，軽い原子・イオンにおいて現実とよく対応することがわかっている．3価希土類元素イオンの基底電子配置は[Xe]$(4f)^q$と書けるが，このような重元素でも，基底項はLS結合的であるとされている．もちろん，スピン・軌道相互作用は考慮する必要がある．励起項も含めると中間型結合様式がよいとされる．開殻である$(4f)^q$電子配置ともう一つの開殻の電子$5d$, $6s$電子が共存する場合は，LS結合とjj結合の中間型の結合様式が現実スペクトル・データとの対応がよいとされている（Goldschmidt, 1978）．

1-6　Hund の規則と基底 LS 項，基底 J レベル

開殻の電子配置から多数の LS 項が生じ，これらは，さらにいくつかの J レベルに分かれる．これらのエネルギー状態を全部定量的に議論することは容易ではないし，また同時に，その必要もない場合が多い．現実の原子・イオンでは，基底電子配置のうち最もエネルギーが低い LS 項状態が実現していると考えてよいからである．高温の状態では注意を要するが，熱力学量に反映される電子エネルギー状態はこのような基底電子配置の基底 LS 項，基底 J レベルであり，これ以外の LS 項，J レベル，すなわち，励起状態の LS 項，J レベルはほとんど無関係と思ってよい．ただし例外は，Eu^{3+} と Sm^{3+} の励起 J レベルで，後に述べるように，基底レベルとのエネルギー差が小さく，常温でも考慮が必要となる．

開殻電子配置から生じる多数の LS 項のうちで，基底 LS 項を決める経験的規則が知られており，

$$\text{「基底 LS 項」}=\text{「最大の L を持ち，かつ，最大の S を持つ項」} \tag{1-12}$$

が成り立つ．これはフントの規則（Hund's rule）と呼ばれている．この分光学的経験則は，$(nl)^q$ と $(nl)^q(n's)$ と表現できる開殻電子配置では確かに成立することが知られている（Cowan, 1981）．しかし，その他の開殻電子配置では成立しないことがある．Hund の規則が量子力学からどのように説明できるかについては興味深い議論のあるところであり，4-5 節で議論する．ここでは，Hund の規則は，あくまでも，分光学的経験則として理解しておくことにする．

$(4f)^2$ 配置から生じる LS 項と J レベルは，前節（1-5 節）に述べた．この結果に，Hund の規則をあてはめれば，基底 LS 項は最大の L を持ち，最大の S を持つものであるから，七つの LS 項のうち，^3H が基底項であることがわかる．

この ^3H 基底項は，スピン・軌道相互作用により，$J=6, 5, 4$ のレベルに分裂するが，どれが基底レベルとなるかも判定できる．既に記したように，(LSJ) レベルのエネルギーは，(1-10) から

$$E(LSJ) = E(LS) + \frac{1}{2}\{J(J+1) - L(L+1) - S(S+1)\} \cdot \varsigma(LS)$$

となる．$E(LS)$ は，LS 項のエネルギーで，残りの項がスピン・軌道相互作用による付加的な摂動エネルギーであった．また，$(nl)^q$ の配置から生ずる LS 項の場合，最大の S, L の項においては，

$$\varsigma(LS) = \pm \frac{1}{2S}\varsigma_{nl}, \quad +:(1 \leq q < 2l+1), \quad -:(2l+1 < q \leq 4l+1)$$

だから，$(4f)^2$ 配置の場合は，$\varsigma(LS) = +1/(2S)\varsigma_{nl}$ となるので，J が異なっても，L, S は同一であるから，最小の $J=4$ が最も小さな

$$(1/2)\{J(J+1) - L(L+1) - S(S+1)\} \cdot \varsigma(LS)$$

の値を与える．したがって，$^3H_4$ が基底レベルであり，通常の状態では，$(4f)^2$ 配置に相当する Pr^{3+} イオンの電子状態はこの状態にあると考えておけばよい．しかし，$q > 2l+1$ の場合は，$\varsigma(LS)$ に負符号がつくので，最大の J が基底レベルとなる．これは J レベルに関する Hund の規則と呼ばれる．$(4f)^2$ である Pr^{3+} イオンのスペクトル・データから決められた基底項，基底レベルと合致している．この J レベルに関する Hund の規則は (1-12) の S, L に関するものとあわせて

(S, L, J) に関する Hund の規則となる．

1-7 Landé の間隔則

同一の多重項における J と $(J-1)$ のレベルのエネルギー差は，上記の (1-10) の $E(LSJ)$ からすれば，J に比例することになる．

$$\Delta E(LSJ) = E(LSJ) - E[LS(J-1)] = \varsigma(LS) \cdot J \tag{1-12}$$

この単純な結果は，ランデの間隔則（Landé's interval rule）と呼ばれる．この規則がどの程度成立するかによって，(LSJ) による考え方が，現実のスペクトル・データに適合するかどうかを知ることができる．また，Landé の間隔則が成立していれば，スピン・軌道相互作用パラメーター（ς_{nl}）はこの J レベル間隔からただちに推定できることになる．

$(4f)^2$ 配置の 3 重項の場合について考えると，$2S+1=3$ であるから，(1-11) から

$$\varsigma(LS) = +\frac{1}{2S} \cdot \varsigma_{4f} = +\frac{1}{2} \varsigma_{4f}$$

ゆえに，$(4f)^2$ 配置の 3 重項では，

$$\Delta E(LSJ) = E(LSJ) - E[LS(J-1)] = +\frac{1}{2} \varsigma_{4f} \cdot J \tag{1-13}$$

となる．

一方，Sugar (1965) が報告している Pr^{3+} イオン・ガスの 3 重項の J レベル間隔は，表 1-7 の通りである．もし，Landé の間隔則が成立していれば，$2\Delta E/J = \varsigma_{4f}$ だから，下段のすべての値はほぼ一定の値になるはずである．Pr^{3+} イオン・ガスでは，Landé の間隔則は，^3H と ^3P ではもっともらしいものの，^3F では成立しているとは言えない．特に，$^3F_4$ は他の間隔値に比べ大変小さな値を与える．この原因は，同一 J レベル間での配置混合が無視できないことによる．$J = 5, 3, 1$ の状態は一個ずつしかないが，$J = 6, 4, 2, 0$ では，同一の J を持つ状態が，$2, 3, 3, 2$ 個ずつ存在し，これらの混合が考えられる．

Pr^{3+} イオンのスペクトル・データは，同一 J レベルの混合を考慮した LS 結合と jj 結合の中間型結合（intermediate coupling）の立場から解析されている．この中間型結合の考え方は，(1-7) における第 2 項の電子反発エネルギーと第 3 項のスピン・軌道相互作用エネルギーに優劣を付けず，両者をあわせて，第 1 項の 0 次近似ハミルトニアンに対する摂動エネルギーとして取り扱う考え方である．この考え方と配置間相互作用を考慮して，スピン・軌道相互作用パラメーターの値は，Sugar (1965) にあっては $\varsigma_{4f} = 741 \pm 23$ (cm^{-1}) と求められている．さまざまな Pr(III) 化合物のスペクトルから，スピン・軌道相互作用パラメーターは求められているが，ほぼ，740〜750

表 1-7 Pr^{3+} イオン・ガスの 3 重項の J レベル間隔（Sugar, 1965）．

^3H (cm^{-1})			^3F (cm^{-1})			^3P (cm^{-1})		
$J=4$ (=0)	$J=5$ 2152.2	$J=6$ 4389.1	$J=2$ 4996.7	$J=3$ 6415.4	$J=4$ 6854.9	$J=0$ 21390.1	$J=1$ 22007.0	$J=2$ 23160.9
($2\Delta E/J = \varsigma_{4f}$)			($2\Delta E/J = \varsigma_{4f}$)			($2\Delta E/J = \varsigma_{4f}$)		
	860.8	745.6		945.8	**219.8**		1235.0	1153.3

(cm^{-1}) 程度の値である．

1-8　3価ランタニド・イオンの基底 LS 項と基底 J レベル

3価ランタニド・イオンの基底電子配置は $[Xe](4f)^q$ で，各々の LS 項は既にわかっていると述べたが，これらの基底 LS 項，基底 J レベルを表1-8にまとめた．

3価ランタニド・イオンの基底 LS 項，基底 J レベルに関しては (LSJ) による多重項の分類結果を Hund 則から指定したものに合致しており，基本的には，LS 結合的に考えてよいことを示唆している．ただし，励起項，励起レベルも含めると，先ほどの，Pr^{3+} イオン・ガスの例からもわかるように，LS 結合と jj 結合の中間型結合を考えねばならない．

$[Xe](4f)^2$ 配置の相補状態である $[Xe](4f)^{12} = [Xe](4f)^{14-2}$ 配置に相当する Tm^{3+} イオンのスペクトルでは，Pr^{3+} イオンと同様に基底項は ^3H である．基底レベルは，$^3H_{4,5,6}$ のうちの $J=6$ であることが確認されている．J レベルに関する Hund 則とも合致している．(LSJ) による多重項エネルギーの考え方によれば，

表1-8

Ln^{3+}	基底電子配置	基底 LS 項 J レベル
La^{3+}	$[Xe]$	$^1S_0$
Ce^{3+}	$[Xe](4f)$	$^2F_{5/2}$
Pr^{3+}	$[Xe](4f)^2$	$^3H_4$
Nd^{3+}	$[Xe](4f)^3$	$^4I_{9/2}$
Pm^{3+}	$[Xe](4f)^4$	$^5I_4$
Sm^{3+}	$[Xe](4f)^5$	$^6H_{5/2}$
Eu^{3+}	$[Xe](4f)^6$	$^7F_0$
Gd^{3+}	$[Xe](4f)^7$	$^8S_{7/2}$
Tb^{3+}	$[Xe](4f)^8$	$^7F_6$
Dy^{3+}	$[Xe](4f)^9$	$^6H_{15/2}$
Ho^{3+}	$[Xe](4f)^{10}$	$^5I_8$
Er^{3+}	$[Xe](4f)^{11}$	$^4I_{15/2}$
Tm^{3+}	$[Xe](4f)^{12}$	$^3H_6$
Yb^{3+}	$[Xe](4f)^{13}$	$^2F_{7/2}$
Lu^{3+}	$[Xe](4f)^{14}$	$^1S_0$

Tm^{3+} イオンでは $4f$ 副殻は半分以上満たされているから，^3H 項から分裂する J レベルのエネルギーは，$J=6, 5, 4$ の順に増大するはずである．しかし，3-5節で述べる Dieke ダイアグラム（Dieke and Crosswhite, 1963）での Tm^{3+} イオンでは $J=6$ が基底レベルだが，$J=5, 4$ の励起レベルは準位が逆転している．その後，Martin et al. (1978)，Carnall and Crosswhite (1983)，Carnall et al. (1989) では，Tm^{3+}：LaF_3 のスペクトル・データから，Dieke ダイアグラム（Dieke and Crosswhite, 1963）で $^3H_4$ と $^3F_4$ を入れ替えるべきと結論した．逆転はないとの結果である．しかし，その後も Dieke and Crosswhite (1963) の Dieke ダイアグラムが引用される場合，この逆転が修正されていないこともあるので，この点には注意が必要である．

Ln^{3+} イオンの基底項をランタニド系列全体で眺めると，全スピン量子数 S は，表1-9のように規則的に変化している．基底項の S は 0 から 1/2 ずつ増加し，Gd^{3+} で最大の 7/2 となり，以後 1/2 ずつ減少し，Lu^{3+} で $S=0$ となる．表1-10を参照すればわかるように，$m_s = +1/2$ である $4f$ 電子が，異なる七つの m の値の箱（$m = +3, +2, +1, 0, -1, -2, -3$）に1個ずつ充填され，$Gd^{3+}$ で最大の 7/2 となり，これ以後は，同一の m の箱には，$m_s = -1/2$ の $4f$ 電子しか入れないので，S の値は，7/2 から 1/2 ずつ減少し，Lu^{3+} で $S=0$ となる．

基底電子配置の $4f$ 電子数を q とすれば，

$$\begin{aligned}(\text{基底項の}S) &= \frac{1}{2} \cdot q \quad (0 \leq q \leq 7) \\ &= \frac{1}{2} \cdot (14-q) \quad (8 \leq q \leq 14)\end{aligned} \quad (1\text{-}14)$$

である．

表 1-9 Ln^{3+} 基底項の全スピン量子数.

	La^{3+}							Gd^{3+}						Lu^{3+}
$S=$	0	1/2	1	3/2	2	5/2	3	7/2	3	5/2	2	3/2	1	1/2	0

表 1-10 3価ランタニド・イオンの基底 LS 項の L と S の値.

		αスピン (↑) の充填 (half-filled まで)						
$q=$	(0)	1	2	3	4	5	6	7
$\sum m = L$	(0)	3	5	6	6	5	3	0
L 記号	S	F	H	I	I	H	F	S
$S = \sum s_z$	0	1/2	1	3/2	2	5/2	3	7/2
$m = +3$		↑	↑	↑	↑	↑	↑	↑
$m = +2$			↑	↑	↑	↑	↑	↑
$m = +1$				↑	↑	↑	↑	↑
$m = 0$					↑	↑	↑	↑
$m = -1$						↑	↑	↑
$m = -2$							↑	↑
$m = -3$								↑
$m=$	(0)	3	2	1	0	-1	-2	-3
$\sum m = L$	(0)	3	5	6	6	5	3	0
L 記号		F	H	I	I	H	F	S
$S = \sum s_z$		3	5/2	2	3/2	1	1/2	0
$m = +3$		↑↓	↑↓	↑↓	↑↓	↑↓	↑↓	↑↓
$m = +2$		↑	↑↓	↑↓	↑↓	↑↓	↑↓	↑↓
$m = +1$		↑	↑	↑↓	↑↓	↑↓	↑↓	↑↓
$m = 0$		↑	↑	↑	↑↓	↑↓	↑↓	↑↓
$m = -1$		↑	↑	↑	↑	↑↓	↑↓	↑↓
$m = -2$		↑	↑	↑	↑	↑	↑↓	↑↓
$m = -3$		↑	↑	↑	↑	↑	↑	↑↓
$q=$		8	9	10	11	12	13	14
		βスピン (↓) の充填 (half-filled の後)						

(基底項の L) についても,$q=0$ から $q=3$ で,$[L=0,3,5,6]$ と変化し,$q=4$ から $q=7$ で,$[L=6,5,3,0]$ となっている.$q=7$ から $q=14$ においても,$[L=0,3,5,6]$,$[L=6,5,3,0]$ と繰り返されている.このように,(基底項の S) および(基底項の L) が,基底電子配置の $4f$ 電子数 q と対応することは,Ln^{3+} イオン基底項エネルギーの系列全体を通じての規則的変化を示唆している.

基底項の S の変化については既に説明した通りで単純である.基底項の L の規則的変化は,Hund 則によれば基底項の L は $L(\max)$ であることに留意して,表 1-10 を見れば理解できる.すなわち,$4f$ 副殻の $(2l+1)=7$ 個の箱を考え,$\sum m$ を順番に求めて行けば基底項の L の値が,$q=0 \rightarrow 7$ で $[L=0,3,5,6]$,$[L=6,5,3,0]$ となり,さらに,$q=7 \rightarrow 14$ でもう一度繰り返されることがわかる.ただし,表 1-10 では,$q=0$ に当たる箱はないが,$q=0$ の箱は Xe 殻で $L=0$,$S=0$ で,La^{3+} がこれにあたる.

分光学では,多重項の構造,すなわち,各電子配置における基底項と励起項の間隔,J レベル間隔,に関心が向けられることが多い.その場合,基底項,基底レベルは $E=0$ の基準値に過ぎない.しかし,ランタニド(III)化学種の化学反応での熱力学量に反映される電子エネルギー状態は,基底電子配置の基底 LS 項,基底 J レベルの差であり,$(4f)^q$ 系列全体での基底項エネル

ギーの規則的変化が重要である．基底項エネルギー自体の系列全体を通じての規則的変化は，$(4f)^q$ である Ln^{3+} イオンの基底項のみならず，$(2p)^q$，$(3p)^q$，$(3d)^q$ 系列の原子・イオン基底項にも見ることができる．基底電子状態を q の逆順にたどることは，イオン化エネルギーの系列変化を q の逆順に見ることに対応している．$(nl)^q$ 系列全体での基底項エネルギーの規則的変化の本質は，間接的ではあるが，これらのイオン化エネルギー値の変化パターンから知ることができ，これは多重項理論の基礎となっている．この事実を次に見てみよう．

第2章
開殻電子配置 $(nl)^q$ を持つ原子・イオン系列のイオン化エネルギー

　[閉殻] $(nl)^q$ の電子配置を持つ原子・イオンから1個の (nl) 電子を取り除き，[閉殻] $(nl)^{q-1}$ の電子配置のイオンを作り出すに必要なエネルギーが，イオン化エネルギー（イオン化ポテンシャル）である．この値はスペクトル・データから決まる実験値であり，開殻電子配置 $(nl)^q$ 系列における基底エネルギー準位の系統的変化を反映する．イオン化エネルギーの値を，$q=1$ から $q=4l+2$ まで (nl) 殻の電子数 q に対してプロットすると，$p(l=1)$, $d(l=2)$, $f(l=3)$ で共通した変化の特徴がある．前半の $q=1$ から $q=2l+1$ と，後半の $q=2l+1$ から $q=4l+2$ までの二つの区間で，類似した変化を繰り返すことが共通している．これは，閉殻である $q=0$ と $q=4l+2$ の配置のみならず，$q=2l+1$ の (nl) 副殻が半分充填された配置（half-filled subshell）が特別に安定であることを意味する．他方，中性原子基底配置系列である B～Ne の $(2p)^q$ と Al～Ar の $(3p)^q$ では，イオン化エネルギーの値は開殻電子数 q とともに直線的増加を示す．しかし，[Ar]$(3d)^q$ の鉄族元素イオンや [Xe]$(4f)^q$ の3価希土類元素イオンでは，必ずしも，q に対し単調な増加を示さない．これは重要な相違点である．

2-1　$(nl)^q \to (nl)^{q-1}$ に対応するイオン化エネルギー

　[閉殻] $(nl)^q$ の電子配置を持つ原子・イオンから (nl) 電子を1個取り除けば，[閉殻] $(nl)^{q-1}$ の電子配置を持つイオンが生じる．中心原子核に拘束されている電子を取り除くにはエネルギーが必要であり，これがイオン化エネルギー（イオン化ポテンシャル）の値となる．[閉殻]$(nl)^q$ も [閉殻]$(nl)^{q-1}$ の電子配置も，一般には多数の LS 項があり，スピン・軌道相互作用による J レベル分裂も考えねばならない．したがって，実験的に得られているイオン化エネルギーの値は，両配置の基底 LS 項エネルギー準位の差に相当している．J レベル分裂も考慮した場合は，基底レベルの差に相当することになる．したがって，$(nl)^q \to (nl)^{q-1}$ のイオン化エネルギー，$I(nl^q)$，は

$$I(nl^q) = E[(nl)^{q-1} 基底レベル] - E[(nl)^q 基底レベル] \qquad (2\text{-}1)$$

に相当する．(2-1)では[閉殻]の部分は省略しているが，以下の議論でも同様に表記する．図2-1 は，Sugar and Reader (1973) による Sm^{2+} のイオン化エネルギーの分光学的決定法を説明したものである．$Sm^{2+}[(4f)^6] \to Sm^{3+}[(4f)^5]$ に対応する Sm の第3イオン化エネルギーは，$(4f)^6$ と $(4f)^5$

の基底レベルの差に相当しており，この値はいくつかの分光学的観測値から評価できる．$(4f)^5 = (4f)^5 ns (n \to \infty)$ として，$(4f)^5 6s$ と $(4f)^5 7s$ の基底レベルエネルギー差から，$(4f)^5$ と $(4f)^5 6s$ の基底レベルエネルギー差を Rydberg-Ritz の式で外挿している．詳しくは，Sugar and Reader（1973）を参照されたい．

軽元素の原子・イオンでは，スピン・軌道相互作用による J レベル分裂は小さいので，(2-1) は，実質的には，

$$I(nl^q) = E[(nl)^{q-1} \text{基底} LS \text{項}]$$
$$\quad - E[(nl)^q \text{基底} LS \text{項}] \quad (2\text{-}2)$$

と考えてもよい．これらの点に留意して，以下，$(2p)^q$ と $(3p)^q$，$(3d)^q$，$(4f)^q$ 系列における $I(nl^q)$ の変化について見てみよう．

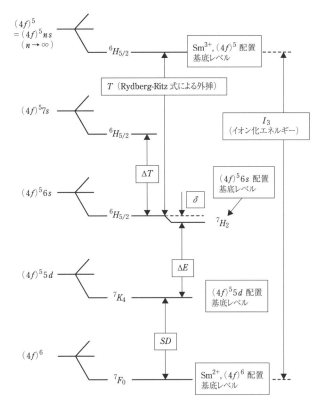

図 2-1 Sm^{2+} のイオン化エネルギー (I_3) を定める分光学的パラメーター．$I_3 = SD + \Delta E + \delta + T$．Sugar and Reader（1973）による．

2-2 $(2p)^q$ と $(3p)^q$ 系列におけるイオン化エネルギー

(B, C, N, O, F, Ne) と (Al, Si, P, S, Cl, Ar) の系列では，基底電子配置は，それぞれ，$[He](2s)^2(2p)^q$，$[Ne](3s)^2(3p)^q$ である．[希ガス配置] に $(ns)^2$ も付け加わっているが，$(2p)^q$ と $(3p)^q$ が開殻配置となっている．両系列におけるイオン化エネルギーの変化を図 2-2 に示す．スペクトル・データは Cowan（1981）による．

$(np)^q \to (np)^{q-1}$ だから，$l=1$ であり，$4l+2=6$ となり，q は 1 から 6 まで変化し，$(q-1)$ は 0 から 5 まで変化する．I の値は，$q=1,2,3$ で直線状に増加し，同様の変化が $q=4,5,6$ で再び繰り返されている．q が 3 から 4 に増加する際に，I の値は低下している．これは，$(np)^3$ の基底項から np 電子を 1 個取り除き $(np)^2$ の基底項状態を作り出すに必要なエネルギーは，$(np)^4$ の基底項から同様な np 電子を 1 個取り除き $(np)^3$ の基底項状態を作り出すに必要なエネルギーより，かなり大きいことを意味している．すなわち，$(np)^3$ の基底項状態が，$(np)^2$ と $(np)^4$ の基底項状態にくらべ特別に安定であることを示している．$(np)^3$ の

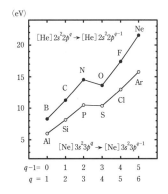

図 2-2 $(2p)^q$ 系列（B～Ne）と $(3p)^q$ 系列（Al～Ar）におけるイオン化エネルギーの系列変化．

配置は (np) 副殻が半分充填された配置（half-filled subshell）である．

また，$I(np^1)$ の値が最小で，$I(np^6)$ の値が最大であることも，閉殻である $(np)^0$，$(np)^6$ が相対的に安定であることに関係している．閉殻の安定電子配置から電子を奪うにはそれだけ余分なエネルギーが必要で，$I(np^6)$ の値が大きいことは理解しやすい．同様の理由で，$(np)^1$ の配置から $(np)^0$ の閉殻配置を作り出すのは相対的に容易であることも理解できる．

2–3　$(3d)^q$ と $(4f)^q$ 系列におけるイオン化エネルギー

$(3d)^q$，$(4d)^q$，$(4f)^q$ 系列における $I(nl^q)$ の変化を図 2–3 と 2–4 に示す．図 2–3 のスペクトル・データは Cowan (1981)，図 2–4 は Sugar and Reader (1973) と Sugar (1975) の値をプロットしている．$(3d)^q$ 系列のイオン化エネルギーは，[Ar]$(3d)^q$ の配置を持つ鉄族元素イオンの M^{2+} と M^{3+} 系列の [Ar]$(3d)^q \to$ [Ar]$(3d)^{q-1}$ の変化に対応する．$l = 2$ であるので $4l+2 = 10$ となり，$0 \leq q \leq 10$ の範囲を考えることになる．$3d$ 電子数 q が 5 から 6 に増加する時，やはり，イオン化エネルギーは低下している．副殻が半分充填された配置である [Ar]$(3d)^5$ が相対的に安定であることを示唆する．$(4d)^q$ 系列でも同様な変化が認められる．

副殻が半分充填された配置が特別の意味があることは，図 2–4 に示した $(4f)^q$ 系列の [Xe]$(4f)^q \to$ [Xe]$(4f)^{q-1}$ で 3 価の希土類元素イオンが 4 価となる際のイオン化エネルギーの値でも認められる．ただし，La^{2+} と Gd^{2+} の電子配置には $5d$ が含まれ，"不規則" 配置なので，分光学の値 I_3(La) と I_3(Gd) を [Xe]$(4f)^q \to$ [Xe]$(4f)^{q-1}$ の規則的配置変化値とするには小さな補正を要する（第 5 章の図 5–2）．しかし，ここでは取りあえず無視して議論する．[Xe]$(4f)^q$ では $l = 3$ なので $4l + 2 = 14$ となり，$4f$ 副殻が半分充填された配置は [Xe]$(4f)^7$ である．図 2–2，2–3，2–4 に示した $I(nl^q)$ の q に対する変

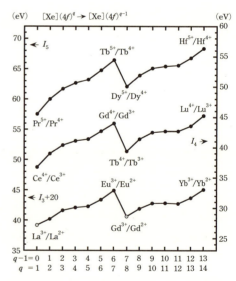

図2-4　[Xe]$(4f)^q \to$ [Xe]$(4f)^{q-1}$ の基底電子配置変化に対応したランタニドの第 3，4，5 イオン化エネルギーの系列変化．ただし，La^{2+} と Gd^{2+} は "不規則" な基底電子配置 [Xe]$(4f)^0(5d)$ と [Xe]$(4f)^7(5d)$ を取るため，I_3(La) と I_3(Gd) の値をこの "規則的" 基底電子配置変化に対応させるには，小さな補正が必要となる（第 5 章を参照のこと）．La^{3+}/La^{2+} と Gd^{3+}/Gd^{2+} の白丸はこの不規則性を示す．また，I_5 系列の最後にはランタニドではない Hf^{5+}/Hf^{4+} が現れることにも注意．

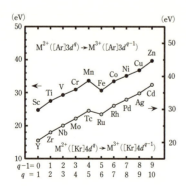

図2-3　$(3d)^q$ 系列 (Sc~Zn) と $(4d)^q$ 系列 (Y~Cd) における M$^{2+} \to$ M^{3+} のイオン化エネルギーの系列変化．

26　第 I 部　希土類元素の量子化学

化には，q が $(2l+1) \rightarrow (2l+1)+1$ と増加する際に，$I(nl^q)$ の低下が共通して認められる．

スピン・軌道相互作用による J レベル分裂を無視して考える (2-2) 式に従えば，
$$I(nl^{2l+1}) = E[(nl)^{2l} 基底 LS 項] - E[(nl)^{2l+1} 基底 LS 項],$$
$$I(nl^{2l+2}) = E[(nl)^{2l+1} 基底 LS 項] - E[(nl)^{2l+2} 基底 LS 項],$$
である．各 E の値は，中心芯に電子が束縛されている状態に対応しているから，負の値であるが，I の値はすべて正である．図 2-2, -3, -4 のスペクトル・データは，いずれも，
$$I(nl^{2l+1}) > I(nl^{2l+2})$$
であるから，
$$E[(nl)^{2l+1} 基底 LS 項] < \{E[(nl)^{2l} 基底 LS 項] + E[(nl)^{2l+2} 基底 LS 項]\}/2 \qquad (2\text{-}3)$$
を意味する．すなわち，(nl) 副殻が半分充填された配置 $(nl)^{2l+1}$ の基底項のエネルギーは，$(nl)^{(2l+1)\pm 1}$ の配置基底項エネルギーの平均値より低い．半分充填された配置 $(nl)^{2l+1}$ の基底項が特別に安定であることに対応する．Hund の規則からすれば，副殻が半分充填された配置の基底項は，その系列において最大の S を有しており，副殻が半分充填された配置の基底項が特別の安定性を有していることとの関連性が推察される．

一方，$I(np^q)$ と $I(3d^q)$ の変化パターンを比べると，若干の相違もある．$q=1 \rightarrow 5$ と $q=6 \rightarrow 10$ で繰り返される変化では（図 2-3），q の増加に対し，$I(3d^q)$ は必ずしも直線的に増加していない．$q=1, 3, 5$ の値はほぼ直線上に並ぶが，$q=2$ の I の値は，この直線の値よりやや大きく，$q=4$ の値はやや小さい．同様なやや湾曲した I の変化は，$q=6 \rightarrow 10$ においても繰り返されている．このような非直線的な I の変化は，$I(4f^q)$ ではさらに顕著になっている（図 2-4）．前半の $q=1 \rightarrow 7$ の部分では，$q=1, 4, 7$ の値を結ぶとこれは上に凸な曲線となり，$q=2, 3$ の値はこの曲線の上側に位置し，$q=5, 6$ の値は下側にある．全体としては，湾曲した階段状の変化パターンを呈している．類似の変化は，後半の $q=8 \rightarrow 14$ における $I(4f^q)$ においても認められる．$I(4f^q)$ 全体の変化パターンは，「自動車の前後の座席を横から眺めたもの」に似ているため，"double-seated pattern" と呼ばれることもある．$I(3d^q)$ に認められるやや湾曲した変化や，$I(4f^q)$ の double-seated pattern の特徴は，閉殻配置と半分充填された配置の基底項だけでは説明できない．半分充填された配置の基底 LS 項の安定性が量子数 S に関連しているのであれば，閉殻配置と半分充填された配置の間での $I(nl^q)$ の非直線的変化は，もう一つの量子数 L の変化に関連していることが考えられる．

以上のようなイオン化エネルギー $I(nl^q)$ の開殻電子 q に対する系統的変化は，基本的には，式 (2-2) にあるように，$E[(nl)^q 基底 LS 項]$ の開殻電子 q に対する系統的変化を反映した分光学的事実である．次章では，一番単純な $(nl)^q$ 配置の系列を例にして，開殻電子配置 $(nl)^q$ 系列における基底エネルギー準位の系統的変化について検討する．

第3章
$(np)^q$ 電子配置における LS 多重項のエネルギー準位

$(nl)^q$ 電子配置における LS 多重項のエネルギー準位の構造は，$l=1=p$ の場合が最も単純なので，まず初めに $(np)^q$ 配置の LS 多重項のエネルギーについて考える．単純だが，基本的な考え方は，$(3d)^q$, $(4f)^q$ 配置の場合にも共通する．Nielson and Koster (1963) には，$(np)^q$, $(nd)^q$, $(nf)^q$ 配置における各 LS 項の (nl) 電子間電子反発エネルギー式が与えられているので，これを手がかりに，$(np)^q$ 配置における LS 多重項のエネルギー準位のシステマテックスについて考える．ここでの記述は $(np)^q$ に対するものであるが，一般的な $(nl)^q$ 配置の場合も意識して記述するので，多重項理論の枠組みを理解する上でも，また，3 価ランタニド・イオンの電子配置 $(4f)^q$ を考える場合にも応用できる．

3-1 (np) 電子間の電子反発エネルギー

$(np)^q$ 配置における LS 項とその (np) 電子間の電子反発エネルギーに関して，Nielson and Koster (1963) に記載されている内容を表 3-1 に示す．きわめて簡潔な内容で，p^0, p^1, p^4, p^5, p^6 の配置に関する記述はない．p^0 と p^6 の配置は閉殻であるから，記述がないのは理解できるが，p^1, p^4, p^5 についてはなぜ記述が省略されているのだろうか？ p^1 配置では p 電子は 1 個しか存在しないので，p 電子間の電子反発は考えられない．p^1 配置が省略されている理由である．しかし，p^4, p^5 の配置では，複数の p 電子が存在するので，p 電子間の電子反発エネルギーは当然考えねばならないはずである．しかし，既に注意したように，$(nl)^q$ 配置の LS 項と $(nl)^{4l+2-q}$ 配置の LS 項は 1 対 1 の対応関係があるので，LS 項に関する $p^4 \Leftrightarrow p^2$, $p^5 \Leftrightarrow p^1$, $p^6 \Leftrightarrow p^0$ の対応関係から，p^4, p^5 配置 LS 項における p 電子間の電子反発エネルギーは求められる．この理由により，$(2l+1=3)$ である half-filled の配置，この場合は p^3 配置，までの LS 項についての記述は与えられているが，half-filled 後の配置についてはすべて省略されている．この事情は，他の $(nl)^q$ 配置の LS 項で同じである．ただし，対応関係の具体的内容については，後に述べるように，注意が必要である．

p 電子間の電子反発エネルギーの値は，F^0 と

表 3-1 $(np)^q$ 配置における LS 項とその (np) 電子間の電子反発エネルギー．

配置	LS 項	p 電子間の電子反発エネルギー
p^2	^1S	$F^0 + (10/25)F^2$
	^1D	$F^0 + (1/25)F^2$
	^3P	$F^0 - (5/25)F^2$
p^3	^2P	$3F^0$
	^2D	$3F^0 - (6/25)F^2$
	^4S	$3F^0 - (15/25)F^2$

F^2 の一次式で与えられている．F^0 と F^2 はスレーター積分（Slater integral）と呼ばれる．p 電子間の電子反発エネルギーを指定するパラメーターであり，エネルギーの次元を持つ．定義上は以下の内容を持つ．二つの p 電子間の電子反発エネルギーを求めるには，$(e)^2/r_{ij}$ を球面調和関数で展開し，球面調和関数の加法定理を適用して，Coulomb 積分と交換積分を求める．そこでは電子の波動関数をその変数である角度と動径について積分する．角度の積分を行った後に残る動径についての積分が Slater 積分である（「基礎事項」§12）．Slater 積分はすべて正の値を取り

$$F^0 > F^2 > 0$$

の関係が成立する．しかし，このことにあまり神経質になる必要はない．スペクトル・データを前提とする通常の議論では，Slater 積分は，LS 項に関するスペクトル・データから最小二乗法により推定される正のエネルギー・パラメーターとして取り扱われる．したがって，定義上の動径積分が実際に実行されることはないからである．d 電子間の電子反発エネルギーの表現式では，F^0，F^2，F^4 の三つの Slater 積分が現れ，f 電子間の電子反発エネルギーでは，F^0，F^2，F^4，F^6 の四つの Slater 積分が現れる．F^1，F^3，F^5 の奇数次の Slater 積分が現れないのは，奇関数の動径積分は 0 となるからである．詳しくは，「基礎事項」§12 を参照されたい．

Slater 積分 F^0 と F^2 を用いて，LS 項の電子反発エネルギーを表現すると，表 3-1 にあるように，F^2 には $(1/25)$ のような分数の係数がつく．そこで，$(np)^q$ の場合，

$$F_0 \equiv F^0, \qquad F_2 \equiv F^2/25$$

と再定義したものを使用すれば，分数の係数に煩わされることはない．一般には，

$$F_0 \equiv F^0, \qquad F_k \equiv F^k/D_k$$

として，k（偶数）>0 のスレーター積分を分数係数も含めて一まとめにして扱うと LS 項の電子反発エネルギーの表現式が単純になる．このように再定義された下付の F_k は，スレーター・コンドン・パラメーター（Slater-Condon parameter）と呼ばれる（「基礎事項」§12）．Slater 積分を Slater-Condon パラメーターに変換するための係数 D_k の値は，Condon and Shortley（1953）や Condon and Odabasi（1980）に与えられている．一部の値は「基礎事項」§12 の表 12-4 にも掲げておいた．

3-2　電子反発エネルギーの配置平均値

p^2 と p^3 配置の LS 項とその電子間の電子反発エネルギーが表 3-1 に与えられているから，これを用いて，p^2 と p^3 配置に対する次のような電子反発エネルギーの平均値を求めてみよう．

$$E'(\mathrm{av.}) \equiv \frac{\sum_{LS}(2L+1)(2S+1) \cdot E'(LS)}{\sum_{LS}(2L+1)(2S+1)} \tag{3-1}$$

$\sum_{LS}$ は各配置のすべての LS 項についての和をとることを意味する．$E'(LS)$ は，表 3-1 に掲げられている各配置 LS 項における電子間の電子反発エネルギー式である．$(2L+1)(2S+1)$ は各 LS 項の縮重度だから，$E'(\mathrm{av.})$ は，各電子配置に現れる LS 項の電子反発エネルギーを LS 項の縮重度を重み係数として，平均したものである．この縮重度を用いなければ意味のある平均値が得られない．表 3-2 は，LS 項の縮重度と $E'(\mathrm{av.})$ を表 3-1 に書き加えた結果である．ただし，表 3-1

表 3-2 $(np)^q$ 配置における LS 項, LS 項の縮重度, LS 項での (np) 電子間の電子反発エネルギー, 配置における電子反発エネルギーの平均値.

配置	LS 項	縮重度	$E'(LS)$	$E'(\mathrm{av.})$
p^2	^1S	1	F_0+10F_2	
	^1D	5	F_0+F_2	F_0-2F_2
	^3P	9	F_0-5F_2	
p^3	^2P	6	$3F_0$	
	^2D	10	$3F_0-6F_2$	$3(F_0-2F_2)$
	^4S	4	$3F_0-15F_2$	

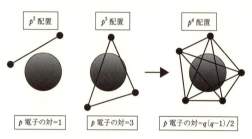

図 3-1 開殻電子数と電子の対の数. $(nl)^q$ 配置でも同じである.

の Slater 積分はすべて Slater-Condon パラメーターに変換して表現してある.

(3-1) では, $E'(LS)$, $E'(\mathrm{av.})$ のように, ダッシュを付けてエネルギーを表現している. これは以下の理由による. 今のところ, p 電子間の電子反発エネルギーのみを考えているので, $E'(LS)$ は各 LS 項のエネルギーに正確には対応していない. 同様に, $E'(\mathrm{av.})$ も配置の平均エネルギーに正確には対応していない. この点については, 後に議論するとして, ここでは, 表 3-2 に追加された各配置における電子反発エネルギーの平均値 $E'(\mathrm{av.})$ の意味についてまず考える. 表 3-2 で, p^2 配置における $E'(\mathrm{av.})$ は (F_0-2F_2) であり, p^3 配置における $E'(\mathrm{av.})$ は $3(F_0-2F_2)$ である. 後者は前者の 3 倍となっていることが重要である. $E'(\mathrm{av.})$ は配置における電子反発エネルギーの平均値だから, 図 3-1 に示したように, 各配置における p 電子対の数を考えれば, その理由が理解できる.

各配置における電子反発エネルギーの平均値は, 各配置における p 電子対の数と (F_0-2F_2) の積で与えられることがわかる.

$$p^2 \rightarrow (F_0-2F_2)$$
$$p^3 \rightarrow 3(F_0-2F_2)$$
$$\cdots$$
$$p^q \rightarrow \frac{1}{2}q(q-1)(F_0-2F_2)$$

このように, 配置が与えられれば, 同質電子の対の総数は自動的に決まる. p^2 配置での電子反発エネルギーの平均値は, 形式的には, 一対の p 電子間の平均的電子反発エネルギーであると考えることができる. あるいは, 閉殻となった場合の $(nl)^{4l+2}$ 配置, p 電子では p^6 配置, を考えて, 電子反発エネルギーの表現式を求め, これを電子対の総数 $_{4l+2}C_2$ で割ることによって, 一対の (nl) 電子間の平均的電子反発エネルギーを求めてもよい. 原子分光学のテキスト (Condon and Shortley, 1953; Condon and Odabashi, 1980) では, 後者の考え方による説明が述べられている. どちらの考えでも形式的な結果は同じである[1].

この関係から, p^4, p^5, p^6 の配置における p 電子間の電子反発エネルギーの平均値も定まる. そして, LS 項に関する $p^4 \Leftrightarrow p^2$, $p^5 \Leftrightarrow p^1$, $p^6 \Leftrightarrow p^0$ の対応関係から, half-filled より後の配置における LS 項の p 電子間電子反発エネルギーが定まる. その結果が表 3-3 である. この結果について説明しよう.

---

[1] 後者の考え方から得られる (nl) 電子間の平均的電子反発エネルギーの一般式については,「基礎事項」§12-9 に述べておいた.

表 3-3 では，各 LS 項の電子反発エネルギーは，
$$E'(LS) = E'(\text{av.}) + \Delta E(LS) \quad (3\text{-}2)$$
として，電子反発エネルギーの配置平均値 $E'(\text{av.})$ とそれからの偏差である $\Delta E(LS)$ の和で表現されている．重要な点は，
$$p^4 \Leftrightarrow p^2, \quad p^5 \Leftrightarrow p^1, \quad p^6 \Leftrightarrow p^0$$
の相補的配置間での LS 項の対応関係は，電子反発エネルギーの配置平均値からの偏差 $\Delta E(LS)$ にあり，$E'(LS)$ それ自体にはないことである．この事情は，他の $(np)^q$ 配置でも同じである．Nielson and Koster（1963）の記載内容を利用するに当たっては，この点に注意しなければならない．

表 3-3 $(np)^q$ 配置における LS 項, LS 項の縮重度, LS 項での (np) 電子間の電子反発エネルギー, 配置における電子反発エネルギーの平均値.

配置	LS 項	縮重度	$E'(LS) = E'(\text{av.}) + \Delta E(LS)$	$E'(\text{av.})$
p^0	^1S	1	0	0
p^1	^2P	6	0	0
p^2	^1S	1	$(F_0 - 2F_2) + 12F_2$	
	^1D	5	$(F_0 - 2F_2) + 3F_2$	$(F_0 - 2F_2)$
	^3P	9	$(F_0 - 2F_2) - 3F_2$	
p^3	^2P	6	$3(F_0 - 2F_2) + 6F_2$	
	^2D	10	$3(F_0 - 2F_2)$	$3(F_0 - 2F_2)$
	^4S	4	$3(F_0 - 2F_2) - 9F_2$	
p^4	^1S	1	$6(F_0 - 2F_2) + 12F_2$	
	^1D	5	$6(F_0 - 2F_2) + 3F_2$	$6(F_0 - 2F_2)$
	^3P	9	$6(F_0 - 2F_2) - 3F_2$	
p^5	^2P	6	$10(F_0 - 2F_2)$	$10(F_0 - 2F_2)$
p^6	^1S	1	$15(F_0 - 2F_2)$	$15(F_0 - 2F_2)$

$\Delta E(LS)$ について, LS 項の縮重度の重みを掛けて平均を求めると,

$$\frac{\sum_{LS}(2L+1)(2S+1) \cdot \Delta E(LS)}{\sum_{LS}(2L+1)(2S+1)} = 0 \quad (3\text{-}3)$$

である．(3-1)における $E'(LS)$ に (3-2) の
$$E'(LS) = E'(\text{av.}) + \Delta E(LS)$$
を代入すれば，(3-3) の結果を得る．$\Delta E(LS)$ の結果を確認する際に利用できる．

表 3-3 の結果は，$(np)^q$ 配置の LS 項に関するものであるが，他の $(3d)^q$，$(4f)^q$ 配置における各 LS 項の場合でも，Nielson and Koster（1963）を利用する方法は同じである．すなわち，$(nl)^q$ 配置として，一般化すれば，以下の手順で LS 項の電子反発エネルギーの具体的表現が得られる：

①$(nl)^2$ 配置に関して，(3-1) に従って，
$$E'[(nl)^2, \text{av.}] \equiv \frac{\sum_{LS}(2L+1)(2S+1) \cdot E'(LS)}{\sum_{LS}(2L+1)(2S+1)}$$
を求める．この値は，$(nl)^q$ 配置における一対の (nl) 電子間の平均的電子反発エネルギーである．

②$E'[(nl)^2, \text{av.}]$ が定まれば，$E'[(nl)^q, \text{av.}]$ は次の式により求めることができる．
$$E'[(nl)^q, \text{av.}] = \frac{1}{2} q(q-1) \cdot E'[(nl)^2, \text{av.}]$$

③half-filled までの配置に関する $E'[(nl)^q, LS]$ の結果は Nielson and Koster（1963）に与えられているから，これを (3-2) 式の形式に書き直す．
$$E'[(nl)^q, LS] = E'[(nl)^q, \text{av.}] + \Delta E[(nl)^q, LS] \quad (3\text{-}4)$$

④half-filled 後の配置に関しては，$(nl)^q$ 配置の LS 項と $(nl)^{4l+2-q}$ 配置の LS 項は，$E'[(nl)^q, LS]$ と $E'[(nl)^{4l+2-q}, LS]$ が同一であるから，(3-4) から，すべての配置におけるすべての LS 項の電子

反発エネルギーが定まる．

以上の手続きで得られるのは，あくまでも，(nl)電子のみが関わる電子反発エネルギーの配置平均値やLS項の電子反発エネルギーである．これを用いて，同一配置におけるLS項間のエネルギー準位の相対差は求めることはできる．LS項エネルギーの相違は，(nl)電子間の電子反発エネルギーだけから説明できるからである．しかし，異なる$(nl)^q$配置間で，配置の平均エネルギーやLS項のエネルギー準位の差を比べても，意味のある値とはならない．(nl)電子間の電子反発エネルギーは評価されているものの，他の相互作用エネルギー，たとえば，(nl)電子と中心核電荷との相互作用，は考慮されていないからである．この点について次に考えることにしよう．

3-3 配置平均エネルギーとLS項エネルギー準位

表3-3の結果は，np電子間の電子反発エネルギーだけを考えた時の結果である．これ以外に，
1. (nl)電子と閉殻電子間の電子反発エネルギー，
2. (nl)電子と中心核電荷との相互作用エネルギー，
3. 閉殻電子に関わるエネルギー，

を考慮しなければならないはずである．その意味で，表3-3の結果は，LS項エネルギー準位の値としては，まだ不十分なものである．表3-3でp^0，p^1配置の欄の値が0であるのは，この状況を端的に表している．

1個のp電子iと中心正電荷との相互作用エネルギーは，運動エネルギーと中心核の引力によるポテンシャルエネルギーからなる一電子エネルギーだから，
$$\langle i|f|i \rangle$$
と略記される．fは1個のp電子に関する一電子演算子を表す．この略記法については「基礎事項」§2-5，§8-3などで述べた．また，1個のp電子iといくつかの閉殻電子jの電子反発エネルギーは，
$$\sum_j \{\langle ij|g|ij \rangle - \langle ij|g|ji \rangle\}$$
として，Coulomb積分と交換積分で表現できる（「基礎事項」§8-3参照のこと）．

したがって，1個のp電子iと中心正電荷および閉殻電子との相互作用エネルギーをW_0とすると，これは

$$W_0 = \langle i|f|i \rangle + \sum_j \{\langle ij|g|ij \rangle - \langle ij|g|ji \rangle\} \qquad (3\text{-}5)$$

と書ける．これは，他の(nl)電子についてもまったく同じ形で表現できる．したがって，図3-2に示すように，$(nl)^q$配置であれば，q個の(nl)電子が存在するので，(3-5)をq倍した$q \cdot W_0$が，$(nl)^q$配置における(nl)電子と中心核電荷と一定数の閉殻電子との相互作用エネルギーとなる．

残りの相互作用エネルギーは，閉殻電子だけに関わるもので，(nl)電子は関係しない部分である．各閉殻

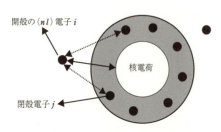

図3-2 開殻の(nl)電子iと閉殻電子j，中心核電荷との相互作用．

電子と中心核電荷との相互作用の和と閉殻電子間の電子反発エネルギーを足し合わせたものがこれに当たる（「基礎事項」§12-7）．

$$W_c = \sum_{\text{Closed Shells}} \langle i|f|i\rangle + \sum_{i>j}\sum_{\text{Closed Shells}} \{\langle ij|g|ij\rangle - \langle ij|g|ji\rangle\} \tag{3-6}$$

以上の点に注意すれば，$(nl)^q$ 配置の配置平均エネルギーは，前節の (nl) 電子間の平均電子反発エネルギーも加えて，次のように書けることになる，

$$E[(nl)^q, \text{av.}] = W_c + q \cdot W_0 + \frac{1}{2}q(q-1)E_{ll}(\text{av.}) \tag{3-7}$$

ここでは，前節で $E[(nl)^2, \text{av.}]$ として求めた一対の (nl) 電子間の平均的電子反発エネルギーを，$E_{ll}(\text{av.})$ と表記している．したがって，$(nl)^q$ 配置の LS 項のエネルギーは，

$$\begin{aligned}E[(nl)^q, LS] &= E[(nl)^q, \text{av.}] + \Delta E[(nl)^q, LS] \\ &= W_c + q\cdot W_0 + \frac{1}{2}q(q-1)E_{ll}(\text{av.}) + \Delta E[(nl)^q, LS]\end{aligned} \tag{3-8}$$

と表すことができる．

(3-7)，(3-8) では，$E[(nl)^q, LS]$ と $E[(nl)^q, \text{av.}]$ にダッシュを付けてない．これは，考慮すべき基本的な相互作用をすべて含むと考えるからである．この (3-7)，(3-8) 式に基づいて，表 3-3 を修正した結果が，表 3-4 である．これで $(np)^q$ 配置の LS 項エネルギーが求められたことになる．もはや，p^0，p^1 配置の欄は 0 ではないことに注意してほしい．

以上の表 3-1 から表 3-4 に至る過程を理解することが，LS 項エネルギーについて理解する出発点となる．特に，表 3-3 の各配置での (nl) 電子間の電子反発エネルギーの平均値に，$W_c + q \cdot W_0$ を加えた (3-7)，

$$E[(nl)^q, \text{av.}] = W_c + q \cdot W_0 + \frac{1}{2}q(q-1)E_{ll}(\text{av.})$$

は，真の意味で，$(nl)^q$ 電子配置の平均エネルギーであることを理解しておきたい．これは，the configuration-average energy, the center-of-gravity of configuration energy, あるいは，the baricenter of the configuration energy などと呼ばれ，原子分光学の重要な概念の一つである．この配置平均エネルギーは，$(nl)^q$ 配置における LS 多重項の構造やイオン化エネルギーの系統的変化を理解する上で重要である．本書の目的の一つである 3 価ランタニド・イオンの電子配置 $(4f)^q$ に対する Jørgensen の理論式を理解するためにも，この概念の理解は欠かせない．この点については，

表 3-4　$(np)^q$ 配置における LS 項，LS 項の縮重度，LS 項エネルギー．

配置	LS 項	縮重度	$E[(nl)^q, LS] = E[(nl)^q, \text{av.}] + \Delta E[(nl)^q, LS]$
p^0	^1S	1	W_c　　　　　　　　　　　　　　$+0$
p^1	^2P	6	$W_c + W_0$　　　　　　　　　　　$+0$
p^2	^1S	1	$W_c + 2W_0 + (F_0 - 2F_2) + 12F_2$
	^1D	5	$W_c + 2W_0 + (F_0 - 2F_2) + 3F_2$
	^3P	9	$W_c + 2W_0 + (F_0 - 2F_2) - 3F_2$
p^3	^2P	6	$W_c + 3W_0 + 3(F_0 - 2F_2) + 6F_2$
	^2D	10	$W_c + 3W_0 + 3(F_0 - 2F_2) + 0$
	^4S	4	$W_c + 3W_0 + 3(F_0 - 2F_2) - 9F_2$
p^4	^1S	1	$W_c + 4W_0 + 6(F_0 - 2F_2) + 12F_2$
	^1D	5	$W_c + 4W_0 + 6(F_0 - 2F_2) + 3F_2$
	^3P	9	$W_c + 4W_0 + 6(F_0 - 2F_2) - 3F_2$
p^5	^2P	6	$W_c + 5W_0 + 10(F_0 - 2F_2) + 0$
p^6	^1S	1	$W_c + 6W_0 + 15(F_0 - 2F_2) + 0$

注：(1) 最後の 0 または F_2 の定数倍の項が，配置平均エネルギーからの LS 項エネルギーの偏差 $\Delta E[(nl)^q, LS]$ である．この偏差は LS 項における p 電子間の電子反発エネルギーによる違いだけを表す．これ以外の項が，配置平均エネルギー $E[(nl)^q, \text{av.}]$ を表し，同一電子配置では同じ値である．
(2) 偏差 $\Delta E[(nl)^q, LS]$ は，$p^4 \Leftrightarrow p^2$，$p^5 \Leftrightarrow p^1$，$p^6 \Leftrightarrow p^0$ の各 LS 項で同一の表現となる．
(3) W_c は p 電子以外の閉殻電子のみが関与するエネルギー．W_0 は，p 電子と中心核電荷の相互作用エネルギーと p 電子と閉殻電子との相互作用エネルギーの和を表す．

次章でさらに詳しく考える．

3-4　LS 多重項の構造：配置平均エネルギー基準の重要性

　配置平均エネルギーが重要であるのは，配置平均エネルギーへのスピン・軌道相互作用の寄与はゼロであり（「基礎事項」§11-4, Condon and Shortley, 1953 ; Cowan, 1981），スピン・軌道相互作用を考慮しても，しなくても，$E[(nl)^q,\text{av.}]$ は同じであることによる．1-4 節に記したように LS 項の J レベル（$^{2S+1}L_J$）のエネルギーは，

$$E(LSJ)=E(LS)+\frac{1}{2}\{J(J+1)-L(L+1)-S(S+1)\}\cdot\varsigma(LS) \tag{1-10}$$

で $E(LS)$ が LS 項のエネルギー，残りの項がスピン・軌道相互作用による一次摂動エネルギー，すなわち，J レベル分裂によるエネルギーである．同一 LS 項から生じている全 J レベルに対し，その縮重度 $(2J+1)$ の重み付き平均値，すなわち，全 J レベルの重心（center-of-gravity）を求めてみると，それが LS 項エネルギーとなる．これは，$(1/2)\{J(J+1)-L(L+1)-S(S+1)\}\cdot\varsigma(LS)$ の重み付き平均値がゼロであることを意味する．$(1/2)\varsigma(LS)$ は J に依存しないから，$\{J(J+1)-L(L+1)-S(S+1)\}$ の $(2J+1)$ なる重み付き平均値がゼロである．すなわち，

$$\frac{\sum_J (2J+1)\{J(J+1)-L(L+1)-S(S+1)\}}{\sum_J (2J+1)}=0$$

である．$J=|L-S|\sim(L+S)$ であるから，これは分子の和が，

$$\sum_J (2J+1)\{J(J+1)-L(L+1)-S(S+1)\}=0$$

であることを意味する．このことは，Condon and Shortley (1953) の 7 章 3 節にあるように，次の和の公式を用いて証明できる．

$$\sum_{J=0}^{X} J=\frac{1}{2}X(X+1),\quad \sum_{J=0}^{X} J^2=\frac{1}{6}X(X+1)(2X+1),\quad \sum_{J=0}^{X} J^3=\frac{1}{4}X^2(X+1)^2$$

　また，分母の重み $(2J+1)$ の単純和が

$$\sum_{J=|L-S|}^{(L+S)}(2J+1)=(2L+1)(2S+1)$$

となることも確認することができる．

　全 J レベルの重心が LS 項エネルギーとなり，配置平均エネルギーへのスピン・軌道相互作用の寄与がゼロであるのは，エネルギー準位の重心がスピン・軌道相互作用では変化しないことを意味している．この相互作用は外場ではなく，系自身の内部での相互作用だからである．
　図 3-3 は，$\text{Pr}^{3+}=(4f)^2$ を例にして，配置平均エネルギー，LS 項エネルギー，LSJ レベルエネルギー，基底 LS 項エネルギー，基底レベルエネルギーの相互関係を示したものである．基底 LS 項である ^3H と最高の励起項 ^1S のエネルギー差は約 $40\times10^3\text{ cm}^{-1}$ であるが，図中の間隔はエネルギー差を正確には表していないので注意されたい．多重項の考え方では，この配置平均エネルギー（configuration-average energy）から電子反発によりいくつかの LS 項が生じ，スピン・軌道相互作用により各 LS 項はさらにいくつかの J レベルに分裂すると見なしている．

次のように逆の言い方もできる．同一 LS 項から生じている全 J レベルに対し，その縮重度 $(2J+1)$ の重み付き平均値，すなわち，全 J レベルの重心を求めてみれば，それが LS 項エネルギーである．LS 項エネルギーに対し，$(2L+1)\times(2S+1)$ の重み付き平均値を求めてみれば，これが，配置平均エネルギーとなる．現実に分光学的手段で観測されるのは，J レベルのエネルギー差だから，図 3-3 の多重項の説明としては後者の表現の方がより現実に即している．現実に即していると言っても，これはあくまでも LS 結合の考え方（モデル）であり，第 1 章で述べ

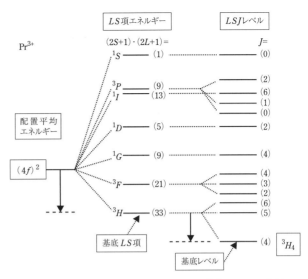

図 3-3 配置平均，LS 項，LSJ レベル，基底レベルの関係．

たように，現実が常に LS 結合的であるとは限らないことにも注意しておきたい．

　図 3-3 にはもう 1 点重要なことが示されている．それは 2 本の垂直な矢印である．左側の長い垂直矢印は，$4f$ 電子の相互反発による LS 項の分裂によって，基底 LS 項（^3H）が配置平均エネルギーからどれだけ安定化しているかを表す．

　また，右側の短い矢印は，J レベル分裂によって，基底レベル（$^3H_4$）が基底 LS 項（^3H）からどれだけ安定化しているかを示す．配置平均エネルギーに比べて，基底レベル（$^3H_4$）がどれだけ安定化しているかは，この「2 本の矢印の和」で表現できる．基底レベルエネルギーを，配置平均エネルギーと 2 本の下向き矢印を用いて表現した結果が，後に述べる Jørgensen の RSPET 式に他ならない．

　表 3-4 で見たように，配置平均エネルギーは各配置の LS 項で共通である．従って，同一配置における LS 項準位の相対的な差だけを考える場合は，配置平均エネルギーは相殺されて無関係なものとなる．しかし，$(nl)^q$ 配置系列全体を通じての基底項エネルギーの変化を論ずる際には，配置平均エネルギー自体のその系列での変化も考えねばならない．第 2 章で見た $(nl)^q$ 配置イオン化ポテンシャルの系列変化の問題は，まさに，このような場合に相当している．表 3-4 の各 LS 項エネルギー式が，（配置平均エネルギー）＋ $\Delta E(LS)$ の形で表現されていることに意味がある．

　図 3-4a は，表 3-4 の $\Delta E(LS)$ を開殻電子数 q に対してプロットしたものである．$\Delta E(LS)$ は Slater-Condon パラメーター F_2 で規格化してある．この図では，各 LS 項準位を，配置平均エネルギー E(conf. av.) を基準にして，すなわち，配置平均エネルギーを人為的に 0 として，プロットしていることになる．half-filled 配置の基底項エネルギーを最低点とする基底項エネルギーの対称的変化パターンを見ることができる．half-filled 配置の基底項エネルギーだけが低いのではなく，開殻電子数 q の増加と共に，各配置の基底項エネルギーが順次低下し，half-filled 後の配置では再び元に戻る系統的変化が存在することが重要である．

　一方，図 3-4b は，表 3-4 に掲げた各配置の LS 項エネルギーが各電子配置の基底 LS 項からどれだけ隔たっているかをプロットしたものである．各配置の基底 LS 項エネルギー E(ground

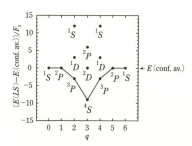

図 3-4a $(np)^q$ 配置の LS 項エネルギーの系列変化．エネルギーの基準を E(conf. av.) に取り，F_2 で規格化してある．

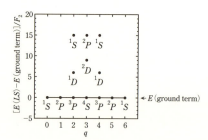

図 3-4b $(np)^q$ 配置の LS 項エネルギーの系列変化．エネルギーの基準を各配置の基底項エネルギー，E(ground term)，に取り，F_2 で規格化してある．

term) を人為的に 0 の基準として，励起項の準位をプロットしたことになる．分光学的データは，一般に，励起項と基底項の差（実際には，励起レベルと基底レベルの差）に対応しているから，図 3-4b のような表示法は分光学的データとの対応を第一に考えれば便利である．しかし，各配置の基底 LS 項エネルギーを人為的に 0 の基準としているため，配置平均エネルギーを基準とした図 3-4a では明示されている基底項エネルギーの対称的系列変化パターンを直接に見ることはできない．

3-5 Dieke ダイアグラムの意味するもの

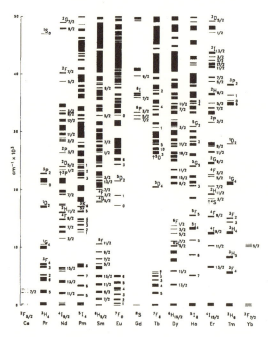

図 3-5 Carnall et al.（1989）による Dieke ダイアグラム．LaF_3 に添加した Ln^{3+} イオンのスペクトル解析から得られた結果に基づく．

第 2 章では，$(nl)^q$ 配置イオン化ポテンシャルの系列変化に共通した特徴があることを確認したが，この意味を理解するには，配置平均エネルギーを基準とした図 3-4a の表示法が重要である．問題のイオン化エネルギーは，$(np)^q$ と $(np)^{q-1}$ 配置の基底項エネルギーの差に対応するものであり，励起項エネルギー準位は関与しないからである．この事情は，$(3d)^q$ や $(4f)^q$ の配置でも同じである．$(4f)^q$ 配置系列の 3 価ランタニド・イオンの $4f$ 電子エネルギーレベルをまとめた Dieke ダイアグラム（Dieke and Crosswhite, 1963）は，$(np)^q$ で言えば，図 3-4b に相当するものであることを注意しておきたい．

図 3-5 は，Carnall et al.（1989）から引用した Dieke ダイアグラムである．3 価希土類元素イオン $(4f)^q$ における基底レベル値がすべて 0 のところに並んでいる．これは図 3-4b

で基底項が0に並んでいることと同じである.

　Dieke ダイアグラムは, 3 価ランタニド・イオンのスペクトル・データをまとめ, 多重項の構造を明らかにした大変重要な研究成果である. しかし, Dieke ダイアグラムは $(4f)^q$ の多重項構造を表現する唯一の方法ではない. $(4f)^q$ 配置基底レベル系列でも, 後に説明するように配置平均エネルギーを基準に取れば, $(np)^q$ 基底項エネルギーの対称的系列変化パターン(図3-4a)に類似する系列変化を確認することができる. 図3-3 の Pr^{3+} の場合に示した「下向きの矢印」の大きさが系列変化を示すことになる. しかし, 各配置の基底レベルを基準にとった Dieke ダイアグラムでは, これは直接的には明示されない. Cowan (1981) には, 配置平均エネルギーを基準にした場合の $4f^q6s^2$ 配置(図20-2)と $3d^q4s^2$ 配置(図20-10)のエネルギー準位の系列変化が励起項を含めて示されている. いずれも図3-4a に対応する表示であり参考にできる.

　図3-4a と図3-4b の表示法の違いを正しく認識しておくことは, Jørgensen の理論式を理解する上でも重要である. $(np)^q$ 配置については, LS 項準位の表現方法が整理できたので(表3-4), 次章では, この結果を用いてイオン化エネルギーの系列変化を, 多重項理論の立場から具体的に検討しよう.

第4章

多重項理論と $(nl)^q$ 電子配置の原子・イオンのイオン化エネルギー

　スペクトル・データから得られる $(nl)^q$ 系列イオン化エネルギーには，系統的変化が見られる（第2章）．イオン化エネルギーの系列変化を q の逆順に見ることは，$(nl)^q$ 系列の基底電子状態を q の逆順にたどることである．第3章では，$(nl)^q$ 系列全体での基底項エネルギーの規則的変化の本質的特徴が，これらのイオン化エネルギーの変化パターンに反映していることを見た．この点に留意して，ここでは多重項理論からこの分光学的事実を考える．まず，前章の結果を用いて，$(np)^q$ 配置におけるイオン化エネルギーについて検討し，その後に $(3d)^q$，$(4f)^q$ 配置系列について考える．最後に，多重項理論の考え方を $(4f)^q$ 配置を持つ希土類元素イオンのイオン化エネルギーに応用した結果が，Jørgensen の理論式であることを示す．

4-1 $(np)^q$ 配置におけるイオン化エネルギーの場合

　既に第2章で述べたように，$(nl)^q$ 配置の電子配置を持つ原子・イオンから，(np) 電子1個を取り除き，$(nl)^{q-1}$ の配置を持つイオンをつくる際のイオン化エネルギー，$I(nl^q)$，は

$$I(nl^q) = E[(nl)^{q-1} \text{基底レベル}] - E[(nl)^q \text{基底レベル}] \tag{2-1}$$

である．J レベル分裂は小さいとして取りあえずこれを無視すると，(2-1) は，

$$I(nl^q) = E[(nl)^{q-1} \text{基底 } LS \text{ 項}] - E[(nl)^q \text{基底 } LS \text{ 項}] \tag{2-2}$$

となる．$(np)^q$ 配置の場合，問題となる元素は軽元素であり，J レベル分裂を無視しても大きな問題は起こらない．$(nl)^q$ 配置の LS 項のエネルギーは，(3-8) から，

$$E[(nl)^q, LS(\max)] = E[(nl)^q, (\text{av.})] + \Delta E[(nl)^q, LS]$$

$$= W_c + q \cdot W_0 + \frac{1}{2}q(q-1)E_{ll}(\text{av.}) + \Delta E[(nl)^q, LS] \tag{3-8}$$

である．基底 LS 項であることを示すために，$LS(\max)$ を使う．Hund 則からもわかるように，基底項は最大の S を有するからである．(3-8) と (2-2) から，

$$I(nl^q) = -[W_0 + (q-1)E_{ll}(\text{av.})] + \Delta E[(nl)^{q-1}, LS(\max)] - \Delta E[(nl)^q, LS(\max)] \tag{4-1}$$

が得られる．閉殻電子のみが関与する W_c は，両配置で等しいとしているので，打ち消されて残らない．しかし，(nl) 電子の一電子エネルギーと閉殻電子と (nl) 電子との電子反発エネルギーの

和である W_0 は，負符号が付いて残っていることに留意されたい．$(np)^q$ 配置の場合，(4-1) と表 3-4 から表 4-1 のような値が得られる．

W_0 は，核電荷と閉殻電子の周りに 1 個の (nl) 電子が存在する時の (nl) 電子のエネルギーだから，負の大きな値を持つ．E_{ll}(av.) は正の値を持つが，$[W_0+(q-1)E_{ll}$(av.)] 全体では，やはり大きな負の値となるはずである．したがって，配置平均エネルギーの差に由来する $-[W_0+(q-1)E_{ll}$(av.)] は大きな正の値であり，$I(np^q)$ の大部分を説明するはずである．

表 4-1 多重項理論による $I(np^q)$ の値．

$q \rightarrow q-1$	$I(np^q)$
1 → 0	$-W_0$
2 → 1	$-[W_0+E_{pp}$(av.)$]+3F_2$
3 → 2	$-[W_0+2E_{pp}$(av.)$]+6F_2$
4 → 3	$-[W_0+3E_{pp}$(av.)$]-6F_2$
5 → 4	$-[W_0+4E_{pp}$(av.)$]-3F_2$
6 → 5	$-[W_0+5E_{pp}$(av.)$]$

注：E_{pp}(av.)$=F_0-2F_2=F^0-(2/25)F^2$．

表 4-1 では，各々の $I(np^q)$ に対して，q が異なっても，W_0，E_{ll}(av.)，F_2 は同一の表記が与えられている．これは表 3-4 でも同じである．しかし，たとえば表 4-1 で，q が 1 だけ増加することは，中心核電荷が単位だけ増加することとも対応しており，現実の原子・イオンにあてはめて考えると，異なる q の間で，W_0 は同一ではない．より正確には，W_0 は有効核電荷，$(Z-S)$ の関数であると考えるべきである．Z は原子番号，S は遮蔽定数（screening constant）である．全スピン量子数と同じ表記であるが，混乱はないと思う．遮蔽定数 S は，閉殻電子，場合によっては，(nl) 電子も含めた電子による核電荷の遮蔽効果を表す．個々の (nl) 電子は，核電荷 $(+Ze)$ そのものではなく，遮蔽された有効核電荷，$+(Z-S)e$，を感じて運動していると考えねばならない．

一方，Slater 積分も，有効核電荷数，$+(Z-S)$，に比例して増加することがわかっている（Cowan, 1981）．したがって，W_0，E_{ll}(av.)，F_2 も有効核電荷 $(Z-S)$ の関数であり，結果として，開殻電子数 q の滑らかな関数と見なすことができる．特に，配置平均エネルギーの差に由来する $-[W_0+(q-1)E_{ll}$(av.)] は，$I(np^q)$ の系列変化の滑らかな変化部分を担っており，配置平均エネルギーの差によって，第 2 章の図 2-2，-3，-4 に見られる $q=2l+1 \rightarrow q=2l+2$ での不連続を説明することはできない．不連続は $\{\Delta E[(nl)^{q-1}, LS(max)]-\Delta E[(nl)^q, LS(max)]\}$ が対応するはずである．表 4-1 の $I(nl^q)$ の場合，$\Delta E[LS, max]$ から生じる成分は，前半の $q=1, 2, 3$ で，各々，$0\cdot F_2$，$+3F_2$，$+6F_2$，後半の $q=4, 5, 6$ で，各々，$-6F_2$，$-3F_2$，$0\cdot F_2$ となっている．$q=3$ と 4 の間で，$12F_2$ の不連続変化が存在する．F_2 の係数は，half-filled とその後の 2 系列で，各々，q に対して直線的に増加することも明らかである．表 4-1 の内容を，概念的な図に表した結果が図 4-1 である．第 2 章の図 2-2 に示した $I(np^q)$ の分光学的データとよく対応することがわかる．

$\Delta E[(nl)^{q-1}, LS$(max)$]-\Delta E[(nl)^q, LS$(max)$]$ の部分は，図 4-1 では，基底 LS 項の安定化エネルギーの差に由来する成分と記した．この値は，表 3-4 の $\Delta E(LS)$ を用いて，$\Delta E[(nl)^{q-1}, LS$(max)$]-\Delta E[(nl)^q, LS$(max)$]$ の差分を作って行けば自動的に得られる．イオン化自体は，$(nl)^q, LS$(max) から np 電子を 1 個奪って，$(nl)^{q-1}, LS$(max) の状態を作ることであり，核電荷に変更はない．一方，上記の差分は，隣の配置 $(np)^{q-1}$ の表現式を使っているので，正直に現実の原子・イオ

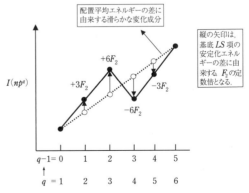

図 4-1 多重項理論から考える $(np)^q$ 配置イオン化エネルギーの系列変化．

ンと対応させて考えると，核電荷が変化する場合に相当する．しかし，この差分は，形式的同等性のみを利用し，現実のことは考えない．自分から np 電子が 1 個奪われた姿を，元々 np 電子が自分より 1 個少ない隣人の姿から推測している．自分と隣人では核電荷が異なるかどうかも考えないのである．

　この議論は，他方で，イオン化過程を直接的に取り扱わない化学反応の世界でなぜイオン化エネルギーが重要なのかとの問いに対する答えとも関連する．$\Delta E[(np)^{q-1}, LS(\max)] - \Delta E[(np)^q, LS(\max)]$ の差分を，表 4-1 の $q=6 \to 5$，$q=5 \to 4$，…，$q=1 \to 0$ の順番に考えることは，イオン化エネルギーの系列変化を q の逆順に見ていることになる．これは $(nl)^q$ 系列の基底電子状態を q の逆順で「差分」を作りながらたどっている．すなわち，$(nl)^q$ 系列全体での基底電子エネルギー準位の「差分」量を，我々はイオン化エネルギーの変化パターンとして見ている．核電荷はイオン化の過程で確かに同一ではあるが，有効核電荷も同一と考えてもよいだろうか？　もし，問題の (np) 電子自体が核電荷の遮蔽に関わっていなければ，有効核電荷も同一と考えてもよいであろう．では，遮蔽に関わっているか否かは，どのように判定すればよいだろうか？　この素朴な疑問は重要な論点となるが，取りあえずは，W_c, W_0, F_k はイオン化の前後で変化しないとして議論を進める．

4-2　$(nd)^q$ 配置におけるイオン化エネルギーの場合

　多重項理論の考え方に従えば，$(np)^q$ 配置におけるイオン化エネルギーはうまく説明できることがわかった．この基礎は，(4-1)

$$I(nl^q) = -[W_0 + (q-1)E_{ll}(\text{av.})] + \Delta E[(nl)^{q-1}, LS(\max)] - \Delta E[(nl)^q, LS(\max)]$$

にある．この (4-1) で，$nl = 3d, 4f$ とすれば，そのまま，$(3d)^q$，$(4f)^q$ 系列のイオン化エネルギーの特徴的変化を説明するに違いない．

　(4-1) は (3-8) に基づいているが，全 LS 項準位ではなく，基底 LS 項の準位の $E[(nl)^q, LS(\max)]$ だけがわかっていればそれで十分である．励起項は無関係であるので，基底 LS 項の準位

$$E[(nl)^q, LS(\max)] = W_c + q \cdot W_0 + \frac{1}{2}q(q-1)E_{ll}(\text{av.}) + \Delta E[(nl)^q, LS(\max)] \tag{4-2}$$

だけを，$q=0$ から $4l+2$ まで表にしておけばよい．$E_{ll}(\text{av.})$ は，$E[(nl)^2, \text{av.}]$ のことだから，$\Delta E[(nl)^q, LS(\max)]$ と同様に，第 3 章の 3-2 節にまとめた①～④の手続きに従って求めればよい．

　一般に，$E[(3d)^q, LS]$ や $E[(4f)^q, LS]$ の電子反発エネルギーをできるだけ簡潔に表現するために，F_k（あるいは F^k）の一次結合で定義した別のパラメーターが使用されることが多い．$(3d)^q$ の場合は，A, B, C が，$(4f)^q$ の場合は，E^0, E^1, E^2, E^3 がよく使われる．いずれも Racah の提唱に始まる（Racah, 1942a, b, 1949）[1]．これらの Racah パラメーターは，Slater 積分 F^k や Slater-Condon パラメーター F_k と同様に，開殻電子間反発エネルギー（e^2/r_{ij}）を評価する際に，角度部分の積分を済ませた後に残る動径変数に関する積分に相当する．電子の動径分布によって決まるエネルギー・パラメーターである．

---

1) F_k（あるいは F^k）と A, B, C や E^0, E^1, E^2, E^3 の関係は，「基礎事項」§12 にまとめておいた．

Nielson and Koster (1963) の表では，$(p)^q$，$(d)^q$ については，Slater 積分（F^k）が用いられており，$(f)^q$ に対しては，Racah パラメーター（E^0, E^1, E^2, E^3）が使用されている．Nielson and Koster (1963) から，$(d)^q$ 配置における電子反発エネルギーの必要な値を 3-2 節の①〜④により求め，Racah の A, B, C に変換した結果は以下の通りである．基底項のエネルギーは，

$$E[(nd)^q, LS(\max)] = E[(nd)^q, \text{av.}] + \Delta E[(nd)^q, LS(\max)] \tag{4-3}$$

で，配置平均エネルギーは，

$$E[(nd)^q, \text{av.}] = W_c + q \cdot W_0 + \frac{1}{2}q(q-1)\left[A + \left(\frac{7}{9}\right)(C - 2B)\right] \tag{4-4}$$

である．$\Delta E[(nd)^q, LS(\max)]$ については，次の形で表現すると便利である：

$$\Delta E[(nd)^q, LS(\max)] = \alpha(S) \cdot \left(\frac{7}{9}\right) \cdot \left[\left(\frac{5}{2}\right)B + C\right] + \beta(L) \cdot \left(\frac{9}{2}\right) \cdot B \tag{4-5}$$

係数 $\alpha(S)$ と $\beta(L)$ はゼロまたは負の整数で，表 4-2 にはこれらの値のみを掲げる．

$(nd)^q$ と $(nd)^{10-q}$ 配置間では，基底 LS 項のみならず，係数 $\alpha(S)$ と $\beta(L)$ も同一であることに注意されたい．図 4-2 に $\alpha(S)$ と $\beta(L)$ の q による変化を示す．$\alpha(S)$ は，図 3-4a で確認できる基底項エネルギーの対称的系列変化に対応している．$\beta(L)$ は，$q = 2, 3$ と $q = 7, 8$ で -1 となっている．いずれも基底項は $F(L = 3)$ であり，基底項系列での最大の $L = 3$ であることに注意しよう．$\alpha(S)$ と $\beta(L)$ は，基底 LS 項の量子数 S と L にそれぞれ対応する．

係数 $\alpha(S)$ と $\beta(L)$ は，$(nd)^q$ 配置系列の基底 LS 項が各配置平均エネルギーからどれだけ安定化しているか指定する．q が与えられれば，基底項の (L, S) が決まり，この全軌道角運動量の大きさを表す量子数 L と全スピン角運動量の大きさを表す量子数 S によって，この安定化エネルギーが決まる．$\alpha(S)$ は六組様，$\beta(L)$ は三組様の左右対称的変化パターンを示す．

$(nl)^q$ 系列の基底 LS 項エネルギーは，(4-2) から，

$$E[(nl)^q, LS(\max)] = W_c + q \cdot W_0 + \frac{1}{2}q(q-1)E_{ll}(\text{av.}) + \Delta E[(nl)^q, LS(\max)]$$

であるので，$(nd)^q$ 系列のイオン化エネルギーは，

$$I(nd^q) = -\left\{W_0 + (q-1)\left[A + \left(\frac{7}{9}\right)(C - 2B)\right]\right\}$$
$$+ \Delta E[(nl)^{q-1}, LS(\max)] - \Delta E[(nl)^q, LS(\max)] \tag{4-6}$$

となる．はじめの { } 内は，配置平均エネルギーの差から生じており，その値は q と共に滑らかに増大するはずである．これは $I(np^q)$ の場合と同じである．基底 LS 項の安定化エネルギーの差は，表 4-2 の $\alpha(S)$ と $\beta(L)$ の q に関する差分量で定まる．すなわち，

表 4-2 $(nd)^q$ 配置における基底項，$LS(\max)$，と $\Delta E[(nd)^q, LS(\max)]$ を指定する係数 $\alpha(S)$ と $\beta(L)$．

配置	基底項	$\alpha(S)$	$\beta(L)$
$(nd)^0$	^1S	0	0
$(nd)^1$	^2D	0	0
$(nd)^2$	^3F	-1	-1
$(nd)^3$	^4F	-3	-1
$(nd)^4$	^5D	-6	0
$(nd)^5$	^6S	-10	0
$(nd)^6$	^5D	-6	0
$(nd)^7$	^4F	-3	-1
$(nd)^8$	^3F	-1	-1
$(nd)^9$	^2D	0	0
$(nd)^{10}$	^1S	0	0

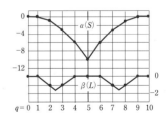

図 4-2 $(nd)^q$ 配置における基底 LS 項の配置平均エネルギーに対する安定化エネルギーを指定する係数 $\alpha(S)$ と $\beta(L)$ の変化．

表 4-3　$\Delta E[(nl)^{q-1}, LS(\max)] - \Delta E[(nl)^q, LS(\max)]$ の系列変化を指定する $\Delta\alpha(S)$ と $\Delta\beta(L)$ の値.

$(nd)^q \to (nd)^{q-1}$	$\Delta\alpha(S)$	$\Delta\beta(L)$
1 → 0	0	0
2 → 1	+1	+1
3 → 2	+2	0
4 → 3	+3	−1
5 → 4	+4	0
6 → 5	−4	0
7 → 6	−3	+1
8 → 7	−2	0
9 → 8	−1	−1
10 → 9	0	0

$\Delta E[(nl)^{q-1}, LS(\max)] - \Delta E[(nl)^q, LS(\max)]$
$= \left(\frac{7}{9}\right)\left[\left(\frac{5}{2}\right)B + C\right]\cdot[\alpha(S)_{q-1} - \alpha(S)_q] + \left(\frac{9}{2}\right)B\cdot[\beta(L)_{q-1} - \beta(L)_q]$ (4-7)

である．この差分量を次のように表記する：
$$\begin{aligned}\Delta\alpha(S) &\equiv [\alpha(S)_{q-1} - \alpha(S)_q], \\ \Delta\beta(L) &\equiv [\beta(L)_{q-1} - \beta(L)_q]\end{aligned} \quad (4-8)$$

これを使えば，(4-6) は
$$I(nd^q) = -\left\{W_0 + (q-1)\left[A + \left(\frac{7}{9}\right)(C - 2B)\right]\right\}$$
$$+ \left(\frac{7}{9}\right)\left[\left(\frac{5}{2}\right)B + C\right]\cdot\Delta\alpha(S) + \left(\frac{9}{2}\right)B\cdot\Delta\beta(L) \quad (4\text{-}6')$$

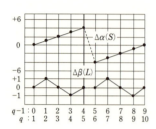

図 4-3　$(nd)^q$ 系列の基底 LS 項の安定化エネルギー係数に由来する $\Delta\alpha(S)$ と $\Delta\beta(L)$ の変化．イオン化エネルギーの変化パターンを説明する．

となる．$\Delta\alpha(S)$ と $\Delta\beta(L)$ の q に対する依存性が，$(nd)^q$ 系列のイオン化エネルギーの特徴を再現するはずである．表 4-2 から $\Delta\alpha(S)$ と $\Delta\beta(L)$ を求めた結果が，表 4-3 である．図 4-3 に $\Delta\alpha(S)$ と $\Delta\beta(L)$ の変化パターンを示す．

$\Delta\alpha(S)$ の変化を見れば，$q=1\to 5$ と $q=6\to 10$ の二つの領域で，q の一次式に従って増加することを確認できる．$q=5\to q=6$ で不連続であり，$(np)^q$ 系列でも見たように，half-filled とその後での不連続に対応している．$\Delta\beta(L)$ の係数変化はジグザグ様の変化を与えることになる．両者の合成されたものが，第2章で見た $I(3d^q)$ の変化と対応する．

$\Delta\alpha(S)$ の q に対する差分が q の一次式であることは，$\Delta\alpha(S)$ 自体は q の二次式となっていることを意味する．$(nl)^q$ 系列の基底項の S は，

$$S = \frac{1}{2}\cdot q \qquad \text{half-filled までの配置,}$$
$$S = \frac{1}{2}\cdot(4l + 2 - q) \qquad \text{half-filled の後の配置,}$$

であるから，$\Delta\alpha(S)$ は全スピン角運動量の大きさを表す量子数 S の二次式であることがわかる．図 4-2 の「差分」が図 4-3 であり，図 4-3 の「差分」を順次「加算」すれば図 4-2 に戻る．

4-3　$(nf)^q$ 配置におけるイオン化エネルギーの場合

$(np)^q$ と $(nd)^q$ 系列におけるイオン化エネルギーの変化の特徴が，多重項理論の考え方からどのように説明されるかについて，前節までに詳しく述べた．$(nf)^q$ 系列イオン化エネルギーの場合も，同様に説明できる．ただし，現実の $(nf)^q$ 系列イオン化エネルギーの値との具体的対応を考えた場合，3価ランタニド・イオンは重元素イオンであるため，$(2p)^q$, $(3p)^q$, $(3d)^q$ の原子・イオン系に比べて，スピン・軌道相互作用による J レベル分裂の寄与は相対的に大きい．この寄与を

表 4-4 $(4f)^2$ 配置における全 LS 項の $4f$ 電子間の電子反発エネルギー.

LS 項	f 電子間の電子反発エネルギー $[E'(LS)]$	縮重度 $[(2L+1)(2S+1)]$
^1S	$E^0 + 9E^1$	1
^1D	$E^0 + 2E^1 + 286E^2 - 11E^3$	5
^1G	$E^0 + 2E^1 - 2606E^2 - 4E^3$	9
^1I	$E^0 + 2E^1 + 76E^2 + 7E^3$	13
^3P	$E^0 \qquad\qquad\quad + 33E^3$	9
^3F	E^0	21
^3H	$E^0 - 9E^3$	33
		$\sum LS\,(2L+1)(2S+1) = 91$

無視しない方がよい.しかし,基底レベルと基底項の差については,次節で具体的に論ずることとして,ここでは $(nf)^q$ 系列のイオン化エネルギーも基底項間のエネルギー差として考える.

$(nd)^q$ 系列の場合と同じように,(4-1) と (4-2) に基づいて,$(nf)^q$ 系列イオン化エネルギーは基底項間のエネルギー差として表現できる.既に記したように,Nielson and Koster (1963) は,$(f)^q$ 配置における LS 項の電子反発エネルギーを Racah パラメーター (E^0, E^1, E^2, E^3) を用いて与えている.$E_{ff}(\text{av.})$ を求めるためには,$(4f)^2$ 配置におけるすべての LS 項の $4f$ 電子間の電子反発エネルギーを知る必要がある.表 4-4 は,Racah パラメーター (E^0, E^1, E^2, E^3) で表現した $(4f)^2$ 配置におけるすべての LS 項に対する $4f$ 電子間の電子反発エネルギーである.Nielson and Koster (1963) から再録したもので,縮重度の値 $(2L+1)(2S+1)$ を付け加えた.

縮重度 $[(2L+1)(2S+1)]$ の重みを用い,(3-1) により,$(4f)^2$ 配置における平均的電子反発エネルギー $E'[(nf)^2, \text{av.}] \equiv E_{ff}(\text{av.})$ を求めると,

$$E_{ff}(\text{av.}) = E^0 + \frac{9}{13}E^1 \tag{4-9}$$

となる.E^2,E^3 の係数は 0 となり,これらの Racah パラメーターは $E_{ff}(\text{av.})$ には現れない.

$(f)^2$ 配置の基底 $LS(\text{max})$ 項は ^3H である.表 4-4 で,^3H の欄にある $4f$ 電子間の電子反発エネルギーは $(E^0 - 9E^3)$ だから,$E_{ff}(\text{av.}) = E^0 + (9/13)E^1$ を用いて次のように書き直すことができる,

$$E^0 - 9E^3 = \left(E^0 + \frac{9}{13}E^1\right) - \frac{9}{13}E^1 - 9E^3 \tag{4-10}$$

最後の 2 項が,基底項 ^3H エネルギーの平均からの偏差,すなわち,基底項の安定化エネルギーで,

$$\Delta E[(nf)^2, LS(\text{max})] = -\frac{9}{13}E^1 - 9E^3 \tag{4-11}$$

である.

$(4f)^2$ 配置では,$q=2$,$(1/2)q(q-1)=1$ だから,$(4f)^2$ 配置基底項のエネルギーは,真の配置平均エネルギーを用いて次のように書ける,

$$E[(nf)^2, LS(\text{max})] = W_c + 2W_0 + \left(E^0 + \frac{9}{13}E^1\right) - \frac{9}{13}E^1 - 9E^3 \tag{4-12}$$

従って,一般の $(4f)^q$ 配置の基底 $LS(\text{max})$ 項のエネルギー式は,

$$E[(nf)^q, LS(\text{max})] = W_c + qW_0 + \frac{1}{2}q(q-1)\left(E^0 + \frac{9}{13}E^1\right) + \Delta E[(nf)^q, LS(\text{max})] \tag{4-13}$$

となる．最後の $\Delta E[(nf)^q, LS(\max)]$ は，当該配置基底 LS 項の $4f$ 電子間の電子反発エネルギーを Nielson and Koster (1963) から選び，$4f$ 電子間の電子反発エネルギーの平均が $(1/2)q(q-1)[E^0 + (9/13)E^1]$ であることに注意して，(4-10) のように表現の変換を行えば定まる．

たとえば，$(4f)^3$ 配置の基底項は ^4I で，$4f$ 電子間の電子反発エネルギーは Nielson and Koster (1963) により $(3E^0 - 21E^3)$ である．$q=3, (1/2)q(q-1)=3$ だから，

$$3E^0 - 21E^3 = 3\left(E^0 + \frac{9}{13}E^1\right) - 3\left(\frac{9}{13}\right)E^1 - 21E^3 \tag{4-14}$$

となり，

$$\Delta E[(nf)^3, LS(\max)] = -3\left(\frac{9}{13}\right)E^1 - 21E^3 \tag{4-15}$$

となる．

このようにして，(4-13) は，0 から 14 までの q について，具体的に書き下すことができる．以上は，第3章の3-2節にまとめた①〜④の手続きを，$(nf)^q$ の場合に即してやや具体的に述べたことに対応する．

(4-13) の $\Delta E[(nf)^q, LS(\max)]$ は E^0 と E^2 を含まず，結果的に，$(9/13)E^1$ と E^3 の一次結合式となる．$\Delta E[(nd)^q, LS(\max)]$ で $\alpha(S)$ と $\beta(L)$ を用いたように，$(9/13)E^1$ の係数 $n(S)$，E^3 の係数 $m(L)$ を導入しておくと，(4-13) に関する以後の議論に便利である．すなわち，

$$E[(nf)^q, LS(\max)] = W_c + qW_0 + \frac{1}{2}q(q-1)\left(E^0 + \frac{9}{13}E^1\right) + n(S)\left(\frac{9}{13}\right)E^1 + m(L)E^3 \tag{4-16}$$

と書くことにする．両係数が，各基底 LS 項の S と L にそれぞれ対応していることは，$(nd)^q$ 系列

表 4-5 $(nf)^q$ 配置における基底項の配置平均エネルギーに対する安定化エネルギー $[n(S)(9/13)E^1 + m(L)E^3]$ を指定する係数 $n(S)$ と $m(L)$．

配置	基底項	$n(S)$	$m(L)$
$(nf)^0$	^1S	0	0
$(nf)^1$	^2F	0	0
$(nf)^2$	^3H	-1	-9
$(nf)^3$	^4I	-3	-21
$(nf)^4$	^5I	-6	-21
$(nf)^5$	^6H	-10	-9
$(nf)^6$	^7F	-15	0
$(nf)^7$	^8S	-21	0
$(nf)^8$	^7F	-15	0
$(nf)^9$	^6H	-10	-9
$(nf)^{10}$	^5I	-6	-21
$(nf)^{11}$	^4I	-3	-21
$(nf)^{12}$	^3H	-1	-9
$(nf)^{13}$	^2F	0	0
$(nf)^{14}$	^1S	0	0

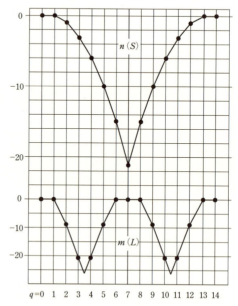

図 4-4 $(nf)^q$ 配置における基底 LS 項の配置平均エネルギーに対する安定化エネルギーを指定する係数 $n(S)$ と $m(L)$ の変化．各々，八組様と四組様の変化パターンを示す．

第Ⅰ部 希土類元素の量子化学

での $\alpha(S)$ と $\beta(L)$ と同様である．表 4-5 に $n(S)$ と $m(L)$ の値を記すとともに，これらの係数変化のパターンを図 4-4 に示す．

$n(S)$ と $m(L)$ は，ともに 0 または負の整数で，基底項エネルギーが配置平均エネルギーからどれだけ低いか（安定化しているか）を定める係数である．最大の S となる配置は $q=7$，すなわち，half-filled の配置であり，$n(S)$ は負の最大の値となっている．また，$m(L)$ の値も，最大の $L=6$ である I の項の場合に，負の最大の値となる．

図 4-4 における $n(S)$ と $m(L)$ の変化パターンの特徴が，$(nf)^q$ 系列の基底項安定化エネルギー $[n(S)(9/13)E^1+m(L)E^3]$ の特徴を規定している．$n(S)$ と $m(L)$ の変化パターンは，half-filled の配置を中心に左右対称的である．$m(L)$ の変化パターンに関しては，half-filled 配置までの部分でも，$q=3$ と $q=4$ の中間点（$q=3.5$）に関して対称的である．half-filled 配置の後では，$q=10$ と $q=11$ の中間点（$q=10.5$）に関しても対称的である．$q=3.5=14\times(1/4)$ であり，$q=10.5=14\times(3/4)$ なので，各々，(1/4)-filled，(3/4)-filled の"配置"と比喩的に呼んでもよい．$n(S)$ と $m(L)$ は，いわゆる八組および四組様の変化パターンとなっている．これは"四組効果"（tetrad effect）に理論的根拠を与える．Peppard et al. (1969) は，溶媒抽出系の Ln(III) 分配係数（有機相濃度/水相濃度）の対数値に基づき，"四組効果"を提唱した．Peppard らの議論は，直感的・経験論的なものであったが，$(nf)^q$ 系列の基底項安定化エネルギー $[n(S)(9/13)E^1+m(L)E^3]$ の特徴を見事に指摘していたのである．この点については，後に詳しく述べる．

イオン化によっても W_c, W_0, Racah パラメーターは変化しないと考えれば，$(nf)^q$ 系列のイオン化ポテンシャルは，$(nf)^{q-1}$ と $(nf)^q$ 配置間の基底項エネルギーの差として算出される．(4-16) を用いて差分を作れば，

$$I(nf^q) = -W_0 - (q-1)\left(E^0 + \frac{9}{13}E^1\right) + \Delta E[(nf)^{q-1}, LS(\max)] - \Delta E[(nf)^q, LS(\max)] \quad (4\text{-}17)$$

となる．ここで，

$$\Delta E[(nf)^{q-1}, LS(\max)] - \Delta E[(nf)^q, LS(\max)] = [n(S)_{q-1} - n(S)_q]\left(\frac{9}{13}\right)E^1 - [m(L)_{q-1} - m(L)_q]E^3 \quad (4\text{-}18)$$

であり，$(nd)^q$ 系列の $\Delta\alpha(S)$ と $\Delta\beta(L)$ と同様に，

$$\begin{aligned}N(S) &\equiv [n(S)_{q-1} - n(S)_q] \,(\equiv \Delta n(S)), \\ M(L) &\equiv [m(L)_{q-1} - m(L)_q] \,(\equiv \Delta m(L))\end{aligned} \quad (4\text{-}19)$$

と定義すると，(4-17) は，

$$I(nf^q) = -W_0 - (q-1)\left(E^0 + \frac{9}{13}E^1\right) + N(S)\left(\frac{9}{13}\right)E^1 + M(L)E^3 \quad (4\text{-}20)$$

と書ける．$(nd)^q$ 系列の $\Delta\alpha(S)$ と $\Delta\beta(L)$ と同様の表記法を用いれば，$\Delta n(S)$ と $\Delta m(L)$ となるが，後に述べるように，$N(S)$ と $M(L)$ は既に論文などで使用されている実績があるので，ここでの表記もこれに従う．

$N(S)$ と $M(L)$ の値は，表 4-5 の $n(S)$ と $m(L)$ について q に関する差分を取れば，自動的に決まる．表 4-6 に $N(S)$ と $M(L)$ の値を掲げた．これらの係数変化は，$(nd)^q$ 系列の $\Delta\alpha(S)$ と $\Delta\beta(L)$ で見た系統変化と類似している．図 4-5 は，$(nf)^q$ 系列で $N(S)$ と $M(L)$ が変化する様子を模式的に示したものである．

第 2 章で確認した double-seated pattern で特徴づけられる $I(4f^q)$ の系列変化は，この $N(S)$ と

表 4-6 $(nf)^q$ 系列イオン化エネルギーの $[N(S)(9/13)E^1 + M(L)E^3]$ の変化パターンを指定する $N(S)$ と $M(L)$ の値.

$(nf)^q$	$\rightarrow$	$(nf)^{q-1}$	$N(S)$	$M(L)$
$q=1$	$\rightarrow$	0	0	0
$q=2$	$\rightarrow$	1	+1	+9
$q=3$	$\rightarrow$	2	+2	+12
$q=4$	$\rightarrow$	3	+3	0
$q=5$	$\rightarrow$	4	+4	-12
$q=6$	$\rightarrow$	5	+5	-9
$q=7$	$\rightarrow$	6	+6	0
$q=8$	$\rightarrow$	7	-6	0
$q=9$	$\rightarrow$	8	-5	+9
$q=10$	$\rightarrow$	9	-4	+12
$q=11$	$\rightarrow$	10	-3	0
$q=12$	$\rightarrow$	11	-2	-12
$q=13$	$\rightarrow$	12	-1	-9
$q=14$	$\rightarrow$	13	0	0

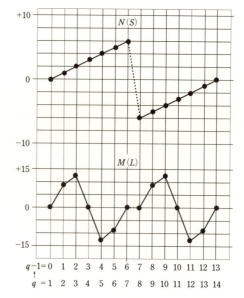

図 4-5 $E(4f)^q \rightarrow E(4f)^{q-1}$ のイオン化エネルギー系列変化の特徴 (double-seated pattern) を指定する係数 $N(S)$ と $M(L)$ の変化. 両係数は $N(S)(9/13)E^1 + M(L)E^3$ の一次結合の形でイオン化エネルギー系列変化に寄与する. 図 4-4 の差分が double-seated pattern となる.

$M(L)$ の系列変化で説明できることがわかる. この $N(S)$ と $M(L)$ の変化パターンに, q とともに滑らかに増加する $\{-W_0 - (q-1)[E^0 + (9/13)E^1]\}$ の滑らかな右上がりトレンドを加えれば, 第2章に示した $I(4f^q)$ の変化パターンをほぼ再現できる.

以上のように, $(2p)^q$, $(3p)^q$, $(3d)^q$, $(4f)^q$ 系列イオン化エネルギーの変化の特徴は, 多重項の理論によって説明されることが理解できたと思う. 次節では, $I(4f^q)$ に対する (4-20) に, スピン・軌道相互作用による J レベル分裂による小さな効果を加えれば, それが3価ランタニド・イオンに対する Jørgensen の理論式であることを述べる.

4-4　J レベル分裂の効果と $(4f)^q$ 系列に対する Jørgensen の理論式

J レベル分裂のエネルギーについては, 既に 1-4 節で指摘している. J レベルのエネルギーは,

$$E(LSJ) = E(LS) + \frac{1}{2}\{J(J+1) - L(L+1) - S(S+1)\} \cdot \varsigma(LS) \tag{1-10}$$

であった. $E(LS)$ が LS 項のエネルギーで, 残りの項がスピン・軌道相互作用による付加的な一次摂動エネルギーである.

$(nl)^q$ の配置から生ずる LS 項の場合, 最大の S, L の項 (基底項) においては,

$$\varsigma(LS) = \pm \frac{1}{2S}\varsigma_{nl} \quad\quad +:(1 \leq q < 2l+1), \quad -:(2l+1 < q \leq 4l+1) \tag{1-11}$$

であることも述べておいた．ζ_{nl} はスピン・軌道相互作用パラメーターと呼ばれ，エネルギーの次元をもつ定数である．ζ_{nl} はスペクトル・データから推定されるエネルギー・パラメーターで，電子反発エネルギーにおける Slater 積分，Slater-Condon パラメーター，Racah パラメーターなどに類似する．したがって，(1-10), (1-11) に基づいて，$(nl)^q$ 配置の基底レベル・エネルギーを表現できることになる．$(4f)^q$ 配置の基底レベルのエネルギーについて，具体的に書けば，

$$E[(4f)^q, LS(\max), \text{lowest} J]$$
$$= E[(nf)^q, LS(\max)] + p(L, S, J) \cdot \zeta_{4f}$$
$$= W_c + qW_0 + \frac{1}{2}q(q-1)\left(E^0 + \frac{9}{13}E^1\right)$$
$$+ n(S)\left(\frac{9}{13}\right)E^1 + m(L)E^3 + p(L, S, J)\zeta_{4f} \quad (4\text{-}21)$$

となる．$p(L, S, J)$ は，(1-10), (1-11) により，基底レベルの量子数 (L, S, J) から定まる係数値である．この係数値を，表 4-5 の結果とあわせて，表 4-7 に掲げる．図 4-6 は $p(L, S, J)$ の系列変化パターンを示す．図 4-4 に示した $n(S)$ と $m(L)$ も同時に示してある．

$p(L, S, J)$ は，ζ_{4f} を単位にして，基底レベルが基底 LS 項準位よりどれだけさらに安定化されているかを表現する．すべて，0 または負の値を取る．これは，$n(S)$ と $m(L)$ が，各々，$(9/13)E^1$ と E^3 を単位にして，基底 LS 項が配置平均エネルギーからどれだけ安定化しているかを指定する係数であることと同じである．図 3-3 に示した Pr^{3+} の $(4f)^2$ 配置の例で述べれば，配置平均からの下向きの矢印が $[n(S)(9/13)E^1 + m(L)E^3]$ で，基底 LS 項から基底 J レベルへの矢印が $p(L, S, J)\zeta_{4f}$ である．

さて，イオン化ポテンシャル $I(nl^q)$ の値は，第 2 章でも述べたように，J レベル分裂を考慮すれば，
$$I(nl^q) = E[(nl)^{q-1} \text{基底レベル}] - E[(nl)^q \text{基底レベル}]$$
$$(2\text{-}1)$$
と考えるべきである．$I(4f^q)$ は，(4-21) から，

表 4-7 $(nf)^q$ 配置平均エネルギーに対する基底レベルの安定化エネルギー $[n(S)(9/13)E^1 + m(L)E^3 + p(L, S, J)\zeta_{4f}]$ を指定する $n(S)$, $m(L)$, $p(L, S, J)$ の値．

配置	基底レベル	$n(S)$	$m(L)$	$p(L, S, J)$
$(nf)^0$	$^1S_0$	0	0	0
$(nf)^1$	$^2F_{5/2}$	0	0	-2
$(nf)^2$	$^3H_4$	-1	-9	-3
$(nf)^3$	$^4I_{9/2}$	-3	-21	$-7/2$
$(nf)^4$	$^5I_4$	-6	-21	$-7/2$
$(nf)^5$	$^6H_{5/2}$	-10	-9	-3
$(nf)^6$	$^7F_0$	-15	0	-2
$(nf)^7$	$^8S_{7/2}$	-21	0	0
$(nf)^8$	$^7F_6$	-15	0	$-3/2$
$(nf)^9$	$^6H_{15/2}$	-10	-9	$-5/2$
$(nf)^{10}$	$^5I_8$	-6	-21	-3
$(nf)^{11}$	$^4I_{15/2}$	-3	-21	-3
$(nf)^{12}$	$^3H_6$	-1	-9	$-5/2$
$(nf)^{13}$	$^2F_{7/2}$	0	0	$-3/2$
$(nf)^{14}$	$^1S_0$	0	0	0

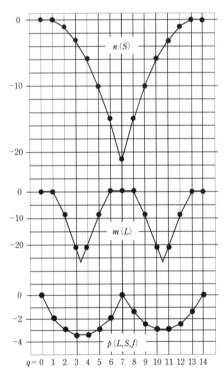

図 4-6 $(nf)^q$ 配置平均エネルギーに対する基底レベルの安定化エネルギーを指定する係数 $n(S)$, $m(L)$, $p(L, S, J)$ の変化．

表 4-8 $(nf)^q$ 系列イオン化エネルギーの $[N(S)(9/13)E^1+M(L)E^3+P(S,L,J)\zeta_{4f}]$ の変化パターンを指定する $N(S)$, $M(L)$, $P(L,S,J)$ の値.

$(nf)^q$	→	$(nf)^{q-1}$	$N(S)$	$M(L)$	$P(L,S,J)$
$q=1$	→	0	0	0	+2
$q=2$	→	1	+1	+9	+1
$q=3$	→	2	+2	+12	+1/2
$q=4$	→	3	+3	0	0
$q=5$	→	4	+4	−12	−1/2
$q=6$	→	5	+5	−9	−1
$q=7$	→	6	+6	0	−2
$q=8$	→	7	−6	0	+3/2
$q=9$	→	8	−5	+9	+1
$q=10$	→	9	−4	+12	+1/2
$q=11$	→	10	−3	0	0
$q=12$	→	11	−2	−12	−1/2
$q=13$	→	12	−1	−9	−1
$q=14$	→	13	0	0	−3/2

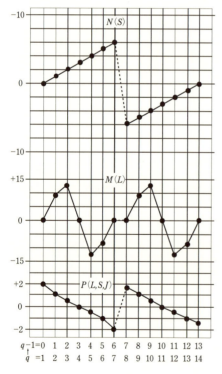

図 4-7 $E(4f)^q \to E(4f)^{q-1}$ のイオン化エネルギー系列変化の特徴を指定する係数 $N(S)$, $M(L)$, $P(L,S,J)$ の変化. これらの係数は $[N(S)(9/13)E^1+M(L)E^3+P(L,S,J)\zeta_{4f}]$ の一次結合の形でイオン化エネルギー系列変化に寄与する.

$$I(4f^q) = E[(nl)^{q-1}, LS(\max), \text{lowest } J]$$
$$\quad - E[(nl)^q, LS(\max), \text{lowest } J]$$
$$= -W_0 - (q-1)\left(E^0 + \frac{9}{13}E^1\right)$$
$$+ N(S)\left(\frac{9}{13}\right)E^1 + M(L)E^3 + P(L,S,J)\zeta_{4f} \quad (4\text{-}22)$$

ここでは, $P(L,S,J)$ は, (4-19) の $N(S)$ と $M(L)$ と同じように, 表 4-7 の $p(L,S,J)$ に基づいて,

$$P(L,S,J) \equiv [p(L,S,J)_{q-1} - p(L,S,J)_q] \quad (4\text{-}23)$$

として求めた係数変化の定数である. 表 4-8 に $P(L,S,J)$ の値を $N(S)$ と $M(L)$ とともに掲げる. 表 4-7 の $n(S)$, $m(L)$, $p(L,S,J)$ の係数値から差分を取れば自動的に決まる. 図 4-7 は, $N(S)$, $M(L)$, $P(L,S,J)$ の係数値の系列変化パターンを示す.

$I(4f^q)$ に対する (4-22) は, Jørgensen の理論式 (1962) に他ならない. refined spin-pairing energy theory (RSPET) として, Jørgensen (1973, 1975, 1979) や Nugent et al. (1973) が用いている式である. もう少し正確に述べれば, (4-22) は, 筆者 (Kawabe, 1992) が Jørgensen の理論式の意味を明確にするために, Slater-Condon-Racah の原子分光学の基礎式をできるだけ保存するようにして導いた式であり, Jørgensen や Nugent らにあっては, (4-22) はさらに簡略化されている. 既に説明したように, (4-22) における W_0 は負の大きな値だから, $-W_0$ は q と共に単調に増加すると考えてもよい. したがって, Jørgensen (1962) はこれを,

$$-W_0 = W + (q-1)E^* \quad (4\text{-}24)$$

と形式的に表現している. $W>0$ であり, E^* は増加係数である. q ではなくて $(q-1)$ としているのは, (4-22) に現れる 4f 電子間の平均的電子反発エネルギーに由来する項, $(q-1)[E^0+(9/13)E^1]$, との形式的類似性を確保するためである. そして,

$$A \equiv E^0 + \frac{9}{13}E^1 \quad (4\text{-}25)$$

と書くことによって, 配置平均エネルギーに由来する項全体を,

$$-W_0 - (q-1)\left(E^0 + \frac{9}{13}E^1\right) \approx W + (q-1)(E^* - A) \quad (4\text{-}26)$$

と近似している．A は average interaction energy for each pair of 4f electrons の頭文字 A に由来する．(4-26) の近似を採用すると，(4-22) は

$$I(4f^q) = W + (q-1)(E^* - A) + N(S)\cdot\left(\frac{9}{13}\right)E^1 + M(L)\cdot E^3 + P(L, S, J)\cdot\zeta_{4f} \tag{4-27}$$

となる．

Jørgensen は，Racah parameter E^1 ではなく，spin-pairing energy parameter D を使用しているが，E^1 と D は次のように定数倍だけ異なる（Jørgensen, 1971）：

$$D = \frac{9}{8}E^1 \tag{4-28}$$

また，Nugent and Vander Sluis（1971），Vander Sluis and Nugent（1972），Nugent et al.（1973）では，係数の表記法が，ここでの（4-22），（4-27）と少し異なる．両者の対応関係は次のようになっている：

$$M(L)\cdot E^3 \quad \rightarrow \quad -M(L)\cdot E^3 \tag{4-29-1}$$

$$P(L, S, J)\cdot\zeta_{4f} \quad \rightarrow \quad -P(L, S, J)\cdot\zeta_{4f} \tag{4-29-2}$$

Nugent et al.（1973）では，係数の前の負符号は，定数自体に繰り込まれている．

近似（4-24）の是非はひとまず置くとして，いわゆる Jørgensen の理論式，refined spin-pairing energy theory（RSPET）が，$I(4f^q)$ のみならず $I(np^q)$ や $I(3d^q)$ のイオン化ポテンシャルの系統的系列変化を説明する多重項理論の具体的応用の一つの結果であることを再度強調しておきたい．ad hoc な性格を持つ何か特別の考え方ではない．Jørgensen の理論式の基礎は，多重項理論による $(4f)^q$ 配置の基底レベルのエネルギーに対する式（4-22）であり，これから Jørgensen の理論式が導かれている．原子分光学の LS 項，LSJ レベルの考え方は承認するが，Jørgensen の理論式は認めないとの立場は，特別の理由を掲げないかぎり，あり得ない．

4-5 RSPET と Hund 則の量子力学的解釈

開殻電子配置から生じる多数の LS 項のうちで，基底 LS 項は「最大の L を持ち，かつ，最大の S を持つ項」であるとするのが Hund の規則である．J レベルに関しても，half-filled の前では最小の J，half-filled の後では最大の J を持つものが基底レベルである（1-6節）．そして，この分光学的経験則は，$(nl)^q$ と $(nl)^q(n's)$ と表現できる開殻電子配置では確かに成立するが，その他の開殻電子配置では成立しないことがあることも指摘しておいた．一方，Slater-Condon 理論の考え方からすると，$(4f)^q$ 配置の基底レベルのエネルギーは，4-4 節で述べたように $(nl)^q$ 配置に対する（4-21）である．これは refined spin-pairing energy theory（RSPET）の基礎であるが，この $(4f)^q$ 配置基底レベルのエネルギー式は，「Hund の規則の定量的表現」と解釈することができる．既に述べたように，(4-21) の初めの 3 項は $(4f)^q$ 配置の配置平均エネルギーを，$n(S)\cdot(9/13)E^1 + m(L)\cdot E^3$ は配置平均エネルギーからの基底項の安定化エネルギーを，最後の $p(L, S, J)\cdot\zeta_{4f}$ はスピン・軌道相互作用によって基底レベルが基底項からどれだけさらに安定化されるかを，それぞれ表現している．(4-21) で $n(S)$，$m(L)$ と表現した部分は各々 S と L を用いて表現できる．詳しい説明は Jørgensen（1971），Goldschmidt（1978）に譲るが，

$$n(S)\cdot\left(\frac{9}{13}\right)E^1 = \frac{9}{8}\left[\frac{3q}{52}(14-q) - S(S+1)\right]E^1 \tag{4-30}$$

$$m(L)\cdot E^3 = \frac{3}{2}[2\{(u_1)^2 + (u_2)^2 + u_1u_2 + 5u_1 + 4u_2\} - L(L+1)]E^3 \tag{4-31}$$

である．q は $4f$ 電子数，$(u_1, u_2) = U$ は二つの整数の組で，$(4f)^q$ 配置の LS 項を群論を用いて区別する際の整数の組である．具体的な数値は Goldschmidt (1978) や Wybourne (1965) にある．重要なのは，この右辺側の表現は基底項のみならず一般の LS 項にも当てはまり，$-S(S+1)$ と $-L(L+1)$ とに結び付いていることである．$S(S+1)\hbar^2$，$L(L+1)\hbar^2$ は全スピン角運動量，全軌道角運動量の二乗演算子の固有値である．E^1，E^3 は正のエネルギー・パラメーターだから S，L が最大の時，$n(S)\cdot(9/13)E^1$，$m(L)\cdot E^3$ は最低の値になる．すなわち，「最大の L を持ち，かつ，最大の S を持つ項」が基底項であるとする Hund の規則に対応している．$p(L, S, J)\cdot\zeta_{4f}$ については 4-4 節で説明したので，ここでは繰り返さない．最大の S を持つ項エネルギーについては，Slater (1968) も同様な議論を与えている．したがって RSPET の基礎である (4-21) 式は，Slater-Condon-Racah 理論に基づいた (L, S, J) に関する Hund 則の定量的表現だと言える．

(4-30) の右辺で q が同一の場合を考えて，平行な二つのスピン (parallel spins) を互いに反平行なスピン (anti-parallel spins) に変えるに必要なエネルギーを考えると，↑↑ が↑↓ となるわけだから，これは全体の S を $(S-1)$ に変える．ゆえに (4-30) より，

$$E(S-1) - E(S) = \{-(S-1)(S-1+1) - [-S(S+1)]\}\left(\frac{9}{8}\right)E^1 = 2S\left(\frac{9}{8}\right)E^1 = 2SD > 0 \tag{4-32}$$

となる．$D \equiv (9/8)E^1$ は「スピン対形成エネルギー」パラメーター (spin-pairing energy parameter) と呼ばれる (Jørgensen, 1971)．1 中心多電子系では，平行スピンがあれば電子間の交換エネルギーにより電子反発の効果が減り系の安定化に寄与するので，これを反平行にするには余分なエネルギーが要る．refined spin-pairing energy theory の由来はこの「スピン対形成エネルギー」パラメーターにある．refined を付けるのは，S だけではなく，L，J も関連することを指す．本来は「改良スピン対形成エネルギー理論」と訳すべきだが，長くなるので RSPET と記している．また，「スピン対」という言葉は，Heitler-London の H_2 分子（2 中心 2 電子系）の議論で使われるものと混同されやすい．「2 中心系共有結合のスピン対」とは別物なので，この種の誤解を避けるためにも，あえて「改良スピン対形成エネルギー理論」とせずに RSPET と記している．Hund 則は，基底項をどのように指定するかに関連して量子論の教科書でもしばしば言及される．そこでの説明は定性的なものに留まるのが普通である．しかし，Hund 則の定量的表現があってもよいはずで，それが RSPET であると筆者は理解する．

ところで，(4-21) 式が Hund 則の定量的表現であると述べれば，ただちに次の反論が出て来るだろう．Slater-Condon 理論からは Hund 則の量子力学的解釈はできないという意見である (Katriel and Pauncz, 1977；藤永，1980；Boyd, 1984)．Slater-Condon 理論はビリアル定理を正確には満足していないことも理由の一つである．変分法を用いれば，ビリアル定理を満足するように注意して，たとえば，二電子系のヘリウム (He) 原子に対する Schrödinger 方程式を解き，3 重項 ^3S と 1 重項 ^1S，3 重項 ^3P と 1 重項 ^1P のエネルギーを計算することができる．それぞれの場合，3 重項が 1 重項よりもエネルギー的に低いとの結果が得られるが，3 重項がより安定である原因は，電子間の反発エネルギーが 3 重項でより小さいことではなく，電子と原子核との相互作用エネ

ギーの低下によるとの結果がえられる．これは Slater-Condon 理論からの解釈と合致しない．表 4-9 は Boyd (1984) による He 原子の計算結果である．電子反発エネルギー (V_{ee}) 値は 3 重項の方が大きく，3 重項のエネルギーが 1 重項よりも低いのは，確かに，電子と原子核との相互作用エネルギー (V_{en}) が

表 4-9 Boyd (1984) による He 原子の 3 重項と 1 重項のエネルギー計算結果 (au 単位)．

	2^3S	2^1S	2^3P	2^1P
E_{total}	−2.1752	−2.1459	−2.1332	−2.1238
V_{ee}	0.2682	0.2495	0.2666	0.2450
V_{en}	−4.6186	−4.5413	−4.5330	−4.4927
Z_{eff}	1.41	1.20	1.13	1.04

低いことによると言わざるをえない．Boyd (1984) は，3 重項状態では同一スピン電子が相互に避け合うこと (Fermi 相関) により，核電荷は相対的に遮蔽されにくく，有効核電荷は相対的に大きくなり，結果として，電子と原子核との相互作用エネルギーの低下となって 3 重項状態の安定化が起こっていると解釈している．

　Vanquckenborne and Haspelagh (1982), Vanquckenborne et al. (1986a, b) も，$3d$, $4f$ 電子系での Hartree-Fock 法の計算から，多重項に対する Slater-Condon 理論からの解釈は誤りであり，「スピン対形成エネルギー」パラメーターによる解釈は適切ではないことを述べている．

　しかし，Vanquckenborne et al. (1986a) が Hartree-Fock 法の計算で得た $4f$ 電子系の E^1 の値は，スペクトル・データの解析から得られる値より 20% ほど系統的に大きな値である．単一の $(4f)^q$ 配置を前提に Hartree-Fock 法で計算した Slater 積分 (Slater-Condon パラメーター，Racah パラメーター) がスペクトル・データから得られる値よりも大きいことは古くから知られている (Wybourne, 1965)．この不一致は配置の混合 (配置間相互作用) を考えれば克服されるのではないかとの考えは広く受け入れられているが，依然として問題解決には到っていない．

　もう一つの問題として，通常の Hartree-Fock 法の計算は非相対論的計算結果であることが挙げられる．Tatewaki et al. (1995) はいくつかの Ln(g) の第 1 イオン化エネルギーを通常の非相対論的 Hartree-Fock 法と相対論的 Hartree-Fock 法で計算している．相対論的 Hartree-Fock 法は若干の改善をもたらすものの，スペクトル測定値より依然として 20% 程度系統的に小さい結果となる．第 1 イオン化エネルギーの −20% は約 −1 eV ≈ −100 kJ/mol である．Crosswhite and Crosswhite (1984) や Carnall et al. (1989) も近似的に相対論補正を加味した Hartree-Fock 法での計算結果を報告しているが，$4f$ 電子系の Slater 積分はスペクトル・データからの値より 30% ほど大きい．さらに，重元素に対する Hartree-Fock 法レベルの近似では，大きな相関エネルギーの問題 (藤永，1980) が残っている．ランタニドなどの重元素における 1 中心多電子系では，配置の混合や相関エネルギーの問題が解決されているわけではない．10-3 節でも紹介するように，精緻とされる ab initio 計算が定性的な結果しか与えない現実を，我々は率直に認めねばならない．

　以上のように，実験 (経験) 則である Hund 則が量子力学からどのように説明できるかは，前提とする考え方によって異なる．変分法の立場では Fermi 相関により電子と原子核との相互作用エネルギーの低下として多重項エネルギーの違いが理解される．その根拠は軽元素の少数多電子系の計算結果による．一方，Slater-Condon 理論を前提にすると，多重項エネルギーの違いを説明するものは電子反発エネルギーしかあり得ない．基本的摂動項がこれだからである．変分法の立場から批判される Slater-Condon 理論ではあるが，この立場は今日でもスペクトル・データ解析の基礎である．ランタニド化合物の ($f \rightarrow f$) 遷移スペクトル解析では，自由イオンに対して Racah パラメーター，スピン・軌道相互作用パラメーター，配置間相互作用パラメーターなど 20

のパラメーターを用いた経験的ハミルトニアンから自由イオンレベルのエネルギーを計算し，さらに結晶場パラメーターを加えた摂動ハミルトニアンを用い，スペクトル・データを再現する形で，パラメーター値を最小二乗法で決めている．スペクトル・データは通常 20 cm^{-1} 以下の平均誤差で再現される（Görller-Walrand and Binnemans, 1996）[2]．

少なくともランタニドに関する限り，「Hund 則は電子反発では説明できない」，「Slater-Condon 理論はビリアル定理を正確には満足していない」として，分光学的なスペクトル解析の立場を否定することは建設的立場であるとは思えない．He などに代表される軽元素に関する *ab initio* 計算とは異なり，重元素であるランタニドの *ab initio* 計算は依然としてスペクトル・データを定量的に説明できない段階にあるからである．このような不十分な計算結果が今後どのように改善されて行くかは，これを見守る他ない．

4-6　化合物や凝縮相における3価ランタニド・イオンの電子状態

$(4f)^q$ 系列全体での基底項エネルギー，基底レベル・エネルギーの規則的変化という見方は，希土類元素の化学の問題を考える上で特に重要である．3価ランタニド・イオンは，化合物や凝縮相にあっても，真空中の3価ランタニド・イオン・ガスに類似した atomic-like な電子状態にあると近似的に見なせるからである．図 4-8 は，Goldschmidt（1978）によるもので，電子配置が [Xe]$(4f)(5d)(6p)(6s)$ の励起配置である原子蒸気 Ce(g) の軌道電荷分布の計算結果（Hartree-Fock 式）の例である．

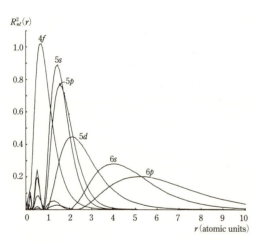

図 4-8　電子配置 [Xe]$(4f)(5d)(6p)(6s)$ の原子蒸気 Ce(g) の軌道電荷分布の計算結果（Hartree-Fock 式）．Goldschmidt（1978）による．この電子配置は基底配置ではなく，励起配置であることに注意．$5p$, $5s$ 軌道は [Xe] 殻を構成する．

図 4-8 の Ce(g) は励起配置であり，一方，Ce(g) の基底電子配置は [Xe]$(4f)(5d)(6s)^2$ であることに注意されたい．図 4-8 で，Ce(g) の $4f$ 電子は，主として，「Xe 芯」の $5s$, $5p$ 電子の内側に分布しており，$5d$, $6p$, $6s$ 電子の分布中心は $4f$ 電子はもとより，「Xe 芯」の $5s$, $5p$ より，さらに外側にあることがわかる．このように，$4f$ 電子軌道は「Xe 芯」の $5s$, $5p$ 電子の内側に局在していると考えてよい．このような $4f$ 電子の状態は，化合物や凝縮相にあってもイオン・ガスと類似したものであり，atomic-like であると理解してよい．自由イオンに対する基底項，基底レベルの考え方が化合物や凝縮相の3価ランタニド・イオンにも当てはまるとするのは自然な推論で，分光学や磁性のデータがこれを強く支持している．

---

[2] Judd-Ofelt 理論を含む f-f 遷移の分光学的強度の問題については，Görller-Walrand and Binnemans（1998）の総説を参照されたい．

もちろん，化合物や凝縮相の3価ランタニド・イオンは，近接する陰イオンや配位子がつくる"配位子場（結晶場）"ポテンシャルの下にあり，そのポテンシャルは球対称ポテンシャルではない．したがって，球対称ポテンシャルであるイオン・ガス状態のJレベル・エネルギーの$(2J+1)$重の縮退の一部は解けている．近接配位子が作り出す電場が摂動となり，Jレベル・エネルギーがその摂動電場の対称性に従って分裂することは，配位子場（結晶場）分裂と呼ばれる．分裂した各準位はシュタルク準位（Stark levels）と呼ばれる．何個のStark準位が生じるかは，Jの値と"配位子場（結晶場）"の対称性によって決まる（櫛田, 1991）．

しかし，化合物や凝縮相の3価ランタニド・イオンにおける配位子場分裂[3]は，$\sim 100\ \mathrm{cm}^{-1}$のオーダーであるのに対し，スピン・軌道相互作用によるJレベル分裂は$\sim 1000\ \mathrm{cm}^{-1}$のオーダー，電子反発による項エネルギー分裂は$\sim 10000\ \mathrm{cm}^{-1}$のオーダーである．配位子場分裂は，スピン・軌道相互作用によるJレベル分裂に比べ一桁小さい．一方，温度をT Kとすると，この温度は，エネルギー差$\Delta E = 0.695T\ (\mathrm{cm}^{-1})$を意味する．常温の300 Kなら，$\Delta E = 0.695T = 208.5\ \mathrm{cm}^{-1}$で，これはちょうど，化合物や凝縮相の3価ランタニド・イオンにおける配位子場分裂エネルギーのオーダーに相当する．だから，常温以上の条件では，配位子場分裂エネルギーは，熱的励起によりJレベル分裂準位に戻りうるので，配位子場分裂自体を考えなくてもよい．しかし，$\sim 1000\ \mathrm{cm}^{-1}$のオーダーの$J$レベル分裂エネルギーの解消には，$T \approx 1440$ Kの熱的条件が必要となるので，これは常温条件では実現しない．

図4-9は，配位子場分裂とスピン・軌道相互作用によるJレベル分裂の具体例（Nakazawa and Shionoya, 1974）である．YPO_4に添加されたCe^{3+}イオンの$4f$電子のエネルギー分裂の様子を示している．4.2 Kで得られたスペクトル・データの解析結果による．$4f$電子が1個の最も単純な電子配置$(4f)^1$なので，この場合は$4f$電子間の電子反発による項エネルギー分裂はなく，$J=5/2$の基底Jレベルは2つのStark準位に，$J=7/2$の励起Jレベルは3つのStark準位に分裂している．これはCe^{3+}イオンの配位子場が立方晶系の対称性を持つことを示している．YPO_4でのY席の対称性はD_{2d}なので，もしCe^{3+}イオンがY席を占めているなら，$J=5/2$の基底レベルは3つのStark準位に，$J=7/2$の励起レベルは4つのStark準位に分裂しなければならない．不純物のCe^{3+}イオンがY席を占めても，その置換席の対称性がホスト席の対称性を有しないこともあり得る例である．配置$(4f)^1$と励起配置$(5d)^1$の電子配置エネルギー差，$\sim 30,000\ \mathrm{cm}^{-1}$，が現れている．

したがって，配位子場分裂を無視して，化合物・錯体となっている3価ランタニド・イオンに対して，イオン・ガス状態でのJレベル・エネルギーに対応するエネルギー準位を考えることは，十分意味のある近似

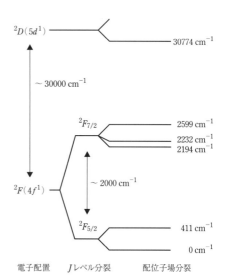

図4-9 YPO_4に添加されたCe^{3+}イオンの配位子場エネルギー分裂．Nakazawa and Shionoya (1974) の4.2 Kでのスペクトル・データに基づく．

---

[3] 以下では，結晶場分裂も含めて配位子場分裂と表記する．

である．この4f電子系の状況は，

$$4f\text{電子系}：\hat{H}_{\text{el-el}} > \hat{H}_{\text{so}} > \hat{H}_{\text{ligand}} \tag{4-33}$$

である．一方，3d電子系では，配位子による配位子場ポテンシャルの影響はスピン・軌道相互作用のそれより大きい，

$$3d\text{電子系}：\hat{H}_{\text{el-el}} > \hat{H}_{\text{ligand}} > \hat{H}_{\text{so}} \tag{4-34}$$

状況は両者でまったく異なる．希土類元素が第一遷移元素（鉄族イオン）より重元素であること，4f電子が「Xe芯」の5s，5p電子の内側に局在し，中心芯近傍に高い存在確率を持つこと，が相対的に大きなスピン・軌道相互作用を与え，結果として，$\hat{H}_{\text{el-el}} > \hat{H}_{\text{so}} > \hat{H}_{\text{ligand}}$の状況を作り出している．

これに対する配位子場理論の取り扱い方は，「弱い配位子場（weak field）」と呼ばれ，配位子場ポテンシャルが1中心多電子系のLSJレベルに対する摂動として考慮される．配位子場ポテンシャルを考える際には，いくつかの配位子場（結晶場）パラメーター（ligand or crystal-field parameters）が導入される．本書では配位子場分裂は無視できるとして議論をすすめるので，この点の詳細については議論しない[4]．

Van Vleck-Frankによる希土類元素(III)化合物・錯体における3価ランタニド・イオンの常磁性の理論は，結晶場ポテンシャルによるエネルギー分裂を持ち込まなくても，これら化合物・錯体の常磁性を説明できることを示している（Jensen and Mackintosh, 1991；上村・菅野・田辺，1969，13章）．また，Diekeらによってなされた3価ランタニド・イオンのスペクトルにおける多重項構造の解明も，$LaCl_3$やLaF_3などの透明な結晶に添加された3価希土類元素イオンのスペクトル・データに基づいており，イオン・ガス状態のスペクトルが解析されているのは，PrやErなどの一部に過ぎない．Martin, Zalubas and Hagen（1978）によってまとめられた"Atomic Energy Levels — The Rare-Earth Elements"においても，上記の結晶に添加された3価ランタニド・イオンのスペクトル・データが利用されている．3価ランタニド・イオンで，イオン・ガス状態と化合物や凝縮相の状態との対応が明確であるのは，配位子場ポテンシャルによるエネルギー分裂（～100 cm^{-1}のオーダー）が，スピン・軌道相互作用によるJレベル分裂（～1000 cm^{-1}のオーダー）に比べ，一桁程度小さいことによる．

図4-9は，4.2 Kでのスペクトル・データに基づくので，100 cm^{-1}のオーダーの配位子場エネルギー分裂も確認できる．しかし，常温以上の熱的平衡状態では，この程度のエネルギー分裂は，配位子場分裂前のJレベル・エネルギーに戻って考えてよい．我々は，4.2 Kの極低温ではなく，常温以上での希土類元素(III)化合物・錯体を問題にするので，既に述べたように，「配位子場分裂は無視できるとして議論をすすめる」となる．4f電子エネルギーの配位子場分裂の詳細が重要になるのは，極低温状態を考察する場合（13-8-4，13-9節）であり，常温以上の状態では，基本的には，Jレベル分裂のエネルギーまでの考察でよいと考える．さらに，Ln(III)の配位子交換反応の熱力学量の場合，Jレベル分裂のエネルギーも近似的に相殺されるので，結果的に

---

[4] 希土類元素化合物・錯体における配位子場ポテンシャルの具体的な取扱いについては，Görller-Walrand and Binnemans（1996）およびそこでの文献を参照されたい．なお，鉄族イオン化合物・錯体の3d電子系における「強い配位子場（strong field）」と「弱い配位子場（weak field）」の取り扱い方については，上村・菅野・田辺（1969）に詳しい．4f電子系と3d電子系の本質的な相違は，櫛田（1991）にも解説があるので参照されたい．

は，項エネルギーの違いを問題にすればよいことになる．詳しくは 13-8 節で議論する．ただし，常温以上の熱平衡では，振動エネルギー（単一および多重フォノン）が介在することで，J レベル分裂の基底エネルギー準位から励起準位への遷移とその逆遷移を考えねばならない場合がある．この場合は配位子場ポテンシャルの詳細も重要となる．これに関連する議論は 13-6，-7 節で行う．

真空中の原子・イオンの $(np)^q$ 系列は，化合物や凝縮相を考える場合あまり参考にならない．類似の電子状態が化合物や凝縮相でも実現しているとは考えられないからである．しかし，$(3d)^q$ 系列は，$(4f)^q$ 系列ほどではないものの，化合物や凝縮相にあってもある程度 atomic-like であることが知られているので，ここで論じた $(3d)^q$ 系列の自由イオンの基底項エネルギーの規則的変化の視点は重要であろう．化合物における $(3d)^q$ 系列の問題は，4-8 節で少し議論する．

3 価ランタニド・イオンが atomic-like であることは，これらの基底電子エネルギー状態が，イオン・ガス状態と化合物や凝縮相の状態で，まったく同一であることを意味するものではないことも重要である．$4f$ 電子と近接配位子との直接的相互作用は大きくはないが，近接配位子の種類と配位構造に依存して 3 価ランタニド・イオンの基底項，基底レベルの電子エネルギーが変化すると考えた方がよい．この根拠は，希土類元素 (III) 化合物・錯体のスペクトル・データにある．配位子場理論に基づくスペクトル・データの解釈は，古くから，電子雲拡大効果 (nephelauxetic effect) の重要性を指摘している (Jørgensen, 1971; Reisfeld and Jørgensen, 1977)．後に紹介するように，近接配位子が F^- イオンである場合と酸素イオンや硫黄イオンである場合では，3 価希土類元素イオンの多重項構造は系統的な差異を示す．よりイオン結合的な F^- イオンが近接配位子である場合は，$4f$ 電子間の電子反発エネルギーを指定する Racah パラメーターは自由イオンの場合に近い．しかし，より共有結合的な酸素や硫黄イオンが配位している場合は，相対的に小さな Racah パラメーターがスペクトル・データの解析から得られる．Racah パラメーターの相違は％オーダーではあるが，この相違は無視できない有意な違いである．「より共有結合的」配位子との相互作用により，$4f$ 電子の電子雲が，空間的に "拡がれば"，$4f$ 電子間の電子反発エネルギー（Racah パラメーター）が小さくなることは直感的にも理解できる．この直感的解釈の妥当性に関しては議論の余地があるが，3 価ランタニド・イオンの基底項，基底レベル電子エネルギー状態は，近接配位子の種類と配位構造に依存して，系統的に変化することは確かである．

4-7　ランタニド (III) 化合物・錯体の熱力学量への反映

ランタニド (III) 化合物・錯体において，3 価ランタニド・イオンの基底項，基底レベルの電子エネルギーの相対的な違いがあるとすれば，それは，ランタニド (III) 化合物・錯体の化学反応に対する平衡定数，錯生成定数，格子エネルギーなどの熱力学量にも反映されねばならない．四組効果 (tetrad effect)，2 重-2 重効果 (double-double effect)，Gd での折れ曲がり (Gd break)，などの呼称で指摘されてきた希土類元素 (III) 化合物シリーズにおける熱力学量の特異な系列変化パターンがこれに対応している．これは，電子配置エネルギーの熱力学量への寄与が分離可能であることを意味する．実験的測定量である熱力学量には，"あらゆる効果" が反映されているはずだが，個々の熱力学量に寄与するさまざまな要因を相互に分離することは，一般に困難である場

合が多い．しかし，個々の熱力学量ではなく，希土類元素シリーズ全体における熱力学量系列変化の特徴に着目すれば，電子配置エネルギーの熱力学量への寄与を推定することが可能となる．具体的な例証は後の章に示すが，要するに，図4-4あるいは図4-6で確認した基底項，基底レベル・エネルギーの系列変化を熱力学量に見出せばよいわけである．周期表の多くの元素の中でも，このような考え方が使えるのは，ランタニド系列に限られるであろう．

　Peppard et al. (1969) は，二種類のLn(III)溶媒抽出系の分配係数対数値（log K_d）を求め，La-Ce-Pr-Nd，Pm-Sm-Eu-Gd，Gd-Tb-Dy-Ho，Er-Tm-Yb-Lu の四組元素ごとに log K_d 値は各々滑らかな曲線が適合することを見出した．そして，これを四組効果（tetrad effect）と呼ぶことを提唱し，Ln(III)イオンの電子配置と四組効果の関連性を示唆した．この翌年，Jørgensen (1970) と Nugent (1970) は，独立に，Jørgensen (1962) の理論に基づき，Peppard et al. (1969) らの見出した四組効果は，ランタニド(III)化合物・錯体における $4f \to 4f$ 遷移スペクトルが配位子の種類に対応して系統的なずれを示す事実，電子雲拡大効果（nephelauxetic effect），に結びつくことを指摘した．すなわち，Ln(III)溶媒抽出系の有機相と水相では希土類元素(III)の化学種は異なるので，当然結合状態も異なる．この違いが $4f$ 電子の電子配置エネルギーの差となって，分配係数（＝有機相のREE濃度/水相のREE濃度）の対数値にジグザグ状系列変化を与えていると指摘した．詳しくは第7章で述べるが，その概略は以下の通りである．

　図3-3に示したように，ランタニド(III)イオンの基底レベル・エネルギーを決めるものは，多重項分裂，レベル分裂の大きさである．そして，Slater-Condon-Racah 理論からすれば，各々の分裂の大きさを決めるのは，$4f \to 4f$ 遷移スペクトルから求められる Racah パラメーターとスピン・軌道相互作用パラメーターの大きさである．もし，溶媒抽出系の有機相と水相のLn(III)化学種の間で，Racah パラメーターがわずかであれ異なれば，その差異は，図4-4で確認した S, L に依存する特徴的系列変化となって現れるはずである．したがって，Ln(III)溶媒抽出系の分配係数対数値に図4-4の特徴的系列変化が認められれば，両相におけるLn(III)化学種でRacah パラメーターが有意に異なり，Ln(III)イオンの基底レベル電子エネルギーの相対的な違いが，分配係数対数値に反映していると推論できる．分配係数は濃度比で表現されており，その自然対数に RT を掛けたものは，両相における希土類元素(III)化学種の ΔG_f^0 の差に対応する熱力学的測定量である．したがって，この状況は，Ln(III)化合物・錯体の化学反応に対する平衡定数，錯生成定数，格子エネルギーなどの熱力学量を考えた場合も，まったく同様に考えられるはずである．Ln(III)イオンの基底項，基底レベル電子状態は，単に希土類元素(III)イオンのスペクトルの問題としてのみならず，希土類元素(III)化学種の反応の熱力学量としても重要となる．

　Jørgensen (1970) と Nugent (1970) が依拠した Jørgensen の理論 (1962) それ自体は，希土類元素(III)錯体での電荷移動スペクトルを解釈するために，原子分光学の Slater-Condon-Racah 理論に基づき提案されたものである．現在では refined spin-pairing energy theory（RSPET）と呼ばれている (Nugent and Vander Sluis, 1971; Vander Sluis and Nugent, 1972; Nugent et al., 1973; Jørgensen, 1979)．

4-8 $(3d)^q$ 系列化合物と $(4f)^q$ 系列化合物の類似性

ここで比較のために，$3d$ 系列に目を移してみよう．Wilson（1972）による $3d$ 化合物の電導性と磁性に関する総説冒頭の図は，安達（1996）に図 0-14 として加筆された形で引用されている．この図は，$(3d)^q$ 系列八面体配位化合物の磁性と電気伝導性の問題の所在を明示するものとして大変興味深いので，本書でも図 4-10 として引用させていただいた．

図 4-10 の横軸は八面体中心に位置する陽イオンの「名目的な $3d$ 電子数 q」であり，縦軸は非金属元素配位子の電気陰性度（electro-negativity）の相対的な大きさを示す．実線の曲線は電気伝導性に関する絶縁体と導体を区分する境界線である．曲線の位置より上の部分にある化合物は絶縁体のイオン性化合物，下の部分は電気伝導性を持つ金属間化合物である．一方，灰色部分の化合物は，八面体中心陽イオンが磁気モーメントを持たない化合物である．曲線の上の部分の化合物では，八面体中心陽イオンの磁気モーメントが原子当たり整数の Bohr 磁子を持ち，曲線と灰色部分の間の化合物は，一般に，非整数の Bohr 磁子を持ち，磁気モーメントの値は $(3d)^q$ から期待される値より小さい．

$(3d)^5$ に深い谷が認められると同時に，$(3d)^3$ と $(3d)^8$ にも小さな谷があることが興味深い．$(3d)^5$ の深い谷の形状は，図 4-2 に示した $\alpha(S)$ の変化パターンに酷似する．また，$(3d)^3$ と $(3d)^8$ の小さな谷も，図 4-2 の $\beta(L)$ 変化パターンの小さな谷に対応するように見える．図 4-2 の $\beta(L)$ では，$q = 2.5, 7.5$ が谷であるが，図 4-10 の曲線の小さな谷の位置を 0.5 だけずらし，$q = 2.5, 7.5$ に移しても問題は生じない．これは $(3d)^q$ 系列錯体・化合物における軌道角運動量の消失（quenching）の問題と関連するやや微妙な問題である．しかし，$(3d)^5$ の深い谷は明らかに全スピン量子数 S による安定化エネルギーに関係している．$(3d)^q$ 系列自由イオンにおける基底 LS 項の配置平均エ

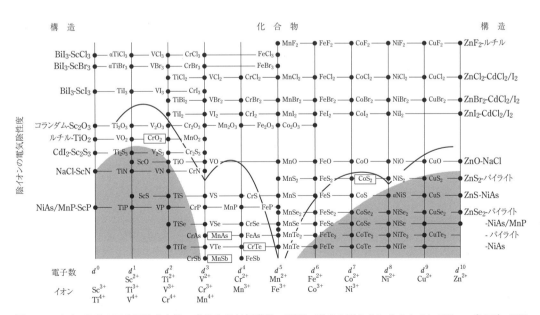

図 4-10 $(3d)^q$ 系列八面体配位化合物の磁性と電気伝導性の問題の所在を明らかにするために Wilson（1972）が用いた図に，安達（1996）が加筆した結果．

ネルギーからの安定化エネルギーは，4-2 節で述べたように，

$$\Delta E\left[(nd)^q, LS(\max)\right] = \alpha(S)\cdot\left(\frac{7}{9}\right)\cdot\left[\left(\frac{5}{2}\right)B + C\right] + \beta(L)\cdot\left(\frac{9}{2}\right)\cdot B \tag{4-5}$$

であった．$(3d)^5$ である Mn^{2+} の場合，全スピン量子数 S による安定化エネルギーが最大である．ゆえに，Se, Te のように配位子の電気陰性度が小さく，通常は共有結合を作ってもおかしくない場合でも，Mn^{2+} の $3d$ 電子は局在スピン系にとどまる方が全エネルギー的にもより安定である．すなわち，配位子との結合上の不利を，$\alpha(S)$ の大きな負の係数値による局在スピン系における安定化エネルギーが補って余りある状況が推定できる．

このことは，絶縁体の $(3d)^q$ 系列化合物においても，$(4f)^q$ 系列に似た atomic-like な電子状態がある程度実現していることを示唆する．多くの常磁性 $(3d)^q$ 系列錯体・化合物の Bohr 磁子の測定値は $2\sqrt{S(S+1)}$ に近く，スピンによる磁性は自由イオン的であるが，軌道角運動量はほぼ消失している．$(3d)^q$ で $q=1〜5$ の配置を持つ錯体・化合物では確かにその通りである．しかし，Fe^{2+} ($q=6$)，Co^{2+} ($q=7$)，Ni^{2+} ($q=8$)，Cu^{2+} ($q=9$) の場合は，$2\sqrt{S(S+1)}$ より系統的にやや高い値となっている．これらの場合は軌道角運動量の消失が完全ではないことを意味する（Pauling, 1962）．このように，$(4f)^q$ 系列錯体・化合物の $4f$ 電子ほどではないものの，$(3d)^q$ 系列錯体・化合物の $3d$ 電子も，atomic-like な性格を持つ．両系列にはある程度の類似性があることは間違いない．

4-9　$(3d)^q$ 系列化合物の配位子場理論と電荷移動型絶縁体化合物

$(3d)^q$ 系列錯体・化合物の光スペクトルや磁性については，田辺・菅野ダイアグラムに代表される「配位子場理論」が大きな成功を収めて来た．しかし，1980 年代以降，$(3d)^q$ 系列絶縁体化合物の電子状態の理解に大きな展開があった．放射光を利用した内殻電子の X 線光電子スペクトル（XPS）データの取得とその解釈が端緒となっている．$(3d)^q$ 系列絶縁体化合物を特徴づけるバンド・ギャップ（E_g）が何を意味するかによって，次の二つのタイプが区別されるべきであることがわかって来た（小谷，1988；Zaanen and Sawatzky, 1990；藤森，1998；岡田，2000）．一つは従来から知られていた V_2O_3, Ti_2O_3, Cr_2O_3 などの Mott-Hubbard 型絶縁体で，化合物のあるサイトの $3d$ 電子を別のサイトに移すのに必要なエネルギー，すなわち d 電子の励起エネルギー：

$$U_{dd} = \{E(d^{q-1}) - E(d^q)\} + \{E(d^{q+1}) - E(d^q)\}$$

が E_g を規定しているタイプである．U_{dd} は引きつづくイオン化エネルギーの和に相当すると考えればよい．もう一つは電荷移動型絶縁体と分類される化合物で，陰イオン配位子の価電子 1 個を $3d$ 電子に移動させるに必要なエネルギー，すなわち電荷移動エネルギー：

$$\Delta = E(d^{q+1}\underline{L}) - E(d^q)$$

が E_g を規定しているタイプである．$E(d^{q+1}\underline{L})$ は配位子から電子が移って来た状態を表し，下線つきの L は配位子に生じた正孔を意味する．NiO, CuO, NiS, $NiBr_2$, NiI_2 などがこのタイプであることがわかって来た．

絶縁体化合物の E_g は，電気伝導度の活性化エネルギーで，再結合しない位置に電子と正孔の対を作るに必要な最小エネルギーである．E_g は電子を励起状態へ移行させる最小エネルギー差に支配されるから，$3d$ 多重項の分裂，p-d 軌道混成，バンド幅などを無視し定性的に考えれば，

$$\text{Mott-Hubbard 型絶縁体化合物:} \quad U_{dd} < \Delta,$$
$$\text{中間型絶縁体化合物:} \quad \Delta \approx U_{dd}$$
$$\text{電荷移動型絶縁体化合物:} \quad \Delta < U_{dd}$$

となる．$\Delta < U_{dd}$ では，たとえ $U_{dd} \to \infty$ であっても Δ が充分に小さければ，金属状態となりうることを意味している．$3d$ 多重項分裂，p-d 軌道混成，バンド幅などを考慮した詳しい議論は，分子軌道法的な「クラスターモデル」や「不純物 Anderson モデル」により配置間相互作用を取り扱う形で進められている．この詳しい議論の内容は，上述の小谷 (1988)，Zaanen and Sawatzky (1990)，藤森 (1998)，岡田 (2000) の総説およびそこでの文献を参照されたい．$3d$ 多重項分裂の効果とは (4-5) 式のことで，現実的な U_{dd} と Δ の値には (4-5) の安定化エネルギーが関係することを言う．イオン化エネルギーが基底レベルから基底レベルへの遷移エネルギーであるように，上記の U_{dd} と Δ の定義からして，これらにも (4-5) の基底 LS 項の安定化エネルギーに類似するものが当然関与する．

図 4-10 の縦軸に採用されている非金属配位子の電気陰性度との関連からすると，基底状態に関して以下の点が重要である．電荷移動エネルギー Δ は，非金属元素配位子の電気陰性度と共に増大する．そして，基底状態は $(3d)^q$ に $(3d)^{q+1}\underline{L}$ がある程度混成した状態になっており，実際はこのような形で $3d$ 電子は共有結合性を持つと解釈されるようになった．非金属元素配位子の電気陰性度が小さいほど，基底状態における $(3d)^q$ と $(3d)^{q+1}\underline{L}$ の混成の度合いが大きく，従って，$3d$ 電子数は名目的な値からわずかではあるがより大きな正のずれを示す．非金属元素配位子が最も大きな電気陰性度を持つフッ化物でも NiF_2 で名目値 $q=8$ から $+1\%$ だけずれた 8.08，ヨウ化物 (NiI_2) では 8.53 で $+6\%$ の値が推定されている (岡田，2000)．$(3d)^q$ 系列絶縁体化合物電子状態の新たな理解は，X 線光電子スペクトル (XPS) の解釈から始まり，電荷移動エネルギー Δ の重要性を認識するに到ったと言える．この過程で，$3d$ 電子の共有結合性は，$(3d)^q$ と $(3d)^{q+1}\underline{L}$ の混成基底状態から理解されるようになった．希土類元素錯体・化合物に対する RSPET の端緒が，希土類元素(III)錯体での電荷移動スペクトルを解釈するために提案された Jørgensen (1962) の理論式であった事実との類似は興味深い．

藤森 (1998) は，$(3d)^q$ 系列錯体・化合物に対する従来の「配位子場理論」について，"……(従来の) 配位子場理論の限界は，配位子の p 軌道をあらわに取り扱わずに，結晶場パラメーター $10Dq$ を通じて d 軌道に押し付けたことからきていた．……" と述べ，従来の配位子場理論が $d \to d$ 遷移として取り扱って来た光吸収スペクトルについても，Δ, U_{dd}, T_{pd} (p-d 混成を表現するパラメーター)，多重項分裂，から説明すべきとしている．配位子場理論を前提にして $(3d)^q$ 系列錯体・化合物の光吸収スペクトルを説明して来た多くの教科書の記述は，今その変更を迫られていることになる．

鉄族元素イオンは，希土類元素イオンの次に atomic-like であり，$(3d)^q$ 系列化合物におけるこのような状況は，$(4f)^q$ 系列錯体・化合物を考える上でも意味がある．すなわち，$(4f)^q$ 系列錯体・化合物の $4f$ 電子が atomic-like であっても，非金属元素配位子との共有結合性は何がしかの形で atomic-like な $4f$ 電子にその影を落としていることを暗示している．実際，Kotani and Ogasawara (1992) は，「不純物 Anderson モデル」を用いて，Ln_2O_3, LnO_2 の $3d$ and $4d$ XPS spectra と $3d$ and $4d$ XAS spectra を解析した結果を報告している．

第5章
イオン化エネルギーとランタニド・スペクトル

　ランタニドの第4イオン化エネルギーは，$Ln^{3+}(g) \to Ln^{4+}(g)$ の変化に対応し，これまで Jørgensen の理論式として述べてきた $(4f)^q \to (4f)^{q-1}$ の基底レベル間のエネルギー差に相当する．$Ln^{3+}(g)$ の基底電子配置はすべて $(4f)^q$ と略記でき，第3イオン化エネルギーは $Ln^{2+}(g) \to Ln^{3+}(g)$ の変化で，$(4f)^{q+1} \to (4f)^q$ の基底レベル間のエネルギーの差である．大部分の $Ln^{2+}(g)$ では基底電子配置は $(4f)^{q+1}$ だが，一部の $Ln^{2+}(g)$ では $(4f)^q(5d)$ が基底電子配置であるため，第3イオン化エネルギーを $(4f)^{q+1} \to (4f)^q$ に対応させるには，$(4f)^q(5d) \to (4f)^{q+1}$ の補正が必要である．第1，第2イオン化エネルギーは $Ln(g)$，$Ln^+(g)$，$Ln^{2+}(g)$ が関わり，$(4f)^{q+1}(6s)^2 \to (4f)^{q+1}(6s)$ と $(4f)^{q+1}(6s) \to (4f)^{q+1}$ の基底レベル間のエネルギー差に相当する．しかし，$Ln^{2+}(g)$ の場合と同様に，一部の $Ln(g)$ と $Ln^+(g)$ では基底電子配置に $(5d)$ が現れ，一律表現はできない．

　一方，$(5d)$ を含む電子配置が関わる分光学データとして，ランタニド・スペクトルがある．これは，$Ln(g)$，$Ln^+(g)$，$Ln^{2+}(g)$ における $(4f)^{q+1}(6s)^r \to (4f)^q(5d)(6s)^r$ の基底レベル間のエネルギー差に相当し，$r=2, 1, 0$ に対応して，それぞれ第1，第2，第3ランタニド・スペクトルと呼ばれる．ここでは，ランタニドの電子配置，イオン化エネルギー，ランタニド・スペクトルについて考える．

5-1　ランタニドの基底電子配置とイオン化エネルギー

　$(4f)^q$ の基底レベルから $(4f)^{q-1}$ の基底レベルへのエネルギー差は，ランタニドの第4以上のイオン化エネルギーに対応する．$4f$ 電子を1個取り除くのに必要なエネルギーである．q は0から14まで変化する．この種のイオン化エネルギーの系列変化が double-seated pattern となることは既に述べた（2-3節，図2-4）．表5-1に示すように，3価ランタニド・イオン（Ln^{3+}, g）の基底電子配置は，[Xe] の閉殻電子配置部分を省略すれば，すべて $(4f)^q$ と表現できる．しかし，2価ランタニド・イオン（Ln^{2+}, g）の基底電子配置は，一般的に $(4f)^{q+1}$ と書けるが，La^{2+} と Gd^{2+} は例外で，それぞれの基底配置は $(4f)^0(5d)$ と $(4f)^7(5d)$ であり，$(4f)^1$ と $(4f)^8$ の配置は励起配置である．このような例外が $q=0$ と $q=7$ で見られること自体にも意味がある．しかし，$(4f)^{q+1} \to (4f)^q$ のエネルギー変化として第3イオン化エネルギーの系列変化を定量的に論じるには，$La^{2+}(g)$ と $Gd^{2+}(g)$ については $(4f)^1$ と $(4f)^8$ の配置の基底レベルに補正した値を用いる必要がある．補正のためには，$(4f)^0(5d) \to (4f)^1$ と $(4f)^7(5d) \to (4f)^8$ の基底レベル間のエネルギー差を知らねばならない．

　これまで $(4f)^q$ が関与するイオン化エネルギーの式は，$(4f)^q \to (4f)^{q-1}$ に対応するものとして求

表 5-1 ランタニドの金属，原子蒸気，1価イオン・ガス，2価イオン・ガス，3価イオン・ガスの基底電子配置．

	Metal	Ln(g)	Ln$^+$(g)	Ln^{2+}(g)	Ln^{3+}(g)
La	$(4f)^0(5d)(6s)^2$	$\underline{(4f)^0(5d)(6s)^2}$	$\underline{(4f)^0(5d)^2}$	$\underline{(4f)^05d}$	$(4f)^0$
Ce	$(4f)^1(5d)(6s)^2$	$\underline{(4f)^1(5d)(6s)^2}$	$\underline{(4f)^1(5d)^2}$	$(4f)^2$	$(4f)^1$
Pr	$(4f)^2(5d)(6s)^2$	$(4f)^3(6s)^2$	$(4f)^3(6s)$	$(4f)^3$	$(4f)^2$
Nd	$(4f)^3(5d)(6s)^2$	$(4f)^4(6s)^2$	$(4f)^4(6s)$	$(4f)^4$	$(4f)^3$
Pm	$(4f)^4(5d)(6s)^2$	$(4f)^5(6s)^2$	$(4f)^5(6s)$	$(4f)^5$	$(4f)^4$
Sm	$(4f)^5(5d)(6s)^2$	$(4f)^6(6s)^2$	$(4f)^6(6s)$	$(4f)^6$	$(4f)^5$
Eu	$\underline{(4f)^7(6s)^2}$	$(4f)^7(6s)^2$	$(4f)^7(6s)$	$(4f)^7$	$(4f)^6$
Gd	$(4f)^7(5d)(6s)^2$	$\underline{(4f)^7(5d)(6s)^2}$	$\underline{(4f)^7(5d)(6s)}$	$\underline{(4f)^7(5d)}$	$(4f)^7$
Tb	$(4f)^8(5d)(6s)^2$	$(4f)^9(6s)^2$	$(4f)^9(6s)$	$(4f)^9$	$(4f)^8$
Dy	$(4f)^9(5d)(6s)^2$	$(4f)^{10}(6s)^2$	$(4f)^{10}(6s)$	$(4f)^{10}$	$(4f)^9$
Ho	$(4f)^{10}(5d)(6s)^2$	$(4f)^{11}(6s)^2$	$(4f)^{11}(6s)$	$(4f)^{11}$	$(4f)^{10}$
Er	$(4f)^{11}(5d)(6s)^2$	$(4f)^{12}(6s)^2$	$(4f)^{12}(6s)$	$(4f)^{12}$	$(4f)^{11}$
Tm	$(4f)^{12}(5d)(6s)^2$	$(4f)^{13}(6s)^2$	$(4f)^{13}(6s)$	$(4f)^{13}$	$(4f)^{12}$
Yb	$\underline{(4f)^{14}(6s)^2}$	$(4f)^{14}(6s)^2$	$(4f)^{14}(6s)$	$(4f)^{14}$	$(4f)^{13}$
Lu	$(4f)^{14}(5d)(6s)^2$	$\underline{(4f)^{14}(5d)(6s)^2}$	$\underline{(4f)^{14}(6s)^2}$	$\underline{(4f)^{14}(6s)}$	$(4f)^{14}$
一般形	$(4f)^q(5d)(6s)^2$	$(4f)^{q+1}(6s)^2$	$(4f)^{q+1}(6s)$	$(4f)^{q+1}$	$(4f)^q$

注：各系列での基底電子配置の一般形を最下部に示す．下線はこの一般形が当てはまらない"不規則な"基底電子配置であることを示す．Ln^{3+}(g)系列になって初めて"不規則な"基底電子配置は見られなくなることに注意．

めてあるので，補正された第 3 イオン化エネルギーについては，これまでの式で q を $(q+1)$ で置き換えればよい．3 価ランタニド・イオン（Ln^{3+}, g）の基底電子配置は $(4f)^q$ となるので，これにより Z（元素）と q の関係を固定すると，すべての 4 価，5 価ランタニド・イオンの基底電子配置はそれぞれ $(4f)^{q-1}$ と $(4f)^{q-2}$ となる．したがって，$(4f)^q \to (4f)^{q-1}$ が第 4 イオン化エネルギーに対応し，第 5 イオン化エネルギーが $(4f)^{q-1} \to (4f)^{q-2}$ の変化に対応する．第 5 イオン化エネルギーの場合は，これまでの式で q を $(q-1)$ にすればよい．ただし，第 5 イオン化エネルギーの $(4f)^{q-1} \to (4f)^{q-2}$ が $(4f)^{14} \to (4f)^{13}$ となるのは，Hf^{4+}(g) $\to$ Hf^{5+}(g) であり，元素群からすれば Hf はもはやランタニドではない．

図 5-1 に，ランタニドの第 1 から第 5 イオン化エネルギーの系列変化を示す．第 1, 第 2 イ

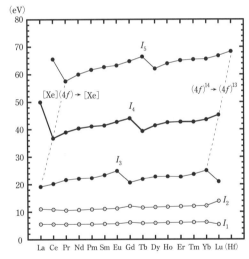

図 5-1 ランタニドの第 1 から第 5 イオン化エネルギーの系列変化．横軸の元素（原子番号）を固定しているので，$I_3 \to I_4 \to I_5$ とイオン化が進行すると，類似する double-seated pattern 系列変化は，一つずつ大きな Z から始まり，一つずつ大きな Z で終わる．破線はこの移り変わる範囲を表す．

オン化エネルギーは，基本的には，$(4f)^{q+1}(6s)^2 \to (4f)^{q+1}(6s)$ と $(4f)^{q+1}(6s) \to (4f)^{q+1}$ の変化に対応するもので，6s 電子が逐次除かれる過程に対応している．4f 電子が除去される過程ではない．そのために，第 1, 第 2 イオン化エネルギーの系列変化は単調で，第 3, 第 4 イオン化エネルギーのように double-seated pattern は見られない．表 5-1 にあるように，Ln^{2+}(g) のみならず，Ln(g)

と $Ln^+(g)$ の基底電子配置にも例外的配置が含まれる．La(g) と $La^+(g)$，Ce(g) と $Ce^+(g)$，Gd(g) と $Gd^+(g)$ が例外的で，4f電子数は，0，1，7である．Lu(g)，$Lu^+(g)$，$Lu^{2+}(g)$ の電子配置も例外的と見なすことができるが，一つ前のYbで，既に $(4f)^{14}$ の閉殻配置が実現しているので，第1，第2，第3イオン化エネルギーの系列変化のメンバーとは見なさない．このように，基底配置に (5d) が現れるのは，4f電子数が0，1，7の場合で，$Ln^{2+}(g)$ における例外的配置の状況と類似している．第1，第2イオン化エネルギーの系列変化全体が必ずしも滑らかではないのは，このような例外的基底電子配置が実現しているからである．

表5-2 は，規則性から期待される配置（上段）と現実の基底配置（下段）の関係をまとめている．$Ce^{2+}(g)$ の場合，現実の基底配置 $(4f)^2$ は規則性から期待される配置に一致しているが，比較のために表に掲げてある．現実の基底配置（下段）の方が規則性から期待される配置（上段）よりも安定である．Gd(g)，$Gd^+(g)$，$Gd^{2+}(g)$ の場合に，$(4f)^8$ ではなく $(4f)^7(5d)$ が現実の基底配置（下段）として現れ，これは半分満たされた4f副殻の特別の安定性（最大の S）に関係している．LaとCeでは，$(4f)^0(5d)(6s)^2$ や $(4f)^1(5d)(6s)^2$ であることの方が，$(4f)^1(6s)^2$ や $(4f)^2(6s)^2$ であるよりもより安定なことを意味する．La^+，Ce^+ には $(4f)(6s)$ ではなく，$(5d)^2$ が現れるのも興味深い．これらの問題は，第1，第2，第3ランタニド・スペクトルについての議論で再度取り上げる．

表5-3a，b，c に，第1から第5イオン化エネルギーの分光学による値をまとめた．ランタニドの基底電子配置（表5-1）と第1から第5イオン化エネルギーの系列変化の特徴が対応することに

表5-2 $Ln(g)$, $Ln^+(g)$, $Ln^{2+}(g)$ に見られる不規則基底電子配置．

		La	Ce	Gd
$Ln(g)$	"規則"配置	$(4f)^1(6s)^2$	$(4f)^2(6s)^2$	$(4f)^8(6s)^2$
	現実基底配置	$(4f)^0(5d)(6s)^2$	$(4f)^1(5d)(6s)^2$	$(4f)^7(5d)(6s)^2$
$Ln^+(g)$	"規則"配置	$(4f)^1(6s)$	$(4f)^2(6s)$	$(4f)^8(6s)$
	現実基底配置	$(4f)^0(5d)^2$	$(4f)^1(5d)^2$	$(4f)^7(5d)(6s)$
$Ln^{2+}(g)$	"規則"配置	$(4f)^1$	$(4f)^2$	$(4f)^8$
	現実基底配置	$(4f)^0(5d)$	$(4f)^2$	$(4f)^7(5d)$

表5-3a ランタニド原子蒸気と1価イオン・ガスのイオン化エネルギー．

	$Ln(g)$			$Ln^+(g)$		
	基底配置	基底レベル	I_1 (eV)	基底配置	基底レベル	I_2 (eV)
La	$(4f)^0(5d)(6s)^2$	$^2D_{3/2}$	5.5770(6)	$(4f)^0(5d)^2$	$^3F_2$	11.060(10)
Ce	$(4f)^1(5d)(6s)^2$	$^1G_4$	5.5387(4)	$(4f)^1(5d)^2$	$^4H_{7/2}$	10.85(8)
Pr	$(4f)^3(6s)^2$	$^4I_{9/2}$	5.464(5)	$4f^3(^4I_{9/2})6s$	$(9/2, 1/2)_4$	10.55(8)
Nd	$(4f)^4(6s)^2$	$^5I_4$	5.5250(6)	$4f^4(^5I_4)6s$	$(4, 1/2)_{7/2}$	10.73(8)
Pm	$(4f)^5(6s)^2$	$^6H_{5/2}$	5.554(20)	$(4f)^5(6s)$	$^7H_2$	10.90(8)
Sm	$(4f)^6(6s)^2$	$^7F_0$	5.6437(10)	$(4f)^6(6s)$	$^8F_{1/2}$	11.07(8)
Eu	$(4f)^7(6s)^2$	$^8S_{7/2}$	5.67045(3)	$(4f)^7(6s)$	$^9S_4$	11.241(6)
Gd	$(4f)^7(5d)(6s)^2$	$^9D_2$	6.1500(6)	$(4f)^7(5d)(6s)$	$^{10}D_{5/2}$	12.09(8)
Tb	$(4f)^9(6s)^2$	$^6H_{15/2}$	5.8639(6)	$4f^9(^6H_{15/2})6s$	$(15/2, 1/2)_8$	11.52(8)
Dy	$(4f)^{10}(6s)^2$	$^5I_8$	5.9389(6)	$4f^{10}(^5I_8)6s$	$(8, 1/2)_{17/2}$	11.67(8)
Ho	$(4f)^{11}(6s)^2$	$^4I_{15/2}$	6.0216(6)	$4f^{11}(^4I_{15/2})6s$	$(15/2, 1/2)_8$	11.80(8)
Er	$(4f)^{12}(6s)^2$	$^3H_6$	6.1078(6)	$4f^{12}(^3H_6)6s$	$(6, 1/2)_{13/2}$	11.93(8)
Tm	$(4f)^{13}(6s)^2$	$^2F_{7/2}$	6.18436(6)	$4f^{13}(^2F_{7/2})6s$	$(7/2, 1/2)_4$	12.05(8)
Yb	$(4f)^{14}(6s)^2$	$^1S_0$	6.25394(3)	$(4f)^{14}(6s)$	$^2S_{1/2}$	12.184(6)
Lu	$(4f)^{14}(5d)(6s)^2$	$^2D_{3/2}$	5.42589(2)	$(4f)^{14}(6s)^2$	$^1S_0$	13.9(4)*

注：$Ln^+(g)$ では，基底レベルが LS 結合ではなく，jj 結合から理解される場合が多く含まれる．分光学的イオン化エネルギーの値などのデータは，Martin et al. (1978)．
＊この分光学的値13.9(4) eVにはきわめて大きな誤差があることに注意．

表 5-3b　ランタニドの2価と3価イオン・ガスのイオン化エネルギー．

	Ln^{2+}(g)			Ln^{3+}(g)		
	基底配置	基底レベル	I_3 (eV)	基底配置	基底レベル	I_4 (eV)
La	$(4f)^0 5d$	$^2D_{3/2}$	19.1774(6)	$(4f)^0$	$^1S_0$	49.95(6)
Ce	$(4f)^2$	$^3H_4$	20.198(3)	$(4f)^1$	$^2F_{5/2}$	36.758(5)
Pr	$(4f)^3$	$^4I_{9/2}$	21.624(3)	$(4f)^2$	$^3H_4$	38.98(2)
Nd	$(4f)^4$	$^5I_4$	22.1(3)	$(4f)^3$	$^4I_{9/2}$	40.4(4)
Pm	$(4f)^5$	$^6H_{5/2}$	22.3(4)	$(4f)^4$	$^5I_4$	41.1(6)
Sm	$(4f)^6$	$^7F_0$	23.4(3)	$(4f)^5$	$^6H_{5/2}$	41.4(7)
Eu	$(4f)^7$	$^8S_{7/2}$	24.92(10)	$(4f)^6$	$^7F_0$	42.7(6)
Gd	$(4f)^7(5d)$	$^9D_2$	20.63(10)	$(4f)^7$	$^8S_{7/2}$	44.0(7)
Tb	$(4f)^9$	$^6H_{15/2}$	21.91(10)	$(4f)^8$	$^7F_6$	39.37(10)
Dy	$(4f)^{10}$	$^5I_8$	22.8(3)	$(4f)^9$	$^6H_{15/2}$	41.4(4)
Ho	$(4f)^{11}$	$^4I_{15/2}$	22.84(10)	$(4f)^{10}$	$^5I_8$	42.5(6)
Er	$(4f)^{12}$	$^3H_6$	22.74(10)	$(4f)^{11}$	$^4I_{15/2}$	42.7(4)
Tm	$(4f)^{13}$	$^2F_{7/2}$	23.68(10)	$(4f)^{12}$	$^3H_6$	42.7(4)
Yb	$(4f)^{14}$	$^1S_0$	25.05(3)	$(4f)^{13}$	$^2F_{7/2}$	43.56(10)
Lu	$(4f)^{14}(6s)$	$^2S_{1/2}$	20.9596(12)	$(4f)^{14}$	$^1S_0$	45.25(3)

表 5-3c　ランタニドの4価イオン・ガスのイオン化エネルギー．Sugar (1975) による．

	Ln^{4+}(g)		
	基底配置	基底レベル	I_5 (eV)
Ce	$(4f)^0$	$^1S_0$	65.55(25)
Pr	$(4f)^1$	$^2F_{5/2}$	57.53(5)
Nd	$(4f)^2$	$^3H_4$	60.00(27)
Pm	$(4f)^3$	$^4I_{9/2}$	61.69(33)
Sm	$(4f)^4$	$^5I_4$	62.66(40)
Eu	$(4f)^5$	$^6H_{5/2}$	63.23(45)
Gd	$(4f)^6$	$^7F_0$	64.76(40)
Tb	$(4f)^7$	$^8S_{7/2}$	66.46(31)
Dy	$(4f)^8$	$^7F_6$	62.08(33)
Ho	$(4f)^9$	$^6H_{15/2}$	63.93(33)
Er	$(4f)^{10}$	$^5I_8$	65.10(40)
Tm	$(4f)^{11}$	$^4I_{15/2}$	65.42(33)
Yb	$(4f)^{12}$	$^3H_6$	65.58(33)
Lu	$(4f)^{13}$	$^2F_{7/2}$	66.79(33)
Hf	$(4f)^{14}$	$^1S_0$	68.356(25)

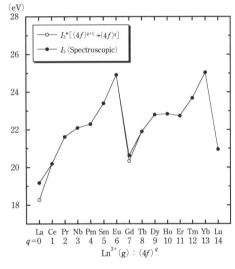

図 5-2　La の I_3 は，$(4f)^0(5d) \to (4f)^0$ に相当し，$(4f)^1 \to (4f)^0$ ではない．後者の場合に直すと0.892 eV だけ小さな値となる．$(4f)^7(5d) \to (4f)^7$ に相当する Gd の I_3 も，$(4f)^8 \to (4f)^7$ の場合に直すと 0.295 eV だけ小さな値となる．I_3 にこの La と Gd の補正を加え，規則的な電子配置変化に対応するようにした結果を I_3^* と記す．

留意されたい．6s 電子が逐次除かれる過程に対応する第1および第2イオン化エネルギーは，やや右上がりの比較的単調な変化である．これに対し，表 5-3a に掲げたように，Ln$^+$(g) の基底レベルは，LS 結合的なものと jj 結合的なものが混在していることにも注意しておこう．しかし，4f 電子が逐次除かれる過程に対応する第3，第4，第5イオン化エネルギーでは，その系列変化に double-seated pattern が現れる．La の第3イオン化エネルギーは，$(4f)^0(5d) \to (4f)^0$ に相当し，

$(4f)^1 \to (4f)^0$ ではない．後者の場合に直すと 0.892 eV だけ小さな値となる．同様に，$(4f)^7(5d) \to (4f)^7$ に相当する Gd の第3イオン化エネルギーも，$(4f)^8 \to (4f)^7$ の場合に直すと 0.295 eV だけ小さな値となる（図 5-2）．この補正により，第3イオン化エネルギーの系列変化の double-seated pattern は，第4，第5イオン化エネルギーのそれにさらに類似する．この補正値は，後に述べるランタニド・スペクトルのデータに基づいている．

5-2 Ln 金属の電子配置と Ln (III) 化合物の標準生成エンタルピー

表 5-1 には，ランタニド金属の電子配置も掲げてある．Eu と Yb を除くランタニド金属の電子配置は $(4f)^q(5d)(6s)^2$ となっている．$(5d)(6s)^2$ の部分が伝導電子となって金属の電導性を担う．Eu = $(4f)^7(6s)^2$, Yb = $(4f)^{14}(6s)^2$ であるのは，$4f$ 副殻が半分または全部が満たされた状態の特別の安定性を反映したものと理解できる．この場合 $(6s)^2$ が伝導電子に相当する．Eu および Yb 金属の原子配置における $4f$ 電子数は $Eu^{2+}(g)$ と $Yb^{2+}(g)$ の基底電子配置のそれに等しい．これら以外のランタニド金属では $4f$ 電子数は $Ln^{3+}(g)$ に等しい．このような対応関係から，Eu および Yb 金属は 2 価金属 (divalent metals) と呼ばれ，これ以外のランタニド金属は 3 価金属 (trivalent metals) と呼ばれる．物性上の違いも著しく，2 価金属のモル体積は 3 価金属に比べ 30% ほど大きい（10-3 節）．

ランタニドの 2 価金属と 3 価金属の違いは，Ln(III) 化合物の標準生成エンタルピーの系列変化に見ることができる．電子配置と熱力学データの関連性を考える手掛かりとなるので，この重要性を指摘しておきたい．ランタニド化合物の標準生成エンタルピーを定義する反応の左辺側には，常に，元素単体としてのランタニド金属が置かれる．たとえば，Ln(III) 塩化物の場合，標準生成エンタルピー，$\Delta H_f^0(LnCl_3, c)$, を定義する反応は，

$$Ln(c) + (3/2)Cl_2(g) = LnCl_3(c) \tag{5-1}$$

である．一般に，ランタニド(III)化合物の標準生成エンタルピーの値を原子番号順にプロットして，標準生成エンタルピーの系列変化を求めると，Eu と Yb の値は常に大きく外れた点に位置する．図 5-3 は $\Delta H_f^0(LnCl_3, c)$ の実験値を原子番号順にプロットした結果である．Eu と Yb は上に外れた点になっていることがわかる．ランタニド(III)化合物の標準生成エンタルピーの値 (Morss, 1994) をプロットしているものの，ここではランタニド 3 価金属と 2 価金属の違いが，すなわち，Ln(c) 金属の電子配置の特徴が，あらわに見える．化合物の標準生成エンタルピーを定義する反応には，元素単体（ランタニド金属）を用いると約束しているので，これは当然である．化合物の標準生成エン

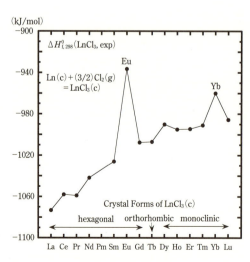

図 5-3 LnCl$_3$ 系列の標準生成エンタルピー (Morss, 1994). LnCl$_3$ 系列は同質同形系列ではなく，三種の結晶系を取る.

タルピーは実用上の利便性を考慮して定義されたものなので，定義自体に戻って考えねばならない．$\Delta H_f^0(\mathrm{LnCl_3, c})$ の系列変化は，このことの重要性を思い起こさせてくれる．

5-3 Ln(III)化合物・錯体間の反応のエンタルピー変化と電子配置

電子配置の相違が現れるのは，ランタニド金属が関与する ΔH_f^0 の系列変化だけかどうかについて，以下に少し議論する．(5-1) と類似する反応として，水和ランタニド(III)イオンの標準生成エンタルピー，$\Delta H_f^0(\mathrm{Ln^{3+}, aq})$，を定める反応を考えよう．それは，

$$\mathrm{Ln(c) + 3H^+(aq) = Ln^{3+}(aq) + (3/2)H_2(g)} \tag{5-2}$$

である．そして，(5-1) と (5-2) から，Ln(c) を消去すれば，その反応は，

$$\mathrm{LnCl_3(c) + 3H^+(aq) = Ln^{3+}(aq) + (3/2)Cl_2(g) + (3/2)H_2(g)} \tag{5-3}$$

となる．標準状態におけるこの反応の ΔH_r では，元素単体と $\mathrm{H^+(aq)}$ の ΔH_f^0 は，熱力学の規約により 0 だから，

$$\Delta H_r(5\text{-}3) = \Delta H_f^0(\mathrm{Ln^{3+}, aq}) - \Delta H_f^0(\mathrm{LnCl_3, c}) \tag{5-4}$$

である．一方，Ln(III)塩化物が水に溶解する反応のエンタルピー変化，$\Delta H_{sol}^0(\mathrm{LnCl_3})$，は実験的に繰り返し調べられている．この溶解反応は

$$\mathrm{LnCl_3(c) = Ln^{3+}(aq) + 3Cl^-(aq)} \tag{5-5}$$

であり，溶解のエンタルピー変化は，

$$\Delta H_{sol}^0(\mathrm{LnCl_3}) = \Delta H_f^0(\mathrm{Ln^{3+}, aq}) - \Delta H_f^0(\mathrm{LnCl_3, c}) + 3\Delta H_f^0(\mathrm{Cl^-, aq}) \tag{5-6}$$

である．(5-6) の $\Delta H_{sol}^0(\mathrm{LnCl_3})$ は，$3\Delta H_f^0(\mathrm{Cl^-, aq})$ を除き，$\Delta H_r(5\text{-}3)$ に一致するので，$\Delta H_{sol}^0(\mathrm{LnCl_3})$ の実験データを原子番号順にプロットすることによって，$\{\Delta H_f^0(\mathrm{Ln^{3+}, aq}) - \Delta H_f^0(\mathrm{LnCl_3, c})\}$ の系列変化を検討することができる（図 5-4）[1]．ここでは $\Delta H_f^0(\mathrm{LnCl_3, c})$ の系列変化における Eu と Yb の異常のような結果は，もちろん，認められない．$\{\Delta H_f^0(\mathrm{Ln^{3+}, aq}) - \Delta H_f^0(\mathrm{LnCl_3, c})\}$ で Ln(c) は相殺され，(5-5) の反応に Ln(c) は関与しない．$\mathrm{LnCl_3(c)}$ でも $\mathrm{Ln^{3+}(aq)}$ でも，両者はともに $\mathrm{Eu^{3+}}$ と $\mathrm{Yb^{3+}}$ である．

では，$\Delta H_{sol}^0(\mathrm{LnCl_3})$ には，$\mathrm{Ln^{3+}}$ イオンの電子配置が関与する影響はまったくないのであろうか？　電子配置の相違が現れるのは，ランタニド金属が関与する (5-1) や (5-2) の ΔH_f^0 における系列変化だけであると思うのは早計である．統計力学の考え方とも相容れない（Mayer and Mayer, 1940；Denbigh, 1981）．図 5-3 の $\Delta H_f^0(\mathrm{LnCl_3, c})$ には，ランタニド 3 価金属と 2 価金属の熱力学的性質の違いが大きいがゆえに目立つ

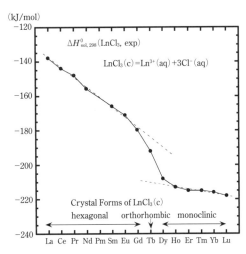

図 5-4 標準状態での $\mathrm{LnCl_3(c)}$ の水への溶解反応のエンタルピー変化．

---

1) $3\Delta H_f^0(\mathrm{Cl^-, aq})$ は，各 Ln で共通だから系列変化には影響しない．

のであり，4f電子が関与する形式的な電子配置は同じでも，4f電子の結合性の相違は，その大小は別にして，原理的にはいかなる反応であっても ΔH_r に反映されているはずである．したがって，(5-3) や (5-5) のランタニド(III)化合物・錯体間の反応の ΔH_r にも 4f 電子の結合性の変更による影響は含まれていると考えねばならない．(5-3) や (5-5) の反応を Ln^{3+} イオンから眺めると，Ln^{3+} イオンが Cl^- に配位された状態から H_2O に配位された状態へ変化する反応である．すなわち，Ln^{3+} イオンの配位子が Cl^- から H_2O へ変更される反応である．通常の意味で電子配置自体の変更はないが，配位子の変更により 4f 電子の結合性が変化するなら，その影響は (5-3) や (5-5) の ΔH_r にも反映されるはずである．

一方，$LnCl_3$ 系列では，図 5-3，図 5-4 に示したように，常温・常圧下で，La～Gd は hexagonal（六方），Tb は orthorhombic（斜方），Dy～Lu は monoclinic（単斜）の結晶構造を取る．$LnCl_3$ 系列全体は同質同形化合物系列（isomorphous series）ではなく，配位子自体は同じでも，Ln^{3+} イオンと Cl^- イオンがつくる配位多面体の幾何学的性質は $LnCl_3$ 系列内で変化している．Ln^{3+}(aq) 系列でも，Ln^{3+} イオンの水和状態が変化することが知られている．したがって，反応物あるいは生成物における Ln^{3+} イオンの配位状態が系列中で変更されることが，図 5-4 の $\{\Delta H_f^0(Ln^{3+}, aq) - \Delta H_f^0(LnCl_3, c) + 3\Delta H_f^0(Cl^-, aq)\}$ の実験値系列変化パターンに反映されていても何ら不思議ではない．図 5-4 では，hexagonal と monoclinic の部分系列は滑らかに接続しない．hexagonal 系列を基準にすると，monoclinic の部分系列は大きく曲げられており，湾曲部は Tb～Dy 付近にある．その意味で，$LnCl_3$ 系列での結晶系の変化は，図 5-4 の $\{\Delta H_f^0(Ln^{3+}, aq) - \Delta H_f^0(LnCl_3, c) + 3\Delta H_f^0(Cl^-, aq)\}$ の系列変化に反映している．Ln^{3+}(aq) 系列でも，Ln^{3+} イオンの水和状態は軽 Ln と重 Ln では同じではない．この系列変化も図 5-4 に反映されているはずである．この問題の詳しい議論は 14-1 節で行う．

ランタニド 3 価金属の結晶構造も，軽希土類元素と重希土類元素では同じではない (16-4-3)．このように，$\Delta H_f^0(LnCl_3, c)$ をはじめとする熱力学量は実験的に求められたものであり，"あらゆる効果"が反映されていると考えねばならない．ランタニド 3 価金属の問題は，四組効果と関連して，16-4 節で議論する．

5-4　ランタニド・スペクトル：$\Delta E(4f \rightarrow 5d)$

Ln(g) における $(4f)^{q+1}(6s)^2 \rightarrow (4f)^q(5d)(6s)^2$ の基底レベル間のエネルギー差，Ln^+(g) における $(4f)^{q+1}(6s) \rightarrow (4f)^q(5d)(6s)$ の基底レベル間のエネルギー差，そして，Ln^{2+}(g) における $(4f)^{q+1} \rightarrow (4f)^q(5d)$ の基底レベル間のエネルギー差は，それぞれ，第 1，第 2，第 3 ランタニド・スペクトルと呼ばれている．表 5-4 に，このエネルギー差をまとめた[2]．これらの値を図示したのが図 5-5 である．すべてが分光学データとして確認されているわけではないが，これらのランタニド・スペクトルが，第 3 および第 4 イオン化エネルギーと同様な double-seated pattern を示す点が興味深い．また，ランタニドにおける不規則な電子配置の意味を考える上で重要である．

第 1，第 2，第 3 ランタニド・スペクトルは，$k = 2, 1, 0$ として，

---

[2] ここではイオン化エネルギーと区別するため，4f 電子数の表記を q でなく n とした．

$(4f)^{n+1}(6s)^k \rightarrow (4f)^n(5d)(6s)^k$ の基底レベル間のエネルギー差だから，基本的には，$(4f \rightarrow 5d)$ とする際に必要なエネルギーに対応している．ここでは，$\Delta E(\text{Ln}, 4f \rightarrow 5d)_{\text{I, II, III}}$ として，第1，第2，第3ランタニド・スペクトルを表記する．1個の $4f$ 電子を取り除き，この一旦除去した電子を再び $5d$ 電子として元に戻す過程でのエネルギー変化が，$\Delta E(\text{Ln}, 4f \rightarrow 5d)_{\text{I, II, III}}$ である．$\Delta E(\text{Ln}, 4f \rightarrow 5d)_{\text{I, II, III}}$ のすべてが，第3，第4，第5イオン化エネルギーと類似した double-seated pattern を示すことは，$5d$ 電子として元に戻す過程でのエネルギー変化は比較的単調な系列変化であることを意味している．すなわち，ランタニド・スペクトルが double-seated pattern の特徴を示す事実は，1個の $4f$ 電子を取り除く過程に由来している．これは第3，第4，第5イオン化エネルギーの場合（図2-4）と共通している．$5d$ 電子として元に戻す過程での安定化エネルギー（負の値）と加算された結果がランタニド・スペクトルの値を決めている．

原子番号が増加すれば，有効核電荷も増大するので，基底レベルに関する (L, S, J) の効果を度外視して考えれば，1個の $4f$ 電子を取り除くに必要なエネルギー $\{-W_0(4f) > 0\}$ も増加する．同様の理由から，$5d$ 電子として元に戻す際の安定化エネルギー $\{W_0(5d) < 0\}$ も，有効核電荷の増大につれてより大きな負の値となる．両者の符号は反対なので，加算すれば相互に打ち消しあう傾向を持つ．図5-5で，ランタニド・スペクトルは第3，第4，

表5-4 第1，第2，第3ランタニド・スペクトル（10^3 cm^{-1} 単位の値）．

	n	第1スペクトル Ln(g) $4f^n 5d 6s^2 - 4f^{n+1} 6s^2$	第2スペクトル Ln$^+$(g) $4f^n 5d 6s - 4f^{n+1} 6s$	第3スペクトル Ln^{2+}(g) $4f^n 5d - 4f^{n+1}$
La	0	−15.197	−12.253	−7.195
Ce	1	−4.763	−1.472	3.277
Pr	2	4.432	(8.2)	12.847
Nd	3	6.764	11.310	(16.0)
Pm	4	8.0	(12.3)	(17.1)
Sm	5	15.5	(19.6)	24.5
Eu	6	25.1	29.0	33.856
Gd	7	−10.947	−7.992	−2.381
Tb	8	0.286	(3.4)	8.972
Dy	9	7.565	10.594	(17.2)
Ho	10	8.379	(11.6)	18.1
Er	11	7.177	(10.6)	16.976
Tm	12	13.120	16.567	22.897
Yb	13	23.188	26.759	33.386

注：表の数値は，Goldschmidt (1978) による．いずれも分光学的データに基づく $E(4f^n 5d 6s^k)_{\text{lowest level}} - E(4f^{n+1} 6s^k)_{\text{lowest level}}$ に対応する基底レベル間のエネルギー差を表す．ただし，括弧内の数値は推定値である．負の数値は，$E(4f^n 5d 6s^k)_{\text{lowest level}}$ の方が $E(4f^{n+1} 6s^k)_{\text{lowest level}}$ より低く，$E(4f^n 5d 6s^k)$ の方がより安定な配置であることを意味する．エネルギー単位の相互変換は $10^3 \text{ cm}^{-1} = 0.1239842 \text{ eV} = 11.96266 \text{ kJ/mol}$.

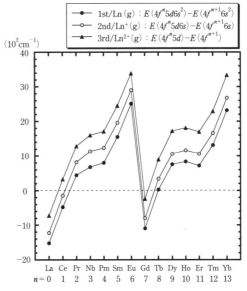

図5-5 第1，第2，第3ランタニド・スペクトルの系列変化．表5-4の値をプロットした結果．ランタニドの第3，第4，第5イオン化エネルギーの系列変化と酷似する変化パターンである．

第5イオン化エネルギーと同様なdouble-seated patternを示すが，内在する右上がりのトレンドは，第3および第4イオン化エネルギーの場合より明らかに小さい．$-W_0(4f)$ と $W_0(5d)$ が打ち消しあう効果による．図5-5において，一部の $\Delta E(\text{Ln}, 4f \rightarrow 5d)_{\text{I,II,III}}$ の値が負であることは，1個の $4f$ 電子を取り除くに必要な正のエネルギーよりも，除去した電子を再び $5d$ 電子として元に戻す際の安定化エネルギー（負の値）の方が絶対値が大きいことを意味する．

図5-5からわかるように，$\Delta E(\text{Ln}, 4f \rightarrow 5d)_{\text{I,II,III}}$ の値が負になるのは，$\Delta E(\text{La}, 4f \rightarrow 5d)_{\text{I,II,III}}$, $\Delta E(\text{Ce}, 4f \rightarrow 5d)_{\text{I,II}}$, $\Delta E(\text{Gd}, 4f \rightarrow 5d)_{\text{I,II,III}}$ の場合である．$\Delta E(\text{Gd}, 4f \rightarrow 5d)_{\text{I,II,III}}$ が負である理由は，図5-5のdouble-seated patternから理解できる．$S_{\max}$ が実現している $(4f)^7$ の配置は，$(4f)^8$ の場合よりも安定だからである．La，Ceの場合も，1個の $4f$ 電子を取り除くに必要なエネルギーは元々小さいため，$5d$ 電子として元に戻す過程での安定化エネルギーによっては，全体として，負の値になりやすい．Ln(g)，Ln$^+$(g)，Ln^{2+}(g) の基

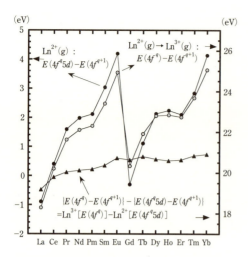

図5-6 $I_3(\text{Ln}^{2+}(g) \rightarrow \text{Ln}^{3+}(g))$ がすべて $(4f)^q \rightarrow (4f)^{q+1}$ の規則的電子配置変化になるように補正した $I_3^*(\text{Ln}^{2+}(g) \rightarrow \text{Ln}^{3+}(g))$ と第3ランタニド・スペクトル $\Delta E(\text{Ln}, 4f \rightarrow 5d)_{\text{III}} = E(\text{Ln}^{2+}, 4f^q 5d) - E(\text{Ln}^{2+}, 4f^{q+1})$ の比較．$I_3^*(\text{Ln}^{2+}(g) \rightarrow \text{Ln}^{3+}(g))$ は不規則配置の La^{2+}(g) と Gd^{2+}(g) の電子配置を補正した第3イオン化エネルギー．両者の"double-seated pattern"はほぼ同じで，両者の差は（19〜22 eV）と比較的一定である．これは $5d$ 電子をイオン化により除くエネルギーに当たる．

底電子配置の例外が La，Ce，Gd に現れることにも対応している．

図5-6は，第3ランタニド・スペクトル，$\Delta E(\text{Ln}, 4f \rightarrow 5d)_{\text{III}} = E(\text{Ln}^{2+}, 4f^q 5d) - E(\text{Ln}^{2+}, 4f^{q+1})$ と不規則電子配置を補正した第3イオン化エネルギー（図5-2）を比べている．不規則な La^{2+}(g) と Gd^{2+}(g) の電子配置を補正し，$I_3(\text{Ln}^{2+}(g) \rightarrow \text{Ln}^{3+}(g))$ がすべて $(4f)^{q+1} \rightarrow (4f)^q$ の規則的電子配置変化になるように補正した $I_3^*(\text{Ln}^{2+}(g) \rightarrow \text{Ln}^{3+}(g))$ と比べている．両者のdouble-seated patternはほぼ同じで，$\{I_3^* - \Delta E(\text{Ln}, 4f \rightarrow 5d)_{\text{III}}\}$ の差は19〜22 eVと比較的一定である．これは $5d$ 電子をイオン化により除くエネルギー，$-[W_0(5d) + E(5d\text{-}4f) + \text{etc.}] \approx -W_0(5d)$ に当たる．上述の議論の根拠である．$E(5d\text{-}4f)$ は $5d$ 電子-$4f$ 電子の相互作用エネルギーを表す．図5-6での差が19〜22 eVと比較的一定しているが，小さな起伏があるのは，主として，$E(5d\text{-}4f)$ の値が Ln 系列で変動するからである．

5-5　補正した第3イオン化エネルギーと第4，第5イオン化エネルギー

既に述べたように，第3イオン化エネルギーの系列変化は $(4f)^{q+1} \rightarrow (4f)^q$ の基底レベル間のエネルギー差に正確には対応しないので，この不規則性を除くためには La と Gd の第3イオン化エネルギーを，0.892 eV と 0.295 eV だけ小さくする必要がある．この補正量の根拠が，表5-4における $\Delta E(\text{La}, 4f \rightarrow 5d)_{\text{III}}$ と $\Delta E(\text{Gd}, 4f \rightarrow 5d)_{\text{III}}$ の値である．補正した第3イオン化エネルギーは

図5-2と図5-6に示してある．図5-7では，第4，第5イオン化エネルギーと比較している．

これらの系列変化は，相互に類似したdouble-seated patternsとなっている．図2-4に示したI_3は分光学的測定値であるが，図5-7では，I_3での電子配置変化の不規則性を補正したI_3^*である．この補正により，I_3^*はI_4とI_5と同様に，$(4f)^n \to (4f)^{n-1}$ [I_3^*, $n = q+1$; I_4, $n = q$; I_5, $n = q-1$] の電子配置変化に正確に対応するので，三者の類似性が良くなっている．また，既に指摘した通り，第5イオン化エネルギーの$(4f)^{q-1} \to (4f)^{q-2}$が$(4f)^{14} \to (4f)^{13}$となるのは，$Hf^{4+}(g) \to Hf^{5+}(g)$であるが，元素としてはHfはランタニドではない．このことが象徴するように，double-seated patternsの本質は，元素（原子番号）ではなく，その$(4f)^q \to (4f)^{q-1}$の電子配置間の基底エネルギー差にある．

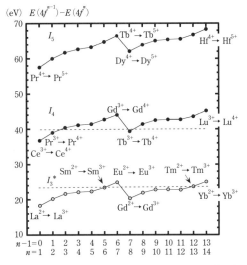

図5-7 I_3^*，I_4，I_5のイオン化エネルギーの系列変化．$(4f)^{n-1}-(4f)^n$の規則的電子配置変化に対応して，類似したdouble-seated patternsを示す．I_3^*は，不規則配置である$La^{2+}(g)$と$Gd^{2+}(g)$の電子配置を補正した第3イオン化エネルギー（図5-2）．横軸を4f電子数に取ってあるため，I_3^*，I_4，I_5とイオン化が進むにつれて，$Z \to (Z+1)$となる．I_5の最後の$(4f)^{14} \to (4f)^{13}$は$Hf^{4+} \to Hf^{5+}$で実現する．Hfはランタニドではないことに注意．I_3^*とI_4に引いた水平の破線の意味については，5-6節の議論を参照のこと．

スペクトル・データとしては，第4イオン化エネルギーの値は，第3イオン化エネルギーに比べ推定誤差が一般に大きい（表5-3b）．第5イオン化エネルギーの場合は，さらに大きな推定誤差が伴っている．したがって，多重項理論の結果やJørgensen式の定量的評価を行うには，$(4f)^q \to (4f)^{q-1}$の基底レベル間のエネルギー差に相当する第4イオン化エネルギーよりも，補正を加えた第3イオン化エネルギーのデータを$(4f)^{q+1} \to (4f)^q$の実験値として用いることが望ましい．その意味で，表5-4のランタニド・スペクトルのデータは重要である．この補正された第3イオン化エネルギーの値は後に詳しく検討する．また，Ln(g)，$Ln^+(g)$，$Ln^{2+}(g)$が関与する問題を理解する場合にも表5-4のデータは欠かせない．具体的には，ランタニド金属の蒸発のエンタルピー（ΔH_v^0）に関連して議論する．

5-6 ランタニドの異常酸化数と第3，第4イオン化エネルギー

図5-7は真空中での自由イオンに関する結果ではあるが，ランタニド化合物に見られる異常価数（II, IV）を理解するについても重要なヒントを与えてくれる．第4イオン化エネルギーの系列変化で最も小さな三つの値を選ぶと，それはCe, Pr, Tbの値である．図5-7の第4イオン化エネルギーの系列変化には破線の水平線が挿入してあるが，Ce, Pr, Tbの値はこの水平線より下に位置している．相対的に(III → IV)の変化を起こしやすいのが，この3元素と言える．大部分のランタニドでは，安定な酸化物としてLn_2O_3の二三酸化物が得られる．しかし，Ce, Pr, Tbは例外である．Ceでは，Ce_2O_3ではなくCe(IV)O_2が通常の実験室条件での安定化合物として得

られる．Pr, Tb もその酸化物は不定比化合物であり，部分的に Pr(IV), Tb(IV) となっている．Ce, Pr, Tb で Ln(IV) の酸化物が得られやすい傾向は，第4イオン化エネルギーの系列変化で，Ce, Pr, Tb が最も小さな値を持つことに対応している．

また，図5-7で，補正した第3イオン化エネルギーのグラフの上下を逆にして考えると，Eu と Yb のみに，なぜ，Eu(II) と Yb(II) が現れやすいかも理解できる．$(4f)^7$ と $(4f)^{14}$ の配置が特別に安定で，他の Ln(III) に比べて，(III → II) の変化が格段に起こりやすいことを意味する．同様に考えれば，Eu と Yb の次に，(III → II) の変化が起こりやすい元素は Sm と Tm であることも理解できる．図5-7の I_3^* には，水平の破線を引いておいた．この破線より上に位置する Eu, Yb, Sm, Tm は，図の上下を逆にして考えて，(III → II) の変化が他の Ln に比べ相対的に起こりやすいことがわかる．真空中の自由イオンに関する結果を凝縮相化合物の場合に用いるのは，定量的には問題があるが，定性的な議論としては許されよう．

4-4節でも記したように，Jørgensen（1962）の理論式は $(-I_3)$ の系列変化に基づく．図5-7の I_3 を上下を逆にして考えるとは，$(-I_3)$ の系列変化を考えることである．中心陽イオンが配位子から電子を受け取り，Ln(III) → Ln(II) と還元される変化は，Ln(III) 錯体では電荷移動スペクトルとして理解されているが，この解釈のために Jørgensen（1962）の理論式は提案された．図2-4の第3イオン化エネルギーや図5-7の補正した第3イオン化エネルギーのグラフには重要な意味がある．

地球化学では，天然物の希土類元素を定量し，隕石の希土類元素濃度に対する相対比を求めて，この相対濃度比の常用対数値を原子番号順にプロットすることがよく行われる．このようなプロットは，「希土類元素存在度パターン（REE abundance pattern）」と呼ばれたり，提案者の名前を冠して，「増田-コリエル・プロット（Masuda-Coryell plot）」と呼ばれたりする（Henderson, 1984）．天然物における希土類元素存在度の特徴を議論する際に用いられる．隕石の希土類元素濃度に対する相対濃度比を求めることは「規格化（normalize, normalization）」とも呼ばれる．規格化に用いられる隕石は，通常，始源的な隕石であるコンドライト隕石（chondrites, chondritic meteorites）で，その希土類元素濃度データは信頼性が高いことが条件となる．

コンドライト隕石は，コンドルール（chondrules）と呼ばれる mm サイズの球状ケイ酸塩ガラス質物質を含むことがその特徴である．このようなコンドルールが残っていることは，その形成以後に熔融現象のような物質分化過程を被っていない証拠である．コンドライト隕石の ^{87}Rb(β) ^{87}Sr や ^{147}Sm(α)^{143}Nd の放射年代が45億年となることもこれを支持している（Dodd, 1981；小沼，1972）．45億年前の原始太陽系星雲ガスからはさまざまな固体粒子が生成し，これらが集積して多くの微小天体ができたと考えられる．多数の微小天体は衝突・合体・分裂を繰り返しながら，地球などの惑星へと成長していった．コンドライト隕石は45億年前にできた微小天体の断片である．地球上の天然物の希土類元素濃度をコンドライト隕石で規格化することは，その天然物が地球の原材料となった物質からどれだけ化学分化しているかを，希土類元素濃度を用いて評価していることになる．「希土類元素存在度パターン」の縦軸は，相対濃度の常用対数値，横軸は原子番号であることには意味がある．これらの点については第18, 19章で議論する．

天然物試料の「増田-コリエル・プロット」では，Ce と Eu の値は隣り合う他の希土類元素に比べ外れた値となることがあり，Ce 異常（Ce anomaly），Eu 異常（Eu anomaly）と呼ばれる．ある種の隕石では，Yb の異常も報告されている．図5-8a は，岐阜県・苗木花崗岩の増田-コリエ

ル・プロットで，著しい負の Eu 異常が認められる．図 5-8b は太平洋の深海底に産するマンガン団塊の増田-コリエル・プロットである．比較的大きな正の Ce 異常とともに，小さな負の Eu 異常が認められる．

このような Ce 異常，Eu 異常が認められることは，その天然物の希土類元素濃度が決定される過程に異常酸化数を持つ Ce(IV)，Eu(II) の化学種が関与したことを意味している．苗木花崗岩の「著しい負の Eu 異常」は，Eu(III) に比べ Eu(II) が安定である還元的な条件，さらに，この Eu(II) が花崗岩には残りにくかった状況を示唆している．Ce(III) → Ce(IV) と Eu(III) → Eu(II) の反応が同じ場所で同時に起こることは，一方が多量に存在し，他方の還元剤/酸化剤となる特別な状況を考えない限り，一般に考えにくい．したがって，深海マンガン団塊の正の Ce 異常は酸化的な外洋海水中で生成する CeO_2 粒子が濃集したことによると理解できる．一方，「小さな負の Eu 異常」は「CeO_2 粒子が濃集」とは独立な原因によるものであろう．一般に，海水の希土類元素存在度パターンはこのような「小さな負の Eu 異常」を示すから，海水一般の「Eu 異常」の原因を考えるべきである．詳しくは第 18 章で議論しよう．また，岐阜県・苗木花崗岩が示す著しい負の Eu 異常については 19-1-4 で議論する．

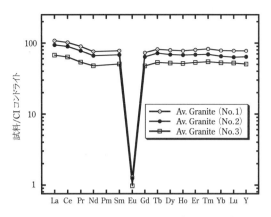

図 5-8a 岐阜県・苗木花崗岩類の希土類元素存在度パターン（Takahashi et al., 2007）．Y の値も CI コンドライトで規格化し，Lu の隣に表示している．二桁にも及ぶ著しい負の Eu 異常が見られる．

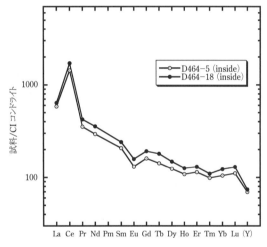

図 5-8b 太平洋の深海マンガン団塊の希土類元素存在度パターン．Ohta et al. (1999) による．比較的大きな正の Ce 異常と小さな負の Eu 異常を示す．

天然物のランタニドに「Ce, Eu 異常」が現れることは，第 3 および第 4 イオン化エネルギーの系列変化と大いに関係している．「Ce, Eu 異常」の舞台裏には，図 5-7 の double-seated patterns を示す第 3，第 4 イオン化エネルギーの世界が拡がっている．増田-コリエル・プロットにおける「Ce, Eu 異常」から，「これらは 3 価以外の酸化状態も取る」と理解することは大切である．しかし，「なぜ，Ce と Eu にそのような"異常"が現れるのか？」と自問することはもっと重要である．「Ce, Eu 異常」は 4f 電子の世界をのぞき見る一つの契機となる．

第 II 部

Jørgensen 理論の再検討

第6章

refined spin-pairing energy theory の問題点

原子分光学の基礎である Slater-Condon-Racah 理論から，refined spin-pairing energy theory（RSPET）の基本式（Jørgensen の式）を導く過程では，いくつか問題点も指摘したが，これらの疑問への回答は留保してきた．ここでは，$4f$ 電子に関する光学スペクトルの解析や X 線スペクトルも参照し，これらの問題点について考える．重要な点は，Slater-Condon-Racah 理論に現れるエネルギー・パラメーターは，いずれも有効核電荷に依存することである．結論として，この理論の枠組みの中においても，RSPET の基本式はさらに改良される余地があることになる．

6-1 Slater-Condon-Racah 理論のパラメーターと有効核電荷の関係

$(4f)^q \to (4f)^{q-1}$ の基底レベル間のエネルギー差に対する (4-27) の式，

$$I(4f^q) = W + (q-1)(E^* - A) + N(S) \cdot \left(\frac{9}{13}\right) E^1 + M(L) \cdot E^3 + P(L, S, J) \cdot \zeta_{4f} \tag{4-27}$$

が，refined spin-pairing energy theory（RSPET）の基本式，すなわち Jørgensen の式である．しかし，第 4 章で説明したように，この基本式は，$(4f)^q$ 配置の基底レベルのエネルギーに対する Slater-Condon-Racah 理論式 (4-21) から導出されたものである．

$$\begin{aligned} E[4f^q, LS(\max), \text{lowest } J] &= W_c + qW_0 + \frac{1}{2}q(q-1) \cdot \left(E^0 + \frac{9}{13}E^1\right) \\ &+ n(S) \cdot \left(\frac{9}{13}\right) \cdot E^1 + m(L) \cdot E^3 + p(L, S, J) \cdot \zeta_{4f} \end{aligned} \tag{4-21}$$

この事情から，$I(4f^q)$ ではなく (4-21) を前提にして議論をすすめる．

(4-21) はいくつかのパラメーターを含んでいる．そして，これらのパラメーターはいずれも，有効核電荷 $(Z-S)$ に依存するパラメーターであることが重要である．Z は原子番号（核の陽子数），S は遮蔽定数（screening constant）である．W_c は $4f$ 電子が関与しない閉殻電子のエネルギーだから，閉殻電子が感じる有効核電荷 $(Z-S_c)$ と，$4f$ 電子が関与する W_0，Racah パラメーター (E^0, E^1, E^3)，ζ_{4f} で問題となる $4f$ 電子に対する有効核電荷 $(Z-S_{4f})$ は区別が必要である．閉殻電子が感じる有効核電荷 $(Z-S_c)$ と言っても，各電子の (nl) は様々だから，これを一律に論じることはできない．しかし，この W_c に関する有効核電荷の問題を別にすれば，$4f$ 電子に関係する他のパラメーターは，以下のように $(Z-S_{4f})$ に依存することが期待される．

$$W_0 \propto -(Z-S_{4f})^2,$$
$$E^0, E^1, E^3 \propto (Z-S_{4f}), \tag{6-1}$$
$$\zeta_{4f} \propto (Z-S_{4f})^4$$

(nl) 準位にある水素様原子・イオンの電子エネルギー $E(nl)$ は，Z を中心核電荷，n を主量子数，R を Rydberg 定数，h を Planck 定数，c を光速度とすると，

$$E(n, l) = -(Z/n)^2 \cdot Rhc \tag{6-2}$$

となる．内殻電子に対しては，Z を $(Z-S_{nl})$ の有効核電荷に置き換えて，

$$W_0(n, l) = -[(Z-S_{nl})/n]^2 Rhc \tag{6-3}$$

と表現される．4f 電子は内殻電子であるからこの式を用いてよい（Condon and Odabasi, 1980）．(6-1) における W_0 の依存式に対する根拠は (6-3) である．Racah パラメーター (E^0, E^1, E^3) は $(Z-S_{4f})$ の一次に比例し，ζ_{4f} は $(Z-S_{4f})$ の四乗に比例すること（Cowan, 1981；Condon and Odabasi, 1980）は既に指摘しておいた．3価ランタニドでは，$Z = 57 + q$ であり，ランタニド系列一般で，Z は q の一次式である．したがって，$(Z-S_{4f})$ は 4f 電子数 q の関数と読み替えることができるはずである．もし S_{4f} が定数なら，$(Z-S_{4f})$ は q の一次式である．だから，(4-21) は形式的には 4f 電子数 q の二次式に見えるが，実際は，さらに高次の式である．この事情は，(4-27) でも同じである．$(Z-S_{4f})$ は 4f 電子数 q のどのような関数なのだろうか？ S_{4f} と q の関係を知る必要がある．スペクトル・データの解析結果を参照して，この点を検討してみよう．

6-2 (4f → 4f) スペクトル・データから推定される遮蔽定数

Carnall et al.(1989)は，0.1%から2%程度各 Ln^{3+} を添加したフッ化ランタン単結晶の (4f → 4f) スペクトル・データを求め，これまでに報告されている文献値も含め，その解析結果を報告している．放射性元素である Pm^{3+} の場合も含む．添加した各 Ln^{3+} イオンは La^{3+} イオンの席を置換しており，その席の対称性を C_{2v} と近似して，スペクトル・データから，自由イオン・パラメーター（$F^2, F^4, F^6, \zeta_{4f}$，配置間相互作用係数，磁気相互作用係数，三電子相互作用係数など）と 9 個の結晶場パラメーターを求めている．自由イオン・パラメーターとしての Slater 積分 (F^2, F^4, F^6) と ζ_{4f} の値が報告されているので，Slater 積分を Racah パラメーター (E^1, E^3) に直し，ζ_{4f} は 1/4 乗の値に変換した値を図 6-1 a, b に示す．Racah パラメーター，Slater-Condon パラメーターは Slater 積分の一次結合で与えられ，また，その逆表現も可能である（「基礎事項」§12-9）．この図 6-1a, b からもわかるように，Racah パラメーター (E^1, E^3)，$(\zeta_{4f})^{1/4}$ の値は，4f 電子数 q の一次式と見なすことができる．これは S_{4f} は q に依存しない定数であることを示唆する．

具体的な S_{4f} の値を推定するには，Kawabe (1992) が述べたように，(6-1) における $\zeta_{4f} \propto (Z-S_{4f})^4$ の関係式を用いた方がよい．Racah パラメーターに比べて，ζ_{4f} はスペクトル・データから比較的よく決まるからである．ζ_{4f} と同様に，Racah パラメーターも重要な自由イオン・パラメーターではあるが，ζ_{4f} に比べて，他の自由イオン・パラメーターに影響を受けやすいとされる．Racah パラメーターと ζ_{4f} の次に重要な自由イオン・パラメーターとして，配置間相互作用を表すパラメーター (α, β, γ) があるが，このうちの γ は Racah パラメーター (E^1) と相関し，両者を独立に推定することは難しいことが指摘されている (Caro et al., 1981)．そのため，図 6-1 で，

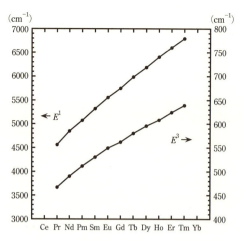

図 6-1a LaF$_3$ に添加された Ln^{3+} イオンのスペクトル解析から得られた Racah パラメーター (E^1 と E^3) の系列変化. Carnall et al. (1989) のスペクトル解析結果による.

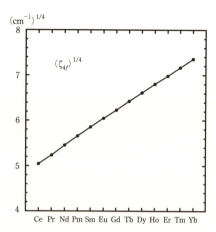

図 6-1b LaF$_3$ に添加された Ln^{3+} イオンのスペクトル解析から得られた ζ_{4f} の四乗根の系列変化. Carnall et al. (1989) のスペクトル解析結果による.

Racah パラメーター (E^1, E^3) の系列変化を $4f$ 電子数 q の一次式と見なして S_{4f} の値を推定するよりは, $(\zeta_{4f})^{1/4}$ の値の系列変化を q の一次式と見なして S_{4f} を推定する方が賢明である.

図 6-2 は, Ln^{3+}(aq) や Ln(III) 化合物のスペクトル・データから求められている ζ_{4f} の値を用いて,

$$(\zeta_{4f})^{1/4} = 0.194(q+25) = 0.194(Z-32) \ (\text{cm}^{-1})^{1/4} \tag{6-4}$$

が成立することを確認した結果である (Kawabe, 1992). Ln^{3+} では $q = Z - 57$ だから, $S_{4f} = 32$ と結論できる. 図 6-2 には, Carnall et al. (1989) らによる (Ln^{3+} : LaF$_3$) のデータは含まれていない. そこで, (Ln^{3+} : LaF$_3$) に対する Carnall et al. (1989) らの結果を, $(\zeta_{4f})^{1/4}/(Z-32)$ としたらどの程度の一定値が得られるかを調べた結果が図 6-3a である.

$$(\zeta_{4f})^{1/4}/(Z-32) = 0.1944 \pm 0.0006 \ (\text{cm}^{-1})^{1/4} \tag{6-5}$$

となり, Ln^{3+}(aq) や Ln(III) 化合物の結果 (6-4) とよく一致することがわかった. (Ln^{3+} : LaF$_3$) における Racah パラメーター (E^1, E^3) については,

$$E^1/(Z-32) = 179 \pm 5 \ (\text{cm}^{-1}), \quad E^3/(Z-32) = 17.5 \pm 0.2 \ (\text{cm}^{-1}) \tag{6-6}$$

となる. $E^1/(Z-32)$ については, 3% 程度の変動が残るものの, $E^3/(Z-32)$ の一定性は大変よい (図 6-3b). (6-1) の妥当性を支持する結果である. また, (6-6) は, 全 Ln 系列を通じて, $E^3 \approx (1/10)E^1$ であることも意味している.

このように, Carnall et al. (1989) による (Ln^{3+} : LaF$_3$) のスペクトル・データの解析結果も, Ln^{3+} の Racah パラメーター (E^1, E^3) と ζ_{4f} は, (6-1) で $S_{4f}=32$ となることを強く示唆している. 次節では, Ln より重い元素の X 線スペクトル・データからも同様な結果が得られることを述べる.

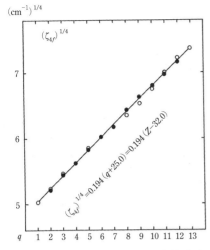

図 6-2 スピン・軌道相互作用定数 (ζ_{4f}) の四乗根は有効核電荷 ($Z-S_{4f}$) に比例し，$S_{4f}=32.0$ と推定できる．結果として，ζ_{4f} の四乗根は，$4f$ 電子数 (q) の一次式で近似できる (Kawabe, 1992)．黒丸の点は Carnall et al. (1968a, b, c, d) による Ln^{3+}(aq) に対する分光学データからの ζ_{4f} の値．白丸の点は Blume et al. (1964) による Ln(III) 化合物での ζ_{4f} の値．

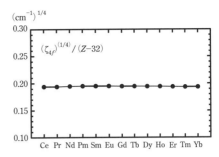

図 6-3a Carnall et al. (1989) が報告した LaF$_3$ に添加された Ln^{3+} イオンの ζ_{4f} の四乗根の値を，有効核電荷 $(Z-32)=(q+25)$ で割った値．

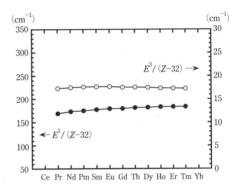

図 6-3b Carnall et al. (1989) が報告した LaF$_3$ に添加された Ln^{3+} イオンの Racah パラメーター (E^1 と E^3) の値を，有効核電荷 $(Z-32)=(q+25)$ で割った値．

6-3 X線スペクトルにおけるスピン2重線

$4f$ 電子の感じる有効核電荷を推定することは，実は，X線スペクトル・データに基づいて古くから行われていた．このことは Compton and Allison (1936) に記述されている．この内容について述べる前に，X線スペクトル一般についての基本事項を確認しておこう．原子スペクトルはもとより，近年発展が著しいX線光電子分光法 (XPS) についても理解を深めることは意味がある．

X線粉末回折実験に使う Cu のX線管球のことを考えてみる．Cu で作られた陽極に 30〜40 kV で加速した熱電子を衝撃させるとX線が発生する．図 6-4 に Cu のX線管球から発生するX線のスペクトルを模式的に示す．Moseley (1913, 1914) は，さまざまな元素金属で陽極をつくり，2本の鋭いX線（特性X線）の波長が，陽極材料金属の原子番号とともに系統的に

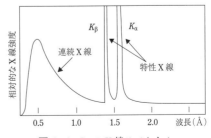

図 6-4 Cu のX線スペクトル．

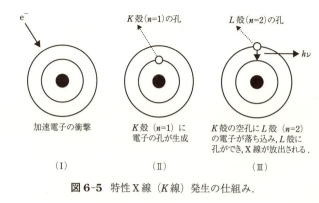

図 6-5 特性 X 線（K 線）発生の仕組み.

変化することを確認した．すなわち，特性 X 線の振動数（ν）の平方根は原子番号（Z）と

$$(\nu)^{1/2} = K(Z - \sigma)$$

の形で単純な関係にあることを示した．K, σ は定数である．X 線の波長（$\lambda = c/\nu$）は振動数の逆数に比例し，c は光速度である．原子スペクトルとの類似性が確認されたことで，Bohr の量子論を支持する重要な業績となった．しかし，Moseley は，この研究の直後，第一次世界大戦で英軍に従軍し帰らぬ人となった．Moseley 則は経験式または実験式と呼ぶべきもので，Bohr の量子論と結びつけられたが，今日の特性 X 線エネルギーの理解とは十分に整合性があるわけではない（Whitaker, 1999）．この点には注意を要する．

特性 X 線の発生は，(nl) の閉殻電子が運動エネルギーを得て，1 個の電子が取り除かれ，$(nl)^{4l+2-1}$ の電子配置が生ずることに起因する（図 6-5）．特性 X 線のエネルギー（波長）は，核に強く結合した閉殻電子に孔ができた状態(II)と，相対的に弱く核に結合した閉殻電子に孔ができた状態(III)のエネルギー差に相当する．すなわち，

$$E(K\text{殻に孔}, n=1) - E(L\text{殻に孔}, n=2) = h\nu = h(c/\lambda)$$

である．この X 線は K 線と呼ばれる．一般には，主量子数 n が小さい閉殻ほど，核により強く束縛されている．したがって，n が小さな閉殻に孔がある状態は，エネルギー的にそれだけ高い状態である．孔を n が大きな閉殻に移す方がエネルギー的には低い状態で，より安定な状態となる．これに伴って特性 X 線が系外に放出される．特性 X 線のエネルギー（波長）は，その元素（金属）の閉殻電子配置から 1 個の電子が取り除かれた電子状態のエネルギー準位の差に対応している．

X 線エネルギーレベルの基準（$E=0$）は，核に最も弱く束縛されている電子（価電子）に孔がある状態が指定される．この基準からすると，K（$n=1$）殻に一つの孔がある状態は，おおまかには，K 殻の 1 個の電子をイオン化するエネルギーだけ高い準位にあると言える．水素（様）原子のエネルギー準位では，主量子数 n の値が大きいほどエネルギー準位は高く，n が小さいほどエネルギー準位は低い．閉殻に孔がある状態を比べる X 線のエネルギー準位とは反対の関係にあるので注意を要す．X 線スペクトルを考えるには，図 6-5 で，孔を作る過程(I)は知らないことにして，もっぱら，(II)と(III)のエネルギー差のみを考えればよい．一方，X 線光電子分光法（XPS）では，単色 X 線を照射し，イオン化した電子の運動エネルギーを測定することによって，結合電子のエネルギー分布を推定する．ちょうど，図 6-5 の(I)，(II)と(III)の過程を逆にした全過程を考えねばならない．X 線光電子分光法については第 9 章で少し詳しく述べる．

孔が 1 個存在する電子配置 $(nl)^{4l+2-1}$ は，$(nl)^1$ と同一の LS 項を持つことは既に述べた．電子または孔が 1 個である状態は，$S = 1/2$ であるから，$2S+1 = 2$ であり，2 重項が生ずる．J レベルは，$L=1$, $S=1/2$ だから，$J = L+S, L+S-1, \cdots, |L-S|$ で，$L+S-1 = |L-S|$ となり，はじめの二つの J しか実現しない．$J = l \pm (1/2)$ となる．すなわち，$(nl)^{4l+2-1}$ の電子配置は，${}^2L_J = {}^2L_{l\pm 1/2}$

の二つのJレベルを有し，基底レベルは$J=l+(1/2)$である．$(nl)^1$の配置では$J=l-(1/2)$が基底レベルなので，これと比べると反転したJレベルエネルギー準位となっている．$(nl)^x$と$(nl)^{4l+2-x}$とでは，Jレベルのエネルギー準位が反転することは，Jに関するHundの規則に関連して1-6節で既に述べてある．

$(4f)^{13}$の電子配置の場合，$L=3$なので，$J=3±(1/2)=7/2, 5/2$となり$^2F_{7/2}$と$^2F_{5/2}$の二つのレベルがある．$(4f)^1$では，$J=5/2$の方が基底レベルだが，$(4f)^{13}$の電子配置では，$J=7/2$が基底レベルとなり，反転したレベル準位となる．同様にして，$(4d)^9$の電子配置では，$^2D_{5/2}$と$^2D_{3/2}$のレベルが存在する．nが異なれば，エネルギーは異なるが，レベル名は同じであるから，$(nf)^{13}$の電子配置では$^2F_{7/2}$と$^2F_{5/2}$，$(nd)^9$の電子配置では$^2D_{5/2}$と$^2D_{3/2}$，$(np)^5$の電子配置では，$^2P_{3/2}$と$^2P_{1/2}$の二つが存在することになる．$(nl)^{4l+2-1}$で，$l=0$の場合，すなわち$(ns)^1$の電子配置では，$L=0$, $S=1/2$なので，$J=L+S, L+S-1, \cdots, |L-S|$で，$L+S=|L-S|$だから，$J=1/2$のみとなる．すなわち，$^2S_{1/2}$のレベルしかない．このように，特性X線発生の基となる$(nl)^{4l+2-1}$電子配置のエネルギーレベル構造は単純である．

しかし，レベルのエネルギー自体はn（主量子数）が基本的に重要である．そのため，nの違いとレベルの違いを組み合わせて，X線エネルギーレベルを識別する（表6-1）．n（主量子数）=1, 2, 3, 4, 5, 6の殻は，それぞれ，K, L, M, N, O, P殻と呼ぶこととし，nはアルファベットの大文字で表す．L, Jの区別はローマ数字を用いる．このようにして，(n, L, J)によるエネルギーレベルの違いは，表6-1のように区別される（Condon and Shortley, 1953）．

表6-1はX線エネルギーレベルの呼称であって，X線のエネルギーそのものではない．X線のエネルギーそのものは，図6-6で述べたように，二つのX線エネルギーレベル間の遷移に相当し，実験的に得られる特性X線のエネルギー（波長）はこのX線エネルギーレベルの差に当たる．X線スペクトルの特徴は，表6-1のX線エネルギーレベルの値と，レベル間の遷移に関する選択則（selection rule）によってその概略が説明される．選択則は，

$$\Delta L=±1, \quad \Delta J=0, ±1 \quad (6-7)$$

である．これを満足する遷移が実現すると考えればよい．原子スペクトルの場合も同じである．ただし，この選択則は，電気双極子遷移を当てはめた結果であるから，実験事実を完全に再現するものではなく，例外も知られている．X線スペクトルの場合は$\Delta n=0$（$n=n'$）の遷移は事実上実現していないと考えてよい，すなわち，基本的には，

表6-1 X線エネルギーレベルの呼称．

n \ l	s	$(p)^5$		$(d)^9$		$(f)^{13}$	
	$^2S_{1/2}$	$^2P_{1/2}$	$^2P_{3/2}$	$^2D_{3/2}$	$^2D_{5/2}$	$^2F_{5/2}$	$^2F_{7/2}$
1	K						
2	L_I	L_II	L_III				
3	M_I	M_II	M_III	M_IV	M_V		
4	N_I	N_II	N_III	N_IV	N_V	N_VI	N_VII
5	O_I	O_II	O_III	O_IV	O_V		
6	P_I	P_II	P_III				

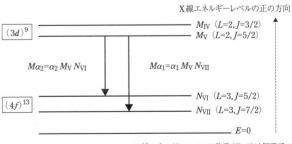

図6-6 $M\alpha_1$と$M\alpha_2$が関係するX線エネルギーレベル．

第6章 refined spin-pairing energy theory の問題点

$$\Delta n \neq 0 \quad (n \neq n') \tag{6-8}$$

の場合を考えればよい．しかし，原子スペクトルの場合は $\Delta n = 0$ ($n = n'$) も許される．

X線回折に使われる Cu $K\alpha$ の X 線（図 6-3）は，Cu $K\alpha_1$（1.5405Å）と Cu $K\alpha_2$（1.5443Å）を分解しないで使用する場合の呼称で，両者の強度比（2：1）を波長の重み付け平均値に用い，1.5418 Å の X 線として利用する．$K\alpha_1$, $K\alpha_2$, $L\beta_1$, などの呼称は，Siegbahn による伝統的な呼称である．Bearden（1967）は，Siegbahn 以来の伝統的な呼称も尊重し，かつ，二つの X 線エネルギーレベルも明示する X 線の呼称法を採用している．両者の呼称の対応関係は，

$$K\alpha_1 = \alpha_1 K L_{\mathrm{III}}, \quad K\alpha_2 = \alpha_2 K L_{\mathrm{II}}, \quad L\beta_1 = \beta_1 L_{\mathrm{II}} M_{\mathrm{IV}} \tag{6-9}$$

となる．

表 6-1 にあるように，$(f)^{13}$ が関与する X 線エネルギーレベルは，N_{VI} ($n=4, {}^2F_{5/2}$) と N_{VII} ($n=4, {}^2F_{7/2}$) のレベルである．(6-7) の選択則を満足する遷移を考えてみる．$(d)^9$ の M_{V} ($n=3, {}^2D_{5/2}$) レベルとの遷移は，$\Delta n \neq 0$ と $\Delta L = \pm 1, \Delta J = 0, \pm 1$ を満足することがわかる．これらは，(6-9) の表記で書けば，

$$M\alpha_1 = \alpha_1 M_{\mathrm{V}} N_{\mathrm{VII}}, \quad M\alpha_2 = \alpha_2 M_{\mathrm{V}} N_{\mathrm{VI}} \tag{6-10}$$

となる．W（タングステン）の場合，$M\alpha_1 = 6.983$Å，$M\alpha_2 = 6.992$Å で，7Å 付近に2重線として現れる．X線エネルギーレベルと $M\alpha_1$, $M\alpha_2$ の X線エネルギーの関係を図 6-6 に示した．

両者のエネルギー（波長）の違いは，M_{V} は共通だから，${}^2F_{5/2}$ と ${}^2F_{7/2}$ のエネルギーレベルの違いによる．$J = l \pm (1/2)$ の違いだから，スピン2重線（spin doublet）と呼ばれる．Compton and Allison（1936）が述べているX線スペクトル・データを用いた $4f$ 電子の有効核電荷を推定する方法とは，このスピン2重線を用いる方法である．$(4f)^{14}$ の閉殻配置が実現している重元素のスピン2重線を用いることになる．Yb と Lu の金属でも $(4f)^{14}$ の閉殻配置は実現しているが，これらは例外として考え，ランタニドより Z の大きな重元素のスピン2重線が対象となる．

6-4　X線スペクトル・スピン2重線から推定される遮蔽定数

スピン2重線の測定波長（エネルギー）から，N_{VI} ($n=4, {}^2F_{5/2}$) と N_{VII} ($n=4, {}^2F_{7/2}$) のレベル差が推定できることはわかるが，X線エネルギーレベルの差は (n, L, J) を用いてどのように表現できるのであろうか？　一般式は，Compton and Allison（1936）に与えられている．ただし，原子スペクトルでのエネルギー準位式として示してあるので，X線エネルギー準位は，これとは符号を反対にしなくてはならない．これに注意して記すと，

$J = L + 1/2$ に対して，

$$E(n, L, J = L+1/2) = Rhc\,[(Z-\sigma_1)^2/(n)^2 + \alpha^2(Z-\sigma_2)^4/(n)^4\{n/(L+1) - 3/4\}$$
$$+ \alpha^4(Z-\sigma_2)^6/(n)^6 \text{以上の高次項}]$$

$J = L - 1/2$ に対して，

$$E(n, L, J = L-1/2) = Rhc\,[(Z-\sigma_1)^2/(n)^2 + \alpha^2(Z-\sigma_2)^4/(n)^4\{n/L - 3/4\} + \alpha^4(Z-\sigma_2)^6/(n)^6 \text{以上の高次項}]$$

となる．σ_1 と σ_2 は遮蔽定数で，α は微細構造定数（fine structure constant）と呼ばれる無次元の定数で，

$$\alpha = 2\pi e^2/hc = 1/137.036$$

表 6-2 スピン 2 重線式 (6-12) を重元素の X 線スペクトル,$M\alpha_{1,2}(4f^{13}, J=7/2, J=5/2: \alpha_1 M_V N_{VII}, \alpha_2 M_V N_{VI})$ に適用して得られる遮蔽定数 (σ_2) の値.

Z	元素	$M\alpha_2$ (keV)	$M\alpha_1$ (keV)	ΔE (eV)	σ_2
74	W	1.07731(5)	1.7754(3)	2.3 ± 0.6	34.5 ± 2.6
77	Ir	1.9758(8)	1.9799(3)	4.1 ± 0.9	31.3 ± 2.5
78	Pt	2.047(1)	2.0505(3)	3.5 ± 1.0	34.1 ± 3.1
79	Au	2.118(1)	2.0505(3)	4.9 ± 1.1	31.3 ± 2.7
81	Tl	2.2656(8)	2.2706(4)	5.0 ± 0.9	33.0 ± 2.2
82	Pb	2.3397(9)	2.3455(4)	5.8 ± 1.0	32.2 ± 2.2
83	Bi	2.4170(9)	2.4226(5)	5.6 ± 1.0	33.6 ± 2.2
90	Th	2.987(1)	2.9961(7)	9.1 ± 1.2	34.3 ± 1.8
91	Pa	3.072(2)	3.0823(8)	10.3 ± 2.2	33.5 ± 3.1
92	U	3.1595(8)	3.1708(8)	11.3 ± 1.1	33.2 ± 1.4
				重み付き平均 ± $1\sigma (n=10)$ =	33.2 ± 0.7

$M\alpha_{1,2}$ の X 線波長は Bearden (1967) による.

である.したがって,スピン 2 重線の間隔は, α^4 以上の項を無視すれば,

$$\Delta E = E(n, L, J=L-1/2) - E(n, L, J=L+1/2)$$
$$= Rhc\alpha^2 (1/n)^3 [1/L - 1/(L+1)](Z-\sigma_2)^4 \quad (6-11)$$

となる. α の 0 次項に相当する $(Z-\sigma_1)^2$ の項は相殺され, $\alpha^2(Z-\sigma_2)^4$ の第 2 項の差のみで決まる.この結果は,「X 線スペクトルにおけるスピン 2 重線式 (spin doublet formula in X-ray spectra)」と呼ばれる (Compton and Allison, 1936).

図 6-6 を見れば,X 線の (波長ではなく) エネルギーは,

$$M\alpha_1 = \alpha_1 M_V N_{VII} = E(M_V) - E(N_{VII}),$$
$$M\alpha_2 = \alpha_2 M_V N_{VI} = E(M_V) - E(N_{VI}),$$

である.また,$E(M_V) > E(N_{VI}) > E(N_{VII}) > 0$ なので,$M\alpha_1 > M\alpha_2$ であり,

$$\Delta E = M\alpha_1 - M\alpha_2 = E(N_{VI}) - E(N_{VII})$$

である. $N_{VI} (n=4, {}^2F_{5/2})$ と $N_{VII} (n=4, {}^2F_{7/2})$ のスピン 2 重線の場合は, $n=4, L=3$ で,

$$(\Delta E)^{1/4} = 0.03116539(Z-\sigma_2) \text{ (eV)}^{1/4}$$

となる.遮蔽定数は無次元の数として

$$\sigma_2 = Z - (\Delta E)^{1/4}/0.03116539 \quad (6-12)$$

で与えられる.Bearden (1967) の X 線波長の表から 10 種類の重元素を選び,それらの $M\alpha_1 (\alpha_1 M_V N_{VII})$ と $M\alpha_2 (\alpha_2 M_V N_{VI})$ の値から,遮蔽定数 (σ_2) を求めた結果が表 6-2 である.重み付き平均値とその標準偏差は,$\sigma_2 = S_{4f} = (33 \pm 1)$ である.また,図 6-7 は,$(\Delta E)^{1/4} = 0.03116539(Z-33)$ $\text{(eV)}^{1/4}$ がどの程度成立するかを示した結果である.このように,$(4f)^{14}$ の閉殻配置が実現している重金属の X 線スペクトルからも,Ln(III) 化合物・錯体をはじめ (Ln^{3+}:LaF$_3$) などの $(4f \to 4f)$ 光学スペクトル・データの解析から推定される $S_{4f} = 32$ にきわめて近い値が得られる.

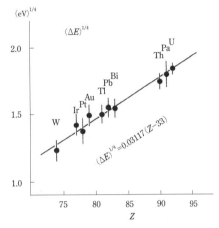

図 6-7 表 6-2 に掲げた 10 個の重元素の X 線スペクトル $[M\alpha_{1,2}(4f^{13}, J=7/2, J=5/2)]$ がスピン 2 重線式を満たす状況.遮蔽定数 $\sigma_2 = S_{4f} = (33 \pm 1)$ が示唆される.

Compton and Allison（1936）には，$S_{4f}=34$ が与えられている．この値がどの金属のスピン2重線に基づくかは説明されていないが，表6-2からすると，W（タングステン）のスピン2重線によると思われる．1950年代に $(4f \to 4f)$ 光学スペクトル・データを解析した論文では，この $S_{4f}=34$ が使われている．たとえば，希土類元素の光学スペクトルを定量的に解析した先駆研究の一つである Satten（1953）では，$S_{4f}=34$ を前提とした議論がなされている．また，Elliott et al.（1957）でも，$S_{4f}=34$ が使用されている．60年代後半になって，Carnall et al.（1968a, b, c, d）は $Ln^{3+}(aq)$ 系列における多重項レベルの系統的解析結果を報告した．そこでは，Slater-Condon パラメーター F_2 の系列変化に対しては，

$$F_2 = 12.820(Z-34) \text{ cm}^{-1}$$

がよい近似であるとの記述がある．しかし，ζ_{4f} の系列変化については，2本の Z の一次式を用い，折れ線が当てられている．これ以降，有効核電荷 $(Z-S_{4f})$ を問題にする論文は少ない．Cowan（1981）の成書には，有効核電荷 $(Z-S_{4f})$ の重要性が述べられているが，6-2節で引用した Carnall et al.（1989）では $(Z-S_{4f})$ には何も言及されていない．細かなスペクトル解析に興味がある研究者にとっては，有効核電荷は高い関心の対象とはならないようである．Carnall et al.（1968a, b, c, d, 1989）の解析はまことに徹底したもので，その内容は間違いなく第一級の研究成果であろう．しかし，分光学の専門家でない限り到底まねのできない研究成果であっても，案外「木を見て森を見ない」の面もあるように思え，少し救われた気持ちになる．

6-5　イオン化の過程で変化する有効核電荷

　RSPETの基本式では，イオン化の過程で Racah パラメーターは近似的に一定としている．しかし，もし $4f$ 電子が核電荷の遮蔽に寄与しているとすれば，たとえば，$Ln^{2+} \to Ln^{3+}$ の過程で $4f$ 電子は1個減少するから，遮蔽定数が変化することになる．核電荷は一定であるが，有効核電荷は Ln^{2+} と Ln^{3+} で同一ではなく，Racah パラメーターや W_0 は両者で異なってもよいことになる．既に述べたように，スペクトル・データから推定されたスピン・軌道相互作用パラメーター (ζ_{4f}) は，(6-5) からもわかるように，遮蔽定数 (S_{4f}) を推定できるよいデータである．有効核電荷がイオン化の過程で変化するか否かは，Ln^{3+} 以外のイオン，たとえば，Ln^{2+} に対する ζ_{4f} を調べ，S_{4f} を検討すればよいのではないだろうか？　図6-8は，このような観点からの検討結果をまとめたものである．

　図6-2と同じように，$(\zeta_{4f})^{1/4}$ を $4f$ 電子数に対してプロットしてある．図6-8の直線A，B，Cとそのデータ点は，次のようなLnイオンの ζ_{4f} の値に対応する．

$\quad$ A：$Z = q + 58$，$Ln^{3+}(4f^q 5d)$
$\quad$ B：$Z = q + 57$，$Ln^{2+}(4f^q 5d)$，$Ln^{3+}(4f^q)$
$\quad$ C：$Z = q + 56$，$Ln^{+}(4f^q 5d)$，$Ln^{2+}(4f^q)$

$Ln^{+,2+,3+}(4f^q 5d)$ 系列に対する ζ_{4f} の値（黒丸）は，Wyart et Bauche-Arnoult（1981）による．$Ln^{2+}(4f^q)$ の値（白丸）は Goldschmidt（1978）の報告値である．いずれも自由イオンに対する値である．Bの直線は，図6-2に示した $Ln^{3+}(aq)$ や Ln(III) 化合物のスペクトル・データから求められている ζ_{4f} に対する (6-4) の式

$$(\zeta_{4f})^{1/4} = 0.194(q+25) = 0.194(Z-32) \ (\text{cm}^{-1})^{1/4}$$

であり，データ点は $Ln^{2+}(4f^q5d)$ の $(\zeta_{4f})^{1/4}$ の値である．$Ln^{2+}(4f^q5d)$ での $(\zeta_{4f})^{1/4}$ の値が，$Ln^{3+}(4f^q)$ に対する (6-4) を満足することがわかる．同様なことは，直線 C で示した $Ln^+(4f^q5d)$ と $Ln^{2+}(4f^q)$ の $(\zeta_{4f})^{1/4}$ の値にも当てはまる．この事実は次のことを意味する．スピン・軌道相互作用パラメーター (ζ_{4f}) は核電荷と $4f$ 電子数 (q) のみで決まり，$5d$ 電子数には依存しない．平均的 $5d$ 軌道は $4f$ 軌道の外側にあることから，これは当然であろう．平均的 $6s$ 軌道も $4f$ 軌道の外側にあるので（図4-8），$5d$ 電子数と同様に，S_{4f} に無関係であろうと思える．直線 A，B，C は，a を定数として，

$$\zeta_{4f} = a(Z - S_{4f})^4 \ (\text{cm}^{-1})$$

を意味する．直線 A，B，C に対して，次のように係数 a と S_{4f} が定まる．

A：$Z = q + 58$, $S_{4f} = 29.7$, $a = 1.16 \times 10^{-3} \ \text{cm}^{-1}$, $Ln^{3+}(4f^q5d)$

B：$Z = q + 57$, $S_{4f} = 32.0$, $a = 1.42 \times 10^{-3} \ \text{cm}^{-1}$, $Ln^{2+}(4f^q5d)$, $Ln^{3+}(4f^q)$

C：$Z = q + 56$, $S_{4f} = 34.4$, $a = 1.77 \times 10^{-3} \ \text{cm}^{-1}$, $Ln^+(4f^q5d)$, $Ln^{2+}(4f^q)$

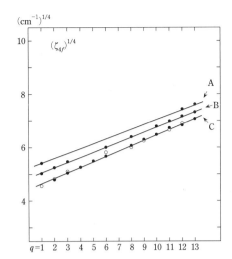

図 6-8 A，B，C は自由イオンに対する ζ_{4f} の値で，A：$(Z=q+58)$ の $Ln^{3+}(4f^q5d)$ 系列，B：$(Z=q+57)$ の $Ln^{2+}(4f^q5d)$ と $Ln^{3+}(4f^q)$ の系列，C：$(Z=q+56)$ の $Ln^+(4f^q5d)$ と $Ln^{2+}(4f^q)$ の系列．$Ln^{+,2+,3+}(4f^q5d)$ 系列に対する ζ_{4f} の値（黒丸）は，Wyart et Bauche-Arnoult (1981) による．$Ln^{2+}(4f^q)$ の値（白丸）は Goldschmidt (1978) による．詳細は本文参照のこと．

B は $Ln^{3+}(g)(4f^q)$，C は $Ln^{2+}(g)(4f^q)$ に対応するが，これまでの核電荷を同じにした表記法を用いて第 3 イオン化エネルギー (I_3) を書けば，

$$I_3 : Ln^{2+}(g)(4f^{q+1}) \rightarrow Ln^{3+}(g)(4f^q)$$

両者の核電荷 Z は同じでも，

$$S_{4f}(Ln^{2+}) > S_{4f}(Ln^{3+})$$

であり，$Ln^{2+}(g)(4f^{q+1})$ の方が遮蔽定数が大きい．これは，$Ln^{3+}(g)(4f^q)$ に比べ $4f$ 電子が 1 個多いことに起因する．遮蔽定数の差は，上記の S_{4f} の値から

$$\Delta S_{4f} = S_{4f}(Ln^{2+}) - S_{4f}(Ln^{3+}) = 2.4 \tag{6-13}$$

である．これより，$Ln^{2+}(g)(4f^{q+1})$ と $Ln^{3+}(g)(4f^q)$ の間では，スピン・軌道相互作用パラメーター (ζ_{4f}) のみならず，Racah パラメーター，W_0 の値も系統的に異なると考えねばならない．A の直線は，$Ln^{3+}(4f^q5d)$ に対する三つのデータ点によるが，$Ln^{4+}(4f^q)$ に対応するものと考えられる．したがって，B の直線と比較すれば，$Ln^{3+}(g)(4f^q)$ と $Ln^{4+}(4f^{q-1})$ の間でも，やはり遮蔽定数の差は存在することになる．第 4 イオン化エネルギー (I_4) についても，

$$I_4 : Ln^{3+}(g)(4f^q) \rightarrow Ln^{4+}(g)(4f^{q-1})$$

では，核電荷は等しいものの，有効核電荷は等しくないと考えるべきである．I_3 と同様な状況を考えねばならない．

以上のように，多重項理論の基礎式 (4-21) に戻れば，RSPET の基本式 (4-27) は，$4f$ 電子そのものが核電荷の遮蔽に関わることを考慮した形にさらに改良せねばならない．

閉殻電子が感じる有効核電荷 $(Z-S_c)$ については，これを議論の脇に置いてきた．しかし，上記の結論，すなわち，

(1) $5d$ 電子の有無は S_{4f} に影響しない．
(2) $4f$ 電子のイオン化に伴う $4f$ 電子自体の減少が S_{4f} の減少につながっている．

は，$(Z-S_c)$ の問題を考える手掛かりとなる．[Xe] 閉殻電子のうちで，$4f$ 電子の外に分布するのは $5p$ 電子と $5s$ 電子である（図 4-8）．これらが感じる有効核電荷 $(Z-S_{5p,5s})$ も，S_{4f} と同じ理由で，$4f$ 電子のイオン化に伴い増加すると考えたほうがよい．したがって，$4f$ 電子のイオン化に際し W_c は相殺されると考えるのは，あくまでも近似的な理解であろう．

以上のように，イオン化に際し，「核電荷」は不変であるが，「有効核電荷」は不変ではない．しかも，「有効核電荷」は電子エネルギー状態を規定するエネルギー・パラメーターを支配している．したがって，RSPET の基本式は，Slater-Condon 理論の枠組みの中においてもまだ改良すべき点がある．具体的には，既に説明した補正された第 3 イオン化エネルギーのデータを用いて，これを検討しよう．しかしその前に，(4-21) 式の $E[(4f)^q, LS(\max), \text{lowest } J]$ 自体が，四組効果を説明する基本式であることを指摘しておきたい．四組効果は第 3 イオン化エネルギーにも内在し，このことを考慮することが RSPET の基本式の改良につながるからである．

第 7 章
ランタニド四組効果と Jørgensen の理論式

Ln(III) 化合物・錯体間の反応では，Ln^{3+} イオンの配位子が変更される．配位子変更に伴って $(4f)^q$ 電子配置エネルギーが変化するなら，その効果は反応のエンタルピー変化に反映される (5-3 節)．Ln(III) 化合物・錯体の光学スペクトル・データによれば，Ln^{3+} イオンの配位子が (F^-, Cl^-, H_2O, O^{2-}, S^{2-}) と変化するにつれて，Racah パラメーターの値は，%オーダーではあるが，この順で系統的に小さくなる．これは電子雲拡大効果 (nephelauxetic effect) と呼ばれ，配位子の序列は電子雲拡大系列 (nephelauxetic series) と呼ばれる．電子雲拡大効果を実験事実として受け入れれば，配位子変更に伴う電子配置エネルギーの変化は，多重項理論による基底レベル・エネルギー式から評価できる．電子雲拡大効果は Ln(III) 化合物・錯体間の配位子交換反応の熱力学量に反映され，熱力学量の系列変化の四組効果 (tetrad effect) となって現れる．しかし，これは今日での理解であり，理解の歴史的順序とは一致しない．四組効果は，溶媒抽出系における Ln(III) 系列の分配係数実験値が示す特異な系列変化パターンとして Peppard et al. (1969) が提唱し，Jørgensen の理論式や電子雲拡大系列の考え方とは独立に見出された．

7-1　溶媒抽出系におけるランタニド四組効果

ランタニド四組効果は，溶媒抽出系における Ln^{3+} イオン系列の分配係数の特徴 (図 7-1) を強調するために Peppard et al. (1969) が提唱したものである．一般に溶媒抽出とは，水溶液とこれに不混和な有機溶媒を用い，水溶液に存在する特定の金属元素イオンを有機溶媒中で安定となる錯体に変化させ，有機溶媒中に選択的に移行させる物質分離法である．1) 有機溶媒の種類，2) 水溶液の pH などの条件，3) 有機溶媒中で安定な金属錯体を作るための錯化試薬，の組み合わせを選ぶことで，特定の金属元素イオンを有機溶媒中に選択的に抽出分離することができる．有機溶媒それ自身が錯化剤の役割を担う場合もあり，その場合，錯化剤は不要である．一旦，有機相に抽出された金属元素イオンは水溶液の pH などを変えることで，再度，水相に逆抽出することもできる．このような溶媒抽出法は希土類元素の単離にも応用された．Peppard は，溶媒抽出による希土類元素単離法の開発者である．溶媒抽出系における金属イオン (M) の分配係数は，

$$K_d(M) = (有機相の M 濃度 / 水相の M 濃度) \tag{7-1}$$

として定義される．濃度は重量モル濃度に換算できれば容量モル濃度でもよい．図 7-1 は Peppard らの結果である．この図からわかるように，これらの溶媒抽出系における Ln^{3+} イオンの分

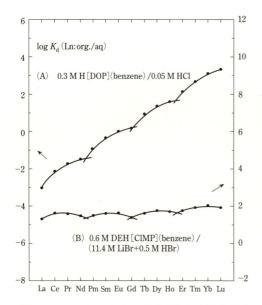

図7-1 Peppard et al.（1969）が報告した四組効果を示す溶媒抽出系分配係数対数値の系列変化．この論文では実験結果をグラフのみで示しており，数値データは掲載されていない．そのため，Masuda（1995）はグラフの点をデジタル値に変換し，その値を用いて四組効果を議論した．この図はMasuda（1995）による読み取り値を示したもので，四組効果の実験値と理論式の対応を検討したKawabe and Masuda（2001）による．

配係数の対数値（$\log K_d$）を原子番号順にプロットすると，四つの弧を描くような変化パターンとなり，一本の直線，あるいは，一本の滑らかな曲線によって，すべての$\log K_d$値を表現することはできない．しかし，（La, Ce, Pr, Nd），（Pm, Sm, Eu, Gd），（Gd, Tb, Dy, Ho），（Er, Tm, Yb, Lu）の四組（tetrad）元素ごとに$\log K_d$値を考えると，四組元素の四つの$\log K_d$値は，一本の「上に凸な滑らかな曲線（四組曲線）」によく当てはまる．そして，第一と第二の四組曲線はNdとPmの中間点で交差し，第二と第三の四組曲線はGdで，第三と第四の四組曲線はHoとErの中間で，それぞれ交差する．Ln^{3+}イオンの電子配置は$[Xe](4f)^q$と表現でき，$4f$副殻には最大で14個の電子が収容される．La^{3+}では$q=0$であるが，Ce^{3+}からLu^{3+}までの間では原子番号順にqは1ずつ増加し，Lu^{3+}では$q=14$となり，$4f$副殻の充填は完了する．四組曲線の三つの交差点は，$4f$副殻が各々1/4，1/2，3/4だけ充填された点に対応していることをPeppardらは強調した．Pmは人工放射性元素で，天然には存在しないが，PeppardらはこのPm^{3+}の分配係数も実験的に求めている．Peppardらのランタニド四組効果の提唱には，Pm^{3+}の分配係数の実験値も必要であった．

一方，原子番号89から103までの15元素（Ac～Lr）は，アクチニド（actinides）と総称され，人工元素である超ウラン元素を含む．アクチニドはAnと略記される．これらAn^{3+}の電子配置は$[Rn](5f)^q$と書くことができ，Ln^{3+}イオンの電子配置$[Xe](4f)^q$と類似性がある．Peppard et al.（1970）は，An^{3+}イオンの溶媒抽出系における分配係数にも，Ln^{3+}イオンと同様の四組効果が認められるとしている．アクチニドではなくランタニドの四組効果であることを強調するために，ランタニド四組効果と記すこともあるが，本書ではランタニドのみを議論するので，単に四組効果と記す．

このように，Peppardらが提唱した四組効果とは，溶媒抽出系の分配係数実験データと電子配置の規則性を経験的・直感的発想で結び付けたもので，確固とした理論的根拠に基づくものではなかった．確かに，「四組」との言葉には，分子構造におけるLewisの「octet rule」に似た語感が伴っている．ところがPeppardらの直感的理解は的を射たものであった．Jørgensen（1970）とNugent（1970）は，ほぼ同時に，「Peppardらの四組効果は，Ln(III)錯体スペクトルの特徴を説明するために既に提案されていた理論式（Jørgensen, 1962）を支持する実験事実である」と指摘した．

Jørgensen（1962）の理論式は，Ln(III)錯体の電荷移動スペクトルを説明するために提案されたものである．第3イオン化エネルギーの符号を反対にした系列変化，

$$\Delta E_1(q) = E[(4f)^{q+1}] - E[(4f)^q] = -\{E[(4f)^q] - E[(4f)^{q+1}]\} = -I_3(4f^{q+1}) \tag{7-2}$$

を考え，これで Ln(III) 錯体の電荷移動スペクトル・バンドを説明するものであった．電荷移動スペクトルとは，配位子からの電子の移動によって $4f$ 電子が 1 個増える変化であると考えればよい．5-6 節で既に述べたように，補正した第 3 イオン化エネルギーのグラフの上下を逆にして考えると，Eu と Yb のみになぜ (III → II) の変化が起こりやすいかが理解できる．また，Eu と Yb の次に (III → II) の変化が起こりやすい元素は Sm と Tm であることもわかる．Eu, Yb, Sm, Tm の Ln(III) 錯体には，(III → II) の変化に対応する電荷移動スペクトル・バンドが知られている (Reisfeld and Jørgensen, 1977, p. 49)．しかし，四組効果自体を説明するのは，(7-2) ではなく，導出の根拠となっている $E[(4f)^q]$ の表現式 (4-21) それ自体である．溶媒抽出系の反応を念頭におき，(4-21) に戻って考えてみよう．

7-2　溶媒抽出系での Ln(III) の反応と $4f$ 電子配置エネルギー変化

水相と有機溶媒相の二相からなる溶媒抽出系の反応を簡単に書けば，

$$\text{Ln}^{3+}(\text{aq}) + \text{X}(\text{org.}) = \text{Ln(III)} \cdot \text{X}(\text{org.}) \tag{7-3}$$

となる．(aq) と (org.) はそれぞれ水相と有機溶媒相を意味する．個々の溶媒抽出系の反応は一般にはもっと複雑で，pH に関係する項も付随する．しかし，溶媒抽出系平衡定数 K の Ln(III) 依存性を議論する時は，pH に関係する項は Ln(III) に対して共通だから，(7-3) のような簡略式でも十分である．水溶液に存在する Ln^{3+}(aq) が，有機溶媒中で Ln(III) 錯体を作るための錯化剤 X と結び付き，有機溶媒中で安定な錯体 Ln(III)·X(org.) となることが表現できていればよい．この平衡定数 K は，

$$K = a\,[\text{Ln(III)} \cdot \text{X(org.)}] / \{a\,[\text{Ln}^{3+}(\text{aq})] \cdot a\,[\text{X(org.)}]\} \tag{7-4}$$

であり，a は各化学種の活量である．一般に，溶液中の化学種 i に対する化学ポテンシャル (μ_i) は，

$$\mu_i = \mu_i^0 + RT\ln a_i = \mu_i^0 + RT\ln(\gamma_i \cdot m_i) \tag{7-5}$$

と書くことができる．m_i は重量モル濃度値，γ_i は活量係数である．μ_i^0 は $m_i \to 1$ である場合の化学ポテンシャルの値で，標準化学ポテンシャルと呼ばれる．濃度に依存しない値である．通常は，理想希薄溶液基準 ($m_i \to 0$ の時，$\gamma_i \to 1$) が採用されるので，理想希薄溶液の状態 ($m_i \approx 0$) から $m_i = 1$ まで，$\gamma_i = 1$ として μ_i を外挿したときの値である．現実の単位濃度の溶液における μ_i そのものではない．(7-3) の化学平衡が成立している時，熱力学の第 1，第 2 法則から，

$$\mu[\text{Ln(III)} \cdot \text{X(org.)}] = \mu[\text{Ln}^{3+}(\text{aq})] + \mu[\text{X(org.)}] \tag{7-6}$$

となる．(7-5) を用いて，

$$\Delta G_r^0 = \mu^0[\text{Ln(III)} \cdot \text{X(org.)}] - \mu^0[\text{Ln}^{3+}(\text{aq})] - \mu^0[\text{X(org.)}] \tag{7-7}$$

と書き，(7-4) の平衡定数 K を用いると，

$$RT \cdot \ln K = 2.303 RT \cdot \log K = -\Delta G_r^0$$
$$= \mu^0[\text{Ln}^{3+}(\text{aq})] - \mu^0[\text{Ln(III)} \cdot \text{X(org.)}] + \mu^0[\text{X(org.)}] \tag{7-8}$$

となる．溶媒中のイオンや溶存化学種については，"純粋物質" を考えることは非現実的だから，理想希薄溶液基準を採用して定義した標準化学ポテンシャル (μ_i^0) を用いる．これは理想希薄溶

液から外挿された状態とは言え，単位重量モル濃度の当該化学種に対する Gibbs 自由エネルギーの値である．このような標準化学ポテンシャルも，純物質の場合と同じように，元素単体からその化学種を作る反応を考え，標準生成 Gibbs 自由エネルギー（ΔG_f^0）を定義することができる．水溶液のイオン種については，すべての温度における

$$(1/2)H_2(gas, 1\ atm) = H^+(aq) + e^-$$

に対して，

$$\Delta G_f^0(H^+, aq) = 0 \tag{7-9}$$

との規約（人為的な約束）を導入する（Denbigh, 1981）．すべての温度で (7-9) を約束することは，

$$\frac{\partial(\Delta G/T)}{\partial T} = -\frac{\Delta H}{T^2}, \quad \frac{\partial \Delta G}{\partial T} = -\Delta S$$

だから，同時に，$H^+(aq)$ の標準生成エンタルピーも標準生成エントロピーもすべての温度で 0 であると約束したことになる．

$$\Delta H_f^0(H^+, aq) = 0, \quad \Delta S_f^0(H^+, aq) = 0 \tag{7-10}$$

このような $H^+(aq)$ に関する熱力学規約を用いれば，純物質の場合と同じように，水溶液での $H^+(aq)$ 以外の個々のイオンの熱力学量は，実験データを用いて定義できることになる．詳しくは，Denbigh (1981) を参照されたい．

(7-7) は，

$$\Delta G_r^0 = \mu^0[Ln(III)\cdot X(org.)] - \mu^0[Ln^{3+}(aq)] - \mu^0[X(org.)]$$
$$= \Delta G_f^0[Ln(III)\cdot X(org.)] - \Delta G_f^0[Ln^{3+}(aq)] - \Delta G_f^0[X(org.)] \tag{7-11}$$

と書くことができる．溶媒抽出系の非水溶媒は色々ある．$H^+(aq)$ に関する熱力学規約に当たるものが採用されているわけではないが，(7-5) に準じて標準化学ポテンシャルを考える．(7-11) における標準化学ポテンシャルの差，$\Delta G_f^0[Ln(III)\cdot X(org.)] - \Delta G_f^0[Ln^{3+}(aq)]$，は溶媒間移行自由エネルギーと呼ばれる（田中他，1976）．

一方，分配係数（K_d）は，定義 (7-1) により，次のような濃度比によって与えられるから，

$$K_d = m[Ln(III)\cdot X(org.)]/m[Ln^{3+}(aq)] \tag{7-12}$$

分配係数は K (7-4) に関連しており，標準状態での分配係数は，次のように二つの Ln(III) 化学種の標準生成 Gibbs 自由エネルギーの差に結び付く．

$$\log K_d = \{\Delta G_f^0(Ln^{3+}, aq) - \Delta G_f^0(Ln(III)\cdot X, org.)\}/(2.303RT) + \text{const.} \tag{7-13}$$

二つの Ln(III) 化学種以外の化学種に対する標準生成 Gibbs 自由エネルギーは，Ln^{3+} が変化しても同じだから定数としてある．また，活量係数（γ_i）が関与する項も，とりあえず定数項に含めている．熱力学の観点からすると，図 7-1 の Peppard らの結果に認められる「上に凸な」滑らかな曲線（四組曲線）で示される変化は，$\{\Delta G_f^0(Ln^{3+}, aq) - \Delta G_f^0(Ln(III)\cdot X, org.)\}$ の系列変化を反映したものと考えられる．

既に 4-3 節において，$E[(4f)^q]$ の基底項エネルギー，

$$E[(nf)^q, LS(\max)] = W_c + q\cdot W_0 + \frac{1}{2}q(q-1)\left(E^0 + \frac{9}{13}E^1\right) + n(S)\left(\frac{9}{13}\right)E^1 + m(L)E^3 \tag{4-16}$$

に関連して，「八組（octad）」，「四組（tetrad）」様のエネルギー変化がこの表現式の中に含まれていることを指摘しておいた．配置平均エネルギーからどれだけ安定化しているかを表す二つの項 $n(S)(9/13)E^1$ と $m(L)E^3$ で，$n(S)$ は上に凸な「八組（octad）」様の変化を示し，$m(L)$ は同様な

「四組（tetrad）」様変化を示す（図4-4）．4-4節で述べたように，(4-16)に対しスピン・軌道相互作用を考慮して，$E[(4f)^q]$の基底レベルエネルギーは(4-21)に代わる．

$$E[(4f)^q, LS(\max), \text{lowest } J] = E[(4f)^q, LS(\max)] + p(L,S,J)\zeta_{4f}$$

$$= W_c + q \cdot W_0 + \frac{1}{2}q(q-1)\left(E^0 + \frac{9}{13}E^1\right)$$

$$+ n(S)\left(\frac{9}{13}\right)E^1 + m(L)E^3 + p(L,S,J)\zeta_{4f} \quad (4\text{-}21)$$

(4-21)の$n(S)$，$m(L)$の変化が，$\{\Delta G_f^0(\text{Ln}^{3+}, \text{aq}) - \Delta G_f^0(\text{Ln(III)}\cdot X, \text{org.})\}$に内包されていることが示唆される．すなわち，$\text{Ln}^{3+}$(aq)とLn(III)·X(org.)の間では，Racahパラメーター(E^1, E^3)が正確には一致していないこと，$E[(4f)^q]$が両者で一致していないことを意味する．(7-13)によれば，Ln^{3+}イオンが水分子に配位された状態と有機相中で錯体となった場合では，$E[(4f)^q]$が異なることになる．ΔG_f^0の差には，内部エネルギーの一部としての$E[(4f)^q]$の差も寄与しているに違いない．通常の$\Delta G = \Delta H - T\Delta S$で言えば，$E[(4f)^q]$の差は$\Delta H$に直接的に寄与していることになる．両者で変化可能なパラメーターにΔを付して，この$(4f)^q$電子配置基底レベル間のエネルギー差を次のように書こう，

$\Delta E_2(q) \equiv E(4f^q)_{\text{aq}} - E(4f^q)_{\text{org.}}$

$$= \Delta W_c + q \cdot \Delta W_0 + \frac{1}{2}q(q-1)\left(\Delta E^0 + \frac{9}{13}\Delta E^1\right) + n(S)\cdot\left(\frac{9}{13}\right)\Delta E^1 + m(L)\cdot\Delta E^3 + p(L,S,J)\cdot\Delta\zeta_{4f} \quad (7\text{-}14)$$

(7-14)式の$\Delta E_2(q)$は，$(4f)^q$電子配置基底レベル間のエネルギーの差であるが，以後単に，電子配置エネルギーの差と呼ぶことにする．5-3節では，Ln^{3+}イオンの配位子が変更されることに伴って，電子配置エネルギーが変更され，$\Delta E_2(q)$がゼロではないこともありうることを述べた．Peppardらの四組効果は，まさにゼロではない電子配置エネルギーの差についての実験的証拠である．

Jørgensen (1970) と Nugent (1970) は，ほぼ同時に，Ln^{3+}(aq)とLn(III)·X(org.)のRacahパラメーター(E^1, E^3)が正確に一致しておらず，Ln^{3+}(aq)の方がやや大きなRacahパラメーターを持てば，Peppardらの四組効果は，Jørgensen (1962) の式から説明できることを指摘した．Racahパラメーター(E^1, E^3)の大小関係について，両者はいずれも，電子雲拡大系列に言及している．Ln^{3+}イオンの配位子が（F^-, Cl^-, H_2O, O^{2-}, S^{2-}）と変化するにつれて，Racahパラメーターの値は，%オーダーではあるが，真空中の自由イオンの値からこの順で系統的に小さくなることが知られている．これが電子雲拡大効果（nephelauxetic effect）と呼ばれ，配位子の序列は電子雲拡大系列（nephelauxetic series）と呼ばれている．$(3d)^q$配置での電子雲拡大系列については，Mn(II)錯体についてよく調べられており，類似の結果が知られている（Jørgensen, 1971; Reisfeld and Jørgensen, 1977）．Peppardらの四組効果が上に凸であることに関連して，Jørgensen (1970) は，電子雲拡大系列からすると，水和イオンは比較的大きなRacahパラメーターを与え，有機錯体は一般に小さなRacahパラメーターを与えると推論できるので，この極性は電子雲拡大効果と矛盾しないことも指摘している．Jørgensen (1970) と Nugent (1970) の議論は定性的な内容ではあったが，Peppardらの経験的・直感的発想に基づく分配係数の四組効果が，スペクトル・データの電子雲拡大効果と結びつくことを指摘した．

Jørgensen (1970) と Nugent (1970) の論文を筆者が初めて読んだのは1980年代の後半であっ

た．議論の主旨は理解できるが，細部については理解できない個所が多数あった．議論の出発点として引用されている Jørgensen（1962）を読むことにした．Jørgensen（1962）の理論式は，原子分光学の Slater-Condon 理論から導かれていることを知った．その後，$(4f^{q+1} \rightarrow 4f^q)$，$(4f \rightarrow 5d)$ に関する Nugent and Vander Sluis（1971），Vander Sluis and Nugent（1972），Nugent et al.（1973）も読んでみたが，Jørgensen（1962）の議論を踏襲した内容であることがわかった．漠然とではあるが，もう少し定量的な議論ができるのではないかとの思いが残った．ともかく Slater-Condon の多重項理論を学ぶことにした．結果的には，これが Jørgensen の理論式を冷静に見直す出発点となった．

7-3　配位子交換反応と四組効果

溶媒抽出法における分配係数の対数値は，Ln(III) 化学種の標準生成 Gibbs 自由エネルギーの差に対応する．溶媒抽出の反応に限らず，5-3 節で議論した

$$LnCl_3(c) + 3H^+(aq) = Ln^{3+}(aq) + (3/2)Cl_2(g) + (3/2)H_2(g)$$

$$LnCl_3(c) = Ln^{3+}(aq) + 3Cl^-(aq)$$

の反応も右辺と左辺に異なる Ln(III) 化学種があり，Ln(III) の配位子の種類が変更される反応である．このような反応を，一般に，Ln(III) の配位子交換反応と呼ぶことにする．たとえば，

$$LnCl_3(c) = Ln^{3+}(g) + 3Cl^-(g)$$

は，結晶であるランタニド三塩化物を $Ln^{3+}(g) + 3Cl^-(g)$ のイオン・ガスに分解する反応で，ランタニド三塩化物の格子エンタルピーを定義する反応である．$Ln^{3+}(g)$ は配位子を持たない自由イオンであるが，これも null（何もない）配位子を持つ状態と呼ぶことができる．このように，$Ln^{3+}(g)$ が関与する反応も含めて Ln(III) の配位子交換反応と呼ぶことにする．

配位子交換反応の熱力学量が Ln(III) 系列を通じて示す変化パターンは，$Z = q + 57$ だから，$4f$ 電子数 q が 0 から 14 に至る間での変化である．その変化パターンに，$n(S)$ と $m(L)$ が示す特徴的な八組と四組様変化を見出し，これを定量的に分離できれば，Ln(III) 両化学種間の Racah パラメーターの差が推定できる．もちろん，熱力学データから求められた Racah パラメーターの差は，分光学のデータと一致するかどうかが別途検討されねばならない（Kawabe, 1992）．上記のような変化は $(4f)^q$ 電子配置の基底レベル間のエネルギー差が反映されるので，内部エネルギー変化（ΔU）の一部としての $E(4f^q)$ の差を問題にすることになる．温度圧力一定の条件では，

$$\Delta G = \Delta U + P\Delta V - T\Delta S = \Delta H - T\Delta S$$

だから，$E(4f^q)$ の差は ΔH に直接的に寄与していると見なせばよい．ΔH は実験データとして直接得られるが，ΔU は実験データとして直接得られるわけではない．ΔS への寄与をどう考えるかはしばらく留保したい．以後想定する (T, P) 条件は（25℃, 1 bar）の標準状態であるから，常温における反応の ΔG に対する ΔS の寄与は一般には小さいだろうから，とりあえずは，ΔG の四組効果は実質的に ΔH の四組効果であると考えることにする．

$\Delta E_2(q) \equiv E(4f^q)_{aq} - E(4f^q)_{org.}$

$$= \Delta W_c + q \cdot \Delta W_0 + \frac{1}{2}q(q-1)\left(\Delta E^0 + \frac{9}{13}\Delta E^1\right) + n(S) \cdot \left(\frac{9}{13}\right)\Delta E^1 + m(L) \cdot \Delta E^3 + p(L, S, J) \cdot \Delta \zeta_{4f} \quad (7\text{-}14)$$

におけるいくつかの項のうち，ΔW_cに関しては，配位子が変更されても影響されないと考える．
$$\Delta W_c = 0 \tag{7-15}$$
$4f$電子がイオン化される場合は，その前後で，ΔW_cは一定ではないことも考慮すべきかもしれないと述べた（6-5節）．しかし，Ln(III)の配位子交換反応の場合，$(4f)^q$の基本的電子配置は同じであると考えれば，(7-15)は合理的であろう．従って，配位子交換反応のΔHに寄与する$(4f)^q$の電子配置エネルギー差は，

$$\Delta E_2(q) = q \cdot \Delta W_0 + \frac{1}{2}q(q-1)\left(\Delta E^0 + \frac{9}{13}\Delta E^1\right) + n(S) \cdot \left(\frac{9}{13}\right)\Delta E^1 + m(L) \cdot \Delta E^3 + p(L, S, J) \cdot \Delta \zeta_{4f} \tag{7-16}$$

となる．この式は見掛け上，$4f$電子数(q)の二次式に見える．しかし，W_0，E^0，E^1，E^3，ζ_{4f}は有効核電荷の関数である．有効核電荷自体はqの一次式としても，ΔW_0，ΔE^0，ΔE^1，ΔE^3，$\Delta \zeta_{4f}$はqの関数と考えねばならない．この問題を以下で考える．

7-4 四組効果をめぐる有効核電荷とRacahパラメーターの関係

6-1節で議論したように，多重項理論のパラメーターは有効核電荷に強く依存する．
$$\begin{aligned} W_0 &\propto -(Z - S_{4f})^2, \\ E^0, E^1, E^3 &\propto (Z - S_{4f}), \\ \zeta_{4f} &\propto (Z - S_{4f})^4 \end{aligned} \tag{6-1}$$

遮蔽定数(S_{4f})は，Ln^{3+}イオンに関しては，光学スペクトル，X線スペクトルデータからすると，
$$\begin{aligned} S_{4f} &= 32, \\ Z - S_{4f} &= q + 25 \end{aligned}$$

としてよいだろう．これらに留意して，Kawabe (1992) は，
$$\begin{aligned} \Delta W_0 &= (C_W + C'_W q + C''_W q^2 + \cdots)(q+25)^2, \\ \Delta E^0 + \frac{9}{13}\Delta E^1 &= (C_a + C'_a q + C''_a q^2 + \cdots)(q+25), \\ \Delta E^1 &= (C_1 + C'_1 q + C''_1 q^2 + \cdots)(q+25), \\ \Delta E^3 &= (C_3 + C'_3 q + C''_3 q^2 + \cdots)(q+25), \\ \Delta \zeta_{4f} &= (C_{ls} + C'_{ls} q + C''_{ls} q^2 + \cdots)(q+25)^4 \end{aligned} \tag{7-17}$$

を仮定した．すなわち，有効核電荷に対する依存性を表す係数をqの多項式で近似できると仮定した．これにより，配置平均エネルギーの変化は，

$$q \cdot \Delta W_0 + \frac{1}{2}q(q-1)\left(\Delta E^0 + \frac{9}{13}\Delta E^1\right) = q(q+25)(a + bq + cq^2 + \cdots) \tag{7-18}$$

となる．ここで，q^2以上の高次項を無視し，ΔE^1，ΔE^3，$\Delta \zeta_{4f}$に対する多項式近似では，定数項のみを考慮すると考える．その結果，(7-16)は次式のように比較的簡潔なものとなる．

$$\Delta E_2(q) = q(a+bq)(q+25) + \frac{9}{13}n(S)C_1(q+25) + m(L)C_3(q+25) + p(L, S, J)C_{ls}(q+25)^4 \tag{7-19}$$

a, b, C_1, C_3, C_{ls}は全て定数である．4-4節に述べたように，$n(S)$, $m(L)$, $p(L, S, J)$はqに依存

して変化するが，$(4f)^q$の配置における基底レベルを指定する量子数の組(L, S, J)で指定されるから，qが与えられれば定まる定数である（表4-7）．(7-18)でq^2以上の高次項を無視するのは一つの便宜である．$(a+bq+cq^2)$を使ってもよい．最小二乗法でランタニドの現実データを解析する際に，データ数は最大で15個（$q=0$から14まで）である．Pmについてはデータがないことが普通である．また，不規則電子配置の問題から，Eu(II)やCe(IV)の関与を無視できない場合があるので，利用できるデータ数は12個くらいになることもある．一般に，パラメーター数が多ければ，安定した最小二乗解が得られないこともある．q^2以上の高次項を無視するのはこのような便宜的理由にもよる．

　一方，配位子交換反応のΔHやΔGの四組効果を検討する場合には，$(4f)^q$の電子配置エネルギー差と直接的には対応しない部分のΔHやΔGも考慮しなければならない．ΔHやΔGの測定値を$\Delta Y(\text{obs})$とすると，測定値$\Delta Y(\text{obs})$は$\Delta E_2(q)$とこれに直接的に対応しない部分$A_0(q)$の和であり，

$$\Delta Y(\text{obs}) = A_0(q) + \Delta E_2(q)$$
$$= A_0(q) + q(a+bq)(q+25) + \frac{9}{13}n(S)C_1(q+25) + m(L)C_3(q+25) + p(L,S,J)C_{ls}(q+25)^4 \quad (7\text{-}20)$$

と書ける．5-3節でLnCl$_3$(c)の結晶構造を例に述べたように，配位子の種類は同じであっても，Ln^{3+}イオンを中心とする配位多面体の幾何学的構造が，Ln系列の中で変化することが多い．配位子交換反応に関係する二つのLn(III)化合物・錯体系列のうち，少なくとも一方で，このような構造変化があれば，これに伴って$A_0(q)$もqとともに変化すると考えねばならない．もし，両方のLn(III)化合物・錯体系列に構造変化があれば，$A_0(q)$の変化は両シリーズの構造変化を反映したものとなる．

　しかし，両方のLn(III)化合物・錯体系列がいずれも同質同形（isomorphous）シリーズであれば，$A_0(q)$はqの滑らかな関数であろう．$A_0(q)$は配置平均エネルギーの差を表現する$q(a+bq)(q+25)$の項と一体となり，全体として滑らかなqの関数で表現できるに違いない．このような状況では，$A_0(q)$の変化は，配置平均エネルギーの差の変化$q(a+bq)(q+25)$とは区別できない．その意味で，両方のLn(III)化合物・錯体系列がいずれも同質同形シリーズであれば，

$$\Delta Y(\text{obs}) = A_0 + q(a+bq)(q+25) + \frac{9}{13}n(S)C_1(q+25) + m(L)C_3(q+25) + p(L,S,J)C_{ls}(q+25)^4 \quad (7\text{-}21)$$

となり，$A_0(q)$は形式上の定数とおくことができる．

　ところで，二つの化合物・錯体が同質同形であるとは，両者が同一形の化学式と同一の構造を有していることを指す．isochemical and isostructural の意味である．結晶性化合物の場合，同一の構造とは同一の空間群に属することを意味し，錯体の場合では，同一の点群に属すると考えればよい．しかし，現実のLn(III)化合物・錯体系列が，LaからLuまでの全ランタニド系列において，同質同形であるのは稀であり，現実データを取り扱う場合，重要な問題となる．同質同形系列に戻して考える操作（補正）が必要となる．詳しくは個別に述べることとしよう．

　(7-21)式を前提とした最小二乗法を用いる重要性は，熱力学量のデータから

$$\Delta E^1 = C_1(q+25), \quad \Delta E^3 = C_3(q+25) \quad (7\text{-}22)$$

なるRacahパラメーターの相違が推定できることにある．筆者（Kawabe, 1992）は，(7-21)を用いる最初の検討例として，LnO$_{1.5}$(cub)とLnF$_3$(rhm)の格子エネルギーの系列変化，さらに，

$LnO_{1.5}$(cub) と LnF_3(rhm) の配位子交換反応に対する ΔH_r の系列変化を取り上げた．ΔH_r の系列変化は $\{\Delta H_f^0(LnF_3, rhm) - \Delta H_f^0(LnO_{1.5}, cub)\}$ として，標準生成エンタルピーの差で与えられる．詳しくは，第 10, 11 章で議論するが，$LnO_{1.5}$ 系列では，Ln = La～Nd は hexagonal 相，Sm～Lu は cubic 相が常温・常圧下の安定相である．LnF_3 系列でも，Ln = La～Nd は hexagonal 相，Sm～Lu は orthorhombic 相が安定である．LnF_3(rhm) の rhm は orthorhombic 相を意味する（orthorhombic 晶系は rhombic 晶系とも呼ばれる）．両 Ln(III) 化合物はいずれも全 Ln 系列で同質同形ではないので，$A_0(q)$ を結晶構造のデータも参照しながら推定し，あらかじめその補正をしておかねばならない．このような Ln(III) 酸化物，フッ化物を最初に検討した理由は以下に記す通りいくつかある．

1) LnF_3 と $LnO_{1.5}$ は電子雲拡大系列でほぼ両端を占める．したがって，最大級の ΔE^1 と ΔE^3 が期待され，スペクトル・データによる ΔE^1 と ΔE^3 との比較に好都合である．

2) Caro et al. (1981) は，Nd(III) 化合物の光学スペクトルの解析から，電子雲拡大効果を調べており，Nd(III) 酸化物，フッ化物における Nd^{3+} イオンの E^1 と E^3, ζ_{4f} が既に報告されている．

3) $LnO_{1.5}$ と LnF_3 の ΔH_f^0 と格子定数は，信頼性のある実験値が報告されており，両化合物系列における結晶構造の変化や多形についてもわかっている．$A_0(q)$ を結晶構造のデータを参照しながら推定する手掛かりがある．

4) $LnO_{1.5}$ と LnF_3 の格子定数は，それぞれ，6 配位と 8 配位の Ln^{3+} イオン半径を決める主要な化合物であり，「イオン半径」論と四組効果の連関を考える上で重要である．

$LnO_{1.5}$ と LnF_3 の検討結果は，第 12 章で詳しく述べるが，結論として，$\{\Delta H_f^0(LnF_3, rhm) - \Delta H_f^0(LnO_{1.5}, cub)\}$ が示す四組効果は，分光学的に推定されている $NdO_{1.5}$(cub) と NdF_3(hex) の Racah パラメーターの値と定量的にも矛盾せず，両化合物系列の格子エネルギーから推定される Ln^{3+}(g) との Racah パラメーターの大小関係も，電子雲拡大系列と一致することがわかった．(7-21) 式の有効性が確認できた．Slater-Condon 理論のエネルギー・パラメーターが有効核電荷の関数であることを積極的に用いることによって，熱力学量のデータから Racah パラメーターの差を推定できる．Jørgensen (1970) や Nugent (1970) の段階からさらに一歩進んで，多重項理論と Peppard らの提唱した四組効果は定量的にも結びつく．次節では，Peppard らが四組効果提唱の根拠とした二つの溶媒抽出系分配係数系列変化（図 7-1）を例に (7-21) 式を用いて検討する．

7-5　Peppard らの四組効果と Nd 化合物での電子雲拡大系列

Peppard らの溶媒抽出系分配係数における四組効果と対応する項は，(7-16) における $\{n(S) \cdot (9/13)\Delta E^1 + m(L) \cdot \Delta E^3\}$ と考えてよい．Racah パラメーターの違いによるこの項に比べ，スピン・軌道相互作用の違いによる $p(L, S, J)C_{ls}(q+25)^4$ の項は小さい．ここでは無視して考える．

$$\frac{9}{13} \cdot n(S) \cdot \Delta E^1 + m(L) \cdot \Delta E^3 = \frac{9}{13} \cdot \left[n(S) + \frac{13}{9} \cdot \left(\frac{\Delta E^3}{\Delta E^1} \right) \cdot m(L) \right] \cdot \Delta E^1 \tag{7-23}$$

と書ける．(7-22) からすると，$(\Delta E^3/\Delta E^1) = C_3/C_1 = $ 一定である．図 7-2 には，$n(S)$ と $m(L)$ の系列変化を示すとともに，$(\Delta E^3/\Delta E^1) = 0.21$ と仮定した場合 $\{n(S) + (13/9) \cdot (\Delta E^3/\Delta E^1) \cdot m(L)\} \approx \{n(S) +$

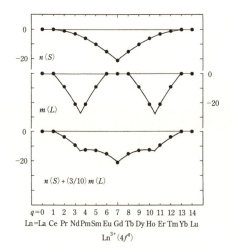

図 7-2 $n(S)$ と $m(L)$ の系列変化を示す。$(\Delta E^3/\Delta E^1)=0.21$ と仮定した時、$\{n(S)+(13/9)\cdot(\Delta E^3/\Delta E^1)\cdot m(L)\}\approx\{n(S)+(3/10)m(L)\}$ となり、上に凸な四組様系列変化パターンが得られる。

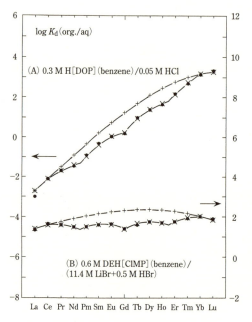

図 7-3 Peppard et al. (1969) が報告した四組効果を示す溶媒抽出系分配係数対数値の系列変化 (図7-1) は、四組効果の理論式 (7-24) で回帰できる。黒丸は図7-1に示した値。×印は実験値の回帰式からの値、+印は、系列変化の滑らかな変化成分。×印と+印の点の差が正味の四組効果に当たる。(A) の溶媒抽出系での La の値は、最小二乗回帰には使用していない。(B) の場合は、すべての Ln の実験データを最小二乗回帰に用いている。Kawabe and Masuda (2001) による。

$(3/10)m(L)\}$ となるが、この系列変化も示してある。$(\Delta E^3/\Delta E^1)=0.21$ の仮定は、電子雲拡大効果のスペクトル・データによるが、その説明は後に記す。上に凸な四組曲線となっており、交差点の位置も Peppard らの経験論的主張と合致している。$(\Delta E^3/\Delta E^1)=0.21$ と仮定しているので、ΔE^1 が正の場合は ΔE^3 も正であり、これは、Ln^{3+} 水和イオンの Racah パラメーターが有機相中の $Ln(III)X(org.)$ より大きい場合に相当し、$\{(9/13)\cdot n(S)\cdot\Delta E^1+m(L)\cdot\Delta E^3\}$ が示す系列変化は、図 7-1 の変化パターンの特徴を定性的に再現している。Racah パラメーターは有効核電荷に比例するので、実際は、図 7-2 の変化パターンがやや歪んだものとなるが、$\{(9/13)\cdot n(S)\cdot\Delta E^1+m(L)\cdot\Delta E^3\}$ が示す「上に凸」な四組曲線は図 7-1 の変化パターンを説明できる。すなわち、$\Delta E_2(q)$ が、分配反応の ΔH_r を通じて $\{\Delta G_f^0(Ln^{3+},aq)-\Delta G_f^0(Ln(III)\cdot X,org)\}$ に寄与していると考えれば、Peppard らの溶媒抽出系分配係数における四組効果は (7-16) 式から説明できる。

もし、Ln^{3+} 水和イオンの Racah パラメーターが有機相中の $Ln(III)\cdot X(org.)$ より小さいならば、図 7-2 で ΔE^1 が負の場合は ΔE^3 も負であるので、図示した $\{n(S)+(3/10)m(L)\}$ の値を上下逆転したもの、すなわち、正の値を持ち、「下に凸」な四組効果の $\{(9/13)\cdot n(S)\cdot\Delta E^1+m(L)\cdot\Delta E^3\}$ に対応することになる。これは Peppard らの実験結果の極性とは逆である。ゆえに、Ln^{3+} 水和イオンの Racah パラメーターは有機相中の $Ln(III)\cdot X(org.)$ より大きいとの推定が可能となる。四組曲線の極性、「上に凸」か「下に凸」かは、比べている二つの $Ln(III)$ 化学種の Racah パラメーターの大小関係に一対一に対応している。

図 7-1 に示した Peppard らの分配係数実験値を、最小二乗法で (7-21) 式に当てはめた結果が図 7-3 である (Kawabe and Masuda, 2001)。ただし、(7-21) 式は $C_{ls}=0$ として、

表 7-1 Peppard et al.（1969）の分配係数から推定される C_1, C_3 の値.

$\log K_d$ (org./aq)	$C_1 \times 10^3$	$C_3 \times 10^4$	最小二乗解の平均誤差	C_3/C_1
(A) 0.3 M H[DOP](benzene)/0.05 M HCl（全データ）	2.82 ± 0.52	7.5 ± 1.6	0.093	
(A)* 0.3 M H[DOP](benzene)/0.05 M HCl（La を除く全データ）	2.17 ± 0.36	6.2 ± 1.0	0.058	0.29 ± 0.07
(B)* 0.6 M DEH[ClMP](benzene)/(11.4 M LiBr + 0.5 M HBr)（全データ）	2.00 ± 0.29	4.9 ± 0.9	0.052	0.25 ± 0.06

＊図7-3 に示した結果.

$$\log K_d \,(\text{org./aq}) = -\Delta G_r^0/(2.303RT)$$
$$= [\Delta G_f^0(\text{Ln}^{3+},\text{aq}) - \Delta G_f^0(\text{Ln(III)·X, org.})]/(2.303RT) + \text{const.}$$
$$= A_0 + q(a+bq)(q+25) + \frac{9}{13} \cdot n(S) \cdot C_1(q+25) + m(L) \cdot C_3(q+25) \quad (7\text{-}24)$$

として取り扱っている．Peppard et al.（1969）の論文では，分配係数実験値が $\log K_d$ (org./aq) のグラフとしてのみ示されており，個々の K_d (org./aq) 値は掲げられていない．そこで，Masuda（1995）はグラフを拡大し，$\log K_d$ (org./aq) を数値化し，四組様変化が二次曲線で近似できることなどを論じた．図 7-1，-3 に示した $\log K_d$ (org./aq) の値は Masuda（1995）による読み取り値である．(7-24) から，(7-22) の Racah パラメーターの差は

$$E^1(\text{Ln}^{3+},\text{aq}) - E^1(\text{Ln(III)·X, org}) \equiv \Delta E^1 \approx C_1 \cdot (q+25),$$
$$E^3(\text{Ln}^{3+},\text{aq}) - E^3(\text{Ln(III)·X, org}) \equiv \Delta E^3 \approx C_3 \cdot (q+25),$$
$$\Delta E^3/\Delta E^1 = C_3/C_1$$

である．この逆ではないことに注意されたい．図 7-3 で，＋印を結んだ滑らかな曲線と $\log K_d$ (org./aq) の実験値（黒丸の点）に対する回帰値×印を結んだ四組様曲線の差が，$\{(9/13) \cdot n(S) \cdot \Delta E^1 + m(L) \cdot \Delta E^3\}$ に相当する．この四組効果は C_1, C_3 の係数で決まる．最小二乗法から得られた C_1, C_3 の値を表7-1 にまとめた．$C_1, C_3 > 0$ は $\Delta E^1, \Delta E^3 > 0$ を意味し，Ln^{3+}(aq) の Racah パラメーターは Ln(III)·X(org) より大きいことを意味する．溶媒抽出系 B のデータの場合は，全データを用いて満足すべき最小二乗解が得られる．しかし，溶媒抽出系 A の場合は，全データを用いた場合の平均誤差は必ずしも充分小さくはない．La のみを除いたデータを当てはめると平均誤差は約 40% 低下し，B の場合と同程度の解が得られる（表7-1）．溶媒抽出系 A の $\log K_d$ (org./aq) は右上がりの大きなトレンドを示し，溶媒抽出系 B にはそのようなトレンドはない．この溶媒抽出系 A の特徴が反映していると考えられる．詳しくは Kawabe and Masuda（2001）を参照されたい．図 7-3 に示した溶媒抽出系 A の解は，La を除いたデータに対する結果である．表 7-1 で重要なのは，近似的に $\Delta E^3/\Delta E^1 = C_3/C_1$ と決まることである．溶媒抽出系 A では $\Delta E^3/\Delta E^1 = 0.29 \pm 0.07$，B では $\Delta E^3/$

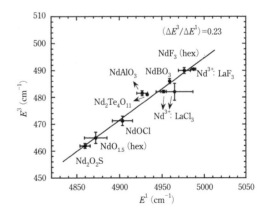

図 7-4 Nd(III) 化合物の光学スペクトル解析（Beaury and Caro, 1990；Cascales et al., 1992）から決められた E^3 と E^1 の値．Nd(III) 化合物系列における電子雲拡大系列を示す（Kawabe and Masuda, 2001）.

$\Delta E^1 = 0.25 \pm 0.06$ と推定される.

一方,図7-4はいくつかの Nd(III) 化合物の光学スペクトル解析(Beaury and Caro, 1990; Cascales et al., 1992)から決められた E^3 と E^1 をプロットしたものである.NdF_3 や $Nd^{3+}:LaCl_3$ は大きな E^3 と E^1 を持つが,Nd_2O_3,Nd_2O_2S は相対的に小さな E^3 と E^1 を持つことがわかる.これは電子雲拡大効果(nephelauxetic effect)の実例である.E^3 と E^1 の関係は一次式で表現できるので,この直線の勾配は

$$\Delta E^3/\Delta E^1 = 0.23 \pm 0.02$$

であることがわかる.この関係は $4f$ 電子数に依存しないので,Nd(III) 以外の Ln(III) でも成立することが期待できる.すなわち,Racah パラメーターは,配位子の違いにより次のような順序で低下すると考えてよい:

フッ化物＞塩化物＞Te,Al との複酸化物＞酸化物＞硫化物

この配位子の順序が電子雲拡大系列(nephelauxetic series)である.$\Delta E^3/\Delta E^1 = 0.23 \pm 0.02$ は,電子雲拡大系列全体を特徴付ける重要なパラメーターである.(7-23)式,図7-2では,$\Delta E^3/\Delta E^1 = 0.21$ と仮定したが,その根拠はここにある[1].Nd(III) 化合物のスペクトル・データから明らかにされている電子雲拡大効果については,12-2節でさらに詳しく議論する.

Peppard et al.(1969)が四組効果を提唱する根拠とした図7-1の二つの溶媒抽出系分配係数を,(7-21)式によって検討した結果,$\Delta E^3/\Delta E^1 = 0.29 \pm 0.07$,$\Delta E^3/\Delta E^1 = 0.25 \pm 0.06$ を得た.これらの値は,Nd(III) 化合物のスペクトル解析から推定される $\Delta E^3/\Delta E^1 = 0.23 \pm 0.02$ に概ね一致する.(7-24)では,ΔG_r の四組効果を ΔH_r の四組効果と見なし,$C_{ls}=0$ としてスピン・軌道相互作用係数の違いも無視している.したがって,有効数字二桁までの一致を期待することは無理であろう.しかし,熱力学量である分配係数が,(7-21)式を介して,スペクトル解析の結果と定量的にも結び付き,両者は整合的であることが明らかとなった.

Jørgensen(1962)の理論式(7-2)は,基本的には第3イオン化エネルギーの符号を反対にしたものである.しかし,Slater-Condon 理論のパラメーターが有効核電荷の関数であることは考慮されていない.第3イオン化エネルギーのデータを用いて,イオン化エネルギーにも,四組効果が内在することを次章で見ることにする.

---

[1] $\Delta E^3/\Delta E^1 = 0.23$ とすると,$(13/9)\cdot(0.23)\cdot m(L) = (3.3/10)\cdot m(L)$ となるが,$m(L)$ の係数を $(3/10)$ とするために $\Delta E^3/\Delta E^1 = 0.21$ としている.

第 8 章

改良した refined spin-pairing energy theory とその応用

　四組効果は，配位子交換反応の二つの Ln(III) 化学種間で Racah パラメーターが異なることに起因する．$(4f)^{q+1} \to (4f)^q$ に補正した第3イオン化エネルギーの場合も，対となる $Ln^{2+}(g)$ と $Ln^{3+}(g)$ では核電荷は同じだが，$4f$ 電子数が 1 だけ異なり，有効核電荷は異なるだろう．そのため，$E[(4f)^{q+1}]$ と $E[(4f)^q]$ の式での Racah パラメーターは系統的にずれた値となっているはずである．したがって，double-seated pattern の系列変化を示す $(4f)^{q+1} \to (4f)^q$ の第3イオン化エネルギーにも，Racah パラメーターが異なることによる四組効果が内在するはずである．従来の refined spin-pairing energy theory (RSPET) を改良する観点から，第 3 および第 4 イオン化エネルギー，ランタニド金属の蒸発熱 $\Delta H_f^0 (Ln, g)$，イオン化エネルギーの和 ($\sum I_i = I_1 + I_2 + I_3$)，などの系列変化に四組効果が内在することを確認する．

8-1 $(4f)^{q+1} \to (4f)^q$ に補正した第3イオン化エネルギー

　$(4f)^{q+1} \to (4f)^q$ の基底レベルエネルギー差になるように補正した第3イオン化エネルギーの値については，既に，5-5 節で説明した．以後，単に I_3' と記す．これは (4-21) に従えば，

$$\begin{aligned}
I_3' &= E[(4f)^q] - E[(4f)^{q+1}] \\
&= W_{c(q)} - W_{c(q+1)} + q \cdot W_{0(q)} - (q+1) \cdot W_{0(q+1)} \\
&\quad + \frac{1}{2}q(q-1) \cdot \left(E^0_{(q)} + \frac{9}{13}E^1_{(q)}\right) - \frac{1}{2}q(q+1) \cdot \left(E^0_{(q+1)} + \frac{9}{13}E^1_{(q+1)}\right) \\
&\quad + \frac{9}{13}[n(S)_{(q)}E^1_{(q)} - n(S)_{(q+1)}E^1_{(q+1)}] + m(L)_{(q)}E^3_{(q)} - m(L)_{(q+1)}E^3_{(q+1)} \\
&\quad + p(L, S, J)_{(q)} \cdot \zeta_{4f(q)} - p(L, S, J)_{(q+1)} \cdot \zeta_{4f(q+1)}
\end{aligned} \tag{8-1}$$

ここで，$E[(4f)^{q+1}]$ と $E[(4f)^q]$ の式における各パラメーター間の差を次のように表現する．まず，

$$A_{(q)} \equiv E^0_{(q)} + \frac{9}{13}E^1_{(q)}, \qquad A_{(q+1)} \equiv E^0_{(q+1)} + \frac{9}{13}E^1_{(q+1)} \tag{8-2}$$

と記すこととし，$E[(4f)^{q+1}]$ 系列の各パラメーターの値を，$E[(4f)^q]$ 系列の値とこれからのずれとして，以下のように表現する：

$$W_{c(q+1)} = W_{c(q)} - \Delta W_c,$$
$$W_{0(q+1)} = W_{0(q)} - \Delta W_0,$$
$$A_{(q+1)} = A_{(q)} - \Delta A,$$
$$E^1_{(q+1)} = E^1_{(q)} - \Delta E^1, \quad (8\text{-}3)$$
$$E^3_{(q+1)} = E^3_{(q)} - \Delta E^3,$$
$$\zeta_{4f(q+1)} = \zeta_{4f(q)} - \Delta \zeta_{4f}$$

この (8-3) の表記法を用い,かつ,表 4-7 と表 4-8 の係数を用いることによって, I_3' の表現 (8-1) は次のように簡単になる.

$$\begin{aligned} I_3' &= E\,[(4f)^q] - E\,[(4f)^{q+1}] \\ &= \Delta W_c + q\cdot\Delta W_0 - W_{0(q+1)} - q\cdot A_{(q)} + \frac{1}{2}q(q+1)\Delta A \\ &\quad + \frac{9}{13}[N(S)\cdot E^1_{(q)} + n(S)_{(q+1)}\Delta E^1] + [M(L)E^3_{(q)} + m(L)_{(q+1)}\Delta E^3] \\ &\quad + [P(L,S,J)\zeta_{4f(q)} + p(L,S,J)_{(q+1)}\Delta \zeta_{4f}] \end{aligned} \quad (8\text{-}4)$$

(8-4) から, 従来の RSPET の式 (4-27) との違いも明確になる. 従来の式は,

$$I(4f^{q+1}) = W + q(E^* - A) + \frac{9}{13}N(S)E^1 + M(L)E^3 + P(L,S,J)\zeta_{4f} \quad (4\text{-}27)$$

であるが, 従来の RSPET では $Ln^{2+}(g)$ と $Ln^{3+}(g)$ の両系列で各パラメーターの値には差はないとの近似を採用しているので, (8-4) で考えた場合は, Δ が付いている項をすべてゼロと置くことになる. そして, (4-26) を得た時と同じように,

$$-W_{0(q+1)} \approx -W_{0(q)} \approx W + q\cdot E^*$$

と q の一次式で近似する. このような近似を (8-4) に用いると, その結果は従来からの RSPET の式 (4-27) に一致する.

(8-4) において, 最後の三つの項を除く部分は, 配置平均エネルギーの差が系列内で変化する部分に相当するから, これら全体は q の滑らかな関数と考えることができる. これらを一つにまとめて $\Delta E_{\text{cf-av}}(q)$ と書くことにしよう,

$$\Delta E_{\text{cf-av}}(q) \equiv \Delta W_c + q\cdot\Delta W_0 - W_{0(q+1)} - q\cdot A_{(q)} + \frac{1}{2}q(q+1)\Delta A \quad (8\text{-}5)$$

したがって, I_3' は次のようになる,

$$\begin{aligned} I_3' &= \Delta E_{\text{cf-av}}(q) + \frac{9}{13}[N(S)\cdot E^1_{(q)} + n(S)_{(q+1)}\Delta E^1] + [M(L)E^3_{(q)} + m(L)_{(q+1)}\Delta E^3] \\ &\quad + [P(L,S,J)\zeta_{4f(q)} + p(L,S,J)_{(q+1)}\Delta \zeta_{4f}] \end{aligned} \quad (8\text{-}6)$$

ΔE^1 と ΔE^3 がともにゼロでない限り, $n(S)_{(q+1)}$ と $m(L)_{(q+1)}$ の八組様, 四組様変化が全体としては一つの四組効果となって I_3' に含まれていることになる. 以上の (8-6) 式の内容が, 本当に, I_3' のスペクトル・データで確認できるかが重要となる. 次節で検討する.

8-2 補正した第3イオン化エネルギーの解析

多重項理論による(8-6)に基づいて，I_3' からスピン・軌道相互作用によるエネルギーの差を除き，さらに，double-seated pattern の変化を与えている LS 項エネルギーの差 $[(9/13)N(S)\cdot E^1_{(q)} + M(L)E^3_{(q)}]$ を両辺から除くと，

$$I_3' - [P(L,S,J)\zeta_{4f(q)} + p(L,S,J)_{(q+1)}\Delta\zeta_{4f}] - \left[\frac{9}{13}N(S)\cdot E^1_{(q)} + M(L)\cdot E^3_{(q)}\right]$$

$$= \Delta E_{\text{cf-av}}(q) + \frac{9}{13}\cdot n(S)_{(q+1)}\Delta E^1 + m(L)_{(q+1)}\Delta E^3 \tag{8-7}$$

となる．$Ln^{2+}(g)$ と $Ln^{3+}(g)$ のスピン・軌道相互作用によるエネルギーは 6-5 節で既に調べてあるので，この差は具体的に計算できる．(8-1) に戻って，

$$P(L,S,J)\zeta_{4f(q)} + p(L,S,J)_{(q+1)}\Delta\zeta_{4f} = p(L,S,J)_{(q)}\zeta_{4f(q)} - p(L,S,J)_{(q+1)}\zeta_{4f(q+1)}$$

として求めればよい．

一方，6-2 節で見たように，Ln^{3+}:LaF_3 において $E^3 \approx (1/10)E^1$ であり，この関係は多くの Ln(III) 化合物・錯体で確認されている．$Ln^{3+}(g)$ についても，この関係を当てはめれば，LS 項エネルギーの差は，

$$\frac{9}{13}\cdot N(S)\cdot E^1_{(q)} + M(L)\cdot E^3_{(q)} = \left\{\frac{9}{13}\cdot N(S) + M(L)\left[\frac{E^3_{(q)}}{E^1_{(q)}}\right]\right\}\cdot E^1_{(q)}$$

$$= \left[\frac{9}{13}\cdot N(S) + \frac{1}{10}M(L)\right]\cdot E^1_{(q)} \tag{8-8}$$

となる．図 8-1 は，$[(9/13)\cdot N(S) + (1/10)M(L)]$ の系列変化の特徴を示したものである．$E^1_{(q)}$ は $Ln^{3+}(g)$ の Racah パラメーター E^1 であり，図 6-1a の Ln^{3+}:LaF_3 と同様に q の一次式と考えてよいから，この係数変化に double-seated pattern の直接の原因があることがわかる．Racah パラメーターの値については，電子雲拡大系列を考慮して，6-2 節の Ln^{3+}:LaF_3 の結果を $Ln^{3+}(g)$ に当てはめることが許されるとすると，

$$E^1_{(q)}/(Z-S_{4f}) = E^1_{(q)}/(q+25) = 180 \text{ cm}^{-1},$$
$$E^3_{(q)} \approx (1/10)E^1_{(q)} \tag{8-9}$$

と仮定できる．したがって，$\{(9/13)N(S)\cdot E^1_{(q)} + M(L)E^3_{(q)}\}$ の値も具体的に計算することができる．

(8-7) の右辺からわかるように，上記二種類の補正を I_3' に施した結果には，$\Delta E_{\text{cf-av}}(q)$ の滑らかな変化に重畳した $n(S)_{(q+1)}$ と $m(L)_{(q+1)}$ が支配する四組効果が見いだされるはずである．この確認が第一のポイントである．

その四組効果は 6-5 節で推定した $Ln^{2+}(g)$ と $Ln^{3+}(g)$ における遮蔽定数 (S_{4f}) の相違に対応せねばならない．6-5 節で推定した $Ln^{2+}(g)$ と $Ln^{3+}(g)$

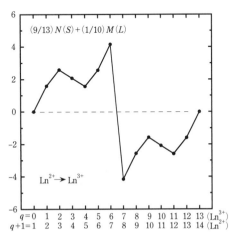

図 8-1 Ln の第3イオン化エネルギーの系列変化の特徴．double-seated pattern は，LS 項エネルギーの差 (8-8) の係数 $(9/13)N(S) + (1/10)M(L)$ の系列変化に由来する．

における S_{4f} の相違，ΔS_{4f}, は，(6-13) より，$\Delta S_{4f}=2.4$ であったから，これを用いれば，a と a' さらに b と b' を正の定数として

$$E^1_{(q)} = a(Z - S_{4f}), \qquad E^1_{(q+1)} = a'(Z - S_{4f} - \Delta S_{4f}), \qquad (8\text{-}10\text{-}1)$$

$$E^3_{(q)} = b(Z - S_{4f}), \qquad E^3_{(q+1)} = b'(Z - S_{4f} - \Delta S_{4f}) \qquad (8\text{-}10\text{-}2)$$

と書ける．ゆえに (8-3) の $Ln^{2+}(g)$ と $Ln^{3+}(g)$ の Racah パラメーターの差も次のように与えられることになる．

$$\Delta E^1 = E^1_{(q)} - E^1_{(q+1)} = a(Z - S_{4f}) - a'(Z - S_{4f} - \Delta S_{4f}) = (a - a')(Z - S_{4f}) + a'\Delta S_{4f}, \qquad (8\text{-}11\text{-}1)$$

$$\Delta E^3 = E^3_{(q)} - E^3_{(q+1)} = b(Z - S_{4f}) - b'(Z - S_{4f} - \Delta S_{4f}) = (b - b')(Z - S_{4f}) + b'\Delta S_{4f} \qquad (8\text{-}11\text{-}2)$$

ここで，$a' \approx a$, $b' \approx b$ と粗く近似してしまえば，

$$\Delta E^1 \approx [\Delta S_{4f}/(Z - S_{4f})] \cdot E^1_{(q)},$$
$$\Delta E^3 \approx [\Delta S_{4f}/(Z - S_{4f})] \cdot E^3_{(q)} \qquad (8\text{-}12)$$
$$\approx (1/10) \cdot [\Delta S_{4f}/(Z - S_{4f})] \cdot E^1_{(q)}$$

となる．ΔE^1 と ΔE^3 は近似的には $4f$ 電子数に依存しないことになる．以上のように，この四組効果も，近似的ではあるが，ΔS_{4f} の値を用いて (8-7) の右辺から消去することができる．I_3' に上記の補正を次々に行ってゆけば，結果的に残るのは $\Delta E_{\text{cf-av}}(q)$ のみで，これは q の滑らかな関数であり，配置平均エネルギーの差に相当する．このような q の滑らかな関数が現実の実験データから得られるかどうかの確認が第二のポイントである．

以上の内容を実際に検討した結果が図 8-2 である．(8-7) の左辺，

$$I_3' - [P(L,S,J)\zeta_{4f(q)} + p(L,S,J)_{(q+1)}\Delta\zeta_{4f}]$$
$$- \left[\frac{9}{13}N(S) \cdot E^1_{(q)} + M(L) \cdot E^3_{(q)}\right] \qquad (8\text{-}13)$$

を求めた結果（図 8-2 の B）には，上に凸な四組効果が確かに認められる．

(8-7) の右辺を見れば，

$$\frac{9}{13} \cdot n(S)_{(q+1)}\Delta E^1 + m(L)_{(q+1)}\Delta E^3 \qquad (8\text{-}14)$$

が四組効果を規定している．したがって，$Ln^{3+}(g)$ ではなく，$Ln^{2+}(g)$ に対する $n(S)_{(q+1)}$ と $m(L)_{(q+1)}$ の係数変化がこれを決めているので，八組曲線の交点は，Gd ではなく，Eu にある．$\Delta S_{4f}=2.4$, $S_{4f}=32$, (8-12) の近似を用いて (8-14) を求め，これを差し引くと，確かに，上に凸な滑らかな変化となり，これが，(8-7) の $\Delta E_{\text{cf-av}}(q)$ である．(8-14) の四組効果の値は，図 8-2 の B と $\Delta E_{\text{cf-av}}(q)$ の差である．$(q+1)=0$ に相当する $Ln^{2+}(g)$ は存在しないので，プロットできないが，一つの典型的な「上に凸な」四組効果

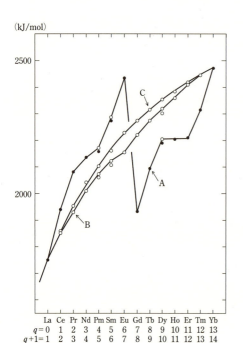

図 8-2　多重項理論による (8-6) に基づいて，I_3' からスピン・軌道相互作用によるエネルギーの差を除き（黒丸の点，A），さらに，double-seated pattern の変化を与えている LS 項エネルギーの差を除くと（下側の白丸の点，B）が得られる．Ln^{2+} と Ln^{3+} での遮蔽定数の違いに起因する四組効果 (8-11)，(8-12) を差し引くと滑らかな系列変化（上側の白丸の点，C）が得られる．これが配置平均エネルギーの差 $\Delta E_{\text{cf-av}}(q)$ である．

を示している．四組効果が最大の値となる Eu では，(8-14) は -75 kJ/mol に達する．その絶対値は I_3'(Eu) の約 3％ に相当する．

図 8-2 では，Pm, Sm, Dy の $\{I_3' - [P(L, S, J)\zeta_{4f(q)} + p(L, S, J)_{(q+1)}\Delta\zeta_{4f}]\}$ の値（黒丸）は，I_3 の推定誤差（表 5-3b）の範囲内とは言え，他のデータ点に比べて系統的に低い．スペクトル・データである I_3 それ自体がこの程度の系統的誤差を持つものと思われる．ここでの解析から，より適切と考えられる Pm, Sm, Dy の I_3' の値を白抜きの点で示してある．I_3 の値（表 5-3b）は，$+0.12$（Pm），$+0.13$（Sm），$+0.16$（Dy）eV だけ補正した方がよいことになる．表 5-3b からわかるように，これら三つの元素と Nd の I_3 値には 0.3〜0.4 eV の推定誤差が付随しており，これらは他のランタニドの I_3 に比べ一桁以上大きい誤差である．第 3 イオン化エネルギーを，多重項の理論に基づき解析することによって，5 kJ/mol（$=0.05$ eV）程度の系統的誤差を識別できることがわかる．

既に指摘したように，I_3' が示す double-seated pattern（図 5-6）は，RSPET（Jørgensen, 1962）の一つの分光学的根拠であり，その考え方の出発点でもあった．しかし，図 8-2 が示すように，RSPET の考え方に従って，その double-seated pattern の変化を取り除いてみれば，そこには四組効果が現れる．四組効果は溶媒抽出系の分配係数に限られるものではなく，多重項の考え方からすれば，Racah パラメーターが異なる $(4f)^q$ 電子系のエネルギーを比べた場合に普遍的なのである．少し冷静に考えてみれば，Ln^{2+}(g) と Ln^{3+}(g) で Racah パラメーターなどのエネルギー・パラメーターが異なるのは当然のことである．しかし，この事実を確認することの意味は大きい．四組効果に懐疑的であったり，この重要性を認めようとしない研究者は依然として多いが，分光学的実験値としての I_3 を無視する研究者はいないと思うからである．

8-3　ランタニド金属の蒸発熱

RSPET の改良により，第 3 イオン化エネルギーの double-seated pattern の変化には，四組効果が付随していることを明らかにした．同様な解析は，ランタニド金属の蒸発熱 ΔH_f^0(Ln, g) にも適用できることを述べる．ランタニド金属の蒸発熱は金属のガス化での ΔH である：

$$Ln(c) = Ln(g) \tag{8-15}$$

これはランタニドの原子蒸気 Ln(g) が元素単体（ランタニド金属）からつくられる反応であり，標準状態（298.15 K, 1 atm）で考えれば，標準生成エンタルピー ΔH_f^0(Ln, g) に対応する．一般に，この種の熱力学量は，温度の関数として測定された金属の蒸気圧データから求められる（Hultgren et al., 1973）．表 5-1 に金属と Ln(g) の基底電子配置が掲げてある．(8-15) の ΔH_f^0(Ln, g) に対応する基底電子配置の変化は，

La, Ce, Gd, Lu では，

$$(4f^q 5d 6s^2)_{\text{metal}} \rightarrow (4f^q 5d 6s^2)_{\text{gas}} \tag{8-16}$$

Eu と Yb では，

$$(4f^{q+1} 6s^2)_{\text{metal}} \rightarrow (4f^{q+1} 6s^2)_{\text{gas}} \tag{8-17}$$

その他のランタニドでは，

$$(4f^q 5d 6s^2)_{\text{metal}} \rightarrow (4f^{q+1} 6s^2)_{\text{gas}} \tag{8-18}$$

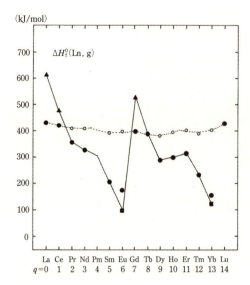

図 8-3 Morss (1976) による Ln 金属の蒸発熱 $H_f^0(\text{Ln, g})$ の系列変化パターン（黒丸の点）. 黒四角は Eu(II), Yb(II) を 3 価金属に直した点. 白丸の点は Ln(g) の電子配置を $(4f^q 5d 6s^2)_{\text{gas}}$ に変更し, すべてのランタニドの $H_f^0(\text{Ln, g})$ が (8-16) に対応するように補正した結果. 黒三角は Ln(g) の電子配置を $(4f^{q+1} 6s^2)_{\text{gas}}$ に補正した結果（詳細は本文参照）.

である. この三種類の電子配置変化があることに注意して, $\Delta H_f^0(\text{Ln, g})$ のデータをプロットした結果が図 8-3 である. $\Delta H_f^0(\text{Ln, g})$ のデータは Morss (1976) による. $\Delta H_f^0(\text{Ln, g})$ のデータそのものは黒丸の点である. 白丸の点は, 5-4 節で述べた第 1 ランタニド・スペクトルのデータ（表 5-4）に基づき, Ln(g) の電子配置を $(4f^q 5d 6s^2)_{\text{gas}}$ に変更し, すべてのランタニドの $\Delta H_f^0(\text{Ln, g})$ が (8-16) の変化に対応するように補正した結果である. Eu と Yb ではガスではなく金属の配置を,

$$(4f^{q+1} 6s^2)_{\text{metal}} \rightarrow (4f^q 5d 6s^2)_{\text{metal}} \tag{8-19}$$

と変更するために, $\Delta H_f^0(\text{Eu, g})$ を 82 kJ/mol だけ小さくし, $\Delta H_f^0(\text{Yb, g})$ も同様に 32 kJ/mol だけ小さい値に変更している. これは, 2 価金属の Eu と Yb を仮想的な 3 価金属にするために必要なエンタルピー変化がそれぞれ +82 kJ/mol, +32 kJ/mol と仮定することになる. これらの値は, たとえば, 図 5-3 からも推定できる. $\Delta H_f^0(\text{EuCl}_3, c)$ と $\Delta H_f^0(\text{YbCl}_3, c)$ の値が, 隣りあう他の $\Delta H_f^0(\text{LnCl}_3, c)$ からどれだけずれているかを読み取ればよい. $\text{LnCl}_3(c)$ 以外にも同様なデータは利用できるので, ΔH_f^0 の実験誤差と同程度の誤差でこれらの補正値を決めることができる. この補正については後にも問題にする.

一方, 電子配置の変化が, すべて (8-18) であるように補正した結果が, 黒三角, 黒四角の点で, これも, 第 1 ランタニド・スペクトルのデータを用いて補正してある. 図 8-3 では, 形式的電子配置の変更がない (8-16) の場合はデータ点を破線で結び, $5d \rightarrow 4f$ の変化に相当する (8-18) の場合は点を実線で結んでいる.

$$(4f^q 5d 6s^2)_{\text{metal}} \rightarrow (4f^q 5d 6s^2)_{\text{gas}} \tag{8-16}$$

では, 下に凸な四組様の変化パターンとなっており,

$$(4f^q 5d 6s^2)_{\text{metal}} \rightarrow (4f^{q+1} 6s^2)_{\text{gas}} \tag{8-18}$$

では, double-seated pattern を逆さまにした変化となる. $(4f^q 5d 6s^2)_{\text{gas}}$ の電子配置は, $4f$ と $5d$ の両方の副殻が開殻であるので, 第 3 イオン化エネルギーの議論で用いた式は使用できない. しかし, $(4f^{q+1} 6s^2)_{\text{gas}}$ の電子配置での $6s^2$ は閉殻と扱えば, 前節の議論を適用できると考える. $(4f^q 5d 6s^2)_{\text{metal}}$ に関しては, $5d 6s^2$ は伝導電子となって非局在化しているものと考え, $(4f^q)$ の部分を切り離して考えてもよいと仮定する. したがって, (8-15) の反応を逆にした $-\Delta H_f^0(\text{Ln, g})$ を考え, (8-18) を逆にして補正した $-\Delta H_f^0(\text{Ln, g})^*$ を, 前節の第 3 イオン化エネルギーと同じように取り扱うことができると考える. すなわち,

$$-\Delta H_f^0(\text{Ln, g})^* : (4f^{q+1} 6s^2)_{\text{gas}} \rightarrow (4f^q 5d 6s^2)_{\text{metal}} \tag{8-20}$$

の対応関係となる. 図 8-4 は, $-\Delta H_f^0(\text{Ln, g})^*$ の double-seated pattern を解析した結果である. $[P(L, S, J) \cdot \zeta_{4f(q)} + p(L, S, J)_{(q+1)} \cdot \Delta \zeta_{4f}]$ の補正は第 3 イオン化エネルギーと同じ値を用いた. 他の補

正量も,

$$E^1_{(q)}/(Z-S_{4f}) = E^1_{(q)}/(q+25) = 180 \text{ cm}^{-1},$$
$$E^3_{(q)} = 0.094 E^1_{(q)}, \tag{8-21}$$
$$S_{4f} = 32, \quad \Delta S_{4f} = 2.4$$

として計算した．第3イオン化エネルギーの場合と異なるのは，$E^3/E^1 = 0.094$ とした点である．3価側は金属である．ランタニド金属に対しては，$E^3_{(q)}/E^1_{(q)} = 1/10$ ではなく，これよりやや小さな値を用いた方が，結果的には $-\Delta H^0_f(\text{Ln, g})^*$ の変化をうまく説明できる．この問題は，次節で再論する．2価金属である Eu と Yb を仮想的な3価金属にするために必要なエンタルピー変化をそれぞれ $+82$ kJ/mol，$+32$ kJ/mol であると仮定したことは既に述べたが，これらの値の選択も図 8-4 の解析と結びついている．$-\Delta H^0_f(\text{Ln, g})^*$ での補正量と考えると補正量は $+$ になることに注意．図 5-3 のようなプロットからも独立に推定できるので，これらを総合して，± 3 kJ/mol 程度の確度で推定できる．電子配置の違いを補正したランタニド金属の蒸発熱は double-seated pattern の系列変化を示し，これには明らかに四組効果が内在する．第3イオン化エネルギーと同様の結論が得られる．$\Delta H^0_f(\text{Ln, g})$ のデータは，熱力学量の背後に $4f$ 電子の量子論があることを端的に示している．

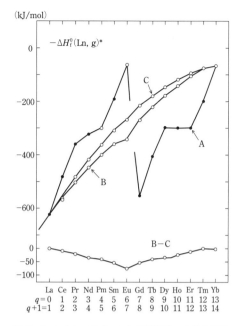

図 8-4 $\text{Ln(g)} \to \text{Ln(metal)}$ の反応を，Ln(g) の電子配置を $(4f)^{q+1}6s^2$，Ln(metal) の電子配置を $(4f)^q 5d 6s^2$，とそれぞれ固定して考え，この反応熱を $-H^0_f(\text{Ln, g})^*$ (黒丸の点，A) とすると，この熱力学量も，double-seated pattern を示す．$4f$ 電子が1個減少する反応と見なし，I'_3 と同様に考えることができる．A, B, C は図 8-2 の A, B, C に対応する．下段は B と C の差を示す．Pm の値は図 8-3 での推定値に基づく．また，Eu と Yb は図 8-3 の黒四角の補正値を用いているので，Pm と同様に A において白丸印とした．

8-4　イオン化エネルギーの和 ($\sum I_i = I_1 + I_2 + I_3$)

表 5-1 に掲げた Ln(g)，$\text{Ln}^+(g)$，$\text{Ln}^{2+}(g)$，$\text{Ln}^{3+}(g)$ の基底電子配置を見れば，イオン化エネルギーの和 ($\sum I_i = I_1 + I_2 + I_3$) は，

$$\text{Ln(g)} = \text{Ln}^{3+}(g) + 3e^- \tag{8-22}$$

の反応でのエネルギー変化である．電子配置の変化は，La, Ce, Gd を除けば，

$$(4f^{q+1}6s^2)_{\text{gas}} \to (4f^q)_{\text{gas}} \tag{8-23}$$

La, Ce, Gd の原子ガスでは，基底配置が $(4f^q 5d 6s^2)_{\text{gas}}$ であるので，イオン化エネルギーの和 ($\sum I_i = I_1 + I_2 + I_3$) に対して，

$$(4f^q 5d 6s^2)_{\text{gas}} \to (4f^{q+1}6s^2)_{\text{gas}} \tag{8-24}$$

の補正を第1ランタニド・スペクトルに基づき加えねばならない．この補正を加えた $\sum I_i$ のデータセットを $\sum I_i^*$ と記す．このデータは (8-23) の変化に対応し，$4f$ 電子1個がイオン化されるので，double-seated pattern の特徴を示すはずである．$6s^2$ もイオン化されるが，電子配置では閉殻

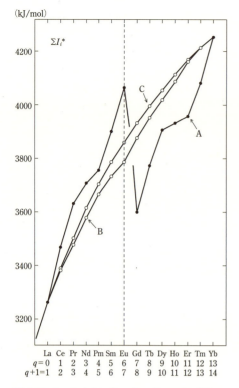

図 8-5 Ln のイオン化エネルギーの和（$\sum I_i = I_1 + I_2 + I_3$）も $(4f^{q+1}6s^2)_{gas} \to (4f^q)_{gas}$ と考えることで，I_3' と同様に考えることができる．ただし，La, Ce, Gd の原子ガスでは，基底配置は $(4f^q5d6s^2)_{gas}$ なので，第 1 ランタニド・スペクトルの値を用いて，$(4f^{q+1}6s^2)_{gas}$ に補正する．この補正を加えているので，$\sum I_i^*$ と記す．A, B, C は図 8-2 の A, B, C に対応する．

として扱い，(8-6) における配置平均エネルギーの変化に含めて考えればよいと仮定する．$\sum I_i = I_1 + I_2 + I_3$ の値は，文字通り，表 5-3a, b の値を足せばよい．後に述べるように，$LnO_{1.5}$(cub) の格子エネルギーと格子定数の関係を用いて $\sum I_i = I_1 + I_2 + I_3$ の分光学的推定値を補正することもできる．ここでは，表 5-3a, b の値を足した値に，8-2 節で指摘した，I_3 における系統誤差，+0.12 (Pm)，+0.13 (Sm)，+0.16 (Dy) eV だけ補正した結果を $\sum I_i = I_1 + I_2 + I_3$ の値として採用した．その解析結果が図 8-5 である．$[P(L, S, J)\zeta_{4f(q)} + p(L, S, J)_{(q+1)}\Delta\zeta_{4f}]$，$E^1_{(q)}/(Z-S_{4f}) = E^1_{(q)}/(q+25) = 180\ cm^{-1}$，$\Delta S_{4f} = 2.4$，などの補正量はすべて，第 3 イオン化エネルギーを解析した場合と同じである．補正した第 3 イオン化エネルギーと同じ四組効果が $\sum I_i^*$ にも内在することがわかる．

ところで，3 価ランタニド金属の基底配置は，すべて $(4f^q5d6s^2)_{metal}$ である．2 価の Eu と Yb 金属では $(4f^{q+1}6s^2)_{metal}$ である．そこで，ランタニド金属が Ln^{3+}(g) に変化する反応を考えると，

$$Ln(c) = Ln^{3+}(g) + 3e^- \qquad (8\text{-}25)$$

このエネルギー変化は，ランタニド金属蒸発熱と $\sum I_i = I_1 + I_2 + I_3$ の和

$$\Delta H_f^0(Ln, g) + (I_1 + I_2 + I_3) \qquad (8\text{-}26)$$

である．Eu と Yb を除く 3 価ランタニドでは，

$$(4f^q5d6s^2)_{metal} \to (4f^q)_{gas} \qquad (8\text{-}27)$$

Eu と Yb では，

$$(4f^{q+1}6s^2)_{metal} \to (4f^q)_{gas} \qquad (8\text{-}28)$$

である．3 価ランタニド金属で局在電子として存在する $(4f^q)$ を考えれば，Ln^{3+}(g) の $(4f^q)$ と同じである．したがって，$\Delta H_f^0(Ln, g) + (I_1 + I_2 + I_3)$ に対して，不規則配置の補正は不要である．そこで，Ln^{3+} 自由イオンとランタニド金属の間で，$4f$ 電子の Racah パラメーター，スピン・軌道相互作用係数に系統的な違いがなければ，(8-26) を $4f$ 電子数 q に対してプロットした時の変化は滑らかなものとなるに違いない．しかし，もし両者に違いがあれば，それは四組効果として現れるはずである．図 8-6 は，$\Delta H_{f,298}^0(Ln, g) + (I_1 + I_2 + I_3)$ を q に対してプロットした結果である．Eu と Yb は 2 価金属なので，もちろん，外れた点にプロットされている．そのずれは，既に仮定した 82 kJ/mol，32 kJ/mol である．全体を滑らかな曲線と考えると，Ho と Er 値がわずかであるが下方にずれているように見える．Nd と Pm の部分は微妙だが，3 価ランタニド金属の E^1 は Ln^{3+} 自由イオンと 3 価ランタニド金属でほとんど差はないものの，3 価ランタニド金属の E^3 は Ln^{3+} 自由イオンに比べて系統的に小さいことが推定できる．これは，(8-9) において，Ln^{3+} 自由イオンに対し，$E^1/(q+25) = 180\ cm^{-1}$，$E^3 = (1/10)E^1$ を用いたが，3 価金属に対しては，(8-21) において

$E^1/(q+25) = 180 \text{ cm}^{-1}$, $E^3 = 0.094 E^1$ を用いたことに対応している. ランタニド金属の E^3 は, Ln^{3+} 自由イオンに比べて, 約 6% 小さいことになる. この意味は重要である. 5-2, -3 節でも述べたように, ランタニド(III)化合物の標準生成エンタルピーの系列変化には, その化合物とランタニド金属の電子配置の差が反映される. したがって, ランタニド金属の Racah パラメーター (E^1, E^3) の特徴はランタニド(III)化合物との相対差として, ランタニド(III)化合物標準生成エンタルピーの系列変化にも含まれているはずである. 相対的に大きな誤差が伴う $\Delta H^0_{\text{f},298}(\text{Ln, g}) + (I_1 + I_2 + I_3)$ よりも, ランタニド(III)化合物標準生成エンタルピーそのものを検討する方がより賢明である. これについては, 第 16 章で議論する.

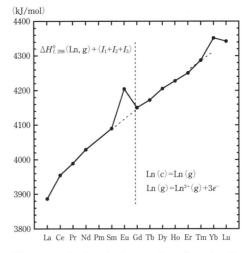

図 8-6 $\Delta H^0_{\text{f},298}(\text{Ln, g}) + (I_1 + I_2 + I_3)$ のプロット. Eu と Yb が上方にずれるのは両者が 2 価金属で, 他の Ln が 3 価金属であることによる.

以上のように, 第 3 イオン化エネルギーのみならず, ランタニド金属の蒸発熱 $\Delta H^0_{\text{f},298}(\text{Ln, g})$, イオン化エネルギーの和 $(I_1 + I_2 + I_3)$ についても, 不規則基底電子配置に注意して, 多重項理論からの $E[(4f)^q] - E[(4f)^{q+1}]$ を適用すれば, これらの系列変化は, 残余の四組効果を含む. これは, Jørgensen (1962) が RSPET 自体を提唱する際に採用した仮定: "両系列での Racah パラメーターは近似的に等しい", に改善の余地があることを示している.

次に, $(4f)^q \to (4f)^{q-1}$ の第 4 イオン化エネルギーについて考えてみる.

8-5 $(4f)^q \to (4f)^{q-1}$ の第 4 イオン化エネルギーとその解析

第 4 イオン化エネルギーの値については, 既に 5-5 節で説明した. (4-21) に従って次式が得られる,

$$\begin{aligned}
I_4 &= E[(4f)^{q-1}] - E[(4f)^q] \\
&= W_{c(q-1)} - W_{c(q)} + (q-1)W_{0(q-1)} - qW_{0(q)} \\
&\quad + \frac{1}{2}(q-1)(q-2) \cdot \left(E^0_{(q-1)} + \frac{9}{13} E^1_{(q-1)} \right) - \frac{1}{2} q(q-1) \cdot \left(E^0_{(q)} + \frac{9}{13} E^1_{(q)} \right) \\
&\quad + \frac{9}{13} \cdot [n(S)_{(q-1)} E^1_{(q-1)} - n(S)_{(q)} E^1_{(q)}] + m(L)_{(q-1)} E^3_{(q-1)} - m(L)_{(q)} E^3_{(q)} \\
&\quad + p(L, S, J)_{(q-1)} \zeta_{4f(q-1)} - p(L, S, J)_{(q)} \zeta_{4f(q)}
\end{aligned} \tag{8-29}$$

ここで, $E[(4f)^{q-1}]$ と $E[(4f)^q]$ の式における各パラメーター間の差を, 第 3 イオン化エネルギーの場合と同じように, 次のように表現する. まず,

$$A_{(q-1)} \equiv E^0_{(q-1)} + \frac{9}{13} E^1_{(q-1)}, \qquad A_{(q)} \equiv E^0_{(q)} + \frac{9}{13} E^1_{(q)} \tag{8-30}$$

と定義し,

$$W_{c(q-1)} = W_{c(q)} + \Delta W_c,$$
$$W_{0(q-1)} = W_{0(q)} + \Delta W_0,$$
$$A_{(q-1)} = A_{(q)} + \Delta A,$$
$$E^1_{(q-1)} = E^1_{(q)} + \Delta E^1, \qquad (8\text{-}31)$$
$$E^3_{(q-1)} = E^3_{(q)} + \Delta E^3,$$
$$\zeta_{4f(q-1)} = \zeta_{4f(q)} + \Delta \zeta_{4f}$$

のように，$Ln^{4+}(g)$ のパラメーター値を $Ln^{3+}(g)$ の値とそれからの偏差で表現する．(8-3) では，$Ln^{2+}(g)$ が左辺にあり $Ln^{3+}(g)$ は右辺にあるので，補正項には負の符号を付けた．(8-31) では $Ln^{4+}(g)$ が左辺で $Ln^{3+}(g)$ は右辺にあるので，補正項の符号は正にしてある．q の大小関係からすれば，両表現は同じである．この表記法を用い，かつ，表4-7 と表4-8 の係数を用いることによって，I_4 の表現は簡単になる，

$$I_4 = E[(4f)^{q-1}] - E[(4f)^q]$$
$$= \Delta W_c - W_{0(q-1)} + q \cdot \Delta W_0 - (q-1) \cdot A_{(q)} + \frac{1}{2}(q-1)(q-2)\Delta A$$
$$+ \frac{9}{13}[N(S) \cdot E^1_{(q)} + n(S)_{(q-1)} \cdot \Delta E^1] + [M(L) \cdot E^3_{(q)} + m(L)_{(q-1)} \cdot \Delta E^3]$$
$$+ [P(L, S, J) \cdot \zeta_{4f(q)} + p(L, S, J)_{(q-1)} \cdot \Delta \zeta_{4f}] \qquad (8\text{-}32)$$

第3イオン化エネルギーの場合と同様に，$E[(4f)^{q-1}] - E[(4f)^q]$ における配置平均エネルギーの差に関係する項全体を $\Delta E_{\text{cf-av}}(q)$ と書くことにする．これら全体は $4f$ 電子数 q に依存した滑らかな変化を表す．したがって，

$$I_4 = \Delta E_{\text{cf-av}}(q) + \frac{9}{13} \cdot [N(S) \cdot E^1_{(q)} + n(S)_{(q-1)} \cdot \Delta E^1] + [M(L) \cdot E^3_{(q)} + m(L)_{(q-1)} \cdot \Delta E^3]$$
$$+ [P(L, S, J) \cdot \zeta_{4f(q)} + p(L, S, J)_{(q-1)} \cdot \Delta \zeta_{4f}] \qquad (8\text{-}33)$$

となる．$Ln^{4+}(g)$ と $Ln^{3+}(g)$ の Racah パラメーターに系統的な違いがあれば，ΔE^1 と ΔE^3 はゼロではないので，八組，四組様の変化が I_4 の系列変化に含まれていることになる．

(8-33) からスピン・軌道相互作用の相違，double-seated pattern の直接の原因である $[(9/13)N(S) \cdot E^1_{(q)} + M(L) \cdot E^3_{(q)}]$ を除くと，

$$I_4 - [p(L, S, J)_{(q-1)} \zeta_{4f(q-1)} - p(L, S, J)_{(q)} \zeta_{4f(q)}] - \left[\frac{9}{13} N(S) \cdot E^1_{(q)} + M(L) \cdot E^3_{(q)}\right]$$
$$= \Delta E_{\text{cf-av}}(q) + \frac{9}{13} \cdot n(S)_{(q-1)} \cdot \Delta E^1 + m(L)_{(q-1)} \cdot \Delta E^3 \qquad (8\text{-}34)$$

となる．上記二種類の補正を I_4 に施した結果には，$\Delta E_{\text{cf-av}}(q)$ の滑らかな変化に重畳した四組効果が見いだされることを意味する．第3イオン化エネルギーの場合（図8-2），$(9/13) \cdot n(S)_{(q+1)} \cdot \Delta E^1 + m(L)_{(q+1)} \cdot \Delta E^3$ がこの種の四組効果を決めた．したがって，$(q+1)$ の $Ln^{2+}(g)$ 系列で $n(S)$ が最大の負の値となるのは Eu であり，確かに Eu が八組曲線の交点となることを8-2節で確認した．ここでの第4イオン化エネルギーでは，(8-34) からわかるように，

$$\frac{9}{13} \cdot n(S)_{(q-1)} \cdot \Delta E^1 + m(L)_{(q-1)} \cdot \Delta E^3$$

となっている．したがって，$(q-1)$ の $Ln^{4+}(g)$ 系列で $n(S)$ が最大の負の値となるのは Tb である

ことに注意.

四組効果の大きさは，6-5節で推定した $Ln^{4+}(g)$ と $Ln^{3+}(g)$ における遮蔽定数 (S_{4f}) の相違に対応せねばならない．6-5節で推定したように，$Ln^{4+}(g)$ の遮蔽定数は $Ln^{3+}(g)$ に比べ，2.3だけ小さい．すなわち，S_{4f} の相違，ΔS_{4f}, は

$$\Delta S_{4f} = 2.3 \tag{8-35}$$

であった．これを用いれば，第3イオン化エネルギーの場合と同様に，a と a', b と b' を正の比例定数として

$$\begin{aligned} E^1_{(q)} &= a(Z-S_{4f}), & E^1_{(q-1)} &= a'(Z-S_{4f}+\Delta S_{4f}), \\ E^3_{(q)} &= b(Z-S_{4f}), & E^3_{(q-1)} &= b'(Z-S_{4f}+\Delta S_{4f}) \end{aligned} \tag{8-36}$$

と書けるので，$Ln^{4+}(g)$ と $Ln^{3+}(g)$ のRacahパラメーターの差は，

$$\Delta E^1 = E^1_{(q-1)} - E^1_{(q)} = a'(Z-S_{4f}+\Delta S_{4f}) - a(Z-S_{4f}) = (a'-a)(Z-S_{4f}) + a'\Delta S_{4f},$$
$$\Delta E^3 = E^3_{(q-1)} - E^3_{(q)} = b'(Z-S_{4f}+\Delta S_{4f}) - b(Z-S_{4f}) = (b'-b)(Z-S_{4f}) + b'\Delta S_{4f}$$

である．8-2節と同様に，$a' \approx a$, $b' \approx b$ と粗く近似すれば，

$$\begin{aligned} \Delta E^1 &\approx [\Delta S_{4f}/(Z-S_{4f})]E^1_{(q)}, \\ \Delta E^3 &\approx [\Delta S_{4f}/(Z-S_{4f})]E^3_{(q)} \\ &\approx (1/10) \cdot [\Delta S_{4f}/(Z-S_{4f})]E^1_{(q)} \end{aligned} \tag{8-37}$$

となる．ΔE^1 と ΔE^3 は近似的には $4f$ 電子数に依存しない．この四組効果も，近似的ではあるが，$S_{4f}=32$, $\Delta S_{4f}=2.3$ の値を用いて (8-34) の右辺から消去することができる．残るのは，$(4f)^{q-1}$ と $(4f)^q$ における配置平均エネルギーの差を表す $\Delta E_{cf\text{-}av}(q)$ の滑らかな変化である．このような考え方は，I_4 の分光学的データから支持されるのであろうか？以下で具体的に検討してみよう．

$(4f)^q \to (4f)^{q-1}$ の第4イオン化エネルギーのスペクトル・データについては，表5-3bにあるように，すべてのランタニドについて精度よくわかっているわけではない．推定誤差，$\sigma(I_4)$, に従ってランタニドを分類してみると，

$$\begin{aligned} &\sigma(I_4) \leq 0.02\text{ eV} &&\text{Ce, Pr, Lu} \\ &0.02\text{ eV} < \sigma(I_4) \leq 0.1\text{ eV} &&\text{Tb, Yb} \\ &0.1\text{ eV} < \sigma(I_4) \leq 0.3\text{ eV} &&\text{なし} \\ &0.3\text{ eV} < \sigma(I_4) \leq 0.5\text{ eV} &&\text{Nd, Dy, Er, Tm} \\ &0.5\text{ eV} < \sigma(I_4) \leq 0.7\text{ eV} &&\text{Pm, Sm, Eu, Gd, Ho} \end{aligned}$$

となる．1 eV = 96.4853 kJ/mol であるから，$\sigma(I_4) \leq 10$ kJ/mol であるのはCe, Pr, Lu, Tb, Ybの5元素にすぎず，他のランタニドについては，かなり不確実な推定値になっている．この事実に留意して，$(4f)^q \to (4f)^{q-1}$ の第4イオン化エネルギーの系列変化を (8-34) にしたがって検討した結果が図8-7である．

$Ln^{4+}(g)$ と $Ln^{3+}(g)$ のスピン・軌道相互作用によるエネルギー ($\Delta(pz)$) は6-5節で既に調べてあるので，ここでの結果を用いて (8-34) における $[p(L,S,J)_{(q-1)}\zeta_{4f(q-1)} - p(L,S,J)_{(q)}\zeta_{4f(q)}]$ を補正した（図8-7黒丸の点）．さらに，$[(9/13)N(S) \cdot E^1_{(q)} + M(L) \cdot E^3_{(q)}]$ については (ΔE), 第3イオン化エネルギーの場合と同じ (8-9)

$$E^1_{(q)}/(Z-S_{4f}) = E^1_{(q)}/(q+25) = 180\text{ cm}^{-1},$$
$$E^3_{(q)} = (1/10)E^1_{(q)}$$

を用いて補正した（図8-7の白丸の点）．この二種類の補正を加えた後の I_4 の値（図8-7の白丸の

点）について，$\sigma(I_4) \leq 10$ kJ/mol である Ce, Pr, Tb, Yb, Lu の5元素に注目する．half-filled の $(q-1)=7$ である Tb の値は，明らかに他の4元素の値がなす比較的滑らかな破線の曲線の下側にある（図8-7）．$Ln^{4+}(g)$ の Racah パラメーターが $Ln^{3+}(g)$ より系統的に大きいことによる四組効果が，I_4 に内在することを示唆している．$S_{4f}=32$，$\Delta S_{4f}=2.3$ の値を用いて(8-34)に従って，四組効果(ΔE(tet))をさらに補正すると，Ce, Pr, Tb, Yb, Lu の5元素の値は確かに比較的滑らかな一つの曲線をなすことがわかる（図8-7の×印に対する破線）．推定される四組効果を拡大して示したのが図8-7下部のプロットである（黒三角の点）．

$\sigma(I_4) > 10$ kJ/mol であるその他のランタニドについては，Nd, Gd, Dy, Er, Tm の白丸の値は滑らかな曲線から15〜20 kJ/mol 程度ずれる．しかし，Pm, Sm, Eu, Ho の値は，ほぼ，Ce, Pr, Tb, Yb, Lu の5元素の値から定まる滑らかな曲線上にある．$\sigma(I_4) > 10$ kJ/mol であるランタニドの I_4 については，図8-7 に示した Ce, Pr, Tb, Yb, Lu の5元素の値から定まる滑らかな破線の曲線を用いて，表5-3b の I_4 値に対する補正量を 5 kJ/mol (0.05 eV) 単位で定めることができる．表8-1 にここでの修正を加えた I_4 値をまとめた．

表8-1 には，Johansson and Mårtensson (1987) がランタニド金属の XPS に

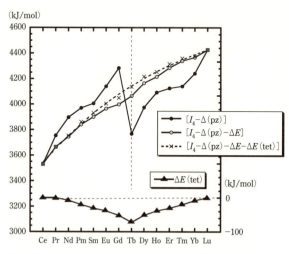

図 8-7 Martin et al. (1978) による Ln の第 4 イオン化エネルギー (I_4) について，改良 RSPET 式の考え方を適用した結果．有効核電荷の違いに起因する四組効果が I_4 にも内在する．詳しくは本文参照のこと．

表 8-1 ランタニド第 4 イオン化エネルギーの値．

	スペクトル・データ (Martin et al., 1978) (eV)	多重項理論による補正値* (eV)	XPS による推定値** (eV)
Ce	36.758 ± 0.005	≡(36.758)	
Pr	38.98 ± 0.02	≡(38.98)	
Nd	40.4 ± 0.4	40.56	40.6 ± 0.2
Pm	41.1 ± 0.6	41.00	(41.1)
Sm	41.4 ± 0.7	41.35	41.5 ± 0.2
Eu	42.7 ± 0.6	42.65	(42.8)
Gd	44.0 ± 0.7	44.21	44.4 ± 0.2
Tb	39.37 ± 0.1	≡(39.37)	
Dy	41.4 ± 0.4	41.19	41.2 ± 0.2
Ho	42.5 ± 0.6	42.50	42.4 ± 0.2
Er	42.7 ± 0.4	42.55	42.4 ± 0.2
Tm	42.7 ± 0.4	42.49	42.5 ± 0.2
Yb	43.56 ± 0.1	≡(43.56)	
Lu	45.25 ± 0.03	≡(45.25)	

* 推定誤差は ±0.05 eV．≡ のデータは $\Delta E_{cf-av}(q)$ の滑らかな変化を求めるために用いた．
** Johansson and Mårtensson (1987) による．（ ）内の値は，I_4 と XPS の差からの内挿値．

基づき推定した第 4 イオン化エネルギーの値も掲げてある．XPS については次章で述べるが，XPS の実験誤差は 0.2 eV 程度であり，Johansson and Mårtensson（1987）の推定値の誤差はこれより小さくはない．多重項理論からの推定値と XPS からの推定値は，確かに 0.2 eV 以内で一致している．一方，多重項理論からの推定値の誤差は 0.05 eV 程度と考えられる．したがって，多重項理論からの推定値は Johansson and Mårtensson（1987）の推定値に比べより確かな推定値である．

　以上のように，Slater-Condon-Racah 理論からすれば，$Ln^{3+}(g)$ と $Ln^{2+}(g)$，$Ln^{4+}(g)$ と $Ln^{3+}(g)$ の Racah パラメーターは，両者の $4f$ 電子数が 1 だけ異なるがゆえに，系統的に異なると考えねばならない．これは，第 3，第 4 イオン化エネルギーのスペクトル・データからも強く支持される．イオン化に際し Racah パラメーターは変化しないと仮定してきた RSPET の従来からの考え方は修正されねばならない．この事情は，$(4f)^{q-1} \rightarrow (4f)^{q-2}$ の第 5 イオン化エネルギーでも同じはずである．I_4 と類似の議論を繰り返すことになるのでここでは割愛する．

第9章
Ln 金属の X 線光電子スペクトルと逆光電子スペクトル

　X 線スペクトルに関連して（6-3 節），加速電子が X 線管球の陽極金属に衝撃することによって陽極金属元素の閉殻電子に空孔が生じ，これが X 線の発生につながることを述べた．そして，この逆過程が X 線光電子分光法（XPS；X-ray photoelectron spectoroscopy）に相当すると指摘しておいた．XPS からは占有軌道電子の情報が得られ，空準位軌道に関する情報は制動放射分光法（BIS；Bremsstralung isochromat spectroscopy）と呼ばれる逆光電子分光法から得られる．ここではランタニド金属の XPS と BIS について簡単に説明し，この XPS と BIS データは，それぞれ，ランタニドの第 4，第 3 イオン化エネルギーに対応することを述べ，それらの系列変化を第 8 章で得た改良 RSPET 式を用いて検討する．最後に，XPS のデータから明らかにされた Ln(III) 化合物系列での価数揺動について議論する．

9-1 X 線光電子スペクトルと逆光電子スペクトル

　X 線光電子分光法（XPS；X-ray photoelectron spectoroscopy）では，単色の X 線（$h\nu$；MgKα = 1253.6 eV, AlKα = 1486.6 eV）が，高真空下におかれた固体試料の清浄表面に照射され，光電効果により放出される電子のエネルギーが測定される．これにより，固体における占有軌道電子のエネルギー状態がわかる．固体からの光電子の放出を模式的に示したのが図 9-1 である．真空準位を基準にした時の放出電子の運動エネルギー $E_{kinetic}(e^-)$ は，照射 X 線のエネルギーを $h\nu$，内殻準位電子の結合エネルギー（$E_b>0$, この内殻エネルギー準位の符号を逆にしたものととりあえず考えよう），仕事関数（$\phi>0$），と次のような関係にあることは図 9-1 から理解できる．すなわち，$h\nu$ で真空準位より上に頭を出している部分が，放出電子の運動エネルギー $E_{kinetic}(e^-)$ である．これは以下の

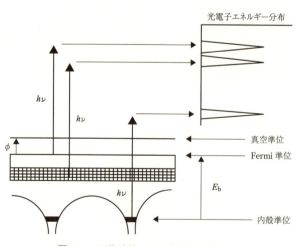

図 9-1　固体試料からの光電子の放出．

式で表現できる：

$$E_{kinetic}(e^-) = h\nu - E_b - \phi \quad (9\text{-}1)$$

図9-1の右上に書いた図は，放出電子の運動エネルギー $E_{kinetic}(e^-)$ の頻度分布に当たるもので，固体に束縛されている電子のエネルギー分布密度となる．これは，状態密度と呼ばれる．

固体に束縛されている電子は，何らかのエネルギーを与えないかぎり，その固体から自発的に飛び出してくることはない．金属の場合，熱

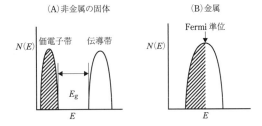

図9-2 非金属固体と金属の電子エネルギー状態密度．

を加えたり，光を照射したりすることで電子が飛び出すようになる．真空準位と金属に束縛されている電子の最上端エネルギーレベル（Fermi準位）の差が，仕事関数（$\phi > 0$）である．少なくとも，仕事関数を上回るエネルギーを与えないかぎり，金属から電子が出てくることはない．図9-2は，コックス（1989）による固体における電子エネルギー状態密度の模式図である．斜線部は電子の占有準位を表す．固体における多数の電子軌道のうち，類似の性質を持ちエネルギーが近いものは一つの電子軌道の束となり，バンド（band）と呼ばれる．絶縁体である非金属固体では，電子で満たされたバンド（価電子帯）の上にバンド・ギャップ（band gap, E_g）があり，さらにその上に電子が存在しない空のバンド（伝導帯）がある．金属では，部分的に満たされたバンドがあり，最高被占有準位（Fermi準位）の上にバンド・ギャップはない．電場により電子は移動できるので電気伝導性を示す．一方，絶縁体である非金属固体を特徴づけるものは，バンド・ギャップで，電子軌道の集まりが存在しない「バンドのすき間」である．基底状態の電子は，このバンド・ギャップを越えて，より緩く束縛された高いエネルギーのバンド（伝導帯）に移行することはできない．バンド・ギャップが十分小さかったり，不純物を添加してバンド・ギャップの内部に不純物準位を作ったりした場合が，条件によっては電気伝導性を示す半導体に当たる．

金属の場合，電子はFermi準位まで占有しているが，絶縁体では価電子帯の最上部までしか電子は存在しない（図9-2）．絶縁体の場合，金属のFermi準位に相当するものは，価電子帯の最上部のエネルギー準位である．XPSにおいては，通常，真空準位ではなく，Fermi準位がエネルギー基準（$E = 0$）に採用される．これは測定上の便宜とも関連している．詳しくは，X線光電子分光法の成書（日本表面科学会編，1998など）を参照されたい．図9-1では，結合エネルギー E_b もFermi準位を基準としていることに注意．(9-1)をFermi準位を基準にした放出電子の運動エネルギー，

$$E^*_{kinetic}(e^-) \equiv E_{kinetic}(e^-) + \phi$$

に変更すると，

$$E^*_{kinetic}(e^-) = E_{kinetic}(e^-) + \phi = h\nu - E_b \quad (9\text{-}2)$$

となる．照射X線のエネルギー $h\nu$ はわかっているから，$E^*_{kinetic}(e^-)$ を測定すれば，E_b を知ることができる．

概略的なXPSの説明としてはこれでよいが，ランタニド金属のXPSの場合，(9-1, -2) の E_b ではその内容が不明確である．光電効果におけるエネルギー保存則を考え，始状態と終状態の全エネルギーの差を考えねばならない．固体試料の始状態の全エネルギーを E_{total}(initial state)，終

状態の全エネルギーを E_{total} (final state),照射X線のエネルギーを $h\nu$,放出された電子の運動エネルギーを $E_{\text{kinetic}}(e^-)$ とすると,光電効果におけるエネルギー保存則は,

$$E_{\text{total}}(\text{initial state}) + h\nu = E_{\text{total}}(\text{final state}) + E_{\text{kinetic}}(e^-) \tag{9-3}$$

と書くことができる.左辺がはじめの状態で右辺が終わりの状態である.ただし,E_{total} は,固体試料の電子状態,振動・回転状態などすべてに関するエネルギーを含むものと考える.

3価ランタニド金属の $4f$ 電子の XPS の場合は,$4f$ 電子が1個イオン化されるわけであるから,(9-3) から,

$$h\nu - E_{\text{kinetic}}(e^-) = E_{\text{total}}(\text{final state}) - E_{\text{total}}(\text{initial state}) \approx E[(4f)^{q-1}, m] - E[(4f)^q, m] \tag{9-4}$$

と近似的に考えることができる.ただし,終状態と始状態のエネルギー差は,4価ランタニド金属の1個のコア・イオンを考え,これが4価のコア・イオンとなった場合の基底電子配置エネルギーの差だけを考え,コア・イオン変更に伴う相互作用変化は無視する.添え字の m は,媒体が3価金属であることを意味する.(9-4) は真空準位を基準にして考えているので,これを Fermi 準位に変更すると,

$$0(真空レベル) - E_F(\text{Fermi 準位}) = \phi(\text{仕事関数}) > 0 \tag{9-5}$$

であることに注意して,(9-4) は,

$$\varepsilon(\text{XPS}) \equiv h\nu - E_{\text{kinetic}}(e^-) + \phi \approx E[(4f)^{q-1}, m] - E[(4f)^q, m] - E_F \tag{9-6}$$

となる.これが Fermi 準位を基準にした3価ランタニド金属の $4f$ 電子の XPS スペクトルの解釈である.金属中であるか真空中であるかの違いはあるが,3価ランタニド金属の $\varepsilon(\text{XPS})$ は,真空中での $\text{Ln}^{3+}(\text{gas}) \rightarrow \text{Ln}^{4+}(\text{gas})$ の第4イオン化エネルギーに対比して考えればわかりやすい.3価ランタニド金属 $4f$ 電子の XPS スペクトル値の系列変化には,確かに,double-seated pattern が見られる.これについては後に議論する.

固体のX線光電分光法からは Fermi 準位より下の占有軌道電子の情報が得られるが,Fermi 準位より上の空準位の軌道に関する情報は得られない.空準位に関する情報を得るために,制動放射分光法 (BIS; Bremsstralung isochromat spectroscopy) と呼ばれる逆光電子分光法が開発されている.BIS では,一定エネルギーの電子線を試料にさらす.一部の電子は試料内部に侵入し,伝導帯の空準位に遷移し,この時に光子を放出する.この光子のエネルギーとはじめのエネルギーの差から,空準位の軌道エネルギーを求めることができる.これが BIS の原理である.XPS と BIS の両方のデータから Fermi 準位より上の空準位と Fermi 準位より下の被占有準位の両方を同一スケールで求めることができる.図 9-3 は,BIS の原理を模式的に示したものである.

照射電子の初期運動エネルギーから放出光子のエネルギーを差し引いた値が,空準位のエネ

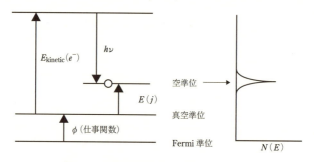

図 9-3 制動放射分光法 (BIS) の原理.

ギー $E(j)$ となる:

$$E_{\text{kinetic}}(e^-) - h\nu = E(j) \tag{9-7}$$

基準を真空準位から Fermi 準位に直せば,

$$E_{\text{kinetic}}(e^-) - h\nu + \phi = E(j) - E_F \tag{9-8}$$

となる. (9-3) と同様に, 始状態と終状態を考えれば,

$$E_{\text{kinetic}}(e^-) + E_{\text{total}}(\text{initial state}) = h\nu + E_{\text{total}}(\text{final state}) \tag{9-9}$$

であるので, $E(j)$ の意味は,

$$E(j) = E_{\text{total}}(\text{final state}) - E_{\text{total}}(\text{initial state}) \tag{9-10}$$

となる. ゆえに,

$$E_{\text{kinetic}}(e^-) - h\nu + \phi = E_{\text{total}}(\text{final state}) - E_{\text{total}}(\text{initial state}) - E_F \tag{9-11}$$

である. 3価ランタニド金属の BIS スペクトルの場合は, 電子が空軌道の 4f 軌道に 1 個付け加えられたことになるので,

$$E_{\text{total}}(\text{final state}) - E_{\text{total}}(\text{initial state}) \approx E[(4f)^{q+1}, m] - E[(4f)^q, m] \tag{9-12}$$

と近似的に考えることができる. $E[(4f)^{q+1}, m]$ は 3 価ランタニド金属の一つのコア・イオンの 4f 軌道空準位を 1 個の電子が占有した状態, すなわち,「2 価金属のコア・イオン」と近似的に考えればよい. したがって,

$$\varepsilon(\text{BIS}) \equiv E_{\text{kinetic}}(e^-) - h\nu + \phi \approx E[(4f)^{q+1}, m] - E[(4f)^q, m] - E_F \tag{9-13}$$

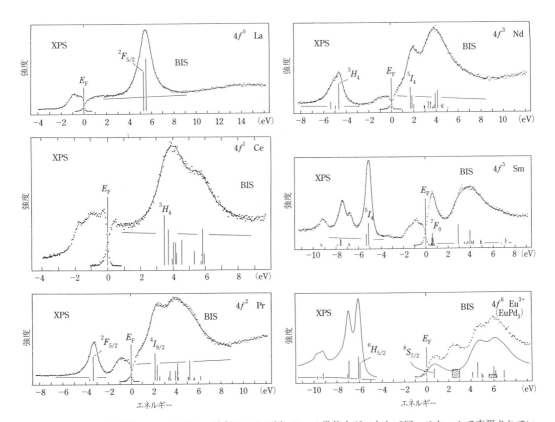

図 9-4 ランタニド金属の BIS と XPS の測定データの例. Fermi 準位をゼロとして同一スケールで表現されている (Baer and Schneider, 1987).

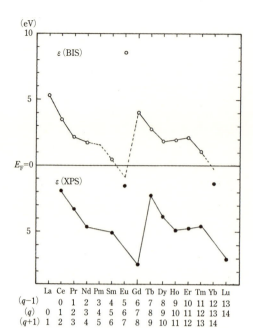

図 9-5 ランタニド金属の $4f$ 電子の XPS スペクトルの値, $\varepsilon(\mathrm{XPS})$, の系列変化. 下向きに正の値を示しているので, 逆さまにした double-seated pattern となっている. ランタニド金属の $4f$ 電子 BIS スペクトルの値, $\varepsilon(\mathrm{BIS})$, は上向きを正の値として示す. やはり, 逆さまにした double-seated pattern となっていることがわかる. 縦軸の 0 は Fermi 準位を意味する. Eu と Yb は 2 価金属なので, いずれの場合も double-seated pattern のトレンドから外れる.

表 9-1 ランタニド金属の XPS・BIS の実験値. Johansson and Mårtensson (1987) のまとめによる.

	XPS (eV)	BIS (eV)
La	—	5.31(20)
Ce	1.9(2)	3.46(20)
Pr	3.33(20)	2.14(20)
Nd	4.65(20)	1.72(20)
(Pm)	—	—
Sm	5.07(20)	0.46(20)
Eu	1.50(20)	8.63(20)
Gd	7.44(20)	4.04(20)
Tb	2.23(20)	2.76(20)
Dy	3.86(20)	1.81(20)
Ho	4.89(20)	1.93(20)
Er	4.70(20)	2.15(20)
Tm	4.57(20)	1.10(20)
Yb	1.27(20)	—
Lu	7.02(20)	—

注: ( ) 内の値は実験値の誤差. Johansson and Mårtensson (1987) は 0.2 eV としている.

と表現できる. これが Fermi 準位を基準にした 3 価ランタニド金属の $4f$ 電子 BIS スペクトルの値の解釈である. (9-13) の符号を逆にすれば, 真空中での $\mathrm{Ln}^{2+}(\mathrm{gas}) \to \mathrm{Ln}^{3+}(\mathrm{gas})$ の第 3 イオン化エネルギーに対応することがわかる.

ランタニド金属の BIS のデータと XPS のデータは, Fermi 準位をゼロとして同一スケールで表現される. このような測定例を, 図 9-4 に示す.

ランタニド金属のみならずランタニド化合物・合金の多くの XPS・BIS のデータが報告されている (Baer and Schneider, 1987). BIS のデータと XPS のデータが, Fermi 準位をゼロとして同一スケールで表現される理由は,

$$U = \varepsilon(\mathrm{BIS}) - \varepsilon(\mathrm{XPS}) = |\varepsilon(\mathrm{BIS})| + |\varepsilon(\mathrm{XPS})|$$

がハバード・パラメーター (Hubbard parameter) に相当するからである. これは,

$$(4f)^q \to (4f)^{q-1} + e^-, \quad (4f)^q + e^- \to (4f)^{q+1}$$

の過程の合計のエネルギーであり,

$$2(4f)^q \to (4f)^{q-1} + (4f)^{q+1}$$

の過程に相当する. すなわち, ランタニド金属の一つの原子から $4f$ 電子を 1 個取り除いて, この電子を隣りの原子の $4f$ 軌道に入れる際に必要なエネルギーに当たる. この Hubbard パラメーター U が大きな値であれば, その電子は簡単には動かず, その原子に局在化していることになる. ランタニド金属 (Ce〜Tm) の $4f$ 電子は, $U > 5\,\mathrm{eV}$ と大きく, 局在化した電子と見なされる. 図 9-5 は XPS の値を下向きにとり, BIS の値を上向きに取って示している. この二つは共に, 逆さまにした double-seated pattern を示す. 両者の差が, $2(4f)^q \to (4f)^{q-1} + (4f)^{q+1}$ の過程に対する Hubbard パラメーター U に当たり, $U > 5\,\mathrm{eV}$ であることがわかる. コックス (1989) に

もう少し詳しい解説があるので参照されたい.

表9-1にランタニド金属のXPS・BISのデータの値 (Johansson and Mårtensson, 1987) をまとめた.

図9-5では，ランタニド金属の$4f$電子のXPSスペクトルの値，ε(XPS), の系列変化を，下向きを正に取っているので，double-seated patternを逆さまにしたものである．図9-5にしめすランタニド金属の$4f$電子BISスペクトルの値，ε(BIS), は正常な上向きを正として示してあるが，double-seated patternを逆さまにした変化を確認できる．ただし，いずれの場合も，EuとYbは2価金属であるからこの傾向からは外れている.

この図9-5と$2(4f)^q \rightarrow (4f)^{q-1}+(4f)^{q+1}$の過程に対するHubbardパラメーター$U$ (>5 eV) との関連は上に述べた．ランタニド金属の$4f$電子系は局在電子系であることの証拠である．図9-5のさらなる意味は，「価数揺動の問題」から9-5節でも議論する.

9-2　ランタニド金属のXPS・BISスペクトルの解析

ランタニド金属のε(XPS)とε(BIS)のデータについて，第4，第3イオン化エネルギー，ランタニド金属の蒸発熱ΔH_f^0(Ln, g), イオン化エネルギーの和 ($\Sigma I_i = I_1+I_2+I_3$) と同様にして解析した結果について述べる．Eu, Yb金属のε(XPS)とε(BIS)のデータについては補正した値を用い，Pm金属については系列変化からの推定値を用いているので，図9-6に示すε(XPS)の検討結果ではXPS*としている．スピン・軌道相互作用エネルギーの差$[P(L,S,J)\zeta_{4f(q)}+p(L,S,J)_{(q-1)}\Delta\zeta_{4f}]$については，6-5節でイオン・ガスについて既に求めているのでこの値を用いて補正した．3価金属の推定誤差は± 0.05 eV程度．Racahパラメーターは蒸発熱を解析した際の値を用いた．すなわち，

$$E^1(q)/(Z-S_{4f}) = E^1(q)/(q+25) = 180 \text{ cm}^{-1},$$
$$E_3 = 0.094 E_1, \tag{9-14}$$
$$S_{4f} = 32$$

である．これらのパラメーター値を用いて，ε(XPS*)からスピン・軌道相互作用エネルギーの差を除いた結果が図9-6の黒丸の点，さらにdouble-seated patternの変動を除いた結果が黒三角の点である．この段階で，系列変化はかなり滑らかなものとなっている．I_4の系列変化（図8-7）で確認できた上に凸な四組効果は認められない．さらに，I_4の系列変化で行った四組効果の補正を行うと，白丸印の点となる．不必要な補正であることが示唆される．I_4の系列変化（図8-7）とは事情が異なる.

3価ランタニドのパラメーター値を基準にして，4価の違いを見ているから，もし残余の四組効果があれば，これが最大となるのは，第4イオン化エネルギーの場合と同じくTbである．第3イオン化エネルギー，$-\Delta H_f^0$(Ln, g)*, イオン化エネルギーの和 ($\Sigma I_i = I_1+I_2+I_3$) の場合は，いずれも$(4f^{q+1}) \rightarrow (4f^q)$であり，四組効果が最大となるのはEuであったことに注意されたい．3価と4価の遮蔽定数の違いは，イオン・ガスについては，6-5節で既に求めており，$\Delta S_{4f}=2.3$である．3価に比べ，4価の遮蔽定数は小さいので，4価のRacahパラメーターは系統的に3価より大きい．しかし，金属Lnのε(XPS*)では，イオン・ガスでの値$\Delta S_{4f}=2.3$を用いた四組効果の補

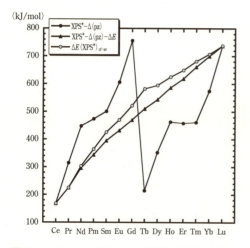

図 9-6 ランタニド金属の ε(XPS*) の改良 RSPET による解析結果.

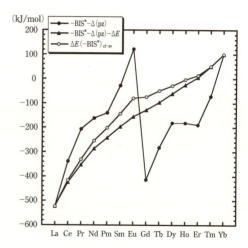

図 9-7 ランタニド金属の -ε(BIS*) の改良 RSPET による解析結果.

正は不要であるように見える．Ln(IV) の Racah パラメーターは Ln(III) のそれとそれほど異ならないように見える．ただし，(9-6) からわかるように，XPS スペクトル値は Fermi 準位（E_F）を基準にしているので，真空準位に対する Fermi 準位の系列変化は含まない実験値である．基準を真空準位にすれば，仕事関数の系列変化を含む測定量となる．これはイオン・ガスとの違いを考える際には考慮すべきである．また，XPS の終状態は後で議論するように，Ln(III) 金属における不純物としての Ln(IV) であり，イオン・ガスではない．さらに，XPS スペクトル値の推定誤差は ±0.2 eV とされている．これは ±20 kJ/mol 程度になる．この誤差からすれば，あまり細かな議論は期待できない．

−ε(BIS) のデータについても（図 9-7），ε(XPS*) の場合と類似の状況になる．2 価金属である Eu と Yb，Pm については，やはり図 9-5, -7 において適当と思われる値を推定して用いているので，−ε(BIS*) として記す．使用したパラメーターは，$-\Delta H_f^0(\text{Ln, g})^*$：$(4f^{q+1}6s^2)_{\text{gas}} \rightarrow (4f^q5d6s^2)_{\text{metal}}$ としてランタニド金属の蒸発熱を解析した場合と同じである．

$$-\varepsilon(\text{BIS}^*) - [P(L, S, J)\zeta_{4f(q)} + p(L, S, J)_{(q+1)}\Delta\zeta_{4f}] - \left[\frac{9}{13}N(S) \cdot E^1_{(q)} + M(L) \cdot E^3_{(q)}\right]$$

$$= \Delta E(\text{BIS}^*)_{\text{cf-av}}(q) + \frac{9}{13}n(S)_{(q+1)}\Delta E^1 + m(L)_{(q+1)}\Delta E^3 \quad (9\text{-}15)$$

として，1）スピン・軌道相互作用エネルギーの差，2）Racah パラメーターは同じとした double-seated pattern の変動，の二つを補正した段階でかなりの程度滑らかな系列変化が得られる．下に凸なわずかな八組様変化が残るだけであり，$\{(9/13)n(S)_{(q+1)}\Delta E^1 + m(L)_{(q+1)}\Delta E^3\}$ に相当する残余の四組効果は認められない．第 3 イオン化エネルギーや $-\Delta H_f^0(\text{Ln, g})^*$ の場合のように，$\Delta S_{4f}=2.4$ を用いて補正をしても，決して滑らかな変化とはならず，この補正は明らかに逆効果である（図 9-7）．この状況は ε(XPS*) の場合と類似する．

配置平均エネルギー差に相当する変化も，La, Ce, Pr の部分は他の重希土類元素に比べ，折れ曲がったように見える．このように，−ε(BIS*) は，第 3 イオン化エネルギーや $-\Delta H_f^0(\text{Ln, g})^*$ の場合とは明らかに異なる特徴を示す．これらの相互比較は 9-4 節で議論する．

BISの終状態を $E[(4f)^{q+1}, m]$ と書き，XPSの終状態を $E[(4f)^{q-1}, m]$ と書いた(9-12)と(9-4)の近似については，それぞれ，Ln(III)金属における不純物状態としてのLn(II)とLn(IV)であり，イオン・ガスの状態とは異なる．金属Lnの ε(XPS*)と ε(BIS*)の系列変化は，(9-6)と(9-13)にあるように，期待される残余の四組効果は，仕事関数の系列変化とそれぞれの終状態の特殊性による効果と相殺されている可能性も考えられる．これについては9-3節で補足しよう．

とりあえずここでは，第一近似として，ランタニド金属の4f電子のXPS・BISスペクトル値は，二系列のRacahパラメーターは近似的に等しいとするJørgensen (1962, 1979)のRSPETを適用できる．改良RSPETのように，残余の四組効果があるとする必要はない．一方，第3・第4イオン化エネルギー，ランタニド金属の蒸発熱 ΔH_1^0(Ln, g)，イオン化エネルギーの和（$\Sigma I_i = I_1 + I_2 + I_3$）では，二系列のRacahパラメーターは系統的に異なるとして，改良したRSPETを用いる必要がある．両者で事情が異なる．なお，ランタニド金属の仕事関数の測定値は2.5〜3.5 eVの範囲にあるが（Michaelson, 1977），Pr, Pm, Dy〜Ybの7元素については未確定となっており，その実験値の系列変化を議論できないのは残念である．

9-3 ランタニド金属XPS・BISの終状態

ランタニド金属におけるイオン化と気体の原子・イオン・ガスのイオン化の相違について考え，$E[(4f)^{q-1}, m]$ と書いたXPSの終状態，$E[(4f)^{q+1}, m]$ と書いたBISの終状態，についても少し詳しく考えてみよう．

始状態はXPSでもBISでも3価のランタニド金属である．XPSの終状態は，4価のコア・イオンが3価金属格子中に取り残された「4価金属」であり，BISの終状態は，2価のコア・イオンが3価金属格子中に存在する「2価金属」である．これらは，図9-8に示すように，いずれも3価コア・イオンが作る格子中の不純物と見なすことができる（Johansson, 1979）．3価金属の場合に比べ，4価のコア・イオンは5d, 6s電子を過剰に引きつけ，2価のコア・イオンはこれと反対の傾向を持つと思われる．また，4価のコア・イオンのサイズは相対的に小さく，2価コア・イオンのサイズは相対的に大きいと考えられるので，局所的な格子の変形（緩和）も起こっているであろう．このような「不純物」としての周囲との相互作用も考慮しなければならない．これは4f電子状態にも影響するだろう．

XPSに対する(9-4)では，1個のコア・イオンを考え，これが4価のコ

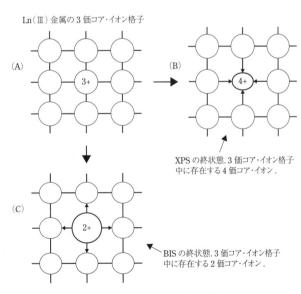

図9-8 XPSとBISの終状態の模式図．

ア・イオンとなった場合の基底電子配置エネルギーの差だけを考え，コア・イオン変更に伴う相互作用変化は無視したが，本当は次のように，コア・イオン変更に伴う相互作用変化も考慮しなければならない：

$$E_{\text{total}} (\text{final state}) - E_{\text{total}} (\text{initial state}) = E\,[(4f)^{q-1}, m] - E\,[(4f)^{q}, m] + \Delta E\,(\text{IV, impurity}) \tag{9-16}$$

であり，$\Delta E\,(\text{IV, impurity})$ は，コア・イオンの $4f$ 電子配置変更以外のすべての効果，すなわち，不純物としての 4 価コア・イオンの過剰な相互作用のすべてを表す．

したがって，Fermi 準位を基準にした XPS (9-6) は，

$$\varepsilon\,(\text{XPS}) = \{E\,[(4f)^{q-1}, m] - E\,[(4f)^{q}, m] - E_F\} + \Delta E\,(\text{IV, impurity}) \tag{9-17}$$

となる．同様に，BIS に対する (9-12) も，

$$E_{\text{total}} (\text{final state}) - E_{\text{total}} (\text{initial state}) = E\,[(4f)^{q+1}, m] - E\,[(4f)^{q}, m] + \Delta E\,(\text{II, impurity}) \tag{9-18}$$

とすべきである．Fermi 準位を基準にした BIS の値は，

$$\varepsilon\,(\text{BIS}) = \{E\,[(4f)^{q+1}, m] - E\,[(4f)^{q}, m] - E_F\} + \Delta E\,(\text{II, impurity}) \tag{9-19}$$

となる．

このように，ランタニド金属 XPS・BIS の終状態について少し細かく考えてみると，RSPET の考え方の枠の内に収まらない項，$(-E_F)$，$\Delta E\,(\text{IV, impurity})$，$\Delta E\,(\text{II, impurity})$，が存在することがわかる．これらの系列変化も考えねばならないとすると，改良 RSPET が示唆する「残余の四組効果」はこれらの系列変化と一緒になった形で実験値に内在することになる．これが，$\varepsilon\,(\text{XPS}^*)$ と $-\varepsilon\,(\text{BIS}^*)$ では二系列の Racah パラメーターは近似的に等しいとする Jørgenen (1962) の RSPET が見掛け上適用できる理由と思われる．すなわち，「残余の四組効果」は $(-E_F)$，$\Delta E\,(\text{IV, impurity})$，$\Delta E\,(\text{II, impurity})$ の系列変化との和の中で，近似的に相殺されていると思われる．系列変化の大きさでは，$(-E_F)$ の方が $\Delta E\,(\text{IV or II, impurity})$ より大きいとしてよいかが問題となろう．

一方，Johansson (1979)，Johansson and Mårtensson (1987) は，(9-17) と (9-19) を次のように表現している．$\varepsilon\,(\text{XPS})$ の値は，Fermi 準位より下にある $4f$ 軌道占有電子を Fermi 準位まで持って行くことに対応するから，

$$\varepsilon\,(f \rightarrow \varepsilon_F) = \Delta E_{\text{III, IV}} + E_{\text{IV, imp(III)}} \tag{9-17'}$$

と書き，純粋 4 価と純粋 3 価の金属状態のエネルギー差 ($\Delta E_{\text{III, IV}}$) と現実の 4 価コア・イオン状態が 3 価金属中の不純物状態であることに対する補正項 ($E_{\text{IV, imp(III)}}$) の和であるとする．$\Delta E_{\text{III, IV}}$ で考えている純粋 4 価，純粋 3 価の金属状態では，すべてのコア・イオンは，それぞれ，4 価と 3 価である．「純粋の 4 価金属」状態では，1 個の 4 価コア・イオンに対して考えるべき相互作用の相手のコア・イオンはすべて 4 価コア・イオンである．しかし，現実の不純物状態は，図 9-8(B) のように，1 個の 4 価コア・イオンのまわりに存在するのはすべて 3 価のコア・イオンであるから，考えるべきは 4 価コア・イオンと 3 価コア・イオン間の相互作用である．したがって，純粋 4 価と純粋 3 価の金属状態のエネルギー差 ($\Delta E_{\text{III, IV}}$) に対し，少なくとも，相互作用の相手が異なることの違いは補正して考えねばならない．「純粋の 4 価金属」状態と「不純物の 4 価金属」状態の違いは，コア・イオン対での相互作用だけに留まらず，伝導電子との相互作用でも考えられる．したがって，そのようなすべての相互作用の相違を補正するのが $E_{\text{IV, imp(III)}}$ である．固体としての Ln(metal) のイオン化は，ガス化学種としての Ln^{x+}(g) のイオン化とはやはり異なる状況を考えねばならない．

$\varepsilon\,(\text{BIS})$ については，Fermi 準位から，これより上に位置する空の $4f$ 軌道に，電子を持って行

くことに対応しているので，
$$\varepsilon(\varepsilon_F \to f) = -\Delta E_{\text{II,III}} + E_{\text{II,imp(III)}} \tag{9-19'}$$
と表現される．$\Delta E_{\text{II,III}}$ は終状態が純粋 3 価金属で始状態が純粋 2 価金属である場合のエネルギー差を表すが，BIS の終状態と始状態はこの逆であるから負の符号を付けている．$E_{\text{II,imp(III)}}$ の意味は，3 価金属中の不純物としての「2 価金属」状態と「純粋の 2 価金属」状態との差に対する補正項である．

Johansson (1979), Johansson and Mårtensson (1987) は次の点を指摘している．
1) ランタニドの原子蒸気の基底配置を $(4f)^{q+1}(6s)^2$ に固定したとき，$\Delta E_{\text{II,III}}$ は 2 価金属と 3 価金属の蒸発熱の差に相当する．
2) RSPET からすると，$\Delta E_{\text{II,III}}$ と $\Delta E_{\text{III,IV}}$ は簡単な関係で結ばれている．
3) 結果として，$E_{\text{IV,imp(III)}}$ や $E_{\text{II,imp(III)}}$ は $\Delta E_{\text{III,IV}}$ や $-\Delta E_{\text{II,III}}$ に比べ充分小さな補正項である．

これらの指摘が適切なものであるかについては，第 8 章や図 9-6, -7 の検討結果と関連させて，次節で議論しよう．

9-4　RSPET とランタニド金属の XPS・BIS をめぐる議論

Johansson (1979), Johansson and Mårtensson (1987) の主張，すなわち，「ランタニドの原子蒸気の基底配置を $(4f)^{q+1}(6s)^2$ に固定したとき，$\Delta E_{\text{II,III}}$ は 2 価金属と 3 価金属の蒸発熱の差に相当する」について考えてみる．このために，ランタニド金属の蒸発熱に関する 8-3 節の図 8-3 に話を少し戻す．形式的な電子配置の変更がない (8-16) の場合は，$(4f^q 5d 6s^2)_{\text{metal}} \to (4f^q 5d 6s^2)_{\text{gas}}$ で，下に凸な四組様の変化パターンとなっている．一方，$5d \to 4f$ の変化に相当する (8-18) の場合は $(4f^q 5d 6s^2)_{\text{metal}} \to (4f^{q+1} 6s^2)_{\text{gas}}$ であり，第 3 イオン化エネルギーの値を逆にしたものに類似する．これらは既に 8-3 節で議論した．2 価金属の Eu と Yb は以下の (8-17) である．
$$(4f^{q+1} 6s^2)_{\text{metal}} \to (4f^{q+1} 6s^2)_{\text{gas}} \tag{8-17}$$
Johansson (1979), Johansson and Mårtensson (1987) は，2 価金属の蒸発熱を，Eu と Yb の他に，La の一つ手前の Ba についても，(8-17) で $q+1=0$ とした場合に相当するとして，Ba, Eu, Yb の三つの蒸発熱のデータを滑らかに結ぶことによって，その他のランタニドの仮想的な 2 価金属の蒸発熱が推定できるとした．

図 9-9 はこれらの状態間の相互関係を描いたものである．$\Delta E_{\text{III,II}} = -\Delta E_{\text{II,III}}$ である．また，$(4f^{q+1} 6s^2)_{\text{gas}}$，3 価金属，2 価金属は一つのループをなすので，
$$\Delta E_{\text{III,II}} + \Delta H_f^0(\text{Ln, g})_{\text{hyp.}} - \Delta H_f^0(\text{Ln, g})^* = 0$$
が成立する．これより，
$$\Delta E_{\text{III,II}} = -\Delta E_{\text{II,III}} = \Delta H_f^0(\text{Ln, g})^* - \Delta H_f^0(\text{Ln, g})_{\text{hyp.}} \tag{9-20}$$
となる．$\Delta H_f^0(\text{Ln, g})_{\text{hyp.}}$ は 2 価金属の $(4f^{q+1} 6s^2)_{\text{gas}}$ への蒸発熱で，Eu と Yb については実験値はあるが，他の 3 価ランタニド金属では実現していない仮想状態の値である．Johansson (1979), Johansson and Mårtensson (1987) は，Ba, Eu, Yb の三つの蒸発熱のデータを滑らかに結ぶことによって，その他のランタニドの仮想的な 2 価金属の蒸発熱が推定できるとし，これがわかれば，(9-20) から $\Delta E_{\text{III,II}} = -\Delta E_{\text{II,III}}$ が求められるとしている．

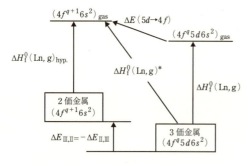

図 9-9 ランタニド金属の蒸発熱と $\Delta E_{\mathrm{II,III}}$ の関係.

この主張の前提は，(8-17) において，Racah パラメーター，スピン・軌道相互作用パラメーターが変化しないことである．粗い近似としては意味があるが，Ba，Eu，Yb の三つの蒸発熱のデータを滑らかに結ぶことによって，その他のランタニドの仮想的2価金属の蒸発熱が正確に推定できると考えるのは楽観的過ぎる．図 8-3 での (8-16) に相当する見かけ上電子配置に変更がない場合の蒸発熱にも四組様変化が認められ，一本の滑らかな曲線で全データを表現できない．(8-17) は (8-16) と類似して形式的な電子配置の変更がない場合である．Ba，Eu，Yb の三つの蒸発熱のデータからその他の多数のランタニドの (8-17) の仮想的な蒸発熱を推定できるとする主張には十分な注意が必要である．

図 9-10 は $\{I_4 - \varepsilon(\mathrm{XPS})\}$ をプロットしたものである．I_4 の値は図 8-7 で分光学的推定値を修正した値が用いられている．$\varepsilon(\mathrm{XPS})$ の Eu，Yb，Pm の値は，図 9-6 で用いた値と同じである．

$$I_4 - \varepsilon(\mathrm{XPS}) \approx \Delta E_{\mathrm{cf\text{-}av}}(I_4) - \Delta E_{\mathrm{cf\text{-}av}}[\varepsilon(\mathrm{XPS})] \tag{9-21}$$

図 9-10 の結果は，Ce を除く Ln では，$\varepsilon(\mathrm{XPS})$ に見られる double-seated pattern の変化は，I_4 における Racah パラメーター，スピン・軌道相互作用パラメーターを用いてほぼ同じように解釈できることを示す．この点で，I_3' と $-\varepsilon(\mathrm{BIS})$ の関係よりは単純である．しかしながら，図 9-10 で Ce の値は，他のランタニドに比べて異常に小さいことは重要である．Ce が異常に見える原因は，(9-21) 並びに図 8-7 と図 9-6 から判断する限り，両系列の $\Delta E_{\mathrm{cf\text{-}av}}(q)$ の q 依存性が Ce と Pr 以降の部分で異なることによる．このような $\Delta E_{\mathrm{cf\text{-}av}}(q)$ の差のプロットで，軽ランタニド部分に折れ曲がりが見られる事実は，3価金属の Ce～Pr の部分，特に，金属 Ce では，重ランタニドに比べ，$4f$ 電子エネルギー準位が Fermi 準位に近づいている (Baer and Schneider, 1987; Hillebrecht and Campagna, 1987) ことの反映かもしれない．

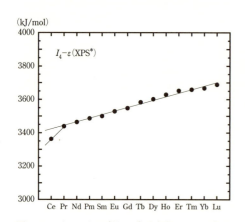

図 9-10 $\{I_4 - \varepsilon(\mathrm{XPS}^*)\}$ の系列変化．Ce の点だけが下に外れる．これは，I_4 での配置平均値の差の系列変化が，$\varepsilon(\mathrm{XPS}^*)$ と比較した場合，Ce（多分 La も）部分で急増することを示す．

Ln(III) 化合物でも Ce～Pr の軽希土類元素側では，有効核電荷が重希土類元素にくらべ小さいため，$4f$ 電子エネルギー準位は価電子エネルギー準位と接近する．ランタニド系列の中で，$4f$ 軌道電子の潜在的な非局在性を考えた時，これは有効核電荷が小さな軽希土類元素側で大きくなる．このような軽希土類元素がもつ潜在的非局在性は，「重い電子系 (heavy-fermion system)」と呼ばれる $\mathrm{CeAl_3}$ や $\mathrm{CeSn_3}$ などの Ce 金属間化合物（Ce intermetallic compounds）で顕在化することが知られている（山田, 1993）．現実の金属における電子の有効質量（m^*）は格子振動や電子間の相互作用により，自由電子の質量（m）とは一致しないさまざまな値を取るが，大きい値でも自由電子の質量の10倍程度である．しか

し,「重い電子系」と呼ばれる CeAl$_3$ では $(m^*/m) = 10^3$ となり,電気抵抗,比熱,帯磁率が異常な値を示す.詳しくは,山田 (1993),上田・大貫 (1998),藤森 (2000),佐藤・三宅 (2013) などを参照していただくことにしよう.

Ln(III) 金属系列の場合,図 9-10 で Ce が特異であること,図 8-6 の $\{\Delta H_f^0(\text{Ln, g}) + \sum I_i\}$ での q 依存性が La〜Pr の部分でやはり特異に見えることは,$4f$ 軌道電子の潜在的非局在性を反映した結果かもしれない.

9-5 ランタニド化合物の XPS・BIS と価数揺動

ランタニド化合物の XPS・BIS が明らかにした重要な現象として,「価数揺動 (interconfiguration fluctuation)」がある.これについて簡単に見ておこう[1].

「価数揺動」はランタニド化合物での Ln イオンの電子配置が $(4f)^q$ と $(4f)^{q+1}$ の間で揺らぐ量子論的現象である.Sm$_{0.85}$Th$_{0.15}$S,高圧下の SmS,TmSe では,Sm イオン,Tm イオンは純粋に 3 価あるいは 2 価ではなく,$(4f)^q$ と $(4f)^{q+1}$ の電子配置の共存が実現している.図 9-11a の XPS データは,Sm$_{0.85}$Th$_{0.15}$S では 2 価と 3 価の混在する「価数揺動」状態にあることを示している.また,図 9-11b は,TmSe が 2 価と 3 価の混在する「価数揺動」状態にあることを示す XPS データである.原子番号では Sm は Eu の左隣,また,Tm は Yb の左隣にある.だから,Sm も Eu と同様に,また,Tm も Yb と同様に,2 価状態を取りやすい.これは 5-6 節で I_3 の系列変化から議論した.初期の文献では「混合価数化合物 (mixed valent compounds または homogeneous mixed valence compounds)」の用語があてられている場合も多いが,現在では「価数揺動 (interconfiguration fluctuation)」に統一されている.この用語は,$(4f)^q$ と $(4f)^{q+1}$ の場合だけではなく,Ce ($q = 1$) 化合物における $(4f)^q$ と $(4f)^{q-1}$ の電子配置の共存状態に対しても使われる.

図 9-12 は Campagna et al. (1976) による結果で,NaCl 型の LnTe,LnSe,LnS の格子定数の系列変化を示す.LnS では,SmS,EuS,YbS が 2 価であり,他の LnS では 3 価である.SmS では高圧下で混合配置となることも知られている(図 9-12 の白三角印).LnSe では,Sm,Eu,Yb が 2 価,Tm が 2 価と 3 価の混在,他の Ln は 3 価である.LnTe では,Sm,Eu,Tm,Yb が 2 価,これら以外の Ln は 3 価である.これら電子配置の違いは,格子定数の違いに明瞭に反映する.

図 4-10 にあるように,非金属元素配位子の電気陰性度は S → Se → Te の順に低下することに注意しよう.Sm,Eu,Tm,Yb の四つが 2 価となるのは,配位子の電気陰性度が最も小さな LnTe であり,相対的に大きな電気陰性度を持つ S が配位子の LnS では,Tm は 3 価で,Sm も高圧下では「価数揺動」状態となるが,常圧下では 2 価で,LnS では Sm,Eu,Yb の三つが 2 価である.LnSe は LnTe と LnS の中間の状態と見なすことができる.

4-9 節で紹介した $(3d)^q$ 電荷移動型絶縁体の場合のように,非金属配位子の電気陰性度が小さくなると,電荷移動エネルギー (Δ) が小さくなることが考えられる.S → Se → Te の順に電気陰性度は低下するから,電荷移動エネルギー (Δ) もこの順に低下し,3 価の基底状態でも $(4f)^q$

---

[1] 価数揺動を含むランタニド金属・化合物の XPS・BIS に関する実験結果やこれに関する議論は,*Handbook on the Physics and Chemistry of Rare Earths*, vol. 10 に収録された論文に詳しい.

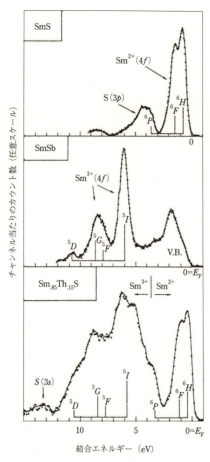
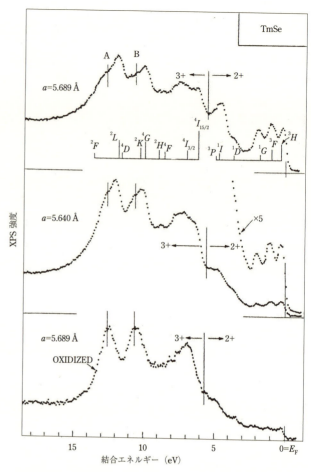

図 9-11a SmS は Sm^{2+} の状態にあり，SmSb は Sm^{3+} の状態にあるが，$Sm_{0.85}Th_{0.15}S$ では Sm^{3+} と Sm^{2+} の状態が共存し，2価と3価が混在する「価数揺動」状態にあることを示すXPSデータ．Campagna et al. (1976) による．

図 9-11b Campagna et al. (1976) による格子定数が異なる TmSe 結晶の XPS データの対比．格子定数が 5.689Å の TmSe 結晶の XPS（最上部）からは，Tm^{2+} と Tm^{3+} の状態が共存することがわかる．格子定数が 5.640Å である TmSe 結晶の XPS（中段）では，Tm^{2+} 状態は大幅に減少している．格子定数が 5.689Å の TmSe 結晶であっても，酸化すれば，XPS からは Tm^{2+} 状態のシグナルは消失する（最下部）．

と $(4f)^{q+1}\underline{L}$ の混成は増加することが考えられる．電気陰性度の小さな非金属配位子との組み合わせ条件に加えて，以下に述べるように，Sm，Eu，Tm，Yb に備わった特別な条件が，$(4f)^q \rightarrow (4f)^{q+1}$ の配置変化と，場合によっては，$(4f)^q \rightleftarrows (4f)^{q+1}$ の「配置の均衡」を生じさせる．

5-6 節では，ランタニドの異常酸化数と第 3，第 4 イオン化エネルギーの関連性を述べた．Ln(g) の第 3，第 4 イオン化エネルギーではなく，凝縮相である Ln 金属の BIS，XPS の値から，これを考えればより現実的な議論となる．図 9-5 は，$E_F = 0$ として，BIS の値を正の方向に，XPS の値を負の方向にプロットしたものである．double-seated pattern を逆にした形となっている．$(4f)^q$ は Ln(III) 金属の配置に対応する．BIS 値系列変化から判断すると，仮想的な Eu(III)，Yb(III) 金属の $(4f)^q \rightarrow (4f)^{q+1}$ は $E_F = 0$ を下回り，Eu(II) 金属，Yb(II) 金属が安定であることに対応する．正の BIS 側で $E_F = 0$ に近いのは Sm と Tm であり，小さなエネルギーで $(4f)^q \rightarrow (4f)^{q+1}$ と

なることを意味する．一方，XPS 側で $E_F=0$ に近いのは，Ce, Tb, Pr であり，やはり，小さなエネルギーで $(4f)^q \to (4f)^{q-1}$ となることがわかる．Eu, Yb 以外で 2 価になりやすいのは Sm, Tm であり，4 価となりやすいのは Ce, Tb, Pr であることが理解できる．

化合物で $E_F=0$ に相当するのは，価電子帯最上部の準位である．この準位と $4f$ 電子準位との位置関係は配位子の種類によって変化しうる．E_F に対する位置関係が変わること（図 9-5 で言えば $E_F=0$ が上下に変化すること）によって，この $E_F=0$ 近傍の小さな XPS 値をもつ Ce^{3+}, Tb^{3+}, Pr^{3+} は $(4f)^q \to (4f)^{q-1}$ の電子配置変化を，また小さな BIS 値で特徴付けられる Eu^{3+}, Yb^{3+}, Sm^{3+}, Tm^{3+} は $(4f)^q \to (4f)^{q+1}$ の電子配置変化を生じやすい．LnTe, LnSe, LnS で「価数揺動」状態が実現しているのは，Ln 金属の BIS 値が $E_F=0$ に近い Sm と Tm であり，Eu と Yb は 2 価状態である．図 9-5 で言えば $E_F=0$ をさらに上方向に持ち上げた状況を考えた時，Sm と Tm では，$(4f)^q \rightleftarrows (4f)^{q+1}$ の「配置の均衡」が実現していると考えればよいであろう．一方，図 9-5 の $E_F=0$ を下方向に押し下げた状況は，ランタニド酸化物で Ce^{4+}, Tb^{4+}, Pr^{4+} の異常酸化数が生じる状況に対応する．CeO_2 に関する $(4f)^q \rightleftarrows (4f)^{q-1}$ の「価数揺動」については，小谷（1988）の総説が詳しい．CeO_2 の基底状態は，$(4f)^0$ と $(4f)^1$ がほぼ（1：1）に混成した状態であることが指摘されている．

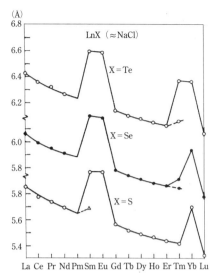

図 9-12　NaCl 型 LnTe, LnSe, LnS の格子定数の系列変化（Campagna et al., 1976 による）．TmSe の実線上の点は，$Tm^{3+}/Tm^{2+}=4$ に相当．破線上の点は純粋の Tm^{3+} からなる TmSe の推定値．SmS に対する白三角の点は，6.5 kbar で「半導体→金属」相転移で得られる SmS に対する値（$a=5.71$ Å）．TmTe の破線上の点は 3 価の TmTe に対する値と推定されるが，原著者は詳しい説明を与えていない．

「価数揺動」に関する詳しい議論は，Varma（1976），Wilson（1977），Hillebrecht and Campagna（1987），上田・大貫（1998），佐藤・三宅（2013）や，そこでの文献，あるいは，*Handbook Phys. Chem. Rare Earths*, vol. 10 の Baer and Schneider（1987），Hüfner（1987）などを参照されたい．

コラム　RSPETとJ. A. Wilsonの意見

「まえがき」にも記したように，RSPETの重要性が広く理解されていないのは大変残念なことである．たとえば，わが国で初めて出版された希土類元素に関する包括的な解説書『希土類の科学』（足立，1999），f電子系物理に関する本格的教科書『重い電子系の物理』（上田・大貫，1998），化学分野での『希土類元素の化学』（松本，2008）でも，この論点はほとんど言及されていない．国外での認識もこれに近い．たとえば，Cotton（2008）『希土類元素とアクチニドの化学』，Atwood（2012）"The Rare Earth Elements" を見ても，やはり状況は同じである．しかし，物性論の研究者であるJ. A. Wilsonは貴重な例外である．彼は，1977年に出版された「ランタニド化合物における価数揺動」に関する総説（Wilson, 1977）の付録にJørgensen理論の解説を与えている．氏はこの付録を記す理由をその冒頭に次のように記している．

"After reading Section 1 several colleagues have suggested amplifying the background to Fig. 1, in particular as it concerns the f-states. Unfortunately Professor Jørgensen's work although so prolific, is not as well known among solid-state physicists as it ought to be. I can do little more particularly in Appendix 1 than to give my understanding of that work. ....."

このJ. A. Wilsonの意見は，物性物理学者におけるJørgensen理論の理解のされ方の当時の状況を端的に物語っている．多分，現在でもこの状況はほとんど変わっていないであろう．一般に，化学者は物理学者の研究結果に随分耳を傾けるようになったが，その逆は必ずしも真ならずである．どのような学問的背景を持つ研究者であるかに囚われることなく，その言説の真贋判定が正当にできる研究者は限られているのが現実なのではないだろうか？　Wilsonはその限られた研究者の一人であろうと推察する．Wilsonが，$3d$化合物の電導性と磁性に関する総説（Wilson, 1972）の著者であることとも無関係ではないと筆者には思われる．この点については4-8節で少し議論した．

第 III 部

Ln_2O_3 と LnF_3 の結晶に見る四組効果

第10章
ランタニド(III)イオン半径の四組効果

　結晶中の原子・イオンを剛体球とみなし，その3次元的最密充填配列として結晶構造を理解しようとする立場は，結晶学・結晶化学の伝統的考え方である．結晶中の原子間距離をできるだけ忠実に再現するように，個々の原子・イオンの大きさを球の半径値として定める試みも，この伝統的考え方につながる．Shannon and Prewitt (1969, 1970) は，約1000個の原子間距離の測定値と60種以上の酸化物とフッ化物の同形化合物系列におけるイオン球体積と単位胞体積の近似的比例関係を用いて，イオン半径の値を求めた．この結果はShannon (1976) によりさらに改定され，広く利用されている．Ln(III)の6配位イオン半径は，主としてbixbyite (Mn_2O_3) 型結晶構造を持つcubic-Ln_2O_3の格子定数から，また，8，9配位のイオン半径は，主としてYF_3型 (rhm) とLaF_3型 (hex) のLnF_3の格子定数から，決められている．cubic-Ln_2O_3の格子定数は明瞭な下に凸な四組効果を示すので，6配位イオン半径にも同様の変化が認められる．しかし，8配位イオン半径ではそのような変化は判然としない．これは何を意味するのだろうか？　イオン半径のランタニド収縮とこれに伴う四組効果について考える．

10-1　cubic-Ln_2O_3の格子定数とLn(III)のイオン半径

　Shannon and Prewitt (1969, 1970) が採用したイオン半径の求め方の基本は，酸化物・フッ化物の同形化合物において単位胞体積がイオン半径の三乗の一次式で近似できることであった．これは，1960年代に急速に蓄積されるようになった種々の無機化合物のX線構造解析データを活用し，Goldschmidtのイオン半径の考え方を系統的に推し進めたものと言える．イオン半径の考え方の歴史的変遷やその背景についてはShannon and Prewitt (1969) に詳しい．Ln(III)のイオン半径に限定すれば，Shannon and Prewitt (1969, 1970) のLn(III) 6配位イオン半径は，Templeton and Dauben (1954) が報告したcubic-Ln_2O_3の格子定数に依拠するところが大きい．この6配位イオン半径は，Shannon (1976) でも，CeとPrを除き，そのまま受け継がれている．一方，Ln(III)の8，9配位イオン半径については，Greis and Petzel (1974) はLnF_3の精密格子定数を報告し，それぞれ，YF_3とLaF_3の原子座標値を用いて，これら配位数のイオン半径値を求めている．Shannon (1976) は，Greis and Petzel (1974) による値に補正を加え，Ln(III)の8，9配位イオン半径としている．まず，6配位イオン半径について考えよう．

　Templeton and Dauben (1954) は，Tbを除くSm〜Luの九つのランタニドについて，各ランタ

ニドの純度が 99.9% 以上である cubic-Ln$_2$O$_3$ を合成し，この格子定数（a_0）を決定した．そして，La を含む軽 Ln については，tetragonal LnOCl 系列の格子定数を用い，他の Ln(III) 単純化合物（LnCl$_3$, LnF$_3$）の格子定数も参照して，Ln(III) の 6 配位イオン半径を Å 単位で小数点以下三桁まで報告した．Pm^{3+} の値も推定している．cubic-Ln$_2$O$_3$ は C-type Ln$_2$O$_3$ とも呼ばれ，bixbyite（cubic Mn$_2$O$_3$）型結晶構造（$Ia3$）を持つ．当時知られていた bixbyite における原子座標（Pauling and Shappell, 1930）を仮定すると，このタイプの化合物では，M(III) イオンと 6 個の酸素間の平均距離，d(av. M–O)，は格子定数（a_0）に比例する：

$$d(\text{av. M–O}) = 0.21441 \cdot a_0 \,(\text{Å}) \quad (10\text{-}1)$$

Templeton and Dauben (1954) は，酸素のイオン半径を 1.380 Å として，(10-1) を Ln(III) の 6 配位イオン半径を求める根拠とした．Templeton and Dauben (1954) 自身が cubic-Ln$_2$O$_3$ の格子定数（a_0）について，次のように記していることは大変興味深い．ただし（ ）の部分は筆者の補足である：

"the new values (of the lattice constants for cubic REE sesiquioxides), when plotted as a function of atomic number, fall somewhat better on a curve which is smooth except for a cusp at gadolinium."

図 10-1a, c は，Hanic et al. (1984)，Eyring (1979) がまとめた cubic-Ln$_2$O$_3$ の格子定数を原子番号に対してプロットしたものである．Templeton and Dauben (1954) は Tb を除く Sm〜Lu の九つの cubic-Ln$_2$O$_3$ の格子定数を報告しているが，Eyring (1979) や Hanic et al. (1984) にまとめられているその後の実験値と有効数字 4 桁まで一致している（図 10-1a, c）．La〜Nd の Ln$_2$O$_3$ は hexagonal（$P6_3/mmm$）形が常温・常圧下では安定相で，A-type Ln$_2$O$_3$ と呼ばれる．しかし，準安定相としての cubic-Ln$_2$O$_3$ の格子定数の

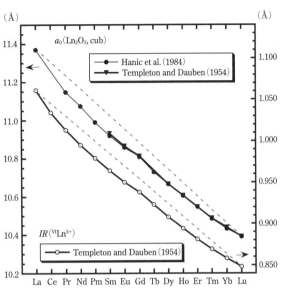

図 10-1a Hanic et al. (1984) がまとめた Ln$_2$O$_3$(cub) の格子定数（a_0）をプロット．Templeton and Dauben (1954) の格子定数も示してある．比較のために Templeton and Dauben (1954) による Ln(III) の 6 配位イオン半径（IR）もプロットしてある．

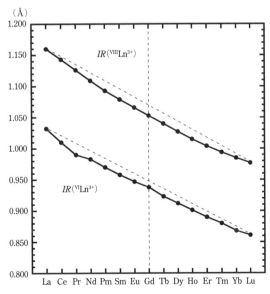

図 10-1b Shannon (1976) による 8 配位と 6 配位の Ln^{3+} イオン半径．

報告値もある (Eyring, 1979; Hanic et al., 1984). Pm_2O_3 についても, cubic, monoclinic, hexagonal の格子定数が報告されている. 図 10-1a, c に示した La~Pm の格子定数は, このようなデータである. 表 10-1a に, cubic-Ln_2O_3 の格子定数とイオン半径の値をまとめた. A-type (hexagonal) Ln_2O_3 と B-type (monoclinic) Ln_2O_3 の格子定数は表 10-1b に記す. Ln_2O_3 の多形構造と相互関係については, Adachi and Imanaka (1998) や Zinkevich (2007) を参照されたい.

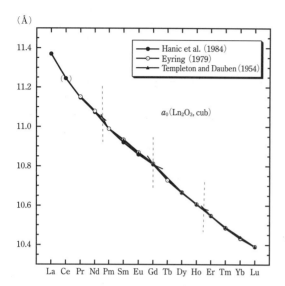

図 10-1c Eyring (1979) がまとめた Ln_2O_3(cub) の格子定数 (a_0) を, Hanic et al. (1984) と Templeton and Dauben (1954) のデータと共にプロット. Ce_2O_3(cub) に対する値は, La, Pr, Nd の三点を滑らかにつなぐことで推定し, 仮想的な格子定数 (a_0=11.245Å) を括弧付きの点で示す. 縦の破線は, 四組効果からすると, 二つの曲線の交点となる個所を示す.

図 10-1a, c のデータは, 格子定数が原子番号とともに単調に減少しているわけではないことを示している. Templeton and Dauben (1954) が記しているように, 確かに, Gd の値は滑らかな曲線の交点であることがわかる. しかし, 交点を考えたい箇所は他にもある. Ho と Er の中間点, Nd と Pm の中間点もこれにあたる. cubic-Ln_2O_3 の格子定数の原子番号 Z に対する変化の特徴は, Peppard らの四組効果に他ならないことが示唆される. ただし, Pm_2O_3 の格子定数については, La~Nd の cubic-

表 10-1a REE_2O_3(cub) の格子定数 (a_0), 6配位と8配位イオン半径 (IR), 原子半径, 原子体積.

| R^{3+} | a_0 (Å) | | | IR (Å) | | | 原子半径 (Å) | 原子体積 (cm^3/mol) |
	REE_2O_3(cub)			$^{VI}REE^{3+}$		$^{VIII}REE^{3+}$		
La	11.37	—	—	1.061	1.032	1.16	1.879	22.603
Ce	—	—	—	1.034	1.01	1.143	1.820	20.40
Pr	11.147	11.152(2)	—	1.013	0.99	1.126	1.828	20.805
Nd	11.074	11.080	—	0.995	0.983	1.109	1.821	20.585
Pm	10.99	10.99	—	0.979	0.97	1.093	—	—
Sm	10.92	10.934	10.932(9)	0.964	0.958	1.079	1.804	20.001
Eu	10.859	10.869	10.866(5)	0.950	0.947	1.066	1.984	28.981
Gd	10.809	10.8122	10.813(5)	0.938	0.938	1.053	1.801	19.904
Tb	10.729	10.7281(5)	—	0.923	0.923	1.04	1.783	19.312
Dy	10.667	10.6647	10.667(6)	0.908	0.912	1.027	1.774	19.006
Ho	10.606	10.6065	10.607(5)	0.894	0.901	1.015	1.766	18.753
Er	10.548	10.5473	10.547(3)	0.881	0.890	1.004	1.757	18.45
Tm	10.485	10.4866	10.488(6)	0.869	0.880	0.994	1.746	18.124
Yb	10.432	10.4334	10.439(7)	0.858	0.868	0.985	1.939	24.843
Lu	10.391	10.3907	10.391(5)	0.848	0.861	0.977	1.735	17.781
Y	10.602	10.6021	—		0.90	1.019	1.801	19.894
Sc	9.846	9.849(1)	—		0.745	0.87	1.64	15.041
Ref.	a	b	c	c	d	d	e	e

Ref. の文献は, a: Hanic et al. (1984). b: Eyring (1979). c: Templeton and Dauben (1954). d: Shanonn (1976). e: Spedding (1980).

表 10-1b A-type Ln_2O_3(hex) と B-type Ln_2O_3(monoclinic) の格子定数.

R^{3+}	A-type Ln_2O_3(hex)		B-type Ln_2O_3(monoclinic)			
	a(Å)	c(Å)	a(Å)	b(Å)	c(Å)	β(°)
La	3.938(3)	6.128(5)				
Ce	3.8905(3)	6.0589(3)				
Pr	3.8855(3)	6.016(5)				
Nd	3.829(3)	6.002(5)				
Pm	3.802	5.954				
Sm			14.22	3.65	8.91	100.1
Eu			14.177	3.633	8.847	99.96
Gd			14.082	3.604	8.778	100.00
Tb			14.061	3.566(6)	8.760(7)	100.10(8)
			14.04	3.541(3)	8.725(8)	100.06(5)
Ref.	Eyring (1979)					

Ln_2O_3 が準安定相と考えられているように，cubic-Pm_2O_3 も準安定相なのかもしれない．この問題は後に検討しよう．

図 10-1b には，Shannon (1976) による Ln(III) の 6 配位と 8 配位のイオン半径 (*IR*) がプロットしてある．これらのイオン半径値は，他のデータとともに，表 10-1a にまとめてある．6 配位のイオン半径は，cubic-Ln_2O_3 の格子定数ほどではないが，四組様の変化を示すことがわかる．しかし，8 配位のイオン半径は，6 配位のイオン半径に比べ，より滑らかな変化を示す．

図 10-1a の Ln_2O_3(cub) の格子定数のプロットには，Ce_2O_3(cub) に対する点が示されていない．大気環境下での Ce の安定酸化物は CeO_2 であり，酸素分圧を制御した場合のみ三価酸化物 Ce_2O_3(hex) が得られる．したがって，

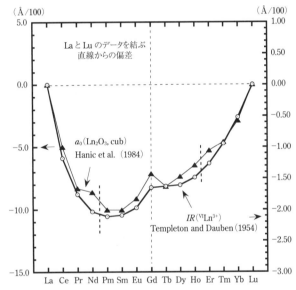

図 10-2a La と Lu のデータを結ぶ直線 (図 10-1a の破線の直線) からの偏差を，Hanic et al. (1984) がまとめた Ln_2O_3(cub) の格子定数と Templeton and Dauben (1954) の 6 配位イオン半径について示す．両者の変化パターンは類似し，Gd が二つの曲線状変化の交点である．Ln_2O_3(cub) の格子定数では，Ho と Er の中間点と Nd と Pm の中間点も曲線の交点であることが推定できる (縦の太破線).

Ce_2O_3(cub) のデータは示されていない．そこで，図 10-1c では，Eyring (1979) がまとめたデータも，Hanic et al. (1984) と Templeton and Dauben (1954) のデータと共にプロットし，Ce_2O_3(cub) に対する値は，La, Pr, Nd の三点を滑らかにつなぐことで推定した仮想的 Ce_2O_3(cub) の格子定数 ($a_0 = 11.245$Å) もプロットした．Ln_2O_3(cub) の格子定数はこの化合物の固有の特徴を表す．常温・常圧下では，La〜Nd では Ln_2O_3(hex) が安定で，Ln_2O_3(cub) は安定ではないため，Ln_2O_3(cub) 系列だけで，全 Ln の"イオン半径"を決めることはできない．そのため，Templeton and Dauben (1954) は Ln_2O_3(cub) 系列に加えて，tetragonal LnOCl 系列の格子定数を用い，彼ら

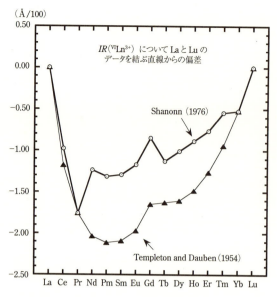

図10-2b LaとLuのデータを結ぶ直線（図10-1bの破線の直線）からの偏差を，Shanonn（1976）の6配位イオン半径について，図10-2aに示したTempleton and Dauben（1954）の6配位イオン半径と比べた結果．Gdが二つの曲線状変化の交点であることは，Shanonn（1976）の6配位イオン半径にも認められる．

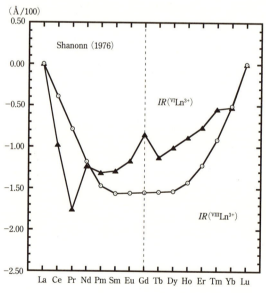

図10-2c LaとLuのデータを結ぶ直線（図10-1bの破線の直線）からの偏差を，Shanonn（1976）の6配位と8配位イオン半径について示す．Gdの8配位イオン半径は，二つの曲線状変化の交点ではあるが，6配位イオン半径とは異なり，二つの曲線の湾曲度は小さく，両曲線は左右に対称的な系列変化を示す．

の"イオン半径"を求めたと記している．tetragonal LnOClでのLn^{3+}は8配位で，配位子は二種類ある．やむを得ない対処ではあるが，異なる二つの化合物系列を用いて推定されているTempleton and Dauben（1954）の"イオン半径"系列変化の特徴にも，現実のLn_2O_3(cub)系列と一致しない部分がある（図10-2a）．

cubic-Ln_2O_3の格子定数とTempleton and Dauben（1954）の6配位イオン半径について，LaとLuのデータを直線で結び（図10-1a），これからの偏差を求めた結果が図10-2aである．cubic-Ln_2O_3の格子定数とTempleton and Dauben（1954）の6配位イオン半径は共に類似した変化を示す．図10-2bは，Shanonn（1976）の6配位イオン半径について，LaとLuのデータを結ぶ直線（図10-1bに破線で示した直線）からの偏差を1/100Å単位で示し，Templeton and Dauben（1954）の6配位イオン半径に対する同様な偏差（図10-2a）と比べている．また，図10-2cは，Shanonn（1976）の6配位と8配位イオン半径について，LaとLuのデータを結ぶ直線（図10-1bに破線で示した直線）からの偏差を1/100Å単位で示した結果である．8配位イオン半径でもGdは二つの曲線の交点ではあるが，6配位イオン半径とは異なり，二つの曲線の湾曲度は小さく，両曲線は左右に対称的な変化を示す．Shannon（1976）の8配位イオン半径の偏差プロットでは，Gdの特異性はあまり大きくはない．Shannon（1976）のLn(III)8配位イオン半径は，主として，LnF_3の格子定数とYF_3の原子座標値から求められているが，$Ln_3Fe_5O_{12}$，$LnVO_4$などの複合酸化物のデータも参照されていることには留意しておくべきである．Shannon（1976）によるLn(III)の6配位イオン半径がLn_2O_3(cub)系列から隔たってい

ることは，図 10-2b から明らかである．

　以上の簡単な検討からも，Templeton and Dauben (1954) のように Ln_2O_3(cub) 系列と LnOCl 系列で共通の "イオン半径" があると考えること，あるいは，Shannon (1976) のように配位数とスピン状態を固定すれば "イオン固有の半径値" が得られると考えること，自体が適切ではないことがわかる．このような "イオン半径" に対する "過剰な信仰" を払拭しない限り，ランタニド収縮の細かな特徴は考察できないと筆者は考える．

10-2　ランタニド収縮と四組効果

　ランタニドの酸化物とフッ化物の格子エネルギーを論じる前に，研究者で共有されているランタニド(III)イオン半径の「ランタニド収縮 (lanthanide contraction)」に関する「常識的な」理解 (Cotton and Wilkinson, 1980) の内容を確認しておこう．Ln(III) のイオン半径，あるいは，6 配位イオン半径と同等の意味を持つ cubic-Ln_2O_3 の格子定数がランタニドの原子番号 Z が増大するとともに減少する事実が，ランタニド収縮と呼ばれる．Ln(III) 系列では，原子番号 Z が 1 だけ増加すれば，Ln(III) の基底電子配置の $4f$ 電子数も 1 だけ増加する．Z の増大は核電荷の増大を意味するが，増加する $4f$ 電子がこの核電荷を完全に遮蔽できないため，結果として，$4f$ 電子の外に分布する電子（たとえば，Xe 芯の $5p$，$5s$ 電子）も核に引き寄せられ，イオン球のサイズが小さくなると解釈されている．アルカリ金属 M^+ やアルカリ土類の M^{2+} のイオン半径が原子番号の増大とともに大きくなることと対照的である．

　[Rn]$(5f)^q$ の電子配置を持つアクチニド・イオンはもとより，[Ar]$(3d)^q$ の電子配置を持つ鉄族元素イオンなどのイオン半径も，ランタニド収縮に類似した変化を示す．一方，アルカリ金属 M^+ やアルカリ土類の M^{2+} における原子番号の増加は，中心芯が，[He], [Ne], [Ar], [Kr], [Xe], [Rn] と変化することに対応しているので，イオン・サイズは当然増大する．内遷移元素であるランタニドとアクチニドにおける原子番号の増加は，内核の $4f$，$5f$ 副殻への電子の規則的充填に結びついており，鉄族元素イオン（M^{2+}，M^{3+}）の場合も，電子が $3d$ 副殻を逐次充填してゆくことが原子番号の増大に結びついている．このように，イオン半径と原子番号の関係は，アルカリ金属・アルカリ土類の典型元素，d 電子と f 電子でそれぞれ特徴付けられる遷移元素と内遷移元素では，やはり異なると理解すべきである．これは，図 0-2 に示した安達 (1996) による「渦巻き型」周期表の「三つの渦の島」からすれば当然である．

　図 10-1a, c にプロットした cubic-Ln_2O_3 の格子定数のデータからすれば，cubic-Ln_2O_3 の格子定数に依拠した 6 配位イオン半径のランタニド収縮は，原子番号の滑らかな関数ではなく，四組効果を伴っている．ランタニド収縮の定量的理解には，本当は，この四組効果の定量的理解も不可欠なのである．したがって，上に述べた従来からのランタニド収縮に対する説明はあくまでも定性的なものであり，これで思考停止してはいけない．イオン半径のランタニド収縮の問題を考えるに当たっては，イオン半径とは何かについても，少し掘り下げて考える必要がある．一つの手掛かりは，金属の原子間距離に基づく原子半径のランタニド収縮と比較してみることである．Cotton and Wilkinson (1980) による「ランタニド収縮の常識的な解釈」は，Cotton et al. (1995) でも繰り返されているが，この理解は問題点を含んでいる．これに対する筆者の批判は 15-5 節

で述べる.

10-3 原子半径のランタニド収縮と四組効果との比較

特定元素の金属単体が得られる場合，その金属における原子間距離の1/2は，その元素の金属半径（metallic radius）と呼ばれ，その元素の原子サイズを表す原子半径（atomic radius）の値とされる（Shriver et al., 1994）．ランタニドの原子半径を原子番号に対してプロットした結果が図10-3aである．金属のモル体積（原子体積）の値も示してある．具体的な数値は表10-1aに掲げる．EuとYbの原子半径と両金属のモル体積は，他のランタニドに比べ，著しく大きい．これは，5-2節で述べたように，EuとYbは2価金属で他のLnは3価金属であることによる．3価金属の原子半径，モル体積はランタニド収縮を示し，そこには，小さいが，下に凸な四組様変化も認められる．Lnの原子半径について，LaとLuのデータを結ぶ直線（図10-3aの破線の直線）からの偏差を，Templeton and Dauben（1954）による6配位イオン半径と比べた結果を図10-3bに示す．2価金属のEuとYb，Pmについては両隣の3価Ln金属から内挿した値を用いて偏差を求めている．3価Ln金属の原子半径にも，Ln(III)酸化物に似た四組様系列変化がありそうである．すなわち，LaとCeは例外としなければならないが，Pr以降の3価金属については，ランタニド収縮にも四組様系列変化が伴っている可能性がある．詳しい議論は16-4節で行う．

図10-3a, bの原子半径の特徴は，ランタニド金属に関する *ab initio* の理論計算から説明されねばならない．Freeman et al.（1987），Delin et al.（1998），Strange et al.（1999）は，*ab initio* の理論計算から平衡原子間距離，非圧縮率，凝集エネルギーなどを求めている．しかし，*ab initio* の理論計算は実験値における2価金属と3価金属の違いを再現することはできるものの，細かな系列変化の特徴まで再現するには至っていない．ランタニド金属のX線光電子スペクトル，逆光電子スペクトルに四組効果が内在することは既に指摘した．しかし，*ab initio* の理論計算は残念ながら，これらのスペクトルを忠実に再現できない．精緻とされる *ab initio* の理論計算が定性的な結果しか与えない現実を認めねばならない．密度汎関数法の応用は有望とされているが（常田, 2012），$3d$ 電子系，$4f$ 電子系の金属・化合物の *ab initio* 理論計算では，平衡原子間距離，非圧縮率，凝集エネルギーなどを満足できる程度に再現することはできていない．原子・分子系で d 軌道，f 軌道の電子を *ab initio* 計算で扱う場合の困難は，平尾（2006）に記されている．

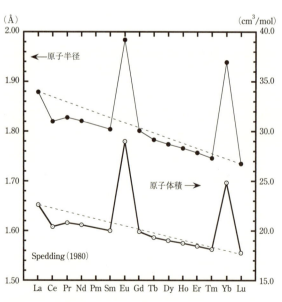

図 10-3a Spedding（1980）によるランタニドの原子半径と金属のモル体積（原子体積）をプロット．

話を元に戻そう．ランタニドの原子半径がそれらの現実金属における原子間距離に対応しているのに対し，ランタニドのイオン半径は，必ずしも個別化合物の原子間距離に正確に対応しているわけではない．また，単一の同形化合物系列の単位胞体積だけで決められているわけでもない．Templeton and Dauben (1954) や Shannon (1976) の6配位イオン半径は主として cubic-Ln_2O_3 の格子定数に依拠しているが，図10-2a, b からもわかるように，cubic-Ln_2O_3 の格子定数そのもののランタニド収縮に比べると，6配位イオン半径の四組効果はやや不鮮明である．イオン半径を決める際に，部分的ではあれ，異なる同形化合物系列を併用することで原子間距離が平均化され，いずれの現実化合物における原子間距離ともやや異なった値となっていることが考えられる．

イオン半径の値は，あくまでも，配位

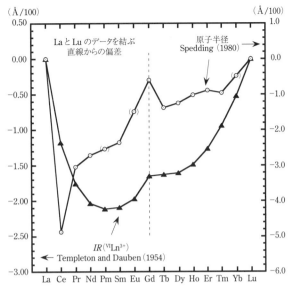

図 10-3b La と Lu のデータを結ぶ直線（図 10-3a の破線の直線）からの偏差を，Ln の原子半径について，Templeton and Dauben (1954) の6配位イオン半径と比べた結果．2価金属の Eu と Yb は異常値を示すので（図10-3a），隣接の3価 Ln 金属の値から内挿した値で置き換えている．放射性元素の Pm についても，同様な内挿値から偏差を求めている．3価 Ln 金属の原子半径の変化パターンでは，Gd が二つの曲線状変化の交点になっており，四組様変化が示唆されるが，Ln_2O_3(cub) のそれとは異なる．

数，電子配置，スピン状態で区別した多様な現実化合物における原子間距離を，それぞれ単一の値の和でできるだけうまく再現することを狙って人為的に決められている．化合物は異なっても，配位数，電子配置，スピン状態が同じであれば，イオン半径は同一でなければならないとの考え方（素朴なモデル）が前提にある．この単一のイオン半径を「イオンの固有のサイズ」と呼ぶ研究者もいるが，その半径を持つイオン球が実在すると錯覚してはいけない．この点は，実在金属における原子間距離と一対一対応にある原子半径とは本質的に異なる．したがって，イオン半径のランタニド収縮の問題を，イオン半径それ自体を取り上げる形で議論しても，現実化合物から隔たったものになる．Ln(III) イオン半径の四組効果とランタニド収縮の問題としてではなく，個別のイオン性同形化合物の格子エネルギー・化学結合の問題としてまずは議論すべきである．たとえば，Bratsch and Silber (1982), Bratsch and Lagowski (1985) は，cubic-Ln_2O_3 など Ln(III) 単純化合物の格子エネルギー，Ln(III) の水和エネルギーの値を，Ln(III) イオン半径の問題として議論しており，イオン半径と個別化合物・化学種の関係が峻別されていない．便宜を求めるあまり，イオン半径とは何であるかを十分に考えない議論と言わざるを得ない．

既に述べたように，イオン半径の関連で重要な個別化合物は Ln_2O_3 と LnF_3 であり，これらの格子エネルギーをまずは問題にする．格子エネルギーを考えることは，Ln_2O_3 と LnF_3 が真空中の自由イオンに分解される反応を考えることである．ただし，ランタニド二三酸化物（Ln_2O_3）の反応と熱力学量を議論する場合は $LnO_{1.5}$ として扱うことにするので，反応式としては，

$$\text{LnO}_{1.5}(c) = \text{Ln}^{3+}(g) + (3/2)\text{O}^{2-}(g) \tag{10-2}$$
$$\text{LnF}_3(c) = \text{Ln}^{3+}(g) + 3\text{F}^-(g) \tag{10-3}$$

である．この反応のエンタルピー変化はランタニド酸化物とフッ化物の格子エンタルピーであり，後に説明するように内部エネルギー変化である格子エネルギーにほぼ等しい．これらの格子エネルギー（あるいは格子エンタルピー）を考える理由は次の通りである：

1) F^- と O^{2-} はランタニド(III)の電子雲拡大系列において両極端を代表する陰イオン配位子である．
2) ランタニド(III)の6配位のイオン半径は，主として，cubic-Ln_2O_3 の格子定数により，8, 9 配位のイオン半径は，主として，LnF_3 の格子定数により決められている現実がある．
3) 格子エネルギーは，熱力学の第一法則を前提にした Born-Haber サイクルから実験値に相当する値を求めることができる．さらに，イオン結晶のモデルを前提にすると，Ln_2O_3 や LnF_3 の結晶構造から格子エネルギーの値を計算することができ，実験値と計算値の比較が可能である．

以下では，まず，Ln_2O_3 を例に，格子エネルギーについて論点を整理し，LnF_3 の格子エネルギーに関しては次章で取り上げる．

10-4　Ln_2O_3 の格子エネルギーと Born-Haber サイクル

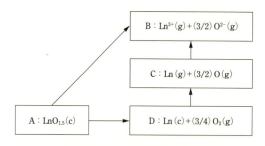

図 10-4 Born-Haber サイクル．

常温・常圧下で安定な Ln_2O_3 は，La から Nd までの軽希土類元素では hexagonal（A-type），Sm 以降のランタニドでは cubic（C-type）の結晶形をとる．Pm, Sm, Eu, Gd, Tb では monoclinic（B-type）も知られている．常温・常圧下の酸化物安定相は，全ランタニド系列を通じて単一の同形化合物系列をなさない．この事実も Ln_2O_3 の格子エネルギーの議論では考慮されねばならない．ランタニド酸化物の多形の問題は後に論ずることとして，まず，これらが自由イオンに解離する反応

$$\text{LnO}_{1.5}(c) = \text{Ln}^{3+}(g) + (3/2)\text{O}^{2-}(g) \tag{10-2}$$

を考える．この反応の標準状態（298.15 K, 1 atm）におけるエンタルピー変化は，格子エンタルピー（lattice enthalpy, $\Delta H_{\text{latt.}}$）と呼ばれる．この反応のエンタルピー変化は，Born-Haber サイクル（図 10-4）を考えれば，以下の反応に対する：

$$\text{LnO}_{1.5}(c) = \text{Ln}(c) + (3/4)\text{O}_2(g) : -\Delta H_f^0(\text{LnO}_{1.5}) \tag{10-4}$$
$$\text{Ln}(c) = \text{Ln}(g) : \Delta H_f^0(\text{Ln}, g) \tag{10-5}$$
$$(3/4)\text{O}_2(g) = (3/2)\text{O}(g) : (3/2)\Delta H_f^0(\text{O}, g) \tag{10-6}$$
$$\text{Ln}(g) = \text{Ln}^{3+}(g) + 3e^- : \sum_{i=1}^{3} I_i(\text{Ln}) \tag{10-7}$$
$$+)\quad (3/2)\text{O}(g) + (3/2)(2e^-) = (3/2)\text{O}^{2-}(g) : -(3/2)EA(\text{O}^{2-}, g) \tag{10-8}$$
$$\text{LnO}_{1.5}(c) = \text{Ln}^{3+}(g) + (3/2)\text{O}^{2-}(g) : \Delta H_{\text{latt.}}(\text{LnO}_{1.5}) \tag{10-2}$$

エンタルピー変化は実験値とスペクトル・データを用いて表現できる．図10-4のBorn-Harberサイクルにおいて，A→Bの状態変化に伴うエンタルピー変化は，A→D→C→Bの状態変化に伴うエンタルピー変化に等しい．すなわち，酸化物の格子エンタルピー(10-2)は，(10-4)～(10-8)の和に等しい．したがって，

$$\Delta H_{\text{latt.}}(\text{LnO}_{1.5}) = \Delta H_f^0(\text{Ln, g}) + \sum_{i=1}^{3} I_i(\text{Ln}) - \Delta H_f^0(\text{LnO}_{1.5}) - (3/2)EA(\text{O}^{2-}, \text{g}) \\ + (3/2)\Delta H_f^0(\text{O, g}) + (5/2)RT \quad (10\text{-}9)$$

である．(10-4)は$\text{LnO}_{1.5}(c)$の標準生成エンタルピーを定義する反応の逆．(10-5)は$\text{Ln}(g)$の標準生成エンタルピーの定義反応で，8-3節で議論したランタニド金属の蒸発熱である．(10-6)は原子状酸素の標準生成エンタルピーの(3/2)倍で，分子状酸素の解離エネルギーの(3/4)倍に相当する．(10-7)はランタニド原子の第1から第3までのイオン化エネルギーの和で，これは8-4節で既に議論した．(10-8)は$\text{O}^{2-}(g)$の電子親和力（electron affinity, EA）の定義反応に関係する．一般に，陰イオンの電子親和力（EA）を定義する反応を

$$\text{X}^{n-}(g) = \text{X}(g) + ne^- \quad (10\text{-}10)$$

とした場合，$\text{O}^{2-}(g)$のEAを定義する反応は，

$$\text{O}^{2-}(g) = \text{O}(g) + 2e^- \quad (10\text{-}10')$$

となる．これを逆にし，(3/2)倍したものが(10-8)である．もし，陰イオンの電子親和力（EA）を定義する反応として，(10-10)の逆反応を採用した場合は，(10-8)の$-(3/2)EA(\text{O}^{2-}, \text{g})$の符号を正に変更すればよい．

イオン化エネルギー(10-7)と電子親和力(10-8)は，0 Kにおける内部エネルギー変化として取り扱われるべきであるが，図10-4のC→Bの変化過程で電子も理想気体として扱えば，$T=298.15$ Kに対する(10-9)の結果には，何の補正項も必要ではない．(10-7)と(10-8)が一対で(10-9)の和に入っているからである．(10-9)の最後の項$(5/2)RT$は体積変化によるエンタルピー変化を意味する．反応(10-2)の体積変化は，イオン・ガスの体積に比べて，固相の体積は無視できるほど小さいので，イオン・ガスを理想気体として取り扱えば，$R=$気体定数，$T=298.15$ Kとして，$P\Delta V=(1+3/2)RT=(5/2)RT$を加えねばならない．

一方，一定圧力の下では，エンタルピー変化と内部エネルギー変化の関係は，

$$\Delta H = \Delta U + P\Delta V \quad (10\text{-}11)$$

である．したがって，格子エンタルピー（$\Delta H_{\text{latt.}}$）と内部エネルギー変化である格子エネルギー（$\Delta U_{\text{latt.}}$）関係は，

$$\Delta H_{\text{latt.}} = \Delta U_{\text{latt.}} + P\Delta V \quad (10\text{-}12)$$

となる．(10-9)の最後の項$(5/2)RT$を除いた部分が格子エネルギー（$\Delta U_{\text{latt.}}$）に相当している．

$$\Delta U_{\text{latt.}}(\text{LnO}_{1.5}) = \Delta H_{\text{latt.}}(\text{LnO}_{1.5}) - (5/2)RT \quad (10\text{-}13)$$

ゆえに，内部エネルギー変化としての格子エネルギーは，

$$\Delta U_{\text{latt.}}(\text{LnO}_{1.5})_{\text{exp}} = \Delta H_f^0(\text{Ln, g}) + \sum_{i=1}^{3} I_i(\text{Ln}) - \Delta H_f^0(\text{LnO}_{1.5}) - (3/2)EA(\text{O}^{2-}, \text{g}) + (3/2)\Delta H_f^0(\text{O, g}) \quad (10\text{-}14)$$

となる．このように格子エネルギーは，いくつかの実験値から評価できる．その意味で，(10-14)による格子エネルギーには，$\Delta U_{\text{latt.}}(\text{LnO}_{1.5})_{\text{exp}}$と"exp"を付す．イオン性結晶のポテンシャル・エネルギーと対応させるには，格子エネルギーを0 Kにおける内部エネルギー変化とした方が適切ではある．しかし，ΔH_f^0に関する値をすべて0 Kに戻して用いなければならず，イオン性結晶のポテンシャル・エネルギーを評価するに必要な結晶構造のパラメーターも0 Kにおける値の使

用が必要となる．この要件を近似的に満足するだけでも低温～極低温の実験データが必要になる．また，低温～極低温では Ln(III) 化合物は磁気相転移を生じるので，これへの対処も必要となる（13-9節）．したがって，通常は，常温での $\Delta H_{\mathrm{f}}^{0}$ の値，常温・常圧での結晶構造データを用いる上述の格子エンタルピー（$\Delta H_{\mathrm{latt.}}$）により議論する．格子エンタルピー（$\Delta H_{\mathrm{latt.}}$）と内部エネルギー変化である格子エネルギー（$\Delta U_{\mathrm{latt.}}$）の区別は (10-13) によると考える．

10-5　イオン性結晶の点電荷モデルと Ln_2O_3 の格子エネルギー

イオン性結晶におけるイオンを点電荷と見なすことにすれば，そのポテンシャル・エネルギーから，Madelung 定数（M），最隣接の陽イオンと陰イオンの距離（R_0），Born の反発ポテンシャルべき指数（n），などを用いて，格子エネルギーを次のように表現することができる（Born and Huang, 1954 ; Pauling, 1962）：

$$\Delta U_{\mathrm{latt.}}(\mathrm{LnO}_{1.5})_{\mathrm{calc.}} = N_{\mathrm{A}}(M/R_0)(Z^+ Z^-)e^2(1-1/n) \quad (10\text{-}15)$$

N_{A} は Avogadro 数，Z^+ と Z^- は陽イオンと陰イオンの電荷数の絶対値で，$\mathrm{LnO}_{1.5}$ の場合は，$Z^+ = 3$, $Z^- = 2$ である．e は電子の電荷であり，(10-15) は CGS 単位系によるエネルギー値を表す．Born の反発ポテンシャルべき指数（n）は通常，8～10 前後の値をとる．(10-15) の格子エネルギーには "calc." を付し，(10-14) の実験値から評価される格子エネルギーと区別する．点電荷のイオン結晶モデルからすれば，

$$\Delta U_{\mathrm{latt.}}(\mathrm{LnO}_{1.5})_{\mathrm{exp}} = \Delta U_{\mathrm{latt.}}(\mathrm{LnO}_{1.5})_{\mathrm{calc.}} \quad (10\text{-}16)$$

である．この左辺は Born-Harber サイクルにおける熱力学・分光学データの和であり，これらが原子間距離，Madelung 定数などの結晶構造パラメーターと結びつくことを表している．0 K における結晶のポテンシャル・エネルギーを $\Phi(R_0)$ とすると，格子エネルギー $\Delta U_{\mathrm{latt.}}$ との関係は，

$$\Delta U_{\mathrm{latt.}} = \Phi(R_0 = \infty) - \Phi(R_0) = -\Phi(R_0) \quad (10\text{-}17)$$

である．$\Phi(R_0 = \infty)$ は隣接イオン間距離が無限大になった場合の仮想的「結晶」のポテンシャル・エネルギーである．隣接イオン間距離が無限大である「結晶」とは「イオン・ガスの状態」に他ならず，無限大の距離にあるイオン間の相互作用はないので，そのポテンシャル・エネルギーはゼロである．したがって $\Delta U_{\mathrm{latt.}} = -\Phi(R_0)$ となる[1]．

Madelung 定数（M）は単位胞の格子定数と各イオンの原子座標から定められる．しかし，あらかじめ代表的な原子間距離の基準を決めておき，格子定数に依存しない形で M を求めておくと便利である．原子間距離の基準は格子定数でもよいが，対称性が低い格子では格子定数は一つではないので，通常は，最隣接の陽イオンと陰イオンの距離（R_0）がこの基準距離に採用される (Born and Huang, 1954)．bixbyite 型の C-type $\mathrm{LnO}_{1.5}$ の場合，R_0 あるいは格子定数（a_0）は異なるものの，各イオンの原子座標が共通であれば，M 自体も共通になる．しかし，M は R_0 に依存しており，格子エネルギーにとって意味のあるパラメーターは (10-15) にあるように (M/R_0) の比の形である．n は 8～10 前後の値をとることから，事実上，(M/R_0) の値が点電荷モデルによる同形

---

[1] $\Phi(R_0)$ のことを格子エネルギーと呼ぶ場合もあるので注意のこと．格子エネルギーの値が負である場合は，結晶のポテンシャル・エネルギー $\Phi(R_0)$ を格子エネルギーと呼んでいる場合である．

系列をなすイオン性結晶の格子エネルギーの値を決める．

　bixbyite 型の構造は，空間群 $Ia3$ に属し，格子定数（a_0）の他に四つの原子座標パラメーター（u, x, y, z）によって表現される．u は陽イオンの原子座標パラメーターで，（x, y, z）は酸素の原子座標パラメーターである．単位の化学式を M_2O_3 とした場合，単位胞の化学式は $16M_2O_3$ となる．したがって，単位胞の化学単位数（Z）は 16 である[2]．単位胞中の 32 個の陽イオンのうちの 8 個は $3(S_6)$ の（1/4, 1/4, 1/4）などの特殊位置にあり，残りの 24 個は $2(C_2)$ の席，（$u, 0, 1/4$）などを占める．48 個の酸素原子は（x, y, z）などの一般席を占める．したがって，bixbyite 型の C-type $LnO_{1.5}$ の場合，格子定数（a_0）はもとより（u, x, y, z）の原子座標パラメーターも一般には異なっていてもよい．その場合は，Madelung 定数（M）が厳密には共通にはならないことに注意しよう．

　Gashurov and Sovers（1970）は，$n=9$ として $\Phi(R_0)=-\Delta U_{\text{latt.}}(LnO_{1.5})_{\text{calc.}}$ の結晶ポテンシャル・エネルギーを最小にする（u, x, y, z）の原子座標パラメーターを，Pr から Lu までの 12 のランタニドについて，いくつかの $\Delta U_{\text{latt.}}(LnO_{1.5})_{\text{exp}}$ を参照して求めた．その結果，C-type $LnO_{1.5}$ 系列では，事実上，四つの原子座標パラメーターは一定（$u=-0.0332, x=0.3902, y=0.1521, z=0.3807$）であることを示した．1960 年代前半までに報告された C-type Ln_2O_3 の原子座標パラメーターとは必ずしも一致しない場合もあるが，1970 年代以降の Y_2O_3, Ho_2O_3, Yb_2O_3 の構造解析のデータは Gashurov and Sovers（1970）の結論とよく一致している．したがって，C-type Ln_2O_3 では，最隣接の陽イオンと陰イオンの距離（R_0）を基準にした Madelung 定数（M）は，事実上共通であると考えてよいであろう．これは，(10-15) の $\Delta U_{\text{latt.}}(LnO_{1.5})_{\text{calc.}}$ は R_0 の逆数に比例することを意味する．10-1 節で，bixbyite 型構造では，M(III) イオンと 6 個の酸素間の平均距離 d(av. M-O) は格子定数（a_0）に比例すること，

$$d(\text{av. M-O}) = 0.21441 \cdot a_0 \; (\text{Å}) \tag{10-1}$$

を用いて Templeton and Dauben（1954）がランタニドのイオン半径を決める一つの基準としたことを紹介した．この関係は，その後，O'Connor and Valentine（1969）により Y_2O_3, In_2O_3, Sc_2O_3 の単結晶構造解析のデータから，

$$d(\text{av. M-O}) = 0.2154 \cdot a_0 \; (\text{Å}) \tag{10-1'}$$

と改定されているが，C-type Ln_2O_3 での陽イオン-酸素距離の平均値と格子定数は (10-1') により相互に読み替えることができる．C-type Ln_2O_3 の格子エネルギーは陽イオン-酸素の最隣接距離（R_0）の逆数に比例するから，R_0 を陽イオン-酸素距離の平均値，または，格子定数に置き換えても，逆比例の関係は成立することになる．

10-6　格子エネルギーの相対値と Ln_2O_3 における多形の問題

(10-14) の $\Delta U_{\text{latt.}}(LnO_{1.5})_{\text{exp}}$ において，

$$\Delta U_{\text{latt.}}(LnO_{1.5})_{\text{exp}} = \Delta H_f^0(Ln, g) + \sum_{i=1}^{3} I_i(Ln) - \Delta H_f^0(LnO_{1.5}) - (3/2)EA(O^{2-}, g) + (3/2)\Delta H_f^0(O, g) \tag{10-14}$$

だから，右辺でランタニドに依存する項は初めの 3 項のみで，残り 2 項は全ランタニドで共通で

---

[2] 単位の化学式を $MO_{1.5}$ とした場合は，$Z=32$ となる．

ある．最後の2項の一つ $\{-(3/2)EA(O^{2-}, g)\}$ は比較的大きな実験誤差を含むので，$\Delta U_{\text{latt.}}(\text{LnO}_{1.5})_{\text{exp}}$ 自体の値ではなく，初めの3項のみの和を「相対格子エネルギー（relative lattice energy）」として，

$$\Delta U^*_{\text{latt.}}(\text{LnO}_{1.5}) \equiv \Delta H_f^0(\text{Ln}, g) + \sum_{i=1}^{3} I_i(\text{Ln}) - \Delta H_f^0(\text{LnO}_{1.5}) \tag{10-14'}$$

と定義し（Kawabe, 1992），$\Delta U_{\text{latt.}}(\text{LnO}_{1.5})_{\text{exp}}$ の代替量として以後の議論に用いる．四組効果の議論には，$\Delta U_{\text{latt.}}(\text{LnO}_{1.5})_{\text{exp}}$ のランタニド系列における変化が問題となるので，$\Delta U^*_{\text{latt.}}(\text{LnO}_{1.5})$ のみを考えればよい．したがって $\Delta U^*_{\text{latt.}}(\text{LnO}_{1.5})$ と C-type Ln_2O_3 の格子定数の関係は，A と B を定数として，

$$\Delta U^*_{\text{latt.}}(\text{LnO}_{1.5}) = A/a_0 + B \tag{10-18}$$

となる．C-type Ln_2O_3 の格子定数は非常に精密な測定値が報告されているので，この関係を用いて(10-14')右辺の実験データの誤差を評価することができる．$\Delta H_f^0(\text{Ln}, g)$, $\sum I_i(\text{Ln})$, $\Delta H_f^0(\text{LnO}_{1.5})$ の実験値は表10-2に掲げてある．$\Delta H_f^0(\text{Ln}, g)$ の値は Morss (1976)，$\Delta H_f^0(\text{LnO}_{1.5})$ は Gshneidner et al. (1973), Morss (1976) による．

一方，10-1節で既に紹介したように，常温・常圧下で C-type Ln_2O_3 が得られるのは Sm 以降のランタニドであり，La から Nd までの Ln_2O_3 は基本的には hexagonal ($P6_3/mmm$) の A-type が得られる．ただし，C-type Ln_2O_3 も Ce を除く La から Nd で報告されているが，準安定相であろうとされる（Eyring, 1979）．

Pm_2O_3 は A，B と C のタイプが報告されている．B-type は monoclinic 晶系で，ここでは常温での安定相としては除く．A-type Ln_2O_3 の場合は hexagonal 晶系に属するので，格子定数は a_0 と c_0 の二つとなる．cubic 晶系の C-type Ln_2O_3 のように格子定数は一つではないので，(10-18)のような簡単な式は得られない．このような対称性の低い結晶の場合，その単位胞体積の三乗根を cubic 晶系の単一格子定数 a_0 の代替量として扱うのが一つの便宜的方法である（Kim and Johnson, 1981）．すなわち，A-type Ln_2O_3 については，

$$\Delta U^*_{\text{latt.}}(\text{LnO}_{1.5}) = A/\langle a_0 \rangle + B \tag{10-19}$$

を仮定する．ただし，$\langle a_0 \rangle$ は hexagonal 単位胞体積の三乗根で，具体的には，$\langle a_0 \rangle = [a_0^2 c_0 \cdot \sin(\pi/3)]^{1/3}$ である（表10-2の括弧つきの値）．信頼できる原子座標パラメーターが報告されていない場合でも，格子定数のみから，$\Delta U^*_{\text{latt.}}(\text{LnO}_{1.5})$ は単位胞体積の三乗根の逆数の一次式として，結晶構造データを $\Delta U^*_{\text{latt.}}(\text{LnO}_{1.5})$ に結びつけることができる．ただし，(10-19)が本当に成立するかどうかは保証されないので，両方の実験データが十分な精度をもっており，(10-19)の関係が成立するかどうかも同時に確認しなければならない．

もう一つの取り扱い方は，

$$\Delta U_{\text{latt.}}(\text{LnO}_{1.5})_{\text{calc.}} = N_A(M/R_0)(Z^+Z^-)e^2(1-1/n) \tag{10-15}$$

を直接計算し，$\Delta U^*_{\text{latt.}}(\text{LnO}_{1.5})$ と比べるやり方である．n を一定とすると，C, D を定数として，

$$\Delta U^*_{\text{latt.}}(\text{LnO}_{1.5}) = C \cdot N_A(M/R_0)(Z^+Z^-)e^2(1-1/n) + D \tag{10-20}$$

の直線的関係が期待できる．このためには，格子定数のみならず信頼できる原子座標パラメーターも知られていなければならない．A-type Ln_2O_3 の場合は，(10-19)により検討することとし，(10-20)の方法は，後に述べる LnF_3 の系列の場合に用いることにする．

図10-5は，$\Delta U^*_{\text{latt.}}(\text{LnO}_{1.5})$ を $1/a_0$ あるいは $1/\langle a_0 \rangle$ に対してプロットした結果である．A-type Ln_2O_3 の単位胞では $Z=1$ であり，C-type Ln_2O_3 の Z の 1/16 である．そのため図10-5では，A-

表 10-2 $LnO_{1.5}$ と LnF_3 の標準生成エンタルピー，Ln 金属の蒸発熱，$LnO_{1.5}$(cub) の格子定数 (a_0)，Ln 蒸気の第1～第3イオン化エネルギーの和．Kawabe (1992) による．

	$\Delta H_f^0(Ln, g)^a$ (kJ/mol)	$-\Delta H_f^0(LnO_{1.5})^b$ (kJ/mol)	$a_0(LnO_{1.5})^c$ (Å)	$(I_1+I_2+I_3)^d$ (kJ/mol)	$-\Delta H_f^0(LnF_3)^e$ (kJ/mol)
La	431.0	899 (897)	− (10.961)	3456 ± 1	1743 (1700)
Ce	430.1^f	900 (898)	− (10.832)	3530 ± 8^f	1726 (1683)
Pr	356.9	914 (912)	11.147 (10.748)	3632 ± 8	1732 (1689)
Nd	326.9	906 (904)	11.080 (10.683)	3701 ± 30 (3702)	1722 (1679)
Sm	206.7	914	10.934	3870 ± 30 (3883)	1713 (1670)
Eu	177.4	831	10.869	4036 ± 10 (4027)	1620 (1577)
Gd	397.5	913	10.8122	3750 ± 12 (3753)	1699
Tb	388.7	933	10.7281	3791 ± 12 (3784)	1703
Dy	290.4	932	10.6647	3899 ± 30 (3915)	1694
Ho	300.6	940	10.6065	3923 ± 12 (3927)	1696
Er	316.4	949	10.5473	3934 ± 12 (3934)	1694
Tm	232.1	944	10.4866	4044 ± 12 (4055)	1681
Yb	155.6	907	10.4334	4196 ± 3	1644
Lu	427.8	939	10.3907	3887 ± 39 (3915)	1665

a：Morss (1976) による値．
b：括弧なしの値は $LnO_{1.5}$(cub)，括弧つきの値は $LnO_{1.5}$(hex) で，両者の差は Morss (1976) による．
c：括弧なしの値は $LnO_{1.5}$(cub)，括弧つきの値は，$LnO_{1.5}$(hex) の単位胞体積を16倍し，その三乗根を求めた結果で，$LnO_{1.5}$(cub) と $LnO_{1.5}$(hex) の格子定数は，表 10-1b に掲げた Eyring (1979) による．ただし，$PrO_{1.5}$(cub) の値だけは Hanic et al. (1984) による（表 10-1a）．
d：Martin et al. (1978) による分光学的値とその誤差．本書での補正値は括弧つきで示す．
e：括弧なしの値は本書で述べる LnF_3(rhm) に対する値．ただし，Gd, Dy, Ho, Er に対する値は Johnson et al. (1980) による実験値．括弧つきの値は LnF_3(hex) に対する Johnson et al. (1980) による実験値．ただし，Ln = Ce, Sm, Eu の LnF_3(hex) に対する括弧つきの値は本書での推定値．
f：$LnO_{1.5}$(hex) の単位胞体積と相対格子エネルギーの相関関係からは，Ce に対し ΔH_f^0(Ce, g) + $(I_1+I_2+I_3)_{Ce}$ = 3955 (kJ/mol) と推定される．この表の値からの和は 3960 ± 8 kJ/mol となるが，前者の推定値を使う．

type Ln_2O_3 の $\langle a_0 \rangle$ としては，

$$\langle a_0 \rangle = [16 \cdot a_0^2 c_0 \cdot \sin(\pi/3)]^{1/3}$$

とした値を用いている．両者における直線性はかなりよいことがわかる．C-type Ln_2O_3 では (10-18) の関係が成立すると仮定し，Pr と Yb の値を通る直線が引いてある．Pr と Yb の $\Delta U_{latt.}^*(LnO_{1.5})$ の誤差は小さいので，誤差の大きな他のランタニドの $\Delta U_{latt.}^*(LnO_{1.5})$ について，その系統誤差を，格子定数の値から補正することができる．$\Delta U_{latt.}^*(LnO_{1.5})$ の系統的誤差は，主として ΣI_i(Ln) の誤差によると考えるのが自然である．多くのランタニドで，ΔH_f^0(Ln, g) と $\Delta H_f^0(LnO_{1.5})$ の実験値の誤差は，ΣI_i(Ln) の誤差より小さいからである．ΣI_i(Ln) の誤差が小さな Pr と Yb の二点のデータを用いて直線を引く理由である．他のランタニドの $\Delta U_{latt.}^*(LnO_{1.5}) \equiv \Delta H_f^0$(Ln, g) + ΣI_i(Ln) − $\Delta H_f^0(LnO_{1.5})$ の値を検討することができる．表 10-2 の値から，

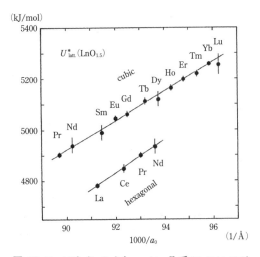

図 10-5 $\Delta U_{latt.}^*(LnO_{1.5})$ を，cubic 晶系については $1000/a_0$，hexagonal 晶系については $1000/\langle a_0 \rangle$ に対してプロットした結果．a_0 や他の実験値は表 10-2 に掲げた（Kawabe, 1992）の値を用いている．cubic 晶系に対する直線は Pr と Yb の二点を結ぶ直線．hexagonal 晶系に対する直線は四点での最小二乗法で引いている．

これは $\Delta U^*_{\text{latt.}}(\text{LnO}_{1.5})_{\text{reg.}}$ として得られる．これらの相対格子エネルギーの値は，(10-18) のイオン結晶の点電荷モデルを満足する値である．これら相対格子エネルギーの値を，原子番号に対してプロットすると，そこには，少なくとも $\Delta U^*_{\text{latt.}}(\text{LnO}_{1.5})$ には，上に凸な四組効果が認められる（図 10-6）．$\text{LnO}_{1.5}$ の点電荷モデルと格子定数・格子エネルギーの四組効果は必ずしも"相互背反"の関係にあるのではないことのみ指摘し，さらに詳しい議論は，LnF_3 の問題と合わせて後に述べることとする（12-4 節）．

格子定数を用いて推定した $\Delta U^*_{\text{latt.}}(\text{LnO}_{1.5})_{\text{reg.}}$ に $\Delta H^0_f(\text{LnO}_{1.5})$ を加えれば，

$$\Delta U^*_{\text{latt.}}(\text{LnO}_{1.5}) + \Delta H^0_f(\text{LnO}_{1.5}) = \Delta H^0_f(\text{Ln, g}) + \sum I_i \qquad (10\text{-}21)$$

が得られる．この値は図 8-6 に示している．$\Delta H^0_f(\text{Ln, g}) + \sum I_i$ は，8-3, -4 節で述べたように，Eu と Yb を除く 3 価ランタニドでは，(8-27) 式のように

$$(4f^q 5d 6s^2)_{\text{metal}} \rightarrow (4f^q)_{\text{gas}} \qquad (8\text{-}27)$$

3 価ランタニド金属がランタニド(III) 自由イオンに変化する際のエンタルピー変化を与え，事実上の内部エネルギー変化と考えてもよい．3 価ランタニド金属で局在電子として存在する $(4f^q)$ を考えれば，これは $\text{Ln}^{3+}(\text{gas})$ の $(4f^q)$ と同じである．Eu と Yb では，3 価金属から自由イオンへの変化

$$(4f^{q+1} 6s^2)_{\text{metal}} \rightarrow (4f^q)_{\text{gas}} \qquad (8\text{-}28)$$

にともなうエンタルピー変化なので，3 価ランタニド金属とは異なる値を取る．3 価金属系列からのずれは，$(4f^{q+1} 6s^2)_{\text{metal}} \rightarrow (4f^q 5d 6s^2)_{\text{metal}}$ のエネルギー変化を与える．8-3, -4 節では，2 価金属である Eu と Yb を仮想的な 3 価金属にするために必要なエネルギー（エンタルピー変化）を，それぞれ，+82 kJ/mol, +32 kJ/mol であるとしたが，図 8-6 の結果はこれに対するもう一つの根拠である．

図 10-5 で，C-type Ln_2O_3 の直線からの「ずれ」が大きいのは Sm, Dy, Lu の場合であり，この「ずれ」が $\sum I_i(\text{Ln})$ 値の系統的誤差であると推定できる．第 3 イオン化エネルギーの解析（8-2 節）においても，Sm と Dy の I_3 は，それぞれ，0.13 eV, 0.16 eV だけ小さ過ぎることを指摘したが，これは図 10-5 での Sm と Dy の直線からの比較的大きな下方への「ずれ」と定量的にも

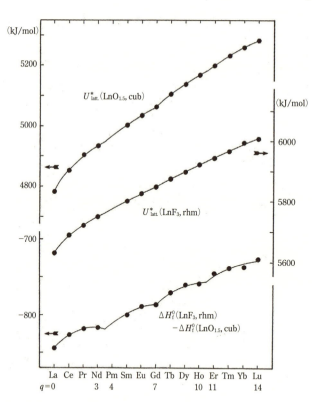

図 10-6 原子番号順にプロットした $\text{LnO}_{1.5}(\text{cub})$ と $\text{LnF}_3(\text{rhm})$ の相対格子エネルギー．両系列の標準生成エンタルピーの差も同様にプロットしてある．この差は，$\text{LnO}_{1.5}(\text{cub})$ の相対格子エネルギーから $\text{LnF}_3(\text{rhm})$ の相対格子エネルギーを差し引いた結果である．表 10-2 の Kawabe (1992) によるデータを用いている．

ほぼ符合する．また，Lu の「ずれ」は，I_2 の値が系統的に小さ過ぎることによる．$U^*_{\text{latt.}}(\text{LuO}_{1.5})$ の大きな実験誤差は，$I_2(\text{Lu})$ の不確定さに由来しているからである．これ以外のケースについては，図 10-5 における「ずれ」をすべて $\sum I_i(\text{Ln})$ の値の補正値としてよいかどうかは問題である．しかし，特別のことがないかぎり，$\Delta H^0_\text{f}(\text{Ln, g})$ と $\Delta H^0_\text{f}(\text{LnO}_{1.5})$ の系統誤差は，一般に $\sum I_i(\text{Ln})$ の系統誤差に比べて小さいので，$\sum I_i(\text{Ln})$ の値の補正値とした．これらの結果は表 10-2 にまとめた．

図 10-2a で見たように，C-type Ln_2O_3 格子定数の四組効果からすると，報告されている Pm_2O_3 (cub) の格子定数 ($a_0 = 10.99 \pm 0.01\,\text{Å}$) はわずかだが小さすぎる．図 10-2a の四組効果の変化パターンからすると，$a_0 = (11.005 \pm 0.001\,\text{Å})$ 程度の値が尤もらしい．この $a_0 = 11.005\,\text{Å}$ の値と図 10-5 の直線関係から，$U^*_{\text{latt.}}(\text{PmO}_{1.5}, \text{cub}) = 4972\,\text{kJ/mol}$ が得られる．表 10-2 の注釈にあるように，ここでは Morss (1976) に従い，$\Delta H^0_\text{f}(\text{LnO}_{1.5}, \text{hex}) = \Delta H^0_\text{f}(\text{LnO}_{1.5}, \text{cub}) - 2\,(\text{kJ/mol})$ を採用しているので，$U^*_{\text{latt.}}(\text{PmO}_{1.5}, \text{hex}) = 4974\,\text{kJ/mol}$ となる．この $U^*_{\text{latt.}}(\text{PmO}_{1.5}, \text{hex})$ の値と，$\text{PmO}_{1.5}(\text{hex})$ の格子定数報告値 ($a_0 = 3.802\,\text{Å}$, $c_0 = 5.954\,\text{Å}$) に基づく $1/\langle a_0 \rangle$ は，hexagonal $\text{LnO}_{1.5}$ における $U^*_{\text{latt.}}(\text{LnO}_{1.5}, \text{hex})$ と $1/\langle a_0 \rangle$ の直線関係を満足している．$\Delta H^0_\text{f}(\text{LnO}_{1.5}, \text{hex})$ の熱化学的測定量の実験誤差は 5〜8 kJ/mol なので (Gschneidner et al., 1973)，$\Delta H^0_\text{f}(\text{LnO}_{1.5}, \text{hex}) = \Delta H^0_\text{f}(\text{LnO}_{1.5}, \text{cub}) - 2\,(\text{kJ/mol})$ の仮定がどこまで適切であるかの評価は困難である．しかし，$\text{PmO}_{1.5}(\text{cub})$ よりは $\text{PmO}_{1.5}(\text{hex})$ の格子定数の方がより信頼できる値であるように思える．

第 11 章
LnF₃ 系列の結晶構造と格子エネルギー

本章では，LnF$_3$ 系列における結晶構造，格子エネルギー，ΔH_f^0(LnF$_3$) の系列変化について考える．LnF$_3$ 系列でも，軽 Ln は hexagonal，重 Ln は orthorhombic，の結晶形が常温・常圧で安定である．これら安定相は全 LnF$_3$ 系列を通じて単一の同形化合物系列をなさないので，LnF$_3$ 格子エネルギーの議論では考慮が必要である．さらに，orthorhombic LnF$_3$ 系列において，格子定数と原子座標の系列変化の傾向が Er の前後で明瞭に変化する．Er より軽い LnF$_3$ では，Ln^{3+} イオンの配位多面体は tri-capped trigonal prism (CN = 9) と見なすことができるが，Er 以降では，この配位多面体は squared anti-prism (CN = 8) に向かって変化する．

11-1 LnF₃ 系列での結晶構造変化

図 11-1 に，LnF$_3$ 系列における格子定数の変化を示す．格子定数の値は Greis and Petzel (1974) による．La～Nd の LnF$_3$ は，hexagonal ($P\bar{3}c1$) tysonite(LaF$_3$)-type の構造をとり，Sm～Lu の LnF$_3$ は，orthorhombic ($Pnma$) YF$_3$-type 構造をなす．Sm と Eu については，両構造のフッ化物が得られている．hexagonal LnF$_3$ の格子定数は滑らかな系列変化を示すが，orthorhombic LnF$_3$ の格子定数，特に c 軸の値は，Er の後に急増していることがわかる．図 11-2 は，Sm～Lu の orthorhombic LnF$_3$ の格子定数をさらに拡大して示す．c 軸の値は Er 後に急変している．これほど顕著ではないものの，a 軸と b 軸の値も Er 後に線形傾向が変化する．図 11-3 に示す原子座標も同様である．

tysonite-type と YF$_3$-type の LnF$_3$ の結晶構造

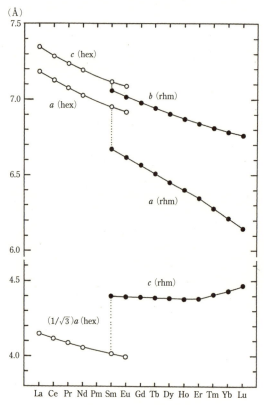

図 11-1 LnF$_3$ 系列における格子定数の変化．軽 Ln では hexagonal 相の $a/\sqrt{3}$ が Sm 以後の orthorhombic 相の c 軸に相当する（図 11-4 を参照）．この c 軸の値は Er 付近で急変する．

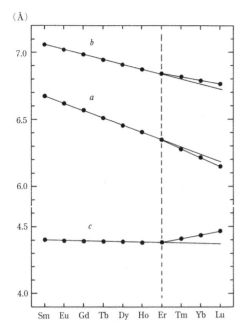

図 11-2 Sm～Lu の orthorhombic LnF$_3$ の格子定数をさらに拡大した結果．c 軸の他に，a 軸と b 軸にも Er 以降で直線的系列変化に変化が認められる．

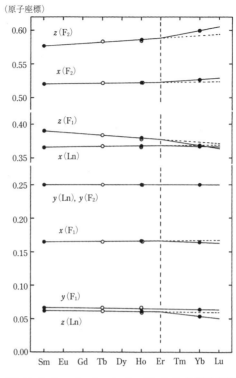

図 11-3 Sm～Lu の orthorhombic LnF$_3$ の原子座標も，格子定数と同様に，Er 付近でその系列変化のトレンドが変化している．

パラメーターを表 11-1 と表 11-2 にまとめた．両構造の記述には，格子定数の他に原子座標の値が必要で，tysonite-type 構造では 5 個の原子座標，YF$_3$-type の構造では 7 個の原子座標値が必要である．tysonite-type と YF$_3$-type の LnF$_3$ 結晶構造の解析結果をまとめたものが，表 11-3 と表 11-4 である．tysonite-type では LaF$_3$ と CeF$_3$ の原子座標が，YF$_3$-type では Ln = Sm, Tb, Ho, Yb の原子座標が，報告されている．原子座標は Er で折れ曲がる直線で近似できると仮定して原子座標を推定した結果を表 11-4 に下線つきで記す．後に述べるように，各 LnF$_3$ の Madelung 定数を求めるためには，すべての原子座標が必要である．折れ線で推定したこれらの値は，このために使用される．LaF$_3$ (tysonite) に対する Zalkin et al. (1966) の原子座標値は，Zalkin and Templeton (1985) で訂正されていることに注意．

LnF$_3$ 系列における結晶化学的特徴の変化

表 11-1 tysonite-type LnF$_3$ (Ln = La, Ce, Pr, Nd) の結晶構造とその対称性．

trigonal $P\bar{3}c1$, $Z = 6$					
イオン	配置	対称性	原子座標		
			(x	y	z)
Ln^{3+}	6(f)	C_2	x	0	1/4
F$^-_1$	12(g)	C_1	x	y	z
F$^-_2$	4(d)	C_3	1/3	2/3	z
F$^-_3$	2(a)	D_3	0	0	1/4

表 11-2 YF$_3$-type LnF$_3$ (Ln = Sm～Lu) の結晶構造とその対称性．

orthorhombic $Pnma$, $Z = 4$					
イオン	配置	対称性	原子座標		
			(x	y	z)
Ln^{3+}	4(c)	C_s	x	1/4	z
F$^-_1$	4(c)	C_s	x	1/4	z
F$^-_2$	8(d)	C_1	x	y	z

表 11-3　tysonite-type LnF_3 (Ln = La, Ce, Pr, Nd) の結晶構造パラメーター.

	格子定数*		原子座標パラメーター					Ref.**
	a (Å)	c (Å)	Ln^{3+} x	F^-_1 x	y	z	F^-_2 z	
LaF_3	7.190	7.367	0.6587	0.3758	0.0623	0.0813	0.1825	a
	7.185	7.351	0.6599	0.362	0.055#	0.081	0.187	b
	(7.185)	(7.351)	0.6609	0.3667	0.0540	0.0824	0.1855	c
	(7.185)	(7.351)	0.6598	0.3659	0.0536	0.0813	0.1859	d
	(7.185)	(7.351)	0.66018	0.3659	0.0537	0.0814	0.1867	e
	7.1862	7.3499						f
CeF_3	7.131	7.286	0.6607	0.3659	0.054	0.0824	0.1871	c
	7.1294	7.2831						f
PrF_3	7.0785	7.2367						f
NdF_3	7.0299	7.1959						f
PmF_3	6.990	7.156						f
SmF_3	6.9536	7.1183						f
EuF_3	6.9193	7.0895						f

*　括弧つきの格子定数の値は Zalkin et al. (1966) による.
**　Ref. の文献は, a：Mansman (1965), 単結晶の X 線回折, b：Zalkin et al. (1966), 単結晶の X 線回折, c：Cheetham et al. (1976), 粉末結晶の中性子線回折, d：Zalkin and Templeton (1985), 単結晶の X 線回折, e：Maximov and Schulz (1985), 単結晶の中性子線回折, f：Greis and Petzel (1974), Guinier camera による粉末結晶 X 線回折, ただし, PmF_3 については推定値.
\#　Zalkin et al. (1966) でのタイプミスが Zalkin and Templeton (1985) で訂正されている.

表 11-4　YF_3-type LnF_3 (Ln = Sm〜Lu) の結晶構造パラメーター.

	格子定数			原子座標パラメーター*							Ref.**
	a (Å)	b (Å)	c (Å)	Ln^{3+} x	z	F^-_1 x	z	F^-_2 x	y	z	
SmF_3	6.676	7.062	4.411	0.36608	0.06192	0.5205	0.577	0.1650	0.0660	0.3906	a
	6.6715	7.0584	4.4028								b
EuF_3	6.6193	7.0175	4.3958	0.3664	0.06181	0.5209	0.579	0.1652	0.0657	0.3884	b
GdF_3	6.5684	6.9818	4.3915	0.3668	0.06169	0.5213	0.581	0.1655	0.0654	0.3862	b
TbF_3	6.513	6.949	4.384	0.368	0.061	0.522	0.584	0.165	0.066	0.384	c
	6.5079	6.9455	4.3869	0.3672	0.06158	0.5216	0.582	0.1657	0.0651	0.3841	b
DyF_3	6.4506	6.9073	4.3859	0.3675	0.06146	0.5220	0.584	0.1660	0.0648	0.3819	b
HoF_3	6.410	6.873	4.376	0.3679	0.06135	0.5224	0.586	0.1662	0.0645	0.3797	a
	6.404	6.875	4.379	0.367	0.059	0.525	0.584	0.166	0.066	0.377	c
	6.4038	6.8734	4.3777								b
ErF_3	6.3489	6.8417	4.3824	0.3683	0.06124	0.5228	0.588	0.1664	0.0642	0.3775	b
TmF_3	6.2779	6.8133	4.4095	0.3678	0.05750	0.5249	0.594	0.1655	0.0638	0.3725	b
YbF_3	6.218	6.785	4.431	0.36724	0.05376	0.5269	0.599	0.1646	0.0633	0.3675	a
	6.2165	6.7855	4.4314								b
LuF_3	6.1504	6.7617	4.4679	0.36671	0.05002	0.5290	0.605	0.1637	0.0629	0.3625	b

*　下線つきの原子座標値は, Bukvetskii and Garashina (1977) による SmF_3, TbF_3, HoF_3, YbF_3 の原子座標値をもとにした推定値. 図 11-3 に示す直線的系列変化を仮定した推定値.
**　Ref. の文献は, a：Bukvetskii and Garashina (1977), 単結晶の X 線回折, b：Greis and Petzel (1974), Guinier camera による粉末結晶 X 線回折, c：Piotrowski et al. (1979), 粉末結晶の中性子線回折.

は，Garashina et al. (1980), Garashina and Vishnyakov (1977), Bukvetskii and Garashina (1977) らにより論じられている．これらの議論を参照しながら，LnF_3 系列における結晶構造の変化を見てみよう．LaF_3(tysonite) における原子を x–y 面に投影し，YF_3-type 構造の単位胞との関係を示した結果が図 11-4 である．点線で結んだ部分が YF_3-type 構造の単位胞に対応し，短辺の長さは a(hex)$/\sqrt{3}$ である（Garashina et al., 1980）．La^{3+} イオンは，6 個の F^- が作る歪んだ三角柱のほぼ中心部に位置し，La^{3+} イオンと各三角柱の側面の中心部を結ぶ線上に 1 個ずつ，また，La^{3+} イオンと三角柱の上・下の面のほぼ中心を結ぶ線上にそれぞれ 1 個ずつ F^- が配位していると考えればよい．図 11-4 では，歪んだ三角柱を上から眺めていると思えばわかりやすい．このような配位多面体を考えると，La^{3+} イオンの配位数は 11 となる．

図 11-5 は YF_3-type の SmF_3 における原子を x–z 面に投影したものである．tysonite-type の単位胞との関係も示してある．この orthorhombic SmF_3 における F^- の配位多面体は歪んだ tri-capped trigonal prism で，Sm^{3+} イ

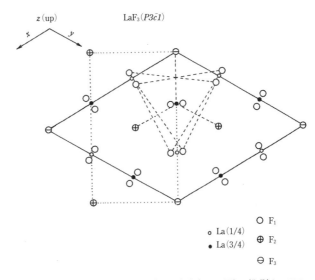

図 11-4 LaF_3(tysonite) における原子を x–y 面に投影し，YF_3-type 構造の単位胞（長方形の点線）との関係を示す．点線の長方形の短い辺が $(1/\sqrt{3})a$(hex) で，図 11-1 に示すように Sm 以降での orthorhombic 晶系の c 軸値に相当する．

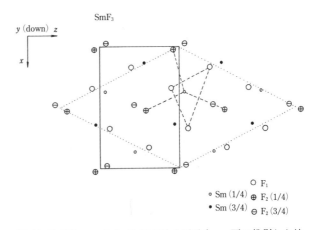

図 11-5 YF_3-type の SmF_3 における原子を x–z 面に投影した結果．細い点線は LaF_3(tysonite) 構造での単位胞を表す．

ンの配位数は 9 となる．図 11-5 では，tri-capped trigonal prism を上から眺めていると思えばよい．図 11-6 では，Sm^{3+} イオンの配位多面体を tysonite のように配位数 11 として描いた場合と，配位数 9 として描いた場合を比較している．Sm^{3+} イオンの配位数は 9 と理解するのが自然であることがわかる．

図 11-7 は，LuF_3 の配位多面体を配位数 9 として描いた場合と，配位数 8 として描いた場合を，それぞれ，y–z 面，x–z 面への投影図で比べている．Lu^{3+} イオンの配位数は 8 であると考えた方がよい．重要な点は，矢印を付した F^- イオンが点線で示した面をなすようにさらに移動すると，Lu の配位多面体は，squared antiprism となることである．この仮想的な変位では z 成分が卓越していることに注意されたい．

Er 以降の YF_3-type 構造における c 軸値の急激な増加（図 11-2）や原子座標の変化（図 11-3）

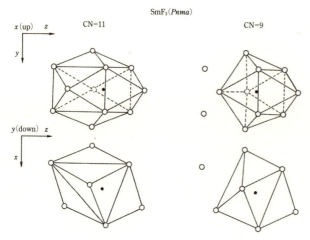

図 11-6 SmF_3 の配位多面体を tysonite のように配位数 11 として描いた場合と，配位数 9 として描いた場合を比べた結果．

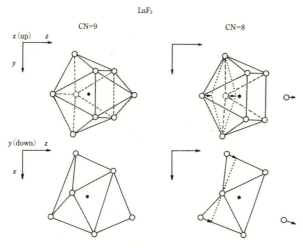

図 11-7 LuF_3 の配位多面体を配位数 9 として描いた場合と，配位数 8 として描いた場合を比べた結果．

は，tri-capped trigonal prism から squared antiprism への配位多面体の変化に対応していると解釈できる (Bukvetskii and Garashina, 1977)．表 11-2 に記すように，orthorhombic LnF_3 系列の結晶構造は同一で，空間群は同一だが，格子定数 (a, b, c) の 3 個と 7 個の原子座標パラメーターは同一でなくてもよい．この自由度が Ln^{3+} の配位多面体の変化を可能にしている．Ln(III)化合物が同質同形系列をなす場合は，結晶構造が同一で，同一の空間群に属することがその条件と理解すればよい．orthorhombic LnF_3 系列のように，同一空間群であっても，原子座標が異なる例も含まれるので注意を要する．

図 11-8 は全 LnF_3 での Ln-F 距離を求め，その系列変化を示した結果である．tysonite-type の LnF_3 については，表 11-3 に示した Greis and Petzel (1974) による格子定数を用い，原子座標は LaF_3 と CeF_3 に対して Cheetham et al. (1976) が報告している値を用いた．LaF_3 と CeF_3 以外の LnF_3 (Ln = Pr～Eu) に対する原子座標は報告されていないので，CeF_3 に対する Cheetham et al. (1976) の値を仮定した．

orthorhombic LnF_3 系列のデータは表 11-4 の値を用いた．原子座標は内挿した数値を含む．Ln の配位数 (CN) は，La から Lu までの系列で，CN = 11 → 9 → 8 と変化していると考えることができる．これは配位多面体からの一つの見方である．しかし，Ln-F 距離が F^- のイオン半径の 2 倍（= 2.6Å）を越えている場合でも，その F^- の配位多面体は意味があるかどうかは問題である．CN = 11 の配位多面体（図 11-6）は，図 11-8 での Ln-F 距離が 2.8Å を越える 2 本の"結合"を含む．もし，このような長い Ln-F 距離を与える配位多面体は意味がないと考えると，図 11-8 の Ln-F 距離の値とその系列変化からは tysonite-type でも CN = 9 となる．一方，YF_3-type では，初めの SmF_3 や EuF_3 では CN = 9 としても良いが，Er 以降の YF_3-type 構造では CN = 8 と理解すべきであろう．

このように LnF_3 系列では，CN = 11, 9, 8 のどの配位多面体を考えればよいかは明解に決まるわけではない．最隣接配位子がつくる配位多面体の幾何学が，直接に何か原理的なものを示唆

しているようには思えない．

　LnF_3 の構造変化の幾何学的解釈は確かに面白い．幾何学的理解が現象の本質的理解を助けることもあり，LnF_3 の場合はそのようなケースかもしれない．しかし，Ln^{3+} と F^- が (1:3) の割合で Avogadro 数程度集合した時，その集合状態を決めるものは何であろうか？ 最も安定な集合状態実現の原理は $\Delta G \leq 0$ であるはずである．集合状態の幾何学はその結果の記述である．このような LnF_3 系列における構造変化，すなわち，ランタニド系列における LnF_3 の集合状態の変化は，LnF_3 の格子エネルギーとどう関連するのだろうか？ この点の方が重要であるに違いない．これを考えよう．

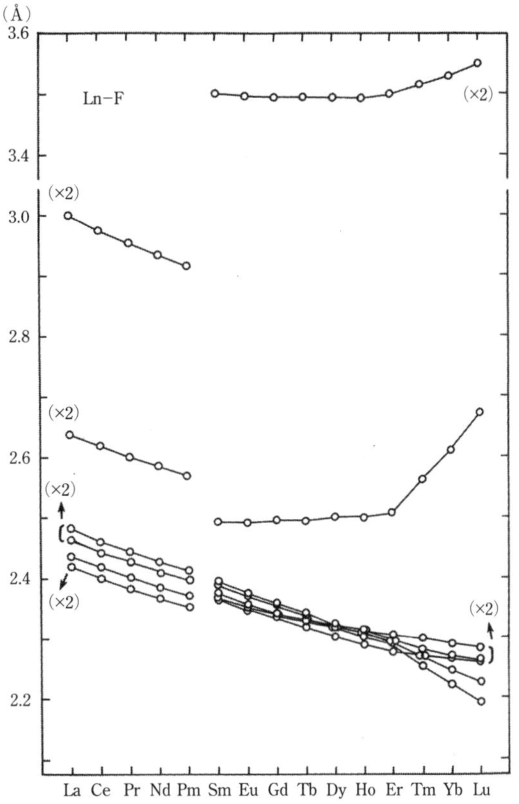

11-2　LnF_3 系列の格子エネルギーと $\Delta H_f^0(LnF_3)$

　Ln(III) フッ化物を標準状態において各々のイオンガスに分解する反応は，

$$LnF_3(c) = Ln^{3+}(g) + 3F^-(g) \qquad (11\text{-}1)$$

図 11-8　全 LnF_3 での Ln-F 距離の系列変化．（×2）は同一の距離をもつ結合が2本あることを示す．

である．この内部エネルギー変化が Ln(III) フッ化物の格子エネルギーである．既に，Ln(III) 酸化物を例にして，Ln(III) 化合物の格子エネルギーがどのような実験量で表現できるかについては，10-4 節で説明した．これによれば，Ln(III) フッ化物の格子エネルギーは次のようになる：

$$\Delta U_{\text{latt.}}(LnF_3)_{\text{exp}} = \Delta H_f^0(Ln, g) + \sum_{i=1}^{3} I_i(Ln) - \Delta H_f^0(LnF_3, c) + 3\Delta H_f^0(F, g) - 3EA(F^-, g) \qquad (11\text{-}2)$$

10-6 節で説明した「相対格子エネルギー」は，

$$\Delta U_{\text{latt.}}^*(LnF_3) = \Delta H_f^0(Ln, g) + \sum_{i=1}^{3} I_i(Ln) - \Delta H_f^0(LnF_3, c) \qquad (11\text{-}3)$$

となる．また，点電荷モデルによる格子エネルギーは，(10-16) から

$$\Delta U_{\text{latt.}}(LnF_3)_{\text{calc.}} = N_A (M/R_0)(Z^+ Z^-) e^2 (1 - 1/n) \qquad (11\text{-}4)$$

で，LnF_3 の場合は $Z^+ = 3$，$Z^- = 1$ である．

　(11-3) の $\{\Delta H_f^0(Ln, g) + \sum I_i(Ln)\}$ については，第 8，10 章で説明したように，いくつかの検討過程を経て，ある程度確からしい値が得られている．しかし，$\Delta H_f^0(LnF_3, c)$ については，すべての LnF_3 について，信頼できる直接的な実験値が揃っていない（後述の表 11-5）．この点でランタニドの酸化物とは状況は異なる．

　一方，前節で述べたように，すべての LnF_3 について信頼できる格子定数が知られている．原子座標はすべての LnF_3 についてその値が決められているわけではないが，hexagonal 系列については LaF_3，CeF_3，orthorhombic 系列の場合は Sm，Tb，Ho，Yb のフッ化物，の原子座標値が知

られているので,Er前後での変化に注意して,表11-4に掲げたように推定できる.したがって,10-6節の(10-15)に関連して指摘しておいたように,

$$\Delta U_{\text{latt.}}(\text{LnF}_3)_{\text{calc.}} = N_A(M/R_0)(Z^+Z^-)e^2(1-1/n) \tag{11-5}$$

を直接計算し,$\Delta U^*_{\text{latt.}}(\text{LnF}_3)_{\text{exp}}$と比べるやり方が有効である.すなわち,$n$がほぼ一定であれば

$$\Delta U^*_{\text{latt.}}(\text{LnF}_3)_{\text{exp}} = C \cdot N_A(M/R_0)(Z^+Z^-)e^2 + D \tag{11-6}$$

の直線関係を用いて,信頼できるいくつかのランタニドの$\Delta H_f^0(\text{LnF}_3)$に基づいて,不確かな$\Delta H_f^0(\text{LnF}_3)$の値を決めることができる.

図 11-9 は,静電格子エネルギー $U_{\text{el.}}(\text{LnF}_3) = -\{N_A(M/R_0)(Z^+Z^-)e^2\}$ を格子定数と原子座標値から Ewald の方法 (Born and Huang, 1954) で求めた結果である.用いた結晶構造のパラメーターは図 11-8 で Ln-F 距離を求めた場合と同じである.

10-5 節で述べた $\Delta U_{\text{latt.}} = -\Phi(R_0)$ での結晶ポテンシャル$\Phi(R_0)$に対応する形で,静電格子エネルギーを求めているので,$U_{\text{el.}}(\text{LnF}_3)$は負の値を持つ.$U_{\text{el.}}(\text{Ln}^{3+})$は陽イオン席の静電エネルギーの計算値,$U_{\text{el.}}(\text{F}^-)$は陰イオン席の平均静電エネルギーでの計算値を示す.これらは静電格子エネルギーを求める前段階に求めねばならない.Sm と Eu については hexagonal 系列と orthorhombic 系列の両方の場合について静電格子エネルギーを計算した.両系列の値は,Sm できわめて接近していることがわかる.orthorhombic 系列の Er 前後では,静電格子エネルギーの大きな変化は認められない.格子定数の顕著な変化とはかなり対照的である.

図 11-10 は,orthorhombic 系列における静電格子エネルギー絶対値 $\{N_A(M/R_0)(Z^+Z^-)e^2\}$ を,Kim and Johnson (1981) が cubic 晶系の格子定数の代わりに使っている「単位胞体積の 1/4 の三乗根」の逆数に対してプロットした結果である.Er で折れ曲がる直線となる.この折れ曲がりは,orthorhombic LnF$_3$ 系列の全範囲を考えた時,静電格子エネルギーの絶対値は,「単位胞体積の 1/4 の三乗根」の逆数を用いた単一の一次式では表現できないことを意味している.Sm から Er と Er から Lu の区間では一次式の係数が異なり,全体では Er で折れ曲がった直線となる.Kim and Johnson (1981) は,Gd から Er までは信頼できる $\Delta H_f^0(\text{LnF}_3)$ が得られていることから,orthorhombic LnF$_3$ 系列の単位胞体積の三乗根を cubic 晶系の単一格子定数 a_0 に相当するパラメーターと理解して,Tm 以降の LnF$_3$ の格子エネルギーを求め,これらの $\Delta H_f^0(\text{LnF}_3)$ について議論している.しかし,図 11-9 の結果は,同形系列化合物であっても,原子座標の

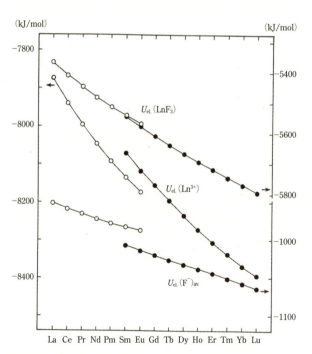

図 11-9 静電格子エネルギー $U_{\text{el.}}(\text{LnF}_3) = -\{N_A(M/R_0)(Z^+Z^-)e^2\}$ を格子定数と原子座標値から Ewald の方法で求めた結果.負符号は,結晶のポテンシャル・エネルギーに相当する形で求めていることによる(本文参照).

変化まで考慮しなければ格子エネルギーは適切に得られないことを示している．格子定数だけでは格子エネルギーと対応しない．orthorhombic LnF$_3$ 系列では原子座標が変化するので，最隣接 Ln-F 距離を基準にした Madelung 定数も系列変化を示す．C-type の Ln$_2$O$_3$ とは事情が異なる．したがって，系列内で Madelung 定数も変化するとして，静電格子エネルギー，$-\{N_A(M/R_0)(Z^+Z^-)e^2\}$，として扱うことが必要である．

図 11-11 は，静電格子エネルギーの絶対値，$\{N_A(M/R_0)(Z^+Z^-)e^2\}$，と相対格子エネルギー $\Delta U^*_\text{latt.}(\text{LnF}_3)_\text{exp}$ との相関関係を示したものである．Tm〜Lu の LnF$_3$ の相対格子エネルギー $\Delta U^*_\text{latt.}(\text{LnF}_3)_\text{exp}$ は直線関係から外れており，Tm，Yb，Lu の $\Delta H^0_f(\text{LnF}_3)$ の実験値が大きな誤差を含むことを示唆する．しかし，Gd から Er までの直線関係は良いので，これを外挿して Tm，Yb，Lu に対する $\Delta H^0_f(\text{LnF}_3)$ の値を推定する．hexagonal 系列でも，同様にして推定した $\{N_A(M/R_0)(Z^+Z^-)e^2\}$ と $\Delta U^*_\text{latt.}(\text{LnF}_3)_\text{exp}$ は，かなりよい直線的な相関関係を示すことがわかる．ただし，LaF$_3$ はこの直線関係から外れる．

Tb も含めた Tm〜Lu の LnF$_3$ の相対格子エネルギー $\Delta U^*_\text{latt.}(\text{LnF}_3)_\text{exp}$ は，静電格子エネルギーの絶対値 $\{N_A(M/R_0)(Z^+Z^-)e^2\}$ が得られているので，図 11-11 での直線的相関から推定することができる．したがっ

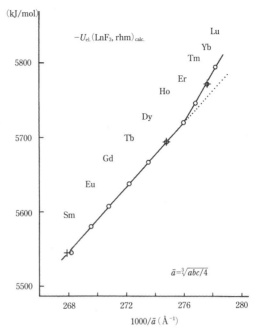

図 11-10 orthorhombic 系列の LnF$_3$ における静電格子エネルギーの絶対値 $\{N_A(M/R_0)(Z^+Z^-)e^2\}$ を，Kim and Johnson (1981) が cubic 晶系の格子定数の代わりに使った「単位胞体積の 1/4 の三乗根」の逆数に対してプロット．

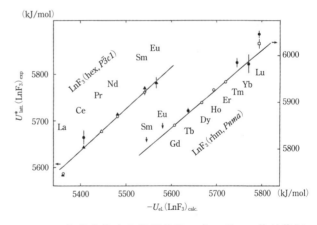

図 11-11 符号を換えた静電格子エネルギーの絶対値 $\{N_A(M/R_0)(Z^+Z^-)e^2\}$ と相対格子エネルギー $\Delta U^*_\text{latt.}(\text{LnF}_3)_\text{exp}$ との相関関係．

て，その値から $\Delta H^0_f(\text{LnF}_3, \text{rhm})$ の値が得られる．こうして得た $\Delta H^0_f(\text{LnF}_3, \text{rhm})$ と $\Delta H^0_f(\text{Ln}^{3+}, \text{aq})$ 実験値との差を求め，原子番号順にプロットした結果が図 11-12 である．

重 Ln の水和 Ln^{3+} イオンは 8 配位の同形系列をなし，その Racah パラメーターは比較的大きい．直線からの小さな偏差は LnF$_3$ の Racah パラメーターとの差が反映していると考える．この

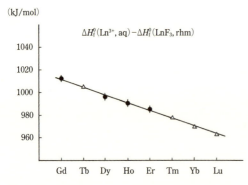

図 11-12 相対格子エネルギーと静電格子エネルギー絶対値との直線的関係（図 11-11）から推定した $\Delta H_f^0(\text{LnF}_3, \text{rhm})$ の値は，$\{\Delta H_f^0(\text{Ln}^{3+}, \text{aq}) - \Delta H_f^0(\text{LnF}_3, \text{rhm})\}$ が Z（原子番号）と共に直線的に変化するとした $\Delta H_f^0(\text{LnF}_3, \text{rhm})$ の値ともよく一致する．黒丸の点が実験値の $\Delta H_f^0(\text{LnF}_3, \text{rhm})$ に基づく値で，白三角の点が図 11-11 からの推定値．

ようにして，結晶データの基づく静電格子エネルギー計算値と相対格子エネルギーに依拠して，重 LnF$_3$ 系列の $\Delta H_f^0(\text{LnF}_3, \text{rhm})$ のより信頼できる値を推定できる．表 11-5 に，Ln = Tb, Tm, Yb, Lu についての $-\Delta H_f^0(\text{LnF}_3, \text{rhm})$ の実験値と筆者の報告値（Kawabe, 1992），およびここで述べた方法による改定値などをまとめた．表 10-2 には Kawabe (1992) で報告した $-\Delta H_f^0(\text{LnF}_3, \text{rhm})$ の値も掲げてある．Ln = Tb, Tm, Yb, Lu の LnF$_3$(rhm) について表 11-5 の E-(c) に記す値は，他の Ln(III) 化合物や Ln^{3+}(aq) との ΔH_f^0 の差の系列変化もチェックした結果の値である．Kawabe (1992) の値とは LuF$_3$ では 4 kJ/mol だけ異なるが，Ln = Tb, Tm, Yb では ±2 kJ/mol の相違でしかない．図 11-11 に示すように，Ln = Tb, Tm, Yb, Lu の $\Delta H_f^0(\text{LnF}_3, \text{rhm})$ 実験値そのものは比較的大きな誤差が伴い，そのプロットでの直線性は他の Ln = Gd, Dy, Ho, Er の LnF$_3$(rhm) に比べて悪いので，実験値自体をそのまま受け入れることはできないと判断した．

Sm と Eu については，hexagonal 系列の $\Delta U^*_{\text{latt.}}(\text{LnF}_3)_{\text{exp}}$ の値に加えて，orthorhombic 系列の $\Delta U^*_{\text{latt.}}(\text{LnF}_3)_{\text{exp}}$ の値も，図 11-11 の直線関係から推定することができる．この差から

$$\Delta H_f^0(\text{LnF}_3, \text{hex}) - \Delta H_f^0(\text{LnF}_3, \text{rhm}) \approx 37 \text{ (kJ/mol)} \tag{11-7}$$

が推定できる．もちろん，(11-7) の右辺が定数でなければならない理由があるわけではない．一般的には Z の関数であろう．したがって，この 37 kJ/mol は最も単純に考えた場合の両系列の $\Delta H_f^0(\text{LnF}_3)$ の差の推定値である．最近になって Chervonnyi (2012) は $\Delta H_{f,298}^0(\text{LnF}_3)_{\text{exp}}$ の値をまとめているが，その結果からも (11-7) に類似する値が推定できる．ただし，Chervonnyi (2012) での $\Delta H_{f,298}^0(\text{LnF}_3)_{\text{exp}}$，Ln = Tm, Yb, Lu の重 Ln メンバーの値は，ここでの値に比べ 10 kJ/mol ほど系統的に低い．

以上のように，LnF$_3$ 系列の結晶構造データ（格子定数と原子座標）の系列変化を考慮して，静電格子エネルギーを求め，$\Delta U^*_{\text{latt.}}(\text{LnF}_3)_{\text{exp}}$ との相関関係から，Tm 以降の不確かな $\Delta H_f^0(\text{LnF}_3)$ の値

表 11-5 LnF$_3$(rhm) の標準生成エンタルピーの実験値と推定値．

	$-\Delta H_f^0(\text{LnF}_3, \text{rhm})$ (kJ/mol)			
	TbF$_3$	TmF$_3$	YbF$_3$	LuF$_3$
A. Greis and Haschke (1982)	1708 ± 5	1695 ± 10	1630 ± 20	1701 ± 5
B. Kim and Johnson (1981)	1695	1684	1929	1672
C. Kawabe (1992)	**1703**	**1681**	**1644**	**1665**
D. Chervonnyi (2012)	1696 ± 5	1694 ± 5	1655 ± 5	1680 ± 5
E. Kawabe (revised values)				
a. $\Delta H_f^0(\text{Ln}^{3+}, \text{aq}) - \Delta H_f^0(\text{LnF}_3, \text{rhm})$ vs. Z plot	1703	1683	1642	1667
b. $U^*_{\text{latt.}}(\text{LnF}_3)$ vs. $-U_{\text{el.}}$ plot	1703	1682	1640	1668
c. Finally accepted values	**1703**	**1683**	**1643**	**1669**

を推定し，同時に $\Delta H_f^0(\text{LnF}_3, \text{hex})$ と $\Delta H_f^0(\text{LnF}_3, \text{rhm})$ の違いも評価した．LnF_3 の結晶構造データを用い，格子エネルギーを経由させることによって，$\Delta H_f^0(\text{LnF}_3)$ のデータを検討・評価することが重要である．このような検討手続きなしに，$\Delta H_f^0(\text{LnF}_3)$ の実験データを無条件に受け入れることはできない．この $\Delta H_f^0(\text{LnF}_3)$ のデータ・セットと $\Delta H_f^0(\text{LnO}_{1.5})$ のデータを組み合わせることによって，7-4 節で述べた酸化物とフッ化物の熱力学データから電子雲拡大効果と四組効果を具体的に議論できることになる．

11-3　$\text{LnO}_{1.5}$, LnF_3, $\text{Ln}^{3+}(g)$ の ΔH_f^0 と四組効果の相互関係

LnF_3 と $\text{LnO}_{1.5}$ 間の配位子交換反応は，
$$\text{LnO}_{1.5}(c) + 3\text{F}^-(g) = \text{LnF}_3(c) + (3/2)\text{O}^{2-}(g) \tag{11-8}$$
と書ける．この反応のエンタルピー変化 ΔH_r^0 は
$$\begin{aligned}\Delta H_r^0 &= \Delta H_f^0(\text{LnF}_3) - \Delta H_f^0(\text{LnO}_{1.5}) + (3/2)\Delta H_f^0(\text{O}^{2-}, g) - 3\Delta H_f^0(\text{F}^-, g) \\ &= \Delta H_f^0(\text{LnF}_3) - \Delta H_f^0(\text{LnO}_{1.5}) + \text{const.}\end{aligned} \tag{11-9}$$
最後の表現では，$(3/2)\Delta H_f^0(\text{O}^{2-}, g) - 3\Delta H_f^0(\text{F}^-, g)$ を定数項とした．われわれの関心は ΔH_r^0 がランタニド系列でどのように変化するかにある．この最後の項は系列変化に寄与しない定数だから具体的に表現する必要はない．

一方，$\text{Ln}^{3+}(g)$ の標準生成エンタルピーを，次の反応のエンタルピー変化として定義することができる．5-2 節で述べたように，当該化学種の標準生成エンタルピーは，標準状態の下，元素単体からその化学種をつくる反応のエンタルピー変化として定義されるから，$\text{Ln}^{3+}(g)$ の場合は，
$$\text{Ln}(c) = \text{Ln}^{3+}(g) + 3e^-(g) \tag{11-10}$$
となる．この反応は，格子エネルギーを見積もる際（10-4 節）に用いた以下の二つの反応式の和である：
$$\text{Ln}(c) = \text{Ln}(g) : \Delta H_f^0(\text{Ln}, g) \tag{10-5}$$
$$\text{Ln}(g) = \text{Ln}^{3+}(g) + 3e^- : \sum_{i=1}^{3} I_i(\text{Ln}) \tag{10-7}$$
従って，$\text{Ln}^{3+}(g)$ の標準生成エンタルピーは，
$$\Delta H_f^0(\text{Ln}^{3+}, g) = \Delta H_f^0(\text{Ln}, g) + \sum_{i=1}^{3} I_i(\text{Ln}) \tag{11-11}$$
となる．ところで，$\text{LnO}_{1.5}$ の相対格子エネルギー (10-14′)，LnF_3 の相対格子エネルギー (11-3) は，
$$\Delta U_{\text{latt.}}^*(\text{LnO}_{1.5}) = \Delta H_f^0(\text{Ln}, g) + \sum I_i(\text{Ln}) - \Delta H_f^0(\text{LnO}_{1.5}) \tag{10-14′}$$
$$\Delta U_{\text{latt.}}^*(\text{LnF}_3) = \Delta H_f^0(\text{Ln}, g) + \sum I_i(\text{Ln}) - \Delta H_f^0(\text{LnF}_3) \tag{11-3}$$
であった．この相対格子エネルギーのはじめの二項は (11-11) で定義した $\text{Ln}^{3+}(g)$ の標準生成エンタルピーに他ならない．すなわち，
$$\Delta U_{\text{latt.}}^*(\text{LnO}_{1.5}) = \Delta H_f^0(\text{Ln}^{3+}, g) - \Delta H_f^0(\text{LnO}_{1.5}) \tag{11-12}$$
$$\Delta U_{\text{latt.}}^*(\text{LnF}_3) = \Delta H_f^0(\text{Ln}^{3+}, g) - \Delta H_f^0(\text{LnF}_3) \tag{11-13}$$
である．$\text{LnO}_{1.5}(c)$ および $\text{LnF}_3(c)$ の格子エネルギーを定義する反応は，
$$\text{LnO}_{1.5}(c) = \text{Ln}^{3+}(g) + (3/2)\text{O}^{2-}(g) \tag{10-2}$$
$$\text{LnF}_3(c) = \text{Ln}^{3+}(g) + 3\text{F}^-(g) \tag{11-1}$$
である．$\text{Ln}^{3+}(g)$ は真空中の自由イオンだから，7-3 節で述べたように，いかなる配位子も持たな

い状態にあり，Ln^{3+}(g) は null（何もない）配位子を持つ状態と言える．したがって，LnO$_{1.5}$ の格子エネルギーは，真空中の Ln(III) 自由イオンと酸素イオンが配位した Ln(III) イオン間での「配位子交換反応」のエンタルピー変化であり，LnF$_3$ の格子エネルギーも同様である．(10-2) と (11-1) に現れる (3/2)O^{2-}(g) や 3F$^-$(g) については，(3/2)ΔH_f^0(O^{2-}, g) と 3ΔH_f^0(F$^-$, g) として，格子エネルギーに寄与するが，Ln(III) が変化しても，これらは一定なので，相対格子エネルギーではこれら定数項を無視している．Ln(III) イオン間での「配位子交換反応」のエンタルピー変化のうち，Ln(III) に依存する部分がこの相対格子エネルギーである．

(11-12) と (11-13) の右辺は，対をなす Ln(III) 化学種系列の標準生成エンタルピーの単純な差になっている．これは，LnF$_3$ と LnO$_{1.5}$ 間の配位子交換反応のエンタルピー変化 ΔH_r^0 (11-9) の右辺とまったく同一形式である．Ln(III) 化合物格子エネルギーの Ln 系列変化は，Ln^{3+}(g) 自由イオンと当該 Ln(III) 化合物の系列対における ΔH_f^0 の差に規定されている．

相対格子エネルギーを使えば，LnF$_3$ と LnO$_{1.5}$ 間の配位子交換反応のエンタルピー変化 ΔH_r^0 (11-9) は，

$$\Delta H_r^0 (11\text{-}9) = \Delta H_f^0 (\text{LnF}_3) - \Delta H_f^0 (\text{LnO}_{1.5}) + \text{const.}$$
$$= \Delta U_{\text{latt.}}^* (\text{LnO}_{1.5}) - \Delta U_{\text{latt.}}^* (\text{LnF}_3) + \text{const.} \tag{11-14}$$

である．ゆえに，LnO$_{1.5}$, LnF$_3$, Ln^{3+}(g) の標準生成エンタルピーは，図 11-13 に示すように，酸化物の格子エネルギー，フッ化物の格子エネルギー，酸化物とフッ化物の配位子交換反応のエンタルピー変化，の三者を通じて相互に関係している．図 11-13 における各矢印は，Ln(III) の配位状態の変更に対応するエンタルピー変化を表しており，これらは，それぞれ Ln(III) の配位状態を体現する Ln(III) 化学種の標準生成エンタルピー (ΔH_f^0) の差により与えられる．この差が Ln 系列を通じてどのような変化パターンを示すかが四組効果の検討には重要である．

既に示した図 10-6 では，原子番号順に，$U_{\text{latt.}}^*$(LnO$_{1.5}$, cub), $U_{\text{latt.}}^*$(LnF$_3$, rhm), $\{\Delta H_f^0$(LnF$_3$, rhm) $- \Delta H_f^0$(LnO$_{1.5}$, cub)$\}$ をプロットしている．このプロットでは，酸化物の相対格子エネルギーには上に凸な四組効果が認められるが，フッ化物の相対格子エネルギーには，明瞭な四組効果は認められない．これは，Ln(III) フッ化物の Ln^{3+} イオンは，4f 電子の Racah パラメーター (E^1, E^3) で見る限り，真空中の Ln^{3+}(g) 自由イオンと大差がないことを意味する．

一方，酸化物格子エネルギーの上に凸な四組効果は，Ln(III) 酸化物の Ln^{3+} イオンの 4f 電子の Racah パラメーター (E^1, E^3) が，真空中の Ln^{3+}(g) 自由イオンより有意に小さいことを物語っている．したがって，(11-14) と図 11-13 の関係から，$\{\Delta H_f^0$(LnF$_3$) $- \Delta H_f^0$(LnO$_{1.5}$)$\}$ には，フッ化物の Ln^{3+} イオンが酸化物の Ln^{3+} イオンより大きな 4f 電子の Racah パラメーターを持つこと，すなわち，上に凸な四組効果が認められるはずである．図 10-6 の最下段には，$\{\Delta H_f^0$(LnF$_3$, rhm) $- \Delta H_f^0$(LnO$_{1.5}$, cub)$\}$ がプロットされているが，確かに，上に凸な四組効果が認められる．4f 電子の Racah パラメーターの大小関係は，

$$\text{Ln}^{3+}(\text{g}) \approx \text{LnF}_3(\text{rhm}) > \text{LnO}_{1.5}(\text{cub}) \tag{11-15}$$

と推定できる．4f 電子の Racah パラメーターが Ln^{3+}(g), LnF$_3$(rhm), LnO$_{1.5}$(cub) でどの程度異なるかは，7-4 節で述べた (7-21) 式を用いて

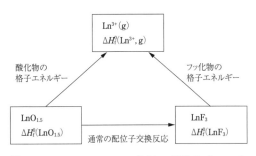

図 11-13 LnO$_{1.5}$, LnF$_3$, Ln^{3+}(g) の標準生成エンタルピーの相互関係．

評価できるはずである．そして，これら熱力学的データから推定される Racah パラメーターの相違は，スペクトル・データから推定されている Racah パラメーターと整合的であるかが検討されねばならない．これは次章で調べよう．

第 12 章

$LnO_{1.5}$ と LnF_3 の熱力学量が反映する電子雲拡大効果

　本章では，四組効果の理論式を用いて，$\{\Delta H^0_{f,298}(LnF_3) - \Delta H^0_{f,298}(LnO_{1.5})\}$，$LnO_{1.5}$ と LnF_3 の格子エネルギーの系列変化から，Racah パラメーターの相対値を求め，$LnO_{1.5}$ と LnF_3 のスペクトル・データ解析からの Racah パラメーターと比べ，両者が整合的であることを確認する．LnF_3 と $LnO_{1.5}$ の熱力学量は点電荷イオン結晶モデルを用いて補正されているが，これは四組効果の理論式を採用することと矛盾するわけではないことを説明する．高圧下の $f \to f$ 遷移スペクトル・データが示す圧力誘起の電子雲拡大効果を紹介し，$LnO_{1.5}$ の熱膨張では Ln-O 距離の増大に対応して Racah パラメーターが増加する事実も指摘する．加圧と熱膨張ではともに Ln-O 距離が変化し，結果として Racah パラメーターが変化することの意味を考える．

12-1　LnF_3 と $LnO_{1.5}$ の $\Delta H^0_{f,298}$ の差による Racah パラメーターの相違

　Ln(III) 化合物・錯体系列間の配位子交換反応の ΔH や ΔG の測定値は，7-4 節で述べたように，(7-21) 式で表すことができる．ただし，この式の使用は，両 Ln(III) 系列が同質同形（isomorphous）系列である時に限定されることも説明しておいた．LnF_3 の場合は全系列を $LnF_3(rhm)$ として扱い，$LnO_{1.5}$ の場合は $LnO_{1.5}(cub)$ として，各々の $\Delta H^0_{f,298}$ の熱力学量を考える．軽 Ln で安定相である $LnF_3(hex)$ と $LnO_{1.5}(hex)$ については，第 10, 11 章で論じたように $\Delta H^0_{f,298}$ における $LnF_3(rhm)$ と $LnF_3(hex)$，$LnO_{1.5}(cub)$ と $LnO_{1.5}(hex)$ の差を用いて，$LnF_3(rhm)$ と $LnO_{1.5}(cub)$ の仮想的な値に変換して用いなければならない．したがって，

$$\Delta H^0_{f,298}(LnF_3, rhm) - \Delta H^0_{f,298}(LnO_{1.5}, cub)$$
$$= A_0(q) + E(4f^q)_{fluoride, rhm} - E(4f^q)_{oxide, cub}$$
$$= A_0 + q(a+bq)(q+25) + \frac{9}{13}n(S)C_1(q+25) + m(L)C_3(q+25) + p(L,S,J)C_{ls}(q+25)^4 \quad (12-1)$$

となる．$A_0(q)$ は $4f$ 電子のエネルギー変化が直接的には寄与しない部分を表し，両系列が同質同形系列である時は，$4f$ 電子数（原子番号）の滑らかな関数と考える．一方，$4f^q$ 電子配置平均エネルギーの差を表す第 2 項の $q(a+bq)(q+25)$ も，$4f$ 電子数（原子番号）の滑らかな関数と考えることができるので，両者を与えられたデータから区別することは困難である．結果として，A_0 を定数とし $q(a+bq)(q+25)$ と一体として $4f$ 電子数の滑らかな変化を表す成分と考える．

　(12-1) 式左辺に相当する熱力学量観測値から，係数 A_0, a, b, C_1, C_3, C_{ls} を最小二乗法で決め

る．係数 C_1，C_3，C_{ls} から，LnF_3(rhm) と $LnO_{1.5}$(cub) 間での $4f$ 電子 Racah パラメーターとスピン・軌道相互作用定数 (ζ_{4f}) の差は，7-4 節で既に述べたように，次のように与えられる：

$$E^1(\text{LnF}_3, \text{rhm}) - E^1(\text{LnO}_{1.5}, \text{cub}) = \Delta E^1 = C_1 (q+25),$$
$$E^3(\text{LnF}_3, \text{rhm}) - E^3(\text{LnO}_{1.5}, \text{cub}) = \Delta E^3 = C_3 (q+25), \qquad (12\text{-}2)$$
$$\zeta_{4f}(\text{LnF}_3, \text{rhm}) - \zeta_{4f}(\text{LnO}_{1.5}, \text{cub}) = \Delta \zeta_{4f} = C_{ls} (q+25)^4$$

しかし，ここに一つ問題がある．それは，$\Delta \zeta_{4f}$ を与える C_{ls} を他の係数（A_0，a，b，C_1，C_3）と同時に最小二乗法で決めることが実際上はできないことである．これは以下の理由による：

i) $p(L,S,J)\Delta\zeta_{4f}$ の系列変化量が，$(9/13)n(S)\Delta E^1$ と $m(L)\Delta E^3$ の変化量に比べ格段に小さい，

ii) $p(L,S,J)$ の変化パターンは $m(L)$ のそれに類似しており，小さな変化量の $p(L,S,J)\Delta\zeta_{4f}$ を $m(L)\Delta E^3$ と独立に同時に決定することは事実上できない．

この問題を考慮し，次の二つの対処を考える：

1) $p(L,S,J)\Delta\zeta_{4f}$ の項は(12-1)式で他の項に比べ十分小さいと仮定し，
$$C_{ls} = 0 \qquad (12\text{-}3)$$
として，五つの係数（A_0，a，b，C_1，C_3）のみを求める．

2) NdF_3(hex) と $NdO_{1.5}$(hex) の ζ_{4f} については，スペクトル・データに基づく値が報告されており（Caro et al., 1979 and 1981），この対では $\Delta\zeta_{4f}(\text{Nd}) = 21$ cm^{-1} である．我々が問題にしているのは，LnF_3(rhm) と $LnO_{1.5}$(cub) の対

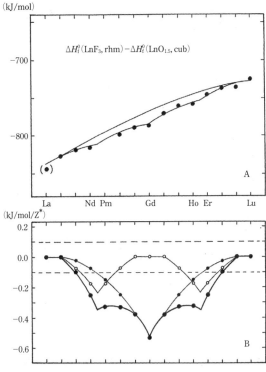

図 12-1a LnF_3(rhm) と $LnO_{1.5}$(cub) の対での標準生成エンタルピーの差を，$C_{ls}=0$ とした改良 RSPET 式 (12-1) で最小二乗回帰した結果（A）．括弧つき La の値は使われていない．四組効果（A の滑らかな系列変化からのデータの変位，黒丸）を B に示す．B の小さい黒丸は $9/13\,n(S)\Delta E^1$，小さい白丸は $m(L)\Delta E^3$ である．B の y 軸値は有効核電荷 $Z^* = Z - 32 = q + 25$ で割った値である．平行な二本の鎖線は，回帰での平均二乗誤差（$\pm\sigma$）範囲を示す（Kawabe, 1992）．

であり，hexagonal 相の対ではないが，$\Delta\zeta_{4f}$ の推定値としてこれを用いる．これから直ちに
$$C_{ls} = 4.1 \times 10^{-4} \,(\text{J/mol}) \qquad (12\text{-}4)$$
と推定できるので，(12-1) の両辺から $p(L,S,J)\Delta\zeta_{4f} = p(L,S,J)C_{ls}(q+25)^4$ を差し引き，これに対し最小二乗法を適用して係数（A_0，a，b，C_1，C_3）を求める：

$$\{\Delta H^0_{f,298}(\text{LnF}_3, \text{rhm}) - \Delta H^0_{f,298}(\text{LnO}_{1.5}, \text{cub})\} - p(L,S,J)\Delta\zeta_{4f}$$
$$= A_0(q) + E(4f^q)_{\text{fluoride, rhm}} - E(4f^q)_{\text{oxide, cub}}$$
$$= A_0 + q(a+bq)(q+25) + \frac{9}{13} n(S) C_1 (q+25) + m(L) C_3 (q+25) \qquad (12\text{-}5)$$

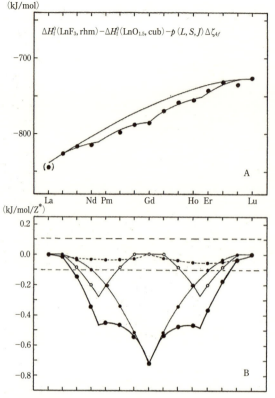

図 12-1b LnF$_3$(rhm) と LnO$_{1.5}$(cub) の対での標準生成エンタルピーの差から，(12-5) に従い，$C_{ls} = 4.1 \times 10^{-4}$ (J/mol) としてスピン・軌道相互作用定数 (ζ_{4f}) の差を除き，その結果を改良 RSPET 式で最小二乗回帰した結果 (A)．括弧つき La の値は使われていない．四組効果は図 12-1a と同様に表示している (B)．初めに除いたスピン・軌道相互作用定数の差による系列変化量も，点線と小さい黒丸の曲線で示してある．平行な二本の鎖線は，回帰での平均二乗誤差 ($\pm \sigma$) 範囲を示す (Kawabe, 1992)．

表 12-1 改良 RSPET 式を {ΔH_f^0(LnF$_3$, rhm) − ΔH_f^0(LnO$_{1.5}$, cub)} に適用し，NdO$_{1.5}$(cub) に対する NdF$_3$(rhm) の Racah パラメーターの差を推定した結果とスペクトル・データとの比較．単位は cm^{-1}．

	スペクトル・データ (Caro et al., 1981)	熱力学量からの RSPET 式による値* (Kawabe, 1992)	
		Method-1	Method-2
ΔE^1	103 ± 5	85 ± 47	116 ± 50
ΔE^3	25 ± 2	13 ± 14	23 ± 15
$\Delta \zeta$	21 ± 1	(≡ 0)	(≡ 21)

* Method-1 は $\Delta \zeta = 0$ として，改良 RSPET 式を {ΔH_f^0(LnF$_3$, rhm) − ΔH_f^0(LnO$_{1.5}$, cub)} に適用した結果による．Method-2 は，スペクトル・データ $\Delta \zeta$(Nd) = 21 cm^{-1} に基づき $C_{ls} = 4.1 \times 10^{-4}$ (J/mol) として $\Delta \zeta_{4f}$ による寄与を除き，その結果を改良 RSPET 式で最小二乗回帰した値による．

と考える．

この二つの場合について，$\Delta E^1 = C_1 (q+25)$ と $\Delta E^3 = C_3 (q+25)$ を求めた結果を，図 12-1a, b に示した．表 12-1 では，スペクトル・データから Caro et al. (1979 and 1981) が求めている NdF$_3$(hex) と NdO$_{1.5}$(hex) の Racah パラメーター (E^1, E^3) からの ΔE^1, ΔE^3 と比較している．おおむね満足すべき一致が得られていることがわかる．図 12-1b の B には，$C_{ls} = 4.1 \times 10^{-4}$ (J/mol) を仮定した場合の $p(L, S, J) \Delta \zeta_{4f}$ の値もプロットしてある．ζ_{4f} の差に起因する系列変化量が，ΔE^1 と ΔE^3 の違いによる系列変化に比べ，大変小さいことがわかる．最小二乗法の平均誤差内に入る程度の小さな値である．ΔE^1, ΔE^3 と同時に $\Delta \zeta_{4f}$ を決めることが困難であることがわかる．

(12-4) 式に関連して述べたように，Caro et al. (1979 and 1981) が報告しているのは NdF$_3$(hex) と NdO$_{1.5}$(hex) の Racah パラメーターであり，ここでの熱力学量の解析から得られたものは，LnF$_3$(rhm) と LnO$_{1.5}$(cub) の対に関する ΔE^1, ΔE^3 である．両者の結晶系は一致していないので，厳密に一致することはないかもしれない．しかし，スペクトル・データから求められた NdF$_3$ と NdO$_{1.5}$ の Racah パラメーターと矛盾しない ΔE^1, ΔE^3 が，{$\Delta H_{f,298}^0$(LnF$_3$, rhm) − $\Delta H_{f,298}^0$(LnO$_{1.5}$, cub)} のデータを RSPET の (7-21) 式で解析することによって得られる．この結果は Kawabe (1992) によるが，その内容は第 16 章で再考される．

12-2 Nd(III)化合物におけるRacahパラメーターの相違：電子雲拡大系列

図12-2は，Caro et al.（1979 and 1981），Beaury and Caro（1990），Cascales et al.（1992）などによって報告されている各種のNd化合物のRacahパラメーター（E^1とE^3），スピン・軌道相互作用定数（ζ_{4f}）の値をプロットしたものである．Carnall et al.（1989）によるLaF$_3$結晶に添加したNd^{3+}の値も合せて示してある．E^1とE^3については，既に図7-4として示している．Nd^{3+}イオンは，フッ素イオンに配位された状態（NdF$_3$とNd^{3+}：LaF$_3$）の方が相対的に大きなRacahパラメーター，スピン・軌道相互作用定数を持つのに対し，硫黄イオンや酸素イオンに配位された状態（Nd$_2$O$_2$SやNdO$_{1.5}$）のNd^{3+}イオンは相対的に小さなRacahパラメーター，スピン・軌道相互作用定数を持つことがわかる．

ここに掲げたNd(III)化合物の（E^1, E^3），ζ_{4f}には，％オーダーの変化ではあるが，配位子の変化に対応して明瞭な系統的変化が認められる．E^1とζ_{4f}は±1.5％程度の変化幅であるのに対し，E^3は±3％の変化幅となっている．この系統的変化は，Nd^{3+}イオンに配位する陰イオン・電子供与体がF$^-$，Cl$^-$，O^{2-}，S^{2-}に変化するに従い，（E^1, E^3），ζ_{4f}が減少することを示しており，電子雲拡大効果（nephelauxetic effect）の分光学的証拠である．Racahパラメーターの大小関係に対応した陰イオン・電子供与体の順序が電子雲拡大系列（nephelauxetic series）と呼ばれることは，既に何度も述べて来た．

自由イオンに対するSlater-Condon-Racah理論からすれば，共有結合的配位子とLn^{3+}イオンの対であれば，「4f電子の電子雲」がわずかであれ空間的に拡がり，4f電子間の相互距離は大きくなり，これに対応して4f電子間の電子反発エネルギーを指定するRacahパラメーターは小さくなるはずである．ζ_{4f}の場合は，Condon and Shortley（1953）の5章にあるように，クーロン型ポテンシャル$U(r)=-Ze^2/r$を仮定すると，ζ_{4f}は中心イオンと電子距離の三乗の逆数と動径関数$R(nl)$の二乗との積を$r=0$から無限大まで積分したものに比例する，

$$\zeta_{4f} \propto \int_0^\infty \frac{1}{r^3} R^2(4f) dr \quad (12\text{-}6)$$

ここでさらに，水素原子型の動径関数$R(nl)$を採用すると，ζ_{4f}は有効殻電荷の四乗に比例するとの結果になる（6-1節）．「4f電子の電子雲」がわずかに拡がることは，規格化された動径関数$R(4f)$が大きなr側に少し偏ることを意味するので，(12-6) の積分はそれだけ小さくなってよい．以上の電子雲拡大系列に対する理解はJørgensen流の解釈であるが，これに強く反対する意見もある（Newman, 1973a, b；Morrison, 1980）．電子雲拡大系列は配位子自体の分極率に依存したもの

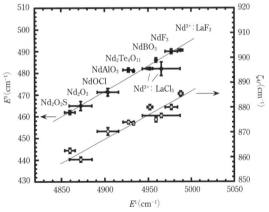

図 12-2 Caro et al.（1979 and 1981），Beaury and Caro（1990），Cascales et al.（1992）などによって報告されている各種のNd化合物のRacahパラメーター（E^1とE^3），スピン・軌道相互作用定数（ζ_{4f}）の値．Carnall et al.（1989）による（Nd^{3+}：LaF$_3$）の値は，本文に述べたようにCaroらの値に対応する補正が加えてある．

であるとする意見である．ここではこのような意見があることのみを記すにとどめる．

図12-2の結果は，上記の解釈とは別次元のNd化合物のスペクトル・データに基づく実験事実である．％オーダーのRacahパラメーターの違いを議論するためには，スペクトル・データ自体の取り扱い方にもそれなりの配慮が必要であることもここで指摘しておきたい．図12-2に引用した大部分の解析結果はCaroらのグループによるものである．単結晶Nd化合物の($f \rightarrow f$)遷移スペクトルからRacahパラメーター，スピン・軌道相互作用定数などの自由イオン・パラメーターを求める際に，Caroらは，E^1と配置間相互作用パラメーター（α, β, γ）の一つγとが，$3E^1 + (3/5)\gamma =$ const. であるとの拘束条件を置き，この一次結合の値を求めた上で，$\gamma = 750$ cm^{-1}としてRacahパラメーターE^1を求めている．一方，Carnall et al. (1989)らのスペクトル・データ解析では，Racahパラメーターと配置間相互作用パラメーター（γ）は独立なパラメーターであるとして決めている．研究者によって自由イオン・パラメーターの求め方は若干異なる．そのため，図12-2に引用したCarnall et al. (1989)のNd^{3+}：LaF$_3$に対するE^1は，$3E^1 + (3/5)\gamma =$ const., $\gamma = 750$ cm^{-1}として換算し直した値である．この換算を行わない限り，Nd^{3+}：LaF$_3$のE^1とNdF$_3$のE^1の値は見かけ上かなり食い違ったものになる．$3E^1 + (3/5)\gamma =$ const. の拘束条件の必要性についてはCaroらとCarnallらのグループで意見の相違がある．しかし，図12-2は両グループの解析結果が相互に矛盾しているわけではないことを示している．

スペクトル・データからは個別Ln(III)化合物のRacahパラメーターが推定されるのに対し，$\{\Delta H^0_{f,298}(\text{LnF}_3, \text{rhm}) - \Delta H^0_{f,298}(\text{LnO}_{1.5}, \text{cub})\}$のデータ解析からは，両Ln(III)同形化合物系列のRacahパラメーターの差，すなわち，電子雲拡大効果そのものの情報が得られる．両Ln(III)化合物のRacahパラメーターを個別に求め，それらを比べて％オーダーの差から電子雲拡大効果を論ずるよりは，$\{\Delta H^0_{f,298}(\text{LnF}_3, \text{rhm}) - \Delta H^0_{f,298}(\text{LnO}_{1.5}, \text{cub})\}$の四組効果に着目する方が，Racahパラメーターの差を直接的に捉えていることになる．

図12-2に示したスピン・軌道相互作用定数（ζ_{4f}）の電子雲拡大効果はΔH_rにはあまり大きな影響は与えない．しかし，図12-2のζ_{4f}の電子雲拡大系列を用いて，図12-2には示されていないLn(III)化合物が電子雲拡大系列のどの位置を占めるかを推定することには利用できる．たとえば，図12-2にはNd(OH)$_3$のデータはプロットされていない．しかし，Eu(OH)$_3$，Gd(OH)$_3$，Er(OH)$_3$のζ_{4f}を含む自由イオン・パラメーターが報告されているので（Cone and Faulhaber, 1971；Cone, 1972；Schwiesow, 1972），以下に述べるような形でNd(OH)$_3$のζ_{4f}を推定し，これを図12-2のζ_{4f}の電子雲拡大効果と比較して，電子雲拡大効果におけるNd(OH)$_3$の相対位置を推定することができる．6-2節で示したように$\zeta_{4f} = a(q+25)^4$が成立しているとすると，

$$\zeta_{4f}(\text{Nd}^{3+}, q=3) = \zeta_{4f}(\text{Ln}^{3+}, q) \cdot [28/(q+25)]^4$$

となる．これより，Ln(OH)$_3$の$\zeta_{4f}(\text{Ln}^{3+}, q)$から$\zeta_{4f}(\text{Nd}^{3+}, q=3)$を求めると次のような値が得られる．

$$\text{Eu(OH)}_3: 1326 \, (\text{cm}^{-1}) \cdot [28/(31)]^4 = 882.5 \, (\text{cm}^{-1})$$
$$\text{Gd(OH)}_3: 1477.7 \, (\text{cm}^{-1}) \cdot [28/(32)]^4 = 866.2 \, (\text{cm}^{-1})$$
$$\text{Er(OH)}_3: 2366.5 \, (\text{cm}^{-1}) \cdot [28/(36)]^4 = 866.0 \, (\text{cm}^{-1})$$

Eu(OH)$_3$のζ_{4f}はやや大きな$\zeta_{4f}(\text{Nd(OH)}_3)$を与えるが，Gd(OH)$_3$，Er(OH)$_3$の$\zeta_{4f}$からは共に866 (cm^{-1})となる．$\zeta_{4f}(\text{Nd(OH)}_3) = 866 \sim 871$ (cm^{-1})と推定できる．866 (cm^{-1})はEu(OH)$_3$からの値を無視した場合で，871 (cm^{-1})は三つの値の平均値である．ゆえに，図12-2に示したζ_{4f}の電子雲拡

大効果から，

$$\zeta_{4f}(\mathrm{Nd_2O_3}) < \zeta_{4f}(\mathrm{Nd(OH)_3}) < \zeta_{4f}(\mathrm{NdOCl})$$

となる．電子雲拡大系列において，Ln(III)水酸化物は $\mathrm{Ln_2O_3}$ のやや右側に位置することが推定できる．この結果は Ln(III) 水酸化物の熱力学的データから推定した Racah パラメーターの大小関係（16-4節）とも矛盾しない．ζ_{4f} の値を用いてこのような推定ができるのは，ζ_{4f} は他の自由イオン・パラメーターから比較的独立にスペクトル・データより決められるからである．ただし，1％程度の違いを問題にすることになるので，異なる研究者による ζ_{4f} の値を共用する際には注意が必要である．

Frey and Horrocks（1995）は37種類のEu(III)錯体について $^7F_0 \rightarrow {}^5D_0$ 遷移スペクトルを求め，このスペクトルが自由イオン $\mathrm{Eu^{3+}(g)}$ での値（17,347 cm^{-1}）から系統的に小さくなっていることを報告している．$J=0$ であるため，「結晶場ポテンシャル」によるスペクトル分裂は考えなくてもよい．全体としてのスペクトル値の変動幅は約 55 cm^{-1} に過ぎないが，個々のスペクトル幅は 10 cm^{-1} より狭いため，錯体の種類と対応した遷移スペクトル値の違いが議論できる．37種類のEu(III)錯体のスペクトル・シフト量，すなわち，この遷移エネルギーの自由イオン値からのずれは，配位子原子・イオン種類（9種類）と配位数（CN=7から11）に対する係数を用いて再現できるとしている．Frey and Horrocks（1995）は，低エネルギー側へのスペクトル・シフト量で表される電子雲拡大効果が，配位子原子・イオンの共有結合性に依存するとともに，低配位数側で大きくなると結論している．このような Eu(III) 錯体の $^7F_0 \rightarrow {}^5D_0$ 遷移スペクトル値も電子雲拡大効果を支持する分光学的事実であろう．

電子雲拡大効果を直接支持する重要な分光学的事実として，$f \rightarrow f$ 遷移スペクトルの圧力誘起赤方遷移がある．これについては 12-7 節で述べる．

12-3　$\mathrm{LnO_{1.5}}$ と $\mathrm{LnF_3}$ の格子エネルギーにおける四組効果の有無

フッ化物と酸化物は図 12-2 に示した電子雲拡大系列のほぼ両端に位置する．したがって，両系列間における Racah パラメーター（E^1, E^3）の相対的に大きな違いが，$\{\Delta H^0_{f,298}(\mathrm{LnF_3}) - \Delta H^0_{f,298}(\mathrm{LnO_{1.5}})\}$ のデータに反映するのは自然な結果である．ところで，図 12-2 の電子雲拡大系列には真空中の自由イオン，$\mathrm{Nd^{3+}(g)}$，がプロットされていない．Ln(III) 自由イオン系列のスペクトル・データ取得が困難であることから，$\mathrm{Ln^{3+}(g)}$ のスペクトル・データから自由イオン・パラメーターが求められている場合は限られているが（4-6節），スペクトル・データからすると $\mathrm{Ln^{3+}(g)}$ 系列の Racah パラメーターや ζ_{4f} の値は $\mathrm{Ln^{3+}:LaF_3}$ や $\mathrm{LnF_3}$ に大変近いと考えられている（Carnall et al., 1989）．第 10, 11 章で確認した，$\mathrm{LnF_3}$ の格子エネルギーには明瞭な四組効果が認められないのに対し，$\mathrm{LnO_{1.5}}$ の格子エネルギーには上に凸な四組効果が認められる事実は，4f 電子の Racah パラメーターの大小関係，

$$\mathrm{Ln^{3+}(g)} \approx \mathrm{LnF_3(rhm)} > \mathrm{LnO_{1.5}(cub)} \tag{11-15}$$

を反映したものであると 11-3 節で指摘しておいた．この四組効果に関する解釈は，スペクトル・データから推定される $\mathrm{Ln^{3+}(g)}$ 系列の Racah パラメーターや ζ_{4f} の値が，$\mathrm{Ln^{3+}:LaF_3}$ や $\mathrm{LnF_3}$ に大変近いことに対応している．(7-21) 式を用いてこれらの格子エネルギーの系列変化を解析

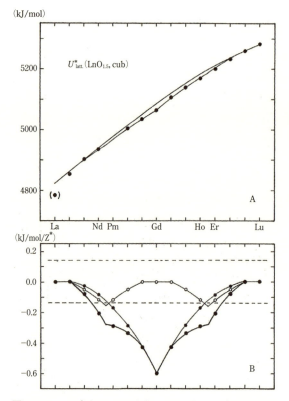

図 12-3a $\Delta U^*_{\text{latt.}}(\text{LnO}_{1.5}, \text{cub})$ を，$C_{ls}=0$ とした改良 RSPET 式で最小二乗回帰した結果(A)．括弧つき La の値は使われていない．四組効果（A の滑らかな系列変化からのデータの変位）は図 12-1a, b と同様に，有効核電荷で割った値で示している(B)．平行な二本の鎖線は，回帰での平均二乗誤差（±σ）範囲を示す（Kawabe, 1992）．

し，この点を定量的に検討してみよう．

$\text{LnF}_3(\text{rhm})$ と $\text{LnO}_{1.5}(\text{cub})$ の配位子交換反応の ΔH_r に対応するのが，$\{\Delta H^0_{f,298}(\text{LnF}_3, \text{rhm}) - \Delta H^0_{f,298}(\text{LnO}_{1.5}, \text{cub})\}$ であり，$\text{LnF}_3(\text{rhm})$ あるいは $\text{LnO}_{1.5}(\text{cub})$ と $\text{Ln}^{3+}(g)$ の"配位子交換"反応の ΔH_r に対応するのが $\text{LnF}_3(\text{rhm})$ あるいは $\text{LnO}_{1.5}(\text{cub})$ の格子エネルギーである．$\text{LnO}_{1.5}(\text{cub})$ の Racah パラメーターは，$\text{Ln}^{3+}(g)$ の Racah パラメーターより小さいので，相対格子エネルギー $\Delta U^*_{\text{latt.}}(\text{LnO}_{1.5}, \text{cub})$ には上に凸な四組効果が伴う．一方，$\text{Ln}^{3+}(g)$ の Racah パラメーターは $\text{LnF}_3(\text{rhm})$ の Racah パラメーターより大きいが，値自体は大変近いので，明瞭な上に凸な四組効果は見られない．これを，(12-1)の改良 RSPET 式を $\Delta U^*_{\text{latt.}}(\text{LnO}_{1.5}, \text{cub})$ と $\Delta U^*_{\text{latt.}}(\text{LnF}_3, \text{rhm})$ に当てはめて確認してみよう．

改良 RSPET 式を，$C_{ls}=0$ として，$\Delta U^*_{\text{latt.}}(\text{LnO}_{1.5}, \text{cub})$ に最小二乗法で回帰した結果を図 12-3a に示す．$\Delta U^*_{\text{latt.}}(\text{LnF}_3, \text{rhm})$ については図 12-3b に回帰結果を示す．La の値はこれらの回帰データから除かれている．この問題はここでは議論せず，第 16 章で検討する．図 12-3a, b で重要なのは四組効果を示す B の図である．

$\Delta U^*_{\text{latt.}}(\text{LnO}_{1.5}, \text{cub})$ の四組効果は，明瞭な上に凸の極性を示し，最小二乗法の回帰での平均二乗誤差（±σ）範囲を大幅に越えて下方に張り出している．一方，$\Delta U^*_{\text{latt.}}(\text{LnF}_3, \text{rhm})$ の場合，四組効果は ±σ の範囲にほぼ収まっている．ただし，四組効果の極性は上に凸であり，$\text{LnF}_3(\text{rhm})$ は $\text{Ln}^{3+}(g)$ よりやや小さな Racah パラメーターを持つことが示唆される．11-3 節で，4f 電子の Racah パラメーターの大小関係は (11-15) であると推定したことに対応する．

相対格子エネルギーは $\sum I(\text{Ln})$ の大きな値を含むので，そこでの四組効果は相対的には小さくなり，四組効果の定量的議論の精度としてはあまり期待できない．$\text{LaO}_{1.5}$, LaF_3 に関するデータが格子エネルギーでは外れる問題も含めて第 16 章で再検討する．四組効果の細かな検討は，$\{\Delta H^0_{f,298}(\text{LnF}_3, \text{rhm}) - \Delta H^0_{f,298}(\text{LnO}_{1.5}, \text{cub})\}$ の方が適している．ただし，現実の $\text{LnO}_{1.5}$, LnF_3 系列が同質同形系列でないことの扱い方では問題を伴う．第 16 章での再検討ではこの点にも配慮し，ここでの一対の Ln(III) 化合物系列ではなく，複数対のデータに基づき再検討することになる．ここで引用した Kawabe (1992) の内容も再検討されることになるが，細かな数値の改訂はあるものの，その基本的内容は変更されない．

ところで，図 10-5 に示したように，$\text{LnO}_{1.5}$ の格子エネルギー実験値は，格子定数の逆数

$(1/a_0, 1/\langle a_0 \rangle)$ の一次式となっている．我々はこの種の一次式を積極的に用いて，イオン化エネルギーの値を補正した．しかし，このようにして補正した格子エネルギーの値を Ln の原子番号（$4f$ 電子数）に対してプロットすると，そこには上に凸な四組効果が認められる（図10-6）．この「事実」をどう理解したらよいのであろうか？　第 10 章では，$LnO_{1.5}$ に対する点電荷モデルと四組効果が「相互矛盾」の関係にはないことのみ指摘し，立入った議論は留保しておいた．一方，第 11 章の LnF_3 の場合においても，その格子エネルギー実験値が結晶構造パラメーターから計算した静電格子エネルギーの一次式となるように $\Delta H^0_{f,298}$ (LnF_3) の実験値を補正した．その結果を Ln の原子番号に対してプロットしても，$LnO_{1.5}$ のような有意な四組効果は認められない（図 10-6）．しかし，このような形で補正された $\Delta H^0_{f,298}$ (LnF_3) を用いて，

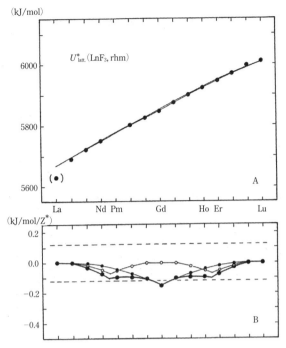

図 12-3b　$\Delta U^*_{latt.}$(LnF_3, rhm) を，$C_{ls}=0$ とした改良 RSPET 式で最小二乗回帰した結果 (A)．括弧つき La の値は使われていない．四組効果は図 12-1a, b と同様に，有効核電荷で割った値で示している (B)．平行な二本の鎖線は，回帰での平均二乗誤差（$\pm\sigma$）範囲を示す（Kawabe, 1992）．

$\{\Delta H^0_{f,298}(LnF_3) - \Delta H^0_{f,298}(LnO_{1.5})\}$ を求め，RSPET の改良式を用いて解析すれば，分光学的事実と調和する相対的な Racah パラメーターの差が求められる（12-1 節）．この結果は，点電荷モデルと四組効果の関係を考える重要な手掛かりである．この問題を次に考えよう．

12-4　化合物・錯体の構造と電子エネルギーの連関

　不完全に充填された $4f$ 副殻を持つランタニド化合物に対しては，アルカリ・ハライドに用いられる古典的点電荷モデルは不適切であると述べて来た．古典的点電荷モデルでは，ランタニド (III) のスピン，軌道角運動量による電子エネルギー項，すなわち，電子配置エネルギーの違いが考慮されていないからである．にもかかわらず，第 10 章と第 11 章では古典的点電荷モデルに基づき $LnO_{1.5}$ や LnF_3 の結晶構造データからこれらの静電格子エネルギーを求め，これらが格子エネルギー実験値と一次の関係にあることを仮定し，イオン化エネルギーと $\Delta H^0_{f,298}$ (LnF_3) の実験値を補正した．補正されたデータ・セットを RSPET の改良式で解析した結果は，12-1〜-3 節で見たように，スペクトル・データとほぼ合致する．$LnO_{1.5}$ の場合に限れば，結果的に格子エネルギーは格子定数の逆数（$1/a_0, 1/\langle a_0 \rangle$）の一次式で近似できる（図 10-5）．そして同時に，Ln の原子番号（$4f$ 電子数）に対してプロットすると，上に凸な四組効果を示す（図 10-6）．この結果は一見矛盾しているようにも思える．しかし，これは矛盾ではなく両立する事実なのである．その

理由を以下に記す.

　第一の理由は,化合物・錯体の基底状態電子エネルギーと構造は一般に相互依存の関係にあり,現実の構造は電子エネルギー状態を反映することである.電子エネルギーは,1中心多電子系(孤立原子・イオン)と多中心多電子系(化合物・錯体)では重要な相違がある.1中心多電子系の基底電子エネルギーは,中心原子核に対する電子の座標のみによるSchrödinger方程式のエネルギー固有値である(電子のスピンは波動関数にスピン座標として加わる).しかし,多中心多電子系の基底電子エネルギーは,電子の座標のみならず,原子核の座標にも依存したSchrödinger方程式のエネルギー固有値で与えられ,結果的には,原子間距離(原子核間距離)が基底電子エネルギーを指定するパラメーターとして加わる(13-6節).このような多中心多電子系に対する議論は,分子に対してはLevine (1991),錯体に関しては上村他 (1969),非金属結晶に対してはWallace (1972),固体一般についてはZiman (1972)の記述が参考になる.この議論にはBorn-Oppenheimer近似とJahn-Teller効果の問題が関係するので,これらの説明を含めて以下で議論する.

　多中心多電子系化合物・錯体の基底電子状態のエネルギー固有値を求めるのは容易ではないが,通常は,原子核の質量に比べて電子の質量がきわめて小さいこと($m_e/m_{proton} < 5 \times 10^{-4}$)から,電子に対するハミルトニアンを原子核が実質的に特定の位置に固定されていると仮定する近似が採用される.核が特定の原子間距離に固定されているとの近似はBorn-Oppenheimer近似,あるいは,断熱近似と呼ばれる.核を固定して熱振動をさせないと言う意味で「断熱」近似との呼び名が付く.したがって,多中心多電子系化合物・錯体の基底電子エネルギーは,最も単純な2原子分子の場合でも,原子間距離をパラメーターとするポテンシャル曲線となる.電子に対するハミルトニアンを用いて断熱近似のもとで,電子に関するSchrödinger方程式を解けば,このポテンシャル曲線が得られる.しかし,これを実際に解くのではなく,適当なポテンシャル曲線を仮定することも多い.2原子分子に対するMorseのポテンシャル曲線はその代表的な例である.2原子分子では,原子間距離は一つしかないので,ポテンシャル曲線だが,H_2O分子のような3原子分子では,座標原点をO原子に取ると,原子間距離は三つ(二つのO-H距離,一つのH-H距離)になるので,ポテンシャル曲線ではなく,三つの原子間距離をパラメーターとするポテンシャル曲面となる.結晶性化合物の場合は,独立な原子間距離をパラメーターとするポテンシャル曲面が基底電子エネルギーを与える.結晶の場合,独立な原子間距離パラメーターとは,結局,その結晶構造を定めるに必要な格子定数,原子座標値のセットと考えればよい.このように多中心多電子系の電子エネルギー $E_e(R_1, R_2, \cdots)$ は原子核の座標 R_i をパラメーターとして含む形で与えられる.

　一方,核の運動を記述するハミルトニアンでは,核と核の相互作用のポテンシャル $V_{nn}(R_1, R_2, \cdots)$ と電子エネルギー $E_e(R_1, R_2, \cdots)$ の和が実効的ポテンシャルとなる.

$$\Phi(R_1, R_2, \cdots) = V_{nn}(R_1, R_2, \cdots) + E_e(R_1, R_2, \cdots) \tag{12-7}$$

現実的な核の運動は,エネルギー最低点を平衡位置とする微小振動と考えることができる.結晶では,これは格子振動の問題となる(Born and Huang, 1954;Wallace, 1972).結晶における原子核の空間配置は,この実効ポテンシャル曲面が最低になるように決まっていると考えねばならない.

　このように,化合物・錯体の構造と電子エネルギーは,系のエネルギーを最小化する過程で相

互に依存関係にある．しかし，上記の断熱近似を用いる場合，より正確には，電子エネルギーの縮退がないことが前提であることに注意を要する．もし，電子エネルギーの縮退があると，電子エネルギーが原子の配置に依存することから，原子配置の対称性を低下させ，電子エネルギーの縮退を解き，これにより電子エネルギーも含めた系全体のエネルギーの低下が起こりうる．これは静的 Jahn-Teller 効果と呼ばれる．ただし，全スピン量子数が半整数値である場合の Kramers の2重縮重準位は例外である．この種の縮重は時間反転対称性によるものなので，原子配置の対称性低下では解けず，磁場によってその縮退が解ける（Messiah, 1961；犬井他, 1976；Heine, 1993）．具体例は 13-9 節で議論する．一方，現実の原子核は振動運動している．振動することによって，平衡状態の原子配置の対称性が低下し実効的ポテンシャル，$V_{nn}(R_1, R_2, \cdots) + E_e(R_1, R_2, \cdots)$，の極小点が複数生じ，振動状態を通じて，極小点が変化することが考えられる．平衡状態の原子配置の変更は電子エネルギーの変更につながり，原子核の振動エネルギーが電子エネルギーと結び付く．これは動的 Jahn-Teller 効果と呼ばれる．静的，動的 Jahn-Teller 効果については，13-6 節で再び議論する．

　静的 Jahn-Teller 効果が本当に意味があるかどうかを判定することは，実際は簡単ではない．しかし，不完全な $3d$，$4f$ 副殻を持つ陽イオン化合物の結晶や錯体では，正八面体などの高対称配位多面体の対称性が低下し，電子エネルギー縮退が解けて，結果として，系全体のエネルギー低下が起こる可能性は認めねばならない．$(3d)^4$ 電子配置の Mn^{3+} イオンや $(3d)^9$ 電子配置の Cu^{2+} イオンの配位多面体が一軸方向に伸びた「歪んだ八面体」をなす事実は，静的 Jahn-Teller 効果の結果であろうとされる．一方，Jørgensen（1971）は，$4f$ 電子系の錯体・結晶では静的 Jahn-Teller 効果を積極的に支持する事実は乏しいと記している．静的 Jahn-Teller 効果は，電子エネルギーと原子・イオンの集合状態の対称性の低下が相互にからみあって，系のエネルギー最小化が実現する可能性を示唆している．現実の結晶・錯体の構造は，静的 Jahn-Teller 効果の可能性も含めて，電子エネルギーを含む系のエネルギーを最小にした結果であると考えるのが自然な理解である．現実の構造では，原子核配置の対称性は低下しており，Kramers の2重縮重準位を除き，電子エネルギーの縮退は解けていると考えると，(12-7) は，現実結晶の配置，$R_i = R_i(\text{obs})$，$(i = 1, 2, \cdots)$，において，

$$\frac{\partial \Phi}{\partial R_i} = \frac{\partial V_{nn}}{\partial R_i} + \frac{\partial E_e}{\partial R_i} = 0 \qquad (i = 1, 2, \cdots) \tag{12-8}$$

を満足していなければならない．物質系それ自身がこの「変分条件」を満足することを通じて，電子エネルギーが現実の結晶や錯体の構造に反映される．この観点からすれば，$LnO_{1.5}$ の格子エネルギーが，近似的に，格子定数の逆数（$1/a_0$，$1/\langle a_0 \rangle$）の一次式であり（図 10-5），同時に，Ln の原子番号（$4f$ 電子数）に対してプロットすると（図 10-6），上に凸な四組効果を示してもよい．

12-5　$4f$ 電子数と Ln-O 距離：どちらが本質的な説明変数か

　図 10-5 と図 10-6 の関係が同時に成立すると考える理由の第二は，二つの図の横軸変数の相違にある．図 10-5 横軸の格子定数の逆数（$1/a_0$，$1/\langle a_0 \rangle$）は，縦軸の格子エネルギーと同様に観測量である．$LnO_{1.5}(\text{cub})$ の場合は，第 10 章で述べたように，Ln-O 距離の逆数の一次式と考えても

よい．LnF_3 の場合からすれば，これは現実化合物の結晶構造のパラメーターから計算した静電格子エネルギーの一次式でもある．結晶構造パラメーターも観測量だから，これから計算した静電格子エネルギーも観測量に基づいている．観測量を使うことは(12-8)の変分条件を満足した結果を承認していることを意味する．一方，図 10-6 の横軸は，ランタニド(III)イオンの $4f$ 電子数であり，ランタニド(III)イオンの基底電子配置を特徴付ける基本パラメーターである．これは図 10-5 の横軸とは異なり，直接的観測量ではなく，$LnO_{1.5}$ の結晶構造を直接的に反映するパラメーターでもない．しかし，図 10-6 の $LnO_{1.5}$ の格子エネルギーには，$LnO_{1.5}(c)$ と $Ln^{3+}(g)$ で $(4f)^q$ 電子配置のエネルギーが異なることが四組効果として如実に現れている．

図 10-5 の結果から，$LnO_{1.5}$ の格子エネルギーは古典的点電荷モデルで計算した結果と整合的であると結論するのはよい．ただし，古典的点電荷モデルで $LnO_{1.5}$ の格子エネルギーは説明できると結論するのは早計である．それならば，同じデータを別の角度から見た図 10-6 の結果も「古典的点電荷モデル」で説明されねばならないからである．しかし，図 10-6 の「四組効果」を「古典的点電荷モデル」で直接的に説明することはできない．したがって，前節に述べた第一の理由からも，図 10-5 は，観測量の格子エネルギーと観測量の Ln-O 距離の逆数の相関関係を示していると理解するしかない．観測された Ln-O 距離の逆数を「説明変数」と呼ぶことはできるが，Ln-O 距離自体はやはり観測量であり，本質的にはより普遍的な立場から説明されるべき量である．二つの観測量に直線的相関があることをもって，一方の観測量がもう一つの観測量を「説明する」と単純に考えるのは誤りである．「古典的点電荷モデルで $LnO_{1.5}$ の格子エネルギーは説明できる」と考えてはいけない．「古典的点電荷モデル」では，本来イオンの内部構造（電子やスピン状態，核電荷）については何も議論できないからである．「古典的点電荷モデル」では，分光学や磁性に関する実験事実はまったく説明できない．この点については 15-5 節でやや詳しく再論する．

ランタニド(III)のイオン半径により，何ごともこれで「説明できる」と考える「研究者」が依然として多数存在するのは残念な現実である．$4f$ 電子数とイオン半径でどちらが本質的な説明変数になりうるかは自明であろう．第 10 章で述べたように，6 配位イオン半径は主として $LnO_{1.5}$ の原子間距離から決められているので，6 配位イオン半径にも四組効果が内在する．したがって，もし，「イオン半径が本質的な説明変数である」と考えるならば，イオン半径の四組効果をイオン半径それ自体で説明せねばならない自己矛盾に陥る．経験的・便宜的概念としてのイオン半径の価値は認めよう．しかし，ランタニド化合物のさまざまな諸物性の系列変化には，「イオン半径の経験的・便宜的概念」を超える $4f$ 電子系化合物のより本質的な特徴が反映されていると考えねばならない．

では，$LnO_{1.5}$ や LnF_3 の格子エネルギーが結晶構造に基づき計算した静電格子エネルギーと直線相関を示すこと自体は，どう理解したらよいのであろうか？ Wallace (1972) の電子論的描像と Born のイオン結晶モデルの対比を手掛かりに，この問題をもう少し考えてみよう．

12-6 非金属固体の電子論とイオン結晶モデル

Wallace (1972) は，非金属結晶一般に対して，次のような電子論的描像を与えている．非金

属結晶は,「イオン」と「価電子帯電子」から成ると考える.「イオン」とは,原子核とこれを取り囲む「芯の電子 (core electron)」で,これらの電子は一つの原子核の周りに局在し,原子核と一体となって「点電荷的なイオン」をなすと考える.「芯の電子」の波動関数は孤立原子のそれに等しいと考える.「芯の電子」以外の電子が非局在性をもつ「価電子帯」の「バンド電子」と考える.どれだけの電子を「バンド電子」と考えるかは任意性があってもよいとする.価電子帯は電子で満たされているが,その上の伝導帯には電子が存在しない.価電子帯と空の伝導帯はバンド・ギャップによりエネルギー的に隔てられていることが,非金属結晶一般の特徴である(図9-2A).このような見地からすると,断熱ポテンシャル曲面の最低点に対応する平衡位置に原子核があり,電子が基底状態にある時の結晶の全ポテンシャル・エネルギーは,

$$\Phi_0(R_{1e}, R_{2e}, \cdots) = \Omega^0_{\text{ion}}(R_{1e}, R_{2e}, \cdots) + E^0_G(R_{1e}, R_{2e}, \cdots) \tag{12-9}$$

となる.第1項はイオンの平衡配置 $(R_{1e}, R_{2e}, \cdots)$ のみによって定まり,E^0_G は「バンド電子」のポテンシャル・エネルギーである.前節 (12-7) の核-核相互作用のポテンシャル $V_{\text{nn}}(R_1, R_2, \cdots)$ と $E_e(R_1, R_2, \cdots)$ の和を,原子核の平衡配置で考えた場合に当たる.(12-8) に対応する平衡条件も成立する:

$$\left.\frac{\partial \Phi}{\partial R_i}\right|_{R_j=R_{je}, i \neq j} = \left.\frac{\partial \Omega_{\text{ion}}}{\partial R_i}\right|_{R_j=R_{je}, i \neq j} + \left.\frac{\partial E_G}{\partial R_i}\right|_{R_j=R_{je}, i \neq j} = 0 \tag{12-10}$$

(12-9) 右辺第1項の $\Omega^0_{\text{ion}}(R_e)$ は,「点電荷的なイオン」として扱い Coulomb 相互作用を考えて評価する.一方,$E^0_G(R_e)$ の評価はバンド計算にゆだねるとしている[1].

Wallace (1972) の描像に従えば,NaCl などのイオン性結晶では,価電子帯の軌道は陰イオンの原子軌道から,伝導帯は陽イオンの原子軌道から構成されており,通常は陰イオンの電子軌道は完全に満たされている.現実の NaCl 結晶の電荷分布では,Na と Cl の原子核近傍にすべての電子が球対称に局在しているわけではなく,隣り合う原子核の中間位置でも電荷分布は完全に 0 にはなっていない.隣り合う原子によって作られる「多中心的(分子,結晶)電子軌道」に属する電子も存在するからである.エネルギー的には陰イオンの電子軌道と呼んでもよいが,その空間分布は隣り合う原子間に拡がっているので,Cl^- イオンは $(3p)^6$ の満たされた1中心的電子配置に,また Na^+ イオンも1中心的な [Ne] の閉殻電子配置となっていると文字通りに考えるのは必ずしも正確ではない.しかし,Cl^- も Na^+ も共に1中心的閉殻電子配置にあると仮定し,Wallace (1972) の言う「イオン」に含めてしまえば,結局,「バンド電子」を考えない極限が「古典的点電荷イオン結晶モデル」になるであろう.

ただし,Wallace (1972) の $\Phi_0(R_e)$ では,相互に無限に離れた孤立中性原子の基底状態がポテンシャル・エネルギー 0 の基準に採用されているが,(10-15) の Born の格子エネルギーの場合は,孤立イオンの基底状態がポテンシャル・エネルギー 0 の基準である.このエネルギー基準の違いは補正して考えねばならない.Wallace (1972) の $\Phi_0(R_e)$ に負符号をつけたものを,$LnO_{1.5}(c)$ で考えれば,

$$LnO_{1.5}(c) = Ln(g) + (3/2)O(g) \tag{12-11}$$

---

[1] バンド計算の解説は和光 (1992) に詳しい.足立裕彦 (1991) は,固体結晶から切り出した「クラスター(大きな分子)」に DV-Xα 法を適用することで,固体の電子構造を計算している.Wallace (1972) の描像を,具体的計算にまで持ち込んだ結果として参考になる.

の内部エネルギー変化に当たる．一方，(10-15) の Born の格子エネルギーは，第 10 章で述べたように，

$$\text{LnO}_{1.5}(\text{c}) = \text{Ln}^{3+}(\text{g}) + (3/2)\text{O}^{2-}(\text{g}) \tag{10-2}$$

の内部エネルギー変化である．いずれも標準状態（298.15 K, 1 atm）における反応のエンタルピー変化に $-P\Delta V = -(5/2)RT$ の補正を加えたものを考えればよい．0 K ではないが，これが観測量に当たると考えても大きな問題は生じない（第 10 章）．相互に無限に離れた孤立中性原子の状態をエネルギー 0 の基準に考えるので，ポテンシャルの最小値である $\Phi_0(R_e)$ は負であるが，これを実験値に対応させれば，

$$-\Phi_0(R_e) \approx \Delta E_{\text{cohs.}}(\text{LnO}_{1.5})_{\text{exp}} = -\Delta H_f^0(\text{LnO}_{1.5}, \text{c}) + \Delta H_f^0(\text{Ln}, \text{g}) + (3/2)\Delta H_f^0(\text{O}, \text{g}) \tag{12-12}$$

となる．一般に，相互に無限に離れた孤立中性原子の状態をポテンシャル・エネルギー 0 の基準に考えた場合の固体の結合エネルギー（$\Delta E_{\text{cohs.}}$）は，凝集エネルギー（cohesive energy）と呼ばれる（Harrison, 1989）．一方，Born の格子エネルギーは，(10-14) から，

$$\Delta U_{\text{latt.}}(\text{LnO}_{1.5})_{\text{exp}} = -\Delta H_f^0(\text{LnO}_{1.5}, \text{c}) + \Delta H_f^0(\text{Ln}, \text{g}) + (3/2)\Delta H_f^0(\text{O}, \text{g}) \\ + \sum_{i=1}^{3} I_i(\text{Ln}) - (3/2)EA(\text{O}^{2-}, \text{g}) \tag{10-14}$$

である．したがって，凝集エネルギーと Born の格子エネルギーの違いは，

$$\text{Ln}(\text{g}) + (3/2)\text{O}(\text{g}) = \text{Ln}^{3+}(\text{g}) + (3/2)\text{O}^{2-}(\text{g}) \tag{12-13}$$

の原子をイオン化する際のエネルギー $\left\{\sum_{i=1}^{3} I_i(\text{Ln}) - (3/2)EA(\text{O}^{2-}, \text{g})\right\}$ だけであり，両者はエネルギー = 0 の基準の違いを補正すれば次のように，相互に変換できる．

$$\Delta E_{\text{cohs.}}(\text{LnO}_{1.5})_{\text{exp}} = \Delta U_{\text{latt.}}(\text{LnO}_{1.5})_{\text{exp}} - \left\{\sum_{i=1}^{3} I_i(\text{Ln}) - (3/2)EA(\text{O}^{2-}, \text{g})\right\} \tag{12-14}$$

NaCl 結晶の場合は，$\text{Na}(\text{g}) + \text{Cl}(\text{g}) = \text{Na}^+(\text{g}) + \text{Cl}^-(\text{g})$ に対する $I_1(\text{Na}) - EA(\text{Cl}^-, \text{g})$ が補正量である．凝集エネルギー，格子エネルギーの観測量は「考え方（モデル）の違い」とは無関係な現実を反映したものである．

Wallace (1972) の非金属結晶一般に対する描像からしても，イオン性結晶に対する Born の考え方はそれほどおかしくはない．足立裕彦 (1991) は NaCl 結晶から切り出される $(\text{Na}_{13}\text{Cl}_{14})^-$ クラスターが他の部分による静電 Madelung ポテンシャルのもとに置かれているとして，DV-Xα 法により電子に対する Schrödinger 方程式を解いている．この結果を参照しても，Born の考え方に大きな問題があるわけではない．Born のイオン性結晶モデルでは，結晶の格子定数は求められないし，「価電子帯」の電子構造も明らかにはできないが，イオン性結晶の格子エネルギーの値を観測値の格子定数を用いてそれなりに評価できる．この点に本質的問題があるのではない．

問題は，(12-9) で「芯の電子」に関する電子エネルギーが現れないことにある．これは，無限に離れた孤立中性原子の状態がポテンシャル・エネルギー 0 の基準に採用されていることに関係している．「芯の電子」の電子状態は孤立原子と同じであると仮定しているので，この種の電子については結晶と孤立原子状態間のエネルギー差は 0 で，(12-9) では相殺されて消えてしまっている．(10-15) の Born の格子エネルギーの場合も事情は同じである．結晶と孤立イオンでは，イオンの電子状態は変化しないと仮定しているため，電子状態の変化に起因するエネルギー差は現れない．しかし，ランタニドの四組効果の理解にはこの点が重要である．

内殻に局在する $4f$ 電子は空間的には拡がってはいないが，エネルギー的には価電子レベルに近い．これは核電荷が相対的に小さな軽希土類元素で特に重要である[2]．$4f$ 電子の特徴に起因するランタニド(III)化合物の問題を，Wallace (1972) あるいは Born 流の考え方から理解するため

には，内殻の 4f 電子であっても，結合状態と孤立イオン状態で電子エネルギーの差があること，結合状態が異なれば内殻の 4f 電子でも電子エネルギーに差があることを認めねばならない．これは第 7 章で述べた配位状態・結合状態の違いによる $(4f^q)$ の電子配置エネルギーの違いである：

$$\Delta E_2(q) \equiv E(4f^q)_{aq} - E(4f^q)_{org.}$$
$$= \Delta W_c + q \cdot \Delta W_0 + \frac{1}{2}q(q-1)\left(\Delta E^0 + \frac{9}{13}\Delta E^1\right) + n(S) \cdot \left(\frac{9}{13}\right)\Delta E^1 + m(L) \cdot \Delta E^3 + p(L, S, J) \cdot \Delta \zeta_{4f} \quad (7\text{-}14)$$

第 7 章の (7-15) では，$\Delta W_c = 0$ と近似したが，一般的には，(7-14) のように $\Delta W_c \neq 0$ とした方がよい．$\Delta E_2(q) \neq 0$ であることの重要性は，第 10, 11 章で述べて来た $LnO_{1.5}$, LnF_3 の格子エネルギー，$\{\Delta H_f^0(LnF_3) - \Delta H_f^0(LnO_{1.5})\}$ の系列変化や電子雲拡大効果から理解できると思う．実験データから評価した格子エネルギー（凝集エネルギー）には $\Delta E_2(q)$ が内在しているのである．

では，Born の格子エネルギーの式 (10-15) に 4f 電子エネルギーの差 $\Delta E_2(q)$ を加えれば，より現実的な格子エネルギーの式となるであろうか？ 答えは否である．物質系それ自身が (12-8)，(12-10) の「変分」を既に実行しているからである．Born のイオン性結晶モデルによる格子エネルギーの計算では，実際に実現している結晶構造のパラメーターを用いる．これら現実配置の構造パラメーターには，第一の理由から，$(4f^q)$ の電子配置エネルギーの差も既に反映されているはずである．したがって，(10-15) 式に $\Delta E_2(q)$ を陽に加えれば，$(4f^q)$ の電子配置エネルギーの差を余分に付け加えることになる．図 10-5 と図 10-6 の結果は，むしろ，$\Delta E_2(q)$ は現実配置の構造パラメーターに反映されており，この陰的関係により，Born の式 (10-15) にも $\Delta E_2(q)$ は間接的，近似的に考慮されていることを意味している．もちろん，両者が正確に一致すると主張しているのではない．どの程度正確に一致しているかを評価することは困難であるが，格子エネルギーの実験値を求める際のイオン化エネルギー実験値の誤差（〜20 kJ/mol）を指摘できる程度以上の一致はあるものと思われる．

10-5 節において，Gashurov and Sovers (1970) が，$\Phi(R_0) = -\Delta U_{latt.}(LnO_{1.5})_{calc.}$ の結晶ポテンシャル・エネルギーを最小化する原子座標パラメーター (u, x, y, z) は系列を通じて $(u = -0.0332, x = 0.3902, y = 0.1521, z = 0.3807)$ と一定であることを示したと紹介した．格子エネルギーは点電荷モデルによるもので，各原子座標パラメーターで偏微分した結果がいずれも 0 となる値を数値計算で求めている．しかし，格子定数による偏微分が 0 となることは条件に入っていない．原子座標パラメーター (u, x, y, z) のみならず格子定数も $\Phi(R_0) = -\Delta U_{latt.}(LnO_{1.5})_{calc.}$ を最小化するパラメーターとした場合，どこまで現実の格子エネルギーを再現できるかを調べれば，点電荷モデルと現実の対応性をもう少し定量的に議論できるであろう．Catti (1982), Busing and Matusi (1984), Lasaga and Gibbs (1987), Tsuneyuki, et al. (1988) などで議論されている結晶や鉱物の結晶構造（格子定数，原子座標パラメーター）のみならず弾性定数，IR・Raman スペクトル，熱力学量を再現するポテンシャル・パラメーターを決める問題ともつながる．しかし，Gashurov and Sovers (1970) 流の考え方を，3d, 4f の不完全副殻をもつ遷移金属元素やランタニドの化合物について押し進めたとしても，3d, 4f の不完全副殻の電子配置エネルギー（スピン変数も含めて）を表現する仕組みがモデル側に準備されていない限り「モデル」と「現実」が一致しないのは当然であ

---

2) このような状況は 4-8 節で少し紹介した 3d 電子の場合にもある程度当てはまる．

ろう．問題は不一致の程度がどのくらい小さいかである．
　我々は「現実」=「モデル」と置いて両者の一致の程度を数値で考える．

$$\Delta U_{\text{latt.}}(\text{LnO}_{1.5})_{\text{exp}} = \Delta U_{\text{latt.}}(\text{LnO}_{1.5})_{\text{calc.}} \tag{10-16}$$

のように「量子論的現実」=「古典論的モデル」となっていることも多い．右辺の「モデル」に少々の不備があっても，何らかの理由で，この不備が実験値との深刻な数値上の不一致として表面化しないこともある．この理由については，15-4，-5節で再論するが，この時，我々は「現実」=「モデル」と置いた等式で，「現実」と「モデル」を取り違えないように注意しなければならない．$\Delta U_{\text{latt.}}(\text{LnO}_{1.5})_{\text{calc.}}$で「現実構造の観測値」を使うことが，核電荷，電子，スピンに関係するエネルギーを議論できない「点電荷モデル」の不備を見かけ上取り繕っている．しかし，「点電荷モデル」の不備自体は明白で，このモデルではスペクトル線や磁性の特徴はまったく説明できない．

　類似の状況は多数ある．たとえば，Koopmansの定理から求めたイオン化エネルギーの値は，「手の込んだHartree-Fock方程式の解よりも，実験値とよく一致する場合がある（藤永，1980；8-2節）」．したがって，「Koopmansの定理は，イオン化エネルギーの近似値を与える」と言明される．しかし，「イオン化エネルギーは，Koopmansの定理で説明できる」とは決して言わない．Koopmansの定理が充分な論理的根拠を備えていないことは明白だからである．また，「原子核の液滴モデル」もそのような例である．核種の質量欠損のデータは「液滴モデル式」で統合され，核子の結合エネルギーのシステマティックスが理解される（Segre, 1980）．しかし，これは人間が創った「疑似原子核模型」にすぎず，これにより原子核のすべての特徴が定量的に理解できるわけではない．

　Ln(III)結晶の構造パラメーター，特に，Ln(III)イオン-配位子間距離と$4f$電子配置エネルギーが相互に連関することは，「$f \to f$遷移スペクトルの圧力誘起赤色変位と電子雲拡大効果」の問題として12-7節で議論し，12-8節ではLn_2O_3系列の熱膨張を例に考える．また15-4節では，水和Ln(III)イオン系列でもこの現実を議論する．

12-7　$f \to f$遷移スペクトルの圧力誘起赤色変位と電子雲拡大効果

　Ln(III)化合物の$f \to f$遷移スペクトルを高圧力下で測定すると，圧力が増加するにつれて，各スペクトル線は低波数側にシフトすることが明らかにされている（Tröster et al., 1993；Tröster and Holzapfel, 2002；Tröster, 2003）．図12-4はLaCl_3結晶に添加されたPr^{3+}イオンの20 Kにおける$^3H_4 \to {}^1D_2$遷移の線スペクトルの圧力依存性を示したものである．細かな結晶場分裂スペクトルを記録するには低温（20 K）での測定が必要である．この低温条件下で，LaCl：Pr^{3+}は10 GPa（100 kbar）近くまで加圧されている（Tröster, 2003）．結晶場分裂により$^3H_4 \to {}^1D_2$遷移線はいくつかのスペクトルに分裂している．しかし，どの遷移線も圧力増加とともに系統的に低波数側にシフトしていることがわかる．低波数側への変化は波長では長波長側への変化であり，可視光で言えば，スペクトル線がより赤色的になることを意味する．したがって，「$f \to f$遷移スペクトルは圧力誘起の赤色変位（red shift）を生じる」と比喩的に表現される．

　図12-4で破線で示されている$^1D_2$重心レベル（center of gravity, CG）を0とした場合，各$^1D_2$結

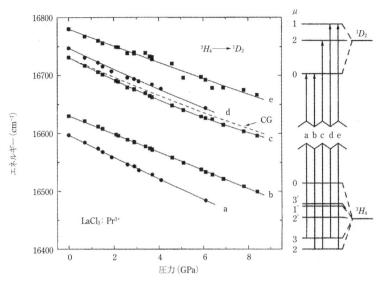

図 12-4 LaCl$_3$ 結晶に添加された Pr^{3+} イオンの 20 K における $^3H_4 \rightarrow {}^1D_2$ 遷移の線スペクトルの圧力依存性．Tröster (2003) による．スペクトル線とエネルギー準位の対応は，右端に a～e としてまとめてある．破線の CG は，励起レベル $^1D_2$ の重心のエネルギー値を表す．この場合のエネルギー＝0 の基準は，基底レベル $^3H_4$ の結晶場分裂の基底準位 $\mu=2$（右端のエネルギー準位を参照のこと）．

　晶場準位がどのように圧力と共に変化するかを示した結果が図 12-5 である．重心レベルに対する結晶場準位の分裂自体は圧力によってあまり大きくは変化していないことがわかる．したがって，図 12-4 の赤色変位は，結晶場分裂の変化ではなく，自由イオン・レベルの $^3H_4 \rightarrow {}^1D_2$ 遷移のエネルギーが圧力増大に伴って小さくなっていることを意味する．

　このような結果は，LaCl$_3$：Pr^{3+} のみならず他の Ln^{3+} や U^{3+} についても報告されている．表 12-2 はそれらをまとめた結果で，加圧による $f \rightarrow f$ 遷移スペクトルの平均シフト量をまとめている．$d\nu/dP$ の絶対値の大小関係は，Sm^{2+} を除いて考えれば，

$$U^{3+} \gg Pr^{3+} > Nd^{3+} > Sm^{3+} > Eu^{3+} \geq Tb^{3+} \geq Er^{3+} \tag{12-15}$$

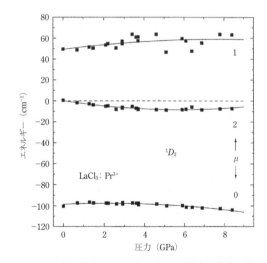

図 12-5 $^1D_2$ 重心レベルを 0 とした場合，各 $^1D_2$ 結晶場準位がどのように圧力と共に変化するかを示した結果．Tröster (2003) による．

である．U^{3+} での圧力誘起赤色シフトは Ln^{3+} に比べかなり大きく，Ln^{3+} では軽 Ln であるほどその赤色シフトは大きい．$5f$ と $4f$ 軌道電子の違い，有効核電荷の違いによる $4f$ 軌道電子の拡がりの違いと関連して興味深い．

　高圧下で Ln(III) 化合物の自由イオン・レベル $f \rightarrow f$ 遷移スペクトルが赤色シフトを示すこと

表 12-2 加圧による $f \to f$ 遷移スペクトルの平均シフト量. Tröster (2003) のまとめによる.

イオン	ホスト結晶	レベル遷移	ν_0 (cm^{-1}) (常圧値)	$(d\nu/dP)$ (cm^{-1}/GPa)	圧力範囲 (GPa)
Pr^{3+}	LaCl$_3$	$^3P_0 \to {}^3H_4$	20476.0	-22.9	0–8
	LaOCl	$^3P_0 \to {}^3H_4$	20267.8	-20.5	0–21
Nd^{3+}	LaCl$_3$	$^2D_{3/2} \to {}^4I_{9/2}$	21161.9	-11.2	0–8
Sm^{2+}	SrB$_4$O$_7$	$^5D_0 \to {}^7F_0$	14589.8	-5.4	0–20
	SrFCl	$^5D_0 \to {}^7F_0$	14486	-22.4	0–20
Sm^{3+}	Y$_3$Al$_5$O$_{12}$	Y_1	16189.1	-8.0	0–20
Eu^{3+}	EuPO$_4$	$^5D_0 \to {}^7F_0$	17274.0	-2.1	0–6
	Y$_3$Al$_5$O$_{12}$	$^5D_0 \to {}^7F_1$	16932	-5.7	0–7
Er^{3+}	LiNbO$_3$	$^4F_{9/2} \to {}^4I_{15/2}$	15143.7	-2.8	0–10
Tb^{3+}	Y$_3$Al$_5$O$_{12}$	$^5D_4 \to {}^7F_6$	20146	-3.5	0–8
U^{3+}	LaCl$_3$	$^2D_{3/2} \to {}^4I_{9/2}$	15822.6	-65.3	0–8

表 12-3 8 GPa まで加圧した場合の f 電子自由イオン・パラメーター (Slater 積分 $F^{2,4,6}$ とスピン・軌道相互作用パラメーター ζ) の相対変化量 (%). Tröster (2003) のまとめによる.

	LaCl$_3$：Nd^{3+}	NdCl$_3$	LaCl$_3$：Pr^{3+}	PrCl$_3$	LaCl$_3$：U^{3+}
$\Delta F^2/F^2$	$-0.7(1)$	$-0.7(1)$	$-1.1(1)$	$-2.0(4)$	$-6.6(8)$
$\Delta F^4/F^4$	$-0.3(2)$	$-0.4(2)$	$-0.8(2)$	$-0.2(15)$	$-5.3(14)$
$\Delta F^6/F^6$	$-0.4(1)$	$-0.3(1)$	$-0.9(2)$	$-3.9(17)$	$-3.2(19)$
$\Delta \zeta/\zeta$	$-0.4(1)$	$-0.3(1)$	$-0.4(1)$	$-0.5(1)$	$-1.0(7)$

は，高圧下では $4f$ 電子の自由イオン・パラメーター (F^2, F^4, F^6, ζ_{4f}) が減少すること，すなわち，加圧によって電子雲拡大効果が生じることを意味している．U^{3+} の場合は，Ln^{3+} に比べ大きな赤色シフトを示すが，これはもちろん $5f$ 電子の自由イオン・パラメーター (F^2, F^4, F^6, ζ_{5f}) の減少であり，$4f$ 電子のそれではない．

いくつかの場合で加圧による f 電子自由イオン・パラメーター (F^2, F^4, F^6, ζ_f) の相対的減少量が求められている（表 12-3）．このような高圧下の分光学的事実を「圧力誘起の電子雲拡大効果」と呼ぶことにし，図 12-2 に示した「Ln(III) 化合物系列での電子雲拡大効果」とは，とりあえず区別する．

表 12-3 における LaCl$_3$：Nd^{3+} の (F^2, F^4, F^6, ζ_{4f}) の相対的減少量は，図 12-2 に示した Racah パラメーターの相対変化 (ΔE^1) に対する比に直すことができる．「基礎事項」§12-9 で述べたように，(F^2, F^4, F^6) の Slater 積分は，Slater-Condon パラメーター (F_2, F_4, F_6) と次のような関係にあり，

$$F_2 = F^2/225, \quad F_4 = F^4/1089, \quad F_6 = F^6/7361.64 \tag{12-16}$$

さらに，Slater-Condon パラメーター (F_2, F_4, F_6) の以下の一次結合が Racah パラメーター (E^1, E^2, E^3) である．

$$E^1 = (70F_2 + 231F_4 + 2002F_6)/9,$$
$$E^2 = (F_2 - 3F_4 + 7F_6)/9, \qquad (12\text{-}17)$$
$$E^3 = (5F_2 + 6F_4 - 91F_6)/3$$

このような関係式と常圧下での $LaCl_3 : Nd^{3+}$ の $(F_2, F_4, F_6, \zeta_{4f})$ 値（Crosswhite et al., 1976；Caro et al., 1977）を用いると，

$$(\Delta E^3/\Delta E^1) = 0.19, \qquad (\Delta \zeta_{4f}/\Delta E^1) = 0.16 \qquad (12\text{-}18)$$

となる．図 12-2 の Nd(III) 化合物系列の電子雲拡大効果では

$$(\Delta E^3/\Delta E^1) = 0.23, \qquad (\Delta \zeta_{4f}/\Delta E^1) = 0.17 \qquad (12\text{-}19)$$

である．Nd(III) 化合物系列での電子雲拡大効果と $LaCl_3 : Nd^{3+}$ の圧力誘起による電子雲拡大効果では，$(\Delta E^3/\Delta E^1)$ と $(\Delta \zeta_{4f}/\Delta E^1)$ がほぼ等しい値となっていることがわかる．これは，Ln(III) 化合物系列の電子雲拡大効果と Ln^{3+} の圧力誘起による電子雲拡大効果が，共通のメカニズムによることを示唆する結果であろう．

　Tröster（2003）は，圧力誘起による電子雲拡大効果の原因について次のように記している．Ln(III) 化合物系列での電子雲拡大効果の原因は，12-2 節で触れた Newman（1973a, b）や Morrison（1980）の考え方を別にすると，次の二つのメカニズムが提起されている（Reisfeld and Jørgensen, 1977）．第一は，Ln^{3+} の中心イオンの $4f$ 電子軌道と配位子の電子軌道が混合するメカニズム（symmetry-restricted covalency mechanism, SRCM），第二は，Ln^{3+} の中心イオンに配位子から電子が移動することで中心イオンの有効核電荷が変化するメカニズム（central-field covalency mechanism, CFCM）である．Tröster（2003）の結論は，Ln^{3+} の圧力誘起による電子雲拡大効果の観測事実は，どちらかと言えば，SRCM の方が考えやすいとするものである．Ln(III) 化合物系列での電子雲拡大効果と Ln^{3+} の圧力誘起による電子雲拡大効果が共通のメカニズムによるかどうかはもう少し慎重な検討が必要であろうが，Tröster（2003）の結論は Ln(III) 化合物系列での電子雲拡大効果に対しても妥当な結論であるように筆者には思える．Ln(III) 化合物を加圧することは，結果として Ln^{3+} の中心イオンと配位子間の距離を短くするわけだから，これが Ln^{3+} の中心イオンの $4f$ 電子軌道と配位子の電子軌道との混合を促進することは考えやすい．

　$PrCl_3$ や $LnCl_3$（Ln＝La, Ce, Nd, Gd）に添加した Pr^{3+} イオンの $^3P_{0,1,2}$ のエネルギー・レベルが，結晶のホストイオンが Ln＝La → Gd と変化するに従って順次低下することは古くから知られている（Crosswhite et al., 1965；Jørgensen, 1971）．これもホスト結晶での Ln-Cl 距離の短縮が Pr-Cl 距離の短縮となり，これが Pr^{3+} イオンの $^3P_{0,1,2}$ のエネルギー・レベル低下に対応している現象である．Ln(III) 化合物系列での電子雲拡大効果が Ln^{3+} の圧力誘起による電子雲拡大効果と共通のメカニズムによるかどうかを考える点で，図 12-6 に示す Gregorian et al.（1989）の実験結果は重要である．Gregorian et al.（1989）は，$LaCl_3 : Pr^{3+}$ の $^3P_0$ のエネルギー・レベルの圧力依存性を測定し，同時に，La-Cl の配位多面体を TTP（tri-capped trigonal prism, 三冠付き三角柱）構造と考え，加圧下での La-Cl 距離を測定した．TTP 的構造では，図 13-1 に示すように，二種類の異なる陽イオン-陰イオン距離が考えられる．一つは三角柱の 6 個の頂点に位置する Cl と中心イオンを結ぶ距離（La-頂点 Cl 距離, apical distance, R_A）．もう一つは，三角柱の三つの面の中央部と中心イオン La を結ぶ方向に位置する Cl との距離（La-赤道面 Cl 距離, equatorial distance, R_E）の二つである．この二種類の La-Cl 距離は加圧により短縮し，いずれも $^3P_0$ のエネルギー・レベルの低下と線形相関を示すことがわかった．これが図 12-6 の左と右の図である．

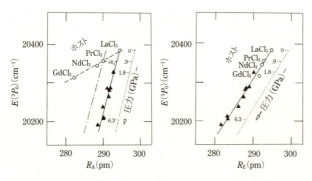

図 12-6 $LaCl_3 : Pr^{3+}$ の $^3P_0$ のエネルギーレベルの圧力依存性を測定し,同時に,La-Cl の配位多面体を TTP (tri-capped trigonal prism, 三冠付き三角柱) 構造と考え,加圧下での二種類の La-Cl 距離を測定した結果 (Gregorian et al., 1989). 左図の R_A は (La-頂点 Cl 距離). 右図の R_E は (La-赤道面 Cl 距離). 黒三角の点は加圧下の値. 白丸の点は異なるホストイオンでの大気圧下の値.

一方,$PrCl_3$ や $LnCl_3$ (Ln = La, Nd, Gd) に添加した Pr^{3+} イオンの常圧下での $^3P_0$ のエネルギー・レベルも,R_A, R_E と線形相関を示す.さらに,加圧した $LaCl_3 : Pr^{3+}$ 系での R_E に対する Pr^{3+} の $^3P_0$ エネルギー・レベルの線形相関は,常圧下での $PrCl_3$ や $LnCl_3 : Pr^{3+}$ (Ln = La, Nd, Gd) 系の R_E と Pr^{3+} イオンの $^3P_0$ エネルギー・レベルの相関関係とほぼ同一であることがわかった (図 12-6 の右図).しかし,R_A に対して $^3P_0$ のエネルギー・レベルをプロットすると,加圧した $LaCl_3 : Pr^{3+}$ 系と常圧下の $PrCl_3$ や $LnCl_3 : Pr^{3+}$ (Ln = La, Nd, Gd) 系の相関関係は相互に重ならず,両者は別の相関関係に見える (図 12-6 の左図).

図 12-6 の結果は次のことを示唆している.常圧下でホスト $LnCl_3$ 結晶が Ln = La → Gd となる際に Pr^{3+} イオン $^3P_0$ エネルギー・レベルが低下する現象は,加圧によって $LaCl_3 : Pr^{3+}$ の $^3P_0$ のエネルギー・レベルが低下する現象とほぼ同質のものである.いずれの場合も,La(Ln)-赤道面 Cl 距離 (R_E) の短縮が Pr^{3+} イオンの $^3P_0$ のエネルギーレベルの低下と対応している.添加 Pr^{3+} イオンの $^3P_0$ のエネルギー・レベル変化だけから見ると,ホスト結晶 $LnCl_3$ で Ln を La, Pr, Nd, Gd と順次変化させることは,結果として,ホスト結晶を $LaCl_3$ に固定してこれを加圧することとほぼ等価である.したがって,図 12-6 の実験事実も,Ln^{3+} の圧力誘起による電子雲拡大効果と Ln(III) 化合物系列での電子雲拡大効果が共通した原因によることを示唆している.

ただし,圧力誘起による電子雲拡大効果の重要性を理解するに当たって,次の点は誤解のないようにしておかねばならない.すなわち,ホスト $LnCl_3$ 結晶の Ln を La, Pr, Nd, Gd と順次変化させたり,$LaCl_3 : Pr^{3+}$ を加圧することで,「Pr-赤道面 Cl 距離 (R_E)」は短縮し,これと相関して Pr^{3+} の $^3P_0$ のエネルギー・レベルも低下するのは事実である.しかし,これは結果的な相関であって,Pr^{3+} の $^3P_0$ のエネルギー・レベル低下の直接的原因は「Pr-赤道面 Cl 距離」の短縮ではない.直接的原因は,自由イオン・パラメーター (F^2, F^4, F^6, ζ_f あるいは E^1, E^2, E^3, ζ_f) の減少によるエネルギー・レベル間隔の減少である.Tröster (2003) も述べているように,Ln^{3+} の中心イオンの $4f$ 電子軌道と配位子の電子軌道との混合メカニズム (SRCM) などによる $4f$ 電子の動径分布の変更を考える必要がある.筆者には,中心イオンから離れた位置における $4f$ 電子動径分布状況の変化が重要であるように思える.中心イオンの $4f$ 電子軌道と配位子電子軌道との混合増大が自由イオン・パラメーターの低下につながり,結果として,「Pr-赤道面 Cl 距離」の短縮との相関が生じていると考えるべきである.すなわち,与えられた条件のもとで系の自由エネルギー最小が実現する際には,Ln(III) イオン-配位子間距離も変更され,$4f$ 電子軌道と配位子の電子軌道との混合もわずかに変化し,Ln(III) の $4f$ 電子自由イオン・パラメーターもわずかに減少している.Ln(III) イオン-配位子間距離が短縮されたから自由イオン・パラメーターが減少

したと短絡して理解するのは誤りである.

　圧力誘起による電子雲拡大効果は，Ln(III) の 4f 電子自由イオン・パラメーターが Ln(III) イオン-配位子間距離と正相関して減少することを直接的に示している．これはまさに 12-3〜-6 節で議論した内容であり，Ln(III) イオンと配位子がつくる配位多面体の幾何学的パラメーターと自由イオン・パラメーターが相関して変化することの証拠である．自由イオン・パラメーターの変化が 4f 電子配置エネルギー変化につながるわけだから，Ln(III) イオンと配位子の距離が 4f 電子配置エネルギー変化と相関するのも当然のこととなる．Ln(III) イオン-配位子間距離が事実上無限大となった Ln(III) 自由イオン・ガスに比べ，Ln(III) 化合物の (E^1, E^2, E^3, ζ_f) が小さな値を持つことにも対応する.

　図 10-5 と図 10-6 の結果が相互矛盾ではなく両立する事実である背後には，系の自由エネルギー最小化の過程で Ln(III) イオンと配位子の距離と 4f 電子自由イオン・パラメーターが相関して変化する現実がある．この現実は実験的に記述されるものの，この実験結果の理論的導出には成功していない．SRCM の考え方も含めてまだ定性的議論の段階にあると理解すべきだろう.

12-8　熱膨張による Racah パラメーターの増大：LnO$_{1.5}$ 系列の場合

　圧力誘起の電子雲拡大効果は，低温（20 K）・高圧（〜8 GPa）下での Ln(III) 化合物の分光学的研究から明らかになった．Ln(III) の 4f 電子自由イオン・パラメーター (E^1, E^2, E^3, ζ_{4f}) は，Ln(III)-配位子間距離の短縮と相関して減少する．高圧下の圧縮は原子間距離の短縮となるが，これと反対の状況は，大気圧下での Ln(III) 化合物の熱膨張が考えられる．熱膨張により原子間距離は増大するので，Racah パラメーターは温度とともに増加するのではないか？　筆者ら（川邊・平原，2009）は，Ln$_2$O$_3$ 系列の定圧熱容量 C_P の温度積分として得られるエンタルピー変化に RSPET 式を応用することで，熱膨張によって Ln$_2$O$_3$ 系列の Racah パラメーターが増大することを確認した.

12-8-1　固体の熱膨張における"電子的"部分の寄与

　固体の熱膨張については，従来より，Grüneisen の理論（Born and Huang, 1954 ; Ziman, 1972）がよく知られている．しかし，この考え方を，通常の形で Ln$_2$O$_3$ 系列に用いても，実験データが示す系列変化を完全には再現しない．その理由は簡単で，通常の Grüneisen の理論式には，熱膨張に伴う Ln(III) イオンの開殻電子配置エネルギー変化を与える項はないからである．この Ln(III) イオンの開殻電子配置エネルギー変化は，温度上昇に伴い Racah パラメーターが増加するとして RSPET 式で表現できることがわかった．なお，外部加熱に伴い，そのエネルギーの一部は (4f^q) 配置の基底 J レベルから励起 J レベルへの熱的遷移にも分配されるので，C_P の実験データを扱う際には，この点にも配慮が必要である.

　これらは，いずれも，固体の熱力学的諸量における"電子的"部分の寄与の問題である．統計力学のテキストである Landau and Lifshitz (1980) は，この点について繰り返し注意を記している．彼らは，原子の振動による部分，すなわち，"格子的"部分と，"電子的"部分の和が，本来

の固体の熱力学的諸量を表すと述べ，金属では両者を考えて議論するが，通常の固体（絶縁体）では，"格子的"部分のみで議論すると断っている．Ln_2O_3 は金属ではなく絶縁体である．しかし，不完全に充塡された $(4f^q)$ 電子配置をもつ Ln_2O_3 では，"電子的"部分の寄与は，少なくとも以下で説明するように，二重の意味で無視できない．

さらに，Ln_2O_3 系列が同質同形系列ではなく，La～Nd では hexagonal 晶系（A-type）が，Sm～Lu では cubic 晶系（C-type）が，安定相である．RSPET 式で系列変化を考える場合は，この系列内構造変化にも注意が必要となる．

12-8-2　$LnO_{1.5}$ 系列の定圧モル熱容量 C_P とエンタルピー変化

二つの異なる温度 T_1 と T_2 での Ln_2O_3 のエンタルピー（H）の差は，大気圧下で実験的に決められた Ln_2O_3 の定圧モル熱容量（C_P）を T_1 から T_2 まで温度積分した結果だから，

$$\Delta H(T_2/T_1) \equiv H(T_2) - H(T_1) = \int_{T_1}^{T_2} C_P dT \tag{12-20}$$

である．Robie et al.（1979）は，温度 T（≥298.15 K）での Ln_2O_3 の大気圧下の C_P 実験値を，係数 a_j（$j=1, 2, 3, 4$）を用いて，以下の T の級数で表現している．

$$C_P(T) = a_1 + a_2 T + a_3 T^{-2} + a_4 T^{-1/2} \tag{12-21}$$

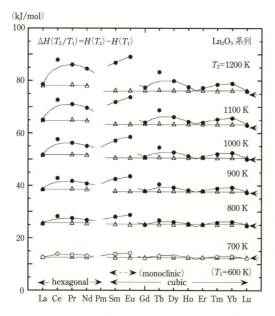

図 12-7　Ln_2O_3 に対する $T_1=600$ K, $T_2=700\sim1200$ K での $\Delta H(T_2/T_1)$ の値（黒または白丸）．定圧モル熱容量の値は Robie et al (1979) による．Ln_2O_3 の結晶系は，La～Nd は hexagonal 晶系（A-type），Sm～Lu は cubic 晶系（C-type）．右端の矢印は古典論の値 $3nR(T_2-T_1)$ を示す．n は Ln_2O_3 の全原子数で $n=5$．三角の点は，(12-26)式に基づく Debye-Grüneisen 式の古典論値で，Taylor（1984）による熱膨張データを使用し，Grüneisen 定数は，γ(hex)=1.75, γ(cub)=1.25 として計算している．

Robie et al.（1979）による $C_P(T)$ の実験式を用いて，$T_1=600$ K と固定し，$T_2=700\sim1200$ K と 100 K ごとに $\Delta H(T_2/T_1) \equiv H(T_2)-H(T_1)$ を求めた．その結果が，図 12-7 である．この図の結果は大変興味深い．しかし，これを考えるには以下の諸点をあらかじめ理解しておく必要がある．

C_P と C_V（定積モル熱容量）の関係は以下の熱力学関係式で与えられる．

$$C_P = C_V + \alpha^2 K_T TV = C_V(1+\alpha\gamma\cdot T) \tag{12-22}$$

ここで，α, K_T, V は，それぞれ，Ln_2O_3 の体積膨張係数，等温体積弾性率，モル体積である．γ は Ln_2O_3 に対するグリュナイゼン定数（Grüneisen constant）で，

$$\gamma \equiv \alpha K_T V / C_V \tag{12-23}$$

で与えられる．Debye-Grüneisen 理論（Born and Huang, 1954; Ziman, 1972）からすると，Grüneisen 定数は，温度に依存しない無次元の定数で，通常の固体では 1～2 前後の値を取る．Debye 理論での高温近似式を使うと，(12-22) の右辺は次のように表現できる．

$$C_P = C_V(1 + \alpha\gamma \cdot T) = 3nR\left[1 - \frac{1}{20}\left(\frac{\Theta}{T}\right)^2 + \frac{1}{560}\left(\frac{\Theta}{T}\right)^4 - \cdots\right]\cdot(1 + \alpha\gamma \cdot T) \tag{12-24}$$

n は単位の化学式 Ln_2O_3 に含まれる原子数で $n=5$ である．R は気体定数，Θ は Ln_2O_3 の Debye 特性温度である．$\Theta(Ln_2O_3) < 600$ K だから $\Theta(Ln_2O_3) < T_1 (= 600 \text{ K}) < T_2$ であり，(12-24) の右辺は，さらに簡単になり，

$$C_P \approx 3nR(1 + \alpha\gamma \cdot T) \tag{12-25}$$

とできる．$T_1 = 600$ K とした理由は，(12-25) の単純式を利用するためである．したがって，(12-25) を使うことで，(12-20) の右辺は，

$$\Delta H(T_2/T_1) \approx 3nR(T_2 - T_1) + 3nR \cdot \gamma \cdot \int_{T_1}^{T_2}(\alpha \cdot T)\mathrm{d}T \tag{12-26}$$

と近似できる．第1項の $3nR(T_2 - T_1)$ は，調和振動子集合体としての格子振動の古典論的熱エネルギーの差であり，第2項は非調和項の熱エネルギーの差を表す．図 12-7 の右端に記す矢印は第1項の $3nR(T_2 - T_1)$ を示す．また，白三角の点は非調和項も含めた (12-26) 右辺全体の計算値を示している．非調和項の寄与は，Ln_2O_3 の熱膨張の実験値 (Taylor, 1984；図 12-11A にその一部を示す) と $\gamma(\text{hex})=1.75$，$\gamma(\text{cub})=1.25$ を用いて求めた．γ の値は (12-23) から筆者が推定した結果である．

図 12-7 のプロットは大変興味深い．白三角の点，すなわち，非調和項も含めた (12-26) 右辺全体の古典論値は，水平線的並びとなり，系列変化を示さない．ただし，La～Nd の hexagonal 晶系と Sm～Lu の cubic 晶系では小さなステップ状変化が認められる．(12-26) の値である白三角の点は，大部分の Ln_2O_3 で実験値とは合致せず，実験値よりやや低い値である．一方，実験値の方は部分的ではあれ，「上に凸な四組様」の系列変化を示唆している．しかし，La_2O_3，Gd_2O_3，Lu_2O_3 の実験値は，白三角の点（古典論の値）とほぼ一致している．これは Ho_2O_3，Er_2O_3 の場合にも当てはまる．La_2O_3 と Lu_2O_3 での Ln^{3+} の ($4f^q$) 電子配置は，$q=0$ と $q=14$ の閉殻で，これがポイントとなる．(12-26) 右辺全体の古典論値では，"電子的" 部分の寄与が無視された形になっている．しかし，この表現は閉殻電子配置を持つ La_2O_3 と Lu_2O_3 に対しては意味のある表現である．

では，Gd^{3+} が $q=7$ の開殻電子配置を持つ Gd_2O_3 はどうなのか？　図 3-5 の Dieke ダイアグラム (3-5 節) を参照すると，Gd^{3+} の基底 J レベル ($^8S_{7/2}$) より約 $32 \times 10^3 \text{cm}^{-1}$ の位置に第一励起項の J レベル ($^6P_{7/2}$) がある．$T\text{K} \rightarrow 0.695T \text{ cm}^{-1}$ と換算されるので，1200 K でも 834 cm^{-1} にしかならない．ゆえに Gd^{3+} の第一励起項 J レベルへの熱的励起は不可能である．Gd_2O_3 も，事実上，閉殻電子配置を持つ La_2O_3 と Lu_2O_3 と同様に考えてよい．このように Dieke ダイアグラムを理解するなら，Ce～Eu，Tb では，基底レベルと第一励起レベルの隔たりは 2000 cm^{-1} 以下であるのに対し，Dy～Yb では 3000～10000 cm^{-1} 程度に達する．これは次のことを意味する．Ce～Eu，Tb では，たかだか 1200 K の温度であっても，基底 J レベルから励起 J レベルへの熱的励起は無視できない．特に，基底 J レベルと励起 J レベルの隔たりが 1000 cm^{-1} 以下である Eu と Sm では，この熱的励起は重要である．一方，Dy～Yb ではこの種の J レベルの熱的励起はそれほど大きくはない．Ho_2O_3，Er_2O_3 の場合にも当てはまる．

以上のように，図 12-7 の $\Delta H(T_2/T_1)$ の実験値は，少なくとも，

(1) 基底 J レベルから励起 J レベルへの熱的励起

(2) La~Nd の hexagonal 晶系/Sm~Lu の cubic 晶系の系列内構造変化

に起因する系列変化を含んでいることがわかる．$\Delta H(T_2/T_1)$ の実験値は，部分的ではあれ，「上に凸な四組様」の系列変化を暗示しているが，系列変化はかなり不規則である．この不規則さは (1) と (2) に由来することが考えられるので，まず，これらの寄与を $\Delta H(T_2/T_1)$ から分離してみる．

12-8-3　$\Delta H(T_2/T_1)$ 系列変化の不規則成分の分離

上記の (1) については，Dieke ダイアグラム（3-5 節，図 3-5）での基底項の J レベル準位の値（Carnall et al., 1968a, b, c, d and 1989）を用いて評価する．$(4f^q)$ 配置の J レベル分裂準位を Ln^{3+} の 4f 電子についての内部自由度として，カノニカル分布の考え方から分離して考えると，$(4f^q)$ 配置の基底 J レベルから励起 J レベルへの熱的遷移の内部エネルギーへの寄与は，エンタルピーへの寄与に等しく，次式で与えられる（Mayer and Mayer, 1940; Landau and Lifshitz, 1980），

$$H_i(T) = \frac{RT}{Q_i}\sum_J (2J+1)\frac{\varepsilon_J}{kT}\cdot\exp\left(-\frac{\varepsilon_J}{kT}\right) \tag{12-27-1}$$

$$Q_i = \sum_J (2J+1)\cdot\exp\left(-\frac{\varepsilon_J}{kT}\right) \tag{12-27-2}$$

J は多重項レベルの量子数，ε_J はそのレベル・エネルギーで，基底レベルをエネルギー＝0 の基準として定めた量子数 J の各励起レベル・エネルギーを表す．$(2J+1)$ は各レベルの縮退度で，Q_i は 4f 電子の多重項レベル・エネルギー準位に関する分配関数である，J に関する和は，多重項の全レベルについての和を意味するが，実際は基底項の全 J レベルについての和で評価する．

ΔH_i に関する議論は，ΔS_i と共に 13-8 節で再論するので，参照されたい．(12-27-1) の $H_i(T)$ は 1 モルの Ln^{3+} に対する値である．ここでは $H(T, Ln_2O_3)$ を考えているので，(12-27-1) の $H_i(T)$ を 2 倍した結果を $H(T, Ln_2O_3)$ から分離する必要がある．図 12-8 は，J レベル分裂のスペクトル・データ（Carnall et al., 1968 a, b, c, d and 1989）を用いて，(12-27-1) により，

$$2\Delta H_i(T_2/T_1) \equiv 2\{H_i(T_2) - H_i(T_1)\} \tag{12-28}$$

の値を求めた結果である．$2\Delta H_i(T_2/T_1)$ は，Ln_2O_3 が $T_1 \to T_2$ の準静的な昇温過程を経る際に，4f 電子の J レベル準位の励起に分配される熱エネルギーを表す．この熱エネルギーは実験結果には当然含まれているが，(12-26) 右辺の古典論の式にはこれを説明する項はない．

一方，(2) の系列内構造変化について

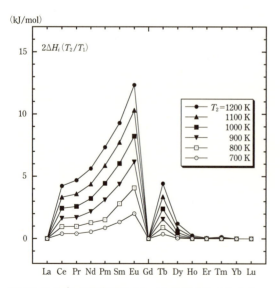

図 12-8　Ln^{3+} の基底項の J レベル分裂のスペクトル・データと (12-27-1) の H_i から求めた $2\Delta H_i(T_2/T_1)$ の値．$T_1 = 600$ K，$T_2 = 700 \sim 1200$ K．$2\Delta H_i(T_2/T_1)$ は，Ln_2O_3 が $T_1 \to T_2$ の準静的加熱過程を経る際に，4f 電子の J レベル準位の励起的に分配される熱エネルギーを表す．

は，図 12-7 の $\Delta H(T_2/T_1)$ で $T_2 = 1200$ K の場合を見るとわかりやすい．La～Nd の hexagonal 晶系と Sm～Lu の cubic 晶系の非調和熱エネルギーの差は，(12-26) の第 2 項の差であるから，図 12-7 では白三角の点の並びが示す両系列での不一致がこれに当たる．$T_2 = 1200$ K の場合，hexagonal 晶系の $\Delta H(T_2/T_1)$ は cubic 晶系に対し，一律に約 2.0 kJ/mol だけ大きいことがわかる．$T_2 < 1200$ K では，2.0 kJ/mol より小さい差である．この系列内構造変化に付随する $\Delta H(T_2/T_1)$ の変化は，直接的には $\alpha(\text{hex}) > \alpha(\text{cub})$ で，$\gamma(\text{hex}) = 1.75 > \gamma(\text{cub}) = 1.25$ であることによる．これは，(12-26) の第 2 項の差であり，

$$\Delta H_{h/c}(T_2/T_1) \approx 3nR \cdot \left\{ \gamma(\text{hex}) \cdot \int_{T_1}^{T_2} \alpha(\text{hex}) T dT - \gamma(\text{cub}) \cdot \int_{T_1}^{T_2} \alpha(\text{cub}) T dT \right\} \tag{12-29}$$

である．白三角の点の並びが示す不一致は各 T_2 で評価でき，(12-29) の値を知ることができる．hexagonal 晶系の Ln_2O_3 ($Ln = La \sim Nd$) の $\Delta H(T_2/T_1)$ 値を cubic 晶系の値と見なすためには，$\Delta H(T_2/T_1)$ の値から (12-29) 右辺の値を差し引く必要がある．

以上の二種類の補正量を $\Delta H(T_2/T_1)$ から差し引けば，J レベルの熱的励起エネルギーを除いた Ln_2O_3(cub) 系列全体の $\Delta H(T_2/T_1)$ の値が得られる．その結果を図 12-9 に示す．補正された $\Delta H(T_2/T_1)$ の値には，不規則な系列変化はほとんど残っていない．また，「上に凸な四組効果」を示す滑らかな系列変化が認められる．白丸または黒丸の点は，図 12-10 に示す RSPET 式を用いた回帰式に従う値を示す．大部分の Ln_2O_3 では，実際の $\Delta H(T_2/T_1)$ を補正して得た値は回帰式とよく一致するが，Ce_2O_3，Sm_2O_3，Eu_2O_3 のデータは補正後も回帰式からの小さな変位が残る．白三角印の点が，この三者に対する $\Delta H(T_2/T_1)$ を補正した実際の値を表す．これらの小さな変位は，i) C_P のデータ自体が含む実験誤差，ii) 補正量 $2\Delta H_i(T_2/T_1) \equiv 2\{H_i(T_2) - H_i(T_1)\}$ が含む誤差，から考察できるが，細かな議論となり，大局を見失うことになりかねないので，ここでは行わない．ここでは，Ce_2O_3，Sm_2O_3，Eu_2O_3 の補正後の値としては，回帰式が与える値を採用する．

図 12-9 に示す J レベルの熱的励起エネルギーを除いた Ln_2O_3(cub) 系列の $\Delta H(T_2/T_1)$ を，以後，$\Delta H(T_2/T_1)_C$ と記すことにする．$\Delta H(T_2/T_1)_C$ は T_2 の増大で，より明瞭な「上に凸な四組効果」を示す．$T_2 > T_1$ だから，Ln(III)-O 距離は T_2 の場合の方が大きく，これに対応して Racah パラメーター (E^1, E^3) も T_2 の場合の方が T_1 の場合より大きいならば，図 12-10 に見るように「上に凸な四組効果」は，RSPET 式で表現できることになる．

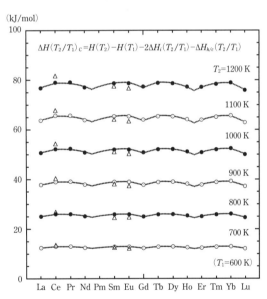

図 12-9 図 12-7 に示した $\Delta H(T_2/T_1)$ の値から，(12-27-1) の 2 倍に当たる $2\Delta H_i(T_2/T_1)$ と，(12-29) の構造変化分を差し引いた $\Delta H(T_2/T_1)_C$．不規則系列変化は消え，「上に凸な四組効果」を示す滑らかな系列変化が得られる．曲線でつなげた白丸または黒丸の点は，図 12-10 に示す RSPET 式を用いた回帰式に従うデータ点を示す．大部分の Ln_2O_3 では，実際の $\Delta H(T_2/T_1)$ を補正した値は回帰式とよく一致するが，補正後の Ce_2O_3，Sm_2O_3，Eu_2O_3 のデータには回帰式からの小さな偏差が残る．この三つの Ln_2O_3 に対する白三角印の点は，$\Delta H(T_2/T_1)$ を補正した実際の値を表す．

また，温度変化に伴う Racah パラメーター (E^1, E^3) の増大も定量的に知ることができる．これを次に確認する．

12-8-4　RSPET 式で表現できる $\Delta H(T_2/T_1)_\mathrm{C}$ の系列変化

図 12-9 に示した $\Delta H(T_2/T_1)_\mathrm{C}$ は，次式の意味を持つ：
$$\Delta H(T_2/T_1)_\mathrm{C} = \Delta H(T_2/T_1)_{\exp} - 2\Delta H_i(T_2/T_1) - \Delta H_{\mathrm{h/c}}(T_2/T_1) \tag{12-30}$$
これは $\mathrm{Ln_2O_3(cub)}$ 系列の各メンバーについて成立する．これまで，C_P の温度積分値を $\Delta H(T_2/T_1)$ と記して来たが，今後は，実験値 C_P に基づくとの意味から，
$$\Delta H(T_2/T_1) \equiv \Delta H(T_2/T_1)_{\exp} \tag{12-31}$$
と "exp" を付して，$\Delta H(T_2/T_1)_\mathrm{C}$ との混同を避けることにする．$\mathrm{Ln_2O_3(hex)}$ のデータを $\mathrm{Ln_2O_3(cub)}$ の値に読み替えるための補正項 $\Delta H_{\mathrm{h/c}}(T_2/T_1)$ (12-29) は，$\Delta H(T_2/T_1)_{\exp}$ の値が hexagonal 相の $\mathrm{La_2O_3}$〜$\mathrm{Nd_2O_3}$ である場合にのみ意味を持ち，cubic 相の $\mathrm{Sm_2O_3}$〜$\mathrm{Lu_2O_3}$ では不要である．

$\mathrm{Ln_2O_3}$ の $\mathrm{Ln^{3+}}$ における J レベル励起熱エネルギー $2\Delta H_i(T_2/T_1)$ (12-28) は，図 12-8 の計算結果からわかるように，$\mathrm{La_2O_3}$, $\mathrm{Gd_2O_3}$, $\mathrm{Ho_2O_3}$, $\mathrm{Er_2O_3}$〜$\mathrm{Lu_2O_3}$ では，$2\Delta H_i(T_2/T_1) \approx 0$ と考えてよい．閉殻 $4f$ 電子配置を持つ $\mathrm{La_2O_3}$, $\mathrm{Lu_2O_3}$ と同様に，$\mathrm{Gd_2O_3}$ でも $2\Delta H_i(T_2/T_1) \approx 0$ であり，これは $\mathrm{Ho_2O_3}$, $\mathrm{Er_2O_3}$ を含む重 $\mathrm{Ln_2O_3}$ でも成立している．したがって，$2\Delta H_i(T_2/T_1) \approx 0$ である $\mathrm{La_2O_3}$, $\mathrm{Gd_2O_3}$, $\mathrm{Ho_2O_3}$, $\mathrm{Er_2O_3}$, $\mathrm{Lu_2O_3}$ では，電子項を無視した (12-26) の古典論の値

$$\Delta H(T_2/T_1)_{\exp} \approx 3nR(T_2 - T_1) + 3nR \cdot \gamma \cdot \int_{T_1}^{T_2} (\alpha \cdot T) \mathrm{d}T \tag{12-26}$$

は，現実のエンタルピー変化 $\Delta H(T_2/T_1)_{\exp}$ にほぼ対応する．しかし，$2\Delta H_i(T_2/T_1) \approx 0$ とできる $\mathrm{Tm_2O_3}$, $\mathrm{Yb_2O_3}$ の場合では，(12-26) の古典論の値は明らかに現実の値 $\Delta H(T_2/T_1)_{\exp}$ と一致しない (図 12-7)．この事実は，"$4f$ 電子項"の問題は $\mathrm{Ln^{3+}}$ における $4f$ 電子準位 J レベルでの励起熱エネルギーを分離するだけでは解決しないことを意味する．すなわち，"$4f$ 電子項"の問題には，少なくとも，以下に述べるように，"もう一つ意味"があることになる．

既に指摘したが，$\mathrm{Ln^{3+}}$ イオンの基底項 J レベル分裂の自由度を，カノニカル分布の考え方に従い分離し，(12-28) で評価しているので，$\Delta H_i(T_2/T_1) = \Delta U_i(T_2/T_1)$ である．この項は体積変化に無関係で，温度変化のみによる．したがって，図 12-9 の $\Delta H(T_2/T_1)_\mathrm{C}$ 系列変化に残る "$4f$ 電子項"の問題は，体積変化に伴う "$4f$ 電子項"エネルギーの差の問題が関わっている．RSPET 式では，Racah パラメーターなどの変化として，この "$4f$ 電子項"エネルギー変化を表現できる．RSPET により，$\mathrm{Ln^{3+}}$ イオンの $(4f^q)$ 電子配置エネルギー自体を，

$$E(4f^q) = q \cdot W_0 + \frac{1}{2} q(q-1) \left(E^0 + \frac{9}{13} E^1 \right) + \frac{9}{13} n(S) E^1 + m(L) E^3 \tag{12-32}$$

として，$\mathrm{Ln_2O_3(cub)}$ が $T_1 \to T_2$ の温度変化する際の体積変化に関わる "$4f$ 電子項"エネルギー変化を考える．(12-32) には，スピン・軌道相互作用によるエネルギー分裂での安定化エネルギー項はない．この種のエネルギー分裂は (12-28) の $\Delta H_i(T_2/T_1)$ で考慮されており，これを分離して得た $\Delta H(T_2/T_1)_\mathrm{C}$ を問題にするのだから，スピン・軌道相互作用によるエネルギー分裂に関する項は，(12-32) に残っていてはならない．"$4f$ 電子の項エネルギー分裂"までを考える理由である．

したがって，Ln_2O_3(cub) が大気圧下で $T_1 \to T_2$ の準静的温度変化する際に，体積変化が関わる"$4f$ 電子項"のエネルギー変化は，(12-32)から，

$$\Delta E(4f^q; T_2/T_1) \equiv E(4f^q; T_2) - E(4f^q; T_1)$$
$$= q \cdot \Delta W_0 + \frac{1}{2} q(q-1)\left(\Delta E^0 + \frac{9}{13}\Delta E^1\right) + \frac{9}{13} n(S)\Delta E^1 + m(L)\Delta E^3 \quad (12\text{-}33)$$

と表現できる．ΔW_0，ΔE^0，ΔE^1，ΔE^3，は，この過程での $4f$ 電子の 1 電子エネルギー変化，Racah パラメーターの変化を表す．$T_1 \to T_2$ の温度変化と体積変化（ΔV）は，ΔW_0，ΔE^0，ΔE^1，ΔE^3 を用いて表現されていると考える．したがって，(12-33)は，これまでの RSPET 式で使用した表現を用いて，

$$\Delta E(4f^q; T_2/T_1) \equiv E(4f^q; T_2) - E(4f^q; T_1)$$
$$= A + (a+b)q \cdot Z^* + \frac{9}{13} n(S) \cdot C_1 Z^* + m(L) \cdot C_3 Z^* \quad (12\text{-}34)$$

とできる．A，a，b は配置平均エネルギー変化に関係するパラメーターであるが，この場合は，T_1 と T_2 が与えられて決まる配置平均エネルギーに関係する定数との意味を持つ．Z^* は，これまで通り，$4f$ 電子が感じる有効核電荷であり，q を Ln(III) イオンの $4f$ 電子数として，$Z^* = q + 25$ である．ΔE^1，ΔE^3 も，これまで通り，有効核電荷と定数係数（C_1, C_3）を用いて，

$$\Delta E^1 = C_1(q+25), \quad \Delta E^3 = C_3(q+25) \quad (12\text{-}35)$$

であるが，この場合の C_1，C_3 も，A，a，b と同様に，T_1 と T_2 が与えられて決まる定数と理解し，これらは，体積変化が関わる"$4f$ 電子項"エネルギーを表すと考える．

RSPET 式(12-34)は，どのような形で，(12-30)の $\Delta H(T_2/T_1)_C$ または $\Delta H(T_2/T_1)_{exp}$ に結び付くのだろうか？ 閉殻 $4f$ 電子配置の La_2O_3 と Lu_2O_3 の場合を考える．閉殻 $4f$ 電子配置だから，$2\Delta H_i(T_2/T_1) = 0$ であり，(12-30)は

La_2O_3 : $\Delta H(T_2/T_1)_C = \Delta H(T_2/T_1)_{exp} - \Delta H_{h/c}(T_2/T_1)$
Lu_2O_3 : $\Delta H(T_2/T_1)_C = \Delta H(T_2/T_1)_{exp}$

となり，$\Delta H(T_2/T_1)_{exp}$ は (12-26) の古典論の値が対応する．一方，(12-34)では，La_2O_3 と Lu_2O_3 はともに $n(S) = 0$，$m(L) = 0$ なので，$A + (a+b)qZ^*$ の定数項が残り，

$La_2O_3 (q=0)$ ：$\Delta E(4f^0; T_2/T_1) = A$
$Lu_2O_3 (q=14)$ ：$\Delta E(4f^{14}; T_2/T_1) = A + (a+b) \times 14 \times 39$

である．$A + (a+b)qZ^*$ の定数項が，(12-26)の古典論の値を吸収すると考えれば，

$$\Delta H(T_2/T_1)_C = \Delta E(4f^q; T_2/T_1)$$
$$= A + (a+b)qZ^* + \frac{9}{13} n(S) C_1 Z^* + m(L) C_3 Z^* \quad (12\text{-}36)$$

と置くことができる．RSPET 式での A，a，b の本来の意味は，配置平均エネルギー変化を記述するパラメーターであるが，(12-36)では，[Xe]，[Xe]($4f^{14}$) の閉殻電子配置の La^{3+} と Lu^{3+} に直結する(12-26)の古典論値をも説明するパラメーターとしての意味が加わる．図 12-9 に示した $\Delta H(T_2/T_1)_C$ の系列変化は，(12-36)右辺の式で表現できる．その回帰結果が図 12-10 である．温度が上昇するにつれて，大きくなる「上に凸な四組効果」が定量的に記述できる．図 12-9 に示した $\Delta H(T_2/T_1)_C$ のデータ点で言えば，Ce_2O_3，Sm_2O_3，Eu_2O_3 を除いたデータで回帰した結果が図 12-10 である．Ce_2O_3，Sm_2O_3，Eu_2O_3 については，この回帰結果を採用する．Ce_2O_3，Sm_2O_3，

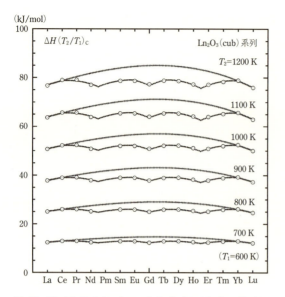

図 12-10 図 12-9 にプロットした (12-30) 式の値 $\Delta H (T_2/T_1)_C$ を RSPET 式 (12-36) で回帰した結果. T_2 が 700 K から 1200 K に増大するにつれて,「上に凸な四組効果」が成長する様子を定量的に記述する. これは温度上昇に伴う Racah パラメーター (E^1, E^3) の増大を意味する.

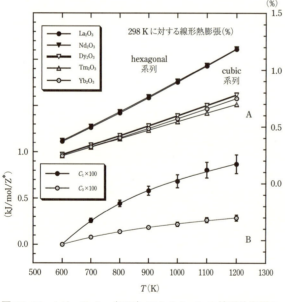

図 12-11 A は, Taylor (1984) による Ln_2O_3 の線形熱膨張の値を示す. Ln_2O_3 (cub) の場合は, 25℃ での値を基準にした格子定数 a_0 の相対熱膨張である. Ln_2O_3 (hex) の場合は, Ln_2O_3 (cub) の格子定数 a_0 に対応させた格子体積の 1/3 乗値の相対熱膨張を表現する. B は, 図 12-10 の RSPET 式での回帰結果から求まる $C_1 = \Delta E^1/(q+25)$ と $C_3 = \Delta E^3/(q+25)$ を, $(1/2)Ln_2O_3 = LnO_{1.5}$ に換算した値. 基準温度 (600 K) では $T = T_2 = T_1$ だから, $C_1 = C_3 = 0$ となる.

Eu_2O_3 の現実データは図 12-9 で白三角で示してある.

各温度対 (T_2 K/600 K) で決まる C_1 と C_3 の値は, (12-35) に従い, $\Delta E^1 = C_1 (q+25)$ と $\Delta E^3 = C_3 (q+25)$ を与える. 推定できた Racah パラメーター変化を, $(1/2)Ln_2O_3 = LnO_{1.5}$ の関係により, $LnO_{1.5}$ での ΔE^1 と ΔE^3 に換算し直し, 図 12-11B に示す. $LnO_{1.5}$ での $C_1 = \Delta E^1/Z^*$ と $C_3 = \Delta E^3/Z^*$ として, $T = T_2$ に対してプロットしてある. 図 12-11A は, 対比のために, Taylor (1984) による Ln_2O_3 の線形熱膨張の値を五つの場合について示す. これらの温度微分が熱膨張係数 α に当たる.

$LnO_{1.5}$ での ΔE^1 と ΔE^3 を波数 (cm^{-1}) で表現し, 絶対温度と $4f$ 電子数 q の関数とすると, $600 \text{ K} \leq T \leq 1200 \text{ K}$ の温度範囲で, ΔE^1 と ΔE^3 は,

$$\Delta E^1 \approx [1.43 \times 10^{-2} + 1.99 \times 10^{-3}(T-600)$$
$$- 1.36 \times 10^{-6}(T-600)^2](q+25) \text{ (cm}^{-1})$$
$$\Delta E^3 \approx [3.98 \times 10^{-3} + 6.14 \times 10^{-4}(T-600)$$
$$- 3.71 \times 10^{-7}(T-600)^2](q+25) \text{ (cm}^{-1})$$

と表現できる. ΔE^1 と ΔE^3 の温度上昇による増加率は, 図 12-11B からもわかるように, 一定ではなく, 温度増大とともに逓減する. もし $T > 1200$ K に外挿すれば, 2100〜2300 K 付近で増加率は 0 に近づく. この温度は大気圧下での Ln_2O_3 の融点 (2600〜2800 K, 17-5-1) には達していない. これに対し, 熱膨張の増加率はほぼ一定している. ただし, 熱膨張の増加率は, $\alpha(\text{hex}) > \alpha(\text{cub})$ である.

10-1 節で述べたように, Ln_2O_3(cub) 系列での六つの最隣接 Ln-O 距離の平均値, $d(\text{av. Ln-O})$, は格子定数 (a_0) と次の関係にある.

$$d(\text{av. Ln-O}) = 0.21441 \cdot a_0 \quad (10\text{-}1)$$

298 K における Ln_2O_3(cub) 系列の a_0 は 10.6 ± 0.2 Å の範囲にあるので，平均 Ln-O 距離の値は 2.2〜2.3 Å の範囲に入る．a_0 は，600〜1200 K の範囲で，約 0.5% の膨張を示すので（図 12-11A），最隣接 Ln-O 距離の平均値 d(av. Ln-O) は，この温度範囲で，0.011〜0.012 Å の増加となる．これに伴う 600 K $\leq T \leq$ 1200 K での Racah パラメーターの増加が上述の式である．$q=7$（Gd_2O_3）の場合，ΔE^1 は 23 cm^{-1} と ΔE^3 は 7.6 cm^{-1} の増加となる．

図 12-11A，B からわかるように，平均 Ln-O 距離の増加は，Racah パラメーターの増加と線形関係にはないものの，Ln-O 距離の増加が Racah パラメーターの増加につながっている．これは，加圧下の分光研究が明らかにした"圧力誘起の電子雲拡大効果"で，符号を反対にした場合に当たる．Ln_2O_3(cub) 系列での Ln^{3+} イオンの $4f$ 電子波動関数と配位子である酸素イオンの波動関数の「tails 部分の重なり」が，熱膨張や加圧によりわずかな変更を被り，Racah パラメーターの増減につながっていることを示す実験事実と考える．

ここでの $\Delta H(T_2/T_1)$ の系列変化の議論は，$\Delta S(T_2/T_1)$ を考えることで，Ln^{3+} イオンの $4f$ 電子エントロピー，振動のエントロピー，ΔH と ΔS の四組効果の相互関係，などとしてさらに展開できる．これらの論点は 13-8 節で述べる．

コラム　GoldschmidtとBornの確執：1929年と今日

　$LnO_{1.5}$ および LnF_3 格子エネルギーと Slater-Condon-Racah 理論を結び付ける議論により，我々は Ln^{3+} イオン半径からその「特別な地位」を剥奪した．この「特別な地位」は，古典的表象をより所にした我々の過剰な期待に支えられているように思える．あくまで過剰な期待を取り除いたのであって，イオン半径の考え方すべてを取り除いたのではない．Ln^{3+} イオン半径は規範とした物質における原子間距離を如実に反映している．原子間距離は重要な観測量ではあるが，これですべてが説明できるわけではない（第10章）．「一電子軌道」の考え方がいつまでも残っているのと同様に，「球の半径」という概念は我々には大変受け入れやすく，捨てがたい．それゆえ，「何か原理的なもの」をこれに期待する心理がいつまでも残る．イオン半径論に対する批判的意見は別の形（川邊, 2003）でも論じた．

　地球化学の創始者の一人である Goldschmidt は，1929年にゲッチンゲン大学の教授に就任している．在任中（1929～1935），ゲッチンゲンの同僚教授であった Max Born との間に起こった「結晶のイオン半径と格子エネルギー」をめぐる確執とその和解の経緯は，今改めて冷静にこれを考えてみる価値がある．博物学的巨人 Goldschmidt は結晶のイオン半径を実験的・経験的に決定しこれを総括する立場をとるが，量子論の巨人 Born は結晶の格子エネルギーを計算する立場から議論をスタートさせる．両者の意見は当然対立した．しかし，やがて両者は相互を認め合い友人関係を築く．Born が記したこの経緯は，Mason (1992) による Goldschmidt の伝記に記されている (pp. 54-55)．

　ナチス政権の成立 (1933) がせまるワイマール時代のドイツ，そこでの二人のユダヤ系教授の人間関係としての側面は捨象した上で考えてみたい．「冷静に」と述べた意味の第一がこれである．第二は，今日の状況に置き換えて考えてみようという意味である．もし二人の巨人が現在の状況を目の当たりにするなら，どのような感想を述べるだろうかと想像してみよう．Goldschmidt の時代に比べれば，実験的データとして総括できる内容もはるかに豊富になった．たとえば，*Handbook of Physics and Chemistry of Rare Earths* の各巻にまとめられている実験的成果を一人の研究者がすべからく理解することは，たとえ Goldschmidt のような博物学的巨人であっても困難を感じるのではないだろうか．一方，Born が執着した結晶の格子エネルギーの計算は，今や低対称の鉱物でも PC で容易にできる．1977年頃，大学院生であった筆者は Madelung エネルギーを大型計算機で求めるプログラムを作り，そのテストとして斜方晶系カンラン石 (Mg_2SiO_4) の構造データを用いてみた．他研究者の報告値と合致する結果を得て，プログラムは正常であることを確認した．10年後の1980年代後半には，16ビット PC でこれができるようになった．就寝前に計算を始めておくと，朝には計算結果が得られ，大層感激したことを今も思い出す．第10章で用いた LnF_3 の静電格子エネルギー計算値はこの時のものである．筆者の経験はこの程度だが，21世紀になった今では，*ab initio* 等の量子力学計算，計算化学の勃興が何よりも著しい．1998年のノーベル化学賞は密度汎関数法の開拓者 W. Kohn と分子軌道法計算の先駆者 J. A. Pople に授与されたことも追い風だろう．しかし，もし Born が生きていたら「こんな程度の計算結果で喜んではいけない」と叱責するにちがいない．

　とは言え，Goldschmidt と Born につながるこの二つの流れは，今や大きな激流となって我々の前で渦巻いている．両者を和解させ，整然とした一つの流れに導く流路はあるのだろうか？　あるいは，渦巻く流れに掛け橋を設け両岸を自由に往来することはできるのだろうか？　…like the bridge over the troubled water のメロディーと共にこのような疑問が脳裏をかすめる．Pauling は，ささやかではあるが，そのような掛け橋をつくった最初の化学者であったことは間違いない．そして，Jørgensen もそのような化学者の一人ではなかったかとの想いがよぎる．量子化学の枠に収まらない博学ぶりには，archemy につながる化学者の気質も感じる．筆者には Jørgensen の使徒となる資格はもとよりないが，本書の記述内容は，彼の著作を咀嚼する中から得られたものである．Jørgensen が示した一行の簡素な式が希土類元素の化学・地球化学の秘密を解き明かす鍵なのではないか？　これが，30歳台も半ばを過ぎた筆者を「絶望的な気分で量子論の勉強」に駆り立てたものであった．しかし，依然として未消化なものも多い．

第 IV 部

熱力学量が示す系列内構造変化と四組効果

第13章

Ln(III) 化合物・錯体系列の構造変化と四組効果 (I)

　Ln(III) 化合物・錯体が, 全ランタニド系列を通じて, 同質同形 (isomorphous) であることは稀である. その稀な一例が Ln(III) 硫酸エチル九水塩結晶 $Ln(C_2H_5SO_4)_3 \cdot 9H_2O$ である. 一般には, $LnO_{1.5}$, LnF_3, $LnCl_3$ のように, Ln(III) イオンの配位状態は系列途中で変化し, 同質多形の部分系列をなす. 配位状態の変更が, 別化学種への変化となる場合もある. La～Pr では $LnCl_3 \cdot 7H_2O$ が, Nd～Lu では $LnCl_3 \cdot 6H_2O$ が得られる事実や, $Ln^{3+}(aq)$ の水和数変化は, このような例である. Ln(III) の配位状態変更は, 二種類の Ln(III) 化合物・錯体系列の ΔH_r^0 の差にも当然反映され, 四組効果はこれに重畳される形で ΔH_r^0 の差の系列変化として現れる. この観点から Ln(III) 化合物・錯体の配位子交換反応に対する ΔH_r, ΔS_r, $\Delta G_r (= \Delta H_r - T\Delta S_r)$ を検討してみると, 四組効果は ΔH_r, ΔG_r のみならず ΔS_r にも認められることがわかる. 配位子交換反応に対する ΔH_r, ΔS_r, ΔG_r の系列変化の具体例によって, その内容を考える.

　本章後半では, ΔS_r と ΔH_r の四組効果が相関する事実について, 熱力学的・統計力学的観点から詳細に検討する. 加えて, ΔS_r と ΔH_r をつなぐ熱力学量である C_P について, 実験値の扱いも含めて考察する.

13-1　$Ln(C_2H_5SO_4)_3 \cdot 9H_2O$ の溶解反応：ΔH_s^0, ΔS_s^0, ΔG_s^0

　Ln(III) 硫酸エチル九水塩, $Ln(C_2H_5SO_4)_3 \cdot 9H_2O$, は同質同形である結晶が全ランタニドで得られる. その結晶構造解析 (Albertsson and Elding, 1977 ; Gerkin and Reppart, 1984) によれば, Ln(III) の最隣接配位多面体は水分子からなる「三冠付き三角柱 (tri-capped trigonal prism, TTP) 構造」で, Ln(III) イオンの配位数 (coordination number, CN) は 9 である (図 13-1). 透明な水和結晶で分光測定にも利用できること, 最隣接配位多面体は水分子だけから構成されており水和 Ln(III) イオン錯体, すなわち $Ln^{3+}(aq)$ の構造モデルとなること, などの理由から古くから関心がもたれている. 以後は, $Ln(C_2H_5SO_4)_3 \cdot 9H_2O$ を $LnES_3 \cdot 9H_2O$ と略記する.

　Staveley et al. (1968) は $LnES_3 \cdot 9H_2O$ の常温・常圧下での水への溶解反応 (solution reaction),

$$LnES_3 \cdot 9H_2O(c) = Ln^{3+}(aq) + 3ES^-(aq) + 9H_2O(l) \tag{13-1}$$

に対する反応熱と溶解度のデータを報告した. (13-1) は溶解反応なので, 標準状態におけるこの反応のエンタルピー変化, エントロピー変化, Gibbs の自由エネルギー変化を, 各々, ΔH_s^0, ΔS_s^0, ΔG_s^0 と記す. Staveley et al. (1968) らの報告した反応熱データとは ΔH_s^0 のことである. 一

方, Mioduski and Siekierski (1976) も 15～45℃の範囲での $LnES_3 \cdot 9H_2O$ の溶解度を報告している. $LnES_3 \cdot 9H_2O$ の溶解度は 1～2 (mol/kg) に達しているため, 難溶性化合物の溶解度のようには取り扱えない. そのため, 溶解度データを直接的に ΔG_s^0 に変換することはできない. しかし, Libus et al. (1984) は常温・常圧下の $Ln(C_2H_5SO_4)_3$ 水溶液の浸透係数 (osmotic coefficient) と $LnES_3 \cdot 9H_2O$ の溶解度を測定し, $Ln(C_2H_5SO_4)_3$ 水溶液の浸透係数が Pitzer 方程式 (Pitzer and Moyorga, 1973) を満足することを報告している. (13-1) に対する ΔG_s^0 は, m_s を $LnES_3 \cdot 9H_2O$ の溶解度(mol/kg), $\gamma_\pm$ と a_w を飽和溶液の平均活量係数と水の活量とすると,

$$\Delta G_s^0 = -RT \ln \{27(m_s)^4(\gamma_\pm)^4(a_w)^9\} \quad (13\text{-}2)$$

となる. Kawabe (1999a) は, Libus et al. (1984) らの浸透係数データから得られる Pitzer パラメーターを用いて, 飽和溶液の $-RT\ln\{(\gamma_\pm)^4(a_w)^9\}$ を評価し, 溶解度 m_s のデータから (13-2) の $\Delta G_s^0 (LnES_3 \cdot 9H_2O)$ を求めた. この結果, $\Delta G_s^0 = \Delta H_s^0 - T\Delta S_s^0$ より, ΔH_s^0 も使えば

$$\Delta S_s^0 = (\Delta H_s^0 - \Delta G_s^0)/T \quad (13\text{-}3)$$

となり, (13-1) に対する ΔS_s^0 も求めることができる (Kawabe, 1999a). このようにして得られた (13-1) の ΔH_s^0, ΔS_s^0, ΔG_s^0 の値を表 13-1 に示す. 図 13-2 はこれらの系列変化を示している. Staveley et al. (1968) も Mioduski and Siekierski (1976) も, ΔH_s^0, ΔG_s^0 の系列変化, 特に, 重希土類元素の領域では下に凸な四組効果様の変化が認められることを指摘している. Staveley et al. (1968) らは "結晶場効果 (crystal field effect)" を説明として用いている. これは適切な理解ではないが, 議論している事実は同じである. Mioduski and Siekierski (1976) は "double-double effect" との造語を用いている. Peppard らの提案した四組効果の代わりに用いているが, 内実は同じである. 図 13-2 で, 軽希土類元素側と重希土類元素側の変化が滑らかに接続しない原因は, (13-1) 右辺の Ln^{3+}(aq) が同質同形系列ではないことにある. 左辺側の $LnES_3 \cdot 9H_2O$ は同質同形系列だから, Ln^{3+} イオンの配位状態の変更に対応する変化が ΔH_s^0, ΔS_s^0, ΔG_s^0 に反映されているとすれば, その原因は Ln^{3+}(aq) 側にある. 詳しくは 13-3 節で議論するが, $LnCl_3$ 水溶液などの X 線回折, 中性子線回折の研究から, Ln^{3+}(aq)

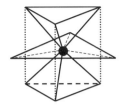

Simple Cube (CN=8)
(単純立方体)

tri-capped trigonal prism (CN=9)
(三冠付き三角柱)

Square anti-prism (CN=8)
(正ねじれプリズム)

図 13-1 CN=9, 8 である配位多面体. 単純立方体の上面の正方形を 45 度水平に回転すれば, 正ねじれプリズムが得られる. この図には示していないが, CN=8 の配位多面体としては, triangular dodecahedron (三角十二面体) も重要で, ジルコン型構造の YPO_4, $ZrSiO_4$ における $Y\text{-}O_8$, $Zr\text{-}O_8$ の八配位多面体に見られる.

表 13-1 $LnES_3 \cdot 9H_2O$ の溶解反応 (13-1) の熱力学パラメーター. Kawabe (1999a) による.

Ln^{3+}	ΔH_s^0 (kJ/mol)	ΔG_s^0 (kJ/mol)	ΔS_s^0 (J/mol/K)
La	47.11	1.38 ± 2.33	153.0 ± 7.8
Ce	48.62	1.14 ± 0.40	159.0 ± 1.3
Pr	49.66	1.74 ± 0.43	160.7 ± 1.4
Nd	49.33	1.86 ± 1.56	159.0 ± 5.0
Sm	52.26	2.10 ± 0.31	168.0 ± 1.0
Eu	51.67	1.04 ± 1.40	170.0 ± 4.7
Gd	50.75	2.73 ± 1.27	161.0 ± 4.3
Tb	47.36	−1.82 ± 0.36	165.0 ± 1.2
Dy	45.56	−1.91 ± 0.94	159.0 ± 3.2
Ho	44.02	−2.37 ± 0.74	156.0 ± 2.5
Er	41.88	−3.12 ± 1.44	151.0 ± 4.8
Tm	38.37	−3.38 ± 2.24	140.0 ± 7.5
Yb	36.48	−6.26 ± 1.92	143.0 ± 6.4
Lu	35.94	−6.87 ± 1.62	144.0 ± 5.4

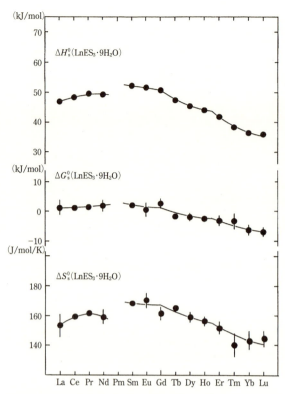

図 13-2 LnES$_3$·9H$_2$O の溶解反応の熱力学パラメーターの系列変化. 表 13-1 の値をプロットしたもの. Kawabe (1999a) による.

系列では水和数が変化し同質同形系列錯体ではないことが示されている. Staveley et al. (1968) は同質同形系列をなすと信じられている [Ln(diglyc)$_3$]$^{3-}$(aq), [Ln(dipic)$_3$]$^{3-}$(aq) の錯体生成反応と LnES$_3$·9H$_2$O の溶解反応を用いて Ln^{3+}(aq) を消去し, 二つの同質同形系列間の配位子交換反応の ΔH_r に変換すれば, 軽希土類元素側と重希土類元素側の変化が滑らかに接続することを指摘し, Ln^{3+}(aq) 系列で水和状態変化があることを述べている. [Ln(diglyc)$_3$]$^{3-}$(aq), [Ln(dipic)$_3$]$^{3-}$(aq) の錯体生成反応については, 後の 13-4 節で検討する.

図 13-2 に示した曲線は下に凸な四組効果様の変化を示すものとして描いてある. ΔH_s^0 のデータを連ねる曲線については, ほとんど任意性はない. Staveley et al. (1968) らによる反応熱データの精度は 0.5 (kJ/mol) 程度あるいはこれ以下だからである. しかし, ΔG_s^0 と ΔS_s^0 のデータには誤差が伴うので, これらの点に曲線をあてがうには, 若干の任意性が伴う. (13-3) により ΔH_s^0 と ΔG_s^0 から ΔS_s^0 を求めるので, ΔH_s^0 と ΔG_s^0 の誤差は ΔS_s^0 に系統誤差を与える. しかし, ΔH_s^0 の誤差は小さいので, 結果として, ΔG_s^0 の誤差は $(-1/T)$ 倍されて ΔS_s^0 の誤差となる:

$$\delta(\Delta S_s^0) = [\delta(\Delta H_s^0) - \delta(\Delta G_s^0)]/T \approx -\delta(\Delta G_s^0)/T \tag{13-4}$$

この関係を考慮して, 図 13-2 に示した曲線が描かれている. 残念ながら ΔG_s^0(GdES$_3$·9H$_2$O), ΔG_s^0(TmES$_3$·9H$_2$O) などは 1〜2 kJ/mol 程度の系統誤差を含んでいるようである. これは Staveley et al. (1968), Mioduski and Siekierski (1976), Libus et al. (1984) による溶解度データが完全には一致しないことによる.

ところで, LnES$_3$·9H$_2$O に類似する LnCl$_3$·nH$_2$O の溶解反応については, 信頼性の高い ΔH_s^0, ΔS_s^0, ΔG_s^0 データが報告されている. LnES$_3$·9H$_2$O に関する図 13-1 の曲線が妥当なものであるかをさらに検討するために, この LnCl$_3$·nH$_2$O のデータを LnES$_3$·9H$_2$O のデータと組み合わせてみる.

13-2 LnCl$_3$·nH$_2$O の溶解反応：ΔH_s^0, ΔS_s^0, ΔG_s^0

塩化ランタニドの水和物は, La〜Pr では LnCl$_3$·7H$_2$O が, Nd〜Lu では LnCl$_3$·6H$_2$O が得られ

表 13-2 $LnCl_3 \cdot nH_2O$ の溶解反応 (13-5) の熱力学パラメーター. Spedding et al. (1977) による.

Ln^{3+}	ΔH_s^0 (kJ/mol)		ΔG_s^0 (kJ/mol)		ΔS_s^0 (J/mol/K)	
	($n=7$)	($n=6$)	($n=7$)	($n=6$)	($n=7$)	($n=6$)
La	−28.00	−41.00**	−24.23	−30.37**	−12.64	−35.64**
Ce	−28.76	−38.76**	−25.10*	−28.84**	−12.30*	−33.30**
Pr	−29.35	−37.35**	−25.31	−28.12**	−13.56	−32.56**
Nd		−38.14		−27.56		−34.48
Sm		−36.04		−26.47		−32.09
Eu		−36.61		−26.65		−33.43
Gd		−38.15		−27.46		−35.86
Tb		−39.97		−28.29		−39.20
Dy		−41.95		−29.48		−41.84
Ho		−43.58		−30.80		−42.89
Er		−44.95		−31.64		−44.64
Tm		−46.53		−32.75		−46.23
Yb		−48.18		−33.92		−47.82
Lu		−49.75		−35.12		−49.08

* 実験値系列変化から内挿した値.
** 図 13-4, 13-5 での Kawabe (1999a) による推定値.

る. Spedding et al. (1977) は, これらの水和物結晶の溶解反応,

$$LnCl_3 \cdot nH_2O(c) = Ln^{3+}(aq) + 3Cl^-(aq) + nH_2O(l) \quad (13-5)$$

に対する高精度の ΔH_s^0, ΔS_s^0, ΔG_s^0 データを報告している (表 13-2). $LnCl_3 \cdot nH_2O$ の結晶構造は, Bakakin et al. (1974), Habenschuss and Spedding (1978, 1979), Perterson et al. (1979), Marezio et al. (1961) により調べられている. その結果によると, Nd〜Lu では $LnCl_3 \cdot 6H_2O$ が同質同形であり, Ln(III) の配位多面体は $[Ln(H_2O)_6Cl_2]^+$ と表現でき, 6個の水分子と2個の塩素イオンから成る. Ln(III) イオンの配位数 (CN) は 8 である. 一方, La〜Pr の $LnCl_3 \cdot 7H_2O$ も同質同形で, Ln(III) の配位多面体は $[(H_2O)_7Ln \cdot Cl_2 \cdot Ln(H_2O)_7]^{4+}$ の二量体的な「構造ユニット」からなる. Ln(III) イオンの配位数 (CN) は 9 と考えられる.

表 13-2 に引用した (13-5) に対する ΔH_s^0, ΔS_s^0, ΔG_s^0 から, (13-1) に対する表 13-1 の ΔH_s^0, ΔS_s^0, ΔG_s^0 を差し引けば, 次の配位子交換反応,

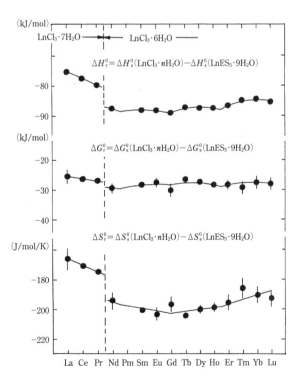

図 13-3 2系列 ($LnCl_3 \cdot nH_2O$ 系列と $LnES_3 \cdot 9H_2O$ 系列) における溶解の熱力学量の差とその系列変化. Kawabe (1999a) による.

$$LnCl_3 \cdot nH_2O(c) + 3ES^-(aq) + (9-n)H_2O(l) = LnES_3 \cdot 9H_2O(c) + 3Cl^-(aq) \tag{13-6}$$

に対する ΔH_r^0, ΔS_r^0, ΔG_r^0 がただちに得られる:

$$\Delta H_r^0 \equiv \Delta H_s^0(LnCl_3 \cdot nH_2O) - \Delta H_s^0(LnES_3 \cdot 9H_2O),$$
$$\Delta S_r^0 \equiv \Delta S_s^0(LnCl_3 \cdot nH_2O) - \Delta S_s^0(LnES_3 \cdot 9H_2O), \tag{13-7}$$
$$\Delta G_r^0 \equiv \Delta G_s^0(LnCl_3 \cdot nH_2O) - \Delta G_s^0(LnES_3 \cdot 9H_2O)$$

図 13-3 はその結果を示したものである.

これらの熱力学量が Ln 系列でどのように変化するかに注目すれば, (13-6) の反応式から, ΔH_r^0 の変化は標準生成エンタルピーの差, ΔS_r^0 の変化は標準モル・エントロピーの差, ΔG_r^0 の変化は標準生成 Gibbs 自由エネルギーの差, に規定されることはすぐにわかる. Ln 化学種以外の寄与はすべて定数と考えればよい:

$$\Delta H_r^0 \equiv \Delta H_f^0(LnES_3 \cdot 9H_2O) - \Delta H_f^0(LnCl_3 \cdot nH_2O) + \text{const.},$$
$$\Delta S_r^0 \equiv S_{298}^0(LnES_3 \cdot 9H_2O) - S_{298}^0(LnCl_3 \cdot nH_2O) + \text{const.}, \tag{13-8}$$
$$\Delta G_r^0 \equiv \Delta G_f^0(LnES_3 \cdot 9H_2O) - \Delta G_f^0(LnCl_3 \cdot nH_2O) + \text{const.}$$

図 13-3 に認められる変化は (13-8) 右辺の「熱力学量の差」の系列変化を意味している.

$LnCl_3 \cdot nH_2O$ 系列が $LnCl_3 \cdot 7H_2O$ と $LnCl_3 \cdot 6H_2O$ の二つの部分的な同質同形化合物系列からなることは, Pr と Nd の間における不連続変化として現れている. 同質同形である $LnCl_3 \cdot 6H_2O$ と $LnES_3 \cdot 9H_2O$ が対をなす Nd〜Lu の区間では, ΔH_r^0 は上に凸な四組効果が明確に認められる.

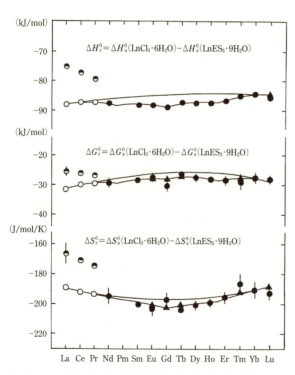

図 13-4 2 系列 ($LnCl_3 \cdot nH_2O$ 系列と $LnES_3 \cdot 9H_2O$ 系列) における溶解の熱力学量の系列変化 (図 13-3) で, Nd〜Lu 部分を La〜Pr 部分に延長し, RSPET 式で回帰した結果. Kawabe (1999a) による. 白丸は外挿値, 黒三角は系統誤差を補正した値.

ΔH_r^0 の系列変化は, $LnCl_3 \cdot nH_2O$ 側の化学種の変更 ($n = 7 \rightarrow 6$, $CN = 9 \rightarrow 8$) にかかわる変化に, ($LnES_3 \cdot 9H_2O/LnCl_3 \cdot 6H_2O$) 対の四組効果が重畳した結果である.

図 13-2 で指摘した $LnES_3 \cdot 9H_2O$ についての ΔG_s^0 の誤差が $(-1/T)$ 倍されて ΔS_s^0 の誤差となっている状況は, 図 13-3 の ΔS_r^0, ΔG_r^0 の系列変化にも反映されている. ΔS_r^0 の変化で, Gd と Tm のデータ平均値は, 分散からの許容範囲ではあるが, 明らかに上にずれている. 一方, ΔG_s^0 で Gd と Tm のデータ平均値は隣接データ点からやや下にずれている. これらの偏差は $(-1/T)$ の因子を介して量的に同等である. 類似の状況は, Eu, Tb のデータ平均値にも認められる. Lu の場合は, 少し事情が異なる. ΔS_r^0 で Lu のデータ平均値は明らかに下方にずれているが, ΔG_s^0 では Lu のデータ平均値には問題はないように見える. ΔH_s^0

（LnES$_3$·9H$_2$O）のデータが負の系統誤差を含むため，Lu の ΔH_r^0 が小さな負の偏差を持つと考えられる．図 13-3 に示した曲線は，このような系統誤差を考慮して描いてある．

ΔH_r^0 と ΔG_r^0 のみならず，ΔS_r^0 にも曲線で示したような緩い上に凸な系列変化を考えねばならない．図 13-3 からも，ΔH_r^0 と ΔG_r^0 の四組様変化が同一ではなく，ΔG_r^0 の四組効果は ΔH_r^0 のそれよりやや小さいことがわかる．これは，ΔS_r^0 にも四組様の系列変化が内在するとすれば，$\Delta G_r^0 = \Delta H_r^0 - T\Delta S_r^0$ の関係からして当然である．第 7 章では，ΔH_r^0 に四組効果が期待できる理由を述べ，Peppard et al.（1969）が報告した四組効果は $\Delta G_r^0 = \Delta H_r^0 - T\Delta S_r^0$ に認められるもので，ΔH_r^0 の四組効果が ΔG_r^0 に反映した結果であると説明した．ΔS_r^0 に関する議論は留保しておいた．ここでは，ΔS_r^0 にも四組様の系列変化が内在することを認めるだけに止め，ΔS_r^0 に関する議論は 13-5, -6, -8 節で述べる．

図 13-3 の Nd〜Lu 部分の ΔH_r^0 に認められる変化を，La〜Pr 部分に外挿して RSPET 式に当てはめれば，LnES$_3$·9H$_2$O と LnCl$_3$·6H$_2$O の Racah パラメーターの相違を定量的に求めることができる．しかし，La〜Pr 部分に仮想的な LnCl$_3$·6H$_2$O の ΔH_s^0 を仮定して求めねばならない．単純な最小二乗法ではなく，La〜Pr 部分に仮想的データを試行錯誤的に与え，最小二乗法を用いることを繰り返す必要がある．このようにして，Nd〜Lu 部分の ΔH_r^0 の変化を，La〜Pr 部分に外挿して，改良 RSPET 式に当てはめた結果が，図 13-4 である．ΔS_r^0 のデータも同様にして改良 RSPET 式を当てはめ La〜Pr 部分へ外挿した．このような ΔH_r^0 と ΔS_r^0 の計算値から，$\Delta G_r^0 = \Delta H_r^0 - T\Delta S_r^0$ を求め，ΔG_r^0 の計算値として図 13-4 に示してある．最小二乗法を実行するにあたり，上に述べた ΔH_r^0，ΔS_r^0，ΔG_r^0 の系統誤差をあらかじめ補正しておいた．そのようなデータ点は，黒三角印で図 13-4 で区別して示している．

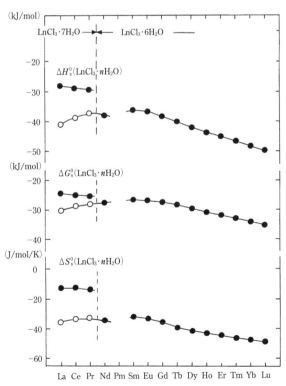

図 13-5 LnCl$_3$·nH$_2$O 系列の溶解の熱力学パラメーターの系列変化．図 13-4 と表 13-3 より，LnCl$_3$·6H$_2$O 系列については全 Ln についての値が得られる．Kawabe（1999a）による．

表 13-3 RSPET 式を用いる最小二乗法から得られた LnES$_3$·9H$_2$O の ΔH_s^0, ΔS_s^0, ΔG_s^0 の値．Kawabe（1999a）による．

Ln^{3+}	ΔH_s^0 (kJ/mol)	ΔG_s^0 (kJ/mol)	ΔS_s^0 (J/mol/K)
La	47.11	1.14	154.2
Ce	48.62	1.48	158.1
Pr	49.66	1.69	160.9
Nd	49.83	1.74	161.3
Sm	52.26	2.41	167.2
Eu	51.67	1.67	167.7
Gd	50.75	0.84	167.4
Tb	47.36	-1.06	162.4
Dy	45.56	-1.64	158.3
Ho	44.02	-2.40	155.7
Er	41.88	-3.38	151.8
Tm	38.37	-5.55	147.3
Yb	36.48	-6.07	142.7
Lu	35.00	-6.33	138.6

図 13-4 の ΔH_r^0 データを $C_{ls}=0$ とした改良 RSPET 式へ当てはめた結果，$LnES_3 \cdot 9H_2O$ と $LnCl_3 \cdot 6H_2O$ の Racah パラメーターの相違は次の値となった：

$$\Delta E^1 \equiv E^1(LnES_3 \cdot 9H_2O) - E^1(LnCl_3 \cdot 6H_2O) = (0.81 \pm 0.20) \cdot (q+25) \text{ (cm}^{-1}),$$
$$\Delta E^3 \equiv E^3(LnES_3 \cdot 9H_2O) - E^3(LnCl_3 \cdot 6H_2O) = (0.18 \pm 0.07) \cdot (q+25) \text{ (cm}^{-1})$$
(13-9)

q は Ln^{3+} の $4f$ 電子数で，$q+25=Z^*=(Z-S_{4f})$ は $4f$ 電子に対する有効核電荷である．$q=3$ の Nd^{3+} では，$\Delta E^1 = 23 \pm 6 \text{ cm}^{-1}$，$\Delta E^3 = 4.9 \pm 1.8 \text{ cm}^{-1}$ である．$LnES_3 \cdot 9H_2O$ が $LnCl_3 \cdot 6H_2O$ より大きな Racah パラメーターを持つことが，上に凸な極性を持つ四組効果を与えている．LaF_3 結晶の添加された Nd^3 イオン，$NdCl_3$，Nd^{3+}(aq) での ($f \to f$) 遷移スペクトルの解析結果（Carnall et al., 1989 and 1968a, b, c, d）では，$E^1 = (4850 \pm 100) \text{ cm}^{-1}$，$E^3 = (485 \pm 5) \text{ cm}^{-1}$ である．したがって，ΔH_r^0 データを RSPET 式へ当てはめることで，E^1 で 0.5%，E^3 で 1% の差を検出していることになる．

図 13-4 の結果から，Ln = La～Pr の仮想的な $LnCl_3 \cdot 6H_2O$ の ΔH_s^0，ΔS_s^0，ΔG_s^0 値を推定できたので，Spedding et al. (1977) による $LnCl_3 \cdot nH_2O$ の ΔH_s^0，ΔS_s^0，ΔG_s^0 の実験値と合わせて，図 13-5 に示す．また，図 13-4 の最小二乗法から得られた $LnES_3 \cdot 9H_2O$ の ΔH_s^0，ΔS_s^0，ΔG_s^0 の値を表 13-3 に掲げ，その結果を図 13-6 に示す．図 13-5 の全ランタニドに対する $LnCl_3 \cdot 6H_2O$ の ΔH_s^0，ΔS_s^0，ΔG_s^0 は，図 13-6 に示した $LnES_3 \cdot 9H_2O$ の ΔH_s^0，ΔS_s^0，ΔG_s^0 に対比できるデータ・セットである．Ln = La～Pr の仮想的な $LnCl_3 \cdot 6H_2O$ の推定値が得られたので，$LnCl_3 \cdot 6H_2O$ も $LnES_3 \cdot 9H_2O$ と同様に全ランタニドで同質同形水和結晶として扱うことができる．これらの溶解反応，すなわち，Ln^{3+}(aq) への解離反応の ΔH_s^0，ΔS_s^0，ΔG_s^0 は，Ln^{3+}(aq) 系列における水和 Ln^{3+} イオンの配位状態変化を反映している．これを利用して，次節では，Ln^{3+}(aq) 系列での水和状態変化とその熱力学パラメーターを求める．

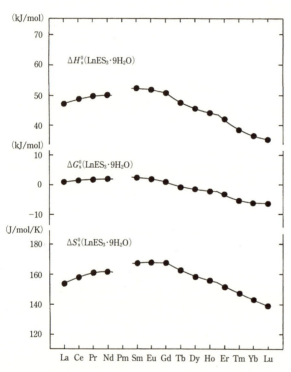

図 13-6 $LnES_3 \cdot 9H_2O$ の ΔH_s^0，ΔS_s^0，ΔG_s^0 の値（表 13-3）が示す系列変化．系列途中での「折れ曲がり」を示す．$LnES_3 \cdot 9H_2O$ は同質同形 Ln(III) 化合物系列だから，この「折れ曲がり」は，(13-1) 式の溶解反応右辺にある Ln^{3+}(aq) に原因がある．Kawabe (1999a) による．

13-3 Ln^{3+}(aq) 系列での水和状態変化

$LnES_3 \cdot 9H_2O$ の ΔH_s^0，ΔS_s^0，ΔG_s^0 データ（図 13-6）には，Ln^{3+}(aq) 系列における水和 Ln^{3+} イオンの配位状態変化と $LnES_3 \cdot 9H_2O$ と Ln^{3+}(aq) の間の Racah パラメーターの相違に基づく四組効果

が含まれている．Gd 以降の重希土類元素領域では，下に凸な四組様変化が認められる．前節で議論した LnES$_3$·9H$_2$O と LnCl$_3$·6H$_2$O の関係と同じように考えれば，Ln^{3+}(aq) の Racah パラメーターが LnES$_3$·9H$_2$O の Racah パラメーターより小さいことを意味する．図 13-5 の LnCl$_3$·6H$_2$O の ΔH_s^0，ΔS_s^0，ΔG_s^0 データでも事情は同じであるはずである．しかし，図 13-5 では Gd 以降の重希土類元素領域では四組様変化は認められない．きわめて滑らかな変化となっている．LnCl$_3$·6H$_2$O と Ln^{3+}(aq) の Racah パラメーターがほぼ等しいことがわかる．すなわち，図 13-6 と図 13-5 の重希土類元素領域での変化パターンから，Racah パラメーターは次の関係にあることがわかる：

$$\text{LnES}_3 \cdot 9\text{H}_2\text{O} > \text{LnCl}_3 \cdot 6\text{H}_2\text{O} \approx \text{Ln}^{3+}(\text{aq}) \tag{13-10}$$

重希土類元素領域での変化パターンだけに議論を限定せざるをえないのは，Ln^{3+}(aq) 系列における Ln^{3+} の配位状態，実際は水分子が配位子であるから Ln^{3+} の水和状態，が軽希土類元素側と重希土類元素側では異なっているためである．

LnCl$_3$ などの水溶液の X 線，中性子線回折実験の研究結果（Habenschuss and Spedding, 1980；Rizkalla and Choppin, 1991, Ohtaki and Radnai, 1993）からすると，Ln^{3+}(aq) 系列では第一水和圏の水分子数（水和数）が変化しており，同質同形系列錯体ではない．Ln^{3+}(aq) の水和数は，軽希土類元素側の La～Nd では 9 であるが，Tb に到る過程で 8 まで徐々に低下し，Tb～Lu の領域では 8 で一定となると考えられる．Rizkalla and Choppin（1991）は，水和数 9 の La^{3+}(aq)～Nd^{3+}(aq) では，「三冠付き三角柱（tri-capped trigonal prism, TTP）構造」を持つ [Ln(H$_2$O)$_9$]$^{3+}$，水和数 8 の Tb^{3+}(aq)～Lu^{3+}(aq) では「正ねじれプリズム（square anti-prism）構造」（図 13-1）の [Ln(H$_2$O)$_8$]$^{3+}$ となっているとしている．一方，Nd～Tb の領域では，水和数が連続的に変化することは合意があるが，特定の構造を持つ単独の水和錯体を考えるべきなのか，それとも [Ln(H$_2$O)$_9$]$^{3+}$ と [Ln(H$_2$O)$_8$]$^{3+}$ の混合物であるのかに関しては意見の一致に到っていないとしている．しかし，LnCl$_3$ 水溶液のガラス状態の Raman スペクトル・データでは，Ln-OH$_2$ 伸縮バンドの系列変化は，系列の中間領域で [Ln(H$_2$O)$_9$]$^{3+}$ と [Ln(H$_2$O)$_8$]$^{3+}$ が共存することを強く示唆している（Kanno and Hiraishi, 1980；菅野, 1999）．

このように，重希土類元素領域で (13-10) の関係が推定できるのは，Ln^{3+}(aq) が [Ln(H$_2$O)$_8$]$^{3+}$ という同質同形の第一水和圏構造を持つことによる．これらは [Ln(H$_2$O)$_8$]$^{3+}$ の水和 Ln^{3+} イオンなので，Ln^{3+}(oct, aq) と記す．そこで，図 13-5 と図 13-6 の重希土類元素領域のデータは同質同形対に対する系列変化パターンであり，これらを何らかの合理的な方法で軽希土類元素領域に外挿できれば，それは，

$$\text{LnES}_3 \cdot 9\text{H}_2\text{O}(c) = \text{Ln}^{3+}(\text{oct, aq}) + 3\text{ES}^-(\text{aq}) + 9\text{H}_2\text{O}(l) \tag{13-11}$$

$$\text{LnCl}_3 \cdot 6\text{H}_2\text{O}(c) = \text{Ln}^{3+}(\text{oct, aq}) + 3\text{Cl}^-(\text{aq}) + 6\text{H}_2\text{O}(l) \tag{13-12}$$

に対する熱力学量を求めたことになる．Ln^{3+}(oct, aq) は Tb～Lu の領域では現実的な化学種である．しかし，La～Gd の領域では現実の Ln^{3+}(aq) とは異なり，仮想的なものである．La～Gd の領域に対しては，現実の Ln^{3+}(aq) を用いて

$$\text{LnES}_3 \cdot 9\text{H}_2\text{O}(c) = \text{Ln}^{3+}(\text{aq}) + 3\text{ES}^-(\text{aq}) + 9\text{H}_2\text{O}(l) \tag{13-11'}$$

$$\text{LnCl}_3 \cdot 6\text{H}_2\text{O}(c) = \text{Ln}^{3+}(\text{aq}) + 3\text{Cl}^-(\text{aq}) + 6\text{H}_2\text{O}(l) \tag{13-12'}$$

である．軽希土類元素領域に限定して，(13-11') と (13-11) の差，(13-12') と (13-12) の差を作れば，次の反応式が得られる：

$$Ln^{3+}(oct, aq) = Ln^{3+}(aq) \tag{13-13}$$

この反応自体は中心 Ln^{3+} イオンの水和状態変化であり, Ln^{3+} イオンと結び付く溶媒の水分子の数が変更される. しかし, (13-13)のように, 溶媒分子数を直接表現しない implicit な式であっても, 溶存化学種を問題にする限り, これは熱力学的表現としては許容される (Denbigh, 1981). この反応の熱力学量は, 図 13-5 と図 13-6 の重希土類元素領域の変化パターンを軽希土類元素側に外挿して得た点と現実の実験値の差に相当する. この差は現実の $Ln^{3+}(aq)$ と仮想的な $Ln^{3+}(oct, aq)$ の状態量の差であり, 図 13-5 と図 13-6 で同じものである. これらを ΔH_h^*, ΔS_h^*, ΔG_h^* と記す.

以上の考え方に基づき, 図 13-5 と図 13-6 のデータから実際に (13-13) の状態量変化を求めた結果が, 図 13-7 と図 13-8 である. 図 13-5 の $LnCl_3 \cdot 6H_2O$ の場合は, 四組様のジグザク変化が認められないので, 各々の変化パターンを重希土類元素側から軽希土類元素へ外挿することは比較的容易である (図 13-7). しかし, 図 13-6 の $LnES_3 \cdot 9H_2O$ のデータでは, 四組効果のジグザク変化を考慮しなければならない. 図 13-8 はその手続きを説明したものである. (13-10) の関係は軽希土類元素側でも成り立つと仮定し, $LnES_3 \cdot 9H_2O$ と $LnCl_3 \cdot 6H_2O$ での Racah パラメーターの差は $LnES_3 \cdot 9H_2O$ と $Ln^{3+}(oct, aq)$ での差に等しく, (13-9) の値を持つと考える. この値から, 図 13-8 の＋印の補正点を決める. これらの補正点の並びは, $LnCl_3 \cdot 6H_2O$ の場合同様に, 軽希土類元素側に滑らかに外挿できる. 外挿点に四組効果分を加算して得た印の点が $LnES_3 \cdot 9H_2O$ の場合の外挿データ点である.

各々の外挿点と現実のデータの差 (ΔH_h^*, ΔS_h^*, ΔG_h^*) が, $LnES_3 \cdot 9H_2O$ と $LnCl_3 \cdot 6H_2O$ の場合に一致すること, $\Delta G_h^* = \Delta H_h^* - T\Delta S_h^*$ が成立することを条件に, 滑らかな外挿の試行を繰り返し, (13-13) の状態量変化 ΔH_h^*, ΔS_h^*, ΔG_h^* を求めた (Kawabe, 1999a). その数値を表 13-4 に記す. これらの値は軽希土類元素側で負で, Gd に進むにつれて 0 に近づく. $[Ln(H_2O)_9]^{3+}$ の存在割合が Gd, Tb 付近で 0 となることに対応する. La〜Sm に対する ΔH_h^*, ΔS_h^*, ΔG_h^* の値はかなり正確に定めることができるが, Eu と Gd に対しては小さな値であり正確な推定は実際は困難である. Tb では $[Ln(H_2O)_9]^{3+}$ が存在しないこと, $\Delta G_h^* = \Delta H_h^* - T\Delta S_h^*$ であることを条件に, 小さな値を推定した. これらは, 表 13-4 で ＊ を付した値で示す.

表 13-4 の ΔH_h^*, ΔS_h^*, ΔG_h^* の値を用いて, $Ln^{3+}(aq)$ が関与する反応, たとえば, 錯体生成定数, 溶解反応, に対する熱力学データの系列変化から, $Ln^{3+}(aq)$ 系列の水和状態変化の影響を除くことが可能になる. 次節では, $[Ln(diglyc)_3]^{3-}$(aq), $[Ln(dipic)_3]^{3-}$(aq) の錯体生成定数を例にこのことを見てみよう.

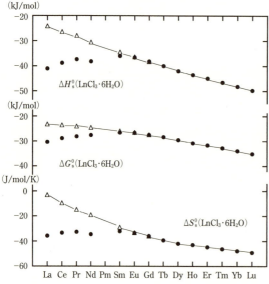

図 13-7 $LnCl_3 \cdot 6H_2O$ の系列変化は, 重 Ln 側に四組様のジグザク変化が認められない. そのため, 各変化パターンは比較的容易に重 Ln 側から軽 Ln へ外挿することができる. 白三角の点が推定される値.

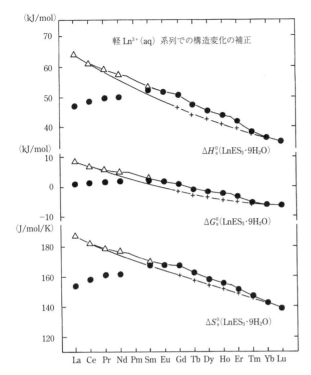

表 13-4 軽 Ln 系列において，8配位の Ln^{3+}(oct, aq) を現実化学種としての Ln^{3+}(aq) に変更する反応(13-13)に対する熱力学量．Kawabe（1999a）による．

Ln^{3+}	ΔH_h^* (kJ/mol)	ΔG_h^* (kJ/mol)	ΔS_h^* (J/mol/K)
La	−16.9	−7.16	−32.67
Ce	−12.4	−5.27	−23.91
Pr	−9.45	−4.09	−17.98
Nd	−7.64	−3.02	−15.50
Sm	−1.61	−0.67	−3.15
Eu	−0.24	−0.17	−0.21
Gd	−0.06*	−0.06*	0.00*

*本文参照．

図 13-8 $LnES_3 \cdot 9H_2O$ の溶解の熱力学量系列変化を，重 Ln 部分から軽 Ln へ外挿する手続きの説明．(13-10) の Racah パラメーターの関係は軽 Ln 側でも成り立つと仮定し，$LnES_3 \cdot 9H_2O$ と $LnCl_3 \cdot 6H_2O$ での Racah パラメーターの差は $LnES_3 \cdot 9H_2O$ と Ln^{3+}(aq, oct) での差に等しく，(13-9) の値を持つと考える．この値から，図 13-8 の＋印の補正点を決める．これらの補正点の並びは，$LnCl_3 \cdot 6H_2O$ の場合と同様に，軽 Ln 側に滑らかに外挿できる．外挿点に四組効果分を加算して得た印の点が $LnES_3 \cdot 9H_2O$ の場合の外挿して得られるデータ点である．

13-4 Ln(III)-(dipic)$_3$, Ln(III)-(diglyc)$_3$ 錯体の生成定数

Grenthe（1963）は，(1:3)Ln-diglycolate 水和錯体および (1:3)Ln-dipicolinate 水和錯体の生成反応，

$$Ln^{3+}(aq) + 3A^{2-}(aq) = (LnA_3)^{3-}(aq) \tag{13-14}$$

に対する ΔH_r^0, ΔS_r^0, ΔG_r^0 を報告している．A^{2-}(aq) は diglycolate イオンまたは dipicolinate イオンを表し，それぞれ次のような構造式を持つ：

diglycolate イオン：$^-OOCH_2C-\overset{..}{O}-CH_2COO^-$

dipicolinate イオン：$^-OOC-\overset{.}{N}_5H_3-COO^-$

反応 (13-14) に対する Grenthe（1963）の測定データを表 13-5 に掲げる．

構造式からわかるように，diglycolate イオンと dipicolinate イオンは共に 3 座配位子である．Ln^{3+}(aq) がこれらと (1:3) の水和錯体をなす場合，$(LnA_3)^{3-}$(aq) 錯体における Ln^{3+} イオンの配位数

が9ならば，Ln^{3+} イオンの最隣接配位多面体に水分子が含まれる可能性はない．これら3座配位子の(1:3)錯体が面白いのは，この点にある．この推論は，$(LnA_3)^{3-}$(aq)錯体の水和結晶のX線構造解析から支持される．Albertsson（1968, 1970a）は，$Na_3[Ln(diglyc)_3]\cdot 2NaClO_4\cdot 6H_2O$ を Ln = Ce～Lu について合成し，Ln = Nd, Gd, Yb の結晶に対するX線構造解析結果を報告している．これらの水和結晶では，Ln^{3+} イオンには三つの diglycolate イオンが配位しており，その配位多面体は歪んだ「三冠付き三角柱（tri-capped trigonal prism, TTP）構造」（図13-1）で，Ln^{3+} イオンの配位数は確かに9である．一方，dipicolinate との(1:3)の水和錯体結晶は，やはり Albertsson (1970b, 1972a, b) によって，$Na_3[Ln(dipic)_3]\cdot nH_2O$（三斜晶系），$Na_3[Ln(dipic)_3]\cdot NaClO_4\cdot nH_2O$（六方晶系と斜方晶系）が報告されている．異なる晶系のこれら Yb(III) 水和結晶のX線構造解析結果からすると，Yb(III) イオンの配位多面体は，晶系にかかわらず，やはり歪んだ「三冠付き三角柱構造」となっている．このように，類似水和結晶の配位状態からすると，$[Ln(diglyc)_3]^{3-}$(aq) と $[Ln(dipic)_3]^{3-}$(aq) の系列での Ln^{3+} イオンの配位数は，全 Ln 系列を通じて9と考えられる．ただし，溶存錯体とその水和結晶は同一化学種ではないわけだから，両者で類似の配位状態が実現していると理解するのはよいが，厳密に同一の配位状態が実現していると理解するのは必ずしも適切ではない（14-4節）．

13-1節で紹介したように，Staveley et al.（1968）は $[Ln(diglyc)_3]^{3-}$(aq) と $[Ln(dipic)_3]^{3-}$(aq) の錯体生成反応に $LnES_3\cdot 9H_2O$ の溶解反応を結合して Ln^{3+}(aq) を消去し，二つの同質同形系列間の配位子交換反応の ΔH_r に変換すれば，軽 Ln 側と重 Ln 側の変化が滑らかに接続することを指摘し，Ln^{3+}(aq) 系列に水和状態変化があることの証拠とした．Staveley et al.（1968）は両(1:3)錯体は全 Ln で同質同形系列をなすものとして議論しているが，以下ではこの前提も含めて検討したいので，Staveley et al.（1968）とは少し異なる形で Grenthe（1963）のデータを検討する．

表 13-5 (1:3)Ln-diglycolate および (1:3)Ln-dipicolinate 水和錯体の生成反応の熱力学量 (Grenthe, 1963)*.

Ln^{3+}	Ln(III)–(diglycolate)$_3$(aq) 25℃, I = 1.00 M			Ln(III)–(dipicolinate)$_3$(aq) 25℃, I = 0.50 M		
	ΔH_{cf} (kJ/mol)	ΔG_{cf} (kJ/mol)	ΔS_{cf} (J/mol/K)	ΔH_{cf} (kJ/mol)	ΔG_{cf} (kJ/mol)	ΔS_{cf} (J/mol/K)
La	−1.98	−58.5	189.4	−36.11	−102.5	222.7
Ce	−7.38	−64.0	189.8	−43.08	−106.6	213.1
Pr	−10.46	−66.2	186.9	−47.57	−113.0	219.4
Nd	−12.55	−69.3	190.2	−49.72	−116.5	223.9
Pm	—	—	—	—	—	—
Sm	−17.95	−72.8	183.8	−55.50	−120.3	217.4
Eu	−18.86	−75.1	188.5	−57.46	−121.7	215.4
Gd	−19.21	−74.1	184.1	−56.98	−123.7	223.7
Tb	−18.68	−75.4	190.1	−57.79	−124.8	224.8
Dy	−18.46	−76.0	192.9	−57.82	−125.4	226.8
Ho	−18.34	−75.7	192.3	−56.72	−125.1	229.2
Er	−17.58	−75.2	193.3	−56.09	−125.4	232.4
Tm	−15.98	−75.6	200.0	−53.85	−124.9	238.4
Yb	−16.14	−74.9	197.2	−54.00	−123.2	232.0
Lu	−15.98	−74.9	197.5	−52.96	−121.8	230.9

* Grenthe（1963）のデータは，$\sigma(\Delta H) < 0.4$ kJ/mol，$\sigma(\Delta G) < 0.4$ kJ/mol の実験誤差を含むと理解しておく．ΔS は $\Delta S = (\Delta H - \Delta G)/T$ として求めているので，$\sigma(\Delta S) < 2$ J/mol/K となる．個別の値は Grenthe (1963) およびそこでの文献を参照のこと．

(13-14) の $(LnA_3)^{3-}$(aq) の錯体生成反応では，Ln^{3+}(aq) は左辺側にあるが，前節の Ln(III) 水和結晶の溶解反応と同じ形の右辺側に Ln^{3+}(aq) がある形にするために，(13-14) の逆反応を考える．そのため，図 13-9a, -10a では，表 13-5 の Grenthe (1963) のデータすべてに負符号を付けてプロットした．同時に，前節の表 13-4 での ΔH_h^*, ΔS_h^*, ΔG_h^* の値を用いて，軽 Ln^{3+}(aq) 系列の水和状態を重 Ln^{3+}(aq) 系列と同じものに補正した結果も示している（鎖線の曲線）．中央部で折れ曲がった ($-\Delta H_{cf}$) と ($-\Delta G_{cf}$) の系列変化パターンは，軽 Ln^{3+}(aq) 系列を Ln^{3+}(oct, aq) 系列に直すことでより滑らかなものになる．($-\Delta S_{cf}$) の系列変化も，全体として比較的滑らかな系列変化となる．ただし，両 $(LnA_3)^{3-}$(aq) 系列での Tm, Yb, Lu 部分は，全体トレンドから「小さな変位」を示すように見える．特に，$[Ln(dipic)_3]^{3-}$(aq) 系列ではこの変位は明瞭で，実験誤差では説明できない．実験誤差でないとすると，この重 Ln 部分における構造変化は Ln^{3+}(oct, aq) 系列側には考え難いので，$(LnA_3)^{3-}$(aq) 系列側に原因があることになる．

Albertsson (1970b, 1972a, b) が報告しているように，$[Yb(III)-(dipic)_3]$ 錯体の水和結晶では，Yb(III) イオンの配位数は 9 で，dipicolinate 3 分子から成る歪んだ TTP 配位多面体を持つが，異なる晶系の水和結晶が得られている．第 11 章で見た LnF_3 系列の Er〜Lu でも，これらより軽 Ln 側と結晶構造は同一ではあるものの，格子定数と原子座標はかなり急激に変化している．結晶の空間群を変更するには到っていないが，重 Ln では格子定数と原子座標の微調整が連続的に起こっている．また，$Ln(OH)_3$ 系列は hexagonal 晶系の同質同形系列をなすが，$Lu(OH)_3$ は例外で，Yb 付近で構造変化が起こっており，$Lu(OH)_3$ では配位数が低下している (14-2 節)．このように，軽 Ln 側で安定であった集合状態が重 Ln 側では不安定になることは，いくつかの Ln(III) 化合物系列で認められる．3 次元的空間格子をつくる必要がない溶存錯体では，このような配位多面体構造の微調整は容易に起こるものと思われる．図 13-9a, -10a に認められる Tm, Yb, Lu 部分の「小さな変位」は，$(LnA_3)^{3-}$(aq) 系列の重 Ln 部分での配位状態変化を反映したものと考える．その意味で，(1:3)Ln-diglycolate 水和錯体と (1:3)Ln-dipicolinate 水和錯体は，全 Ln 系列を通じて同質同形系列を示さない可能性が高い．

図 13-9a, -10a に記入した破線は，$(LnA_3)^{3-}$(aq) = Ln^{3+}(oct, aq) + $3A^{2-}$(aq) に対する熱力学量の系列変化で，Tm, Yb, Lu 部分の「小さな不規則変化」を経験的に補正し，滑らかな系列変化に直した結果である．また，Ce と Eu についての $-\Delta G_{cf}$ と $-\Delta S_{cf}$ の値も破線から少し

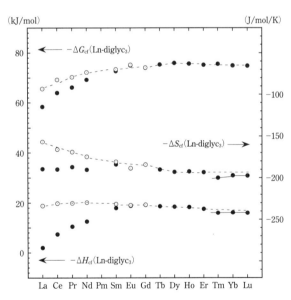

図 13-9a Grenthe (1963) による $[Ln(diglyc)_3]^{3-}$(aq) 錯体生成反応の熱力学量データ（表 13-5）にすべて負符号を付けてプロットした結果（黒丸）．表 13-4 の ΔH_h^*, ΔS_h^*, ΔG_h^* の値を用いて軽 Ln^{3+}(aq) 系列を Ln^{3+}(oct, aq) に補正した結果（白丸）も示す．破線は，Ln^{3+}(oct, aq) に補正することで，軽 Ln での折れ曲がり・不規則系列変化がおおむね解消することを示す．Tm, Yb, Lu に対する実線は，この部分の実験値が滑らかな系列変化からずれることを示す．

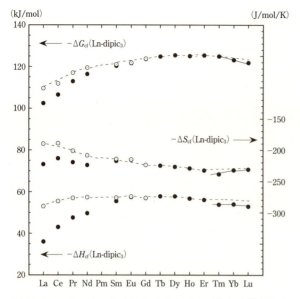

図 13-10a Grenthe (1963) による $[Ln(dipic)_3]^{3-}$(aq) 錯体生成反応の熱力学量データ（表 13-5）にすべて負符号を付けてプロットした結果（黒丸）．表 13-4 の ΔH_h^*, ΔS_h^*, ΔG_h^* の値を用いて軽 Ln^{3+}(aq) 系列を Ln^{3+}(oct, aq) に補正した結果（白丸）も示す．破線は，Ln^{3+}(oct, aq) に変更することで，軽 Ln での折れ曲がり・不規則系列変化がおおむね解消することを示す．Tm, Yb, Lu に対する実線は，この部分の実験値が滑らかな系列変化からずれることを示す．

ずれる．その理由は後に説明するが，これらの破線は「同質同形系列対での配位子交換反応」に対する熱力学量の系列変化と見なすことができ，最小二乗法により RSPET 式で回帰できるはずである．$-\Delta H_{cf}$ の回帰からは，Ln^{3+}(oct, aq) 系列と $[Ln(diglyc)_3]^{3-}$(aq)，$[Ln(dipic)_3]^{3-}$(aq) 系列での Racah パラメーターの違いを推定できる．また，ΔH_{cf} だけではなく ΔG_{cf}, ΔS_{cf} の系列変化も RSPET 式で回帰できることを確認する意味で重要である．図 13-9a, -10a の破線のデータを改良 RSPET 式に回帰した結果が，図 13-9b と図 13-10b である．RSPET 式は，(7-21) または (12-1) で $\Delta\zeta=0$ と置いた式を用いている．図 13-9b と図 13-10b の結果からすると，$(LnA_3)^{3-}$(aq) = Ln^{3+}(oct, aq) + $3A^{2-}$(aq) に対する熱力学量系列変化は，Tm, Yb, Lu の不規則性を経験的であれ補正することで，ΔH のみならず，ΔG と ΔS のデータも改良 RSPET 式で再現できることがわかる．前節の表 13-4 の ΔH_h^*, ΔS_h^*, ΔG_h^* の値を用いて，軽 Ln^{3+}(aq) 系列の水和状態を重 Ln^{3+}(aq) 系列と同じものに補正することの重要性が，ここでも確認できる．

一方，両 (1:3) 型錯体間の配位子交換反応，

$$[Ln(dipic)_3]^{3-}(aq) + 3(diglyc)^{2-}(aq) = [Ln(diglyc)_3]^{3-}(aq) + 3(dipic)^{2-}(aq) \tag{13-15}$$

を考えると，その熱力学量の系列変化は表 13-5 で，(1:3)Ln-diglycolate の値から (1:3)Ln-dipicolinate の値を差し引くだけで得られる．(13-14) での Ln^{3+}(aq) 系列が消去されるので，Ln^{3+}(aq) 系列での水和状態変化に起因する系列変化は現れない．両系列が全 Ln で同質同形なら，RSPET 式で直接回帰できるが，図 13-9a と図 13-10a からわかるように，Tm, Yb, Lu 部分では配位状態が変更されており，系列変化はこの部分で不規則である．そこで，この部分的不規則性を経験的に補正した図 13-9b と図 13-10b のデータ（黒塗りの点）の差を使えば，全 Ln が同質同形二系列の熱力学量の差を考えることになるので，これらは改良 RSPET 式で回帰できる．その結果が図 13-11 である．黒塗りと白抜きのデータ点は，図 13-9b と図 13-10b での黒塗りと白抜きのデータ点から，それぞれ差を作っている．Tm, Yb, Lu 部分が不規則変化を示す以外に，Ce と Eu の実験値が飛び跳ねた値となっている．これは図 13-9b, -10b で指摘したように，Ce と Eu の $(-\Delta G_{cf})$ 実験値に 1.0～1.5 kJ/mol 程度の系統誤差が含まれることによると判断した．これは $(-\Delta S_{cf})$ に伝播しており，二つの値の差を作っても相殺されない系統誤差と考える．一方，$(-\Delta H_{cf})$ にはこのような特別の系統誤差はないと判断できる．

Tm, Yb, Lu 部分の不規則性は経験的に補正したと記したが，実際は，図 13-9b と図 13-10b での最小二乗回帰を繰り返すだけではなく，これらの差を取った図 13-11 での最小二乗回帰も繰り返し行い，三者での整合性を確保しつつ，trial and error 法で補正量を推定している．図 13-11 では，結果として，重 Ln での「不規則変化」は ΔG と ΔH に明確に認められる．図 13-9a, b, -10a, b での Tm, Yb, Lu 部分の不規則変化を見ると，$[\mathrm{Ln(diglyc)}_3]^{3-}$(aq) に比べ $[\mathrm{Ln(dipic)}_3]^{3-}$(aq) の方が大きいので，これが図 13-11 での不規則の主たる原因である．図 13-11 の ΔS では，重 Ln 部分の「不規則変化」は，Tm と Yb では両者の間でかなりの程度相殺されており，Lu のみに比較的大きな不規則が残っている．程度の違いはあるが，$[\mathrm{Ln(diglyc)}_3]^{3-}$(aq) と $[\mathrm{Ln(dipic)}_3]^{3-}$(aq) は共に Tm, Yb, Lu 部分で不規則構造を持ち，全 Ln で同質同形の Ln(III) 系列ではないと推論できる．

このようにして得られている図 13-11 での回帰結果は，(13-15) に対する ΔH と ΔS の系列変化が共に「上に凸な四組効果」を明瞭に示している．ΔH と ΔS には同一極性の四組効果が内在しているが，ΔG では $\Delta G = \Delta H - T\Delta S$ の関係により相殺され，判然としない程度の小さな四組効果となっている．この ΔH と ΔS に現れる四組効果を，それぞれ ΔH(tetrad), ΔS(tetrad) と記す．常温での配位子交換反応 (13-15) では，ΔH(tetrad) と $T\Delta S$(tetrad) が拮抗する状態が実現している．

図 13-11 に示す ΔH 系列変化は「上に凸な」四組効果を示すので，Racah パラメーターの大小関係は

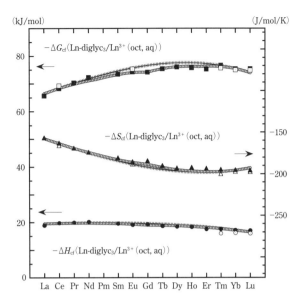

図 13-9b $[\mathrm{Ln(diglyc)}_3]^{3-}$(aq) $= \mathrm{Ln}^{3+}$(oct, aq) $+ 3(\mathrm{diglyc}^{2-})$ に対する熱力学量の系列変化（黒塗りのデータ点）を最小二乗法により RSPET 式で回帰した結果．Tm, Yb, Lu に対する黒塗りのデータ点は，実験値（白抜きのデータ点）を試行錯誤的に補正した値．Ce, Eu に対する $(-\Delta G_{cf})$ 値（白抜きのデータ点）は系列変化からずれを示すので，これも補正した．この誤差は Ce と Eu に対する $(-\Delta S_{cf})$ 値に伝播しているので，これを除いた．$(-\Delta H_{cf})$ の系列変化も非常に小さな四組効果しか示さない．

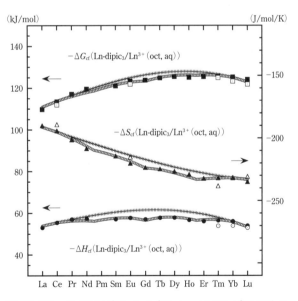

図 13-10b $[\mathrm{Ln(dipic)}_3]^{3-}$(aq) $= \mathrm{Ln}^{3+}$(oct, aq) $+ 3(\mathrm{dipic}^{2-})$ に対する熱力学量の系列変化（黒塗りのデータ点）を最小二乗法により RSPET 式で回帰した結果．黒塗りデータと白抜きデータの意味は図 13-9b と同じ．$(-\Delta H_{cf})$, $(-\Delta S_{cf})$, $(-\Delta G_{cf})$ は共に「上に凸な四組効果」を示す．

$$[\text{Ln}(\text{dipic})_3]^{3-}(\text{aq}) < [\text{Ln}(\text{diglyc})_3]^{3-}(\text{aq}) \tag{13-16}$$

であり，改良 RSPET 式への最小二乗法による回帰からは，

$$\Delta E^1 \{[\text{Nd}(\text{diglyc})_3]^{3-}(\text{aq})/[\text{Nd}(\text{dipic})_3]^{3-}(\text{aq})\} = (22.4 \pm 5.4) \ (\text{cm}^{-1}) \tag{13-16-1}$$

$$\Delta E^3 \{[\text{Nd}(\text{diglyc})_3]^{3-}(\text{aq})/[\text{Nd}(\text{dipic})_3]^{3-}(\text{aq})\} = (5.7 \pm 1.7) \ (\text{cm}^{-1}) \tag{13-16-2}$$

となる．$\Delta E^3/\Delta E^1 = 0.26 \pm 0.10$ で，この値は 7-5 節で述べたスペクトル・データが示す電子雲拡大系列の $\Delta E^3/\Delta E^1 = 0.23$, Peppard et al. (1969) の分配係数での $\Delta E^3/\Delta E^1 = 0.25$, 0.29 とも，それほど異ならない．

図 13-9b の $(-\Delta H_{cf})$ は $[\text{Ln}(\text{diglyc})_3]^{3-}(\text{aq})$ 錯体生成反応の逆反応の ΔH だが，RSPET 式への回帰結果は非常に小さな Racah パラメーターの差，

$$\Delta E^1 \{\text{Nd}^{3+}(\text{oct, aq})/[\text{Nd}(\text{diglyc})_3]^{3-}(\text{aq})\} = (3.3 \pm 6.1) \ (\text{cm}^{-1}) \tag{13-17-1}$$

$$\Delta E^3 \{\text{Nd}^{3+}(\text{oct, aq})/[\text{Nd}(\text{diglyc})_3]^{3-}(\text{aq})\} = (0.2 \pm 1.9) \ (\text{cm}^{-1}) \tag{13-17-2}$$

を与える．一方，図 13-10b の $[\text{Ln}(\text{dipic})_3]^{3-}(\text{aq})$ に対する $(-\Delta H_{cf})$ からは，

$$\Delta E^1 \{\text{Nd}^{3+}(\text{oct, aq})/[\text{Nd}(\text{dipic})_3]^{3-}(\text{aq})\} = (24.8 \pm 9.6) \ (\text{cm}^{-1}) \tag{13-18-1}$$

$$\Delta E^3 \{\text{Nd}^{3+}(\text{oct, aq})/[\text{Nd}(\text{dipic})_3]^{3-}(\text{aq})\} = (5.6 \pm 3.1) \ (\text{cm}^{-1}) \tag{13-18-2}$$

が得られる．(13-17-1, -2) と (13-18-1, -2) の差を計算すると，

$$\Delta E^1 \{[\text{Nd}(\text{diglyc})_3]^{3-}(\text{aq})/[\text{Nd}(\text{dipic})_3]^{3-}(\text{aq})\} = (21 \pm 11) \ (\text{cm}^{-1})$$

$$\Delta E^3 \{[\text{Nd}(\text{diglyc})_3]^{3-}(\text{aq})/[\text{Nd}(\text{dipic})_3]^{3-}(\text{aq})\} = (5.4 \pm 3.6) \ (\text{cm}^{-1})$$

となる．これらの計算値は，誤差の値は別として，図 13-11 の ΔH の四組効果から直接求めた値 (13-16-1, -2) とほぼ正確に一致する．改良 RSPET 式により求めた $\text{Ln}^{3+}(\text{aq, oct})$, $[\text{Ln}(\text{diglyc})_3]^{3-}(\text{aq})$, $[\text{Ln}(\text{dipic})_3]^{3-}(\text{aq})$ の三者の間での Racah パラメーターの違いは，定量的にも整合性があることがわかる．

この Racah パラメーター相対値の整合性は，用いた $\text{Ln}^{3+}(\text{aq})$ 系列の水和状態変化の補正量（表 13-4）の妥当性も強く示唆する．図 13-11 の ΔH 系列変化は $\text{Ln}^{3+}(\text{aq})$ 系列での水和状態変化と無関係だから，その ΔH 系列変化から直接求めた Racah パラメーターの相対値 (13-16-1, -2) は，$\text{Ln}^{3+}(\text{aq})$ 系列での水和状態変化と無関係である．一方，図 13-9b と図 13-10b の $(-\Delta H_{cf})$ は，$\text{Ln}^{3+}(\text{aq}) \to \text{Ln}^{3+}(\text{oct, aq})$ の水和状態変化を補正して得た値であり，そのようなデータから求められた Racah パラメーター相対値 (13-17-1, -2 と 13-18-1, -2) は，$\text{Ln}^{3+}(\text{aq}) \to \text{Ln}^{3+}(\text{oct, aq})$ の水和状態変化補正量に依

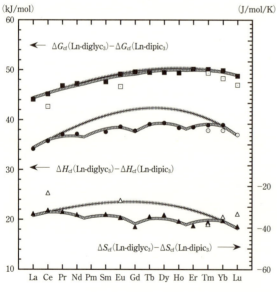

図 13-11 (1:3)Ln-diglycolate の錯生成反応の各熱力学量値から (1:3)Ln-dipicolinate の値を差し引いた結果．$[\text{Ln}(\text{dipic})_3]^{3-}(\text{aq}) + 3(\text{diglyc})^{2-}(\text{aq}) = [\text{Ln}(\text{diglyc})_3]^{3-}(\text{aq}) + 3(\text{dipic})^{2-}(\text{aq})$ の配位子交換反応の各熱力学量値に相当する．ここでの黒塗りおよび白抜きのデータ点は，図 13-9b と図 13-10b に示した黒塗りおよび白抜きのデータの差に当たる．黒塗りの点を最小二乗法で RSPET 式に回帰した結果を連続曲線で示す．

存している．もし，Ln^{3+}(aq) → Ln^{3+}(oct, aq) の水和状態変化補正量が適切でなければ，直接的に求められた Racah パラメーターの相対値（13-16-1, -2）との整合性は期待できない．実際は上記のように整合性が確認できるので，筆者が用いた Ln^{3+}(aq) 系列の水和状態変化の補正量（表13-4）は適切な値であることになる．

　Grenthe (1963) が報告している $[Ln(diglyc)_3]^{3-}$(aq) と $[Ln(dipic)_3]^{3-}$(aq) の錯体生成反応の熱力学データは，25℃，I(NaClO$_4$) = 1.0 M と I(NaClO$_4$) = 0.5 M の条件で得られていることには注意を要する．この比較的大きなイオン強度は，水銀電極を用いた potentiometry を利用し滴定を行うための条件によっている．本来は，生成定数のイオン強度依存性についての検討が必要であろうが，$Ln(ES)_3\cdot 9H_2O$ と $LnCl_3\cdot 6H_2O$ の溶解の熱力学データとは整合性が確認できることから，このイオン強度の問題はそれほど深刻ではないように思える．

　(13-15) の $[Ln(dipic)_3]^{3-}$(aq) ⇆ $[Ln(diglyc)_3]^{3-}$(aq) の配位子交換反応は，Tm, Yb, Lu 部分については問題があるものの，その他の Ln については，共に類似錯体だから，理想的な同質同形溶存 Ln(III) 錯体系列対での配位子交換反応である．図 13-11 の ΔH と ΔS の系列変化が示す「上に凸な四組効果」は疑いのない事実で，この Racah パラメーターの相違を生じる原因は，当然，diglycolate イオン ($^-$OOCH$_2$C−Ö−CH$_2$COO$^-$) と dipicolinate イオン ($^-$OOC−N̈$_5$H$_3$−COO$^-$) の違いに帰着できる．水分子の電子供与性が H−Ö−H から理解されるなら，dipicolinate イオンが相対的に小さな Racah パラメーターを示す事実は，−N̈$_5$H$_3$− が −Ö− に比べて相対的に強い共有結合性を持つと推定できる．

　Racah パラメーターの大小関係は，

$$[Ln(dipic)_3]^{3-}(aq) < [Ln(diglyc)_3]^{3-}(aq) \leq Ln^{3+}(oct, aq)$$

となるが，前節で議論した $Ln(ES)_3\cdot 9H_2O$ と $LnCl_3\cdot 6H_2O$ の溶解のデータも含めると，5種の Ln(III) 化合物・錯体系列での Racah パラメーター大小関係は

$$[Ln(dipic)_3]^{3-}(aq) < [Ln(diglyc)_3]^{3-}(aq) \leq Ln^{3+}(oct, aq) \approx LnCl_3\cdot 6H_2O < Ln(ES)_3\cdot 9H_2O$$

と推定できる．このように ΔH のデータに対して，同質同形 Ln(III) 系列になるように必要な補正を行い，これを改良 RSPET 式を用いて解析すれば，系統的な Racah パラメーターの相違を推定できる．この作業は，他の化合物・錯体も含めて 16-1, -4 節でさらに議論する．

　以上の配位子交換反応の具体的検討結果を総括して，とりあえず次の諸点を指摘できる．

1) Jørgensen 理論に基づく改良 RSPET 式からすると，$Ln(ES)_3\cdot 9H_2O$ と $LnCl_3\cdot 6H_2O$ の溶解の熱力学データは，$[Ln(diglyc)_3]^{3-}$(aq) と $[Ln(dipic)_3]^{3-}$(aq) の錯体生成反応に関する熱力学データ (Grenthe, 1963) と相互に整合的で，両者は共に，Ln^{3+}(aq) 系列に内在する水和状態変化を明示する．

2) $[Ln(diglyc)_3]^{3-}$(aq) と $[Ln(dipic)_3]^{3-}$(aq) の錯体生成反応に関する Grenthe (1963) の熱力学データは，25℃，I(NaClO$_4$) = 1.0 M と I(NaClO$_4$) = 0.5 M の条件で得られている．$Ln(ES)_3\cdot 9H_2O$ と $LnCl_3\cdot 6H_2O$ の溶解の熱力学データとの整合性から判断する限り，これら比較的大きなイオン強度条件が特異な結果を与えるようには見えない．

3) RSPET 式は，同質同形 Ln(III) 系列間の配位子交換反応の ΔH だけではなく，ΔG と ΔS の系列変化にも適用できる．改良 RSPET 式は $\Delta G = \Delta H - T\Delta S$ の関係を満足するので，四組効果成分の間でも，ΔG(tetrad) = ΔH(tetrad) − $T\cdot \Delta S$(tetrad) が成立する．

4) 四組効果は ΔH のみならず ΔS にも付随し，「上に凸」か「下に凸」の四組効果の極性からすると，ΔH と ΔS は同じ極性の四組効果を示す．その結果として，$\Delta G = \Delta H - T\Delta S$ の関係

から，ΔG での四組効果は実質的に相殺される場合がある．[Ln(dipic)$_3$]$^{3-}$ (aq) $\leftrightarrows$ [Ln(diglyc)$_3$]$^{3-}$ (aq) の配位子交換反応にはこの状況が当てはまる．

5) Ln(III) 化学種が完全に同質同形系列でない場合は，その不規則性は配位子交換反応の熱力学量系列変化に反映されている．同質同形系列でない場合，配位子交換反応の熱力学量系列変化は改良 RSPET 式では再現できない．しかし，不規則性が部分的な場合，適当な補正値を仮定して最小二乗法で改良 RSPET 式に回帰することを繰り返し行うことで，同質同形系列対の配位子交換反応の値への補正値を推定することができる．

次節では，配位子交換反応の ΔS の四組効果について別の視点から考える．

13-5　ΔS_r の四組効果と電子エントロピー

　Ln(III) 化合物系列間の配位子交換反応の ΔS_r に四組効果が現れる理由を，一般的な立場から考えてみる．結晶質固体化合物の反応を前提にして，これを

$$\mathrm{LnX} + \mathrm{Y}^{3-} = \mathrm{LnY} + \mathrm{X}^{3-} \tag{13-19}$$

と形式的に書いた時，標準状態での反応の ΔS_r^0 は，

$$\Delta S_r^0 = S_{298}^0(\mathrm{LnY}) - S_{298}^0(\mathrm{LnX}) + S_{298}^0(\mathrm{X}^{3-}) - S_{298}^0(\mathrm{Y}^{3-}) = S_{298}^0(\mathrm{LnY}) - S_{298}^0(\mathrm{LnX}) + \mathrm{const.} \tag{13-20}$$

である．Ln 系列での変化だけを問題にするので，Ln 以外の化学種からの寄与は定数となり，Ln 化学種の標準モル・エントロピーの差だけが意味を持つ．一般に，熱力学第三法則によって，結晶の標準モル・エントロピーは，近似的に次のようなエントロピー成分の和と考えることができる（Denbigh, 1981）：

$$S_{298}^0 \approx S_{\mathrm{conf.}} + S_{\mathrm{el.}} + S_{\mathrm{vib.}} \tag{13-21}$$

第1項は構成原子・イオンの空間配置のエントロピー，第2項は電子のエントロピー，第3項は振動のエントロピーである．この Ln(III) 化合物系列が，LnES$_3$·9H$_2$O のように，全 Ln について同質同形系列を成す場合は，$S_{\mathrm{conf.}}$ は一定値，あるいは，きわめて緩やかで滑らかな系列変化を与えるものと考え，事実上定数となる．しかし，Ln 系列の途中で構造変化がある場合は，不連続な系列変化を与える．$S_{\mathrm{el.}}$ については，同質同形系列の Ln 化学種における系列変化に寄与するのは，基本的には Ln^{3+} イオンが関与する部分のみを考えればよい．これについては，Ln(III) 化合物・錯体であっても，イオン・ガスの Ln^{3+}(g) の電子エントロピー，$S_{298,\mathrm{el.}}^0(\mathrm{Ln}^{3+}, \mathrm{g})$，を用いて近似的にこれを評価するのが通常の考え方である（Hinchey and Cobble, 1970；Spedding et al., 1977；Bratsh and Lagowski, 1985）．

　$S_{298,\mathrm{el.}}^0(\mathrm{Ln}^{3+}, \mathrm{g})$ と $S_{\mathrm{vib.}}$ について以下で少し説明する．単原子理想気体のエントロピー S の理論式として，Sackur-Tetrode（ザックール・テトロード）の式，

$$S = kN \left\{ \ln\left[\left(\frac{2\pi mkT}{h^2}\right)^{3/2} \cdot \left(\frac{V}{N}\right)\right] + \frac{5}{2} \right\} \tag{13-22}$$

が知られている．質点 m の理想気体 N 個の並進運動によるエントロピーを与える式で，R は気体定数，kT は Boltzmann 定数と絶対温度の積である．理想気体粒子は内部自由度を持たず回転と振動の自由度は共に 0 なので，並進運動のみによるエントロピーを与える．1モルの粒子数は，Avogadro 数個（$N = N_\mathrm{A}$）なので，$kN_\mathrm{A} = R$ となる．すなわち，1モルの理想気体粒子の並進運

動のエントロピーは，

$$S_{\text{transl.}} = R\left\{\ln\left[\left(\frac{2\pi mkT}{h^2}\right)^{3/2}\cdot\left(\frac{V}{N_A}\right)\right]+\frac{5}{2}\right\} \tag{13-23}$$

となる．自然対数の引数となっている部分は無次元である．この式の導出は統計力学のテキスト(Mayer and Mayer 1940)や，「統計力学の基礎事項」(川邊，2009)の§6-3-5を参照されたい．粒子1個の質量 m を原子量 M に変換し，1モル理想気体の状態方程式 $PV = N_A kT$ を用いて V を P に直し，P の値としては気圧単位の値を採用すると，

$$S_{\text{transl.}} = 2.303 R\left(\frac{3}{2}\log M + \frac{5}{2}\log T - \log P - 0.506\right) \tag{13-23'}$$

と，より実用的な式となる．$Ln^{3+}(g)$ のエントロピーでは，(13-23)の理想気体の並進運動エントロピーに，$4f$ 電子の電子状態に起因する電子エントロピーが加わる．$Ln^{3+}(g)$ の電子エントロピー，$S^0_{298,\text{el.}}(Ln^{3+},g)$，は次の(13-24)式で与えられる．$Ln^{3+}(g)$ の電子エネルギー状態は，Russel-Saunders 結合による基底 LS 項の J レベル分裂があるとの前提から，$T = 298.15$ K として，

$$S^0_{298,\text{el.}}(Ln^{3+},g) = R\ln\left[\sum_J (2J+1)e^{-\varepsilon_J/kT}\right] + R\sum_J (2J+1)\frac{\varepsilon_J}{kT}e^{-\varepsilon_J/kT}/\sum_J (2J+1)e^{-\varepsilon_J/kT} \tag{13-24}$$

として与えられる（詳しくは 13-8-1 で再論する）．これは1モル当たりの $Ln^{3+}(g)$ の $4f$ 電子エントロピーを与える．J は基底 LS 項の J レベル値で，全角運動量二乗演算子の量子数である．$(2J+1)$ はその J レベル・エネルギーの縮重度である．ε_J はその J レベルのエネルギー値で，基底レベルの値を基準にして測られている．励起レベルでは正の値であるが，基底レベルでは0となる[1]．$T = 298.15$ K の標準状態では，Eu^{3+}，Sm^{3+} を除く Ln^{3+} イオンの励起 J レベル・エネルギーは，kT に比べて十分に大きいと考えてよい（第3章の図3-5, Dieke ダイアグラムを参照）．したがって，励起 J レベルについては $e^{-\varepsilon_J/kT} \approx 0$ の近似が成立し，(13-24)の項はともに落ちる．$\varepsilon_J = 0$ の基底 J レベルについては，第1項の $e^{-\varepsilon_J/kT} = e^0 = 1$ だけが残る．したがって(13-24)は，結局のところ，

$$S^0_{298,\text{el.}}(Ln^{3+},g) \approx R\ln(2J+1) \tag{13-25}$$

となる．この(13-25)での J は基底レベルの J である．通常この値が $S^0_{298,\text{el.}}(Ln^{3+},g)$ として使用される．励起状態の ε_J が小さい Eu^{3+}，Sm^{3+} については，(13-24)に基づいて求めねばならない (Hinchey and Cobble, 1970; Bratsh and Lagowski, 1985)．これらの値を，系列変化の形で図 13-12 に示す．具体的な値は表 13-6 に後掲する．

一方，充分高温で，kT が励起 J レベルのエネルギーに比べ十分に大きいと考えてよい反対の場合は，$\varepsilon_J \ll kT$ であり，$\varepsilon_J/kT \approx 0$ であり $e^{-\varepsilon_J/kT} = 1$ と見なせるから，(13-24)は

$$S^0_{298,\text{el.}}(Ln^{3+},g) \approx R\ln\left[\sum_J (2J+1)\right] = R\ln[(2S+1)(2L+1)] \tag{13-26}$$

となる．S, L は基底 LS 項の量子数で，$\sum_J(2J+1) = (2S+1)(2L+1)$ は基底 LS 項のエネルギー縮重度である（「基礎事項」§11）．$T = 298.15$ K の標準状態を考えるので，ここでは(13-26)は該当しない．

通常仮定されるように，Ln(III) 化合物・錯体の Ln^{3+} イオンの電子エントロピーが $S^0_{298,4f\text{el.}}(Ln^{3+},$

---

[1] Russell-Saunders 結合での基底 LS 項の J レベル分裂については，本書の第1章と「基礎事項」§11 で述べてあるので参照していただきたい．

g) に等しいならば，(13-20) の配位子交換反応では相殺され，結果として残らない．しかし，一般には，Ln^{3+} イオンと個別配位子の組み合わせの違いにより Ln^{3+} イオンの電子エントロピーは正確には同一ではないはずである．ゆえに，同質同形化合物間の配位子交換反応の ΔS_r^0 は，一般的には，

$$\Delta S_r^0 = S_{298}^0(\mathrm{LnY}) - S_{298}^0(\mathrm{LnX}) + S_{298}^0(\mathrm{X}^{3-}) - S_{298}^0(\mathrm{Y}^{3-}) = \Delta S_{\mathrm{conf.}} + \Delta S_{\mathrm{el.}} + \Delta S_{\mathrm{vib.}} + \mathrm{const.}$$

となる．しかし，同質同形化合物間の配位子交換反応では $\Delta S_{\mathrm{conf.}}$ は定数，$\Delta S_{\mathrm{el.}}$ の Ln^{3+} イオンが関与する部分は相殺されると考えれば，

$$\Delta S_r^0 = S_{298}^0(\mathrm{LnY}) - S_{298}^0(\mathrm{LnX}) + S_{298}^0(\mathrm{X}^{3-}) - S_{298}^0(\mathrm{Y}^{3-}) \approx \Delta S_{\mathrm{vib.}} + \mathrm{const.} \tag{13-27}$$

としてもよい．

$\Delta S_{\mathrm{vib.}}$ は，結晶中の原子・イオンの熱振動によるエントロピーである．熱振動は調和振動子として取り扱うことができるから，次の式で表現できる（Mayer and Mayer, 1940；Denbigh, 1981）：

$$\Delta S_{\mathrm{vib.}} = k \sum_i^{3N} \left\{ \frac{h\nu_i}{kT(\mathrm{e}^{h\nu_i/kT} - 1)} - \ln(1 - \mathrm{e}^{-h\nu_i/kT}) \right\} \tag{13-28}$$

ν_i は i 番目の基準振動モードの振動数を表す．N はその物質 1 モルに含まれる原子数であり，表記上の「1 分子」に含まれる原子数を n，Avogadro 数を N_A とすると，$N = nN_\mathrm{A}$ である．また，(13-28) 右辺を Debye の振動数分布で置き換えた形でも議論でき，この方法は 13-7 節で具体的に議論する．

しかしながら，(13-27) はあくまでも「近似」であることに注意しなければならない．以下の点に留意しておく必要がある：

(i) Ln^{3+} イオンの $4f$ 電子のポテンシャルは，真空中の自由イオンでは球対称性を持つが，化合物では配位子の摂動ポテンシャルが加わるので，これより低対称となっており，J レベル・エネルギーの縮重は一部が解けている．しかし，この部分的なエネルギー分裂が kT に比べ小さければ，(13-26) と類似の状況となる．すなわち，配位子場による分裂前の J レベルの縮重度 $(2J+1)$ による (13-25) 右辺の値は，結果として悪い近似ではない．問題なのは，以下の2点であろう．

(ii) 第 10～12 章で既に見たように，Ln(III) 化合物・錯体の $4f$ 電子エネルギーが Ln^{3+}(g) のそれとは正確には一致しないことが四組効果である．電子エネルギーでは一致しないとし，$4f$ 電子エントロピーでは一致するとするのは，直感的にも「矛盾した主張」である．したがって，

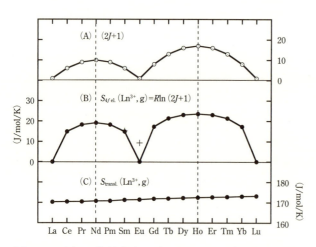

図 13-12 (A)：Ln^{3+}(g) 基底レベルの $(2J+1)$ の系列変化．(B)：標準状態における Ln^{3+}(g) の $4f$ 電子エントロピー，$S_{4f\mathrm{el.}}(Ln^{3+}, g)$，の系列変化．黒丸の点は $R\ln(2J+1)$ の値を表す．Sm^{3+}(g) と Eu^{3+}(g) の+の点は，標準状態での熱的励起を考慮した計算値（Hinchey and Cobble, 1970）．(C)：Ln^{3+}(g) を古典的粒子とした場合の並進運動のエントロピー，$S_{\mathrm{transl.}}(Ln^{3+}, g)$，の値．

$$\Delta S_{\text{el.}} = S^0_{298,4f\text{el.}}(\text{Ln compound}) - S^0_{298,4f\text{el.}}(\text{Ln}^{3+}, g) \qquad (13\text{-}29)$$

を 0 に等しいとするのは，あくまでも 0 次近似であり，$\Delta S_{\text{el.}} \approx 0$ とした場合の残余を問題にしなければならない．これは，(13-21) 自体が一種の近似であり，$S_{\text{conf.}}$, $S_{\text{el.}}$, $S_{\text{vib.}}$ の和に完全分離できる保証はないことにも関連している．

(iii) $\Delta S_{\text{el.}} \approx 0$ とした場合の残余を考える際に重要となるのは，振動のポテンシャル・エネルギーに電子エネルギーが関与する問題である（12-4 節，13-6-2）．単原子イオン・ガスでは振動は考えなくてもよいので，(13-27) の $\Delta S^0_r \approx \Delta S_{\text{vib.}} + \text{const.}$ における $\Delta S_{\text{vib.}}$ は，実質的には，(13-29) の残余を含むと解釈すべきである．すなわち，

$$\begin{aligned}
\Delta S^0_r &= S^0_{298}(\text{LnY}) - S^0_{298}(\text{LnX}) + S^0_{298}(\text{X}^{3-}) - S^0_{298}(\text{Y}^{3-}) \\
&= \Delta S_{\text{conf.}} + \{S^0_{298,\text{el.}}(\text{LnY}) - S^0_{298,\text{el.}}(\text{Ln}^{3+}, g)\} - \{S^0_{298,4f\text{el.}}(\text{LnX}) - S^0_{298,4f\text{el.}}(\text{Ln}^{3+}, g)\} + \Delta S_{\text{vib.}} + \text{const.} \\
&= [\{S^0_{298,4f\text{el.}}(\text{LnY}) - S^0_{298,4f\text{el.}}(\text{LnX})\} + \Delta S_{\text{vib.}}] + \text{const.} \\
&= \Delta S'_{\text{vib.}} + \text{const.}
\end{aligned} \qquad (13\text{-}30)$$

3 番目の等号では，同質同形化合物の反応として $\Delta S_{\text{conf.}}$ を定数とした．また 4 番目の等号の $\Delta S'_{\text{vib.}}$ は (13-29) の残余の差を含むと考えてダッシュを付けた．(13-27) の $\Delta S_{\text{vib.}}$ とは

$$\Delta S'_{\text{vib.}} = \{S^0_{298,4f\text{el.}}(\text{LnY}) - S^0_{298,4f\text{el.}}(\text{LnX})\} + \Delta S_{\text{vib.}} \qquad (13\text{-}31)$$

の関係になる．しかし，振動のポテンシャルに電子のエネルギーが絡んでいると考えれば，(13-27) の $\Delta S_{\text{vib.}}$ と (13-30) の $\Delta S'_{\text{vib.}}$ の違いは形式的なものである．振動が $4f$ 電子準位に結びつく問題は 13-6-2 で改めて議論する．

エントロピーには熱力学の第三法則があり，個々の化学種のエントロピー値それ自体が実験的に定まる．Ln(III) 固体化合物のエントロピーは，(13-21) から，近似的に

$$S^0_{298}(\text{LnX}) \approx S_{\text{conf.}}(\text{LnX}) + S_{\text{el.}}(\text{LnX}) + S_{\text{vib.}}(\text{LnX}) \qquad (13\text{-}32)$$

であるから，両辺から $S^0_{298,4f\text{el.}}(\text{Ln}^{3+}, g)$ を差し引けば，

$$\begin{aligned}
S^0_{298}(\text{LnX}) - S^0_{298,4f\text{el.}}(\text{Ln}^{3+}, g) &\approx S_{\text{conf.}}(\text{LnX}) + \{S_{\text{el.}}(\text{LnX}) - S^0_{298,4f\text{el.}}(\text{Ln}^{3+}, g)\} + S_{\text{vib.}}(\text{LnX}) \\
&= S_{\text{conf.}}(\text{LnX}) + S'_{\text{vib.}}(\text{LnX})
\end{aligned} \qquad (13\text{-}33)$$

すなわち，第三法則による $S^0_{298}(\text{LnX})$ の実験値から $S^0_{298,4f\text{el.}}(\text{Ln}^{3+}, g)$ の値を差し引けば，その後には $\{S_{\text{el.}}(\text{LnX}) - S^0_{298,4f\text{el.}}(\text{Ln}^{3+}, g)\}$ の残余も含まれていることになる．したがって，$\{S_{298}(\text{LnX}) - S^0_{298,4f\text{el.}}(\text{Ln}^{3+}, g)\}$ の系列変化からそれを知ることができる．以下では，$\text{LnO}_{1.5}$ と LnF_3 のデータを用いて，$\{S_{298}(\text{LnX}) - S^0_{298,4f\text{el.}}(\text{Ln}^{3+}, g)\}$ の系列変化を調べてみよう．

$\text{LnO}_{1.5}$(c) の場合について，S^0_{298} と $\{S^0_{298} - S^0_{298,4f\text{el.}}(\text{Ln}^{3+}, g)\}$ の値を示した結果が図 13-13a である．S^0_{298} の実験データは Barin (1993) によるもので，$S^0_{298,4f\text{el.}}(\text{Ln}^{3+}, g)$ の値は Spedding et al. (1977) の値を用いている．各々の値は表 13-6 にまとめた．S^0_{298} の実験データ（×印）が示す系列変化の大局的特徴は，図 13-12(B) の $S^0_{298,\text{el.}}(\text{Ln}^{3+}, g)$ に類似する $4f$ 電子エントロピーが内在することを示している．しかし，実験データには相転移の影響や実験誤差が含まれるのも間違いない．La〜Nd は hexagonal 相で，他は cubic 相である．両系列で $S_{\text{conf.}}$ に相違がある．hexagonal 相と cubic 相での不連続はほぼ 3〜2 J/mol/K と推定できる．ただし，Eu, Dy, Tm, Yb メンバーの実験データは，S^0_{298} でも $\{S^0_{298} - S^0_{298,4f\text{el.}}(\text{Ln}^{3+}, g)\}$ の系列変化でも，系統的にずれており，この偏差は実験データの系統誤差と解釈するほかない．Eu, Dy, Tm, Yb メンバーの S^0_{298} データは，各々，+2.5, −4.0, −5.5, −4.5 J/mol/K の系統誤差を含むと考える．この点の議論は 13-9 節に記し，ここでは述べない．このような補正を考えると，図 13-13a の $\{S^0_{298}(\text{cub}) - S^0_{298,4f\text{el.}}(\text{Ln}^{3+}, g)\}$ の変化には

下に凸な四組効果が認められる．4f電子のエントロピーは除かれていると考えれば，これは，基本的には，振動のエントロピーが示す四組効果である．$\{S^0_{298}(\text{cub}) - S^0_{298,4fel.}(\text{Ln}^{3+}, g)\}$ が下に凸な四組効果を示すので，$\text{LnO}_{1.5}(\text{c}) \to \text{Ln}^{3+}(g)$ の格子エントロピー変化はこれに負符号を付けたものだから，上に凸な四組効果となる．これは第10章で考えた $\text{LnO}_{1.5}(\text{c}) \to \text{Ln}^{3+}(g)$ の格子エネルギーの四組効果の極性と同じで，格子エントロピーにも上に凸な四組効果が内在することがわかる．このように，$\text{LnO}_{1.5}(\text{c}) \to \text{Ln}^{3+}(g)$ の状態変化の ΔH と ΔS には同一の極性をもつ四組効果が内在する．ΔH の四組効果は結合エネルギーに内在し，ΔS の四組効果は振動のエントロピーに内在する．

図 13-13b は，$\text{LnF}_3(\text{c})$ の S^0_{298} と $\{S^0_{298} - S^0_{298,4fel.}(\text{Ln}^{3+}, g)\}$ の値を示したものである．S^0_{298} の実験データは Lyon et al. (1978, 1979a, b)，Flotow and O'Hare (1984) などから引用した（表 13-7）．$S^0_{298,4fel.}(\text{Ln}^{3+}, g)$ の値は $\text{LnO}_{1.5}(\text{c})$ の場合と同じである．La〜Nd は hexagonal 相で，他は orthorhombic 相である．hexagonal 相と orthorhombic 相の食違いはほぼ 3 J/mol/K と推定できる．この配置エ

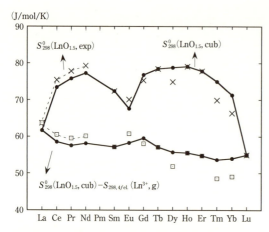

図 13-13a　$S^0_{298}(\text{LnO}_{1.5}, \text{cub})$ と $\{S^0_{298}(\text{LnO}_{1.5}, \text{cub}) - S_{298,4fel.}(\text{Ln}^{3+}, g)\}$ の系列変化．×印は Ln = La〜Nd の $S^0_{298}(\text{LnO}_{1.5}, \text{hex})$ と Ln = Sm〜Lu の $S^0_{298}(\text{LnO}_{1.5}, \text{cub})$ の実験値．白四角と黒四角は $\{S^0_{298}(\text{LnO}_{1.5}) - S^0_{298,4fel.}(\text{Ln}^{3+}, g)\}$ の実験値．黒丸は受け入れるべきと判断した $S^0_{298}(\text{LnO}_{1.5}, \text{cub})$ 値で，白四角の実験値に補正を加えた結果．

表 13-6　$\text{Ln}^{3+}(g)$ と $\text{LnO}_{1.5}(\text{cub})$ のエントロピーの値（298.15 K, 1 atm）．

Ln^{3+}	$(2J+1)^a$	$S_{4f,el.}(\text{Ln}^{3+}, g)^b$ (J/mol/K)	$S_{298}(\text{Ln}^{3+}, g)$ (J/mol/K)	$S_{298}(\text{LnO}_{1.5}, \text{exp})^c$ (J/mol/K)	$S_{298}(\text{LnO}_{1.5}, \text{cub})^d$ (J/mol/K)
La	1	0	170.32	63.66 (hex)	60.66
Ce	6	14.90	185.32	75.43 (hex)	73.43
Pr	9	18.28	188.78	77.82 (hex)	75.82
Nd	10	19.16	189.94	79.29 (hex)	77.29
(Pm)	9	18.27	189.12		
Sm	6	15.23	186.54	72.38 (cub)	72.38
Eu	1	9.33	180.77	70.08 (cub)	67.58
Gd	8	17.28	189.15	75.31 (cub)	76.81
Tb	13	21.34	193.34	78.45 (cub)	78.45
Dy	16	23.05	195.32	74.90 (cub)	78.90
Ho	17	23.56	196.02	79.10 (cub)	79.10
Er	16	23.05	195.69	77.82 (cub)	77.82
Tm	13	21.34	194.10	69.87 (cub)	75.37
Yb	8	17.28	190.34	66.35 (cub)	70.85
Lu	1	0	173.20	54.98 (cub)	54.98

a：$\text{Ln}^{3+}(g)$ の基底レベルに対する $(2J+1)$．
b：$\text{Ln}^{3+}(g)$ at 298.15 K and 1 atm に対する 4f 電子エントロピーの値．$\text{Sm}^{3+}(g)$ および $\text{Eu}^{3+}(g)$ を除く $\text{Ln}^{3+}(g)$ では，$S_{4f,el.}(\text{Ln}^{3+}, g) = R\ln(2J+1)$．$\text{Sm}^{3+}(g)$ と $\text{Eu}^{3+}(g)$ の値は，J レベル分裂を考慮して計算した Hinchey and Cobble (1970) の値を Spedding et al. (1977) と同様に採用している．
c：実験値をまとめた Barin (1993) の値．
d：ここで採用した $S_{298}(\text{LnO}_{1.5}, \text{cub})$ の値．hexagonal → cubic の補正は，図 13-13a に示すように，−3 (La)，−2 (Ce, Pr, Nd) J/mol/K とした．$\text{LnO}_{1.5}(\text{cub})$ の値では，Eu, Gd, Dy, Tm, Yb に対して図 13-13a の下図のプロットに基づき補正を加えている．

ントロピーの差を補正して$\{S^0_{298} - S^0_{298, 4fel.}(Ln^{3+}, g)\}$の系列変化を考えると，Gdの値はやや高い値であり，わずかな八組効果に相当する小さな系列変化が存在するように見える．しかし，$LnO_{1.5}(c)$の場合とは異なり，非常に明瞭な四組様の変化ではない．$LnF_3(c) \to Ln^{3+}(g)$の変化で言えば，格子エントロピーには小さな八組効果が認められることになる．$LnF_3(c)$の格子エネルギーでは有意な四組・八組様変化は認められなかったが，$\{S^0_{298}(LnF_3, c) - S^0_{298, 4fel.}(Ln^{3+}, g)\}$では非常に小さな八組様変化が認められることになる．

今度は，フッ化物と酸化物での配位子交換反応：

$LnO_{1.5}(c) + 3F^-(g) = LnF_3(c) + (3/2)O^{2-}(g)$

のΔSの系列変化を見てみよう．この反応のΔSの系列変化は，$\{S^0_{298}(LnF_3, c) - S^0_{298}(LnO_{1.5}, c)\}$が決めるが，図13-13a, bに示した軽Ln→中Lnでの相変化に対する小さな補正を行い，$\{S^0_{298}(LnF_3, rhm) - S^0_{298}(LnO_{1.5}, cub)\}$の変化として示すと図13-13cとなる．上に凸な規則的な明確な四組効果を確認できる．$\{S^0_{298}(LnCl_3, hex) - S^0_{298}(LnO_{1.5}, cub)\}$の系列変化も同時に示してあるが，ここにも上に凸な四組効果を見ることができる．$S^0_{298}(LnCl_3, hex)$の値は14-1節で検討している．図13-13cは，実質的には，いずれも実験値の単なる差なので，電子エントロピーの値には左右されない単純明快な結果である．フッ化物または塩化物と酸化物間での配位子交換反応のΔSの系列変化は，ΔHに類似して，上に凸な四組効果を示し，しかも，ΔSの系列変化は改良RSPET式で回帰できる．$\{S^0_{298}(LnF_3, rhm) - S^0_{298}(LnO_{1.5}, cub)\}$でも，両系列における振動エントロピーの差が「上に凸

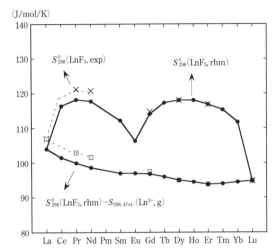

図 13-13b $S^0_{298}(LnF_3, rhm)$と$\{S^0_{298}(LnF_3, rhm) - S^0_{298, 4fel.}(Ln^{3+}, g)\}$の系列変化．×印はLn=La〜Ndに対する$S^0_{298}(LnF_3, hex)$，Ln=Sm〜Luでの$S^0_{298}(LnF_3, rhm)$の実験値，白四角は$\{S^0_{298}(LnF_3) - S^0_{4f,el}(Ln^{3+}, g)\}$の実験値．ここでは$S^0_{298}(LnF_3, rhm) = S^0_{298}(LnF_3, hex) - 3.0$ (J/mol/K)をLa, (Ce), Pr, Ndメンバーに適用し，実験値の報告がない黒丸印の$S^0_{298}(LnF_3, rhm)$は$\{S^0_{298}(LnF_3, rhm) - S^0_{298}(LnO_{1.5}, cub)\}$と$\{S^0_{298}(LnF_3, rhm) - S^0_{4f,el}(Ln^{3+}, g)\}$の系列変化から内挿して推定している．

表 13-7 LnF_3のエントロピー（298.15 K, 1 atm）実験値と推定値．

Ln^{3+}	$S_{298}(LnF_3, exp)$ (J/mol/K)	$S_{298}(LnF_3, calc)^g$ (J/mol/K)	$S_{298}(LnF_3, rhm)^h$ (J/mol/K)
La	106.98 (hex)^a	107.09	102.98
Ce	115.23 (hex)^b	119.42	116.40
Pr	121.22 (hex)^c	121.23	118.22
Nd	120.79 (hex)^d	120.82	117.79
(Pm)	—	120.26	—
Sm	— (rhm)	115.73	113.53
Eu	— (rhm)	109.27	106.83
Gd	114.77 (rhm)^e	116.35	114.28
Tb	— (rhm)	118.25	117.64
Dy	118.07 (rhm)^f	119.22	118.07
Ho	— (rhm)	119.74	118.06
Er	116.86 (rhm)^f	118.62	116.86
Tm	— (rhm)	115.09	115.34
Yb	— (rhm)	110.92	111.28
Lu	94.83 (rhm)^e	94.82	94.83

a: Lyon et al. (1978).
b: Westrum and Beale (1961).
c: Lyon et al. (1979a).
d: Lyon et al. (1979b).
e: Flotow and O'Hare (1981).
f: Flotow and O'Hare (1984).
g: Chervonnyl (2012) による推定値．
h: ここで採用した$S_{298}(LnF_3, rhm)$の値．hex→rhmの補正は，図13-13bに示すように，-4(La), -3(Ce, Pr, Nd) J/mol/Kとした．

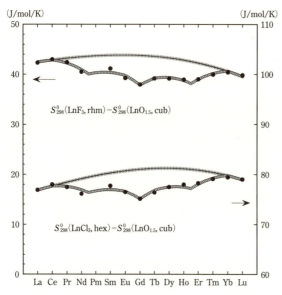

図 13-13c $\{S^0_{298}(\text{LnF}_3, \text{rhm}) - S^0_{298}(\text{LnO}_{1.5}, \text{cub})\}$ と $\{S^0_{298}(\text{LnCl}_3, \text{hex}) - S^0_{298}(\text{LnO}_{1.5}, \text{cub})\}$ の系列変化．いずれも四組様の変化が認められ，RSPET 式で回帰できる．

な四組効果」を示すと考えられる．この極性は，第 11 章で確認した $\{\Delta H^0_i(\text{LnF}_3, \text{c}) - \Delta H^0_i(\text{LnO}_{1.5}, \text{c})\}$ の系列変化の四組効果と同じである．同じ極性の四組効果が ΔH でも ΔS でも認められる．この状況は 13-1～-4 節でみた実例とも同じである．

以上のように，同形 Ln(III) 系列間の配位子交換反応では，ΔH(tetrad) と ΔS(tetrad) が相互に正相関するのは実験事実である．この事実はどのように理解したらよいのであろうか？ これを次に考えよう．

13-6 同じ極性を持つ ΔH と ΔS の四組効果と振電相互作用

配位子交換反応の ΔH と ΔS に内在する ΔH(tetrad) と ΔS(tetrad) が同じ極性を持ち相互に相関する理由は何であろうか？ 結晶の $S_\text{vib.}$ に対する (13-28) 式でもう少し定量的に考えてみよう．多原子系の振動運動だから，第一近似としては，運動の自由度に相当するだけの調和振動子（基準振動）が含まれている．(13-28) 式に多数の $h\nu_i$ が現れる理由である．分子であれば，分子全体の並進運動と回転運動の自由度（3+3=6）を除いた (3N-6) だけの独立な基準振動モードが存在する．結晶の場合は，周期的境界条件を前提に，波数ベクトル ($\vec{k}$) で指定される 3 次元の空間を伝播する平面波の重ねあわせとして単位胞中の原子の振動運動を考えるから，波数ベクトルがゼロではない一般的な場合は，単位胞中の原子数の 3 倍の個数の基準振動モードが存在する．したがって，(13-28) の $3N$ は，色々な波数ベクトルを考えた場合に現れる基準振動モードの総和に対応する．

$$S_\text{vib.} = k \sum_i^{3N} \left\{ \frac{h\nu_i}{kT(e^{h\nu_i/kT}-1)} - \ln(1 - e^{-h\nu_i/kT}) \right\} \tag{13-28}$$

を考える上で，$u_i \equiv h\nu_i/kT$ と表記すると，$u_i > 0$ だから

$$\frac{\partial S_\text{vib.}}{\partial u_i} = k \frac{\partial}{\partial u_i} \left\{ \frac{u_i}{(e^{u_i}-1)} - \ln(1 - e^{-u_i}) \right\} = -k \left\{ \frac{u_i e^{u_i}}{(e^{u_i}-1)^2} \right\} < 0 \tag{13-34}$$

となる．すなわち，温度 T は一定で，ν_i が増加すれば振動のエントロピーは低下し，逆に，ν_i が低下すれば振動のエントロピーの増加となる．たとえば，同形 $\text{LnO}_{1.5}$(cub) 系列で Eu と Gd の $S_\text{vib.}$ を比べる時，$\text{GdO}_{1.5}$(cub) の基準振動数 ν_i が $\text{EuO}_{1.5}$(cub) の ν_i に比べ系統的に小さいならば，

$$S_\text{vib.}(\text{EuO}_{1.5}) < S_\text{vib.}(\text{GdO}_{1.5})$$

となる．図 13-13a に示した $\{S^0_{298}(\text{LnO}_{1.5}, \text{cub}) - S^0_{298,4f\text{el.}}(\text{Ln}^{3+}, \text{g})\}$ の系列変化は $S_{\text{vib.}}(\text{EuO}_{1.5}) < S_{\text{vib.}}(\text{GdO}_{1.5})$ であることを示している．系統的に小さな基準振動数 ν_i は系統的に小さな振動の「力の定数（force constant）」を意味し，この「力の定数」は，常識的には，平衡配置において振動ポテンシャルを基準振動の微小変位で級数展開した時の二次項の係数（二階の偏微分係数）である．したがって，振動ポテンシャルの二階の偏微分係数が，結合エネルギーに対する四組様の 4f 電子エネルギーの寄与と相関している状況が考えられる．

一方，Eu^{3+} と Gd^{3+} の質量はそれぞれ 152.0，157.3 amu なので，「力の定数」が同一なら，基準振動数 ν_i は，$\nu_i(\text{EuO}_{1.5}) > \nu_i(\text{GdO}_{1.5})$ となるであろう．しかし，Ln(III) 化合物系列における Ln^{3+} イオンの質量変化は単調変化であり，図 13-13a に認められる $\{S^0_{298}(\text{LnO}_{1.5}, \text{cub}) - S^0_{298,4f\text{el.}}(\text{Ln}^{3+}, \text{g})\}$ 系列の四組様変化は Ln^{3+} イオンの質量の違いからは説明できない．やはり，振動ポテンシャルの二階の偏微分係数である「力の定数」が四組様の系列変化成分を持ち，これが基準振動数シフトを通じて $S_{\text{vib.}}$ に寄与していると考えられる．$\text{LnO}_{1.5}(\text{cub})$ 系列の相対格子エネルギーからすると（図 10-6），四組様の系列変化を与える 4f 電子エネルギーの解離（結合）エネルギーへの寄与はすべて負であり，$\text{GdO}_{1.5}(\text{cub})$ で最も大きな負の寄与となっている．したがって，$\text{LnO}_{1.5}(\text{cub})$ 系列においては，四組様の 4f 電子エネルギーの結合エネルギーへの負の寄与が大きいほど（解離エネルギーをより小さくするほど），振動ポテンシャルの二階の偏微分係数も低下する相関が生じていると推定できる．ただし，次に述べるように，「振動ポテンシャルの二階の偏微分係数が低下する」との常識的見解はやや修正せねばならない．Born-Oppenheimer 近似が成立しない問題として考えねばならないからである．

13-6-1　Born-Oppenheimer 近似と振電相互作用

結晶や分子の基準振動問題では，通常，Born-Oppenheimer 近似を前提にして，GF 行列法により力の定数や基準振動数を考える（Wilson et al., 1955；水島・島内，1958；Decius and Hexter, 1978；中川，1987）．12-4 節で述べたように，Born-Oppenheimer 近似が有効であるのは，基底電子状態が縮重しておらず，励起電子状態とのエネルギー差が振動のエネルギーよりはるかに大きい場合である．このような場合に限り，振動状態は電子状態から分離して取り扱うことができる．しかし，希土類元素や遷移金属元素の化合物・錯体では，中心陽イオンの基底電子状態は縮重しているか，縮重は解けているにしても，励起電子状態とのエネルギー差が振動のエネルギー程度に接近している"準縮重"状態が考えられる．このような場合，振動のエネルギーによって基底電子状態から別の電子状態に移れる可能性が生じるため Born-Oppenheimer 近似は成立せず，振動状態を電子状態から分離して取り扱うことは適切ではない．電子状態と振動状態が結びつく振電相互作用（vibronic interaction）を考えねばならない．これは 12-4 節で述べた静的・動的 Jahn-Teller 効果を考えることにも通じる．したがって，$\text{LnO}_{1.5}(\text{cub})$ 系列での基準振動数やその「力の定数」に 4f 電子状態が結びついても不思議ではない．ただし，希土類元素イオンの 4f 電子は結合状態に強く関わっているわけではないので，核の振動運動によって著しい振電相互作用が生じるわけではないようにも思える[2]．以下では，分子を前提にして，分子軌道法での Bader-Pearson 則の基である摂動法的議論（藤永，1980）によりこの問題を考えることにする．

13-6-2 振電相互作用

分子のハミルトニアンは，電子は i, j, 原子核は α, β で区別することにすると，次のように書くことができる：

$$\hat{H} = -\frac{1}{2}\sum_i \frac{\hbar^2}{m_e}\Delta_i - \frac{1}{2}\sum_\alpha \frac{\hbar^2}{m_\alpha}\Delta_\alpha + \sum_j \sum_{i>j} \frac{e^2}{r_{ij}} - \sum_\alpha \sum_i \frac{Z_\alpha e^2}{|r_i - R_\alpha|} + \sum_\alpha \sum_{\beta>\alpha} \frac{Z_\alpha Z_\beta e^2}{|R_\alpha - R_\beta|} \tag{13-35}$$

第1項，第2項は各電子，各原子核の運動エネルギー，第3項は電子間の Coulomb 相互作用，第4項は電子と核電荷の Coulomb 相互作用，最後の項は核電荷間の Coulomb 相互作用を表現する．第4項の電子と核との Coulomb 相互作用の総和を V_{en}，最後の核と核の Coulomb 相互作用の総和を V_{nn} と表現すると，$(V_{en}+V_{nn})$ は一般に，電子の座標 (r_i) と原子核の座標 (R_α) の関数であるから，

$$V_{en} + V_{nn} = U(r_1, r_2, \cdots ; R_1, R_2, \cdots) \tag{13-36}$$

と書けるので，分子のハミルトニアンは

$$\hat{H} = -\frac{1}{2}\sum_i \frac{\hbar^2}{m_e}\Delta_i - \frac{1}{2}\sum_\alpha \frac{\hbar^2}{m_\alpha}\Delta_\alpha + \sum_j \sum_{i>j} \frac{e^2}{r_{ij}} + U(r_1, r_2, \cdots ; R_1, R_2, \cdots) \tag{13-37}$$

となる．$U(r_1, r_2, \cdots ; R_1, R_2, \cdots)$ のように，電子と原子核の座標が入り混じることが両者の相互作用の原因である．そこで，核の配置 $(R_1, R_2, \cdots)$ を平衡配置 $(R_1^{(0)}, R_2^{(0)}, \cdots)$ に固定し，定数としたうえで，核の変位は平衡配置のまわりで基準振動の微小変位（基準座標，Q_i）で表すことにすると，

$$V_{en} + V_{nn} = U(r_1, r_2, \cdots ; R_1, R_2, \cdots) = U(r_1, r_2, \cdots ; R_1^{(0)}, R_2^{(0)}, Q_1, Q_2, \cdots) \tag{13-38}$$

である．そして，$U(r_1, r_2, \cdots ; R_1^{(0)}, R_2^{(0)}, \cdots ; Q_1, Q_2, \cdots)$ を，平衡配置のまわりでの基準振動の微小変位（任意の基準座標，Q_i）によりその二次まで級数展開する：

$$U(r_1, r_2, \cdots ; R_1^{(0)}, R_2^{(0)}, \cdots ; Q_i)$$
$$\approx U(r_1, r_2, \cdots ; R_1^{(0)}, R_2^{(0)}, \cdots ; 0) + Q_i\left(\frac{\partial U}{\partial Q_i}\right)_{Q_i=0} + \frac{1}{2}(Q_i)^2\left(\frac{\partial^2 U}{\partial Q_i^2}\right)_{Q_i=0} \tag{13-39}$$

ここでの第2項，第3項を一次，二次の摂動ハミルトニアンとし，0次ハミルトニアンは核の変位が0である場合の縮重していない電子に対するものとして考える．縮重していないとの前提の意味は後に述べる．その基底エネルギー固有値は $E_0^{(0)}$，その固有関数は $\Psi_0^{(0)}$ で，また，励起電子状態のエネルギーを $E_k^{(0)}$，その固有関数を $\Psi_k^{(0)}$ とする．

摂動法を用いるから，0次ハミルトニアンの解 $(E_k^{(0)}, \Psi_k^{(0)}; k=0, 1, 2, \cdots)$ は完全に求められていると仮定する．ここでは，核の配置 $(R_1, R_2, \cdots)$ を平衡配置 $(R_1^{(0)}, R_2^{(0)}, \cdots)$ に固定したことから，$\hat{H}$ での原子核の運動エネルギー項を無視する．したがって，

$$\hat{H} \approx \hat{H}_0 + Q_i\left(\frac{\partial U}{\partial Q_i}\right)_{Q_i=0} + \frac{1}{2}(Q_i)^2\left(\frac{\partial^2 U}{\partial Q_i^2}\right)_{Q_i=0} \tag{13-40}$$

となる．これにより基底電子状態のエネルギーを摂動法で二次まで求めると，

---

2) このような振電相互作用に対する考え方の基本は，結晶や分子における静的・動的 Jahn-Teller 効果の問題として，上村他（1969）の第11章，犬井他（1976）の第9章，藤永（1980）の13-2節に紹介されている．Ln(III) 結晶での静的 Jahn-Teller 効果は結晶格子全体の変形と結びつくが，これらの静的・動的問題の具体例については Harley（1987）に解説がある．また，櫛田（1991），小林（1997）の光物性のテキストでは，結晶における電子エネルギー準位と格子振動の相互作用として議論されている．

$$E_0 \approx E_0^{(0)} + Q_i \left\langle \Psi_0^{(0)} \left| \left(\frac{\partial U}{\partial Q_i}\right)_0 \right| \Psi_0^{(0)} \right\rangle + \frac{1}{2} Q_i^2 \left\langle \Psi_0^{(0)} \left| \left(\frac{\partial^2 U}{\partial Q_i^2}\right)_0 \right| \Psi_0^{(0)} \right\rangle$$

$$+ Q_i^2 \sum_{k \neq 0} \frac{|\langle \Psi_0^{(0)} | (\partial U / \partial Q_i)_0 | \Psi_k^{(0)} \rangle|^2}{E_0^{(0)} - E_k^{(0)}} \tag{13-41}$$

となる.Q_iの一次の項は平衡配置を考えているために結果としては残らないから,その結果は,(13-41)で第2項が落ちたものとなる.すなわち,

$$E_0 = E_0^{(0)} + (f_{00} + f_{0k}) Q_i^2 \tag{13-42}$$

となる.第2項が核の振動エネルギーに相当する.Q_iの二次の係数には,力の定数に対応する係数として次の二つが現れる:

$$f_{00} = \frac{1}{2} \left\langle \Psi_0^{(0)} \left| \left(\frac{\partial^2 U}{\partial Q_i^2}\right)_0 \right| \Psi_0^{(0)} \right\rangle \tag{13-43}$$

$$f_{0k} = \sum_{k \neq 0} \frac{|\langle \Psi_0^{(0)} | (\partial U / \partial Q_i)_0 | \Psi_k^{(0)} \rangle|^2}{E_0^{(0)} - E_k^{(0)}} \tag{13-44}$$

f_{00}は,「振動ポテンシャルの二階の偏微分係数」が関係しているが,異なる電子準位の結合とは無関係であり,正の係数である.しかし,基底電子準位と励起準位が結合するf_{0k}の場合はそうではない.0次近似における基底電子準位と励起準位のエネルギー差は$E_0^{(0)} - E_k^{(0)} < 0$であるから,両電子準位が結合した場合の力の定数$f_{0k}$は負となる.すなわち,基底電子準位と励起電子準位が振動により結合すれば,力の定数を低下させる.もちろん,これは(13-44)右辺の分子の積分が0ではないこと,$\langle \Psi_0^{(0)} | (\partial U / \partial Q_i)_0 | \Psi_k^{(0)} \rangle \neq 0$,が前提で,これは波動関数$\Psi_0^{(0)}$,$\Psi_k^{(0)}$と基準振動$Q_i$の対称性に依存する(藤永,1980, 13章).

先に述べた常識的見解は,$E_0^{(0)}$と$E_k^{(0)}$が充分に離れている場合に残る(13-43)を念頭においたものだが,$E_0^{(0)}$と$E_k^{(0)}$が近い場合はf_{0k}も加わることがあり,その見解は修正されることになる.

「0次ハミルトニアンは核の変位が0で,縮重していない電子状態に対するもの」と考え,かつ,(13-42)で「Q_kの一次の項は現れない」とした.これは,核の変位が0での基底電子状態が縮重していても,分子では静的Jahn-Teller効果により核配置の対称性が低下し,結果的には,その電子エネルギーの縮重が解ける形で平衡配置が実現すると考えるからである(ただし,Kramersの二重縮重はこの限りではない).したがって,核の変位が0である時の基底電子状態が縮重しているか否かは重要ではないことになり,$|E_0^{(0)} - E_k^{(0)}|$が小さく,$E_0^{(0)} - E_k^{(0)} < 0$であることが結果的に重要となる.(13-44)右辺の$\langle \Psi_0^{(0)} | (\partial U / \partial Q_i)_0 | \Psi_k^{(0)} \rangle$は,核配置の変更による基底準位と励起準位の波動関数の混合に対する重なり積分を意味する.静的Jahn-Teller効果は12-4節でも述べたが,「一次のJahn-Teller効果」とも呼ばれる.この「一次のJahn-Teller効果」に対し,振動の「力の定数」を低下させる(13-44)は「二次のJahn-Teller効果」と呼ばれる.

Ln(III)化合物の4f電子の基底電子レベルは,4-6節の図4-9に示した$(4f)^1$の例のように,"配位子場(結晶場)ポテンシャル"の摂動により100 cm^{-1}オーダー程度まで分裂している.$(4f)^q$系列の具体例はMorrison and Leavitt(1982)にまとめられている.(13-42)の$E_0^{(0)}$がこの分裂した4f電子の基底電子レベルであり,振動の放物線的ポテンシャルの原点を与える.この値は,静的Jahn-Teller効果から縮重が解けた結果の値と考えられるが,$|E_0^{(0)} - E_k^{(0)}|$は小さい状況が考えられる.半分満たされた$(4f)^7$の配置を持つGd^{3+}の基底レベル($^8S_{7/2}$)は"配位子場(結晶場)ポテンシャル"では分裂しないことになるが,高次の相互作用まで考えればわずかに分裂してもよい

(Schwiesow, 1972；Antic-Fidancev et al., 1982).

このような 100 cm^{-1} オーダーの分裂した電子エネルギー準位の差は常温での熱エネルギー（〜220 cm^{-1}）に相当するから，常温以上での熱平衡では，振動運動の単一フォノン，多重フォノンが介在することで，基底電子状態から励起電子状態への遷移またはその逆の遷移が可能となる．このような振電相互作用が生じれば，実効的な振動の「力の定数」が低下することで基準振動数は低下し，結果として，$S_{vib.}$ を大きくすることになる．13-5 節では，振動のエントロピーが $4f$ 電子のエントロピーと完全には切り離せないことを述べたが，その理由がこの振電相互作用の問題である．

13-6-3 $S_{vib.}$ への振電相互作用の寄与と ΔS の四組効果

上記の議論から，$S_{vib.}$ の系列変化には，この種の振電相互作用の寄与が含まれていてもよい．しかし，我々は $S_{vib.}$ 自体ではなく，$S_{vib.}$ の系列変化を問題にしているので，Ln(III) 系列に対する (13-42) での Q_i の二次係数全体 $(f_{00}+f_{0k})$ が，四組様の系列変化を示すと理解せねばならない．振電相互作用の議論では，上述のように，f_{0k} だけが問題にされるが，f_{0k} に対する (13-44) 式に四組様の系列変化を期待するのはほとんど不可能である．「振動の力の定数」の系列変化からすれば，f_{00} がそのような変化を示すとする当初の考えの方がより適切であるように思われる．振動の力の定数は，確かに，振電相互作用による「二次の Jahn-Teller 効果」により低下するが，これが $S_{vib.} = \{S^0_{298}(LnO_{1.5}, cub) - S^0_{298, el.}(Ln^{3+}, g)\}$ の四組様系列変化を説明するわけではない．「力の定数 $(f_{00}+f_{0k})$」は，実際上は $f_{00} \geqslant |f_{0k}|$ で，当初考えたように，結合エネルギーに対する四組様の $4f$ 電子エネルギーの寄与と相関している状況を考えるべきであろう．

「$4f$ 電子エネルギーの解離（結合）エネルギーへの寄与（四組効果）」の符号を変えた値は，$S_{vib.}$ への寄与を表現するパラメーターとなっている．格子エネルギーは，化合物を自由イオンに変化させる際のエネルギー変化であるが，$S_{vib.}$ は $S_{vib.} = \{S^0_{298}(LnO_{1.5}, cub) - S^0_{298, el.}(Ln^{3+}, g)\}$ として考えるため，格子エントロピーに負符号を付けたものである．したがって，格子エネルギーと格子エントロピーとして両者を比べれば，両者の四組効果は共に負の値を示し，両者は結果として，正の相関関係となる．配位子交換反応で考える二つの Ln(III) 化合物系列の反応の ΔH と ΔS の系列変化は，各々の Ln(III) 化合物系列の格子エネルギーと格子エントロピーの差であるから，配位子交換反応の ΔH，ΔS でも四組効果は正の相関を示す．この結論は，格子エネルギーも格子エントロピーも，常温の 298.15 K で考えていることによる．もし，0 K 近傍の温度条件で考えたなら，振動のエントロピーは落ちるので，このような関係は生じないはずである．

格子エネルギーと格子エントロピーの議論は結晶を前提にしたものなので，本来は，分子のように一次の Jahn-Teller 効果を考えることは必ずしも適切ではない．しかし，Harley (1987) にもあるように，Ln(III) 結晶での一次の Jahn-Teller 効果とこれに伴う格子全体の変形・相転移は極低温で重要であるので，ここでは分子のような一次，二次の Jahn-Teller 効果を援用して定性的に考えることにした．

13-7 相関する ΔH と ΔS の四組効果：Debye 特性温度の系列変化

四組様系列変化を与える $4f$ 電子エネルギーの解離（結合）エネルギーへの寄与はすべて負または 0 で，この負の寄与が大きいほど（解離エネルギーをより小さくするほど），振動ポテンシャルの二階の偏微分係数（振動の力の定数）も低下する相関が生じている．この内容を現象論ではあっても，もう少し具体的に記述し，熱力学量との対応を考えたい．

結晶における原子・イオンの基準振動を考え，さらに振電相互作用を真正面から取り扱うには困難が伴う．ここでは簡便な方法を用いる．すなわち，Ln(III) 化合物と Ln(III) 金属の第三法則エントロピー S^0 から $S_{4f\,\mathrm{el.}}$ を差し引き，この $(S^0 - S_{4f\,\mathrm{el.}})$ を振動のエントロピー $S_{\mathrm{vib.}}$ と見なす．この $S_{\mathrm{vib.}} \approx (S^0 - S_{4f\,\mathrm{el.}})$ に Debye モデルを当てはめ，Debye 特性温度 ($\Theta_\mathrm{D} = h\nu_\mathrm{D}/k$) を求める．$\nu_\mathrm{D}$ は Debye 振動数分布の最大切断振動数である．この方法の有効性を NaCl，KCl で確認した後，Ln(III) 化合物や Ln(III) 金属に適用し，これらの Debye 特性温度を求め，その系列変化に四組様変化が内在することを確認する．

13-7-1 Debye モデルによる結晶固体の分配関数と熱力学関数

Debye モデルによる結晶固体の分配関数 Z_D から，結晶の熱力学量の理論式を求める．以下の記述は「統計力学の基礎事項」（川邊，2009）によるが，Mayer and Mayer（1940）の統計力学のテキストなどにもその結果はある．1 個の調和振動子に対するカノニカル分配関数は，$\beta = 1/kT$, $\omega = 2\pi\nu$, $\hbar\omega = (h/2\pi) \cdot (2\pi\nu) = h\nu$, に留意して，

$$Q = \exp\left(-\frac{\beta\hbar\omega}{2}\right) \sum_{j=0}^{\infty} \exp(-\beta\hbar\omega_j) = \frac{\exp(-\beta\hbar\omega/2)}{1 - \exp(-\beta\hbar\omega)} \tag{13-45}$$

である．振動数 ν の 1 個の調和振動子に対するカノニカル分配関数だから，

$$Q_\nu = \frac{\exp(-h\nu/kT/2)}{1 - \exp(-h\nu/kT)} \tag{13-46}$$

となる．一方，Debye モデルでの振動数の分布は

$$\rho(\nu) = \frac{9n}{(\nu_\mathrm{D})^3} \cdot \nu^2 \qquad (0 \leq \nu \leq \nu_\mathrm{D})$$
$$= 0 \qquad (\nu_\mathrm{D} < \nu) \tag{13-47}$$

である．振動数 ν_i でその微小幅 $\Delta\nu_i$ を考えると（図 13-14），この振動数の範囲には，$\rho(\nu_i)\Delta\nu_i$ 個の調和振動子が存在していることになる．ゆえに，カノニカル分布の考え方により，結晶全体の分配関数 Q_D は以下の積で与えられる．

$$Q_\mathrm{D} = \prod_{i\,(\nu_i \leq \nu_\mathrm{D})} (Q_{\nu_i})^{\rho(\nu_i)\Delta\nu_i}$$
$$= \prod_{i\,(\nu_i \leq \nu_\mathrm{D})} \left(\frac{\exp(-h\nu_i/kT/2)}{1 - \exp(-h\nu_i/kT)}\right)^{\left[\frac{9n}{(\nu_\mathrm{D})^3} \cdot (\nu_i)^2 \Delta\nu_i\right]} \tag{13-48}$$

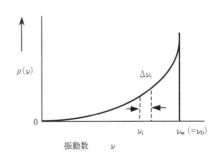

図 13-14 Debye モデルにおける振動数分布．

この自然対数を取れば，

$$\ln Q_\mathrm{D} = \sum_{i(\nu_i \leq \nu_\mathrm{D})} \left[\frac{9n}{(\nu_\mathrm{D})^3} \cdot (\nu_i)^2 \Delta\nu_i \right] \cdot \ln\left(\frac{\exp(-h\nu_i/kT/2)}{1 - \exp(-h\nu_i/kT)} \right) \tag{13-49}$$

である．この和は，次のように，ν に関する積分で表現できる．

$$\ln Q_\mathrm{D} = \int_{\nu=0}^{\nu_\mathrm{D}} \ln\left(\frac{\exp(-h\nu/kT/2)}{1 - \exp(-h\nu/kT)} \right) \cdot \left(\frac{9n}{(\nu_\mathrm{D})^3} \cdot (\nu)^2 \right) \cdot d\nu$$

$$= -\frac{9n}{(\nu_\mathrm{D})^3} \int_{\nu=0}^{\nu_\mathrm{D}} \frac{h\nu^3}{2kT} d\nu - \frac{9n}{(\nu_\mathrm{D})^3} \int_{\nu=0}^{\nu_\mathrm{D}} \nu^2 \cdot \ln[1 - \exp(-h\nu/kT)] \cdot d\nu \tag{13-50}$$

この分配関数を用いて，Debye モデルによる結晶の Helmholtz の自由エネルギー F，内部エネルギー U，エントロピー S を与える式が得られる．

Helmholtz の自由エネルギー：F

Helmholtz の自由エネルギーは，$F = -kT\ln Q$ だから，(13-50) を用いて，

$$F = -kT \ln Q_\mathrm{D}$$
$$= \frac{9n}{(\nu_\mathrm{D})^3} \int_{\nu=0}^{\nu_\mathrm{D}} \frac{h\nu^3}{2} d\nu + \frac{9n \cdot kT}{(\nu_\mathrm{D})^3} \int_{\nu=0}^{\nu_\mathrm{D}} \nu^2 \cdot \ln[1 - \exp(-h\nu/kT)] \cdot d\nu \tag{13-51}$$

第 1 項は

$$\frac{9n}{(\nu_\mathrm{D})^3} \int_{\nu=0}^{\nu_\mathrm{D}} \frac{h\nu^3}{2} d\nu = \frac{9}{8} n \cdot h\nu_\mathrm{D}$$

第 2 項は $x = h\nu/kT$ と置き，さらに，$\Theta_\mathrm{D} = h\nu_\mathrm{D}/k$ とおくと，

$$\frac{9n \cdot kT \cdot (kT)^3}{(h\nu_\mathrm{D})^3} \int_{x=0}^{h\nu_\mathrm{D}/kT} x^2 \cdot \ln[1 - \exp(-x)] \cdot dx = 9n \cdot kT \cdot (T/\Theta_\mathrm{D})^3 \int_0^{\Theta_\mathrm{D}/T} x^2 \cdot \ln[1 - \exp(-x)] \cdot dx$$

となる．$\int \left(\frac{x^3}{3}\right)' \cdot \ln[1 - \exp(-x)] \cdot dx = \left(\frac{x^3}{3}\right) \cdot \ln[1 - \exp(-x)] - \int \left(\frac{x^3}{3}\right) \frac{dx}{e^x - 1}$ の部分積分を使うと，

$$= 3n \cdot kT \cdot \ln[1 - \exp(-\Theta_\mathrm{D}/T)] - 9n \cdot kT \cdot (T/\Theta_\mathrm{D})^3 \int_0^{\Theta_\mathrm{D}/T} \left(\frac{x^3}{3}\right) \cdot \frac{1}{e^x - 1} dx$$

$$= 3n \cdot kT \cdot \ln[1 - \exp(-\Theta_\mathrm{D}/T)] - 3n \cdot kT \cdot (T/\Theta_\mathrm{D})^3 \int_0^{\Theta_\mathrm{D}/T} \frac{x^3}{e^x - 1} dx$$

$$= 3n \cdot kT \cdot \ln[1 - \exp(-\Theta_\mathrm{D}/T)] - n \cdot kT \cdot \frac{3}{(\Theta_\mathrm{D}/T)^3} \int_0^{\Theta_\mathrm{D}/T} \frac{x^3}{e^x - 1} dx$$

$$= 3n \cdot kT \cdot \ln[1 - \exp(-\Theta_\mathrm{D}/T)] - n \cdot kT \cdot D(\Theta_\mathrm{D}/T)$$

となり，最後の項の $D(x)$ は Debye 関数と呼ばれる積分関数で，以下のように定義される：

$$D(x) \equiv \frac{3}{x^3} \int_0^x \frac{t^3}{e^t - 1} dt \tag{13-52}$$

この値は Abramowitz and Stegun (1972) などの数表にある．Debye 関数の値は $x \equiv \Theta_\mathrm{D}/T$ の値が次の大小の極端な値を持つ時は

$$D(x) \approx 1 - \frac{3}{8}x + \frac{1}{20}x^2 - \cdots, \quad x \ll 1 \quad (\text{高温近似}) \tag{13-53}$$

$$\approx \left(\frac{\pi^4}{5}\right)\left(\frac{1}{x^3}\right) - 3e^{-x} + \cdots, \quad x \gg 1 \quad (\text{低温近似}) \tag{13-54}$$

と近似できる．しかし，両極端の中間の場合は上記の積分に従って求める．

結局，Debye モデルによる結晶固体の Helmholtz の自由エネルギーは，

$$F = \frac{9}{8} n \cdot k\Theta_D + 3n \cdot kT \cdot \ln[1 - \exp(-\Theta_D/T)] - n \cdot kT \cdot D(\Theta_D/T) \tag{13-55}$$

となる．ただし，Debye の特性温度 $\Theta_D = h\nu_D/k$ を使い書き換えている．

内部エネルギー：U

内部エネルギーは，$U = kT^2(\partial \ln Q/\partial T)$ として，(13-50) の分配関数を用いて求める．(13-50) の第 1 項の温度微分に kT^2 を掛けると，

$$kT^2 \frac{\partial}{\partial T}\left(-\frac{9n}{(\nu_D)^3} \int_{\nu=0}^{\nu_D} \frac{h\nu^3}{2kT} d\nu\right) = kT^2 \cdot \frac{9n}{(\nu_D)^3 kT^2} \int_{\nu=0}^{\nu_D} \frac{h\nu^3}{2} d\nu = \frac{9}{8} nh\nu_D = \frac{9}{8} nk\Theta_D$$

また，(13-50) の第 2 項の温度微分に kT^2 を掛けると，

$$-kT^2 \frac{9n}{(\nu_D)^3} \int_{\nu=0}^{\nu_D} \nu^2 \cdot \frac{\partial}{\partial T} \ln[1 - \exp(-h\nu/kT)] \cdot d\nu = kT^2 \cdot \frac{9n}{(\nu_D)^3} \int_{\nu=0}^{\nu_D} \nu^2 \cdot \frac{-\exp(-h\nu/kT)}{1 - \exp(-h\nu/kT)} \cdot \frac{h\nu}{kT^2} \cdot d\nu$$

$$= \frac{9nh}{(\nu_D)^3} \int_{\nu=0}^{\nu_D} \frac{\nu^3 d\nu}{e^{(h\nu/kT)} - 1}$$

となる．これらを合わせて，

$$U = \frac{9}{8} nk\Theta_D + 3nkT \cdot D(\Theta_D/T) \tag{13-56}$$

となる．

エントロピー：S

Helmholtz の自由エネルギー (13-55) と，内部エネルギー (13-56) から，$F = U - TS$ の関係を使えば，結晶のエントロピー S がただちに得られる．

$$S = 3nk \left\{ \frac{4}{3} D(\Theta_D/T) - \ln[1 - \exp(-\Theta_D/T)] \right\} \tag{13-57}$$

である．この右辺は，結晶を構成する原子数（粒子数）n とその結晶の (Θ_D/T) だけで決まる．両辺を結晶の粒子数 n で割り，Avogadro 数 N_A を掛けると

$$S \cdot \left(\frac{N_A}{n}\right) = 3N_A k \left\{ \frac{4}{3} D(\Theta_D/T) - \ln[1 - \exp(-\Theta_D/T)] \right\}$$

$$= 3R \left\{ \frac{4}{3} D(\Theta_D/T) - \ln[1 - \exp(-\Theta_D/T)] \right\} \tag{13-58}$$

となる．この右辺は，その結晶物質の (Θ_D/T) だけで決まる普遍的な関数である．たとえば，1 モルの NaCl 結晶を考えると，そこには合計 2 モルの Na と Cl の原子があるから，$(N_A/n) = 1/2$ となる．NaCl 結晶 1 モル当たりのエントロピー S に $(N_A/n) = 1/2$ を掛けたものが (13-58) 右辺で与えられる．結晶のエントロピー・データから，Debye 特性温度を求めることができる．次項で具体的に見てみよう．

13-7-2 結晶のエントロピー・データから推定するDebye特性温度

(13-58)右辺は，調和振動子とDebyeの振動数分布に由来するので，(13-58)左辺のSは純粋に振動のエントロピーである．一方，熱力学の第三法則によって実験的に求められるエントロピーは，13-5節で既に説明したように，近似的には，三種類の異なる起源のエントロピー成分の和であると見なすことができる．

$$S_{obs} \approx S_{conf.} + S_{vib.} + S_{el.} \tag{13-21}$$

したがって，(13-58)左辺のSとしては，S_{obs}を$S_{vib.}$に補正したエントロピーを用いる．

$$S_{vib.} \approx S_{obs} - (S_{conf.} + S_{el.}) \tag{13-59}$$

$$S_{vib.} \cdot \left(\frac{N_A}{n}\right) = 3R\left\{\frac{4}{3}D(\Theta_D/T) - \ln[1-\exp(-\Theta_D/T)]\right\} \tag{13-60}$$

298.15 KでのS_{obs}を用い，(13-59)と(13-60)を適用することで，化合物結晶のDebye特性温度を求めることができる．この方法は広く利用されているわけではないが，以下のようにして比較的簡単にDebye特性温度が得られる．

図13-15は，$(N_A/n)=1$とした時，$S_{vib.}$の値が20〜55 (J/mol/K) に入る場合の式(13-60)の関係を示したものである．横軸が$S_{vib.}$の値，縦軸がDebye特性温度になっていることに注意．両者は1対1の関係にあるので，Debye特性温度は，$S_{vib.}$の多項式で表現できる．図13-15に示した範囲では，その関係は，$S_{vib.}$ (J/mol/K) として

$$\Theta_D(K) = a_0 + a_1 \cdot S_{vib.} + a_2 \cdot (S_{vib.})^2 + a_3 \cdot (S_{vib.})^3 + a_4 \cdot (S_{vib.})^4,$$
$$a_0 = 1430.1,\ a_1 = -68.752,\ a_2 = 1.575,\ a_3 = -0.018839,\ a_4 = 9.2484\times10^{-5} \tag{13-61}$$

と級数展開できる．この式の$S_{vib.}$からDebye特性温度が得られる．NaCl, KClの場合の結果を表13-8に示す．

NaCl, KClに対する$S^0_{298.15K}(\exp)$では$(S_{conf.}+S_{el.})$は無視できるので，$S_{vib.} \approx S^0_{298.15K}(\exp) \times (1/2)$として(13-60)に直接適用している．得られたDebye特性温度は，低温での熱容量から得られる値（表13-8でthermochem.として引用した値）にほぼ一致する．ただし，後者に比べて，約3%程度小さい．非調和項の補正がなされていないことによる．(13-60)式を用いることは，$C_P = C_V + TV\alpha^2/\kappa$で，右辺第2項の非調和項を無視して$C_V \approx C_P$と扱うことに当たる．しかし，グリナイゼン (Grüneisen) の理論によれば，右辺第2項の非調和項の寄与は，その物質の融点よりはるかに低温の常温以下では数%以下の寄与であり，重要ではない．した

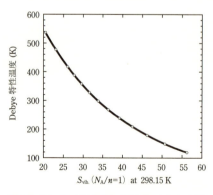

図13-15 $T=298.15$ K，$(N_A/n)=1$とした時の式(13-60)におけるDebye特性温度と振動エントロピーの関係．横軸の単位は(J/mol/K)．

表13-8 エントロピーから求めたDebye特性温度．

	NaCl	KCl
$S^0_{298.15K}(\exp)$ (J/mol/K)	72.12	82.59
(N_A/n)	0.5	0.5
$S_{vib.}$ (J/mol/K)	36.06	41.30
Θ_D (K) from (13-61)	272	219
Θ_D (K) (thermochem.)	280	227

がって，この程度の系統誤差を容認すれば，(13-61) は簡便な Debye 特性温度の推定方法である．

酸化物，複合酸化物の $S_{vib.}\cdot(N_A/n)$ の値は，5～20 (J/mol/K) に入るので，範囲を 20～55 (J/mol/K) とする回帰式 (13-61) を使えない．別途に回帰式を決めて，それを用いる．その場合については，川邊 (2009) に述べたので，ここでは省略する．

Debye 特性温度と Debye 特性振動数は $\Theta_D = h\nu_D/k$ の比例関係にある．Debye 特性温度の増大は Debye 特性振動数の増大に対応するが，振動エントロピーではその減少となる．これは図 13-15 のプロットが負の勾配を示すことから理解できる．13-6 節で，基準振動数と振動エントロピーの関係として説明したことに相当する．

13-7-3　Ln(III) 化合物・Ln(III) 金属の Debye 特性温度とその四組効果

Ln(III) 化合物の熱力学第三法則のエントロピー値から，1) 結晶構造の系列変化に付帯する配置エントロピーの差を除き，2) Ln^{3+} イオン・ガスの $4f$ 電子エントロピーを差し引くことで，振動エントロピーを求めれば，そこに四組効果が認められる．これは既に 13-5 節で議論している．しかし，振動エントロピーの系列変化それ自体を扱うよりは，Debye 特性温度の系列変化を議論した方が理解しやすい．図 13-16a, b は，Ln(III) 化合物と Ln(III) 金属に対して，そのようにして求めた Debye 特性温度の系列変化である．得られた Debye 特性温度の系列変化を，ΔH に対する四組効果の理論式に当てはめ，滑らかな系列変化成分（×印）と四組効果成分（黒丸）に分離している．四組効果の理論式に当てはめることで，Pm メンバーに対する Debye 特性温度の値も推定できる．

13-5 節では，$LnO_{1.5}$(cub) と LnF_3(rhm) についてその振動のエントロピーの値を具体的に議論した．13-5 節では省いたが，$LnCl_3$(hex)，$Ln(OH)_3$(hex)，Ln(III) 金属についても同様にして振動のエントロピーを求めることができる．$LnCl_3$(hex)，$Ln(OH)_3$(hex) については第 14 章で議論し，Ln(III) 金属については第 17 章で議論する．図 13-16a, b に示す Debye 特性温度はそのような振動のエントロピーの値に基づいている．四組効果自体の大きさは，（×印）と（黒丸）の二点の差に対応するが，この四組効果の大小は Debye 特性温度の値とは直接的には相関せず，陰イオン配位子が何であるかによる．LnF_3(rhm) や $LnCl_3$(hex) では，Debye 特性温度の四組効果は小さいが，$LnO_{1.5}$(cub) や $Ln(OH)_3$(hex) ではかなり大きな値である．陰イオン配位子に当たるものが Ln 原子そのものとなる Ln(III) 金属の場合，Debye 特性温度の四組効果は無視できないことがわかる．実験値に由来する実際の値（黒丸）は上に凸な系列変化

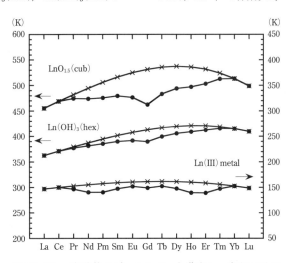

図 13-16a　実験値の S^0_{298} から $S_{vib.}$ を導出し，式 (13-61) により求めた各 Ln(III) 化合物の Debye 特性温度．得られた Debye 特性温度の系列変化を，四組効果の理論式に当てはめ，滑らかな系列変化成分（×印）と四組効果成分（黒丸）に分離している．

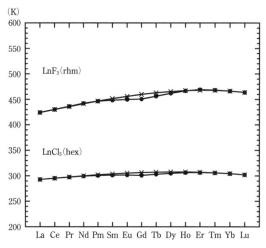

図 13-16b LnF$_3$(rhm) と LnCl$_3$(hex) に対する S^0_{298} から求めた Debye 特性温度の系列変化. 図 13-16a の Ln(III) 化合物と金属に比べると, フッ化物と塩化物の Debye 特性温度の系列変化に内在する四組効果は小さい.

を示し, 推定した滑らかな系列変化成分（×印）より常に低い値になっている. この変化パターンは格子エネルギーの系列変化に見られる上に凸な系列変化と大変類似している.

熱力学第三法則に基づくエントロピー値は実験値である. これから振動のエントロピーを求める手続き, さらに, 振動のエントロピーを Debye 特性温度に読み替える手続きには, 格別の問題はない. 最後の手続きとして, 求めた Debye 特性温度の系列変化を「四組効果の理論式」に当てはめている. これは筆者の仮説に当たるが, Debye 特性温度の系列変化は, 結果として,「格子エンタルピー（ΔH）の系列変化に見出される四組効果の理論式」で表現できる（図 13-16a, b）. この理論式自体は格子エンタルピー（$\Delta H_\text{latt.}$）や, 配位子交換反応の ΔH に対するもので, 振動のエントロピー（$S_\text{vib.}$）に対するものではない. しかし, 13-5 節で述べたように, Ln(III) 固体化合物のエントロピーは,

$$S^0_{298}(\text{LnX}) \approx S_\text{conf.}(\text{LnX}) + S_\text{el.}(\text{LnX}) + S_\text{vib.}(\text{LnX}) \tag{13-32}$$

だから, 両辺から $S^0_{298,4f\text{el.}}(\text{Ln}^{3+}, \text{g})$ を差し引けば,

$$S^0_{298}(\text{LnX}) - S^0_{298,4f\text{el.}}(\text{Ln}^{3+}, \text{g}) \approx S_\text{conf.}(\text{LnX}) + \{S_\text{el.}(\text{LnX}) - S^0_{298,4f\text{el.}}(\text{Ln}^{3+}, \text{g})\} + S_\text{vib.}(\text{LnX})$$
$$= S_\text{conf.}(\text{LnX}) + S'_\text{vib.}(\text{LnX}) \tag{13-33}$$

である. 一方, 格子エントロピー（$\Delta S_\text{latt.}$）は, その化合物を真空中のイオン・ガスに分解する際のエントロピー変化である. 10-3 節で説明した反応なら,

$$\text{LnO}_{1.5}(\text{c}) = \text{Ln}^{3+}(\text{g}) + (3/2)\text{O}^{2-}(\text{g}) \tag{10-2}$$
$$\text{LnF}_3(\text{c}) = \text{Ln}^{3+}(\text{g}) + 3\text{F}^-(\text{g}) \tag{10-3}$$

であるので,

$$\Delta S_\text{latt.}(\text{LnX}) = S(\text{Ln}^{3+}, \text{g}) + S(\text{X}^{3-}, \text{g}) - S(\text{LnX})$$
$$= -\{S(\text{LnX}) - S(\text{Ln}^{3+}, \text{g})\} + \text{const.}$$
$$= -S'_\text{vib.}(\text{LnX}) + S_\text{transl.}(\text{Ln}^{3+}, \text{g})\} + \text{const.} \tag{13-62}$$

となる. (13-33) の $S_\text{conf.}(\text{LnX})$ は同質同形系列を考える限り 0 とすることができる. また, $S_\text{transl.}(\text{Ln}^{3+}, \text{g})$ は古典的粒子としての並進のエントロピー（式 13-23）であり, 緩い直線的系列変化を示すもののほぼ一定の値と考えてもよい. ゆえに, 格子エントロピー（$\Delta S_\text{latt.}$）の系列変化は振動のエントロピー $S'_\text{vib.}(\text{LnX})$ の系列変化を上下逆にしたものである. 図 13-16a, b からわかるように, Debye 特性温度（振動数）の減少・増加変化は振動のエントロピーの増加・減少に当たるが, $\Delta S_\text{latt.}$ の系列変化では (13-62) のように $S'_\text{vib.}(\text{LnX})$ に負符号を付けて考えるので, $\Delta S_\text{latt.}$ の系列変化は, 結局は, 図 13-16a, b での Debye 特性温度の系列変化に類似し, 格子エンタルピー（$\Delta H_\text{latt.}$）と同様な上に凸な系列変化を示す. すなわち, 格子エントロピー（$\Delta S_\text{latt.}$）の四組効果は, 格子エンタルピー（$\Delta H_\text{latt.}$）の四組効果に相似である. この相似関係を確認する意味で, Debye 特性温度の系列変化を「ΔH の系列変化に対する四組効果の理論式」で回帰している（図13-16a, b）．この問題は第16章で再論する．

11-3節で議論したように，相対格子エネルギーを使えば，$LnF_3(rhm)$ と $LnO_{1.5}(cub)$ 間の配位子交換反応：

$$LnO_{1.5}(cub) + 3F^-(g) = LnF_3(rhm) + (3/2)O^{2-}(g) \quad (11\text{-}8)$$

のエンタルピー変化 $\Delta H^0_{r,298}$ は，

$$\Delta H^0_{r,298} = \Delta H^0_{f,298}(LnF_3, rhm) - \Delta H^0_{f,298}(LnO_{1.5}, cub) + \text{const.}$$
$$= \Delta U^*_{\text{latt.}}(LnO_{1.5}, cub) - \Delta U^*_{\text{latt.}}(LnF_3, rhm) + \text{const.} \quad (13\text{-}63)$$

である．一方，LnF_3 と $LnO_{1.5}$ 間の配位子交換反応のエントロピー変化は，

$$\Delta S^0_{r,298} = S^0_{298}(LnF_3, rhm) - S^0_{298}(LnO_{1.5}, cub) + (3/2)S^0_{298}(O^{2-}, g) - 3S^0_{298}(F^-, g)$$
$$= S^0_{298}(LnF_3, rhm) - S^0_{298}(LnO_{1.5}, cub) + \text{const.} \quad (13\text{-}64)$$

であるから，この配位子交換反応のエントロピー変化も LnF_3 と $LnO_{1.5}$ の格子エントロピー（$\Delta S_{\text{latt.}}$）の差によって表現できる．(13-62) により，

$$\Delta S_{\text{latt.}}(LnF_3, rhm) = S(Ln^{3+}, g) + 3S(F^{3-}, g) - S^0(LnF_3, rhm)$$
$$\Delta S_{\text{latt.}}(LnO_{1.5}, cub) = S(Ln^{3+}, g) + (3/2)S(O^{2-}, g) - S^0(LnO_{1.5}, cub)$$

となる．ただし，$T = 298.15$ K の表記は省略した．これらを (13-64) に代入すれば，

$$\Delta S^0_{r,298} = \Delta S_{\text{latt.}}(LnO_{1.5}, cub) - \Delta S_{\text{latt.}}(LnF_3, rhm) + \text{const.}$$
$$= S'^0_{\text{vib.},298}(LnF_3, rhm) - S'^0_{\text{vib.},298}(LnO_{1.5}, cub) + \text{const.} \quad (13\text{-}65)$$

となる．二つの Ln(III) 化合物間の配位子交換反応の $\Delta S^0_{r,298}$ が示す系列変化は，両系列の格子エントロピーの差の系列変化である．二つの Ln(III) 化合物間の配位子交換反応の $\Delta H^0_{r,298}$ が示す系列変化が，格子エントロピーの差の系列変化に相似となることは既に 11-3 節で述べてある．

$LnO_{1.5}(cub)$ と $LnF_3(rhm)$ の他に，$LnCl_3(hex)$，$Ln(OH)_3(hex)$，$Ln(III)$ 金属，$Ln^{3+}(g)$ の六つの同質同形 Ln(III) 系列を考え，$_6C_2 = 15$ 個の異なる配位子交換反応の $\Delta H^0_{r,298}$ と $\Delta S^0_{r,298}$ の系列変化を，改良 RSPET の四組効果の理論式

$$Y = [(a+bq)q(q+25)+c]$$
$$+ \frac{9}{13}n(S)C_1(q+25) + m(L)C_3(q+25) \quad (13\text{-}66)$$

に最小二乗法で当てはめ，八組効果の符号を含めた大きさ [$C_1(\Delta H)$ と $C_1(\Delta S)$] と狭義の四組効果の大きさ [$C_3(\Delta H)$ と $C_3(\Delta S)$] を決定した．そして，$C_1(\Delta H)$ と $C_1(\Delta S)$ の相関関係，$C_3(\Delta H)$ と $C_3(\Delta S)$ の相関関係，を示したのが図 13-17 である．$Ln^{3+}(g)$ が関与する「配位子交換反応」

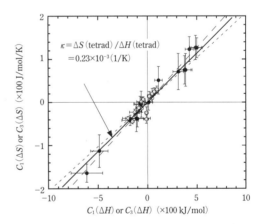

図 13-17 $LnO_{1.5}(cub)$，$LnF_3(rhm)$，$LnCl_3(hex)$，$Ln(OH)_3(hex)$，$Ln(III)$ 金属，$Ln^{3+}(g)$ 間の配位子交換反応における $\Delta H^0_{r,298}$ と $\Delta S^0_{r,298}$ の系列変化を RSPET 式で回帰し，[$C_1(\Delta H)$ と $C_1(\Delta S)$] と [$C_3(\Delta H)$ と $C_3(\Delta S)$] を求め，これらを点で表示している．黒丸の点は {$C_1(\Delta H) \pm s$, $C_1(\Delta S) \pm s$} を表し，その勾配は，$C_1(\Delta S)/C_1(\Delta H) = \kappa_1 = (0.25 \pm 0.03) \times 10^{-3}$ (1/K)（長い鎖線）．白丸の点は {$C_3(\Delta H) \pm s$, $C_3(\Delta S) \pm s$} を表し，勾配は $C_3(\Delta S)/C_3(\Delta H) = \kappa_3 = (0.21 \pm 0.02) \times 10^{-3}$ (1/K)（短い鎖線）．すべての点から平均勾配を ΔS(tetrad)/ΔH(tetrad) = κ とすると，$\kappa = (0.23 \pm 0.02) \times 10^{-3}$ (1/K)（実線）となる．改良 RSPET 理論式への回帰に関する細かな問題は 16-2，-5 節に記す．

は，格子エネルギーと格子エントロピーの定義反応である．詳しい説明は 16-4 節に記し，ここでは結果だけを議論する．

図 13-17 で確認できたエンタルピーとエントロピーの四組効果の比例関係は，八組効果（octad effect）と狭義の四組効果（intrinsic tetrad effect）では，

$$C_1(\Delta S)/C_1(\Delta H) = \kappa_1 = (0.25 \pm 0.03) \times 10^{-3} \, (1/\text{K}), \tag{13-67-1}$$

$$C_3(\Delta S)/C_3(\Delta H) = \kappa_3 = (0.21 \pm 0.02) \times 10^{-3} \, (1/\text{K}) \tag{13-67-2}$$

となる．もし，図 13-17 にプロットしたすべての C_1 と C_3 の点列が示す平均勾配をエントロピーの四組効果とエンタルピーの四組効果の比とすると，

$$\Delta S(\text{tetrad})/\Delta H(\text{tetrad}) = \kappa = (0.23 \pm 0.02) \times 10^{-3} \, (1/\text{K}) \tag{13-68}$$

となる．$T = 298.15$ K の熱力学第三法則のエントロピー・データに限った議論ではあるが，エントロピー四組効果の存在が強く示唆されるだけではなく，エントロピーの四組効果はエンタルピーの四組効果に比例することがわかる．

13-7-4　大きな $\Delta S(\text{tetrad})/\Delta H(\text{tetrad})$ を示す Ln(III) キレート錯体系

(13-67-1)～(13-68) での比例係数は，$LnO_{1.5}$(cub)，LnF_3(rhm)，$LnCl_3$(hex)，$Ln(OH)_3$(hex)，Ln(III) 金属，Ln^{3+}(g) の六つの同質同形 Ln(III) 系列を $T = 298.15$ K で考えた結果である．この温度条件には注意が必要である．もし $T \gg 298.15$ K なら $\Delta S(\text{tetrad})/\Delta H(\text{tetrad}) = \kappa = (0.23 \pm 0.02) \times 10^{-3}$ (1/K) である保証はない．温度が各 Ln(III) 系列の融点に接近するにつれて，2～3 倍程度の大きな κ 値となることが考えられる（第 17 章）．一方，水溶液での Ln(III) キレート錯体の生成反応では，$T = 298.15$ K であっても，13-4 節で紹介した (1:3)Ln-diglycolate 錯体と (1:3)Ln-dipicolinate 錯体間の配位子交換反応の例からもわかるように，

$$\Delta S(\text{tetrad})/\Delta H(\text{tetrad}) = \kappa \approx (2\sim3) \times 10^{-3} \, (1/\text{K}) \tag{13-69}$$

と，一桁大きな κ 値が推定できる．他の Ln(III) キレート錯体の生成反応でも状況は同じである（16-3 節）．従って ΔG の四組効果は

$$\Delta G(\text{tetrad}) = \Delta H(\text{tetrad}) - T\Delta S(\text{tetrad}) = (1 - T \cdot \kappa)\Delta H(\text{tetrad}) \tag{13-70}$$

となるので，その結果，水溶液中の Ln(III) キレート錯体生成反応では，常温（$T = 298.15$ K）付近でも，$(1 - T \cdot \kappa) \approx 0$ が実現する場合がある．この条件では，たとえ $\Delta H(\text{tetrad}) \neq 0$，$\Delta S(\text{tetrad}) \neq 0$ であっても，$\Delta G(\text{tetrad}) \approx 0$ となり，Gibbs 自由エネルギー変化に四組効果を認めることは困難となる．あるいは，$\Delta G(\text{tetrad})$ は認められたとしても，その値は大変小さい．エンタルピーの四組効果とエントロピーの四組効果が相互に相関することにより，両者は Gibbs 自由エネルギー変化で相殺される．$(1 - T \cdot \kappa) \approx 0$ はこの相殺条件にあたる．一方，$(1 - T \cdot \kappa) > 0$ の条件では，$\Delta G(\text{tetrad})$ の極性（四組効果が上に凸下に凸かに関する極性）は $\Delta H(\text{tetrad})$ の極性に一致する．しかし，$(1 - T \cdot \kappa) < 0$ の条件では，$\Delta G(\text{tetrad})$ の極性は $-T\Delta S(\text{tetrad})$ の極性に一致し，結果的には，$\Delta H(\text{tetrad})$ の極性とは反対になる．このように，$\kappa = \Delta S(\text{tetrad})/\Delta H(\text{tetrad})$ の値は $\Delta G(\text{tetrad})$ の極性と大きさを規定する重要なパラメーターである．この問題は第 16 章でさらに議論する．

本来，κ は各 Ln(III) 系列対に固有の値となっているはずで，Ln(III) の単純化合物系列と水溶液中の Ln(III) キレート錯体で κ 値が異なるのは当然であろう．図 13-17 についての上述の議論では，$LnO_{1.5}$(cub)，LnF_3(rhm)，$LnCl_3$(hex)，$Ln(OH)_3$(hex)，Ln^{3+}(g)，Ln(III) 金属の系列では $\kappa =$

(0.21〜0.25)×10⁻³(1/K)とほぼ同じ値になると結論したが，これは，Ln(III)キレート錯体生成反応やそれらの配位子交換反応での $\kappa \approx (2\sim 3)\times 10^{-3}$ (1/K) と比較した場合，一桁小さい類似した値であることを指摘しているわけで，正確に同一であることを述べているわけではない．

13-8　定圧熱容量 C_P でつながる ΔH と ΔS

12-8 節では，大気圧下で実験的に決められた Ln_2O_3 の定圧モル熱容量（C_P）を T_1 から T_2 まで温度積分した結果，

$$\Delta H(T_2/T_1) \equiv H(T_2) - H(T_1) = \int_{T_1}^{T_2} C_P \mathrm{d}T \tag{12-20}$$

を用いて，Ln_2O_3 系列の熱膨張による Racah パラメーターの増大を議論した．Ln_2O_3 系列の $\Delta H(T_2/T_1)$ の問題は，C_P を介して，同系列の $\Delta S(T_2/T_1)$ の問題でもある．ここでは，Ln_2O_3 系列の $\Delta H(T_2/T_1)$ と $\Delta S(T_2/T_1)$ に見出される四組効果の系列変化が相互に相似で，いずれも，RSPET 式で記述できることを確認する．

熱力学の第一法則によれば，系が得た仕事（$-p\mathrm{d}V$）と系が得た熱（$\mathrm{d}Q$）は，系の内部エネルギー変化（$\mathrm{d}U$）に等しく，

$$\mathrm{d}U = \mathrm{d}Q - p\mathrm{d}V \tag{13-71}$$

である．ただし，仕事も熱もそれ自体は状態量ではなく，初めと終わりの状態を指定するだけでは決まらず，状態変化の経路に依存する．しかし，内部エネルギー（U）は状態量で，$\mathrm{d}U$ は変化経路に依存しない．一方，第二法則は，

$$\mathrm{d}S \geq \mathrm{d}Q/T_{(\mathrm{ex})}$$

と不等式で表現され，$T_{(\mathrm{ex})}$ は外界の温度を表す．「系のエントロピー変化は，準静的な可逆過程では $T = T_{(\mathrm{ex})}$ で，系が吸収した熱の $(1/T)$ 倍に等しく，この場合のエントロピーは状態量で，$\mathrm{d}S$ は変化の経路によらない．しかし，不可逆変化では，系のエントロピー変化は $\mathrm{d}S > \mathrm{d}Q/T_{(\mathrm{ex})}$ の不等式で与えられる」である．

したがって，準静的な可逆過程では，この等式部分に T を掛けて，

$$\mathrm{d}Q = T\mathrm{d}S \tag{13-72}$$

である．以上の内容を，一定大気圧 P のもとでの変化で考えるためにエンタルピー（$H \equiv U + PV$）を使うと，$\mathrm{d}P = 0$ だから，$\mathrm{d}H = \mathrm{d}(U+PV) = \mathrm{d}U + P\mathrm{d}V$ となり，第一法則の等式は，

$$\mathrm{d}Q = \mathrm{d}U + P\mathrm{d}V = \mathrm{d}H \tag{13-73}$$

となる．U と V は状態量だから，H も状態量である．準静的な可逆過程に対する第二法則(13-72)も結合すると，

$$\mathrm{d}Q = \mathrm{d}H = T\mathrm{d}S \tag{13-74}$$

である．これにより，$C_P \equiv (\partial H/\partial T)_P$ と定義する定圧モル熱容量を用いて，

$$\mathrm{d}H = C_P \mathrm{d}T \tag{13-75-1}$$

である．これに (13-74) の関係を使えば，

$$\mathrm{d}S = \mathrm{d}H/T = (C_P/T)\mathrm{d}T \tag{13-75-2}$$

となり，$\mathrm{d}H$ も $\mathrm{d}S$ も C_P によって表現できる．C_P に関する等式で表現すれば，

$$C_P = (\partial H/\partial T)_P = T(\partial S/\partial T)_P \tag{13-76-1}$$

である．これは C_P を測定するための基礎であると同時に，一定大気圧下での dH と dS の関係を与える．可逆過程で系に流入した熱エネルギー $dQ = dH$ は，$dS = dH/T$ のエントロピー変化でもある．これはあらゆる物質系で成立する．

12-8節で議論した Ln_2O_3 系列に対する (12-20) 式で考えれば，温度 T の関数として実験的に決められた $C_P(Ln_2O_3)$ が，四組効果の系列変化を含むエンタルピー変化を与えているわけだから，$(1/T)C_P$，"重み係数 $(1/T)$ 付きの温度積分" となるエントロピー変化にも，類似の系列変化が内在するはずである．$dS = dH/T$ は

$$dS = (1/T)C_P dT = C_P d(\ln T) \tag{13-76-2}$$

だから，$(1/T)C_P$ の温度積分，あるいは，温度の自然対数を変数として C_P を積分した結果がエントロピー変化であり，ここにも四組効果が含まれるはずである．

Ln_2O_3 系列の Ln^{3+} における J レベル励起熱エネルギー $2\Delta H_i(T_2/T_1)$ を分離した $\Delta H(T_2/T_1)_C$ が，滑らかな上に凸な四組効果を示すことを示した（図12-9, -10）．この J レベル励起熱エネルギーは，カノニカル分布の考え方に基づき，Ln^{3+} の J レベル分裂準位に対応する内部自由度を分離することで評価している（12-8節）．Ln_2O_3 の Ln^{3+} は，結晶格子点で熱振動する粒子と考えるが，その粒子自体は $4f$ 電子多重項分裂の電子準位に対応した "内部自由度" を持つ．この考え方の基本は，電子エネルギー状態の "内部自由度" を持つ単原子理想気体を考え，そのカノニカル分布から，単原子理想気体に対する熱力学関数を求める問題と同じである．Mayer and Mayer (1940) の 6, 7章，川邊 (2009) の§7, 8, 10 で議論されている．以下では，12-8節での議論を補足する．

13-8-1　J レベル分裂準位の "内部自由度" に対する熱力学関数

カノニカル分布の考え方では，すべての "内部自由度" についての量子状態の和として，以下のように "内部自由度" に対する分配関数 Q_i を，

$$Q_i = \sum_i e^{-\varepsilon(i)/kT}$$

と考える．i はすべての "内部自由度" についての量子状態を指定し，この状態について Boltzmann 因子の和を取っている（Mayer and Mayer, 1940）．この Q_i から "内部自由度" に対する熱力学関数が導出される．しかし，Ln^{3+} での J レベル分裂準位の "内部自由度" に対する分配関数 Q_i は，準位の量子数 J，準位 J の縮退度 $(2J+1)$，基底レベルから測った準位 J のエネルギー ε_J，を用いて，

$$Q_i = \sum_i e^{-\varepsilon(i)/kT} \quad \to \quad Q_i = \sum_J (2J+1) e^{-\varepsilon_J/kT} \tag{12-27-2}$$

と表現した方が便利である（Landau and Lifshitz, 1980）．J についての和は本来すべての準位に関する和を意味するが，実際上の計算（12-8節）では，和は基底項の J レベル準位に限っている．励起項の準位では $e^{-\varepsilon_J/kT} \approx 0$ であることによる．

カノニカル分布の考え方では，一般に，分配関数を用いて熱力学関数がすぐに得られる．"内部自由度" に対する分配関数 Q_i とその熱力学関数の場合も同様である．ただし，以下の注意が

必要である．一般に，Helmholtz の自由エネルギー（F）と Gibbs の自由エネルギー（G）は $G=F+PV$ の関係にあり，エンタルピー（H）と内部エネルギー（U）も $H=U+PV$ の関係にある．しかし，$4f$ 電子の J レベル準位は Ln^{3+} イオン内部の自由度だから，イオン自体の V については考える必要はない．$PV=0$ である．これは，粒子集合体全体が占める V はもちろん考えるが，その粒子自体の V を考えないことと同じである．したがって，"内部自由度"に対する熱力学関数では，Helmholtz の自由エネルギーは Gibbs の自由エネルギーに等しく，エンタルピーは内部エネルギーに等しい．

$$F_i = G_i, \qquad H_i = U_i \tag{13-77}$$

この点に注意すると，"内部自由度"に対する Helmholtz の自由エネルギーと Gibbs の自由エネルギーは，カノニカル分布の基本式から，

$$F_i = G_i = -RT \ln Q_i \tag{13-78-1}$$

である．これは 1 モルの Ln^{3+} に対する表現で，以下の場合も同じである．"内部自由度"に対するエントロピー，エンタルピー，内部エネルギーは，

$$S_i = -\left(\frac{\partial F_i}{\partial T}\right)_P = \frac{d}{dT}(RT \ln Q_i) = R\left[\ln Q_i + T \frac{d}{dT}\ln Q_i\right] \tag{13-78-2}$$

$$H_i = U_i = G_i + TS_i = G_i - T\left(\frac{\partial G_i}{\partial T}\right)_P = -T^2 \frac{d}{dT}\left(\frac{G_i}{T}\right) = RT^2 \frac{d}{dT}\ln Q_i \tag{13-78-3}$$

となる．(12-27-2) の Q_i を (13-78-3) に代入すれば，12-8 節で用いた「1 モルの Ln^{3+} のイオンを考えた時，$(4f^q)$ 配置の基底 J レベルから励起 J レベルへの熱的遷移のエンタルピーへの寄与」は，

$$H_i(T) = \frac{RT}{Q_i}\sum_J (2J+1)\cdot \frac{\varepsilon_J}{kT}\cdot \exp\left(-\frac{\varepsilon_J}{kT}\right) \tag{12-27-1}$$

となる．C_P と C_V についても，"内部自由度"に関する C_{Pi} と C_{Vi} の区別はなく，$C_{Pi} = C_{Vi}$ である．その定義 (13-76-1) より，

$$C_{Pi} = C_{Vi} = \left(\frac{\partial H_i}{\partial T}\right)_P = \frac{d}{dT}\left(RT^2 \frac{d}{dT}\ln Q_i\right) \tag{13-78-4}$$

である．以上のように，カノニカル分布の考え方により，内部自由度に対する分配関数 Q_i から，その熱力学関数はほぼ自動的に得られる．

Ln_2O_3 系列では，C_P を温度積分した $\Delta H(T_2/T_1)$ から，内部自由度分の 2 倍の $2\Delta H_i(T_2/T_1)$ を分離して，$\Delta H(T_2/T_1)_C$ を得た．そしてこの $\Delta H(T_2/T_1)_C$ の系列変化に，「上に凸な四組効果」を確認した（図 12-9，-10）．したがって，Ln_2O_3 系列での $\Delta S(T_2/T_1) \equiv S(T_2)-S(T_1)$ を考える場合は，(13-78-2) から $\Delta S_i(T_2/T_1) \equiv S_i(T_2)-S_i(T_1)$ を求め，この 2 倍を $\Delta S(T_2/T_1)$ から分離する必要がある．

$G_i = H_i - TS_i$，$F_i = U_i - TS_i$ の関係から，

$$S_i = -\frac{G_i}{T} + \frac{H_i}{T} = -\frac{F_i}{T} + \frac{U_i}{T} = R \ln Q_i + RT \frac{d}{dT}\ln Q_i \tag{13-79}$$

となり，確かに，(13-78-2) に一致している．S_i は (13-78-2) でも (13-79) でもどちらで考えてもよい．"内部自由度"に対する分配関数とエントロピーは，

$$Q_i = \sum_J (2J+1)\exp\left(-\frac{\varepsilon_J}{kT}\right) \tag{12-27-2}$$

$$S_i = R\ln Q_i + \frac{R}{Q_i}\sum_J (2J+1)\left(\frac{\varepsilon_J}{kT}\right)\exp\left(-\frac{\varepsilon_J}{kT}\right) \tag{13-80}$$

であるが，この(13-80)は13-5節で議論したLn^{3+}イオンの$4f$電子エントロピーのことである．Ln_2O_3系列で$\Delta S(T_2/T_1) \equiv S(T_2) - S(T_1)$を考え，$\Delta S_i(T_2/T_1) \equiv S_i(T_2) - S_i(T_1)$を求め，この2倍を差し引く問題は，$Ln^{3+}$イオンの$4f$電子エントロピーの温度変化を差し引く問題である．13-5節の議論では，Tは常温付近の温度であることを前提にしているので，以下の注意が必要である．

Tは常温付近の温度とし，第一励起レベルのエネルギーε_Jは$\varepsilon_J/kT \gg 1$とすると，(12-27-2)で励起レベルは$e^{-\varepsilon_J/kT} \approx 0$となり，励起レベルは寄与しない．$\varepsilon = 0$である基底レベルの寄与だけとなり，基底レベルの$J$のみで$Q_i \approx (2J+1)$と決まる．(13-80)の$S_i$の第1項は$-G_i/T$に由来するが，この項に$Q_i \approx (2J+1)$が入る．(13-80)の第2項は，$H_i/T$に等しく，基底レベルは$\varepsilon = 0$なので寄与しない．また，$e^{-\varepsilon_J/kT} \approx 0$の条件から励起レベルによる寄与もない．結局，(13-80)は基底レベルのJだけにより$S_i = R\ln(2J+1)$となる．この条件は，Eu^{3+}とSm^{3+}を除くLn^{3+}イオンに当てはまる．Eu^{3+}とSm^{3+}の場合は，常温であっても(13-80)の第2項を無視できないため，(13-80)の右辺全体をスペクトル・データに基づき評価せねばならない．Ln(III)化学種間の配位子交換反応のΔSでは，この種のLn^{3+}イオン$4f$電子エントロピーは近似的に相殺され，反応のΔSには残らない．これは，Eu^{3+}とSm^{3+}も含めたすべてのLn^{3+}(III)化学種について成立すると考える．これらは，常温の温度条件を前提に13-5節で述べた．

Eu^{3+}とSm^{3+}以外のLn^{3+}では，常温付近では，$S_i = R\ln(2J+1)$は定数だから，$\Delta S_i(T_2/T_1) \equiv S_i(T_2) - S_i(T_1)$は0としてよい．しかし，温度変化の範囲が1000 K辺りまで広がると，必ずしも，$e^{-\varepsilon_J/kT} \approx 0$とできない状況が，$Eu^{3+}$と$Sm^{3+}$以外の$Ln^{3+}$にも生まれる．そのため，(13-78-2)の$S_i$から$\Delta S_i(T_2/T_1) \equiv S_i(T_2) - S_i(T_1)$を具体的に求めねばならない．また，$Ln_2O_3$系列の温度変化は単なる状態変化であり，配位子交換反応ではないので，$2\Delta S_i(T_2/T_1)$を求め，$\Delta S(T_2/T_1)$から人為的にこれを分離する必要がある．

13-8-2　Ln_2O_3系列の$\Delta S(T_2/T_1)$と$4f$電子エントロピー変化の分離

温度上昇によるエントロピー変化は，$dS = dH/T = (C_P/T)dT$を温度積分して，

$$\Delta S(T_2/T_1) \equiv S(T_2) - S(T_1) = \int_{T_1}^{T_2} (C_P/T)dT \tag{13-81}$$

である．12-8節で議論したように，

$$C_P = C_V + \gamma \cdot \alpha \cdot T \cdot C_V$$
$$C_V = 3nR[1 - (1/20)(\Theta/T)^2 + (1/560)(\Theta/T)^4 - \cdots]$$

であるから，$\Theta < 600\,\mathrm{K} < T$として，高温近似により，

$$C_P/T \approx 3nR/T + 3nR \cdot \gamma \cdot \alpha \tag{13-82}$$

となる．したがって，

$$\Delta S(T_2/T_1) = \int_{T_1}^{T_2} (C_P/T)dT \approx 3nR \cdot \ln(T_2/T_1) + 3nR \cdot \gamma \int_{T_1}^{T_2} \alpha\, dT \tag{13-83}$$

である．(C_P/T) の積分値は実験値と見なせるが，近似式の右辺は古典論の値で，内部自由度に当たる項を含んでいない．図 13-18 は，実験値（黒丸）と古典論の値（白三角）の系列変化を示す．$\Delta S(T_2/T_1)$ の系列変化は，図 12-7 に示した $\Delta H(T_2/T_1)$ が示す系列変化に類似する．La_2O_3，Lu_2O_3，Gd_2O_3 では，$\Delta S(T_2/T_1)$ の実験値は古典論の値（白三角）とほぼ一致するが，他の Ln_2O_3 では一致しない．古典論の値（白三角）には系列変化はないが，hexagonal 晶系と cubic 晶系の Ln_2O_3 の間では，1〜2% ほどの差が認められる．$\Delta H(T_2/T_1)$ の場合と状況は同じである．

$4f$ 電子エントロピーに対する (13-78-2) の $4f$ 電子に関する内部自由度による $S_i(T)$ から $\Delta S_i(T_2/T_1) = S_i(T_2) - S_i(T_1)$ を求め，この 2 倍を，実験値の $\Delta S(T_2/T_1)$ 値から差し引く．同時に，Ln_2O_3(hex) のデータを Ln_2O_3(cub) データに換算するために

$$\Delta S_{h/c}(T_2/T_1)$$
$$= 3nR\left\{\gamma(\text{hex})\int_{T_1}^{T_2}\alpha(\text{hex})dT \right.$$
$$\left. - \gamma(\text{cub})\int_{T_1}^{T_2}\alpha(\text{cub})dT\right\} \quad (13\text{-}84)$$

も差し引く．その結果は，Ln_2O_3(cub) の $\Delta S(T_2/T_1)_{\text{exp}}$ から $4f$ 電子エントロピーの寄与を除いたもので，

$$\Delta S(T_2/T_1)_C = \Delta S(T_2/T_1)_{\text{exp}} - 2\Delta S_i(T_2/T_1)$$
$$- \Delta S_{h/c}(T_2/T_1) \quad (13\text{-}85)$$

と表現できる．これは $\Delta H(T_2/T_1)_C$ (12-30) に対応する．

$\Delta S(T_2/T_1)_C$ の値を図 13-19 に示す．ここでは，$\Delta S(T_2/T_1)_C$ を RSPET 式で回帰した結果も示している．

$$\Delta S(T_2/T_1)_C = A' + (a' + b')qZ^*$$
$$+ \frac{9}{13}n(S)C_1'Z^* + m(L)C_3'Z^* \quad (13\text{-}86)$$

12-8 節では，$4f$ 電子 J レベル分裂の励起

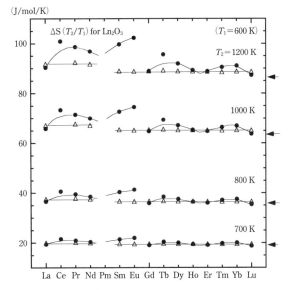

図 13-18 Ln_2O_3 系列における $T_1 = 600$ K，$T_2 = 700$〜1200 K での $\Delta S(T_2/T_1) = S(T_2) - S(T_1)$ の値（黒丸）および (13-83) 式右辺の古典論の値（白三角）．右端の矢印は $3nR\ln(T_2/T_1)$ の値を示す．La〜Nd は hexagonal 晶系の Ln_2O_3，Sm〜Lu は cubic 晶系の Ln_2O_3 を表す．1100 K，900 K のデータは，プロットの重なりを避けるために省いている．

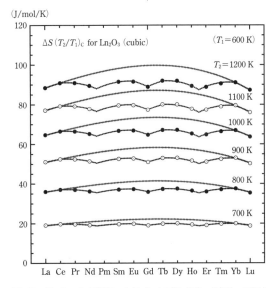

図 13-19 Ln_2O_3 系列における $\Delta S(T_2/T_1) = S(T_2) - S(T_1)$ から $4f$ 電子エントロピーを除き，Ln_2O_3(hex)（Ln = La〜Nd）のデータは Ln_2O_3(cub) の値に補正した結果（黒丸または白丸）．これらのデータ点は，RSPET 式で回帰される．

エネルギーの寄与を除いたエンタルピー変化を

$$\Delta H(T_2/T_1)_{\mathrm{C}} = A + (a+b)qZ^* + \frac{9}{13}n(S)C_1Z^* + m(L)C_3Z^* \tag{12-36}$$

と置いたので，$\Delta S(T_2/T_1)_{\mathrm{C}}$ に対する RSPET 式 (13-86) のパラメーターにはダッシュを付けて (12-36) の場合と区別した．$\Delta H(T_2/T_1)_{\mathrm{C}}$ のみならず，$\Delta S(T_2/T_1)_{\mathrm{C}}$ も RSPET 式で表現でき，「上に凸な四組効果」を確認できる．図 13-19 には，図 13-18 ではプロットを省略した $T_2 = 900$ K, 1100 K の場合も示してある．

13-8-3　$\Delta H(T_2/T_1)_{\mathrm{C}}$ と $\Delta S(T_2/T_1)_{\mathrm{C}}$ で相似な四組効果

$\Delta S(T_2/T_1)_{\mathrm{C}}$ と $\Delta H(T_2/T_1)_{\mathrm{C}}$ の系列変化は共に RSPET で表現でき，相互に相似である．相似因子は，閉殻電子配置を取る La_2O_3, Lu_2O_3 と，これに準ずる Gd_2O_3 の場合から推定できる．これら三者では，$\Delta S(T_2/T_1) = \Delta S(T_2/T_1)_{\mathrm{C}}$, $\Delta H(T_2/T_1) = \Delta H(T_2/T_1)_{\mathrm{C}}$ で，実験値は古典論の値に等しいから，その相似因子を κ_{C} と記すと，

$$\kappa_{\mathrm{C}} \equiv \frac{\Delta S(T_2/T_1)}{\Delta H(T_2/T_1)} \approx \frac{3nR \cdot \ln(T_2/T_1)}{3nR(T_2 - T_1)} = \frac{\ln(T_2/T_1)}{(T_2 - T_1)} \tag{13-87}$$

となる．ただし，それぞれの非調和項の寄与は，1～2% であるが，ここでは無視している．κ_{C} は $4f$ 電子エントロピーが直接関与しない場合のエントロピー変化とエンタルピー変化の相互比である．一般の Ln_2O_3 では，$\Delta S(T_2/T_1)_{\mathrm{C}}$ と $\Delta H(T_2/T_1)_{\mathrm{C}}$ を RSPET 式で回帰して得た C_1 と C_3 および C_1' と C_3' を比較することで，両者の四組効果の大きさ自体を直接比較し相似因子を決める．図 13-20 は $\Delta H(T_2/T_1)_{\mathrm{C}}$ と $\Delta S(T_2/T_1)_{\mathrm{C}}$ を RSPET 式で回帰して得た C_1 と C_3 および C_1' と C_3' が温度と共に増大する様子を示している．両者は平行関係にあることがわかる．そこで，相似因子を，ΔE^1 と ΔE^3 で別々に，

$$\kappa_1 \equiv C_1'(\Delta S)/C_1(\Delta H), \qquad \kappa_3 \equiv C_3'(\Delta S)/C_3(\Delta H) \tag{13-88}$$

と定義して，この値を図 13-20 での 6 点 ($T_2 = 700$～1200 K) で求めると，

$$\kappa_1 = (1.3 \pm 0.1) \times 10^{-3}\,(1/\mathrm{K}), \qquad \kappa_3 = (1.2 \pm 0.1) \times 10^{-3}\,(1/\mathrm{K}) \tag{13-89}$$

となる．±の値は 6 点の値に対する 1σ を表す．一方，古典論値から求める (13-87) の値 κ_{C} は，$T_2 = 700$～1200 K の 6 点での平均値と 1σ は，

$$\kappa_{\mathrm{C}} = \frac{\ln(T_2/T_1)}{(T_2 - T_1)} = (1.3 \pm 0.1) \times 10^{-3}\,(1/\mathrm{K}) \tag{13-90}$$

となり，κ_{C} は RSPET 式から求めた (13-89) の相似因子に実質的に等しい．$Ln_2O_3(\mathrm{cub})$ に対する $\Delta S(T_2/T_1)_{\mathrm{C}}$ と $\Delta H(T_2/T_1)_{\mathrm{C}}$ が示す「上に凸な四組効果」は，共に RSPET 式で表現でき，相互に相似である．

ところで，古典論値による (13-87) の $\kappa_{\mathrm{C}} \approx \ln(T_2/T_1)/(T_2 - T_1)$ は，$T_2 = T + \Delta T$, $T_1 = T$ と書くと，

$$\kappa_{\mathrm{C}} \approx \frac{\ln(T_2/T_1)}{T_2 - T_1} = \frac{\ln(1 + \Delta T/T)}{\Delta T} = \frac{(\Delta T/T) - (1/2)(\Delta T/T)^2 + \cdots}{\Delta T}$$

だから，$\Delta T \to 0$ の時 $\kappa_{\mathrm{C}} \to (1/T)$ である．これは $dS/dH = (1/T)$ のことで，$TdS = dH$ (13-75-2) に由来する．一方，(13-88) の κ_1 と κ_3 については，RSPET 式の対応成分の比であり，(13-87) の κ_{C} のように $\Delta S(T_2/T_1)_{\mathrm{C}}/\Delta H(T_2/T_1)_{\mathrm{C}}$ ではないので，必ずしも自明ではない．しかし，それぞれの

成分の加成性からすれば当然の結果と言える.

$\Delta S(T_2/T_1)_C$ では，i) $4f$ 電子エネルギー準位の J レベル分裂にともなう電子エントロピーの寄与，ii) Ln_2O_3(cub) に対する Ln_2O_3(hex) の配置エントロピーの違い，が除かれている．したがって，$\Delta S(T_2/T_1)_C$ は，基本的には，振動エントロピーの温度変化である．もちろん，$\Delta S(T_2/T_1)_C$ は C_P の実験データに基づくので，i) と ii) の寄与以外のあらゆる効果を含み，当然，振電相互作用の寄与（13-6-2）もあればこれに含まれる．$\Delta S(T_2/T_1)_C$ の系列変化からすると，この振動エントロピーの温度変化に，$4f$ 電子に起因する四組効果が内在することがわかる．12-8 節で確認したように，i) と ii) の寄与を除いた熱エネルギーの温度変化である $\Delta H(T_2/T_1)_C$ は，RSPET 式で記述できる．まったく同様にして，$\Delta S(T_2/T_1)_C$ も RSPET 式で記述で

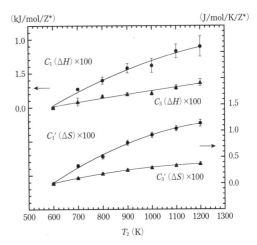

図 13-20　$\Delta H(T_2/T_1)_C$ と $\Delta S(T_2/T_1)_C$ の系列変化を RSPET 式で回帰して得た $C_1(\Delta H)$ と $C_3(\Delta H)$ および $C_1'(\Delta S)$ と $C_3'(\Delta S)$ の温度変化．$C_1(\Delta H)$ と $C_1'(\Delta S)$，$C_3(\Delta H)$ と $C_3'(\Delta S)$ は相似な温度変化を示す．$\Delta H(T_2/T_1)_C$ と $\Delta S(T_2/T_1)_C$ の次元は異なるので，それぞれの係数の次元もこれに対応して異なる．

きる．結晶質の純物質固体化合物の熱エネルギーの増加は，同時に振動エントロピーの増加だからである．

結晶質の純物質固体化合物の温度上昇による状態変化には，熱膨張が伴い，Ln^{3+} イオンと配位子の距離は増大する．これに対応して，Ln^{3+} イオンの Racah パラメーターは増大する．これは圧力誘起の電子雲拡大効果とは反対の現象であり，$C_P(Ln_2O_3)$ の実験データに反映されている．筆者らは $C_P(Ln_2O_3)$ の温度積分から上記 i) と ii) を除いた $\Delta H(T_2/T_1)_C$ と $\Delta S(T_2/T_1)_C$ を求め，その系列変化が相互に相似な「上に凸な四組効果」を示し，RSPET 式で記述できることを確認した．温度上昇による状態変化での ΔH と ΔS の四組効果が相互に相似であるのは，熱力学則の $TdS = dH$ に由来する．

(13-86) と (12-36) の RSPET 式は簡単な式ではあるが，これを $C_P(Ln_2O_3)$ の実験データに基づく $\Delta S(T_2/T_1)_C$，$\Delta H(T_2/T_1)_C$ に適用することで，RSPET 式自体の有効性がさらに明確になった．Ln(III) 物質系での Ln^{3+} の基底電子配置は $[Xe](4f)^q$ と表現でき，これに対して "簡潔な" RSPET 式が成立することの重要性を改めて理解できる．Ln(III) 以外の物質系では RSPET 式に当たるものがないため，以上のような議論には至らない．ただし，RSPET 式が使える Ln(III) 系の物質でも，それなりの精度を持つ C_P の高温実験データが全 Ln(III) 化学種で利用できるのは，今のところ，Ln_2O_3 系列を含むごく少数に限られるようである．

13-8-4　配位子交換反応で近似的に相殺される J レベル分裂準位項

既に指摘したように，Ln(III) の配位子交換反応，例えば，

$$LnO_{1.5}(cub) + (3/2)F_2(g) = LnF_3(rhm) + (3/4)O_2(g) \tag{13-91}$$

では，$LnO_{1.5}$(cub) と LnF_3(rhm) の Ln^{3+} の $4f$ 電子エントロピーは近似的に相殺される．また，$4f$

電子のエンタルピーについても，スピン・軌道相互作用パラメーター（ζ_{4f}）は両 Ln(III) 系列化合物で同一ではないものの，その差は小さく熱力学量にほとんど寄与しない．そのため，

$$\Delta\zeta_{4f} = \zeta_{4f}(\mathrm{LnF_3}) - \zeta_{4f}(\mathrm{LnO_{1.5}}) \approx 0 \tag{13-92}$$

として，RSPET 式を用いることができる（第 7 章）．J レベル分裂準位を，$4f$ 電子の内部自由度と見なす限り，この $4f$ 電子部分の熱力学量は，(13-91) のような配位子交換反応では近似的に相殺され，結果として，Racah パラメーターの違いに基づく項エネルギー部分が残る．このことが，(13-91) のような配位子交換反応の熱力学量系列変化が RSPET 式で回帰できる理由である．

12-8 節，13-8-1～13-8-3 では，J レベル分裂準位を $4f$ 電子の内部自由度と見なし，これを分離した $\mathrm{LnO_{1.5}}$(cub) に対する $\Delta H(T_2/T_1)_\mathrm{c}$ と $\Delta S(T_2/T_1)_\mathrm{c}$ を具体的に求めた．そして，$\Delta H(T_2/T_1)_\mathrm{c}$ も $\Delta S(T_2/T_1)_\mathrm{c}$ も，RSPET 式によりその系列変化を表現できることを確かめた．そこで，ΔG と ΔG_i について考えると，

$$\Delta G = \Delta H - T\Delta S, \quad \Delta G_i = \Delta H_i - T\Delta S_i \tag{13-93}$$

だから，$\Delta G(T_2/T_1)_\mathrm{c}$ を，

$$\Delta G(T_2/T_1)_\mathrm{c} = G(T_2) - G(T_1) - [G_i(T_2) - G_i(T_1)] \tag{13-94}$$

と同様に定義すれば，$\Delta G(T_2/T_1)_\mathrm{c}$ も RSPET 式に従う系列変化を示すことになる．すなわち，Ln(III) 化合物の代表例である $\mathrm{LnO_{1.5}}$(cub) では，J レベル分裂準位を $4f$ 電子の内部自由度として取り扱う限り，$\Delta H(T_2/T_1)_\mathrm{c}$，$\Delta S(T_2/T_1)_\mathrm{c}$，$\Delta G(T_2/T_1)_\mathrm{c}$ の系列変化は RSPET 式に従う．J レベル分裂準位を $4f$ 電子の内部自由度と見なし，これに相当する熱力学量を人為的に取り除いた結果が $\Delta H(T_2/T_1)_\mathrm{c}$，$\Delta S(T_2/T_1)_\mathrm{c}$，$\Delta G(T_2/T_1)_\mathrm{c}$ である．このことは $\mathrm{LnF_3}$(rhm) 等の他の Ln(III) 化合物でも成立するはずである．したがって，(13-91) のような配位子交換反応では，$4f$ 電子の内部自由度としての J レベル分裂準位に関わる熱力学量は近似的に相殺され，結果として，配位子交換反応の熱力学量の系列変化は，$\Delta\zeta_{4f} \approx 0$ とした RSPET 式で回帰できる．

配位子交換反応の熱力学量では，J レベル分裂準位による $4f$ 電子項を人為的に分離する必要はない．$\Delta H(T_2/T_1)_\mathrm{c}$ と $\Delta S(T_2/T_1)_\mathrm{c}$ が RSPET 式で回帰できるなら，(13-93) の線形関係から，$\Delta G(T_2/T_1)_\mathrm{c}$ も RSPET 式で回帰できる．また，$\Delta G(T_2/T_1)_\mathrm{c}$ と $\Delta H(T_2/T_1)_\mathrm{c}$ が RSPET 式で回帰できるなら，$\Delta S(T_2/T_1)_\mathrm{c}$ も RSPET 式で回帰できることになる．これは，配位子交換反応の ΔH，ΔG，ΔS が RSPET 式で回帰できることを意味する．13-1 節では，同質同形系列をなす $\mathrm{Ln(C_2H_5SO_4)_3 \cdot 9H_2O}$ の常温・常圧での溶解反応の ΔH，ΔG，ΔS は，水和 Ln(III) イオン系列の水和状態変化を補正すれば，RSPET 式で回帰できることを示した．13-2 節での $\mathrm{LnCl_3 \cdot 6H_2O}$ 系列や 13-4 節での $[\mathrm{Ln(diglyc)_3}]^{3-}$(aq) と $[\mathrm{Ln(dipic)_3}]^{3-}$(aq) 系列は，全 Ln が同質同形ではないが，全 Ln が同質同形となるように，反応の熱力学量を補正すると，これらが関与する常温・常圧での配位子交換反応の ΔH，ΔG，ΔS は RSPET 式で回帰できることを確認した．Ln(III) 化合物・錯体では，配位子が異なる化合物であっても，J レベル分裂準位は類似しており，配位子交換反応の熱力学量を考えた場合，J レベル分裂準位に関する電子項に由来する部分は近似的に相殺される．このことが RSPET 式の有効性の礎である．

4-6 節 (4-33) の分光学の結果「$4f$ 電子系：$\hat{H}_\mathrm{el\text{-}el} > \hat{H}_\mathrm{so} > \hat{H}_\mathrm{ligand}$」からすると，$\hat{H}_\mathrm{el\text{-}el} \approx 10{,}000$ cm^{-1}，$\hat{H}_\mathrm{so} \approx 1000$ cm^{-1}，$\hat{H}_\mathrm{ligand} \approx 100$ cm^{-1} なので，常温以上の個別物質の熱力学量を考える場合には $\hat{H}_\mathrm{ligand}$ を無視し，$\hat{H}_\mathrm{el\text{-}el} + \hat{H}_\mathrm{so}$ で考えればよい．しかし，配位子交換反応の熱力学量を考えるので，$\hat{H}_\mathrm{so}$ は近似的に相殺され，$\hat{H}_\mathrm{el\text{-}el}$ の差のみが残り，項エネルギー差のみで議論できる状況

が生まれている．

川邊（2014b）は，$LnO_{1.5}$(cub) と LnF_3(rhm) の配位子交換反応 (13-91) の $\Delta G_r^0(T)$ を，298 K～1200 K の温度範囲で，両相の Gibbs free energy functions（GFEF）から求めた．$LnO_{1.5}$(cub) と LnF_3(rhm) の GFEF は，それぞれ，Robie et al.（1979）と Chervonnyi（2012）の値を用いた．$T=$ 298 K～1200 K の $\Delta G_r^0(T)$ は，「上に凸な」四組効果を示し，これらは改良 RSPET 式に回帰できることを確認した．298 K～800 K では ΔH_r^0 の四組効果が $\Delta G_r^0 (= \Delta H_r^0 - T\Delta S_r^0)$ の四組効果を支配するが，800 K～1200 K の高温では ΔS_r^0 の四組効果が顕在化しはじめ，ΔG_r^0 の四組効果は温度上昇と共に減少し始める．配位子交換反応の熱力学量 ΔG_r^0 では，J レベル分裂準位に関する電子項に由来する部分は近似的に相殺されることの実例である．

12-8 節，13-8-1～13-8-3 の議論では，$C_P(Ln_2O_3)$ の温度依存性を簡単に扱えるように，$T_1 = 600$ K，$T_2 > T_1$ とした．この温度条件は，現実の"結晶場（配位子場）"分裂準位を J レベルに戻して考える近似の有効性にも関連している．低温になるほど，"結晶場"分裂準位を J レベルに戻して考える近似は悪くなる．Ln(III) 化合物や Ln(III) が置換する化合物における Ln^{3+} イオンを考える場合，低温では，現実の"結晶場"分裂準位に即した議論が重要になる．したがって，$T_1 \to$ 298 K あるいは $T_1 \to 0$ K として考える際にはこの点の注意が必要である．

13-8-1～13-8-3 では，内部自由度エネルギー準位に対する分配関数の表現を，

$$Q_i = \sum_i e^{-\varepsilon(i)/kT} \quad \to \quad Q_i = \sum_J (2J+1) e^{-\varepsilon_J/kT} \tag{12-27-2}$$

と切り替え，その結果を用いた．しかし，現実の"結晶場"分裂準位に即した議論を行うには，切り替える前の式で"内部自由度"の量子状態 (i) を，個別 Ln(III) 化合物の"結晶場"分裂準位と考える必要がある．この分配関数では，縮重したエネルギー状態も区別して Boltzmann 因子の和を考えるので，"結晶場"分裂準位の縮重度もわかっている必要がある．

5～350 K の領域での Ln(III) 化合物の C_P 実験値は，"結晶場"分裂による $4f$ 電子準位のショットキー比熱（Schottky heat capacity）問題として議論されている（Spedding et al., 1972; Westrum et al., 1980; Westrum, 1983; Westrum et al., 1989）．Schottky 比熱とは，複数の離散的エネルギー準位が存在すると，その影響が定圧モル熱容量，C_P の温度変化に現れることを言う（13-9 節の図 13-21b）．"結晶場"分裂による $4f$ 電子準位は分光学的に調べることができるので，C_P 実験値の温度変化と対比ができる．"5～350 K の領域"と記すのは，常温以上では常磁性を示す Ln(III) 化合物も，極低温（<10 K）では，強磁性体または反強磁性体へ磁気相転移を起こすことに関連している．$T_1 \to 0$ K とするには，極低温における磁気相転移の有無を確認し，もしその種の相転移の影響があれば，その効果を，$4f$ 電子準位の Schottky 比熱と格子振動による比熱から分離する必要がある（13-9 節で具体例を議論する）．

(12-27-2) の切替えた式は，Ln^{3+} での J レベル分裂準位の量子数 J，準位 J の縮退度 $(2J+1)$，基底レベルから測った準位 J のエネルギー ε_J，を用いて表現している．各 J レベル準位は"結晶場"分裂を起こしているが，我々は，これを分裂前の各 J レベルに戻して考えることにした．Ln_2O_3 の場合，$T_1 = 600$ K，$T_2 > T_1$ はそのための温度条件としての意味を持つ．また，J レベル分裂準位の値は，液体ヘリウム温度（4 K）または液体窒素温度（77 K）でのスペクトル・データを，温度変化を無視して，高温でも用いている．Ln(III) 化合物の J レベル分裂準位は，化合物は異なっていても，近似的には等しいとの立場を前提にしている．

このような近似は，$T_1 \approx$ 常温（298 K）程度までなら採用できると考え，我々は切り替え後の表現を用いている．$T_1 \approx$ 常温の場合，これまでの議論で述べたように，実験量を直接用いることで，RSPET 式の有効性を確認している（13-1, -2, -4 節）．(13-91) のような配位子交換反応では，4f 電子項部分は近似的に相殺されると考えるが，これを 298 K よりさらに低温の温度領域まで拡張しようとすると，個々の Ln(III) 化合物系での"結晶場"分裂準位，Schottky 比熱，極低温での磁気相転移，などの問題に配慮が必要となる．しかし，我々は，常温（298 K）以上での Ln(III) 化合物系の反応を念頭に，RSPET 式の有効性の礎を議論しているので，$0 < T < 298$ K での議論の詳細には立ち入らない．

ただし，Ln(III) 化合物の S^0_{298} は，C_P 実験値を極低温から温度積分して得られているので，その実験データと評価法については，本当は，我々も無関心であってはならない．たとえば，図 13-13a で S^0_{298}(LnO$_{1.5}$, cub) の系列変化を議論した際に，S^0_{298}(DyO$_{1.5}$, cub), S^0_{298}(TmO$_{1.5}$, cub), S^0_{298}(YbO$_{1.5}$, cub) の値は，約 5 J/mol/K 程度小さすぎるとして補正した．なぜこのような実験値となっているのかについては議論しなかったが，一つの可能性として，低温 C_P 実験値の温度積分の問題が考えられる．次節ではこの種の問題点について議論する．

13-9　Ln(III) 化合物の極低温 C_P，磁気相転移，結晶場分裂準位

極低温〜常温領域での Ln(III) 化合物の C_P と熱力学量の問題は，Schottky 比熱問題として Westrum のグループが長年にわたって追究している（Westrum et al., 1980; Westrum et al., 1989; Gruber et al., 2002）．そこでは，結晶場（配位子場）分裂の熱力学・統計力学，分光学と共に，Ln(III) 化合物の磁気相転移に関する議論も交差する．Westrum らは，極低温〜常温領域での C_P 実験値と分光学データから，結晶場分裂準位を厳格に取り扱うことを追究しており，電子雲拡大効果を問題にしているわけではない．ここでは，C_P 実験値が正確で，C_P と (C_P/T) の温度積分が適切であることがまず重要とする立場から，Ln(III) 化合物の極低温比熱と結晶場分裂の問題を考える．

Ln(III) 化合物の磁気相転移

La^{3+} と Lu^{3+} 以外の開殻電子配置をもつ Ln(III) 化合物では，温度降下により常磁性から反強磁性への磁気相転移が生じる．これは C_P 実験値にも反映され，極低温〜低温での磁性データとの対比も重要になる[3]．

常磁性の状態（paramagnetic state）とは，Ln^{3+} イオンの磁気モーメント間に相互作用がない状態のことで，Ln(III) 化合物は，少なくとも常温以上では常磁性状態にある．高温での熱振動が Ln^{3+} イオンの磁気モーメント間の相互作用の発現を阻み，磁気的には無秩序な状態である．しかし，温度が低下すると，Ln^{3+} イオンの磁気モーメント間の相互作用の発現を阻むことはできなくなり，磁気秩序が生じる．その一つが強磁性の状態（ferromagnetic state）で，磁性イオンの

---

[3] 物質の磁性については，たとえば，大貫（2000）7 章，永宮（2002），などで，知識を整理しておきたい．後に議論する Kramars（クラマース）の定理（二重縮退準位）は，Messiah (1961)，上村他（1969），永宮（2002）を，また，「重い電子系」，「価数揺動」，「近藤効果」についての詳細は，三宅（2002），上田・大貫（1998），藤森（2005），佐藤・三宅（2013）などの著書を参照されたい．

磁気モーメントが一斉に同じ向きに揃い，自発磁化を生じた状態を言う．この自発磁化が発生する温度がキューリー温度（Curie Temperature, T_C）である．もう一つの磁気秩序は，反強磁性の状態（anti-ferromagnetic state）で，隣り合う Ln^{3+} イオンが相互に反対方向の磁気モーメントを持つ状態である．全体としての自発磁化は生じない．高温からの温度降下に伴い常磁性 → 反強磁性の磁気相転移が起こる温度は，ネール温度（Néel Temperature, T_N）と呼ばれる．磁性イオン化合物では，$3d$ の鉄族イオン化合物の場合も，温度降下に伴いこのような磁気相転移が見られる．Ln(III) 化合物では 10 K 以下の極低温でこの種の磁気相転移が知られている．強磁性への転移なのかそれとも反強磁性への転移なのかは，磁化率の温度変化，比熱の温度変化などから識別される（上田・大貫，1998）．Ce_2O_3 の定圧熱容量データで，反強磁性磁気相転移と Schottky 比熱を見てみよう．

Ce_2O_3 の定圧熱容量：磁気相転移と Schottky 比熱の異常

図 13-21a は，Huntelaar et al.（2000）による Ce_2O_3 の定圧熱容量（C_P）実験値を示している．降温に伴い常磁性 → 反強磁性の磁気相転移に対応する鋭いピークが 6 K 付近に明瞭に認められる．$T_N = 6$ K である．一方，Schottky 比熱異常は，磁気相転移ピークとは異なり，図 13-21a で直接識別するのは困難である．そこで，$C_P(Ce_2O_3)$ 実験値は，格子振動，磁気相転移異常，結晶場分裂による Schottky 異常，の三つの比熱成分に分解できると考え，

$$C_P(Ce_2O_3)_{exp} = C_P(Ce_2O_3)_{latt.} + C_P(Ce_2O_3)_{magn.} + C_P(Ce_2O_3)_{sch.} \quad (13\text{-}95)$$

とおく．そして，同一の方法で得た $C_P(La_2O_3)$ 実験値を，$C_P(La_2O_3) \approx C_P(Ce_2O_3)_{latt.}$ と仮定して両辺

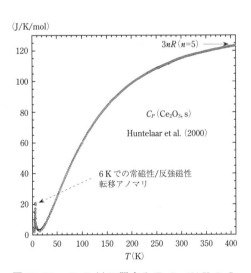

図 13-21a $Ce_2O_3(s)$ に関する $T = 3 \sim 420$ K の C_P 実験値（Huntelaar et al., 2000）．$T = 400$ K では，$C_P = 15R = 124.72$ J/K/mol の古典論値に漸近する．$T \to 0$ K では，6 K 付近に，常磁性 → 反強磁性の磁気相転移に対応した鋭い異常ピークが現れている．

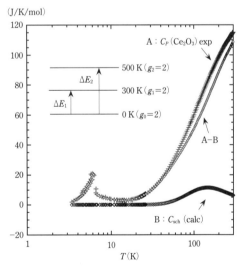

図 13-21b $C_P(Ce_2O_3)$ 実験値（Huntelaar et al., 2000）は A，Schottky 比熱計算値 $C_P(Ce_2O_3)_{sch.}$ は B として，両者の差（A-B）を示す．図示した三つの二重縮退の結晶場分裂準位を仮定して，全温度範囲で $C_{sch.}(Ce_2O_3)$ を計算し，その結果をプロットしている．$T > 20$ K の常磁性領域に対しては意味があると考えるが，磁気相転移点に近い温度領域（$T < 20$ K）では，現実には対応しない可能性がある（本文参照）．

から差し引き，磁気相転移異常と Schottky 異常の和を求めて，この和を電子比熱 $C_\text{el.}$ として議論する．Justice and Westrum (1969) は，$C_P(\text{La}_2\text{O}_3)$ と $C_P(\text{Nd}_2\text{O}_3)$ から $C_P(\text{Ce}_2\text{O}_3)_\text{latt.}$ を推定し，$C_P(\text{Ce}_2\text{O}_3)_\text{magn.} + C_P(\text{Ce}_2\text{O}_3)_\text{sch.} \approx C_P(\text{Ce}_2\text{O}_3)_\text{sch.}$ とできる $20\,\text{K} < T < 350\,\text{K}$ の温度領域で，$C_\text{el.}$ と $C_P(\text{Ce}_2\text{O}_3)_\text{sch.}$ 計算値を比較している．両者は $200\,\text{K} < T < 350\,\text{K}$ ではほぼ一致するが，$20\,\text{K} < T < 50\,\text{K}$ では $C_\text{el.}$ が負となり，$50\,\text{K} < T < 200\,\text{K}$ では $C_P(\text{Ce}_2\text{O}_3)_\text{sch.}$ 計算値は約 4 J/K/mol ほど $C_\text{el.}$ より低く，両者の一致はよくない．この結果に対し，原著者は Ce_2O_3 の不純物の問題などを不一致の可能な原因に挙げている．この点は後に議論する．

一方，図 13-21a の Huntelaar et al. (2000) の場合，同一の方法による $C_P(\text{La}_2\text{O}_3)$ 実験値を報告していないので，ここでは通常とは少し異なる立場から $C_P(\text{Ce}_2\text{O}_3)_\text{exp}$ を考える．後で示すように $C_P(\text{Ce}_2\text{O}_3)_\text{sch.}$ の値は適当な結晶場分裂を仮定すれば計算できるので，(13-95) の実験値からこの寄与を差し引けば，

$$\Delta C_P = C_P(\text{Ce}_2\text{O}_3)_\text{exp} - C_P(\text{Ce}_2\text{O}_3)_\text{sch.} = C_P(\text{Ce}_2\text{O}_3)_\text{magn.} + C_P(\text{Ce}_2\text{O}_3)_\text{latt.} \tag{13-96}$$

となる．この ΔC_P は磁気相転移と格子振動の寄与の和で，磁気相転移の寄与は極低温に限定されるだろうから，これを無視できる低温領域では，ΔC_P は格子振動による $C_P(\text{Ce}_2\text{O}_3)_\text{latt.}$ だけとなる．これを検討した結果が図 13-21b である．Ce_2O_3(hex) だから，自由 Ce^{3+} イオンの基底 $4f$ レベル $^2F_{5/2}$ ($2J+1=6$) の六重位は三つの二重縮退準位（Kramers doublets）に分裂するとして，Schottky 比熱を計算し，これを差し引いている（図 13-21-2 の B，A−B）．仮定した結晶場分裂準位のパラメーターは図 13-21b の挿入図に示した．Schottky 比熱の温度依存性は小さいので，横軸の温度を対数スケールにすることで，そのピークを確認する．Schottky 比熱 $C_P(\text{Ce}_2\text{O}_3)_\text{sch.}$ は，通常以下のように計算する．結晶場分裂準位 i の縮退度とその準位エネルギーを g_i と E_i とし，エネルギー$=0$ の基準を基底準位のエネルギー E_0 にとれば，3 準位系のエネルギー準位は，

$$\Delta E_0 = E_0 - E_0 = 0, \qquad \Delta E_1 = E_1 - E_0, \qquad \Delta E_2 = E_2 - E_0 \tag{13-97}$$

である．この 3 準位系の全エネルギー E_CF の期待値は，カノニカル分布の考え方から，ΔE_i，$g_i = 2$ と Boltzmann 因子 $\exp(-\Delta E_i/kT)$ を用い，

$$E_\text{CF} = \frac{\Delta E_1 \cdot g_1 \exp(-\Delta E_1/kT) + \Delta E_2 \cdot g_2 \exp(-\Delta E_2/kT)}{g_0 + g_1 \exp(-\Delta E_1/kT) + g_2 \exp(-\Delta E_2/kT)} \tag{13-98}$$

となる．したがって，3 準位系の Schottky 比熱はこの E_CF の温度微分として，

$$C_\text{sch.} = \partial E_\text{CF}/\partial T \tag{13-99}$$

で得られる．ただし，Ce_2O_3 の 1 モル当たりの値を求めるためには，この 3 準位系 Schottky 比熱 $C_\text{sch.}$ の値を 2 倍しなければならないことに注意．

図 13-21b に示した A−B $= C_P(\text{Ce}_2\text{O}_3)_\text{exp} - C_P(\text{Ce}_2\text{O}_3)_\text{sch.} = C_P(\text{Ce}_2\text{O}_3)_\text{magn.} + C_P(\text{Ce}_2\text{O}_3)_\text{latt.}$ の値を $T^3/1000$ に対してプロットした結果が，次の図 13-21c である．

$T = 10$，20，30 K は，$T^3/1000 = 1$，8，$27\,\text{K}^3$ であることに留意して，この結果を考える．$C_P(\text{Ce}_2\text{O}_3)_\text{latt.}$ の格子振動成分が，極低温での Debye の T^3 則に従うなら，

$$C_P(\text{Ce}_2\text{O}_3)_\text{latt.} = (12/5)\pi^4 \cdot n \cdot R \cdot (T/\Theta)^3 \tag{13-100}$$

である．$n=5$（1 モルの Ce_2O_3 の全原子数は 5 モル），$R = 8.3145$ (J/K/mol) で，Θ が Debye 特性温度である．図 13-21c の横軸 $T^3/1000$ はこの T^3 則に対応する．図示した直線は $\Theta = 300\,\text{K}$ とした時の T^3 則に当たる．低温での $C_P(\text{La}_2\text{O}_3)_\text{exp}$ からも同程度の Debye 特性温度が得られるので，$\Theta = 300\,\text{K}$ は不合理な値ではない．また，通常の Schottky 比熱式を前提にする限り，第一励起準

位が $\Delta E_1 > 250\,\mathrm{K}$ であれば，$10\sim 20\,\mathrm{K}$ での Schottky 比熱は実質的に 0 となり，図 13-21b で仮定した結晶場分裂準位の任意性はあまり問題にする必要はない．

図 13-21c のプロットでは，$C_P(\mathrm{Ce_2O_3})_\mathrm{exp} - C_P(\mathrm{Ce_2O_3})_\mathrm{sch.}$ は，磁気転移温度（$6\,\mathrm{K}$）から $30\,\mathrm{K}$ 程度まで温度が上昇した後に，$\varTheta = 300\,\mathrm{K}$ の T^3 則に一致するが，これより高温では一致しない．磁気相転移（$T_\mathrm{N} = 6\,\mathrm{K}$）の影響は $6\,\mathrm{K}$ 近傍に極限されず，$C_\mathrm{el.} > 0$ の領域が $10\sim 25\,\mathrm{K}$ の範囲に広がっている．この温度領域では，(13-95) と (13-96) で前提とした $C_P(\mathrm{Ce_2O_3})_\mathrm{magn.}$ と $C_P(\mathrm{Ce_2O_3})_\mathrm{sch.}$ が単純分離できる状況は実現していない．Huntelaar et al. (2000) は，$C_P(\mathrm{Ce_2O_3})_\mathrm{exp}/T$ を，磁気相転移ピーク（$T_\mathrm{N} = 6\,\mathrm{K}$）の低温側からピークを越える $10\,\mathrm{K}$ まで温度積分し，その結果を，$S^0(\mathrm{Ce_2O_3})_{(T=10\,\mathrm{K})} = 8.734\,(\mathrm{J/mol/K})$ と記し

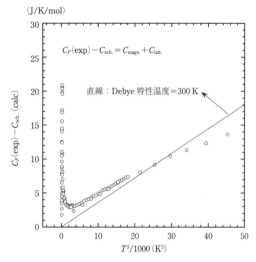

図 13-21c $C_P(\mathrm{Ce_2O_3})_\mathrm{exp} - C_P(\mathrm{Ce_2O_3})_\mathrm{sch.}$（図 13-21b の A-B）を $T^3/1000$ に対してプロットし，極低温での Debye の T^3 則と比べた結果．直線は Debye 特性温度 = $300\,\mathrm{K}$ に相当する．$T = 10, 20, 30, 40\,\mathrm{K}$ は，$T^3/1000 = 1, 8, 27, 64\,(\mathrm{K}^3)$ であることに注意．

ている．この値は，「縮退なし」→「2 重縮退」での電子エントロピー変化 $2R\ln 2 = 11.53\,(\mathrm{J/mol/K})$ より確かに小さい．

「重い f 電子系」の問題（9-4 節）への関心から，いくつかの Ce(III) 金属間化合物の極低温 C_P における $C_\mathrm{magn.}$ と $C_\mathrm{sch.}$ の関係が調べられている（Felten et al., 1987；Rietschel et al., 1988）．$C_\mathrm{magn.}$ と $C_\mathrm{sch.}$ が単純に分離できる場合とできない場合が知られている．後者の場合は，Desgranges and Rasul (1985) の理論計算結果，すなわち，"縮退した結晶場分裂準位の $4f$ 電子と伝導電子が混成し，「近藤効果」の電子比熱ピークが Schottky 異常の低温側に現れ，磁気相転移と Schottky 異常のピークは共に低くなり，幅が広がったものに変貌する"，から理解されている．もちろん $\mathrm{Ce_2O_3}$ は金属間化合物ではない．しかし，$4f$ 電子と配位子 O の p 電子との混成が考えられ (Allen, 1985; Hüfner, 1987)，$4f^1 \leftrightarrows 4f^0$ の価数揺動系（9-5 節）の要素を持ち，近藤効果も無関係ではない（藤森，2000）．程度は小さいが，金属間化合物と類似の状況となり，電子比熱は $C_\mathrm{magn.}$ と $C_\mathrm{sch.}$ に単純に分離できない状況が実現している可能性がある．図 13-21b では，Schottky 比熱計算値を $T < 20\,\mathrm{K}$ の領域にもプロットしてあるが，これは多分適切ではないだろう．

$\mathrm{Ce_2O_3}$ では $6\,\mathrm{K}$ 付近で磁気相転移が生じるが，さらに低温の $1\,\mathrm{K}$ 以下の温度で磁気相転移が起こる場合もある．たとえば，Wielinga et al. (1967) は，$\mathrm{GdCl_3 \cdot 6H_2O}$ と $\mathrm{Gd_2(SO_4)_3 \cdot 8H_2O}$ の極低温での C_P と帯磁率を測定し，それぞれ，$T_\mathrm{N} = 0.185 \pm 0.001\,\mathrm{K}$ と $T_\mathrm{N} = 0.182 \pm 0.001\,\mathrm{K}$ を指摘している．

Ln(III) 化合物の極低温 C_P のデータ取得は実験的にも容易ではなく，その議論は近藤効果や価数揺動が関連する難問となる．しかし，大局的な理解としては，近藤効果や価数揺動は f 電子と伝導電子，または，f 電子と配位子の電子との「混成」を考えているわけで，この点では「電子雲拡大効果」の考え方にも通ずる．ここではこの程度の指摘にとどめ，以下では，これら以外の問題について $\mathrm{Ln_2O_3}$ の具体例で考える．

$Tm_2O_3(cub)$ の場合

Gondek et al. (2010) は，$Tm_2O_3(cub)$ の 0.35 K～250 K での C_P 実験値と磁化率実験値から，少なくとも常温～1.7 K までの温度範囲では，$Tm_2O_3(cub)$ は常磁性を示し，磁気相転移は生じないことを確認した上で，閉殻配置イオンを持つ $Lu_2O_3(cub)$ の低温 C_P 実験値との比較（図13-22）から，格子振動部分をまず推定した．そこでは，音響分岐成分と光学分岐成分を，それぞれ，Debye モデルと Einstein モデルで表現し，$Tm_2O_3(cub)$ の低温 C_P 実験値から，この格子振動部分を差し引いた残りが，結晶場分裂準位の C_P への寄与であり，これは結晶場分裂準位のスペクトル・データから説明されると考えている．しかし，スペクトル・データには次に述べる問題が付随している．

$Ln_2O_3(cub)$ における異なる陽イオン席の問題

$Tm_2O_3(cub)$ も含めた C-type $Ln_2O_3(cub)$ の場合，対称性を異にする二種類の陽イオン席（C_2 と $C_{3i}=S_6$）があり，それぞれ，3：1 の比率で Ln^{3+} イオンが占めている（10-5節）．このことも問題を複雑にする一因である．C_2 席を占める Ln^{3+} については，反転対称性を欠くため，電気双極子遷移に伴う吸収・蛍光スペクトル・データが得られ，準位の分光学的同定は比較的容易である．しかし，C_{3i}（$=S_6$）席を占める Ln^{3+} については，反転対称性のため電気双極子遷移は禁制で，磁気双極子遷移が許容遷移となる．電気双極子遷移線に比べ磁気双極子遷移線の強度は小さいので，C_{3i} 席を占める Ln^{3+} のスペクトル・データ取得には困難が伴う．分光学的観測量としては，この種の磁気双極子遷移スペクトル線と極低温での電子 Raman 散乱データに限られる（Gruber et al., 1985 and 2008 ; Schaack and Koningtein, 1970）．したがって，C_{3i} 席を占める Ln^{3+} の結晶場分裂

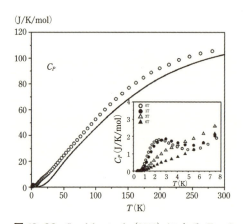

図 13-22 Gondek et al. (2010) による Tm_2O_3（白丸）と Lu_2O_3（実線）の熱容量測定値．挿入図は，極低温下で外部磁場がない場合（0 T，白丸），外部磁場がある場合（1 T=黒丸，3 T=白三角，6 T=黒三角）の熱容量の温度変化である．T（テスラ）は SI 単位系での磁束密度の単位であり，[Vs/m²]=[Wb/m²]．1 G（ガウス）＝ 10^{-4} T．

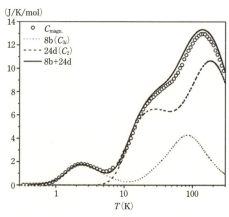

図 13-23 Tm_2O_3 の結晶場分裂の熱容量への寄与の推定（Gondek et al., 2010）．Lu_2O_3 の熱容量測定値を参考にして，Tm_2O_3 の格子振動成分を推定し，これを Tm_2O_3 熱容量測定値から差し引いた結果が，白丸印の $C_{magn.}(Tm_2O_3)$．C_2 席を占める Tm^{3+} の結晶場分裂の熱容量への寄与は，スペクトル・データにより計算できる（鎖線）ので，これを $C_{magn.}(Tm_2O_3)$ から差し引けば，C_{3i} 席を占める Tm^{3+} の結晶場分裂の熱容量への寄与（点線）が推定できる．

準位には不確定さが伴うことが多い.

　Gondek et al.（2010）は，図13-23に示すように，C_2席を占めるTm^{3+}の結晶場分裂準位は信頼できるスペクトル・データ（Chaneliere et al., 2008）が報告されていることから，そのC_Pへの寄与をさらに実験値から差し引き，最後の残余が，C_{3i}席を占めるTm^{3+}の結晶場分裂準位のC_Pへの寄与であるとした．図13-23は，C_{3i}席を占めるTm^{3+}の結晶場分裂準位の寄与が2～3 K付近と80 K付近にピークをなすことを示している．2～3 K付近のSchottky比熱ピークはJustice et al.（1969）では指摘されていない．Gondek et al.（2010）の解釈が適当なら，S_{298}^0($TmO_{1.5}$, cub)値（Justice et al., 1969）を増加修正することにつながる可能性がある.

Kramers 準位と S_{298}^0($LnO_{1.5}$, cub) および熱力学第三法則の関連

　極低温（<10 K）で磁気相転移が認められる場合のC_Pについては，Westrumらのグループ以外の最近の研究例としては，図13-21aに引用したC_P(Ce_2O_3)に関するHuntelaar et al.（2000），C_P(Gd_2O_3)についてのKonings et al.（2005），の報告がある．この種の磁気相転移は，C_P(Ce_2O_3)の議論で触れたように，$T\to 0$Kでの内部磁場変化による結晶場分裂準位縮退の除去は，熱力学第三法則の成立（$S^0\to 0$）の問題と結びつく.

　奇数$4f$電子数の電子配置を持つLn^{3+}の結晶場分裂準位には，二重縮退のKramers準位が生じる．$q=1$のCe^{3+}，$q=7$のGd^{3+}はこれに該当する．Kramers準位の縮退は外部磁場のもとで除かれるが，磁場がない限りこの縮退は除けない．もし，外部磁場なしでの$T\to 0$Kの過程でKramers準位が生き残るなら，熱力学第三法則（$S^0\to 0$）は成立しないことになる．しかし，現実の磁性イオン化合物では，外部磁場がない場合でも，既に述べたように，$T\to 0$Kの過程で常磁性から反強磁性への磁気相転移が生じ，この内部磁場変化によりKramers準位もその縮退は除かれ，熱力学第三法則は成立すると考える．極低温での磁気相転移の影響をどう評価するかは，S_{298}^0や($H_{298}^0-H_0^0$)の値に影響する（Gruber et al., 2002；Konings et al., 2005）.

　S_{298}^0の具体例でこの問題を見てみよう．筆者は図13-13aで，S_{298}^0($TmO_{1.5}$, cub)と共に，S_{298}^0($DyO_{1.5}$, cub)とS_{298}^0($YbO_{1.5}$, cub)の実験値には問題があると判断した．Dy^{3+}は$4f$電子数(q)=9で，基低レベルは$^6H_{15/2}$である．また，Yb^{3+}は$q=13$で基低レベルは$^2F_{7/2}$である．$DyO_{1.5}$(cub)も$YbO_{1.5}$(cub)も，極低温比熱は2重縮退のKramers準位の縮退除去問題と結びついている．Tm_2O_3(cub)の場合は，Tm^{3+}は$q=12$，$^3H_6$が基底レベルで，偶数qのため，C_2席とC_{3i}席のTm^{3+}が示す結晶場準位にKramers準位は現れず，この種の縮退問題は生じない．図13-22の挿入図（Gondek et al., 2010）では，外部磁場によりC_P(Tm_2O_3)の温度変化のピークが消失するが，これは外部磁場による非Kramers準位の分裂である.

　Dy_2O_3(cub)の場合，Westrum and Justice（1963）は常温から6～7 Kの低温までC_P(Dy_2O_3, cub)を測定し，その温度範囲では磁気相転移は認められないことを確認した．そして，10～298.15 Kの範囲でのC_P/Tの温度積分から，$S_{298}^0-S_{10}^0=138.3$(J/mol/K)とした．一方，0～10 Kの温度範囲では，磁気相転移により基底Kramers準位の2重縮退が取り除かれることを前提に，$S_{10}^0-S_0^0=2R\ln2-0=11.53$(J/mol/K)を仮定し，両者の和138.3+11.53=149.8(J/mol/K)をS_{298}^0(Dy_2O_3, cub)の実験値とした．$2R\ln2$の係数2は，1モルのDy_2O_3には2モルのDy^{3+}が存在することによる．$R\ln2$はKramers準位の2重縮退による1モル当たりの電子エントロピーである．$S_0^0=0$は，$T<10$Kでは磁気相転移によりKramers準位の二重縮退が除かれ，第三法則が成立するとの仮定に

よる．

　しかし，このようにして決められた S^0_{298}(Dy$_2$O$_3$, cub) の値 149.8 (J/mol/K) は，S^0_{298}(LnO$_{1.5}$, cub) の系列変化（図 13-13a）からすると，5 (J/mol/K)×2 = 10 (J/mol/K) ほど小さすぎる[4]．このように，DyO$_{1.5}$(cub) の極低温～常温での熱容量の実験値，あるいはその取り扱いに問題があるものと思われる．S^0_{298}(YbO$_{1.5}$, cub) の値は Justice and Westrum (1963b) による C_P(Yb$_2$O$_3$, cub) の実験値に基づいているが，ここにも同様な問題があると筆者は推測する．

実験試料 Ln(III) 化合物の不純物

　Ln$_2$O$_3$ の場合も含めて実験試料としての Ln(III) 化合物には，不純物の問題がある．化学分析データに基づき C_P 実験値は補正されてはいるものの，1960 年代の合成試料を近年の試料と比べれば，一般に，前者での不純物レベルは高い．例えば，Huntelaar et al. (2000) が C_P(Ce$_2$O$_3$) の測定（図 13-21a）に用いた Ce$_2$O$_3$ 試料の純度が 99.996% であるのに対し，Justice and Westrum (1969) の Ce$_2$O$_3$ 試料は純度 96.6% で，3.1% の CeO$_2$ と 0.3% の C（グラファイト）を含む．両者の磁気相転移点付近の C_P(Ce$_2$O$_3$) 値には，有意の差が認められる（Huntelaar et al., 2000）．この不純物の問題も，Ln(III) 化合物の低温比熱データ，特に，1960 年代に報告されているデータ，では注意が必要であろう．

　Gruber et al. (2002) は，Ln$_2$O$_3$(hex)，Ln = La, Ce, Pr, Nd に対する T = 5～1000 K の $C_P(T)$ データを再検討し，その後の C_P 報告値，結晶場分裂パラメーターと合わせて，熱力学関数を再計算している．これによれば，Justice and Westrum (1969) の C_P(Ce$_2$O$_3$) 実験値から C_P(Ce$_2$O$_3$)$_{latt.}$ を差し引いた，C_P(Ce$_2$O$_3$)$_{exp}$ − C_P(Ce$_2$O$_3$)$_{latt.}$ = C_P(Ce$_2$O$_3$)$_{magn.}$ + C_P(Ce$_2$O$_3$)$_{sch.}$ は，T = 110～300 K の温度条件では，C_P(Ce$_2$O$_3$)$_{sch.}$ に一致すべきであるが，C_P(Ce$_2$O$_3$)$_{sch.}$ 計算値に一致しない．一方，Huntelaar et al. (2000) などのデータからは，T = 100～300 K の温度範囲では，C_P(Ce$_2$O$_3$)$_{sch.}$ が再現されることを確認している．Justice と Westrum は Gruber et al. (2002) の論文の共著者なので，これは彼ら自身がかつてのデータの非を認め，改訂値を示したことになる．一方，Gruber et al. (2002) は，T < 100 K の温度範囲では C_P(Ce$_2$O$_3$)$_{magn.}$ の寄与は，常磁性 → 反強磁性の転移温度 6 K よりははるかに高温の 100 K 辺りから認められ，これを "long-term disordering" と記している．図 13-21b に関連して既に言及した「縮退した結晶場分裂準位の 4f 電子」と「配位子 O の p 電子」が混成する問題を示唆しているものと筆者は理解する．

Ln(III) と Fe(III) の磁性イオンを含む複酸化物

　上記の議論は，Ln$_2$O$_3$ のように，磁性イオンが Ln(III) に限られる純物質化合物を前提にしている．しかし，たとえば，LnFeO$_3$ のように，磁性イオンとして Ln(III) だけではなく，もう一つの磁性イオン Fe(III) も含む複酸化物（distorted perovskite-type orthoferrites）では，磁性イオン Fe(III) の (3d)^5 に起因する Néel 点が T_N = 700～600 K 付近に現れる（Eibschütz et al., 1967, Parida et al., 2008）．当然，Ln(III) と Fe(III) の磁気相互作用に起因する転移，Ln(III) 自体の磁気相転移も C_P には含まれるので，C_P の温度変化は複雑になる．ErFeO$_3$ と TmFeO$_3$ の低温比熱を報告した Saito et

---

[4] 図 13-13a の S^0_{298}(LnO$_{1.5}$, cub) の値は (1/2)S^0_{298}(Ln$_2$O$_3$, cub) のことだから，S^0_{298}(Dy$_2$O$_3$, cub) を考える場合は図 13-13a の値を 2 倍する必要がある．

al. (2001) は，90 K 付近の C_P 異常は spin-reorientation 転移によるとしている．LnFeO$_3$ の正味の磁気モーメントの向きは，Fe(III) と Ln(III) の磁気相互作用に依存して変化し，温度降下による磁気秩序の生成が，正味の磁気モーメントの向きを変化させる．これが spin-reorientation 転移である．これらの磁気相転移は C_P/T の温度積分で S_{298}^0 を求める際に関与する．

LnFeO$_3$ と同様な distorted perovskite 型の LnM(III)O$_3$ は M = V，Cr，Mn，Co があり，Tachibana et al. (2008) は LnCoO$_3$ 系列を議論しているので参照されたい．一方，LaAlO$_3$ のように磁性イオンを含まない複酸化物でも，温度上昇に伴い，rhombohedral perovskite → cubic perovskite の結晶構造変化を生じる．Perovskite 類似構造の複酸化物は，誘電体/強誘電体遷移，導体/半導体遷移，高温超伝導体問題，などに関わっており，固体物性の奥深い問題につながっている．

以上，極低温～常温領域での C_P(Ln$_2$O$_3$) を中心に，磁性相転移，結晶場分裂準位，S_{298}^0 実験値，実験試料不純物，等の問題を一瞥した．これらは難しい問題ではあるが，既報実験値の再検討も含め，再考すべき内容を含んでいる．

第 14 章

Ln(III) 化合物・錯体系列の構造変化と四組効果 (II)

これまで，$LnO_{1.5}$，LnF_3，$LnES_3 \cdot 9H_2O$，$LnCl_3 \cdot 6H_2O$，Ln^{3+}(aq)，$Ln(dipic)_3$(aq)，$Ln(diglyc)_3$(aq) に関する熱力学量を紹介しながら，Ln(III) 化合物・錯体間の配位子交換反応の ΔH_r，ΔS_r，ΔG_r の系列変化に四組効果が認められ，改良 RSPET 式が適合することを論じて来た．ここでは，$LnCl_3$，$Ln(OH)_3$，Ln-DTPA(aq)，Ln-EDTA(aq) のデータを検討した結果を紹介し，これら Ln(III) 化合物・錯体系列における構造変化，Racah パラメーターの大小関係についてさらに議論する．

14-1 $LnCl_3$ 系列における構造変化と $LnCl_3$ の熱力学量

無水 Ln(III) 三塩化物が水に溶解する際のエンタルピー変化は，5-3 節で少し議論した．常温・常圧下でのこの溶解反応，

$$LnCl_3(c) = Ln^{3+}(aq) + 3Cl^-(aq) \tag{5-5}$$

のエンタルピー変化 $\Delta H_s^0(LnCl_3)$ は図 5-4 に示してある．常温・常圧下で $LnCl_3$ 系列の La〜Gd では hexagonal 晶系の UCl_3 型結晶，Tb では orthorhombic 晶系の $PuBr_3$ 型結晶，Dy〜Lu では monoclinic 晶系の $AlCl_3$ 型結晶が安定である．したがって，$LnCl_3$ 系列全体は同形化合物系列ではない．この構造変化がエンタルピー変化 $\Delta H_s^0(LnCl_3)$ の系列変化に反映されている．これを明確にするために $\Delta H_s^0(LnES_3 \cdot 9H_2O) - \Delta H_s^0(LnCl_3)$ をつくり，その系列変化を図 14-1(A) で見てみる．

Dy〜Lu で系列変化は折れ曲がるが，$LnES_3 \cdot 9H_2O$ 系列は同質同形系列だから，折れ曲がりの原因はない．$LnCl_3$ 系列での構造変化に対応する折れ曲がりである．この両実験値の差は $\Delta H_f^0(LnCl_3) - \Delta H_f^0(LnES_3 \cdot 9H_2O) + $ const. に相当する．

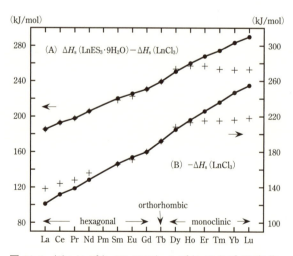

図 14-1 (A)：$\{\Delta H_s^0(LnES_3 \cdot 9H_2O) - \Delta H_s^0(LnCl_3)\}$ 系列変化．+ は実験値で，黒丸は Dy 以降の $LnCl_3$ を $LnCl_3$(hex) とした場合の値．(B)：$-\Delta H_s^0(LnCl_3)$ の系列変化．+ が実験値．黒丸は，全 Ln 系列で $LnCl_3$(hex)，Ln^{3+}(oct, aq) を仮定した場合の値．$\Delta H_s^0(LnCl_3)$ のデータは Morss (1994) による．

Racah パラメーターは LnCl$_3$(hex) と LnES$_3$・9H$_2$O でほぼ等しいものの，E^1 は LnCl$_3$(hex) の方がわずかに大きく，E^3 は LnES$_3$・9H$_2$O の方がやや大きいことが推定できる．

一方，図 14-1(B) は，図 5-4 の実験データで Ln^{3+}(aq) を Ln^{3+}(oct, aq) に直し，(5-5) の逆反応に対応する形でデータを示している．すなわち，Ln^{3+}(oct, aq) + 3Cl$^-$(aq) = LnCl$_3$(c) の反応に対応する ΔH_f^0(LnCl$_3$) $-\Delta H_f^0$(Ln^{3+}, oct. aq) の系列変化である．La～Gd 部分は UCl$_3$ 型結晶で同質同形であり，この領域ではわずかに上に凸な系列変化，すなわち，Ln^{3+}(oct, aq) の Racah パラメーター E^1 が LnCl$_3$(hex) より小さいことを推測できる．四組様の変化が見られないのは E^3 が両者でほぼ等しいことを示している．$-\Delta H_s^0$(LnCl$_3$) の系列変化は Dy と Ho の間で折れ曲がり，Ho～Lu 部分では水平な系列変化となっている．図 14-1(A) の折れ曲がりと共通する．UCl$_3$ 型 → PuBr$_3$ 型の変化は Gd と Tb の間，PuBr$_3$ 型 → AlCl$_3$ 型の変化は Tb と Dy の間で起こっているが，ΔH_s^0(LnCl$_3$) の系列変化は Dy と Ho の間で折れ曲がっている．

Gd～Lu 部分での系列変化が，La～Gd 部分と同じような上に凸な八組効果を示すように，Ho 以降の折れ曲がりを補正した結果も図 14-1 に示してある．結果として，Ho 以降の AlCl$_3$ 型 ΔH_s^0(LnCl$_3$) データには $-5\sim-37$ kJ/mol の補正を加えれば，UCl$_3$ 型と調和的な値となる．PuBr$_3$ 型の Tb には特別の補正は必要ないように見える．ただし，AlCl$_3$ 型の ΔH_s^0(DyCl$_3$) データには Ho 以降とは逆の $+3$ kJ/mol の補正が必要のように見えるが，これは実験値の系統誤差が関与していると判断した．さらに，Sm と Eu のデータ点も，Dy と同様に，図 14-1 で同じように規則的系列変化から少しずれている．Ln = Dy, Eu, Sm に関しては，ΔH_s^0(LnCl$_3$) データに若干の系統誤差が含まれていることが示唆される．したがって，上記の補正した結果は，

$$\text{LnCl}_3(\text{hex}) = \text{Ln}^{3+}(\text{oct, aq}) + 3\text{Cl}^-(\text{aq}) \tag{14-1}$$

の同質同形系列間の配位子交換反応に対する ΔH_r^0 のデータ・セットに対する補正である．

一方，既に図 5-3 には，Morss (1994) による ΔH_f^0(LnCl$_3$) の値を示したが，Konings and

表 14-1a　LnCl$_3$ の $\Delta H_{f,298}^0$(exp) と $\Delta H_{f,298}^0$(hex) の値．

Ln^{3+}	晶系	$-\Delta H_{f,298}^0$(exp)^a (kJ/mol)	$-\Delta H_{f,298}^0$(exp)^b (kJ/mol)	$-\Delta H_{f,298}^0$(exp)^c (kJ/mol)	$-\Delta H_{f,298}^0$(hex)^d (kJ/mol)
La	hex	1073	1071.6 ± 1.5	1071.6 ± 1.5	1073
Ce	hex	1058	1059.7 ± 1.5	1060.1 ± 1.5	1058
Pr	hex	1059	1058.6 ± 1.5	1057.5 ± 1.5	1059
Nd	hex	1042	1040.9 ± 1.5	1041.1 ± 1.0	1042
Pm			1030 ± 10	1033.7 ± 10	
Sm	hex	1026	1025.3 ± 2.0	1025.3 ± 2.0	1026
Eu	hex	936	935.4 ± 3.0	935.4 ± 3.0	936
Gd	hex	1008	1018.2 ± 1.5	1023.2 ± 1.5	1008
Tb	rhm	1007	1010.6 ± 3.0	1010.6 ± 3.0	1007
Dy	mcl	989	993.1 ± 3.0	992.4 ± 3.0	989
Ho	mcl	995	997.7 ± 2.5	997.5 ± 2.5	**990**
Er	mcl	995	994.4 ± 2.0	995.5 ± 2.0	**984**
Tm	mcl	991	996.3 ± 2.5	996.2 ± 2.5	**970**
Yb	mcl	960	959.5 ± 3.0	959.2 ± 3.0	**929**
Lu	mcl	986	987.1 ± 2.5	984.2 ± 2.5	**949**

a：Morss (1994).
b：Konings and Kovács (2003). Cordfunke and Konings (2001) による．
c：Chervonnyi (2012).
d：太字の値は，著者による仮想的な hexagonal 相に対する値．a) の Morss (1994) のデータに対して補正した値．

Kovács（2003）にもこれらの推奨値がまとめられている．両データ・セットはほとんどのLnCl$_3$で±2 kJ/molの範囲で一致しているが，GdCl$_3$とTmCl$_3$のデータは例外で，GdCl$_3$では10 kJ/mol，TmCl$_3$では5 kJ/molのかなり大きな違いがある．ここではMorss（1994）によるΔH_f^0(LnCl$_3$)を採用する方がよいと判断した．両データ・セットと最近報告されたChervonnyi（2012）の値を表14-1aに掲げる．

図14-2は，Morss（1994）によるΔH_f^0(LnCl$_3$)値を用いてLnCl$_3$(c)の相対格子エネルギー，

$$\Delta U_\mathrm{latt.}^*(\mathrm{LnCl}_3, \exp) = \Delta H_\mathrm{v}^0(\mathrm{Ln}) + \sum_{i=1}^{3} I_i(\mathrm{Ln}) - \Delta H_\mathrm{f}^0(\mathrm{LnCl}_3) \tag{14-2}$$

を求め，4f電子数に対してプロットした結果である．図14-1のΔH_s^0(LnCl$_3$)の折れ曲がった系列変化は，格子エネルギーではHo以降での上方への折れ曲がりとなる．図14-1，-2での折れ曲がりの原因は共通で，LnCl$_3$(c)の結晶構造がUCl$_3$型→(PuBr$_3$型)→AlCl$_3$型の変化を起こすことによる．中間のPuBr$_3$型の存在は無視してよいので，図14-1を用いて，重Ln側でのLnCl$_3$(mon)→LnCl$_3$(hex)の補正量を推定することができる．図14-1(A)，(B)は$-\Delta H_\mathrm{s}^0$(LnCl$_3$)が関与するから，$+\Delta H_\mathrm{f}^0$(LnCl$_3$)の系列変化を見ていることになるが，図14-2の相対格子エネルギーは，(14-2)より，$-\Delta H_\mathrm{f}^0$(LnCl$_3$)の系列変化を示す．したがって，図14-1と図14-2では，重Ln側でのLnCl$_3$(mcl)→LnCl$_3$(hex)の補正量は同じでも，補正結果の向きは相互に反対になる．図14-2での$\Delta U_\mathrm{latt.}^*$(LnCl$_3$, exp)はLa～Pr部分で上に凸な湾曲を示す．この系列変化は結晶構造の変化に対応しない．この問題は16-4節で議論する．また，図14-2の白丸で示した$\Delta U_\mathrm{latt.}^*$(LnCl$_3$, hex)Er～Lu部分も小さな湾曲を示すが，これはLn^{3+}(g)の方がLnCl$_3$よりRacahパラメーターが大きいことによる四組効果である（16-4-5）．

ΔH_s^0(LnCl$_3$)もΔH_f^0(LnCl$_3$)も共に熱量測定の結果だが，ΔH_f^0(LnCl$_3$)は金属と塩素ガスの直接反応の熱量測定，または，金属を酸で溶解する反応の熱量測定から得られるΔH_f^0(Ln^{3+}, aq)とΔH_s^0(LnCl$_3$)を組み合わせた結果

$$\Delta H_\mathrm{f}^0(\mathrm{LnCl}_3)$$
$$= \Delta H_\mathrm{f}^0(\mathrm{Ln}^{3+}, \mathrm{aq}) - \Delta H_\mathrm{s}^0(\mathrm{LnCl}_3)$$
$$+ 3\Delta H_\mathrm{f}^0(\mathrm{Cl}^-, \mathrm{aq}) \tag{14-3}$$

として求められている．ΔH_s^0(LnCl$_3$)の精度の方がΔH_f^0(LnCl$_3$)に勝っていると考えた方が良い．ΔH_f^0(LnCl$_3$)のデータを用いる相対格子エネルギーでは，他の実験値も用いられるので，補正量の概略値を知ることはできるが，細かな議論はできない．図14-1(A)，(B)での{ΔH_s^0(LnES$_3$·9H$_2$O) $- \Delta H_\mathrm{s}^0$(LnCl$_3$)}と$-\Delta H_\mathrm{s}^0$(LnCl$_3$)の系列変化から推定した補正量がより正確である．

ΔH_f^0(LnCl$_3$)における構造変化の影響を評価するもう一つの方法は，ΔH_f^0(LnO$_{1.5}$, cub)，ΔH_f^0(LnF$_3$, rhm)との差を作り，その系列変化を検討することである．図16-1b, cにその結果を示している．Ho～Lu

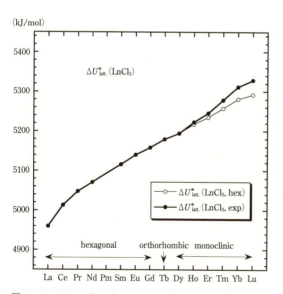

図14-2 Morss（1994）によるΔH_f^0(LnCl$_3$, exp)値を用いてLnCl$_3$の相対格子エネルギーを計算した結果（黒丸）．Ho～Luに対し，ΔH_f^0(LnCl$_3$, exp)の値に補正を加えΔH_f^0(LnCl$_3$, hex)として相対格子エネルギーを計算した結果（白丸）．

部分での LnCl$_3$(mcl) → LnCl$_3$(hex) の構造変化に伴う ΔH_f^0(LnCl$_3$) の補正量は, +5 (Ho), +11 (Er), +21 (Tm), +31 (Yb), +37 (Lu) kJ/mol と推定した. また, ΔH_f^0(LnO$_{1.5}$, cub)−ΔH_f^0(LnCl$_3$, hex) と ΔH_f^0(LnF$_3$, rhm)−ΔH_f^0(LnCl$_3$, hex) の系列変化から, Sm, Eu, Dy の点が共通して +3, +5, −3 kJ/mol だけずれていることがわかる. この補正も含めた ΔH_f^0(LnCl$_3$, hex) の値は表 14-1a に掲げてある.

次に, S_{298}^0(LnCl$_3$, c) のデータについて見ておこう. Konings and Kovács (2003) が S_{298}^0(LnCl$_3$, c) データの批判的評価を報告しており, ここでは彼らの推奨値を採用する. 図 14-3 は S_{298}^0(LnCl$_3$, c) のデータと $\{S_{298}^0$(LnCl$_3$, c)−$S_{298, el.}^0$(Ln^{3+}, g)$\}$ を示している. UCl$_3$ 型 (→ PuBr$_3$ 型) → AlCl$_3$ 型の構造変化は S_{298}^0(LnCl$_3$, c) のデータにも認められる. La〜Gd に比べ Dy 以降の重希土類元素側 $\{S_{298}^0$(LnCl$_3$, c)−$S_{298, el.}^0$(Ln^{3+}, g)$\}$ の値は 19 J/mol/K 程度系統的に高い. Gd と Tb の間での UCl$_3$ 型 → PrBr$_3$ 型の変化には不連続はないように見えるが, これは TbCl$_3$ (PrBr$_3$ 型) の実験データがないためにこのように仮定されていることによる.

図 14-3 では, S_{298}^0(LnCl$_3$, c) は UCl$_3$ 型 (→ PrBr$_3$ 型) → AlCl$_3$ 型の構造変化で一律 19 J/mol/K 低下しているとして, AlCl$_3$ 型 LnCl$_3$ のデータを補正している. この補正後の $\{S_{298}^0$(LnCl$_3$, hex)−$S_{298, el.}^0$(Ln^{3+}, g)$\}$ の系列変化には小さな下に凸な四組様変化が認められる. この UCl$_3$ 型 (→ PrBr$_3$ 型) → AlCl$_3$ 型への構造変化に伴うエントロピー変化に対する補正量 (−19 J/mol/K) は, 図 14-4 に示す $\{S_{298}^0$(LnCl$_3$, hex)−S_{298}^0(LnO$_{1.5}$, cub)$\}$ と $\{S_{298}^0$(LnF$_3$, rhm)−S_{298}^0(LnCl$_3$, hex)$\}$ の系列変化でも採用してある. $\{S_{298}^0$(LnCl$_3$, hex)−S_{298}^0(LnO$_{1.5}$, cub)$\}$ には, かなり明瞭な上に凸な四組効果が認められる. また $\{S_{298}^0$(LnF$_3$, rhm)−S_{298}^0(LnCl$_3$, hex)$\}$ では, 小さな

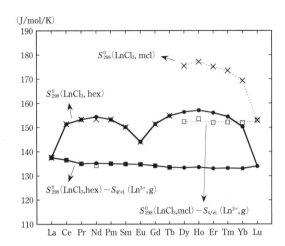

図 14-3 S_{298}^0(LnCl$_3$, hex) と $\{S_{298}^0$(LnCl$_3$, hex)−$S_{4f, el.}$(Ln^{3+}, g)$\}$ の系列変化. ×印は, Konings and Kovács (2003) がまとめた実験値としての S_{298}^0(LnCl$_3$, hex) Ln=La〜Gd と S_{298}^0(LnCl$_3$, mcl) Ln=Dy〜Lu の値. CeF$_3$(hex) と PmF$_3$(hex) に対する S_{298}^0(LnCl$_3$, hex) の値と S_{298}^0(TbCl$_3$, rhm) の値は Konings and Kovács (2003) による内挿値. 白四角は Konings and Kovács (2003) による S_{298}^0(LnCl$_3$, hex), S_{298}^0(LnCl$_3$, mcl), S_{298}^0(TbCl$_3$, rhm) 値から $S_{4f, el.}$(Ln^{3+}, g) を差し引いた値. ここでは Dy〜Lu の範囲では, S_{298}^0(LnCl$_3$, hex)=S_{298}^0(LnCl$_3$, mcl)−19 (J/mol/K), また S_{298}^0(TbCl$_3$, hex)≈S_{298}^0(TbCl$_3$, mcl) を仮定して, 黒丸の点を求めている.

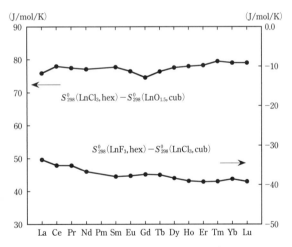

図 14-4 $\{S_{298}^0$(LnCl$_3$, hex)−S_{298}^0(LnO$_{1.5}$, cub)$\}$ と $\{S_{298}^0$(LnF$_3$, rhm)−S_{298}^0(LnCl$_3$, hex)$\}$ の系列変化. S_{298}^0(LnCl$_3$,hex) は重 Ln における構造変化を補正し, 全 LnCl$_3$ を hexagonal 晶系とした値. 同様に S_{298}^0(LnO$_{1.5}$, cub), S_{298}^0(LnF$_3$, rhm) も LnO$_{1.5}$(cub) と LnF$_3$(rhm) の同一晶系系列に補正した値を表す.

表 14-1b $LnCl_3$ の S^0_{298} の実験値と推定値.

Ln^{3+}	S^0_{298} ($LnCl_3$,exp)[a] (J/mol/K)	S^0_{298} ($LnCl_3$,calc)[b] (J/mol/K)	S^0_{298} ($LnCl_3$,calc)[c] (J/mol/K)	S^0_{298} ($LnCl_3$,hex)[d] (J/mol/K)
La	137.57 (hex)	—	137.9	137.57
Ce	— (hex)	151.42	151.83	151.42
Pr	153.30 (hex)	154.15	154.34	153.30
Nd	153.43 (hex)	154.15	154.25	154.43
(Pm)	— (hex)	153.31	153.57	153.31
Sm	150.12 (hex)	150.26	150.47	150.12
Eu	144.06 (hex)	143.88	144.18	144.06
Gd	151.42 (hex)	151.42	151.95	151.42
Tb	— (rhm)	154.83	155.38	154.83
Dy	175.40 (mcl)	177.98	168.60	156.40
Ho	177.10 (mcl)	177.88	167.86	157.10
Er	175.10 (mcl)	176.89	166.86	156.10
Tm	173.50 (mcl)	174.70	164.47	154.50
Yb	169.30 (mcl)	169.23	159.48	150.30
Lu	153.00 (mcl)	153.00	142.75	134.00

a: Konings and Kovács (2003) がまとめた実験値.
b: Konings and Kovács (2003) による推定値.
c: Chervonnyl (2012) による推定値.
d: ここで採用した S^0_{298} ($LnCl_3$,hex) の値. TbF_3 での rhm → hex の補正量は近似的に 0 (J/mol/K) とし, Ln = Dy〜Lu における monoclinic → hex の補正は一律に, −19 (J/mol/K) とした. 図 14-3 に関する本文での議論を参照のこと.

上に凸な四組効果が認められる. この結果からも図 14-3 での一律補正量 (−19 J/mol/K) は適切と考える.

最近になって, Chervonnyi (2012) は, $LnCl_3$ と LnF_3 の熱力学データを再収集・再検討した結果を報告している. ここで採用した Konings and Kovács (2003) の S^0_{298} ($LnCl_3$) と比べると, Ln = La〜Tb では系統的な差は認められない. しかし, Ln = Dy〜Lu では Chervonnyi (2012) の S^0_{298} ($LnCl_3$) は −9 ± 1 (J/mol/K) だけ系統的に小さく, この原因についての議論がなされている. 具体的な値は表 14-1b に掲げるが, Chervonnyi (2012) の S^0_{298} ($LnCl_3$) を採用することは, 図 14-3 での一律補正量 (−19 J/mol/K) を (−10 J/mol/K) に変更することに対応し, ここでの議論への実質的な影響はない. ただし, 図 14-4 の系列変化を詳しく眺めれば, S^0_{298} ($SmCl_3$, hex) と S^0_{298} ($HoCl_3$, hex) は +1 J/mol/K 程度ずれていることが推定できる. また, 図 14-3 と図 14-4 の系列変化から, S^0_{298} ($GdCl_3$, hex) の値も −1.5 J/mol/K 程度ずれていることも推定できる. これらは系列変化の小さな不規則性から推定されるものの, 実験誤差 (±2 J/mol/K) よりは小さい不規則性である.

{S^0_{298} ($LnCl_3$, hex) − S^0_{298} ($LnO_{1.5}$, cub)} に比べ {S^0_{298} (LnF_3, rhm) − S^0_{298} ($LnCl_3$, hex)} の四組変化が顕著でないのは, $LnCl_3$(hex) と $LnO_{1.5}$(cub) の Racah パラメーターの違いに比べ, $LnCl_3$(hex) と LnF_3(rhm) では Racah パラメーターが接近していることに対応する. ΔH^0_f ($LnCl_3$, c) からの推定と定性的に一致し, ΔH と ΔS の四組効果の相関はここでも確認できる. S^0_{298} ($LnCl_3$, c) の値は, 表 14-1b にまとめておいた. $PrBr_3$ 型, $AlCl_3$ 型の S^0_{298} ($LnCl_3$, c) データを S^0_{298} ($LnCl_3$, hex) として取り扱う際の値も表 14-1b に掲げてある.

14-2 Ln(OH)$_3$系列に対する ΔH_f^0, S_{298}^0 のデータ

La〜Ybまでの Ln(OH)$_3$ は hexagonal 相 ($P6_3/m$) が常温・常圧で安定であることが知られている (Beall et al., 1977; Milligan et al., 1979, Mullica et al., 1979). しかし, Lu(OH)$_3$ のみは cubic 相 ($Im3$) が報告されている (Mullica and Milligan, 1980). Diakonov et al. (1998a, b) は, ΔH_f^0(Ln(OH)$_3$, c) と S_{298}^0(Ln(OH)$_3$, c) が全 Ln について報告されていないため, {ΔH_f^0(Ln(OH)$_3$, c) − ΔH_f^0(Ln^{3+}, g)} と {S_{298}^0(Ln(OH)$_3$, c) − S_{298}^0(Ln^{3+}, g)} のデータは, Ln(OH)$_3$ における Ln-O 距離の逆数と線形相関関係にあると仮定して, La〜Yb までの Ln(OH)$_3$(hex) 相に対し ΔH_f^0(Ln(OH)$_3$, hex), S_{298}^0(Ln(OH)$_3$, hex) を推定している. Ln(OH)$_3$ における Ln(III) の配位多面体は tri-capped trigonal prism (TTP) で, Ln-O 距離は 2 種類ある. TTP 配位多面体の三角柱の頂点に位置する 6 個の O(2) との距離と, 三角柱の側面のほぼ中心に位置する 3 個の O(1) との距離は同じではない. Diakonov et al. (1998b) は Ln-O(2) 距離の逆数を用いている. Yb(OH)$_3$ の格子定数は報告されているが, 構造解析の報告はないので, ΔH_f^0(Yb(OH)$_3$, hex) は ΔH_f^0(Ln(OH)$_3$, hex) と ΔH_f^0(LnO$_{1.5}$, cub) の相関関係から推定されている. このような考え方は, おおまかな値の推定方法としてはよいかもしれないが, 以下に述べるように批判的な検討が必要である. また, Diakonov et al. (1998b) は hexagonal 相が知られていない Lu(OH)$_3$ については何も議論していない. しかし, 仮想的な値であっても hexagonal 相の Lu(OH)$_3$ に対する ΔH_f^0(Lu(OH)$_3$, c), S_{298}^0(Lu(OH)$_3$, c) の値が得られば, Ln(OH)$_3$ 系列全体を同質同形化合物として取り扱うことができる. Yb(OH)$_3$ や Lu(OH)$_3$ も含めた Ln(OH)$_3$ 系

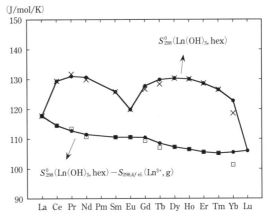

図 14-5 Diakonov et al., (1998b) が報告している S_{298}^0(Ln(OH)$_3$, hex) の値 (×印は Ln = La〜Yb に対する実験値と推定値) とこれらの値による {S_{298}^0(Ln(OH)$_3$, hex) − $S_{298,4fel.}$(Ln^{3+}, g)} の値 (白四角). S_{298}^0(Lu(OH)$_3$, hex) の値は Diakonov et al. (1998b) では報告されていないので, {S_{298}^0(Ln(OH)$_3$, hex) − S_{298}^0(LnO$_{1.5}$, cub)} と {S_{298}^0(Ln(OH)$_3$, hex) − $S_{298,4fel.}$(Ln^{3+}, g)} の系列変化からの筆者の推定値. 黒丸印はここでの採用した値. 黒四角に見える点は, 黒丸と白四角が一致する点に当たる.

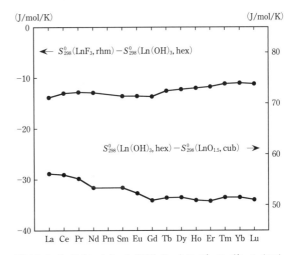

図 14-6 LnF$_3$(rhm) と Ln(OH)$_3$(hex) の S_{298}^0 の差, Ln(OH)$_3$(hex) と LnO$_{1.5}$(cub) の S_{298}^0 の差, が示す系列変化. 各 Ln(III) 化合物系列の S_{298}^0 は同質同形系列の値に補正されている.

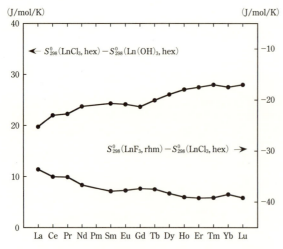

図 14-7 $LnCl_3(hex)$ と $Ln(OH)_3(hex)$ の S_{298}^0 の差，$LnF_3(rhm)$ と $LnCl_3(hex)$ の S_{298}^0 の差，が示す系列変化．各 Ln(III) 化合物系列の S_{298}^0 は同質同形系列の値に補正されている．

列の熱力学データをどう理解するかは重要である．

まず，Diakonov et al. (1998b) の S_{298}^0 ($Ln(OH)_3$, hex) から見てみよう．Ln = La, Pr, Nd, Eu, Gd, Tb, Er については，極低温からの定圧比熱 C_P のデータと共に，これらを温度積分した結果として S_{298}^0 ($Ln(OH)_3$, hex) が既に報告されている．個別文献のリストは Diakonov et al. (1998b) を参照されたい．これらの実験値は基本的には問題はないので，これらの $\{S_{298}^0$ ($Ln(OH)_3$, c) $- S_{298}^0$ (Ln^{3+}, g)$\}$ と Ln-O(2) 距離の逆数との相関関係から，これら以外の S_{298}^0 ($Ln(OH)_3$, hex) が推定されている．

図 14-5 は Diakonov et al. (1998b) による S_{298}^0 ($Ln(OH)_3$, hex) 値の系列変化を検討した結果で，$\{S_{298}^0$ ($Ln(OH)_3$, hex) $- S_{298, el.}^0$ (Ln^{3+}, g)$\}$ の系列変化も示してある．$4f$ 電子のエントロピーを差し引くと，「下に凸な四組効果」が認められる．$Ln(OH)_3$(hex) の格子エントロピーの系列変化は，$-\{S_{298}^0$ ($Ln(OH)_3$, hex) $- S_{298, el.}^0$ (Ln^{3+}, g)$\}$ のそれにあたるので，$Ln(OH)_3$(hex) の格子エントロピーの系列変化は「上に凸な四組効果」を持つことがわかる．

図 14-6 には，$\{S_{298}^0$ (LnF_3, rhm) $- S_{298}^0$ ($Ln(OH)_3$, hex)$\}$ の系列変化と $\{S_{298}^0$ ($Ln(OH)_3$, hex) $- S_{298}^0$ ($LnO_{1.5}$, cub)$\}$ の系列変化を示している．共に「上に凸な四組効果」が認められる．$\{S_{4f el.}^0$ (Ln^{3+}, g) $- S_{298}^0\}$ が示す「上に凸な四組効果」の大きさで比べると，

$$LnO_{1.5}(cub) < Ln(OH)_3(hex) < LnF_3(rhm) < Ln^{3+}(g) \qquad (14\text{-}4)$$

であることが推定できる．$\{S_{298}^0$ (LnF_3, rhm) $- S_{298}^0$ ($Ln(OH)_3$, hex)$\}$ でも $\{S_{298}^0$ ($Ln(OH)_3$, hex) $- S_{298}^0$ ($LnO_{1.5}$, cub)$\}$ でも，より大きい「下に凸な四組効果」を差し引くため，極性が反対になり「上に凸な四組効果」が現れる．$-\{S_{298}^0$ ($Ln(OH)_3$, hex) $- S_{298, el.}^0$ (Ln^{3+}, g)$\}$ の系列変化は $Ln(OH)_3$(hex) の格子エントロピーを与え，Ln(III) 化合物系列に対して $\{S_{298}^0$ (Ln^{3+}, g) $- S_{298}^0$ [Ln(III)compound, c]$\}$ に対応する．(14-4) で一番右端にある Ln^{3+}(g) から左側の Ln(III) 化合物系列を差し引くわけだから，どの化合物系列の格子エントロピーも，「上に凸な四組効果」を示すことになる．

一方，図 14-7 は，塩化物/水酸化物とフッ化物/塩化物の二対での S_{298}^0 の差の系列変化を示す．共に「上に凸な四組様」変化パターンとなっている．$\{S_{4f el.}^0$ (Ln^{3+}, g) $- S_{298}^0\}$ が示す「上に凸な四組効果」の大きさで比べた順序 (14-4) には $LnCl_3$(hex) が含まれていないので，図 14-7 から判断して，これを加えると，

$$LnO_{1.5}(cub) < Ln(OH)_3(hex) < LnCl_3(hex) \leq LnF_3(rhm) < Ln^{3+}(g) \qquad (14\text{-}5)$$

となる．ここでの不等号の向きは，図 12-2 で確認した Nd 化合物のスペクトル解析から得られた Racah パラメーターの順序，電子雲拡大系列と合致する．酸化物の右隣に水酸化物が位置することは，12-2 節で述べた ζ_{4f}(Nd(OH)$_3$) の議論で指摘しておいた．

また，S_{298}^0 (Yb(OH)$_3$, hex) = 122 J/mol/K, S_{298}^0 (Lu(OH)$_3$, hex) = 105 J/mol/K であることも推定でき

る．これらは La〜Tm までの系列変化を Yb，Lu に外挿したもので，仮想的な値である．このような相互比較から，Diakonov et al.（1998b）が報告している S_{298}^0(Ln(OH)$_3$, hex) の値は，S_{298}^0(Yb(OH)$_3$, hex) を除き，おおむねよい値と判断できる．

しかし，Diakonov et al.（1998b）が報告している ΔH_f^0(Ln(OH)$_3$, hex) の値には問題が多い．これまでに示してきた ΔH_f^0(LnO$_{1.5}$, cub)，ΔH_f^0(LnF$_3$, rhm)，ΔH_f^0(LnCl$_3$, hex) と Diakonov et al.（1998b）が報告している ΔH_f^0(Ln(OH)$_3$, c) との差を示した結果が図 14-8 の＋印の点である．S_{298}^0(Ln(OH)$_3$, hex) のデータから推定される四組効果の大小関係（14-5）は，Nd 化合物の電子雲拡大系列（図 12-2）と整合的であり，当然のこととして ΔH_f^0 の差に

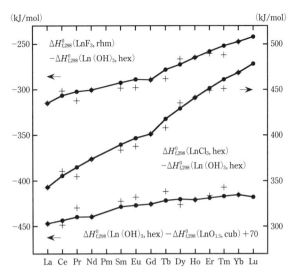

図 14-8　ΔH_f^0(Ln(OH)$_3$, hex) と　ΔH_f^0(LnF$_3$, rhm)，ΔH_f^0(LnO$_{1.5}$, cub)，ΔH_f^0(LnCl$_3$, hex) の差の系列変化．＋印は Diakonov et al.（1998b）による ΔH_f^0(Ln(OH)$_3$,hex) を用いた場合の値．ただし，これ以外の Ln(III) 化合物系列の値はここで採用する値を用いている．黒丸印は，ここで採用する Ln(III) 化合物系列の値を用いた場合の差の値．

も明瞭に認められるべきである．しかし，Diakonov et al.（1998b）の値はこれを明らかに満足していない．S_{298}^0(Ln(OH)$_3$, hex) と ΔH_f^0(Ln(OH)$_3$, hex) が共に（14-5）の関係を満たすように，ΔH_f^0(Ln(OH)$_3$, hex) を修正した結果を図 14-8 の黒丸の点で示した．この修正は，ΔH_f^0(Ln(OH)$_3$, hex) と ΔH_f^0(LnF$_3$, rhm)，ΔH_f^0(LnO$_{1.5}$, cub)，ΔH_f^0(LnCl$_3$, hex) の差が（14-5）の関係を満足するようになされている．結果として，Diakonov et al.（1998b）による Ln＝La，Nd，Gd，Ho の ΔH_f^0(Ln(OH)$_3$, hex) 値は変更されないが，他の Ln の場合はかなりの修正（±5〜10 kJ/mol）が必要であるとの結果となる．表 14-1c にこれらの値をまとめた．

ΔH_f^0(Ln(OH)$_3$, c) と S_{298}^0(Ln(OH)$_3$, c) の値を Ln(OH)$_3$ における Ln-O（2）距離の逆数を用いた一次式から推定することに問題はないのであろうか？ ｛ΔH_f^0(Ln(OH)$_3$, c) − ΔH_f^0(Ln^{3+}, g)｝は，格子エンタルピーの符号を変えたものに $3\Delta H_\mathrm{f}^0$(OH$^-$, g) を加えたものである．$3\Delta H_\mathrm{f}^0$(OH$^-$, g) は定数と考えればよいが，これを ΔH_f^0(Ln(OH)$_3$, c) の推定に利用する前に，Ln-O（2）距離の逆数の一次式が正確に格子エネルギーに対応するかどうかを検討しておかねばならない．

第 10，11 章で LnO$_{1.5}$(cub)，LnF$_3$(rhm) の格子エネルギーの問題を検討したが，静電格子エネルギーが最隣接原子間距離の逆数の一次式となるのは，同形結晶でかつ原子座標も系列変化を示さない場合である．LnO$_{1.5}$(cub) の場合はこれに該当するが，LnF$_3$(rhm) の場合は格子定数も原子座標も固有の系列変化を示すので，単位胞体積（単位式量体積）の三乗根の逆数の一次式は格子エネルギーに正確に対応しなかった．このような検討が Ln(OH)$_3$ にも必要である．しかし，Ln(OH)$_3$ をイオン性結晶として考え，格子エネルギーを考えることはできるものの，そこでは OH$^-$ を分極性を無視してイオン球として取り扱ってよいわけではないであろう．本来は，Born の格子エネルギー式の適用をめぐる問題をまず解決しなければならない．このように，Ln-O（2）距離の逆数を用いた一次式がどれだけ適切に Ln(OH)$_3$ の格子エネルギーを表現するかが問題であ

表 14-1c　$Ln(OH)_3$ の $\Delta H^0_{f,298}$ と S^0_{298} の値.

Ln^{3+}	晶系	$-\Delta H^0_{f,298}$ (exp)[a] (kJ/mol)	$-\Delta H^0_{f,298}$ (hex)[b] (kJ/mol)	S^0_{298} (exp)[a] (J/mol/K)	S^0_{298} (hex)[b] (J/mol/K)
La	hex	1416.1	1416.1	117.81	117.8
Ce	hex	1418.6	1413.6	129.40	129.4
Pr	hex	1413.8	1423.8	131.70	131.7
Nd	hex	1415.6	1415.6	129.87	130.9
Pm		—	—	—	—
Sm	hex	1406.6	1412.6	125.8	125.3
Eu	hex	1319.1	1328.1	119.88	119.9
Gd	hex	1408.7	1408.7	126.63	127.6
Tb	hex	1414.8	1424.8	128.37	128.9
Dy	hex	1428.4	1422.4	130.3	130.3
Ho	hex	1431.1	1431.1	130.04	130.0
Er	hex	1432.5	1435.0	128.6	128.6
Tm	hex	1421.1	1431.1	126.5	126.5
Yb	hex	1395.5	1395.5	118.6	122.1
Lu	cub	—	1427.0	—	105

a：Diakonov et al. (1998b).
b：ここで採用した $Ln(OH)_3$(hex) に対する値. $Lu(OH)_3$(cub) に対しては，仮想的な $Lu(OH)_3$ (hex) に対する値を推定している.

る．ここでは他の Ln(III) 化合物の ΔH^0_f の差が改良 RSPET 式に適合するかどうかを見る形で，$\Delta H^0_f(Ln(OH)_3, hex)$ の値を考えた．この値を用い，改めて $\{\Delta H^0_f(Ln(OH)_3, c) - \Delta H^0_f(Ln^{3+}, g)\}$ を Ln-O(2) 距離の逆数に対してプロットすると，データ点は一つの直線の廻りに若干ばらついてしまう．Ln-O(2) 距離の逆数の一次式が非常に正確に格子エネルギーに対応しているわけではないことを意味している.

一方，$\{S^0_{298}(Ln(OH)_3, c) - S^0_{298}(Ln^{3+}, g)\}$ はどうであろうか？　これは格子エントロピーに負符号を付けたものに対応している．ただし，$3S^0_{298}(OH^-, g)$ は定数と考え，ここでは考慮しない．Ln-O(2) 距離が大きくなれば $Ln(OH)_3$ での格子振動の振動数は低下するだろうから，300 K での振動のエントロピーは増加する．$S^0_{298}(Ln(OH)_3, c)$ と $r(Ln-O(2))$ 距離にはこのような相関が考えられるが，これが Diakonov et al. (1998b) の仮定した Ln-O(2) 距離の逆数の一次式である保証はない．確度の高い実験データである Ln = La, Pr, Nd, Eu, Gd, Tb, Er の $S^0_{298}(Ln(OH)_3, c)$ と Ln-O(2) 距離の逆数の関係を見ると，両者は正確には一次式の関係を満足していない．ただし，$S^0_{298}(Ln(OH)_3, c)$ の系列変化は比較的小さいので，単純な関数を仮定する限り，それなりに適切な値が推定できることになる.

14-3　Ln-DTPA(aq) と Ln-EDTA(aq) の錯体生成反応

ジエチレン・トリアミン五酢酸 (DTPA, diethylenetriaminepenntaacetic acid) は，解離状態では次のような構造式を持つ.

$$\begin{array}{c}
^-OOC \cdot H_2C \hspace{3cm} CH_2 \cdot COO^- \\
\diagdown \hspace{4cm} \diagup \\
\dot{N} \cdot CH_2 \cdot CH_2 \cdot \dot{N} \cdot CH_2 \cdot CH_2 \cdot \dot{N} \\
\diagup \hspace{3cm} \diagdown \hspace{1cm} \diagdown \\
^-OOC \cdot H_2C \hspace{2cm} CH_2 \cdot COO^- \hspace{0.5cm} CH_2 \cdot COO^-
\end{array}$$

5個のCOO⁻と3個のṄを有しており八座配位子として機能することがわかる．一方，エチレン・ジアミン四酢酸（EDTA, ethylenediaminetetraacetic acid）の解離状態における構造式は，

$$\begin{array}{cc} {}^-OOC\cdot H_2C & CH_2\cdot COO^- \\ & \ddot{N}\cdot CH_2\cdot CH_2\cdot \ddot{N} \\ {}^-OOC\cdot H_2C & CH_2\cdot COO^- \end{array}$$

で4個のCOO⁻と2個のṄを持つ．よく知られているようにEDTAは代表的な六座配位子である．EDTAもDTPAもLn(III)と(1:1)の溶存キレート錯体を作るが，もしLn(III)の配位数がCN＝8であるなら，EDTAのような六座配位子がつくる最隣接配位多面体には水分子2個が加わらねばならない．八座配位子であるDTPAと結合する場合には，CN＝8なら水分子の介在は不要だが，9配位，10配位なら水分子が1個，2個が加わる．Ln-DTPA錯体に比べ，Ln-EDTA錯体の最隣接配位多面体には多くの水分子が存在していることが推定できる．

14-3-1　Ln-DTPA(aq)の錯体生成反応

まずLn-DTPA錯体の生成反応

$$Ln^{3+}(aq) + DTPA^{5-}(aq) = [LnDTPA]^{2-}(aq) \tag{14-6}$$

に対するΔH_r, ΔS_r, ΔG_rの系列変化から見てみよう．図14-9は，Carson et al.（1968）による実験データで，表14-2にその値を掲げた．熱量測定によるΔH_rと平衡定数から決まるΔG_rが測定値で，ΔS_rは$(\Delta H_r - \Delta G_r)/T$から求められている．Carson et al.（1968）はCeについてのΔG_rとΔS_rの実験値を記していないが，表14-2ではこれらの値を補ってある．(14-6)の左辺にはLn^{3+}(aq)があるので，これを13-3節で求めた軽希土類元素側のLn^{3+}(aq)をLn^{3+}(oct, aq)に補正する値を用いて，Ln^{3+}(oct, aq) + DTPA⁵⁻(aq) = [LnDTPA]²⁻(aq)に直した値も示してある（白丸の点）．軽希土類元素側のLn^{3+}(aq)を補正した結果は，改良RSPET式で表現できる．ここではΔH_rとΔG_rをRSPET式に当てはめたうえで，ΔS_rに対するRSPET式の値を定めている（図14-10）．ΔH_rでは，DyとLu以外のすべてのデータが改良RSPET式に適合する．Dyの場合は熱量測定のデータが－1.25 kJ/

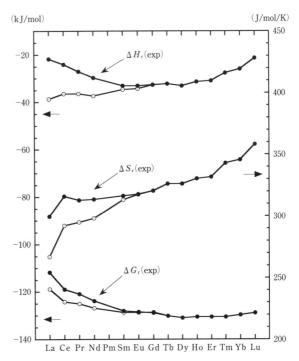

図14-9 Ln(III)-DTPA錯体生成反応のΔH_r, ΔS_r, ΔG_r実験値（黒丸の点），Carson et al.（1968）による．白丸の点は重Ln^{3+}(aq)の八配位水和イオン系列に対する軽Ln^{3+}(aq)の水和状態変化（Kawabe, 1999a）を補正した値．

molの実験誤差を含むと解釈できるが，Luの実験値がRSPET式から+4.0 kJ/molだけ高い．これは大きな偏差だから，ここではとりあえず，実験誤差と構造変化による変異の二つの可能性に留意しておこう．Luのような重希土類元素は，潜在的に，低い配位数の構造を実現する傾向を持ち，逆にLaのような軽希土類元素は高配位数の構造を実現する傾向を持つ．Luを含むTm，Ybなど複数の重希土類元素のデータが系統的にずれているのであれば構造変化の可能性は大変高いが，Luだけがずれている場合は実験誤差の可能性を排除することは難しい．同様な問題は，ΔG_rにおけるLaの測定値にも当てはまる．ΔG_r(La)の実験値は改良RSPET式の値から+2.0 kJ/molだけずれている．±1 kJ/mol程度の不一致はPr，Sm，Ho，Er，Luにも見られ，Pr，Sm，Ho，Erの場合は実験誤差と解釈できる．Laの場合も相対的に大きな偏差であり，実験誤差の他に，高配位数の構造を実現する変化を反映する可能性も排除できない．

表 14-2 Ln(III)-DTPA錯体生成反応の熱力学データ（1 atm, 27℃）．Carson et al. (1968)*による値．

Ln^{3+}	ΔG_r (kJ/mol)	ΔH_r (kJ/mol)	ΔS_r (J/mol/K)
La	−111.7 (−115.9)**	−21.8 (−21.2)**	299.7 (315.7)**
Ce	−118.9	−24.1	316.1
Pr	−120.9	−27.0	313.0
Nd	−123.9	−29.7	313.6
Sm	−128.0	−33.1	316.4
Eu	−128.5	−33.1	317.8
Gd	−128.9	−32.6	320.6
Tb	−130.1	−32.2	326.2
Dy	−131.0 (−130.5)†	−33.1 (−31.6)†	326.2 (329.5)†
Ho	−130.5	−31.4	330.4
Er	−130.5 (−131.7)†	−31.0	331.8 (335.8)†
Tm	−130.5	−27.6	342.9
Yb	−129.7	−25.9	345.7
Lu	−128.9 (−129.6)**	−21.3 (−25.3)**	358.3 (347.3)**

* Carson et al. (1968) はCe-DTPAに対するΔG_rとΔS_rの値を掲げていないが，ΔH_rの値は報告している．Moeller et al. (1965) はCe-DTPAに対し$\log K = 20.5$ (25℃)を報告しているので，温度補正したΔG_r (27℃) と$\Delta S_r [=(\Delta H_r - \Delta G_r)/T]$を求めた．

** 括弧付きのLa-DTPAとLu-DTPAに対する値は，Ln(III)-DTPA系列の他のメンバーの規則的な系列変化をRSPETで近似し，外挿した値（図14-10）．

† Dy-DTPAとEr-DTPAに対する実験値は回帰式から有意の変位を示すので（図14-10），RSPET式による回帰結果の値を括弧付きの値で付記する．

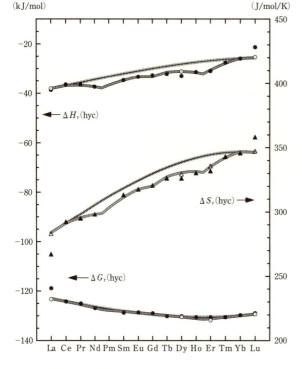

図 14-10 軽 Ln^{3+}(aq) 系列の重 Ln^{3+}(aq) 系列に対する水和状態変化（Kawabe, 1999a）を補正したLn(III)-DTPA錯体生成反応の熱力学データをRSPET式で回帰した結果．"hyc"はこの補正を意味する．塗りつぶした点は補正された実験値．La, Dy, Er, Luに対する白抜きの点は実験値ではなく表14-2の括弧付きの値による．回帰誤差（1σ）はΔH_r(hyc)で0.5 kJ/mol，ΔS_r(hyc)で1.2 J/mol/K，ΔG_r(hyc)で0.4 kJ/mol．

このように，Carson et al. (1968) による ΔH_r(Lu) と Moeller et al. (1965) による ΔG_r(La) の実験データからすると，この両端の La と Lu には構造変化の可能性も排除できないものの，八座配位子として結合した [LnDTPA]$^{2-}$(aq) はほぼ完全な同質同形錯体系列をなす可能性もある．図 14-10 では，ΔH_r も ΔS_r も上に凸な明瞭な四組効果を示し Racah パラメーターの大小関係は，

[LnDTPA]$^{2-}$(aq) ＞ Ln^{3+}(oct, aq)　　(14-7)

である．しかし，ΔG_r の系列変化では確かに小さな上に凸な四組効果が認められるが，ΔH_r と ΔS_r の四組効果の大部分が相殺されている．[Ln(diglyc)$_3$]$^{3-}$(aq) と [Ln(dipic)$_3$]$^{3-}$(aq) の配位子交換反応と同様である．[LnDTPA]$^{2-}$(aq) の Racah パラメーターが LnES$_3$·9H$_2$O と同程度であり，Ln(III) の配位数が 8 ではなく 9 であることは，「[LnDTPA]$^{2-}$(aq) の生成反応 ＋ LnES$_3$·9H$_2$O の溶解反応」に対する熱

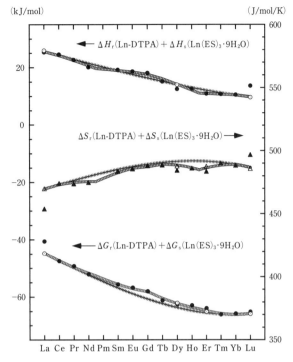

図 14-11　[LnDTPA]$^{2-}$(aq) の生成反応と LnES$_3$·9H$_2$O の溶解反応の和に対する熱力学量の系列変化と，それらの RSPET 式への回帰．黒丸は実験値，白抜きの点は表 14-2 の括弧付きの値による．

力学量の系列変化（図 14-11），特に ΔH_r と ΔH_s の和の系列変化からも強く示唆される．[LnDTPA]$^{2-}$(aq) の生成反応と LnES$_3$·9H$_2$O の溶解反応を加えると Ln^{3+}(aq) が両辺で相殺消去されるので，Ln^{3+}(aq) での水和状態変化も考えなくてよい．

$$\text{LnES}_3\cdot 9\text{H}_2\text{O(c)} + \text{DTPA}^{5-}(\text{aq}) = [\text{LnDTPA}]^{2-}(\text{aq}) + 3\text{ES}^-(\text{aq}) + 9\text{H}_2\text{O(l)}$$

の反応となる．もし，[LnDTPA]$^{2-}$(aq) の Racah パラメーターが LnES$_3$·9H$_2$O よりも小さければ，図 14-11 の ΔH_r と ΔH_s の和の系列変化には，「下に凸な四組効果」が期待される．これは，[LnDTPA]$^{2-}$(aq) での Ln(III) の配位数が CN＝8 である場合に想定される状況である．しかし，現実の系列変化には，非常に小さな「下に凸な八組効果」と「上に凸な狭義の四組効果」が認められ，E^1 パラメーターは [LnDTPA]$^{2-}$(aq) は LnES$_3$·9H$_2$O よりやや小さいものの，E^3 パラメーターはむしろ [LnDTPA]$^{2-}$(aq) の方が大きいと推論できる．これは，[LnDTPA]$^{2-}$(aq) での Ln(III) イオンの配位数は LnES$_3$·9H$_2$O の場合と同じで，CN＝9 であることを示唆する．DTPA は八座配位子であるため，水分子 1 個が加わり，9 配位の配位多面体ができていると推察される．

EXAFS による [GdDTPA]$^{2-}$(aq) の構造解析からは，確かに，水分子 1 個が加わった配位状態が明らかにされている（Bénazeth et al., 1998）．14-3-3 で紹介する Eu(III) 溶存錯体の蛍光減衰速度から推定される第一水和圏の水分子数も [EuDTPA]$^{2-}$(aq) は 1 であり，9 配位を示している（Supkowski and Horrocks, 2002）．したがって，図 14-11 の ΔH_r と ΔH_s の和の系列変化の解釈は適切なものと考える．配位数が増大すれば，Ln(III) イオン-配位子間距離は増大するので，一般に Racah パラメーターも増大する．Peters (1988) による多核種 NMR スペクトルによる

[LnDTPA]$^{2-}$(aq) の配位構造の研究では，La～Lu の全系列を通じて，[LnDTPA]$^{2-}$(aq) の 9 配位構造は同形であろうと結論している．この多核種 NMR スペクトル，EXAFS，[EuDTPA]$^{2-}$(aq) の蛍光減衰速度，などからの検討結果は，ここで述べた RSPET 式からの推論と矛盾しない．なお，この立場に立てば，熱力学データの「異常」から，初めに言及した La-DTPA と Lu-DTPA での配位構造変化の可能性は排除される．La-DTPA と Lu-DTPA に対する「異常」な熱力学データは何らかの実験誤差に帰せられることになる（Kawabe, 2013b）．

14-3-2　Ln-EDTA(aq) の錯体生成反応

一方，Ln-EDTA 錯体の生成反応は，

$$Ln^{3+}(aq) + EDTA^{4-}(aq) = [LnEDTA]^{-}(aq) \tag{14-8}$$

である．Kawabe (2013b) は，いくつかの方法による 1 atm, $T = 298.15$ K での $\log K$ (Ln-EDTA) = $-\Delta G_r/RT$ の実験値を検討し，適当な標準化の手続きを経ることで，これらは 1% の相対誤差内で一致することを確認している．この反応の ΔH_r, ΔG_r, ΔS_r は Mackey et al. (1962) によるもので，表 14-3 に掲げてある．図 14-12 はその系列変化を示す．ΔH_r は熱量測定，ΔG_r は平衡定数から得られており，ΔS_r は $(\Delta H_r - \Delta G_r)/T$ から計算されている．13-3 節で求めた軽希土類元素側の Ln^{3+}(aq) を Ln^{3+}(oct, aq) に補正する値を用いて，Ln^{3+}(oct, aq) + EDTA^{4-}(aq) = [LnEDTA]$^{-}$(aq) に直した値も示してある．軽 Ln に対する白丸の点が実験値で，黒丸の点が Ln^{3+}(oct, aq) に補正した軽 Ln の値である．Ln^{3+}(oct, aq) として，Ln^{3+}(aq) 系列における水和構造変化を補正し

表 14-3　Mackey et al. (1962) による Ln-EDTA 錯体生成に対する熱力学実験値．

Ln^{3+}	ΔH (kJ/mol) 25℃, $I = 0.1$(KNO$_3$)	ΔG (kJ/mol)* 25℃, $I = 0.1$(KCl)	ΔS (J/mol/K)
La	-12.24	-86.69	249.8
Ce	-12.29	-88.16	254.4
Pr	-13.38	-89.91	256.9
Nd	-15.16	-91.59	256.5
Sm	-14.01	-94.31	269.4
Eu	-10.70	-95.06	282.8
Gd	-7.24	-95.98	297.9
Tb	-4.66	-98.83	315.9
Dy	-5.07	-101.46	323.4
Ho	-5.67	-102.97	326.4
Er	-7.15	-104.85	327.6
Tm	-7.82	-106.44	331.0
Yb	-9.67	-108.41	331.4
Lu	-10.51	-109.24	331.0
Y	-2.46	-99.16	324.3

＊Betts and Dahlinger (1959) による $\log K$ 値．

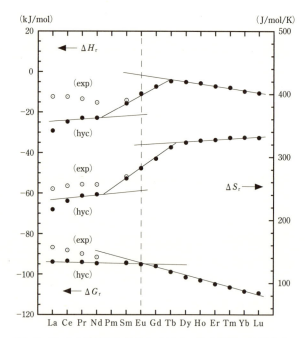

図 14-12　Ln(III)-EDTA 錯体生成反応の熱力学量の系列変化．Mackay et al. (1962) の実験結果による．ただし，軽 Ln^{3+}(aq) 系列の重 Ln^{3+}(aq) に対する「相対的な水和状態変化」の補正は，Kawabe (1999a) による．この補正は，白丸の軽 Ln 系列の実験値のみが関わり，補正後の値は黒丸で示す．重 Ln (Ln = Tb～Lu) の実験値はこの補正と無関係であるので，黒丸で示す．系列変化の特異性を示すために，系列変化の湾曲を無視する形で，直線を記入している．

ても，[LnDTPA]$^{2-}$(aq) 系列のように RSPET に合致する系列変化とはならない．

[LnEDTA]$^-$(aq) 系列も，Ln^{3+}(aq) 系列と同様に，Ln 系列を通じての水和構造変化を伴っているものと判断できる．錯体生成定数に対応する ΔG_r の系列変化だけからは想像できない非常に大きな系列変化が ΔH_r, ΔS_r に認められる．

[LnEDTA]$^-$(aq) 系列において水和状態変化が起こっているとの議論は古くからなされている (Thompson, 1979; Rizkalla and Choppin, 1991)．確かに，La-EDTA 錯体の水和結晶，H[La(EDTA)(H$_2$O)$_4$]·3H$_2$O，では CN = 10 の配位多面体が実現していることが知られており (Lind et al., 1965)，Ln = Nd, Eu, Tb, Er では Na[Ln(EDTA)(H$_2$O)$_3$]·5H$_2$O の CN = 9 である水和結晶が合成されている (Hoard et al., 1965; Horrocks and Sudnick, 1979)．同様な M[Ln(EDTA)(H$_2$O)$_3$]·5H$_2$O は，M = K の場合 Ln = La, Nd, Gd が，M = NH$_4$ では Ln = Nd, Gd が合成されている (Hoard et al., 1965)．溶存錯体と錯体結晶では配位数が同一であると必ずしも考える必要はないが，[LnEDTA]$^-$(aq) 系列においても，軽希土類元素から重希土類元素に到る途中で

$$[\text{LnEDTA}(\text{H}_2\text{O})_n]^-(\text{aq}) = [\text{LnEDTA}(\text{H}_2\text{O})_{n-1}]^-(\text{aq}) + \text{H}_2\text{O}(l) \tag{14-9}$$

あるいは，これに類似する反応が起こっていても不思議ではない．軽希土類元素側ではこの種の反応は左辺側に，重希土類元素側では右辺側に偏り，ほぼ Eu 付近においては両化学種が共存することが考えられる．軽希土類元素では配位多面体を構成している水分子が，重希土類元素では配位多面体から離れ，配位数が減少するわけで，このような水分子が (14-9) のように正確に 1 分子で表現できるかどうかも含めて検討する必要がある．この問題については，[EuEDTA]$^-$(aq) の吸収スペクトルや，[EuEDTA]$^-$(aq) と [TbEDTA]$^-$(aq) の蛍光スペクトルからの議論がなされているので，以下ではこれについて見ておこう．

14-3-3　Eu(III) $^7F_0 \to {}^5D_0$ 吸収スペクトルと Eu(III)，Tb(III) の蛍光スペクトル

[EuEDTA]$^-$(aq) における Eu(III) の $^7F_0 \to {}^5D_0$ 遷移（～580 nm）スペクトルは 14 cm^{-1} だけ分離した 2 本のスペクトル線からなる（図 14-13）．25～80℃の範囲での両スペクトル線ピークの変化は ～4 cm^{-1} と小さいが，両スペクトル線の吸収強度比は温度と共に比較的大きく変化する (Geier and Jørgensen, 1971)．25℃では高エネルギー側ピークの吸収強度が低エネルギー側ピークよりやや大きいが，80℃では低エネルギー側ピークの吸収強度の方が明らかに大きくなる．温度上昇とともに吸収強度比が逆転することは，(14-9) の平衡反応の証拠とされている．(14-8) に対する ΔC_P も Eu で最大であること (Ots, 1973a, b) とも対応している．

一方，Eu(III)EDTA(aq) と Tb(III)EDTA(aq) の蛍光スペクトルの寿命（時定数の逆数）を H$_2$O と D$_2$O 水溶液で比べることにより，両溶存錯体の第一配位圏の水分子数 n(H$_2$O) が推定されている．Eu(III)EDTA(aq) では n(H$_2$O) = 2.8 ± 0.5，Tb(III)EDTA(aq) では n(H$_2$O) = 2.5 ± 0.5 とされる (Rizkalla and Choppin, 1991)．EDTA は六座配位子なので，両 EDTA 錯体では，CN(Eu) = 8.8 ± 0.5，CN(Tb) = 8.5 ± 0.5 を意味する．

この蛍光スペクトルを使う手法は Horrocks and Sudnick (1979) に詳しいが，結晶構造が既知である Eu(III) と Tb(III) の水和 (H$_2$O と D$_2$O) 結晶を用いて，H$_2$O と D$_2$O 系での蛍光減衰定数（寿命の逆数）の差 ($\Delta k = \tau_{\text{H}_2\text{O}}^{-1} - \tau_{\text{D}_2\text{O}}^{-1}$, ms^{-1}) が，最隣接配位多面体内の水分子数 n(H$_2$O) と近似的に線形関係にあることを使う．LnES$_3$·9H$_2$O など十数種類の水和結晶の測定結果から，$\Delta k = a +$

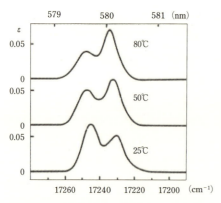

図 14-13 Eu-EDTA(aq) の吸収スペクトルとその温度変化. 580 nm 付近における吸収は, Eu(III) での $^7F_0 \rightarrow {}^5D_0$ 遷移に対応するが, 579.6 nm と 580.1 nm の二本のピークに分裂し, 温度上昇により, 長波長側ピーク強度が相対的に大きくなる (Geier and Jørgensen, 1971).

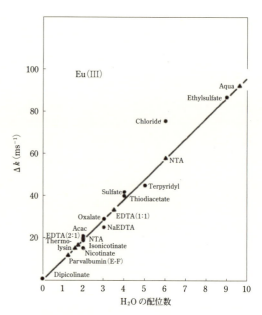

図 14-14 Eu(III) 錯体・化合物-H_2O と Eu(III) 錯体・化合物-D_2O 系での Eu(III) の蛍光減衰定数 (寿命の逆数) の差 ($\Delta k = \tau_{H_2O}^{-1} - \tau_{D_2O}^{-1}$, ms^{-1}) は, 最隣接配位多面体内の水分子数 $n(H_2O)$ と近似的に線形関係にある. $\Delta k = a + b \cdot n(H_2O)$ の関係が成立する. 同様な関係は Tb(III) についても成立する. Horrocks and Sudnick (1979) による.

$b \cdot n(H_2O)$ の関係が成立する (図 14-14). しかし, $EuCl_3 \cdot 6H_2O$ では $n(H_2O) = 6$ であるが, 蛍光減衰定数の差は, 他の水和結晶での水分子数との線形関係からは 30% ほど高い値になっている. Horrocks and Sudnick (1979) は, これを例外として, $\Delta k = a + b \cdot n(H_2O)$ を求め, $\delta n(H_2O) = \pm 0.5$ の誤差で $n(H_2O)$ を求めることができると述べている. この方法により, Eu^{3+}(aq) と Tb^{3+}(aq) の水和数は各々 9.6, 9.0 と推定している. これらの水和数は X 線回折法や中性子回折法による値より約 1 だけ大きい. また, Eu(III)EDTA(aq) では $n(H_2O) = 3.5$, Tb(III)EDTA(aq) では $n(H_2O) = 2.8$ と報告している. CN(Eu) = 9.5 ± 0.5, CN(Tb) = 8.8 ± 0.5 を意味する.

ところが, 以上の Horrocks and Sudnick (1979) による最隣接配位多面体内水分子数 $n(H_2O)$ の議論は, 2002 年になって, Supkowski and Horrocks (2002) によって改訂された. この改訂論文では, Horrocks and Sudnick (1979) に従うと, 部分的に矛盾した内圏配位水分子数が与えられることを Horrocks 自身が認め, 次のような関係式に改めている:

内圏配位水分子数を q, 比例定数は $A = 1.11$(水分子数・ms), $\tau_{H_2O}^{-1}$ と $\tau_{D_2O}^{-1}$ は通常の軽水中と重水中での蛍光スペクトルの寿命の逆数 (ms^{-1}), として, 内圏配位水分子数は,

$$q = 1.11 \cdot \{\tau_{H_2O}^{-1} - \tau_{D_2O}^{-1} - 0.31\}$$

で与えられるとした. 軽水中と重水中での蛍光スペクトル寿命の逆数の差から, 定数 0.31 が差し引かれるが, これは主として, 外圏配位の水分子の寄与を補正する意味があるとしている. また, この改訂式による内圏配位水分子数 q の標準誤差は ±0.1 であると記している. Supkowski and Horrocks (2002) によれば, Eu-EDTA(aq) の場合, 改訂式からすると, $q = 2.71 \pm 0.1$ となる.

これで，Rizkalla and Choppin（1991）らの値 $q=2.8\pm0.5$ との違いはほぼ解消されたと言える．Eu-EDTA(aq) の場合は二種類の異なる水和錯体種の混合物なので，$q=2.71$ は両錯体種の重み付き平均値の意味を持つ．$q=3$ と $q=2$ の二種類の Eu-EDTA(aq) が等量存在する場合の $q=2.5$ に近い値である．これまで，$[LnEDTA]^-$(aq) 系列の構造変化反応は (14-9) であろうとする研究者は多いものの，必ずしも明確な根拠に基づく合意はなかった．しかし，Supkowski and Horrocks（2002）が，Horrocks and Sudnick（1979）の結果を 23 年ぶりに改訂したことにより，$[LnEDTA]^-$(aq) 系列の構造変化反応は (14-9) であると結論してよいことになる．

四組効果と RSPET に関連させた議論は Kawabe（2013c）で行ったので，それに沿って，次節では，図 14-12 に示した ΔH_r, ΔG_r, ΔS_r のデータを用いて $[LnEDTA]^-$(aq) 系列の構造変化を解析してみよう．

14-4　二種類の Ln(III) 溶存錯体の共存：Ln-EDTA(aq) と Ln^{3+}(aq) の系列

Ln(III) 溶存錯体系列の構造変化が，最隣接配位多面体から水分子が放出される形で起こるのであれば，同一 Ln(III) イオンの溶存錯体ではあるものの，水和数が異なる二種類の識別可能な化学種が共存する状況を考えねばならない．溶存化学種が一種類の溶液としては取り扱うことはできない．まず Ln-EDTA(aq) から考え，Ln^{3+}(aq) についてはその後に考える．

14-4-1　Ln-EDTA(aq) 系の場合

Ln-EDTA(aq) 系列における水和状態変化は，次の反応式

$$[LnEDTA(H_2O)_n]^-(aq) = [LnEDTA(H_2O)_{n-1}]^-(aq) + H_2O(l) \tag{14-9}$$

が考えられると，Eu(III)，Tb(III) の蛍光スペクトル法の議論を紹介する中で述べた．この反応式は 1 個の水分子が自由になることを意味する．しかし，以下の議論では $k (\geq 1)$ 個の水分子が自由になるとして一般的に考えることにする：

$$[LnEDTA(H_2O)_n]^-(aq) = [LnEDTA(H_2O)_{n-k}]^-(aq) + kH_2O(l) \tag{14-10}$$

この反応は

$$Ln^{3+}(oct, aq) + [EDTA]^{4-} + (n-k)H_2O(l) = [LnEDTA(H_2O)_{n-k}]^-(aq) \tag{14-11}$$

$$Ln^{3+}(oct, aq) + [EDTA]^{4-} + nH_2O(l) = [LnEDTA(H_2O)_n]^-(aq) \tag{14-12}$$

の差 [= (14-11) − (14-12)] である．したがって，

$$\Delta G_r(14\text{-}11) - \Delta G_r(14\text{-}12) \equiv \Delta\Delta G_r^0 \tag{14-13}$$

と表現する．これは図 14-12 において重希土類元素側の ΔG_r を軽希土類元素側へ外挿した値から軽希土類元素での現実の ΔG_r を差し引いたものである．水および両化学種の活量 a を用いて

$$\Delta\Delta G_r^0 = -RT\ln[a(LnEDTA(H_2O)_{n-k}) \cdot a^k(H_2O)/a(LnEDTA(H_2O)_n)]$$

$$\approx -RT\ln[m(LnEDTA(H_2O)_{n-k})/m(LnEDTA(H_2O)_n)] \tag{14-14}$$

となる．m は重量モル濃度（mol/kg）である．ただし，第 2 の等号では，両 EDTA 錯体の活量係数 γ，水の活量は，

$$\gamma(LnEDTA(H_2O)_{n-k})/\gamma(LnEDTA(H_2O)_n) \approx 1, \quad a(H_2O) \approx 1$$

とした．したがって，$\Delta\Delta G_r^0 \approx RT\ln[m(\text{LnEDTA}(H_2O)_n)/m(\text{LnEDTA}(H_2O)_{n-k})]$ だから，$T = 298.15$ K として，次の三つの場合を区別することが重要である：

(i) $m(\text{LnEDTA}(H_2O)_n)/m(\text{LnEDTA}(H_2O)_{n-k}) > 99$ の時，$\Delta\Delta G_r^0 > +11.4$ kJ/mol

(ii) $m(\text{LnEDTA}(H_2O)_n)/m(\text{LnEDTA}(H_2O)_{n-k}) = 1$ の時，$\Delta\Delta G_r^0 = 0$ kJ/mol

(iii) $m(\text{LnEDTA}(H_2O)_n)/m(\text{LnEDTA}(H_2O)_{n-k}) < 1/99$ の時，$\Delta\Delta G_r^0 \leq -11.4$ kJ/mol

事実上，$[\text{LnEDTA}(H_2O)_n]^-$(aq) または $[\text{LnEDTA}(H_2O)_{n-1}]^-$(aq) のみの単一化学種が存在するとして実験データを取り扱えばよいのが，(i) と (iii) の場合である．しかし (ii) の場合のように，-11.4 kJ/mol $\leq \Delta\Delta G_r^0 \leq +11.4$ kJ/mol である場合は，$[\text{LnEDTA}(H_2O)_n]^-$(aq) と $[\text{LnEDTA}(H_2O)_{n-1}]^-$(aq) の二つの化学種が共存するので，現実溶液は混合系であるとして実験データを考えねばならない．

すなわち，両化学種の化学ポテンシャルは，μ^* を標準化学ポテンシャルとして，

$$\mu_{(n-k)} = \mu^*_{(n-k)} + RT\ln\{\gamma_{(n-k)} m_{(n-k)}\}, \quad \mu_{(n)} = \mu^*_{(n)} + RT\ln\{\gamma_{(n)} m_{(n)}\} \tag{14-15}$$

である．μ^* は無限希釈状態を $m = 1$ mol/kg に外挿した時の仮想的な値である．通常の溶存化学種に採用される標準化学ポテンシャル基準と同じである．実験データは $\{m(\text{LnEDTA}(H_2O)_{n-k}) + m(\text{LnEDTA}(H_2O)_n)\} = 1$ mol/kg に対応しているので，両化学種の無次元相対存在度を次のように定義しておくと便利である：

$$x_{(n-k)} \equiv m(\text{LnEDTA}(H_2O)_{n-k})/\{m(\text{LnEDTA}(H_2O)_{n-k}) + m(\text{LnEDTA}(H_2O)_n)\},$$
$$x_{(n)} \equiv m(\text{LnEDTA}(H_2O)_n)/\{m(\text{LnEDTA}(H_2O)_{n-k}) + m(\text{LnEDTA}(H_2O)_n)\},$$
$$x_{(n-k)}/x_{(n)} \equiv m(\text{LnEDTA}(H_2O)_{n-k})/m(\text{LnEDTA}(H_2O)_n)$$

これにより，(14-14) は

$$\Delta\Delta G_r^0 = \mu^*_{(n-k)} - \mu^*_{(n)} + k\mu^0_{H_2O(l)} \approx -RT\ln(x_{(n-k)}/x_{(n)}) \tag{14-16}$$

となる．$\mu^0_{H_2O(l)}$ は水の 1 モル当たりの Gibbs 自由エネルギーを意味する．

現実溶液は，$[\text{LnEDTA}(H_2O)_n]^-$(aq) と $[\text{LnEDTA}(H_2O)_{n-k}]^-$(aq) の混合物だから，

$$\mu_{\text{real sol.}}(\text{LnEDTA, aq}) = x_{(n-k)}\mu_{(n-k)} + x_{(n)}\mu_{(n)} \tag{14-17}$$

と考えねばならない．ゆえに

$$\mu_{\text{real sol.}}(\text{LnEDTA, aq}) \approx x_{(n-k)}\{\mu^*_{(n-k)} + RT\ln x_{(n-k)}\} + x_{(n)}\{\mu^*_{(n)} + RT\ln x_{(n)}\}$$
$$\approx x_{(n-k)}\mu^*_{(n-k)} + x_{(n)}\mu^*_{(n)} + \Delta G_{\text{mixing}} \tag{14-18}$$

最後の項は

$$\Delta G_{\text{mixing}} \approx x_{(n-k)}RT\ln x_{(n-k)} + (1 - x_{(n-k)})RT\ln(1 - x_{(n-k)}) \tag{14-19}$$

であり，化学ポテンシャルの混合エントロピー項を足しあわせたものである．

エンタルピーのデータは，h^* を部分モル・エンタルピーとし，h^* の組成依存性は無視できると仮定すると，

$$h_{\text{real sol.}}(\text{LnEDTA, aq}) \approx x_{(n-k)}h^*_{(n-k)} + x_{(n)}h^*_{(n)} \tag{14-20}$$

である．エントロピーのデータは，

$$s_{\text{real sol.}}(\text{LnEDTA, aq}) = \{h_{\text{real sol.}}(\text{LnEDTA, aq}) - \mu_{\text{real sol.}}(\text{LnEDTA, aq})\}/T$$
$$\approx x_{(n-k)}(h^*_{(n-k)} - \mu^*_{(n-k)})/T + x_{(n)}(h^*_{(n)} - \mu^*_{(n)})/T - \Delta G_{\text{mixing}}/T$$
$$\approx x_{(n-k)}s^*_{(n-k)} + x_{(n)}s^*_{(n)} - \Delta G_{\text{mixing}}/T \tag{14-21}$$

である．s^* は組成依存性を無視できる部分モル・エントロピーで $\mu^* = h^* - T \cdot s^*$ を満足する．

$x_{(n-k)} \to 1$, $x_{(n)} \to 0$ あるいは $x_{(n-k)} \to 0$, $x_{(n)} \to 1$ が実現している (i) と (iii) の場合は，$\Delta G_{\text{mixing}} \approx x_{(n-k)}RT\ln x_{(n-k)} + (1 - x_{(n-k)})RT\ln(1 - x_{(n-k)}) \to 0$ であるので，

$$\begin{aligned}\mu_{\text{real sol.}}(\text{LnEDTA, aq}) &= \mu^*_{(n-k)} \quad \text{or} \quad \mu^*_{(n)},\\ h_{\text{real sol.}}(\text{LnEDTA, aq}) &\approx h^*_{(n-k)} \quad \text{or} \quad h^*_{(n)},\\ s_{\text{real sol.}}(\text{LnEDTA, aq}) &\approx s^*_{(n-k)} \quad \text{or} \quad s^*_{(n)}\end{aligned} \quad (14\text{-}22)$$

となる．ΔG_{mixing} は考えなくともよいので，実験データは通常の単一化学種として取り扱うことができる．しかし，(ii) の場合のように，両化学種が共存する $-11.4\,\text{kJ/mol} \leq \Delta\Delta G^0_r \leq +11.4\,\text{kJ/mol}$ の場合には，

$$\Delta\Delta G^0_r \approx -RT\ln(x_{(n-k)}/x_{(n)}) = -RT\ln[x_{(n-k)}/(1-x_{(n-k)})] \quad (14\text{-}23)$$

から定まる $x_{(n-k)}, x_{(n)}$ から ΔG_{mixing} を評価し，

$$\begin{aligned}\mu_{\text{real sol.}}(\text{LnEDTA, aq}) &\approx x_{(n-k)}\mu^*_{(n-k)} + x_{(n)}\mu^*_{(n)} + \Delta G_{\text{mixing}},\\ h_{\text{real sol.}}(\text{LnEDTA, aq}) &\approx x_{(n-k)}h^*_{(n-k)} + x_{(n)}h^*_{(n)},\\ s_{\text{real sol.}}(\text{LnEDTA, aq}) &\approx x_{(n-k)}s^*_{(n-k)} + x_{(n)}s^*_{(n)} - \Delta G_{\text{mixing}}/T\end{aligned} \quad (14\text{-}24)$$

として現実データを理解しなければならない．(i) と (iii) の場合のように $\Delta S^0_r = (\Delta H^0_r - \Delta G^0_r)/T$ が単一化学種の標準モル・エントロピーであると解釈するのは誤りである．これまで溶存 Ln(III) 化学種の標準モル・エントロピーは $\Delta S^0_r = (\Delta H^0_r - \Delta G^0_r)/T$ に従って ΔH^0_r，ΔG^0_r から計算されていることを繰り返し指摘して来たが，その理由はこの問題に注意を喚起するためであった．

この状況は，(ii) の $\Delta\Delta G^0_r = 0\,\text{kJ/mol}$ の場合を考えれば理解しやすい．両 EDTA 錯体の ΔG_r の値は等しいので，$\Delta\Delta G^0_r = 0\,\text{kJ/mol}$ である．この場合 $x_{(n-k)} = x_{(n)} = 1/2$ で両化学種が等量存在するので，系全体では混合系としての自由エネルギー変化分 (14-19) が付け加わる．$T = 298.15\,\text{K}$ とすると，$\Delta G_{\text{mixing}} = -RT\ln 2 = -1.718\,\text{kJ/mol}$ になる．$\Delta\Delta G^0_r = 0\,\text{kJ/mol}$ が実現する ΔG_r の値にくらべ，現実に測定される「ΔG^0_r」は $-1.718\,\text{kJ/mol}$ だけ低い値となっている．エントロピーにも $R\ln 2 = +5.76\,\text{J/mol/K}$ の混合のエントロピーが加わっている．

以上の考え方から，$[\text{LnEDTA}]^-(\text{aq})$ の生成反応に対する $\Delta G_r, \Delta H_r, \Delta S_r$ のデータを解析した結果が図 14-15 である．$\Delta H_r, \Delta S_r, \Delta G_r$ の系列変化，特に，ΔS_r の系列変化からすると，La～Nd の部分が (i) の場合（$\Delta\Delta G^0_r > +11.4\,\text{kJ/mol}$)，Dy～Lu の部分が (iii) の場合（$\Delta\Delta G^0_r < -11.4\,\text{kJ/mol}$）に該当すると考えるのが自然である．Sm～Tb の部分は $-11.4\,\text{kJ/mol} \leq \Delta\Delta G^0_r \leq +11.4\,\text{kJ/mol}$ に相当し，Eu では (ii) の $\Delta\Delta G^0_r \approx 0\,\text{kJ/mol}$ となっていると考える．具体的には，以下の Step I～V の手続きに従い，単一化学種に対する $\Delta G_r, \Delta H_r, \Delta S_r$ の系列変化曲線を外挿し，Sm～Tb 部分に対して $x_{(n-k)}, x_{(n)}$ の値を推定した．

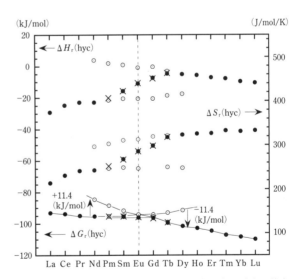

図 14-15　Middle Ln(III)-EDTA 錯体の生成反応に対する熱力学量の推定．"hyc" は軽 $\text{Ln}^{3+}(\text{aq})$ の重 $\text{Ln}^{3+}(\text{aq})$ に対する水和状態変化を補正したことを表す．黒丸は実験値に "hyc" の補正を行った値．白丸は，二系列での middle Ln-EDTA 錯体生成の推定値．×印は，二系列の推定値から式 (14-24) により計算した値．Eu の位置に示す鎖線は，Eu では $\Delta\Delta G_r \approx 0\,(\text{kJ/mol})$ であることを示す．二つの垂直な矢印はほぼその位置で，$\Delta\Delta G_r = +11.4\,(\text{kJ/mol})$，$-11.4\,(\text{kJ/mol})$ となることを示す．

「Step I」：La〜Nd での ΔG_r の系列変化を重 Ln 側へ，Dy〜Lu 部分の ΔG_r の系列変化を軽 Ln 側へ，各々，外挿するために，つぎの三つの仮定を採用する：
(1) 二つの ΔG_r の系列変化曲線は「Eu の実測値 $+ RT\ln 2 (= 1.718\,\text{kJ/mol})$」の点で交差する．
(2) Nd では $\Delta\Delta G_r^0 \approx +11.4\,\text{kJ/mol}$ である，
(3) Dy では $\Delta\Delta G_r^0 \approx -11.4\,\text{kJ/mol}$ である，

これらの仮定から各 ΔG_r 曲線に対し 2 点の外挿点が固定されるので，四組効果に配慮した外挿が可能となる．これにより，$\Delta\Delta G_r^0 \approx -RT\ln(x_{(n-k)}/x_{(n)})$ から，$x_{(n-k)}$，$x_{(n)}$ が決まる．

「Step II」：Dy〜Lu 部分の ΔS_r を軽 Ln 側に延長することは比較的容易であるので，この ΔS_r の結果と延長した ΔG_r 曲線から，$\Delta H_r = \Delta G_r + T\Delta S_r$ により Dy〜Lu 部分の ΔH_r 曲線を Tb〜Nd 部分に外挿する．

「Step III」：Step II で外挿した ΔH_r 曲線，Step I で得た $x_{(n-k)}$，$x_{(n)}$，Sm〜Tb 部分の ΔH_r 測定値，の三つの値から，La〜Nd の ΔH_r 曲線を Sm〜Dy 部分に外挿する．

「Step IV」：Step III で得た ΔH_r 曲線と Step I で得た ΔG_r 曲線から La〜Nd の ΔS_r 曲線の Sm〜Dy 部分への外挿値が決まる．Sm〜Tb 部分の ΔS_r 測定値に対応する値を，二つの外挿した ΔS_r 曲線と $x_{(n-k)}$，$x_{(n)}$ から計算し，ΔS_r 測定値と計算値が一致することを確認する．

「Step V」：もし，Step IV での ΔS_r 測定値と計算値の一致が十分であると判断すれば，これで計算は終了するが，一致が不十分と判断した場合は，「Step I」に戻り，$\Delta\Delta G_r^0(\text{Nd}) \approx -11.4\,\text{kJ/mol}$，$\Delta\Delta G_r^0(\text{Dy}) \approx +11.4\,\text{kJ/mol}$ に小さな修正を加え，以後の Step をやり直す．または「Step II」に戻り，Dy〜Lu 部分の ΔS_r を軽 Ln 側に延長した結果に小さな修正を加え，以後の Step をやり直す．

以上の解析結果から，$x_{(n-k)}$ の値は，Sm (25.2%)，Eu (49.2%)，Gd (66.5%)，Tb (95.4%) となる．また，四組効果の極性から，Racah パラメーターの大小関係は，

$$[\text{LnEDTA}(\text{H}_2\text{O})_n]^-(\text{aq}) > \text{Ln}^{3+}(\text{oct, aq}) > [\text{LnEDTA}(\text{H}_2\text{O})_{n-k}]^-(\text{aq}) \tag{14-25}$$

であることがわかる．より大きな配位数はより大きな Ln-配位子間距離を意味するので，Ln^{3+} イオンの電子状態も $\text{Ln}^{3+}(\text{g})$ により近づくと理解すればよい．$[\text{LnEDTA}]^-(\text{aq})$ の ΔG_r が示す系列変化は，「Gd での折れ曲がり (Gd break)」を示すが，この原因は $[\text{LnEDTA}]^-(\text{aq})$ 系列と $\text{Ln}^{3+}(\text{aq})$ 系列が共に同質同形錯体ではなく，Ln 系列の途中で水和状態が変化することを反映した結果である．四組効果もそこに重畳している．

図 14-15 の結果から，水和状態の異なる二系列の $[\text{LnEDTA}]^-(\text{aq})$ の生成反応の熱力学パラメーターが推定できる．二つの同質同形錯体系列の錯体生成反応の熱力学パラメーターの系列変化が推定できたので，このそれぞれを改良 RSPET 式で回帰することができる．その結果を図 14-16 に示す．

水和状態の異なる二系列の $[\text{LnEDTA}]^-(\text{aq})$ 生成反応の熱力学パラメーターが推定できたので，その差をとれば，それが k 個の水分子が最隣接配位多面体から離脱して，自由な水分子になる反応式 (14-10) の熱力学量である．$k (\geq 1)$ の実際の値を，熱力学データだけから推定することは，後に議論するように，残念ながら困難である．しかし，前節で紹介した Ln(III) 蛍光スペクトル法により，LnEDTA(aq) 系列の場合は $k = 1$ としてよいことを再度注意しておく．

図 14-16 の結果から反応式 (14-10) の差を取った結果が図 14-17 である．反応式は，

$[LnEDTA(H_2O)_n](aq)$
$= [LnEDTA(H_2O)_{n-k}](aq) + kH_2O(l)$　(14-10)

どのパラメーター系列変化にも「下に凸な四組効果」が確認できる．$k (\geq 1)$ 個の水分子が自由になることで，Ln(III) の配位数は低下し，中心 Ln(III) イオンと配位子の距離が短縮し，その結果 Racah パラメーターは減少する．それゆえ，$\Delta\Delta H_r^0$ は「下に凸な四組効果」を示す．$\Delta\Delta S_r^0$ も $\Delta\Delta H_r^0$ と相似な四組効果を示すので，$\Delta\Delta G_r^0 = \Delta\Delta H_r^0 - T\Delta\Delta S_r^0$ より，$\Delta\Delta G_r^0$ も類似の四組効果を示す．これは，

$\Delta\Delta G_r^0 (\text{tetrad})$
$= \Delta\Delta H_r^0 (\text{tetrad}) - T\Delta\Delta S_r^0 (\text{tetrad})$
$= (1 - \kappa \cdot T)\Delta\Delta H_r^0 (\text{tetrad})$

における係数 $(1 - \kappa \cdot T)$ が正だからである．図 14-17 の結果は RSPET 式で回帰しているので，その結果から，

$\kappa (E^1) = (1.6 \pm 0.9) \times 10^{-3}$ (1/K),
$\kappa (E^3) = (1.0 \pm 1.4) \times 10^{-3}$ (1/K)　(14-26)

であることがわかる．したがって，$\kappa \approx (1.3 \pm 0.3) \times 10^{-3}$ (1/K) とすると，$(1 - \kappa \cdot T)$ の値は，

$(1 - \kappa \cdot T)$
$\approx 1 - (1.3 \pm 0.3) \times 10^{-3}$ (1/K) $\times 300$ (K)
$\approx (0.61 \pm 0.1) > 0$

で確かに正である．$\Delta\Delta G_r^0$ と $\Delta\Delta H_r^0$ の四組効果の極性が同じとなる理由である．

ところで，[LnEDTA](aq) における水和状態変化の反応は，

$[LnEDTA(H_2O)_n](aq)$
$= [LnEDTA(H_2O)_{n-k}](aq) + kH_2O(l)$　(14-10)

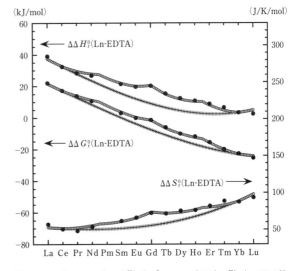

図 14-16　軽 Ln-EDTA 系列（黒丸）と重 Ln-EDTA 系列（転倒した三角印）に対する ΔH_r(hyc), ΔS_r(hyc), ΔG_r(hyc) を RSPET 式で回帰した結果．垂直な鎖線は Eu の位置ではなく Gd の位置に描いてあることに注意．

図 14-17　$[LnEDTA(H_2O)_n](aq) = [LnEDTA(H_2O)_{n-k}](aq) + kH_2O(l)$ の水和状態変化に対する熱力学量の系列変化．図 14-16 の二系列の値の差による．

と書いたが，この反応のエントロピー変化は，図 14-17 で Eu 付近で考えると，$\Delta\Delta S_r^0 \approx +66$ J/mol/K, $\Delta\Delta H_r^0 \approx +20$ kJ/mol である．13-2 節で議論した $LnCl_3 \cdot nH_2O$(c) の溶解反応（298.15 K）の熱力学データから，

$$LnCl_3 \cdot 7H_2O(c) = LnCl_3 \cdot 6H_2O(c) + H_2O(l) \quad (14\text{-}27)$$

での $\Delta\Delta S_r^0$, $\Delta\Delta H_r^0$ を Ln = La, Ce, Pr について推定すると，以下のようになる：

$\Delta\Delta S_r^0 = +23$ (La), $+21$ (Ce), $+19$ (Pr),　av. $= +(21 \pm 2)$ J/mol/K,
$\Delta\Delta H_r^0 = +13$ (La), 10 (Ce), 8 (Pr),　av. $= +(10 \pm 3)$ kJ/mol

一方，自由な液体の水分子の生成は

$$H_2O(ice) = H_2O(l) \tag{14-28}$$

の反応を参照すれば，273.15 K での値ではあるが，

$$\Delta S_r^0 = +22.0 \text{ J/mol/K}, \quad \Delta H_r^0 = +6.1 \text{ kJ/mol}$$

である（Eisenberg and Kauzmann, 1969）．反応 (14-27) で 1 分子の結晶水が自由な液体の水分子となる場合のエントロピー増を $+21$ J/mol/K，エンタルピー増を $+10$ kJ/mol と考えて，[LnEDTA](aq) における水和状態変化の反応 (14-10) での $\Delta\Delta S_r^0 \approx +66$ J/mol/K，$\Delta\Delta H_r^0 \approx +20$ kJ/mol と比べると，それぞれ約 3 倍と 2 倍である．溶存キレート錯体の場合は，水和結晶のように 3 次元的並進対称性を確保する必要がないため，比較的自由に最も安定な配位多面体がつくられるであろう．したがって，溶存錯体の最隣接配位多面体の水分子 1 個が除かれる際のエントロピー変化，エンタルピー変化は，水和結晶から 1 分子の結晶水が自由な液体の水分子となる場合の 2～3 倍であってもよいのかもしれない．

Ln(III) 蛍光スペクトル法からは，LnEDTA(aq) 系列の場合は $k=1$ としてよい．これには明確な根拠がある．しかし，それにしても，$\Delta\Delta S_r^0 \approx +66$ J/mol/K，$\Delta\Delta H_r^0 \approx +20$ kJ/mol を $k=1$ として説明できるだろうか？ この疑念を払拭できないもう一つの理由は，Ln^{3+}(nona, aq) $= Ln^{3+}$(oct, aq) $+ H_2O(l)$ との比較結果である．[LnEDTA]$^-$(aq) と同様な解析を，Ln^{3+}(aq) 系列における Ln^{3+}(nona, aq) $= Ln^{3+}$(oct, aq) $+ H_2O(l)$ で行うと，La～Gd の範囲で $\Delta\Delta S_r^0 \approx +33$ J/mol/K，$\Delta\Delta H_r^0 = +9.5$ kJ/mol となる．[LnEDTA](aq) の場合の $\Delta\Delta S_r^0 \approx +66$ J/mol/K，$\Delta\Delta H_r^0 \approx +20$ kJ/mol の約半分の値である．このようなわけで，次に，Ln^{3+}(nona, aq) $= Ln^{3+}$(oct, aq) $+ H_2O(l)$ に対する検討内容をもう少し詳しく見てみよう．

14-4-2 Ln^{3+}(aq) 系の場合

13-3 節では，実験値として報告されている Ln^{3+}(aq) 系列データを，Ln^{3+}(oct, aq) に直すための補正量を La～Gd までについて求めた．そこでは，(13-3 節での式番号を用いて)

$$Ln^{3+}(oct, aq) = Ln^{3+}(aq) \tag{13-13}$$

の仮想的な反応の熱力学量を ΔH_h^*，ΔS_h^*，ΔG_h^* として，LnES$_3$·9H$_2$O と LnCl$_3$·6H$_2$O の溶解反応のデータの実験値系列変化に基づきこれらの値を求めた（表 13-4）．LnCl$_3$·6H$_2$O の場合については，

$$LnCl_3 \cdot 6H_2O(c) = Ln^{3+}(oct, aq) + 3Cl^-(aq) + 6H_2O(l) \tag{13-12}$$
$$LnCl_3 \cdot 6H_2O(c) = Ln^{3+}(aq) + 3Cl^-(aq) + 6H_2O(l) \tag{13-12'}$$

の差が (13-13) に相当する．LnCl$_3$·6H$_2$O(c) と Ln^{3+}(oct, aq) の Racah パラメーターは実質的に等しいと考えてよいので，図 13-5 に示したように，重 Ln 系列での反応 (13-12) のデータを軽 Ln 領域へ外挿するのは比較的容易である．この外挿と実験値としての軽 Ln^{3+}(aq) 系列データとの差を図上で求め，ΔH_s^0，ΔS_s^0，ΔG_s^0 とした．しかし，この仮想的な反応式 (13-13) は，溶媒水分子の関与を直接的には表現しない "水和状態変化" の式である．実験値は，Ln^{3+}(oct, aq)，Ln^{3+}(nona, aq) および両者の混合状態を区別することなく，Ln^{3+}(aq) として単一水和化学種を前提にして得られている．この状況は Spedding et al. (1977) などでも同じである．重 Ln 系列では，Ln^{3+}(aq) $= Ln^{3+}$(oct, aq) なので問題はない．しかし，水和状態変化を生じている軽 Ln 系列では，本来

は，異なる二つの水和化学種の混合状態として扱う必要がある．軽 Ln 系列に対する実験値はこのことに配慮していない．軽 Ln 系列に対するこの種の実験値と単一水和化学種 Ln^{3+}(oct, aq) を前提にする仮想的軽 Ln 系列の値との差（ΔH_h^*, ΔS_h^*, ΔG_h^*）は，現実の Ln^{3+}(aq) が，仮想的 Ln^{3+}(oct, aq) に比べて，どれだけ安定化しているかを表現する熱力学量である．

一方，溶媒水分子の関与を直接的に表現する水和状態変化式は

$$[Ln(H_2O)_9]^{3+}(aq) = [Ln(H_2O)_8]^{3+}(aq) + H_2O(l) \tag{14-29}$$

と書ける．この逆反応を水和状態変化式に採用することもできる（Kawabe et al., 2006a, b）が，ここでは，14-4-1 で述べた [LnEDTA](aq) の水和状態変化の向きに対応するように，(14-29) を採用する．(14-29) は反応式 (13-13) に対応はするが，その意味は同じではないことが重要である．反応 (14-29) は Ln^{3+}(aq) の現実的化学種を用いて，水和状態変化を直接表現しており，次の二つの反応の差である：

$$LnCl_3 \cdot 6H_2O(c) + 3H_2O(aq) = [Ln(H_2O)_9]^{3+}(aq) + 3Cl^-(aq) \tag{14-30-1}$$

$$LnCl_3 \cdot 6H_2O(c) + 2H_2O(aq) = [Ln(H_2O)_8]^{3+}(aq) + 3Cl^-(aq) \tag{14-30-2}$$

したがって，

$$\Delta\Delta G_s^0(14\text{-}29) = \Delta G_s^0(14\text{-}30\text{-}1) - \Delta G_s^0(14\text{-}30\text{-}2) \equiv \Delta G_{hc}^0 \tag{14-30-3}$$

だから，同様にして $\Delta\Delta H_s^0 \equiv \Delta H_{hc}^0$, $\Delta\Delta S_s^0 \equiv \Delta S_{hc}^0$ を考えることができる．すなわち，Kawabe et al. (2006a) で議論したように，13-3 節の ΔH_h^*, ΔS_h^*, ΔG_h^* を，現実的な水和状態変化反応 (14-29) に対する ΔH_{hc}^0, ΔS_{hc}^0, ΔG_{hc}^0 で表現した形に変換できる．温度変化を考える場合には (14-29) を用いる方が便利である．以下では，この問題を考える．

熱力学実験値を考える時，溶存 Ln(III) イオンの重量モル濃度の総和は，

$$m[Ln(H_2O)_8]^{3+}(aq) + m[Ln(H_2O)_9]^{3+}(aq) = m^*(Ln^{3+}, aq)[=1(mol/kg)] \tag{14-31-1}$$

である．最後に付け加えた $m^*(Ln^{3+}, aq)[=1(mol/kg)]$ の意味は後に説明する．両化学種の無次元存在度を

$$x_8 \equiv m[Ln(H_2O)_8]^{3+}(aq)/\{m[Ln(H_2O)_8]^{3+}(aq) + m[Ln(H_2O)_9]^{3+}(aq)\} \tag{14-31-2}$$

$$x_9 \equiv m[Ln(H_2O)_9]^{3+}(aq)/\{m[Ln(H_2O)_8]^{3+}(aq) + m[Ln(H_2O)_9]^{3+}(aq)\} \tag{14-31-3}$$

とすると，

$$x_9 + x_8 = 1 \tag{14-31-4}$$

である．これは Ln-EDTA(aq) の場合と同じである．単一化学種とみなした軽 Ln^{3+}(aq) の化学ポテンシャルは，実際は，二種の混合溶液なので，

$$\begin{aligned}\mu(Ln^{3+}, aq) &= x_9 \cdot \mu_{nona} + x_8 \cdot \mu_{octa} \\ &= x_9(\mu_{nona}^0 + RT\ln a_{nona}) + x_8(\mu_{octa}^0 + RT\ln a_{octa}) \\ &= x_9 \cdot \mu_{nona}^0 + x_8 \cdot \mu_{octa}^0 + RT\ln[(a_{nona})^{x_9} \cdot (a_{octa})^{x_8}]\end{aligned} \tag{14-32-1}$$

である．最後の項で対数の引数となっている活量部分は，活量係数と重量モル濃度（$a_i = \gamma_i \cdot m_i$）で表現すると，以下のようになる：

$$\begin{aligned}(a_{nona})^{x_9} \cdot (a_{octa})^{x_8} &= (\gamma_{nona})^{x_9} \cdot (\gamma_{octa})^{x_8} \cdot [x_9 \cdot m^*(Ln^{3+}, aq)]^{x_9} \cdot [x_8 \cdot m^*(Ln^{3+}, aq)]^{x_8} \\ &= (\gamma_{nona})^{x_9} \cdot (\gamma_{octa})^{x_8} \cdot m^*(Ln^{3+}, aq) \cdot (x_9)^{x_9} \cdot (x_8)^{x_8}\end{aligned}$$

さらに，

$$\gamma_{nona} \approx \gamma_{octa} \equiv \gamma(Ln^{3+}, aq) \tag{14-32-2}$$

を仮定すると，

$$(a_{\text{nona}})^{x_9} \cdot (a_{\text{octa}})^{x_8} = \gamma(\text{Ln}^{3+}, \text{aq}) \cdot m^*(\text{Ln}^{3+}, \text{aq}) \cdot (x_9)^{x_9} \cdot (x_8)^{x_8} \tag{14-32-3}$$

となる．ゆえに，(14-32-1) は，

$$\mu(\text{Ln}^{3+}, \text{aq}) = x_9 \cdot \mu^0_{\text{nona}} + x_8 \cdot \mu^0_{\text{octa}} + RT\ln[(x_9)^{x_9} \cdot (x_8)^{x_8}] + RT\ln[\gamma(\text{Ln}^{3+}, \text{aq}) \cdot m^*(\text{Ln}^{3+}, \text{aq})] \tag{14-32-4}$$

である．ここで，(14-32-4) 右辺の第 1, 2, 3 項を一括して，

$$\text{``}\mu^0(\text{Ln}^{3+}, \text{aq})\text{''} = x_9 \cdot \mu^0_{\text{nona}} + x_8 \cdot \mu^0_{\text{octa}} + RT\ln[(x_9)^{x_9} \cdot (x_8)^{x_8}] \tag{14-32-5}$$

と表現すれば，(14-32-1) は，

$$\mu(\text{Ln}^{3+}, \text{aq}) = \text{``}\mu^0(\text{Ln}^{3+}, \text{aq})\text{''} + RT\ln[\gamma(\text{Ln}^{3+}, \text{aq}) \cdot m^*(\text{Ln}^{3+}, \text{aq})] \tag{14-32-6}$$

となり，形式的には，化学ポテンシャルの表現式となる．ただし，(14-32-5) の "$\mu^0(\text{Ln}^{3+}, \text{aq})$" は明らかに組成依存性を持つので，単一種に対する通常の標準化学ポテンシャル（μ^0）と理解してはいけない．しかしながら，実験結果は，(14-32-6) を念頭に，$\gamma(\text{Ln}^{3+}, \text{aq}) \to 0$ の理想希薄溶液基準のもとで $m^*(\text{Ln}^{3+}, \text{aq}) = 1$ (mol/kg) とする場合の $\mu(\text{Ln}^{3+}, \text{aq}) = $ "$\mu^0(\text{Ln}^{3+}, \text{aq})$" を前提としている．ゆえに，実験結果は (14-32-5) 右辺の値と理解すべきである．これは，(14-31-1) の右辺の最後に，$m^*(\text{Ln}^{3+}, \text{aq})[= 1$ (mol/kg)] を付け加えた理由でもある．

水和状態変化を直接表現した (14-30-1) と (14-30-2) から $\text{LnCl}_3 \cdot 6\text{H}_2\text{O}(c)$ の溶解の式を求めるには，$x_9 \cdot$(14-30-1)$+ x_8 \cdot$(14-30-2) を作れば良い．$x_9 + x_8 = 1$ より，

$$\text{LnCl}_3 \cdot 6\text{H}_2\text{O}(c) + (x_9 + 2)\text{H}_2\text{O}(l) = x_9 \cdot [\text{Ln}(\text{H}_2\text{O})_9]^{3+}(\text{aq}) + x_8 \cdot [\text{Ln}(\text{H}_2\text{O})_8]^{3+}(\text{aq}) + 3\text{Cl}^-(\text{aq}) \tag{14-32-7}$$

となる．軽 Ln 系列にはこの式が必要で，その溶解反応の ΔG_s は，

$$\Delta G_s = x_9 \cdot \mu_{\text{nona}} + x_8 \cdot \mu_{\text{octa}} + 3\mu(\text{Cl}^-, \text{aq}) - (x_9 + 2)\mu_w - \mu(\text{LnCl}_3 \cdot 6\text{H}_2\text{O}, c) \tag{14-32-8}$$

となる．$x_9 \cdot \mu_{\text{nona}} + x_8 \cdot \mu_{\text{octa}}$ に対する (14-31-1)～(14-32-6) の議論からすると，実験値として報告されている値は，上付きの "0" をその現実化学種の標準化学ポテンシャルとして，

$$\Delta G_s(\text{obs}) = x_9 \cdot \mu^0_{\text{nona}} + x_8 \cdot \mu^0_{\text{octa}} + RT\ln[(x_9)^{x_9} \cdot (x_8)^{x_8}] + 3\mu^0(\text{Cl}^-, \text{aq})$$
$$- (x_9 + 2)\mu^0_w - \mu^0(\text{LnCl}_3 \cdot 6\text{H}_2\text{O}, c) \tag{14-32-9}$$

である．

一方，重 Ln 系列は (14-30-2) で表現され，これは (14-32-9) で $x_9 = 0$，$x_8 = 1$ とした結果である．その ΔG_s を $\Delta G_s(\text{oct})$ と表記し，重 Ln 系列から軽 Ln 系列に外挿して求めた値も含めて，これで表現すると，

$$\Delta G_s(\text{oct}) = \mu^0_{\text{octa}} + 3\mu^0(\text{Cl}^-, \text{aq}) - 2\mu^0_w - \mu^0(\text{LnCl}_3 \cdot 6\text{H}_2\text{O}, c) \tag{14-32-10}$$

である．ここでの化学種はすべて単一化学種だから，標準化学ポテンシャル μ^0 の一次結合で表現できる．したがって，13-3 節で求めた ΔG^*_h は $\{\Delta G_s(\text{obs}) - \Delta G_s(\text{oct})\}$ に他ならない．すなわち，

$$\Delta G^*_h \equiv \Delta G_s(\text{obs}) - G_s(\text{oct})$$
$$= x_9 \cdot \mu^0_{\text{nona}} + x_8 \cdot \mu^0_{\text{octa}} + RT\ln[(x_9)^{x_9} \cdot (x_8)^{x_8}] - \mu^0_{\text{octa}} - x_9 \cdot \mu^0_w$$
$$= -x_9 \cdot \{\mu^0_{\text{octa}} + \mu^0_w - \mu^0_{\text{nona}}\} + RT\ln[(x_9)^{x_9} \cdot (x_8)^{x_8}] \tag{14-33-1}$$

である．この右辺は，以下に記すように，すべて，(14-29) の水和状態変化反応の $\Delta G^0_{\text{hc}} = \{\mu^0_{\text{octa}} + \mu^0_w - \mu^0_{\text{nona}}\}$ で近似的に与えられる．(14-29) の水和状態変化反応の平衡条件から，

$$\Delta G^0_{\text{hc}} = \{\mu^0_{\text{octa}} + \mu^0_w - \mu^0_{\text{nona}}\} = -RT\ln\left(\frac{a_{\text{oct}} \cdot a_w}{a_{\text{nona}}}\right)$$

である．この右辺は，(14-32-3) で $\gamma(\text{Ln}^{3+}, \text{aq}) \approx 1$，$m^*(\text{Ln}^{3+}, \text{aq}) = 1$ (mol/kg) の場合を考え，さらに，$a_w \approx 1$ と近似して，

$$-RT\ln\left(\frac{a_{\text{oct}} \cdot a_w}{a_{\text{nona}}}\right) \approx -RT\ln\left(\frac{x_9}{x_8}\right) \tag{14-33-2}$$

とできる．ゆえに，
$$\Delta G_{hc}^0 = \{\mu_{octa}^0 + \mu_w^0 - \mu_{nona}^0\} \approx -RT\ln[x_9/(1-x_9)]$$
となり，これは，$\exp[-\Delta G_{hc}^0/(RT)] = x_9/(1-x_9)$ のことだから，
$$x_9 = \{1 + \exp[-\Delta G_{hc}^0/(RT)]\}/\exp[-\Delta G_{hc}^0/(RT)] = 1-x_8 \tag{14-33-3}$$
である．ΔG_{hc}^0 を与えれば，$x_9 (=1-x_8)$ が決まる．ゆえに，
$$\Delta G_h^* = \Delta G_s(\text{obs}) - \Delta G_s(\text{oct}) = -x_9 \cdot \Delta G_{hc}^0 + RT\ln[(x_9)^{x_9} \cdot (1-x_9)^{(1-x_9)}] \tag{14-34-1}$$
であり，この右辺は (14-33-3) を使い，ΔG_{hc}^0 だけで表現できる．右辺第 2 項は，$[\text{Ln}(H_2O)_8]^{3+}(aq)$ と $[\text{Ln}(H_2O)_9]^{3+}(aq)$ が共存することによる混合のエントロピーに由来する．この混合とは，採用している仮定からもわかるように，理想的混合を意味する．$\Delta G_{hc}^0 = \Delta H_{hc}^0 - T\Delta S_{hc}^0$ なので，(14-34-1) は
$$\Delta G_h^* = -x_9 \cdot (\Delta H_{hc}^0 - T\Delta S_{hc}^0) + RT\ln[(x_9)^{x_9} \cdot (1-x_9)^{(1-x_9)}]$$
$$= -x_9 \cdot \Delta H_{hc}^0 - T\{(-x_9) \cdot \Delta S_{hc}^0 - R\ln[(x_9)^{x_9} \cdot (1-x_9)^{(1-x_9)}]\}$$
となるが，13-3 節では，$\Delta G_h^* = \Delta H_h^* - T\Delta S_h^*$ としているので，
$$\Delta H_h^* = -x_9 \cdot \Delta H_{hc}^0 \tag{14-34-2}$$
$$\Delta S_h^* = -x_9 \cdot \Delta S_{hc}^0 - R\ln[(x_9)^{x_9} \cdot (1-x_9)^{(1-x_9)}] \tag{14-34-3}$$
となる．以上のように，13-3 節で述べた ΔG_h^*，ΔH_h^*，ΔS_h^* は，現実的な二種類の水和 Ln^{3+} イオン，$[\text{Ln}(H_2O)_9]^{3+}$ と $[\text{Ln}(H_2O)_8]^{3+}$ 間の水和状態変化反応 (14-29) に対する ΔG_{hc}^0，ΔH_{hc}^0，ΔS_{hc}^0 で表現できる．

表 14-4 に ΔG_h^*，ΔH_h^*，ΔS_h^* と (14-34-1)〜(14-34-3) で整合する ΔG_{hc}^0，ΔH_{hc}^0，ΔS_{hc}^0 の値を掲げる．これらの値は Kawabe et al. (2006a) によるが，そこでの水和状態変化反応式は，(14-29) の逆反応が採用されているので，符号を反対にして表 14-4 に示している．そこでは，Miyakawa et al. (1988) による (14-29) に対する $\Delta G_{hc}^0(\text{Ln}^{3+}, aq)$ の値も，比較のために引用している．また，(14-33-2) から求められる $\text{Ln}^{3+}(\text{oct}, aq)$ の存在度 x_8 の値は，表 14-5 に示す通りである．

表 14-4 の結果からすると，反応 (14-29) に対する ΔS_{hc}^0 は，La〜Gd の平均として，+33 J/mol/K でかなり一定した値である．また，$\Delta G_{hc}^0 \approx 0$ である Pm 付近では $\Delta H_{hc}^0 \approx +10$ (kJ/mol) である．Miyakawa et al. (1988) は，Ln^{3+} イオンの水和エントロピーから，$\text{Ln}^{3+}(\text{nona}, aq) = \text{Ln}^{3+}(\text{oct}, aq) + H_2O(l)$ に対するエントロピー変化として系列全体でほぼ一定の $\Delta S_{hc}^0 = +34$ J/mol/K を報告している．ここでの結果は Miyakawa et al. (1988) の値にほぼ等しい．このように，軽 $\text{Ln}^{3+}(aq)$ 系列における水和状態変化の $\Delta S_{hc}^0 = +33$ J/mol/K，$\Delta H_{hc}^0 = +10$ kJ/mol は，[LnEDTA](aq) の場合の $\Delta\Delta S_r^0 = \Delta S_{hc}^0 \approx +66$ J/mol/K，$\Delta\Delta H_r^0 = \Delta H_{hc}^0 = +20$ kJ/mol に比べ，約半分の値であることは興味深い．この問題は 14-4-3 で再論する．また，表 14-4 に引用した Miyakawa et al. (1988) の ΔG_{hc}^0 の問題は 14-4-4 で詳しく議論する．

軽 $\text{Ln}^{3+}(aq)$ 系列の水和数 n を $n = 9 \cdot x_9 + 8 \cdot x_8$ として表 14-5 の値から求めた結果を，図 14-18 に示す．軽 $\text{Ln}^{3+}(aq)$ 系列における水和数 n の変化パターンは，Habenshuss and Spedding (1979a, b, 1980) が LnCl_3 水溶液の XRD 動径分布から推定した $\text{Ln}^{3+}(aq)$ 水和数変化の傾向とよく対応する．n の値自体も，両者の差は $\Delta n = n(\text{XRD}) - n(\text{Therm.}) \approx 0.2$ 程度で比較的小さく，XRD データが濃厚な LnCl_3 水溶液から得られていることを考えると，この程度の不一致は許容できるだろう．このように，熱力学データと RSPET に基づく軽 $\text{Ln}^{3+}(aq)$ 系列での水和状態変化に関する筆者の推論は，LnCl_3 水溶液の XRD の動径分布からの推定結果と整合的である．

表 14-4 二種類の水和 Ln^{3+} イオン間の水和状態変化反応 (25℃, 1 atm) $[Ln(H_2O)_9]^{3+}(aq) = [Ln(H_2O)_8]^{3+}(aq) + H_2O(l)$ に対する $\Delta G_{hc}^0(Ln^{3+}, aq)$, $\Delta H_{hc}^0(Ln^{3+}, aq)$, $\Delta S_{hc}^0(Ln^{3+}, aq)$ の値*.

Ln^{3+}	Kawabe (1999a), Kawabe et al. (2006a)			Miyakawa et al. (1988)
	$\Delta G_{hc}^0(REE^{3+}, aq)$ (kJ/mol)	$\Delta H_{hc}^0(REE^{3+}, aq)$ (kJ/mol)	$\Delta S_{hc}^0(REE^{3+}, aq)$ (J/mol/K)	$\Delta G_{hc}^0(REE^{3+}, aq)$ (kJ/mol)
La	7.02	17.89	36.46	4.1
Ce	4.96	14.08	30.59	4.1
Pr	3.56	11.70	27.30	3.1
Nd	2.15	10.85	29.18	2.1
Pm	−0.50	9.30	32.87	1.1
Sm	−3.50	6.19	32.50	−0.9
Eu	−6.50	3.50	33.54	−1.9
Gd	−9.20	2.50	39.24	−1.9
Tb	—	—	—	−3.9
Dy	—	—	—	−6.9
Ho	—	—	—	−7.9
Er	—	—	—	−9.9
Tm	—	—	—	−9.9
Yb	—	—	—	−10.9
Lu	—	—	—	−11.9

＊これらの値は，表 13-4 の $\Delta G_h^*(Ln^{3+}, aq)$, $\Delta H_h^*(Ln^{3+}, aq)$, $\Delta S_h^*(Ln^{3+}, aq)$ と整合する (14-29) の「水和状態変化」の推定値で，Kawabe et al. (2006a) による．ただし，Kawabe et al. (2006a) では (14-29) の逆反応を「水和状態変化」の式に採用しているため，符号を反転させた値をここでは掲げている．また，Pm^{3+} に対する値は表 13-4 にはないが，ここでの系列変化から推定している．Miyakawa et al. (1988) による (14-29) に対する $\Delta G_{hc}^0(Ln^{3+}, aq)$ の値も比較のために引用している．

表 14-5 軽 $Ln^{3+}(aq)$ 系列における $[Ln(H_2O)_8]^{3+}(aq)$ の相対存在度 (x_8).

Ln^{3+}	La	Ce	Pr	Nd	Pm	Sm	Eu	Gd
x_8 (%)	5.6	11.9	19.2	29.6	55.0	80.4	93.2	97.6

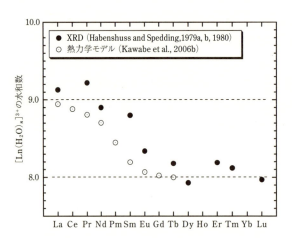

図 14-18 熱力学モデルから求めた軽 $Ln^{3+}(aq)$ 系列の水和数 (Kawabe et al., 2008) と Habenshuss and Spedding (1979a, b, 1980) による XRD から求めた $Ln^{3+}(aq)$ 系列の水和数との比較．

一方，$Ln^{3+}(aq)$ 系列における水和状態変化は熱水条件でどうなるか？ これも重要な問題である．温度上昇と共に，
$[Ln(H_2O)_9]^{3-}(aq) = [Ln(H_2O)_8]^{3-}(aq) + H_2O(l)$
の水和状態変化反応は，右側にシフトし，軽 Ln 系列でも $[Ln(H_2O)_9]^{3-}(aq)$ は $[Ln(H_2O)_8]^{3-}(aq)$ に比して無視できるようになると予想される．詳しくは，飽和水蒸気圧，250℃ 程度までの熱水条件について，Kawabe et al. (2006a) で議論した．ほぼ 200℃ 以上では，$[Ln(H_2O)_9]^{3-}(aq)$ の存在は無視できるとの結果になる．ただし，Kawabe et al. (2006a, b) では，(14-29) の逆反応を「水和状態変化」の式に採用しているので，参照の際には注意が必要である．

14-4-3 [LnEDTA]⁻(aq) 系列での水和状態変化再論

Ln-EDTA(aq) の水和状態変化の反応で $k=2$ なのか，それとも $k=1$ なのかは気になる．しかし，Ln^{3+}(aq) 系列における水和状態変化の $\Delta\Delta S_r^0, \Delta\Delta H_r^0$ の 2 倍だから，$k=2$ とするのは，やはり短絡的であろうというのが結論である．しかし，ここでは，1) EuEDTA(aq) の吸収スペクトル分裂，2) 蛍光スペクトルからの [EuEDTA](aq) や [TbEDTA](aq) の最隣接配位多面体の水分子数（内圏配位の水分子数），3) RSPET 式に依拠する Ln-EDTA(aq) の生成反応熱力学量系列変化の解析結果，を総合してこの問題を再論する（Kawabe, 2013c）．

Geier and Jørgensen (1971) が [LnEDTA](aq) の吸収スペクトルの 580 nm 付近に現れる Eu(III) $^7F_0 \to {}^5D_0$ 遷移に対応する吸収スペクトル分裂の重要性を指摘したことは，既に 14-3-3 で紹介した．この指摘から 24 年後，Graeppi et al. (1995) はこのスペクトル分裂を再度検討した．彼らは，Ln-EDTA 水和結晶の水分子数を参照し，溶存種の水和数変化反応 ($k=1$)

$$[EuEDTA(H_2O)_3]^- = [EuEDTA(H_2O)_2]^- + H_2O \tag{14-35}$$

の平衡を仮定して，スペクトル分裂のプロファイルから二種の Eu 化学種の濃度比を求め，その濃度比を温度（2～80℃）と圧力（0.1～200 MPa）の関数として実験的に記述することで，反応式 (14-35) に対する K_{298}, ΔH_r^0, ΔS_r^0, ΔV_r^0 を求めた．(14-35) の平衡定数は $K_{298} = [EuEDTA(H_2O)_2]^- / [EuEDTA(H_2O)_3]^- = x_2/x_3$ で，水の活量は $a_w = 1$ とし，Eu 化学種の活量係数は相殺されるとしている．x_2/x_3 はスペクトル分裂の形状から推定し，この対数値を $(1/T)$ に対してプロットした時の一次係数が ΔH_r^0，切片が ΔS_r^0，を与える．温度一定での $\ln(x_2/x_3)$ が圧力 P の一次関数となり，その係数から ΔV_r^0 がえられる．これらの値は，

$$K_{298} = 0.59 \pm 0.05, \qquad \Delta H_r^0 = +(17.7 \pm 0.5) \text{ kJ/mol},$$
$$\Delta S_r^0 = +(54.9 \pm 1.6) \text{ J/mol/K}, \quad \Delta V_r^0 = +(13.2 \pm 0.2) \text{ cm}^3/\text{mol}$$

と報告された．$\Delta V_r^0 = +(13.2 \pm 0.2)$ cm³/mol について，液体の水の標準モル体積 18.069 cm³/mol と比べると，これより 30% ほど小さい値である．これは，その分だけ，$V_r^0[Eu(EDTA)(H_2O)_2] - V_r^0[Eu(EDTA)(H_2O)_3] < 0$ であることを意味する．9 配位錯体より 8 配位錯体の方が小さく，合理的な結果である．

一方，Geier et al. (1969) が，Eu(III) $^7F_0 \to {}^5L_6$ 遷移吸収スペクトル分裂の温度依存性から求めた値は，

$$K_{298} = -(0.81 \pm 0.36), \qquad \Delta H_r^0 = +(18.0 \pm 4.2) \text{ kJ/mol},$$
$$\Delta S_r^0 = +(58.6 \pm 12.6) \text{ J/mol/K}$$

である．いずれの結果も筆者が求めた値，$\Delta\Delta H_r^0 = +20$ kJ/mol，$\Delta\Delta S_r^0 \approx +66$ J/mol/K とそれほど異ならない値である．スペクトル分裂の温度依存性のデータからも，$\Delta S_r^0 = +(54.9 \pm 1.6)$，$+(58.6 \pm 12.6)$ J/mol/K と比較的大きな値が得られる．

筆者は，[LnEDTA](aq) の錯体生成反応の熱力学量のデータだけを用い，RSPET 式に依拠して，$\Delta\Delta H_r^0 = +20$ kJ/mol，$\Delta\Delta S_r^0 \approx +66$ J/mol/K を推定した．Graeppi et al. (1995) と Geier et al. (1969) では共存条件に直結するスペクトル分裂の実験値を扱っているのに対し，筆者の依拠したデータはそのようなデータではない．それでもこの程度の一致が認められることは，ここでの筆者の議論が的を射たものであることを意味する．しかし，(14-35) を

$$[EuEDTA(H_2O)_n]^- = [EuEDTA(H_2O)_{n-k}]^- + kH_2O \tag{14-10}$$

に変更しても，水和状態変化反応の解析結果には何の影響もない．Ln-EDTA 錯体の水和状態変化により，何個の水分子が生じるかについての情報は，吸収スペクトル分裂のデータからは直接には得られない．すなわち，吸収スペクトル分裂の温度，圧力依存性を記述するデータからは，(14-10) の n，k の値は直接的には決まらない．これは筆者の議論でも同じである．ただし，水の標準部分モル体積 18.069 cm^3/mol と $\Delta V_r^0 = +(13.2 \pm 0.2)$ cm^3/mol を比べると，$k=2$ よりも $k=1$ の方が妥当であることは理解できる．

(14-10) の n，k の値を知るには，14-3-3 で紹介した Eu(III)，Tb(III) の蛍光スペクトルから推定される水和数が一番直接的な根拠になる．Rizkalla and Choppin (1991) がまとめた値として，

$$\text{Eu(III)EDTA(aq)}: n(\text{H}_2\text{O}) = 2.8 \pm 0.5, \quad \text{Tb(III)EDTA(aq)}: n(\text{H}_2\text{O}) = 2.5 \pm 0.5$$

を記しておいた．また，Horrocks and Sudnick (1979) を訂正した Supkowski and Horrocks (2002) によれば，Eu-EDTA(aq) の場合，改訂式からは，Eu(III)EDTA(aq): $n(\text{H}_2\text{O}) = 2.71 \pm 0.1$ となることも紹介した．多くのデータが報告されているが，[EuEDTA](aq) や [TbEDTA](aq) の最隣接配位多面体の水分子数（内圏配位の水分子数，$n(\text{H}_2\text{O})$）は，$2 < n(\text{H}_2\text{O}) < 3$ であり，これは結果的には，Graeppi et al. (1995) が仮定した反応式 (14-35) の [EuEDTA(H$_2$O)$_2$] と [EuEDTA(H$_2$O)$_3$] に対応する．彼らが報告している Eu(III) の $^7F_0 \to {}^5D_0$ 遷移に対応する吸収スペクトルの分裂からすると，(14-10) で $n=3$，$k=1$ を用いると，標準状態で $n(\text{H}_2\text{O}) = 2.6 \pm 0.1$ となる．二つの化学種が正確に等量存在すれば，$\Delta G_r^0 = 0$ で $n(\text{H}_2\text{O}) = 2.5$ となるが，分裂スペクトルの標準状態での形状（図 14-13）はやや非対称で，Graeppi et al. (1995) の結果からは $n(\text{H}_2\text{O}) = 2.6 \pm 0.1$ となる．これは，上記の蛍光スペクトルからの推定値 $n(\text{H}_2\text{O}) = 2.8 \pm 0.5$，$2.71 \pm 0.1$ と整合性があると言える．ただし，誤差範囲ではあるものの，蛍光スペクトルからの推定値は、それぞれ，0.2，0.1 ほど大きい．

以上のように，少なくとも，[EuEDTA](aq) の吸収スペクトル分裂と蛍光スペクトルからの内圏配位の水分子数は整合的で，Graeppi et al. (1995) が仮定した反応式 (14-35) は，結果的には Eu(III) 蛍光スペクトルから支持できる．したがって，(14-10) の水和状態変化反応では，$n=3$，$k=1$ が合理的であろう．これを採用すると，RSPET 式に依拠する筆者の結果からは，

$$\text{Eu(III)EDTA(aq)}: n(\text{H}_2\text{O}) = 2.5, \quad \text{Tb(III)EDTA(aq)}: n(\text{H}_2\text{O}) = 2.1$$

となる．蛍光スペクトルからの Tb(III)EDTA(aq) に対する推定値 $n(\text{H}_2\text{O}) = 2.5 \pm 0.5$ よりやや小さいが，筆者の推定値 $n(\text{H}_2\text{O}) = 2.1$ は誤差範囲内に入る．

Graeppi et al. (1995) は，Ln-EDTA 水和結晶の水分子数を参照して，溶存種の内圏配位水分子数を $n=3$，$k=1$ と仮定した．しかし，この仮定の置き方自体には筆者は賛同できない．Sakagami et al. (1999) によると，Ln-EDTA 水和結晶，M[LnEDTA(H$_2$O)$_n$]·mH$_2$O，の内圏水分子数 n は，M = Na，K の場合と M = Cs の場合で異なる．Dy-EDTA，Ho-EDTA の水和結晶の場合，M = Na，K の場合は $n=3$（CN=9）が生じ，M = Cs では $n=2$（CN=8）が得られる．すなわち，Ln-EDTA 水和結晶の内圏水分子数は，Ln(III) イオンの種類のみならず，水和結晶系で電荷をバランスする 1 価イオンの違いにも依存する．したがって，Ln-EDTA 水和結晶での内圏水分子数 n の問題を，溶存 Ln-EDTA 錯体の場合に当てはめることは適切ではない．Ln-EDTA 水和結晶と溶存 Ln-EDTA 錯体は，元々，異なる化学種であることは自明である．だから，Graeppi et al. (1995) の採用した analogy には賛同できない．結果的には，蛍光スペクトルから推定できる内圏配位の水分子数 $n(\text{H}_2\text{O})$ と矛盾しない仮定になっているものの，このような analogy に依拠して議論を

展開する立場を筆者は支持できない．(14-10) では，$n=3$，$k=1$ として考えるのが適切と結論できるが，もう少し詳しい議論は Kawabe (2013c) に譲る．

14-4-4　Ce^{3+}(aq) の水和数と Ce^{3+} 水溶液の紫外吸収スペクトル

話をまた Ln^{3+}(aq) 系列に戻し，Ce^{3+} 水溶液の紫外吸収スペクトルの議論を補足する．Ln^{3+}(aq) の水和数は $n=8 \cdot x_8 + 9 \cdot (1-x_8)$ で与えられる．La^{3+}(aq)，Ce^{3+}(aq) においても，$n=8.94$ (La)，8.88 (Ce) であり，$n=9.0$ ではない．X線や中性子線回折のデータからは La^{3+}(aq)，Ce^{3+}(aq) ではおおむね $n=9$ であろうとの結論が得られているが，回折データから水和数に対する二桁以上の有効数字を期待するのは困難であろう．一方，Ce^{3+} 水溶液の紫外領域の吸収スペクトルには5本の吸収バンドが知られており，$4f \rightarrow 5d$ の吸収バンドであると考えられている．この吸収スペクトルの帰属から Ce^{3+}(aq) における水和状態に関する議論がなされている．Jørgensen and Brinen (1963) は，強い吸収バンドは $[Ce(H_2O)_9]^{3+}$(aq) の $4f \rightarrow 5d$ 遷移に対応するが，33,700 cm^{-1} の弱い吸収バンドは少量存在する $[Ce(H_2O)_8]^{3+}$(aq) の $4f \rightarrow 5d$ 吸収バンドではないかと指摘している．Miyakawa et al. (1988) は，Ce^{3+} を添加した $LaES_3 \cdot 9H_2O$ 単結晶の吸収スペクトルには，確かに Ce^{3+} の5本の $4f \rightarrow 5d$ の吸収バンドがあることを確認したうえで，Ce(III)ES₃ 水溶液を用いてこの 33,700 cm^{-1} の弱い吸収バンドを含む紫外吸収スペクトルの温度依存性 (5〜55℃) を調べ，Jørgensen and Brinen (1963) らの指摘を支持する結論を報告している．彼らは 25℃における

$$[Ce(H_2O)_9]^{3+}(aq) = [Ce(H_2O)_8]^{3+}(aq) + H_2O(l) \qquad (14\text{-}36)$$

に対して，$\Delta\Delta G_r^0 \approx +3$ kJ/mol を推定し，水和エンタルピーと水和エントロピーの温度依存性を無視すれば，$\Delta\Delta H_r^0 \approx +13$ kJ/mol，$\Delta\Delta S_r^0 \approx +33$ J/mol/K であるとしている．すなわち，Ce^{3+} 水溶液の紫外領域吸収スペクトルからすると，Ce^{3+}(aq) の実体は $[Ce(H_2O)_9]^{3+}$(aq) に少量の $[Ce(H_2O)_8]^{3+}$(aq) が混ざったものとの結論がえられる．X線や中性子線回折データからの水和数の議論よりも細かな議論ができる．Laureczy and Merbach (1988) は，この紫外吸収スペクトルの圧力依存性を調べ，(14-36) での $[Ce(H_2O)_9]^{3+}$(aq) の水和状態変化反応に対し，$\Delta V_r^0 = +10.9$ cm^3/mol を報告している．

一方，Miyakawa et al. (1988) は，$[Ln(H_2O)_9]^{3+}$(aq)，$[Ln(H_2O)_8]^{3+}$(aq) の配位多面体モデルを用いて静電結合エネルギーを求め，Born の水和エンタルピー等から，$[Ln(H_2O)_9]^{3+}$(aq)，$[Ln(H_2O)_8]^{3+}$(aq) の水和エンタルピー，水和エントロピーを求めている．そして，両者の差から，

$$[Ln(H_2O)_9]^{3+}(aq) = [Ln(H_2O)_8]^{3+}(aq) + H_2O(l)$$

に対する $\Delta\Delta G_r^0$ を推定している．彼らの結果によると，Ce の場合 $\Delta\Delta G_r^0(Ce) \approx +5$ kJ/mol，$\Delta\Delta H_r^0(Ce) \approx +15$ kJ/mol，$\Delta\Delta S_r^0(Ce) \approx +34$ J/mol/K となっている．四組効果に着目した筆者の解析結果 (表 14-4) では，$\Delta\Delta G_r^0(Ce) \approx +5.0$ kJ/mol，$\Delta\Delta H_r^0(Ce) \approx +14.1$ kJ/mol，$\Delta\Delta S_r^0(Ce) \approx +30.6$ J/mol/K であり，Miyakawa et al. (1988) の Ce^{3+}(aq) に対する二つの推定値セットとおおむね合致する．Miyakawa et al. (1988) は四組効果については何も考えず，水和エンタルピーを求めるためにもっぱら静電結合エネルギーの古典論的計算に努力を払った結果として上記の一つの結果を得ている．彼らのもう一方の結果は，上記のように Ce(III)ES₃ 水溶液の紫外吸収スペクトルの温度依存性から推定されたものである．これに対し，筆者は，水和エンタルピー，水和エントロピー，$[Ce(H_2O)_9]^{3+}$(aq) の $4f \rightarrow 5d$ バンドについては何も考えず，もっぱら，$LnCl_3 \cdot 6H_2O(c) = Ln^{3+}$

(aq) + 3Cl$^-$(aq) + 6H$_2$O(l) などの反応に対する熱力学量の系列変化を RSPET を念頭に置き検討した．検討方法は異なるにもかかわらず，少なくとも Ce^{3+}(aq) における水和状態変化の熱力学的パラメーターとしてほぼ同じ値が推定されていることに驚かされる．

ただし，Miyakawa et al. (1988) による Ce^{3+}(aq) 以外の Ln$^+$(aq) に対する $\Delta\Delta G_r^0 = \Delta G_{hc}^0$，とりわけ，中～重 Ln$^+$(aq) の $\Delta\Delta G_r^0 = \Delta G_{hc}^0$ に対する結果は支持できない．彼らの値 (表 14-4) を採用すると，中～重 Ln$^+$(aq) でも水和状態変化が無視できないことになり，これは，明らかに，Habenschuss and Spedding (1979a, b, 1980) をはじめとする Ln(III) 塩水溶液の XRD などのデータと矛盾する．Kawabe et al. (2006a, b) で指摘したように，Miyakawa et al. (1988) では，[Ln(H$_2$O)$_9$]$^{3+}$(aq) と [Ln(H$_2$O)$_8$]$^{3+}$(aq) に対する静電結合エネルギーを使っており，そこでは四組効果を無視した Ln-H$_2$O 距離の系列変化を前提にしているので，その計算法の根拠に問題がある．また，[Ln(H$_2$O)$_9$]$^{3+}$(aq) と [Ln(H$_2$O)$_8$]$^{3+}$(aq) に対する非常に大きな静電結合エネルギーの差を求めるので，その差の値の信憑性に問題が生じる．Ce^{3+}(aq) についてはスペクトル・データによるため，この問題点は事実上克服されているが，中～重 Ln$^+$(aq) ではそのような保証はない．

以上のように，Ln^{3+}(aq)，Ln-EDTA(aq) 系列の水和状態変化は，四組効果に注目し，これらの配位子交換反応の熱力学量の系列変化を注意深く解析することによっても明確にできる．吸収スペクトルや配位状態に関する X 線回折データの解釈，水和エンタルピー，水和エントロピーの古典論的理解，などとも矛盾しない結論が得られる．

Rizkalla and Choppin (1991) が紹介しているように，Ln^{3+}(aq)，Ln-EDTA(aq)，その他の Ln(III) キレート錯体系列の水和状態変化に関する研究方法は様々あるが，そこからの解釈も依然として様々である．しかし，熱力学データの従来の解釈に関する限り，次の諸点がこれまでの混乱の原因であることがわかる．

i) 現実溶液が同一軽 Ln(III) の二つの異なる化学種の混合溶液であるにもかかわらず，単一化学種の溶液として取り扱ってきたこと，

ii) Ln-EDTA(aq) やその他の Ln(III) キレート錯体系列の水和状態変化をどう理解するかは，Ln^{3+}(aq) の水和状態変化をどう考えるかにも依存している．Ln^{3+}(aq) に対する解釈の混乱が，Ln(III) キレート錯体系列の水和状態変化の解釈の混乱にさらに拍車をかけることになった，

iii) Ln^{3+}(aq) の水和状態変化の議論に Ln^{3+} イオンの 6 配位半径を持ち込むことも混乱の一因である．Ln^{3+} イオンの 6 配位半径は LnO$_{1.5}$(cub) の化合物では意味があるが，電子雲拡大系列の一端に位置する LnO$_{1.5}$(cub) の原子間距離のパラメーター値を，結合状態が異なる他の Ln(III) 化合物・溶存錯体の議論に無条件に持ち込むことは，無用の混乱の原因となる．

前項で，Graeppi et al. (1995) が，Ln-EDTA 水和結晶の水分子数を参照して，溶存種の内圏配位水分子数を $n=3$, $n=2$ と仮定したこと自体には賛同できないと述べた．結晶と溶存種では存在状態は異なるわけだから，本来は，このような安易な類推は最大限避けねばならないはずである．イオン半径の援用とも共通する安易な類推と言える．

以上の教訓，特に，ii) と iii) の重要性をさらに明確にするとともに，Ln^{3+}(aq) に対する解釈の混乱を払拭するために，標準状態における Ln^{3+}(aq) の部分モル・エントロピー，$\bar{S}_{298}^0$(Ln^{3+}, aq)，の値について次節で検討してみる．

14-5 $Ln^{3+}(aq)$ の標準部分モル・エントロピー

$Ln^{3+}(aq)$ の標準部分モル・エントロピーは，通常，$\bar{S}^0_{298}(Ln^{3+}, aq)$ と表記される．25℃，1気圧で $Ln^{3+}(aq)$ の濃度を無限希釈から $m = 1 (mol/kg)$ の単位濃度に外挿した仮想的状態での標準部分モル・エントロピー値である．組成可変である水溶液中の溶存化学種の示量状態量は，部分モル量として考える．そのために「上つきのバー」をつけたり，小文字 s を用いたりして，純物質のモル・エントロピー S^0 と区別する．ここでは表記上の区別はできるだけ省略する．純物質かそれとも溶質成分かで，S^0 と $\bar{S}^0$ の区別はできるからである．溶存する個別イオンの標準部分モル・エントロピーそのものを実験的に決めることは困難であるので，$\bar{S}^0_{298}(H^+, aq) \equiv 0$ の規約（約束）を導入した上で，個別イオンの相対的な標準部分モル・エントロピー値が議論される (Lewis, Randall, Pitzer and Brewer, 1961)．この規約にも注意が必要である（詳しくは第15章で議論する）．

$S^0_{298}(Ln^{3+}, aq)$ は，Hinchey and Cobble (1970), Spedding et al. (1977) にあるように，

$$LnCl_3 \cdot nH_2O(c) = Ln^{3+}(aq) + 3Cl^-(aq) + nH_2O(l) \quad (13\text{-}5)$$

の溶解反応を前提にして，$LnCl_3 \cdot nH_2O$ の溶解反応のエントロピー変化と，$S^0_{298}(LnCl_3 \cdot nH_2O, c)$ の値から決められている．$S^0_{298}(LnCl_3 \cdot nH_2O, c)$ は $LnCl_3 \cdot nH_2O(c)$ の定圧比熱の実験値を (C_P/T) として，熱力学の第三法則に従って，0 K から 298.15 K まで積分して得られる．反応 (13-5) については，13-2節で紹介した．ゆえに，$Ln^{3+}(aq)$ の標準部分モル・エントロピーは

$$S^0_{298}(Ln^{3+}, aq) = \Delta S^0_s + S^0_{298}(LnCl_3 \cdot nH_2O, c) - 3S^0_{298}(Cl^-, aq) - nS^0_{298}(H_2O, l) \quad (14\text{-}37)$$

となる．Spedding et al. (1977) は，$S^0_{298}(H_2O, l) = 69.91\ J/mol/K$，$S^0_{298}(Cl^-, aq) = 56.48\ J/mol/K$ を用い，ΔS^0_s は上記の溶解反応のエントロピー変化だから，

$$\Delta S^0_s = (\Delta H^0_s - \Delta G^0_s)/T \quad (14\text{-}38)$$

として右辺の実験量から決まるとしている．ΔH^0_s は溶解反応の熱量測定から，ΔG^0_s は $\Delta G^0_s = -RT \ln(27 m_s^4 \gamma_\pm^4 a_{ws}^n)$ で溶解度 (m_s) から求められる．$\gamma_\pm, a_{ws}$ は飽和溶液の平均活量係数と水の活量で，これらも実験的に決定できる量である．詳しくは，Spedding et al. (1977) を参照されたい．

図 14-19 は Spedding et al. (1977) が (14-38) に従って求めた $S^0_{298}(Ln^{3+}, aq)$ の値を示す．白三角は，$S^0_{298}(Ln^{3+}, aq) - S^0_{el.}(Ln^{3+}, g) \equiv S^0_{adj}(Ln^{3+}, aq)$ で，$4f$ 電子のエントロピーを除いた値を意味する．$S^0_{298}(Ln^{3+}, aq)$ の $4f$ 電子エントロピーがイオン・ガスの値に等しいと考えれば，$S^0_{adj}(Ln^{3+}, aq)$ は $Ln^{3+}(aq)$ の $4f$ 電子のエントロピー以外の振動，回

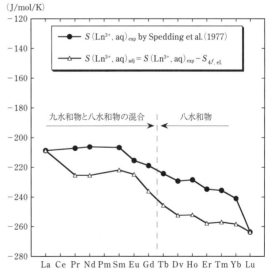

図 14-19 Spedding et al. (1977) による $S^0_{298}(Ln^{3+}, aq)$ と $4f$ 電子のエントロピーを差し引いた $S^0_{adj}(Ln^{3+}, aq)$ の系列変化．$Ln^{3+}(aq)$ の軽 Ln での水和状態変化と $LnCl_3 \cdot nH_2O$ の C_P 実験値の誤差により，系列変化は不規則である．

表 14-6 Spedding et al.（1977）による $S^0_{298}(Ln^{3+}, aq)$ の値.

Ln^{3+}	$S^0_{298}(Ln^{3+}, aq)_{exp}$[a] (J/mol/K)	$S^0_{298}(Ln^{3+}, aq)_{IK}$[b] (J/mol/K)	$S^0_{298}(Ln^{3+}, oct.\ aq)_{IK}$[c] (J/mol/K)	$S^0_{298}(Ln^{3+}, oct.\ aq)_{RS}$[d] (J/mol/K)
La	−208.8	−208.8	−176.1	−181.1
Ce	—	−201.08	−177.1	−175.1
Pr	−207.1	−203.18	−185.1	−182.1
Nd	−206.3	−206.3	−190.8	−188.8
Pm	—	—	—	—
Sm	−206.7	−213.4	−210.5	−208.5
Eu	−215.5	−223.3	−223.0	−221.0
Gd	−218.8	−218.8	−218.8	−218.8
Tb	−224.3	−221.7	−221.7	−221.7
Dy	−229.3	−224.9	−224.9	−224.9
Ho	−228.5	−226.2	−226.2	−227.79
Er	−234.7	−230.4	−230.4	−231.99
Tm	−235.6	−235.8	−235.8	−234.8
Yb	−241.0	−242.5	−242.5	−242.58
Lu	−263.6	−262.1	−262.1	−261.1

a：Spedding et al. (1977).
b：図 14-21 に示した $S^0_{298}(Ln^{3+}, aq)_{IK}$ の値.
c：図 14-21 に示す octahydrate $Ln^{3+}(aq)$ にたいする $S^0_{298}(Ln^{3+}, oct.\ aq)_{IK}$ の値. 図 14-22 のプロット値に用いた値.
d：図 14-22 に示すように，$Ln^{3+}(oct, aq)$ 系列と他の Ln(III) 系列で作る ΔS^0_{298} が改良 RSPET 式を満足するように推定した $S^0_{298}(Ln^{3+}, oct.\ aq)_{RS}$ の値. $S^0_{298}(Ln^{3+}, oct.\ aq)_{IK}$ の値を出発値として, trial and error 法で近似を改善している.

転，並進などの運動に起因するエントロピーの総和となる．ただし，$S^0_{298}(LnCl_3 \cdot nH_2O, c)$ も $S^0_{298}(Ln^{3+}, aq)$ も同形系列ではないため，これらの値を Ln の原子番号に対してプロットしても，滑らかな系列変化とはならない．また，実験値は誤差を含むことが考えられ，そのプロットは概して不規則である（図 14-19）．具体的な値は表 14-6 の a) に引用してある．

Hinchey and Cobble（1970）と同様に，Spedding et al.（1977）も $S^0_{adj}(Ln^{3+}, aq)$ をイオン半径の逆数の二乗に対してプロットして議論している．$S^0_{298}(Ln^{3+}, aq)$ からの $S^0_{adj}(Ln^{3+}, aq)$ は $(1/r)^2$ の一次式で近似でき，Powell-Latimer 則を支持する結果と述べている．しかし Gd〜Lu の領域ではその近似でもよいが，La〜Lu の全範囲にわたって $(1/r)^2$ の一次式とはなっておらず，Nd〜Tb の部分は水和数の変化を反映するものと記している．$S^0_{adj}(Ln^{3+}, aq)$ が $(1/r)^2$ とともに滑らかに変化しない原因は，$S^0_{298}(LnCl_3 \cdot nH_2O, c)$ の実験誤差にあるのではないかと述べ，$LnCl_3 \cdot nH_2O(c)$ の定圧比熱の再測定を行い，$S^0_{298}(LnCl_3 \cdot nH_2O, c)$ の値を再検討することが必要と結論している．図 14-19 のプロットもこれを示唆する．軽 $Ln^{3+}(aq)$ 系列は水和状態変化を含み，これに起因する不規則性は軽 Ln 側に現れる．しかし，図 14-19 の重 Ln 系列データが示すジグザグ状の不規則性は説明できず，Spedding et al.（1977）が述べているように，依拠した $S^0_{298}(LnCl_3 \cdot nH_2O, c)$ の値に問題があると考えざるをえない．

14-5-1　$S^0_{298}(LnCl_3 \cdot nH_2O, c)$ の系統的実験誤差と $S^0_{298}(Ln^{3+}, aq)$

$S^0_{298}(Ln^{3+}, aq) - S^0_{el.}(Ln^{3+}, g) = S^0_{adj}(Ln^{3+}, aq)$ として，4f 電子エントロピーを除いたとしても，$Ln^{3+}(aq)$ 錯体は振動，回転，並進のエントロピーを持つ．$S^0_{adj}(Ln^{3+}, aq)$ の系列変化が滑らかでも，下に凸な小さな四組様変化がそこに含まれていても不思議ではないと筆者は考えるが，このよう

な考え方は，Hinchey and Cobble（1970），Spedding et al.（1977）では採用されていない．また，$S^0_{adj}(Ln^{3+}, aq)$ とイオン半径の逆数の二乗との相関を議論するのはよいとしても，CN=6, 8のイオン半径は酸化物とフッ化物の原子間距離に基づくので，$Ln^{3+}(aq)$ の議論でこれらが一義的重要性を持つとは思えない．そのため，図 14-19 では，横軸値を q（$4f$ 電子数）として，Spedding et al.（1977）の実験値を示した．

13-3 節で求めた $\Delta S^*_h(Ln^{3+}, aq)$ を用いて，実験値に $Ln^{3+}(aq) \to Ln^{3+}(oct, aq)$ の補正を加え，$Ln^{3+}(oct, aq)$ に対する $S^0_{298}(Ln^{3+}, oct, aq)$ を求めれば，軽 $Ln^{3+}(aq)$ 系列の水和状態変化を補正したことになる．さらに，重 Ln 系列データの不規則性を除くためには，$S^0_{298}(LnCl_3 \cdot nH_2O, c)$

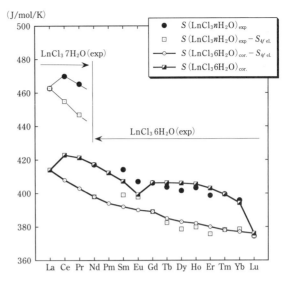

図 14-20 不規則な系列変化を示す $S^0_{298}(LnCl_3 \cdot nH_2O, c)$ の実験データ（黒丸）と $4f$ 電子エントロピーを除いた値（白四角）．推測される Pr, Dy, Er, Sm, Eu の系統誤差は，Spedding et al.（1977）が用いた実験値の不規則さと同一であることがわかる．

の実験誤差も補正する必要がある．前者については既に説明しているので，$S^0_{298}(LnCl_3 \cdot nH_2O, c)$ の実験誤差を検討してみよう．図 14-20 は $S^0_{298}(LnCl_3 \cdot nH_2O, c)$ の系列変化を示す．実験値（黒丸）は不規則変化を示し，系統誤差の存在を強く示唆する．

おおむね適切な $S^0_{298}(LnCl_3 \cdot nH_2O, c)$ の実験値と判断できるのは，La, Nd, Gd, Ho, Tm, Yb に関するものに限られよう．Sm, Eu の系統誤差は正であり，Dy, Er は負の誤差を持つことがわかる．Tb と Lu も小さな負の偏差を含むと思われる．このような修正を考えると，図 14-20 に示すように，$S^0_{adj}(LnCl_3 \cdot 6H_2O, c)$ は滑らかな曲線となり，次の理由から下に凸な小さな八組効果を考えねばならない．Spedding et al.（1977）によれば，$GdCl_3 \cdot 6H_2O(c)$ の溶解反応と $S^0_{298}(GdCl_3 \cdot 6H_2O, c)$ から得られる $S^0_{298}(Gd^{3+}, aq)$ の値は，$Gd(NO_3)_3 \cdot 6H_2O(c)$ を用いて得られる $S^0_{298}(Gd^{3+}, aq)$ の値とよく一致する．したがって，$S^0_{298}(GdCl_3 \cdot nH_2O, c)$ の誤差は充分に小さいとすべきである．ゆえに，$S^0_{adj}(LnCl_3 \cdot 6H_2O, c)$ の系列変化で，Gd と Nd，重 Ln のデータ点を1本の滑らかな曲線で表現することはできない．少なくとも，Gd を交点とする2本の曲線を考えるのが合理的である．

このように考えて図 14-19 での不規則性を除くように，$S^0_{adj}(LnCl_3 \cdot 6H_2O, c)$ の値を修正した結果が，図 14-20 のプロットである．$S^0_{adj}(LnCl_3 \cdot 6H_2O, c)$ の系列変化（白丸の点）は，結果として，$S^0_{298}(LnCl_3 \cdot 7H_2O, c) - S^0_{298}(LnCl_3 \cdot 6H_2O, c) \approx 48$ J/mol/K を与える．一方，13-2 節で考えた反応（13-5）$LnCl_3 \cdot nH_2O(c) = Ln^{3+}(aq) + 3Cl^-(aq) + nH_2O(l)$ で $n=6, 7$ とした二つの系列変化の差は，$LnCl_3 \cdot 7H_2O(c) = LnCl_3 \cdot 6H_2O(c) + H_2O(l)$ のエントロピー変化値を与え，これは $\Delta S = (21 \pm 2)$ J/mol/K と推定できる（13-8）．ゆえに，

$$S^0_{298}(LnCl_3 \cdot 7H_2O, c) - S^0_{298}(LnCl_3 \cdot 6H_2O, c) = S^0_{298}(H_2O, l) - \Delta S = 69.91 - (21 \pm 2) = 49 \pm 2 \text{ (J/mol/K)}$$

となる．この値は図 14-20 での推定値 48（J/mol/K）とほぼ一致する．図 14-19 のプロットからは，$S^0_{298}(PrCl_3 \cdot 7H_2O, c)$ の実験値が -4（J/mol/K）程度の系統誤差をもつことが推定できるが，図

14-20 でもやはり同じ推定結果を得る．(14-37) により $S_{298}^0(\text{Ln}^{3+}, \text{aq})$ を求めるので，$S_{298}^0(\text{LnCl}_3 \cdot n\text{H}_2\text{O}, \text{c})$ の系統誤差がそのまま $S_{298}^0(\text{Ln}^{3+}, \text{aq})$ の系統誤差となる．

14-5-2　$S_{298}^0(\text{Ln}^{3+}, \text{aq})$ 実験値の再検討

以上のようにして求めた $S_{298}^0(\text{Ln}^{3+}, \text{oct. aq})$ を黒丸の点で図 14-21 に示す．これから $4f$ 電子エントロピーを除いた $S_{\text{adj}}^0(\text{Ln}^{3+}, \text{oct. aq})$ の値（白四角），また実験値に対応すべき $S_{298}^0(\text{Ln}^{3+}, \text{aq})$ の値も白三角の点で示す．この結果は，1) 図 14-20 に示した $S_{298}^0(\text{LnCl}_3 \cdot n\text{H}_2\text{O}, \text{c})$ の不規則変化を補正し，2) $\text{Ln}^{3+}(\text{aq}) \to \text{Ln}^{3+}(\text{oct, aq})$ の水和状態変化を補正する，ことで得られている．

この結果を踏まえて，図 14-19 に示した Spedding et al.（1977）の値を再考すると，彼らの値は全体としてそれなりに妥当な結果であることがわかる．すなわち，Pr, Dy, Er の値は 3～4 J/mol/K 程度の負の誤差を持ち，Sm, Eu の値は 7～8 J/mol/K 程度の正の誤差を持つと考えれば，系列変化はそれなりに合理的なものとなる．Pr, Dy, Er の値が負の誤差を持つことは，系列変化のジグザクの形状から推定できる．また，Sm, Eu の値が正の誤差を持つことも次の理由から明らかである．すなわち，実験データは以下の関係にある：

$$S_{298}^0(\text{Sm}^{3+}, \text{aq}) > S_{298}^0(\text{Eu}^{3+}, \text{aq}) > S_{298}^0(\text{Gd}^{3+}, \text{aq})$$
$$S_{\text{adj}}^0(\text{Sm}^{3+}, \text{aq}) \geq S_{\text{adj}}^0(\text{Eu}^{3+}, \text{aq}) > S_{\text{adj}}^0(\text{Gd}^{3+}, \text{aq})$$

しかし，たとえ $S_{\text{adj}}^0(\text{Ln}^{3+}, \text{aq})$ が q（または Z）とともに減少する傾向があるとしても，$S_{\text{el.}}^0(\text{Sm}^{3+}, \text{g}) = 15.23$, $S_{\text{el.}}^0(\text{Eu}^{3+}, \text{g}) = 9.33$, $S_{\text{el.}}^0(\text{Gd}^{3+}, \text{g}) = 17.28$ (J/mol/K) だから，$S_{298}^0(\text{Sm}^{3+}, \text{aq}) > S_{298}^0(\text{Eu}^{3+}, \text{aq}) < S_{298}^0(\text{Gd}^{3+}, \text{aq})$ でなければならない．また，$S_{\text{adj}}^0(\text{Sm}^{3+}, \text{aq})$, $S_{\text{adj}}^0(\text{Eu}^{3+}, \text{aq})$ の値が相互に接近していることも理解に苦しむ実験値である．このように，図 14-19, -20, -21 からは，

(i) Spedding et al.（1977）の実験値に $\text{Ln}^{3+}(\text{aq}) \to \text{Ln}^{3+}(\text{oct, aq})$ の補正を加えれば，その結果は大局的には合理的なものである，

(ii) Pr, Dy, Er, Sm, Eu のデータには無視できない系統誤差が含まれており，これは Spedding et al.（1977）らも指摘しているように，$S_{298}^0(\text{LnCl}_3 \cdot n\text{H}_2\text{O}, \text{c})$ の系統誤差に由来する，

と結論できる．なお，Spedding et al.（1977）の実験値は David（1986）をはじめ他の研究者にも受け入れられている．

図 14-21 に示した $S_{298}^0(\text{Ln}^{3+}, \text{aq})$ と $S_{298}^0(\text{Ln}^{3+}, \text{oct. aq})$ の値は表 14-6 に b), c) として掲げてある．表 14-6 の c) の値 $[S_{298}^0(\text{Ln}^{3+}, \text{oct. aq})_{\text{IK}}]$ を用いて，$S_{298}^0(\text{LnO}_{1.5}, \text{cub})$, $S_{298}^0(\text{Ln(OH)}_3, \text{hex})$, $S_{298}^0(\text{LnF}_3, \text{rhm})$, $S_{298}^0(\text{LnCl}_3, \text{hex})$ との差を求めた結果を図 14-22 に示す．「下に凸な」四組効果は，$S_{298}^0(\text{LnO}_{1.5}, \text{cub})$ と $S_{298}^0(\text{Ln(OH)}_3, \text{hex})$ との差に，そして，「上に凸な」四組様変化は $S_{298}^0(\text{LnF}_3, \text{rhm})$ や $S_{298}^0(\text{LnCl}_3, \text{hex})$ との差に，それぞれ期待される．しかし，そのような系列変化の細かな特徴を図 14-22 に認めることは難しい．$S_{298}^0(\text{Ln}^{3+}, \text{oct. aq})$ 自体が La～Lu の間で約 100 (J/mol/K) 程度の大きな系列変化を示すため，四組効果が含まれていてもこれを図 14-22 で確認するのは容易ではない．

13-7-3 では，$\text{LnO}_{1.5}(\text{cub})$, $\text{LnF}_3(\text{rhm})$, $\text{LnCl}_3(\text{hex})$, $\text{Ln(OH)}_3(\text{hex})$, Ln(III) 金属，$\text{Ln}^{3+}(\text{g})$ の六つの同質同形 Ln(III) 系列を対象に，これらの間の配位子交換反応の ΔH_r と ΔS_r の系列変化をそれぞれ RSPET 式で回帰し，八組，四組効果の係数が ΔH_r と ΔS_r で比例関係にあることを示した．しかし，そこでの Ln(III) 系列は $\text{Ln}^{3+}(\text{oct, aq})$ を含んでいない．これは次の理由による．図 14-21 に

示す $S^0_{adj}(Ln^{3+}, oct. aq)_{IK}$ や図 14-22 の Ln(III) 化合物系列の $S^0_{298}(LnX)$ と $S^0_{298}(Ln^{3+}, oct. aq)_{IK}$ の差を RSPET 式に回帰しても，その平均回帰誤差は $\sigma \approx 3\sim 4$ J/mol/K となり，$Ln^{3+}(oct, aq)$ を除く場合の $\sigma \leq 1$ J/mol/K よりかなり大きい．したがって，$Ln^{3+}(oct, aq)$ と他の Ln(III) 系列の対では，八組，四組効果の信頼できる係数は決まらない．

問題がある $S^0_{298}(Ln^{3+}, aq)$ の値を補正し，大きな誤差は除いたものの，依然として，補正後の $S^0_{298}(Ln^{3+}, oct. aq)$ には $3\sim 4$ J/mol/K 程度の誤差が含まれていると推測される．これを除くには，13-4 節で紹介した trial and error 法を用いる他ない．すなわち，図 14-21 と図 14-22 の結果を出発値として，これらの値を少しずつ修正するために，改良 RSPET 式への最小二乗回帰を繰り返し行い，その中で有効な修正値を見出す方法である．有効な修正値とは，$Ln^{3+}(oct, aq)$ を加えた 7 種の Ln(III) 系列を用いても，13-7-3 と同様な結果を導く $S^0_{298}(Ln^{3+}, oct. aq)$ の値のことである．時間を要する方法ではあるが，最終的には，$LnO_{1.5}$ (cub)，LnF_3 (rhm)，$LnCl_3$ (hex)，$Ln(OH)_3$ (hex)，Ln(III) 金属，$Ln^{3+}(g)$ と $Ln^{3+}(oct, aq)$ の 6 対での S^0_{298} の差の系列変化を，平均誤差 $\sigma \leq 1$ J/mol/K で改良 RSPET 式を満足する $S^0_{298}(Ln^{3+}, oct. aq)$ を求めることができた．表 14-6 の d) に $S^0_{298}(Ln^{3+}, oct. aq)_{RS}$ 値として掲げる．

その結果を用い，図 14-22 に示した四つの同質同形 Ln(III) 化合物系列と $Ln^{3+}(oct, aq)$ 系列の間での S^0_{298} の差の系列変化を再

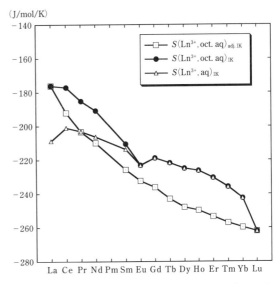

図 14-21 筆者による $S^0_{298}(Ln^{3+}, aq)$ の推定値 $[S(Ln^{3+}, aq)_{IK}]$，$S^0_{298}(Ln^{3+}, oct. aq)$ の推定値 $[S(Ln^{3+}, oct. aq)_{IK}]$，および $4f$ 電子のエントロピーを差し引いた $S^0_{adj}(Ln^{3+}, oct. aq)$ の推定値 $[S(Ln^{3+}, oct. aq)_{adj. IK}]$．

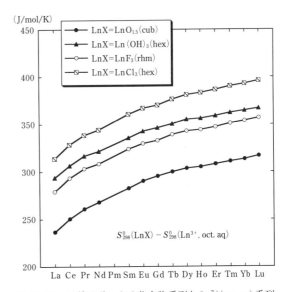

図 14-22 同質同形 Ln(III) 化合物系列と $Ln^{3+}(oct, aq)$ 系列の間での S^0_{298} の差が示す系列変化．

度求めた結果を示すと，図 14-23 のプロットとなる．改良 RSPET 式への回帰平均誤差は $\sigma \leq 1$ J/mol/K であり，上述の「期待される四組効果」も確認できる．Ln(III) 系列と $Ln^{3+}(oct, aq)$ の対としては，これら 4 対の他には，$\{S^0_{298}(Ln, metal) - S^0_{298}(Ln^{3+}, oct. aq)\}$ と $\{S^0_{298}(Ln^{3+}, oct. aq) - S_{el. 298}(Ln^{3+}, g)\}$ の 2 対がある．これら 2 対の系列変化を改良 RSPET 式へ回帰した結果は，第 16 章で議論する S^0_{298} (Ln,metal) とエントロピー四組効果からの電子雲拡大系列と関連させて議論するので，それぞれ，図 16-20 と図 16-3b に示す．

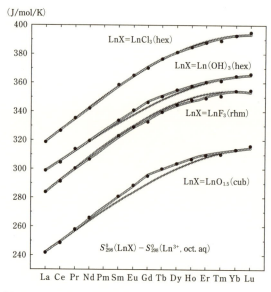

図 14-23 四つの同質同形 Ln(III) 化合物系列と Ln^{3+}(oct, aq) 系列の間での S_{298}^0 の差の系列変化．平均誤差 $\sigma \leq 1$ J/mol/K で改良 RSPET 式を満足する $S_{298}^0(Ln^{3+}, oct, aq)$ の値に基づく．各系列での四組効果の違いが識別できる．

図 14-23 の重要なポイントは，小さな誤差を含む $S_{298}^0(Ln^{3+}, oct. aq)$ のデータも，$LnO_{1.5}$ (cub)，LnF_3 (rhm)，$LnCl_3$ (hex)，$Ln(OH)_3$(hex)，Ln(III) 金属，Ln^{3+}(g) に対する S_{298}^0 値と改良 RSPET 式を活用することで，その不正確さを是正できることである．これは Ln(III) 系列対での配位子交換反応の ΔH_r と ΔS_r は相互に相似な四組効果を示し，それらは比例関係にあるとの理解につながっている．詳しくは第 16 章で改めて議論したい．

$S_{298}^0(LnCl_3 \cdot nH_2O, c)$ の実験値に問題があるとした Spedding et al.（1977）の指摘は正しかった．しかし，もし，彼らが用いた $S_{298}^0(LnCl_3 \cdot nH_2O, c)$ のデータをもう少し検討してみれば，この問題はもっと以前に解決できたかもしれない．障害は，イオン半径の逆数の二乗との相関問題を放棄できなかったことにあったのではないか？　本来は説明変数ではないイオン半径を議論に持ち込んでいることが，問題の解決にブレーキをかけてしまったように思う．もう一つの障害は，Ln^{3+}(aq) → Ln^{3+}(oct, aq) の構造変化を熱力学問題として定式化しなかったことである．これにもイオン半径が絡んでいる．

Ln^{3+}(aq) の熱力学量などをイオン半径に対してプロットすると S 字状の相関関係となることが，Ln^{3+}(nona,aq) → Ln^{3+}(oct, aq) の証拠であると，永年にわたって Spedding は主張してきた．$LnCl_3$ 水溶液の X 線回折データから Ln^{3+}(aq) 系列の水和数変化を論じた Habenschuss and Spedding（1980）の論文でも，水和数はイオン半径に対してプロットされている．Ln^{3+}(aq) の物理化学的測定量をイオン半径の系列変化から考えることは，Spedding の信念であったのだろう．Spedding のグループが希土類元素の化学に対し多大の貢献をされたことは，誠に敬服に値する．しかし，筆者は，実験的成果そのものと Spedding の「イオン半径に対する信念」とは区別して考えたい．

$S_{298}^0(Ln^{3+}, aq) - S_{el.}^0(Ln^{3+}, g) = S_{adj}^0(Ln^{3+}, aq)$ を，Habenschuss and Spedding（1980）が $LnCl_3$ 水溶液の X 線回折データから求めた Ln^{3+}-OH_2 距離の逆数に対してプロットしてみることは意味がある．イオン半径ではなく，$LnCl_3$ 水溶液での Ln^{3+}-OH_2 距離は Ln^{3+}(aq) 系列の水和状態を特徴付ける観測量だからである．その結果が図 14-24 である．$S_{298}^0(Ln^{3+}, aq)$ の値は表 14-6 の b）による．二本の直線的相関線が，Nd，(Pm)，Sm，Eu 部分で S 字状に接続し，その中心はほぼ Nd と Sm の中間の Pm 付近にある．これは Ln^{3+}(aq) 系列の水和状態変化の本質をかなり忠実に反映している．Ln^{3+}-OH_2 距離も $S_{adj}^0(Ln^{3+}, aq)$ も観測量であり，このような「直線的相関の破れ」が水和状態変化に対応する．「独立な観測量の直線的相関とその破れ」として，系列変化の特異性を考えることには積極的な意味がある．Spedding の信念を，「イオン半径」部分を除き，筆者は肯

定的に評価したい．Habenschuss and Spedding (1980) による $LnCl_3$ 水溶液での Ln^{3+}-OH_2 距離のデータも含めて，その後の Ln(III) 水溶液での Ln^{3+}-OH_2 距離，水和数等の実験データは Ohtaki and Radnai (1993) にまとめられている．Gd^{3+}-OH_2 の平均距離の値を除き，Habenschuss and Spedding (1980) のデータの場合と同様の結果となっている．

ところで，図 14-24 の「独立な観測量の直線的相関とその破れ」は単純明解で，実験精度の問題を除けば，誰もがこれに異議を差し挟まないだろう．しかし，「観測量の直線的相関とその破れ」は現象論的事実に過ぎない．「二つの観測量がなぜそのような相関を示すのか？」がより本質的問題である．そのためには，横軸の「Ln^{3+}-OH_2 距離の逆数」が何を表現しているのかも考えねばならない．Ln^{3+}(aq) の水和エンタルピー，水和エントロピーとの関連から考える必要がある．この問題は，次章で議論しよう．

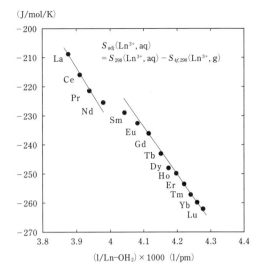

図 14-24 $S^0_{298}(Ln^{3+}, aq)$ から Ln^{3+}(g) の $4f$ 電子エントロピーを差し引いた $S^0_{adj}(Ln^{3+}, aq)$ を Ln(III) 塩化物水溶液での Ln-OH_2 距離の逆数に対してプロットした結果．両者は共に実験的な測定量である．ただし，Ln-OH_2 距離で，Ln = Ce, Gd, Ho, Yb については，内挿による推定値．もし Pm の値があれば，Nd と Sm の間に入る．$S^0_{298}(Ln^{3+}, aq)$ の値は表 14-6 の b) を使用．

第15章

Ln³⁺ イオンの水和エンタルピーと水和エントロピー

イオンの水和エンタルピー，水和エントロピーについては，13-3 節で Ln^{3+}(aq) 系列における水和状態変化を議論した際に少し述べた．ここではやや詳しくこの問題について考える．この種の議論のためには，水素イオン規約 (ΔG_f^0(H^+, aq)$\equiv$0) に基づくイオンの「（便宜的）水和エンタルピー $\Delta \bar{H}^0_{conv.\,hyd}$」と「（絶対的）水和エンタルピー $\Delta \bar{H}^0_{hyd}$」の区別，$\bar{S}^0$(H^+, aq)$\equiv$0 の規約に基づく溶存イオンの「（便宜的）標準部分モル・エントロピー $\bar{S}^0_{conv.}$」と，このような規約と無関係である「（絶対的）標準部分モル・エントロピー $\bar{S}^0$」の区別，が重要である．これらの区別を明確にした後に，Ln^{3+} イオンの水和エンタルピーと水和エントロピーの問題を議論し，その後に「Ln^{3+}-OH_2 距離の逆数」との関連を考えよう．

15-1 水和エンタルピー

Ln^{3+} イオンを例に，陽イオンの水和エンタルピーについてまず考える．Ln 金属を酸で溶かし，Ln^{3+}(aq) を作る反応は，Ln^{3+}(aq) の標準生成（部分モル）エンタルピー $\Delta \bar{H}_f^0$ を定義する反応であり，この値は熱量測定により実験的に定めることができる．また，水素基準電極に対する平衡電位から $\Delta \bar{G}_f^0$ が決まり，その温度依存性 $\partial(\Delta \bar{G}_f^0/T)/\partial T = -\Delta \bar{H}_f^0/T^2$ から，$\Delta \bar{H}_f^0$ を求めると理解してもよい（以後はしばらく部分モル量を表す上つきバーを省略する）．反応式は

$$Ln(c) + 3H^+(aq) = Ln^{3+}(aq) + (3/2)H_2(g) : \Delta H_f^0(Ln^{3+}, aq) \quad (15\text{-}1)$$

である．この反応は Ln^{3+} イオンの水和エンタルピーを含む以下のいくつかの反応の和で表現できる：

$$Ln(c) = Ln(g) \quad : \Delta H_f^0(Ln, g) = \Delta H_v(Ln) \quad (15\text{-}2)$$

$$Ln(g) = Ln^{3+}(g) + 3e^- \quad : \sum_{i=1}^{3} I_i(Ln) \quad (15\text{-}3)$$

$$Ln^{3+}(g) = Ln^{3+}(aq) \quad : \Delta H_{hyd}(Ln^{3+}) \quad (15\text{-}4)$$

$$3H^+(aq) = 3H^+(g) \quad : -3\Delta H_{hyd}(H^+) \quad (15\text{-}5)$$

$$3H^+(g) + 3e^- = 3H(g) \quad : -3I(H) \quad (15\text{-}6)$$

$$+)\quad 3H(g) = (3/2)H_2(g) \quad : -3\Delta H_f^0(H, g) \quad (15\text{-}7)$$

$$\overline{Ln(c) + 3H^+(aq) = Ln^{3+}(aq) + (3/2)H_2(g) : \Delta H_f^0(Ln^{3+}, aq)} \quad (15\text{-}1)$$

(15-2)～(15-7) をすべて加えた結果は (15-1) に一致する．(15-2) はランタニド金属がランタニド原子蒸気になる反応で，蒸発熱の定義反応であり，同時に，ランタニド原子蒸気の標準生成エン

タルピーでもある．(15-3) はランタニド（原子蒸気）が Ln^{3+} イオンになるまでのイオン化エネルギーの和である．これらは，格子エネルギー（10-4 節）の項で述べた．(15-4) は Ln^{3+} イオンの水和エンタルピーの定義反応である．イオン・ガスが水溶液中の溶存イオンとなる反応である．同様に，(15-5) は H^+ イオンの水和エンタルピーの定義反応の逆反応である．(15-6) は原子状 $H(g)$ のイオン化の逆反応，(15-7) は水素原子の標準生成エンタルピーで水素分子の原子への解離反応の逆反応でもある．したがって，状態量であるエンタルピー変化では，

$$\Delta H_f^0(Ln^{3+}, aq) = \Delta H_v(Ln) + \sum_{i=1}^{3} I_i(Ln) + \Delta H_{hyd}(Ln^{3+}) - 3\Delta H_{hyd}(H^+) - 3I(H) - 3\Delta H_f^0(H, g) \quad (15\text{-}8)$$

が成り立つ．これを書き直せば，Ln^{3+} イオンの水和エンタルピーと H^+ イオンの水和エンタルピーの差は，

$$\Delta H_{hyd}(Ln^{3+}) - 3\Delta H_{hyd}(H^+) = \Delta H_f^0(Ln^{3+}, aq) - \Delta H_v(Ln) - \sum_{i=1}^{3} I_i(Ln) + 3I(H) + 3\Delta H_f^0(H, g) \quad (15\text{-}9)$$

である．右辺側はすべて実験量なので，$\Delta H_{hyd}(Ln^{3+}) - 3\Delta H_{hyd}(H^+)$ の値を決めることができる．最後の 2 項に関しては，$I(H) = 1312.0\,(kJ/mol)$，$2\Delta H_f^0(H, g) = D(H_2) = 432.1\,(kJ/mol)$ である．また，$I(H) + \Delta H_f^0(H, g) = 1528.0\,(kJ/mol)$ である．$\Delta H_{hyd}(Ln^{3+}) - 3\Delta H_{hyd}(H^+)$ は，Ln^{3+} イオン・ガスの「便宜的規約の (conventional) 水和エンタルピー」$\Delta H_{conv.\,hyd}(Ln^{3+})$ と呼ばれる．すなわち，

$$\Delta H_{conv.\,hyd}(Ln^{3+}) \equiv \Delta H_{hyd}(Ln^{3+}) - 3\Delta H_{hyd}(H^+) \quad (15\text{-}10)$$

である．これに対し $\Delta H_{hyd}(Ln^{3+})$，$\Delta H_{hyd}(H^+)$ は，規約とは無関係の「絶対的な (absolute) 水和エンタルピー」であるので，これを明示するために，

$$\Delta H_{abs.\,hyd}(Ln^{3+}), \quad \Delta H_{abs.\,hyd}(H^+)$$

と表記することもある．

「便宜的規約の水和エンタルピー」と「絶対的な水和エンタルピー」の二つの用語が使われる理由は，(15-1) の実験値 $\Delta H_f^0(Ln^{3+}, aq)$ にある．$\Delta H_f^0(Ln^{3+}, aq)$ を定義する際に，

「いかなる温度でも，$\Delta G_f^0(H^+, aq) \equiv 0$ と約束し，この結果，$\Delta H_f^0(H^+, aq) \equiv 0$，$\Delta S_f^0(H^+, aq) \equiv 0$ も約束したことになる．」

との熱力学的規約（水素イオン規約）を用いているからである（7-2 節）．実験値そのものは人為的規約と無関係である．しかし，電気的中性の制約から個別イオンの熱力学量を実験的に直接決めることは困難である．そのため，実験値 $\Delta H_f^0(Ln^{3+}, aq)$ の全部あるいは一部を (15-1) の反応にかかわる二つのイオンにどのように割り振るかについては，人為的約束の介在する余地がある．(15-9), (15-10) はこのような事情を表している．もし，割り振りに関する完璧な理論または実験の方法があるのなら，このような人為的約束は不要だが，今の所はない．

Ln^{3+} イオンは陽イオンであったが，陰イオンの水和エンタルピーも同様にして定めることができる．Cl^- イオンを例にすれば

$$(1/2)Cl_2(g) = Cl(g) \quad : (1/2)D(Cl_2)$$
$$Cl(g) + e^- = Cl^-(g) \quad : EA(Cl)$$
$$Cl^-(g) = Cl^-(aq) \quad : \Delta H_{hyd}(Cl^-)$$
$$H^+(g) = H^+(aq) \quad : \Delta H_{hyd}(H^+)$$
$$H(g) = H^+(g) + e^- \quad : I(H)$$
$$+)\quad (1/2)H_2(g) = H(g) \quad : \Delta H_f^0(H, g)$$
$$\overline{(1/2)Cl_2(g) + (1/2)H_2(g) = Cl^-(aq) + H^+(aq) \quad : \Delta H_f^0(Cl^-, aq)}$$

である．したがって，

$$\Delta H_{\mathrm{hyd}}(\mathrm{Cl}^-) + \Delta H_{\mathrm{hyd}}(\mathrm{H}^+) = \Delta H_{\mathrm{f}}^0(\mathrm{Cl}^-, \mathrm{aq}) - (1/2)D(\mathrm{Cl}_2) - EA(\mathrm{Cl}) - I(\mathrm{H}) - \Delta H_{\mathrm{f}}^0(\mathrm{H}, \mathrm{g}) \quad (15\text{-}11)$$

である. $\Delta H_{\mathrm{hyd}}(\mathrm{Cl}^-) + \Delta H_{\mathrm{hyd}}(\mathrm{H}^+)$ が Cl^- イオンの「便宜的規約の水和エンタルピー」であり，(15-11) の右辺の各実験値から決まる．左辺側に $+\Delta H_{\mathrm{hyd}}(\mathrm{H}^+)$ が現れることに注意されたい．Ln^{3+} イオンでは $-3\Delta H_{\mathrm{hyd}}(\mathrm{H}^+)$ であった．

以上の結果は一般の陽イオン，陰イオンの「便宜的規約の水和エンタルピー」$\Delta H_{\mathrm{conv.\ hyd}}(\mathrm{M}^{Z+})$，$\Delta H_{\mathrm{conv.\ hyd}}(\mathrm{X}^{Z-})$ と「絶対的水和エンタルピー」$\Delta H_{\mathrm{hyd}}(\mathrm{M}^{Z+})$，$\Delta H_{\mathrm{hyd}}(\mathrm{X}^{Z-})$ の関係に拡張でき，

$$\Delta H_{\mathrm{conv.\ hyd}}(\mathrm{M}^{Z+}) \equiv \Delta H_{\mathrm{hyd}}(\mathrm{M}^{Z+}) - Z\Delta H_{\mathrm{hyd}}(\mathrm{H}^+),$$
$$\Delta H_{\mathrm{conv.\ hyd}}(\mathrm{X}^{Z-}) \equiv \Delta H_{\mathrm{hyd}}(\mathrm{X}^{Z-}) + Z\Delta H_{\mathrm{hyd}}(\mathrm{H}^+) \quad (15\text{-}12)$$

となる. $\Delta H_{\mathrm{hyd}}(\mathrm{H}^+) \equiv \Delta H_{\mathrm{abs.\ hyd}}(\mathrm{H}^+)$ の値が決まらないと，一般イオンの絶対的水和エンタルピーは決まらない．

Ln^{3+} イオンの「便宜的水和エンタルピー」$\Delta H_{\mathrm{conv.\ hyd}}(\mathrm{Ln}^{3+})$ であれ，絶対的な $\Delta H_{\mathrm{hyd}}(\mathrm{Ln}^{3+})$ であれ，これらの Ln 系列変化の特徴を規定するものは，$\Delta H_{\mathrm{f}}^0(\mathrm{Ln}^{3+}, \mathrm{aq}) - \Delta H_{\mathrm{v}}(\mathrm{Ln}) - \sum I_i(\mathrm{Ln})$ の三つの項である．Ln^{3+} イオンの水和エンタルピーは大きな負の値となるので，$-\Delta H_{\mathrm{conv.\ hyd}}(\mathrm{Ln}^{3+})$ として正の値に直してその系列変化を問題にすれば，$\Delta H_{\mathrm{v}}(\mathrm{Ln}) + \sum I_i(\mathrm{Ln}) - \Delta H_{\mathrm{f}}^0(\mathrm{Ln}^{3+}, \mathrm{aq})$ がその系列変化を決める．これは格子エネルギー（10-4 節）の場合に述べた相対格子エネルギー（相対格子エンタルピー）とまったく同じであり，Ln(III) 化合物の相対格子エネルギー（相対格子エンタルピー）で，ΔH_{f}^0 が $\Delta H_{\mathrm{f}}^0(\mathrm{Ln}^{3+}, \mathrm{aq})$ に置き換わっているだけである．

15-2　$\Delta H_{\mathrm{abs.\ hyd}}(\mathrm{H}^+)$ の値

水素イオン（プロトン）の絶対水和エンタルピー，$\Delta H_{\mathrm{hyd}}(\mathrm{H}^+) \equiv \Delta H_{\mathrm{abs.\ hyd}}(\mathrm{H}^+)$，を決める完璧な理論的・実験的方法はないが，それなりの仮定（モデル）を置き，その値が推定されて来ている (Rosseinsky, 1965; Morris, 1968; Marcus, 1982). ここでは，Halliwell and Nyburg (1963) による「陽イオンと陰イオンの相対水和エンタルピーの差」から $\Delta H_{\mathrm{hyd}}(\mathrm{H}^+) \equiv \Delta H_{\mathrm{abs.\ hyd}}(\mathrm{H}^+)$ を推定する方法を紹介する．この方法は，もう一つの方法と共に，Morris (1968) が議論している．

15-2-1　$(\mathrm{R\text{-}OH}_2)^{-3}$ による $\Delta H_{\mathrm{abs.\ hyd}}(\mathrm{H}^+)$ の値の推定

(15-12) で $Z=1$ として両者の差を取り (1/2) を掛けると，

$$(1/2)\{\Delta H_{\mathrm{conv.\ hyd}}(\mathrm{M}^+) - \Delta H_{\mathrm{conv.\ hyd}}(\mathrm{X}^-)\} = (1/2)\{\Delta H_{\mathrm{hyd}}(\mathrm{M}^+) - \Delta H_{\mathrm{hyd}}(\mathrm{X}^-)\} - \Delta H_{\mathrm{hyd}}(\mathrm{H}^+) \quad (15\text{-}13)$$

となる．一方，アルカリ・ハライド（MX）の結晶をイオン・ガスに変化させ，さらに，これらを水和させることは，図 15-1 に示すように，アルカリ・ハライド（MX）結晶を溶解させる状態変化に等しい．従って，$\mathrm{M}^+(\mathrm{g}) + \mathrm{X}^-(\mathrm{g}) = \mathrm{M}^+(\mathrm{aq}) + \mathrm{X}^-(\mathrm{aq})$ のエンタルピー変化である両イオンの絶対水和エンタルピーの和は，溶解熱から格子エンタルピーを差し引いた値として実験値から求めることができる：

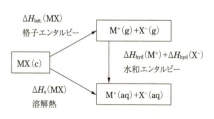

図 15-1　アルカリ・ハライド（MX）結晶の格子エンタルピー，水への溶解熱，水和エンタルピーの関係．

$$\Delta H_{\text{hyd}}(\text{M}^+) + \Delta H_{\text{hyd}}(\text{X}^-) = \Delta H_{\text{s}}(\text{MX}) - \Delta H_{\text{latt.}}(\text{MX}) = \Delta H_{\text{conv. hyd}}(\text{M}^+) + \Delta H_{\text{conv. hyd}}(\text{X}^-)$$

最後の等式は (15-12) で和を取った結果を使っている．ゆえに，$\Delta H_{\text{conv. hyd}}(\text{M}^+)$ を (15-9) に対応する実験量で決めれば，陰イオンの便宜的水和エンタルピーも，

$$\Delta H_{\text{conv. hyd}}(\text{X}^-) = \Delta H_{\text{s}}(\text{MX}) - \Delta H_{\text{latt.}}(\text{MX}) - \Delta H_{\text{conv. hyd}}(\text{M}^+) \tag{15-14}$$

として得られる．(15-13) の左辺は，Buckingham (1957) によれば，R = イオン半径，a = 水分子の有効半径として，

$$(1/2)\{\Delta H_{\text{conv. hyd}}(\text{M}^+) - \Delta H_{\text{conv. hyd}}(\text{X}^-)\} = A + B(R+a)^{-3} + C(R+a)^{-4} \tag{15-15}$$

と表現できる．定数項 A が求めるべき $-\Delta H_{\text{hyd}}(\text{H}^+)$ である．

(15-15) 自体の意味は次のように理解される（Buckingham, 1957）．電荷を持つイオンと永久電気双極子モーメントを持つ溶媒水分子の相互作用の中で，最も重要なものはイオンの電荷と水分子の永久電気双極子間の相互作用（ion-dipole interaction）で，これは $(R+a)^{-2}$ に比例する．しかし，(15-15) では陽イオンと陰イオンの間で差を取っているので，この最大項はキャンセルされて現れないと考える．したがって，$(R+a)^{-3}$ の項が最初で，これはイオンの電荷と水分子の電気四重極子間の相互作用（ion-quadrupole interaction）に対応し，陽イオンと陰イオンの間で差を取っても生き残る項であると考える．次の $(R+a)^{-4}$ の項は，4 面体あるいは 8 面体をなすように複数の水分子が配位することの寄与である．その他の相互作用は重要ではないとして無視する．

図 15-2 は $\Delta H_{\text{conv. hyd}}(\text{M}^+)$ と $-\Delta H_{\text{conv. hyd}}(\text{X}^-)$ の値を $(R+a)^{-3}$ に対してプロットした結果である．$(R+a)$ は MX 水溶液の X 線回折から得られている測定値を用いている．図 15-2 からわかるように，$\Delta H_{\text{conv. hyd}}(\text{M}^+)$ と $-\Delta H_{\text{conv. hyd}}(\text{X}^-)$ のそれぞれを，$(R+a)^{-3}$ に対してプロットすると，R が大きくなるにつれて $(R+a)^{-3}$ の一次式に従う（Morris, 1968）．$\Delta H_{\text{conv. hyd}}(\text{M}^+)$ と $-\Delta H_{\text{conv. hyd}}(\text{X}^-)$ のそれぞれのグラフで，同一の R（図 15-2 の縦の破線）での値を求め，その和の半分を考える．

このようにして，異なる R で得られる「和の半分の値」を (15-15) 右辺の式で回帰し定数 A を求める．配位数を変えても結果に大きな違いはないため，結果として，Morris (1968) は，$\Delta H_{\text{hyd}}(\text{H}^+) = -1103 \pm 13$ (kJ/mol) と推定した．なお，Halliwell and Nyburg (1963)，Morris (1968) は R に結晶イオン半径を用い，a = 水分子の有効半径 (138 pm) としたプロットを用いている．さらに，Buckingham (1957) に従い，「剛体球の充填モデル」から配位数を仮定して係数 B，C に拘束条件を設定している．

これ以外の推定方法については，Morris (1968) や Rosseinsky (1965) およびそこでの文献を参照されたい．一方，Marcus (1982) は，さまざまな方法からの推定値を考慮して，$\Delta H_{\text{hyd}}(\text{H}^+) = -1100 \pm 6$ (kJ/mol) を推奨している．また，Morss (1994) は David (1986) による $\Delta H_{\text{hyd}}(\text{H}^+) = -1114$ (kJ/mol) を採用している．

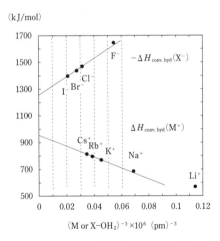

図 15-2 $\Delta H_{\text{conv.hyd}}(\text{M}^+)$ と $-\Delta H_{\text{conv.hyd}}(\text{X}^-)$ のそれぞれの値を，$(R+a)^{-3}$ に対してプロットした結果．ここでの $(R+a)$ の値は MX 水溶液の X 線回折などから得られている M^+-OH_2 距離，X^--OH_2 距離の測定値 (Ohtaki and Radnai, 1993；横山，1995) を用いている．ただし，Rb^+-OH_2 距離は 296 pm と仮定している．両者の和の 1/2 がほぼ 1100 kJ/mol となることがわかる．これが $-\Delta H(\text{H}^+)_{\text{abs.hyd}}$ である．

15-2-2 (R-OH$_2$)の次数の問題

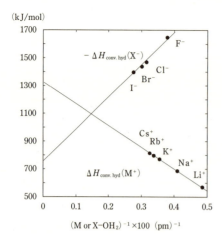

図 15-3 $\Delta H_{\text{conv.hyd}}(\text{M}^+)$ も $\Delta H_{\text{conv.hyd}}(\text{X}^-)$ も (R-OH$_2$)$^{-1}$の一次式で近似できるから,$\Delta H_{\text{hyd}}(\text{H}^+) \equiv \Delta H_{\text{abs.hyd}}(\text{H}^+)$ の値はこれからも推定できる.(R-OH$_2$)の値は図 15-2 と同じ.

現在では,アルカリ・ハライド水溶液における M^+-OH$_2$, X^--OH$_2$ の測定値が報告されているので(Marcus, 1982; Ohtaki and Radnai, 1993),Morris (1968) のように R に結晶イオン半径を用い,$a = 138$ pm と仮定する必要はない.これらの測定値を用いる方が合理的であろう.Ohtaki and Radnai (1993) にまとめられている M^+-OH$_2$ (M = Li, Na, K, Cs), X^--OH$_2$ (X = F, Cl, Br, I) 測定値の平均値(横山,1995)の逆数に対して,$\Delta H_{\text{conv.hyd}}(\text{M}^+)$ と $\Delta H_{\text{conv.hyd}}(\text{X}^-)$ をプロットすると,近似的な直線関係が得られる(図 15-3).$\Delta H_{\text{conv.hyd}}(\text{M}^+)$ の直線近似の平均誤差は 0.1% で大変よい.しかし,$\Delta H_{\text{conv.hyd}}(\text{X}^-)$ では直線回帰の平均誤差は 0.9% と少し悪い.この近似では,$R = \text{M}^+$, X^- として,

$$\Delta H_{\text{conv.hyd}}(\text{M}^+) = A^{(+)} + B^{(+)}\{(\text{R-OH}_2)_{\text{obs}}\}^{-1},$$
$$\Delta H_{\text{conv.hyd}}(\text{X}^-) = A^{(-)} + B^{(-)}\{(\text{R-OH}_2)_{\text{obs}}\}^{-1} \tag{15-16}$$

であるから,この差を取って 2 で割った結果は,(15-13) から,

$$(1/2)\{\Delta H_{\text{conv.hyd}}(\text{M}^+) - \Delta H_{\text{conv.hyd}}(\text{X}^-)\} = (1/2)\{\Delta H_{\text{hyd}}(\text{M}^+) - \Delta H_{\text{hyd}}(\text{X}^-)\} - \Delta H_{\text{hyd}}(\text{H}^+)$$
$$= (1/2)\{A^{(+)} - A^{(-)}\} + (1/2)\{B^{(+)} - B^{(-)}\}\{(\text{R-OH}_2)_{\text{obs}}\}^{-1}$$
$$= A + B\{(\text{R-OH}_2)_{\text{obs}}\}^{-1} \tag{15-17}$$

である.$A = (1/2)(A^{(+)} - A^{(-)}) = -\Delta H_{\text{hyd}}(\text{H}^+)$ だから,$\Delta H_{\text{hyd}}(\text{H}^+) = -1006$ (kJ/mol) を得る.Morris (1968) の $\Delta H_{\text{hyd}}(\text{H}^+) = -1103 \pm 13$ (kJ/mol),Marcus (1982) の $\Delta H_{\text{hyd}}(\text{H}^+) = -1100 \pm 6$ (kJ/mol) とそれほど異ならない値が得られる.

$\Delta H_{\text{conv.hyd}}(\text{M}^+)$ は (R-OH$_2$)$^{-1}$ の一次式により平均誤差 0.1% で近似できるが,$\Delta H_{\text{conv.hyd}}(\text{X}^-)$ の方は 0.9% の平均誤差であり,この近似が非常によいわけではない.しかし,$\Delta H_{\text{conv.hyd}}(\text{X}^-)$ は (R-OH$_2$)$^{-3}$ の一次式を用いると,回帰の平均誤差は 0.2% まで低下する(図 15-2).一方,$\Delta H_{\text{conv.hyd}}(\text{M}^+)$ は (R-OH$_2$)$^{-2}$, (R-OH$_2$)$^{-3}$ の一次式を用いても平均誤差は 1.5% に増加し,近似は改善されない.1価の陽イオンと陰イオンで,最適なべき指数が異なる.アルカリ・ハライド水溶液における M^+-OH$_2$, X^--OH$_2$ の測定値を用いる限り,$\Delta H_{\text{conv.hyd}}(\text{M}^+)$ は (R-OH$_2$)$^{-1}$ の一次式,$\Delta H_{\text{conv.hyd}}(\text{X}^-)$ は (R-OH$_2$)$^{-3}$ の一次式,がよい相関を与える.これを採用すると,$\Delta H_{\text{hyd}}(\text{H}^+) = -1275$ (kJ/mol) となる.$\Delta H_{\text{conv.hyd}}(\text{X}^-)$ を (R-OH$_2$)$^{-3}$ の一次式にするか (R-OH$_2$)$^{-1}$ の一次式にするのかの任意性も含めて,$\Delta H_{\text{conv.hyd}}(\text{M}^+)$ と $\Delta H_{\text{conv.hyd}}(\text{X}^-)$ からの推定値として,

$$\Delta H_{\text{hyd}}(\text{H}^+) = -1140 \, (\pm 140) \, (\text{kJ/mol})$$

を得る.ただし,各イオンの水和数が異なるにもかかわらず,画一的に一次式に当てはめることに意味があるかどうか疑問も生ずる.この疑問は 15-4 節で議論する.

Mg^{2+}, Ca^{2+}, Sr^{2+}, Ba^{2+} の $\Delta H_{\text{conv.hyd}}(\text{M}^{2+})$ と $(\text{M}^{2+}\text{-OH}_2)_{\text{obs}}$ のデータを追加して,同様な議論が可能である.確かに,$\Delta H_{\text{conv.hyd}}(\text{M}^{2+})$ は $1/(\text{M}^{2+}\text{-OH}_2)_{\text{obs}}$ の一次式で近似できるが,回帰平均誤差は約 5% で非常に綺麗な一次式ではない.しかし,上記の推定値 $\Delta H_{\text{hyd}}(\text{H}^+) = -1140 \, (\pm 140)$

(kJ/mol)と矛盾した結果にはならない．

このように $\Delta H_{hyd}(H^+)$ を推定することはできるが，この推定値がどの程度適切かは，仮定の現実性・合理性に依存する．$\Delta H_{hyd}(H^+) \approx -1100$ (kJ/mol) が受け入れられてはいるが，結晶のイオン半径を用いることも仮定の一部となっていることに注意が必要である．いずれにせよ，$\Delta H_{hyd}(H^+) \approx -1100$ (kJ/mol) は大きな負の値であり，水素イオン（プロトン）は水溶液中できわめて安定となる．

15-2-3　Bornの帯電式と水和イオンの状態

(15-17) 左辺が $(R-OH_2)^{-1}$ の一次式で近似できることに関連して，Bornの帯電式 (Rosseinsky, 1965) について述べ，あわせて水和イオンの状態について簡単に議論する．真空中で ze の電荷を持つ半径 r の帯電球を誘電率 ε の媒体（水）に移行させる際のGibbs自由エネルギー変化は，(CGS-静電単位で)

$$\Delta G_B = -\frac{z^2 e^2}{2r}(1-\varepsilon^{-1}) \tag{15-18}$$

であることを Born (1920) は導いた．$(\partial \Delta G/\partial T)_P = -\Delta S$ であるから，

$$\Delta S_B = \frac{z^2 e^2}{2r}(\varepsilon^{-2})\left(\frac{\partial \varepsilon}{\partial T}\right)_P = \frac{z^2 e^2}{2r\varepsilon} \cdot \left(\frac{\partial \ln \varepsilon}{\partial T}\right)_P \tag{15-19}$$

となる．さらに，$\Delta H = \Delta G + T\Delta S$ であるから，

$$\Delta H_B = -\left(\frac{z^2 e^2}{2r}\right) \cdot \left\{(1-\varepsilon^{-1}) - \frac{T}{\varepsilon}\left(\frac{\partial \ln \varepsilon}{\partial T}\right)_P\right\} \tag{15-20}$$

となる．25℃，1気圧の水では $\varepsilon = 78.3$，$(\partial \ln \varepsilon/\partial T)_P = -4.5 \times 10^{-3}$ (1/K) である（鈴木，1980）．ゆえに (15-19) と (15-20) から $\Delta H_B/\Delta S_B = 17.5 \times 10^3$ (K) である．逆比では，$\Delta S_B/\Delta H_B = 0.0571 \times 10^{-3}$ (1/K) である．

しかし，イオンに直接配位した水分子は中心イオンに強く束縛されており，第一水和圏の水分子層が巨視的な水の誘電率 ε を持つとは考えられない．また，第一水和圏の水分子を取り囲む第二水和圏の水分子層においても，通常の水の構造は破壊されており，巨視的な水の誘電率 ε は期待できないであろう．第一水和圏水分子は事実上イオンに固定されており，このような領域の水は"静電気的に寄せ集められ，圧縮された水の層"との意味でelectrostrictionと呼ばれる．したがって，Bornの式 (15-18~-20) は，これを修正したり，別の要因を加味して使用される (Rosseinsky, 1965; Marcus, 1982)．しかし，たとえば，Helgeson and Kirkham (1974, 1976)，Helgeson et al. (1981) は，electrostrictionの形成や溶媒構造の変更はBorn式の問題ではなく，それ自体を別途に定量化すべきであるとしている．この立場から，1000℃，5 kbarまでの電解質塩，個別イオンの部分モル量を求める議論を展開している (Shock and Helgeson, 1988; Shock et al., 1992)．

前項で述べた $(M^+-OH_2)^{-1}$ のべき指数 -1 は，形式的には，格子エネルギー的なイオンとイオンの相互作用エネルギーを示唆する．また，$(X^--OH_2)^{-3}$ のべき指数 -3 は，Morris (1968) の議論を紹介した際に述べたように，陰イオンは水分子の2個のプロトン側に接近し，電気四重極的"分子"を形成していることを示唆する．

一方，水分子と陽イオンの静電相互作用を，イオンの電荷と水分子の永久双極子と誘起双極子

を考慮して，イオン-双極子，双極子-双極子，誘起双極子の生成，閉殻電子の反発のエネルギーとして考える立場がある（Basalo and Pearson, 1967; Ohtaki et al., 1976; Miyakawa et al., 1988）．しかし，これらの各相互作用エネルギーはいずれも $(R-OH_2)^{-1}$ の項を含まない．主要項であるイオン-双極子相互作用は $(R-OH_2)^{-2}$ に比例するエネルギーを与える．これらの静電相互作用項の和に，この"分子"全体を水中に持ち込む際の水和エンタルピー［通常は Born の (15-20) 式を仮定する］，配位する水分子の蒸発熱を加えた総和が，陽イオンの水和エンタルピーに相当する．したがって，この立場からすると，M^+-OH_2 測定値の逆数と $\Delta H_{\text{conv. hyd}}(M^{3+})$ が直線関係を与える事実は，これらすべての項の和が，有限の区間のデータでは，結果的に $(M^+$-$OH_2)^{-1}$ の一次式で近似できると解釈することになる．図 15-2，-3 のプロットから相互作用のタイプを厳格に峻別することはできないことになる．

15-3　水和エントロピーと Sackur-Tetrode 式

Ln^{3+} イオンも含めてイオン一般の水和エントロピーについて考えよう．そのためには，イオン (i) の標準部分モル・エントロピー $\bar{S}^0(i, aq)$ については，「便宜的な $\bar{S}^0_{\text{conv.}}(i, aq)$」と「絶対的な $\bar{S}^0_{\text{abs.}}(i, aq) \equiv \bar{S}^0(i, aq)$」を区別することが重要である．以後の議論では，部分モル・エントロピーを表す「上つきバー」はしばし省略する．まず陽イオンから，

$$M(c) + ZH^+(aq) = M^{Z+}(aq) + (1/2)ZH_2(g) \tag{15-21}$$

これが $\Delta H_f^0(M^{Z+}, aq)$，$\Delta G_f^0(M^{Z+}, aq)$ を定義する反応である．この反応のエントロピー変化は

$$\Delta S_f^0(M^{Z+}, aq) = \{\Delta H_f^0(M^{Z+}, aq) - \Delta G_f^0(M^{Z+}, aq)\}/T$$

であり，熱力学的規約（水素イオン規約）を採用して，実験値から得られる．一方，個別化学種の（部分）モル・エントロピーを用いて，

$$\Delta S_f^0(M^{Z+}, aq) = S^0(M^{Z+}, aq) + (1/2)ZS^0(H_2, g) - S^0(M, c) - ZS^0(H^+, aq)$$

となる．これを書き直せば，

$$S^0(M^{Z+}, aq) - ZS^0(H^+, aq) = \Delta S_f^0(M^{Z+}, aq) - (1/2)ZS^0(H_2, g) + S^0(M, c) \tag{15-22}$$

である．右辺側はすべて測定量である．通常の $S^0(M^{Z+}, aq)$ は左辺側で $S^0(H^+, aq) \equiv 0$ との人為的約束をして，右辺側の値をすべて $S^0(M^{Z+}, aq)$ に割り当てている．これは，便宜的なものであるから，本当は $S^0_{\text{conv.}}(M^{Z+}, aq)$ と書くべきであるが通常 conv. の添字は省略されている．

$$S^0_{\text{conv.}}(M^{Z+}, aq) \equiv S^0(M^{Z+}, aq) - ZS^0(H^+, aq) \tag{15-23}$$

が本来の意味である．

水素イオン規約は，結果として，$\bar{S}_f^0(H^+, aq) \equiv \bar{S}^0(H^+, aq) - (1/2)\bar{S}^0(H_2, g) \equiv 0$ を含むので，$\bar{S}^0(H^+, aq) \equiv (1/2)\bar{S}^0(H_2, g) \neq 0$ を意味する．$T = 25℃$ では $\bar{S}^0_{298}(H^+, aq) = (1/2)\bar{S}^0_{298}(H_2, g) = 65.3$ (J/mol/K) $\neq 0$ である．これは $\bar{S}^0(H^+, aq) \equiv 0$ の規約と矛盾する．しかし，同一反応の ΔS を水素イオン規約系と $\bar{S}^0(H^+, aq) \equiv 0$ の規約系で求めた結果は一致し，矛盾はない．ΔS では差だけが問題となるので，0 の基準が両規約系で不一致であっても問題は生じない．$\bar{S}^0(H^+, aq) \equiv 0$ の規約のもとで決まる $\bar{S}^0$ 値は，常に ΔS にする形で使う．その限りでは，二つの規約系の矛盾は表面化しないことに注意．

陰イオンの場合は，

$$(1/2)X_2(g) + (1/2)ZH_2(g) = X^{Z-}(aq) + ZH^+(aq)$$
$$X(c) + (1/2)ZH_2(g) = X^{Z-}(aq) + ZH^+(aq) \qquad (15\text{-}24)$$

となる．標準状態で指定される安定な元素 X の単体が，塩素やフッ素のように二原子ガスであるか，それとも，硫黄や炭素のように結晶であるかによって，$X^{Z-}(aq)$ の $\Delta H_f^0(X^{Z-}, aq)$, $\Delta G_f^0(X^{Z-}, aq)$ を定義する反応は上記のように異なるが，議論は陽イオンの場合と同じである．単体結晶の場合は，

$$\Delta S_f^0(X^{Z-}, aq) = S^0(X^{Z-}, aq) + ZS^0(H^+, aq) - S^0(X, c) - (1/2)ZS^0(H_2, g)$$

となる．二原子ガスの場合は $S^0(X, c)$ を $(1/2)S^0(X_2, g)$ で置き換えればよい．測定量を右辺に移行すれば，

$$S^0(X^{Z-}, aq) + ZS^0(H^+, aq) = \Delta S_f^0(X^{Z-}, aq) + S^0(X, c) + (1/2)ZS^0(H_2, g)$$

となる．この右辺が通常の $S^0(H^+, aq) \equiv 0$ とした「便宜的な」$S^0(X^{Z-}, aq)$ である：

$$S_{\text{conv.}}^0(X^{Z-}, aq) = S^0(X^{Z-}, aq) + ZS^0(H^+, aq) \qquad (15\text{-}25)$$

陽イオンの

$$S_{\text{conv.}}^0(M^{Z+}, aq) \equiv S^0(M^{Z+}, aq) - ZS^0(H^+, aq) \qquad (15\text{-}23)$$

に対応する．

水和エントロピーは，イオン・ガスを水中に移す状態変化に伴うエントロピー変化である：

$$M^{Z+}(g) = M^{Z+}(aq) : \Delta S_{\text{hyd}}(M^{Z+}) \equiv S^0(M^{Z+}, aq) - S^0(M^{Z+}, g)$$
$$X^{Z-}(g) = X^{Z-}(aq) : \Delta S_{\text{hyd}}(X^{Z-}) \equiv S^0(X^{Z-}, aq) - S^0(X^{Z-}, g) \qquad (15\text{-}26)$$

イオンの水和エントロピーは，水分子に配位された溶存イオンの「絶対的」標準部分モル・エントロピーから同一イオン・ガスの「絶対的」標準モル・エントロピーを差し引いた結果である．ここで重要なのは，単原子ガス，単原子イオン・ガスの「絶対的」エントロピーは，Sackur-Tetrode 式と呼ばれる理論式 (13-22) にイオンの電子状態に起因する電子エントロピー (13-24) を加えた式から計算できることである．

$$S^0(i, g) = R\{(3/2)\ln M_i + (5/2)\ln T - \ln P + \ln Q_{e,i} - 0.5055\} \qquad (15\text{-}27)$$

R は気体定数，M_i はイオン・ガス i の原子質量単位での質量数，P は気圧での圧力値，$Q_{e,i}$ は通常イオン i の基底電子レベルの縮退度を意味し，式 (13-25) の $(2J+1)$ に対応する．Eu^{3+} のように励起レベルへの熱的励起を考慮しなければならない場合は，式 (13-24) のように $\sum_J (2J+1)e^{-\varepsilon_J/kT}$ としなければならない．この (15-27) 式は内部自由度（電子状態の違い）を持つ粒子の並進運動によるエントロピーを表現する．既に 13-8 節で説明したが，統計力学のテキスト，たとえば，Landau and Lifshitz (1980), Mayer and Mayer (1940), 川邊 (2009) などを参照されたい．

溶存イオンの「絶対的」標準部分モル・エントロピーはわからないが，「便宜的」標準部分モル・エントロピーはわかっているので，これを用いて水和エントロピーを表現すれば，

$$\Delta S_{\text{hyd}}(M^{Z+}) \equiv S_{\text{conv.}}^0(M^{Z+}, aq) - S^0(M^{Z+}, g) + ZS^0(H^+, aq),$$
$$\Delta S_{\text{hyd}}(X^{Z-}) \equiv S_{\text{conv.}}^0(X^{Z-}, aq) - S^0(X^{Z-}, g) - ZS^0(H^+, aq)$$

となる．$ZS^0(H^+, aq)$ は未知の定数であるから，左辺に移行して，これを「便宜的な」水和エントロピーとする：

$$\Delta S_{\text{conv. hyd}}(M^{Z+}) \equiv \Delta S_{\text{hyd}}(M^{Z+}) - ZS^0(H^+, aq) = S_{\text{conv.}}^0(M^{Z+}, aq) - S_0(M^{Z+}, g),$$
$$\Delta S_{\text{conv. hyd}}(X^{Z-}) \equiv \Delta S_{\text{hyd}}(X^{Z-}) + ZS^0(H^+, aq) = S_{\text{conv.}}^0(X^{Z-}, aq) - S^0(X^{Z-}, g) \qquad (15\text{-}28)$$

我々が直接議論できるイオンの水和エントロピーは，このような便宜的な相対値である．絶対的

な水和エントロピーを論ずるには，$S^0(\mathrm{H}^+, \mathrm{aq})$を決めねばならない．以上の内容はもちろん$\mathrm{Ln}^{3+}$の水和エントロピーにも当てはまる．

単原子イオン・ガスの絶対エントロピーは理論式から得られるために，イオンの水和エントロピーの議論では，$\bar{S}^0_{\mathrm{conv.}}$と$\bar{S}^0_{\mathrm{abs.}} = \bar{S}^0$が混在してくる．混乱を回避するためには，$\bar{S}^0_{\mathrm{conv.}}$と$\bar{S}^0_{\mathrm{abs.}} = \bar{S}^0$の二つを明確に区別しておく必要がある．その結果として，水和エントロピーも$\Delta S_{\mathrm{conv. hyd}}$と$\Delta S_{\mathrm{hyd}}$が区別される．

(15-28)右辺側はその値がわかっているので，水素イオンの水和エンタルピーを推定した方法と同じようにして，$S^0(\mathrm{H}^+, \mathrm{aq})$を求めることができる．Rosseinsky (1965) はいくつかの推定方法を検討した結果，$\bar{S}^0_{\mathrm{abs.}}(\mathrm{H}^+, \mathrm{aq})$は$-6 \sim -2$ (cal/mol/K)の範囲にあると述べ，

$$\bar{S}^0_{\mathrm{abs.}}(\mathrm{H}^+, \mathrm{aq}) = -5.0 \,(\mathrm{cal/mol/K}) = -21 \,(\mathrm{J/mol/K})$$

を採用している．一方，同様な検討を行った Marcus (1982) は，

$$\bar{S}^0_{\mathrm{abs.}}(\mathrm{H}^+, \mathrm{aq}) = -22.2 \pm 1.3 \,(\mathrm{J/mol/K}),$$

$$\Delta S^0_{\mathrm{abs. hyd}}(\mathrm{H}^+) \equiv \bar{S}^0_{\mathrm{abs.}}(\mathrm{H}^+, \mathrm{aq}) - \bar{S}^0_{\mathrm{abs.}}(\mathrm{H}^+, \mathrm{g}) = -22.2 - 109 = -131 \,(\mathrm{J/mol/K})$$

を推奨している．

前節の$\Delta H_{\mathrm{abs. hyd}}(\mathrm{H}^+, \mathrm{aq})$で議論したように，これまでの値は結晶のイオン半径を用いて推定されている．アルカリ・ハライド水溶液における$\mathrm{M}^+\text{-}\mathrm{OH}_2$，$\mathrm{X}^-\text{-}\mathrm{OH}_2$の測定値を用いて以下のような式：

$$S^0_{\mathrm{conv.}}(\mathrm{M}^{Z+}, \mathrm{aq}) - S^0(\mathrm{M}^{Z+}, \mathrm{g}) = A + B/[(\mathrm{M}\text{-}\mathrm{OH}_2)_{\mathrm{obs}}],$$

$$S^0_{\mathrm{conv.}}(\mathrm{X}^{Z-}, \mathrm{aq}) - S^0(\mathrm{X}^{Z-}, \mathrm{g}) = C + D/[(\mathrm{X}\text{-}\mathrm{OH}_2)_{\mathrm{obs}}]$$

を仮定すると，$\bar{S}^0_{\mathrm{abs.}}(\mathrm{H}^+, \mathrm{aq}) = +36 \,(\mathrm{J/mol/K})$となる．また，

$$S^0_{\mathrm{conv.}}(\mathrm{M}^{Z+}, \mathrm{aq}) - S^0(\mathrm{M}^{Z+}, \mathrm{g}) = A + B/[(\mathrm{M}\text{-}\mathrm{OH}_2)_{\mathrm{obs}}],$$

$$S^0_{\mathrm{conv.}}(\mathrm{X}^{Z-}, \mathrm{aq}) - S^0(\mathrm{X}^{Z-}, \mathrm{g}) = C' + D'/[(\mathrm{X}\text{-}\mathrm{OH}_2)_{\mathrm{obs}}]^3$$

を仮定した場合は，$\bar{S}^0_{\mathrm{abs.}}(\mathrm{H}^+, \mathrm{aq}) = -68 \,(\mathrm{J/mol/K})$となる．この結果は$\bar{S}^0_{\mathrm{abs.}}(\mathrm{H}^+, \mathrm{aq}) = -16 (\pm 52) \,(\mathrm{J/mol/K})$と総括できるが，Rosseinsky (1965) や Marcus (1982) の値に近いとはいえ，Marcus (1982) が述べる程度の正確さで$\bar{S}^0_{\mathrm{abs.}}(\mathrm{H}^+, \mathrm{aq})$が推定できるとの結論にはならない．

15-4 Ln^{3+} イオンの水和とその熱力学量

Ln^{3+}イオンの便宜的および絶対的水和エンタルピーは，(15-9, -10)から，

$$\Delta H_{\mathrm{conv. hyd}}(\mathrm{Ln}^{3+}) \equiv \Delta H_{\mathrm{hyd}}(\mathrm{Ln}^{3+}) - 3\Delta H_{\mathrm{hyd}}(\mathrm{H}^+)$$
$$= \Delta H^0_{\mathrm{f}}(\mathrm{Ln}^{3+}, \mathrm{aq}) - \Delta H_{\mathrm{v}}(\mathrm{Ln}) - \sum_{i=1}^{3} I_i(\mathrm{Ln}) + 3I(\mathrm{H}) + (3/2)D(\mathrm{H}_2) \quad (15\text{-}29)$$

である．最後の等式の右辺側はすべて実験量であるので，$\Delta H_{\mathrm{hyd}}(\mathrm{Ln}^{3+}) - 3\Delta H_{\mathrm{hyd}}(\mathrm{H}^+)$の値を決めることができる．最後の2項は，スペクトル・データから$3\{I(\mathrm{H}) + (1/2)D(\mathrm{H}_2)\} = 4584.0 \,(\mathrm{kJ/mol})$となる．

一方，便宜的および絶対的水和エントロピーは，(15-28)から，

$$\Delta S_{\mathrm{conv. hyd}}(\mathrm{Ln}^{3+}) \equiv \Delta S_{\mathrm{hyd}}(\mathrm{Ln}^{3+}) - 3S^0(\mathrm{H}^+, \mathrm{aq}) = S^0_{\mathrm{conv.}}(\mathrm{Ln}^{3+}, \mathrm{aq}) - S^0(\mathrm{Ln}^{3+}, \mathrm{g}) \quad (15\text{-}30)$$

である．$S^0(\mathrm{Ln}^{3+}, \mathrm{g})$は Sackur-Tetrode 式と電子エントロピーの和(15-27)による．

以上の水和エンタルピー，水和エントロピーから，水和 Gibbs 自由エネルギーも考えることが

できる。$\Delta G_{hyd}(Ln^{3+}) \equiv \Delta G_{abs.\,hyd}(Ln^{3+})$ は，

$$\Delta G_{hyd}(Ln^{3+}) = \Delta H_{hyd}(Ln^{3+}) - T\Delta S_{hyd}(Ln^{3+}) \tag{15-31}$$

であるから，右辺を便宜的水和エンタルピー，便宜的水和エントロピーで書けば，

$$\Delta G_{hyd}(Ln^{3+}) = \Delta H_{conv.\,hyd}(Ln^{3+}) + 3\Delta H_{hyd}(H^+) - T\{\Delta S_{conv.\,hyd}(Ln^{3+}) + 3S^0(H^+, aq)\}$$
$$= \Delta H_{conv.\,hyd}(Ln^{3+}) - T\Delta S_{conv.\,hyd}(Ln^{3+}) + 3\Delta H_{hyd}(H^+) - T\{3S^0(H^+, aq)\}$$

である。ゆえに，最後の 2 項を左辺へ移行した結果を「便宜的な」水和 Gibbs 自由エネルギー $\Delta G_{conv.\,hyd}(Ln^{3+})$ と定義すればよい：

$$\Delta G_{conv.\,hyd}(Ln^{3+}) \equiv \Delta H_{conv.\,hyd}(Ln^{3+}) - T\Delta S_{conv.\,hyd}(Ln^{3+})$$
$$= \Delta G_{hyd}(Ln^{3+}) - 3\{\Delta H_{hyd}(H^+) - TS^0(H^+, aq)\} \tag{15-32}$$

これは，「絶対的な」$\Delta G_{hyd}(Ln^{3+})$ と「便宜的な」$\Delta G_{conv.\,hyd}(Ln^{3+})$ の関係を与える。

以下では，$T = 298.15$ K，1 気圧を前提にして，$\Delta H_{conv.\,hyd}(Ln^{3+})$，$\Delta S_{conv.\,hyd}(Ln^{3+})$，$\Delta G_{conv.\,hyd}(Ln^{3+})$ を考えよう。$\Delta H_{conv.\,hyd}(Ln^{3+})$ については，

$$\Delta H^*_{hyd}(Ln^{3+}) \equiv \Delta H^0_f(Ln^{3+}, aq) - \Delta H_v(Ln) - \sum_{i=1}^{3} I_i(Ln) \tag{15-33}$$

と定義すると，スペクトル・データより，$3\{I(H) + (1/2)D(H_2)\} = 4584.0$ (kJ/mol) だから，

$$\Delta H_{conv.\,hyd}(Ln^{3+}) \equiv \Delta H_{hyd}(Ln^{3+}) - 3\Delta H_{hyd}(H^+) = \Delta H^*_{hyd}(Ln^{3+}) + 4584.0 \text{ (kJ/mol)} \tag{15-34}$$

となる。$\Delta H^*_{hyd}(Ln^{3+})$ を用いて議論する。$\Delta H^*_{hyd}(Ln^{3+})$ の符号を変えたものは，第 10, 11, 12 章で議論した相対格子エネルギーに対応する。

15-4-1 $\Delta H_{conv.\,hyd}(Ln^{3+})$，$\Delta S_{conv.\,hyd}(Ln^{3+})$ と $1/[(Ln-OH_2)_{obs}]$ の相関

図 15-4, -5 は $\Delta H^*_{hyd}(Ln^{3+})$，$\Delta S_{conv.\,hyd}(Ln^{3+})$ を $1/[(Ln-OH_2)_{obs}]$ に対してプロットした結果である。$(Ln-OH_2)_{obs}$ の値は Habenschuss and Spedding (1980) の値を採用している。$(Ln-OH_2)_{obs}$ で Ce, Gd, Ho, Yb の値については報告されていないが，ここでは，$(Ln-OH_2)_{obs}$ vs. Ln 原子番号のプロットで内挿値を求め，これらを使用している。いずれも，14-5 節で論じた $1/[(Ln-OH_2)_{obs}]$ と $S^0_{adj}(Ln^{3+}, aq) = S^0_{298}(Ln^{3+}, aq) - S^0_{el.}(Ln^{3+}, g)$ の関係と類似する結果となっている。

$S^0_{adj}(Ln^{3+}, aq)$ よりも $\Delta S_{conv.\,hyd}(Ln^{3+})$ と $\Delta H^*_{hyd}(Ln^{3+})$ の方が意味は明確である。$S^0_{el.}(Ln^{3+}, g)$ を差し引くことは，$\Delta S_{conv.\,hyd}(Ln^{3+})$ を求めるために $S^0(Ln^{3+}, g)$ を差し引く際に実行されている。いずれも 二つの直線的相関が，Nd, (Pm), Sm, Eu 部分で S 字状に接続し，接続の中心はほぼ Pm 付近にある。Ln^{3+}(aq) 系列の水和状態変化の特徴をかなり忠実に反映する変化パター

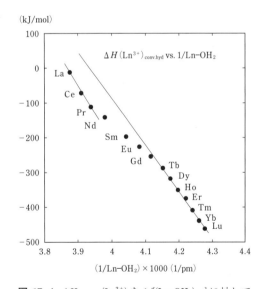

図 15-4 $\Delta H_{conv.\,hyd}(Ln^{3+})$ を $1/[(Ln-OH_2)_{obs}]$ に対してプロットした結果。$(Ln-OH_2)_{obs}$ の値は Habenschuss and Spedding (1980) の値を採用。$Ln-OH_2$ は Ce, Gd, Ho, Yb については報告されていないが，ここでは，Ln の原子番号に対して $Ln-OH_2$ をプロットし，そこでの内挿値を Ce, Gd, Ho, Yb について求め，これらを使用している。

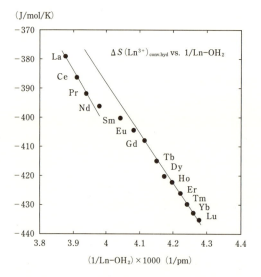
図 15-5 $\Delta S_{\text{conv.hyd}}(\text{Ln}^{3+})$ を $1/[\text{Ln-OH}_2]$ に対してプロットした結果. Ln-OH_2 の値は図 15-4 と同じ.

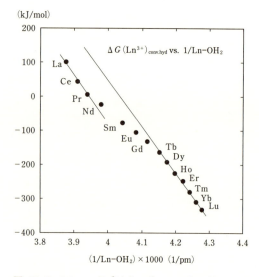
図 15-6 $\Delta G_{\text{conv.hyd}}(\text{Ln}^{3+})$ も $1/[\text{Ln-OH}_2]$ に対し,図 15-4, -5 と同様な変化を示す. Ln-OH_2 の値は図 15-4 と同じ.

ンである.イオン・ガスの状態では配位状態は考えなくてもよいので,$\Delta S_{\text{conv. hyd}}(\text{Ln}^{3+})$,$\Delta H^*_{\text{hyd}}(\text{Ln}^{3+})$,$1/[(\text{Ln-OH}_2)_{\text{obs}}]$ の実験値が $\text{Ln}^{3+}(\text{aq})$ 系列の水和状態変化を反映するのは当然である.図 15-4, -5 の結果から,$\Delta G_{\text{conv. hyd}}(\text{Ln}^{3+})$ も $1/[(\text{Ln-OH}_2)_{\text{obs}}]$ と同様な関係を示すことになる(図 15-6).

ただし,注意すべきは,二つの直線的相関の内実が異なることである.Tb~Lu 部分の直線的相関は水和数が 8 である octahydrate イオンに対するものであるが,La~Nd の直線は nonahydrate イオンと octahydrate イオンが異なる割合で共存したものに対する結果である.すなわち,Tb~Lu の領域では,$1/[(\text{Ln-OH}_2)_{\text{obs}}]$ の一次式は $\Delta S_{\text{conv. hyd}}(\text{Ln}^{3+})$,$\Delta H^*_{\text{hyd}}(\text{Ln}^{3+})$,$\Delta G_{\text{conv. hyd}}(\text{Ln}^{3+})$ を忠実に表現するが,$[\text{Ln}(\text{H}_2\text{O})_8]^{3+}(\text{aq}) + \text{H}_2\text{O}(l) = [\text{Ln}(\text{H}_2\text{O})_9]^{3+}(\text{aq})$ が意味をもつ La~Gd の領域では「便宜的な水和の熱力学量」と単純な形では結び付かない.これは $(\text{Ln-OH}_2)_{\text{obs}}$ の値自体が,共存する二つの化学種 $[\text{Ln}(\text{H}_2\text{O})_8]^{3+}(\text{aq})$ と $[\text{Ln}(\text{H}_2\text{O})_9]^{3+}(\text{aq})$ の存在度が関与する実効的な値,

$$(\text{Ln-OH}_2)_{\text{obs}} = x_9 \cdot [(\text{Ln-OH}_2)_{\text{nona}}] + x_8 \cdot [(\text{Ln-OH}_2)_{\text{oct}}] \tag{15-35}$$

となっているからである.$x_9 = (1-x_8)$ は $\text{Ln}^{3+}(\text{nona, aq})$ の存在分率,x_8 は $\text{Ln}^{3+}(\text{oct, aq})$ の存在分率を表す.x_8 の値は 14-4 節において熱力学のデータから既に推定している.La~Gd の領域では,$(\text{Ln-OH}_2)_{\text{obs}}$ を二つの端成分の値に分解して考えない限り,系列変化として明解な意味を持たない.

15-4-2 La~Gd の領域での $(\text{Ln-OH}_2)_{\text{obs}}$ と $(\text{Ln-OH}_2)_{\text{nona}}$ の推定

そこで,La~Gd の領域での $(\text{Ln-OH}_2)_{\text{obs}}$ を二つの端成分の値に分解し,$[\text{Ln}(\text{H}_2\text{O})_8]^{3+}(\text{aq})$ と $[\text{Ln}(\text{H}_2\text{O})_9]^{3+}(\text{aq})$ の Ln-OH_2 を推定してみよう.これには $\Delta G_{\text{conv. hyd}}(\text{Ln}^{3+})$ を $(\text{Ln-OH}_2)_{\text{obs}}$ に対してプロットした図 15-6 の結果を使うのがわかりやすい.$\Delta G_{\text{conv. hyd}}(\text{Ln}^{3+}, \text{oct. aq})$ と $\Delta G_{\text{conv. hyd}}(\text{Ln}^{3+}, \text{nona. aq})$ の差は,14-4 節で議論した反応

$$[Ln(H_2O)_9]^{3+}(aq) = [Ln(H_2O)_8]^{3+}(aq) + H_2O(l) \quad (14\text{-}29)$$

の Gibbs 自由エネルギー変化である．14-4 節では，反応 (14-29) が次の二つの反応の差であることから，

$$LnCl_3 \cdot 6H_2O(c) + 3H_2O(aq) = [Ln(H_2O)_9]^{3+}(aq) + 3Cl^-(aq) \quad (14\text{-}30\text{-}1)$$

$$LnCl_3 \cdot 6H_2O(c) + 2H_2O(aq) = [Ln(H_2O)_8]^{3+}(aq) + 3Cl^-(aq) \quad (14\text{-}30\text{-}2)$$

(14-29) の Gibbs 自由エネルギー変化を

$$\Delta\Delta G_r^0 (14\text{-}29) \equiv \Delta G_{hc}^0 = \Delta G_r^0 (14\text{-}30\text{-}1) - G_r^0 (14\text{-}30\text{-}2) \quad (14\text{-}30\text{-}3)$$

と記し，同様に $\Delta\Delta H_r^0 \equiv \Delta H_{hc}^0$，$\Delta\Delta S_r^0 \equiv \Delta S_{hc}^0$ を定義し，その値を推定した（表 14-4）．

一方，La～Gd 領域における現実の $Ln^{3+}(aq)$ と $Ln^{3+}(oct, aq)$ の間係は，13-3 節において ΔG_h^*，ΔH_h^*，ΔS_h^*（表 13-4）を用いて記述できることを述べた．これらの値は，現実の $Ln^{3+}(aq)$ と仮想的な $Ln^{3+}(oct, aq)$ の状態量の差を表す．したがって，La～Gd 領域における現実データとしての $\Delta G_{conv.\,hyd}(Ln^{3+}, aq)$ と ΔG_h^*，$\Delta\Delta G_r^0$ を用いて，

$$\Delta G_{conv.\,hyd}(Ln^{3+}, oct.\,aq) = \Delta G_{conv.\,hyd}(Ln^{3+}, aq) - \Delta G_h^* \quad (15\text{-}36)$$

$$\Delta G_{conv.\,hyd}(Ln^{3+}, nona.\,aq) = \Delta G_{conv.\,hyd}(Ln^{3+}, oct.\,aq) - \Delta\Delta G_r^0 \quad (15\text{-}37)$$

の関係が成立する．$Ln^{3+}(oct, aq)$ である Tb～Lu 部分では $\Delta G_{conv.\,hyd}(Ln^{3+}, aq)$ は $1/[(Ln-OH_2)_{obs}]$ の一次式で表現できるので，これを La～Gd 領域にも延長し，(15-36) で与えられる $\Delta G_{conv.\,hyd}(Ln^{3+}, oct.\,aq)$ を用いて，$1/[(Ln-OH_2)_{oct}]$ を求めれば $(Ln-OH_2)_{oct}$ が推定できる．具体的には，Habenshuss and Spedding (1980) の $(Ln-OH_2)_{obs}$ (Ln = Tb, Dy, Er, Tm, Lu) を pm (10^{-12} m) 単位の値を用いて，

$$\Delta G_{conv.\,hyd}(Ln^{3+}, oct.\,aq) = 5536.16 - 1324.323(\times 10^3/Ln-OH_2), \text{ kJ/mol} \quad (15\text{-}38)$$

の回帰式を得る．図 15-7 にこの回帰式を示してある．

一方，$(Ln-OH_2)_{nona}$ については，前述の

$(Ln-OH_2)_{obs}$
$= x_9 \cdot [(Ln-OH_2)_{nona}] + x_8 \cdot [(Ln-OH_2)_{oct}] \quad (15\text{-}35)$

から推定できる．しかし，14-4 節で熱力学的データから推定した x_8 の値（表 14-5）が Habenshuss and Spedding (1980) の $(Ln-OH_2)_{obs}$ と矛盾しないかどうかも問題となる．$(Ln-OH_2)_{obs}$ を求めるには〜3 mol/kg 程度の濃厚な $LnCl_3$ 塩溶液が用いられているからである．しかし，取りあえずはこの問題は無視して考えることにすると，図 15-7 に示すように，14-4 節の $x_9 = (1-x_8)$ を用いて (15-35, -36, -37) から La～Gd についての $(Ln-OH_2)_{nona}$ と $(Ln-OH_2)_{oct}$ を推定することができる．図 15-7 で

$\Delta G_{conv.\,hyd}(Ln^{3+}, oct.\,aq)$
$= \Delta G_{conv.\,hyd}(Ln^{3+}, aq) - \Delta G_h^* \quad (15\text{-}36)$

を満足する $1/[(Ln-OH_2)_{oct}]$ の一次式 (15-38) 上の点が $[(Ln-OH_2)_{oct}]$ の値を与える．この (15-38) 上の点と $1/(Ln-OH_2)_{obs}$ を結ぶ直線は $-\Delta G_h^*$ の

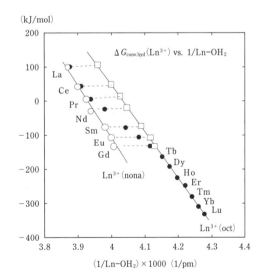

図 15-7 $\Delta G_{conv.hyd}(Ln^{3+})$ を $1/[Ln-OH_2]$ に対してプロットした結果で，$Ln^{3+}(oct, aq)$ と $Ln^{3+}(nona, aq)$ に対する $1/[Ln-OH_2]$ を推定する考え方の説明図．それぞれ白四角印と白丸印で示す．具体的推定方法は本文参照のこと．

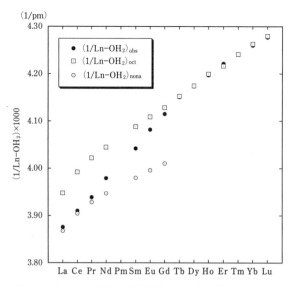

図 15-8 $(1/\text{Ln-OH}_2)$ を，測定値 (obs) と重 Ln^{3+}(aq) 系列の測定値を軽 Ln^{3+}(aq) 系列に外挿した値 (oct) で比較．後者では $\Delta G_{\text{conv. hyd}}(\text{Ln}^{3+})$ が $(1/\text{Ln-OH}_2)$ の一次式であることを仮定している．また，推定される端成分としての nona-hydrate Ln^{3+}(aq) に対する値 (nona) も示す．

値が 0〜7 kJ/mol と小さいので，ほぼ水平な直線である．$(\text{Ln-OH}_2)_{\text{obs}}$ の点とこの (15-38) 上の点との距離が $x_9 = (1-x_8)$ に対応するので，反対側に $x_8 = (1-x_9)$ だけ延ばした点が $[(\text{Ln-OH}_2)_{\text{nona}}]$ の値を与える．

ただし，図 15-7 のプロットでは，$[\text{Ln-OH}_2]$ ではなく $1/[\text{Ln-OH}_2]$ が使用されているので，比例配分は $[\text{Ln-OH}_2]$ に戻して考えねばならない．Eu と Sm については適切な値は得られないが，La, Pr, Nd についてはもっともらしい値が得られる．La, Pr, Nd に対する $\Delta G_{\text{conv. hyd}}(\text{Ln}^{3+}, \text{nona. aq})$ は $1/[(\text{Ln-OH}_2)_{\text{nona}}]$ の一次式で近似できることがわかる（図 15-7 の左側の直線）．この一次式から Sm, Eu, Gd の $(\text{Ln-OH}_2)_{\text{nona}}$ 値も推定できる．Habenshuss and Spedding (1980) では，Ce, Gd, Ho, Yb の Ln-OH_2 は報告されていないので，図 15-7 の二つの回帰式からこれらの値を求め直すことにした．

Eu と Sm については，Habenshuss and Spedding (1980) の $(\text{Ln-OH}_2)_{\text{obs}}$ のデータとここで推定した $x_9 = (1-x_8)$ は明らかに調和的でない．そこで，図 15-7 に示した $\Delta G_{\text{conv. hyd}}(\text{Ln}^{3+}, \text{nona. aq})$ と $1/[(\text{Ln-OH}_2)_{\text{nona}}]$，$\Delta G_{\text{conv. hyd}}(\text{Ln}^{3+}, \text{oct. aq})$ と $1/[(\text{Ln-OH}_2)_{\text{oct}}]$ の関係を前提とする時，Habenshuss and Spedding (1980) の $(\text{Ln-OH}_2)_{\text{obs}}$ のデータはどのような $x_9 = (1-x_8)$ を与えるかも調べてみた．そのようにして $(\text{Ln-OH}_2)_{\text{nona}}$ と $(\text{Ln-OH}_2)_{\text{oct}}$ を推定した結果を図 15-8 に示す (Kawabe et al., 2006b)．La〜Nd の領域で 14-4 節での $x_9 = (1-x_8)$ と $(\text{Ln-OH}_2)_{\text{obs}}$ データからの値がほぼ一致することは，$\Delta G_{\text{conv. hyd}}(\text{Ln}^{3+}, \text{nona. aq})$ と $1/[(\text{Ln-OH}_2)_{\text{nona}}]$ の関係を決めるために利用しているので，一致の程度のみが問題である．両者の差は La, Pr, Nd で平均すれば ±6% 程度である．しかし，Eu と Sm の $(\text{Ln-OH}_2)_{\text{obs}}$ データは $x_8 = 58\%$ (Sm), $x_8 = 76\%$ (Eu) を意味し，14-4 節での x_8 より約 20% だけ小さな値である．Habenshuss and Spedding (1980) のデータは 3.2〜3.8 (mol/kg) の濃厚塩化物溶液を用いて得られているので，この程度の不一致はむしろ意外に小さいと言える．

$[\text{Ln}(\text{H}_2\text{O})_9]^{3+}(\text{aq}) = [\text{Ln}(\text{H}_2\text{O})_8]^{3+}(\text{aq}) + \text{H}_2\text{O}(\text{l})$ に対する ΔG は $\Delta\Delta G_r^0 \equiv \Delta G_{\text{hc}}^0$ として 14-4 節で求めたが，La〜Gd の領域では，$-9.2\,(\text{kJ/mol}) \leq \Delta\Delta G_r^0 \leq +7.0\,(\text{kJ/mol})$ であり，この値は図 15-7 の縦軸 $\Delta G_{\text{conv. hyd}}$ のスケールからすると大変小さいことがわかる．しかし，この大変小さな $\Delta\Delta G_r^0$ が，

$$\Delta\Delta G_r^0 \approx -RT\ln[x_8/x_9] = -RT\ln[x_8/(1-x_8)] \tag{15-39}$$

の値を決め，結果として，

$$(\text{Ln-OH}_2)_{\text{obs}} = x_9 \cdot [(\text{Ln-OH}_2)_{\text{nona}}] + x_8 \cdot [(\text{Ln-OH}_2)_{\text{oct}}] \tag{15-35}$$

を与えているわけである．La〜Gd の領域における $(\text{Ln-OH}_2)_{\text{obs}}$ はこのように理解すべきである．

$\Delta\Delta G_r^0$ の系列変化では，Pm 付近で $\Delta\Delta G_r^0 = 0$ となっている．ここでの $\Delta\Delta H_r^0$, $\Delta\Delta S_r^0 (= +33\,\text{J}/$

mol/K）は一定と仮定して，$T=400$ K の場合を考えると，$\Delta\Delta G_r^0$ 全体を一律に 3.4 kJ/mol を差し引く結果となり，$\Delta\Delta G_r^0=0$ は Pr と Nd の間で実現する．$T=298$ K の場合より軽 Ln 側に移る．熱水条件で $\Delta\Delta G_r^0=0$ となる軽 Ln の問題は Kawabe et al.（2006a）で議論している．水の飽和蒸気圧の圧力を前提にして，ほぼ 200℃ を越える温度条件では，La の場合も $[Ln(H_2O)_9]^{3+}$ は安定に存在しなくなる．また，やや乱暴ではあるが，$T=77.35$ K（液体窒素温度）の低温まで外挿して考えてみると，$\Delta\Delta G_r^0$ 全体に 7.3 kJ/mol を加えることになり，$\Delta\Delta G_r^0=0$ は Eu と Gd の間で実現する．$T=298$ K の場合より重 Ln 側に移る．これは Kanno and Hiraishi（1980）が報告している液体窒素温度における $LnCl_3$ 水溶液のガラス状態の Raman スペクトル・データの議論とも合致する．彼らによれば，軽 Ln と重 Ln の Ln-OH$_2$ 伸縮バンドは異なる二つの系列変化を示し，各々 $[Ln(H_2O)_9]^{3+}$ と $[Ln(H_2O)_8]^{3+}$ に対応すると考えられる．しかし，系列の中間領域に当たる Eu と Gd においては，$[Ln(H_2O)_9]^{3+}$ と $[Ln(H_2O)_8]^{3+}$ 二つの伸縮バンドが認められることから，$EuCl_3$ および $GdCl_3$ 水溶液のガラス状態では $[Ln(H_2O)_9]^{3+}$ と $[Ln(H_2O)_8]^{3+}$ が共存すると推定している．このような観点からも，$\Delta\Delta G_r^0$ の重要性は評価されるべきである．

15-4-3　四組効果を示す $1/[\text{Ln-OH}_2)_{oct}]$ の系列変化

以上のようにして得られた $1/[(\text{Ln-OH}_2)_{obs}]$，$1/[(\text{Ln-OH}_2)_{oct}]$，$1/[(\text{Ln-OH}_2)_{nona}]$ を $4f$ 電子数に対してプロットした結果が図 15-8 である．$1/[(\text{Ln-OH}_2)_{nona}]$ の部分的系列変化では，信頼できる値は La～Nd の範囲に限られるが，その四組効果は $1/[(\text{Ln-OH}_2)_{oct}]$ に比べ小さいはずである．Ln^{3+} (nona, aq) は Ln^{3+} (oct, aq) より大きな Racah パラメーターを持つからである．$1/[(\text{Ln-OH}_2)_{oct}]$ の系列変化には，小さいながらも，上に凸な四組効果が認められる．Ln^{3+} octahydrate イオンの $\Delta H_{conv.\ hyd}$，$\Delta S_{conv.\ hyd}$，$\Delta G_{conv.\ hyd}$ はすべて $1/[(\text{Ln-OH}_2)_{oct}]$ の一次式で近似できるから，Ln^{3+} (g) イオンの水和に伴う $4f$ 電子配置のエンタルピー変化，エントロピー変化，自由エネルギー変化にはこの四組効果が内在していることになる．$1/[(\text{Ln-OH}_2)_{oct}]$ の係数はすべて負であるから，$-\Delta H_{conv.\ hyd}$，$-\Delta S_{conv.\ hyd}$，$-\Delta G_{conv.\ hyd}$ として「水和イオン → 自由ガス・イオン」の状態変化に対応させれば，これらの系列変化には，図 15-8 で $1/[(\text{Ln-OH}_2)_{oct}]$ が示す「上に凸な四組効果」が存在することになる．より定量的な議論は 16-4 節で行う．

$\Delta H_{conv.\ hyd}$，$\Delta S_{conv.\ hyd}$，$\Delta G_{conv.\ hyd}$ が $1/[(\text{Ln-OH}_2)_{oct}]$ の一次式で近似できることと，これらの熱力学量を $4f$ 電子数に対してプロットした結果に四組効果が認められることは，ここでも両立する実験事実である．12-4，-5 節で強調したように，前者は「熱力学観測量と幾何学的観測量の相関」を示し，後者は「熱力学観測量と原子論パラメーターとの相関」を意味する．現実の Ln^{3+}-配位子間距離が $4f$ 電子配置のわずかなエネルギー変化を反映することは，(12-8)，(12-10) の変分条件が現実物質系で実現していると考えれば不思議ではない．変分条件の成立，すなわち，エネルギー最小の平衡配置の実現は，その詳細を我々が正確に記述できるかどうかの問題とはまったく独立である．しかし，「各イオンには固有のサイズがある」との硬直した「イオン半径論」ではこの両立する二つの事実を同時に説明できない．Ln^{3+} のイオン半径の四組効果を Ln^{3+} のイオン半径で説明せねばならない矛盾に行き着くからである（12-5 節）．

ところで，Ln^{3+} (oct, aq) または Ln^{3+} (nona, aq) の $\Delta H_{conv.\ hyd}$，$\Delta S_{conv.\ hyd}$，$\Delta G_{conv.\ hyd}$ がすべて $1/[\text{Ln-OH}_2]$ の一次式で近似できる事実は何を意味しているのであろうか？　15-2 節で指摘したように，

(M-OH$_2$)$^{-1}$ は，イオン結晶の格子エネルギーの場合と同様にイオンとイオンの相互作用エネルギーを示唆する．古典論的描像からすれば，水分子は負イオンではないが，負電荷は孤立電子対 (lone pair) として大きな酸素原子に偏在し，正電荷は小さな水素原子に局在している．したがって，結果的には，"疑似負イオン"として陽イオンと相互作用すると考えるのがもっとも単純な解釈であろう．一方，Ln^{3+}(oct, aq) あるいは Ln^{3+}(nona, aq) のように，水和数を固定して議論することは，考慮すべき相互作用対を指定し，暗黙のうちに水和イオン・クラスターの幾何学的条件も指定していることになる．この状況では，結果として (Ln-OH$_2$)$^{-1}$ がほぼ唯一の変数となることが考えられる．クラスター全体における陽イオンと水分子孤立電子対との静電的引力ポテンシャルおよび両者の電子反発エネルギーなどの兼ね合いで Ln-OH$_2$ が決まると考えられる．これはイオン性結晶の格子エネルギーの考え方と基本的に同じである．第10章で議論した LnO$_{1.5}$(cub) 系列では，単位セル内での原子位置を指定する原子座標は一定と考えられるため，この系列メンバーの格子エネルギーを特徴付けるパラメーターは Ln-O 距離の逆数であった．これは格子定数と一対一に対応した．水和イオン・クラスターは結晶のような並進対称性は持たないが，結果的にはこれと類似した状況が実現していると考えれば理解しやすい．

ただし，以上はあくまでも古典的粒子論による解釈である．Ln^{3+} イオンと水分子はいずれも量子論的実在であり，本来は水和イオン・クラスターにおける電子と原子核の座標に対するSchrödinger 方程式などを解かねばならないわけである．しかし，これを解くことは困難であるので，この解を求めることを諦め，電子を扱うことを避け，イオン，分子（配位子）のみを古典論的に理解しているわけである．しかし，この場合，Ln-OH$_2$ として現実の測定量を用い，モデルと現実を取り違えない限り，それほど非現実的な結論とはならない．

観測量を用いることは，実在物自身がエネルギー最小の平衡配置を実現した結果を承認することである．エネルギー最小を実現する過程では，多くのエネルギーパラメーター間の平衡条件が既に満足されているはずである．一次の Jahn-Teller 効果を考えただけでも，この平衡条件には水和イオン・クラスターの幾何学的条件や電子状態も関わることがわかる．このような平衡条件を具体的に我々が記述できるか否かは，観測量だけを問題にしている限り，まったく問題ではないことに再度注意しよう．$\Delta H_{\text{conv. hyd}}$，$\Delta S_{\text{conv. hyd}}$，$\Delta G_{\text{conv. hyd}}$ がすべて $1/[\text{Ln-OH}_2]$ の一次式で近似でき，同時に，Ln-OH$_2$ の逆数が四組効果を示す結果は，実在物自身がエネルギー最小の平衡配置を実現している結果を反映したものである．問題は，「平衡配置条件を考えるだけでよいのか？」であろう．次に述べる量子論の古典論的極限からの考察も同時に重要であると考える．

15-5 最小エネルギー配置の現実物質系と古典論的極限

量子論の古典論的極限からこの種の問題を考えることができる[1]．物質波の波長（de Broglie 波長，$\lambda_{\text{DB}} = h/p$）は，$\lambda_{\text{DB}} \approx h/\langle|p|\rangle = h/\sqrt{8mkT/\pi} \approx \lambda_T$ で熱的波長と同程度と考えられる．熱的波長は $\lambda_T = h/\sqrt{2\pi mkT}$ である．h は Planck 定数，m は粒子質量，k は Boltzmann 定数，T は絶対温度である．この波長が分子間距離より十分に短いなら，また，（イオンと溶媒分子間に作用する力）×

---

[1] たとえば，Chandler (1987) の7章，あるいは，戸田他 (1976) の §1-7 の論述が参考になる．

(de Broglie 波長) が熱エネルギー (kT) より十分に小さいならば，h を事実上 0 と見なしてもよい．質量の小さな電子の de Broglie 波長は長くなるのでこれを扱わず，de Broglie 波長の短い質量の大きなイオンや分子（配位子）だけを取り扱えば，量子論の古典論的極限の取り扱いが許される．後述するように，希薄電解質溶液論における Debye-Hückel 理論の成功も，このような立場から考えると納得できる．したがって，量子論的実在粒子からなる液体であっても，原子核の空間配置を決める問題を古典統計力学の問題として近似的に解くことが許される．これは動径分布関数（2 体分布関数）と対ポテンシャルから熱力学量を求める議論につながる[2]．

ただし，この種の議論では，中心陽イオンの電子状態が準縮重状態にある $3d$，$4f$ 系列イオンではなく，閉殻電子配置のスピンを持たないイオンや原子（Ar などの希ガス）が念頭に置かれている場合が普通なので注意を要する．$h \to 0$ の古典論的極限でも，スピン変数がかかわるエネルギー項の問題は言及されていないことが多い．しかし，Schrödinger 方程式自体にはスピンに関する演算子は含まれない．スピン変数は波動関数に関わるだけである．Ln-OH$_2$ の逆数が四組効果を示す事実は，スピン変数がかかわるエネルギー項も Ln-OH$_2$ とエネルギー最小の平衡配置条件を通じてつながっていることを意味している．あくまでも，現実物質系がエネルギー最小配置を実現していることを念頭に，古典論的極限を考えるべきである．

Ln^{3+} イオンのランタニド収縮の事実は，通常，有効核電荷の増加として理解されていることは既に 10-2 節で述べた．しかし，この種の理解には，以下に述べるように，十分な注意が必要である．有効核電荷も $4f$ 電子状態，スピン状態のいずれも粒子の内部構造・内部状態を表現している．これらは，いずれも，質量と電荷で指定される古典的荷電粒子（イオン）それ自身では表現できない物理量である．Landau and Lifshitz（1980）は，その統計力学の教科書 §45 の長い脚注でこの点を注意している．したがって，分子や凝縮相の Ln^{3+} イオンは質量と電荷で指定される荷電粒子とする古典論的極限の近似では，Ln^{3+} イオンと隣接粒子との距離が，これらの直接的には表現できない内部構造・内部状態の固有の特徴を吸収できる唯一のパラメーターであることに注意しよう．古典的荷電粒子（イオン）それ自身は質量と電荷で指定されるが，この考え方を現実の分子や凝縮系に適用する場合には，粒子のサイズ・パラメーターが加わる．イオン・モデルでは，隣接イオンが異符号の電荷を持つ場合には，両者はどこまでも近接し最後には両者は融合してしまい，明らかに現実と対応しない．そのために，これ以上接近しないとするイオンの大きさを指定する．結局は，現実物質を参照してこのサイズ・パラメーターを指定することになるので，このパラメーターが現実イオンの内部構造・内部状態も結果的に反映することになる．しかし，古典的イオン・モデルでは，イオンの内部構造の議論は許されないわけだから，サイズ・パラメーターを有効核電荷とか $4f$ 電子とかに結び付けて論ずることはできない．したがって，古典的イオン・モデルではなく，「古典論的極限の近似」論として理解すればよい．この点を明確にしておけば，有効核電荷，$4f$ 電子，スピンの議論も許される．RSPET は，「古典論的極限の近似」モデルにイオンの内部構造論を接合させる枠組みを提供していると言うこともできる．Cotton and Wilkinson（1980）や Cotton et al.（1995）に代表される従来のランタニド収縮の理解では，この点の「議論の枠組み」をあいまいにしている．古典論的イオン像からその「イ

---

[2] この議論については，液体論や統計力学の教科書，たとえば，戸田他（1976），Marcus（1982），Ishihara（1980），イオンの水和に関する総説（野村・宮原，1976；平田 1995），などが手掛かりとなる．

オン半径」のランタニド収縮を承認し，今度は，量子論的イオンの核電荷，$4f$ 電子，スピンからランタニド収縮を議論している．古典論と量子論を無原則に接合した議論であり，両論を無条件に同時承認する誤りを犯している．両論の区別と連関がどうなのかを問題にしていないことが，多くの混乱を生む原因である．

このように考えれば，$\Delta H_{\text{conv.hyd}}$，$\Delta S_{\text{conv.hyd}}$，$\Delta G_{\text{conv.hyd}}$ がすべて $1/[\text{Ln-OH}_2]$ の一次式で近似でき，同時に，Ln-OH$_2$ の逆数が四組効果を示す事実，LnO$_{1.5}$(cub) の格子エネルギーが $1/[\text{Ln-O}]$ の一次式で近似されると同時に，LnO$_{1.5}$(cub) の格子エネルギーを Ln の原子番号（Ln^{3+} の $4f$ 電子数 q）に対してプロットすると四組効果が現れる事実は，現実物質系がエネルギー最小配置を実現していることを認め，かつその物質系の古典論的極限を考えることで了解できると考える．

15-5-1 古典論的極限としての Debye-Hückel 理論

古典論的極限の例として Debye-Hückel 理論を考えてみると面白い．希薄電解質溶液論における Debye-Hückel 理論の成功は誰もが認めるところである．静電ポテンシャル Ψ のもとにある価数 z_i のイオンのエネルギーは，e を素電荷として，$(z_i e)\Psi$ である．このイオンのエネルギーは，イオンの熱運動のエネルギー（kT）より十分に小さいとして，Boltzmann 分布式を $(z_i e)\Psi/(kT)$ で級数展開し，一次の項までとることで，Debye-Hückel の理論式が得られる．しかし，この前提は同時に，de Broglie 波長に関する古典論的極限が該当していることも意味している．この後者の意味は残念ながら電気化学や溶液化学の教科書では注意されない場合が多い．しかし，本来はもっと強調されるべき重要なポイントである．

Debye-Hückel 理論の極限式から，希薄電解質溶液の過剰化学ポテンシャルは $\ln\gamma_\pm = -C\cdot|z_+\cdot z_-|\cdot I^{1/2}$ となる．C は水の誘電率と密度，Faraday 定数，素電荷などから決まる定数（1気圧，25℃では $C=1.171$）なので，$\ln\gamma_\pm$ は正負イオンの価数とイオン強度 I のみで決まる．閉殻電子配置を持つイオンであるか，それとも開殻電子配置を持つイオンであるかも問われない．したがって，CaCl$_2$，SrCl$_2$，ZnCl$_2$ などの電解質は区別されない．表 15-1 に示す CaCl$_2$，SrCl$_2$，ZnCl$_2$ などの希薄溶液での $\gamma_\pm$ の実験値は，m（重量モル濃度）$=0.001\sim0.01$ の希薄溶液領域では確かに極限式の値に近似的に等しい．しかし，表の結果を見ても，これら実験値が二桁まで正確に一致しているわけではない．CdCl$_2$ の場合からもわかるように，元素イオンの個性は希薄溶液の $\ln\gamma_\pm$ において完全に消滅しているとは考えない方がよい．

希薄溶液条件を使わない場合の $\log\gamma_\pm$ に対する拡張 Debye-Hückel 式，$\ln\gamma_\pm = -C\cdot|z_+\cdot z_-|\cdot I^{1/2}/(1+a\cdot B\cdot I^{1/2})$，にはイオンのサイズについてのパラメーター a が現れる．B は水の誘電率と密度，温度，Faraday 定数，素電荷などによる定数で，標準状態で $B=3.282\times10^9$ (1/m) である．a は歴

表 15-1 水溶液における塩化物の平均活量係数 $\gamma_\pm$ (25℃)．

重量モル濃度, m	CaCl$_2$	SrCl$_2$	CuCl$_2$	ZnCl$_2$	CdCl$_2$	$\gamma_{\pm\text{(DH)}}$
0.001	0.889	0.90	0.888	0.88	0.819	0.880
0.01	0.731	0.76	0.723	0.71	0.524	0.667
0.1	0.518	0.511	0.508	0.515	0.228	0.277

化学便覧（基礎編）丸善（1966），p. 1047．$\gamma_{\pm\text{(DH)}}$ の値は極限式の値で $\ln\gamma_\pm = -1.171|z_+\cdot z_-|\cdot I^{1/2} = -1.171\cdot2\cdot(3m)^{1/2}$ による計算値．

表 15-2 Ln 酸化物の熱力学量.

	IR (CN = 6, pm)	S^0_{298} (J/mol/K)	$-\Delta H^0_f$ (kJ/mol)	$-\Delta G^0_f$ (kJ/mol)
Ho_2O_3(cub)	90.1	158.2 ± 0.3	1881 ± 5	1791 ± 5
Y_2O_3(cub)	90.0	99 ± 4	1905 ± 2	1817 ± 2
HfO_2	71	59.3 ± 0.4	1145 ± 1	1088 ± 1
ZrO_2	72	50.4 ± 0.3	1100 ± 2	1043 ± 2

史的にはオングストローム（$=10^{-8}$cm$=10^{-10}$m）で表現されてきた．異符号のイオン対では両者の距離が小さければ小さいほど安定であるから，既に述べたように，両者が合体して融合しないためには，最小隣接距離を指定しなければならない．これがサイズ・パラメーター a である．イオン結晶の格子エネルギーの議論でも同様である．$a=3$Å（3×10^{-10}m）を仮定すると，$\ln\gamma_\pm \approx -C\cdot|z_+\cdot z_-|\cdot I^{1/2}/(1+I^{1/2})$ となる．これを用いて，表 15-1 における $m=0.1$(mol/kg) の $\gamma_\pm$ を計算すると，$\gamma_\pm=0.437$ となり，$CdCl_2$ 以外の測定値に対しては確かに改善された計算値となる．$m=0.1$(mol/kg) 以上の濃度の電解質溶液の $\gamma_\pm$ には，個々の電解質の違いがさらに明瞭に現れることに注意すべきである[3]．Debye-Hückel の極限則を満足し，かつ，0.1(mol/kg) から n (mol/kg) の電解質溶液の $\gamma_\pm$ と浸透係数（ϕ）の実験値を，イオンの価数とイオン強度の他に個別電解質に対する三つのパラメーターで記述する理論式が，Pitzer and Moyorga (1973) によって提案されている．電解質の個性を表現するには，イオンの価数，イオン強度の他に，この三つのパラメーターが必要であることを意味する．これらのパラメーターは電解質溶液における 2 体および 3 体相互作用を指定する係数である．混合電解質溶液ではさらに多数のパラメーターが必要となる．

電解質溶液の Debye-Hückel 理論でもイオン結晶の格子エネルギーの議論でも，イオンの価数とサイズを考えればそれでよしとする議論になるが，この結果が古典論的極限による近似的理解であることを忘れてはならない．表 15-1 に掲げた MCl_2 型電解質の場合に比べ，NaCl や KCl の MCl 型電解質溶液の $\gamma_\pm$ では Debye-Hückel の極限式と実験値との対応はもう少しよい．しかし，誰もが認める Debye-Hückel 理論もやはり現実物質系を取り扱う際の一つの近似であることを強調するために，敢えて MCl_2 型電解質の場合を取り上げた．Debye-Hückel 理論や Born や Pauling の格子エネルギー計算式（10-5 節）を納得する結果として，「個々の元素イオンに固有の電子状態は無視してもよい．イオンの価数とイオン半径で十分である」と思ってしまうと，これは明らかな誤りである．たとえば，「Ho^{3+} と Y^{3+}，Hf^{4+} と Zr^{4+} のように，異なる元素のイオンでも，同一元素族に属し，価数とイオン半径がほぼ同じであるなら，両化学種の熱力学量も等しい」などと主張してはいけない．これは重症の「ピグマリオン症」（藤永，1990）である．電子は実在せずイオンと分子だけから成る「仮想的物質世界」を「現実の物質世界」と取り違えてしまっている．このような主張が適切かどうかは実験データを検討すればすぐに判明する問題である．表 15-2 は 6 配位のイオン半径がほぼ一致している Ho^{3+} と Y^{3+}，Hf^{4+} と Zr^{4+} の酸化物の熱力学量を比べたもので，Robie et al.（1979）から引用した値である．

---

3) 電解質溶液の $\gamma_\pm$ が濃度と共に変化する様子は，たとえば Robinson and Stokes（2002）に見ることができる．

上記の主張が一般的命題として成立しないことは，S_{298}^0 (J/mol/K) の値を比べるだけでも明白である．Ho_2O_3(cub) と Y_2O_3(cub) での S_{298}^0 の大きな違いは，$4f$ 電子の有無による．現実物質の量子論的特徴は S_{298}^0 に端的に反映している．HfO_2 と ZrO_2 でも，S_{298}^0，ΔH_f^0，ΔG_f^0 の実験値は実験誤差を考えても明らかに異なる．元素イオンが異なればその核電荷も電子配置も異なり，それぞれが個性ある量子論的実在粒子である．したがって，これら化学種の熱力学量も異なるのは当然である．電解質溶液に対する Pitzer and Moyorga (1973) の理論式においても，個別電解質に対する三つのパラメーターが必要なことは，古典論的極限近似で現実の電解質の挙動を記述するには，イオンの価数とサイズ・パラメーターだけでは不十分であることを意味している．

古典論的極限 ($h \to 0$) の際に，量子力学の特殊な場合として古典力学が自然に導ける方法として，Feynman の経路積分法がよく知られている（ファインマン・ヒッブス，1995）．この方法は量子力学を古典力学の立場から系統的に再構成するもので，具体例が記されていて大変面白い．第10章 "統計力学" の記述は，ここで議論した内容と関連している．

15-5-2 Ln^{3+} イオンの水和熱力学量から推定した $\Delta H_{abs.\,hyd}(H^+)$, $S^0_{abs.}(H^+, aq)$

Ln^{3+} イオンの水和エンタルピーは，Tb〜Lu の領域では，$1/[(Ln-OH_2)_{obs}]$ との直線的相関が大変よい．この結果と 15-1，-2 節で述べた

$$\Delta H_{conv.\,hyd}(M^{3+}) \equiv \Delta H_{hyd}(M^{3+}) - 3\Delta H_{hyd}(H^+),$$
$$\Delta H_{conv.\,hyd}(X^-) \equiv \Delta H_{hyd}(X^-) + \Delta H_{hyd}(H^+)$$

を用いて，$\Delta H_{abs.\,hyd}(H^+) \equiv \Delta H_{hyd}(H^+)$ をこの章の最後に推定してみよう．Tb〜Lu の領域では次の回帰式が得られる：

$$\Delta H_{conv.\,hyd}(Ln^{3+}) \equiv \Delta H_{hyd}(Ln^{3+}) - 3\Delta H_{hyd}(H^+) = 5440.6 - 379.42 \cdot 10^3/[(Ln-OH_2)_{obs}] \text{ (kJ/mol)}$$

この平均回帰誤差は 0.07% である．$\Delta H_{conv.\,hyd}(X^-) \equiv \Delta H_{hyd}(X^-) + \Delta H_{hyd}(H^+)$ については，$1/[(X^--OH_2)_{obs}]$ の一次式を仮定した場合と $1/[(X^--OH_2)_{obs}]^3$ の一次式を仮定した場合で結果が少し異なり（15-2 節），

$1/[(X^--OH_2)_{obs}]$ の一次式 ： $\Delta H_{abs.\,hyd}(H^+) \equiv \Delta H_{hyd}(H^+) = -1534$ (kJ/mol)
$1/[(X^--OH_2)_{obs}]^3$ の一次式： $= -1669$ (kJ/mol)

の結果となる．アルカリ・ハライドから推定される $\Delta H_{abs.\,hyd}(H^+) \approx -1100$ kJ/mol より約 400〜600 kJ/mol も低い値である．Tb〜Lu の領域は Ln^{3+}(oct, aq) であり，水和数 8 だけのデータを用いることに問題がありそうである．

そこで，Ln^{3+}(aq) 系列の水和状態変化をまったく無視し，La〜Lu までのすべての $\Delta H_{conv.\,hyd}(Ln^{3+}) \equiv \Delta H_{hyd}(Ln^{3+}) - 3\Delta H_{hyd}(H^+)$ をただ機械的に $1/[(Ln-OH_2)_{obs}]$ の一次式に当てはめてみる．平均回帰誤差は 0.3% になるが，回帰一次式の定数項（切片）の値は変化するので，

$1/[(X^--OH_2)_{obs}]$ の一次式 ： $\Delta H_{abs.\,hyd}(H^+) \equiv \Delta H_{hyd}(H^+) = -1170$ (kJ/mol)
$1/[(X^--OH_2)_{obs}]^3$ の一次式： $= -1300$ (kJ/mol)

となる．両者の平均値は $\Delta H_{abs.\,hyd}(H^+) \approx -1240(\pm 65)$ kJ/mol で，15-2 節でのアルカリ・ハライドからの推定値 $\Delta H_{hyd}(H^+) = -1140(\pm 140)$ kJ/mol や Marcus (1982) の推奨値 $\Delta H_{abs.\,hyd}(H^+) \approx -1100$ kJ/mol に近い値となる．細かなことを考えない方がもっともらしいのはやや皮肉な結果と言える．これは次のように考えるべきではないだろうか．$[M-OH_2] \to \infty$ である場合，配位多

面体における中心イオンのサイズは増大するので，当然，配位数も増大する．しかし，配位数を固定することはこのような効果を排除することとなる．1価MXでもCs$^+$とLi$^+$の水和数，I$^-$とF$^-$の水和数は明らかに同じではない．したがって，[M-OH$_2$]→∞を考える場合は，観測量としての$1/(M-OH_2)_{obs}$をそのまま用いた方が経験論的には意味があるのではないか．

(15-28)からイオンの便宜的水和エントロピーは

$$\Delta S_{conv.\,hyd}(M^{Z+}) \equiv \Delta S_{hyd}(M^{Z+}) - ZS^0(H^+, aq) = S^0_{conv.}(M^{Z+}, aq) - S^0(M^{Z+}, g),$$

$$\Delta S_{conv.\,hyd}(X^{Z-}) \equiv \Delta S_{hyd}(X^{Z-}) + ZS^0(H^+, aq) = S^0_{conv.}(X^{Z-}, aq) - S^0(X^{Z-}, g)$$

であるので，$\Delta S_{conv.\,hyd}(Ln^{3+})$と$\Delta S_{conv.\,hyd}(X^-)$から$S^0_{abs.}(H^+, aq)$を求めることもできる．La～Luの$1/[(Ln-OH_2)_{obs}]$を用いて，

$$\Delta S_{conv.\,hyd}(Ln^{3+}) = A + B/[(Ln-OH_2)_{obs}],$$

$$S_{conv.\,hyd}(X^-, aq) - S_{conv.\,hyd}(X^-, g) = C + D/[(X-OH_2)_{obs}]$$

を仮定すると，$S^0_{abs.}(H^+, aq) = +18\,(J/mol/K)$となる．一方，

$$S_{conv.\,hyd}(X^-, aq) - S_{conv.\,hyd}(X^-, g) = C' + D'/[(X-OH_2)_{obs}]^3$$

を仮定した場合は，$S^0_{abs.}(H^+, aq) = -34\,(J/mol/K)$となる．両者の平均値は$S^0_{abs.}(H^+, aq) = -8(\pm 27)\,(J/mol/K)$である．

Ln^{3+}イオンとX$^-$イオンの水和エンタルピーとエントロピー，$1/[(Ln-OH_2)_{obs}]$，$1/[(X^--OH_2)_{obs}]$から，

$$\Delta H_{abs.\,hyd}(H^+) \approx -1240(\pm 65)\,(kJ/mol),$$

$$S^0_{abs.}(H^+, aq) = -8(\pm 27)\,(J/mol/K),$$

$$\Delta S^0_{abs.\,hyd}(H^+) = -117(\pm 27)\,(J/mol/K)$$

となる．Marcus（1982）の推奨値を再度掲げると，

$$\Delta H_{abs.\,hyd}(H^+) \approx -1100(\pm 6)\,(kJ/mol),$$

$$S^0_{abs.}(H^+, aq) = -22.2(\pm 1.3)\,(J/mol/K),$$

$$\Delta S^0_{abs.\,hyd}(H^+) = -131\,(J/mol/K)$$

である．Ln^{3+}(aq)系列の水和状態変化をまったく考えずに，$1/[(Ln-OH_2)_{obs}]$との相関をそのまま取り入れれば，$\Delta H_{abs.\,hyd}(H^+)$，$S^0_{abs.}(H^+, aq)$のもっともらしい値が得られることは教訓的である．しかし，このような「おおらかな経験論」から離れて，もう少し定量的議論はできないものかとの想いが残る．

第 16 章
熱力学量の四組効果から求めた電子雲拡大系列

　第 12〜15 章で検討した代表的な Ln(III) 化合物・錯体間の配位子交換反応を考え，その熱力学的データ（ΔH_r と ΔS_r）の系列変化が示す四組効果を RSPET の改良式を用いて系統的に解析すると，これら Ln(III) 化合物・錯体が一つの電子雲拡大系列をなすことがわかる．これは，スペクトル・データから得られる結果と同じものである．一方，Ln(III) 化合物・錯体の標準生成エンタルピー（ΔH_f^0）そのものは，Ln(III) 金属と各 Ln(III) 化合物・錯体間の配位子交換反応の ΔH_r に他ならない．Ln(III) 化合物・錯体の ΔH_f^0 自体も同様に取り扱うことにより，改良 RSPET 式による解析から Ln(III) 金属の Racah パラメーターの相対的な大きさも議論できる．同様な考察は標準生成エントロピー（ΔS_f^0）にも当てはまる．

16-1　エンタルピー四組効果の RSPET 解析

　Ln(III) 化合物・錯体対で Racah パラメーターが異なると，これらの配位子交換反応の ΔH_r に四組効果が現れる．改良 RSPET 式を用いてこの四組効果を定量的に解析すれば，両系列での Racah パラメーターの差が推定できる．この RSPET 解析の手続きは，LnF_3(rhm) と $LnO_{1.5}$(cub) の標準生成エンタルピー（ΔH_f^0）の差を例に第 12 章で詳しく述べた．通常の Ln(III) 化合物・錯体は完全に同質同形系列をなさないため，実験データには Ln(III) の配位状態変化に起因する熱力学量の系列変化が加わっている．RSPET の改良式を用いるためには，この種の構造変化による寄与をあらかじめ取り除いておく必要がある．この作業では，Ln(III) 化合物・錯体の構造データも参照しながら，個別データを逐一検討せねばならない．また，構造変化に対する修正量は必ずしもただちに推定できるわけではなく，「試行錯誤」的な繰り返しも必要となる．

　第 12〜14 章では，$LnO_{1.5}$(cub)，$Ln(OH)_3$(hex)，Ln^{3+}(oct, aq)，$LnCl_3$(hex)，LnF_3(rhm) の標準生成エンタルピー（ΔH_f^0）と標準エントロピー（S_{298}^0）のデータについて，この種の個別検討内容を記述し，構造変化に対する修正量の推定値も与えた．同質同形系列に補正したこれら Ln(III) 化合物・錯体の熱力学データ・セットに改良 RSPET 式を適用し，配位子交換反応の ΔH_r の四組効果からの電子雲拡大系列を求めてみよう．ΔS_r については次節で述べるが，13-7-3 で ΔH_r と ΔS_r の四組効果が正相関することを議論した際に，その検討結果を既に示している．

　まず，$LnO_{1.5}$(cub)，$Ln(OH)_3$(hex)，Ln^{3+}(oct, aq)，$LnCl_3$(hex)，LnF_3(rhm) の ΔH_f^0 の差から検討する．5 種の Ln(III) 系列があるから，ここでの可能な対の総数，すなわち，配位子交換反応の総数

は $_5C_2 = 10$ である．各データ・セットに，改良 RSPET 式 (12-1) で $C_{ls} = 0$ としてスピン・軌道相互作用の寄与は無視した式，

$$\Delta H_f^0(A) - \Delta H_f^0(B) = A_0 + q(a+bq)(q+25) + \frac{9}{13}n(S)C_1(q+25) + m(L)C_3(q+25) \quad (16\text{-}1)$$

を最小二乗法で当てはめ，係数を求めればよい．これら 10 対の結果を図 16-1a, b, c, d, e に示す．

Ln(III) 系列 A の Racah パラメーターが Ln(III) 系列 B に対してどれだけ大きいかは，

$$E^1(A) - E^1(B) \equiv \Delta E^1(A/B) = C_1(q+25) \quad (16\text{-}1\text{-}1)$$
$$E^3(A) - E^3(B) \equiv \Delta E^3(A/B) = C_3(q+25) \quad (16\text{-}1\text{-}2)$$

であるから，相対値は係数 C_1 と C_3 から決めることができる．(C_1, C_3) の値は異なる 10 対について得られる．しかし，基準としてどれか一つの Ln(III) 系列を指定し，これに対して他の四つの Ln(III) 系列の (C_1, C_3) の相対値が決まれば，10 対の (C_1, C_3) の値も自動的に決まる．独立な (C_1, C_3) の値は四つある．したがって，10 個の (C_1, C_3) の値を用いて，たとえば，$Ln^{3+}(oct, aq)$ の (C_1, C_3) の値を $(0, 0)$ として，他の四つの化合物系列の (C_1, C_3) の相対値を最小二乗法で求めることができる．測定値として用いている ΔH は，一対の Ln(III) 化学種間の反応に対するもので，相対量だから，それから得られる (C_1, C_3) の値は Racah パラメーターの相対値（ΔE^1 と ΔE^3）である．結果は，少し後の 16-4-6 に示す表 16-3 と図 16-12 に含めてある．そこでの基準は $Ln^{3+}(oct, aq)$ ではないが，基準を $Ln^{3+}(oct, aq)$ にする場合は，表 16-2 での $Ln^{3+}(oct, aq)$ を 0 とする変更を，他の化学種にも加えればよい．ここで問題にする Ln(III) 化学種の E^1 と E^3 は次の順に増加することになる：

$$E^1: LnO_{1.5}(cub) < Ln(OH)_3(hex) < Ln^{3+}(oct, aq) < LnCl_3(hex) < LnF_3(rhm) \quad (16\text{-}2)$$
$$E^3: LnO_{1.5}(cub) < Ln(OH)_3(hex) < Ln^{3+}(oct, aq) = LnCl_3(hex) < LnF_3(rhm) \quad (16\text{-}3)$$

Nd 化合物のスペクトル解析から得られた電子雲拡大系列（図 12-2）とほぼ一致する．$C_{ls} = 0$ として，RSPET の (12-1) 式を用いているものの，ΔH_f^0 の差を RSPET 式で解析した結果はスペクトル解析の結果（図 12-2）によく対応している．

既に第 12～15 章では，$LnES_3 \cdot 9H_2O$，$LnCl_3 \cdot 6H_2O$ の溶解の ΔH_s データ，Ln(III) EDTA(aq), Ln(III)DTPA(aq), $Ln(III)(dipic)_3$(aq), $Ln(III)(diglyc)_3$(aq) の錯体生成反応の ΔH_{cf} について議論した．これらはいずれも $Ln^{3+}(oct, aq)$ との配位子交換反応の ΔH_r データである．これらを (16-2)，(16-3) の電子雲拡大系列に挿入すると，

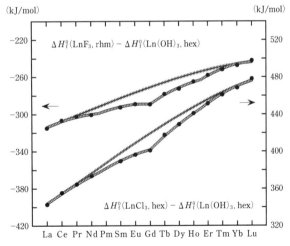

図 16-1a　$LnF_3(rhm)/Ln(OH)_3(hex)$ と $LnCl_3(hex)/Ln(OH)_3(hex)$ の対における $\Delta H_{f,298}^0$ の差を，最小二乗法により RSPET 式 (16-1) で回帰した結果．

$$E^1: \text{LnO}_{1.5}(\text{cub}) < \text{Ln(OH)}_3(\text{hex}) < \text{Ln(III)}(\text{dipic})_3(\text{aq}) < \text{Ln(III)}(\text{diglyc})_3(\text{aq})$$
$$\leq \text{Ln}^{3+}(\text{oct, aq}) \approx \text{LnCl}_3 \cdot 6\text{H}_2\text{O} < \text{Ln(III)DTPA(aq)}$$
$$\leq \text{LnES}_3 \cdot 9\text{H}_2\text{O} < \text{LnCl}_3(\text{hex}) < \text{LnF}_3(\text{rhm}) \tag{16-4}$$
$$E^3: \text{LnO}_{1.5}(\text{cub}) < \text{Ln(OH)}_3(\text{hex}) < \text{Ln(III)}(\text{dipic})_3(\text{aq}) < \text{Ln(III)}(\text{diglyc})_3(\text{aq})$$
$$\leq \text{Ln}^{3+}(\text{oct, aq}) \approx \text{LnCl}_3 \cdot 6\text{H}_2\text{O} < \text{LnES}_3 \cdot 9\text{H}_2\text{O}$$
$$\leq \text{Ln(III)DTPA(aq)} < \text{LnCl}_3(\text{hex}) < \text{LnF}_3(\text{rhm}) \tag{16-5}$$

となる.

14-3節では,$\text{Ln}^{3+}(\text{aq}) + \text{DTPA}^{5-}(\text{aq}) = [\text{LnDTPA}]^{2-}(\text{aq})$ のデータにRSPET式を当てはめた結果を示しておいた(図14-10).Ln-DTPA(aq) の Racah パラメーターは $\text{LnCl}_3 \cdot 6\text{H}_2\text{O(c)}$,$\text{Ln}^{3+}(\text{oct, aq})$ より大きく,$\text{LnES}_3 \cdot 9\text{H}_2\text{O}$ の Racah パラメーターにほぼ匹敵する.$\text{LnES}_3 \cdot 9\text{H}_2\text{O}$ の溶解データと組み合わせた ΔH_r の系列変化からは,$\Delta E^{1,3} = E^{1,3}$(Ln-DTPA(aq)) $- E^{1,3}$($\text{LnES}_3 \cdot 9\text{H}_2\text{O}$) として,

$$\Delta E^1(\text{Nd}^{3+}) = -(8.3 \pm 7.6) \text{ cm}^{-1},$$
$$\Delta E^3(\text{Nd}^{3+}) = +(3.7 \pm 2.3) \text{ cm}^{-1} \tag{16-6}$$

の結果となる.14-3節で述べたように,DTPAは八座配位子であるが,Ln-DTPA(aq) の Racah パラメーターが $\text{LnES}_3 \cdot 9\text{H}_2\text{O}$ に匹敵する事実は,Ln-DTPA(aq) における Ln(III) の配位数が9であることを示唆する.14-3節で紹介したEu(III),Tb(III) 錯体の蛍光スペクトル法から Rizkalla and Choppin (1991) は,Ln-DTPA(aq) 系列では,DTPAの官能基の他に1.1個の水分子がLn(III)に配位していることを推定しており,Supkowski and Horrocks (2002) では,1個の水分子が存在するとしている.ここでの結果とも矛盾しない.

Ln(III)EDTA(aq) 系列の中央部では水和構造変化が起こっていることは,14-4節で述べた.二種類の系列に分けて考えるべきであるが,(16-4),(16-5) の系列では省いてある.Ln(III)EDTA(aq) についての RSPET 式を用いた詳しい解析は,Kawabe (2013c) を

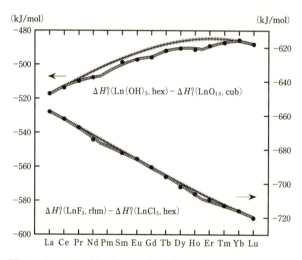

図 16-1b Ln(OH)$_3$(hex)/LnO$_{1.5}$(cub) と LnF$_3$(rhm)/LnCl$_3$(hex) の対における $\Delta H^0_{f,298}$ の差を,最小二乗法により RSPET 式 (16-1) で回帰した結果.

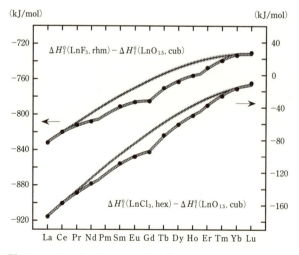

図 16-1c LnF$_3$(rhm)/LnO$_{1.5}$(cub) と LnCl$_3$(hex)/LnO$_{1.5}$(cub) の対における $\Delta H^0_{f,298}$ の差を,最小二乗法により RSPET 式 (16-1) で回帰した結果.

参照していただきたい．14-4 節で示したように，重 Ln 側の Ln(III)EDTA(aq) では，その Racah パラメーターは Ln^{3+}(oct, aq) よりやや小さく，軽 Ln 側の Ln(III)EDTA(aq) では Ln^{3+}(oct, aq) より大きい．

ところで，電子雲拡大系列の元々の考え方からすると，Racah パラメーター＝0 の基準としては Ln^{3+}(g) が採用されることが望ましい．16-4-6 の表 16-3 と図 16-12 ではその基準を採用している．しかし，この結果に至るには，残された問題点，すなわち，Ln^{3+}(g) が関与する Ln(III) 金属格子エンタルピーと Ln(III) 化合物格子エンタルピーの系列変化を RSPET 式で統一的に表現する際の問題点，を解決する必要がある．図 16-1a〜e の結果には，Ln^{3+}(g) と Ln(III) 金属が含まれていない理由である．$LnO_{1.5}$(cub), Ln(OH)$_3$(hex), Ln^{3+}(oct, aq), LnCl$_3$(hex), LnF$_3$(rhm) の標準生成エンタルピー (ΔH_f^0) の 5 種の Ln(III) 系列に，Ln^{3+}(g) と Ln(III) 金属の 2 系列を加えた 7 種の Ln(III) 系列を対象とすると，異なる対は全部で 21 対となる．Ln^{3+}(g) と Ln(III) 金属の 2 系列が関与する 11 対については，16-4 節で議論し，ΔH の熱力学量系列変化の四組効果と RSPET 式から推定できる電子雲拡大系列は，16-4-6 で総括する．

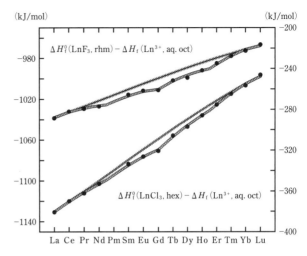

図 16-1d　LnF$_3$(rhm)/Ln^{3+}(aq, oct) と LnCl$_3$(hex)/Ln^{3+}(aq, oct) の対における $\Delta H_{f,298}^0$ の差を，最小二乗法により RSPET 式 (16-1) で回帰した結果．

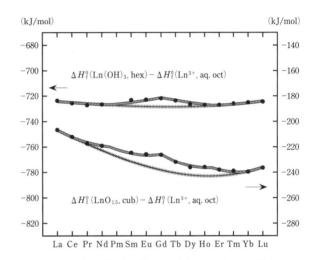

図 16-1e　Ln(OH)$_3$(hex)/Ln^{3+}(aq, oct) と $LnO_{1.5}$(cub)/Ln^{3+}(aq, oct) の対における $\Delta H_{f,298}^0$ の差を，最小二乗法により RSPET 式 (16-1) で回帰した結果．

16-2　エントロピー四組効果の RSPET 解析

Ln(III) 化合物・錯体間の配位子交換反応の ΔS_r は，ΔH_r に類似して，四組効果を示すことを第 13〜14 章で指摘した．13-7-3 では，同質同形系列に補正した $LnO_{1.5}$(cub), Ln(OH)$_3$(hex), LnCl$_3$(hex), LnF$_3$(rhm), Ln(III) 金属，Ln^{3+}(g) の S_{298}^0 の相互の差は，これら Ln(III) 化学種間の配位子交換反応の ΔS_r の系列変化を与え，そこには ΔH_r に類似する四組効果が存在し，ΔH_r と ΔS_r の四組

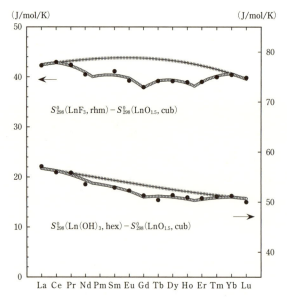

図 16-2a $LnO_{1.5}$(cub), $Ln(OH)_3$(hex), LnF_3(rhm) の 3 系列における S^0_{298} の差を RSPET 式で回帰した結果. $LnO_{1.5}$(cub), $LnCl_3$(hex), LnF_3(rhm) 間の同様な関係は図 13-13c に示してある.

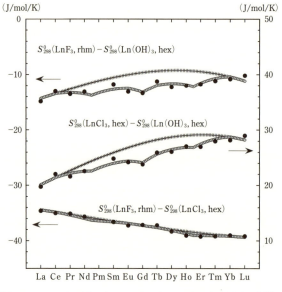

図 16-2b $Ln(OH)_3$(hex), $LnCl_3$(hex), LnF_3(rhm) に対する標準モル・エントロピー S^0_{298} の相互の差を RSPET 式で回帰した結果.

効果が正の相関を示すことを述べた. これを指針とすることで, Ln^{3+}(oct, aq) の S^0_{298} を RSPET 式を用いて補正し直し, Ln^{3+}(oct, aq) が関与する配位子交換反応の ΔS_r にも四組効果を確認した (図 14-23). ここでは, Ln^{3+}(g), Ln^{3+}(oct, aq), $LnO_{1.5}$(cub), $Ln(OH)_3$(hex), $LnCl_3$(hex), LnF_3(rhm) の六つの Ln(III) 系列に対する S^0_{298} の相互の差が, RSPET 式で近似できる事を具体的に示し, 電子雲拡大系列は ΔS_r の四組効果からも議論できることを再確認する. $Ln(III)_{metal}$ 系列の S^0_{298} については 16-5 節で議論するが, $Ln(III)_{metal}$ 系列が加わった 7 個の Ln(III) 系列で S^0_{298} の差を考えても, 状況はまったく同じである.

$LnO_{1.5}$(cub), $LnCl_3$(hex), LnF_3(rhm) 間の S^0_{298} の相互差を RSPET 式に回帰した結果は既に図 13-13c に示してある. 図 16-2a は, $LnO_{1.5}$(cub), $Ln(OH)_3$(hex), LnF_3(rhm) の S^0_{298} の相互差の回帰結果を示す. また, 図 16-2b は, $Ln(OH)_3$(hex), $LnCl_3$(hex), LnF_3(rhm) の S^0_{298} の差の回帰結果である. Ln^{3+}(oct, aq) と $LnO_{1.5}$(cub), $Ln(OH)_3$(hex), $LnCl_3$(hex), LnF_3(rhm) との S^0_{298} の差を RSPET 式で回帰した結果は, 既に, 図 14-23 に示してある.

Ln^{3+}(g), Ln^{3+}(oct, aq), $LnO_{1.5}$(cub), $Ln(OH)_3$(hex), $LnCl_3$(hex), LnF_3(rhm) の六つの Ln(III) 系列を考えた場合, 異なる 2 系列間での S^0_{298} の差は, 全部で 15 対ある. このうちの 10 対は図 13-13c, 図 14-23, 図 16-2a, b に示したので, 以下では Ln^{3+}(g) が関与する 5 対で $[S^0_{298}(LnX) - S_{el}(Ln^{3+}, g)]$ の系列変化を考え, これら系列変化が RSPET 式で表現できることを示す. これらは, 化合物系列の場合は, 負符号を付けた格子エントロピー, Ln^{3+}(oct, aq) の場合は水和エントロピー, の系列変化に当たる. 各系列の $S^0_{298}(LnX)$ から $4f$ 電子エントロピーを差し引いた値であり, $S^0_{298}(LnX)$ の系列変化と共に, 個別には既に図 13-13a, -13b, 図 14-3, -5, -20 などで示している.

4種のLn(III)化合物系列のS^0_{298}とLn^{3+}(g)の4f電子エントロピーの差をRSPET式で回帰した結果が図16-3aである．Ln^{3+}(oct, aq)のS^0_{298}とLn^{3+}(g)の4f電子エントロピーの差をRSPET式で回帰した結果は，Ln(III)金属系列の場合と共に，図16-3bに示す．Ln(III)金属系列のS^0_{298}については16-5節で議論する．

以上のように，Ln(III)化合物系列のS^0_{298}とLn^{3+}(g)の4f電子エントロピーの差の系列変化もREPET式で記述でき，その四組効果も定量的に議論できる．前節のΔH_rと同様に，これら15対のS^0_{298}の差が示す系列変化から，Ln^{3+}(g), Ln^{3+}(oct, aq), LnO$_{1.5}$(cub), Ln(OH)$_3$(hex), LnCl$_3$(hex), LnF$_3$(rhm)に対し，それぞれ，RSPET式でのエントロピー八組・四組効果の係数(C_1, C_3)として，6セットの値が得られる．Ln^{3+}(g)のエントロピー八組・四組効果の係数(C_1, C_3)を基準の$(0, 0)$として固定し，Ln^{3+}(g)以外の各Ln(III)系列に対する(C_1, C_3)値が5セット得られる．5個の平均値(m)と標準偏差(s)を求め，各Ln(III)系列に対するエントロピー八組・四組効果のパラメーターとして$[m(C_1) \pm s(C_1), m(C_3) \pm s(C_3)]$を得る．標準偏差$(s)$ではなく，平均値に対する誤差としての標準偏差，$\sigma(m) = s/\sqrt{n}$, $n = 5$, を用いてもよいが，ここでは標準偏差(s)を使用する．16-5節で議論するLn(III)$_{metal}$系列のS^0_{298}も含めると，Ln^{3+}(g)以外の各Ln(III)系列に対して，6セットの係数(C_1, C_3)値が得られるので，その6個の平均値(m)と

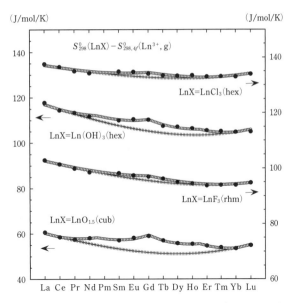

図16-3a 4種のLn(III)化合物系列のS^0_{298}とLn^{3+}(g)の4f電子エントロピーの差，$\{S^0_{298}(LnX) - S^0_{298,4f}(Ln^{3+}, g)\}$，をRSPET式で回帰した結果．

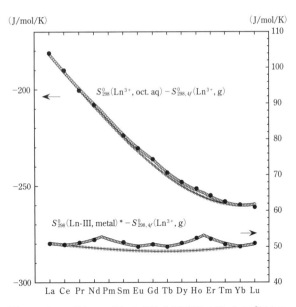

図16-3b Ln^{3+}(oct, aq)とLn(III)金属系列のS^0_{298}とLn^{3+}(g)の4f電子エントロピーの差をRSPET式で回帰した結果．

標準偏差(s)を求めることになる．表16-1は，Ln(III)$_{metal}$系列を含めた7系列での結果をまとめたもので，Ln(III)金属を含めない6系列から得られる(C_1, C_3)値は表16-1の結果と実質的に等しい．表16-1の(C_1, C_3)の値を図示すると図16-4となる．前節のΔH_rから得られたΔE^1とΔE^3が示す「電子雲拡大系列」(16-4-6の表16-3と図16-12)とほぼ同様な結果となる．Ln(III)$_{metal}$系列は，ΔH_rから得られるΔE^1とΔE^3（それぞれC_1とC_3に対応）も，他のLn(III)系列とは異なる位

表 16-1 異なる Ln(III) 系列での S_{298}^0 の差が示す系列変化を RSPET 式で回帰して求めたエントロピー八組・四組効果の係数 (C_1, C_3) の相対値*.

Ln(III) 系列	$C_1 \times 10^2$ (J/mol/K)	$C_3 \times 10^2$ (J/mol/K)
Ln^{3+}(g)	= 0	= 0
LnF_3(rhm)	−0.33 ± 0.14	0.071 ± 0.005
$LnCl_3$(hex)	−0.404 ± 0.074	0.017 ± 0.029
Ln(III) metal	−0.397 ± 0.046	−0.377 ± 0.030
Ln^{3+}(aq, oct)	−0.47 ± 0.21	−0.139 ± 0.006
$Ln(OH)_3$(hex)	−1.16 ± 0.08	−0.137 ± 0.013
$LnO_{1.5}$(cub)	−1.67 ± 0.08	−0.239 ± 0.013

* 7種の Ln(III) 系列から得られる全 21 対での S_{298}^0 の差の系列変化を RSPET 式で回帰し, 八組・四組効果の係数 (C_1, C_3) を決める. そして, Ln^{3+}(g) 系列を (C_1, C_3) = (0, 0) の基準に固定して, 6個の異なる対から得られる相対値の平均値 (m) と標準偏差 (s) を求め, 各系列の ($[m(C_1) \pm s(C_1), m(C_3) \pm s(C_3)]$) の相対値としている.

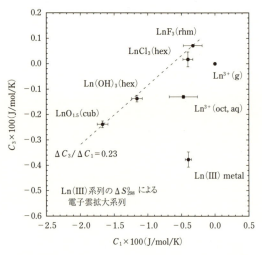

図 16-4 表 16-1 の C_1, C_3 の値を, それぞれ, 横軸, 縦軸に取りプロットした結果. 破線は Ln(III) 金属を除く Ln(III) 系列が示すエントロピー四組効果からの電子雲拡大系列のトレンド ($\Delta C_3/\Delta C_1 = 0.23$) を示す. Ln(III) 金属の位置も含めて, エンタルピー四組効果から推定される電子雲拡大系列 (図 16-12) に類似する.

置を占め, 図 16-12 の場合に類似する. 詳しくは 16-4, -5 節で述べる.

16-3 ΔG_r の四組効果: ΔH_r と ΔS_r で相関する四組効果の問題

ΔH_r と ΔS_r での四組効果を改良 RSPET 式に当てはめた結果を用いて, ΔH_r と ΔS_r で相関する四組効果がどの程度 ΔG_r で相殺されるかを評価できる. 13-7-3, -4 でも議論したが, ここでは ΔG_r の四組効果と ΔH_r の四組効果の関係, ΔG_r の四組効果の温度依存性について改めて議論する.

$LnO_{1.5}$(cub), $Ln(OH)_3$(hex), Ln^{3+}(oct, aq), $LnCl_3$(hex), LnF_3(rhm) では,

$$\Delta S(\text{tetrad})/\Delta H(\text{tetrad}) \equiv \kappa \approx 0.2 \times 10^{-3} \text{ (1/K)},$$
$$\Delta G(\text{tetrad}) = \Delta H(\text{tetrad}) - T\Delta S(\text{tetrad}) = (1 - \kappa \cdot T)\Delta H(\text{tetrad}) \approx (1 - 0.2 \times 10^{-3} \cdot T)\Delta H(\text{tetrad}) \tag{16-7}$$

となる (13-7-3). ΔG_r の四組効果は, 常温で ΔH_r の四組効果の約 94% である. 常温の反応では, ΔG_r の四組効果は実質的に ΔH_r の四組効果であり, エントロピーの四組効果が極性を変えて ΔG_r の四組効果となることはない. これらの Ln(III) 化合物ではいずれも結合力が比較的大きく, ΔG_r は主として ΔH_r に支配され, 常温付近の反応では ΔS_r の寄与は相対的に小さいからである.

しかし, 溶存 Ln(III) 多座配位子錯体が関与する反応の ΔG_r では, ΔS_r の寄与が相対的に大きく, Ln(III) 多座配位子錯体間の配位子交換反応では, ΔH_r の四組効果と ΔS_r の四組効果が拮抗し, 結果として常温での ΔG_r の四組効果が大変小さくなる (13-7-4). Ln(III)DTPA(aq), $Ln(III)(dipic)_3$(aq), $Ln(III)(diglyc)_3$(aq) の配位子交換反応からは,

$$\Delta S(\text{tetrad})/\Delta H(\text{tetrad}) \approx 3 \times 10^{-3} \text{ (1/K)},$$
$$\Delta G(\text{tetrad}) = \Delta H(\text{tetrad}) - T\Delta S(\text{tetrad}) \approx (1 - 3 \times 10^{-3} \cdot T)\Delta H(\text{tetrad}) \tag{16-8}$$

の関係が推定できる．Ln(III)EDTA(aq) の場合も，軽 Ln 側の LnEDTA・3H$_2$O(aq) 系列では (16-8) が該当する（14-4-1, Kawabe, 2013c）．溶存 Ln(III) 多座配位子錯体の安定性が主として ΔS_r に規定されている状況を反映している．式(16-8) を 298 K（25℃）で考えると，ΔH_r と ΔS_r との四組効果は ΔG_r ではほとんど相殺される．373 K（100℃）では，ΔG_r の四組効果は小さなものとして残るが，その極性は ΔH_r とは逆となる．ただし，Ln(III)DTPA(aq), Ln(III)(dipic)$_3$(aq), Ln(III)(diglyc)$_3$(aq) などの溶存錯体が 373 K（100℃）でも安定であるかどうかは別の問題である．

このように，ΔG_r の四組効果の大きさと極性は，(16-7) の $(1-\kappa \cdot T)\Delta H$(tetrad) による．すなわち，Ln(III) 化合物・錯体の反応での ΔS(tetrad)$/\Delta H$(tetrad)$=\kappa$ の値と温度で決まる．以下の三つの場合を区別できる．

1) $\kappa \cdot T < 1$：ΔG_r と ΔH_r の四組効果は相互に類似するが，ΔG_r の四組効果は ΔH_r に比べより小さい．
2) $\kappa \cdot T \approx 1$：ΔH_r と ΔS_r で相関する四組効果は ΔG_r では相殺され，ΔG_r での系列変化に四組効果は現れない．
3) $\kappa \cdot T > 1$：ΔG_r の四組効果は ΔH_r の四組効果と反対の極性を持つ．

常温・常圧下の Ln(III) キレート錯体の生成定数 K は，Ln^{3+}(aq) と Ln(III) 多座配位子錯体間の反応の $\Delta G_r=-RT\ln K$ とつながっている．そして，この種の ΔG_r の四組効果は，2) あるいは 1) の状況が実現しており，ΔG_r には四組効果は認められないか，認められても小さく，ΔH_r の四組効果より小さい．これが，常温・常圧下の Ln(III) キレート錯体の安定度定数（錯体生成定数）の系列変化が一般に微弱な四組効果しか示さない理由である．

Ln(III) キレート錯体が関与する反応の ΔG_r については，四組効果が明確ではない場合，ΔH_r と ΔS_r の四組効果が相殺されている可能性がある．ΔH_r と ΔS_r 自体の系列変化を検討する必要がある．四組効果を ΔG_r の系列変化だけから判断するのは適切ではない．Wood（1990a, b）や Byrne and Sholkovitz（1996）は，代表的な常温・常圧下の Ln(III) キレート錯体の安定度定数（錯体生成定数）の系列変化が小さな四組効果しか示さない事実を，天然系 Ln(III) 溶存化学種の反応では四組効果は重要ではないとする論拠としている．しかし，この主張では，ΔG_r の系列変化が示す四組効果だけが念頭に置かれ，ΔH_r と ΔS_r の系列変化が四組効果を示す事実を無視している．さらに，ΔH_r と ΔS_r 自体の系列変化は明確な四組効果を示すが，ΔG_r ではそれらが相殺される可能性はまったく検討されていない．Ln(III) 溶存錯体生成反応の熱力学量の四組効果に対する議論としては，これは明らかに誤った議論である．

相関する ΔH_r と ΔS_r の四組効果が ΔG_r で相殺される可能性は，(16-7) の $(1-\kappa \cdot T)\Delta H$(tetrad) から，高温反応で大きくなる．希土類元素の地球化学では，火成作用における鉱物とケイ酸塩メルト間の分配現象に関心が寄せられてきた．この分配反応は $T > 1000$ K で起こる高温反応だから，相関する ΔH_r と ΔS_r の四組効果が ΔG_r で相殺される問題は重要である．これについては，第 17 章と第 19 章で議論する．

16-4　Ln(III) 金属の Racah パラメーター (I)：ΔH_f^0 の RSPET 解析

5-2 節で議論したように，Ln(III) 化合物の標準生成エンタルピー（$\Delta H_{f,298}^0$）は，

$$\Delta H_f^0(\text{LnO}_{1.5}, \text{cub}) : \text{Ln(c)} + (3/4)\text{O}_2(\text{g}) = \text{LnO}_{1.5}(\text{cub})$$

と，元素単体からその化合物を標準状態でつくる反応の ΔH である．したがって，元素単体の Ln 金属が左辺側にあることが前提となる．この反応は，Ln(II) 金属の Eu と Yb を除けば，Ln(III) 金属と各 Ln(III) 化合物の配位子交換反応の ΔH_f^0 と見なすこともできる．Ln(III) 金属を，Ln それ自身が配位子である"特別な Ln(III) 化合物・錯体"と見なす．Ln(III) 金属の電子配置は $[\text{Xe}](4f)^q(5d)(6s)^2$ だから，伝導電子の $(5d)(6s)^2$ は金属結合の"糊"に相当し，この部分も ΔH_f^0 に寄与している．しかし，$[\text{Xe}](4f)^q$ と $(5d)(6s)^2$ の寄与を分離できれば，Ln(III) 化合物の ΔH_f^0 それ自身を配位子交換反応の ΔH_f^0 と同様に取り扱うことができる可能性がある．そして，RSPET 式による解析から，Ln(III) 金属の Racah パラメーターの相対的な大きさも議論できる可能性がある．8-3～-4節では Ln(III) 金属の蒸発熱 (ΔH_v^0) や $\Delta H_v^0 + I_1 + I_2 + I_3$ を，9-2 節では Ln(III) 金属の XPS と BIS スペクトルを RSPET から既に考察している．伝導電子 $(5d)(6s)^2$ の寄与を無視して議論したものの，Ln(III) 金属は $[\text{Xe}](4f)^q$ で特徴付けられる物質であることは間違いない．10-3 節に述べた Ln(III) 金属での原子半径の議論でもこのことを示唆した．したがって，$(5d)(6s)^2$ の寄与をもう少し丁寧に分離すれば，Ln(III) 金属の $[\text{Xe}](4f)^q$ 部分の Racah パラメーターについても，Ln(III) 化合物の $\Delta H_{f,298}^0$ を用いて議論できるのではないか．これがここでの問題意識である．

16-4-1 "Ln(金属) 異常"とその補正

検討すべきは，Ln(III) 化合物の $\Delta H_{f,298}^0$ データが示す系列変化である．上記の反応の逆反応を，右辺側に Ln(metal) を置く形で考える．

$$-\Delta H_f^0(\text{LnO}_{1.5}, \text{cub}) : \text{LnO}_{1.5}(\text{cub}) = \text{Ln(c)} + (3/4)\text{O}_2(\text{g})$$

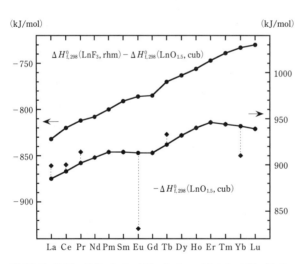

図 16-5 $\{\Delta H_{f,298}^0(\text{LnF}_3, \text{rhm}) - \Delta H_{f,298}^0(\text{LnO}_{1.5}, \text{cub})\}$ と $\{-\Delta H_{f,298}^0(\text{LnO}_{1.5}, \text{cub})\}$ の系列変化の比較．同形系列値へ補正した本書での実験値による．前者の $\Delta H_{f,298}^0$ の差ではデータ点の異常は認められないが，後者の $\{-\Delta H_{f,298}^0(\text{LnO}_{1.5}, \text{cub})\}$ では，Eu と Yb だけでなく，La，Ce，Pr，Tb も滑らかな系列変化から不規則変位を示す．これらは，Ln(III) 化合物に対する Ln(metal) の H の不規則性を表す．

$\{-\Delta H_f^0(\text{LnO}_{1.5}, \text{cub})\}$ の系列変化を考える．下付きの添字 298 (K) は，添字が長くなる場合はこのように省略する．図 16-5 は，$\{-\Delta H_f^0(\text{LnO}_{1.5}, \text{cub})\}$ の系列変化と，通常の配位子交換反応に対する $\{\Delta H_f^0(\text{LnF}_3, \text{rhm}) - \Delta H_f^0(\text{LnO}_{1.5}, \text{cub})\}$ の系列変化を示す．二つの系列変化で用いられている $\Delta H_f^0(\text{LnO}_{1.5}, \text{cub})$ は同一である．図 16-5 に示した $\{-\Delta H_f^0(\text{LnO}_{1.5}, \text{cub})\}$ の系列変化で，Eu と Yb の値（黒ダイアモンド印）が著しく負側にずれている．これは Ln(II) 金属である Eu と Yb の特徴が現れた結果である．それぞれ，+82，+32 kJ/mol の補正を行い Ln(III) 金属に直した結果（黒丸印）を破線で結んである．Ln(II) 金属の Eu と Yb を仮想的 Ln(III) 金属に補正することは，Ln 金属の問題だか

ら，Ln(III) 化合物・錯体が異なってもすべて共通の補正量である．図 16-5 に示した $\{\Delta H_\mathrm{f}^0(\mathrm{LnF}_3, \mathrm{rhm}) - \Delta H_\mathrm{f}^0(\mathrm{LnO}_{1.5}, \mathrm{cub})\}$ では，Eu と Yb の値は異常を示さない．金属の異常はすべて相殺され，Ln(metal) の特徴は現れない．$\{-\Delta H_\mathrm{f}^0(\mathrm{LnO}_{1.5}, \mathrm{cub})\}$ での Eu と Yb が他の Ln(III) のデータと滑らかな系列変化を示すようにして共通の補正量を推定でき，これらは +82, +32 kJ/mol と決まる．$\{-\Delta H_\mathrm{f}^0(\mathrm{LnO}_{1.5}, \mathrm{cub})\}$ で異常を示すのは Eu と Yb のデータだけではない．La, Ce, Pr, Tb の実験値（黒ダイアモンド印）も正の異常を示しているように見える．黒丸の点は，後に見るように改良 RSPET 式に従う系列変化で，$-\Delta H_\mathrm{f,298}^0$ に対する +82 (Eu), +32 (Yb) kJ/mol の補正の他に，−14 (La), −7 (Ce), −12 (Pr), −11 (Tb) kJ/mol の補正の必要性が示唆される．

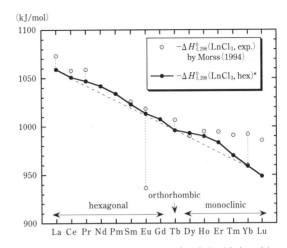

図 16-6 $\{-\Delta H_\mathrm{f,298}^0(\mathrm{LnCl}_3, \mathrm{exp})\}$ の系列変化（白丸の点）．この実験値に Ln (金属) 異常の補正と，monoclinic 晶系 LnCl_3 (Dy〜Lu) を LnCl_3 (La〜Gd) と同形の hexagonal 晶系に補正した $\{-\Delta H_\mathrm{f,298}^0(\mathrm{LnCl}_3, \mathrm{hex})^*\}$ の値（黒丸の点）．EuCl_3 に対する黒丸の点直上の白丸の点は，（実験値 +82 kJ/mol）を示す．両者の不一致は，ここでの EuCl_3 実験値がこの程度の誤差を持つと理解する．

プロットしてある Pm の値は実験値ではないので，ここではとりあえず無視していただきたい．Ln(III) 金属における伝導電子 $(5d)(6s)^2$ の $-\Delta H_\mathrm{f,298}^0$ に対する寄与も，やはり金属側の問題であるから，これらの補正も Ln(III) 化合物・錯体が異なっても共通である．$-\Delta H_\mathrm{f,298}^0$ に対する補正は，Ln(金属)系列の Ln(III) 同質同形系列に対する H の不規則性を除去することであり，すべての Ln(III) 同質同形化合物系列の $-\Delta H_\mathrm{f,298}^0$ で共通である．これを "Ln(金属) 異常" の補正値と呼ぶことにする．

以上の内容を確認するために，もう一つの具体例を図 16-6 に示す．Morss (1994) による $-\Delta H_\mathrm{f,298}^0(\mathrm{LnCl}_3, \mathrm{exp})$（白丸の点）である．この実験値は系列内構造変化を示す LnCl_3 のデータで，変化する結晶系を図 16-6 下部に記している．14-1 節で詳述したように，LnCl_3(monoclinic) → LnCl_3(hex) とする補正を行い，全 LnCl_3 を六方晶系の同質同形系列として扱えるようにし，さらに "Ln(金属) 異常" の補正を行うことで，$\{-\Delta H_\mathrm{f,298}^0(\mathrm{LnCl}_3, \mathrm{hex})^*\}$ の値（黒丸の点）を求め，図 16-6 に示してある．LnCl_3(hex) → LnCl_3(rhm) の構造変化が Tb で起こっているが，14-1 節で述べたように，TbCl_3(rhm) → TbCl_3(hex) の補正は実質不要とできるので，LnCl_3(hex)〜TbCl_3(rhm) は，事実上，LnCl_3(hex) と見なすことができる．図 16-6 の $\{-\Delta H_\mathrm{f,298}^0(\mathrm{LnCl}_3, \mathrm{exp})\}$ の白丸と $\{-\Delta H_\mathrm{f,298}^0(\mathrm{LnCl}_3, \mathrm{hex})^*\}$ の差は，La, Ce, Pr, Eu, Tb に関しては，図 16-5 の場合と同じと考えてよいことがわかる．YbCl_3 の場合は構造変化の補正と "Ln(金属) 異常" の補正がほぼ拮抗し，正味の補正はほとんど 0 である．この YbCl_3 の値は，$\{-\Delta H_\mathrm{f,298}^0(\mathrm{LnCl}_3, \mathrm{hex})^*\}$ が示唆する規則的系列変化と矛盾しない．この規則的系列変化は，Ln(III) 金属と各々の Ln(III) 化合物・錯体の間で Racah パラメーターが一致しないことによる四組効果の系列変化である．このことは，以下に示す図 16-7a, b の結果から確認できる．

16-4-2　Ln(III) 金属系列の Racah パラメーター

第 12～15 章で既に求めた同質同形系列 $LnO_{1.5}$(cub), $Ln(OH)_3$(hex), Ln^{3+}(oct, aq), $LnCl_3$(hex), LnF_3(rhm) の $-\Delta H^0_{f,298}$ に対し，共通の"Ln(金属)異常"の補正，+82 (Eu)，+32 (Yb)，-14 (La)，-7 (Ce)，-12 (Pr)，-11 (Tb) kJ/mol，を加えて $-\Delta H^0_{f,298}{}^*$ の値を求め，改良 RSPET 式 (16-1) に最小二乗法で回帰した．その結果が図 16-7a，b である．これらは，四組効果を含む系列変化であることがわかる．

$-\Delta H^0_{f,298}$ に対し，共通の"Ln(金属)異常"の補正を加えた $-\Delta H^0_{f,298}{}^*$ の値は，それぞれ特徴的な四組効果を示すが，$m(L)$ で指定される四組様変化（図 7-2）を逆にした「下に凸な」四組様系列変化が共通して認められる．一方，$n(S)$ で決まる八組様変化（図 7-2）は Ln^{3+}(oct, aq) → $Ln(OH)_3$(hex) → $LnO_{1.5}$(cub) の順で「上に凸の程度」が大きくなる（図 16-7a）．しかし，$LnCl_3$(hex) と LnF_3(rhm) では，非常に小さな「下に凸な」八組様変化が認められるに過ぎない（図 16-7b）．これは Ln(III) 金属の E^1 は $LnCl_3$(hex) や LnF_3(rhm) に匹敵する程度に大きいものの，E^3 は図 16-7a，b の 5 種の Ln(III) 化合物・錯体のどれよりも小さいことを如実に示している．

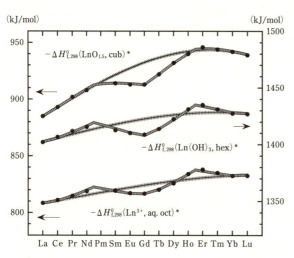

図 16-7a　Ln(III) 同質同形化合物・錯体系列の $-\Delta H^0_{f,298}$ に共通の"Ln(金属)異常"の補正を加え，最小二乗法により改良 RSPET 式 (16-1) で回帰した結果．

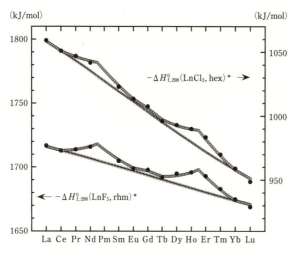

図 16-7b　Ln(III) 同質同形化合物・錯体系列の $-\Delta H^0_{f,298}$ に共通の"Ln(金属)異常"の補正を加え，最小二乗法により改良 RSPET 式 (16-1) で回帰した結果．

La, Ce, Pr, Tb に対する"Ln(金属)異常"の補正は Ln(III) 金属に対するもので，伝導電子 $(5d)(6s)^2$ の ΔH^0_f に対する特異な寄与を取り除くと考える．しかし，伝導電子の ΔH^0_f に対する寄与そのものではない．なぜなら，La, Ce, Pr, Tb 以外の Ln(III) 金属でも伝導電子の ΔH^0_f に対する寄与は存在するはずだからである．伝導電子 $(5d)(6s)^2$ の ΔH^0_f に対する寄与量は Ln 系列を通じて滑らかに変化するが，このような滑らかな寄与量に加えて，La, Ce, Pr, Tb では特別な寄与があると考える．La, Ce, Pr の軽 Ln のみならず half-filled 直後の Tb で過剰エンタルピーが認められることは面白い．

このように，伝導電子 $(5d)(6s)^2$ の ΔH^0_f に対する過剰な寄与を同定し，これを除いた結果に改良 RSPET 式を当てはめ，

Ln(III) 金属の相対的な E^1 と E^3 の大きさを推定できる．Racah パラメーター（E^1 と E^3）の大小関係は次のようになる．

$$E^1: \mathrm{LnO}_{1.5}(\mathrm{cub}) < \mathrm{Ln(OH)}_3(\mathrm{hex}) < \mathrm{Ln}^{3+}(\mathrm{oct, aq}) < \mathrm{Ln(metal)} \approx \mathrm{LnCl}_3(\mathrm{hex}) < \mathrm{LnF}_3(\mathrm{rhm}) \quad (16\text{-}9)$$

$$E^3: \mathrm{Ln(metal)} < \mathrm{LnO}_{1.5}(\mathrm{cub}) < \mathrm{Ln(OH)}_3(\mathrm{hex}) < \mathrm{Ln}^{3+}(\mathrm{oct, aq}) = \mathrm{LnCl}_3(\mathrm{hex}) < \mathrm{LnF}_3(\mathrm{rhm}) \quad (16\text{-}10)$$

Ln(III)$_{\mathrm{metal}}$ は，これまで論じて来た Ln(III) 化合物での $\Delta E^3/\Delta E^1 \approx 0.23$ の電子雲拡大系列には明らかに合致しない．8-3～-4 節において，Ln(金属) の E^3 は Ln^{3+}(g) より 6% ほど小さいことを指摘した．$\{\Delta H_f^0(\mathrm{Ln, g}) + (I_1 + I_2 + I_3)\}$ を q に対してプロットした図 8-6 がこれをかなり直接的に示唆していることを述べた．図 16-7a, b と (16-9), (16-10) はこの事実をさらに明確にしている．図 16-7a, b で改良 RSPET 式に回帰した結果から，Racah パラメーター（E^1 と E^3）の相対的な大きさを定量的に議論できるが，これは自由イオン・ガス Ln^{3+}(g) の E^1 と E^3 も交えた形で 16-4-6 で行う．

16-4-3 Ln(III) 金属の結晶構造と "Ln(metal) 異常"

Ln(III) 金属の結晶構造と "Ln(金属) 異常" との関連性についてここで短く議論する．Ln(III) 金属におけるエンタルピーは [Xe]($4f$)^q の寄与と伝導電子 ($5d$)($6s$)^2 の寄与に分けられるとし，さらに，($5d$)($6s$)^2 の寄与は，Z と共に滑らかに変化する成分と過剰変化成分，に経験的に分離できると考えた．そして，過剰変化成分のみを除き，改良 RSPET 式を当てはめた．8-3, -4, 9-2 節での議論では，伝導電子 ($5d$)($6s$)^2 の寄与を無視している．そこでは，結果的には，($5d$)($6s$)^2 の寄与をすべて Z と共に滑らかに変化する成分と見なしたことになっている．改良 RSPET 式には Z と共に滑らかに変化する項があるために，無視した変化はすべてここに吸収される．16-4-1～-2 で ($5d$)($6s$)^2 の過剰変化成分として補正したものは，[Xe]($4f$)^q と ($5d$)($6s$)^2 の相互作用分に関連していると見なすことができる．La, Ce, Pr の軽 Ln だけではなく half-filled 直後の Tb にも +11 kJ/mol の過剰エンタルピー変化が認められることが，これを示唆している．

Ln(III) 金属の結晶構造は系列を通じて同一ではないことはよく知られている（Spedding, 1980）．過剰変化成分として補正した "Ln(金属) 異常" は，Ln(III) 金属の結晶構造系列変化と連関するだろうか？ この点について見てみよう．Eu 金属は bcc（体心立方）構造，Yb 金属は fcc（面心立方）構造であるが，両者は Ln(II) 金属なので例外として扱う．Ln(III) 金属の結晶構造は，Gd～Lu の重希土類元素金属は hcp（六方最密充填）構造で共通している．しかし，軽希土類元素側では単純ではない．La, Pr, Nd, Pm 金属は La 型 hcp 構造である．通常の hcp 構造は ABAB…の面構造の積み重ねであるのに対し，La 型 hcp 構造では，ABAC…の面構造の積み重ねとなっている．常温・常圧で安定な Ce（γ）金属は fcc 構造で，Sm 金属は rhombic（菱面体）構造である．Tb は他の Gd～Lu の重希土類元素金属と同じ hcp 構造をとっているので，Tb のエンタルピー異常を結晶構造に求めることはできない．また，10-3 節で見たように，Ln 金属の原子半径でも Tb の値が特に異常には見えない．$-\Delta H_{f, 298}^0$ のデータから La, Ce, Pr, Tb の 3 価 Ln 金属が過剰なエンタルピー成分を持つことは明確であるが，これらは必ずしも金属結晶構造の違いに直接対応するようには見えない．この点は留意すべき特徴と考える．16-5 節では，標準状態での Ln(III) 金属の磁気モーメントと Ln(III) 金属の結晶構造との関連を議論する．

16-4-4 Ln 金属の格子エンタルピー

同質同形系列をなす Ln(III) 化合物の格子エンタルピー，あるいは，Ln^{3+}(oct, aq) の水和エンタルピーの系列変化が改良 RSPET 式で回帰できるなら，ガス・イオン Ln^{3+}(g) 系列の Racah パラメーター相対値が得られるはずである．Ln(III) 化合物系列の格子エンタルピー（格子エネルギー）については第 10，11 章で，Ln^{3+} イオンの水和エンタルピーは第 15 章でそれぞれ議論したが，問題点もあることも述べた．ここでは，次の反応式に対応する Ln 金属格子エンタルピー，$\Delta H_{\text{latt.}}$(Ln, metal)，から再考する．

$$Ln(c) = Ln^{3+}(g) + 3e^-, \qquad (16\text{-}11)$$

がその反応式である．この反応では元素 Ln 単体（Ln 金属）から Ln^{3+}(g) が生成するから，これは Ln^{3+}(g) の標準生成エンタルピー，$\Delta H^0_{f,298}(Ln^{3+}, g)$，を定義する反応でもある．

$$\Delta H_{\text{latt.}}(Ln, \text{metal}) = \Delta H^0_{f,298}(Ln^{3+}, g) \qquad (16\text{-}12)$$

反応 (16-11) は，次の二つの反応の和でもある．

$$Ln(c) = Ln(g), \qquad Ln(g) = Ln^{3+}(g) + 3e^- \qquad (16\text{-}13)$$

第 1 の反応は Ln 金属が原子蒸気となる反応で，そのエンタルピー変化は Ln 金属の蒸発熱，$\Delta H^0_{v,298}(Ln, c)$，である．第 2 の反応は Ln 原子蒸気を Ln^{3+} までイオン化する反応で，電子ガスの放出を伴う．したがって，

$$\Delta H_{\text{latt.}}(Ln, \text{metal}) = \Delta H^0_{f,298}(Ln^{3+}, g) = \Delta H^0_{v,298}(Ln, c) + \sum_{i=1}^{3} I_i(Ln) + 4RT \qquad (16\text{-}14)$$

である．Ln(g) の第 1，第 2，第 3 イオン化エネルギーの和が $\sum I_i(Ln)$ で，最後の $4RT$ は，Ln^{3+}(g) も電子ガスも理想気体とみなし，標準状態（$T = 298.15$ K，$P = 1$ atm）のもとでの反応 (16-11) の $P\Delta V$ 仕事に相当する．第 10，11 章で議論した Ln(III) 化合物の相対格子エンタルピー，$\Delta H^*_{\text{latt.}}$($LnO_{1.5}$, cub) や $\Delta H^*_{\text{latt.}}$($LnF_3$, rhm) と同様に，Ln 金属の相対格子エンタルピーを以下の (16-15) で定義する：

$$\Delta H^*_{\text{latt.}}(Ln, \text{metal}) \equiv \Delta H^0_{v,298}(Ln, c) + \sum_{i=1}^{3} I_i(Ln) \qquad (16\text{-}15)$$

この値は実験値のみで決まる．第 10 章で述べた Ln(III) 化合物の相対格子エンタルピー $\Delta H^*_{\text{latt.}}$($LnO_{1.5}$, cub) は，相対格子エネルギー $\Delta U^*_{\text{latt.}}$($LnO_{1.5}$, cub) に同じで，

$$\Delta H^*_{\text{latt.}}(LnO_{1.5}, \text{cub}) = \Delta H^0_{v,298}(Ln, c) + \sum_{i=1}^{3} I_i(Ln) - \Delta H^0_f(LnO_{1.5}, \text{cub})$$
$$= \Delta H^0_{f,298}(Ln^{3+}, g) - \Delta H^0_{f,298}(LnO_{1.5}, \text{cub}) \qquad (16\text{-}16)$$

である．

図 16-8 の白丸は，表 10-2 に掲げた $\Delta H^*_{\text{latt.}}$(Ln, metal) の値（Kawabe, 1992）を示している．$\Delta H^*_{\text{latt.}}$(Ln, metal) は $\Delta H^0_{v,298}$(Ln, c) を含むので，図 16-5，-6 で議論した Ln 金属のエンタルピー異常を含む点に留意されたい．図 16-8 の黒丸は，この値を補正した結果である．補正がない場合は，白丸と黒丸が一致し，黒丸が白丸を置き換えているように見える．$\Delta H_{\text{latt.}}$(Ln, metal) に対応する反応で Ln 金属は左辺側にあるが，前述の $-\Delta H^0_{f,298}$ では Ln 金属は右辺側にあるから，前述の補正量の符号を反対にして補正している．図 16-8 では，この補正をした Ln(III) 金属相対格子エンタルピー（黒丸の点）を $\Delta H^0_{v,298}(Ln)^* + (I_1 + I_2 + I_3)$ と表記している．一方，Ln(III) 化合物の相対格子エンタルピーの場合，(16-16) の表現からわかるように，$\{\Delta H^0_{v,298}(Ln, c) - \Delta H^0_f(LnO_{1.5}, \text{cub})\}$ の差を含み，Ln 金属は相殺されているので，Ln 金属に起因する補正は不要である．

図 16-8 で重 Ln 側に引いた鎖線は，Ln(III) 金属系列が，Ln^{3+}(g) 系列に比べ，より小さな Racah

パラメーター E^3 を持つことを示唆している．しかし，この Ln(III) 金属系列の E^3 パラメーターの特徴は軽 Ln 側では確認するのが困難である．Pm のデータがないこと，La～Pr 部分で系列変化が急激に下方に湾曲することによる．軽 Ln 側に引いた鎖線は，結果的に，この La～Pr 部分の急激な湾曲を明示するにとどまる．La～Pr 部分に急激な湾曲が生じることは，第 10, 11, 14 章で議論した LnO$_{1.5}$(cub)，LnF$_3$(rhm)，LnCl$_3$(hex) の相対格子エネルギー $\Delta U^*_{\text{latt.}}$ の系列変化にも，また，第 15 章で議論した負符号付き水和エンタルピー $-\Delta H_{\text{hyd}}(\text{Ln}^{3+})$ の系列変化にも認められる．この特徴は改良 RSPET 式では表現できないことは既に記している．

La～Pr 部分の急激な湾曲は，Ln(III)$_{\text{metal}}$ → Ln^{3+}(g) の電子配置変化 $(4f)^q(5d)(6s)^2$ → $(4f)^q$（表 5-1）に対応する $\Delta H^0_{\text{v,298}}$(Ln, c)* + $(I_1 + I_2 + I_3)$ の系列変化が示す湾曲である．Ln(III) 金属の配置は $5d$ を含み，La, Ce, Gd, Lu では (I_1, I_2, I_3) を指定する Ln(g), Ln$^+$(g), Ln^{2+}(g) の電子配置にも

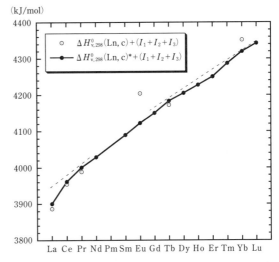

図 16-8 $\{\Delta H^0_{\text{v,298}}(\text{Ln, c}) + I_1 + I_2 + I_3\}$ の系列変化（白丸）は，実験データに基づく Ln 金属の格子エンタルピーと $\Delta H^0_{\text{f}}(\text{Ln}^{3+}, \text{g})$ の系列変化に対応する．一方 $\{\Delta H^0_{\text{v,298}}(\text{Ln, c})^* + I_1 + I_2 + I_3\}$ の値（黒丸）は，Ln 金属の気化熱に対し，Ln 金属 (Eu, Yb, La, Ce, Pr, Tb) が示すエンタルピー異常を補正した値である．重 Ln における鎖線は，Ln^{3+}(g) 系列に比べ，Ln(III) 金属系列がより小さな Racah パラメーター E^3 を持つことを示すために引いてある．しかし，Ln(III) 金属系列のこの特徴を軽 Ln 側で確認するのは難しい．Pm に関するデータがないことと，La～Pr の部分で系列変化が急激に湾曲することによる．軽 Ln 側の鎖線はこの部分の急激な湾曲を示すために引いてある．

$5d$ を含む不規則基底電子配置が関与する．ただし，以下の諸点をここで再確認しておくことは重要である：

1) $\Delta H^0_{\text{v,298}}$(Ln, c)* + $(I_1 + I_2 + I_3)$ の値自体は Ln(III)$_{\text{metal}}$ と Ln^{3+}(g) の状態変化のみで決まり，状態変化途中の化学種である Ln(g), Ln$^+$(g), Ln^{2+}(g) の電子配置がどうであるかは本質的には無関係である．

2) Ln(III)$_{\text{metal}}$ の電子配置が $(4f)^q(5d)(6s)^2$ であることが，改良 RSPET 式を無条件に使えない理由ではあるが，16-4-1, -2 の議論からわかるように，Ln(III)$_{\text{metal}}$ → Ln(III) 化合物の反応の ΔH には，条件付きで [Xe]$(4f)^q$ 配置を前提にする改良 RSPET 式が使えることがわかった．これは，Ln(III)$_{\text{metal}}$ の [Xe]$(4f)^q$ 配置が Ln(III) 化合物のそれと本質的には異ならないことを意味する．

3) Gd と Lu も Ln(g), Ln$^+$(g), Ln^{2+}(g) の電子配置に $5d$ を含む不規則基底電子配置を持つが，図 16-8 からすると Gd と Lu には急激な湾曲は認められず，湾曲は La～Pr の部分に限られる．この軽 Ln 部分の $\Delta H^0_{\text{v,298}}$(Ln, c)* + $(I_1 + I_2 + I_3)$ の急激な湾曲だけが問題である．

4) この状況は，LnO$_{1.5}$ や LnF$_3$ などの Ln(III) 化合物の格子エンタルピー系列変化でも同じで，La を含めては相対格子エンタルピーを改良 RSPET 式で回帰することはできなかった．これらは，$\Delta H^0_{\text{v,298}}$(Ln, c) − $\Delta H^0_{\text{f,298}}$(LnO$_{1.5}$, c) + $(I_1 + I_2 + I_3)$ として，Ln(III) 金属は除かれており，

$LnO_{1.5}$ と $Ln^{3+}(g)$ の基底エネルギー準位だけによって決まっている.

以上の 1)〜4) からすると,改良 RSPET 式が,La〜Pr の部分の $Ln^{3+}(g)$ のエネルギー系列変化を的確に表現できないことに問題の原因がある.Cowan (1973) の理論計算からすると,中性原子ガスで Cs (Z=55) → Ba (Z=56) → La (Z=57) と原子番号(核電荷)が増大する際に,La で 4f 軌道は急激に内核で安定な軌道となるので,$La^{3+}(g)$ や $Ce^{3+}(g)$ での 4f 電子の遮蔽状態は他の $Ln^{3+}(g)$ とやや異なるのかもしれない.また,$La^{3+}(g)$ の基底電子配置は [Xe] だが,これを [$5p^6$] と表記すると,最低の励起配置は [$5p^54f$] で,その上位に,[$5p^55d$],[$5p^56s$],[$5p^56p$],が続くが [$5p^54f$] の準位が異常に低いことが指摘されている(Epstein and Reader, 1979).この問題を放置する限り,相対格子エンタルピーや $-\Delta H_{hyd}(Ln^{3+})$ の系列変化から,改良 RSPET 式を用いて自由イオン $Ln^{3+}(g)$ の Racah パラメーター相対値を推定することはできない.

この現実データと改良 RSPET 式の間の不整合を除くには,次の二つの対処法が考えられる.第一は,改良 RSPET 式 (7-21) での滑らかな系列変化成分を

$$A_0 + q(a+bq)(q+25) \rightarrow A_0 + q(a+bq+cq^2+dq^3+\cdots)(q+25)$$

と変更し,q の四次式以上の高次の式を用いて,急激な系列変化も表現できる形に改める.第二の対処法は,RSPET 式自体は変更せず,格子エンタルピーの系列変化での La〜Pr 部分に適当な補正を加えることである.通常の Ln(III) 化合物間の配位子交換反応の熱力学量には,$Ln^{3+}(g)$ の関与はないので改良 RSPET 式は有効であり,$Ln^{3+}(g)$ のエネルギー系列変化の La〜Pr 部分のみに問題があると理解するので,この不整合はすべての Ln(III) 化学種の格子エンタルピーで共通である.第一の対処法に従い配置平均エネルギーを q の高次式に変えることは,未知パラメーターを増加させ,最小二乗解を不安定にする.したがって,第二の対処法がより現実的であると判断した.

trial and error 法による検討結果から,相対格子エンタルピーや $-\Delta H_{hyd}(Ln^{3+})$ の系列変化の La と Ce のデータに対し,それぞれ,+41.9 と +11.1 (kJ/mol) を加えれば,改良 RSPET 式が有効に適用できることがわかった.図 16-9a は,Ln 金属相対格子エンタルピーに対する"La と Ce の補正"を加え,改良 RSPET 式で回帰した結果である.$LnO_{1.5}$(cub) の相対格子エンタルピーにも,"La と Ce に対する共通の補正"を加え,改良 RSPET 式で回帰した結果も示してある.この補正を"La と Ce のデータに対するイオン化エネルギーの和に対する補正"または"格子エンタルピーに対する La と Ce の補正"と呼ぶ.$\Delta H^0_{v,298}$(Ln, c)* + $(I_1 + I_2 + I_3)$ に対してこの種の補正を行うことで,Ln(III) 金属の格子エンタルピー

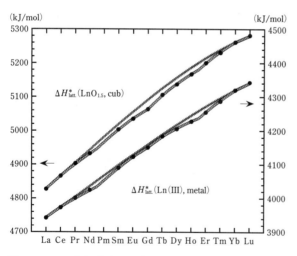

図 16-9a $\Delta H^*_{latt.}$(Ln(III), metal) は,La と Ce のデータに対する"イオン化エネルギーの和に対する補正"と"Ln 金属のエンタルピー異常の補正"を行った Ln 金属の相対格子エンタルピー.$LnO_{1.5}$(cub) の相対格子エンタルピーは"イオン化エネルギーの和に対する La と Ce の補正"のみが加えてある.これらの系列変化はいずれも改良 RSPET 式で回帰できる.

にも改良 RSPET 式を近似的に適用できる．この補正は，$LnO_{1.5}$ などの Ln(III) 化合物の相対格子エンタルピー（エネルギー）$\Delta H^0_{v,298}(Ln, c) - \Delta H^0_{f,298}(LnO_{1.5}, c) + (I_1 + I_2 + I_3)$ にも，Ln(III) の相対水和エンタルピーにも同様に用いる．

図 16-8 のプロットでは，Ln(III) 金属系列は，$Ln^{3+}(g)$ 系列に比べ，より小さな Racah パラメーター E^3 を持つことを指摘したが，この特徴は図 16-9a の回帰結果でただちに確認できる．また，Racah パラメーター E^1 については，Ln(III) 金属系列の値は $Ln^{3+}(g)$ 系列の値に近いこともわかる．一方，$\Delta H^*_{latt.}(LnO_{1.5}, cub)$ の回帰結果からは，$LnO_{1.5}(cub)$ の E^1 と E^3 は共に $Ln^{3+}(g)$ より小さいことがただちにわかる．

16-4-5 Ln(III) 化合物の格子エンタルピーと Ln^{3+} の水和エンタルピー

前項では，Ln 金属格子エンタルピー系列変化と改良 RSPET 式の不整合を考える中で，両者を調和させる現実的対処法を見出した．$LnO_{1.5}(cub)$ と同様に，他の同質同形 Ln(III) 化合物系列の相対格子エンタルピー，負符号を付けた $Ln^{3+}(oct, aq)$ の水和エンタルピー $-\Delta H^*_{hyd}(Ln^{3+}, oct. aq)$ の系列変化に対しても，"La と Ce に対する補正" を行うことで，改良 RSPET 式による回帰が可能となる．図 16-9b と 16-9c にこの結果を示す．

以上の同質同形 Ln(III) 化合物系列の相対格子エンタルピー，$Ln^{3+}(oct, aq)$ の水和エンタルピーは全部で 6 種類あるので，これらの改良 RSPET 式への最小二乗法による回帰から，$Ln^{3+}(g)$ を含めた相対的な Racah パラメーター (E^1, E^3) の大きさを推定できる．分光学での電子雲拡大効果は Nd(III) 化合物について報告されているので（図 12-2），これとの対比を考慮し，RSPET 解析の結果は，$Nd^{3+}(g)$ の Racah パラメーター (E^1, E^3) を 0 とした場合の 6 種 Ln(III) 凝縮相の Nd^{3+} の Racah パラメーター (E^1, E^3) の値として表現する（表 16-2）．

これら Racah パラメーター (E^1, E^3) の相対値は黒丸の点として図 16-10 にプロットしてある．一方，16-4-2 で示した 4 種の Ln(III) 化合物系列と 8 配位 $Ln^{3+}(aq)$ 系列に対する $(-\Delta H^0_{f,298})$ の RSPET 解析からの値も，白丸の点として図 16-10 に示してある．これらは，$Nd^{3+}(g)$ の Racah パラメーター $(E^1, E^3) \equiv 0$ と結び付かないデータなので，Nd(III) 金属は $\Delta E^1 = -41\ cm^{-1}$，$\Delta E^3 = -46\ cm^{-1}$ と仮定して図 16-10 にプロットしてある．この仮定は Ln(III) 金属系列 $\Delta H^*_{latt.}$ の RSPET 解析結果によるので，白丸の点と黒丸の点は，5 種の Ln(III) 同質同形化合物・錯体系列でほぼ完全に一致している．数値上の矛盾はないことがわかる．これは，格子エンタルピー系列変化の四組効果も $-\Delta H^0_{f,298}$ の系列変

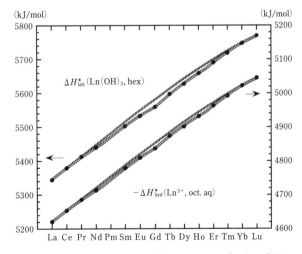

図 16-9b $Ln(OH)_3(hex)$ の相対格子エンタルピーと $Ln^{3+}(oct, aq)$ の相対水和エンタルピーに負符号を付けた値に対し，La と Ce のデータに対する "格子エンタルピーの補正" を加え，改良 RSPET 式で回帰した結果．

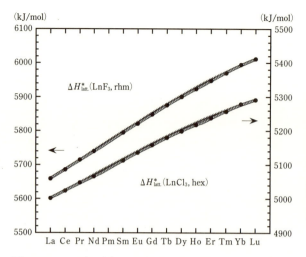

図 16-9c LnF$_3$(rhm) と LnCl$_3$(hex) の相対格子エンタルピーの値に対し，La と Ce のデータに対する"補正"を加え，改良 RSPET 式で回帰した結果．

表 16-2 RSPET 式と Ln(III) 同質同形化合物系列の相対格子エンタルピー，Ln^{3+}(aq, oct) 水和エンタルピーの系列変化から求めた Nd^{3+} の Racah パラメーター (E^1, E^3) の値 (Nd^{3+}(g) を 0 とする値)．

Ln(III) 系列	ΔE^1 (Nd^{3+}) (cm^{-1})	ΔE^3 (Nd^{3+}) (cm^{-1})
Ln^{3+}(g)	(≡ 0)	(≡ 0)
LnF$_3$(rhm)	−24 ± 15	−10 ± 5
LnCl$_3$(hex)	−26 ± 16	−17 ± 5
Ln(III) metal	−41 ± 20	−46 ± 6
Ln^{3+}(aq, oct)	−79 ± 17	−24 ± 6
Ln(OH)$_3$(hex)	−114 ± 20	−21 ± 7
LnO$_{1.5}$(cub)	−141 ± 20	−33 ± 7

化の四組効果も共に，図 16-10 に示される電子雲拡大効果によることを示している．

Nd^{3+}(g) と NdO$_{1.5}$(cub) を結ぶ ($\Delta E^3/\Delta E^1$) = 0.23 の直線は，Caro らのグループが Nd(III) 化合物のスペクトル・データから指摘している電子雲拡大効果（図 7-4, 図 12-2）に対応する (Kawabe and Masuda, 2001)．図 16-11 は，図 12-2 の結果にさらに 2～3 の Nd(III) 化合物を追加したもので，Caro のグループによって報告された Nd(III) 化合物にたいするスペクトル・データの解析結果であり，"正統な"電子雲拡大効果を示している．Ln(III) 金属がこの ($\Delta E^3/\Delta E^1$) = 0.23 の直線関係から著しく外れることは，新たな知見である．また図 16-10 では，Ln(III) 凝縮相の中で LnF$_3$(rhm) 系列が Ln^{3+}(g) に最も接近していることもわかる．

$$\Delta E^1 (\text{Nd}^{3+}) = E^1 (\text{NdF}_3, \text{rhm}) - E^1 (\text{Nd}^{3+}, \text{g}) = -(24 \pm 15) \text{ cm}^{-1}, \tag{16-17-1}$$

$$\Delta E^3 (\text{Nd}^{3+}) = E^3 (\text{NdF}_3, \text{rhm}) - E^3 (\text{Nd}^{3+}, \text{g}) = -(10 \pm 5) \text{ cm}^{-1} \tag{16-17-2}$$

と推定できる．Racah パラメーター (E^1, E^3) での近接度が具体的に推定できたことも新知見である．図 16-11 には Nd^{3+}(g) と Nd(III) 金属はない．Nd^{3+}(g) の場合は，スペクトル・データを取得するのは不可能ではないが，他の共存 Nd 種の影響により，その解析はきわめて困難とされる．Nd 金属は金属だから XPS 以外の通常のスペクトル・データは取得できない．その意味で，Ln(III) 化合物の熱力学データから求めた図 16-10 の結果は重要である．また，Ln(III) 化合物熱力学データの四組効果と RSPET 式に依拠して，Nd(III) 化合物のスペクトル・データ解析から示される電子雲拡大効果に到ることを確認した意義は大きい．

12-3 節で，LnO$_{1.5}$(cub) と LnF$_3$(rhm) の相対格子エンタルピーを改良 RSPET 式で回帰した Kawabe (1992) の結果を図 12-3a, b として引用した．そこでは，LaO$_{1.5}$ と LaF$_3$ のデータを除いて最小二乗回帰が行われていることも指摘しておいた．LaO$_{1.5}$ と LaF$_3$ のデータを含めるとどうしても，最小二乗解が得られなかったわけである．"$\Delta H^0_{v, 298}$(Ln, c)* + ($I_1 + I_2 + I_3$) の系列変化に対する La と Ce の補正"として対処した．図 16-9a, b, c が図 12-3a, b に取って代わる．

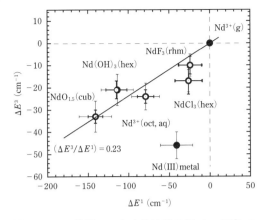
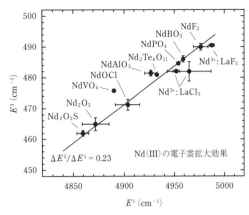

図 16-10 6 種類の Ln(III) 凝縮相系列での Nd^{3+} の Racah パラメーター (E^1, E^3) の値.$Ln^{3+}(g)$ 系列に対する相対値として表現されており,$Nd^{3+}(g)$ の値は 0. 黒丸は $\Delta H^*_{\text{latt.}}$ と $(-\Delta H^*_{\text{hyd}})$ を RSPET 式で回帰した結果.誤差マークは回帰誤差の $(\pm s)$. 白丸は,4 種の Ln(III) 化合物系列と 8 配位 $Ln^{3+}(aq)$ 系列に対する $(-\Delta H^0_{\text{f,298}})$ からの値.Ln(III) 金属系列 $\Delta H^*_{\text{latt.}}$ の RSPET 解析から,Nd(III) 金属は $\Delta E^1 = -41 \text{ cm}^{-1}$,$\Delta E^3 = -46 \text{ cm}^{-1}$ と仮定している.白丸の誤差マークも回帰誤差 $(\pm s)$. 白丸と黒丸は非常によく一致する.$(\Delta E^3/\Delta E^1) = 0.23$ の直線は分光学データに基づく電子雲拡大効果(図 7-4,図 12-2).

図 16-11 Nd(III) 化合物における電子雲拡大効果.$(f \rightarrow f)$ 遷移分光学データから得られた Racah パラメーター (E^1, E^3) の値(Caro et al., 1979 and 1981; Carnall et al., 1989; Beaury and Caro, 1990; Antic-Fidancev et al., 1991 and 1992; Cascales et al., 1992).$Nd^{3+}:LaF_3$ (Carnall et al., 1989),$NdPO_4$ と $NdVO_4$ (Antic-Fidancev et al., 1991) の場合,分光学的解析方法は Caro らの方法と少し違うので,Caro らの方法に合わせる補正 (12-2 節) をした後にプロットしてある.$(\Delta E^3/\Delta E^1) = 0.23$ の直線 (Kawabe and Masuda, 2001) は電子雲拡大効果を特徴付ける.

16-4-6 熱力学データの RSPET 解析による電子雲拡大系列

図 16-10 には七つの Ln(III) 化学種がプロットされているので,${}_7C_2 = 21$ より,全体で 21 の対を考えることができる.このうちの 5 対は,Ln(III) 金属につながる $(-\Delta H^0_{\text{f,298}})^*$ であり,6 対は $\Delta H^*_{\text{latt.}}$ または $-\Delta H^*_{\text{hyd}}$ に対応し,$Ln^{3+}(g)$ と 6 種との反応対である.残りの 10 対は,${}_5C_2 = 10$ より,$LnO_{1.5}(\text{cub})$,$LnF_3(\text{rhm})$,$LnCl_3(\text{hex})$,$Ln(OH)_3(\text{hex})$,octahydrate $Ln^{3+}(aq)$ の 5 系列間の通常の配位子交換反応対である.これら 10 個の系列対が具体的に示す四組効果の系列変化は,既に,RSPET 式への回帰結果と合わせて,16-1 節の図 16-1a〜e に示してある.以上の 21 個のすべての熱力学データについての RSPET 解析結果を同時に考慮すれば,図 16-10 のプロットでの推定誤差はさらに小さくなるはずである.

13-7-3 では,正相関する ΔH と ΔS の四組効果を示すために,6 種の同質同形 Ln(III) 系列間のすべての配位子交換反応について,その熱力学量を RSPET 式で解析した結果を述べた.そこでは,"La と Ce に関する格子エンタルピーの補正"と "Ln 金属のエンタルピー異常の補正"には言及せず,結果だけを議論したが,これらの結果は上記 2 種の補正後の値である.すなわち,$LnO_{1.5}(\text{cub})$,$LnF_3(\text{rhm})$,$LnCl_3(\text{hex})$,$Ln(OH)_3(\text{hex})$,Ln(III) 金属,$Ln^{3+}(g)$ の 6 種の同質同形 Ln(III) 系列を考え,${}_6C_2 = 15$ 個のすべての配位子交換反応の $\Delta H^0_{\text{r,298}}$ と $\Delta S^0_{\text{r,298}}$ の系列変化を,RSPET 式に当てはめ,八組効果の大きさ $[C_1(\Delta H)$ と $C_1(\Delta S)]$ と,狭義の四組効果の大きさ $[C_3(\Delta H)$ と $C_3(\Delta S)]$ を決定した結果を議論した.Ln(III) 金属と $Ln^{3+}(g)$ が関わる場合は,必要な上述の補正を加えている.ただし,$Ln^{3+}(\text{oct, aq})$ については省かれていた.

表 16-3 RSPET 解析により求めた Nd^{3+} の Racah パラメーター (E^1, E^3) の相対値 ($Nd^{3+}(g)$ を 0 とする値)*.

Ln(III) 系列	$\Delta E^1(Nd^{3+})$ (cm^{-1})	$\Delta E^3(Nd^{3+})$ (cm^{-1})
$Ln^{3+}(g)$	0 ± 8	0 ± 3
LnF_3(rhm)	$(\equiv -24)$	$(\equiv -10)$
$LnCl_3$(hex)	-27 ± 7	-17 ± 2
Ln(III) metal	-41 ± 7	-46 ± 2
Ln^{3+}(oct, aq)	-79 ± 7	-24 ± 2
$Ln(OH)_3$(hex)	-115 ± 7	-19 ± 2
$LnO_{1.5}$(cub)	-141 ± 7	-32 ± 2
$LnES_3 \cdot 9H_2O$	(-57 ± 12)**	(-17 ± 4)**

* 図 16-10 に示した 7 種の Ln(III) 系列から得られる全 21 対で与えられる熱力学量系列変化の RSPET 解析を行い,$Nd^{3+}(g)$ を基準にした時の Nd^{3+} の Racah パラメーター (E^1, E^3) 相対値とその誤差を求めた.ここでは LnF_3(rhm) の値を固定し,その誤差を $Ln^{3+}(g)$ の誤差として表記した.

** $LnES_3 \cdot 9H_2O$ についての値は,$LnCl_3$(hex) と Ln^{3+}(oct, aq) との配位子交換反応の解析のみによる.$LnES_3 \cdot 9H_2O$ 以外の推定値には関与しない.

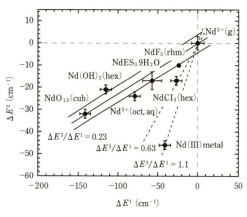

図 16-12 7 種類の Ln(III) 化学種におけるすべての対を考えて求めた Racah パラメーター (E^1, E^3) の相対値とその推定誤差.$LnES_3 \cdot 9H_2O$ についての値は,$LnCl_3$(hex) と Ln^{3+}(oct, aq) との配位子交換反応の解析結果のみによる.

図 16-10 の 7 種の Ln(III) 化学種には Ln^{3+}(oct, aq) が含まれているので,全体で 21 対の反応を考えることになる.すべての反応対を考慮して得た Racah パラメーターの相対値とその誤差 ($\pm \sigma$) を表 16-3 に掲げ,図 16-12 にプロットした.表 16-3 の誤差は表 16-2 と比べると 1/2 以下になっていることがわかる.1) $Ln^{3+}(g)$ との差を与える格子(水和)エンタルピー,2) Ln(III) 金属との差を決める $-\Delta H_f^0$,3) 通常の Ln(III) 化合物・錯体対での ΔH_f^0 の差,の 3 種類の系列変化での四組効果を同時に考慮することで,表 16-3,図 16-12 の結果となる.

Ln^{3+}(oct, aq) と並んで $LnES_3 \cdot 9H_2O$ も,水和 Ln(III) 錯体を議論する際に重要であることは何度も強調してきた.$LnES_3 \cdot 9H_2O$ の値は,$LnCl_3$(hex) と Ln^{3+}(oct, aq) との配位子交換反応の解析結果のみを考慮して評価し,表 16-3 と図 16-12 に加えている.誤差マークが他に比べてやや大きいのはこれが原因である.

図 16-12 の結果は,Ln(III) 同質同形化学種間の反応に対するエンタルピー・データが四組効果を示し,これを改良 RSPET 式で解析することで明らかにできた電子雲拡大効果・系列である.16-2 節では,Ln(III) 同質同形化学種系列の S_{298}^0 について,系列対の差が示す変化パターンには八組・四組効果が認められ,改良 RSPET 式への回帰結果を総括することで,各系列の八組・四組効果の係数 (C_1, C_3) の相対値を,$Ln^{3+}(g)$ の (C_1, C_3) を基準の (0, 0) に採用して決定できることを示した.そして,図 16-12 の結果に類似する「電子雲拡大系列」が得られることも指摘した(表 16-1,図 16-4).図 16-12 で Ln(III) 金属が他の Ln(III) 系列から大きくはずれるが,まったく同じことが S_{298}^0 から求めた Ln(III) 金属に対する (C_1, C_3) でも確認できる(図 16-4).一方,13-7-3 では,図 13-17 で ΔH_r と ΔS_r の四組効果が正の相関を示すことを指摘したが,エンタルピーからの電子雲拡大系列(図 16-12)がエントロピーからの電子雲拡大系列(図 16-4)に酷似するのは,ΔH_r と ΔS_r の四組効果が正相関すれば当然の結果である.

図 16-12 の結果は,Nd(III) 化合物の分光学データの解析に基づく電子雲拡大効果・系列(図 16-11)にもほぼ定量的に対比できる.元々の電子雲拡大効果・系列の考え方自体(Jørgensen, 1971; Reisfeld and Jørgensen, 1977)は,分光学データに依拠するものであることから,図 16-11 の

プロットが"正統な"電子雲拡大効果・系列である．しかし，Peppard et al. (1969) が提起した四組効果は，Jørgensen (1970) と Nugent (1970) の指摘を経て，熱力学量の系列変化を分光学の Slater-Condon-Racah 理論に基づく Jørgensen (1962) の理論式と対比することで，電子雲拡大効果・系列を議論できる道筋を示唆するものであった．筆者は，Kawabe (1992) で Jørgensen の理論式を改良することを提案して以来，この道筋のさらなる展開を追究してきた．その結果が図16-12 である．図 16-12 のプロットが"正統な"図 16-11 のプロットと矛盾しないことは大変喜ばしい．この結果に至るまでに約 20 年を要した．特に，この節で詳述した「Ln(III) 金属が示すエンタルピー異常」および「格子（水和）エンタルピーの系列変化に認められる La～Pr 部分での湾曲」については，その意味を理解し，対応を見出すのに結果的には約 10 年を要した．無駄にならない 10 年であったことを喜びたい．

既に指摘したように，分光学データからの電子雲拡大効果・系列では，$Nd^{3+}(g)$ は LnF_3 の右隣に位置すると言えるものの，その位置は明確には決まらない．また，Nd(III) 金属の位置も示すことができない．Nd(III) 金属を除けば，電子雲拡大効果・系列は，$(\Delta E^3/\Delta E^1)=0.23$ の直線関係で特徴付けられることを示唆している（Kawabe and Masuda, 2001）．$(\Delta E^3/\Delta E^1)=0.23$ の値は，分子/分母で有効核電荷が相殺されるので，Nd(III) 以外の Ln(III) でも成立すべきであり，重要な意味を持つ．しかし，図 16-12 で $Nd^{3+}(g)$ と Nd(III) 金属を結ぶ直線は，Ln(III) 金属では $(\Delta E^3/\Delta E^1)=1.1$ である．$4f$ 電子系での電子雲拡大効果・系列ではすべて $(\Delta E^3/\Delta E^1)=0.23$ であるとは言えない状況がある．たとえば，図 16-12 で $NdCl_3$ は $(\Delta E^3/\Delta E^1)=0.63$ を示唆しており，図 16-11 の $LaCl_3$ に添加された Nd^{3+} に対する分光学データの解析結果も，$(\Delta E^3/\Delta E^1)>0.23$ を示唆している．さらに，図 16-11 では $NdVO_4$ が，図 16-12 では $Nd(OH)_3$ が，$(\Delta E^3/\Delta E^1)<0.23$ であることを示している．多様な Ln(III) 化学種の間で，どの程度 $(\Delta E^3/\Delta E^1)=0.23$ が成立するかは興味深い問題である．

16-4-7　電子雲拡大系列で $\Delta E^3/\Delta E^1=0.23$ はどの程度成立するのか？

上記の観点から筆者は，水素吸蔵合金との関連で注目される LnH_2 系列に興味を持ち，$\Delta H_f^0(LnH_2, c)$ を検討した（川邊，2010）．LnH_2 は電気伝導性を持つ不定比化合物である．その結果，LnH_2 系列の Ln イオンは 3 価と考えるのが適切であること，また，LnH_2 系列は $E^1(LnH_2)<E^1(LnO_{1.5})$，$E^3(LnH_2)>E^3(LnO_{1.5})$ とのやや特異な Racah パラメーターを持ち，$(\Delta E^3/\Delta E^1)<0.23$ であるとの結果を得た（図 16-13）．

$-\Delta H_f^0(LnH_2, c)$，$\Delta H_f^0(LnH_2, c)-\Delta H_f^0(LnO_{1.5}, c)$，$LnH_2$ 系列の相対格子エネルギー，の三種の系列変化を改良 RSPET 式に回帰し，$Ln^{3+}(g)$ に対する $E^1(LnH_2)$ と $E^3(LnH_2)$ を求めた．図 16-13 に示す加重平均値は，$\Delta E^1=-(205\pm6)\,cm^{-1}$，$\Delta E^3=-(25\pm5)\,cm^{-1}$ となった．このように，$4f$ 電子についての電子雲拡大効果・系列には，我々が依然として理解していない問題への手掛りが潜んでいる．

電子雲拡大効果・系列の意味には，配位数の減少と結び付く核間距離の減少の意味も含まれている（Reisfeld and Jørgensen, 1977；Jørgensen 1979）．12-7 節と 12-8 節で述べた圧力誘起の電子雲拡大効果や熱膨張による四組効果は，これを支持する．したがって，図 16-11，-12 で示される電子雲拡大系列は，配位子自体の共有結合性（イオン結合性）の相違だけではなく，Ln(III)-配位

子間距離の減少（増加）の影響も内在させるものである．本来は，この両者を分離した議論が望ましい．この問題を考える一例として，筆者ら（Kawabe et al., 2006b）は，8配位と9配位の水和Ln(III)イオン，Ln[(H$_2$O)$_8$]$^{3+}$(aq)，Ln[(H$_2$O)$_9$]$^{3+}$(aq)，と9配位のLnES$_3$·9H$_2$O(c)では，第一配位圏はすべて水分子で占められているので，この三者でのLn(III)-OH$_2$の平均距離と相対水和（格子）エンタルピー系列変化から推定される四組効果の関係を検討した．その結果，Racahパラメーターは，Ln(III)-OH$_2$の平均距離の順序に対応して，

$$\text{Ln[(H}_2\text{O)}_8]^{3+}(\text{aq}) < \text{LnES}_3 \cdot 9\text{H}_2\text{O(c)} < \text{Ln[(H}_2\text{O)}_9]^{3+}(\text{aq}) \tag{16-18}$$

の順で増加するとの推論を得た．図16-12には，Ln[(H$_2$O)$_8$]$^{3+}$(aq)とLnES$_3$·9H$_2$O(c)は示してあるが，Ln[(H$_2$O)$_9$]$^{3+}$(aq)は示してない．Ln[(H$_2$O)$_9$]$^{3+}$(aq)は限られた軽Ln成分のみが推定されることによる．もし，Ln[(H$_2$O)$_9$]$^{3+}$(aq)を図16-12にプロットすれば，その位置は，多分，Ln[(H$_2$O)$_8$]$^{3+}$(aq)，LnES$_3$·9H$_2$O(c)，Ln^{3+}(g)を結ぶ直線上のLnF$_3$(rhm)付近になると思われる．このトレンドはLn(III)-配位子間距離の減少（増加）に対応する電子雲拡大効果である．

一方，分光学のデータでも，半導体結晶のGaNに添加されたNd^{3+}のスペクトル解析（Gruber et al., 2011）によると，著しく小さなRacahパラメーターとなることがわかった（図16-14）．GaN結晶により青色発光ダイオードを作ることができる．このことを世界に先駆けて成功させた赤崎，天野，中村の三氏は，2014年のノーベル物理学賞受賞者となった．図16-11と図16-12の比較から，図16-14ではNd^{3+}(g)の$E^1 = 5000\text{ cm}^{-1}$，$E^3 = 500\text{ cm}^{-1}$と仮定して示してあるが，Nd^{3+}:GaNの$E^1$，$E^3$はNd^{3+}(g)に比べ約10%も小さい．これまでのデータは，高々，2%程度の低下であるのに対し，その約5倍の低下である．半導体GaNは大きな共有結合性を持つと考えられ，このGa席を置換するNd^{3+}には，この共有結合性が反映していると考える．$\Delta E^3/\Delta E^1 = 0.11$であり，通常のLn(III)化合物系列の$\Delta E^3/\Delta E^1 = 0.23$とは異なり，Ln(III)H$_2$の$\Delta E^3/\Delta E^1 = 0.12$（図16-13）に近いことは興味深い．

図16-14には，いくつかのLn(III)化合物の他に，Al-, Ga-garnetsの値もプロットしてある．Nd$_3$Ga$_5$O$_{12}$（Nd-Ga garnet）以外のAl-, Ga-garnetsの値はGruber et al.（1990），他の化合物とNd-Ga garnetはJayasankar et al.（1987）の解析結果による．ただし，E^1の値は，図12-2や図16-11と同じように，配置間相互作用パラメーター（γ）を750 cm^{-1}とした値に補正してプロットしている．

図16-14のプロットでNd^{3+}:GaNの点を除き，他の点を拡大してプロットした結果を図16-15に示す．Al-, Ga-garnetsは，図12-2や図16-11には示していないが，おおむね，$\Delta E^3/\Delta E^1 = 0.23$に対応する系列変化を示し，これまで紹介してきた結果とそれほど矛盾しない．5種のAl-, Ga-garnetsは，これまで議論してきた電子雲拡大効果の変動範囲のうちNdAlO$_3$〜Nd$_2$O$_3$の範囲をほぼカバーすることがわかる．Al-garnetsは$\Delta E^3/\Delta E^1 = 0.23$であるが，Ga-garnets

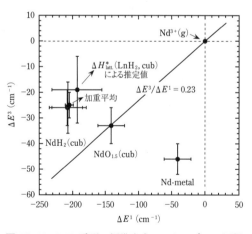

図16-13 LnH$_2$系列の標準生成エンタルピーの四組効果から推定されるNdH$_2$のRacahパラメーター（E^1, E^3）の相対値[Nd^{3+}(g)のE^1, E^3値からの偏差]．NdH$_2$に対し，$\Delta E^1 = -(205 \pm 6)\text{ cm}^{-1}$，$\Delta E^3 = -(25 \pm 5)\text{ cm}^{-1}$となり，$\Delta E^3/\Delta E^1 = 0.12$である．

ではおおむね $\Delta E^3/\Delta E^1 = 0.31$ となっている（図 16-15）．garnets は複酸化物の立方晶系結晶で，人工宝石としても知られているが，1.06 μm のレーザー光を発するネオジウム・YAG（$Nd^{3+}:Y_3Al_5O_{12}$）の母材結晶，yttrium-Al-garnet（略して，YAG），も有名である．Nd^{3+} を添加した Al, Ga-garnets の光学的特性の研究は，レーザー発振素子の開発・改良への関心が動機となっている．レーザー発振を実現するには光照射によってエネルギーの反転分布を作り出す必要があり，繰り返される光照射によって母材結晶が変化しないことが求められる．YAG はこの条件を満たす結晶であり，他の garnets 結晶にもこの性質が期待されている．

多数の garnets が知られているが，その組成式は一般に，酸素数 = 12 として $(^{VIII}R)_3(^{VI}R)_2(^{IV}R)_3O_{12}$ と書ける．8 配位，6 配位，4 配位の三種類の陽イオン席があり，Ln^{3+} は通常は 8 配位の陽イオン席を占める．しかし，図 16-15 での $La_3Lu_2Ga_3O_{12}$ や $Gd_3Sc_2Ga_3O_{12}$ のように，重 Ln の Lu^{3+} や Sc^{3+} は 6 配位席を占める場合もある．その場合，$^{IV}R = Ga^{3+}$ となっている．図 16-14, -15 の Al-, Ga-garnets は $^{VIII}R^{3+}$，$^{VI}R^{3+}$，$^{IV}R^{3+}$ の場合で，すべての陽イオンは 3 価である．しかし，一般の garnets では，酸素イオンによる $(-2) \times 12 = -24$ の負電荷と均衡するように，

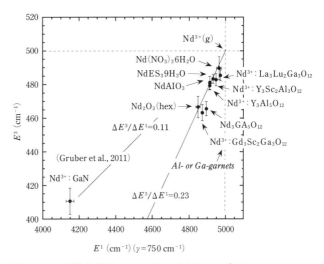

図 16-14 半導体結晶 GaN にドープされた Nd^{3+} イオンのスペクトル・データから推定される著しく小さな Racah パラメーター（Gruber et al., 2011）．$Nd^{3+}(g)$ は $E^1 = 5000$ cm^{-1}，$E^3 = 500$ cm^{-1} と仮定して示してある．Nd-Ga garnet 以外の Al, Ga-garnets の値は Gruber et al. (1990)，他の化合物と Nd-Ga garnet は Jayasankar et al. (1987) による．ただし，E^1 の値は，図 12-2 や図 16-11 と同様に，配置間相互作用パラメーター (γ) を 750 cm^{-1} とした値に補正してある．

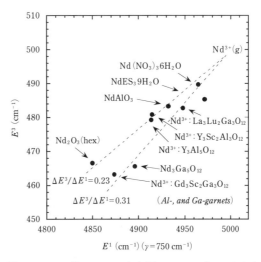

図 16-15 $Nd^{3+}:$GaN の点を図 16-14 のプロットから除き，他のデータ部分を拡大してプロットした結果．

異なる陽イオン席の間で電荷均衡置換を満足する形で，2 価や 4 価の陽イオンがこれらの席を占める場合もある．たとえば，鉱物として産出する $Ca_3Al_2Si_3O_{12}$（grossular）や $Mg_3Al_2Si_3O_{12}$（pyrope）の Al-Si garnets では，$^{VIII}R = M^{2+}$，$^{VI}R = Al^{3+}$，$^{IV}R = Si^{4+}$ である．これらは，すべての陽イオンが 3 価の場合を基準にすると，$(^{VIII}R^{3+}, ^{VI}R^{3+}, ^{IV}R^{3+}) \to (^{VIII}R^{2+}, ^{VI}R^{3+}, ^{IV}R^{4+})$ の置換である．6 配位の $^{VI}R^{3+}$ は共通だから，8 配位席と 4 配位席の間での，$(^{VIII}R^{3+}, ^{IV}R^{3+}) \to (^{VIII}R^{2+}, ^{IV}R^{4+})$

の電荷均衡置換と見なしうる．garnets では，異なる複数の陽イオン電荷均衡置換が実現しており，さまざまな組成の garnet 結晶が知られている．異なる陽イオン間での電荷均衡型置換は，三種の陽イオン間の相互作用が存在することを示唆する．Al-Si garnets に関しては，Ottonello (1997) の §5-3，およびそこでの文献を参照されたい．

5種の Al-，Ga-garnets の Nd^{3+} が示す Racah パラメーターの増加順序は，

$$Gd_3Sc_2Ga_3O_{12} \leq Nd_3Ga_5O_{12} < Y_3Al_5O_{12} \approx Y_3Sc_2Al_3O_{12} \leq La_3Lu_2Ga_3O_{12} \tag{16-19}$$

となる（図16-15）．Al-，Ga-garnets で $La_3Lu_2Ga_3O_{12}$ が右端に位置するのは，8配位席における La^{3+}-O (Nd^{3+}-O) 距離が大きいことに対応するものと思われる．しかし，4配位席で $^{IV}R = Al^{3+}$ と $^{IV}R = Ga^{3+}$ の場合を比べると，$^{IV}R = Ga^{3+}$ の場合がやや小さな Racah パラメーターを与えるように見える．perovskite-type である $NdAlO_3$ の組成式を3倍し，Al_2O_3 を加えると，$3 NdAlO_3 + Al_2O_3 = Nd_3Al_5O_{12}$ と garnet の組成になる．Nd^{3+}：$Y_3Al_5O_{12}$ ではこのような $Nd_3Al_5O_{12}$ 成分が固溶しているものと考えられる．Racah パラメーターの大小関係は，図16-15 から，Nd^{3+}：$Y_3Al_5O_{12} <$ $NdAlO_3$ である．両者での構造・組成の違いが反映しているものと思われる．既に指摘したように，Al-garnets は $\Delta E^3/\Delta E^1 = 0.23$，Ga-garnets は $\Delta E^3/\Delta E^1 = 0.31$ となっているが（図16-15），これも構成原子の違いによるのであろう．

Garcia and Faucher (1995) は，非金属ランタニド化合物の電子雲拡大効果は分光学的事実であるが，この事実をどう理解するかは残された難問の一つであると述べている．図16-14，-15 の結果についても，今後の研究の進展からより適切な解釈がえられることを期待したい．

16-5　Ln(III) 金属の Racah パラメーター (II)：ΔS_f^0 の RSPET 解析

配位子交換反応におけるエンタルピー変化の四組効果とエントロピー変化の四組効果が正相関することは，これまでに繰り返し議論して来た通りである．したがって，$LnO_{1.5}$(cub)，$Ln(OH)_3$(hex)，Ln^{3+}(oct, aq)，$LnCl_3$(hex)，LnF_3(rhm) の ΔS_f^0 にも，ΔH_f^0 と相似な四組効果が期待できる．たとえば，$LnCl_3$(hex) の標準生成エントロピー，ΔS_f^0，は

$$\Delta S_{f,298}^0 (LnCl_3, hex) = S_{298}^0 (LnCl_3, hex) - S_{298}^0 (metal) - (3/2)S_{298}^0 (Cl_2, g)$$

である．図16-5〜-7 で $-\Delta H_f^0$ の系列変化を考えたように，$-\Delta S_{f,298}^0 (LnCl_3, hex)$ を考えればよいが，熱力学第三法則より個々の物質の S_{298}^0 を実験的に知ることができ，エンタルピーとは事情が少し異なる．そのため，$\{S_{298}^0 (metal) - S_{298}^0 (LnCl_3, hex)\}$ などの化合物系列での差の系列変化だけでなく，$S_{298}^0 (metal)$ 自体の系列変化も検討できる．$LnO_{1.5}$(cub)，$Ln(OH)_3$(hex)，Ln^{3+}(oct, aq)，$LnCl_3$(hex)，LnF_3(rhm) の S_{298}^0 を個別に検討したように，まず $S_{298}^0 (metal)$ の系列変化から調べる．14-5 節で述べたように，$S_{298}^0 (Ln^{3+}, oct.\ aq)$ については，$\{S_{298}^0 (metal) - S_{298}^0 (Ln^{3+}, oct.\ aq)\}$ の系列変化の改良 RSPET 式への回帰結果をここで示すので，合わせて検討する．

図16-16 は，$S_{298}^0 (metal)$ の実験値データ（Karen and Kjekshus, 2000）に基づき，$S_{298}^0 (metal)$ の系列変化を検討した結果である．白三角印の実験値系列変化は不規則変化を含むことが示唆される．さらに，3価 Ln 金属系列としての規則性を念頭においているので，2価金属である Eu と Yb の実験値が不規則に見えることは除いて考えねばならない．$S_{298}^0 (metal)$ の実験値データには，

(1) Ln(II) 金属の Eu と Yb と他の Ln(III) 金属とのエントロピー値の相違，

(2) Ln(III) 金属系列での結晶構造の違いに由来する配置エントロピーの相違,

(3) 前節で指摘した過剰エンタルピーに対応すべき過剰エントロピー,さらに,

(4) 0 K から 298.15 K まで C_P を温度積分して S_{298}^0(metal) を求める際の実験誤差,

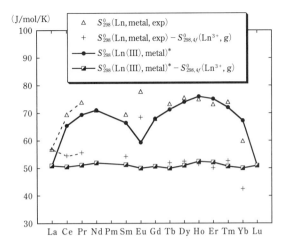

などに起因する不規則変化が含まれているに違いない.(1)〜(4) に起因する不規則成分を求め,これらを除き,Ln(III)$_{metal}$ 系列に対する値 S_{298}^0(Ln(III), metal)* を求めたい.実は,最終的に得たこの値も図 16-16 に示しているが,これらの値は,後に示す S_{298}^0(metal) $-S_{298}^0$(LnCl$_3$, hex) 等の Ln(III) 化合物系列との S_{298}^0 の差の系列変化を繰り返し改良 RSPET 式へ回帰し,その結果を検

図 16-16 S_{298}^0(Ln, metal, exp) は Karen and Kjekshus (2000) による実験値.S_{298}^0(Ln(III), metal)* は Ln(III)$_{metal}$ 系列に対する値で,S_{298}^0(Ln, metal, exp) に含まれる実験誤差も含めた様々な異常成分を取り除いた結果(本文参照).これから $S_{298,4f}^0$(Ln^{3+}, g) を除いた結果は,規則的な四組効果の系列変化を示す(詳しくは本文参照のこと).

討した後に確定した値である.一方,図 16-16 に示す S_{298}^0(Ln(III), metal)* $-S_{298,4f}^0$(Ln^{3+}, g) の系列変化は,図 13-16a に示した S_{298}^0(metal) から求めた Debye 温度系列変化を上下逆さまにしたものに対応しなければならない.図 16-16 の $\{S_{298}^0$(Ln, metal)* $-S_{298,4f}^0$(Ln^{3+}, g)$\}$ の系列変化(半黒四角の点)は確かにこの条件を満たしているように見える.この系列変化を改良 RSPET 式へ回帰した結果は既に図 16-3b に示している.この点は後に再論する.

(1)〜(4) に起因する不規則成分を分離するための考え方を説明する前に,Ln(III) 金属系列の磁性データについて議論しておきたい.この問題は,S_{298}^0(metal) から (1)〜(4) に起因する不規則成分を分離した S_{298}^0(Ln(III), metal)* を考える理由につながるからである.

16-5-1　Ln(III) 金属系列の磁性と有効 Bohr 磁子数 μ_{eff}

La, Yb, Lu 以外の Ln 金属は標準状態 (298.15 K, 1 atm) においてすべて常磁性を示す.常磁性とは磁子間の相互作用がないことが特徴で,理想ガスの挙動に類似する.常磁性となる温度 (Curie 点) が最も高温なのは Gd の 293.4 K である.常磁性状態では,弱い外部磁場をかけた時の磁化率から有効 Bohr 磁子数 (μ_{eff}) が実験的に決まる.Ln(III) 金属の μ_{eff} の測定値は,Ln(III) 化合物の場合と同様に,Ln^{3+}(g) に対する Hund 則による $g_J\sqrt{J(J+1)}$,あるいは熱的励起を考慮した Van Vleck-Frank の式の値とほぼ一致する[1].g_J は Landé の g 因子で,

$$g_J = \frac{3}{2} + \frac{S(S+1)-L(L+1)}{2J(J+1)} \tag{16-20}$$

---

[1] 常磁性についての詳しい議論は上村他 (1969),溝口 (1995),Jensen and Mackintosh (1991) を参照されたい.

表 16-4 希土類元素金属の電子配置と有効 Bohr 磁子数 (μ_{eff}) の理論値と測定値.

Ln	電子配置	μ_{eff}(Hund 則)* $g_J\sqrt{J(J+1)}$	μ_{eff}(calc)* Van Vleck-Frank	μ_{eff}(obs)		
				a	b	c
La	$5d6s^2$	0	0	0	0	0
Ce	$4f5d6s^2$	2.54	2.56	2.54	2.51	2.51〜2.58
Pr	$4f^25d6s^2$	3.58	3.62	3.41	2.56	2.8 (3.65†)
Nd	$4f^35d6s^2$	3.62	3.68	3.33	3.4	3.71
Pm	$4f^45d6s^2$	2.68	2.83	—	—	—
Sm	$4f^55d6s^2$	0.84	1.55	—	1.74	1.74
Eu	$4f^76s^2$	(0)	(3.40)	7.94	8.48	8.3〜8.48
Gd	$4f^75d6s^2$	7.94	7.94	7.94	7.98	7.63, 7.98
Tb	$4f^85d6s^2$	9.72	9.7	9.85	9.77	9.77
Dy	$4f^95d6s^2$	10.63	10.6	9.9	10.83	10.65
Ho	$4f^{10}5d6s^2$	10.60	10.6	10.4	11.20	11.2
Er	$4f^{12}5d6s^2$	9.69	9.6	9.9	9.5	9.9
Tm	$4f^{13}5d6s^2$	7.54	7.6	7.5	7.61	7.6
Yb	$4f^{14}6s^2$	(4.54)	(4.5)	0	0	0
Lu	$4f^{14}5d6s^2$	0	0	0	0	0

* Ln^{3+}(g) に対する計算値. Eu, Yb は 4f 電子数が 3 価イオンと金属で対応しないので,金属に対する計算値としての意味はない. Eu 金属 ($4f^76s^2$) の場合は Gd に対する 7.94 をあてることはできるが,電子配置は異なる. Yb と Lu の金属の 4f 副殻は満たされているので常磁性はない.

a: Libowitz and Maeland (1979).
b: Jensen and Mackintosh (1991).
c: 福永 (1999) に収録された値またはその値の範囲.
† 多結晶体試料の値.

である.Ln^{3+}(g) の基底レベル (L, S, J) はわかっているので,$g_J\sqrt{J(J+1)}$ が決まる.表 16-4 に Ln(III) 金属の μ_{eff} の測定値と Ln^{3+}(g) に対する理論値を示す.全体として測定値と理論値の一致はよいが,Pr のように,理論値からやや外れる μ_{eff} 値が報告されていることもある.μ_{eff}(obs)=2.56, 2.8 に対し,μ_{eff}(Hund 則)=3.58 である.しかし,これらは磁気異方性が大きな Pr 金属単結晶での値である.多結晶体での測定値としては μ_{eff}(obs)=3.62, 3.65 が報告されており,これらは計算値とよく一致する (Libowitz and Maeland, 1979; 福永,1999).したがって,表 16-4 からすると,Ln(III) 金属の μ_{eff} の測定値は Ln^{3+}(g) に対する理論値と一致し,Ln(III) 化合物に用いた $S^0_{298,4f}(Ln^{3+}, g)$ の値を Ln(III) 金属の S^0_{298}(metal) にも用いてよいことがわかる.$\{S^0_{298}(Ln, metal, exp) - S^0_{298,4f}(Ln^{3+}, g)\}$ と $\{S^0_{298}(Ln(III)-metal)^* - S^0_{298,4f}(Ln^{3+}, g)\}$ の値を図 16-16 にプロットした理由である.Ln(II) 金属の Eu と Yb の値は除外して考えるが,後に述べるように,Ln(III) 化合物系列との差を取ることで,仮想的な Eu(III) 金属と Yb(III) 金属の値を推定でき,その値を用いて議論する.

16-5-2 Ln(III) 金属のエントロピーとその系列変化

13-5 節で議論した Ln(III) 化合物のエントロピーは,

$$S^0_{298} \approx S_{conf.} + S_{el.} + S_{vib.} \tag{13-21}$$

と考え,Ln 系列で変化する電子エントロピーとしては,$S^0_{298,4f}(Ln^{3+}, g)$ のみを考えればよかった.しかし,Ln(III) 金属では $(5d)(6s)^2$ が関与する電子エントロピーも考えねばならない.これを $S^*_{el.}$ と書くと,

$$S^0_{298}[Ln(III)metal] \approx S_{conf.} + S_{vib.} + S^*_{el.} + S^0_{298,4f}(Ln^{3+}, g) \tag{16-21}$$

である．ただし，$(5d)(6s)^2$ と $(4f)^q$ の相互作用によるエントロピーは露には考えない．図 16-16 での $\{S^0_{298}(\text{Ln, metal, exp}) - S^0_{298,4f}(\text{Ln}^{3+}, g)\}$ は，本来は，近似的に $S_{\text{conf.}} + S_{\text{vib.}} + S^*_{\text{el.}}$ に相当すると考える．したがって，2 価金属 Eu と Yb 以外の Ln(III) 金属の $\{S^0_{298}(\text{Ln, metal, exp}) - S^0_{298,4f}(\text{LnLn}^{3+}, g)\}$ は，図 13-16a に示した $S^0_{298}(\text{Ln, metal})$ から求めた Debye 温度を上下逆さまにした規則的系列変化を示すはずである．しかし，現実の実験値（図 16-16 の＋印のデータ点）は，期待される規則的系列変化から少しずれており，上述の (1)～(4) の影響を考えねばならないことがわかる．

(1)～(4) の影響を知るには，$\{S^0_{298}(\text{metal}) - S^0_{298}(\text{LnCl}_3, \text{hex})\}$ 等の Ln(III) 化合物との差の系列変化を同時に検討すれば良い．Ln(III) 化合物の $-\Delta S^0_{\text{f},298}$ の系列変化を調べるのだから，$S^0_{298}(\text{metal, exp})$ はすべて共通である．もしこの値に不規則異常が含まれるなら，その異常は，すべての Ln(III) 化合物に対する $-\Delta S^0_{\text{f},298}$ で共通の不規則異常となって現れる．図 16-17, -18 は Ln(III) 化合物に対する $-\Delta S^0_{\text{f},298}$ を調べた結果である．図 16-17, -18 のプロットでは，図 16-16 の $S^0_{\text{f},298}(\text{Ln, metal, exp})$ を使用した場合の差はすべて＋印で示している．

図 16-16, -17, -18 に示す黒丸のデータ点は，改良 RSPET 式への最小二乗回帰を繰り返し，$S^0_{298}(\text{Ln, metal, exp})$ の不規則変化量を推定して得た $S^0_{298}(\text{Ln(III), metal})^*$ の値による．実際は，±(2～3) J/mol/K 程度の小さな不規則量を系列変化で仮定して最小二乗回帰を適用し，これを繰り返しながら不規則変化量を trial and error 法で求めた．$\{S^0_{298}(\text{Ln, metal})^* - S^0_{298,4f}(\text{Ln}^{3+}, g)\}$ を改良 RSPET 式へ最小二乗回帰した結果は，既に，図 16-3b に示したが，これ以外の五つのケースを図 16-19 と図 16-20 に示す．

図 16-19 の改良 RSPET 式への回帰結果から，図 16-17, -18 にプロットしたデータは，$-\Delta S^0_f$ の系列変化が比較的大きな八組効果の係数 C_1 と非常に小さな四組効果の係数 C_3 で特徴付けられると言える．これらの系列変化

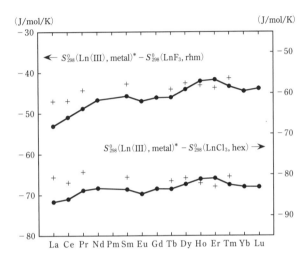

図 16-17 $\text{LnF}_3(\text{rhm})$ と $\text{LnCl}_3(\text{hex})$ に対する $-\Delta S^0_{\text{f},298}$ の系列変化．図 16-16 の $S^0_{298}(\text{Ln, metal, exp})$ を使った場合が＋印の点，ただし，Eu と Yb については示していない．図 16-16 の $S^0_{298}(\text{Ln(III), metal})^*$ を使った場合は黒丸の点．

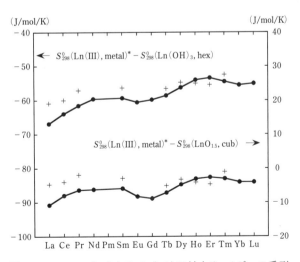

図 16-18 $\text{LnOH}_3(\text{hex})$ と $\text{LnO}_{1.5}(\text{cub})$ に対する $-\Delta S^0_{\text{f},298}$ の系列変化．図 16-16 の $S^0_{298}(\text{Ln, metal, exp})$ を使った場合が＋印の点，ただし，Eu と Yb については示していない．図 16-16 の $S^0_{298}(\text{Ln(III), metal})^*$ を使った場合は黒丸の点．

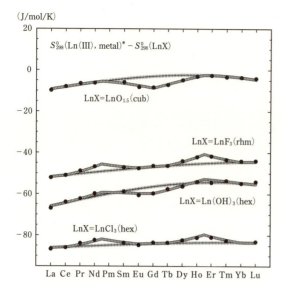

図 16-19 $S_{298}^0(\text{Ln(III)}, \text{metal})^*$ と $S_{298}^0(\text{LnX})$ との差の系列変化を最小二乗法により改良 RSPET 式で回帰した結果.どの対でも系列変化のトレンドは大変緩やかで,$S_{298}^0(\text{Ln(III)}, \text{metal})^*$ の値はそれだけ容易に決まる.

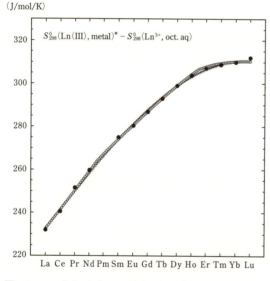

図 16-20 $S_{298}^0(\text{Ln(III)}, \text{metal})^*$ と $S_{298}^0(\text{Ln}^{3+}, \text{oct. aq})$ との差の系列変化を最小二乗法により改良 RSPET 式で回帰した結果.図 16-19 の場合に比べ,大きな系列トレンド変化を持ち,$S_{298}^0(\text{Ln(III)}, \text{metal})^*$ 自体を求めるに不向きな系である.$S_{298}^0(\text{Ln(III)}, \text{metal})^*$ の値は図 16-16 で求め,$S_{298}^0(\text{Ln}^{3+}, \text{oct. aq})$ の値は図 14-23 に示す系で決めている.

パターンは図 16-7a,b に示した $-\Delta H_\text{f}^0$ の系列変化に非常によく対応することもわかる.

また,$\{S_{298}^0(\text{metal}) - S_{298}^0(\text{Ln}^{3+}, \text{oct. aq})\}$ の場合,14-5 節の図 14-23 に示した四つの $\{S_{298}^0(\text{LnX}) - S_{298}^0(\text{Ln}^{3+}, \text{oct. aq})\}$ の場合も含め,$S_{298}^0(\text{Ln}^{3+}, \text{oct. aq})$ が関与する系列変化は大きな勾配を示す.そのため,小さな四組効果はこの大きな勾配を持つトレンドの中に埋もれてしまう.しかし,図 14-23 の四つの回帰結果からすると,$S_{298}^0(\text{Ln}^{3+}, \text{oct. aq})$ にも,他の Ln(III) 化合物系列とは異なる四組効果が内在する.この結果から確定する $S_{298}^0(\text{Ln}^{3+}, \text{oct. aq})$ と,図 16-16 と図 13-16a からの $S_{298}^0(\text{Ln(III)}, \text{metal})^*$ の値を用いて,図 16-20 に示す $\{S_{298}^0(\text{metal}) - S_{298}^0(\text{Ln}^{3+}, \text{oct. aq})\}$ の回帰結果が得られている.他の系列データの解析結果を使わずに,$\{S_{298}^0(\text{metal}) - S_{298}^0(\text{Ln}^{3+}, \text{oct. aq})\}$ の系列変化データだけで,両系列の不規則性を同時に推定することは事実上できない.

$S_{298}^0(\text{Ln}^{3+}, \text{oct. aq})$ も $S_{298}^0(\text{metal})$ も,その実験値はさまざまな誤差や不規則変化を含んでおり,そのままでは受け入れることはできない.$S_{298}^0(\text{Ln}^{3+}, \text{oct. aq})$ と $S_{298}^0(\text{metal})$ の実験値にどう対処するかも難問であった.しかし,結局は,

1. Jørgensen 理論に基づく改良 RSPET 式,
2. $\text{Ln}^{3+}(\text{g})$ の $4f$ 電子エントロピーの理論値(13-5 節,図 13-12),
3. 熱力学第一,第二法則が要請する ΔH と ΔS での八組・四組効果の正相関(13-8,-9 節),

の三つの考え方に立脚すれば,問題解決への道のりが見出される.16-4 節で述べた $-\Delta H_\text{f, 298}^0(\text{LnX})$ の系列変化に対する理解を踏まえると,現時点で利用できる $S_{298}^0(\text{Ln}^{3+}, \text{oct. aq})$ と $S_{298}^0(\text{metal})$ の実験値の誤差や不規則性は,上記の 1., 2., 3. の考え方に基づけば,除去できると筆者は考える.

ただし，上記 (1)～(4) に述べた S_{298}^0(Ln, metal, exp) の不規則変化が個別に明らかになったわけではない．16-4-3 で言及した Ln 金属結晶構造の系列変化は，$-\Delta H_f^0$ の場合と同じように，図 16-16 の S_{298}^0(Ln, metal, exp) や $\{S_{298}^0$(Ln, metal, exp)$-S_{298,4f}^0$(Ln^{3+}, g)$\}$ に明瞭に対応しない．しかし，La, Ce, Pr の金属の実験値はその他の Ln(III) 金属に比べ 6～4 J/mol/K 程度高い値を示す．$-\Delta H_f^0$ の場合もこれら金属は過剰なエンタルピーを示している．-6(La), -4(Ce), -4.5(Pr) J/mol/K の補正を加えると，図 16-16 の系列変化のみならず，$\{S_{298}^0$(metal)$^*-S_{298}^0$(LnCl$_3$, hex)$\}$ などに対する ΔS の系列変化も合理的なものとなる（図 16-19, -20）．同様に考えて，Sm の S_{298}^0(metal, exp) も，-3 J/mol/K の補正が必要であることがわかる．これは Sm 金属が hcp ではなく rhombic（菱面体）構造であることに対応するのかもしれない．もしそうなら $-\Delta H_f^0$ でも何か見えてもよいはずであるが，前節でそれに当たるものは見出せなかった．$-\Delta H_f^0$ では La, Ce, Pr とともに Tb も過剰なエンタルピーを示しているので，Tb の S_{298}^0(metal, exp) も過剰な値を示すことが考えられる．しかし，図 16-17 と図 16-18 の系列変化全体から判断して，実験値としての S_{298}^0(Tb, metal, exp) に対しては 2 J/mol/K のずれが妥当と判断した．Dy～Tm に対しても 1～2 J/mol/K 程度のずれを補正すると，系列変化の四組・八組様変化が明瞭になる（図 16-19, -20）．図 16-17 と図 16-18 では，実験値は＋印，補正後の値は黒丸で示してあるので，両者の関係を確認できる．仮想的な Eu(III), Yb(III) の S_{298}^0(metal) として，図 16-17, -18 から，それぞれ 59.3 J/mol/K, 67.3 J/mol/K を推定できる．

結果として，Nd, Gd, Lu のデータはそのまま採用し，-6(La), -4(Ce), -4.5(Pr), -3(Sm), -2(Tb), -1.5(Dy), $+1$(Ho), $+2$(Er), -2(Tm) J/mol/K の補正を行えば，図 16-17 と図 16-18 のプロットは，図 16-19 が示すように，Ln(III) 金属系列は特徴的な四組・八組効果を保持していることがわかる．図 16-7a, b の $-\Delta H_f^0$ の四組・八組様変化との相似性も確認できる．ただし，-1.5(Dy), $+1$(Ho), $+2$(Er), -2(Tm) J/mol/K の補正量は他の補正量とは異なり，実験誤差に由来する可能性も考えられる．いずれにせよ，図 16-16 の $\{S_{298}^0$(Ln(III), metal)$^*-S_{298,4f}^0$(Ln^{3+}, g)$\}$ に対して描いた実線の四組様変化曲線は，

$$S_{298}^0(\text{Ln(III), metal}) - S_{298,4f}^0(\text{Ln}^{3+}, \text{g}) \approx S_{\text{conf.}} + S_{\text{vib.}} + S_{\text{el.}}^* \approx S_{\text{vib.}} + \text{const.} \qquad (16\text{-}22)$$

に相当し，その改良 RSPET 式への回帰結果は図 16-3b に示している．$S_{\text{conf.}}$ の基準は Gd～Lu で共通な hcp 構造と一応考えるが，これからのずれと $(5d)(6s)^2$ の電子エントロピー $S_{\text{el.}}^*$ の不規則成分との分離はできない．また，±2 J/mol/K 程度の補正量は S_{298}^0(Ln, metal) の実験誤差との区別も難しい．したがって，ここでの補正量は $(S_{\text{conf.}}+S_{\text{el.}}^*)$ における不規則な系列変化成分全体と実験誤差の和に対するものと理解する．

このように補正して得た S_{298}^0(Ln(III), metal)* を用いて図 16-17, -18 などの系列変化を改良 RSPET 式に当てはめ，Ln(III) 金属と Ln(III) 化合物・錯体のエントロピー・データから推定される相対的な "C_1" と "C_3" を求めた結果が，既に 16-2 節で示した表 16-1，図 16-4 である．ΔH_r データから求める Racah パラメーターの相対値 ΔE^1 と ΔE^3 そのものではなく，これらが振動のエントロピーに反映した結果と理解するので，ここでは引用符を付けて，ΔE^1 および ΔE^3 と区別している．これらの増大順序は，

"C_1"：LnO$_{1.5}$(cub)＜Ln(OH)$_3$(hex)＜Ln^{3+}(oct, aq)≈Ln(metal)

$\approx$ LnCl$_3$(hex)≦LnF$_3$(rhm)＜Ln^{3+}(g) \qquad (16\text{-}23)

$$"C_3": \text{Ln(metal)} < \text{LnO}_{1.5}(\text{cub}) < \text{Ln(OH)}_3(\text{hex}) \approx \text{Ln}^{3+}(\text{oct, aq})$$
$$< \text{Ln}^{3+}(\text{g}) \approx \text{LnCl}_3(\text{hex}) \leq \text{LnF}_3(\text{rhm}) \tag{16-24}$$

であり，ΔH_f^0 の RSPET 解析結果とほぼ相似な結果である．"C_1" と ΔE^1 での順序は一致する．ただし，"C_3" では，$\text{Ln}^{3+}(\text{g}) \approx \text{LnCl}_3(\text{hex}) \leq \text{LnF}_3(\text{rhm})$ であり，ΔH_r のデータから求めた ΔE^3 の場合（図 16-10）の順序，$\text{LnCl}_3(\text{hex}) < \text{LnF}_3(\text{rhm}) < \text{Ln}^{3+}(\text{g})$，とは異なる．しかし，"$C_3$" での $\text{Ln}^{3+}(\text{g})$ の位置は重要な意味があるとは思えない．(16-23) と (16-24) は振動のエントロピーに対応する八組・四組効果の順序であり，振動のエントロピーを含まない $\text{Ln}^{3+}(\text{g})$ にとって，上記の順序は単に形式的な意味しかない．

前節冒頭に述べたように，Ln(III) 化合物の標準生成エンタルピー（ΔH_f^0），標準生成エントロピー（ΔS_f^0）は Ln(III) 金属と各 Ln(III) 化合物の配位子交換反応の ΔH_r^0 と ΔS_r^0 と見なすことができる．$[\text{Xe}]4f^q$ の電子配置エネルギーの相違から生じる四組効果に注目することによって，Ln(III) 金属の Racah パラメーター（E^1, E^3）の特徴が明らかにできた．さらに，ΔH_f^0 の四組効果は ΔS_f^0 にも反映されていることを確認した．$\Delta G_f^0 = \Delta H_f^0 - T_{298} \cdot \Delta S_f^0$ であるから，ΔG_f^0 についても同様な結論になる．金属は光学的に不透明で，多くの Ln(III) 化合物に用いられる光学スペクトルの手法は適用できない．XPS と BIS スペクトルへの迂回となる（9-2 節）．ΔH_f^0 と ΔS_f^0 の四組効果は XPS と BIS スペクトルを RSPET で考えた結果をさらに補強するものである．

熱力学における各化合物の標準生成エンタルピー（ΔH_f^0），標準生成 Gibbs 自由エネルギー（ΔG_f^0）は，化学反応の ΔH_r^0 と ΔG_r^0 を求める際に実用的意義がある．化学反応の ΔH_r^0 と ΔG_r^0 を算出する過程では，ΔH_f^0 と ΔG_f^0 の定義反応に現れる元素単体（金属）に関する諸量は相殺され，結果的には考慮の外に置かれる．しかし，このような元素単体（金属）の特別な実用上の地位をランタニド金属の場合はあえて考えないことにすれば，$4f$ 電子の量子論的特徴はランタニド化合物の古典的熱力学量にも明確に現れる．古典論的磁化率が電子スピンの実在と結び付けて了解されるように，個々の Ln(III) 化合物系列の ΔH_f^0 と ΔS_f^0 それ自身が四組効果を示すことは，古典論的熱力学量が量子論的実在としての $4f$ 電子に直結しているものとして，理解されねばならない．

Ln(III) 化合物系列の磁化率が電子スピンと結び付く事実は，Ln(III) 化合物をアルカリ・ハライドのように取り扱ってはいけないと言う警告である．不完全に充填された $[\text{Xe}](4f)^q$ 副殻が Ln(III) 化合物系列の磁性の源泉であり，その吸収スペクトルの特徴もこの不完全副殻に由来する．さらに，Ln(III) 化合物系列の ΔH_f^0 と ΔS_f^0 それ自身が四組効果を示すことは，その熱力学的特徴も $[\text{Xe}](4f)^q$ 副殻の存在に規定されていることを意味する．したがって，アルカリ・ハライドを念頭に置く「点電荷イオンのモデル」や「イオン半径論」を Ln(III) 化合物系列に当てはめることは，量子論の無視を前提にした初等論的説明としては良いとしても，やはり適切とは言えない．

16-6　$\text{Ln}^{3+}(\text{aq}) \rightarrow \text{Ln}(\text{g})$ の昇位エネルギー $P(\text{M})$

Nugent et al.（1973）は，$\text{Ln}^{3+}(\text{aq})$ 系列 $[4f^q]$ 配置の基底レベルから Ln(g) 系列 $[4f^q 5d 6s^2]$ 配置の基底レベルまでのエネルギー差を昇位エネルギー $P(\text{M})$ と呼んだ．そして，この $P(\text{M})$ が Ln 金属の蒸発熱と $\text{Ln}^{3+}(\text{aq})$ の標準生成エンタルピーの差に結び付くことから，$P(\text{M})$ を RSPET から議

論している．その後，この昇位エネルギー $P(M)$ を用いた議論がいくつか報告されている（Morss, 1994）．四組効果とも関連するので，この $P(M)$ についてここで議論する．

第5章で述べたように，Ln(g) で $[4f^q5d6s^2]$ が基底配置であるのは La, Ce, Gd, Lu であり，他の Ln(g) では $[4f^{q+1}6s^2]$ が基底配置である．La, Ce, Gd, Lu の場合，$P(M)$ は Ln 金属の蒸発熱と Ln^{3+}(aq) の標準生成エンタルピーの差で表現できるが，その他の Ln では 5-4 節で議論した Ln(g) における $[4f^{q+1}6s^2]$ 基底レベル → $[4f^q5d6s^2]$ 基底レベルのエネルギー差，第1ランタニド・スペクトル $\Delta E(4f \to 5d)_I$，をさらに加えねばならない（図 16-21）．Nugent らはランタニドとアクチニドの類似性を考え，M＝Ln, An の意味で M を使用しているので，図 16-21 でも M を使っている．ここでは M＝Ln である．

Nugent らのグループは Jørgensen 式の重要性を再確認する研究（Nugent and Vander Sluis, 1971；Vander Sluis and Nugent, 1972；Nugent et al., 1973）や Peppard らの四組効果を電子雲拡大効果から説明する研究（Nugent, 1970）を報告している．そして，彼らはこれからさらに一歩進め，ランタニドおよびその化合物の熱力学量とスペクトル・データを照合し，両者のより確かな値を確定し，さらに，ランタニド系列の結果をアクチニド系列にも当てはめ，断片的にしか得られていないアクチニド系列のデータを系統的に取り扱うことを目指した．Nugent et al.（1973）が $P(M)$ を問題にした背景には，このような問題意識があったに違いない．これは本書の意図するものと重なる部分が多い．

Nugent et al.（1973）は，$P(M)$ が $[4f^q] \to [4f^q5d6s^2]$ の基底レベル・エネルギー差であり $[4f^q]$ は共通であるので，$P(M)$ が示す系列変化は half-filled effect（八組効果）であると主張し，アクチニド系列のデータも同様に考えた．Nugent et al.（1973）の議論は幾人かの研究者の反響を呼び，$P(M)$ を使う論文がその後幾つか発表されている．9-4 節で取り上げた Johansson（1979），Johansson and Mårtensson（1987）もその例である．$P(M)$ に関連する議論の展開は Morss（1994）

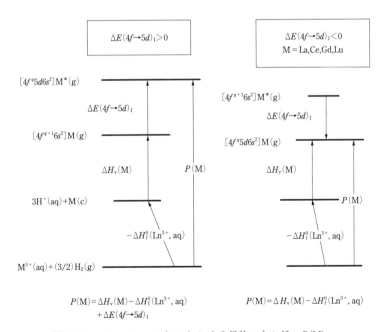

図 16-21　Nugent et al.（1973）による昇位エネルギー $P(M)$．

が簡単にまとめている．Nugent et al.（1973）が half-filled effect とした $P(M)$ の変化を，Morss (1994) は V 字型パターンと呼んでいる．M = An である場合に対しては懐疑的な意見が多いものの，M = Ln の場合については，Nugent et al.（1973）の $P(M)$ についての half-filled effect は V 字型パターンとその名を変えて現在でも受け入れられているように見える．

$P(M)$ の意味は図 16-21 に記したように明確である．

　　　M = La，Ce，Gd，Lu： 　　　　　$P(M) = \Delta H_v(M) - \Delta H_f^0(Ln^{3+}, aq)$

　　　M = Ln（La，Ce，Gd，Lu 以外）： $P(M) = \Delta H_v(M) - \Delta H_f^0(Ln^{3+}, aq) + \Delta E(4f \to 5d)_I$

である．

しかし，これを四組効果に直結させる議論に筆者は賛成できない．その理由は二つある．第一の理由は次の通りである．$(4f^q5d6s^2)$ の Ln(g) の電子配置は $4f$ と $5d$ の両方が開殻であることから，$[4f^q]$ と $[4f^q5d6s^2]$ の J レベルは共通ではない．したがって，既に 8-3 節でも述べたが，第 3 イオン化エネルギーなどに用いた $[4f^{q+1}] \to [4f^q]$ に対する Jørgensen 式は $[4f^q] \to [4f^q5d6s^2]$ のエネルギー変化に厳密には対応していない．Jørgensen 式は粗い近似としてのみ許される．一方，Ln(g) の電子配置 $(4f^{q+1}6s^2)$ では，$6s^2$ は閉殻として扱えば Jørgensen 式の考え方は使用できる（8-3 節）．また，Ln(III)$_{metal}$ の $(4f^q5d6s^2)$ に関しても，$5d6s^2$ は伝導電子となって非局在化しているものと考え，$(4f^q)$ の部分を切り離して考えればよい．ただし，本章で述べた通りその切り離しは注意しながら行う必要がある．しかしながら，Nugent et al.（1973）では，$4f$ と $5d$ の両方の副殻が開殻である事実は重要視されていない．Ln(g) での $(4f^{q+1}6s^2) \to (4f^q5d6s^2)$ のエネルギー変化を $(4f^{q+1}) \to (4f^q)$ に対する Jørgensen 式に当てはめ，$5d$ の影響は大きくはないとする Vander Sluis and Nugent（1972）の結論が前提とされている．もちろん，$4f^{q+1}$ と $4f^q$ での Racah パラメーターの違いも問題とはされていない．これはこの程度の粗さの議論であることを意味する．

$P(M)$ の議論に賛成できない第二の理由は，$P(M)$ の示す系列変化が $(4f^q) \to (4f^q5d6s^2)$ の基底レベル・エネルギー差だけでは説明できないことである．$Ln^{3+}(aq)$ 系列では水和状態変化があるので，これも $P(M)$ の系列変化に寄与する．この分離が必要となるが，Nugent et al.（1973）では何も言及されていない．Jørgensen（1971）は Peppard らの四組効果について次のように述べている（訳文は筆者による）：

"……四組効果は本質的には電子雲拡大効果による．この電子雲拡大効果それ自体は f^q 配置の配置平均エネルギーと基底 J レベルとの距離が小さくなる現象である．しかし，Geier et al.（1969）が指摘している他の要因，たとえば，水和数が Ln 系列を通じて変化することは四組効果より大きな変化を ΔG と ΔH に与える可能性がある．(p. 391)"

$Ln^{3+}(aq)$ 系列での水和状態変化の寄与を配位子交換反応の ΔG と ΔH から分離する問題は，13-3 節で既に議論した．Jørgensen（1971）の注意をさらに広い立場から考えれば，これは Ln(III) 化合物・錯体の系列内構造変化を正当に評価せよとの意見になる．この問題が重要であることは本書で何度も述べ，個別的にその検討を進めたので（第 13，14 章），ここでは繰り返さない．

Nugent et al.（1973）が $P(M)$ を使った動機やその問題意識から学ぶことは今日でも重要であろう．筆者も Nugent のグループによる一連の論文を繰り返し読んだ．しかし，今なおこの $P(M)$ を使わねばならない積極的理由は少なくともランタニドにはない．ランタニドとその化合物の熱力学量と Slater-Condon-Racah 理論からの $4f$ 電子像との対応は，本章で述べたように，もっと単

純明解な形で理解できるからである．Jørgensen 式がやや粗い近似となってしまう $\Delta E(4f \rightarrow 5d)_\text{I}$ の場合を，$\text{Ln}^{3+}(\text{aq})$ の $(4f^q)$ 配置の基底レベル → Ln(g) 系列 $(4f^q 5d 6s^2)$ 配置基底レベルに当てはめることは，無用の混乱を生み出すと考える．

第 17 章

Ln(III) 化合物と Ln 金属の融解：
その熱力学量の四組効果

前章までは配位子交換などの化学反応を中心に見てきたが，Ln(III) 化合物と Ln(III) 金属の融解に伴う熱力学量にも四組効果が付随する．純物質の融解現象は，固相 → 液相の一次の相転移で，融解に伴うエンタルピー，エントロピーの変化（ΔH_m^0, ΔS_m^0）は，融点 T_m と $\Delta H_m^0 = T_m \Delta S_m^0$ の関係にある．固体の融解は結合・凝集状態の変化だから，Ln(III) イオンの $4f$ 電子の結合・凝集状態に対する寄与も融解により変更され，ΔH_m^0, ΔS_m^0 に含まれる．Ln(III) 同形化合物系列や Ln(III) 金属系列の ΔH_m^0, ΔS_m^0 の系列変化には四組効果が確かに内在する．この四組効果は $\Delta H_m^0 = T_m \Delta S_m^0$ の関係を通じて，融点温度の系列変化にも反映する．Ln(III) 化合物と Ln(III) 金属の融解に伴う熱力学量 ΔH_m^0, ΔS_m^0 は，高温での ΔH と ΔS の四組効果の相互関係を考える上でも重要である．

17-1 Ln(III) 化合物・Ln 金属の融解の熱力学量

系の独立な成分数を c，共存する相の数を p とする時，系の自由度 f は，Gibbs の相律から $f = c + p - 2$ である．組成が固定されている一成分系で，固相と液相の二相が共存する場合，自由度 $f = 1$ となるが，圧力が 1 気圧の大気圧に固定されている時，自由度は 0 となり，結果として温度も固定される．その温度が実験的に決まる融点（T_m）である．個々の Ln(III) 化合物や Ln 金属の場合にも当てはまる．

一成分系で二相が共存するから，その成分に関する二相の化学ポテンシャルは等しい．一成分系なので，それらの化学ポテンシャルは 1 モル当たりの Gibbs 自由エネルギーであり，

$$\mu_{\text{liquid}}^0 = \mu_{\text{solid}}^0 \quad \rightarrow \quad G_{m,\text{liquid}}^0 = G_{m,\text{solid}}^0 \qquad (17\text{-}1)$$

である．これは，1 モル当たりの融解のエンタルピー変化，エントロピー変化，融点を使えば，

$$G_{m,\text{liquid}}^0 - G_{m,\text{solid}}^0 \equiv \Delta G_{m,\text{fusion}}^0 = \Delta H_{m,\text{fusion}}^0 - T_{\text{fusion}} \Delta S_{m,\text{fusion}}^0 = 0 \qquad (17\text{-}2)$$

となる．以後は，1 モル当たりを表す molar の m を省略し，m は融解（fusion = melting）を表す略号とする．したがって，その物質 1 モル当たりの融解のエンタルピー変化，エントロピー変化，融点を，それぞれ，ΔH_m^0, ΔS_m^0, T_m と表記すると，(17-2) より，

$$\Delta H_m^0 = T_m \Delta S_m^0 \qquad (17\text{-}3\text{-}1)$$

または

$$T_m = \Delta H_m^0 / \Delta S_m^0 \qquad (17\text{-}3\text{-}2)$$

である．ΔH_m^0 を熱測定によって求め，T_m の測定結果と結びつけて，$\Delta S_m^0 = \Delta H_m^0/T_m$ として ΔS_m^0 が定まる．これ以外に，融解に伴うモル体積の変化量（ΔV_m^0）が，融点での固相と液相の密度測定から報告されることもある．

$LnCl_3$，LnF_3 系列と Ln 金属系列の大気圧下での融解に伴う ΔH_m^0 と融点 T_m の値が報告されている．したがって，ΔS_m^0 の測定値も知られている．しかし，Ln_2O_3 系列の場合は，T_m の測定値は得られているものの，融点が 2500 K を超える高温であるため，ΔH_m^0 の測定値は得られていない．ただし，いくつかの Ln_2O_3 については，融点近傍での液相の密度，固相の密度の測定値が報告されている．

このように，融解の熱力学量の系列変化とそこでの四組効果を具体的に検討できるのは，Ln 金属系列，$LnCl_3$，LnF_3，Ln_2O_3 系列に限られる．Ln_2O_3 については，ΔH_m^0，ΔS_m^0 のデータは利用できない．しかし，融解の熱力学量自体は (17-3-1) あるいは (17-3-2) の単純な関係にあるので，その四組効果を検討する状況はそれほど悪くはない．さらに，はじめに記したように，固体の融解現象は結合・凝集状態の変更であり，Ln(III) イオンと配位子の平均距離は融解により増大する．しかし，液体での Ln(III) イオンの配位状態は固体とは異なるものの，配位子自体は変更されない．したがって，Ln(III) イオンの $4f$ 電子に対する Racah パラメーターは，融解により増大することが予想される．このような視点から測定データを考察できる．

以下では，LnF_3 と $LnCl_3$ の化合物系列，Ln(III) 金属系列，Ln_2O_3 系列，の順に融解の熱力学量を検討し，それらの系列変化に四組効果が認められることを確認する．系列変化に改良 RSPET 式を当てはめ，八組効果，狭義の四組効果を定量的に記述できることを示す．LnF_3 と $LnCl_3$ の化合物系列と Ln(III) 金属系列の ΔH_m^0，ΔS_m^0 のデータからは，ΔH_m^0，ΔS_m^0 が相互に相似な「上に凸な四組効果」を内在させていることが明らかになる．さらに，$T_m = \Delta H_m^0/\Delta S_m^0$ の関係から，ΔH_m^0，ΔS_m^0 の相互に相似な「上に凸な四組効果」は，T_m の「下に凸な四組効果」となって現れることを示す．このことは，ΔH_m^0，ΔS_m^0 データが利用できない Ln_2O_3 系列の融解現象を考える際に重要な手掛りとなる．

17-2 LnF_3 と $LnCl_3$ 系列の融解の熱力学量

Konings and Kovács (2003) は LnF_3 と $LnCl_3$ 系列の ΔH_m^0，ΔS_m^0，T_m の測定値をまとめている．表 17-1 にその値を掲げた．LnF_3 系列の ΔH_m^0，ΔS_m^0，T_m を原子番号順にプロットした結果が，図 17-1 である．図 17-2 には $LnCl_3$ 系列の値を示す．

LnF_3 と $LnCl_3$ 両系列での ΔH_m^0，ΔS_m^0，T_m 測定値の系列変化は，相互に類似している．測定値の精度は，融解温度 T_m が最もよいので，この系列変化をまず見てみる．LnF_3 系列では Er 以降の重 Ln で T_m が折れ曲がり，$LnCl_3$ 系列では，Tb 以降で折れ曲がっている．これらの折れ曲がりは，図の下部に記した融点での固相の結晶系変化と対応している[1]．LnF_3 では，重 Ln 系列途

---

[1] 融点付近での安定相を問題にしているので，13-5 節で示した結晶系とは一部異なる．

表 17-1 LnF_3 と $LnCl_3$ 系列での融解の熱力学量*.

	LnF_3 系列			$LnCl_3$ 系列		
	T_m (K)	ΔH_m^0 (kJ/mol)	ΔS_m^0 (J/mol/K)	T_m (K)	ΔH_m^0 (kJ/mol)	ΔS_m^0 (J/mol/K)
La	1766 ± 3	55.87	31.51	1133 ± 5	55.0	48.54
Ce	1703 ± 3	56.52	33.19	1090 ± 2	53.6	49.17
Pr	1670 ± 3	57.28	34.30	1060 ± 2	49.9 (52.1)	47.12 (49.2)
Nd	1649 ± 3	54.75	33.20	1032 ± 2	49.2	47.67
Pm						
Sm	1571 ± 3	52.43	33.37	950 ± 5	47.6	50.1
Eu	1549 ± 3	52.9	34.2	894 ± 3	45.0	50.3
Gd	1501 ± 3	52.44	34.94	875 ± 2	40.6	46.40
Tb	1446 ± 3	58.44 (55.2)	40.41 (38.2)	855 ± 3	19.5 (42.8)	22.8 (51.0)
Dy	1426 ± 3	58.42	40.97	924 ± 3	25.5 (43.0)	27.75 (52.1)
Ho	1416 ± 3	56.77	40.09	993 ± 3	32.6 (42.6)	32.83 (51.8)
Er	1413 ± 3	27.51 (60.0)	19.47 (43.9)	1049 ± 5	32.6 (43.0)	31.08 (53.3)
Tm	1431 ± 3	28.90 (64.1)	20.20 (49.1)	1095 ± 3	35.6 (44.1)	32.51 (57.0)
Yb	1435 ± 3	29.74 (67.4)	20.73 (53.3)	1138 ± 5	37.6 (44.7)	33 (59.3)
Lu	1455 ± 3	29.27 (68.4)	20.12 (54.7)	1198 ± 5	39.5 (43.9)	33 (58.2)

*括弧なしの ΔH_m^0, ΔS_m^0, T_m 値は Konings and Kovács (2003) がまとめた実験値. Pm メンバーに対して推定値を与えているが, ここでは採用しない. $YbCl_3$ と $LuCl_3$ に対する ΔS_m^0 値は系列変化からの推定値である. 括弧付きの値は, 軽 Ln 系列と重 Ln 系列間での構造変化の効果を補正し, 改良 RSPET 式に当てはめることで得られた筆者による値. ただし, TbF_3 と $PrCl_3$ に対する括弧付き値は, 改良 RSPET 式への回帰結果からの推定値ではあるが, 構造変化の補正とは一応無関係である.

中での orthorhombic 晶系 → hexagonal 晶系への変化部分がこれに当たり, $LnCl_3$ では, 軽 Ln 系列の hexagonal 晶系 → orthorhombic 晶系の変化部分である. しかし, LnF_3 での hexagonal 晶系 → orthorhombic 晶系の変化部分では, T_m の折れ曲がりは認められない. $LnCl_3$ での重 Ln 後半部での orthorhombic 晶系 → monoclinic 晶系への変化部分でも小さな折れ曲がりがあるように見える. T_m が大きく折れ曲がるのは, 結晶系の系列変化, より正確には, 結晶系の変化とこれに対応する液相の構造変化も含めた結果を反映したものと考えられる. LnF_3 系列の La〜Ho 部分には, T_m に規則的な「下に凸な四組効果」を認めることができる. $LnCl_3$ 系列では, La〜Gd 部分の系列変化に限定されるものの, やはり, T_m の変化に「下に凸な四組効果」を認定できる. ただし, $LnCl_3$ 系列の T_m 変化では, 「下に凸な八組効果」は小さい.

LnF_3 と $LnCl_3$ の測定値 ΔH_m^0, ΔS_m^0 が示す系列変化は, それぞれ, La〜Ho と La〜Gd の部分系列に限れば, 構造変化の影響を考えなくてもよい. 「上に凸な四組効果」を示すことが明瞭である. さらに, ΔH_m^0 と ΔS_m^0 の四組効果は相互に相似であることも認定できる. これらは実験データだけからわかることであり, 融解の ΔH_m^0, ΔS_m^0 には「上に凸な四組効果」が内在することを示す直接的な証拠である. しかも, $T_m = \Delta H_m^0 / \Delta S_m^0$ の関係が成立しているから, T_m が示す「下に凸な四組効果」は, 次節 17-2 で議論するように, 互いに相似な ΔH_m^0 と ΔS_m^0 の「上に凸な四組効果」の商が示す結果として説明でき, 改良 RSPET 式が当てはまる.

図 17-1 の LnF_3 系列 (La〜Ho) が示す規則的な系列変化を, 改良 RSPET 式を用いて Er 以降へ外挿し, 構造変化の影響を除去することを考える. そこでは $T_m = \Delta H_m^0 / \Delta S_m^0$ の拘束条件も満足し, T_m の系列変化も規則的になるような ΔH_m^0 と ΔS_m^0 の補正量を求める. 適切に補正した ΔH_m^0 と ΔS_m^0 の値は, 改良 RSPET 式を満足するとして, ΔH_m^0 と ΔS_m^0 の補正量を推定し, これを重 Ln 側での構造変化の影響と考える. その結果は既に図 17-1 に示してある (黒三角). 補正値は表

17-1 に括弧に入れて掲げてある．試行錯誤的に補正量を与え，$T_m = \Delta H_m^0 / \Delta S_m^0$ と改良 RSPET 式への最小二乗回帰を繰り返して得た値である．

ΔH_m^0 と ΔS_m^0 の値は，以下のように，改良 RSPET 式での(1)滑らかな変化成分（sm）と(2)四組効果成分（tetrad），さらに，(3)構造変化に対応する不規則変化成分（irreg），の3成分の和と考える．

$$\Delta H_m^0 = \Delta H_m^0(\text{sm}) + \Delta H_m^0(\text{tetrad}) + \Delta H_m^0(\text{irreg}) \quad (17\text{-}4\text{-}1)$$

$$\Delta S_m^0 = \Delta S_m^0(\text{sm}) + \Delta S_m^0(\text{tetrad}) + \Delta S_m^0(\text{irreg}) \quad (17\text{-}4\text{-}2)$$

LnF_3 系列の場合，La～Ho 部分が示す規則的な系列変化を基準にした場合の相対値を $\Delta H_m^0(\text{irreg})$，$\Delta S_m^0(\text{irreg})$ と考えるので，

$$\begin{aligned}LaF_3 \sim HoF_3 &: \Delta H_m^0(\text{irreg}) \equiv 0, \\ &\quad \Delta S_m^0(\text{irreg}) \equiv 0 \\ ErF_3 \sim LuF_3 &: \Delta H_m^0(\text{irreg}) \neq 0, \\ &\quad \Delta S_m^0(\text{irreg}) \neq 0 \end{aligned} \quad (17\text{-}5\text{-}1)$$

である．$LnCl_3$ 系列では，La～Gd 部分が示す規則的な系列変化を基準に採用し，

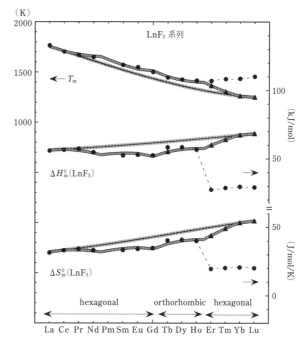

図 17-1 LnF_3 系列の T_m，ΔH_m^0，ΔS_m^0 を原子番号順にプロットした結果．黒丸のデータは，測定値を Konings and Kovács (2003) がまとめた結果．黒三角形は重 Ln 系列での構造変化を補正し，改良 RSPET 式に当てはめた筆者の結果．ただし，$\Delta H_m^0(TbF_3)$ の推奨値は改良 RSPET 式の回帰結果から外れるので，回帰結果を黒三角形で示す．ErF_3 以降の構造変化効果とは直接的には結びつかないと考える．下部に示した結晶系とその範囲は，融点での固相の結晶系を表す．

$$LaCl_3 \sim GdCl_3 : \Delta H_m^0(\text{irreg}) \equiv 0, \ \Delta S_m^0(\text{irreg}) \equiv 0$$

$$TbCl_3 \sim LuCl_3 : \Delta H_m^0(\text{irreg}) \neq 0, \ \Delta S_m^0(\text{irreg}) \neq 0 \quad (17\text{-}5\text{-}2)$$

とする．改良 RSPET 式は，ここでは

$$\Delta Y(\text{sm}) = \Delta H_m^0(\text{sm}) \ \text{or} \ \Delta S_m^0(\text{sm}), \quad (17\text{-}6\text{-}1)$$

$$\Delta Y(\text{tetrad}) = \Delta H_m^0(\text{tetrad}) \ \text{or} \ \Delta S_m^0(\text{tetrad}) \quad (17\text{-}6\text{-}2)$$

として，

$$\Delta Y(\text{sm}) = (a + bq)q(q + 25) + c, \quad (17\text{-}7\text{-}1)$$

$$\Delta Y(\text{tetrad}) = \frac{9}{13} n(S) C_1 (q + 25) + m(L) C_3 (q + 25) \quad (17\text{-}7\text{-}2)$$

である．LnF_3 系列の ΔH_m^0 を例にすると，(17-4-1) より，

$$\Delta H_m^0 - \Delta H_m^0(\text{irreg}) = \Delta H_m^0(\text{sm}) + \Delta H_m^0(\text{tetrad})$$

$$= [(a + bq)q(q + 25) + c] + \frac{9}{13} n(S) C_1 (q + 25) + m(L) C_3 (q + 25) \quad (17\text{-}8)$$

であり，$\Delta H_m^0(\text{irreg})$ は，(17-5-1) より，ErF_3～LuF_3 に対する四つの補正量のみについて具体的な値を求めればよい．ErF_3～LuF_3 のみに $\Delta H_m^0(\text{irreg})$ の値を仮定し，(17-8) の左辺の値を定め，(17-

8) の右辺の改良 RSPET 式に最小二乗法で回帰する．回帰を改善しながら，これを繰り返す．その結果，LnF$_3$ 系列の La～Ho 部分の ΔH_m^0 の系列変化を RSPET 式に従って全 Ln に外挿し，ErF$_3$～LuF$_3$ 部分に対する ΔH_m^0(irreg) の値も推定できる（図 17-1, 表 17-1）．LnF$_3$ 系列の ΔS_m^0 についても，まったく同様にして，改良 RSPET 式への最小二乗法による回帰値，ErF$_3$～LuF$_3$ 部分に対する ΔS_m^0(irreg) の推定値，が得られる（図 17-1, 表 17-1）．LnCl$_3$ 系列では，La～Gd 部分が規則的なので，Tb～Lu の範囲で ΔH_m^0(irreg) と ΔS_m^0(irreg) を求めねばならない．LnF$_3$ 系列の場合に比べ，やや広い範囲となるが，LnF$_3$ 系列の場合と同様な考え方で，La～Gd 部分の規則的変化を改良 RSPET 式に当てはめ，Tb～Lu の範囲に外挿することができる（図 17-2, 表 17-1）．

表 17-2 に，LnF$_3$ と LnCl$_3$ の融解の熱力学量系列変化を改良 RSPET 式に当てはめ，得られた(17-7-2)の四組効果パラメーター（C_1, C_3）値を掲げる．C_1 は八組効果，C_3 は狭義の四組効果の大きさと極性を表す改良 RSPET 式での係数である．

図 17-1, -2 から，LnF$_3$ と LnCl$_3$ の ΔH_m^0, ΔS_m^0 データは相互に相似な「上に凸な四組効果」を内在させており，

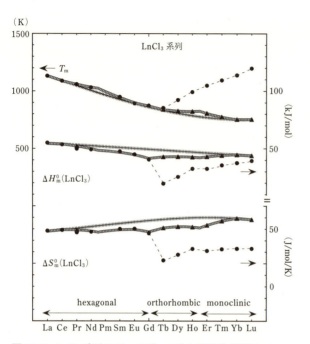

図 17-2 LnCl$_3$ 系列の T_m, ΔH_m^0, ΔS_m^0 を原子番号順にプロットした結果．黒丸のデータは，測定値を Konings and Kovács (2003) がまとめた結果．黒三角形は，Tb 以降の重 Ln 系列での構造変化を補正し，RSPET 式に当てはめた筆者の結果．ただし，PrCl$_3$ に対する ΔH_m^0, ΔS_m^0 の推奨値は RSPET 式の回帰結果から外れるので，回帰結果を黒三角形で示すが，構造変化の補正とは直接関係しない．下部に示した結晶系とその範囲は，融点での固相の結晶系を表す．

表 17-2 LnF$_3$ と LnCl$_3$ の融解の熱力学量系列変化を改良 RSPET 式に当てはめることで得られた四組効果の C_1 と C_3 パラメーター値*.

	$C_1 \times 10$	$C_3 \times 100$	C_3/C_1
ΔH_m^0(LnF$_3$) (kJ/mol)	0.21 ± 0.06	0.50 ± 0.20	0.24
ΔS_m^0(LnF$_3$) (J/mol/K)	0.18 ± 0.02	0.51 ± 0.07	0.28
T_m(LnF$_3$) (K)	−(1.7 ± 0.6)	−(6.3 ± 2.1)	0.38
$\kappa_m = \Delta S_m^0$(tetrad)/ΔH_m^0(tetrad) (1/K)**	(0.9 ± 0.3) × 10^{-3}	(1.0 ± 0.4) × 10^{-3}	
ΔH_m^0(LnCl$_3$) (kJ/mol)	0.17 ± 0.04	0.27 ± 0.12	0.16
ΔS_m^0(LnCl$_3$) (J/mol/K)	0.21 ± 0.03	0.57 ± 0.08	0.27
T_m(LnCl$_3$) (K)	−(0.23 ± 0.18)	−(4.6 ± 0.6)	0.20
$\kappa_m = \Delta S_m^0$(tetrad)/ΔH_m^0(tetrad) (1/K)**	(1.2 ± 0.3) × 10^{-3}	(2.1 ± 0.9) × 10^{-3}	

* LnF$_3$(Ln＝La～Ho) と LnCl$_3$(Ln＝La～Gd) の ΔH_m^0, T_m, ΔS_m^0＝($\Delta H_m^0/T_m$) のデータと不規則変化を示す LnF$_3$(Ln＝Er～Lu) と LnCl$_3$(Ln＝Tb～Lu) 部分を補正した値を RSPET 式で最小二乗法により回帰した結果による（本文参照のこと）．誤差の値は，最小二乗法による回帰での 1σ を表す．

** κ_m の値は，各化合物系列に対する $C_1(\Delta S_m^0)/C_1(\Delta H_m^0)$ と $C_3(\Delta S_m^0)/C_3(\Delta H_m^0)$ の比を表す．

これは改良 RSPET 式に合致する四組効果である．融解のエンタルピー変化 ΔH_m^0 が，なぜ，「上に凸な四組効果」を示すかは，既に，17-1 節で述べた．すなわち，固体が融解し液体となる一次の相転移では，固体の結合・凝集状態は液体のそれに変更される．液体での Ln(III) イオンの配位状態は固体とは異なるが，一般に Ln(III) イオンと配位子の平均距離は融解により確実に増大する．これは，少数の例外はあるものの，融解のモル体積変化が正（$\Delta V_m^0 > 0$）であること（Marcus, 1982）に対応する．配位子自体は変更されないので，Ln(III) イオンの $4f$ 電子に対する Racah パラメーターは，融解により増大しなければならない．Racah パラメーターの増大は「上に凸な四組効果」となって ΔH_m^0 に現れる．

一方，後に 17-4 節で議論するように，ΔS_m^0 自体に関する経験式は知られているが，ΔS_m^0 に寄与する $4f$ 電子項の寄与を直接「上に凸な四組効果」に結びつける議論は必ずしも容易ではない．$T_m = \Delta H_m^0 / \Delta S_m^0$ の条件があるので，次節で述べるように，T_m の測定値も考慮した方が有意義な議論となる．

17-3 「下に凸な四組効果」を示す LnF_3 と $LnCl_3$ の融点の系列変化

図 17-1，-2 からわかるように，LnF_3 系列の La〜Ho 部分の T_m には，規則的な「下に凸な四組効果」が認められ，$LnCl_3$ 系列でも，La〜Gd 部分の系列変化に限定されるが，やはり，T_m の変化に「下に凸な四組効果」を認定できる．ΔH_m^0 と ΔS_m^0 の測定値は，RSPET 式で近似できる「上に凸な四組効果」を示しているので，融点 T_m が示す「下に凸な四組効果」とは極性が反対である．この T_m の系列変化にも RSPET 式が使用できる．これは，ΔH_m^0 と ΔS_m^0 の測定値が RSPET 式を満足し，かつ，$T_m = \Delta H_m^0 / \Delta S_m^0$ の条件があるからである．

前節で確認したように，ΔH_m^0 と ΔS_m^0 の測定値は，近似的に RSPET 式を満足する．ただし，LnF_3 系列の Er〜Lu 部分，$LnCl_3$ 系列の Tb〜Lu 部分は軽 Ln 系列に対して構造変化を示しているので，これらの領域ではこの効果を補正した ΔH_m^0 と ΔS_m^0 を考え，補正を要しない領域の ΔH_m^0 と ΔS_m^0 の測定値と合わせたデータ・セットを考える．ΔH_m^0 と ΔS_m^0 のデータ・セットは RSPET 式を満足するから，

$$T_m = \Delta H_m^0 / \Delta S_m^0 = [\Delta H_m^0(\text{sm}) + \Delta H_m^0(\text{tetrad})] / [\Delta S_m^0(\text{sm}) + \Delta S_m^0(\text{tetrad})]$$

$$= \frac{\Delta H_m^0(\text{sm})}{\Delta S_m^0(\text{sm})} \cdot \frac{1 + \Delta H_m^0(\text{tetrad})/\Delta H_m^0(\text{sm})}{1 + \Delta S_m^0(\text{tetrad})/\Delta S_m^0(\text{sm})} \quad (17\text{-}9)$$

である．(17-9) の右辺の第 1 の商は

$$T_m^0 \equiv [\Delta H_m^0(\text{sm})/\Delta S_m^0(\text{sm})] \quad (17\text{-}10)$$

と表現し，第 2 の商では，$|\Delta S_m^0(\text{tetrad})/\Delta S_m^0(\text{sm})| \ll 1$，$|\Delta H_m^0(\text{tetrad})/\Delta H_m^0(\text{sm})| \ll 1$ であるから，この商は積の形に直すことができ，さらに，二次の微小量を無視すると，

$$T_m \approx T_m^0 \cdot [1 + \Delta H_m^0(\text{tetrad})/\Delta H_m^0(\text{sm})] \cdot [1 - \Delta S_m^0(\text{tetrad})/\Delta S_m^0(\text{sm})]$$

$$\approx T_m^0 \cdot \{1 + \Delta H_m^0(\text{tetrad})/\Delta H_m^0(\text{sm}) - \Delta S_m^0(\text{tetrad})/\Delta S_m^0(\text{sm})\}$$

$$\approx T_m^0 + \Delta H_m^0(\text{tetrad})/\Delta S_m^0(\text{sm}) - T_m^0 \Delta S_m^0(\text{tetrad})/\Delta S_m^0(\text{sm})\}$$

$$\approx T_m^0 + [1/\Delta S_m^0(\text{sm})][\Delta H_m^0(\text{tetrad}) - T_m^0 \Delta S_m^0(\text{tetrad})] \quad (17\text{-}11)$$

となる．ここで，エントロピー変化とエンタルピー変化の四組効果の比を次のように定義する

と，

$$\kappa_m \equiv \Delta S_m^0(\text{tetrad})/\Delta H_m^0(\text{tetrad}) \tag{17-12}$$

融解温度は，次のように表現できる：

$$T_m \approx T_m^0 + [1/\Delta S_m^0(\text{sm})]\cdot[1-\kappa_m \cdot T_m^0]\cdot \Delta H_m^0(\text{tetrad}) \tag{17-13}$$

これは，ΔH_m^0 と ΔS_m^0 が RSPET 式を満足するならば，T_m も RSPET 式で表現できることを示す．T_m^0 は滑らかな系列変化成分を表し，残りの項は $\Delta H_m^0(\text{tetrad})$ に比例する四組効果を表す．ただし，$\Delta S_m^0(\text{sm})>0$ と考えてよいので，$\Delta H_m^0(\text{tetrad})$ の比例係数 $[1-\kappa_m \cdot T_m^0]$ が正，0，負のいずれになるかが，T_m の示す四組効果の極性を決める．$[1-\kappa_m \cdot T_m^0]>0$ の場合は，T_m が示す四組効果の極性は $\Delta H_m^0(\text{tetrad})$ と同一となるが，これは明らかに観測事実に反する．したがって，$[1-\kappa_m \cdot T_m^0]<0$ でなければならない．$\kappa_m \equiv \Delta S_m^0(\text{tetrad})/\Delta H_m^0(\text{tetrad})$ と T_m^0 の積が 1 より大きく，$[1-\kappa_m \cdot T_m^0]<0$ であることは，表 17-2 に掲げた κ_m の値からも以下のように確認できる．

$$\text{LnF}_3 \text{ 系列：}[1-\kappa_m \cdot T_m^0]\approx[1-0.9\times 10^{-3}\times 1500]=-0.35 \tag{17-14-1}$$

$$\text{LnCl}_3 \text{ 系列：}[1-\kappa_m \cdot T_m^0]\approx[1-1.2\times 10^{-3}\times 940]=-0.13 \tag{17-14-2}$$

κ_m の値は各化合物系列に対する $C_1(\Delta S_m^0)/C_1(\Delta H_m^0)$ を用い，T_m^0 は 1500 K（LnF$_3$）と 940 K（LnCl$_3$）を使っている．もし κ_m の値として $C_3(\Delta S_m^0)/C_3(\Delta H_m^0)$ を用いても，負の値になることは同じである．(17-14-1)，(17-14-2) では，

$$\kappa_m \equiv \Delta S_m^0(\text{tetrad})/\Delta H_m^0(\text{tetrad}) \approx 1\times 10^{-3}\ (1/\text{K}) \tag{17-15}$$

とほぼ一定であること，すなわち，$\Delta S_m^0(\text{tetrad})$ は $\Delta H_m^0(\text{tetrad})$ と相似な四組効果を示すことが，T_m が示す四組効果の極性が $\Delta H_m^0(\text{tetrad})$ と反対である観測事実につながっている点が重要である．

第 13 章では，LnO$_{1.5}$(cub)，LnF$_3$(rhm)，LnCl$_3$(hex)，Ln(OH)$_3$(hex)，Ln(III) 金属，Ln^{3+}(g) の六つの同質同形 Ln(III) 系列を選び，15 対の配位子交換反応を考え，その各反応の $\Delta H_{r,298}^0$ と $\Delta S_{r,298}^0$ の系列変化を RSPET 式で回帰した結果について述べた．八組効果の係数 C_1 の比 $[C_1(\Delta S)/C_1(\Delta H)]$ と狭義の四組効果の係数比 $[C_3(\Delta S)/C_3(\Delta H)]$ を求め，

$$C_1(\Delta S)/C_1(\Delta H) = \kappa_1 = (0.25\pm 0.03)\times 10^{-3}\ (1/\text{K}),$$
$$C_3(\Delta S)/C_3(\Delta H) = \kappa_3 = (0.21\pm 0.02)\times 10^{-3}\ (1/\text{K})$$

であること，C_1 と C_3 での比をさらに平均して，

$$\Delta S_{298}(\text{tetrad})/\Delta H_{298}(\text{tetrad}) = \kappa = (0.23\pm 0.02)\times 10^{-3}\ (1/\text{K}) \tag{17-16}$$

となることを述べた．融解反応に対する (17-15) の $\kappa_m \approx 1\times 10^{-3}(1/\text{K})$ は，$T=298$ K での配位子交換反応の熱力学量での平均的な値 (17-16) と比べると，約 4 倍である．LnF$_3$ 系列と LnCl$_3$ 系列の平均的な融点は，それぞれ 1500 K と 940 K なので，平均値は 1220 K である．これは $T=298$ K の 4.0 倍であり，見掛け上，$\kappa_m/\kappa_{298}\approx T_m/298$ の関係となる．これは以下の関係を示唆するかもしれない：

$$\Delta S(\text{tetrad})/\Delta H(\text{tetrad}) \equiv \kappa \approx 0.8\times 10^{-6}\cdot T\ (1/\text{K}) \tag{17-17}$$

常温・常圧下での配位子交換反応の熱力学量と融解の熱力学量は対応しないとすれば，(17-17) は何の意味もないことになる．しかし，いずれも Ln^{3+} の結合状態の変更における $\Delta S(\text{tetrad})/\Delta H(\text{tetrad})$ を見ているのは間違いないわけだから，高温では ΔS の四組効果の ΔH の四組効果に対する割合が増大するのは当然のように思える．

17-4　Ln 金属系列の融解の熱力学量と四組効果

Ln 金属系列の Eu と Yb は $(4f^{q+1}6s^2)$ の電子配置を持ち，これは伝導電子の $(6s^2)$ を別にすると Ln^{2+} イオンの電子配置 $(4f^{q+1})$ に対応することから，2 価金属と呼ばれ，その他の Ln は $(4f^q5d6s^2)$ の電子配置を持ち，伝導電子の $(5d6s^2)$ を分離した $(4f^q)$ の電子配置は Ln^{3+} イオンの電子配置に対応するので，3 価金属と呼ばれることについては，既に 5-2, 8-3, 16-4 節などで述べた．

表 17-3 は，Karen and Kjekshus (2000) から引用したもので，Ln 金属の融解の熱力学量と固相における相転移の熱力学量をまとめたものである．内容自体は，Hultgren et al. (1973) と同一である．2 価金属の Eu と Yb の融点は，両隣の 3 価金属の融点に比べ，それぞれ，400 K，800 K 程度低い．電子配置の違いがこのように現れるのは重要である．以後の議論では，2 価金属の Eu

表 17-3　Ln 金属固相での相転移と融解の熱力学量[a]．

Ln	相転移[b]	T(K)	ΔH^0_{tr} or ΔH^0_m (kJ/mol)[c]	ΔS^0_{tr} or ΔS^0_m (J/mol/K)[d]
La	hP → cF	550	0.36	0.67
	cF → cI	1134	3.12	2.76
	cI → (L)	1193	6.197 (9.677)	5.19 (8.62/1.04R)
Ce	cF → cI	999	3.00	2.99
	cI → (L)	1071	5.10 (8.10)	5.46 (8.45/1.02R)
Pr	hP → cI	1068	3.17	2.97
	cI → (L)	1204	6.89 (10.06)	5.69 (8.66/1.04R)
Nd	hP → cI	1128	3.03	2.68
	cI → (L)	1289	7.14 (10.17)	5.52 (8.20/0.99R)
Sm	h/R/hP → cI	1190	3.11	2.64
	cI → (L)	1345	8.62 (11.73)	6.40 (9.04/1.10R)
Eu	cI → (L)	1090	9.21	8.45 (−/1.02R)
Gd	hP → cI	1533	3.91	2.55
	cI → (L)	1585	10.05 (13.96)	6.36 (8.91/1.07R)
Tb	hP → cI	1560	5.02	3.22
	cI → (L)	1630	10.79 (15.81)	6.65 (9.87/1.19R)
Dy	hP → cI	1657	4.16	2.51
	cI → (L)	1682	11.06 (15.22)	6.75 (9.26/1.11R)
Ho	hP → cI	1701	4.69	2.76
	cI → (L)	1743	12.18 (16.87)	6.99 (9.75/1.17R)
Er	hP → (L)	1795	19.90	11.09 (−/1.33R)
Tm	hP → (L)	1818	16.84	9.29 (−/1.12R)
Yb	hP → cF	550	0	0
	cF → cI	1033	1.75	1.67
	cI → (L)	1097	7.66 (9.41)	6.99 (8.66/1.04R)
Lu	hP → (L)	1936	18.65	9.62 (−/1.16R)

a：Karen and Kjekshus (2000) による．
b：Karen and Kjekshus (2000) による結晶格子の対称性の記述法：晶系の種類 (c: cubic, h: hexagonal and trigonal, t: tetragonal, o: orthorhombic, etc.) と Bravais 格子の種類 (P, F, I, R, A, B, C) を組み合わせた記号．
c：括弧内の数値は全 ΔH^0_{tr} と ΔH^0_m の和で，本文中では ΔH^{0*}_m と記述．
d：括弧内のスラッシュ記号の前の値は全 ΔS^0_{tr} と ΔS^0_m の和で，本文では ΔS^{0*}_m と記述．スラッシュ記号の後の気体定数 R の係数は $(\Delta S^{0*}_m/R)$ を意味する．$(\Delta S^{0*}_m/R)$ の平均値と 1σ は，Eu(II) と Yb(II) を含む全 Ln で (1.10 ± 0.09)，Ln(III) 金属では (1.11 ± 0.09)．

と Yb を除外した3価金属の融解の熱力学パラメーターのみに注目する.

17-4-1 Ln(III)金属の固相での相転移と融解のエントロピー

Ln(III)金属に限定しても，融点温度より低温で固相の相転移があることは無視できない問題である．このことにも配慮し，表17-3には，固相での相転移の ΔH_{tr}^0 の総和に融解時の値 ΔH_m^0 を加えた ΔH_m^{0*}，同様に ΔS_m^{0*} も掲げている.

$$\Delta H_m^{0*} = \sum_i \Delta H_{tr}^0(T_i) + \Delta H_m^0 \qquad (17\text{-}18)$$
$$\Delta S_m^{0*} = \sum_i \Delta S_{tr}^0(T_i) + \Delta S_m^0 \qquad (17\text{-}19)$$

Ln(III)金属系列での特徴の一つは，La～Ho では融点温度より低温で固相の相転移が起こるのに対し，Er, Tm, Lu では固相の相転移が知られていないことである．しかし，(17-18)の ΔH_m^{0*} と(17-19)の ΔS_m^{0*} を考えると，全 Ln(III)金属系列で比較的単調な系列変化が得られる．ただし，Er は例外としなければならない．たとえば，全 Ln(III)金属では，R を気体定数（8.3145 J/mol/K）として，

$$(\Delta S_m^{0*}/R) = 1.11 \pm 0.09 \qquad (17\text{-}20)$$

である．固相で相転移のない Er, Tm, Lu については，$(\Delta S_m^{0*}/R) = (\Delta S_m^0/R)$ である．(17-20)から，Er, Tm, Lu については，近似的には $\Delta S_m^0 \approx R$ であると言える.

固体の融解のエントロピー ΔS_m^0 に関しては，いわゆる"共有（communal）エントロピー，$\Delta S_{comm} = R$" との関連性が議論されてきている（戸田他，1976; Marcus, 1982; Hansen and McDonald, 2006）ので，この議論を簡単に紹介する.

17-4-2 "共有（communal）エントロピー" $\Delta S_{comm} = R$

1原子が一つのセルを占める単純な金属結晶を考え，N 個のセルを結晶格子の単位胞とすれば，各セルは異なる一つの整数の組 (l, m, n) に1対1に対応するから，各セルは区別でき，区別できるセルを占める原子も区別できることになる．しかし，熔融体では，各原子はあちこちのセルに自由に移動できるとし，個々の液体セルはまったく相互に区別できないと考えてみる．セルの識別性があるものを固相，識別性を欠如した状態を液相と見なし，配置エントロピーの違いをBoltzmann 原理から求めてみる．各セルは原子1個が占めるとして，N 個のセルで結晶と液相を考える．識別性がある結晶セルの配置数を1として，識別性のない液体セルの配置数をもとめ，その自然対数に Boltzmann 定数 k を掛ければ，熔融による配置エントロピーの差となるはずである．取りあえずは，結晶のようにセルは識別できるとすると，液体の各セルは N 個あるから，全体で N^N の場合数となる．しかし，本当は液体の各セルは識別できないのだから，$(N^N/N!)$ が識別できない液体セルの配置数である．ゆえに，このモデルからは，

$$\Delta S_{conf.}(\text{crystal} \to \text{liquid}) = k\ln\left[\frac{N^N}{N!}\right] = k(N\ln N - \ln N!) = Nk \qquad (17\text{-}21)$$

となる．最後は，Stirling の近似 $\ln(N!) \approx N\ln N - N$ を使っている．N を Avogadro 数の1モルとすれば，$Nk = R$ となる．戸田他（1976）は，共有エントロピーを融解のエントロピーと考えることは以前にはあったが，これは正しくはないと述べている．Ar や Kr の場合，適当なポテンシャル

を与えれば，それなりの固体 → 液体の状態変化を記述できることが，正しくないとする理由と思われる．しかし，(17-21)は，現実のLn(III)金属の融解のエントロピーが示す(17-20)の結果を考える場合の「手掛り」となると筆者は考える．その他の金属の場合でも近似的に当てはまる．考える過程で不適当と判断すれば，その手掛りは捨てればよいだろう．

17-4-3 Ln(III)金属の融解熱力学量をどう見るか？

図17-3のプロットからわかるように，(17-18)と(17-19)の形で融解のエンタルピー変化，エントロピー変化を眺めると，その系列変化はかなり規則的に見える．これは固相での相転移が融解の熱力学量に影響していることを示唆する．Erは例外としなければならないが，(17-18)の $\Delta H_{\mathrm{m}}^{0*}$ と(17-19)の $\Delta S_{\mathrm{m}}^{0*}$ は，固相で相転移のない Tm, Lu の $\Delta H_{\mathrm{m}}^{0*} = \Delta H_{\mathrm{m}}^{0}$ と $\Delta S_{\mathrm{m}}^{0*} = \Delta S_{\mathrm{m}}^{0}$ に直線的につながる．$\Delta H_{\mathrm{m}}^{0}$ に示した(B)と(B′)，$\Delta S_{\mathrm{m}}^{0}$ に示した(C)がこれを表す．

一方，重Ln系列が示す融点温度には，「下に凸な四組効果」を示唆する湾曲変化がうかがえる．ただし，軽Ln系列の融点では四組効果は明確ではないが，変化のトレンドは重Ln系列と大きく食い違っているわけではない．(A)と記した鎖線がこれを表す．もう一点興味深いことは，Erの融点である．$\Delta H_{\mathrm{m}}^{0}$ と $\Delta S_{\mathrm{m}}^{0}$ ではErは明らかに異常に大きい値を示すにも拘わらず，Erの融点は全く異常には見えない．重Ln系列の融点温度は，Erを含めて，「下に凸な四組効果」を示唆している．LnF$_3$ と LnCl$_3$ の融点の系列変化で議論したように，これは $\Delta H_{\mathrm{m}}^{0}$ と $\Delta S_{\mathrm{m}}^{0}$ が「上に凸な四組効果」を持ち，改良RSPET式を適用できる可能性を示唆している．確かに，図17-3では，$\Delta H_{\mathrm{m}}^{0}$ と $\Delta S_{\mathrm{m}}^{0}$ が直接的に「上に凸な四組効果」を示すようには見えない．この原因は，1) $\Delta H_{\mathrm{m}}^{0}$ と $\Delta S_{\mathrm{m}}^{0}$ の四組効果は比較的小さい，2) 固相相転移の影響も含めた構造変化，3) Ln(III)金属は($4f^q 5d 6s^2$)の電子配置を持ち，伝導電子の($5d 6s^2$)が関わっていること，などによるのであろう．LnF$_3$ と LnCl$_3$ のLn(III)化合物系列とは異なり，電子配置($4f^q 5d 6s^2$)の付加的な複雑さも関係しているのかもしれない．

そこで，LnF$_3$ と LnCl$_3$ の融点データ

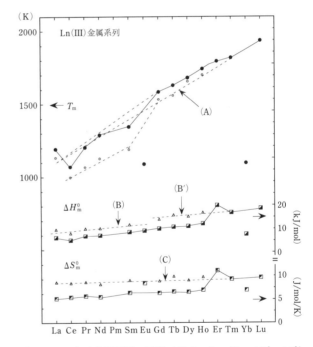

図17-3 Ln(III)金属系列の融解パラメーター (T_{m}, $\Delta H_{\mathrm{m}}^{0}$, $\Delta S_{\mathrm{m}}^{0}$) の測定値（実線でつなげた点）．2価金属の Eu, Yb のデータも比較のために示してある．小さい白丸の点は，融点近傍での固相の相転移温度を示す．重Ln系列での融点温度が「下に凸な四組効果」を示唆していることを注意している．小さい三角の点は，固相での相転移の $\Delta H_{\mathrm{tr}}^{0}$ の総和に融解時の値 $\Delta H_{\mathrm{m}}^{0}$ を加えた $\Delta H_{\mathrm{m}}^{0*}$ と，同様に $\Delta S_{\mathrm{m}}^{0*}$ の値を示す．破線(A)は，T_{m} の系列変化が「下に凸な四組効果」を示唆し，比較的規則的であることを示すために書き加えた．破線(B), (B′), (C)は，$\Delta H_{\mathrm{m}}^{0*}$ と $\Delta S_{\mathrm{m}}^{0*}$ の系列変化が直線的であることを示すために加えた．

をRSPET式を適用した際の考え方を採用し，以下のように置くことにする：

$$\Delta H_m^0 \approx \Delta H_m^0(\text{sm}) + \Delta H_m^0(\text{tetrad}) + \Delta H_m^0(\text{ex}), \tag{17-22-1}$$

$$\Delta S_m^0 \approx \Delta S_m^0(\text{sm}) + \Delta S_m^0(\text{tetrad}) + \Delta S_m^0(\text{ex}), \tag{17-22-2}$$

$$T_m \approx T_m(\text{sm}) + T_m(\text{tetrad}) + T_m(\text{ex}) \tag{17-22-3}$$

最後の項は，上記の2)と3)に起因する過剰量と考える．過剰量は，過剰量＝0である基準部分系列を指定し，これからの正負のずれとして相対的な値を考える．基準部分系列としては，融点温度が「下に凸な四組効果」を示す重Ln系列（Gd～Lu）を考える．しかし，重Ln系列（Gd～Lu）のΔH_m^0とΔS_m^0の値は，Gd～Ho部分とEr～Lu部分で食い違っているのは明白である．だから，基準部分系列とみなせるのはGd～Ho部分の第3テトラドに限定される．しかし，重Ln系列（Gd～Lu）全体でT_mが「下に凸な四組効果」を示しているので，第3テトラドの基準部分系列に対するEr～Lu部分のΔH_m^0とΔS_m^0の過剰量がT_mの系列変化に影響しない条件が備わっていると考えねばならない．以下でこの条件を確認しよう．

(17-22-1)と(17-22-2)の右辺第1項と第2項は改良RSPET式で表現できる成分だから，これらを$\Delta H_m^0(\text{n})$と$\Delta S_m^0(\text{n})$とまとめて記し，T_mを近似的に求めると，

$$\Delta H_m^0 = \Delta H_m^0(\text{n}) + \Delta H_m^0(\text{ex}), \qquad \Delta S_m^0 = \Delta S_m^0(\text{n}) + \Delta S_m^0(\text{ex}) \tag{17-23}$$

$$T_m = \frac{\Delta H_m^0}{\Delta S_m^0} \approx \left(\frac{\Delta H_m^0(\text{n})}{\Delta S_m^0(\text{n})}\right) \cdot \left(1 + \frac{\Delta H_m^0(\text{ex})}{\Delta H_m^0(\text{n})} - \frac{\Delta S_m^0(\text{ex})}{\Delta S_m^0(\text{n})}\right) \tag{17-24}$$

となる．(17-24)の右辺で$\Delta H_m^0(\text{ex})$と$\Delta S_m^0(\text{ex})$が意味を失うためには，

$$\Delta H_m^0(\text{ex})/\Delta H_m^0(\text{n}) \approx \Delta S_m^0(\text{ex})/\Delta S_m^0(\text{n}) \tag{17-25}$$

の条件があればよいことになる．

以上のように，すべての融解パラメーター（ΔH_m^0, ΔS_m^0, T_m）について基準部分系列とできるのはGd～Ho部分の第3テトラドである．しかし，(17-25)の条件がEr～Lu部分には成立するために，Gd～Lu部分のT_mは改良RSPET式で表現できると考える．これを前提にすれば，融解パラメーター（ΔH_m^0, ΔS_m^0, T_m）を(17-22-1)，(17-22-2)，(17-22-3)に当てはめることができる．第3テトラド以外のLnに対し$\Delta H_m^0(\text{ex})$と$\Delta S_m^0(\text{ex})$の試行値を(17-25)を満足する形で定めて代入し，改良RSPET式のパラメーターを最小二乗法で決定する．これを繰り返すことで，(17-22-1)，(17-22-2)での測定値と計算値の一致を改善する．ΔH_m^0のΔS_m^0に関するパラメーターが決まれば，$T_m(\text{n})$と$T_m(\text{ex})$も推定できるので，(17-22-3)でT_mの測定値と計算値の一致を確認できる．この推定方法はLnF$_3$とLnCl$_3$の場合と異ならないが，過剰を0とできる領域はLnCl$_3$の場合よりもさらに限定されているので，条件(17-25)の利用は重要である．

17-4-4　Ln(III)金属系列の ΔH_m^0, ΔS_m^0, T_m が示す四組効果

実際に得られた結果を図17-4に示す．融解パラメーター（ΔH_m^0, ΔS_m^0, T_m）には，四組効果が内在することを確認できる．T_mの四組効果は「下に凸」の極性を持ち，ΔH_m^0とΔS_m^0の四組効果は「上に凸」の極性を持つ．LnF$_3$とLnCl$_3$の融解パラメーターの四組効果の極性と同じである．図17-5には，推定した$\Delta H_m^0(\text{ex})$と$\Delta S_m^0(\text{ex})$の値の相互関係を示す．縦軸は$\Delta H_m^0(\text{ex})/\Delta H_m^0(\text{n})$，横軸は$\Delta S_m^0(\text{ex})/\Delta S_m^0(\text{n})$であるので，条件(17-25) $\Delta H_m^0(\text{ex})/\Delta H_m^0(\text{n}) \approx \Delta S_m^0(\text{ex})/\Delta S_m^0(\text{n})$ を満足するLn(III)金属は図17-5に示した(1：1)の破線上にプロットされねばならない．Er～Luは確かにこ

の線上あるいはその近傍に位置する．また，過剰量を0と仮定した第3テトラドのGd～Hoは原点付近に位置し，重Ln全体が破線上あるいはその近傍にあることがわかる．議論の前提とした「Gd～Luの全重Ln系列が(17-25)を満たし，T_mの変化は下に凸な四組効果を示す」との特徴は，再現されている．さらに，過剰量に特別の仮定を設けなかったPr, Ndについても，(17-25)の関係は近似的には満足されている．Smについてもこの傾向が認められる．

このように図17-4の結果からすると，Ln(III)金属系列の融解パラメーター(ΔH_m^0, ΔS_m^0, T_m)はかなり規則的な系列変化を示している．ただし，図17-3のプロットだけでは，ΔH_m^0とΔS_m^0に内在する小さな四組効果は判然としない．T_mの系列変化が重Ln全体で「下に凸な四組効果」を示唆することを手掛かりにして，RSPET式を使う条件付き最小二乗法を使う段階（図17-4）に進むことで，初めてこの特徴を定量的に明確にできる．図17-3の

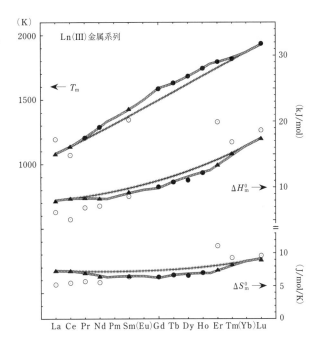

図 17-4 Ln(III)金属系列の融解パラメーター(T_m, ΔH_m^0, ΔS_m^0)系列変化に内在する四組効果．改良RSPET式を使う条件付き最小二乗法による推定結果．T_mの黒丸の点(Gd～Lu)はRSPET式のみで回帰できるとした融点の測定値．白丸の点は改良RSPET式を使う最小二乗法で使用しなかった融点の測定値で，黒三角の点は改良RSPET式に従う推定値．両者の差がT_m(ex)に当たる．ΔH_m^0, ΔS_m^0での黒丸の点(Gd～Ho)は，改良RSPET式のみで回帰できるとした測定値．白丸の点は改良RSPET式を使う最小二乗法で使用しなかった測定値で，黒三角の点は改良RSPET式に従う推定値で，白丸の点と黒三角の点の差がΔH_m^0(ex), ΔS_m^0(ex)に相当する．

データ・プロットは通常のプロットであるが，RSPET式導入の必要性を十分に示唆している．この点に注目する視点が従来の議論には欠けていたと言える．図17-4に示した結果から得られたLn(III)金属系列の融解熱力学量に対するRSPET式のC_1とC_3パラメーターの値（八組効果と狭義の四組効果の係数）を表17-4に示す．そこでは，LnF_3と$LnCl_3$系列の融解熱力学量での値（表17-2）と対比している．

Ln(III)金属系列融解熱力学量のC_1とC_3パラメーターの値（八組効果と狭義の四組効果の係数）は，LnF_3と$LnCl_3$系列の値より一桁小さい．しかし，$\kappa_m = \Delta S_m^0(\text{tetrad})/\Delta H_m^0(\text{tetrad})$の値は，$LnF_3$と$LnCl_3$系列の値と同程度である．Ln(III)金属系列の融解温度は，LnF_3よりやや高いが，融点の系列変化が「下に凸な四組効果」を示し，ΔH_m^0とΔS_m^0の系列変化は「上に凸な四組効果」を示す状況は，LnF_3の場合と同じである．融解熱力学量のRSPET式のC_1とC_3パラメーター自体の大きさからすると，Ln(III)金属とLnF_3, $LnCl_3$の化合物には大きな違いがあるが，$\kappa_m = \Delta S_m^0(\text{tetrad})/\Delta H_m^0(\text{tetrad})$からすると，両者は大変類似している．$\kappa_m = \Delta S_m^0(\text{tetrad})/\Delta H_m^0(\text{tetrad})$は，(17-13)に示したように，因子$(1-\kappa_m \cdot T_m)$を経由して，融点温度の「四組効果の極性」を決めるので，重要なパラメーターである．次節（17-5節）で議論するLn_2O_3系列の場合は，融点温度の

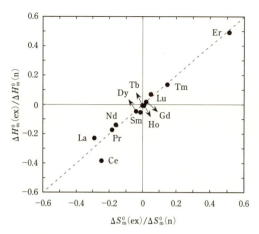

図 17-5 $\Delta H_m^0(\text{ex})/\Delta H_m^0(\text{n})$ と $\Delta S_m^0(\text{ex})/\Delta S_m^0(\text{n})$ の相互関係．破線は (17-25) 式に対応し，$\Delta H_m^0(\text{ex}) \neq 0$，$\Delta S_m^0(\text{ex}) \neq 0$ であっても，これが融点 T_m の系列変化に影響しない条件を表す．$\Delta H_m^0(\text{n})$ と $\Delta S_m^0(\text{n})$ の値は，RSPET 式の値として得られたものを使用している．過剰量を 0 と仮定した基準系列部分の第 3 テトラド (Gd〜Ho) は原点近傍にあり，これ以外の Ln(III) は破線あるいはその近傍に位置する．第 4 テトラド (Er〜Lu) だけではなく，Pr, Nd, Sm の軽 Ln(III) 金属も (17-25) 式の関係を近似的に満たす．

系列変化は限られた重要な測定データであることから，特にこの論点は重要となる．

最後に，過剰量とした $\Delta H_m^0(\text{ex})$ と $\Delta S_m^0(\text{ex})$，「共有エントロピー」についてコメントを記す．過剰量 $\Delta H_m^0(\text{ex})$ と $\Delta S_m^0(\text{ex})$ は，既に述べたように，改良 RSPET 式では説明できない系列変化成分を，Gd〜Ho 部分を基準にして評価した相対的な値である．固相・相転移の影響も含めた構造変化，伝導電子 ($5d6s^2$) が存在することによる不規則性，などに起因すると思われる．その値の意味をさらに考えるには，少なくとも，RSPET 式に伝導電子 ($5d6s^2$) 部分を取り込んだ新しい理論式が必要で，その検証には独立な観測事実も必要であろう．今の時点ではこれ以上の議論は困難である．一方，「共有エントロピーを融解のエントロピーと考えてよいか」の問題については，図 17-4 の結果からしても，大まかな議論としては誤りではないと考える．ΔH_m^0 の系列変化に比べ，ΔS_m^0 の系列変化では，$4f$ 電子数の増加の影響，実効的な核電荷の影

表 17-4 Ln(III) 金属系列の融解の熱力学量を RSPET 式に当てはめることで得られた C_1 と C_3 パラメーター値（八組効果と狭義の四組効果の係数）．LnF_3 と $LnCl_3$ 系列での値との対比[a]．

	$C_1 \times 10$	$C_3 \times 100$	C_3/C_1
$\Delta H_m^0 [\text{Ln(III), metal}]$ (kJ/mol)	0.024 ± 0.015	0.087 ± 0.052	0.36
$\Delta S_m^0 [\text{Ln(III), metal}]$-I (J/mol/K)[b]	0.025 ± 0.010	0.080 ± 0.033	0.32
$\Delta S_m^0 [\text{Ln(III), metal}]$-II (J/mol/K)[b]	0.024 ± 0.003	0.078 ± 0.010	0.32
$T_m [\text{Ln(III), metal}]$ (K)	$-(2.0 \pm 0.3)$	$-(4.2 \pm 1.1)$	0.21
$\kappa_m = \Delta S_m^0(\text{tetrad})/\Delta H_m^0(\text{tetrad})$ (1/K)[c]	$(1.0 \pm 0.6) \times 10^{-3}$	$(0.9 \pm 0.6) \times 10^{-3}$	
$\Delta H_m^0 (LnF_3)$ (kJ/mol)	0.21 ± 0.06	0.50 ± 0.20	0.24
$\Delta S_m^0 (LnF_3)$ (J/mol/K)	0.18 ± 0.02	0.51 ± 0.07	0.28
$T_m (LnF_3)$ (K)	$-(1.7 \pm 0.6)$	$-(6.3 \pm 2.1)$	0.38
$\kappa_m = \Delta S_m^0(\text{tetrad})/\Delta H_m^0(\text{tetrad})$ (1/K)[c]	$(0.9 \pm 0.3) \times 10^{-3}$	$(1.0 \pm 0.4) \times 10^{-3}$	
$\Delta H_m^0 (LnCl_3)$ (kJ/mol)	0.17 ± 0.04	0.27 ± 0.12	0.16
$\Delta S_m^0 (LnCl_3)$ (J/mol/K)	0.21 ± 0.03	0.57 ± 0.08	0.27
$T_m (LnCl_3)$ (K)	$-(0.23 \pm 0.18)$	$-(4.6 \pm 0.6)$	0.20
$\kappa_m = \Delta S_m^0(\text{tetrad})/\Delta H_m^0(\text{tetrad})$ (1/K)[c]	$(1.2 \pm 0.3) \times 10^{-3}$	$(2.1 \pm 0.9) \times 10^{-3}$	

a：式 (17-22-1), (17-22-2), (17-22-3) に従い Ln(III) 金属の $\{\Delta H_m^0 - \Delta H_m^0(\text{ex})\}$, $\{\Delta S_m^0 - \Delta S_m^0(\text{ex})\}$, $\{T_m - T_m(\text{ex})\}$ を RSPET 式に最小二乗法で当てはめた結果による（図 17-4）．各誤差は 1σ．LnF_3 と $LnCl_3$，に対する結果は表 17-2 の値．

b："set-I" は $\{\Delta S_m^0 - \Delta S_m^0(\text{ex})\}$ を RSPET 式に当てはめた結果からの値．"set-II" は $\{\Delta H_m^0 - \Delta H_m^0(\text{ex})\}$ と $\{T_m - T_m(\text{ex})\}$ を RSPET 式に当てはめた結果からの計算値．

c：$C_1 (\Delta S_m^0)/C_1 (\Delta H_m^0)$ と $C_3 (\Delta S_m^0)/C_3 (\Delta H_m^0)$ の値．ΔS_m^0 の C_1, C_3 値は $\Delta S_m^0 [\text{Ln(III), metal}]$-II の値を用いている．

響,は大変小さい.固・液のSではその種の影響がほとんどキャンセルされている.大まかには$\Delta S_m^0 \approx R$と見なすことは誤りではなく,固相と液相の本質的な違いが反映したものと考える.ただし,小さい変化ではあるが,「上に凸な四組効果」が内在することは,固・液間で系統的なエントロピーの違いがあり,それは$(4f^q)$部分の電子配置に結びついていることを意味する.古典論的な値Rだけで議論は閉じない.また,La, Ceの軽LnとEr~Luの重Lnでは,"不規則性"が認められ,これは電子配置$(4f^q)(5d6s^2)$と結びつく不規則性であろう.現象論的なポテンシャルではなく,電子配置$(4f^q)(5d6s^2)$を適切に考慮したポテンシャルを用いた検討が必要である.これは今後の課題である.

17-5　Ln_2O_3系列の融解の熱力学量と四組効果

Ln_2O_3系列の融点は2,600 K~2,800 Kなので,典型的な高温耐火化合物(high temperature refractory materials)である.Ln_2O_3は二三酸化物(sesquioxides)と呼ばれるが,ここでは$LnO_{1.5}$として扱い,その融解について議論する.

17-5-1　「下に凸な四組効果」を示す$LnO_{1.5}$融点の系列変化

$LnO_{1.5}$の融点は,$CeO_{1.5}$と$TmO_{1.5}$を除き,測定値が報告されている.ここではCoutures et al. (1975)の値を採用する(図17-6).Coutures and Rand (1989)の総括結果も含めて,表17-5にまとめた.明瞭な「下に凸な四組効果」を確認できる.前節での事例と議論から,$LnO_{1.5}$のΔH_m^0,ΔS_m^0は「上に凸な四組効果」を持つことが直ちに推測できる.ΔH_m^0,ΔS_m^0の測定値はないので,これを直接確認することはできないが,間接的にこれを確認できる.それが図17-6に示した$\Delta V_m/V_S$のデータである.

Granier and Heurtault (1988)は,融点での液体$LnO_{1.5}$の密度(ρ_L)と融点近傍での固体$LnO_{1.5}$の密度(ρ_S)の実験値から,$\Delta V_m/V_S = (\rho_S/\rho_L - 1)$の関係を用いて,いくつかの$LnO_{1.5}$に対する$\Delta V_m/V_S$の実験値を報告している.図17-6の大きな黒丸の点がGranier and Heurtault (1988)による値である.筆者は,図17-6の融点の系列変化が「下に凸な四組効

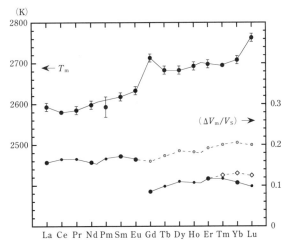

図 17-6　$LnO_{1.5}$の融点とその不確定性.Coutures et al. (1975)による値.$CeO_{1.5}$と$TmO_{1.5}$の融点は,両隣の$LnO_{1.5}$からの推定値.融解の体積変化(ΔV_m)と融点での固体モル体積(V_S)の比の値は,大きな黒丸がGranier and Heurtault (1988)による測定値.小さい黒丸は,四組効果を考慮して,筆者が内挿した値.ダイヤモンドは,三つの重$LnO_{1.5}$での固相構造変化の影響を補正した値.$\Delta V_m/V_S$の系列変化はEuとGdの間でステップ状の変化があり,これを平行移動で補正した値が鎖線でつないだ小さい白丸の点である.

表 17-5 大気圧下での $LnO_{1.5}$ の融点の測定値 (T_m/K). Coutures et al. (1975) による測定値, Coutures and Rand (1989) による推奨値, $LnO_{1.5}$ (Ln = Gd〜Lu) を補正して改良 RSPET 式を当てはめた値.

$LnO_{1.5}$	Coutures et al. (1975)	Coutures and Rand (1989)	筆者による RSPET 推定値[c]
La	2593 ± 10	2578 ± 15	2596
Ce	(2580)[a]	2503 ± 50	2586
Pr	2585 ± 10	2573 ± 25	2589
Nd	2598 ± 10	2593 ± 20	2601
Pm	2593 ± 25[b]	2593 ± 40	2611
Sm	2618 ± 10	2608 ± 15	2618
Eu	2633 ± 10	2623 ± 20	2636
Gd	2713 ± 10	2693 ± 20	**2671**
Tb	2683 ± 10	2683 ± 15	**2646**
Dy	2683 ± 10	2681 ± 15	**2638**
Ho	2693 ± 10	2688 ± 15	**2640**
Er	2698 ± 10	2691 ± 15	**2638**
Tm	(2695)[a]	2698 ± 20	**2632**
Yb	2708 ± 10	2708 ± 15	**2637**
Lu	2763 ± 10	2763 ± 15	**2664**

a: ここでの内挿による推定値.
b: Chikalla et al. (1971).
c: 第 2 カラムの T_m 測定値について, 重 $LnO_{1.5}$ (Ln = Gd〜Lu) に対し $(1+α)$ を含む (17-33) 式を使い, 改良 RSPET 式を当てはめた結果による. $α = 0.014 \sim 0.037$ で, 重 $LnO_{1.5}$ の太字は $T_m/(1+α)$ に対応する.

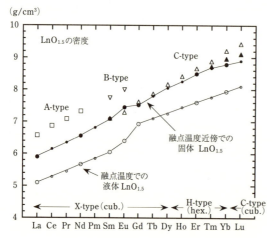

図 17-7 大気圧下の融点温度での液体 $LnO_{1.5}$ の密度（大きい白丸は実験値, 小さい白丸は内挿値）および, 融点温度近傍での X 線回折データから計算した固体 $LnO_{1.5}$ の密度（大きい黒丸は実験値, 小さい黒丸は内挿値）. 大きい白丸, 大きい黒丸の点は Granier and Heurtault (1988) の値. 小さい白丸, 小さい黒丸の点は筆者による内挿値, 外挿値を示す. 白四角, 白逆三角, 白正三角の点は, 25℃, 1 気圧での A-, B-, C-タイプの $LnO_{1.5}$ の密度を示す. 下部に示した矢印の範囲は, 融点での固相の結晶タイプを示す.

果」を示すことから, $ΔV_m/V_S$ の値が「上に凸な四組効果」を示す兆候を体現していると判断した. 後に述べるように, $ΔS_m^0$ は $ΔV_m$ の一次式として近似的に表現できるので, $ΔS_m^0$ が $ΔV_m/V_S$ と同様な「上に凸な四組効果」を持つことが推測できる. そこで, $ΔV_m/V_S$ の測定値が報告されていない $LnO_{1.5}$ の $ΔV_m/V_S$ の値を, 図 17-7 に示す融点温度での液体 $LnO_{1.5}$ と固体 $LnO_{1.5}$ の密度の系列変化から, $ρ_S$ と $ρ_L$ を推定し, これらの $ΔV_m/V_S$ の値を求めた. 図 17-6 の小さい黒丸の点がこの推定値である.

図 17-7 は, 大気圧下の融点温度での液体 $LnO_{1.5}$ と固体 $LnO_{1.5}$ の密度を示している. 同時に, 固体 $LnO_{1.5}$ の大気圧下 25℃ での密度の系列変化とその結晶系の変化を示している. 図 17-6 に示した $ΔV_m/V_S$ の値は, 図 17-7 に示した密度値から求めている. Granier and Heurtault (1988) による実験値からすると, $ΔV_m/V_S$ が「上に凸な四組効果」を示すことは間違いないが, Eu と Gd の間でステップ状の変化が存在するのも確かである. このステップ状変化は, 図 17-7 での両相の密度の系列変化も参照すると, 液相の構造変化を反映したものと思われる.

一方, 固相構造変化の影響も $ΔV_m/V_S$ の系列変化に認められる. それは, 重 $LnO_{1.5}$ (Ln = Tm, Yb, Lu) 部分の $ΔV_m/V_S$ が示すやや急激な系列変化である. これも, 図 17-7 での固相の密度の系列変化から, 重 $LnO_{1.5}$ (Ln = Tm, Yb, Lu) 部分がやや異常であることがわかる. 融点温度

表 17-6 Granier and Heurtault (1988) による $(\Delta V_m/V_S)$ の実験値，液体と固体の密度変化からの内挿による推定値，$LnO_{1.5}$ (Ln = Tm〜Lu) と $LnO_{1.5}$ (Ln = Gd〜Lu) の $(\Delta V_m/V_S)$ 値に対し，構造変化の補正を加えた値．

$LnO_{1.5}$	Granier and Heurtault (1988)[a]	補正値 $LnO_{1.5}$(Ln = Tm〜Lu)[b]	補正値 $LnO_{1.5}$(Ln = Gd〜Lu)[c]
La	**0.157**	0.157	0.157
Ce	(0.165)	0.165	0.165
Pr	(0.165)	0.165	0.165
Nd	**0.157**	0.157	0.157
Pm	(0.166)	0.166	0.166
Sm	**0.172**	0.172	0.172
Eu	**0.164**	0.164	0.164
Gd	**0.085**	0.085	**0.160**
Tb	(0.099)	0.099	**0.174**
Dy	(0.110)	0.110	**0.185**
Ho	(0.107)	0.107	**0.182**
Er	**0.117**	0.117	**0.192**
Tm	(0.117)	**0.125**	**0.200**
Yb	**0.107**	**0.130**	**0.205**
Lu	(0.117)	**0.125**	**0.200**

a：太字は Granier and Heurtault (1988) の ρ_S と ρ_L の値からの計算値．括弧内の値は，液体と固体の密度変化からの推定値による計算値．
b：三つの重 $LnO_{1.5}$ (Ln = Tm, Yb, and Lu, 太字) は固相相転移による不規則性を補正した値で，図 17-6 ではダイヤモンド印で示してある．
c：第二カラムの $LnO_{1.5}$ (Ln = Gd〜Lu) の値を一律に 0.075 だけ増加させた値（太字）．これは ρ_L が示すステップ状の不規則変化の補正に当たる．図 17-6 では「鎖線でつないだ小さい白丸」で示している．

で液体と共存する固体 $LnO_{1.5}$ の結晶系は系列途中で変化する．図 17-7 の下部に記すように，La〜Dy は cubic 晶系（X-タイプ）で，Ho〜Yb は hexagonal 晶系（H-タイプ），Lu は cubic 晶系（C-タイプ）である．重 $LnO_{1.5}$ (Ln = Tm, Yb, Lu) の $\Delta V_m/V_S$ がやや急激な系列変化を示すことは，このような固相の結晶系の変化と関連すると思われる．このような $\Delta V_m/V_S$ の系列変化の不規則性は，融点の系列変化にも反映している．この問題は後に述べる．

したがって，$\Delta V_m/V_S$ の系列変化には，1) 上に凸な四組効果，2) 液相での Eu と Gd の間でステップ状の密度変化に対応した不規則変化，3) 固相の重 $LnO_{1.5}$ (Ln = Tm, Yb, Lu) 部分での構造変化による不規則変化，が存在すると推定する．

$\Delta V_m/V_S$ の系列変化の不規則変化は，以下の経験的補正を行い取り除いた．その結果が，図 17-6 に示した「鎖線でつないだ小さな白丸」である．ステップ状変化に対しては，重 $LnO_{1.5}$ 系列の $\Delta V_m/V_S$ に一律値 0.075 を加える補正を行った．また，重 $LnO_{1.5}$ (Ln = Tm, Yb, Lu) の $(\Delta V_m/V_S)$ 値に，0.008 (Tm)，0.023 (Yb)，0.026 (Lu) の値を加えることで，この部分の不規則性を取り除くことにした．このようにして補正して得た Gd〜Lu 部分に対する $(\Delta V_m/V_S)$ 値が，図 17-6 に示した「鎖線でつないだ小さい白丸の点」である．不規則成分を除いた $(\Delta V_m/V_S)$ の系列変化に対応する．具体的な値を表 17-6 にまとめた．

残る問題は，$\Delta V_m/V_S$ を ΔS_m^0 に読み替えることである．これができれば，ΔS_m^0 がわかり，T_m の測定値があるので，$\Delta H_m^0 = T_m \cdot \Delta S_m^0$ として，ΔH_m^0 もわかることになる．

17-5-2 融解の体積変化とエントロピー変化の関係

$\Delta V_m/V_S$ と ΔS_m^0 を結びつける関係式は，既に，Tallon and Robinson (1982)，Jeanloz (1985) が提案している．(17-26) がその式である：

$$\Delta S_m^0 = \Delta S_0 + \alpha K_T \Delta V_m \approx \Delta S_0 + 3nR\gamma \cdot (\Delta V_m/V_S) \tag{17-26}$$

融解のエントロピー変化 ΔS_m^0 は，融解の体積変化から独立なエントロピー変化 ΔS_0 (isochoric entropy change) と融解の体積変化による部分の和であるとの考え方に基づく．α は熱膨張係数，K_T は等温非圧縮率である．第2項は Grüneisen 定数，$\gamma = \alpha K_T V_S/C_V$ を使って，第2の等式のように表現できる．C_V はモル当たりの定積熱容量で，V_S は既に述べた固相のモル体積である[2]．高温の融点温度を問題にしているから，その物質1モルに含まれる原子数を n として，$C_V \approx 3nR$ と近似することができる．ΔS_0 については，Tallon and Robinson (1982) は，ハライド化合物のデータから，融点温度より低温で陽イオンまたは陰イオン席の相転移がない限り，$\Delta S_0 = nR\ln 2$ とできるとしている．これを受け入れると，$LnO_{1.5}$ 系列では $n = 2.5$ なので，

$$\Delta S_m^0 \approx nR\{\ln 2 + 3\gamma \cdot (\Delta V_m/V_S)\} \tag{17-27}$$

となる．Grüneisen 定数として代表的な値 $\gamma = 1.5$ を仮定して，図 17-6 に示した $(\Delta V_m/V_S)$ の値から ΔS_m^0 が得られる．$(\Delta V_m/V_S)$ が「上に凸な四組効果」を示しているので，ΔS_m^0 も同様な「上に凸な四組効果」を示す．$\Delta H_m^0 = T_m \cdot \Delta S_m^0$ として，ΔH_m^0 の値も得られる．(17-27) により求めた ΔS_m^0 と ΔH_m^0 の系列変化を図 17-8 に示す．

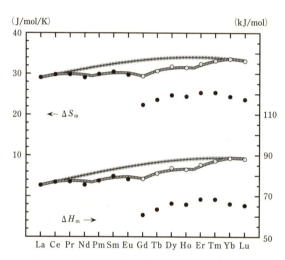

図 17-8　$n = 2.5$，$\gamma = 1.5$ とした (17-27) 式から求めた $LnO_{1.5}$ の ΔS_m^0 と $\Delta H_m^0 = T_m \cdot \Delta S_m^0$ の値（黒丸の点）．$(\Delta V_m/V_S)$ と T_m の値は図 17-6 に示してある．$\Delta V_m/V_S$ の系列変化には，上に凸な四組効果と共に，二種類の不規則変化（液相での Eu と Gd の間でステップ状の変化，固相の重 $LnO_{1.5}$(Ln = Tm, Yb, Lu) 部分での不規則変化）があるので，これらを補正し，RSPET 式を用いて，軽 Ln 系列の値を重 Ln 系列に外挿した結果が白丸の点である．

17-5-3　$LnO_{1.5}$ 系列の ΔH_m^0，ΔS_m^0，T_m における不規則成分の分離

$LnO_{1.5}$ 系列の T_m は実験値があり，この系列変化は「下に凸な四組効果」を示している．$(\Delta V_m/V_S)$ の測定値と (17-27) 式に基づいて求めた ΔH_m^0，ΔS_m^0 は，「上に凸な四組効果」を示す（図 17-8）．この状況は，LnF_3，$LnCl_3$，Ln(III) 金属の場合と同じである．図 17-8 には，ΔH_m^0，ΔS_m^0 での二種類の不規則変化（液相での Eu と Gd の間でステップ状の変化，固相の重 $LnO_{1.5}$(Ln = Tm, Yb, Lu) 部分での不規則変化）を補正し，改良 RSPET 式を用いて，軽 Ln 系列の値を重 Ln 系列に外

---

2) Akdeniz and Tosi (1992) は，64種の1，2，3価ハライド化合物の融解データを検討し，(17-26) の有効性と例外について報告している．

挿した結果も示してある.

この補正について，もう少し具体的に説明したい．$LnO_{1.5}$ 系列の T_m は実験値があるが，これ自体は2種類の不規則変化を含んでいるので，これらを取り除いた融点の系列変化も求めた．基本的な考え方は，既に，LnF_3, $LnCl_3$, Ln(III) 金属の場合に述べたものと同じである．La〜Eu の軽 $LnO_{1.5}$ 系列を基準系列として，この部分では不規則成分は0とする.

$$\Delta H_m^0 = \Delta H_m^0(\text{sm}) + \Delta H_m^0(\text{tetrad}) + \Delta H_m^0(\text{irreg}), \tag{17-28-1}$$

$$\Delta S_m^0 = \Delta S_m^0(\text{sm}) + \Delta S_m^0(\text{tetrad}) + \Delta S_m^0(\text{irreg}) \tag{17-28-2}$$

$\Delta H_m^0(\text{irreg})$, $\Delta S_m^0(\text{irreg})$ は

$$\begin{aligned} LaO_{1.5} \sim EuO_{1.5} &: \Delta H_m^0(\text{irreg}) \equiv 0, \quad \Delta S_m^0(\text{irreg}) \equiv 0 \\ GdO_{1.5} \sim LuO_{1.5} &: \Delta H_m^0(\text{irreg}) \neq 0, \quad \Delta S_m^0(\text{irreg}) \neq 0 \end{aligned} \tag{17-29}$$

である．液相での Eu と Gd の間でステップ状の不規則変化と固相の重 $LnO_{1.5}$(Ln = Tm, Yb, Lu) 部分での不規則変化の2種類を考えるので，重 $LnO_{1.5}$(Ln = Tm, Yb, Lu) 部分では，2種類の不規則量を考え，その和で不規則量を考える．

RSPET 式は，

$$\Delta Y(\text{sm}) = \Delta H_m^0(\text{sm}) \text{ or } \Delta S_m^0(\text{sm}), \tag{17-30-1}$$

$$\Delta Y(\text{tetrad}) = \Delta H_m^0(\text{tetrad}) \text{ or } \Delta S_m^0(\text{tetrad}) \tag{17-30-2}$$

として，

$$\Delta Y(\text{sm}) = (a + bq)q(q + 25) + c, \tag{17-31-1}$$

$$\Delta Y(\text{tetrad}) = \frac{9}{13} n(S) C_1 (q + 25) + m(L) C_3 (q + 25) \tag{17-31-2}$$

である．$LnO_{1.5}$ 系列の ΔH_m^0 の場合は，(17-28-1) より，

$$\begin{aligned} \Delta H_m^0 - \Delta H_m^0(\text{irreg}) &= \Delta H_m^0(\text{sm}) + \Delta H_m^0(\text{tetrad}) \\ &= [(a + bq)q(q + 25) + c] + \frac{9}{13} n(S) C_1 (q + 25) + m(L) C_3 (q + 25) \end{aligned} \tag{17-32}$$

となる．LnF_3, $LnCl_3$, Ln(III) 金属の場合と同じように，(17-32) の左辺は ΔH_m^0, $\Delta H_m^0(\text{irreg})$ の値で決まり，右辺は改良 RSPET 式であるから，これを全 Ln に当てはめて，最小二乗法で改良RSPET 式のパラメーター値が決まる．その結果は図 17-8 に示してある.

一方，融点の値は，$T_m = \Delta H_m^0 / \Delta S_m^0$ に従い，

$$T_m = \Delta H_m^0/\Delta S_m^0 \approx (1+\alpha) \cdot \{T_m^0(\text{sm}) + [1/\Delta S_m^0(\text{sm})] \cdot [1 - \kappa_m \cdot T_m^0(\text{sm})] \cdot \Delta H_m^0(\text{tetrad})\} \tag{17-33}$$

と近似できる．ここでのパラメーター，

$$T_m^0(\text{sm}) \equiv \Delta H_m^0(\text{sm})/\Delta S_m^0(\text{sm}), \tag{17-34-1}$$

$$\kappa_m \equiv \Delta S_m^0(\text{tetrad})/\Delta H_m^0(\text{tetrad}) \tag{17-34-2}$$

は 17-3 節で与えたものと同じである．次のパラメーター α,

$$\alpha \equiv [\Delta H_m^0(\text{irreg})/\Delta H_m^0(\text{reg}) - \Delta S_m^0(\text{irreg})/\Delta S_m^0(\text{reg})], \tag{17-35-1}$$

$$\Delta H_m^0(\text{reg}) \equiv \Delta H_m^0(\text{sm}) + \Delta H_m^0(\text{tetrad}), \tag{17-35-2}$$

$$\Delta S_m^0(\text{reg}) \equiv \Delta S_m^0(\text{sm}) + \Delta S_m^0(\text{tetrad}) \tag{17-35-3}$$

を，ここで初めて使うが，その内容自体は，既に Ln(III) 金属系列の不規則成分の議論で行ったものと同じであり，新しいものではない．(17-29-1) との対応は

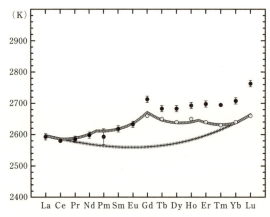

$LaO_{1.5} \sim EuO_{1.5} : \alpha = 0$
$GdO_{1.5} \sim LuO_{1.5} : \alpha \neq 0$ 　　(17-35-4)

である．ΔH_m^0 と ΔS_m^0 が改良 RSPET 式と不規則成分に分解できれば，$T_m \equiv \Delta H_m^0/\Delta S_m^0$ に関係する(17-34-1)〜(17-35-4)のパラメーターは，α も含めて決まる．したがって，$T_m \equiv \Delta H_m^0/\Delta S_m^0$ の改良 RSPET 式と不規則成分が推定できる．

一方，(17-33)は，T_m が図 17-6 で示す「下に凸な四組効果」を説明できるはずである．(17-33)右辺の { } の第 2 項，

$(1+\alpha) \cdot [1/\Delta S_m^0(\mathrm{sm})] \cdot [1 - \kappa_m \cdot T_m(\mathrm{sm})] \cdot \Delta H_m^0(\mathrm{tetrad})$

が「四組様の系列変化」を表現する．適当な α の値を用いれば，(17-33)に基づき改良 RSPET 式を直接 T_m に適用することもできる．$\alpha = 0$ とした場合，すなわち，測定値をそのまま改良 RSPET 式に当てはめようとしても，解は得られないことがわかった．融点の系列変化は確かに不規則変化成分を含んでいる．そこで，

$LaO_{1.5} \sim EuO_{1.5} : \alpha = 0$
$GdO_{1.5} \sim LuO_{1.5} : \alpha \approx 0.02 \sim 0.04$

とすることで，解が得られることを確認した．その結果が図 17-9 である．

図 17-9　$LnO_{1.5}$ 系列の融点測定値（黒丸の点）を改良 RSPET 式に当てはめようとしても，不規則変化成分の存在により，それは不可能である．しかし，(17-33)式に基づき，Gd〜Lu の部分は，$\alpha \approx 0.02 \sim 0.04$ として，La〜Eu 部分に対する相対的な不規則変化分を持つとし，これを補正すれば（白丸の点），融点の系列変化も改良 RSPET 式に当てはまる．明瞭な「下に凸な四組効果」が定量的に記述できる．

17-5-4　$LnO_{1.5}$ 系列の ΔH_m^0 と ΔS_m^0 の四組効果

不規則性を補正した ΔH_m の値を改良 RSPET 式で回帰することで得られる C_1 と C_3 の値は，液相と固相の $LnO_{1.5}$ 間での Ln^{3+} に対する Racah パラメーター (E^1, E^3) の差を与える．

$E^1(\mathrm{liquid}) - E^1(\mathrm{solid}) \equiv \Delta E^1 = C_1 \cdot (q+25) : C_1 = (1.51 \pm 0.47) \times 10^{-2}$　(kJ/mol)
$E^3(\mathrm{liquid}) - E^3(\mathrm{solid}) \equiv \Delta E^3 = C_3 \cdot (q+25) : C_3 = (0.35 \pm 0.14) \times 10^{-2}$　(kJ/mol)

となる．$LnO_{1.5}$ 系列での ΔE^1 と ΔE^3 の値は，それぞれ，(33〜49) cm^{-1} と (8〜11) cm^{-1} の範囲に入る．1 気圧のもとでの $LnO_{1.5}$ 熔融体での酸素イオンと Ln^{3+} の結合は，共存する $LnO_{1.5}$ 結晶に比べ，「イオン性がより強い」ことになる．配位子自体は同じであるから，これは $LnO_{1.5}$ 熔融体での平均 Ln-O 距離が，$LnO_{1.5}$ 結晶に比べ，大きいことに対応すると考えるべきである．融解の反対の過程，熔融体の結晶化で考えると，平均 Ln-O 距離が短くなり，これに対応して，Racah パラメーターは小さくなり，「共有結合性」が増加すると言える．これは，12-7 節で述べた圧力誘起の電子雲拡大効果と同じように理解できる．

C_1 と C_3 は，不規則性を補正した ΔS_m の値からも得られるので，ΔS_m の四組効果と ΔH_m の四組効果の比，$\kappa_m \equiv \Delta S_m(\mathrm{tetrad})/\Delta H_m(\mathrm{tetrad})$ が得られる．

$\kappa_m(E^1) = C_1(\Delta S_m)/C_1(\Delta H_m) = (0.56 \pm 0.21) \times 10^{-3}$ (1/K),

$$\kappa_{\mathrm{m}}(E^3) = C_3(\Delta S_{\mathrm{m}})/C_3(\Delta H_{\mathrm{m}}) = (0.48 \pm 0.25) \times 10^{-3} \ (1/K)$$

となり，E^1，E^3 のどちらから見ても，$\kappa_{\mathrm{m}}(E^1)$，$\kappa_{\mathrm{m}}(E^3)$ は $(0.5 \sim 0.6) \times 10^{-3}(1/K)$ である．

17-3 節では，LnF_3，$LnCl_3$ 系列（融点 ≈ 1200 K）で $\kappa_{\mathrm{m}}(E^1) \approx 1 \times 10^{-3}(1/K)$ であることを述べ，

$$\Delta S(\mathrm{tetrad})/\Delta H(\mathrm{tetrad}) \equiv \kappa \approx 0.8 \times 10^{-6} \cdot T \ (1/K) \tag{17-17}$$

かもしれないと記した．Ln(III) 金属系列の場合も，$\kappa_{\mathrm{m}} \approx 0.7 \times 10^{-6} \cdot T(1/K)$ となる．しかし，$LnO_{1.5}$ の $T_{\mathrm{m}}(\approx 2650$ K$)$ と $\kappa_{\mathrm{m}}(E^1)$ からすると，$\kappa_{\mathrm{m}} \approx 0.2 \times 10^{-6} \cdot T(1/K)$ で，やはり，物質が異なれば係数も数倍は変化する．(17-17) は order of magnitude の粗い近似的経験式と言わざるを得ない．

17-6 改良 RSPET 式と Ln(III) 化合物，Ln(III) 金属系列の融解の熱力学量

融解データの Ln 系列変化を直接または間接的に調べることができる例は限られる．しかし，LnF_3，$LnCl_3$ 系列，Ln(III) 金属系列，$LnO_{1.5}$ 系列の融解の熱力学量は，「RSPET 式で与えられる成分＋不規則変化成分」であると考えることによって，定量的にその四組効果を記述できることがわかった．"融解では $\Delta V_{\mathrm{m}} > 0$ であり，融解後の液体では Ln(III)-配位子の距離は増大するので，Racah パラメーターも増大し，これが ΔH_{m} の「上に凸な四組効果」となる"，と本章はじめに述べた予想は適切であり，確かに「改良 RSPET 式で与えられる成分」が存在する．ただし，「不規則変化成分」の意味は，個別物質の相変態の詳細に立ち入らない限り明確にならない．ここでは 1) 融点固相の結晶系が系列内で変化すること，2) $LnO_{1.5}$ 系列のように，ρ_{L} の系列変化がわかっている場合には，その変化を手掛かりに，「不規則変化成分」の大きさを「系列変化の異常」から推定して，これを補正することで対処した．「改良 RSPET 式で与えられる成分」は規則的であるから，「不規則変化成分」の大きさを推定することは，実際上はそれほど困難ではない．

以上の立場から LnF_3，$LnCl_3$，Ln(III) 金属，$LnO_{1.5}$ 系列の融解の熱力学量を解析した結果，ΔS_{m} の四組効果と ΔH_{m} の四組効果比が比較的一定した値を示すことがわかった．

$$\kappa_{\mathrm{m}} \equiv \Delta S_{\mathrm{m}}(\mathrm{tetrad})/\Delta H_{\mathrm{m}}(\mathrm{tetrad}) \approx (0.5 \sim 1.0) \times 10^{-3} \ (1/K) \tag{17-36}$$

である．物質系が異なっても，2 倍程度の違いを考えればよいことを示唆しており，重要な結果と考える．その理由は，ΔH_{m}^0 の四組効果が Racah パラメーターの変化に直結するのに対し，ΔS_{m}^0 の四組効果は，13-7 節で議論したように，ΔH_{m}^0 の四組効果と関係させて記述するのがわかりやすいことによる．さらに，次に述べる意味でも (17-36) の κ_{m} は重要である．

17-3 節で指摘したように，一成分系の融点 T_{m} が示す四組効果は，

$$T_{\mathrm{m}} \approx T_{\mathrm{m}}^0 + [1/\Delta S_{\mathrm{m}}^0(\mathrm{sm})] \cdot [1 - \kappa_{\mathrm{m}} \cdot T_{\mathrm{m}}^0] \cdot \Delta H_{\mathrm{m}}^0(\mathrm{tetrad}) \tag{17-13}$$

の第 2 項で表現される．現実の一成分系では，$LnO_{1.5} \to$ Ln(III) 金属 $\to LnF_3 \to LnCl_3$ と融点温度が低くなる．$(1 - \kappa_{\mathrm{m}} \cdot T_{\mathrm{m}}^0)\Delta H_{\mathrm{m}}^0(\mathrm{tetrad})$ 自体は，負の値を持つ $(1 - \kappa_{\mathrm{m}} \cdot T_{\mathrm{m}}^0)$ とやはり負の値を持つ $\Delta H_{\mathrm{m}}^0(\mathrm{tetrad})$ の積だから，正の値を持つ．しかし，融点温度の低下により，$(1 - \kappa_{\mathrm{m}} \cdot T_{\mathrm{m}}^0)$ 値が負の値から 0 に接近するために，融点温度の系列変化が示す「下に凸な四組効果」は $LnO_{1.5} \to$ Ln(III) 金属 $\to LnF_3 \to LnCl_3$ の順に小さくなって行く．(17-36) の値を前提にして，$(1 - \kappa_{\mathrm{m}} \cdot T_{\mathrm{m}}^0) = 0$ となる温度を求めると，

Ln(III) 金属，LnF_3，$LnCl_3$：$\kappa_{\mathrm{m}} \approx 1.0 \times 10^{-3} \ (1/K)$ → $T_{\mathrm{m}}^0 \approx 1000$ K

$LnO_{1.5}$ ：$\kappa_{\mathrm{m}} \approx 0.5 \times 10^{-3} \ (1/K)$ → $T_{\mathrm{m}}^0 \approx 2000$ K

となる．$LnCl_3$ の場合を除き，確かに，これらの温度は実際の融点より低いため，$(1-\kappa_m \cdot T_m^0)$ は負の値を持ち，「下に凸な四組効果」を示す理由である．しかし，$LnCl_3$ の場合は，$T_m^0 \approx 1000$ K は現実の融点に十分近い（図17-2）．そのため，$(1-\kappa_m \cdot T_m^0) \approx 0$ が実現し，八組効果は認められない（図17-2）．表17-2 での $LnCl_3$ の $\kappa_m(E^1)$ は 1.2×10^{-3}(1/K) なので，$T_m^0 \approx 830$ K である．これは $T_m^0 \approx 1000$ K ≈ 830 K とする程度の近似的な議論ではある．しかし，狭義の四組効果の方は，$\kappa_m(E^3) \approx 2.1 \times 10^{-3}$(1/K) なので（表17-2），$(1-\kappa_m \cdot T_m^0)=0$ となる温度は 480 K となる．この温度は現実の融点（または補正した融点温度）よりさらに低いので，「下に凸な狭義の四組効果」が実際には認められる（図17-2）．八組効果はなく狭義の四組効果だけからなるやや特異な $LnCl_3$ 系の融点温度の系列変化である．

融点温度に関して，$(1-\kappa_m \cdot T_m^0)\Delta H_m^0$(tetrad) の四組効果の値が 0 となることやその極性が正・負に変化しうることに注意を喚起するのには理由がある．実は，多成分系での融解反応を考えた時には，その反応の ΔG_r^0 の四組効果が，一成分系の融点温度に類似する形で表現できるからである．第19章で議論するケイ酸塩メルトとケイ酸塩鉱物間の希土類元素分配反応に対する ΔG_r^0 の四組効果が，まさにこの問題である．

ケイ酸塩での Ln(III) 成分を $LnO_{1.5}$ と記し，単一固相鉱物と液相メルト間の希土類元素分配反応を

$$LnO_{1.5}(s) = LnO_{1.5}(l)$$

と簡単に書くと，「二相で化学ポテンシャルが等しい」が平衡条件である：

$$\mu_s(LnO_{1.5}) = \mu_l(LnO_{1.5})$$

各化学ポテンシャルは端成分の値と組成に依存する項に分けられて，

$$\mu_s^0(LnO_{1.5}) + RT \ln a_s(LnO_{1.5}) = \mu_l^0(LnO_{1.5}) + RT \ln a_l(LnO_{1.5})$$

である．ここで，

$$RT \ln K_d(Ln：S/L) \equiv RT \ln[a_s(LnO_{1.5})/a_l(LnO_{1.5})] \tag{17-37-1}$$

$$\Delta G_r^0 \equiv \mu_l^0(LnO_{1.5}) - \mu_s^0(LnO_{1.5}) \tag{17-37-2}$$

と定義すると，

$$RT \ln K_d(Ln：S/L) = \Delta G_r^0 \tag{17-38}$$

である．組成比の対数に RT を掛けたものが，端成分のモル当たりの Gibbs 自由エネルギーの差となる．分配係数 $K_d(Ln：S/L)$ の測定値から ΔG_r^0 が推定できる．

一方，ΔG_r^0 の四組効果は，ΔH_r^0 の四組効果と ΔS_r^0 の四組効果に分解できるから，

$$\Delta G_r^0(\text{tetrad}) = \Delta H_r^0(\text{tetrad}) - T\Delta S_r^0(\text{tetrad})$$

$$= \left(1 - \frac{\Delta S_r^0(\text{tetrad})}{\Delta H_r^0(\text{tetrad})}T\right) \cdot \Delta H_r^0(\text{tetrad}) = (1-\kappa \cdot T) \cdot \Delta H_r^0(\text{tetrad}) \tag{17-39}$$

である．(17-39) は，$\Delta H_r^0(\text{tetrad}) \neq 0$ であっても，$(1-\kappa \cdot T) \approx 0$ なら，$\Delta G_r^0(\text{tetrad}) \approx 0$ となることを意味する．もし，(17-36) が使えるなら，$\Delta G_r^0(\text{tetrad}) \approx 0$ となる温度は 1000～2000 K である．これは火成岩マグマ系の温度範囲にほぼ合致する．一成分系の融点に対する (17-13) と同様に，(17-39) には $(1-\kappa \cdot T)\Delta H_r^0(\text{tetrad})$ があることが重要である．

一方，(17-38) の分配係数 $K_d(Ln：S/L)$ は火成岩マグマ系の温度条件で実験値が得られている．ほとんどの場合，四組効果が見られない．これは，時として，四組効果を否定する実験的根拠とされている．しかし，LnF_3，$LnCl_3$，Ln(III) 金属，$LnO_{1.5}$ 系列の融解の熱力学量を検討した結果の

(17-36) と (17-39) からすると，ΔG_r^0(tetrad)≈0 ではあるが，ΔH_r^0(tetrad)≠0 で ΔS_r^0(tetrad)≠0 の可能性がある．(17-37-2) から明らかなように，ケイ酸塩メルトとケイ酸塩鉱物間の分配反応の ΔG_r^0 は，各 $LnO_{1.5}$ 成分の融解の Gibbs 自由エネルギー変化である．これは多成分系での反応なので，ΔH_r^0 と ΔS_r^0 は純物質 $LnO_{1.5}$ の一成分系での融解の熱力学パラメーターと正確に合致する必要はない，しかし，多成分系でのモル分率→1 の極限では，両者は一致しなければならない．したがって，ΔH_r^0(tetrad)<0，ΔS_r^0(tetrad)<0 と考えるのはごく自然な推測である．「ΔG_r^0(tetrad)≈0 だから，四組効果は重要ではない」との主張は，融解が何を意味しているかを考えない立場と言わざるを得ない．残りの議論は第 19 章で述べる．

コラム　DiracとHeisenbergの講演会（1929）と長岡半太郎の檄

　Goldschmidtがゲッチンゲン大学の教授に就任した1929年，その年の9月に二人のヨーロッパの若手研究者が「極東」の日本に招待され，東京と京都で講演を行っている．DiracとHeisenbergの二人である．Heisenbergのゲッチンゲンでの師匠がBornであった．招待したのは長岡半太郎．そして，東大でのDiracとHeisenbergの講演を「後ろの方でこっそりと隠れるようにして」聴いた一人の日本の若者がいた．同年，京都大学を卒業した朝永振一郎である．この時の情景を記した朝永（1974）の記述『スピンはめぐる』第12話は，興味深いので以下に一部を引用する．

　　……ぼくはさいわいにして，これらの話に関連する論文は一応目を通しておりましたので（ただし，それにはたいへんな苦労があったことをあとでお話します），不思議にも内容の理解がほぼできたように記憶しています．ただし，京都という田舎から東京に出て来て，長岡半太郎先生だとか，仁科先生とか杉浦先生だとかいうえらいかたがたの姿を見，また見るからに頭のよさそうな東大出の秀才たちの間で圧倒された気持ちになりながら，ぼくはうしろのほうの席にこっそりと隠れるように坐って講演を聞いていたのです．……（中略）……東大での講演の最後の日には長岡先生が挨拶に立ち，ハイゼンベルクやディラックが二十代の若さで新理論の建設という大事業をなしとげた功績をたたえるとともに，日本の学者たちはいまなお欧米の糟粕をなめるばかり，学生は学生でその講義をノートにとるばかり，そういうふがいない現状はなんとなさけないことだ，ハイゼンベルクやディラックを見ならえ，といった趣旨の演説をやられたのが頭に残っています．〔ただし長岡先生は，これを長岡調の英語でまくしたてられたので，ぼくは正確に聞きとれず，勝手にぼく流に受け取ったのかもしれない．〕

　ゲッチンゲンでGoldschmidtとBornの確執が始まる1929年．その時代の日本の科学の一情景である．もし，長岡半太郎のような人物が今の我々の周りにいるなら，どのような檄を飛ばすであろうか？　これも一考に値する．そして歴史の歯車はもう少し廻る．DiracとHeisenbergの講演を「後ろの方でこっそりと隠れるようにして」聞いた朝永は，8年後の1937年，ライプチヒ大学教授となったHeisenbergの下に留学する．そこで，泥沼の研究の苦しみを日記に綴る．この部分とその後の展開は，胸を打つ感動的な物語である．これは朝永振一郎著（江沢編）『量子力学と私』（岩波文庫）にあるので，これを読んで頂くことにしよう．また，1968年にA. Salamがトリエステで開催したシンポジウムの中で，DiracがHeisenbergを紹介する際に，1929年の二人での日本訪問の思い出を語っている．日本旅行中の出来事として，登山が得意なHeisenbergが細い石柱の上に立つのを，Diracは横でハラハラしながら見守ったとの回想である．このトリエステ・シンポジウムの記録の邦訳は，ハイゼンベルク他著（1975, 海鳴社）があり，今では，ちくま学芸文庫版（2008）が手軽に入手できる．そこには，Dirac, Heisenbergの他に，H. Bethe, E. P. Wigner, O. Klein, E. M. Lifshitzの講演記録が収録されており，量子力学を創った人々の「肉声」に接することができる．ちくま学芸文庫版（2008）末尾にある訳者・青木薫氏による解説も興味深い．

　このトリエステ・シンポジウム記録の邦訳文庫本に加えて，湯川秀樹自伝『旅人』（角川ソフィア文庫），朝永の『量子力学と私』（岩波文庫），高林武彦著『量子論の発展史』（ちくま学芸文庫）を，文庫本の形で手にすることができる日本の若者は幸せである．20世紀の科学を席巻した「量子力学」と向き合った日本人俊英が，自らの精神史の結晶として綴ったものを手軽に読むことができる．Watson & Crickの「二重らせんの物語」も面白いが，趣きを全く異にする．日本の理工系学生諸君は携帯電話などを捨てて，このような文庫本をポケットに忍ばせてくれないだろうか？　たとえ少数であっても，そのような若者が実在すれば，21世紀にも期待ができるのではないだろうか？　こう思うのは多分筆者だけではないであろう．もし，長岡半太郎のような人物が今の我々の周りにいるなら，多分，「携帯電話などを捨てよ！」と檄を飛ばすのではないだろうか？

第 V 部

地球化学における四組効果

第 18 章

海洋と海洋性堆積岩における希土類元素

　海洋における希土類元素を考える例として，海水，海成石灰岩，深海マンガン団塊の希土類元素（REE）存在度パターン[1]とその四組効果について議論する．希土類元素は Ln(III) 炭酸錯体として海水に溶存していること，さらに，Ln(III) 炭酸錯体生成定数の系列変化にも四組効果が認められることが重要である．

18-1　海水の REE 存在度パターンが示す四組効果

　海水に溶存する希土類元素の定量値は，中性子放射化分析法（NAA, neutron activation analysis）によるもの，たとえば，Høgdahl et al. (1968) が報告されていた．しかし，隕石で規格化するとその REE 存在度パターンは決して滑らかなものではなかった．1970 年代には「天然物の REE 存在度パターンは直線的であるかまたは滑らかな曲線である」との考えが支配的であった．そのため，直線的でもなく滑らかな曲線でもない海水の REE 存在度パターンは，NAA 法の測定値に内在する分析誤差の影響であろうと理解されていたように思われる．少なくとも筆者はそのように理解していた．一方，Masuda and Ikeuchi (1979) は同位体希釈質量分析法（ID-MS, isotope dilution mass spectrometry）により，太平洋海水の希土類元素の測定値を報告した．ID-MS 法では単核種希土類元素である Pr, Tb, Ho, Tm の定量はできないが，他の多核種希土類元素分析値の正確さは充分である．彼らは Goldberg et al. (1963) が報告していた海洋リン酸塩団塊の NAA 法による全 REE データと比べることにより Pr, Tb, Ho, Tm の値を推定し，海水の REE 存在度パターンは「下に凸な四組効果」を示すことを明らかにした．増田のグループは，後に，地球化学試料の REE 存在度パターンに現れる四組効果は M 型と W 型に二分できることを指摘した（Masuda et al., 1987）．M 型は「上に凸な四組効果」，W 型は「下に凸な四組効果」にそれぞれ対応し，海水は典型的な W 型の四組効果を示す．

　Høgdahl et al. (1968) が報告していた海水の REE データがかなり正確であったことは，後の De Baar et al. (1983, 1985a, b) などの結果からも明らかとなった．現在では海水の (Y/Ho) の重量比がコンドライト隕石や平均頁岩での値 28 より 2 倍程度大きいことはよく知られるように

---

[1] 本章および次章では地球化学の慣用に従い，希土類元素を REE と略し，その濃度の基準物質に対する比の系列変化を REE 存在度パターンと記す．

なったが, Høgdahl et al. (1968) のデータはこの事実もほぼ正確に反映するものであった (Kawabe et al., 1991).

1990 年代になって, Elderfield らや Jacobsen らのグループは, Masuda and Ikeuchi (1979) と同様の ID-MS 法による海水 REE データを太平洋, 大西洋, インド洋などの多数の海水試料について報告するようになった. 一方, Shabani et al. (1990, 1992) は, 溶媒抽出などによりごく低濃度の海水中の REE を前濃縮し, ICP 質量分析法 (ICP-MS, inductively-coupled Ar plasma mass spectrometry) により全 Ln と Y の正確な定量法を開発した. この方法を利用し, Nozaki らは太平洋の多数の海水試料について全 Ln と Y の分析データを報告した. Möller et al. (1994) や Bau et al. (1995) のドイツのグループも ICP-MS 法による海水 REE データを報告するようになった. もっとも Elderfield, Jacobsen, Nozaki らの関心は, 海洋化学で重要とされる REE 濃度や Ce 異常の垂直分布に向けられ, Masuda and Ikeuchi (1979) が指摘した

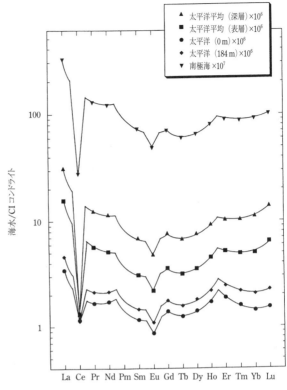

図 18-1 Piepgrass and Jacobsen (1992) と German et al. (1995) による太平洋海水, 南極海海水 REE ID-MS データに, 単核種 REE (Pr, Tb, Ho, Tm) の推定値を補足すると, 海水の REE 存在度パターンに「下に凸な四組効果」が確認できる (Kawabe et al., 1998).

四組効果を示す海水の REE 存在度パターンの問題に注意は向けられなかった. ICP-MS 法ではなく ID-MS 法で得られている Elderfield や Jacobsen らのデータは, Pr, Tb, Ho, Tm の値が欠如している. さらに, 海水には大きな負の Ce 異常と小さな負の Eu 異常が伴うため, ID-MS 法のデータから直接海水の REE 存在度パターンに四組効果があることを示すことはできない. しかし, ID-MS 法でのデータに対する信頼は大きいため, Elderfield や Jacobsen らが四組効果に言及しないことが, 四組効果そのものが重要ではないものと受け止められる状況があった.

そこで筆者ら (Kawabe et al., 1998) は, Piepgrass and Jacobsen (1992), German et al. (1995) がそれぞれ報告した太平洋海水, 南極海海水の ID-MS 分析値に適合する Pr, Tb, Ho, Tm の値を, 海水の ICP-MS 分析値と海成炭酸塩の ICP-AES (ICP 発光分析法) 分析値を用いて推定し, Piepgrass and Jacobsen (1992), German et al. (1995) のデータにこれらの Pr, Tb, Ho, Tm の推定値を補足し, 海水の REE 存在度パターンに「下に凸な四組効果」が確認できることを示した. 図 18-1 にその結果を示す. 第 3 テトラド (Gd〜Ho), 第 4 テトラド (Er〜Lu) はすべての点が揃い曲線の形状が決まる. 第 1 テトラド (La〜Nd) は Ce 以外の 3 点によりやはり曲線が決まる. 第 2 テトラド (Pm〜Gd) では Pm が実在しないことと Eu 異常により, データ点は Sm と Gd のみであり曲線の形状を決めることはできない. しかし, 第 1 テトラドと第 2 テトラドの曲線は Nd

とPmの中点で交差するとの仮定を使えば，第2テトラドの曲線の形状も推定できる．ID-MS法の海水REE分析データの欠点をICP-MSとICP-AESのデータで補えば，美しい四組曲線が得られる．これはMasuda and Ikeuchi (1979) が，大平洋海水のID-MS測定値を海洋リン酸塩団塊のNAA法の全REEデータ (Goldberg et al., 1963) と比べることにより，Pr, Tb, Ho, Tmの値を推定した方法と同じである．

ICP-MS法で海水のREE，Yの分析データを報告しておられた野崎氏からは，「ICP-MSでの全Ln, Yのデータがあるのになぜわざわざそのような補完を行うのか？」との批判を受けた．もっともな疑問だが，海洋化学の「リーダーを自認する」研究者が報告しているデータそれ自身が，明確な四組効果を示す事実を確認しておくことが重要であった．

確かにDe Baar et al. (1985b) は平均頁岩で規格化した海水REE存在度パターンの「Gd異常」，「Tb異常」を指摘している．この議論は本来，八組効果に結び付くべきものではあるが，Masuda and Ikeuchi (1979) の指摘を超えるものではない．「Gd異常」，「Tb異常」を論ずるなら，規格化に用いた平均頁岩のREEデータも慎重に吟味せねばならない．De Baar et al. (1985b) を踏襲して，野崎ら (Alibo and Nozaki, 1999; Nozaki et al., 1999) も平均頁岩で規格化した時の「Gd異常」などについて議論しているが，REE存在度パターンの縦軸を対数値ではなく通常の算術値に取って議論している．また，平均頁岩で規格化する意味が掘り下げられていない．たとえば，平均頁岩PAASをもう一つの平均頁岩NASCで規格化すると，そこには四組効果が認められる事実 (Kawabe, 1996) は，平均頁岩で規格化することも単なる便宜と理解してはならないことを意味する．野崎らのグループも含め「海洋化学の主流」を自認する研究者の議論では，Masuda and Ikeuchi (1979) の指摘した隕石で規格化した海水REE存在度パターンに「下に凸な四組効果」があらわれる事実の重要性が理解されていない．Kawabe et al. (1998) にはこのような状況に対する批判の意味が込められていた．

図18-2は，野崎らのグループから報告された南西太平洋珊瑚海 (Coral Sea) の海水試料のICP-MSデータである．もちろんここでも海水のREE存在度パターンは明瞭な「下に凸な四組効果」を示している．表層海水と深層海水を比べると，表層海水のREE, Y濃度は低く，第4テトラド (Er, Tm, Yb, Lu) の湾曲に明瞭な違いがある．小さな負のEu異常は海水の深度が変わってもほとんど一定であるが，負のCe異常は深層海水ほど著しい．これはCe濃度は海水の深度が変化しても比較的一定であるのに対し，他のREE濃度は海水の深度とともに増大していることに対応している．外洋海水におけるREE濃度の深度分布

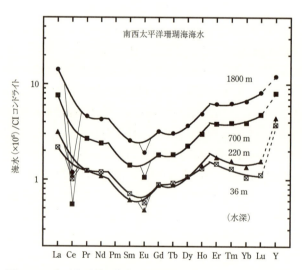

図 18-2 南西太平洋珊瑚海の海水試料が示すREEとYの存在度パターン．Zhang and Nozaki (1996) によるICP-MSデータをCIコンドライト隕石 (Anders and Grevesse, 1989) を用いて規格化した結果．

が比較的単純で，かつ，異なる海洋域でも比較的共通していることは，濃度分布をつくり出す素過程が単純であることを暗示する．このような事実に留意しつつ，以下では，海水のREE存在度パターンになぜ明瞭な「下に凸な四組効果」が見られるのかを考える．この問題こそ，従来からの希土類元素地球化学の基本的理解（Taylor and McLennan, 1988；McLennan, 1994）を覆し，REEの化学・物理学の研究成果との交流を可能にする端緒と考えるからでる．

　海水REE存在度パターンの四組効果（図18-1，-2）とPeppard et al.（1969）が報告した溶媒抽出系の分配係数対数値の四組効果（図7-1，-3）との類似性と相違を考えることがまず第一に重要である（Kawabe et al., 1998；Kawabe and Masuda, 2001）．REE存在度パターンの縦軸は各REEの海水濃度とCIコンドライト隕石濃度との比を常用対数値にしたものである．対数値であることは同じだが，溶媒抽出系の分配係数対数値とは異なり，海水とCIコンドライト隕石が直接的なREEの分配平衡にあるわけではない．しかし，CIコンドライト隕石は始源的な隕石であり，地球を作った原材料のREE存在度を表すと考えられる．この原材料が何段階かの化学変化を起こす過程（物質分化過程）でさまざまな地球物質が作られ，これらの反応の結果として現在の海水中のREE濃度が規定されていると考えるのが自然である．何段階かの物質分化と化学反応の連鎖を通じて，海水REE濃度はCIコンドライト隕石のREE濃度につながっている．このような状況は，海水のみならず地球のあらゆる天然物試料にもあてはまると考えねばならない．

　ただし，物質分化過程と化学反応の連鎖を特定すること自体は地球化学の目的でもあるので，これを先取りすることはできない．物質分化と化学反応の連鎖に対し何らかの単純化したモデルをあれこれ採用して，議論を進めねばならない．したがって，このようなアプローチの仕方はあまり賢明とは言えない．それよりも海水が直接かかわる反応系の中にPeppard et al.（1969）の溶媒抽出系分配係数に直接対応するものを探した方が，より明解な答えが期待できる．すなわち，海水と直接的に反応関係にある物質，たとえば深海マンガン団塊や石灰岩と海水のREE濃度比を検討するアプローチである．

18-2　深海マンガン団塊と石灰岩のREE存在度パターン

　深海マンガン団塊とは，外洋の海洋底に産するMn酸化物・Fe水酸化物を主体とする球状あるいは楕円体状の塊で，通常は数cm程度のサイズの団塊を指す．Ni，Co，Cu，Znなどを高濃度で含むことから，資源物質として注目された．沿岸海域の海底にも同様なマンガン団塊が産するが，その成長速度は深海マンガン団塊に比べ大きいため，Ni，Co，Cu，Zn濃度は低く資源物質としての価値は高くはない[2]．深海マンガン団塊に希土類元素も濃縮していることは，Goldberg et al.（1963）をはじめとする多くの報告で明らかにされている．深海マンガン団塊のREEとYを分析し，CIコンドライトで規格化しREE存在度パターンを求めた例を図18-3aに示す．この隕石で規格化した深海マンガン団塊のREE存在度パターンから，顕著な正のCe異常を示すhydrogeneousタイプと，正のCe異常を示さないdiageneticタイプの2種類を区別できる．図

---

[2]　竹内（1998）の著書はマンガン団塊の分布，形態，鉱物および化学組成などについての詳しい解説を与えているので参照されたい．

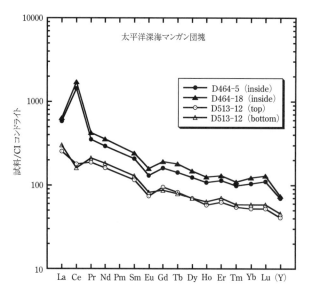

図 18-3a 太平洋深海マンガン団塊の隕石で規格化した REE 存在度パターンの例（Ohta et al., 1999）．D464 の 2 試料は hydrogeneous タイプ，D513 の 2 試料は diagenetic タイプに，それぞれ分類される．詳しくは Ohta et al. (1999) を参照されたい．

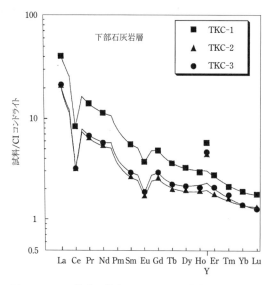

図 18-4a 二畳系の葛生・ドロマイト岩体の下部石灰岩層の 3 試料を隕石で規格化した REE 存在度パターン（Miura et al., 2004）．以下の特徴を示す：(1) 比較的大きな負の Ce 異常，(2) 小さな負の Eu 異常，(3) Ho より大きな Y の存在度，(4)「下に凸な四組効果」．

18-3a は二つのそれぞれ 2 例を示している．これは深海マンガン団塊の構成鉱物と主成分化学組成からの分類とも対応している．すべての深海マンガン団塊が常に大きな正の Ce 異常を示すわけではない．これはマンガン団塊の形成機構とも関連する重要な事実であるが，Ohta et al. (1999) で詳しく議論したのでここでは省略する．

以下ではとりあえず Ce 異常ではなく，REE 存在度パターンそのものに注目したい．軽 REE が相対的に濃縮した比較的直線的なもので，Er〜Lu の部分はやや折れ曲がるように見える．小さな負の Eu 異常が認められ，Y/Ho 比はコンドライトの値よりもやや小さい．Y は別にすると，この深海マンガン団塊の REE 存在度パターンは地殻岩石の平均的 REE 濃度を表すとされる平均頁岩のそれに似ており，海水のパターンとは全く異なっている（図 18-3a）．隕石で規格化した深海マンガン団塊の REE 存在度パターンには明瞭な四組効果は認められない．

一方，わが国には古生代後期の海成炭酸塩岩（石灰岩およびドロマイト岩）が多く産するが，これらの REE 分析値を CI コンドライトで規格化して，REE 存在度パターンを求めると（図 18-4a），海水の REE 存在度パターンに類似した「下に凸な四組効果」が認められる．図 18-4a の 3 試料は，二畳紀に海山頂部に形成された葛生・ドロマイト岩体の下部石灰岩層に属する（Miura et al., 2004）．これら石灰岩の REE 濃度を隕石の REE 濃度で割った REE 存在度パターンには以下の四つの特徴が認められる：

(1) 比較的大きな負の Ce 異常，

(2) 小さな負の Eu 異常,
(3) Ho より大きな Y の存在度,
(4)「下に凸な四組効果」.

これらの特徴は,図 18-1 と図 18-2 に示した現世の浅層海水の REE 存在度パターンが示す特徴でもある.

　葛生・石灰岩などの海成炭酸塩岩は,火山である海洋島の頂部に発達した生物性炭酸塩がその後の続成作用・再結晶作用により無機的な炭酸塩岩石となったものと考えられる.このような海底火山である海山は海洋底がゆっくりと移動するに従い,大陸縁辺部に接近し島弧や大陸地殻と衝突し,その頂部のみが炭酸塩岩とともに大陸縁辺部の砕屑物の中に残り,海山本体は大陸縁辺部のマントル内に海洋地殻とともに沈み込んでしまったと考えられている.砕屑物の中に残された石灰岩岩体は不純物をほとんど含まない良質の石灰岩から成る.このような海山型石灰岩岩体が日本列島に多数存在することが,資源に乏しいわが国にあっても,良質のセメント原料に限っては国内で調達できる状況を実現している.海山頂部に沈積する生物性炭酸カルシウムは,火山体である海山の冷却に伴う海山自体の沈降によりその層厚を増すが,海山頂部が 250 m 程度の水深に達するまで沈降が進んでしまうと,表層海水を透過する太陽光が急減するためその深度では,生物性炭酸カルシウム層の成長は実質的に停止すると考えられる.しかし,海山の冷却は続くので海山の沈降はさらに進む.現在の西太平洋には,石灰岩を頂部に載せたまま海水中深く沈降してしまった海山(guyot,ギヨー)が数多く知られている.海水表層で成長した生物性炭酸カルシウムがやや深い海水とさらに反応し無機的炭酸カルシウムに再結晶したものが海山型石灰岩と考えられる(Tanaka et al., 2003 ; Miura et al., 2004).生物性炭酸カルシウム,特に,現世の珊瑚骨格をなす生物性炭酸カルシウムの (REE/Ca) 比は大変低く,海水の $(REE/Ca)_{SW}$ 比にほぼ等しい(Sholkovitz and Shen, 1995).しかし,海山型の石灰岩では $(REE/Ca)/(REE/Ca)_{SW}=10^3 \sim 10^4$ であるので(Tanaka et al., 2003 ; Miura et al., 2004),無機的炭酸カルシウムに再結晶する際に大量の海水から REE を濃縮せねばならない.海水からカルサイトへの REE の効率的濃縮は実験的にも確認されている(Zhong and Mucci, 1995 ; Tanaka et al., 2004 ; Miura et al., 2004 ; Tanaka and Kawabe, 2006).

　一方,骨格性の生物性炭酸カルシウムでなく,マイクロ・バイアライト(microbialite)と呼ばれる非骨格性の炭酸カルシウムでは,Great Barrier Reef で得られた完新世の試料でも,$(REE/Ca)/(REE/Ca)_{SW}=$ 約 300 のものが知られている(Webb and Kamber, 2000).マイクロ・バイアライトは Mg に富むカルサイト(high Mg calcite)とされる.Webb and Kamber (2000) は,Kawabe et al. (1991) が報告した海山型石灰岩の高い (REE/Ca) 比はマイクロ・バイアライトを起源とする石灰岩であることを示唆するものであり,続成作用での海水 REE の濃縮は必要ないと論じた.しかし,筆者の知る限り,本邦の海山型石灰岩は低 Mg カルサイト(low Mg calcite)であり,$(REE/Ca)/(REE/Ca)_{SW}$ は $10^3 \sim 10^4$ での範囲に入る場合が多い.したがって,Webb and Kamber (2000) の述べるマイクロ・バイアライトではない.たとえマイクロ・バイアライトが起源物質だとしても,$10^3 \sim 10^4$ の濃縮度は説明できない.やはり何らかの海水 REE の濃縮過程を想定しなければならない.

　海洋底の深層海水から Mn 酸化物・Fe 水酸化物がゆっくりと沈積した結果が深海マンガン団塊であり,一方,海山表層に沈積した生物性炭酸カルシウムが海水とさらに反応し,無機的炭酸カルシウムに再結晶したものが海山型石灰岩と理解できる.海成石灰岩を隕石で規格化した

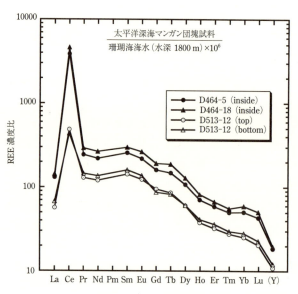

図 18-3b 太平洋深海マンガン団塊（図 18-3a に示した試料と同じ）の REE データを，珊瑚海深度 1800 m の海水 REE データ（図 18-2）で規格化した時の REE 存在度パターン．

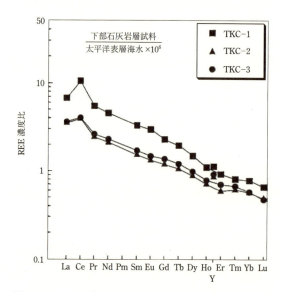

図 18-4b 二畳系の葛生下部石灰岩 3 試料の REE 濃度を太平洋表層海水 REE データで規格化した結果（Miura et al., 2004）．同じデータを隕石で規格化した図 18-4a に見られた特徴がほとんど認められない．ただし重 Ln 部分には湾曲した系列変化が認められる．

REE 存在度パターンには海水 REE に類似する四組効果が見られるが，深海マンガン団塊を隕石で規格化した REE 存在度パターンには四組効果が認められない．深層海水から Mn 酸化物・Fe 水酸化物が沈殿する反応では，海水 REE の四組効果は沈殿性生成物には残っていない．しかし，生物性炭酸塩の続成作用・再結晶作用により海成石灰岩がつくられる反応では海水 REE の四組効果は炭酸カルシウムに残っている．ただし，これは隕石で規格化した REE 存在度パターンで考えていることに注意が必要である．

Peppard et al. (1969) の溶媒抽出系分配係数に対応するものとしては，「深海マンガン団塊 REE 濃度/隕石 REE 濃度」，「海成石灰岩 REE 濃度/隕石 REE 濃度」ではなく，「深海マンガン団塊 REE 濃度/深層海水 REE 濃度」と「海成石灰岩 REE 濃度/表層海水 REE 濃度」でなければならない．隕石とこれらの海洋堆積物が直接的反応関係にあるわけではない．そこで，図 18-3a に示した深海マンガン団塊の太平洋深層海水に対する濃度比を考えたい．図 18-1 に示した太平洋海水の REE データには Y のデータは含まれておらず，Y について議論できないので，その代用として，図 18-2 に引用した珊瑚海の深度 1800 m の深層海水データを使うことにする．その結果が図 18-3b である．そこには「上に凸な」四組様変化が認められる．図 18-3a で議論した hydrogeneous タイプと diagenetic タイプの違いは明瞭ではない．

一方，現世の表層海水で規格化した海成石灰岩の REE 存在度パターン（Miura et al., 2004）を図 18-4b に示す．図 18-4a では同じ海山型石灰岩 3 試料を CI コンドライトで規格化している．隕石で規格化した海山型石灰岩の REE 存在度パターンでは，(1)比較的大きな負の Ce 異常，(2)

小さな負の Eu 異常，(3) Ho より大きな Y の存在度，(4)「下に凸な四組効果」の特徴が認められることを指摘した．しかし，現世の表層海水で規格化した REE パターンでは，これらの特徴はほとんど認められない．現世の表層海水もその特徴を持っているからで

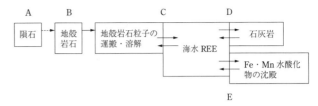

図 18-5　単純化した化学反応の連鎖モデル．

ある．ただし重 Ln (Tb~Lu) 部分には少し湾曲した系列変化が認められ，「上に凸な」系列変化のように見える．

　珊瑚海深層海水で規格化した深海マンガン団塊の REE 存在度パターン（図 18-3b）にも，また，太平洋表層海水で規格化された海山型石灰岩の REE 存在度パターン（図 18-4b）にも，「上に凸な」四組様系列変化が認められる．この REE 存在度パターンが Peppard et al. (1969) の溶媒抽出系分配係数対数値に対応するものであると，筆者は理解する．したがって，海水の REE(III) 化学種は深海マンガン団塊中や石灰岩の中の REE(III) よりもやや大きな Racah パラメーターを持つことが直感的にも理解できる．もちろん，常温以下ではエントロピー四組効果の寄与は無視できるとの前提をおいている．また，定量的な議論を行うには，海水と深海マンガン団塊，海水と石灰岩，の間での REE(III) について配位子交換反応を具体的に表現し，海水における REE(III) の錯化反応も考慮せねばならないが，これは 18-5, -6 節で議論しよう．

　では，隕石で規格化した REE 存在度パターンは何を意味しているのであろうか？　前節で指摘したように，地球史における物質分化過程と化学反応の連鎖を考えねばならない．図 18-5 に示すように，単純化した化学反応の連鎖モデルが手掛かりとなる．おおまかな議論として，海水に運搬される地殻岩石粒子の溶解反応（C）により海水 REE 濃度が決められていると考えてみる．深海マンガン団塊の生成反応は沈澱反応（E）であるから，これが実質的な意味において，地殻岩石粒子の溶解反応（C）の逆反応と見なせるなら，深海マンガン団塊の REE 存在度パターンが平均頁岩の REE 存在度パターンに類似するのは当然の結果ということになる（Kawabe et al., 1998）．実質的な意味とは，地殻岩石粒子の溶解反応を担う REE 化学種が深海マンガン団塊の REE 化学種，たとえば，REE(III) 水酸化物水和物など，と同じようなものであるという意味である．海洋に運搬される地殻岩石粒子のさまざまな構成鉱物のうちで，地球表層条件で溶解反応に関与できる固体物質（鉱物）は限られているはずである．したがって，反応性に富んだ REE 化学種とは，やはり Fe・Mn 水酸化物などに含まれる REE(III) が一番考えやすい．平均頁岩の REE 存在度パターンそれ自体は図 18-5 における A→B での REE 分別過程を反映したものである．一方，石灰岩への海水 REE の濃縮反応（D）は明らかに地殻岩石粒子の溶解反応（C）の逆反応とは見なせない．地殻岩石粒子のすべてが石灰岩粒子ではないからである．石灰岩の隕石で規格化した REE 存在度パターンは，すべての過程（A→B→C→D）での REE 分別の総和を反映したものになっているはずである．

　海水 REE 濃度の決定過程は海水に運搬される地殻岩石粒子の溶解反応（C）としたが，ここでは地殻岩石粒子と海水間の平衡分配係数のみならず，系全体の REE 量が粒子態 REE により決められている状況を考えねばならない．もし，(粒子+海水) 系の全 REE 量が海水 REE 量で決まっているのであれば，これは海水 REE 濃度の決定過程とはなりえない．すなわち，(粒子態

REE量）≫（溶存態 REE 量）が実現している比較的懸濁粒子が卓越する沿岸海域での可逆的な粒子溶解反応が，海水 REE 濃度の基本的決定過程となっているものと推定できる．海水塊が移動する過程で懸濁粒子は次第に海底に沈積し，海水塊から物理的に分離される．このような過程を経て，海水 REE 濃度が決められて行くのであろう（Kawabe et al., 1998）．深海底の堆積物/深層海水の interface では，REE 水酸化物の溶解・再沈殿の反応も当然考えねばならない．

表層海水で生成する生物性粒子や無機粒子は常に深部海水に向かって沈降するので，溶存 REE(III) もこのような粒子に吸着されて表層海水から除去（scavenge）されている．特に溶存 Ce(III) は Ce(IV) に酸化され粒子態となって海水から除かれる．深海 Mn 団塊には大きな正の Ce 異常が認められることがあるので，このような粒子に吸着されて海水から取り除かれていることが考えられる．Ce(III) の酸化が，海水 REE 存在度パターンが示す著しい負の Ce 異常の原因であることは古くから指摘されてきた．しかし，この酸化反応が海水の溶存酸素による酸化反応であるか，それとも他の酸化剤，たとえば粒子態 MnO_2 によって酸化されるのかは明確ではなかった．しかし，後に述べる溶存 REE(III) の $Fe(OH)_3$，$\delta\text{-}MnO_2$ への吸着実験（Ohta and Kawabe, 2001）から，MnO_2 粒子表面での MnO_2 による酸化反応が重要であることがわかった．

このように沈降粒子が海水から REE を吸着すること，また，深層海水あるいは海底に達した沈降粒子が分解し，吸着イオンを再溶解させることも，海水 REE 濃度の垂直分布を支配する重要な過程であろう．海水 REE の空間分布を理解するには，鉛直1次元の物質輸送としてではなく，本来は3次元での物質輸送を考えねばならないはずであるから，化学反応だけの単純モデルだけでは済まされない問題である．化学反応を伴う物質輸送の問題として考えねばならない．このような問題は Chester（2000）や角皆・乗木（1983）などの海洋化学の成書にゆだねることとして，ここでは立ち入らない．

18-3 海水における REE(III) 炭酸錯体

REE 濃度に関する深海マンガン団塊と深層海水の比や石灰岩と表層海水の比は「見掛けの分配係数」であり，Peppard et al.（1969）の分配係数に対応する．7-2, -5 節で Peppard et al.（1969）の分配係数について見たように，これらは REE(III) についての配位子交換反応の ΔG と結びつくはずである．ただし，配位子交換反応で表現するには，海水中で現実に溶存する REE(III) 化学種が何であるかを特定し，深海マンガン団塊や石灰岩に含まれる REE(III) も化学種として表現しなければならない．まず海水の REE(III) 化学種から考えよう．

海水はイオン強度（ionic strength, $I \equiv (1/2)\sum_i z_i^2 m_i$）$= 0.7$ 程度の比較的濃厚な電解質水溶液である．近似的には 0.5 M の NaCl 溶液と考えてもよいが，表 18-1 にあるように，Cl^- 以外にも SO_4^{2-}，HCO_3^-，CO_3^{2-}，の陰イオンが存在している．もちろん Br^-，F^- なども含んでいる．主要な1価陽イオン Na^+ と K^+ は 99〜98% が自由水和イオンであるが，Mg^{2+}，Ca^{2+} の2価イオンでは自由水和イオンは 90% 程度

表 18-1　平均表層海水（25℃，pH = 8.15，塩素量 = 19 g/kg）の化学組成（Garrels and Christ, 1965）．

イオン	重量モル濃度 (mol/kg)
Na^+	0.48
Mg^{2+}	0.054
Ca^{2+}	0.010
K^+	0.010
Cl^-	0.56
SO_4^{2-}	0.028
HCO_3^-	0.0024
CO_3^{2-}	0.00027

に低下し，約10%は陰イオンと結びついたイオン対として存在する（Stumm and Morgan, 1981；Millero and Schreiber, 1982）．$z_i = 0$のイオン対や錯体が存在すれば，イオン強度Iを低下させる．表18-1の値そのものを使ってイオン強度$I \equiv (1/2)\sum_i z_i^2 m_i$を機械的に計算すると$I = 0.71$となるが，一部はイオン対や錯体形成により$z_i = \pm 2$，$\pm 1$が$z_i = \pm 1$，0となるので，海水のイオン強度は0.71よりやや小さな値になる．海水中に溶存する遷移金属イオンがさまざまな形の錯イオンとなっているように，REE(III)イオンの場合も，水和REE(III)イオンだけではなく，陰イオンと結びついた何らかの水和錯イオンとして存在していることが考えられる．

Turner et al.（1981）は，1970年代後半までに報告された金属イオンのF^-，Cl^-，SO_4^{2-}，OH^-，CO_3^{2-}との溶存錯体生成定数の実験値に基づき，1気圧，25℃の海水（pH = 8.2）と淡水（pH = 6.9）における58の微量金属イオンにおける平衡溶存化学種の存在割合を計算した．これは一般にspeciation calculationと呼ばれる．Pmを除く全LnとYについての結果も含まれており，海水のREE(III)イオンは相対的にCO_3^{2-}と安定な錯体をつくることが示された．ただし，この結果はTurner et al.（1981）の論文では特に強調されてはいなかった．彼らの議論は陽イオンの「分極能力（z^2/r）」と配位子の「かたさ（hardness），柔らかさ（softness）」に向けられていた．$REECO_3^+$が安定であるとするTurner et al.（1981）の計算結果は，率直に受け入れられたわけではない．表18-1からわかるように，海水におけるCO_3^{2-}濃度はHCO_3^-濃度の1/10に過ぎないからである．

その後，1980年代末になって，ByrneのグループはTBP（tributyl phosphate）を用いる溶媒抽出法によりLn = Ce，Eu，Ybの$LnCO_3^+$，$Ln(CO_3)_2^-$の錯体生成定数を求め，海水の溶存REE(III)濃度は，近似的に，これら二つの炭酸錯体の濃度の和であるとする論文を発表する（Cantrell and Byrne, 1987a）．しかし，筆者はこの結果に強い疑問をもった．第一の疑問は，$LnHCO_3^{2+}$でなくてなぜ$LnCO_3^+$，$Ln(CO_3)_2^-$なのかという上に述べた問題である．第二はLn = Ce，Eu，Ybの3点の$LnCO_3^+$，$Ln(CO_3)_2^-$錯体安定度定数をZ（原子番号）の二次多項式に当てはめ，他のLnに対する安定度定数を推定する彼らの便宜的手法に対する疑問である．これでは安定度定数に反映されている四組効果や$Ln^{3+}(aq)$の水和数変化は無視される．また，二次多項式に当てはめることの是非がまったく検討されていない．TBP溶媒抽出法を用いた安定度定数決定法では，REEの放射性同位体トレーサーを用いる．しかし，すべてのLnで適当な放射性同位体を利用できないことは明白で，Byrneのグループがすべてのln(III)についての炭酸錯体安定度定数を決めることは期待できない．彼らとは独立に個々のLn(III)炭酸錯体安定度定数を決める必要があると筆者は考え，そのための別の方法を工夫し実験を始めた．これについては18-5節で述べる．

第一の疑問については，Byrneのグループ（Cantrell and Byrne, 1987a, b）がより所としたLundqvist（1982）の論文を検討した結果，この疑問は払拭すべきであるとの結論を得た．Lundqvist（1982）はTBP溶媒抽出法によってEu(III)とAm(III)の炭酸錯体生成定数を決定しているが，Lundqvist（1982）自身も$MHCO_3^{2+}$ではなくてMCO_3^+，$M(CO_3)_2^-$が重要であることを，この実験データから納得したことを記している．溶媒抽出法によって金属錯体の安定

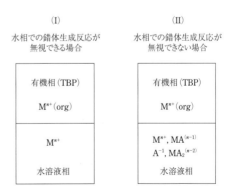

図 18-6 溶媒抽出法による金属錯体安定度定数の決定．

度定数を決める方法は，古典的手法の一つで，この方法の詳しい解説は上野編（1975）にも与えられている．ここでは Lundqvist（1982），Cantrell and Byrne（1987b）に基づきこの方法の原理を簡単に紹介する．図 18-6 に示すように，TBP の有機相と金属イオン（M^{3+}）を含む 1 M の $NaClO_4$ 水溶液がある時，これらをよく振り混ぜた後，放置または遠心分離すると，次の分配平衡反応により金属イオン（M^{3+}）が有機相へ移行する．

$$M^{3+}(aq) + 3ClO_4^-(aq) + nTBP(org) = M(ClO_4)_3 \cdot nTBP(org) \tag{18-1}$$

図 18-6 の (I) の場合は (18-1) だけの反応で有機相と水相での M の濃度比が決まるので，この場合の分配係数（D）=（M の有機相濃度 / M の水溶液濃度）を

$$D_0 = \frac{[M(ClO_4)_3 \cdot nTBP(org)]}{[M^{3+}(aq)]} \tag{18-2}$$

とする．[ ] は各化学種の重量モル濃度を表す．一方，図 18-6 の (II) の水溶液では，

$$M^{3+}(aq) + A^-(aq) = MA^{2+}(aq) \tag{18-3}$$

$$M^{3+}(aq) + 2A^-(aq) = MA_2^+(aq) \tag{18-4}$$

の錯体生成反応が起こっているので，M の水溶液濃度は水和自由イオンの他にこれら錯体化学種の濃度を加えたものである．$MA^{2+}(aq)$，$MA_2^+(aq)$ は有機相に移行しないと仮定すると，分配係数（D）は，

$$\begin{aligned} D &= \frac{[M(ClO_4)_3 \cdot nTBP(org)]}{[M^{3+}(aq)] + [MA^{2+}(aq)] + [MA_2^+(aq)]} \\ &= \frac{[M(ClO_4)_3 \cdot nTBP(org)]}{[M^{3+}(aq)]} \cdot \frac{1}{1 + [MA^{2+}(aq)]/[M^{3+}(aq)] + [MA_2^+(aq)]/[M^{3+}(aq)]} \end{aligned} \tag{18-5}$$

となる．(18-1) の平衡は図 18-6 の (II) の場合でも成立しているはずだから，この平衡定数は共通である．(18-2) の D_0 はこの平衡定数に対応するから，(18-5) の D との比を取ると，

$$D/D_0 = \frac{1}{1 + [MA^{2+}(aq)]/[M^{3+}(aq)] + [MA_2^+(aq)]/[M^{3+}(aq)]} \tag{18-6}$$

となる．一方，(18-3)，(18-4) の平衡関係より，各錯体の安定度定数（stability constant, β）を

$$\beta_1 = \frac{[MA^{2+}(aq)]}{[M^{3+}(aq)] \cdot [A^-(aq)]}, \quad \beta_2 = \frac{[MA_2^+(aq)]}{[M^{3+}(aq)] \cdot [A^-(aq)]^2} \tag{18-7}$$

と定義すると，(18-6) は結局，次のように各錯体の安定度定数を用いて表現できる．

$$D/D_0 = \frac{1}{1 + \beta_1 [A^-(aq)] + \beta_2 [A^-(aq)]^2} \tag{18-8}$$

あるいは，分子分母を逆にすれば，

$$D_0/D = 1 + \beta_1 [A^-(aq)] + \beta_2 [A^-(aq)]^2 \tag{18-8'}$$

となる．安定度定数は，重量モル濃度値のみで表現した便宜的な平衡定数である．各化学種の濃度値を活量（activity）に変換すれば正式の錯体生成定数（K）になる．そのためには，（活量）=（活量係数）・（重量モル濃度）であるから，安定度定数は平衡定数としての K に変換できるが，その変換を行うには各化学種に対して活量係数を与えねばならない．理論式を根拠に活量係数を推定できれば β はただちに K に変換できる．一方，実験的に K を求めるには，無限希釈状態では活量係数 = 1 であり，$\beta = K$ であることを使う．すなわち，異なるイオン強度（I）で $\beta(I)$ を決定し，$I \to 0$ の極限として $\beta(0) = K$ を推定すればよい．

　分配係数（D と D_0）は共に濃度比であるから，M の放射性核種 M^* を実験系にトレーサー量

だけ加えておけば，有機相と水溶液相の M の濃度比は両相での M* の比に等しいとできるので，分配係数 (D と D_0) の実験値は両相での M* の放射能比となる．D/D_0 を比較的簡単に決定できる．もし適当な放射性核種 M* が利用できない場合は，有機相と水相の M の濃度を個別に測定し，その比を取れば D と D_0 が決まる．[A$^-$(aq)] は実験的に決定できるとすると，(D_0/D) は [A$^-$(aq)] の多項式となる．実験データを用いて，最もよくデータを再現するパラメーター β_1 と β_2 を最小二乗法で決定する．

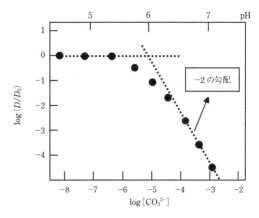

図 18-7 Eu(III) についての (D/D_0) と [CO_3^{2-}] の関係．

Lundqvist (1982) は TBP 溶媒抽出法により Eu(III) と Am(III) の (D/D_0) を求めた．もし，A$^-$(aq)=HCO$_3^-$ であり EuHCO$_3^{2+}$ などが生じているなら，(D/D_0)=f([HCO$_3^-$]) となるような一つの滑らかな関数 f が示唆されるはずである．しかし，A$^-$(aq)=HCO$_3^-$ として実験結果の (D/D_0) を整理してみても，滑らかな関数 f は得られないことがわかった．ところが，A$^-$(aq)=CO$_3^{2-}$ として [CO$_3^{2-}$] と (D/D_0) を両対数図にプロットすると，Eu(III) と Am(III) ともに図 18-7 に示すような単純な関係が得られる．

実験では TBP と共存する 1 M の NaClO$_4$ 水溶液に 1 気圧の炭酸ガスを飽和させ，酸を加えて pH を変化させ，[CO$_3^{2-}$] を変化させている．(18-8) の

$$D/D_0 = \frac{1}{1+\beta_1[\text{A}^-(\text{aq})]+\beta_2[\text{A}^-(\text{aq})]^2}$$

と比べると，A$^-$(aq)=CO$_3^{2-}$ として，[CO$_3^{2-}$] が小さい領域では (D/D_0) → 1 であり，$\log(D/D_0)$ → 0 の実験結果と合致する．また，[CO$_3^{2-}$] が大きい領域では (18-8) は $D/D_0 = 1/\{\beta_2[\text{CO}_3^{2-}(\text{aq})]^2\}$ と近似できるから，実験結果の両対数プロットでの勾配 $=-2$ とも対応する．もし図 18-7 の縦軸に (18-8′) の D_0/D を取れば，この勾配は $+2$ となる．このような実験結果に基づき，Lundqvist (1982) は EuHCO$_3^{2+}$ は無視できるとして，炭酸錯体の安定度定数を

$$\text{EuCO}_3^+ : \log\beta_1 = 5.93 \pm 0.05, \qquad \text{Eu(CO}_3)_2^- : \log\beta_2 = 10.72 \pm 0.08 \qquad (18\text{-}9)$$

と求めた．

以上の Lundqvist (1982) の結果に注目した Cantrell and Byrne (1987b) は，Eu(III) についての追試を行い，(18-8′) を少し変形した次の式，

$$D_0/D = 1 + \beta'_1 m_{\text{CO}_3} + \beta'_2 m_{\text{CO}_3}^2 + \beta'_{\text{H}} m_{\text{HCO}_3} \qquad (18\text{-}10)$$

を仮定して結果を解析した．そこでは

$$m_{\text{CO}_3} = [\text{CO}_3^{2-}] + [\text{NaCO}_3^-], \qquad m_{\text{HCO}_3} = [\text{HCO}_3^-] + [\text{NaHCO}_3^0] \qquad (18\text{-}11)$$

$$\beta'_1 = \frac{[\text{MCO}_3^+]}{[\text{M}^{3+}] \cdot m_{\text{CO}_3}}, \qquad \beta'_2 = \frac{[\text{M(CO}_3)_2^-]}{[\text{M}^{3+}] \cdot m_{\text{CO}_3}^2}, \qquad \beta'_{\text{H}} = \frac{[\text{MHCO}_3^{2+}]}{[\text{M}^{3+}] \cdot m_{\text{HCO}_3}} \qquad (18\text{-}12)$$

と定義されている．これらは，炭酸ガスを飽和させた NaClO$_4$ 溶液を用いているので NaCO$_3^-$ や NaHCO$_3^0$ が少量生じていることを含めて取り扱うための便宜的定義である．そして，25℃，1 atm，$I = 0.68$ (NaClO$_4$) に対して，

$$\beta'_1 = (7.1 \pm 0.2) \times 10^5, \qquad \beta'_2 = (10.6 \pm 0.3) \times 10^9, \qquad \beta'_{\text{H}} = 14 \pm 6 \qquad (18\text{-}13)$$

を得ている．EuHCO$_3^{2+}$に対するβ'_1やβ'_2と比較すれば$\beta'_H = 14 \pm 6$は大変小さな値であることがわかる．Lundqvist (1982) がEuHCO$_3^{2+}$は無視できるとしたことに対応している．彼らは上記のLundqvist (1982) のβ_1とβ_2を彼らのβ'_1とβ'_2に換算して，

$$\log \beta'_1 = 5.91 \pm 0.05, \qquad \log \beta'_2 = 10.68 \pm 0.08 \qquad (18\text{-}9')$$

を得ている．(18-13) は対数を取れば，

$$\log \beta'_1 = 5.85 \pm 0.01, \qquad \log \beta'_2 = 10.03 \pm 0.01, \qquad \log \beta'_H = 1.2 \pm 0.2 \qquad (18\text{-}13')$$

であるので，両者の一致はよいと言える．このようにして，TBP溶媒抽出法の実験結果（図18-7）のpH条件では[HCO$_3^-$]>[CO$_3^{2-}$]であるが，Eu(III)は一炭酸錯体と二炭酸錯体が重要であることがわかる．海水はpH=8程度の溶液であるからやはり[HCO$_3^-$]>[CO$_3^{2-}$]であり，Ln(III)の大部分は炭酸錯体（LnCO$_3^+$, Ln(CO$_3$)$_2^-$）として存在すると考えねばならない．LnHCO$_3^{2+}$の安定度定数がなぜこのように小さいのかとの疑問は残るとしても，実験結果は率直に受け入れねばならない．

18-4　Ln(III) 炭酸錯体安定度定数の「Gdでの折れ曲がり」とその波紋

Lundqvist (1982) のTBP溶媒抽出法ではLn(III)の放射性トレーサーを使うが，すべてのLnでこのような放射性核種を簡単に利用できない．したがって，この方法ではすべてのLn(III)炭酸錯体安定度定数を決めることはできないので，独立に個々のLn(III)炭酸錯体安定度定数を決める必要がある．こう考えたことは既に述べた．そのために筆者が考えた実験方法とは，Fe(-Mn)水酸化物沈澱とNaCl水溶液との間のLn(III)分配係数を炭酸イオン濃度の関数として実験的に求めることであった．TBP溶媒抽出法と同様に，炭酸イオン濃度を無視できる場合のLn(III)分配係数との比を取れば炭酸錯体（LnCO$_3^+$, Ln(CO$_3$)$_2^-$）の安定度定数（生成定数）が決定できるはずである．そして，Ln(III)分配係数の実験値それ自体は，深海Fe-Mn団塊/深層海水の系に対する実験室での直接的な再現値に相当している．（深海Fe-Mn団塊/深層海水）のREE濃度比からすれば，この分配係数の系列変化に四組効果が再現されるはずである．これは改良RSPET式で解析すればよい．さらに，LnCO$_3^+$, Ln(CO$_3$)$_2^-$の生成定数系列変化にも四組効果が期待できるので，同様に改良RSPET式で解析できるはずである．TBP

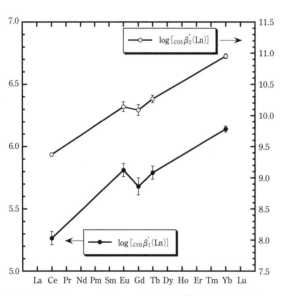

図 18-8a　Lee and Byrne (1993) が報告したCe, Eu, Gd, Tb, Ybの5種のREE(III)についてのREECO$_3^+$, REE(CO$_3$)$_2^-$の安定度定数対数値．Gdの安定度定数対数値は両隣りのEuとTbのそれよりもわずかに小さい．これは「Gd-break」を示唆する．β'となっているのは，NaCO$_3^-$やNaHCO$_3^0$が少量生じていることを含めて取り扱うための便宜的定義による (18-3節)．

溶媒抽出法での抽出反応それ自体は天然での反応に対応していないが，Fe(-Mn) 水酸化物沈澱と NaCl 水溶液との間の Ln(III) 分配反応はまさに自然界で起こっている反応である．この結果については次節で述べる．

一方，Lundqvist (1982) の TBP 溶媒抽出法を採用した Byrne のグループは，Ce, Eu, Gd, Tb, Yb の5種の Ln(III) と Y(III) について，$REECO_3^+$, $REE(CO_3)_2^-$ の安定度定数を報告したが (Lee and Byrne, 1993; Liu and Byrne 1995)，$GdCO_3^+$ と $Gd(CO_3)_2^-$ の安定度定数対数値は，両隣りの Eu と Tb のそれよりもわずかに小さいことを報告した (図 18-8a)．これは「Gd-break」ではないかと彼らは考えた．全 Ln(III) についての安定度定数が報告されている多くの Ln(III) キレート錯体の $\log\beta$ の系列変化には，しばしばこのような「Gd での折れ曲がり」が

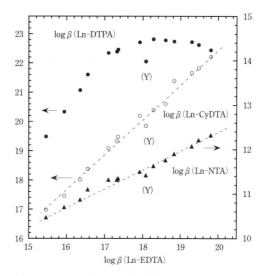

図 18-8b $\log\beta$(Ln-EDTA) に対する $\log\beta$(Ln-DTPA), $\log\beta$(Ln-CyDTA), $\log\beta$(Ln-NTA) のプロット．$\log\beta$ の値は 25℃, イオン強度 0.1 の実験値で，上野 (1989) による．

認められる．Cantrell and Byrne (1987a) では，Ln = Ce, Eu, Yb の3点の $LnCO_3^+$, $Ln(CO_3)_2^-$ 錯体安定度定数を Z（原子番号）の二次多項式に当てはめたが，「Gd-break」が認められるなら，この方法を使うのは矛盾である．彼ら自身が二次多項式近似に根拠がないことを認めたと言える．そこで，彼ら (Lee and Byrne, 1992, 1993; Liu and Byrne, 1995) は，すべての Ln(III) についての安定度定数が報告されている多数の Ln(III) 有機錯体の $\log\beta$ が示す「平均的系列変化トレンド」を求め，この5種の Ln(III) 炭酸錯体安定度定数と「平均的系列変化トレンド」を基に，他の Ln(III) 炭酸錯体の安定度定数を推定した．この推定方法の根拠を LFER (linear free energy relationships) に求めた．

LFER は，配位子が異なってもその安定度定数対数値は平行関係を保つという経験的主張である．LFER が成立する溶液反応系は知られているが (大滝他, 1977)，Byrne and Li (1995) のように，Ln(III) 溶存錯体全般に適用できる"原理"であるかのように理解するのは誤りである．LFER が Ln(III) 溶存錯体で成立しない具体例を図 18-8b に示す．$\log\beta$(Ln-EDTA) vs. $\log\beta$(Ln-DTPA) のプロットは明らかに直線にならず，LFER は成立しない．もし LFER が厳格に成立するなら，図 18-8b のプロットは，すべて「美しい直線」とならねばならない．$\log\beta$(Ln-DTPA) の場合，Y は Tb, Dy, Ho から離れてプロットされる．$\log\beta$(Ln-EDTA) vs. $\log\beta$(Ln-CyDTA) と $\log\beta$(Ln-EDTA) vs. $\log\beta$(Ln-NTA) では，確かに，直線的なプロットとなるが，見た通りの程度の直線性に過ぎない．LFER は原理ではなく，適用できない場合も含む"粗い経験則"に過ぎない．

Ln(III)DTPA, Ln(III)EDTA などに関する議論（第 14 章）で明らかにしたように，安定度定数 (ΔG) だけではなく，ΔH と ΔS の系列変化も考える必要があり，また，分光学などの多様な観測データも取り入れての考察が必要である．そして，Ln(III) 系列に固有の $4f$ 電子の電子配置問題，Ln^{3+}(aq) 系列の水和状態変化の問題も明確にする必要がある．これらの問題を回避し，安定度定数 (ΔG) だけを用いる LFER では，Ln(III) 錯体系列の本質的特徴を議論できない．LFER を

持ち出すことは,「歴史の歯車」を20〜30年ほど逆回転させることになる.

　Ln(III) 錯体が異なればその $\log\beta$ が示す系列変化が異なるのは自明である.「平均的系列変化トレンド」を計算することはできるが,これが普遍的重要性を持つのであれば,その原因が明示されねばならない.しかし,この論点は不問にされている.さらに,この「平均的系列変化トレンド」が Ln(III) 炭酸錯体の安定度定数の系列変化に合致するか否かは,全 Ln(III) 炭酸錯体の安定度定数を決めてから判定すべき事柄である.15 種ある Ln(III) 炭酸錯体のうちの 5 種についてのデータから,このような判定が充分にできるかどうかは,最終的には,研究者の主観的基準に委ねられる.このようなことは Byrne らの論文の具体的記述としては現れないが,彼らも理解していたであろう.しかし,「平均的系列変化トレンド」に頼らねばならなかったのは,「Gd-break」を認めたことで,もはや二次多項式などの滑らかな便宜的関数を採用できなくなったことによる.この方法は「窮余の一策」なのであると筆者は理解した.

　一方,筆者は,Ln(III) 錯体系列の構造変化と RSPET の考え方 (Kawabe, 1992) は Ln(III) 錯体系列の生成定数系列変化にも当てはまると考えていた.このような立場からすると,Byrne らの経験的推定値はそれなりに意味があることになる.Byrne らは多数の Ln(III) キレート錯体の $\log\beta$ が示す「平均的系列変化トレンド」の意味を掘り下げないが,これは重 Ln(III) になるほど安定度定数が大きくなることと,水和 Ln(III) イオンの水和状態変化を反映したものであると解釈できる.Ln(III) 錯体が異なればその $\log\beta$ が示す系列変化は異なるのは自明であるが,各 $\log\beta$ には共通して水和 Ln(III) イオン濃度が関わっている.水和 Ln(III) イオンの水和状態変化は,異なる Ln(III) 錯体の $\log\beta$ に寄与している共通因子である.水和 Ln(III) イオンの配位状態変化がどのような系列変化を与えるかは,既に本書の第 13 章あるいは Kawabe (1999a) に述べた通りである.また,15 種の Ln(III) 炭酸錯体のうちの 5 種についての実験データがこのトレンドと矛盾するようには見えない事実は,Byrne らの経験的推定値が Ln(III) 炭酸錯体の安定度定数の系列変化の特徴をそれなりに反映していることを意味する.

　このような理解から,筆者 (Kawabe, 1999b) は,彼らが報告した結果 (Lee and Byrne, 1993; Liu and Byrne, 1995) に対し,水和 Ln(III) イオンの水和状態変化

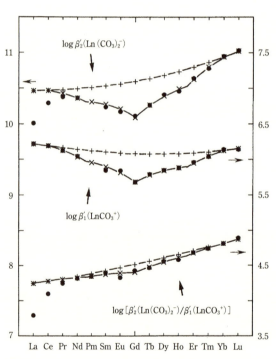

図 18-9 Lee and Byrne (1993) と Liu and Byrne (1995) による $LnCO_3^+$ と $Ln(CO_3)_2^-$ の錯体安定度定数は,水和 Ln(III) イオンの水和状態変化を補正して β' とすれば,少なくとも $LnCO_3^+$ 錯体安定度定数の系列変化は RSPET 式で表現でき,$Ln(CO_3)_2^-$ についても,La〜Pr 部分に構造変化が推定できるものの,これと水和 Ln(III) イオンの水和状態変化を補正して β' とすれば,その安定度定数系列変化は RSPET 式で表現できる (Kawabe, 1999b).黒丸は水和状態変化を補正した測定値,×印は RSPET 式による推定値.

を補正すれば，少なくとも $LnCO_3^+$ 錯体安定度定数対数値の系列変化は改良 RSPET 式によく合致すること，さらに，$Ln(CO_3)_2^-$ についても La〜Pr 部分に構造変化が推定できるものの，これと水和 Ln(III) イオンの水和状態変化を補正すれば，やはり，安定度定数対数値の系列変化は改良 RSPET 式で表現できることを示した（図 18-9）．Racah パラメーターの大小関係は，

$$Ln^{3+}(oct, aq) \gg LnCO_3^+(aq) > Ln(CO_3)_2^-(aq)$$

と推定でき，これは電子雲拡大効果の一例であることも指摘した．

Byrne and Li（1995）が LFER から検討した各種の Ln(III) 錯体系列も安定度定数対数値にも，「Gd-break」は数多く見られる．また，図 18-8b に示したように，LFER では説明できない安定度定数の実験値がある．それでも Byrne らは，ランタニド四組効果ではなく，LFER による理解がより適切であると主張している．Wood（1990a）や Byrne and Sholkovitz（1996）の総説では「海洋化学や地球化学においてランタニド四組効果は重要ではない」と記されているが，海水の主たる Ln(III) 化学種である炭酸錯体の安定度定数系列変化に明瞭な四組効果が認められる事実は，これらの総括結果が誤りであることを証明していると筆者は指摘した．

「平均的系列変化トレンド」に頼る方法は「窮余の一策」であると筆者は理解したと述べたが，これを証明するかのように，Byrne のグループは放射性トレーサーの使用を止め，TBP と水相の REE 濃度を ICP-MS 法で個別に測定する方法に転換した．そしてこの方法により Pm 以外の全 Ln と Y の炭酸錯体安定度定数を報告することになる（Liu and Byrne, 1998）．一方，筆者らも NaCl 水溶液での Fe 水酸化物と REE の共沈澱法を用い，Pm 以外の全 Ln と Y, Sc の炭酸錯体安定度定数を決定した（Kawabe et al., 1999b；Ohta and Kawabe, 2000a, b）．この方法とその結果について次節で述べる．

18-5　Fe 水酸化物共沈澱法による Ln(III) 炭酸錯体生成定数

Fe(-Mn) 水酸化物沈澱と NaCl 水溶液との間の Ln(III) 分配係数を，炭酸イオン濃度の関数として実験的に求める．そして，炭酸錯体を無視できる場合の Ln(III) 分配係数との比を求め，改めてこれを炭酸イオン濃度の関数として扱えば，炭酸錯体（$LnCO_3^+$，$Ln(CO_3)_2^-$）の安定度定数が決定できるはずである．原理的には TBP 溶媒抽出法と同様であるが，Ln(III) 分配係数実験値それ自体が，深海 Fe-Mn 団塊/深層海水の系に対する実験室での再現値に相当する．実験系分配係数が REE 濃度比（深海 Fe-Mn 団塊/深層海水）の系列変化とどの程度一致するかを直接的に検討できる．これは Ln(III) 炭酸錯体安定度定数の値を用いない単純明解な検討方法である．さらに，分配係数実験値のみならず Ln(III) 炭酸錯体の生成定数系列変化にも四組効果が期待でき，構造変化に注意して改良 RSPET 式で解析できるはずである．一方，$NaClO_4$ 水溶液を用いる TBP 溶媒抽出法での抽出反応それ自体は，天然系での反応に対応していない．そのため，得られる $LnCO_3^+$，$Ln(CO_3)_2^-$ 錯体生成定数が自然界の NaCl 水溶液である海水での値としてふさわしいかどうかは，その実験系のデータからはただちに保証されない．たとえ海水のイオン強度に一致させた $I = 0.68$（$NaClO_4$）の水溶液を用いたとしてもこの問題は残っている．錯体生成定数を求める方法としては Fe 水酸化物共沈澱法の評価は低いが，筆者らのグループがあえてこの方法にこだわった理由である．

M = Ln, Y, Sc として M(III) イオンが Fe 水酸化物と共沈する反応は次のように表現できると考える：

$$M^{3+}(aq) + (3+n)H_2O(l) = M(OH)_3 \cdot nH_2O(ss) + 3H^+(aq) \tag{18-14}$$

実質的に $M^{3+}(aq)$ の自由水和イオンのみを考えればよい水溶液でも，また，$M^{3+}(aq)$ の自由水和イオンと M(III) 炭酸錯体などが共存する水溶液でも，(18-14) の反応の平衡は成立している (Kawabe et al., 1999a). しかし，Fe(水酸化物) と共沈物の M(III) イオンを $M(OH)_3 \cdot nH_2O(ss)$ と表現できるかどうかは必ずしも自明ではない．特に M(III) 水溶液に炭酸イオンが共存した場合，$MOHCO_3 \cdot nH_2O(c)$ や $M_2(CO_3)_3 \cdot nH_2O(c)$ が沈澱することが知られているので，これらが共沈物に加わってくる可能性がある．しかし，共沈物の FT-IR スペクトルを検討しても，炭酸イオンの存在は確認できなかった．また，$M(OH)_3(c)$ や $MOOH(c)$ の IR スペクトルの特徴も認められない (Ohta and Kawabe, 2000a). 炭酸イオンが共存した場合でも共沈物には炭酸イオンは含まれないという意味で，$M(OH)_3 \cdot nH_2O(ss)$ と表記することにした．$MOOH \cdot nH_2O(ss)$ を完全に排除するという意味ではない．

　(18-14) の平衡定数 (K) は活量を用いて次のようになる．

$$K = \frac{a(M(OH)_3 \cdot nH_2O) \cdot a^3(H^+)}{a(M^{3+}) \cdot a^{(3+n)}(H_2O)} \tag{18-15}$$

$M(OH)_3 \cdot nH_2O$ のモル分率，$M^{3+}(aq)$ の濃度，$a(H^+) = 10^{-pH}$ などを使って，この平衡定数 (K) を書き直せば，

$$K = \frac{X(M(OH)_3 \cdot nH_2O) \cdot (10)^{-3pH}}{[M^{3+}(aq)]} \cdot \frac{\lambda(M(OH)_3 \cdot nH_2O)}{a^{(3+n)}(H_2O) \cdot \gamma(M^{3+}(aq))} \tag{18-16}$$

となる．X は共沈物における $M(OH)_3 \cdot nH_2O$ のモル分率，λ は沈澱物での活量係数，$[M^{3+}(aq)]$ は水溶液での重量モル濃度，γ はこの活量係数である．海水を念頭に $I = 0.5$ (NaCl) の水溶液を用いるが，重炭酸イオン，炭酸イオンの濃度が充分に低い $I = 0.5$ (NaCl) の水溶液では，M(III) の全濃度 $[M]_{total}$ は，自由水和イオン以外には塩化物イオン錯体と水酸化物錯体のみを考慮すればよい．一方，重炭酸イオン，炭酸イオンにより M(III) 炭酸錯体が存在する場合は，M(III) 重炭酸錯体も考慮する．溶媒抽出系の場合のようにこれら各錯体の安定度定数を β とすると，

$$\begin{aligned}
[M]_{total} &= [M^{3+}(aq)] + [MCl^{2+}(aq)] + [MOH^{2+}(aq)] \\
&\quad + [MHCO_3^{2+}(aq)] + [MCO_3^+(aq)] + [M(CO_3)_2^-(aq)] \\
&= [M^{3+}(aq)]\{1 + \beta_{MCl^{2+}}[Cl^-(aq)] + \beta_{MOH^{2+}}[OH^-(aq)] + \beta_{MHCO_3^{2+}}[HCO_3^-(aq)] \\
&\quad + \beta_{MCO_3^+}[CO_3^{2-}(aq)] + \beta_{M(CO_3)_2^-}[CO_3^{2-}(aq)]^2\} \\
&= [M^{3+}(aq)](1 + \Psi)
\end{aligned} \tag{18-17}$$

である．最後の等式では，

$$(1 + \Psi) = 1 + \beta_{MCl^{2+}}[Cl^-(aq)] + \beta_{MOH^{2+}}[OH^-(aq)] + \beta_{MHCO_3^{2+}}[HCO_3^-(aq)] \\ + \beta_{MCO_3^+}[CO_3^{2-}(aq)] + \beta_{M(CO_3)_2^-}[CO_3^{2-}(aq)]^2 \tag{18-18}$$

とした．

　水溶液中の M(III) の全濃度 $[M]_{total}$ が (18-17) のように書けるわけだから，(沈澱/水溶液) 間の分配係数を K_d とすると，

$$K_d = \frac{X(M(OH)_3 \cdot nH_2O)}{[M^{3+}(aq)](1 + \Psi)} \tag{18-19}$$

である．溶媒抽出法では D としたが，ここでは K_d と表記する．(18-16) と (18-19) から，

$$K = \frac{K_d \cdot (10)^{-3\mathrm{pH}}}{(1+\Psi)^{-1}} \cdot \frac{\lambda\,(\mathrm{M(OH)_3} \cdot n\mathrm{H_2O})}{a^{(3+n)}\,(\mathrm{H_2O}) \cdot \gamma\,(\mathrm{M^{3+}(aq)})} \tag{18-20}$$

となる．この両辺の常用対数を取れば，

$$\log K = (\log K_d - 3\mathrm{pH}) + \log(1+\Psi) + \log\alpha \tag{18-21}$$

である．ここでは (18-20) の水の活量や活量係数の商を α とした．

(18-20) または (18-21) は反応 (18-14) の平衡定数であるから，$I=0.5$ (NaCl) の水溶液に重炭酸イオン，炭酸イオンが存在してもしなくても同一の値である．しかし，右辺側の各パラメーターは，重炭酸イオン，炭酸イオンが存在する場合（$C \neq 0$）と，存在しない場合（$C=0$）は区別されるので，共通である K を消去して，

$$(\log K_d - 3\mathrm{pH})_{(C=0)} + \log(1+\Psi)_{(C=0)} = (\log K_d - 3\mathrm{pH})_{(C \neq 0)} + \log(1+\Psi)_{(C \neq 0)} + \log\alpha_{(C \neq 0)} - \log\alpha_{(C=0)}$$
$$= (\log K_d - 3\mathrm{pH})_{(C \neq 0)} + \log(1+\Psi)_{(C \neq 0)} \tag{18-22}$$

を得る．最後の等式では，水の活量や活量係数の商である α は，$C \neq 0$ と $C=0$ と異なっていても，$I=0.5$ (NaCl) の水溶液としては同じなので，近似的に等しいとした．これより，

$$\log(1+\Psi)_{(C \neq 0)} = -(\log K_d - 3\mathrm{pH})_{(C \neq 0)} + (\log K_d - 3\mathrm{pH})_{(C=0)} + \log(1+\Psi)_{(C=0)} \tag{18-23}$$

である．右辺の第1, 2項は実験値として得られるので問題はない．しかし，(18-18) から，重炭酸イオン，炭酸イオンが存在しない場合（$C=0$）の場合は，

$$(1+\Psi)_{(C=0)} = 1 + \beta_{\mathrm{MCl^{2+}}}[\mathrm{Cl^-(aq)}] + \beta_{\mathrm{MOH^{2+}}}[\mathrm{OH^-(aq)}] \tag{18-24}$$

である．重炭酸イオン，炭酸イオンが存在する場合（$C \neq 0$）は，

$$(1+\Psi)_{(C \neq 0)} = 1 + \beta_{\mathrm{MCl^{2+}}}[\mathrm{Cl^-(aq)}] + \beta_{\mathrm{MOH^{2+}}}[\mathrm{OH^-(aq)}] + \beta_{\mathrm{MHCO_3^{2+}}}[\mathrm{HCO_3^-(aq)}]$$
$$+ \beta_{\mathrm{MCO_3^+}}[\mathrm{CO_3^{2-}(aq)}] + \beta_{\mathrm{M(CO_3)_2^-}}[\mathrm{CO_3^{2-}(aq)}]^2 \tag{18-25}$$

である．求めたいのは二つの炭酸錯体安定度定数であり，これら以外の三つの安定度定数は二つの炭酸錯体安定度定数に比べ相対的に小さいことがわかっているので，五つすべての安定度定数を同時に決定することはできない．そのため塩化物イオン錯体，水酸化物錯体，重炭酸イオン錯体の三つの安定度定数は既に報告されている値を採用し（表18-2），二つの炭酸錯体の安定度定数だけを，水溶液に添加する NaHCO$_3$ 量を変化させる実験から決定することにする．

これにより (18-24) も，また (18-25) で二つの炭酸錯体以外に関する諸項も実験条件と既知の安定度定数から具体的な値を評価できる．

そこで，

表 18-2 無限希釈における安定度定数（$K = \beta^0$）．

	$\log K$			
	REECl^{2+}	REEOH^{2+}	REEHCO$_3^{2+}$	REESO$_4^+$
La	0.48	5.10	2.02	3.21
Ce	0.47	5.60	1.95	3.29
Pr	0.44	5.60	1.89	3.27
Nd	0.40	5.67	1.83	3.26
Sm	0.36	5.81	1.75	3.28
Eu	0.34	5.83	1.60	3.37
Gd	0.33	5.79	1.72	3.25
Tb	0.32	5.98	1.71	3.20
Dy	0.31	6.04	1.72	3.15
Ho	0.30	6.01	1.73	3.16
Er	0.26	6.15	1.76	3.15
Tm	0.25	6.19	1.79	3.07
Yb	0.24	6.22	1.84	3.06
Lu	0.23	6.24	1.90	3.01
Y	0.35*	5.85*	1.73	3.08
Ref.	a	b	c	b

Ref. は a：Mironov et al. (1982), b：Millero (1992), c：Liu and Byrne (1998).
＊Y に対する値は Byrne and Lee (1993) による推定値．

$$\Psi \equiv \beta_{MCO_3^+}[CO_3^{2-}(aq)] + \beta_{M(CO_3)_2^-}[CO_3^{2-}(aq)]^2 \qquad (18\text{-}26)$$

と定義し，これを炭酸イオンの関数として求める．具体的には，

$$\Psi = \frac{\{K_d \cdot (10)^{-3pH}\}_{(C=0)}}{\{K_d \cdot (10)^{-3pH}\}_{(C \neq 0)}} \cdot (1+\Psi)_{(C=0)} - 1 - \beta_{MCl^{2+}}[Cl^-(aq)]_{(C \neq 0)}$$
$$- \beta_{MOH^{2+}}[OH^-(aq)]_{(C \neq 0)} - \beta_{MHCO_3^{2+}}[HCO_3^-(aq)]_{(C \neq 0)} \qquad (18\text{-}27)$$

となる．一方，水溶液の炭酸イオン濃度を変化させるために $NaHCO_3$ を添加するが，これは次のような化学種の濃度の和，

$$[NaHCO_3]_{doped} = [H_2CO_3(aq)] + [HCO_3(aq)] + [NaHCO_3^0(aq)] + [NaCO_3^-(aq)] + [CO_3^{2-}(aq)] \qquad (18\text{-}28)$$

と考える．したがって，$[CO_3^{2-}(aq)]$ は，添加 $NaHCO_3$ 量，pH，イオン対 $[NaHCO_3^0(aq)]$, $[NaCO_3^-(aq)]$ の生成定数（Millero and Schreiber, 1982），炭酸の第一，第二解離定数（Millero, 1979）から計算できる．$I=0.5(NaCl)$ の場合の必要な活量係数は Millero and Schreiber (1982)，Millero (1992) による．表 18-2 の無限希釈安定度定数（$K=\beta^0$）を $I=0.5(NaCl)$ の実験溶液の場合の安定度定数へ変換するには次の式を用いる，

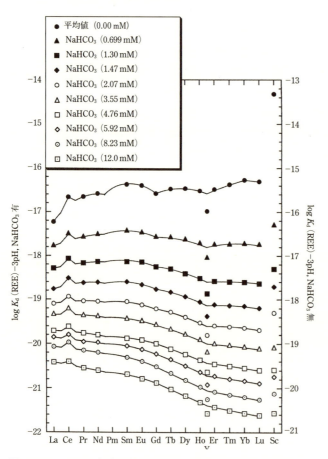

$$\log\beta(I=0.5)$$
$$= \log\beta^0 + \log\gamma(REE^{3+}, aq)$$
$$+ \log\gamma(L^-, aq)$$
$$- \log\gamma(REEL^{2+}, aq) \qquad (18\text{-}29)$$

ここで，$L^- = Cl^-$, OH^-, HCO_3^- である．$\gamma(REE^{3+}, aq)$ は Pitzer et al. (1978)，Millero and Schreiber (1982) に従い，濃厚溶液に対する Pitzer の式から求める．$\gamma(L^-, aq)$ は Millero (1992) による値を使用し，$\gamma(REEL^{2+}, aq)$ は $I=0.5$ ($NaClO_4$) に対する Millero (1992) の値をそのまま使用する．Sc(III) に対する安定度定数は，$I=0.5$ (NaCl) 溶液における $\log\beta$ ($ScOH^{2+}$) $=7.61$ のみを使用すれば $ScCl^{2+}$, $ScHCO_3^{2+}$ については考慮する必要がないことがわかった (Ohta and Kawabe, 2000a)．

本節初めに述べたように，Fe 水酸化物沈殿と NaCl 水溶液との間の REE(III) 分配係数を炭酸イオン濃度の関数として実験的に求めることには三つの目的があった．その第一は，実験系分配係数が REE 濃度比（深海 Fe-Mn 団塊/

図 18-10a　Fe(III) 水酸化物沈殿と NaCl 水溶液との間の REE(III) 分配係数（K_d）の系列変化．添加した $NaHCO_3$ 量に依存して，その特徴は変化する．これは REE(III) 炭酸錯体が生じるからである．$NaHCO_3$ が添加されると，上に凸な四組効果は消え，左肩上がりのパターンに変化する．Ohta and Kawabe (2000a) による．

深層海水）の系列変化とどの程度一致するかを直接的に評価することである．これには(18-21)で分配係数を左辺側に取って，

$$(\log K_{\mathrm{d}} - 3\mathrm{pH}) = \log K - \log(1+\Psi) - \log \alpha \quad (18\text{-}30)$$

とする．これは pH を補正した分配係数実験値が，添加した $NaHCO_3$ 量に依存して，反応(18-14)の平衡定数 K が示す系列変化から次第に水溶液での炭酸錯体生成効果が加わったものに変化することを意味する（Kawabe et al., 1999a, b）．

図 18-10a に実験結果を示すように，Fe(III) 水酸化物沈澱を用いた場合，$(\log K_{\mathrm{d}} - 3\mathrm{pH})$ 実験値の系列変化は，添加した $NaHCO_3$ 量とともに系統的に変化することがわかる．$NaHCO_3$ 量 = 0 の場合の結果がほぼ $\log K$ の系列変化を表す．$NaHCO_3$ 量が増加するに従い，上に凸な四組様系列変化が次第に不鮮明になって行く．Ce については小さな正の異常が認められる．

図 18-10b には，（深海 Fe-Mn 団塊 REE 濃度／深層海水 REE 濃度）等の天然

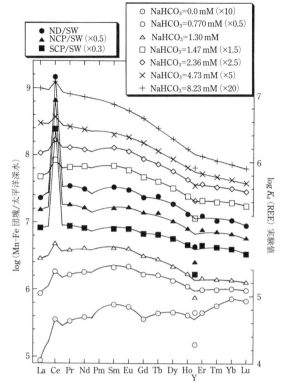

図 18-10b Fe(III) 水酸化物沈澱と $(NaCl+NaHCO_3)$ 水溶液との間の REE(III) 分配係数 (K_{d}) の系列変化の特徴を，深海 Mn-Fe 団塊と深層海水の REE 濃度比パターンと比べた結果．三つの黒塗り記号が，深海 Mn-Fe 団塊と深層海水との濃度比パターンを表す．Ohta and Kawabe (2000b) による．

系での「見掛けの分配係数」データが挿入されており，実験室での $(\log K_{\mathrm{d}} - 3\mathrm{pH})$ 値系列変化と比べることができる．天然系での大きな Ce 異常は Mn が含まれることによるので，これを無視して系列変化を比較する．また天然系のデータは pH の補正をしていないが，pH は全 REE に共通であるので，系列変化パターン自体には影響しない．図 18-10b から，$[NaHCO_3]_{\mathrm{total}} = 1.3 \sim 1.5$ mM である実験系（$I = 0.5$, NaCl）の四組様系列変化が天然系のデータによく一致することがわかる．この条件の実験系では $\log[CO_3^{2-}, \mathrm{aq}] = -4.83 \sim -4.58$ である．一方，外洋海水の溶存全炭酸量は $[\Sigma CO_2]_{\mathrm{total}} = [NaHCO_3]_{\mathrm{total}} = 2.35$ mM，pH と塩分量 (S) は，それぞれ，pH = 7.8 〜 8.2 と S = 35 パーミルと考えることができるので，このような外洋海水の炭酸濃度は $\log[CO_3^{2-}, \mathrm{aq}] = -4.67 \sim -4.30$ となる．実験系と天然系での分配係数系列変化が相互に類似するとの条件から，両系での炭酸濃度がほぼ一致しているとの結論が得られた．これは，(18-30)右辺の第 2 項 $\log(1+\Psi)$ が実験系と海水系で一致するために必要な条件だからである．

（深海 Fe-Mn 団塊 REE 濃度／深層海水 REE 濃度）に大きな Ce 異常が認められるが，実験系の Fe(II) に Mn(II) を加えればこれを再現することができる（Kawabe et al., 1999b）．添加した Mn(II) が酸化され $\delta\text{-}MnO_2$ となり，この $\delta\text{-}MnO_2$ が溶存 Ce(III) を酸化し CeO_2 として選択的に沈澱物に取込まれることが原因である．また，沈澱物が Fe(III) 水酸化物であるかそれとも $\delta\text{-}MnO_2$ であ

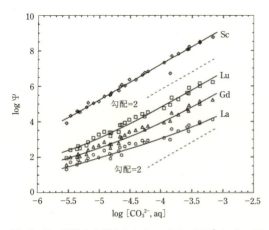

図 18-11 実験から得られた $\log\Psi$ と $\log[\mathrm{CO_3^{2-}(aq)}]$ の関係をいくつかの REE (Sc, Lu, Gd, La) について示す (Ohta and Kawabe, 2000a).

るかによって, REE(III) 分配係数の系列変化には若干の違いが認められ, $\delta\text{-MnO}_2$ である場合は軽 REE で系統的にやや大きな値となる (Ohta and Kawabe, 2001). しかし, これは沈澱物が純粋な $\delta\text{-MnO}_2$ である場合であり, 通常の深海 Fe-Mn 団塊や Fe-クラストは Fe(III) 沈澱物と Mn 酸化物の混合物であるので, 両端成分の違いは明確には現れない. このように, (深海 Fe-Mn 団塊 REE 濃度/深層海水 REE 濃度) の対数値に認められる上に凸な四組様系列変化は, Fe(-Mn) 水酸化物沈澱と NaCl 水溶液との間の REE(III) 分配係数として実験室で再現できることがわかった.

第二の目的である炭酸錯体 ($\mathrm{LnCO_3^+}$, $\mathrm{Ln(CO_3)_2^-}$) 安定度定数の決定には (18-27) を使う,

$$\Psi \equiv \beta_{\mathrm{MCO_3^+}}[\mathrm{CO_3^{2-}(aq)}] + \beta_{\mathrm{M(CO_3)_2^-}}[\mathrm{CO_3^{2-}(aq)}]^2$$
$$= \frac{\{K_d \cdot (10)^{-3\mathrm{pH}}\}_{(C=0)}}{\{K_d \cdot (10)^{-3\mathrm{pH}}\}_{(C\ne 0)}} \cdot (1+\Psi)_{(C=0)} - 1 - \beta_{\mathrm{MCl^{2+}}}[\mathrm{Cl^-(aq)}]_{(C\ne 0)}$$
$$- \beta_{\mathrm{MOH^{2+}}}[\mathrm{OH^-(aq)}]_{(C\ne 0)} - \beta_{\mathrm{MHCO_3^{2+}}}[\mathrm{HCO_3^-(aq)}]_{(C\ne 0)} \tag{18-27}$$

この右辺側を実験データから求め, 炭酸イオン濃度の二次多項式の係数を最小二乗法で決定する. 図 18-11 は, 実験から得られた $\log\Psi$ と $\log[\mathrm{CO_3^{2-}(aq)}]$ の関係をいくつかの REE について示したものである. (18-27) からわかるように, Ψ は $[\mathrm{CO_3^{2-}(aq)}]$ の一次と二次の項からなるので, $[\mathrm{CO_3^{2-}(aq)}]$ が増大して二次の項のみが重要になれば, $\log\Psi$ と $\log[\mathrm{CO_3^{2-}(aq)}]$ のプロットでは +2 の勾配が期待される.

図 18-11 には, 破線でこの勾配 = +2 が記入してある. Sc の場合は実験範囲の $[\mathrm{CO_3^{2-}(aq)}]$ に対して勾配 = +2 が実現している. この場合は二次の係数である $\beta_{\mathrm{M(CO_3)_2^-}} (=\beta_2)$ は正確に決定できるが, 一次の係数である $\beta_{\mathrm{MCO_3^+}} (=\beta_1) \approx 0$ となり, その小さな値は正確に決めることは困難である. Lu の場合も Sc に類似して, $[\mathrm{CO_3^{2-}(aq)}]$ が大きい領域では +2 の勾配を示している. しかし, $[\mathrm{CO_3^{2-}(aq)}]$ が小さい領域での勾配は +2 よりはやや小さいので, β_2 と β_1 の両方が決定できる. La のデータは $[\mathrm{CO_3^{2-}(aq)}]$ が大きい領域でも +2 の勾配は実現していない. β_2 の値が相対的に小さいことがわかる. 最小二乗法で決定した REE(III) 炭酸錯体の安定度定数を表 18-3 に示す. Sc の $\log\beta_1$ はやはり求められないが, Sc(III) 炭酸錯体としては $\log\beta_2$ の

表 18-3 REE(III)-炭酸錯体安定度定数. $I = 0.5$ (NaCl), 25℃, 1 気圧における値. Ohta and Kawabe (2000a) による.

	$\log\beta_2$	1σ	$\log\beta_1$	1σ
La	10.31	±0.10	6.95	±0.03
Ce*	10.87	—	7.22	—
Pr	11.24	±0.05	7.37	±0.03
Nd	11.39	±0.04	7.39	±0.03
Sm	11.75	±0.04	7.54	±0.03
Eu	11.83	±0.03	7.50	±0.03
Gd	11.76	±0.03	7.43	±0.03
Tb	12.03	±0.03	7.53	±0.03
Dy	12.20	±0.03	7.60	±0.04
Ho	12.30	±0.03	7.61	±0.04
Er	12.44	±0.03	7.67	±0.04
Tm	12.61	±0.03	7.75	±0.05
Yb	12.75	±0.03	7.80	±0.05
Lu	12.77	±0.03	7.77	±0.06
Y	12.11	±0.03	7.54	±0.04
Sc	15.22	±0.03	—	—

* Ce の値は La, Pr, Nd の値から内挿した推定値.

み考えればよいことを意味する．また，Ce について分配係数実験値に小さな正の異常があるので（図18-10a, b），最小二乗法で求めた La, Pr, Nd の $\log\beta_2$ と $\log\beta_1$ から内挿して推定した．

このようにして得られた炭酸錯体（$LnCO_3^+$, $Ln(CO_3)_2^-$）安定度定数（β）は $I = 0.5$ (NaCl) における値である．一方，たとえば，Liu and Byrne（1998）による TBP 溶媒抽出法での安定度定数は (18-11) と (18-12) で定義された $[CO_3^{2-}]_{\text{total}}$ を使う β' であり，$I = 0.70$（$NaClO_4$）水溶液での値である．両者がどの程度一致しているかを検討するためには，同一の β の定義に直し，さらにそれぞれの値を無限希釈（$I \to 0$）での極限値（$\beta^0 = K$）に戻した後に比較するほかない．

無限希釈（$I \to 0$）の値に戻すには (18-29) 式と同じように，

$\log\beta_1 (I = 0.5)$
$= \log\beta_1^0 + \log\gamma(M^{3+}, aq)$
$\quad + \log\gamma(CO_3^{2-}, aq) - \log\gamma(MCO_3^+, aq)$
(18-31)

$\log\beta_2 (I = 0.5)$
$= \log\beta_2^0 + \log\gamma(M^{3+}, aq)$
$\quad + 2\log\gamma(CO_3^{2-}, aq) - \log\gamma(M(CO_3)_2^-, aq)$
(18-32)

を使う．比較結果は表 18-4，図 18-12 に示す通りである．ここでの β_2^0, β_1^0 は (18-9) で与えられる通常の β に基づいている．

Liu and Byrne（1998）が報告した値に比べ，Ohta and Kawabe（2000a）が報告した $\log\beta_2^0$, $\log\beta_1^0$ 値は，1〜1.5 程度大きな値であることがわかる．しかし，それぞれの系列変化パターンは相互に類似している．この不一致については以下で検討する．

Fe(III) 水酸化物共沈法（$I = 0.5$, NaCl）による $\log\beta_2^0$ と $\log\beta_1^0$ は，TBP 溶媒抽出法（$I = 0.70$, $NaClO_4$）からの値より，1〜1.5 程度大きい．$\log(\beta_2^0/\beta_1^0)$ で比べると 0.3〜0.9 程度の差である．こ

表 18-4 無限希釈における炭酸錯体安定度定数の比較．

	Ohta and Kawabe (2000a)			Liu and Byrne (1998)		
	$\log\beta_2^0$	$\log\beta_1^0$	$\log(\beta_2^0/\beta_1^0)$	$\log\beta_2^0$	$\log\beta_1^0$	$\log(\beta_2^0/\beta_1^0)$
La	12.52	8.33	4.19	11.58	6.52	5.07
Ce	13.06	8.58	4.49	12.05	6.80	5.20
Pr	13.43	8.73	4.70	12.37	7.03	5.35
Nd	13.59	8.75	4.84	12.46	7.08	5.39
Sm	13.95	8.90	5.05	12.82	7.25	5.57
Eu	14.02	8.86	5.16	12.91	7.26	5.65
Gd	13.95	8.78	5.17	12.76	7.17	5.59
Tb	14.22	8.88	5.34	13.05	7.23	5.82
Dy	14.38	8.95	5.44	13.18	7.33	5.85
Ho	14.48	8.96	5.52	13.27	7.32	5.95
Er	14.62	9.02	5.60	13.39	7.38	6.01
Tm	14.79	9.10	5.70	13.54	7.45	6.09
Yb	14.94	9.15	5.79	13.56	7.58	5.99
Lu	14.96	9.13	5.83	13.64	7.53	6.12
Y	14.29	8.88	5.41	12.90	7.25	5.65
Sc	17.41					

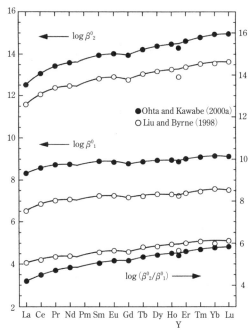

図 18-12 Liu and Byrne（1998）が報告した値に比べ，Ohta and Kawabe（2000a）が報告した $\log\beta_2^0$, $\log\beta_1^0$ 値は，1.3 程度大きな値である．しかし，各系列変化パターンは相互によく類似している．

のような表18-4での差の原因としては，次の諸点が考えられる：
1) 実験値を β^0_2, β^0_1 に直す過程でいくつかの補正を施す際に系統的な差が生じている可能性，
2) Fe(III) 水酸化物共沈法では，(18-22) で仮定した $\log\alpha_{(C\neq 0)} = \log\alpha_{(C=0)}$ が正確に成立していない可能性，あるいは，(18-21) の

$$\log K = (\log K_d - 3\mathrm{pH}) + \log(1+\Psi) + \log\alpha$$

で，$\log K$ の pH 依存性が充分に表現できていない可能性，
3) TBP 溶媒抽出法では，D_0 は $NaClO_4$ 濃度に非常に強く依存するため，この正確な管理が精度に影響する可能性，
4) TBP と $NaClO_4$ 水溶液の相互溶解度は小さいので，通常は，$NaClO_4$ 水溶液それ自体と TBP と共存する $NaClO_4$ 水溶液の違いは問題にされない．しかし，この種の相違が本当に無視できるかどうかも問題である．

1) については，(18-31) や (18-32) から考える限り，系統的な差のすべてを説明することはできないであろう．2) に関しては，

$$\log\alpha = \log\left[\frac{\lambda(M(OH)_3 \cdot nH_2O)}{a^{(3+n)}(H_2O)\cdot\gamma(M^{3+}(aq))}\right]$$

であり，$I = 0.5$ (NaCl) であることは $C = 0$ でも $C \neq 0$ でも同じであるから，α に 10 倍を超える差が生じることは考えにくい．一方，$\log K$ の pH 依存性については少し考えねばならない実験事実がある．pH = 5.5～7 の範囲で pH が増加するにつれて $(\log K_d - 3\mathrm{pH})_{(C=0)}$ の値はやや減少し，pH = 6.5 付近でほぼ一定値となる．一定値となる pH = 6.5±0.1 での $(\log K_d - 3\mathrm{pH})_{(C=0)}$ の平均値を求め (18-23) に代入して結果を解析している．$NaHCO_3$ を添加した $(\log K_d - 3\mathrm{pH})_{(C\neq 0)}$ の水溶液では pH = 7.6～8.7 であるので，pH が 1～2 だけ異なることにより $\log K$ に差が生じている可能性はある．しかし，表 18-4 での差を説明できる程度の大きさになるとは思えない．このような事情から表 18-4 での二つの結果が適切であるか否かはただちに明らかであるとは言えない．この判定は，図 18-10b で行った（深海 Fe-Mn 団塊 REE 濃度/深層海水 REE 濃度）等の天然系での「見掛けの分配係数」データと実験室での $(\log K_d - 3\mathrm{pH})$ 値系列変化との比較をさらに徹底することで調べることができる．これについては次節で述べる．

Fe(III) 水酸化物共沈法を使う筆者の第三の目的は，炭酸錯体（$LnCO_3^+$, $Ln(CO_3)_2^-$）

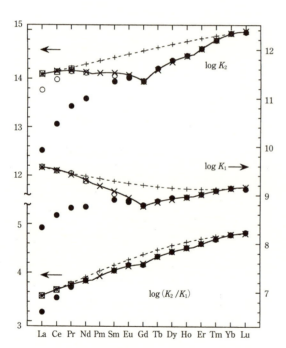

図 18-13 Fe(III) 水酸化物共沈法で得られた $\log K_2 = \log\beta^0_2$, $\log K_1 = \log\beta^0_1$, $\log(K_2/K_1) = \log(\beta^0_2/\beta^0_1)$ の系列変化を RSPET 式で解析した結果．Ohta and Kawabe (2000b) による．黒丸は測定値，ただし Ce は La と Pr からの内挿値．白丸は水和状態変化を補正した測定値．白四角は構造変化を補正した測定値．×印は RSPET 式による推定値．

安定度定数（β）あるいは錯体生成定数（$K=\beta^0$）の系列変化，$(\log K_\mathrm{d}-3\mathrm{pH})$ 実験値の系列変化を RSPET 式で解析することである．図 18-13 は Fe(III) 水酸化物共沈法で得られた $\log K_2 = \log \beta^0_2$, $\log K_1 = \log \beta^0_1$, $\log(K_2/K_1) = \log(\beta^0_2/\beta^0_1)$ の系列変化を RSPET 式で解析した結果である．

既に図 18-9 において，Lee and Byrne (1993)，Liu and Byrne (1995) の推定値に対して指摘した事項が再び指摘できる．ただし，四組効果の大きさは同じではない．図 18-13 では $\log(K_2/K_1)$ の系列変化に「上に凸な四組効果」が明確に確認される．さらに，$\log K_2$ における La, Ce, Pr 部分はやはり改良 RSPET 式では説明できない．$\mathrm{Ln(CO_3)_2^-}$ 系列で La〜Pr の部分は他の Ln とは異なる配位状態をとっていることが改

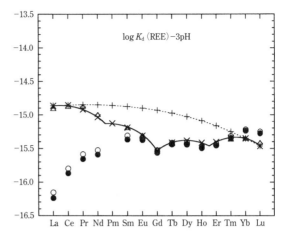

図 18-14 $\mathrm{pH}=6.5\pm0.1$ での Fe(III) 水酸化沈澱物と NaCl 水溶液間の REE 分配係数を K_d とし，$(\log K_\mathrm{d}-3\mathrm{pH})_{(C=0)}$ の平均値の系列変化を RSPET 式で解析した結果．Ohta and Kawabe (2000b) による．黒丸は測定値．白丸は (18-33) 式により補正した測定値．白三角は水和状態変化や構造変化を補正した測定値．×印は RSPET 式による推定値．

めて明確になった．この構造変化は $\log K_2$ に対し，$+0.33$ (La)，$+0.15$ (Ce)，$+0.15$ (Pr) を加えることで取り除くことができる．$\log K_1$ については軽 $\mathrm{Ln^{3+}(aq)}$ の水和状態変化を補正するだけで，RSPET 式によく合致する．

図 18-14 は，$\mathrm{pH}=6.5\pm0.1$ での $(\log K_\mathrm{d}-3\mathrm{pH})_{(C=0)}$ の平均値の系列変化を RSPET 式で解析した結果である．$\mathrm{NaHCO_3}$ を添加していない系ではあるが，(18-24) のように，塩化物イオンと水酸化物イオンの錯体は考えている．このパラメーターを

$$1+\chi \equiv (1+\Psi)_{(C=0)} = 1+\beta_{\mathrm{MCl^{2+}}}[\mathrm{Cl^-(aq)}]+\beta_{\mathrm{MOH^{2+}}}[\mathrm{OH^-(aq)}] \tag{18-24}$$

と表記すると，$[\mathrm{M}]_\mathrm{total}=[\mathrm{M^{3+}(aq)}](1+\chi)$ であり，この錯化反応分を補正した K_d が

$$\mathrm{M^{3+}(aq)}+(3+n)\mathrm{H_2O(l)}=\mathrm{M(OH)_3}\cdot n\mathrm{H_2O(ss)}+3\mathrm{H^+(aq)} \tag{18-14}$$

に対応するから，

$$\log\{(1+\chi)\cdot K_\mathrm{d}(\mathrm{M})\}-3\mathrm{pH}=\{\Delta G^0_\mathrm{f}(\mathrm{M^{3+}},\mathrm{aq})-\Delta G^0_\mathrm{f}(\mathrm{M(OH)_3}\cdot n\mathrm{H_2O})\}/(2.303RT)+\mathrm{const.} \tag{18-33}$$

となる．図 18-14 の結果は，$\log(1+\chi)$ を考えても，$1\gg\chi$ と考えてもそれほど異ならないことを示している．

もう一つの重要な点は，軽 $\mathrm{Ln^{3+}(aq)}$ の水和状態変化を補正するだけでは Tm, Yb, Lu の部分に不規則な変化が残ることである．重 $\mathrm{Ln^{3+}(aq)}$ では水和状態変化は存在しないから，これは $\mathrm{Ln(OH)_3}\cdot n\mathrm{H_2O}$ 側に構造変化が存在することを意味する（Kawabe et al., 1999a）．$\mathrm{Ln(OH)_3}$ 系列でも Yb と Lu の間で構造変化が認められることに類似している．$\mathrm{Ln(OH)_3}\cdot n\mathrm{H_2O}$ 側の構造変化は $(\log K_\mathrm{d}-3\mathrm{pH})$ に対して $+0.044$ (Tm)，$+0.131$ (Yb)，$+0.158$ (Lu) の補正を加えることによって除くことができる．

図 18-13 で，軽 $\mathrm{Ln^{3+}(aq)}$ の水和状態変化と炭酸錯体側の構造変化を補正した結果を，$\log K'_2$, $\log K'_1$, $\log(K'_2/K'_1)$ と表記し，図 18-14 で (18-14) の弱い錯化反応，軽 $\mathrm{Ln^{3+}(aq)}$ の水和状態変化，$\mathrm{Ln(OH)_3}\cdot n\mathrm{H_2O}$ の構造変化を補正した結果を $(\log K'_\mathrm{d}(\mathrm{Ln})_{(\chi)}-3\mathrm{pH})$ と表記すると，これらは RSPET

表 18-5 Racah パラメーターの違いを表す C_1 と C_3 の係数値. Ohta and Kawabe (2000b) による.

データ	Ln(III) 化学種の対	$C_1 \times 10^3$	$C_3 \times 10^4$
$\log K'_1$	Ln^{3+}(oct, aq)/$LnCO_3^+$(aq)	0.94 ± 0.21	0.56 ± 0.66
$\log K'_2$	Ln^{3+}(oct, aq)/$Ln(CO_3)_2^-$(aq)	1.34 ± 0.18	1.45 ± 0.57
$\log (K'_2/K'_1)$	$LnCO_3^+$(aq)/$Ln(CO_3)_2^-$(aq)	0.41 ± 0.08	0.90 ± 0.26
$(\log K'_d (Ln)_{(\chi)} - 3\mathrm{pH})$	Ln^{3+}(oct, aq)/$Ln(OH)_3 \cdot n H_2 O$	1.28 ± 0.22	1.90 ± 0.72

式に次のように対応する.

$$\log K'_2, \ \log K'_1, \ \log(K'_2/K'_1) \text{ or } (\log K'_d (Ln)_{(\chi)} - 3\mathrm{pH})$$
$$= A + (a+bq)qZ^* + \frac{9}{13} n(S) C_1 Z^* + m(L) C_3 Z^*$$

有効核電荷と $4f$ 電子数 q との関係は $Z^* = Z - 32 = q + 25$ であり,"Racah パラメーター"の違いは, $\Delta E^1 = C_1 Z^*$, $\Delta E^2 = C_3 Z^*$ である. スピン・軌道相互作用パラメーターの違いは考慮されていない. 図 18-13, -14 に示した改良 RSPET 式への最小二乗法解で得られた C_1 と C_3 の値を表 18-5 に掲げる. これらの C_1 と C_3 の値については以下の注意が必要である. $\log K = -\Delta G_r/(2.303 RT)$ の一般的関係にあるので, $(-\Delta G_r) = \Delta G'_r$ として, 反応の右辺と左辺の化学種を入れ替えて考えている. さらに, $(2.303 RT)$ で割っているので, ここでの C_1 と C_3 の値は無次元量である. $\Delta G'_r$ (tetrad) $\approx \Delta H'_r$ (tetrad) との近似を仮定すれば, 以下に述べるように Racah パラメーターの大小関係を推定できる.

表 18-4 の Liu and Byrne (1998) のデータについても C_1 と C_3 の値を求めると, 上記の値とほぼ同じ値が得られている (Ohta and Kawabe, 2000b). 表 18-5 の C_1 と C_3 は, Ln(III) 化学種の対で分子側の Ln(III) 化学種が分母側の化学種よりどれだけ Racah パラメーターが大きいかを示している. これらの数値から電子雲拡大系列を次のように推定することができる:

$$Ln^{3+}(\text{oct, aq}) > LnCO_3^+(\text{aq}) > Ln(CO_3)_2^-(\text{aq}) \geq Ln(OH)_3 \cdot n H_2 O \tag{18-34}$$

$Ln(CO_3)_2^-$(aq) と $Ln(OH)_3 \cdot n H_2 O$ の Racah パラメーター E^1 は実験誤差内で等しいと言える. しかし, E^3 は誤差は大きいものの $Ln(CO_3)_2^-$(aq) の方がわずかに大きいと判断して $\geq$ とした. これについては 18-6 節で再論する.

$Ln(CO_3)_2^-$(aq) と $Ln(OH)_3 \cdot n H_2 O$ の Racah パラメーターがほぼ等しいことは, 図 18-10b に示した (深海 Fe-Mn 団塊 REE 濃度/深層海水 REE 濃度) が四組様の系列変化を示す事実を考える場合に重要である. もし海水に溶存する REE が実質的に $REE(CO_3)_2^-$(aq) であるなら, このような四組様の系列変化は生じないはずである. したがって, (18-34) の電子雲拡大系列からすれば, 海水には $REECO_3^+$(aq) が相当量存在しなければならない. $(K_2/K_1) = (\beta^0_2/\beta^0_1)$ は

$$REECO_3^+(\text{aq}) + CO_3^{2-}(\text{aq}) = REE(CO_3)_2^-(\text{aq})$$

の反応の平衡定数であるから,

$$a(REE(CO_3)_2^-(\text{aq}))/a(REECO_3^+(\text{aq})) = (K_2/K_1) \cdot a(CO_3^{2-}(\text{aq}))$$

である. 二つの REE 炭酸錯体の電荷は符号が異なるが, その絶対値は等しいので, 活量係数も等しいと仮定できる. したがって,

$$[REE(CO_3)_2^-(\text{aq})]/[REECO_3^+(\text{aq})] \approx (K_2/K_1) \cdot a(CO_3^{2-}(\text{aq})) \tag{18-35}$$

が成立すると考えてよい.

海水（25℃，pH＝8.15，S＝35パーミル）の $a(CO_3^{2-}(aq))$ の値としては

$$a(CO_3^{2-}(aq))_{SW} = \gamma_T(CO_3^{2-}) \cdot m_T(CO_3^{2-}) = 0.029 \times 2.1 \times 10^{-4} = 6.1 \times 10^{-6} = 10^{-5.22} \quad (18\text{-}36)$$

ここでは，$m_T(CO_3^{2-})$ は自由イオンと炭酸錯体も含めた全炭酸イオン濃度で Millero（1979）による値である．$\gamma_T(CO_3^{2-})$ は自由イオンの活量係数 $\gamma(CO_3^{2-})$ と自由イオン濃度 $m(CO_3^{2-})$ の全炭酸イオン濃度 $m_T(CO_3^{2-})$ に対する比を掛けたもので，Millero and Schreiber（1982）の値を採用している．一方，図 18-10b に関連して，外洋海水の炭酸濃度は $\log[CO_3^{2-},aq] = -4.67 \sim -4.30$ と述べた．そこで $[CO_3^{2-},aq] = 10^{-4.5}$ として，海水での活量係数 $\gamma(CO_3^{2-}) = 0.2$（Garrels and Christ, 1965）を用いれば，

$$a(CO_3^{2-}(aq))_{SW} = \gamma(CO_3^{2-}) \cdot m(CO_3^{2-}) = 0.2 \times 10^{-4.5} = 10^{-5.20} \quad (18\text{-}37)$$

となり，(18-36)とほぼ同じ値となる．海水では $a(CO_3^{2-}(aq))_{SW} = 10^{-5.2}$ として，

$$[REE(CO_3)_2^-(aq)]/[REECO_3^+(aq)] \approx (K_2/K_1) \cdot 10^{-5.2} \quad (18\text{-}38)$$

となる．表 18-4 の $(K_2/K_1) = (\beta_2^0/\beta_1^0)$ の値に注意すると，いずれのデータ・セットでも $[REE(CO_3)_2^-(aq)]/[REECO_3^+(aq)] \approx 1$，すなわち，$[REE(CO_3)_2^-(aq)] = [REECO_3^+(aq)]$ が Ln 系列内で実現することがわかる．Ohta and Kawabe（2000a）の $(K_2/K_1) = (\beta_2^0/\beta_1^0)$ では Tb 付近で，Liu and Byrne（1998）のデータでは Ce 付近となる．

以上のことから，図 18-10b に示した（深海 Fe-Mn 団塊 REE 濃度/深層海水 REE 濃度）の四組様の系列変化は，1）$Ln(CO_3)_2^-$ 系列での La～Pr の部分の構造変化，2）$Ln(OH)_3 \cdot nH_2O$ 系列での Tm～Lu 部分の構造変化を含むだけではなく，3）海水において $[REE(CO_3)_2^-(aq)]/[REECO_3^+(aq)]$ の比が Ln 系列内で変化することを通じて，電子雲拡大系列による四組効果が反映している．

（深海 Fe-Mn 団塊 REE 濃度/深層海水 REE 濃度）等の天然系での「見掛けの分配係数」に認められる四組様系列変化は，Racah パラメーターが異なる $REE(CO_3)_2^-(aq)$，$REECO_3^+(aq)$ の海水での存在割合が Ln 系列で変化することにも支配されている．したがって，天然系と実験系の四組様系列変化は真の REE(III) 炭酸錯体生成定数を考える手掛かりとなる．具体的には，$LnCO_3^+$，$Ln(CO_3)_2^-$ と $Ln(OH)_3 \cdot nH_2O$ との配位子交換反応の ΔG を直接的に吟味すべきである．この検討を行うことにより，表 18-4 の二つの (β_2^0, β_1^0) のセットのどちらがより適切な値であるかを調べることができる．次節で検討しよう．

18-6 $Ln(OH)_3 \cdot nH_2O$ と個別炭酸錯体との分配反応： 実験系と現実海水系との比較

海水に存在する REE(III) 化学種としては，$REECO_3^+$，$REE(CO_3)_2^-$，REE^{3+}，$REECl^{2+}$，$REEOH^{2+}$，$REESO_4^+$，$REEHCO_3^{2+}$ を考えれば充分であろう．しかし，これらすべてが重要ではないことは，これらの安定度定数（表18-2と表18-4）を見ればおおよそ見当がつく．各化学種濃度を具体的に計算するには，海水の化学組成（pH も含めて）が与えられているとして，各化学種の活量係数を評価し，これらの安定度定数を用いればよい．これが speciation calculation と呼ばれていることは既に述べた．上記の各 REE(III) 化学種を $MA_n^{3-nm}(aq)$ と表現すると，海水試料の分析データとして得られている全溶存 REE 濃度 $[M]_{total}$ は，

$$[M]_{total} = [M^{3+}, aq] + \sum_A \sum_n [MA_n^{3-nm}, aq]$$
$$= [M^{3+}, aq] \cdot \{1 + \sum_A \sum_n \beta_{(A,n)} [A^{-m}, aq]^n\} = [M^{3+}, aq] \cdot (1 + \theta) \quad (18\text{-}39)$$

である．$\beta_{(A,n)}$ は MA_n^{3-nm}(aq) の安定度定数で，濃度値だけで表現した便宜的な平衡定数である．これまで述べて来た錯化反応を一般的に表現しただけである．

$$\theta = \sum_A \sum_n \beta_{(A,n)} [A^{-m}, aq]^n$$
$$= \sum_A \sum_n K_{(A,n)} [A^{-m}, aq]^n \cdot \{\gamma(M^{3+}) \cdot \gamma^n(A^{-m}) / \gamma(MA_n^{3-nm})\} \quad (18\text{-}40)$$

となる．$K_{(A,n)}$ は無限希釈における $\beta_{(A,n)}$ で錯体生成定数．γ は各化学種の活量係数であり，この γ の値については前節でやや詳しく文献を挙げておいた．以上より，

$$[M^{3+}, aq]/[M]_{total} = 1/(1+\theta) \quad (18\text{-}41)$$

$$[MA_n^{3-nm}, aq]/[M]_{total} = \frac{K_{(A,n)} [A^{-m}, aq]^n \cdot \{\gamma(M^{3+}) \cdot \gamma^n(A^{-m}) / \gamma(MA_n^{3-nm})\}}{(1+\theta)} \quad (18\text{-}42)$$

となる．各 REE 化学種濃度の全 REE 濃度に対する割合が計算できる．図 18-15 は，海水における REE(III) 化学種の speciation calculation の結果である（Ohta and Kawabe, 2000b）．図 18-15 の縦軸は $\log([REE_i]/[REE_{total}])$ で，(18-41)，(18-42) により計算されている．表 18-4 に掲げた $REECO_3^+$，$REE(CO_3)_2^-$ の異なる生成定数セットを用いるとこの程度異なる結果となる．海水では $REECO_3^+$，$REE(CO_3)_2^-$ が主要な化学種であることは共通しているが，Ohta and Kawabe (2000a) の炭酸錯体生成定数を使うと，海水に存在する REE(III) 化学種としては実質 $REECO_3^+$ と $REE(CO_3)_2^-$ だけを考慮すればよい．$[REECO_3^+] = [REE(CO_3)_2^-]$ は系列のほぼ中央で実現する．一方，Liu and Byrne (1998) の値を用いると，$REECO_3^+$，$REE(CO_3)_2^-$ の他に少なくとも REE^{3+}，

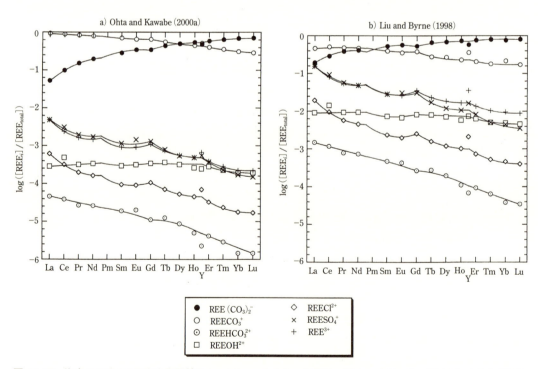

図 **18-15** 海水における REE(III) 化学種の speciation calculation の結果．Ohta and Kawabe (2000a) の REE(III) 炭酸錯体安定度定数を使う場合と，Liu and Byrne (1998) の安定度定数を使うかで，speciation calculation の結果はかなり異なる（Ohta and Kawabe, 2000b）．

REESO$_4^+$ を考えねばならない. また [REECO$_3^+$]＝[REE(CO$_3$)$_2^-$] は軽 Ln 側で実現するとの結果になる. どちらが真実に近いのであろうか？ speciation calculation は, いわば, 採用した安定度定数を各化学種の存在度に変換しているに過ぎないから, 採用された安定度定数が現実海水系でどの程度の信憑性をもつかを評価するものではない. 各化学種の存在度が妥当な結果であるかどうかは海水系のデータを交えて別途検討されねばならない. これは重要な仕事として残っており, ここにおいて speciation calculation の結果は吟味されねばならない.

（深海 Fe-Mn 団塊 REE 濃度/深層海水 REE 濃度）の比は現実海水系での「分配係数」であり, 安定度定数をもとめる実験とはまったく独立な観測データである. これらの「天然系の分配係数」を炭酸錯体等の生成定数を用いて LnCO$_3^+$ と Ln(OH)$_3 \cdot n$H$_2$O, Ln(CO$_3$)$_2^-$ と Ln(OH)$_3 \cdot n$H$_2$O との間の分配係数系列変化に変換することができる. 一方, 実験系の K_d も同様にして, LnCO$_3^+$, Ln(CO$_3$)$_2^-$ と Ln(OH)$_3 \cdot n$H$_2$O との分配係数系列変化に変換できる. もし, 現実海水系と実験系での REE 分配反応が本質的に同一であり, かつ, 採用した REE 炭酸錯体生成定数が適切であれば, 海水系と実験系の変換された分配係数データ, すなわち, Ln(OH)$_3 \cdot n$H$_2$O/LnCO$_3^+$ 系および Ln(OH)$_3 \cdot n$H$_2$O/Ln(CO$_3$)$_2^-$ 系の分配係数系列変化は一致しなければならない. データの変換過程では炭酸錯体生成定数が重要な役割を担っているので, この比較は炭酸錯体生成定数自体が適切であるかどうかを検討することになる. 筆者らはこの検討方法を「自然の女神にお伺いをたてること」と呼んでいる.

まず, 分配係数 K_d を M(CO$_3$)$_2^-$ と M(OH)$_3 \cdot n$H$_2$O との間の分配係数に変換しよう. 次の反応を考えればよい：

$$M(CO_3)_2^-(aq) + (3+n)H_2O(l) = M(OH)_3 \cdot nH_2O(ss) + 2CO_3^{2-}(aq) + 3H^+(aq) \quad (18\text{-}43)$$

これは M(CO$_3$)$_2^-$ と M(OH)$_3 \cdot n$H$_2$O との配位子交換反応であり, その平衡定数 K は $RT \cdot \ln K = -\Delta G_r^0$ であるから, 次の等式が得られる：

$$2.303RT \cdot \log \frac{a(M(OH)_3 \cdot nH_2O) \cdot a^2(CO_3^{2-}) \cdot a^3(H^+)}{a(M(CO_3)_2^-, aq) \cdot a^{(3+n)}(H_2O)}$$
$$= \Delta G_f^0(M(CO_3)_2^-, aq) - \Delta G_f^0(M(OH)_3 \cdot nH_2O)$$
$$+ (3+n)\Delta G_f^0(H_2O(l)) - 2\Delta G_f^0(CO_3^{2-}(aq)) - 3\Delta G_f^0(H^+(aq))$$

M＝Ln であり, Ln 系列での変化のみを考えるので, 大部分の項は定数と見なすことができる. $a(M(OH)_3 \cdot nH_2O)$ については天然物の場合も考慮して $m(M(OH)_3 \cdot nH_2O)$[mol/kg] に換算することにする. $a(M(CO_3)_2^-, aq)$ も [M(CO$_3$)$_2^-$, aq][mol/kg] に換算する. 関与する活量係数や換算係数は近似的に定数に含めることにすると,

$$2.303RT \cdot \log\{m(M(OH)_3 \cdot nH_2O)/[M(CO_3)_2^-, aq]\}$$
$$= \Delta G_f^0(M(CO_3)_2^-, aq) - \Delta G_f^0(M(OH)_3 \cdot nH_2O) + \text{const.} \quad (18\text{-}44)$$

との近似式となる.

全溶存 REE 濃度 [M]$_{\text{total}}$ は, Liu and Byrne（1998）の炭酸錯体生成定数を用いることも考えて, MCO$_3^+$, M(CO$_3$)$_2^-$ に M^{3+}, MSO$_4^+$ を加えて考える.

$$[M]_{\text{total}} = [MCO_3^+, aq] + [M(CO_3)_2^-, aq] + [M^{3+}, aq] + [MSO_4^+, aq] = (\phi+1)[M(CO_3)_2^-, aq] \quad (18\text{-}45)$$

ここで,

$$\phi = \frac{\beta_1 \cdot [\mathrm{CO_3^{2-}, aq}] + 1 + \beta_{\mathrm{MSO_4}} \cdot [\mathrm{SO_4^{2-}, aq}]}{\beta_2 \cdot [\mathrm{CO_3^{2-}, aq}]^2}$$

$$= \frac{K_1 \cdot a(\mathrm{CO_3^{2-}, aq}) + \gamma(\mathrm{M(CO_3)_2^-})/\gamma(\mathrm{M^{3+}}) + K_{\mathrm{MSO_4}} \cdot a(\mathrm{SO_4^{2-}, aq})}{K_2 \cdot a^2(\mathrm{CO_3^{2-}, aq})} \quad (18\text{-}46)$$

最後の等式では $\gamma(\mathrm{MCO_3^+}) \approx \gamma(\mathrm{M(CO_3)_2^-}) \approx \gamma(\mathrm{MSO_4^+})$ を仮定している．Ohta and Kawabe (2000a) の炭酸錯体生成定数を使う場合は炭酸錯体だけを考えて，

$$\phi = (K_1/K_2)/a(\mathrm{CO_3^{2-}, aq}) \quad (18\text{-}47)$$

となる．分配係数と (18-44) 左辺の関係は，

$$\log K_\mathrm{d} \equiv \log\{m(\mathrm{M(OH)_3 \cdot nH_2O})/[\mathrm{M}]_\mathrm{total}\}$$
$$= \log\{m(\mathrm{M(OH)_3 \cdot nH_2O})/[\mathrm{M(CO_3)_2^-, aq}]\} - \log(\phi + 1)$$

となるから，$(\phi+1)$ を用いて「通常の分配係数」を補正した結果は，(18-44) により，

$$\log K_\mathrm{d}(\mathrm{M})_{(\phi)} \equiv \log\{m(\mathrm{M(OH)_3 \cdot nH_2O})/[\mathrm{M(CO_3)_2^-, aq}]\}$$
$$= \log\{m(\mathrm{M(OH)_3 \cdot nH_2O})/[\mathrm{M}]_\mathrm{total}\} + \log(\phi+1) = \log K_\mathrm{d} + \log(\phi+1)$$
$$= \{\Delta G_\mathrm{f}^0(\mathrm{M(CO_3)_2^-, aq}) - \Delta G_\mathrm{f}^0(\mathrm{M(OH)_3 \cdot nH_2O})\}/(2.303RT) + \mathrm{const.} \quad (18\text{-}48)$$

である．これは海水系における $\mathrm{M(CO_3)_2^-}$ と $\mathrm{M(OH)_3 \cdot nH_2O}$ との間の配位子交換反応に対応する分配係数である．Peppard et al. (1969) の溶媒抽出系の分配係数を考えた場合と同じである．

同じようにして，$\mathrm{MCO_3^+}$ と $\mathrm{M(OH)_3 \cdot nH_2O}$ との配位子交換反応に対応する分配係数を「通常の分配係数」から求めることができる．考えるべき反応は

$$\mathrm{MCO_3^+(aq)} + (3+n)\mathrm{H_2O(l)} = \mathrm{M(OH)_3 \cdot nH_2O(ss)} + \mathrm{CO_3^{2-}(aq)} + 3\mathrm{H^+(aq)} \quad (18\text{-}49)$$

である．(18-45) 同様に今度は $[\mathrm{MCO_3^+, aq}]$ をくくり出せばよいから，

$$[\mathrm{M}]_\mathrm{total} = [\mathrm{MCO_3^+, aq}] + [\mathrm{M(CO_3)_2^-, aq}] + [\mathrm{M^{3+}, aq}] + [\mathrm{MSO_4^+, aq}] = (\omega+1)[\mathrm{MCO_3^+, aq}] \quad (18\text{-}50)$$

と表記し，

$$\omega = \frac{K_2 \cdot a^2(\mathrm{CO_3^{2-}, aq}) + \gamma(\mathrm{MCO_3^+})/\gamma(\mathrm{M^{3+}}) + K_{\mathrm{MSO_4}} \cdot a(\mathrm{SO_4^{2-}, aq})}{K_1 \cdot a(\mathrm{CO_3^{2-}, aq})} \quad (18\text{-}51)$$

である．Ohta and Kawabe (2000a) の炭酸錯体生成定数を使う場合は，炭酸錯体だけを考えて，

$$\omega = (K_2/K_1) \cdot a(\mathrm{CO_3^{2-}, aq}) \quad (18\text{-}52)$$

である．結果として，

$$\log K_\mathrm{d}(\mathrm{M})_{(\omega)} \equiv \log\{m(\mathrm{M(OH)_3 \cdot nH_2O})/[\mathrm{MCO_3^+, aq}]\}$$
$$= \log\{m(\mathrm{M(OH)_3 \cdot nH_2O})/[\mathrm{M}]_\mathrm{total}\} + \log(\omega+1) = \log K_\mathrm{d} + \log(\omega+1)$$
$$= \{\Delta G_\mathrm{f}^0(\mathrm{MCO_3^+, aq}) - \Delta G_\mathrm{f}^0(\mathrm{M(OH)_3 \cdot nH_2O})\}/(2.303RT) + \mathrm{const.} \quad (18\text{-}53)$$

を得る．

(18-48) と (18-53) により，図 18-10b に示した（深海 Fe-Mn 団塊 or 深海 Fe クラスト REE 濃度/深層海水 REE 濃度）の比を，$\log K_\mathrm{d}(\mathrm{M})_{(\phi)}$ と $\log K_\mathrm{d}(\mathrm{M})_{(\omega)}$ に変換した．用いた海水のパラメーターは図 18-15 の場合と同じである．実験系の K_d 値も図 18-10b での $[\mathrm{NaHCO_3}] = 1.3$ mM, 8.23 mM の二つのケースについて，$\log K_\mathrm{d}(\mathrm{M})_{(\phi)}$ と $\log K_\mathrm{d}(\mathrm{M})_{(\omega)}$ に変換した．その結果を図 18-16a, b に示す．

図 18-16a は Liu and Byrne (1998) の炭酸錯体生成定数を使った結果で，図 18-16b は Ohta and Kawabe (2000a) の炭酸錯体生成定数を使った場合である．実験系と天然系との比較を容易にするために，最上段に示した実験系 [A] の系列変化を＋印で共通に示してある．図 18-16a, -16b

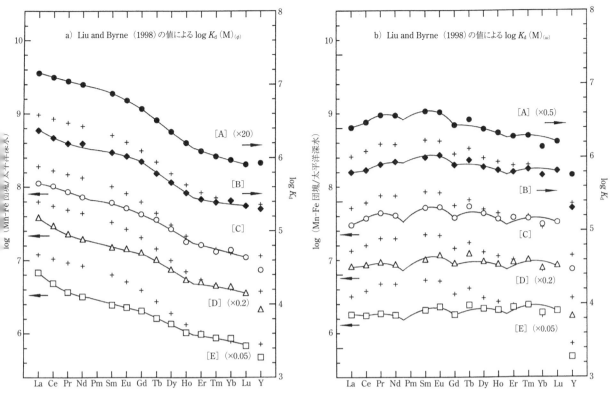

図 18-16a Liu and Byrne (1998) の REE 炭酸錯体安定度定数を使って，図 18-10b に示した [NaHCO$_3$]=1.3 mM, 8.23 mM の二つの実験系の結果を，$\log K_d(M)_{(\phi)}$ と $\log K_d(M)_{(\omega)}$ に変換した結果 ([A] と [B]). 同様にして，図 18-10b に示した三つの深海 Fe-Mn 団塊のデータを用い，天然系としての「深海 Fe-Mn 団塊／深層海水」の REE 濃度比も $\log K_d(M)_{(\phi)}$ と $\log K_d(M)_{(\omega)}$ に変換した結果 ([C], [D], [E]). +印の点は，最上部に示す [NaHCO$_3$]=1.3 mM の実験系 [A] が示す系列変化で，これを基準にして実験系と天然系が対応するか否かを判定することができる．

のいずれの場合も，天然系と実験系の $\log K_d(M)_{(\phi)}$ と $\log K_d(M)_{(\omega)}$ の系列変化はそれなりに平行的に見えるが，その平行の度合いは Ohta and Kawabe (2000a) のデータによる図 18-16b の方がはるかによい．Liu and Byrne (1998) のデータを用いた図 18-16a は，Ohta and Kawabe (2000a) の炭酸錯体生成定数を使った場合（図 18-16b）に比べ，実験系と天然系との一致は明らかに悪い．また Liu and Byrne (1998) のデータを用いた図 18-16a の $\log K_d(M)_{(\omega)}$ では，Tb と Yb の値が明確にずれており，炭酸錯体生成定数それ自体に問題があることも示している．Ohta and Kawabe (2000a) の炭酸錯体生成定数を使った場合（図 18-16b）では，このようなデータ点の明確なずれはない．いずれの計算結果でも，四組様系列変化は $\log K_d(M)_{(\omega)}$ で顕著である．これは既に指摘した電子雲拡大系列から当然である．

しかし，図 18-16a, -16b に示した天然系と実験系の $\log K_d(M)_{(\phi)}$ と $\log K_d(M)_{(\omega)}$ の系列変化には，依然として Ln(CO$_3$)$_2^-$ と Ln(OH)$_3 \cdot n$H$_2$O の系列における構造変化の影響が残っている．これを補正すれば RSPET 式で解析できる．この補正値は前節で既に述べておいた．Ohta and Kawabe (2000a) の炭酸錯体生成定数を使った場合（図 18-16b）の結果にこれらの補正を行い，RSPET 式に当てはめた結果が図 18-17 である．図 18-17 では，天然系と実験系の $\log K_d(M)_{(\phi)}$ と $\log K_d(M)_{(\omega)}$ の系列変化は相互に平行であることがさらに明確になる．しかも，$\log K_d(M)_{(\omega)}$ には美しい

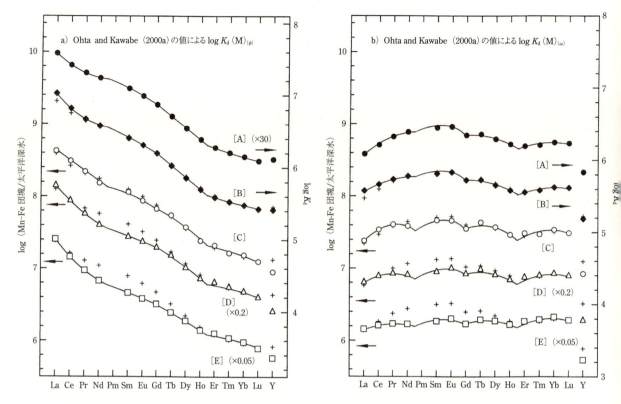

図 18-16b Ohta and Kawabe (2000a) の REE 炭酸錯体安定度定数を用いて，図 18-10b での [NaHCO$_3$] = 1.3 mM, 8.23 mM の二つの実験系の結果を logK_d(M)$_{(\phi)}$ と logK_d(M)$_{(\omega)}$ に変換した結果（[A]と[B]）．同様にして，図 18-10b に示した三つの深海 Fe-Mn 団塊の REE データを用い，天然系としての「深海 Fe-Mn 団塊／深層海水」の REE 濃度比も logK_d(M)$_{(\phi)}$ と logK_d(M)$_{(\omega)}$ に変換した結果（[C], [D], [E]）．＋印の点は，最上部に示す [NaHCO$_3$] = 1.3 mM の実験系 [A] が示す系列変化で，これを基準にして実験系と天然系が対応するか否かを判定することができる．Liu and Byrne (1998) の REE 炭酸錯体安定度定数を使った場合（図 18-16a）に比べ，実験系と天然系の対応は大幅に改善されている．

四組効果が共通して現れる．logK_d(M)$_{(\phi)}$ は比較的滑らかな系列変化であるが，小さな正の ΔE^3 を示唆している．図 18-17 では，前節の場合と同様に，

$$\log K_d (M)'_{(\phi)} \text{ or } \log K_d (M)'_{(\omega)} = A + (a+bq)qZ^* + \frac{9}{13}n(S)C_1Z^* + m(L)C_3Z^* \quad (18\text{-}54)$$

として，$\Delta E^1 = C_1Z^*$，$\Delta E^2 = C_3Z^*$ である C_1 と C_3 が決定されている．その結果を表 18-6 にまとめた．Ln(CO$_3$)$_2^-$(aq) と Ln(OH)$_3$·nH$_2$O の Racah パラメーター E^1 は実験誤差内で等しいが，E^3 は Ln(CO$_3$)$_2^-$(aq) の方がわずかに大きい．既に指摘した (18-34) の電子雲拡大系列が適切であることは表 18-6 でも確認できる．Ohta and Kawabe (2000a) の実験結果と現実海水系での分配係数はまったく独立に得られていることを再度強調したい．「自然の女神にお伺いをたてること」により，Ohta and Kawabe (2000a) の炭酸錯体安定度定数は，Liu and Byrne (1998) の値に比べ，より現実的であることがわかった．また，REE(III) 化学種の構造変化と RSPET 式の考え方から海水の REE 問題も解くことができることも明確になった．

炭酸錯体安定度定数に関する同様な検討は，（石灰岩／現世海水）の REE 濃度比である「天然系の分配係数」と，実験室で求めた（カルサイト／水溶液）系分配係数を用いて行うこともでき

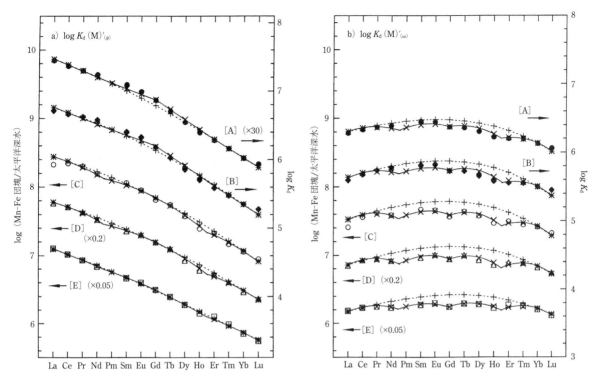

図 18-17 Ohta and Kawabe (2000a) の炭酸錯体安定度定数を使った場合 (図 18-16b) の $\log K_d (M)'_{(\phi)}$ と $\log K_d (M)'_{(\omega)}$ に，$Ln(CO_3)_2^-$ と $Ln(OH)_3 \cdot nH_2O$ の系列における構造変化の影響を補正し，RSPET 式で回帰した結果．Ohta and Kawabe (2000b) による．

表 18-6 Racah パラメーターの違いを表す (18-54) 式の C_1 と C_3 係数値 実験系と海水系データの比較．Ohta and Kawabe (2000b) による．

	$\log K_d (M)'_{(\phi)}$		$\log K_d (M)'_{(\omega)}$	
	$C_1 \times 10^3$	$C_3 \times 10^4$	$C_1 \times 10^3$	$C_3 \times 10^4$
実験系データ*				
$\log K_d (M)'_{(8.23\,mM)}$	-0.19 ± 0.22	0.23 ± 0.69	0.22 ± 0.21	1.13 ± 0.69
$\log K_d (M)'_{(1.30\,mM)}$	-0.12 ± 0.32	0.35 ± 1.02	0.29 ± 0.32	1.26 ± 1.01
表 18-5 での差	-0.06 ± 0.28	0.45 ± 0.92	0.34 ± 0.30	1.34 ± 0.98
海水系データ**				
$\log K_d (M)'_{(ND/SW)}$	0.02 ± 0.20	0.72 ± 0.60	0.43 ± 0.20	1.63 ± 0.60
$\log K_d (M)'_{(NCP/SW)}$	0.00 ± 0.13	0.70 ± 0.41	0.41 ± 0.13	1.60 ± 0.41
$\log K_d (M)'_{(SCP/SW)}$	-0.02 ± 0.10	0.18 ± 0.31	0.38 ± 0.10	1.09 ± 0.31

* 図 18-10b に示した [NaHCO₃] = 1.30 mM, 8.23 mM の K_d 値．
** 図 18-10b に示した三つのデータ・セット．

る．筆者らの研究室での検討 (Tanaka et al., 2004) から以下の結論が得られている．実験室で求めた (カルサイト/水溶液) 系分配係数を Ohta and Kawabe (2000a) の炭酸錯体安定度定数を用いて，海水での (カルサイト/MCO_3^+) 系分配係数に変換する．一方，(石灰岩/現世海水) の REE 濃度比も海水での (石灰岩/MCO_3^+) 系分配係数に変換すると，両者はほぼ一致する系列変化となる．しかし，同じことを Liu and Byrne (1998) の炭酸錯体安定度定数を用いて行っても，一致する系列変化は得られない．(石灰岩/現世海水) の REE 濃度比を変換した結果は，ややば

らつきが大きいものの，Ohta and Kawabe（2000a）の値を用いた結果とそれほど異ならない．ところが，実験室データを海水での（カルサイト/MCO_3^+）系分配係数に変換した結果は明らかに天然データと合致しない．以上の事実は次のことを意味している：

1) Liu and Byrne（1998）の炭酸錯体安定度定数は，海水でのREE(III)の錯化状態をそれなりに記述する．しかし，海水とは異なる実験系水溶液のREE(III)錯化状態を海水の錯化状態に変換しようとしても，適切な結果が得られないわけで，水溶液一般に適用できる普遍的定数としては問題がある．

2) 海水を考えて $I = 0.68$（$NaClO_4$）の水溶液を使用したTBP溶媒抽出系での結果としては再現性はあるが，そこでの結果を別の溶液系に持ち込む際に問題が生じている．特定条件下での実験結果の再現性が，結果の普遍性まで保証するものではないことに注意が必要である．

3) Ohta and Kawabe（2000b）やTanaka et al.（2004）の検討は，実験系と天然系との類似性が確保されるLn(III)分配反応実験こそが，天然系でのLn(III)の挙動を正しく理解するために重要であることを示している．

実験室で求めた（カルサイト/水溶液）系のREE(III)分配係数と古生代の石灰岩のREE濃度を用いて，古生代海水のREE(III)存在度を推定すること，そして，その結果と現世表層海水のREE存在度パターンとを比較することは，REE地球化学の重要な課題である．これはTanaka and Kawabe（2006）により検討された．本邦の代表的な後期古生代海山型石灰岩（石巻，田原，葛生，大野ケ原の石灰岩）のREEデータと実験室での（カルサイト/水溶液）系REE(III)分配係数から，古代海水のREE存在度パターンが推定された．現世表層海水のREE存在度パターン（図18-1, -2）の特徴，(1)比較的大きな負のCe異常，(2)小さな負のEu異常，(3)Hoより大きなYの存在度，(4)「下に凸な四組効果」が再現される．詳しくはTanaka and Kawabe（2006）を参照されたい．

本邦後期古生代石灰岩の多くは海山型石灰岩(18-1節)であるが，これらとは異なる生成環境を示す石灰岩類も存在する．その一つは，比較的多くの砕屑物質を含み，大陸縁辺部で形成されたと思われる石灰岩類である．この点の論考は，飛騨石灰質片磨岩源岩と海山型石灰岩（藤原，美濃赤坂石灰岩）とのREE存在度パターン，Y/Ho比，などの対比から議論し，川邊他（2009）に述べた．インド亜大陸の古生代石灰岩も，砕屑物質を含むタイプが多い．Mazumdar et al.（2003）はこのREEの特徴を記している．

海成石灰岩には，しばしば，ドロマイト岩も共生することがある．18-2節に紹介した葛生石灰岩はそのような例である．より正確には，葛生石灰岩・ドロマイト岩岩体と呼ぶ方が適切である．この種のドロマイト岩の共存理由については，古くから関心が持たれている．葛生岩体の場合，ドロマイト岩と石灰岩のREE存在度パターンの違いは認められなかった（Miura et al., 2004）．この問題の意味を探るために，Miura and Kawabe（2000）は，葛生石灰岩と$MgCl_2$溶液を150℃で反応させ，

$$2CaCO_3(calcite) + Mg^{2+}(aq) = (Ca, Mg)CO_3(dolomite) + Ca^{2+}(aq)$$

によるドロマイト化に伴い葛生石灰岩のREE存在度パターンの変化を調べた．四組効果を示す葛生石灰岩のREE存在度パターンは，ドロマイト化によって有意の変化を示さないことがわかった．ドロマイト岩のREE存在度パターンは，ドロマイト化した海山型石灰岩のREE存在度パターンを保持している可能性が高い．中野・川邊（2006）は，熱水条件（150℃）における

CaCO$_3$(calcite) のマグネサイト（MgCO$_3$）化反応,
$$CaCO_3(calcite) + Mg^{2+}(aq) = MgCO_3(magnesite) + Ca^{2+}(aq)$$
の条件とマグネサイトと熱水溶液間の希土類元素分配挙動について調べている．

第 19 章
火成作用における希土類元素と四組効果

　固体地球の表層部（20〜50 km）は地殻と呼ばれ，その下にはマントルが存在し，火成作用の源となるマグマを発生させる．一般に，大陸地域や日本列島のような成熟した島弧の地殻は，主として，SiO_2 に富む花崗岩などの珪長質火成岩から成り，これらは過去の地質時代に活動した珪長質マグマの産物である．一方，海洋地域の地殻は薄く，SiO_2 に乏しい玄武岩質火山岩からなるが，これは大洋中央海嶺で分裂する海洋プレートが作り出した玄武岩質マグマの産物で，海洋プレートの表層部となり海洋底を水平移動する．日本列島のような島弧や大陸縁辺部では，相対的に重い海洋プレートが軽い大陸プレートの下に沈み込み，これに伴う火山活動が認められる．その玄武岩質マグマの組成は，海洋側から大陸側に向かって，ソレアイト質からアルカリ岩質へと系統的に変化する．希土類元素存在度パターンもこれに対応して系統的変化を示す．地球上に分布する火成岩は多様で，その REE 存在度パターンもさまざまであるが，そのパターンに四組効果が認められることがわかってきた．

19-1　火成岩マグマにおける希土類元素の分別と四組効果

　高温マグマにおけるケイ酸塩鉱物とケイ酸塩メルト間の REE 分配過程は，火成岩に見られる REE 存在度パターンの多様性の説明や火成岩の起源を考える上で重要で，地球化学では強い関心が寄せられている．火成岩マグマの発生・分化やその多様性に関する議論は，野津（2010）の 6・7 章にあるので参照していただきたい．ここでは四組効果の問題に限定して議論する．

　玄武岩質火山岩などの（斑晶鉱物/石基）対による経験的分配係数データや実験系でのケイ酸塩鉱物と共存メルト間の分配係数が数多く報告されている．しかし，これらの分配係数データに明瞭で大きな四組効果は認められない．また，火山岩の REE 存在度パターンについても類似の状況がある．ただし，実験系での（単斜輝石/含水メルト）分配係数が小さな四組様系列変化を示していると判断できる結果は存在する．玄武岩の REE 存在度パターンについても，小さな四組効果が付随することがわかってきた．一方，花崗岩，流紋岩，ホタル石などの熱水性鉱物，石英脈流体包有物，などでは，REE 存在度パターンに明瞭な四組効果が認められることがわかってきた．珪長質マグマの火成作用とこれに伴う高温流体・熱水が関与する系では四組効果が重要である．

19-1-1　ケイ酸塩鉱物とケイ酸塩メルト間の Ln(III) 分配反応

　火山岩でのケイ酸塩鉱物と共存メルト間の分配係数に明瞭な四組効果が見られない事実を根拠に，火成作用における四組効果の重要性を否定する意見がある．この事実は，相関する ΔH_r と ΔS_r の四組効果により，高温の火成作用，特に玄武岩質マグマにおける結晶とメルト間の Ln(III) 分配反応の ΔG_r には明瞭な四組効果が現れにくいことを反映するもので，四組効果自体の存在を否定する事実と考えるのは適切ではない（17-6 節）．ここでは，マグマでの（斑晶鉱物/メルト）間での分配係数の問題について再度考察しよう．

　ケイ酸塩鉱物とケイ酸塩メルト間の Ln(III) 分配反応を配位子交換反応として表現する．左辺側に鉱物種，右辺側にメルト種を置いた形にして，鉱物種の熔融反応とも理解できるようにする．これは 17-6 節で議論した融解反応に対応する．

$$\text{Ln(III)}-\text{Y(mrl)} + \text{L} = \text{Ln(III)}-\text{L(melt)} + \text{Y} \tag{19-1}$$

となる．L，Y は配位子を表し，液相の化学種と取りあえず考えておく．ゆえに $\Delta G_r^0 = -RT\ln K$ の関係から，

$$\Delta G_f^0(\text{Ln}-\text{L}_{\text{melt}}) - \Delta G_f^0(\text{Ln}-\text{Y}_{\text{mrl}}) + \Delta G_f^0(\text{Y}) - \Delta G_f^0(\text{L})$$
$$= -RT\ln\{[a(\text{Ln}-\text{L}_{\text{melt}}) \cdot a(\text{Y})]/a(\text{Ln}-\text{Y}_{\text{mrl}}) \cdot a(\text{L})\} \tag{19-2}$$

となる．a は各化学種の活量で，活量係数（γ）とモル分率（X）の積から，$a = \gamma X$ と表現できる．したがって，分配係数の対数値は，

$$\ln[a(\text{Ln}-\text{Y}_{\text{mrl}})/a(\text{Ln}-\text{L}_{\text{melt}})] \approx \ln[X(\text{Ln}-\text{Y}_{\text{mrl}})/X(\text{Ln}-\text{L}_{\text{melt}})]$$
$$= [\Delta G_f^0(\text{Ln}-\text{L}_{\text{melt}}) - \Delta G_f^0(\text{Ln}-\text{Y}_{\text{mrl}})]/(RT) + C \tag{19-3}$$

である．ただし，$\{\Delta G_f^0(\text{Y}) - \Delta G_f^0(\text{L})\}/(RT)$ は Ln に無関係なので，定数 C と置いた．また，活量係数の対数比も，近似的に定数として，C に含めて考えることにする．濃度比は分配係数だから，

$$K_d(\text{Ln}:\text{mrl/melt}) \equiv X(\text{Ln}-\text{Y}_{\text{mrl}})/X(\text{Ln}-\text{L}_{\text{melt}}) = X(\text{Ln})_{\text{mrl}}/X(\text{Ln})_{\text{melt}} \tag{19-4}$$

である．活量係数比を，定数あるいは滑らかな系列変化を与える項と考えれば，分配係数の対数値が自由エネルギー変化に直接対応する．

$$\ln K_d(\text{Ln}:\text{mrl/melt}) \approx [\Delta G_f^0(\text{Ln}-\text{L}_{\text{melt}}) - \Delta G_f^0(\text{Ln}-\text{Y}_{\text{mrl}})]/(RT) + C \tag{19-5}$$

$[\Delta G_f^0(\text{Ln}-\text{L}_{\text{melt}}) - \Delta G_f^0(\text{Ln}-\text{Y}_{\text{mrl}})]$ の系列変化が（固体/液体）分配係数の系列変化であり，もし分配係数に四組効果が現れるなら，これは $(1/RT)$ の係数が掛かる形になるので，分配係数に四組効果があったとしても，一般的には，高温になるほど小さくなる．

　メルト中でも Ln 化学種は複数であってもよいが，その場合これらを相互に識別し，これら化学種間の反応を指定できる必要がある．そして，これら複数のメルト Ln 化学種のモル分率の総和が分析化学的測定値としての"メルト中での Ln 濃度"となる．水溶液中の複数の Ln を考えた第 18 章のいくつかの例と同様に考えればよい．しかし，これが実際上できない限り，単一化学種として見なすほかなく，これは細かな議論の障害となるかもしれないが，単一化学種として議論をすすめる．Ln の配位子は固相でもメルトでも酸素とすると，17-6 節で既に述べた形になる．

19-1-2 玄武岩質マグマ

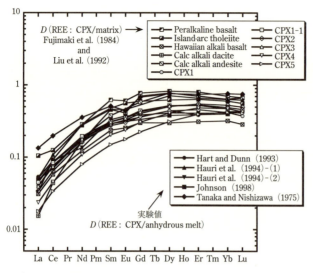

図 19-1 玄武岩質マグマにおける単斜輝石 (CPX) とケイ酸塩メルト間の希土類元素分配係数. 天然系ではガラス質石基が CPX と共存するメルトに対応する. 実験値は玄武岩質無水ケイ酸塩系での値. 天然系での値は, 玄武岩より分化したマグマ系も含むが, 無水実験系の値と系統的違いはない. これらの分配係数には, 顕著な四組効果は認められない.

揮発成分をほとんど含まない玄武岩質マグマの場合を考えよう. L, Y が共に O^{2-} でありケイ酸塩鉱物中でもメルト中でも Ln(III) 化学種は酸化物的と考えられる場合である. 両化学種の Racah パラメーターには大きな違いは考えられない. しかし, 一般的には, メルト中での Ln(III) の配位クラスターはより自由な構造を持ち, 平均 Ln(III)-O^{2-} 距離も鉱物中でのそれよりやや大きいだろうから, メルト中での Ln(III) の配位クラスターの方がやや大きな Racah パラメーターを持つと推定できる (第 17 章). したがって, (19-1) の分配反応の ΔH_r と ΔS_r では共に上に凸な小さな四組効果が期待される. しかし, ΔH_r と ΔS_r の四組効果がどの程度 ΔG_r で相殺されるかは, $T\Delta S(\text{tetrad})/\Delta H(\text{tetrad}) = \kappa \cdot T$ がどれだけ 1 に近いかによる (17-6 節). 玄武岩質火山岩マグマの温度は $T = 1400 \sim 1800$ K と高く, ΔH_r と ΔS_r の四組効果自体は小さいので, 両者は ΔG_r で相殺されやすい. そのような実例は, 単斜輝石とケイ酸塩メルト間の希土類元素分配係数の系列変化に見ることができる (図 19-1).

図 19-1 は, 玄武岩質マグマにおける単斜輝石 (CPX) とケイ酸塩メルト間の希土類元素分配係数を, 無水実験系と天然系の両方で示す. 天然系ではガラス質石基が CPX と共存するメルトに対応する. 天然系での値は, 玄武岩質から分化したマグマ系も含むが, 無水実験系の値と大きな系統的違いはない. さらに, 顕著な四組効果も認められない. 図 19-1 の結果は, 「四組効果は希土類元素分配係数の議論ではまったく重要ではない」という主張の根拠にされる. しかし, 17-6 節で既に議論したように,

$$\Delta G_r^0(\text{tetrad}) = \Delta H_r^0(\text{tetrad}) - T\Delta S_r^0(\text{tetrad}) = (1 - \kappa \cdot T)\Delta H_r^0(\text{tetrad}) \tag{19-6}$$

であり, $T = 1400 \sim 1800$ K とすると, $(1 - \kappa \cdot T) = 0$ の条件は

$$\kappa = (0.56 \sim 0.71) \times 10^{-3} \, (1/\text{K}) \tag{19-7}$$

を与える. この値は, 17-6 節で述べたように, $LnO_{1.5}$ 一成分系の融解データから推定した

$$\kappa_m = (0.5 \sim 0.6) \times 10^{-3} \, (1/\text{K})$$

の値にきわめて近い. 図 19-1 の結果は, 確かに四組効果を示唆していない. この結果から, 「四組効果は希土類元素分配係数の議論ではまったく重要ではない」とすることは, もっともらしい推論に見える. しかし, 「四組効果自体の性質から, 図 19-1 の結果となる可能性」は初めから排除されており, (19-6) を考えていない点で, 少なくとも, 論理的誤りを含む. 17-6 節で述べた

ように，融解の現象と四組効果の連関は重要で，これから(19-6)の ΔG_r^0(tetrad)$\approx(1-\kappa\cdot T)\Delta H_r^0$(tetrad)が得られることを忘れてはならない．揮発成分をほとんど含まない玄武岩質マグマの場合は，液相鉱物と液相の間の $\ln K_d$(Ln：mrl/melt)には，四組効果が認められないことは四組効果自体の性質に起因するが，これはただちに ΔH_r^0(tetrad)$=0$ を意味しない．(19-6)からすると，微細な四組効果が認められても，その極性は ΔH_r と ΔS_r のそれとは逆であることも考えられる．したがって，(19-5)左辺の分配係数対数値，$\ln[X(\mathrm{Ln})_\mathrm{mrl}/X(\mathrm{Ln})_\mathrm{melt}]$，に明瞭な四組効果は現れず，微細な四組効果が認められたとしても，その極性は正逆のどちらでも不思議ではないと予想できる．

現実マグマのメルト中には，多かれ少なかれ H_2O，Cl^-，F^-，CO_2 などの揮発成分が存在する．この問題を次に考慮してみよう．メルト中の Ln(III) クラスターの配位子は O^{2-} だけではなく，H_2O，Cl^-，F^-，CO_3^{2-} も配位子となりうる．第 16 章で見たように，常温・常圧条件では，H_2O，Cl^-，F^- 配位子は，O^{2-} より相対的に大きな Racah パラメーターを与え，CO_3^{2-} は O^{2-} に近い Racah パラメーターを与える．ゆえに，現実に Ln(III) に配位する配位子 L の平均組成，すなわち，H_2O，Cl^-，F^-，CO_3^{2-} などがどれだけ O^{2-} を置換しているかが，分配反応の ΔH_r と ΔS_r での四組効果の大きさを決めるに違いない．ケイ酸塩メルトと流体成分（H_2O，Cl^-，F^-，CO_2）が分離する状況を考えない場合，メルト中での Ln(III) の配位クラスターに H_2O，Cl^-，F^- が加われば，ΔH_r と ΔS_r での「上に凸な四組効果」を助長し，CO_3^{2-} が加わる場合は大きな変更はないであろう．しかし，高温のメルトでの配位子による結合性の違いは，常温での電子雲拡大効果から考えるほど，重要ではないかもしれない．その場合，高温であることの方が重要で，ΔH_r と ΔS_r の四組効果は ΔG_r で相殺される傾向を持ち，大きな四組効果はやはり期待できないであろう．定性的には，流体成分を含まないメルトとケイ酸塩鉱物の分配係数とあまり異ならない状況が考えられる．これまでに調べられているさまざまな火山岩での（斑晶鉱物/石基）対や実験系での分配係数データは Irvine and Frey（1984）や Fujimaki et al.（1984）などにまとめられているが，四組効果の存在を明確に指摘できる訳ではない．この結果とも整合的である．

実験系の分配係数に，大きくはないがかなり明瞭な四組効果が認められる例は，Masuda and Kushiro（1970）が報告している Ca-単斜輝石と水に飽和したメルト間の分配係数である．$CaMgSi_2O_6$（Diopside）-$MgSiO_3$（Enstatite）-SiO_2（Silica）-H_2O 系，20 kbar，1200℃，1150℃ での実験結果で，「下に凸な四組様」の系列変化が存在することは，改良 RSPET 式への回帰から確認できる．図 19-2 は，20 kbar，1200℃ の結果が改良 RSPET 式に当てはまることを示す．しかし，図 19-1 に示した天然および実験系での Ca 単斜輝石/無水玄武岩質メルト間の REE 分配係数ではこのような特徴は認められな

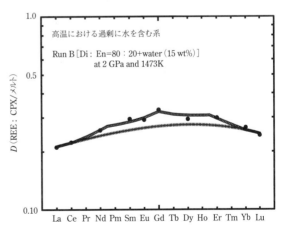

図 19-2 水を 18 wt% 含む輝石系における単斜輝石とメルト間の希土類元素分配係数の実験値（Masuda and Kushiro, 1970）．小さな「下に凸な四組効果」が存在することは，改良 RSPET 式に回帰することで確認できる．

い．水を多量に含む Ca 単斜輝石/メルト系ではわずかに「下に凸な四組効果」が認められる事実は，高温（1473 K, 1423 K）であるため ΔS_r の四組効果がやや過剰に ΔH_r のそれを相殺している結果と解釈できる．すなわち，過剰に水を含む系の κ の値は無水系の κ の値よりやや大きく，

$$\kappa(高含水系) > \kappa(無水系) \tag{19-8}$$

の関係を推測させる．Masuda and Kushiro（1970）の結果は，高温の分配反応であってもメルトとケイ酸塩鉱物での REE(III) の配位結合状態にコントラストがあれば，小さな四組効果が生じる証拠であり，重要な実験結果と言える．

含水玄武岩系での単斜輝石とメルト間の希土類元素分配係数が，小さな「下に凸な四組効果」を示唆する例は，Green et al.（2000）による実験結果，図 19-3，にも認められる．ソレアイト質玄武岩に水を5%，10%加えた含水系の分配係数実験値を図 19-3 に示す．図 19-1 でもそうであるように，軽 Ln での分配係数は，重 Ln の値より小さく，四組効果とは直結しない系列変化も持つので，二つの分配係数の系列変化が「下に凸な四組効果」を示すかどうかは，データを見るだけでは必ずしも明確ではない．そこで，二つの分配係数実験値の比を考えてみると，小さながらも，「下に凸な四組効果」が現れ，これは RSPET 式に当てはめることができるので，確かに，「下に凸な四組効果」であることを確認できる．水を 10%加えた含水系の分配係数実験値を，水を 5%加えた系の分配係数実験値で割っているので，(19-5) に即して考えれば，

$$\ln[K_d\,(\text{mrl/melt})_{10\%\text{H}_2\text{O}}/K_d\,(\text{mrl/melt})_{5\%\text{H}_2\text{O}}]$$
$$\approx [\Delta G_f^0\,(\text{Ln}-\text{L}_{\text{melt},\,10\%\text{H}_2\text{O}}) - \Delta G_f^0\,(\text{Ln}-\text{L}_{\text{melt},\,5\%\text{H}_2\text{O}})]/(RT) + C' \tag{19-9}$$

であり，CPX を置換する Ln 成分については近似的に相殺されると考えて，含水メルトでの Ln 成分の化学ポテンシャルの差が残っていると解釈できる．含水量 10%の系のメルトの Ln 成分の化学ポテンシャルの系列変化は，含水量 5%の系のメルトのそれに比べ，やや大きな「下に凸な四組効果」を持つことがわかる．現象論的には，水が多量にあれば，水分子がメルトの Ln(III) に配位する可能性も大きくなり，このメルトの Ln(III) の配位状態の違いを反映した結果が図 19-3 下部のプロットである．この点に注意して，再度，分配係数の系列変化を見ると，水 10%を加えた含水系（GR-TH-10）の分配係数には，小さな「下に凸な四組効果」が付随することがわかる．含水メルトの Ln(III) 化学種では配位子に H_2O が加わり，無水あるいは低含水メルト系に比べて，ΔS(tertad)/ΔH(tetrad) が大きくなり，(19-8) の関係が成立する．図 19-2 の Masuda and Kushiro（1970）の実験結果も，図 19-3 の Green et al.

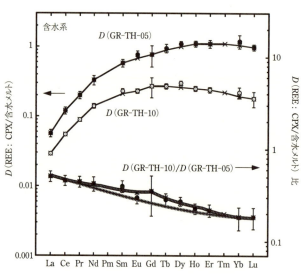

図 19-3 Green et al.（2000）によるソレアイト質玄武岩に水を 5%（GR-TH-5），10%（GR-TH-10）加えた含水系の分配係数実験値．下のプロットは，水 10%の場合の値を水 5%の場合の値で割った比の系列変化．「下に凸な四組効果」が現れ，これは改良 RSPET 式に当てはめることができる．

(2000) の実験結果も，(19-8) の関係から説明できる．単斜輝石とメルト間の希土類元素分配係数を，より広い視点から検討すれば，図 19-1 だけではなく，含水系での図 19-2, -3 の結果も考察せねばならない．そうすれば，四組効果は無視してよいとの結論にならないのは明白である．

　Kawabe et al. (2008) は，大洋中央海嶺に産する玄武岩（mid-oceanic ridge basalt, MORB）の REE 存在度パターンには小さなジグザグ様の特徴が付随していることを報告した（図 19-4, -5, -6）．小さな「下に凸な四組効果」を示す系列変化が認められる．MORB は，重 Ln に比べ軽 Ln の存在度が低い通常タイプ（normal type, N-type）の REE 存在度パターン（図 19-5）を示すことが多い．しかし，液相に濃縮する微量成分（たとえば，La, Ce など）に富む E-type（enriched-type）と呼ばれる REE 存在度パターンを示すものも知られている（図 19-6）．また，両者の中間型の REE 存在度パターンを示すものもある．図 19-4 の例は N-type としたが，典型的な N-type に少し E-type が混合したような中間型パターンと言ってもおかしくはない．このように，MORB は REE 存在度パターンから分類されているが，いずれのタイプでも，共通して小さな「下に凸な四組効果」を示す．また，図 19-5 に示すように，最小二乗法により改良 RSPET 式で回帰する場合，La と Ce の存在度が低すぎるため，これら

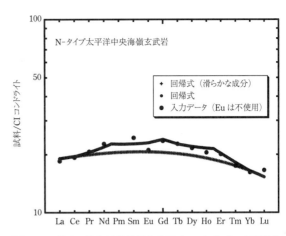

図 19-4　「下に凸な四組効果」を示す N-タイプの太平洋中央海嶺玄武岩の REE 存在度パターン（Kawabe et al., 2008）．

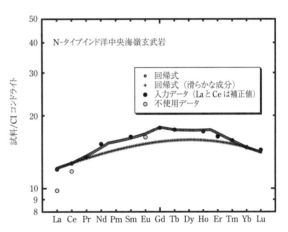

図 19-5　「下に凸な四組効果」を示す N-タイプのインド洋中央海嶺玄武岩の REE 存在度パターン．REE データ自体は Rehkämper and Hofmann (1997) による．La と Ce の測定値を使うと，RSPET 式での回帰はできないので，補正値で置き換えて回帰している．N-MORB の REE 存在度パターンはこのようなケースが多い．Eu については Eu 異常の可能性を考え，回帰データから除外している（Kawabe et al., 2008）．

2 元素には補正を加えた値を使用しないと，REE 存在度パターンは改良 RSPET 式自体で表現できないことが多い．La と Ce の軽 Ln 部分の存在度は，RSPET 式からすると何らかの不規則部分に当たると推測する．MORB の微細な REE 存在度パターンの特徴が，マントル岩からマグマがつくられる過程だけに起因するのか，それとも，マントル岩それ自身が既に持っていた特徴を反映したものなのか，あるいは両方の原因が重なった結果であるのか，を判定することは現実には難しい．この問題の理解には Ce, Hf の同位体比が手掛りとなるかもしれない．

　Kawabe et al. (2008) は，佐賀県肥前町に分布する新生代アルカリ玄武岩で，二次鉱物として木村石（希土類元素の炭酸塩水和鉱物）を持つホスト玄武岩含試料が，CI コンドライトや JB-1

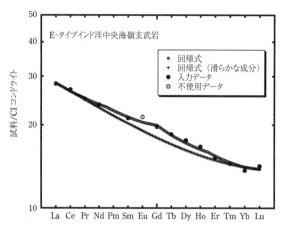

図 19-6 「下に凸な四組効果」を示す E-タイプのインド洋中央海嶺玄武岩の REE 存在度パターン．REE データ自体は Chauvel and Blichert-Toft (2001) による．Eu については Eu 異常の可能性を考え，回帰データから除外している (Kawabe et al., 2008)．

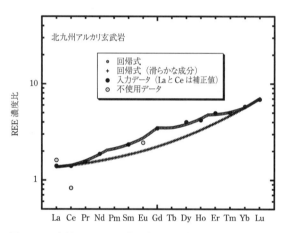

図 19-7 木村石のホスト玄武岩である新生代北九州アルカリ玄武岩を，やはり新生代北九州アルカリ玄武岩である GSJ 標準岩石 JB-1 で規格化した REE 存在度パターン．二次鉱物部分を含まない玄武岩部分の REE 分析値に基づく．最小二乗法による RSPET 式での回帰は，La, Ce の値は補正値に替え，Eu 異常の可能性がある Eu の値は無視することで可能となる．

(地質調査所発行の標準玄武岩)で規格化した時，下に凸な四組効果を持つ REE 存在度パターンを示すことを報告した．図 19-7 は，二次鉱物部分を含まない玄武岩部分の REE 分析値を JB-1 の値で規格化したものである．La, Ce の値は補正値に替え，Eu の値は無視することで，最小二乗法での改良 RSPET 式へ回帰が可能であることがわかった．このような形での検討を加えることで，島弧のアルカリ玄武岩の REE 存在度パターンにもランタニド四組効果は内在していることがわかってきた．これは，"四組効果"を無視する従来からの固定観念を払拭する必要があることを示している．

木村石 (kimuraite; $CaY_2(CO_3)_4 \cdot 6H_2O$) は，Nagashima et al. (1986) によって報告された新鉱物で，コンドライトで規格化した木村石の REE 存在度パターンは明瞭な下に凸な四組効果を示す (Akagi et al., 1993)．この事実は興味深いので，後に議論する (19-2 節)．

以上のように，玄武岩マグマに関連する火成作用においても四組効果が付随している事実がわかってきた．MORB や島弧のアルカリ玄武岩の REE 存在度パターンには「下に凸な四組効果」が付随している事実 (Kawabe et al., 2008) からすると，もし液相鉱物とメルト間の希土類元素分配係数の測定データが 2～3% の精度で得られるなら，Masuda and Kushiro (1970) が得たような小さな四組効果を示す結果が得られるかもしれない．Irvine and Frey (1984)，Fujimaki et al. (1984)，Green and Pearson (1985) などにまとめられているこれまでの鉱物/メルト間の REE 分配係数データには，測定されていない REE が含まれており，全 Ln (ただし Pm を除く) についての分配係数データが揃っているケースはほとんどない．また十分な精度が確保されていないデータも含まれている．1990 年代以降においても，Ca 単斜輝石/メルト，ガーネット/メルト系の REE 分配係数の実験値は，Hauri et al. (1994)，Blundy et al. (1998)，Johnson (1998)，Salters and Longhi (1999) などが報告しているが，どの結果においても全 REE の分配係数がセットで報告されていない．わずかな四組効果を

問題にするためには，部分的な REE 分配係数データ・セットでは質的に不十分である．全 Ln について 2～3％の精度で測定された分配係数データ・セットの取得が望まれる．

19-1-3 珪長質マグマ

珪長質マグマに起源を持つ流紋岩，花崗岩，分化した花崗岩では，明瞭な「上に凸な四組効果」が隕石で規格化した REE 存在度パターンに見出されている．玄武岩質マグマに由来する火山岩の REE 存在度パターンでの小さな「下に凸な四組効果」とは反対極性の四組効果を示す．具体的には，Masuda and Akagi (1989)，Zhao et al. (1992, 2002)，Lee et al. (1994)，Kawabe (1995)，Bau (1996)，Irber (1999)，Takahashi, Y. et al. (2000, 2002)，Jahn et al. (2001)，Monecke et al. (2002)，Takahashi, T. et al. (2007) などの報告を挙げることができる．

ここでは，具体例として Monecke et al. (2002) による結果を紹介する．ドイツ・チェコ国境付近に分布する Zinnwald 花崗岩体は，Teplice 流紋岩に取り囲まれる形で産出する．Zinn（独）は Tin（英）のことで錫（金属のすず）を意味し，Wald（独）は森，地帯を意味する．錫の鉱化作用を伴い，さまざまな鉱脈が分布すると共に，高温熱水作用を被り変質した花崗岩（グライゼン，greisen）が分布する．Monecke et al. (2002) は，流紋岩や花崗岩の全岩 REE 分析と，水平脈岩中のホタル石鉱物試料の REE 分析から，これらの隕石で規格化した REE 存在度パターン

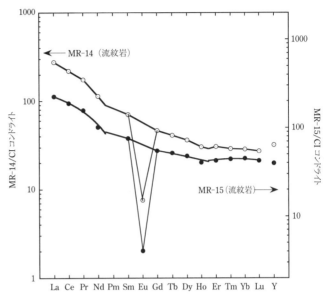

図 19-8 Zinnwald 地域に産出する流紋岩の REE 存在度パターン．CI コンドライト隕石で規格化した結果．Monecke et al. (2002) のデータによる．

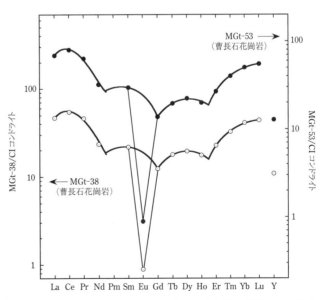

図 19-9 Zinnwald 地域に産出する曹長石花崗岩 2 試料の REE 存在度パターン．CI コンドライト隕石で規格化した結果．Monecke et al. (2002) のデータによる．

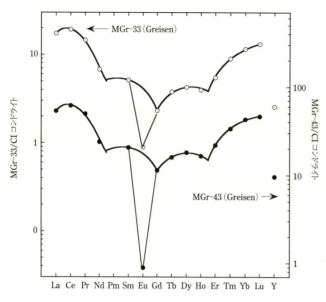

図 19-10 Zinnwald 地域に産出する Greisen 2 試料の REE 存在度パターン．CI コンドライト隕石で規格化した結果．Monecke et al. (2002) のデータによる．

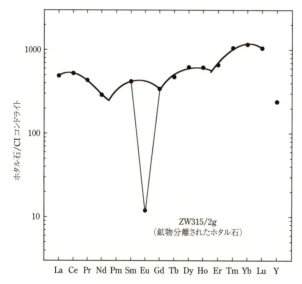

図 19-11 Zinnwald 地域に産出する岩脈から鉱物分離されたホタル石の REE 存在度パターン．CI コンドライト隕石で規格化した結果．Monecke et al. (2002) のデータによる．

が著しい四組効果を示すことを報告した．図 19-8 は，Teplice 流紋岩の新鮮試料（MR-14）と変質試料（MR-15）の REE 存在度パターンである．第 1 と第 2 の四組曲線（テトラド曲線）は Nd と Pm の中間点で交差し，第 3 と第 4 のテトラド曲線は Ho と Er の中間点で交差すると仮定して，各四組曲線を，$4f$ 電子数（q）または原子番号の二次曲線で回帰している．Teplice 流紋岩の両試料の REE 存在度パターンは大きくはないが，確かに「上に凸な」四組様変化を示すことがわかる．一方，曹長石花崗岩全岩試料（図19-9），Greisen（鉱化作用を受けた花崗岩）の全岩試料（図 19-10)，水平岩脈から分離されたホタル石鉱物試料（図 19-11），の REE 存在度パターンは，いずれも，非常に大きな「上に凸な四組効果」を示す．また同時に，非常に大きな負の Eu 異常を伴う．

なお，図 19-9〜-11 では，第 1 と第 4 テトラドでの曲線の湾曲が大きいため，図 19-8 のようにすべてのテトラド曲線を $4f$ 電子数の二次式で近似することはできない．そのため，これらのテトラド曲線は三次式を用いて描いている．図 19-8〜-11 では，二つのテトラド曲線の交点の y 軸値をあらかじめ図上で推定しておき，その値を加えて回帰曲線を決めている．第 2 テトラドの場合，Pm と Eu の 2 点の値は利用できないので，Sm と Gd の 2 点のデータの他に，Nd と Pm の中間での交差点の y 値を加えない限り，二次式の近似もできない状況がある．Minami and Masuda（1997）は，REE の正常なデータ点だけに基づき，条件付き最小二乗法により，二次のテトラド曲線および Nd と Pm, Ho と Er の中間点におけるテトラド曲線の交点の y 軸値を同時に推定する描画法を提案している．ここで用いた描画方法は，Minami and Masuda

(1997) より簡便なものである．

　Monecke et al. (2002) の結果は，Masuda and Akagi (1989)，Zhao et al. (1992, 2002)，Lee et al. (1994)，Kawabe (1995)，Bau (1996)，Irber (1999)，Takahashi, Y. et al. (2000, 2002)，Jahn et al. (2001)，Takahashi, T. et al. (2007) が報告している珪長質火成岩の「上に凸な四組効果」と「負のEu異常」の特徴を，Zinnwald花崗岩とその関連試料でも再確認したことに当たる．このように珪長質マグマ系と前項に記した玄武岩質マグマ系では，隕石で規格化したREE存在度パターンでの四組効果の「極性」が反対で，「大きさ」も異なる．これらのREE存在度パターンが示す四組効果の意味を考察することは，重要な課題である．希土類元素の分配過程につながる珪長質マグマの特性としては，玄武岩質マグマと異なる以下の点が重要と思われる：

1) 珪長質マグマは一般に多量の H_2O などの揮発成分を含み，ケイ酸塩メルトは900〜800K程度まで流体と共存できる（Burnham, 1979）．地表に噴出した玄武岩マグマの固結温度よりは低い温度まで流体との反応が継続しやすい．

2) 珪長質ケイ酸塩メルトと水の相互溶解度は二相分離の臨界条件に支配されており，臨界条件を満足する温度・圧力条件の下では両者は任意の割合で相互溶解する（Bureau and Keppler, 1999）．しかし，温度・圧力が低下し，臨界条件を満足しなくなれば，ケイ酸塩メルトと流体の二相が分離する状況が生じる．そのため，メルト/流体間の分配反応が重要となる．流体への希土類元素の濃縮は塩濃度に支配されるとの意見もあり（Flynn and Burnham, 1978），さまざまな塩濃度を持つ流体とケイ酸塩メルト間のREE分配反応を想定すべきである．

3) さらに温度・圧力が低下すれば，流体は気/液の二相に分離する．すなわちboilingが起こる．気/液分離の始まる温度は溶存塩類濃度に依存するが，boilingが起こる条件では珪長質マグマの固結はほぼ最終段階に達しているであろう．残された熱水と固結物との相互作用は600〜500Kまで続き，地表水の熱水系への混入も生じる．

4) ペグマタイトのような分化した花崗岩や熱水変質を受けた花崗岩には，ケイ酸塩以外の各種の熱水性鉱物が残されており，REEを濃縮する熱水性希土類元素鉱物は，少量であっても，その有無が全岩石のREE存在度を大きく規定する．希土類元素を含む熱水性鉱物の形成の要因は，温度の低下以外にも考えられる．boilingによって気相に濃縮した酸性揮発成分が散逸することで，流体の組成変化やpH変化をつくりだすこと，あるいは，混入する地表水との混合により流体組成が変化すること，などが挙げられる（Giere, 1996）．

　このように，珪長質マグマの火成作用により作られる花崗岩類や流紋岩は，流体が関与する2種の二相分離過程，

超臨界性含水ケイ酸塩メルト　→　ケイ酸塩に富むメルト＋流体相
流体相　→　蒸気相　＋　固相　＋　液体相

を経験している可能性がある．高温の超臨界性含水ケイ酸塩メルトから分離する流体相は，もちろんケイ酸塩も溶存させている．Ayer and Eggler (1995) は，1250℃，15 kbarおよび1250℃，20 kbarでの安山岩質のケイ酸塩メルトと $H_2O-NaCl$ 溶液系での元素分配実験から，ケイ酸塩メルトはほぼそのままの組成で $H_2O-NaCl$ 溶液に溶解（congruent dissolution）すると述べている．Bureau and Keppler (1999) は，超臨界メルトの不混和域が狭くなる極限を考えれば，このような現象は不思議ではないと指摘している．二相の組成が接近する極限では，両相間での元素分配

係数も 1 に接近することが期待できるのかもしれない．珪長質マグマから生じる流体や蒸気は系から散逸しやすいため，我々が調べる岩石試料には最終的には残っていない．流体は鉱物中の流体包有物として痕跡量残されるに過ぎない．

その流体包有物については，Banks et al.（1994）が，米国・ニューメキシコ州の Captian Granite の石英脈流体包有物中の REE 濃度を報告している．図 19-12a は，塩分濃度が 74〜78 wt% の高塩濃度流体包有物の REE 存在度パターンである．Banks et al.（1994）によれば，"MTE" は「後期に形成された流体包有物」で，これに対し "CPU-2" は「早期に形成された流体包有物」とされ，石英の晶出時に高温メルトとも共存したと理解されている．両者の REE 濃度比を図 19-12b に示す．Banks et al.（1994）が報告している流体包有物の REE データは，ホスト鉱物の石英を粉砕し，これを弱酸で洗浄することで得られている．"CPU-2" と "MTE" の場合は，3 回の独立した粉砕 → 洗浄 → 測定の結果が報告されている．しかし，四組曲線を引こうとすると，たとえば，"CPU-2" では Tm の平均値は少し外れた点となる（図 19-12a の白丸）．"MTE" の場合は Tm の他にもそのような REE が見られる（図 19-12a の白三角）．その状況は，図 19-12b に示すように，両者の REE 濃度比の対数を四組曲線に当てはめることでさらに明確になる．"MTE" の場合は，図 19-12a

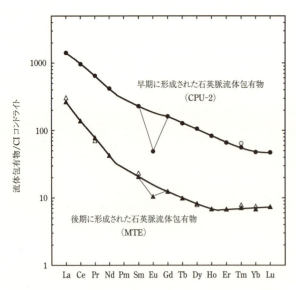

図 19-12a Banks et al.（1994）は高温・高塩濃度の石英脈流体包有物が高濃度の REE を有することを報告した．CPU-2 は早期に形成された流体包有物で，MTE は後期に形成されたものと理解されている．白抜きの点は，報告値の平均値だが，黒塗りの点に修正した．

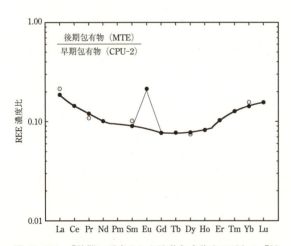

図 19-12b 「後期に形成された流体包有物 (MTE)」の「早期に形成された流体包有物 (CPU-2)」に対する REE 濃度比（Banks et al., 1994）．白抜きの点は，報告値の平均値の比だが，図 19-12a での黒塗りの点に修正した値からの比に直している．

の白三角の値を黒三角の値に微修正して四組曲線を描いている．

流紋岩や分化した花崗岩に認められる上に凸な四組様変化は，「後期に形成された流体包有物 "MTE"」にも見られる．一方，「早期に形成された流体包有物 "CPU-2"」の REE 存在度パターンは，相対的に分化していない珪長質岩（たとえば，図 19-8 の流紋岩）のそれに近い，軽 REE が濃縮する比較的滑らかな REE 存在度パターンである．これらの流体包有物の生成時の状態は，H_2O（20〜30 wt%）を含む「NaCl 等の混合塩熔融体」と呼ぶべきものである．通常の珪長質岩程

度のREE濃度レベルと比べると，その10倍程度の高濃度REEを含む．このような含水熔融塩的流体が希土類元素の重要なキャリアー相である可能性が示唆される．熔融塩的流体が気相の散逸（boiling）なしに生じるかの問題も含めて興味深い．

　一般に，玄武岩質マグマの噴出・固化過程では，一部の揮発性成分は大気へ散逸するが，REEは非揮発性成分であり噴出熔岩に保存されると考えて良いだろう．しかし，珪長質マグマから固結した粗粒な花崗岩類が，初期珪長質マグマに含まれていたREEの全部を保持していると考えることは適切ではないだろう．流体に保持されたREEは，固化するケイ酸塩部分とは別の場所に移動し，熱水性の希土類元素鉱物などと共に晶出するだろうし，その熱水残液に溶解するREEはさらに移動し，表層部の地殻に拡散・散逸する可能性がある．このような珪長質マグマに起源を持つ流紋岩，花崗岩，分化した花崗岩が，多かれ少なかれ，明瞭な「上に凸な四組効果」を示すREE存在度パターンを与える事実は，大変興味深く重要である．この一連の事実は最近の10〜20年あまりの間に明らかにされたものである．全体的には，今も記載的作業が続いており，その細かな解析は始まったばかりと言えるが，以下では筆者の考え方を述べる．

19-1-4　上に凸な四組効果に随伴する著しい負のEu異常

　流紋岩や分化した花崗岩類のREE存在度パターンに「上に凸な四組効果」が見られる場合，同時に著しい負のEu異常が共通して認められる．これから，

1) Euは流体とともに系から散逸している，
2) 初期マグマは，Euを選択的に取込む長石類と共存し，これらと分離することで非常に大きな負のEu異常を持っていた，

などの可能性が考えられる．1) は散逸する流体をEuの濃縮相と考え，2) は初期マグマ形成時での長石類をEuの濃縮相とし，それとの分離を考える．1) と 2) は相互に排他的な理解である．筆者は 1) を考えるが，多分，古典的地球化学者には 2) を支持する人が多いだろう．19-1-3に記した 1)〜4) の珪長質マグマ系の固有の特徴からすると，2) は受け入れられないと筆者は考える．理由は他にもある．たとえば，第5章の図5-8aに示した苗木花崗岩全岩のREE存在度パターンは，著しい負のEu異常を示すが，同時に，軽Ln部分は上に凸な四組効果を示唆する．花崗岩を構成している長石類や石英，黒雲母，重鉱物類もやはり大きな負のEu異常を示し，隕石で規格化したこれら構成鉱物のREE存在度パターンには湾曲や折れ曲がりが見られる（図19-13）．隕石のREE存在度を基準にすると，どの鉱物も程度の違いはあるものの，すべて負のEu異常を示す．一方，これら

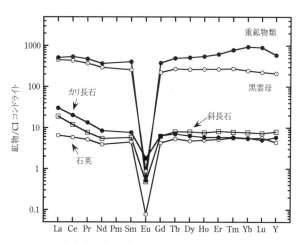

図19-13　苗木花崗岩の構成鉱物を分離し，そのREE存在度を隕石REEで規格化した結果（Takahashi, T. et al., 2007）．

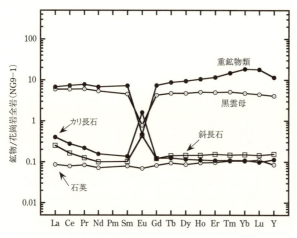

図 19-14 苗木花崗岩の構成鉱物を分離し，その REE 存在度を苗木花崗岩の全岩 REE で規格化した結果 (Takahashi, T. et al., 2007).

の構成鉱物の REE 存在度を苗木花崗岩の全岩 REE データで規格化すると (図 19-14)，長石類は「正の Eu 異常」を，黒雲母と重鉱物は「負の Eu 異常」を示し，石英は Eu 異常を示さない．この事実は，珪長質マグマ全体に「負の Eu 異常」が刻印されていたことを示唆し，その条件のもとで長石類は他の鉱物に比べ Eu を濃縮することを意味する．したがって，この花崗岩を構成する長石類により花崗岩自体の「負の Eu 異常」を説明はできない (Takahashi, T. and Kawabe, 2003 ; Takahashi. T. et al., 2007)．上記の 2) の考えでは，長石/メルト系での Eu の分配係数が大きいことから，Eu を濃縮した長石類が共存メルトから晶出・分離することで，「負の Eu 異常」を持つ初期メルトができると想像する．長石類の分離様式とその行方については当然疑問が生じるが，これは不問にするとしても，図 19-13 と図 19-14 の事実は，長石/メルト系での Eu 分別ではない機構で，初期メルトに負の Eu 異常を生じていることを示唆する．Eu の濃縮相を長石類に限定するのではなく，Eu 濃縮相として高温流体を考えるべきと筆者は考える．1) の考え方は，$Eu^{2+}(aq)$ または $Eu(II)$ 錯体として流体中で安定化した Eu が流体とともに選択的に散逸したと解釈する．大洋中央海嶺から噴出する還元性熱水には，著しい正の Eu 異常が知られている (Michard et al., 1983 ; Michard, 1989 ; Klinkhammer et al., 1994 ; Bau and Dulski, 1999)．また，還元的条件での熱水と岩石の反応では，Eu は $Eu^{2+}(aq)$ または $Eu(II)$ 錯体として流体中で安定化することは，熱力学的考察からも支持される (Sverjensky, 1984)．

長石に Eu が濃縮するとは，共存するメルトに対してなのか？　それとも共存する高温流体に対してなのか？　その時のメルトや流体の Eu 化学種は 2 価なのか 3 価なのか？　などを明確にした上での議論でなければならない．もし，$Eu^{2+}(aq)$ または $Eu(II)$ 錯体として流体とともに系から散逸することだけでは現実の著しい負の Eu 異常を説明できないなら，2) の原因なども同時に考えねばならないだろう．しかし，以下に記すように，筆者は，Eu 異常だけを考えるよりも，REE 存在度パターンに「上に凸な」四組効果と著しい負の Eu 異常が同時に現れている事実に注目すべきと考える．

19-1-5　珪長質岩の四組効果：水とケイ酸塩メルトの混和・不混和現象

珪長質マグマに起源を持つ流紋岩，花崗岩，分化した花崗岩では，明瞭な「上に凸な四組効果が REE 存在度パターンに見出され，そこには著しい負の Eu 異常が伴う．この事実を考えることで珪長質マグマの起源と分化作用を考える新たな視点が得られるものと思われる (Takahashi, T. and Kawabe, 2003 ; Takahashi, T. et al., 2007)．その意味で，水とケイ酸塩が超臨界流体をなすこと

を明確にした Shen and Keppler (1997), Bureau and Keppler (1999) の実験結果は重要である. Keppler らは, ダイヤモンド・アンビル・セルでの「その場観察」実験により, 花崗岩, 石英安山岩組成のガラスや Albite, Jadeite, Nepheline のガラスを用いて, これらケイ酸塩メルトと水は上部マントル条件では均一な単一超臨界流体として存在できるが, 下部地殻条件では, この種の超臨界メルトはケイ酸塩に富むメルトと水に富む流体の二相に分離することを示した. 従来からの「水に飽和したメルト」の考え方は超臨界メルトには当てはまらない. 超臨界状態にあれば, 任意量の水とケイ酸塩メルトは均一な超臨界流体をなす. このような超臨界状態の含水珪長質メルトが地殻に貫入し冷却する過程では, ケイ酸塩メルトと流体の二相分離が生じなければならない. この二相分離過程では比較的大きな四組効果が期待できることが重要である.

流体相の Ln(III) は, ケイ酸塩メルト中の Ln(III) に比べ, より自由イオン的であることが予想できる. 温度条件として 700～800℃ 以下を想定すれば, $\log K_d$ (fluid/melt) は「下に凸な四組効果」を示す可能性がある. 1000℃ を下回る温度では, ΔH の四組効果を $(-T\Delta S)$ の四組効果が打消す傾向はより少ないと考えるからである. 流体相の部分は最終的には珪長質マグマが固結する際に散逸するだろうから, このような K_d (fluid/melt) に支配されながら, 流体が Rayleigh 蒸留型の分別過程を経て連続的に系から散逸すれば, 固結し珪長質岩石となって残るケイ酸塩には「上に凸な四組効果」を示す REE 存在度パターンを期待できる. たとえ K_d (fluid/melt) が示す「下に凸な四組効果」が小さなものであっても, 固結し岩石となって残るケイ酸塩成分には, 逆極性の「上に凸な四組効果」が増幅されて残る. これは, 既に紹介した珪長質岩が示す REE 存在度パターンの四組効果の極性である. さらに, Eu(II)/Eu(III)>1 であるような還元的条件があれば, Eu は Eu(II) として流体相に濃縮し, 分離した流体の水や揮発成分は系から散逸するので, 固結する岩石には大きな「負の Eu 異常」が残される. 分化した珪長質岩が示す「負の Eu 異常」を説明する.

このような観点から, Takahashi, T. and Kawabe (2003) と Takahashi, T. et al. (2007) は, 苗木花崗岩と共存するペグマタイトの REE データから K_d (REE: fluid/melt) を推定した (図 19-15). K_d (REE: fluid/melt) は小さな「下に凸な四組効果」と, 大きくはないが「正の Eu 異常」を示す. どのようにしてこの K_d (REE: fluid/melt) 値が推定されたかの説明は Takahashi, T. et al. (2007) に譲るが, ポイントは, 「我々が扱う珪長質岩石試料＝マグマから流体成分が散逸した後に残ったケイ酸塩成分」と考えることである. 苗木花崗岩では, 黒雲母花崗岩中に 20 cm 以下のサイズのペグマタイトの塊が分散して分布する. 媒体の黒雲母花崗岩とこれに内包されるペグマタイトでは, REE をはじめ Sr や Ba の濃度で明確な差があることがわかった. ペ

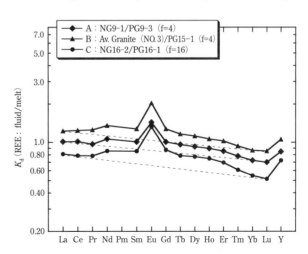

図 19-15 苗木花崗岩・ペグマタイトの REE 研究 (Takahashi, T. et al., 2007) の中で推定された小さな「下に凸な四組効果」と「正の Eu 異常」を示す K_d (REE: fluid/melt) の例. この図で f=$(f)_G/(f)_P$ である.

グマタイト部分の Sr, Ba の濃度は，まわりの花崗岩に比べ平均的に一桁程度低く，負の Eu 異常も一桁近く大きい．ペグマタイト部分では，結果として散逸した流体量はまわりの花崗岩部分にくらべて大きいと考える．このようなペグマタイト質部分の空間分布の不均質性は，上述の超臨界状態の含水珪長質メルトの二相分離を想起させる．

　流体は Rayleigh 蒸留型の分別でケイ酸塩主体のメルトから散逸すると仮定し，その際の流体とケイ酸主体のメルト間の REE 分配係数を K_d(REE : fluid/melt) とすると，ペグマタイトとまわりの花崗岩の対での REE 濃度比は，

$$K_d(\text{REE : fluid/melt}) \approx 1 + \log[(\text{REE})_G/(\text{REE})_P]/\log[(f)_G/(f)_P] \quad (19\text{-}10)$$

の近似的関係式で K_d(REE : fluid/melt) に結び付く．G と P は花崗岩媒体とペグマタイトを表し，f は含水メルトから流体が散逸した後に残る含水メルトの初期質量に対する分率である．ペグマタイト/媒体花崗岩対での $[(\text{REE})_G/(\text{REE})_P]$ 値は分析結果からわかるが，$(f)_G/(f)_P$ はわからない．しかし，異なるペグマタイト/媒体花崗岩対での K_d(REE : fluid/melt) の値は狭い範囲に収束するとの条件を課すことで，個々の対に対する $(f)_G/(f)_P$ の値を推測することができる．そのような形で，K_d(REE : fluid/melt) の値の範囲を限定する．その結果が図 19-15 である．

　流体が Rayleigh 蒸留型の分別過程を経て連続的に散逸する場合，散逸する流体の REE 濃度を C_{fluid}，共存する含水ケイ酸塩メルトの REE 濃度を C とすると，

$$C_{\text{fluid}}/C = K_d(\text{REE : fluid/melt}) \quad (19\text{-}11)$$

が成立するとする．REE 濃度 C_{fluid}，質量 Δm の流体の微小量が散逸する時，含水ケイ酸塩メルトの REE 濃度を C，質量を m とすると，流体の分離前後での REE に関する質量保存から

$$C \cdot m + C_{\text{fluid}} \cdot \Delta m = (C + \Delta C)(m + \Delta m)$$

が成立する．(19-11) を用いて書き直し，二次の微小量を無視すると，

$$\Delta C/C = (K_d - 1)(\Delta m/m)$$

となる．系の初期質量 m_0 として，含水ケイ酸塩メルトの質量を $m = f \cdot m_0$ のように残留分率 f で表現すると，

$$\Delta C/C = (K_d - 1)[\Delta(m_0 f)/(m_0 f)] = (K_d - 1)(\Delta f/f) \quad (19\text{-}12)$$

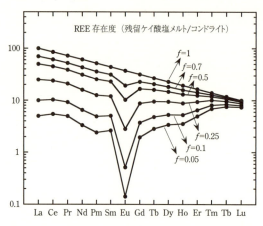

図 19-16a　図 19-15 に示す「小さな下に凸な四組効果と正の Eu 異常」を持つ K_d(REE : fluid/melt) の 3 セットで，A を採用して計算した残留ケイ酸塩メルトの REE 存在度パターン．f は系の残留質量分率．

となる．分配係数 K_d(REE : fluid/melt) は定数とすれば，この両辺は直ちに積分できる．$f = 1$ で $C = C_0$ が初期条件である．

$$\ln(C) = \ln(C_0) + (K_d - 1)\ln f$$
$$\rightarrow \log(C) = \log(C_0) + (K_d - 1)\log f \quad (19\text{-}13)$$

となる．流体の散逸が連続的に進行して，含水ケイ酸塩メルトの初期質量の f 倍（$0 < f \leq 1$）が残ったとすると，そこでの REE 濃度は (19-13) で与えられ，残留する流体を含むケイ酸塩メルトの REE 存在度パターンを近似的に計算することができる．前述の (19-10) は，(19-13) を 2 試料に適用し，2 試料の $\log(C_0)$ は近似的に等しいとすれば得られる．図 19-15 の 3 セットの K_d(REE : fluid/melt)

を用いて，この REE 分別を計算した結果が図 19-16a，b，c である．系の初期質量の残存率（f）が小さくなれば，より「上に凸な四組効果」を持つ REE 存在度パターンが得られ，同時に「負の Eu 異常」もより大きく成長する．図 19-9〜-11 に示した「極めて分化した REE 存在度パターン」の特徴を定性的に再現する．このように，前項で紹介した珪長質岩の四組効果と Eu 異常に関する観測事実は，定性的には説明可能である．以下の三つの条件の結合が重要である：

i) $\log K_d$（REE：fluid/melt）の系列変化が「下に凸な四組効果」を持ち，

ii) $\log K_d$（Eu：fluid/melt）が「正の異常」を示すこと，さらに，

iii) 流体成分がケイ酸塩成分から連続的に分離・散逸すること．

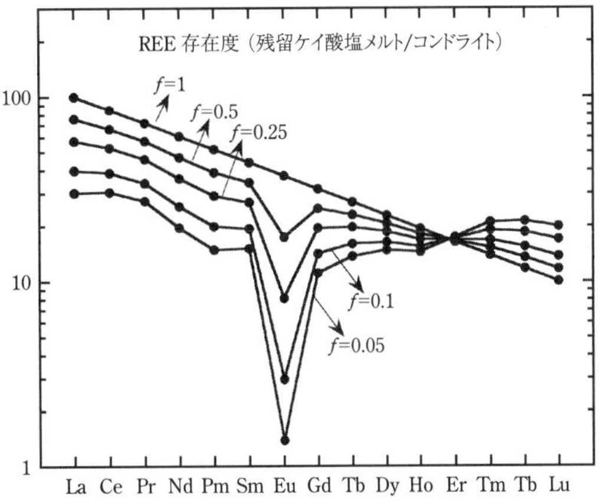

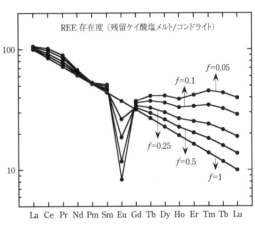

図 19-16b 図 19-15 に示す「小さな下に凸な四組効果と正の Eu 異常」を持つ K_d（REE：fluid/melt）の 3 セットで，B を採用して計算した残留ケイ酸塩メルトの REE 存在度パターン．f は系の残留質量分率．

図 19-16c 図 19-15 に示す「小さな下に凸な四組効果と正の Eu 異常」を持つ K_d（REE：fluid/melt）の 3 セットで，C を採用して計算した残留ケイ酸塩メルトの REE 存在度パターン．f は系の残留質量分率．

図 19-16a，b，c では，系の初期含水メルト（$f=1$）の REE 濃度は，隕石に対する相対濃度値の対数が原子番号と線形関係にあり，軽 REE が濃縮する場合を仮定している．初期組成自体も小さな四組効果や Eu 異常を持つとして計算することはできるが，ここでは単純化のためにこれを仮定していない．閉鎖系を前提にするのではなく，また，長石類のみが Eu を濃縮できるとの固定観念にもとらわれる必要はない．上記 3 条件の結合が重要と考える．

「系の質量残存率が $f=5\%$ であるとは現実的に意味があるのか？」，「K_d（REE：fluid/melt）を一定と考えるのは妥当な仮定か？」などの疑問はもちろん残るが，図 19-9〜-11 に示した「分化した REE 存在度パターン」の特徴を重要な観測事実と考え，その意味を探るための半定量的・定性的議論として受け止めていただきたい．以下では，天然試料での観測事実との関連から，K_d（REE：fluid/melt）値についての議論を補足する．

19-1-6　高温流体と珪長質ケイ酸塩メルト間の REE 分配係数

上述のように，Takahashi, T. et al.（2007）は，苗木花崗岩体内部に分布するペグマタイト質部分と媒体の花崗岩部分の化学組成上の差異に注目し，Rayleigh 蒸留型の流体散逸過程を仮定する

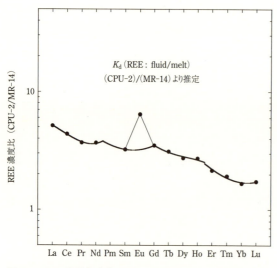

図 19-17a 流体包有物 CPU-2 の REE データ（図 19-12a）を未分化珪長質メルトと共存する流体に対する値と仮定し，その珪長質メルトの REE 濃度としては Zinnwald 地域に産出する流紋岩（MR-14）のデータを採用すると，両者の比は K_d（REE：fluid/melt）の推定値となる．

(19-10)式を用い，複数の花崗岩質媒体/ペグマタイト部分の対から求めた K_d（REE：fluid/melt）が一定範囲に収束することを条件に，これらの値を推定した．このような議論を行った理由は，苗木花崗岩類では流体が散逸する際の REE 分別効果は大きく無視できないと判断したからである．しかし，初期状態に近い流体包有物と共存する含水珪長質メルトの REE データが利用できるなら，両者の REE 濃度の比を K_d（REE：fluid/melt）の値と見なせばよい．REE 分別効果への配慮は不要となる．

そこで，図 19-12a に紹介した流体包有物 CPU-2 の REE データを未分化珪長質メルトと共存する流体に対するものと仮定し，その未分化珪長質メルトの REE 濃度として，図 19-8 に示した Zinnwald 地域に産出する流紋岩（MR-14）のデータを採用すると，その比の REE 存在度パターンは図 19-17a に示す値となる．この単純な K_d（REE：fluid/melt）推定値が示す REE 存在度パターンは，図 19-15 に示した Takahashi, T. et al.（2007）による推定結果と類似点がある．値自体は，後者の約 3 倍で，後に示す図 19-17b では $\log 3 = 0.48$ 程度だけ上側に平行移動したパターンではあるが，上述の $\log K_d$（REE：fluid/melt）に関する二つの条件，

　i) $\log K_d$（REE：fluid/melt）の系列変化が「下に凸な四組効果」を持つこと，
　ii) $\log K_d$（Eu：fluid/melt）が「正の異常」を示すこと，

を満たしている．もちろん，高温流体包有物（CPU-2）と Zinnwald 地域の流紋岩（MR-14）は自然界での"共存対"ではないので，図 19-17a の結果が，各含水ケイ酸塩メルト系での K_d（REE：fluid/melt）にどこまで近いかは正確にはわからない．実は，図 19-17a に対応する"近似的な現実対"の REE 存在度パターンは，Banks et al.（1994）が図 4 として示している．それは，「CPU-2 の REE 濃度を aplite の平均 REE 濃度で除した値」として図示されている．しかし，すべての REE の値が示されていないために四組効果の極性が十分にわからないこと，また，CPU-2 を含む granophyre ではなく aplite の平均 REE 濃度値で規格化されているので，ここではあえて Zinnwald 地域の流紋岩（MR-14）と組み合わせることにした．Banks et al.（1994）の図 4 と図 19-17a はおおむね等しい結果となっているのは間違いないので，図 19-17a の値は"共存対の値"とほぼ同等と筆者は考える．

図 19-17a の相互濃度比を K_d（REE：fluid/melt）と見なせば，その対数値は改良 RSPET 式で近似できても不思議ではない．これを検討した結果が図 19-17b である．系列途中での折れ曲がりなどはほとんど認められない形で，改良 RSPET 式

$$\log K_d(\text{REE}：\text{fluid/melt}) = A + (a+bq)qZ^* + \frac{9}{13}n(S)C_1Z^* + m(L)C_3Z^* \qquad (19\text{-}14)$$

で回帰可能である．四組曲線を個別に描いた結果（図 19-17a）と改良 RSPET 式の回帰結果の描画（図 19-17b の A）は，同一のデータを扱っているものの，これらが与える印象はかなり違う．図 19-17b では，log K_d(REE : fluid/melt) を四組効果と滑らかな系列変化の二つに分離し，滑らかな系列変化も示されていることがその原因である．この図には，図 19-15 に (A) として示した Takahashi, T. et al. (2007) が推定した K_d(REE : fluid/melt) についても，改良 RSPET 式で回帰した結果を示す．両者は同じではないが，「下に凸な四組効果」と「正の Eu 異常」を持つ点では確かに類似する．図 19-17b の (A) に示した logK_d(fluid/melt) を改良 RSPET 式で回帰した結果を用いて，図 19-16a, b, c と同類の計

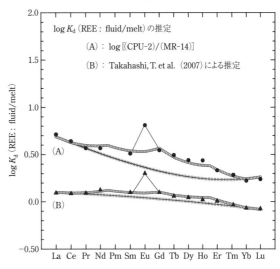

図 19-17b 図 19-17a の流体包有物と流紋岩の REE 相互濃度比の対数値は RSPET 式で近似できる (A)．図 19-15 に A として示した K_d(REE : fluid/melt) についても，RSPET 式で回帰した結果 (B)．

算を行った結果を図 19-18 に示す．改良 RSPET 式で表現した logK_d(fluid/melt) は，滑らかな系列変化成分と四組効果成分に分離され（図 19-17b），図 19-18 では，その両方の成分が対数濃度比に変換される様子を示している．「下に凸な logK_d(fluid/melt) の四組効果」の変化も滑らかな系列変化も，共に極性を反転させて，対数濃度比のパターンに反映され，その湾曲度が f の減少により拡大する様子を確認できる．

改良 RSPET 式による (19-14) の右辺全体は，Ln(III) の 4f 電子数 (q) の関数だから，
$$\log K_d(\text{REE : fluid/melt}) = x(q)$$
と置くと，K_d(REE : fluid/melt) 自体は，$|x(q)| < \infty$ に対して，
$$K_d(\text{REE : fluid/melt}) = 10^{x(q)}$$
$$= 1 + (\ln 10)x + \frac{(\ln 10)^2 x^2}{2!} + \frac{(\ln 10)^3 x^3}{3!} + \cdots \tag{19-15}$$
となる．$\ln 10 = \log_e(10) = 2.303$ である．これを (19-13) の $\log(C/C_0) = (K_d - 1)\log f$ に代入すれば，
$$\log(C/C_0) = \left[(\ln 10)x + \frac{(\ln 10)^2 x^2}{2!} + \frac{(\ln 10)^3 x^3}{3!} + \cdots\right] \cdot \log f \tag{19-16}$$
となる．$|x(q)| \ll 1$ の場合のみ，x の一次の項のみを残し他の高次項を無視でき，
$$\log(C/C_0) \approx (\ln 10) \cdot x \cdot \log f = 2.303 \cdot \log K_d(\text{fluid/melt}) \cdot \log f$$
と近似できる．しかし，一般的には (19-16) の関係にあるので，$|x(q)| \ll 1$ の保証がない限り，濃度の対数値からすぐに logK_d(fluid/melt) は得られない．

図 19-16a, b, c の計算結果と図 19-18 の結果を比べると，図 19-18 では大きな K_d(fluid/melt) を用いているので，分化した REE 存在度パターンはそれほど小さくない $f = 0.25$ から得られる．

図 19-9〜-11 に紹介した現実の「分化した珪長質火成岩」の REE 測定値の細かな特徴を再現するには，C_0 や K_d の値もさらに調整する必要があろう．そのためには，精度の高い実験的デー

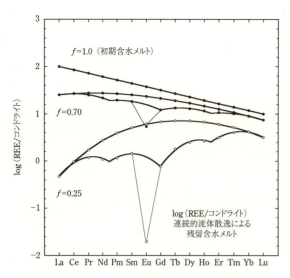

図 19-18 RSPET 式で回帰した $\log K_d$(fluid/melt)(図 19-17b の A)を用いて,図 19-16a,b,c と同様の計算を行った結果.下に凸な $\log K_d$(fluid/melt) の四組効果は,極性を反転させて,対数濃度比に反映され,その大きさを拡大させる様子が理解できる.

タの取得も重要で,流体と含水メルトの組成の関数として,K_d(fluid/melt) を実験的に決めることも必要となる.図 19-18 の結果は,図 19-16a,b,c の計算結果と共に,「上に凸な四組効果」と「著しい負の Eu 異常」を示す「分化した珪長質岩」の REE 存在度パターン形成を考えるための一過程と理解してほしい.

Bureau and Keppler (1999) は,ソレアイト質玄武岩ガラスについても珪長質岩ガラスと同様の実験結果となることを述べている.ただし,水を加えて 1100℃ まで加熱すればほぼ完全に均質な流体が得られるものの,常に少量の結晶が生じると記している.水と相互溶解した玄武岩質メルトは角閃石あるいは輝石に過飽和なのであろうとしている.流体に富む玄武岩質マグマも,珪長質マグマと同様に,水とケイ酸塩メルトの混合に対する臨界条件に規定された流体の分離と系からの散逸過程が重要であるかもしれない.このように,珪長質岩のみならず玄武岩も含めた火成岩の REE 存在度パターンが示す四組効果と Eu 異常は,火成岩マグマにおける水とケイ酸塩メルトの混和・不混和現象の問題や,二相での REE 分別を考える上で重要な観測事実と思われる.この問題と直接には結びつかないが,Veksler et al. (2005) は,ケイ酸塩メルトと不混和なフッ化物メルト間の REE 分配係数が四組効果を示すことを実験により報告している.実験データの重要性を改めて提起しておきたい.

ケイ酸塩メルトに関する混和・不混和の問題は,玄武岩質火山岩と珪長質岩での,隕石で規格化した REE 存在度パターンが示す四組効果の違い,すなわち,珪長質岩は「上に凸な四組効果」を示す (19-1-3) のに対し,火山岩は四組効果を示さない場合が多いが,示す場合は,「下に凸な四組効果」であること (19-1-2),を統一的に理解するためのヒントになるかもしれない.また,次節に述べる北九州アルカリ玄武岩の晶洞鉱物として産する REE 含水炭酸塩鉱物の起源を考える際にも重要かもしれない.

19-2 四組効果を示す希土類元素鉱物の REE 存在度と RSPET 式

19-1-2 で紹介したように,Nagashima et al. (1986) は,佐賀県肥前町に分布する新生代アルカリ玄武岩の空隙や割れ目を充填する二次鉱物として,希土類元素鉱物の新鉱物,木村石 (kimuraite;$CaY_2(CO_3)_4 \cdot 6H_2O$),を報告した.そして,Akagi et al. (1993) は,長島らが採取した 3 試料の木村石について REE 組成を,複数の安定核種を持つ REE には同位体希釈質量分析法 (ID-MS)

を，単核種 REE には ICP-MS 法を，それぞれ用いて精度よく決定した．そして，コンドライト隕石で規格化した木村石の REE 存在度パターンが，いずれの試料でも，「下に凸な四組効果」を示すと報告した．これは，海水が示すランタニド四組効果の発見（Masuda and Ikeuchi, 1979）に匹敵する希土類元素地球化学の重要な発見である．しかし，3 試料のうちの一つが示す REE 存在度パターンは，他の 2 試料が示す典型的な「下に凸な四組効果」と異なっている．これは何を意味するのだろうか？　この点を追究した筆者らの研究結果を紹介する．

19-2-1　木村石が示すランタニド四組効果

　Nagashima et al.（1986）によれば，上記の佐賀県肥前町のアルカリ玄武岩の空隙や割れ目には，木村石と共に，希土類元素鉱物のランタン石 [lanthanite-(Nd); $(La, Nd)_2(CO_3)_3 \cdot 8(H_2O)$] とロッカ石 [lokkaite-(Y); $CaY_4(CO_3)_7 \cdot 9(H_2O)$] も産出する．その後，Miyawaki et al.（2000, 2003）は，同じ試料採取場所から，新鉱物の kozoite-(Nd)[$Nd(CO_3)(OH)$] と kozoite-(La)[$La(CO_3)(OH)$] を報告している．

　Akagi et al.（1996）は，木村石を包有するアルカリ玄武岩について，その粉末試料を塩酸で洗浄した後に REE 分析した場合と，その種の洗浄を行わない場合とを比べ，ホスト玄武岩における炭酸態 REE の「汚染量」を評価し，あわせて，木村石とホスト玄武岩の Nd 同位体比も測定した．木村石では $\varepsilon(Nd) = -1.13$，塩酸で洗浄したホスト玄武岩では $\varepsilon(Nd) = +0.84$ と報告した．この $\varepsilon(Nd)$ の不一致から，木村石はアルカリ玄武岩マグマから直接的に由来したものではないと結論している．また，Akagi et al.（1996）は，木村石と共存するランタン石の REE 組成を ID-MS 法で定量し，lanthanite-(Nd) の REE 存在度は，共存する木村石と同様の四組効果を示すと結論している．

　筆者は，Nagashima et al.（1986）の論文から，希土類元素鉱物を胚胎する佐賀県肥前町のアルカリ玄武岩に興味を持った．筆者が愛媛大学に勤務する 1980 年代末のことで，同僚の皆川鉄雄氏からは，肥前町産の木村石を含む玄武岩試料を採取しているので，研究試料として必要なら提供するとの申し出を頂いた．木村石自体の化学組成は既に Nagashima et al.（1986）に報告されているので，木村石のホスト玄武岩自体の REE 濃度を，当時の卒論学生の井上直樹君の協力を得て，他種類の火山岩試料と共に ICP-AES で測定した．このホスト玄武岩の REE 存在度パターンは，他のアルカリ玄武岩試料とは異なり，滑らかなパターンとはならないことがわかった．しかし，その後に上述の Akagi et al.（1993, 1996）の論文が出版されたため，結果として，公表の機会を失ったと考え，木村石のホスト玄武岩 REE データは未発表データとして筆者のファイル・ボックスで眠ることになった．

　その約 10 年後，筆者らは，自らの研究室で得た太平洋中央海嶺玄武岩（MORB）の REE 分析データから，次のことに気付いた．MORB の REE パターンが改良 RSPET の理論式に合致し，その REE 存在度パターンが小さな「下に凸な四組効果」を示す．この事実は，タイプの異なる MORB に対する信頼できる文献データでも確認できた．その際に，未発表の木村石のホスト玄武岩の REE データも再度検討してみると，やはり，MORB と類似する小さな「下に凸な四組効果」を確認できた．玄武岩質火山岩類が示すランタニド四組効果の実例として，MORB のデータと合わせて報告し，隕石や類似火山岩で規格化した火山岩の REE 存在度パターンにも RSPET

式は適用でき，小さな四組効果であっても，その存在を明示できることを指摘した（Kawabe et al., 2008）．ただし，MORBでのLaやCeの存在度はこの理論式では表現できない系列変化を示す場合もかなりの頻度でみられる．木村石のホスト玄武岩もこのタイプに属する（19-1-2の図19-7）．

一方，Akagi et al.（1993）が報告した木村石・3試料の隕石で規格化したREE存在度パターンがすべて「下に凸な四組効果」を示すことは重要な発見ではあるが，三つのREE存在度パターンすべてが相似ではないことが筆者には気になった．特に，kimuraite-A(inner layer)の試料が示すREE存在度パターンは，全系列を通じて対称的ではなく，第4テトラドだけが折れ曲がるパターンに見える．他の2試料，kimuraite-A(middle layer)とkimuraite-B，が相互に類似した比較的規則的な存在度パターンを示すこととは対照的である．筆者には，「何かが見落とされているのでないか？」との思いが拭えなかった．そこで，2010年に博士課程に入学することになる中国からの留学生・焦文放君と共に，皆川鉄雄氏から20年ほど前に提供された木村石について検討することにした．また，EPMAによる鉱物試料の希土類元素定量に実績がある名古屋大学年代測定総合研究センターの加藤丈則氏に協力を要請し，電子線による *in situ* 非破壊分析による研究協力を快諾していただいた．

19-2-2 ランタン石を含む木村石試料

玄武岩の空隙を充填する木村石試料から，10 mg程度ずつを薬さじで取り出し，七つのサブ・サンプルを用意した．各サブ・サンプルを800℃で2時間加熱した後，酸溶液に溶かし，ICP-AESとICP-MSにより，CaとYを含むREEを定量した．玄武岩に付着する残り部分の一部を岩石カッターで切り取り，EPMA用の試料を準備した．その結果，以下のことが明らかになった．

1) 揮発成分のCO_2，H_2Oを除外した組成では，$Ln_2O_3 = \Sigma Ln_2O_3$として，七つのサブ・サンプルでの$CaO/(CaO+Y_2O_3+Ln_2O_3)$のモル比は，理想的な木村石あるいはNagashima et al.（1986）が報告した値0.50より小さく，0.45～0.37の範囲に入る．最小値はlokkaite-(Y)の値0.33よりは大きい．図19-19に示すように，CaOを$(Y_2O_3+Ln_2O_3)$に対してプロットすると，その組成変動は直線的で，$CaO/(Y_2O_3+Ln_2O_3)$比がそれぞれ0.5と0である木村石とランタン石を結ぶ直線上に乗る．試料は純粋の木村石ではなく，木村石＋ランタン石，木村石＋ロッカ石，または木村石＋ランタン石＋ロッカ石である可能性が考えられる．また，Miyawaki et al.

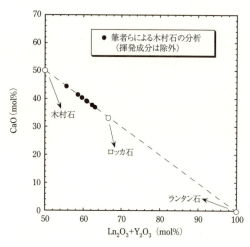

図19-19 木村石試料のCaOと$(Ln_2O_3+Y_2O_3)$の含有量（揮発性分を除いたモル％，$Ln_2O_3=\Sigma Ln_2O_3$の意味）のプロット．データは木村石とランタン石を結ぶ直線上に並ぶ．少量のランタン石，ロッカ石が混在することを示唆する．

（2000, 2003）による kozoite-(Nd) と kozoite-(La) とは組成上の違いから，これらの混入の可能性は棄却できる．

2) 7個のサブ・サンプルにおけるランタニドの存在度パターンは，緩い「下に凸な四組効果」を示すが，第四テトラドは下方に折れ曲がる．著しい負の Ce 異常も含めて，Akagi et al. (1993) が報告した kimuraite-A(inner layer) の木村石試料に類似した存在度パターンである．

3) EPMA による in situ 分析条件は，加速電圧 15 kV，プローブ電流 25 nA，プローブ直径 10 μm，計数時間 25 s とした．さらに，測定対象元素を Ca, Y, La, Pr, Nd の 5 種に限定した．試料表面が電子線衝撃により状態変化を起こしやすいため，電子線照射を短くするためである．32 点での分析結果からすると，$CaO/(Y_2O_3 + Ln_2O_3)$ のモル比は，0.48〜0.30 の範囲を示し，ICP-AES と ICP-MS による湿式化学分析結果での変動範囲とほぼ一致する．

4) EPMA での反射電子像（back-scattered electron image, BSE 像）では，木村石は Ca, Y に富むために暗色像となるが，この暗色部内には μm オーダーの高輝度部分が点状，線状に分布することが明らかになった．BSE の輝度は，構成物質の平均原子番号に比例するので，この高輝度部分は，平均原子番号が木村石より大きな物質が占めていることを意味する．すなわち，相対的に Ca ($Z=20$)，Y ($Z=39$) に乏しく，Ln_2O_3 ($Z=57$〜71) に富む物質が木村石と共存している．この高輝度物質は Ca, Y を含まないランタン石が最も考えやすく，ロッカ石ではない．したがって，試料は木村石の単鉱物試料ではなく，「木村石＋ランタン石」の複鉱物試料と考えられる．

以上の実験事実（Jiao et al., 2011, 2013）から，かつて Akagi et al. (1993) の報告を読んだ際に筆者が抱いた疑問への答が得られた．Akagi et al. (1993) が報告した木村石の 3 試料のうち，kimuraite-A(inner layer) は，我々のグループが調べた試料と同様に，kimuraite＋lanthanite の複鉱物試料である可能性が高い．一方，kimuraite-A(middle layer) と kimuraite-B は多分 kimuraite の単鉱物試料と思われる．Akagi et al. (1993) では CaO, Y_2O_3 についてのデータは報告されてないので，我々の検討結果と直接に対比できないのは残念であるが，REE 存在度パターンの対比は可能である．以下で述べるように，ランタン石と木村石の REE 存在度パターンは RSPET 式を用いて定量的に記述できることがわかったからである．

19-2-3 ランタン石と木村石の REE 存在度パターンを表現する RSPET 式

佐賀県肥前町産のランタン石の希土類元素組成については，Nagashima et al. (1986) が報告しているが，上に紹介したように，Akagi et al. (1996) は，木村石と共存するランタン石の REE 組成を同位体希釈質量分析法（ID-MS）で定量し，ランタン石の REE 存在度は，共存する木村石と同様の四組効果を示すと結論した．ID-MS 法は単核種 REE（Pr, Tb, Ho, Tm）には適用できないため，ランタン石が木村石とどこまで四組効果を共有するかは，ランタン石に対する ID-MS データでは明確にならない部分が残る．そこで，ランタン石の全希土類元素の定量分析値を報告している文献を検索したところ，Graham et al. (2007) がニュージーランド産のランタン石を記載し，ICP-MS 法による化学組成も報告していることがわかった．Tm 以外の REE の含有量が報告されている．

この Graham et al. (2007) によるランタン石の REE データを隕石で規格化した存在度パターン

を図 19-20 の A に示す．Ce 負異常があり，また，Tm の値は報告されていないので，内挿により これらの値を推定し（白抜きの点），これらのデータを $C_{ls}=0$ とした場合の RSPET 式

$$\log(\text{REE})_n = A + (a + bq)qZ^* + \frac{9}{13}n(S)C_1Z^* + m(L)C_3Z^* \tag{19-17}$$

に最小二乗法で回帰したところ，図 19-20 に示すように良好な結果が得られた．また，Akagi et al.（1996）による木村石と共存する肥前町からのランタン石についても，未測定の単核種 REE と Ce については両側の REE に対するデータから内挿値を求め，Graham et al.（2007）のランタン石の場合と同じように，RSPET 式で回帰した．その結果は図 19-20 の B に示してある．白抜きの点で示した内挿値を使用しない場合は，適切な最小二乗解は得られなかった．また，二つのランタン石の濃度比の対数値も図 19-20 に示すように，RSPET 式でうまく回帰できる．これは，図 19-20 の A と B の差に当たるので，当然の結果であるが，二つのランタン石の隕石で規格化した REE 存在度パターンの相違が「上に凸な四組効果」として現れていることは重要である．両者の相違を A/B で考えるか B/A で考えるかで極性は変わる．隕石で規格化した REE 存在度パターンでの四組効果自体は，肥前産ランタン石の方が，ニュージーランド産ランタン石より大きい．しかし，軽 REE を相対的に濃縮する滑らかなトレンドは両ランタン石で極めて類似していることがわかる．何よりも重要なことは，希土類元素鉱物ランタン石の REE 存在度パターンが，Ce 異常を除き，$C_{ls}=0$ とした場合の RSPET 式（19-17）で定量的に表現できることが判明したことである（Kawabe et al., 2012）．このような肥前産ランタン石を基準にして，木村石の REE 存在度パターンを詳しく検討できる（Kawabe et al., 2012; Jiao et al., 2011, 2013）．

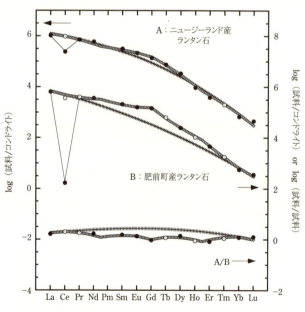

図 19-20 佐賀県肥前町およびニュージーランド産ランタン石 (lanthanite) の REE 存在度パターンと両者の差を RSPET 式に最小二乗法で回帰した結果（Kawabe et al., 2012）．黒丸は実際の分析値で，白丸は両隣からの内挿値．隕石による規格化には Anders and Grevesse（1989）による CI コンドライト隕石の平均値を用いている．

図 19-21a と b は，Akagi et al.（1993）が報告した三つの木村石試料と我々の「木村石+ランタン石」試料（木村石-NU）の REE データをランタン石で規格化した REE 存在度パターンで比較検討している．図 19-21a と b から明らかなように，Akagi et al.（1993）の"木村石-A(middle layer)"と"木村石-B"は，Ce 異常のみを補正するだけで，RSPET 式への回帰ができる．しかし，我々の使用した「木村石+ランタン石」の混合鉱物試料では，軽 REE（La~Nd）のデータを小さい値に修正しない限り，RSPET 式への回帰は不可能である．この状況は Akagi et al.（1993）の"木村石-A(inner layer)"でも同様であり，この木村石試料は「木村石+ランタン石」の混合鉱物試料であると推定で

きる．ランタン石は軽 REE に富むことから，この不純物としての存在は軽 REE の測定値に大きく現れる．そのため，含まれるランタン石の影響を補正し，木村石自体の REE 存在度に直すためには，La～Nd の測定データをより低い濃度値に補正する必要がある．補正量は，"木村石-A(middle layer)" と "木村石-B" の場合を参照することで推定できる．補正したデータが RSPET 式で回帰できることを条件にして補正量を推定した．その結果が図 19-21a と b に示してある．これら四つのランタン石で規格化した "木村石" の REE 存在度パターンからすると，隕石で規格化した "木村石" 自体の REE 存在度パターンは相互に類似したものとなる．図 19-22a，b はこれを示している．

我々の研究室で検討した "木村石" 試料も，Akagi et al. (1993) の "木村石-A(inner layer)" 試料も，隕石で規格化した実験データの REE 存在度パターンを見る限りでは「第 4 テトラドが下方に折れ曲がっている」との印象を得る．第 1～第 3 テトラド部分では比較的水平的な系列変化となっており，弱い「下に凸な四組効果」もあるとの印象も持つ．しかし，これらは，Akagi et al. (1993) の "木村石-A(middle layer)" と "木村石-B" の同様な REE 存在度パターンから得られる印象とは異質なもので，もし，これらが単一の鉱物木村石の REE 存在度パターンとすると，大変考えにくい状況と言わざるをえない．筆者が Akagi et al. (1993) の報告を読み，そのデータ

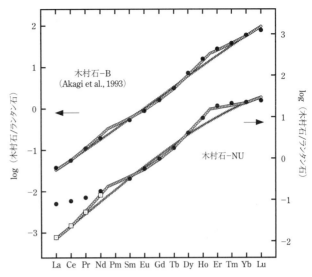

図 19-21a 肥前産ランタン石で規格化した "木村石-B"（Akagi et al., 1993）と "木村石+ランタン石"（木村石-NU, Jiao et al., 2013）の REE 存在度パターンの比較．前者は Ce 異常を補正するだけで，RSPET 式に回帰できるが，後者の場合は La～Nd への補正なしには，RSPET 式への回帰は不可能である．

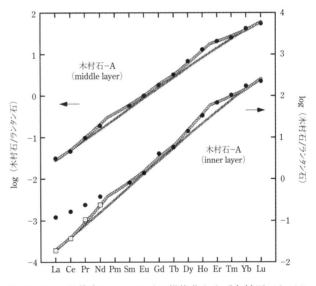

図 19-21b 肥前産ランタン石で規格化した "木村石-A(middle layer)" と "木村石-A(inner layer)" の REE 存在度パターンの比較．両試料の REE データは Akagi et al. (1993) による．図 19-21a の場合と同様に，前者は Ce 異常のみを補正するだけで RSPET 式への回帰が可能だが，後者の場合は La～Nd への補正なしには RSPET 式への回帰は不可能である．

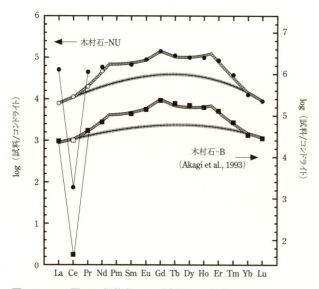

図 19-22a 隕石で規格化した"木村石-B"（Akagi et al., 1993）と"木村石+ランタン石"（木村石-NU, Jiao, et al., 2013）のREE存在度パターンの比較．前者はCe異常を補正するだけでRSPET式に回帰できるが，後者の場合はLa～Ndへの補正後にRSPET式へ回帰できる．

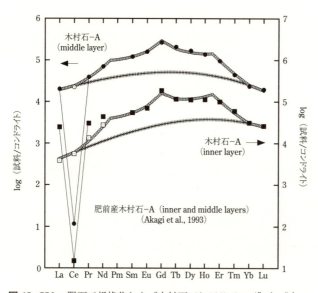

図 19-22b 隕石で規格化した"木村石-A(middle layer)"と"木村石-A(inner layer)"のREE存在度パターンの比較．両試料のREEデータはAkagi et al. (1993) による．前者はCe異常を補正するだけでRSPET式に回帰できるが，後者の場合はLa～Ndへの補正後にRSPET式へ回帰できる．

を検討した後でもなお「何かが見落とされているのでないか？」との思いが拭えなかった理由である．

ランタン石が含まれることで，第1テトラド部分に木村石としては過剰量が付加され，第1テトラド部分の「下方への折れ曲がり」が隠されてしまい，第4テトラドのみが「下方への折れ曲がり」を示すとの印象を与えているわけである．REE存在度パターンの定性的特徴だけではなく，RSPET式で再現できるか否かの定量的議論も重要であることがわかる．

その意味から，Nagashima et al. (1986) が報告している木村石とランタン石の化学分析値がRSPET式でどの程度再現できるかも検討した．その結果が図19-23である．Nagashima et al. (1986) でのICP-AES分析値は，いずれの場合も，Ce異常を補正するだけで，RSPET式で回帰できる．木村石の場合，隕石による規格化パターンでの「下に凸な四組効果」は，Akagi et al. (1993) の木村石の場合よりは明らかに小さい（上段の図）．これはGdをピークとする「下に凸な八組効果」が小さいためである．Nagashima et al. (1986) の木村石とAkagi et al. (1993) の木村石-A(middle layer) を直接比較した結果（中段の図）には，「上に凸な八組効果」としてこの違いが直接現れている．しかし，木村石もランタン石も，RSPET式への回帰結果は，Akagi et al. (1993, 1996) の場合に類似する四組効果を明確に示している．ただし，負のCe異常は，Akagi et al. (1993) の木村石の場合や我々の試料の場合より，log単位で1ほど小さい．これはCeの検出限界の問題に関係しているかもしれない．

以上のように，希土類元素鉱物であるランタン石と木村石のREE存在度がJørgensen理論に基づくRSPET式によって定量的に記述できることが明確になった (Kawabe et al., 2012; Jiao et al., 2013).

ランタン石と木村石は佐賀県肥前町のアルカリ玄武岩の晶洞では共存鉱物対であるが，ランタン石と木村石のそれぞれがコンドライト隕石と共存しているわけではない．にもかかわらず，木村石/ランタン石のランタニド濃度比の対数値も，木村石/隕石やランタン石/隕石のランタニド濃度比の対数値も，共通してRSPET式により定量的に記述できる．この事実は何を意味するのだろうか？この問題を次に考察しよう．

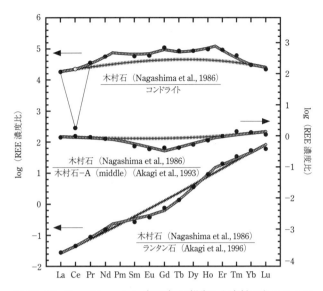

図 19-23 Nagashima et al. (1986) が報告した木村石とランタン石のREE分析値をRSPET式で回帰した結果．Ce異常さえ補正すれば木村石のデータはRSPET式で回帰できる（上段）．中段，下段ではCe異常を補正した結果のみがプロットされている．

19-2-4　RSPET式で記述する希土類元素鉱物のREE存在度

第18章では，深海マンガン団塊と石灰岩のREE存在度パターンをめぐって，図18-5の「単純化した化学反応の連鎖モデル」を念頭に類似の検討を行った．コンドライト隕石は深海マンガン団塊や石灰岩とREE分配平衡にはないことは自明である．コンドライト隕石に類似する「初期地球物質」がさまざまな分化過程を経るなかで作り出した物質の一つが，深海マンガン団塊，あるいは，石灰岩であるという関係があるだけである．ここで考えたい希土類元素鉱物の木村石とランタン石についても，事情は同じである．

地球史を通じての物質分化過程から各天然物が作りだされる過程でのREE分別を"積分した結果"が，コンドライト隕石で規格化した各天然物のREE存在度パターンである．"積分"の初期状態がコンドライト隕石，終状態が個々の天然物試料に対応する．だから，「個々の個別反応の連鎖過程」が具体的にわからない限り，隕石で規格化した各天然物のREE存在度パターンの意味は了解できない．しかし，木村石とランタン石は平衡共存する鉱物（化学種）だから，以下で述べるように，木村石/ランタン石のランタニド濃度比の対数値がRSPET式に当てはまる事実は，その鉱物対が関与する「単一ステップの分配反応」を考え，そこでのいくつかの条件を考えることで了解できる．木村石/隕石やランタン石/隕石のランタニド濃度比の対数値は，「何段階かの分配反応の連鎖過程」に対応するはずなので，必ずしもRSPET式で定量的に記述される必要はない．ところが実際は，隕石で規格化した木村石とランタン石のREE存在度パターンもRSPET式で記述できる．それゆえ，何がそうさせるかを考えたい．

単一のREE分配反応とRSPET式：木村石/ランタン石の濃度比

佐賀県肥前町のアルカリ玄武岩の空隙では，木村石とランタン石が共存しており，両者は水和炭酸塩だから，共に熱水系から生成した可能性が高い．いずれも負のCe異常を示すが，その熱水の直接の起源物質自体が既に負のCe異常を刻印していた可能性が考えられる．$Ce(IV)O_2$を含む物質が木村石やランタン石と共存していないからである．Ceは取りあえず除いて考えることにすると，熱水，木村石，ランタン石の三者が共存するならば，以下の反応の平衡が成立していたと考えることができる．

$$REE_2(CO_3)_3 \cdot 8H_2O(ss) + Ca^{2+}(aq) + CO_3^{2-}(aq) = CaREE_2(CO_3)_4 \cdot 6H_2O(ss) + 2H_2O(l) \quad (19\text{-}18)$$

左辺側にランタン石，右辺側に木村石をおけば，質量保存から，左辺側には熱水溶存成分としての$Ca^{2+}(aq)$と$CO_3^{2-}(aq)$があり，右辺側には$H_2O(l)$があることになる．この反応の(T, P)での平衡定数を$K(REE)$と記すと，

$$\ln K(REE) = -\Delta G_r^0/RT \quad (19\text{-}19)$$

であり，ΔG_r^0は，(19-18)の反応の(T, P)におけるGibbs自由エネルギー変化であるから，

$$\Delta G_r^0 = \Delta G_f^0(REE, kim) - \Delta G_f^0(REE, lan) + 2\Delta G_f^0(H_2O, l) - \Delta G_f^0(Ca^{2+}, aq) - \Delta G_f^0(CO_3^{2-}, aq) \quad (19\text{-}20)$$

であり，平衡定数は各化学種の活量を用いて，

$$K(REE) = \frac{a(REE, kim)}{a(REE, lan)} \cdot \frac{a^2(H_2O, l)}{a(Ca^{2+}, aq) \cdot a(CO_3^{2-}, aq)} \quad (19\text{-}21)$$

である．ゆえに，(19-19)は，(19-20)と(19-21)を用いて，

$$\ln\left[\frac{a(REE, kim)}{a(REE, lan)} \cdot \frac{a^2(H_2O, l)}{a(Ca^{2+}, aq) \cdot a(CO_3^{2-}, aq)}\right]$$
$$= -[\Delta G_f^0(REE, kim) - \Delta G_f^0(REE, lan)]/(RT)$$
$$- [2\Delta G_f^0(H_2O, l) - \Delta G_f^0(Ca^{2+}, aq) - \Delta G_f^0(CO_3^{2-}, aq)]/(RT)$$

となる．左辺の溶解成分からなる第2の因子と右辺の第2項はREEに無関係な定数と考えることができるので，

$$\ln\left[\frac{a(REE, kim)}{a(REE, lan)}\right] = [\Delta G_f^0(REE, lan) - \Delta G_f^0(REE, kim)]/(RT) + \text{const.} \quad (19\text{-}22)$$

である．$a(REE, kim)$と$a(REE, lan)$は，木村石とランタン石におけるREE成分の活量であるが，この活量比$a(REE, kim)/a(REE, lan)$は，活量係数とモル分率の積の比に等しい．これは，通常のREEの重量濃度比に比例すると置くことができ，αをその比例係数として，

$$\frac{a(REE, kim)}{a(REE, lan)} = \alpha \cdot \frac{C(REE, kim)}{C(REE, lan)} \quad (19\text{-}23)$$

である．比例係数αはREE系列を通じて，近似的に等しいとすると，

$$\log\left[\frac{C(REE, kim)}{C(REE, lan)}\right] \approx [\Delta G_f^0(REE, lan) - \Delta G_f^0(REE, kim)]/(2.303RT) + \text{const.} \quad (19\text{-}24)$$

となる．図19-21aとbに示したAkagi et al.（1993）による木村石の2試料では，ランタン石に対する相対濃度比は，「小さな下に凸な四組効果」だけを示し，八組効果はほぼ相殺されている．一方，Nagashima et al.（1986）の木村石（図19-23）では，「上に凸な」明瞭な八組効果が認められ，ΔE^3が対応する四組効果はほぼ相殺されている．これらの対数濃度比は(19-17)式で表現できることは既に指摘した．

$$\log(\text{REE})_n = A + (a+bq)qZ^* + \frac{9}{13}n(S)C_1Z^* + m(L)C_3Z^* \tag{19-17}$$

(19-24) 右辺の $[\Delta G_f^0(\text{REE, lan}) - \Delta G_f^0(\text{REE, kim})]/(2.303RT)$ が，(19-17) 式の系列変化を内在させていることになる．実際に認められる「四組効果」は，

$$\Delta G_f^0(\text{REE, lan}) - \Delta G_f^0(\text{REE, kim})$$
$$= \Delta H_f^0(\text{REE, lan}) - \Delta H_f^0(\text{REE, kim}) - T[\Delta S_f^0(\text{REE, lan}) - \Delta S_f^0(\text{REE, kim})] \tag{19-25}$$

に従うことになるが，滑らかな系列変化を除いて四組効果だけ注目すれば，(19-25) は

$$\Delta G_r(\text{tetrad})_\text{obs} = \Delta H_r(\text{tetrad}) - T\Delta S_r(\text{tetrad}) \tag{19-26}$$

とも表現できる．多分 100〜200℃ 程度の熱水温度を前提にすると，常温の場合のように，

$$|\Delta H_r(\text{tetrad})| \gg |T\Delta S_r(\text{tetrad})| \tag{19-27}$$

とはできない可能性がある．観測事実は，REE^{3+} の $[\text{Xe}](4f^q)$ 配置の熱力学量 ΔG_r への寄与が，ランタン石系列と木村石系列で正確にキャンセルされず，「四組効果」や「八組効果」となっていると考えねばならない．これは，ランタン石と木村石における REE^{3+} の配位状態が同じではないことにつながる．

$(\text{La, Ce})_2(\text{CO}_3)_2\cdot 8\text{H}_2\text{O}$ のランタン石の X 線構造解析を行った Negro et al. (1977) によれば，この結晶では Ln^{3+} は 2 種の 10 配位席を占め，6 個の CO_3^{2-} の酸素原子と 4 個の H_2O の酸素原子または 8 個の CO_3^{2-} の酸素原子と 2 個の H_2O の酸素原子に配位されている．一方，木村石の精密構造解析は報告されていないが，Miyawaki et al. (1993), Miyawaki and Nakai (1996) は，木村石の結晶構造は tengerite $\text{Y}_2(\text{CO}_3)_3\cdot 2\text{H}_2\text{O}$ に類似すると予想し，Ln^{3+} は 9 配位で，配位子は 8 個の CO_3^{2-} の酸素原子と 1 個の H_2O の酸素原子と推定している．この予想を受け入れると，ランタン石における Ln^{3+} の配位数の方が木村石の場合より大きく，CO_3^{2-} の酸素原子に比べ共有結合性の弱い H_2O の酸素原子の配位子に占める割合も，ランタン石の方がやや大きい．ゆえに，REE^{3+} の Racah パラメーター (E^1, E^3) の大小関係は，

$$E^1(\text{lanthanite}) > E^1(\text{kimuraite}) \tag{19-28-1}$$
$$E^3(\text{lanthanite}) > E^3(\text{kimuraite}) \tag{19-28-2}$$

と考えるのが妥当だろう．この予想は，低温・常温条件での (19-28-1, -2) を仮定した場合，木村石/ランタン石で REE 対数濃度比の系列変化の四組効果は，「上に凸な」極性を持つとの推測を与える．これは，Nagashima et al. (1986) の木村石 (図 19-23) が示す「上に凸な八組効果」と合致する．しかし，Akagi et al. (1993) の木村石試料 (図 19-21a, -21b) の場合，ΔE^1 が対応する八組効果はほとんど相殺されており，ΔE^3 に対応する小さな四組効果は「下に凸な」極性を示すので，低温・常温条件での (19-27) を前提にした推定結果とは合致しない．

木村石試料の違いによって，木村石/ランタン石で REE 対数濃度比の系列変化が異なる事実は，低温・常温での条件 (19-27) が，前提とすべき熱水条件とは相容れないことを示しているのかもしれない．すなわち，Nagashima et al. (1986) の木村石試料はより常温に近い条件で生成したため (19-27) を適用できるが，Akagi et al. (1993) の木村石試料はより高温の熱水条件で生成したため，八組効果成分は $\Delta H_r(\text{tetrad})$ と $T\Delta S_r(\text{tetrad})$ が ΔG で相殺しあい，狭義の四組効果成分では，$|\Delta H_r(\text{tetrad})| < |T\Delta S_r(\text{tetrad})|$ の状況が実現した可能性が考えられる．(19-27) を適用できないと考えれば，木村石とランタン石で異なる Ln^{3+} の配位状態から推定した Racah パラメーター (E^1, E^3) の大小関係とは矛盾しない．

取りあえずの議論と推論は，以上の通りであるが，既に記したように，木村石の結晶構造解析は報告されておらず，また，木村石とランタン石のREE成分に対するΔH_f^0，ΔS_f^0のデータ，Racahパラメーターに関する分光学的データも報告されていない．これらの実験データが得られるまでは，最終的な結論は下さない方が賢明であろう．しかし，天然試料の鉱物対で，REE対数濃度比の系列変化がRSPET式で表現できることがわかったのは，この木村石/ランタン石が初めての例である．Ce異常は除くとの条件はあるものの，ほぼ無条件でRSPET式が使える．これは，木村石とランタン石の各鉱物のLn成分は系列を通じてほぼ同質同形であることを強く示唆している．

分配反応の連鎖とRSPET式：隕石で規格化したREE存在度パターン

木村石/ランタン石の鉱物対におけるREE濃度比がRSPET式で定量的に記述できることは，上記の議論からも了解できるが，木村石とランタン石を隕石で規格化したREE存在度パターンまでもが，RSPET式で表現できる事実は，既に記したように，ただちには了解できない．この種のREE存在度パターンは，複数段階でのREE分別過程を「積分」した結果だからである．個別履歴をすべて記述することはまったく不可能ではあるが，概念的な考え方を図19-24に示す．コンドライト的な始源的地球物質の火成作用，これに伴うマグマ性流体，熱水溶液の形成から希土類元素鉱物（lanthanite, kimuraite）の生成までを模式的に描いてある．

肥前町からの木村石とランタン石が，いずれも，きわめて大きな負のCe異常を示す事実は，両二次鉱物を作り出した熱水系自体（図の熱水溶液-2）が，既に，そのような特徴を持っていたことを示唆している．熱水系の起源流体が作り出される過程では，外洋海水で見られるような粒子態CeO_2が，溶存Ln(III)を含む流体から効率的に分離される過程を考えねばならない．そのためには，元々の起源流体（図の熱水溶液-1）は，溶存酸素分子を含む流体系と混合されねばなら

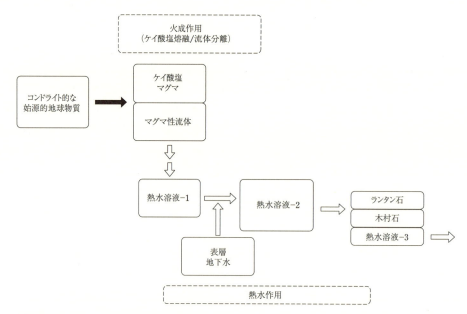

図19-24 コンドライト的な始源的地球物質の火成作用とマグマ性流体，熱水溶液，希土類元素鉱物（lanthanite, kimuraite）の生成．

ない．図に示したように，「熱水溶液-1」が表層地下水と混合しながら，熔岩層の割れ目系を浸透する過程では，粒子態 CeO_2 と溶存 Ln(III) の分離が実現する可能性はあろう．

希土類元素鉱物（lanthanite, kimuraite）と共存した熱水溶液は，図 19-24 での「熱水溶液-3」であり，その母液である「熱水溶液-2」は，負の Ce 異常を持ち，「熱水溶液-1」と浅層地下水との混合によって形成されると考えている．「熱水溶液-1」は火成作用で作られる「マグマ性流体」につながると仮定している．CO_2 や H_2O の揮発成分は希土類元素鉱物の主たる構成成分だから，これらは何らかの形で「マグマ性流体」に由来すると考える．具体的には，Ln(III) 炭酸錯体として CO_2 や H_2O の高温流体と共に地殻浅部に輸送されたのであろう．「マグマ性流体」は「ケイ酸塩マグマ」と共存した流体の意味で使用しているので，「マグマ性流体」と「ケイ酸塩マグマ」の間では，希土類元素に関する分配平衡を考えることができる．「ケイ酸塩マグマ」と「コンドライト的な始源的地球物質」間での REE 分別は，玄武岩の REE 存在度パターンに対応するから，

「コンドライト的な始源的地球物質 (A)」
$$\rightarrow \text{「ケイ酸塩マグマ (B)」} \rightarrow \text{「マグマ性流体 (C)」} \tag{19-29}$$

の過程での REE 分別は，RSPET 式で定量的に記述できる可能性がある．RSPET 式 (19-17) が，A → B，B → C と 2 回引き続く過程に適用できるなら，$\log(B/A) + \log(C/B) = \log(C/A)$ である．RSPET 式の 5 個の定数 (A, a, b, C_1, C_3) はすべて線形係数であるから，$\log(C/A)$ を単独で RSPET 式に当てはめた場合の係数は，$\log(B/A)$ と $\log(C/B)$ に RSPET 式を個別に適用した場合の係数の和になる．同様な連鎖は，

$$\text{「マグマ性流体」} \rightarrow \text{「熱水溶液-1」} \rightarrow \text{「熱水溶液-2」} \tag{19-30}$$

の分化過程でも考えることができる．質量保存則の条件を考慮すべき混合過程が関与する場合でも，滑らかな系列変化を記述する定数 (A, a, b) の項がその効果を吸収し，八組効果と狭義の四組の大きさを与える定数 (C_1, C_3) 部分はほとんどその変化を受けない可能性が考えられる．RSPET 式の本来の意味は失われるものの，RSPET 式の形式だけが生き残ることが考えられる．これが，筆者の考える「隕石で規格化した希土類元素鉱物の REE 存在度が RSPET 式で記述できる」理由である．

この考え方から，再度，図 19-20 の結果を考えたい．そこには，佐賀県肥前町およびニュージーランド産ランタン石の REE 存在度パターンとその差を RSPET 式に最小二乗法で回帰した結果が示されている．特に重要なのは，図 19-20 の下段に確認できる「小さな上に凸な」四組効果である．すなわち，両者は共にランタン石ではあるが，産地は異なるので履歴は同じではない．両者の履歴の違いが結果として「小さな上に凸な」四組効果として現れている．「滑らかな系列変化」は，差を取ることではぼ相殺されるが，両者は四組効果を伴う REE 分別作用を経験しており，その差が「積分した結果」の差異であることは，上段と中段の REE 存在度パターンから明らかである．このように，佐賀県肥前町およびニュージーランド産ランタン石は共存する鉱物対ではないが，その Ln 濃度比の対数には，四組効果が現れ，RSPET 式で定量的に表現できる．この図の結果も，上述の筆者の考え方を支持する．

図 19-20 の下段に類似する結果は，平均的地殻 REE を代表すると解釈されている North American Shale Composite (NASC) と Post-Archean Australian Average Shale (PAAS) での Ln 濃度比でも指摘されている (Kawabe, 1996)．二つの平均頁岩は「共存対」ではない．しかし，両者に刻印

されている「隕石で規格化された REE 存在度パターン（積分された REE 分別）」の差を取れば，類似する「滑らかな系列変化」はほとんど相殺され，「小さな四組効果」が現れる．これは，四組効果が関与する REE 分別過程を平均頁岩とその起源物質が経験している証拠である．

希土類元素鉱物の地球化学的意味

四組効果と RSPET 式からは離れて，希土類元素水和炭酸塩が二次鉱物として産出する事実について，その地球化学的意味を少し広い視点から考えてみると，以下の諸点を指摘できる．

1) これら二次鉱物自体は，アルカリ玄武岩熔岩の空隙や割れ目を充填する形で産し，REE 以外の主たる構成成分は水和水・炭酸イオンの揮発成分だから，高温のアルカリ玄武岩熔岩噴出時の産物ではない．玄武岩熔岩形成後の熱水活動に伴う熱水溶液が，既存熔岩に浸透したことで生じたと考えられる．木村石では $\varepsilon(Nd) = -1.13$，塩酸で洗浄したホスト玄武岩では $\varepsilon(Nd) = +0.84$ であると報告した Akagi et al.（1996）も，木村石がアルカリ玄武岩マグマから直接的に由来したものではないとしている．

2) 熱水溶液には十分な量の炭酸が含まれていたに違いない．炭酸は，一般に，火山活動・火成活動で発散される揮発性成分として普遍的な成分である．したがって，希土類元素鉱物を晶出させた熱水は，玄武岩熔岩形成後に生じているものの，北九州地域に分布する新生代アルカリ玄武岩を作り出した火成活動と無関係ではなく，アルカリ玄武岩マグマ分化物としての揮発性物質とつながる可能性がある．

3) アルカリ玄武岩マグマの揮発性物質は水・炭酸を主体とする流体であろう．極端な例は，キンバーライト・マグマである．上部マントルの炭酸・水を濃縮したマグマが，高速で地殻岩石を破壊しながら火道を作り，ダイヤモンドを含むマントル物質を地表部に輸送する．また，熔融炭酸塩のマグマ，カーボナタイト・マグマ，も知られている．この産出には，ケイ酸塩と炭酸塩の不混和熔融現象の関与が考えられている（Wyllie et al., 1996 およびそこでの文献）．マントル物質の熔融とその熔融物の地表への輸送が火成活動であるが，その流体成分組成にはさまざまな場合がありうる．新生代に活動した北九州・アルカリ玄武岩マグマにも，流体成分は存在したはずで，その分化物が熱水溶液となり，二次鉱物としての希土類元素水和炭酸塩の形成となった可能性は十分に考えられる．

4) アルカリ玄武岩はもとより，キンバーライト，カーボナタイトには希土類元素が濃集することは，古くから知られている（Cullers and Graf, 1984）．希土類元素(III)イオンと炭酸イオンとの高い化学的親和性は，海水に溶存する希土類元素(III)炭酸錯体に関連して既に指摘したが，高温の地球化学過程でもその特性は重要であろう．

5) 上記とは正反対の状況もその可能性は今のところ棄却できない．希土類元素の二次鉱物の産出が，現時点では，佐賀県肥前町に限られていることから，きわめて局所的な熱水系の存在のみを認め，これらの産出は北九州・アルカリ玄武岩マグマとは直接的には結びつかないと考えることも，排除できない．新生代のアルカリ玄武岩は北九州・中国の西南日本・韓半島・中国大陸に広く分布するが，佐賀県肥前町以外の地点で，希土類元素の二次鉱物の産出例があるかどうかを調べることは，この意味から重要である．

6) ロシアの Seredin et al.（2009）が，lanthanite, kimuraite, lokkaite を含む鉱石試料を報告している．産地は Abramovsskoye ore occurrence at the periphery of the Voznesenskii ore region,

Khankayskii massif, Primor'ye, Russia と記されている．REE 炭酸塩鉱物の産状は，佐賀県肥前町での産出のケースとは異なり，かなり複雑であるが，鉱石試料に塩酸を用いて鉱石試料中の REE 炭酸塩鉱物を溶出させて得られた ICP-MS 分析値も示されている．これらのデータを RSPET 式から検討した（Jiao et al., 2014 submitted）．lanthanite 鉱石試料は少量の kimuraite を含み，また逆に，kimuraite 鉱石試料は少量の lanthanite を含むことが推定できる．さらに，「lanthanite と kimuraite の混合物」と記載されている試料の REE 分析値は，隕石で規格化すると，軽 REE に富む滑らかなパターンを示し，四組効果をほとんど示さない（Jiao et al., 2014 submitted）．「ケイ酸塩マグマ」と共存した「マグマ性流体」の REE 組成を想像させる．

　希土類元素鉱物と言えば，花崗岩や流紋岩などの珪長質マグマの分化物と考えやすい状況があった．しかし，新生代北九州アルカリ玄武岩に木村石などの希土類元素鉱物が産出することが判明し，その REE 存在度パターンが四組効果を示し，RSPET 式で記述できることがわかった．これは，従来から知られている希土類元素鉱物についての新たな研究視点となりうる．

終 章

希土類元素の化学・地球化学の原理

　水素，ヘリウムなどの軽元素以外の化学元素は，ビッグバン以降にできた銀河系での恒星の活動を通じて作られ，その組成は再構成されて来た．そのような宇宙の営みの中で太陽系も生まれ，そこに集積した物質がこの地球を作った．地球では生命が誕生し，生命が育まれた結果として，この自然史自体を認識しようとする生命＝人類も生まれた．しかし，10～100億年オーダーの時間スケールで考えるなら，自然史の主役は，生命ではなく，物質系の化学元素であった．その一部としての希土類元素も，この自然史の歴史的営みの渦中にある．元素周期表での希土類元素の特別な位置が象徴するように，そこには希土類元素として他の化学元素から区別される論理・原理もなければならない．Jørgensen (1962) に始まる refined spin-pairing energy theory (RSPET) を現実データと繰り返し照合する中で，「希土類元素の化学の原理」と呼ぶにふさわしいものが得られると筆者は考える．

終-1　RSPETの新展開と Moeller (1973) の総説

　原子番号の増加が基底 $(4f)^q$ 電子配置の $4f$ 電子数の増加と一対一に対応することが，Ln(III) イオン，Ln(III) 化合物・錯体のさまざまな特性とその系列変化につながっている．この基底 $(4f)^q$ 電子配置エネルギーを原子分光学の Slater-Condon-Racah 理論に基づき，$4f$ 電子数の関数として簡潔な形式で記述した結果が改良した RSPET 式である．現実の Ln(III) イオン，Ln(III) 化合物・錯体が指し示すさまざまな系列変化データを解読する強力な指針となる．

　既に詳述したように，$4f$ 電子が変化する基底電子配置の変更 $(4f)^q \to (4f)^{q-1}$, $(4f)^q \to (4f)^{q+1}$ に対応する系列変化エネルギーは，Ln の第3, 4, 5 イオン化エネルギー，Ln(III) 化合物・錯体での電荷移動スペクトル，Ln 金属の XPS, BIS のスペクトル，Ln 金属の蒸発熱データ，などに対応しており，差分形で表現した RSPET 式がこれを説明する．$(4f)^q$, $(4f)^{q\pm1}$ の系列では有効核電荷が系統的に異なるため，$(4f)^q \to (4f)^{q\pm1}$ が示す double-seated pattern，あるいはこれを逆にした系列変化パターンには四組様変化が内在する．

　一方，Ln(III) 化学種間の化学反応では，Ln(III) イオンの結合状態が配位子の変更により変化する．3価 Ln 金属や3価 Ln 自由イオン・ガスも Ln(III) 化学種に含めて考えると，このような化学反応を Ln(III) イオンの側から見れば，これらはすべて広い意味の「配位子交換反応」である．いずれも $4f$ 電子の増減を伴わず $(4f)^q \to (4f)^q$ と基底電子配置は形式的には保存されるが，結合

状態の変更は基底 $(4f)^q$ 電子配置エネルギーにも及ぶ.「配位子交換反応」では Ln(III) イオンの J レベル・エネルギーは,結晶場分裂準位の違いも含めて,近似的に相殺されるため,項エネルギー・レベルの違いが,配位子交換反応の熱力学量系列変化に直接現れる.これは,$4f$ 電子の電子反発パラメーター (Racah パラメーター) が%オーダーだけ変更される結果として,四組・八組様の系列変化(四組効果)が配位子交換反応の熱力学量系列変化に現れる.この四組効果は改良 RSPET 式により定量的に議論できる.Ln(III) の"イオン半径"のランタニド収縮も,"イオン半径"の基準物質である $LnO_{1.5}(cub)$ の Ln-O 距離と格子エネルギーの四組効果として,この RSPET 式で議論できる.Goldschmidt 以来の Ln(III) の"イオン半径"論では問題の解明には至らないことも明らかにした.

ただし,以下の3点には注意が必要である.

1) 同一配位子からなる同質 Ln(III) 化学種系列であっても,Ln(III) イオンの配位多面体構造が系列途中で変化するのが普通である.この効果を評価し,これを取り除いた結果に対して改良 RSPET 式を用いる必要がある.

2) 熱力学では,Ln 金属が Ln(III) 化学種の標準生成エンタルピー,標準生成エントロピー,標準生成 Gibbs 自由エネルギー ($\Delta H^0_{f,298}$, $\Delta S^0_{f,298}$, $\Delta G^0_{f,298}$) を定義する際の基準に指定されている.そのため,たとえば,異なる Ln(III) 化学種 A と B の間の反応のエンタルピー変化では,Ln 金属は相殺され,Ln 金属系列が示すエンタルピー的特徴がどのようなものかを問題にする必要はない.しかし,個々の Ln(III) 化学種の $\Delta H^0_{f,298}$ には,Ln 金属系列が示す熱力学的特徴が反映している.$\Delta H^0_{f,298}$ 自体の系列変化も改良 RSPET 式で取り扱うためには,Ln 金属を Ln(III) 金属と考え,さらに,改良 RSPET 式では説明できない Ln(III) 金属の特徴を"Ln(III) 金属に対する補正"として取り扱う必要がある.

3) 類似の問題は,$\Delta H^0_{v,298}(Ln, c)^* + (I_1 + I_2 + I_3)$ の Ln(III) 金属の格子エンタルピーを改良 RSPET 式で取り扱う際にも生じる.Ln(III) 化合物の格子エンタルピーについても同様で,La, Ce, Pr の部分は大きな湾曲を示す.$[Xe](4f)^q$ 配置を前提にする改良 RSPET 式では,$La^{3+}(g)$ と $Ce^{3+}(g)$ の配置平均エネルギーを詳細に表現できないことによる.そのため,La と Ce に対しては $\Delta H^0_{v,298}(Ln, c)^* + (I_1 + I_2 + I_3)$ に補正を加え,改良 RSPET 式を用いる必要がある.

以上の 1),2),3) に注意することで,Ln(III) 化合物間の反応のエンタルピー変化,各 Ln(III) 化合物に対する $\Delta H^0_{f,298}$,Ln(III) 化学種の格子エンタルピー(水和エンタルピー)に改良 RSPET 式を適用できる.そして,熱力学量の四組効果から Ln(III) 化学種の Racah パラメーター (E^1, E^3) 相対値が得られ,この結果は分光学データから示される電子雲拡大系列に対応する(第 13~16 章).

さらに,配位子交換反応ではなく,Ln(III) 化合物の圧力上昇・温度上昇により Ln(III)-配位子間距離が減少・増大することに対応して,Racah パラメーターは減少・増大することが明確になった.圧力上昇に伴う効果は,「圧力誘起電子雲拡大効果 (Tröster, 2003)」(12-7 節)である.温度上昇による四組効果は,「Ln_2O_3 系列の 600~1200 K での熱膨張」に伴う Racah パラメーターの増大(12-8, 13-8 節)に見ることができる.そこでは,Ln_2O_3 系列の 600~1200 K でのエンタルピー変化に改良 RSPET 式が応用できることを確認し,Racah パラメーターが増大することを示した.また,このエンタルピー温度変化の四組効果は,まったく相似な形でエントロピー温度変化の四組効果になっていることも確認した.1200 K → 600 K の温度低下過程として考えれ

ば，Ln(III)-配位子間距離の減少が Racah パラメーターの減少となるので，これは「圧力誘起の電子雲拡大効果」と類似する．この種の状態変化では，Ln(III) の配位子は不変なので，Ln(III)-配位子間距離の減少・増大が直接的に Racah パラメーターの減少・増大につながる．単純な Ln(III) 化合物系列や Ln(III) 金属の融解では，Ln(III)-配位子間距離が贈大することから，これら化合物や金属の融解のエンタルピー変化とエントロピー変化，融点の系列変化にも，改良 RSPET 式を応用できることがわかった．

「電子雲拡大効果」は，もともとは，Ln(III) 化合物・錯体を Racah パラメーターの大小順に並べた「電子雲拡大系列」に由来しており，i) 配位子が異なることによる Racah パラメーターの違い，ii) 各 Ln(III)-配位子間距離が異なることによる Racah パラメーターの違い，の両方の効果を含んでいる．この曖昧さを取り除き，ii) に限定できる実験的手法とデータが得られたことは，「電子雲拡大効果」と RSPET 式にとって大きな進歩である．

同質同形系列の Ln(III) 化学種間での配位子交換反応の ΔH_r^0，ΔS_r^0 が共に相似な四組効果を示すことは，$\Delta G_r^0 = \Delta H_r^0 - T\Delta S_r^0$ を通じて，ΔG_r^0 も四組効果を内在させていることを意味する．$\Delta G_r^0 = \Delta H_r^0 - T\Delta S_r^0$ の関係は，温度条件によっては，ΔH_r^0 と ΔS_r^0 の相似な四組効果が ΔG_r^0 で相殺され，四組効果が ΔG_r^0 には現れない状況も作り出す．配位子交換反応の ΔG_r^0 は，共存する Ln(III) 化学種間の Ln 分配係数 K_d の対数値と $\Delta G_r^0 = 2.303RT \cdot \log K_d + \mathrm{const.}$ の形で結び付き，$\log K_d$ の系列変化が ΔG_r^0 の系列変化である．$\log K_d$ の系列変化に四組効果が認められない場合は，ΔH_r^0 と ΔS_r^0 で相似な四組効果が ΔG_r^0 で，相当程度，相殺されている可能性がある．この点の検討は大変重要である．たとえば，Ln(III) キレート錯体生成反応では，確かに，$\Delta G_r^0 = -RT \ln K$ の系列変化に明確な「四組効果」が認められない場合があり，それを根拠に「四組効果は重要ではない」とする意見がある．しかし，これは，ΔH_r^0 と ΔS_r^0 の相似な四組効果が ΔG_r^0 で相殺される状況を考えておらず，不適切な結論である．

このように，ランタニド(III) の基底電子配置 $[\mathrm{Xe}](4f)^q$ のエネルギーとスペクトルや熱力学の観測量の連関を定量的に議論する基軸が RSPET である．簡潔な RSPET は，元素周期表での希土類元素の特別な位置を体現し，希土類元素に関する化学・物理学的データを総括する際の立脚点である．これ以外にも立脚点・視点は設定できるであろうが，希土類元素の本質的特徴が $[\mathrm{Xe}](4f)^q$ 電子配置の系列変化にあるがゆえに，この電子配置エネルギーから考える RSPET は何よりも重要で，希土類元素の化学・物理学の全体像を見通し得る立脚点である．その意味で RSPET は希土類元素化学の原理にふさわしい．希土類元素(III) 化合物・錯体の磁性についての理解も，$(4f)^q$ 電子配置の基底量子状態に依拠するものであり，RSPET の考え方につながっている．

1973 年，5 分冊からなる *Comprehensive Inorganic Chemistry* (Executive Ed. A. F. Trotman-Dickenson) が Pergamon Press から出版されている．この第 4 分冊にランタニドの項目がある．執筆者は Moeller, T. で，多岐にわたる希土類元素の化学的性質についてよく整理した記述を与えている．この総説冒頭で Moeller は，「ランタニドにおける相互の類似性と相違の問題は，当然のことながら，ランタニドの原子とイオンの電子配置から容易に説明できるものである．」と述べ，"電子配置とその重要性（Electronic configurations and the consequences thereof)" の表題のもと，電子配置，$f \rightarrow d$ 遷移エネルギー，酸化状態，標準酸化還元電位，イオン半径，原子半径，J レベル・エネルギー，磁性，吸収・発光スペクトル，結合性について論じている．これに続く項

目表題は"配位数と立体化学（Coordination number and stereochemistry）"で，配位数 6 から 12 までの化合物・錯体の配位状態，錯体形成の熱力学量などを紹介している．Moeller（1973）の総説は今日の時点で判断しても優れたものである．しかし，冒頭の彼の言葉通りの議論がその総説の個別項目で実現しているかと言うと，残念ながらそうではない．「かけ声倒れ」の感は否めず，記載的な議論に終始している部分は多い．しかし，もし Moeller（1973）が，Jørgensen（1962）の RSPET や Peppard et al.（1969）の四組効果を彼の総説に織り込むことができたなら，彼が冒頭に述べた考えはある程度は実質的なものとなったかもしれない．Moeller の総説出版から約 40 年以上が経過したものの，RSPET と四組効果の視点から，希土類元素の化学的諸性質をその電子配置から体系的に理解できるようになったことは大きな前進であると筆者は考える．

一方，この礎を最初に提案した Jørgensen が 2001 年に他界したことは大変残念である．彼の生まれは 1931 年．70 歳での逝去であり，惜しまれる早い逝去であった．Copenhargen 大学時代の級友で，一時期は共同研究者であった Schäffer, C. E., Copenhargen 大学名誉教授，が *Structure and Bonding*, vol. 104（2004）の特別号に追悼文を寄せている．Jørgensen は，大学入学以前から Niels Bohr 研究所に出入りすることで，星のスペクトルの研究者 Ebbe Rasmussen から原子分光学の手ほどきを受け，大学入学時には既に原子分光学をマスターしていたことなど，いくつかの逸話も紹介されている．著書や論文の記述を通じてのみ Jørgensen を知る筆者には，Schäffer 氏の追悼文は大変興味深い．

Moeller（1973）とは執筆の立場が異なるが，鈴木康雄氏は，その著書『希土類元素の話』（1998）で，研究者ではない一般読者を対象に，希土類元素の化学に関する多くの興味深い問題を平易に記述しておられる．Spedding, F. H. の人となりや，彼が率いた Iowa 大学・Ames 研究所の希土類元素の研究に対する貢献についても，貴重な記述が多い．同時に鈴木氏は，希土類元素の化学に関する率直な疑問や未解決の論点もいくつか挙げておられる．たとえば，本書で論じた四組効果，Gd break，f 電子の結合性と Jørgensen の議論，などは未確定の論点として挙げられている．この鈴木氏の著書を読むことで，筆者の抱いた問題意識は決して的外れなものではないことを知り，安堵すると共に，鈴木氏の著述から大きな励ましを頂いたように感じた．本書での議論は，結果として，鈴木氏が提起された問題に対する筆者の考えを述べたものと言うこともできる．

終-2　RSPET と希土類元素地球化学

RSPET について論じた Jørgensen（1979, 1988）の総説が *Handbook on Physics and Chemistry of Rare Earths* に掲載されていることからすると，RSPET の重要性は「希土類元素の化学・物理学」では，不十分とは言え，それなりに認識されていると言える（4-6，-7 節）．しかし，筆者が専門とする希土類元素地球化学の分野では，依然として RSPET や四組効果の重要性が認識されていない．1979 年，当時神戸大学教授であった増田彰正氏とそのグループは，海水の希土類元素存在度パターンに四組効果が認められることを示し，「自然界の希土類元素の挙動にも四組効果が認められる」ことを世界に先駆けて報告した（第 18 章）．その後の研究は確実に進展しており，これを担う研究者は増田グループ以外にも及んでいる（第 19 章）．わが国はもとより，中国，ド

イツ，フランスの若干の地球化学者にも影響を与えることとなった．

しかし，旧来の理解を墨守する傾向は，米国を中心に依然として根強く，わが国でも，暗黙のうちにこれにならう傾向は根強いものがある．たとえば，次のような四組効果についてのMcLennan（1994）の見解はその典型である：

> 希土類元素には"よく理解された"四つの特性，1) イオン半径，2) 酸化還元電位，3) 蒸発特性，4) 錯体生成挙動があり，これらの特性から地球およびその環境における希土類元素の分布は理解できる．そこで，いわゆる"四組効果"を"第5のよく理解された特性"として掲げることができるかどうかが問題となる．

こう自問したMcLennan（1994）は次のように自答する：

> 天然試料のREE存在度パターンに"四組効果"が認められるとの報告は，多くの場合，REE分析の精度の問題に疑義があり，分析データの誤差によるものであろう．

McLennan（1994）は，1) イオン半径，2) 酸化還元電位，3) 蒸発特性，4) 錯体挙動を考えておけば「希土類元素の地球化学」の問題は理解でき，四組効果やこれに対するRSPETの考え方は不要であると述べている．この立場は，Taylor and McLennan（1988）が *Handbook on Physics and Chemistry of Rare Earths*, vol. 11 に記した "The significance of the rare earths in geochemistry and cosmochemistry" と題するこの分野の総説につながっている．この主張は McLennan and Taylor（2012）でも繰り返されている．

自然界における希土類元素の挙動や分布を考える「希土類元素の地球化学・宇宙化学」においても，McLennan（1994）の挙げる四つの事項は重要である．筆者も含めてこれに異議を唱える者はいない．しかし，これらの個別事項と「RSPETと四組効果」を同列次元に置くべきかどうかを問うこと自体は明らかに不適切な問題設定であることは，本書を通じて具体的に論じてきた．1) のイオン半径は $LnO_{1.5}$ と LnF_3 の格子エネルギーを考えることで「RSPETと四組効果」で定量的に議論できる．2) の酸化還元電位もイオン化エネルギーや $f \rightarrow d$ 励起エネルギーと同様に $(4f)^q \rightarrow (4f)^{q-1}$ の問題である．3) の蒸発特性も希土類元素金属の蒸発熱データで議論したように $(4f)^q \rightarrow (4f)^{q \pm 1}$ につながっている．4) の錯体挙動も錯体生成反応の ΔG, ΔH, ΔS の四組効果抜きにはこれを論じることはできない．既に，Ln(III) キレート錯体，Ln(III) 炭酸錯体などの例で詳しく議論した通りである．さらに，「分析誤差」を問題にする必要のない良質のデータは，第18, 19章で紹介した文献も含めて多数報告されており，四組効果は分析誤差に帰するとのMcLennan（1994）の結論は，著しく偏ったものと言わざるを得ない．これらの議論は既に決着済である．加えて，19-2節で述べた希土類元素鉱物（kimuraite, lanthanite）が示すREE存在度パターンが改良RSPET式で表現できることも，REEが主成分を占める鉱物で分析誤差の介在する余地はほとんどないことに留意すれば，McLennan（1994）の結論とは相容れない．真に重要なことは，RSPETと四組効果の視点に立脚することによって，上記四つの「特性」を含め，希土類元素の多様な個別特性全体が統一的に理解できることである．McLennan（1994），McLennan and Talyor（2012）の見解は，「希土類元素の化学」に関するMoeller（1973）の総説に照らしても，現象論的なものと言わざるを得ない．

天然物の希土類元素に関する多くの記載的事実が十分に理解されているわけではない．しか

し，自然界における希土類元素の挙動も「希土類元素の化学の原理」の枠組みの中にある．第 18, 19 章で議論した海水，深海マンガン団塊，海成石灰岩，火成岩，希土類元素鉱物に関する問題は，「希土類元素の化学の原理」としての RSPET と四組効果の視点から理解できる．「渦巻き型周期表」（序章）と「希土類元素の化学の原理」を共有する立場こそ，自然界における希土類元素の挙動・分布を究明する立場である．

　希土類元素の地球化学・宇宙化学の分野で多大の貢献をされた東大名誉教授・増田彰正氏が，2011 年 3 月 17 日に逝去された．享年 79 歳であった．希土類元素地球化学・宇宙化学における四組効果の意義を，真っ先に理解された研究指導者で，その研究の先頭に立たれた方であった（第 18, 19 章）．Jørgensen 氏の場合と共に，筆者には大変残念な逝去である．20 年，30 年と時が経る中で，研究者の世代交代は進む．増田彰正氏は 1950 年代末から先駆的研究を開始され（5-6 節），以後，約 40 年間にわたって，卓抜した直感力と実験技術により希土類元素地球化学・宇宙化学の開拓者であった．この事実も，そして，これを導いた氏の精神（pathos と ethos）も，新世代や新々世代では忘れ去られようとしている．Taylor-McLennan 流の「旧世界」へ回帰し，これを墨守する傾向も見られる．今まで以上に「希土類元素の化学・地球化学の原理」の旗印を高く掲げる意義は大きい．そして，本書も，不十分ながらも，その旗印を支える礎石の一つにならんと願っている．

文献一覧

Abramowitz, M. and Stegun, I. A. (1972) *Handbook of Mathematical Functions*, Dover.
足立吟也監修，足立研究室編著（1991）希土類物語，産業図書．
Adachi, G. and Imanaka, N. (1998) *Chem. Rev.*, **98**, 1479-1514.
足立吟也編著（1999）希土類の科学，化学同人．
安達健五（1996）化合物磁性―局在スピン系，裳華房．
足立裕彦（1991）量子材料化学入門，DV-Xα法からのアプローチ，三共出版．
Akagi, T., Nakai, S., Shimizu, H. and Masuda, A. (1996) *Geochem. J.*, **30**, 139-148.
Akagi, T., Shabani, M. B. and Masuda, A. (1993) *Geochim. Cosmochim. Acta*, **57**, 2899-2905.
Akdeniz, Z. and Tosi, M. P. (1992) *Proc. R. Soc. London, Ser. A*, **437**, 85-96.
Alibo, D. S. and Nozaki, Y. (1999) *Geochim. Cosmochim. Acta*, **63**, 363-372.
Albertsson, J. (1968) *Acta Chem. Scand.*, **22**, 1563-1578.
────── (1970a) *Acta Chem. Scand.*, **24**, 1213-1229.
────── (1970b) *Acta Chem. Scand.*, **24**, 3527-3541.
────── (1972a) *Acta Chem. Scand.*, **26**, 985-1004.
────── (1972b) *Acta Chem. Scand.*, **26**, 1005-1017.
Albertsson, J. and Elding, I. (1977) *Acta Cryst.*, **B33**, 1460-1469.
Allen, J. W. (1985) *J. Magn. Magn. Materials*, **47&48**, 168-174.
American Heritage Dictionary of the English Dictionary (1979) New College Edition, Morris, W. (editor), Houghton Mifflin Company.
Anders, E. and Grevesse, N. (1989) *Geochim. Cosmochim. Acta*, **53**, 197-214.
Antic-Fidancev, E., Lemaitre-Blaise, M., Beaury, L., Teste de Sagey, G. and Caro, P. (1980) *J. Chem. Phys.*, **73**, 4613-4618.
Antic-Fidancev E., Lemaitre-Blaise, M. and Caro, P. (1982) *J. Chem. Phys.*, **76**, 2906-2913.
Antic-Fidancev, E., Hölsä, J., Lemaitre-Blaise, M. and Porcher, P. (1991) *J. Phys. Condens. Matter*, **3**, 6829-6843.
Antic-Fidancev, E., Aride, J., Chaminade, J.-P., Lemaitre-Blaise, M. and Porcher, P. (1992) *J. Solids State Chem.*, **97**, 74-81.
Atwood, D. A. ed. (2012) *The Rare Earth Elements: Fundamentals and Applications*, Wiley.
Ayer, J. C. and Eggler, D. H. (1995) *Geochim. Cosmochim. Acta*, **59**, 4237-4246.
Baer, Y. and Schneider, W.-D. (1987) *Handbook on the Physics and Chemistry of Rare Earths*, **10**, 1-73, Elsevier.
Banks, D. A., Yardley, B. W. D., Campbell, A. R. and Jarvis, K. E. (1994) *Chem. Geol.*, **113**, 259-272.
Basalo, F. and Pearson, R. G. (1967) *Mechanism of Inorganic Reactions* (2nd ed.), Wiley.
Bakakin, V. V., Klevstova, R. F. and Sulov'eva, L. P. (1974) *J. Struct. Chem.*, **15**, 723-732.
Barin, I. (1993) *Thermochemical Data of Pure Substances, Part I and II* (2nd ed.), VCH.
Bau, M., Dulski, P. and Moller, P. (1995) *Chem. Erde*, **55**, 1-15.
Bau, M. (1996) *Contrib. Mineral. Petrol.*, **123**, 323-333.
Bau, M. and Dulski, P. (1999) *Chem. Geol.*, **155**, 77-90.
Beall, G. W., Mullica, D. F., Milligan, W. O., Korp, J. and Bernal, I. (1977) *Inorg. Nucl. Chem. Lett.*, **13**, 173-174.
Bearden, J. A. (1967) *Rev. Mod. Phys.*, **39**, 78-124.
Beaury, L. and Caro, P. (1990) *J. Phys. France*, **51**, 471-482.
Bénazeth, S., Purans, J., Chalbot, M.-C., Kim, M. N.-D., Nicolas, L., Keller, F. and Gaudemer, A. (1998) *Inorg. Chem.*, **37**, 3667-3674.
Betts, R. H. and Dahlinger, O. F. (1959) *Can. J. Chem.*, **37**, 91-100.
Bethe, H. A. and Jackiw, R. W. (1986) *Intermediate Quantum Mechanics* (3rd ed.), Addison-Wesley.
Blume, M., Freeman, A. J. and Watson, R. E. (1964) *Phys. Rev.*, **A134**, 320-327.
Blundy, J. D., Robinson, J. A. C. and Wood, B. J. (1998) *Earth Planet. Sci. Lett.*, **160**, 493-504.
Born, M. (1920) *Zeitschr. Physik*, **1**, 45-48.
Born, M. and Huang, K. (1954) *Dynamical Theory of Crystalline Lattices*, Clarendon, Oxford.
Boyd, R. J. (1984) *Nature*, **310**, 480-481.
Bratsch, S. G. and Silber, H. (1982) *Polyhedron*, **1**, 219-223.

Bratsch, S. G. and Lagowski, J. J. (1985) *J. Phys. Chem.*, **89**, 3310-3316.
Buckingham, A. D. (1957) *Dis. Faraday Soc.*, **24**, 151-157.
Bukvetskii, B. V. and Garashina, L. S. (1977) *Koord. Khim.*, **3**, 791-795.
Bureau, H. and Keppler, H. (1999) *Earth Planet. Sci. Lett.*, **165**, 187-196.
Burnham, C. W. (1979) Magmas and Hydrothermal Fluids, *In : Geochemistry of Hydrothermal Ore Deposits* (*2nd ed.*), ed. by Barnes, H. L., Chap. 3, 71-136, Wiley-Interscience.
Busing, W. R. and Matusi, M. (1984) *Acta Cryst.*, **A40**, 532-538.
Byrne, R. H. and Lee, J. H. (1993) *Mar. Chem.*, **44**, 121-130.
Byrne. R. H. and Li, B. (1995) *Geochim. Cosmochim. Acta*, **59**, 4575-4589.
Byrne, R. H. and Sholkovitz, E. R. (1996) *Handbook on the Physics and Chemistry of Rare Earths*, **23**, 497-593, Elsevier.
Campagna, M., Wertheim, G. K. and Bucher, E. (1976) *Structure and Bonding*, **30**, 99-140, Springer.
Cantrell, K. J. and Byrne, R. H. (1987a) *J. Sol. Chem.*, **16**, 555-566.
――― (1987b) *Geochim. Cosmochim. Acta*, **51**, 597-605.
Carnall, W. T., Fields, P. R. and Rajnak, K. (1968a, b, c, d) *J. Chem. Phys.*, **49**, 4424-4442, 4443-4446, 4447-4449, 4450-4455.
Carnall, W. T. and Crosswhite, H. (1983) *J. Less-Common Metals*, **93**, 127-135.
Carnall, W. T., Goodman, G. L., Rajnak, K. and Rana, R. S. (1989) *J. Chem. Phys.*, **90**, 3443-3457.
Caro, P., Svoronov, D. R., Antic, E. and Quartum, M. (1977) *J. Chem. Phys.*, **66**, 5284-5291.
Caro, P., Derouet, J. and Beaury, L. (1979) *J. Chem. Phys.*, **70**, 2542-2549.
Caro, P., Deroouet, J., Beaury, L., Teste de Sagey, G., Chaminade, J. P., Aride, J. and Pouchard, M. J. (1981) *J. Chem. Phys.*, **74**, 2698-2704.
Carson, A. S., Laye, P. G. and Smith, P. N. (1968) *J. Chem, Soc. A.*, **6**, 1384-1386.
Catti, M. (1982) *J. Phys. Chem. Solids*, **43**, 1111-1118.
Cascales C., Antic-Fidancev, E., Lemaitre-Blaise, M. and Porcher, P. (1992) *J. Phys. : Condens. Matter*, **4**, 2721-2734.
Chandler, D. (1987) *Introduction to Modern Statistical Mechanics*, Oxford Univ. Press, Chapter 7.
Chaneliere, T., Ruggiro, J., Le Gouet, J.-L., et al. (2008) *Phys. Rev.*, **B77**, 245127.
Chauvel, C. and Blichert-Toft, J. (2001) *Earth Planet. Sci. Lett.*, **190**, 137-151.
Cheetham, A. K., Fender, B. E. F., Fuess, H. and Wright, A. F. (1976) *Acta Cryst.*, **B32**, 94-97.
Chervonnyi, A. D. (2012) *Handbook on the Physics of Rare Earths*, **42**, 165-484, Elsevier.
Chester, R. (2000) *Marine Geochemistry* (*2nd ed.*), Blackwell.
Chikalla, T. D., McNeilly, C. E., Bates, J. L. and Rasmussen, J. J. (1971) *Colloque Int. C. N. R. S., Odeillo*. No. 205, 352, 66120, F.
Compton, A. H. and Allison, S. K. (1936) *X-rays in Theory and Experiment*, D. Van Nostrand Company.
Condon, E. U. and Shortley, G. H. (1953) *The Theory of Atomic Spectra*, Cambridge Univ. Press.
Condon, E. U. and Odabasi, H. (1980) *Atomic Structure*, Cambridge Univ. Press.
Cone, R. L. and Faulhaber, R. (1971) *J. Chem. Phys.*, **55**, 5198-5206.
Cone, R. L. (1972) *J. Chem. Phys.*, **57**, 4893-4903.
Cordfunke, E. H. P. and Konings, R. J. M. (2001) *Thermochim. Acta*, **375**, 17-50.
Cotton, F. A. and Wilkinson, G. (1980) *Advanced Inorganic Chemistry*, Wiley.
Cotton, F. A., Wilkinson, G. and Gaus, P. L. (1995) *Basic Inorganic Chemistry* (*3rd ed.*), Wiley.
Cotton, S. （足立吟也監修，足立・日夏・宮元訳）（2008）希土類元素とアクチニドの化学，丸善.
Coutures, J. P., Verges, R. and Foëx, M. (1975) *Rev. int. Htes. Réfract.*, **12**, 181-185.
Coutures, J. P. and Rand, M. H. (1989) *Pure Appl. Chem.*, **61**, 1461-1482.
Cowan, R. D. (1973) *Nuclear Instruments and Method*, **110**, 173-183.
―――. (1981) *The Theory and Atomic Structure and Spectra*, Univ. California Press.
コックス，P. A.（魚崎・高橋・米田・金子訳）（1989）固体の電子構造と化学，技報堂出版 (Cox, P. A., 1987, *The Electronic Structure and Chemistry of Solids*, Oxford Univ. Press).
Crosswhite, H. M., Dieke, G. H. and Carter, W. M. J. (1965) *J. Chem. Phys.*, **43**, 2047-2054.
Crosswhite, H. M., Crosswhite, H., Kaseta, F. W. and Sarup, R. (1976) *J. Chem. Phys.*, **64**, 1981-1985.
Crosswhite, H. M. and Crosswhite, H. (1984) *J. Opt. Soc. Am. B.*, **1**, 246-254.
Cullers, R. and Graf, J. L. (1984) Rare earth elements in igneous rocks of the continental crust : Predominantly basic and ultrabasic rocks. *In : Rare Earth Element Geochemistry*, ed. by Henderson, P., 236-274, Elsevier.
David, F. (1986) *J. Less-Common Metals*, **121**, 27-42.

De Baar, H. J. W., Bacon, M. P. and Brewer, P. G. (1983) *Nature*, **301**, 324-327.
De Baar, H. J. W., Bacon, M. P., Brewer, P. G. and Bruland, K. W. (1985a) *Geochim. Cosmochim. Acta*, **49**, 1943-1959.
De Baar, H. J. W., Brewer, P. G. and Bacon, M. P. (1985b) *Geochim. Cosmochim. Acta*, **49**, 1961-1969.
Decius, J. C. and Hexter, R. M. (1978) *Molecular Vibrations in Crystals*, McGraw-Hill.
Delin, A., Fast, L., Johansson, B., Eriksson, E. and Wills, J. M. (1998) *Phys. Rev.*, **B58**, 4345-4351.
Denbigh, K. (1981) *The Principles of Chemical Equilibrium* (4th ed.), Cambridge Univ. Press.
Desgranges, H. U. and Rasul, J. W. (1985) *Phys. Rev.*, **B32**, 6100-6103.
Diakonov, I. I., Tagirov, B. R. and Ragnarsdottir, K. V. (1998a) *Radiochim. Acta*, **81**, 107-116.
―――― (1998b) *Chem. Geol.*, **151**, 327-347.
Dieke, G. H. and Crosswhite, H. M. (1963) *Appl. Opt.*, **2**, 675-686.
Dodd, R. T. (1981) *Meteorites*, Cambridge Univ. Press.
Eibschütz, M., Shtrikman, S. and Treves, D. (1967) *Phys. Rev.*, **156**, 562-577.
Eisenberg, D. and Kauzmann, W. (1969) *The Structure and Properties of Water*, Oxford Univ. Press.
Elliott, J. P., Judd, B. R. and Runciman, W. A. (1957) *Proc. Roy. Soc. London*, **A240**, 509-523.
Epstein, G. L. and Reader, J. (1979) *J. Opt. Soc. Am.*, **69**, 511-520.
Eyring, E. (1979) *Handbook on the Physics and Chemistry of Rare Earth*, **3**, 337-399, North-Holland.
Felten, R., Webrr, G. and Rietschel, H. (1987) *J. Magn. Magn. Materials*, **63**, 383-385.
Fidelis, I. K. and Mioduski, T. J. (1981) *Structure and Bonding*, **47**, 27-51, Springer.
Flotow, H. E. and O'Hare, A. G. (1981) *J. Chem. Phys.*, **74**, 3046-3055.
―――― (1984) *J. Chem. Phys.*, **80**, 460-466.
Flynn, R. T. and Burnham, C. W. (1978) *Geochim. Cosmochim. Acta*, **42**, 658-701.
Freeman, A. J., Min, B. I. and Norman, M. R. (1987) *Handbook on the Physics and Chemistry of Rare Earths*, **10**, 165-229, Elsevier.
Frey, S. T. and Horrocks, W. DeW. Jr. (1995) *Inorg. Chim. Acta*, **229**, 383-390.
Fujimaki, H., Tatsumoto, M. and Aoki, K. (1984) *Proc. 14th Lunar Planet. Sci. Conf. Part 2, J. Geophys. Res.*, **89**, Suppl. B662-B672.
藤森　淳（1998）遷移金属化合物．新しい配位子場の科学（田辺行人監修・菅野ほか編），第3章，63-93，講談社サイエンティフィク．
――――（2000）放射光を用いた物性研究の基礎．新しい放射光の科学（菅野・藤森・吉田編），第2章，35-61，講談社サイエンティフィク．
――――（2005）強相関物質の基礎，内田老鶴圃．
藤永　茂（1980）分子軌道法，岩波書店．
――――（1990）入門分子軌道法，講談社．
福永博俊（1999）希土類の磁性．足立吟也編著，希土類の科学，第5章，78-101，化学同人．
ファインマン，R. P.・ヒッブス，A. R.（北原和夫訳）（1995）量子力学と経路積分，みすず書房．
Garashina, L. S., Sovolev, B. P., Alejsandrov, V. A. and Vishnyakov, Yu. S. (1980) *Sov. Phys. Crystallogr.*, **25**, 171-174.
Garashina, L. S. and Vishnyakov, Yu. S. (1977) *Sov. Phys. Crystallogr.*, **22**, 313-315.
Garcia, D. and Faucher, M. (1995) *Handbook on the Physics and Chemistry of Rare Earths*, **21**, 263-304, Elsevier.
Garrels, R. M. and Christ, C. L. (1965) *Solutions, Minerals, and Equilibria*, Harper.
Gashurov, G. and Sovers, O. J. (1970) *Acta Cryst.*, **B26**, 938-945.
Geier, G., Karlen, U. and Zelewsky, A. V. (1969) *Helv. Chim. Acta*, **52**, 1967-1975.
Geier, G. und Karlen, U. (1971) *Helv. Chim. Acta*, **54**, 135-153.
Geier, G and Jørgensen, C. K. (1971) *Chem. Phys. Lett.*, **9**, 263-265.
Gerkin, R. and Reppart, W. (1984) *Acta Cryst.*, **C40**, 781-786.
German, C. R., Matsuzawa, T., Greaves, M. J., Elderfoeld, H. and Edmond, J. M. (1995) *Geochim. Cosmochim. Acta*, **59**, 1551-1558.
Giere, R. (1996) Formation of rare earth minerals in hydrothermal systems. *In : Rare Earth Minerals*, eds. by Jones, A. P., Wall. F. and Williams, C. T., Chapman & Hall, London, 105-150.
Goldberg, E. D., Koide, M., Schmitt, R. A. and Smith, R. H. (1963) *J. Geophys. Res.*, **68**, 4209-4217.
Goldschmidt, Z. B. (1978) *Handbook on the Physics and Chemistry of Rare Earths*, **1**, 1-171.
Gondek, Ł., Kaczorowski, D. and Szytula, A. (2010) *Solid State Commun.*, **150**, 368-370.
Görller-Walrand, C. and Binnemans, K. (1996) *Handbook on the Physics and Chemistry of Rare Earths*, **23**, 121-283, Elsevier.
―――― (1998) *Handbook on the Physics and Chemistry of Rare Earths*, **25**, 101-265, Elsevier.

Graeppi, N., Powell, D. H., Laurenczy, G., Zakany, L. and Merbach, A. E. (1995) *Inorg. Chim. Acta*, **235**, 311-326.
Graham, I. T., Pogson, R. E., Colchester, D. M., Martin, R. and William, P. A. (2007) *Canadian Mineral.*, **45**, 1389-1396.
Granier B. and Heurtault, S. (1988) *J. Am. Ceram. Soc.*, **71**, C466-C468.
Green, T. H. and Pearson, N. J. (1985) *Contri. Mineral. Petrol.*, **91**, 24-36.
Green, T. H., Blundy, J. D., Adam, J. and Yaxley, G. M. (2000) *Lithos*, **53**, 165-187.
Gregorian, T., d'Amour-Sturm, H. and Holzapfel, W. B. (1989) *Phys. Rev.*, **B39**, 12497-12519.
Greis, O. and Petzel, T. (1974) *Z. anorg. allg. Chem.*, **403**, 1-22.
Greis, O. and Haschke, J. M. (1982) *Handbook on the Physics and Chemistry of Rare Earths*, **5**, 387-460, North-Holland.
Grenthe, I. (1963) *Acta Chem. Scand.*, **17**, 2487-2498.
Gruber, J. B., Leavitt, R. P., Morison, C. A. and Chang, N. C. (1985) *J. Chem. Phys.*, **82**, 5373-5378.
Gruber, J. B., Hills, M. E., Allik, T. H., Jayasankar, C. K., Quagliano, J. R., and Richardson, F. S. (1990) *Phys. Rev.*, **B41**, 7999-8012.
Gruber, J. B., Justice, B. H., Westrum, E. F. Jr. and Zandi, B. (2002) *J. Chem. Thermodyn.*, **34**, 457-473.
Gruber, J. B., Nash, K. L., Sardar, D. K., Valiev, U. V., Ter-Babrielyan, N. et al. (2008) *J. Appl. Phys.*, **104**, 023101.
Gruber, J. B., Burick, G. W., Woodward, N. T., Dierof, V., Chandra, S. and Sardor, D. K. (2011) *J. Appl. Phys.*, **110**, 043109.
Gshneidner, K. A. Jr., Kippenhan, N. and McMasters, O. D. (1973) *Thermochemistry of the rare earths. Part I. Rare earth oxides*. Report IS-RIC-6, Rare Earth Information Center, Ames, Iowa.
Haas, J. L. and Fisher, J. R. (1974) *Am. J. Sci.*, **276**, 525-545.
Habenschuss, A. and Spedding, F. H. (1978) *Cryst. Struct. Comm.*, **7**, 535-541.
―――― (1979a) *Cryst. Struct. Comm.*, **8**, 511-516.
―――― (1979b) *J. Chem. Phys.*, **70**, 2797-2806.
―――― (1979c) *J. Chem. Phys.*, **70**, 3758-3763.
―――― (1980) *J. Chem. Phys.*, **73**, 442-450.
Halliwell, H. F. and Nyburg, S, C. (1963) *Trans. Faraday Soc.*, **59**, 1126-1140.
Hanic, F., Hartmonova, M., Knab, G. G., Urasovskaya, A. A. and Bagdasarov, K. S. (1984) *Acta Cryst.*, **B40**, 76-82.
Hansen, J.-P. and McDonald, I. R. (2006) *Theory of Simple Liquids* (3rd ed.), Elsevier.
Harley, R. T. (1987) *Modern Problems in Condensed Matter Sciences*, **21** (*Spectroscopy of Solids Containing Rare Earth Ions*, eds. by Kaplyanskii, A. A. and Macfarlane, R. M.), Chap. 9, 557-606, North-Holland.
Harrison, W. A. (1989) *Electronic Structure and the Properties of Solids*, Dover.
Hart, S. R. and Dunn, T. (1993) *Contrib. Mineral. Petrol.*, **113**, 1-8.
Hauri, E., Wagner, T. P. and Grove, T. L. (1994) *Chem. Geol.*, **117**, 149-166.
Heine, V. (1993) *Group Theory in Quantum Mechanics*, Dover.
ハイゼンベルグ, W. 他（清水韻光訳）（1975）地上と星の中のエネルギー，海鳴社.
ハイゼンベルグ, W. 他（青木薫訳）（2008）物理学に生きて，ちくま学芸文庫.
Helgeson, H. C. and Kirkham, D. H. (1974) *Am. J. Sci.*, **274**, 1089-1261.
―――― (1976) *Am. J. Sci.*, **276**, 97-240.
Helgeson, H. C., Kirkham, D. H. and Flowers, G. C. (1981) *Am. J. Sci.*, **281**, 1249-1516.
Henderson, P. (1984) General geochemical properties and abundances of the rare earth elements. *In : Rare Earth Element Geochemistry*, ed. by Henderson, P., 1-32, Elsevier.
Hillebrecht, F. U. and Campagna, M. (1987) *Handbook on the Physics and Chemistry of Rare Earths*, **10**, 425-451, Elsevier.
Hinchey, R. J. and Cobble, J. W. (1970) *Inorg. Chem.*, **9**, 917-921.
平尾公彦監修，武次徹也編（2006）すぐできる量子化学計算，ビギナーズマニュアル，講談社.
平田文男（1995）液体・溶液の理論―相互作用点モデルに基づく溶媒和の取り扱い．化学総説 No. 25（溶液の分子論的描像），pp. 147-165, 日本化学会編，学会出版センター．
Hoard, J. L., Lee, B. and Lind, M. D. (1965) *J. Am. Chem. Soc.*, **87**, 1612-1613.
Høgdahl, O. T., Welsom, S. and Bowen, V. T. (1968) *Adv. Chem. Ser.*, **73**, 308-325.
Horrocks, W. C.-W. and Sudnick, D. (1979) *J. Am. Chem. Soc.*, **101**, 334-340.
Hüfner, S. (1987) *Handbook on the Physics and Chemistry of Rare Earths*, **10**, 301-309, Elsevier.
Hultgren, R., Desai, P. D., Hawkins, D. T., Gleiser, M., Kelley, K. K. and Wagman, D. D. (1973) *Selected values of the thermodynamic properties of the elements*, American Society for Metals, Metal Park, Ohio 44073.
Huntelaar, M. E., Booij, A. S., Cordfunke, E. H. P., van der Laan, R. R., van Genderen, A. A. G. and van Miltenburg, J. C. (2000) *J. Chem. Thermodyn.*, **32**, 465-482.
犬井鉄郎・田辺行人・小野寺嘉孝（1976）応用群論（増補版），裳華房．

Irber, W. (1999) *Geochim. Cosmochim. Acta*, **63**, 489-508.
Irvine, A. J. and Frey, F. A. (1984) *Geochim. Cosmochim. Acta*, **48**, 1201-1221.
Ishihara, A.（和達・小島・原・豊田訳）(1980) 統計物理学，共立出版.
Jahn, B. M., Wu, F., Capdevila, R., Martineau, F., Zhao, Z. and Wang, Y. (2001) *Lithos*, **39**, 171-198.
Jayasankar, C. K., Richardson, F. S., Reid, M. F., Porcher, P. and Caro, P. (1987) *Inorg. Chim. Acta*, **139**, 291-294.
Jeanloz, R. (1985) *Rev. Mineral.*, **14**, 389-428.
Jensen, J. and Mackintosh, A. R. (1991) *Rare Earth Magnetism: Structures and Excitations*, Clarendon Press, Oxford.
Jiao, W. F., Kawabe, I. and Kato, T. (2011) *Abst. 58th Meet. Geochem. Soc. Japan, Sapporo, Japan*, p. 404.
―――― (2013) *J. Earth Planet. Sci. Nagoya Univ.*, **60**, 101-110.
―――― (2014) submitted to *Chem. Erde*.
Jolly, W. L.（岩村・山崎訳）(1977) ジョリー無機化学，東京化学同人.
Johnson, G. K., Pennell, R. G., Kim, K.-Y. and Hubbard, W. W. (1980) *J. Chem. Thermodynamics*, **12**, 125-136.
Johnson, K. T. V. (1998) *Contrib. Mineral. Petrol.*, **133**, 60-68.
Johansson, B. (1979) *Phys. Rev.*, **B20**, 1315-1327.
Johansson, B. and Mårtensson, N. (1987) *Handbook on the Physics and Chemistry of Rare Earths*, **10**, 361-424, Elsevier.
Jørgensen, C. K. (1962) *Mol. Phys.*, **5**, 271-277.
―――― (1970) *J. Inorg. Nucl. Chem.*, **32**, 3127-3128.
―――― (1971) *Modern Aspects of Ligand Field Theory*, North-Holland.
―――― (1973) *Structure and Bonding*, **13**, 199-253, Springer.
―――― (1975) *Structure and Bonding*, **22**, 49-81, Springer.
―――― (1979) *Handbook on the Physics and Chemistry of Rare Earths*, **3**, 111-169, North-Holland.
―――― (1988) *Handbook on the Physics and Chemistry of Rare Earths*, **11**, 197-292, Elsevier.
Jørgensen, C. K. and Brinen, J. S. (1963) *Mol. Phys.*, **6**, 629-631.
Justice, B. H. and Westrum, E. F. Jr. (1963a) *J. Phys. Chem.*, **67**, 339-345.
―――― (1963b) *J. Phys. Chem.*, **67**, 345-351.
―――― (1963c) *J. Phys. Chem.*, **67**, 659-665.
―――― (1969) *J. Phys. Chem.*, **73**, 1959-1962.
Justice, B. H. and Westrum, E. F. Jr., Chang, E. and Radebaugh, R. (1969) *J. Phys. Chem.*, **73**, 333-340.
化学便覧（基礎編）(1966) 丸善.
上村 洸・菅野 暁・田辺行人 (1969) 配位子場の理論，裳華房.
Kanno, H. and Hiraishi, J. (1980) *Chem. Phys. Lett.*, **75**, 553-556.
菅野 等 (1999) 溶液中の希土類イオン．希土類の科学（足立吟也編著），18章，569-575，化学同人.
Katriel, J. and Pauncz, R. (1977) *Adv. Quantum. Chem.*, **10**, 143-185.
Karen, P. and Kjekshus (2000) *Handbook on the Physics and Chemistry of Rare Earths*, **30**, 229-373, Elsevier.
Kawabe, I. (1992) *Geochem. J.*, **26**, 309-335.
―――― (1995) *Geochem. J.*, **29**, 213-230.
―――― (1996) *Geochem. J.*, **30**, 149-153.
―――― (1999a) *Geochem. J.*, **33**, 249-265.
―――― (1999b) *Geochem. J.*, **33**, 267-275.
川邊岩夫 (2003) 希土類元素の分配係数と四組効果．地球化学講座3，マントル・地殻の地球化学（日本地球化学会監修，野津憲治・清水 洋共編），第三章，培風館.
―――― (2006) 物質科学を学ぶための解析力学の基礎事項，http://hdl.handle.net/2237/16106
―――― (2009) 物質科学を学ぶための統計力学の基礎事項，http://hdl.handle.net/2237/16107
―――― (2010) 日本地球化学会第57回年会講演要旨集，p. 303.
―――― (2011) 物質科学を学ぶための電磁気学の基礎事項，http://hdl.handle.net/2237/16108
―――― (2012) 量子力学の基礎事項，http://hdl.handle.net/2237/16109
―――― (2013) 測定値誤差とデータ解析の基礎事項—最小二乗法とランタニド四組効果，http://hdl.handle.net/2237/18614
Kawabe, I. (2013a) Stability constants of lanthanide (III)-EDTA complex formation and Gd-break with tetrad effect in their series variation. http://hdl.handle.net/2237/20251
―――― (2013b) Thermodynamic parameters for aqueous lanthanide (III)-DTPA complex formations: Convex tetrad effects of ΔH_r and ΔS_r cancelled in ΔG_r almost totally. http://hdl.handle.net/2237/20250
―――― (2013c) A puzzle of Gd-break and tetrad effect of aqueous lanthanide (III)-EDTA complex formation: Different

Racah parameters between two lanthanide (III)-EDTA complex series with distinct hydration states. http://hdl.handle.net/2237/20317

川邊岩夫（2014a）希土類元素の太陽系存在度：核種の安定性と起源，http://hdl.handle.net/2237/20652

────（2014b）日本地球化学会第 61 回年会講演要旨集，p. 264.

Kawabe, I., Kitahara, Y. and Naito, K. (1991) *Geochem. J.*, **25**, 31-44.

Kawabe, I., Toriumi, T., Ohta, A. and Miura, N. (1998) *Geochem. J.*, **32**, 213-229.

Kawabe, I., Ohta, A., Ishii, S., Tokumura, M. and Miyauchi, K. (1999a) *Geochem. J.*, **33**, 167-179.

Kawabe, I., Ohta, A. and Miura, N. (1999b) *Geochem. J.*, **33**, 181-197.

Kawabe, I. and Masuda, A. (2001) *Geochem. J.*, **35**, 215-224.

Kawabe, I., Takahashi, T., Tanaka, K. and Ohta, A. (2006a) *J. Earth Planet. Sci. Nagoya Univ.*, **53**, 33-50.

────(2006b) *J. Earth Planet. Sci. Nagoya Univ.*, **53**, 51-71.

Kawabe, I., Tanaka, K, Takahashi, T., and Minagawa, T. (2008) *J. Earth Planet. Sci. Nagoya Univ.*, **55**, 1-21.

川邊岩夫・洞庭いずみ・田中万也・宮川和也・奥村友幸（2009）石灰岩，**359**, 28-45.

川邊岩夫・平原靖大（2009）日本地球化学会第 56 回年会講演要旨集，p. 330.

Kawabe, I., Jiao, W. F. and Kato, T. (2012) *J. Earth Planet. Sci. Nagoya Univ.*, **59**, 39-53.

Kim, K.-Y. and Johnson, C. E. (1981) *J. Chem. Thermodyn.*, **13**, 13-25.

Klinkhammer, G. P., Elderfield, H., Edomond, J. M., Greaves, M. J. and Mitra, A. (1994) *Geochim. Cosmochim. Acta*, **58**, 5105-5113.

櫛田孝司（1991）光物性物理学，朝倉書店．

小林浩一（1997）光物性入門，裳華房．

Konings, R. J. M. and Kovács, A. (2003) *Handbook on the Physics and Chemistry of Rare Earths*, **33**, 147-247, Elsevier.

Konings, R. J. M., van Miltenburg, J. C. and van Genderen, A. C. G. (2005) *J. Chem. Thermodyn.*, **37**, 1219-1225.

小谷章雄（1988）内核電子の光物性．物性物理の新概念（福山秀敏編），4 章，pp. 103-129，培風館．

Kotani, A. and Ogasawara, H. (1992) *J. Electron Spectrosc. Related Phenomena*, **60**, 257-299.

ランダウ-リフシッツ（小林・小川・富永・浜田・横田共訳）（1967），統計物理学（第 2 版），上，下，岩波書店．

Landau, L. D. and Lifshitz, E. M. (1980) *Statistical Physics (3rd. ed.), Part 1*, English ed. Transl. by Sykes, J. B. and Kearsley, M. J., Butterworth Heinemann.

Lasaga, A. C. and Gibbs, G. V. (1987) *Phys. Chem. Minerals*, **14**, 107-117.

Laureczy, G. and Merbach, A. E. (1988) *Helv. Chim. Act.*, **71**, 1971-1973.

Leavitt, R. P. (1982) *J. Chem. Phys.*, **77**, 1661-1663.

Lee, J. H. and Byrne, R. H. (1992) *Geochim. Cosmochim. Acta*, **56**, 1127-1137.

────(1993) *Geochim. Cosmochim. Acta*, **57**, 295-302.

Lee, S. M., Masuda, A. and Kim, H. S. (1994) *Chem. Geol.*, **114**, 59-67.

Levine, I. N. (1991) *Quantum Chemistry (4th ed.)*, Prentice Hall.

Lewis, G. N. and Randall, M. (Revised by Pitzer, K. S. and Brewer, L.) (1961) *Thermodynamics*, McGraw-Hill.

Libowitz, G. G. and Maeland, A. J. (1979) *Handbook on the Physics and Chemistry of Rare Earths*, **3**, 299-335, North Holland.

Libus, Z., Zak, E. and Sadowak, T. (1984) *J. Chem. Thermodyn.*, **16**, 257-266.

Lind, M. D., Lee, B., and Hoard, J. L. (1965) *J. Am. Chem. Soc.*, **87**, 1611-1612.

Liu, C.-Q., Masuda, A., Shimizu, H., Takahashi, K. and Xie, G.-H. (1992) *Geochim. Cosmochim. Acta*, **56**, 1523-1530.

Liu, X. and Byrne, R. H. (1995) *Mar. Chem.*, **51**, 213-221.

────(1998) *J. Sol. Chem.*, **27**, 803-815.

Lundqvist, R. (1982) *Acta Chemica Scand.*, **A36**, 741-750.

Lynch, D. W. and Weaver, J. H. (1987) *Handbook on the Physics and Chemistry of Rare Earths*, **10**, 231-300, Elsevier.

Lyon, W. G., Osborne, D. W., Flotow, H. E., Grandjean, F., Hubbard, W. H. and Johnson, G. K. (1978) *J. Chem. Phys.*, **69**, 167-173.

Lyon W. G., Osborne, D. W., Flotow, H. E. (1979a) *J. Chem. Phys.*, **70**, 675-680.

────(1979b) *J. Chem. Phys.*, **71**, 4123-4127.

Macfarlane, R. M. and Shelby, R. M. (1987) *Modern Problems in Condensed Matter Sciences*, **21** (*Spectroscopy of Solids Containing Rare Earth Ions*, eds. by Kaplyanskii, A. A. and Macfarlane R. M.), Chap. 3, 51-184, North-Holland.

Mackey, J. L., Powell, J. E. and Spedding, F. H. (1962) *Bull. Am. Chem. Soc.*, **84**, 2047-2050.

Mansman, M. (1965) *Zeit. Kristal. Bd.*, **122**, 375-398.

Marcus, Y.（関　集三監訳，池田・尾関・小川・横井訳）（1982）マーカス液体化学入門，化学同人．

Martin, W. C., Zalubas, R. and Hagan, L. (1978) *Atomic energy levels —The Rare-earth elements. NSRDS-NBS 60*. US.

Government Printing Office.
Marezio, M., Plettinger, H. A. and Zachariansen, W. H. (1961) *Acta Cryst.*, **14**, 234-236.
Mason, B. (1992) *Victor Moritz Goldschmidt : Father of Modern Geochemistry*, Special Publ. No. 4, The Geochemical Society.
Masuda, A. and Kushiro, I. (1970) *Contrib. Mineral. Petrol.*, **26**, 42-49.
Masuda, A. and Ikeuchi, Y. (1979) *Geochem. J.*, **13**, 19-22.
Masuda, A., Kawakami, O., Dohmoto, Y. and Takenaka, T. (1987) *Geochem. J.*, **21**, 119-124.
Masuda, A. and Akagi, T. (1989) *Geochem. J.*, **23**, 245-253.
Masuda, A. (1995) *Proc. Japan Acad., Ser. B*, **71**, 67-71.
松本和子（2008）希土類元素の化学，朝倉書店．
Mayer, J. E. and Mayer, M. G. (1940) *Statistical Mechanics*, Wiley.
Maximov, B. and Schulz, H. (1985) *Acta Cryst.*, **B41**, 88-91.
Mazumdar, A., Tanaka, K., Takahashi, T. and Kawabe, I. (2003) *Geochem. J.*, **37**, 277-289.
McLennan, S. M. (1994) *Geochim. Cosmochim. Acta*, **58**, 2025-2033.
McLennan, S. M. and Taylor, S. R. (2012) Geology, Geochemistry, and Natural abundances of the Rare Earth Elements. *In : The Rare Earth Elements : Fundamentals and Applicatioms*, ed. by Atwood, D. A., 1-19, Wiley.
Messiah, A. (1961) *Quantum Mechanics I, II* (English ed.), North-Holland.
Michaelson, H. B. (1977) *J. Appl. Phys.*, **48**, 4729-4733.
Michard, A., Albarede, F., Michard, G., Minster, J. F. and Charlou, J. L. (1983) *Nature*, **303**, 795-797.
Michard, A. (1989) *Geochim. Cosmochim. Acta*, **53**, 745-750.
Mikami, M. and Nakamura, S. (2006) *J. Alloys Compd.*, **408-412**, 687-692.
Millero, F. J. (1979) *Geochim. Cosmochim. Acta*, **43**, 1651-1611.
Millero, F. J. and Schreiber, D. R. (1982) *Am. J. Sci.*, **282**, 1508-1540.
Millero, F. J. (1992) *Geochim. Cosmochim. Acta*, **56**, 3123-3132.
Milligan, W. O., Mullica, D. F. and Oliver, J. D. (1979) *J. Appl. Crystallogr.*, **12**, 411-412.
Minami, M. and Masuda, A. (1997) *Geochem. J.*, **31**, 125-133.
Mioduski, T. and Siekierski, S. (1976) *J. Inorg. Nucl. Chem.*, **38**, 1989-1992.
Mironov, V. E., Avramenko, N. I., Koperin, A. A., Blokhin, V. V., Eike, M. Yu. and Isayev, I. D. (1982) *Koord. Khim.*, **8**, 636-638.
Miura, N. and Kawabe, I. (2000) *Geochem. J.*, **34**, 223-227.
Miura, N., Asahara, Y. and Kawabe, I. (2004) *J. Earth Planet. Sci., Nagoya Univ.*, **51**, 223-227.
Miyakawa, K., Kaizu, Y. and Kobayashi, H. (1988) *J. Chem. Soc., Faraday Trans. 1*, **85**, 1517-1529.
三宅和正（2002）重い電子とは何か，岩波書店．
Miyawaki, R., Kuriyama, J. and Nakai, I. (1993) *Am. Mineral.*, **78**, 425-432.
Miyawaki, R. and Nakai, I. (1996) Crystal chemical aspects of rare earth minerals. *In : Rare Earth Minerals*, eds. by Jones, A. P., Wall. F. and Williams, C. T., Chapman & Hall, London, 21-40.
Miyawaki, R., Matsubara, S., Yokoyama, K., Takeuchi, K., Terada, Y. and Nakai, I. (2000) *Am. Mineral.*, **85**, 1076-1081.
Miyawaki, R., Matsubara, S., Yokoyama, K., Iwano, S., Hamasaki, K. and Yukinori, I. (2003) *J. Mineral. Petrol.*, **98**, 137-141.
水島三一郎・島内武彦（1958）赤外線吸収とラマン効果，共立全書．
溝口　正（1995）磁気と磁性I，応用物理工学選書5，培風館．
Moeller, T., Martin, D. F., Thompson, L. C., Ferrus, R., Feistel, G. R. and Randall, W. J. (1965) *Chem. Rev.*, **65**, 1-50.
Moeller, T. (1973) The Lanthanides. In : *Comprehensive Inorganic Chemistry*, eds. by Bailar, J. C., Emeleus, H. J., Nyholm, R. and Trotman-Dickenson, A. F., **4**, 1-104, Pergamon.
Möller, P., Dulski, P. and Bau, M. (1994) *Chem. Erde*, **54**, 129-149.
Monecke, T., Kempe, U., Monecke, J., Sala, M. and Wolf, D. (2002) *Geochim. Cosmochim. Acta*, **66**, 1185-1196.
Morris, D. F. C. (1968) *Structure and Bonding*, **4**, 63-82, Springer.
Morrison, C. A. (1980) *J. Chem. Phys.*, **72**, 1001-1002.
Morrison, C. A. and Leavitt, R. P. (1982) *Handbook on the Physics and Chemistry of Rare Earths*, **5**, 461-692, North-Holland.
Morss, L. R. (1976) *Chem. Rev.*, **76**, 827-841.
——— (1994) *Handbook on the Physics and Chemistry of Rare Earths*, **18**, 239-291, Elsevier.
Moseley, H. G. J. (1913) *Phil. Mag.*, **26**, 1024-1032.
——— (1914) *Phil. Mag.*, **27**, 703-713.
Mullica, D. F. and Milligan, W. O. (1980) *J. Inorg. Nucl. Chem.*, **42**, 223-227.

Mullica, D. F., Milligan, W. O. and Beall, G. W. (1979) *J. Inorg. Nucl. Chem.*, **41**, 525–532.
永宮健夫（2002）磁性の理論，吉岡書店．
Nagashima, K., Miyawaki, R., Takase, J., Nakai, I., Sakurai, K., Matsubara, S., Kato, A. and Iwano, S. (1986) *Am. Mineral.*, **71**, 1028–1033.
中川一朗（1987）振動分光学，学会出版センター．
中野　悠・川邊岩夫（2006）地球化学，**40**, 239–244.
Nakazawa, E. and Shionoya, S. (1974) *J. Phys. Soc. Japan*, **36**, 504–510.
Negro, A. D., Rossi, G. and Tazzoil, V. (1977) *Am. Mineral.*, **62**, 142–146.
Newman, D. J. (1973a) *Aust. J. Phys.*, **30**, 315–323.
——— (1973b) *J. Phys. Chem. Solids*, **34**, 541–545.
Nielson, C. W. and Koster, G. F. (1963) *Spectroscopic Coefficients for the p^n, d^n, and f^n Configurations*, M. I. T. Press.
日本表面科学会編（1998）X線光電子分光法，丸善．
野村浩康・宮原　豊（1976）電解質溶液の統計力学．化学総説 No. 11（イオンと溶媒），pp. 89–118，日本化学会編，学会出版センター．
Norman, M. R. and Freeman, A. F. (1989) *The Challenge of d and f Electrons, Theory and Computation*, eds. by Salahub, D. R. and Zerner, M. C., *Am. Chem. Soc. Sympoium Series*, **394**, 273–278.
Nozaki, Y., Alibo, D. S., Amakawa, H., Gamo, T. and Hasumoto, H. (1999) *Geochim. Cosmochim. Acta*, **63**, 2171–2181.
野津憲治（2010）宇宙・地球化学，朝倉書店．
Nugent, L. J. (1970) *J. Inorg. Nucl. Chem.*, **32**, 3485–3491.
Nugent, L. J. and Vander Sluis, K. L. (1971) *J. Opt. Soc. Am.*, **61**, 1112–1115.
Nugent, L. J., Burnett, J. L. and Morss, L. R. (1973) *J. Chem. Thermodyn.*, **5**, 665–678.
O'Connor, B. H. and Valentine, T. M. (1969) *Acta Cryst.*, **B25**, 2140–2144.
大貫惇睦編著（2000）物性物理学，朝倉書店．
Ohta, A., Ishii, S., Sakakibara, M., Mizuno, A. and Kawabe, I. (1999) *Geochem. J.*, **33**, 399–417.
Ohta, A. and Kawabe, I. (2000a) *Geochem. J.*, **34**, 439–454.
——— (2000b) *Geochem. J.*, **34**, 455–473.
——— (2001) *Geochim. Cosmochim. Acta*, **65**, 695–703.
大滝仁志・田中元治・舟橋重信（1977）溶液反応の化学，学会出版センター．
Ohtaki, H., Yamaguchi, T. and Maeda, M. (1976) *Bull. Chem. Soc. Japan*, **49**, 701–708.
Ohtaki, H. and Radnai, T. (1993) *Chem. Rev.*, **93**, 1157–1204.
岡田耕三（2000）強相関電子系の内殻励起．新しい放射光の科学（菅野・藤森・吉田編），第3章，62–79，講談社サイエンティフィク．
小沼直樹（1972）宇宙化学，講談社．
Ots, H. (1973a) *Acta Chem. Scand.*, **27**, 2344–2350.
——— (1973b) *Acta Chem. Scand.*, **27**, 2351–2360.
Ottonello, G. (1997) *Principles of Geochemistry*, Columbia Univ. Press.
Parida, S. C., Rakshit, S. K. and Singh, Z. (2008) *J. Solid State Chem.*, **181**, 101–121.
Pauling, L.(ポーリング)，(小泉正夫訳)（1962）化学結合論（改訂版），共立出版．
Pauling, L. and Shappell, M. D. (1930) *Z. Kristallogr.*, **75**, 128–131.
Peppard, D. F., Mason, G. W. and Lewey, S. (1969) *J. Inorg. Nucl. Chem.*, **31**, 2271–2272.
Peppard, D. F., Bloomquist, C. A. A., Lewey, S. and Mason, G. W. (1970) *J. Inorg. Nucl. Chem.*, **32**, 339–343.
Peters, J. A. (1988) *Inorg. Chem.*, **27**, 4686–4691.
Perterson, E. J., Onstott, E. I. and Von Creele, R. B. (1979) *Acta Cryst.*, **B35**, 805–807.
Piepgrass, D. and Jacobsen, S. B. (1992) *Geochim. Cosmochim. Acta*, **56**, 1851–1862.
Piotrowski, M., Ptasiewicz-Bak, H. and Murasik, A. (1979) *Phys. Stat. Sol.*, (a)**55**, K163–K166.
Pitzer, K. S. and Moyorga, G. (1973) *J. Phys. Chem.*, **77**, 2300–2308.
Pitzer, K. S., Peterson, J. R. and Silvester, L. F. (1978) *J. Sol. Chem.*, **7**, 45–56.
Racah, G. (1942a, b) *Phys. Rev.*, **61**, 186–197, **62**, 438–462.
——— (1943) *Phys. Rev.*, **63**, 367–382.
——— (1949) *Phys. Rev.*, **76**, 1352–1365.
Rehkämper, M. and Hofmann, A. W. (1997) *Earth Planet. Sci., Lett.*, **147**, 93–106.
Reisfeld, R. and Jørgensen, C. K. (1977) *Lasers and Excited States of Rare Earths*, Springer.
Rietschel, H. and Renken, B. (1988) *J. Magn. Magn. Materials*, **76** & **77**, 105–111.

Rizkalla, E. N. and Choppin, G. R. (1991) *Handbook on the Physics and Chemistry of Rare Earths*, **15**, 393-442, Elsevier.
Robie, R. A., Hemingway, B. S. and Fisher, J. R. (1979) *Thermodynamic properties of minerals and related substances at 298.15 K and 1 bar (10^5 Pascals) pressure and at high temperatures*. U. S. Geol. Surv. Bull. **1452**.
Robinson, R. A. and Stokes, R. H. (2002) *Electrolyte Solutions (2nd Revised edition)*, Dover.
Rosseinsky, D. R. (1965) *Chem. Rev.*, **65**, 467-490.
Salters, V. J. M. and Longhi, J. (1999) *Geochim. Cosmochim. Acta*, **34**, 331-340.
Saito, K., Yamamura, Y., Mayer, J., Kobayashi, H., Miyazaki, Y., Ensling, J., Gutlich, P., Lesniewska, B. and Sorai, M. (2001) *J. Magn. Magn. Materials*, **225**, 381-388.
佐藤憲昭・三宅和正 (2013) 磁性と超伝導の物理，重い電子系の理解のために，名古屋大学出版会．
Satten, R. A. (1953) *J. Chem. Phys.*, **21**, 637-648.
Sakagami, N., Yamada, Y., Konno, T. and Okamoto, K. (1999) *Inorg. Chimica Acta*, **288**, 7-16.
Scerri, E. R.(シェリー)，(馬渕・冨田・古川・菅野訳) (2009) 周期表，成り立ちと意索，朝倉書店．
Schaack, G. and Koningstein, J. A. (1970) *J. Opt. Soc. Am.*, **60**, 1110-1115.
Schäffer, C. E. (2004) *Structure and Bonding*, **104**, 1-5, Springer.
Schwiesow, R. L. (1972) *J. Opt. Soc. Am.*, **62**, 649-653.
Segre, E. (1980) *Nuclei and Particles (2nd ed.)*, Benjamin/Cummings Publishing Company.
Seredin, V. V., Kremenetskii, A. A., Trach, G. N. and Tomson, I. N. (2009) *Doklady Earth Sciences*, **425A**, No. 3, 403-408.
Shabani, M. B., Akagi, T., Shimizu, H. and Masuda, A. (1990) *Anal. Chem.*, **62**, 2709-2714.
Shabani, M. B., Akagi, T. and Masuda, A. (1992) *Anal. Chem.*, **64**, 737-743.
Shannon, R. D. and Prewitt, C. T. (1969) *Acta Cryst.*, **B25**, 925-946.
——— (1970) *Acta Cryst.*, **B26**, 1046-1048.
Shannon, R. D. (1976) *Acta Cryst.*, **A32**, 751-767.
Shen, A. H. and Keppler, H. (1997) *Nature*, **385**, 710-712.
Shock, E. L. and Helgeson, H. C. (1988) *Geochim. Cosmochim. Acta*, **52**, 2009-2036.
Shock, E. L., Oelkers, E. H., Johnson, J. W., Sverjensky, D. A. and Helgeson, H. C. (1992) *J. Chem. Soc. Faraday Trans.*, **88**, 803-826.
Sholkovitz, E. and Shen, G. T. (1995) *Geochim. Cosmochim. Acta*, **59**, 2749-2756.
Shriver, D. F., Atkins, P. W. and Langford, C. H. (1994) *Inorganic Chemistry (2nd ed.)*, Oxford Univ. Press.
Slater, J. C. (1968) *Phys. Rev.*, **165**, 655-658.
Sobelman, I. I. (1992) *Atomic Spectra and Radiative Transitions (2nd ed.)*, Springer.
Spedding, F. H., Rulf, D. C. and Gerstein, B. C. (1972) *J. Chem. Phys.*, **56**, 1498-1506.
Spedding, F. H., Rard, J. A. and Habenschuss, A. (1977) *J. Phys. Chem.*, **81**, 1069-1074.
Spedding, F. H. (1980) Properties of Rare Earth Metals, *CRC Handbook of Chemistry and Physics*, 61st ed., B 243-B 244.
Staveley, L. A., Markham, D. R. and Jones, M. R. (1968) *J. Inorg. Nucl. Chem.*, **30**, 231-240.
Strange, P., Savane, A., Temmerman, W. M., Szptek, Z. and Winter, H. (1999) *Nature*, **399**, 756-758.
Stumm, W. and Morgan, J. J. (1981) *Aquatic Chemistry*, Wiley.
Sugar, J. (1965) *Phys. Rev. Lett.*, **14**, 731-732.
——— (1975) *J. Opt. Soc. Am.*, **65**, 1366-1367.
Sugar, J. and Reader, J. (1973) *J. Chem. Phys.*, **59**, 2083-2089.
Supkowski, R. M. and Horrocks, W. DeW. (2002) *Inorg. Chim. Acta*, **340**, 44-48.
鈴木啓三 (1980) 水および水溶液，共立出版．
鈴木康雄 (1998) 希土類元素の話，裳華房．
Sverjensky, D. A. (1984) *Earth Planet. Sci. Lett.*, **67**, 70-78.
Tachibana, M., Yoshida, T., Kawaji, H., Atake, T. and Takayama-Muromachi, E. (2008) *Phys. Rev.*, **B77**, 094402.
高林武彦 (吉田　武監修) (2002) 量子論の発展史，ちくま学芸文庫．
Takahashi, T. and Kawabe, I. (2003) *Geochim. Cosmochim. Acta*, **67**, no. 18 (S1), *Abst. 13th Ann. V. M. Goldschmidt Conf.*, A469L.
Takahashi, T., Tanaka, K. and Kawabe, I. (2007) *J. Earth Planet. Sci. Nagoya Univ.*, **54**, 13-35.
Takahashi, Y., Shimizu, H., Kagi, H., Yoshida, H., Usui, A. and Nomura, M. (2000) *Earth Planet. Sci. Lett.*, **182**, 201-207.
Takahashi, Y., Yoshida, H., Sato, N., Hama, K., Yusa, Y. and Himizu, H. (2002) *Chem. Geol.*, **184**, 311-335.
Tallon, J. L. and Robinson, W. H. (1982) *Phys. Lett.*, **A87**, 365-368.
竹内　伸 (1998) マンガン団塊，その生成機構と役割，恒星社厚生閣．
Tanaka, K., Miura, N., Asahara, Y. and Kawabe, I. (2003) *Geochem. J.*, **37**, 163-180.

Tanaka, K., Ohta, A. and Kawabe, I. (2004) *Geochem. J.*, **38**, 19-32.
Tanaka, K. and Kawabe, I. (2006) *Geochem. J.*, **40**, 425-435.
田中元治・松浦二郎・冨永敬弘・山本　学・山本勇麓（1976）非水溶媒中のイオンの挙動．化学総説 No. 11（イオンと溶媒），pp. 151-190，日本化学会編，学会出版センター．
Tanaka, T. and Nishizawa, O. (1975) *Geochem. J.*, **9**, 161-166.
Tatewaki, H., Sekiya, M., Sasaki, F., Matsuoka, O. and Koga, T. (1995) *Phys. Rev.*, **A51**, 197-203.
Taylor, D. (1984) *British Ceram. Trans. J.*, **83**, 92-98.
Taylor, S. R. and McLennan, S. M. (1988) *Handbook on the Physics and Chemistry of Rare Earths*, **11**, 485-578, Elsevier.
Templeton, D. H. and Dauben, C. H. (1954) *J. Am. Chem. Soc.*, **76**, 5237-5239.
Thompson, L. C. (1979) *Handbook on the Physics and Chemistry of Rare Earths*, **3**, 209-297, North-Holland.
戸田盛和・松田博嗣・樋渡保秋・和達三樹（1976）液体の構造と性質，§1-7, 岩波書店.
朝永振一郎（1974）スピンはめぐる，中央公論社．新版　スピンはめぐる（2008），みすず書房．
朝永振一郎（江沢　洋編）（1997）量子力学と私，岩波文庫．
Tröster, Th., Gregorian, T. and Holzapfel, W. B. (1993) *Phys. Rev.*, **B48**, 2960-2967.
Tröster, Th. and Holzapfel, W. B. (2002) *Phys. Rev.*, **B66**, 075114-1〜8.
Tröster, T. (2003) *Handbook on the Physics and Chemistry of Rare Earths*, **33**, 515-589, Elsevier.
常田貴夫（2012）密度汎関数法，講談社．
Tsuneyuki, S., Tsukada, M., Aoki, H. and Matsui, Y. (1988) *Phys. Rev. Lett.*, **61**, 869-872.
角皆静男・乗木新一郎著，西村雅吉編（1983）海洋化学，化学で海を解く，産業図書．
Turner D. R., Whitfield, M. and Dickson, A. G. (1981) *Geochim. Cosmochim. Acta*, **45**, 855-881.
上田和夫・大貫惇睦（1998）重い電子系の物理，裳華房．
上野景平編（1975）錯体実験法（II），キレート化学（6），第5章，南江堂．
上野景平（1989）キレート滴定，南江堂．
Vander Sluis, K. L. and Nugent, L. J. (1972) *Phys. Rev.*, **A6**, 86-94.
Vanquckenborne, L. G. and Haspelagh, L. (1982) *Inorg. Chem.*, **21**, 2448-2454.
Vanquckenborne, L. G., Pierloot, K. and Gorller-Walrand, G. (1986a) *Inorg. Chim. Acta*, **120**, 209-213.
Vanquckenborne, L. G., Hoet, P. and Pierloot, K. (1986b) *Inorg. Chem.*, **25**, 4228-4233.
Varma, C. M. (1976) *Rev. Modern Phys.*, **48**, 219-238.
Veksler, I. V., Dorfman, A. M., Kamenetsky, M., Dulski, P. and Dngwell, D. B. (2005) *Geochim. Cosmochim. Acta*, **69**, 3847-3860.
和光信也（1992）コンピュータでみる固体の中の電子，講談社サイエンティフィク．
Wallace, D. C. (1972) *Thermodynamics of Crystals*, Wiley.
ワトソン，J. D.（中村桂子・江上不二夫訳）（1986）二重らせん，講談社文庫．
Webb, G. E. and Kamber, B. S. (2000) *Geochim. Cosmochim. Acta*, **64**, 1557-1565.
Webster, J. D., Holloway, J. R. and Hervig, R. L. (1989) *Econ. Geol.*, **84**, 116-134.
Wells, A. F. (1984) *Structural Inorganic Chemistry* (5th ed.), Oxford Univ. Press.
Westrum, E. F. Jr. and Beale, A. F. Jr. (1961) *J. Phys. Chem.*, **65**, 353-355
Westrum, E. F. Jr. and Justice, B. H. (1963) *J. Phys. Chem.*, **67**, 339-345.
Westrum, E. F. Jr., Chirico, R. D. and Gruber, J. B. (1980) *J. Chem. Thermodyn.*, **12**, 717-736.
Westrum, E. F. Jr. (1983) *J. Chem. Thermodyn.*, **15**, 305-325.
Westrum, E. F. Jr., Burriel, R., Gruber, J. B., Palmer, P. E., Beaudry, B. T. and Plautz, W. A. (1989) *J. Chem. Phys.*, **91**, 4838-4848.
Whitaker, M. A. B. (1999) *Eur. J. Phys.*, **20**, 213-220.
Wielinga, R. F., Lubbers, J. and Huiskmp, W. J. (1967) *Physica*, **37**, 375-392.
Wilson, E. B. Jr., Decius, J. C. and Cross, P. C. (1955) *Molecular Vibrations, The Theory of Infrared and Raman Vibrational Spectra*, McGraw-Hill (Dover edition, 1980).
Wilson, J. A. (1972) *Adv. Phys.*, **21**, 143-198.
―――― (1977) *Structure and Bonding*, **32**, 57-91, Springer.
Wood, B. J. and Blundy, J. D. (1997) *Contrib. Mineral. Petrol.*, **129**, 166-181.
Wood, S. A. (1990a) *Chem. Geol.*, **82**, 159-186.
―――― (1990b) *Chem. Geol.*, **88**, 99-125.
Wyart, J. F. et Bauche-Arnoult, Cl. (1981) *Physica Scripta*, **22**, 583-592.
Wybourne, B. G. (1965) *Spectroscopic Properties of Rare Earths*, Interscience.

Wyllie, P. J., Jones, A. P. and Deng, J. (1996) Rare earth elements in carbonate-rich melts from mantle to crust. *In : Rare Earth Minerals*, eds. by Jones, A. P., Wall, F. and Williams, C. T., Chapman & Hall, London, 77-103.

山田耕作（1993）電子相関，岩波講座　現代の物理学，16巻，岩波書店．

横山晴彦（1995）水和イオンの構造．化学総説 No. 25（溶液の分子論的描像），pp. 30-46，日本化学会編，学会出版センター．

湯川秀樹（1960）湯川秀樹自伝　旅人，角川ソフィア文庫．

Zaanen, J. and Sawatzky, G. A. (1990) *J. Solid State Chem.*, **88**, 8-27.

Zalkin, A., Templeton, D. H. and Hopkin, T. E. (1966) *Inorg. Chem.*, **5**, 1466-1468.

Zalkin, A. and Templeton, D. H. (1985) *Act Cryst.*, **B41**, 91-93.

Zhang, J. and Nozaki, Y. (1996) *Geochim. Cosmochim. Acta*, **60**, 4631-4644.

Zhao, Z., Masuda, A. and Shabani, M. B. (1992) *Chinese J. Geochem.*, **12**, 221-233.

Zhao, Z., Xiong, X., Han, X., Wong, Y., Wong, Q., Bao, Z. and Jahn, B. M. (2002) *Geochem. J.*, **36**, 527-543.

Zhong, S. and Mucci, A. (1995) *Geochim. Cosmochim. Acta*, **59**, 443-453.

Ziman, J. M. (1972) *Principles of the Theory of Solids (2nd. ed.)*, Cambridge Univ. Press.

Zinkevich, M. (2007) *Prog. Material Sci.*, **52**, 597-647.

索　引

英数字

$1/(Ln-OH_2)_{nona}$　285
$1/(Ln-OH_2)_{obs}$　285
$1/(Ln-OH_2)_{oct}$　285
^{2S+1}L 項　12
$3d$ 化合物の電導性と磁性　57
$4f$ 電子の結合性変化　66
$4f$ 電子の項エネルギー分裂　178
A-type Ln_2O_3　128
ab initio の理論計算　132
Al-, Ga-garnets　312
B-type Ln_2O_3　128
baricenter of the configuration energy　33
bixbyite 型構造　137
Born　182
Born-Haber サイクル　134
Born-Oppenheimer 近似　162
Born の帯電式　277
C-type Ln_2O_3　127
Ce 異常（Ce anomaly）　70
　　負の—　350
Ce^{3+}(aq) の水和数　263
Ce^{3+} 水溶液の紫外吸収スペクトル　263
Ce(g) の軌道電荷分布　52
$[Ce(H_2O)_8]^{3+}$(aq)　263
$[Ce(H_2O)_9]^{3+}$(aq)　263
center-of-gravity of configuration energy　33
configuration-average energy　33
Coulomb 積分　29
de Broglie 波長　286
Debye 特性温度　211
　　—の系列変化　215
　　—の四組効果　215
Debye-Hückel 理論　288
diagenetic タイプ　351
Dieke ダイアグラム　21, 36, 175
Dirac　346
double-seated pattern　27, 67
DV-$X\alpha$ 法　166
$\Delta E^3/\Delta E^1$　311
electrostriction　277
EPMA　402
　　—での反射電子像　403
Eu 異常（Eu anomaly）　70
　　正の—　394
　　負の—　394
　　大きな負の—　390
Eu の濃縮層　393
Eu(III) $^7F_0 \to {}^5D_0$ 遷移　261
Eu(III) $^7F_0 \to {}^5L_6$ 遷移　261
$[EuDTPA]^{2-}$(aq) の蛍光減衰速度　248
$[EuEDTA]^{-}$(aq) の吸収スペクトル　249
$[EuEDTA]^{-}$(aq) と $[TbEDTA]^{-}$(aq) の蛍光スペクトル　249
Ewald の方法　148
EXAFS による $[GdDTPA]^{2-}$(aq)　247
Fe 水酸化物共沈澱法　363, 370
Fermi 準位　111
Fermi 粒子　13
ΔG_h^*　192
ΔG_r の四組効果　298
ΔG_r^0 の四組効果　189, 227
GaN に添加された Nd^{3+}　312
Gd での折れ曲がり　55, 254, 360
Gibbs free energy functions (GEEF)　227
Goldschmidt　182
Grüneisen の理論　173
ΔH の四組効果　204
ΔH と ΔS の四組効果の相関・相似　211, 240, 298, 326
$\Delta H_{abs. hyd}(H^+)$　274, 290
ΔH_r^0 の RSPET 解析　299
ΔH_h^*　192
$\Delta H_{hyd}(H^+)$　290
ΔH_r と ΔS_r の四組効果　384
　　—の正相関　310
ΔH_r^0 の四組効果　189, 227
Heisenberg　346
Helmholtz の自由エネルギー　212
Hubbard パラメーター　114
Hund の規則　19
　　—の量子力学的解釈　49
hydrogeneous タイプ　351
ICP-AES　349, 401, 406
ICP-MS　349
ID-MS　348, 401
J レベル　18
　　励起—への熱的励起　175
　　—間での配置混合　20
　　—の重心　34
　　—分裂準位　220
Jahn-Teller 効果　162
　　一次の—　209
　　二次の—　209
　　静的—　163
　　動的—　163
jj 結合　18
Jørgensen　418
Jørgensen の式　48, 74
kimuraite　412
Koopmans の定理　168
Kramers 準位　163, 233

LaとCeに対する共通の補正　306
Landéの間隔則　20
lanthanite　412
LFER (linear free energy relationships)　361
Ln^{3+} の $4f$ 電子エントロピー　222
Ln^{3+}(aq)　190, 256
　　—の水和エンタルピー　280, 290, 307
　　—の水和状態変化　270, 362
　　—の水和状態変化の補正量　198
　　—の水和数　191
　　—の配位状態変化　190
　　—の標準部分モル・エントロピー　265
Ln^{3+}(aq) → Ln(g) の昇位エネルギー $P(M)$　320
Ln^{3+}(oct, aq)　191, 198
Ln^{3+}(g) の標準生成エンタルピー　151
Ln(III) 化合物熱力学データの四組効果　308
Ln(III) 化合物のエントロピー　316
Ln(III) キレート錯体系列　264
Ln(III) キレート錯体の生成反応　218
Ln(III) 金属のエントロピー　316
Ln(III) 金属の結晶構造　303
Ln(III) 金属の固相での相転移　332
Ln(III) 金属の磁性　315
Ln(III) 金属の融解熱力学量　331, 333, 335
Ln(金属)異常　300, 303
Ln(III) 蛍光スペクトル法　256
Ln(III) 炭酸錯体安定度定数　363
Ln(III) と Fe(III) の磁性イオンを含む複酸化物　234
Ln(III) 硫酸エチル九水塩　184
$Ln(C_2H_5SO_4)_3$ 水溶液の浸透係数　185
$LnCl_3$　325
　　—水溶液のガラス状態の Raman スペクトル　285
　　—の構造変化　236
　　—の熱力学量　236
$LnCl_3 \cdot 6H_2O$　186
$LnCl_3 \cdot 7H_2O$　186
$LnCO_3^+$, $Ln(CO_3)_2^-$ の錯体生成定数　357
$[Ln(diglyc)_3]^{3-}$(aq)　194, 198
$[Ln(dipic)_3]^{3-}$(aq)　194, 198
Ln-DTPA(aq) の錯体生成反応　245
Ln-EDTA(aq)　251
　　—の構造変化　251
　　—の錯体生成反応　248
Ln-EDTA 水和結晶の水分子数　261, 262
$LnES_3 \cdot 9H_2O$　184
　　—の溶解度　185
LnF_3　325
　　—(rhm)　92
　　—の格子定数　126
LnF_3 と $LnCl_3$ の融解の熱力学量　328
LnH_2 系列　311
$[Ln(H_2O)_8]^{3+}$　191
$[Ln(H_2O)_9]^{3+}$　191
$LnO_{1.5}$(cub)　92
$LnO_{1.5}$ 系列の ΔH_m^0 と ΔS_m^0 の四組効果　342
$LnO_{1.5}$ に対する $\Delta V_m/V_S$　337
$LnO_{1.5}$ 融点の系列変化　337

Ln_2O_3(cub) における異なる陽イオン席　232
Ln_2O_3(cub) の格子定数　126
Ln_2O_3 系列の融解の熱力学量　337
Ln_2O_3 の格子エネルギー　134
$(Ln-OH_2)_{nona}$　282
$(Ln-OH_2)_{obs}$　282
$(Ln-OH_2)_{oct}$　283
$Ln(OH)_3$ 系列に対する ΔH_f^0 と ΔS_{298}^0　241
lokkaite　412
LS 結合　18
LS 項エネルギー　34, 38
　　—の差　99
LS 項の電子反発エネルギー　31
LSJ レベルエネルギー　34
M 型　348
Madelung 定数　136
Masuda-Coryell plot　70
Masuda and Ikeuchi (1979)　348
McLennan　419
Mg に富むカルサイト　353
$m(L)$　44
MnO_2 による酸化反応　356
Moeller　417
Mott-Hubbard 型絶縁体　58
Nd^{3+}(g)　311
Nd(III) 金属　311
(nl) 電子と中心核電荷との相互作用エネルギー　32
(nl) 電子と閉殻電子間の電子反発エネルギー　32
$(nl)^q$ 電子配置の平均エネルギー　33
$n(S)$　44
Pauli の排他原理　13
Perovskite 類似構造の複酸化物　235
Pitzer and Myorga の理論式　290
Pitzer の式　366
Pm　6
Racah パラメーター　41, 74, 170, 190, 191, 225, 329
　　Ln(III) 金属の—　299, 302, 314, 320
　　Nd 化合物の—　157
　　—の差　292
　　—の相違　189, 196, 198, 199
　　—の大小関係　152, 159, 199, 254, 303, 363
Rayleigh 蒸留　395
$REECO_3^+$(aq)　372
$REE(CO_3)_2^-$(aq)　372
REE^{3+} の配位状態　409
REE の放射性同位体トレーサー　357
RSPET　35, 48, 74, 98, 118, 177, 189
Russell-Saunders 結合　18
ΔS の四組効果　204
S_{298}^0　314
$S_{298}^0(H^+, aq)$　291
$S_{298}^0(Ln^{3+}, aq)$　265
　　—の系統誤差　268
S_{298}^0(metal)　314
ΔS_h^*　192
ΔS_m^0 自体に関する経験式　329
ΔS_r の四組効果　200, 227

Sackur-Tetrode の式　200, 279
Sc　3
Schottky 比熱　227, 229
Slater 積分　29
Slater-Condon パラメーター　29, 170
Slater-Condon 理論　50
speciation caluculation　357
spin-reorientation 転移　235
squared antiprism　145
TBP 溶媒抽出法　357
Tc　6
Tm^{3+} イオン　21
Tm_2O_3(cub) の低温 C_P　232
tri-capped trigonal prism　145, 171
tysonite(LaF_3)-type 構造　142
V 字型パターン　322
$\Delta V_m/V_S$ と ΔS_m^0 の関係式　340
W 型　348
Wilson　124
XPS　109
Y　3
YF_3 type 構造　142
κ_m　330

あ 行

圧力誘起の赤色変位　168
圧力誘起の電子雲拡大効果　225
アルカリ玄武岩　412
　島弧の—の REE 存在度パターン　388
イオン化エネルギー　24, 40
　第 1—　61
　第 2—　61
　第 3—　60
　第 4—　60, 105
　第 5—　61
　補正した第 3—　68
　—の和　103, 135
イオン性結晶の点電荷モデル　136
イオン半径　126
　Ln(III) 6 配位—　126
　Ln(III) 8 配位—　126
　Ln(III) 9 配位—　126
1 中心多電子系　162
渦巻き型周期表　5
液滴モデル式　168
エネルギー最小の平衡配置　286
エネルギー最小配置　287
エンタルピーの四組効果　218, 292　→ ΔH の四組効果，なども見よ
エントロピー　212
エントロピーの四組効果　218, 295　→ ΔS の四組効果，なども見よ
重い電子系　120, 231

か 行

開殻　11
海山型石灰岩　353
海水の REE 存在度パターン　348
　—の四組効果　351
海水の $(REE/Ca)_{SW}$ 比　353
海水の REE(III) 化学種　356
海水の (Y/Ho)　348
海水のイオン強度　356
海成炭酸塩岩　352, 353
海洋リン酸塩団塊　350
改良 RSPET 式　190, 270, 292, 305, 310
　—と融解の熱力学量　343
拡張 Debye-Hückel 式　288
核電荷　40
花崗岩　389
価数揺動　121
カノニカル分布　220
カーボナタイト・マグマ　412
還元性熱水　394
含水玄武岩系　386
基底 J レベル　21
基底 LS 項　21
基底 LS 項エネルギー　34
基底項　19
基底電子配置　21, 61
基底レベル　19
基底レベルエネルギー　34
希土類　1
希土類元素　1
希土類元素鉱物　400, 410
希土類元素存在度パターン（REE abundance pattern）　70
　隕石で規格化した—　355
　天然物の—　407
　平均的地殻—　411
希薄電解質溶液論　288
木村石　387, 400
　—の結晶構造解析　410
逆光電子分光法　112
強磁性体　227
凝集エネルギー　166
共存鉱物対　407
共有エントロピー　332
金属のモル体積　132
キンバーライト・マグマ　412
空間配置のエントロピー　200
ケイ酸塩と炭酸塩の不混和熔融現象　412
ケイ酸塩メルト間の REE 分配過程　382
ケイ酸塩メルトと不混和なフッ化物メルト　400
珪長質マグマ　382, 389, 391, 394
結晶とメルト間の Ln(III) 分配反応　383
結晶場準位の分裂　169
結晶場分裂準位のパラメーター　230
原子間距離　162
原子座標　143
原子半径　132
玄武岩質マグマ　383, 391
玄武岩の REE 存在度パターン　382
交換積分　29

格子エネルギー 92, 133, 136, 210
格子エンタルピー 134
　　Ln 化合物の— 307
　　Ln 金属の— 304
格子エントロピー 204, 210
格子振動 162
格子定数の四組効果 141
"格子的" 部分 173
構造変化 92
　　系列内— 176
　　—に対する修正量 292
光電効果 112
鉱物種の熔融反応 383
鉱物中の流体包有物 392
古生代海水の REE 存在度 380
固相の結晶系変化 325
固体の融解現象 325
骨格性の生物性炭酸カルシウム 353
古典的イオン・モデル 287
古典的荷電粒子 287
古典論的熱エネルギー 175
近藤効果 231
コンドライト隕石 70

さ 行

サイズ・パラメーター 287
散逸する流体の REE 濃度 396
3 価金属 64
珊瑚海海水試料 350
磁気双極子遷移 232
磁気相転移 228, 227
仕事関数 117
実験試料 Ln(III) 化合物の不純物 234
遮蔽定数 39
重金属の X 線スペクトル 81
縮退（縮重） 12
　　電子エネルギーの— 163
深海マンガン団塊 70, 351
　　—の REE 存在度パターン 351
真空準位 111
深層海水 350
振電相互作用 207
振動のエントロピー 200, 319
振動の力の定数 207
水和 Gibbs 自由エネルギー 280
水和エントロピー 278
鈴木康雄 418
スピン・軌道相互作用 16, 99
スピン・軌道相互作用定数 158
スピン・軌道相互作用パラメーター 17
スピン多重度 12
スピン 2 重線 80
スペクトル分裂の温度依存性 261
静電格子エネルギー 148
制動放射分光法 112
生物性炭酸塩 353
生物性炭酸カルシウムの (REE/Ca) 比 353

石英脈流体包有物 382, 392
石灰岩 351
絶対的な $\overline{S}^0_{abs.}(i, aq) \equiv \overline{S}^0(i, aq)$ 278
絶対的な水和エンタルピー 273
説明変数 164
ゼノタイム 1
全軌道角運動量 12
潜在的な非局在性 120
全スピン角運動量 12
相対格子エネルギー 138
相対論的 Hartree-Fock 法 51
続成作用・再結晶作用 353

た 行

第一水和圏の水分子層 277
第二水和圏の水分子層 277
大洋中央海嶺玄武岩（MORB） 387, 401
多核種 NMR スペクトルによる [LnDTPA]$^{2-}$(aq) の配位構造 247
高林武彦 346
多重項 13
多重項理論 93
多中心多電子系 162
単核種希土類元素 348
短周期型周期表 4
単純化した化学反応の連鎖モデル 355
中性子放射化分析法 348
長周期型周期表 5
超臨界状態 395
超臨界性含水ケイ酸塩メルト 391
定圧モル熱容量 174, 219
低温 C_P 実験値 228
電荷移動型絶縁体 58
電荷移動スペクトル 59
電荷均衡置換 313
電気陰性度 57
電気双極子遷移 232
電子雲拡大系列 89, 157, 372
　　Nd 化合物の— 293, 308
電子雲拡大効果 55, 56, 89, 96, 157, 171, 363
電子エントロピー 200, 201, 279
　　—変化 231
電子親和力 135
"電子的" 部分 173
電子の孔 16
電子配置エネルギーの差 89
電子反発エネルギー 28
　　平均的— 30
　　—の配置平均値 29
点電荷モデルと四組効果の関係 161
同質同形 92, 184, 410
　　Ln(III) —化学種系列 310
　　部分的な—化合物系列 188
朝永振一郎 346
トリエステ・シンポジウム 346
ドロマイト化した海山型石灰岩 380
ドロマイト岩 380

な 行

内遷移元素　5
内部エネルギー　212
内部自由度　220
苗木花崗岩　70
　　―全岩のREE存在度パターン　393
長岡半太郎　346
2価金属　64
2重-2重効果　55
二重らせんの物語　346
二種類のLn(III)溶存錯体の共存　251
二層分離の臨界条件　391
熱水性鉱物　382, 391
熱水溶液　410, 412
熱的波長　286
熱膨張　173, 225
熱膨張係数　180
熱力学観測量と幾何学的観測量の相関　285
熱力学の第一法則　219
熱力学の第二法則　219
熱力学の第三法則　203, 233

は 行

配位子交換反応　90, 187, 199, 225, 292, 309
　　―の$\Delta H_{r,298}^0$　309
　　―の$\Delta S_{r,298}^0$　309
　　―の熱力学量　226
　　MCO_3^+と$M(OH)_3 \cdot nH_2O$との―　376
　　$M(CO_3)_2^-$と$M(OH)_3 \cdot nH_2O$との―　375
配位子の変更　66
配位子場（結晶場）　53
配位子場理論　59
配置間相互作用　51
配置間相互作用パラメーター　158
配置平均エネルギー　34
　　―の差　100
発散される揮発性成分　412
反強磁性体　227
バンド・ギャップ　111
半分充填された配置　26
ピグマリオン症　289
非骨格性の炭酸カルシウム　353
微細構造　16
微細構造定数　80
非調和項の熱エネルギー　175
標準生成Gibbs自由エネルギー　88
標準生成エンタルピー　64
　　―の差　152
表層海水　350
物質分化と化学反応の連鎖　351
分化した花崗岩　389
分配係数　56, 358
　　Ca-単斜輝石と水に飽和したメルト間の―　385
　　（カルサイト/水溶液）系―　379
　　単斜輝石とケイ酸塩メルト間の―　384

閉殻　11
閉殻電子に関わるエネルギー　32
平均頁岩　350
並進運動のエントロピー　200
ペグマタイト部分　396
便宜的規約の水和エンタルピー　273
便宜的な$\bar{S}_{conv.}^0(i, aq)$　278

ま 行

マイクロ・バイアライト　353
マグマ性流体　410
増田彰正　420
増田-コリエル・プロット　70
密度汎関数法　132
モナズ石　1

や 行

融解に伴うモル体積の変化量　325
融解のエンタルピー変化　324
融解のエントロピー変化　324
融解の熱力学量　324
融解パラメーターの四組効果　334
有効Bohr磁子数　315
有効核電荷　39, 40, 74, 91
融点　324
　　―の系列変化　329
湯川秀樹　346
溶媒抽出系の反応　87
四組効果（tetrad effect）　45, 55, 93, 152, 159, 311, 325
　　上に凸な―　94, 140, 159, 175, 179, 199, 285, 325, 393, 367
　　下に凸な―　94, 255, 325
　　同じ極性の―　199
　　相似な―　224
四組曲線　86

ら 行

ランタニド　3
ランタニド金属の蒸発熱　101, 135
ランタニド金属の電子配置　64
ランタニド収縮　131, 287
ランタニド・スペクトル　60, 66
ランタニドの異常酸化数　69
ランタニド四組効果　85　→四組効果
ランタノイド　3
ランタン石　401
　　―と木村石のREE存在度パターン　403
　　―のX線構造解析　409
　　―を含む木村石試料　402
流体包有物のREEデータ　392
流紋岩　389
　　―や分化した花崗岩類のREE存在度パターン　393
量子論の古典論の極限　286
レアアース　1
例外的基底電子配置　62
ロッカ石　401

〈著者略歴〉

川邊 岩夫
（かわべ　いわお）

1949年　三重県に生まれる
1973年　名古屋大学理学部卒業
1978年　名古屋大学大学院理学研究科博士課程単位取得退学，
　　　　愛媛大学理学部助手
1985年　愛媛大学理学部助教授
1993年　名古屋大学理学部助教授
1996年　名古屋大学理学部教授
2001年　名古屋大学大学院環境学研究科教授（配置転換）
現　在　名古屋大学名誉教授，理学博士（名古屋大学）

希土類の化学

2015年 8 月 20 日　初版第 1 刷発行

定価はカバーに
表示しています

著　者　川　邊　岩　夫

発行者　石　井　三　記

発行所　一般財団法人　名古屋大学出版会
〒 464-0814　名古屋市千種区不老町 1 名古屋大学構内
電話（052）781-5027/FAX（052）781-0697

Ⓒ Iwao KAWABE, 2015　　　　　　　　　　Printed in Japan
印刷・製本　㈱クイックス　　　　　ISBN978-4-8158-0814-3
乱丁・落丁はお取替えいたします．

Ⓡ〈日本複製権センター委託出版物〉
本書の全部または一部を無断で複写複製（コピー）することは，著作権
法上の例外を除き，禁じられています．本書からの複写を希望される
場合は，日本複製権センター（03-3401-2382）の許諾を受けてください．

高木秀夫著 **量子論に基づく無機化学** ―群論からのアプローチ― A5判・286頁・本体4,600円	分子の構造はいかにして決まるのか？　化学反応が自発的に進むかどうかを，どう判定するのか？　現代化学の理解に不可欠の群論を，基礎から効率よく身につけながら，無機化学を論理的かつ系統だって学びなおす，まったく新しい教科書．マーカス理論についても詳述．
佐藤憲昭・三宅和正著 **磁性と超伝導の物理** ―重い電子系の理解のために― A5判・400頁・本体5,700円	超伝導状態は磁性不純物で容易に壊されることから，磁性と超伝導は一見相容れないが，ある種の物質では両者が共存し，相関すらしている．本書は，このメカニズムを理解するために，磁性と超伝導を統一的に把握．レアアースをはじめとするf電子系物質に，実験・理論双方から迫る．
篠原久典・齋藤弥八著 **フラーレンとナノチューブの科学** A5判・374頁・本体4,800円	わが国で最初期よりナノカーボン研究をリードしてきた著者らが，フラーレン発見に至る背景から，ナノスケールの炭素が生み出す多彩な構造・物性，そしてピーポッドやグラフェンなどの最新の話題まで，平易に解説する．基礎的事項を系統的に理解する上でも最適の書．
富岡秀雄著 **最新のカルベン化学** B5判・356頁・本体6,600円	有機分子でありながら，一重項と三重項の2つの電子状態をとり得る，ユニークな化学種カルベンは，触媒配位子への利用や磁性材料への期待など，近年新たな展開を見せている．その化学の最前線を，研究手法，電子状態と構造の関係，多様な反応，今後の発展まで，系統的に解説した初の成書．
伊澤康司著 **やさしい有機光化学** A5判・170頁・本体2,800円	植物の光合成を例に挙げるまでもなく，光で起こる有機化学反応は非常に重要な反応である．本書は物質が光を吸収することで開始する光化学の基礎から，ベンゼン類などの有機化合物が光特有の反応を起こす仕組みまでを丁寧に解説しており，有機光化学の入門として最適の書である．
大沢文夫著 **大沢流 手づくり統計力学** A5判・164頁・本体2,400円	分子の気持ちを自分の手で体験しよう──本書は，サイコロとチップのゲームを楽しみながら，統計力学の真髄を直感的に納得することを目指す．高校生でも研究者でも面白い，今までにない入門書．生体内の現象に統計力学を応用した，最新の生物物理の話題も解説する．
渡邊誠一郎・檜山哲哉・安成哲三編 **新しい地球学** ―太陽-地球-生命圏相互作用系の変動学― B5判・356頁・本体4,800円	地球は太陽からのエネルギーで生命圏を維持するが，一方生命圏は地球に能動的影響を与える．サブシステム間の相互作用・フィードバックの理解が，新しい地球像の構築には必須である．本書はこのシームレスなシステムの過去と現在を，観測・モデルの両面から把握する先駆的テキスト．